2023
개정8판 총9쇄

녹색자격증
녹색직업

건설안전기술사 필수 대비, NCS기준적용
안전관리 수험분야 ONLY ONE 세계유일무이
365일 저자상담직통전화 010-7209-6627

Professional Engineer Construction Safety

건설안전기술사

300점

대한민국 산업현장교수
안전공학박사/기술지도사　정재수　지음

JN379028

건설안전, 산업안전 기사·지도사·기능장·기술사 등 관련 자격 및 의문사항에 대하여
365일 성심 성의껏 답변해 드리고 있습니다. 저자와 상담 후 교재를 구입하세요.
www.sehwapub.co.kr

대한민국 최초, 최다, 최고, 최상, 최적 적중률의 안전관리 완벽합격!

기본 원리부터 정답에 이르기까지 명확하고 풍부한 해설을 통해 자신감은 물론
모든 문제에 탄력적으로 대응할 수 있는 능력을 키워줍니다.

도서출판 세화

기술사 300점 시리즈

머리말

안전관리의 목적이자, 기술사 취득목적은 건강, 장수, 부자가 되는 것이다. 세계 어떤 기업, 정부, 공공기관도 사고예방 기준을 100% 달성할 수는 없을 것이다.

그러나 안전을 위한 조직적 절차를 개발하고 보완할 경우 사업에 수반되는 고위험과 산업현장의 사고 건수를 선진국에서는 안전제도를 강력한 안전관리에 의한 정기적 방식을 취하고 있다.

유럽회원국은 지속적으로 연구를 진행해 왔고 안전보건실패에 의한 손실이 회사의 총매출액(TURN OVER)3~5%에 달했음을 확인하였다. 우리나라 정부에서도 중대재해가 발생하면 기업은 반드시 망할 것이라고 고용노동부장관이 강조한 사실이 있다.

이러한 손실은 오늘날 경제기후에 의하면 아주 심각하다. 우리나라도 이에 따른 방안으로 산업의 경제력 향상을 위한 기술개발투자의 증대와 함께 산업재해 절감을 위한 선진 안전기획단도 출범하였다.

> 「되고법칙」
> 돈이 없으면 돈은 벌면 되고, 잘못이 있으면 잘못은 고치면 되고, 안 되는 것은 되게 하면 되고, 모르면 배우면 되고, 부족하면 메우면 되고, 잘 안되면 될 때까지 하면 되고, 길이 안보이면 길을 찾을 때까지 찾으면 되고, 길이 없으면 길을 만들면 되고, 기술이 없으면 연구하면 되고, 생각이 부족하면 생각을 하면 된다.

건설안전기술사는 공부하면 합격이다.

그러나 기술사 자격을 취득하기 위해서는 단시간의 준비만으로 쉽게 취득할 수 있는 것이 아니라고 생각한다.

필자는 이러한 점을 착안하여 어떻게 하면 짧은 시간내에 가장 효과적으로 자격을 취득할 수 있는가에 대한 연구와 고민 끝에 실제 출제가능문제를 용어정리, 단답형, 논술형 3단계로 구분 서술하여 수험생들이 공부하는데 합격이 되도록 작성했고 분야별 요점정리를 통하여 반드시 합격할 수 있도록 하였다.

앞으로 계속 내용을 보완하여 건설안전기술사 적중합격수험서로서 대한민국 최고의 합격서로 거듭나도록 독자와 함께 혼을 바칠 것이다.

끝으로 이 책을 펴내는데 밤낮으로 세계 최고 최상의 출판사가 되기를 노력하시는 도서출판 세화 박용 사장님께 영원히 고마움을 잊지 않을 것이며 영원히 사랑해 주시는 나의 하나님께 감사드립니다.

저 자

기본정보

1 건설안전기술사 기본정보

1. 개요

건설 사업장에서의 안전사고가 점차 증가되고 있는바 사업장에서 일어나는 여러 가지 안전사고와 관리방법을 이해하고 재해방지기술을 습득하여 건설사고에 대한 규제 대책과 제반시설의 검사 등 산업안전관리를 담당할 전문인력의 양성이 요구되어 자격 제도 제정

2. 변천과정

1974년 안전관리기술사(건설안전)로 신설되어 1991년 건설안전기술사로 개정

3. 수행직무

건설안전분야에 관한 고도의 전문지식과 실무경험에 입각한 계획, 연구, 설계, 분석, 시험, 운영, 시공, 평가 또는 이에 관한 지도, 감리 등의 기술업무 수행

4. 실시간 홈페이지

http://www.q-net.or.kr

5. 실시기관명

한국산업인력공단

6. 진로 및 전망

- 전문 및 종합건설업체 안전관리 분야나 건설안전 관련 연구소나 공공기관에 진출할 수 있다.
- 건설재해는 다른 산업재해에 비해 빈번히 발생할 뿐 아니라 다양한 위험요소가 상호 연관, 복합적인 상태에서 발생하기 때문에 전문적인 안전관리자를 필요로 한다. 또한 건설경기 회복에 따른 건설재해가 증가, 구조조정으로 인한 안전관리자의 감소 「산업안전보건법」에 의한 채용의무 규정, 경제성(재해에 따른 손실비용은 안전관리에 따른 비용에 몇 배의 간접비가 따름)등 증가요인으로 인하여 건설안전기술사의 인력수요는 증가할 것이다.

2 건설안전기술사 시험 준비 안내

1. 기술사 응시자격

① 기사 자격을 취득한 후 응시하려는 종목이 속하는 직무분야(고용노동부령으로 정하는 유사 직무분야를 포함한다. 이하 "동일 및 유사 직무분야"라 한다)에서 4년 이상 실무에 종사한 사람

② 산업기사 자격을 취득한 후 응시하려는 종목이 속하는 동일 및 유사 직무분야에서 **5년 이상** 실무에 종사한 사람

③ 기능사 자격을 취득한 후 응시하려는 종목이 속하는 동일 및 유사 직무분야에서 **7년 이상** 실무에 종사한 사람

④ 응시하려는 종목과 관련된 학과로서 고용노동부장관이 정하는 학과(이하 "관련학과"라 한다)의 대학졸업자 등으로서 졸업 후 응시하려는 종목이 속하는 동일 및 유사 직무분야에서 **6년 이상** 실무에 종사한 사람

⑤ 응시하려는 종목이 속하는 동일 및 유사 직무분야의 다른 종목의 기술사 등급의 자격을 취득한 사람

⑥ 3년제 전문대학 관련학과 졸업자 등으로서 졸업 후 응시하려는 종목이 속하는 동일 및 유사 직무분야에서 **7년 이상** 실무에 종사한 사람

⑦ 2년제 전문대학 관련학과 졸업자 등으로서 졸업 후 응시하려는 종목이 속하는 동일 및 유사 직무분야에서 **8년 이상** 실무에 종사한 사람

⑧ 국가기술자격의 종목별로 기사의 수준에 해당하는 교육훈련을 실시하는 기관 중 고용노동부령으로 정하는 교육훈련기관의 기술훈련과정(이하 "기사 수준 기술훈련과정"이라 한다) 이수자로서 이수 후 응시하려는 종목이 속하는 동일 및 유사 직무분야에서 **6년 이상** 실무에 종사한 사람

⑨ 국가기술자격의 종목별로 산업기사의 수준에 해당하는 교육훈련을 실시하는 기관 중 고용노동부령으로 정하는 교육훈련기관의 기술훈련과정(이하 "산업기사 수준 기술훈련과정"이라 한다) 이수자로서 이수 후 응시하려는 종목이 속하는 동일 및 유사 직무분야에서 **8년 이상** 실무에 종사한 사람

⑩ 응시하려는 종목이 속하는 동일 및 유사 직무분야에서 **9년 이상** 실무에 종사한 사람

⑪ 외국에서 동일한 종목에 해당하는 자격을 취득한 사람

기술사 300점 시리즈

2. 필기시험 및 면접시험시간

교시	필기시험			면접시험	합격기준	검정방법
	시험시간	배점	출제방식			
1교시	100분	100점	단답형	구술시험 면접관 : 3명 시간 : 약 30분	각 100점 만점 에 60점 이상	필기시험 → 면접시험 면접시험은 필기시험 합격자에 시행함
2교시	100분	100점	논술형			
3교시	100분	100점	논술형			
4교시	100분	100점	논술형			
합격				3명이 채점 각 100점 × 3 = 300점 ≒ 60점 이상 합격		

3 건설안전기술사 출제기준

1. 필기세부출제기준

직무 분야	안전관리	중직무 분야	안전관리	자격 종목	건설안전기술사	적용 기간	2023.1.1. ~ 2026.12.31

○ 직무내용 : 건설안전 분야에 고도의 전문지식과 실무경험에 입각한 계획, 연구, 설계, 분석, 시험, 운영, 시공, 평가 또는 이에 관한 지도, 감리 등의 기술업무 수행하는 직무이다.

검정방법	단답형/주관식논문형	시험시간	4교시, 400분 (1교시당 100분)

필기 과목명	주요항목	세부항목

산업안전관리론
(사고원인분석 및 대책,
방호장치 및 보호구,
안전점검요령), 산업심리
및 교육
(인간공학),
산업안전 관계 법규,
건설산업의 안전운영에
관한 계획, 관리, 조사,
그 밖의 건설안전에 관한
사항
	1. 산업안전관리론
	(사고원인분석 및 대책,
	방호장치 및 보호구, 안
	전 점검요령)
		1. 산업재해 및 안전에 관한 이론
		  - 원인분석 및 방법
		2. 산업재해와 기업경영
		3. 안전성 평가 기법
		4. 건설재해관리
		  - 건설안전보건에 관한 사항 등
		5. 건설업 위험성평가
		  - 건설업 공종별 위험성 평가모델
		6. 안전점검 활동
		  - 관련 법과 연계성
		7. 보호구 및 안전표지 등

	2. 산업심리 및 교육 (인간 공학)	1. 산업안전 심리이론이해 등 - 직무수행과 인간의 행동 2. 인간의 행동특성과 안전심리 숙지

기술사 300점 시리즈

필기 과목명	주요항목	세부항목
		– 인간의 특성과 결함·생리학적 특성 3. 조직 내 인간행동과 안전심리 의의 – 동기부여 및 리더십 4. 건설현장의 안전심리 및 특수성 – 안전의 활성화 – 건설현장의 특수성 5. 건설관련 안전보건 교육 – 안전교육이론 – 근골격계 등 작업성질환 재해예방 – 관련 법과 연계성
	3. 산업 및 건설안전관계법규	1. 산업안전보건법 2. 산업안전보건기준에 관한 규칙(건설분야) 3. 그 외 건설안전관리 업무에 대한 관계 법령 – 건설기술진흥법 – 시설물 안전관리에 관한 특별법 – 재난 및 안전관리 기본법 등 – 건설기계관리법
	4. 건설안전기술에 관한 사항	1. 건설 현장의 토목공사에 관련된 기술 – 토목구조역학 – 토질역학 및 암반공학 – 토목시공법의 – 토목신기술 및 신공법 2. 건설 현장의 건축공사에 관련된 기술 – 건축구조역학 – 건축시공법 – 건축신기술 및 신공법 – 건축기계 · 전기설비시공에 관한 안전
	5. 건설안전에 관한 사항 (안전운영계획, 관리, 조사 등)	1. 건설안전에 관한 현장 실무 – 건설안전관리 계획 수립 – 현장 내 가설플랜트 – 건설관련 환경관리 – 가설전기 – 건설기계장비 – 위험기계기구 – 건설현장의 화재, 폭발 등의 안전 – 시설물의 안전진단 및 점검 2. 건설공사 특성분석 – 건설공사 작업환경 – 건설공사 계약조건 등 – 안전관리에 관련된 공사자료 3. 기타 가시설물의 안전에 관한 사항

2. 출제기준(면접)

직무 분야	안전관리	중직무 분야	안전관리	자격 종목	건설안전기술사	적용 기간	2023.1.1.~2026.12.31

○ 직무내용 : 건설안전 분야에 고도의 전문지식과 실무경험에 입각한 계획, 연구, 설계, 분석, 시험, 운영, 시공, 평가 또는 이에 관한 지도, 감리 등의 기술업무 수행하는 직무이다.

검정방법	구술형 면접시험	시험시간	15~30분 내외

면접항목	주요항목	세부항목
산업안전관리론 (사고원인분석 및 대책, 방호장치 및 보호구, 안전점검요령), 산업심리 및 교육 (인간공학), 산업안전 관계 법규, 건설산업의 안전운영에 관한 계획, 관리, 조사, 그 밖의 건설안전에 관한 전문지식/기술	1. 산업안전관리론 (사고원인분석 및 대책, 방호장치 및 보호구, 안전 점검요령)	1. 산업재해 및 안전에 관한 이론 - 원인분석 및 방법 2. 산업재해와 기업경영 3. 안전성 평가 기법 4. 건설재해관리 - 건설안전보건에 관한 사항 등 5. 건설업 위험성평가 - 건설업 공종별 위험성 평가모델 6. 안전점검 활동 - 관련 법과 연계성 7. 보호구 및 안전표지 등
	2. 산업심리 및 교육(인간공학)	1. 산업안전 심리이론이해 등 - 직무수행과 인간의 행동 2. 인간의 행동특성과 안전심리 숙지 - 인간의 특성과 결함생리학적 특성 3. 조직 내 인간행동과 안전심리 의의 - 동기부여 및 리더십 4. 건설현장의 안전심리 및 특수성 - 안전의 활성화 - 건설현장의 특수성 5. 건설관련 안전보건 교육 - 안전교육이론 - 근골격계 등 작업성질환 재해예방 - 관련 법과 연계성
	3. 산업 및 건설안전관계법규	1. 산업안전보건법 2. 산업안전보건기준에 관한 규칙(건설분야) 3. 그 외 건설안전관리 업무에 대한 관계 법령 - 건설기술진흥법 - 시설물 안전관리에 관한 특별법 - 재난 및 안전관리 기본법 등

7

면접항목	주요항목	세부항목
	4. 건설안전기술에 관한 사항	1. 건설 현장의 토목공사에 관련된 기술 　- 건설기계관리법 　- 토목구조역학 　- 토질역학 및 암반공학 　- 토목시공법의 　- 토목신기술 및 신공법 2. 건설 현장의 건축공사에 관련된 기술 　- 건축구조역학 　- 건축시공법 　- 건축신기술 및 신공법 　- 건축기계·전기설비시공에 관한 안전
	5. 건설안전에 관한 사항 　(안전운영계획, 관리, 조사 등)	1. 건설안전에 관한 현장 실무 　- 건설안전관리 계획 수립 　- 현장 내 가설플랜트 　- 건설관련 환경관리 　- 가설전기 　- 건설기계장비 　- 위험기계기구 　- 건설현장의 화재, 폭발 등의 안전 　- 시설물의 안전진단 및 점검 2. 건설공사 특성분석 　- 건설공사 작업환경 　- 건설공사 계약조건 등 　- 안전관리에 관련된 공사자료 3. 기타 가시설물의 안전에 관한 사항
품위 및 자질	6. 기술사로서 품위 및 자질	1. 기술사가 갖추어야 할 주된 자질, 사명감, 인성 2. 기술사 자기개발과제

4 건설안전기술사 시험 준비 방법 및 합격 대책

1. 기술사 자격취득의 목적

(1) FTA 시장 개방 및 품질 건설안전기술 확보에 대응
　　① 전문가로서 책임과 권한부여
　　② 전문기술인으로 사회에 공헌
　　③ 집중적 공부를 통한 개인의 발전 및 명예 향상

(2) 신분의 변화
　　① 기술인 최고의 권위, 명예, CEO
　　② 전문가로서의 대우, 권한활동
　　③ 사회적 신분보장

2. 기술사 시험준비·합격대책

(1) 기술사 시험의 요구사항
　　① 폭넓은 이해 : 숲을 보는 Mind로 공부
　　② 문제의 핵심파학 : Frame작성의 중요성 – 문제가 요구하는 핵심포함
　　③ 현대기술 발달의 흐름 파악
　　④ 당면한 문제와 대응책(주요 현안) 및 과거와 현재 비교
　　⑤ 문제의 명쾌하고 정확한 전개

(2) 기술사의 시험대비 및 합격
　　학습이론 + 실무경험 + 능력 = 기술사 합격

(3) 대응방법(합격준비)
　　① 단기간(3~6개월) 집중적 투자 – 시간, Mind 600시간 ≒ 일
　　② 예상문제 준비(시험을 위한 Critical한 Item부터 시작하여 본인의 역량에 맞게 문제를 넓혀가는 방법이 바람직함)
　　　㉮ 1단계 100문제 이상(최대한 늘인다)
　　　㉯ 2단계 70문제(핵심을 준비한다)
　　　㉰ 3단계 30~50문제(최소로 줄인다)

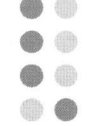

③ 합격하는 방법
  ㉮ 한국산업인력공단 규격답안지 볼펜사용(시험장에서 답안 작성 때와 동일한 조건으로 공부)
  ㉯ 본인 스스로 다양한 Frame 작성하여 답안작성을 숙달시킬 것
    (4문제 출제인 경우 100분 중 25+25+25+25분 문제풀이, 핵심 Frame작성)
  ㉰ 각종 정보지 활용 및 응용 – 안전저널, 안전 정보지, 안전학회지 그 밖의(PC통신) 등
  ㉱ 가능한 Team운영 및 동료직원과 함께 공부
    ㉠ 상호 생활 통제 기능
    ㉡ 정보의 공유

(4) 용어 해설의 이해 – 단답형 출제대비
  ① 수시로 틈틈히 시간활용(메모노트 상시휴대)
  ② 용어해설 문제가 통상 10문제씩 출제되므로 1문제당 1페이지 정도는 작성이 필요하므로 상기 Frame이 요구됨
  ③ 반드시 자신감 유지 및 합격자신(되고법칙)

(4) 8M(5M + MINUTES, MIND, MANAGEMENT)의식
  5M → Money, Method, Machine, Material, Men

3. 합격 답안작성 요령

최근 출제경향을 분석해 보면 시사성 있는 문제, 최근에 계속적으로 사회적 Issue가 되고 있는 사항들을 중점적으로 출제가 되고 있으며, 기술사 준비를 위한 참고서는 다양하지만 고득점을 위한 답안작성의 차별화가 요구되고 있다. 그 중에 특별히 강조하고 싶은 내용은

① Hardware문제(총론을 제외한 사항)를 답할 경우에도 Software(관리기술) 즉, 총론을 이해하고 적용하는 측면에서의 접근이 필요하다.
  단편적이고 논리적인 답변보다는 현장감이 느껴지는 적극적, 실용적, 능동적, 직간접 경험을 토대로 한 주관적인 자기의 색깔이 담긴 답안작성이 요구됨.
② 문제가 요구하는 내용에 국한시켜 생각하지 말고 현장안전 관리자의 입장에서 관련된 사항 모두를 연관하여 접근하는 자세가 필요
  ㉮ 답안의 차별화 – 고득점 확보
  ㉯ 논리, 경험, 주관 등 삽입

㉰ 외래어(영어, 한자 등) 사용
㉱ Flow Chart, Graph 등 삽입
㉲ 답안의 표준화 준비-서론, 결론 부분 특히 준비
㉳ 문제의 요점파악 FRAME작성
- 서론(개요, 머리말)
- 도입배경
- 역할/목적
- 필요성, 기대효과
- 의의/정의
- 문제점, 대응방안(방향), 예상되는 문제점, 개선방안(방향)
- 장점, 단점, 특징
- 결론(자기색깔 삽입)

5 면접대비

1. 자신감(내가 최고, 안전달인)
2. 경력관리
3. 품위유지(기술사 자세)
4. 향후계획(기술사취득 후)
5. 자기PR(남들보다 잘하는 것-자기만의 안전색 : 세계최고 최상의 자부심)

6. 건설안전기술사 답안 작성 요령

주관식 답안 형식	안전관리 (Keyword 40 point)	산업안전일반 (재해요인/대책)

1. 서언
2. 유형
3. 특징
4. 도입사유
5. 사전검토
6. Flowchart
7. 재해현황
8. 재해발생원인
  • 직접원인
  • 간접원인
9. 안전대책
  • 인적(3E)
  • 물적(시설)
  • 법령준수
10. 향후 나아갈 방향
11. 결언
	1. 산업안전관리론
	  ① 안전보건조직
	  ② 안전보건관리
	  ③ 산업재해 발생 및 대책
	  ④ 안전점검 및 진단
	2. 안전보건교육 및 산업심리
	  ① 안전보건교육
	  ② 산업심리
	3. 인간공학 및 시스템 안전공학
	4. 사고 4요소
	  ① Men(인적)
	  ② Machine(물적 · 기계적)
	  ③ Media(작업적)
	  ④ Management(관리)
	5. 3E
	  ① Engineering
	    (기술 · 공학 · 설계)
	  ② Education
	    (안전교육 · 훈련)
	  ③ Enforcement
	    (규제 · 단속 · 감독)
	6. 3S
	  ① Standardization(표준화)
	  ② Specification(전문화)
	  ③ Simplification(단순화)
	7. 신기술
	  ① EC화
	  ② High-Tech화
	  ③ Robot화(자동화)
	  ④ CAD화
	  ⑤ System화
	  ⑥ P.Q화
	8. 결언
	  ① 경영자
	  ② 안전보건관리책임자
	  ③ 안전관리자
	  ④ 근로자
	  ⑤ 민 · 관 · 산 · 학연
		1. 직접원인
		  1) 불안전 상태
		    ① 물자체
		    ② 안전방호장치
		    ③ 복장보호구
		    ④ 작업장소
		    ⑤ 작업환경
		    ⑥ 생산공정
		    ⑦ 경계표시
		    ⑧ 설비결함
		  2) 불안전한 행동
		    ① 위험장소 접근
		    ② 안전장치 기능 제거
		    ③ 복장보호구 잘못 사용
		    ④ 기계기구 잘못 사용
		    ⑤ 불안전한 속도 조작
		    ⑥ 위험물 취급 부주의
		    ⑦ 불안전한 상태 방지
		    ⑧ 불안전한 자세 동작
		    ⑨ 감독연락 불충분
		2. 간접원인(3E)/대책
		  1) 기술적 원인(Engineering)
		    ① 건물기계장치 설계불량
		    ② 구조자료의 부적합
		    ③ 생산공정의 부적당
		    ④ 점검 및 보존 불량
		  2) 교육적 원인(Education)
		    ① 안전인식 부족
		    ② 안전수칙 오해
		    ③ 경험훈련 부족
		    ④ 작업방법 · 교육 불충분
		    ⑤ 유해위험 작업교육 불충분
		  3) 작업관리상 원인
		    (Enforcement)
		    ① 안전관리조직 경함
		    ② 안전수칙 미제정
		    ③ 작업준비 불충분
		    ④ 인원배치 부적당
		    ⑤ 작업지시 부적당
		3. 안전시설대책
		  ① 안전 난간대
		  ② 추락 방호망
		  ③ 보호방호 설비
		  ④ 환기 설비
		  ⑤ 안전보건 표지판
		  ⑥ 그 밖의 안전 설비

단답형 답안 형식
1. 정의 2. 특성 3. 대책(방법) 4. 향후개발방향

면접준비
1. 경력정의 2. 자신감   (면접관 능가) 3. 품위유지 4. 향후계획 5. 안전달인

차 례

기술사 300점 시리즈

제1편 산업 안전 관리론

제1장 안전보건 관리 조직 ·· 1-3
제2장 안전보건 관리 계획 및 운용 ······································ 1-12
제3장 산업 재해 발생 및 재해 조사 분석 ······························ 1-43
제4장 안전 점검·검사·인증·진단 ··· 1-57
제5장 예상문제 및 실전모의시험 ·· 1-66
● 중대재해 사례 및 예방대책(예) / 1-148

제2편 산업안전보건교육 및 산업안전심리

제1장 안전보건교육 ·· 2-3
제2장 산업안전심리 ·· 2-32
제3장 예상문제 및 실전모의시험 ·· 2-51

제3편 인간공학 및 시스템 안전 공학

제1장 인간공학(Human Engineering) ··································· 3-3
제2장 시스템 안전(System safety)공학 ······························· 3-14
제3장 예상문제 및 실전모의시험 ·· 3-24

제4편 산업 안전보건 용어정리

제1장 산업 안전보건 용어 정리 ··· 4-3
제2장 예상문제 및 실전모의시험 ······································ 4-151

기술사 300점 시리즈

제5편 산업 안전 보건법규

제1장 산업안전보건법 ·· 5-2
제2장 산업안전보건법 시행령 ·· 5-14
제3장 산업안전보건법 시행규칙 ·· 5-45
제4장 예상문제 및 실전모의시험 ·· 5-98

제6편 단답형 및 논술형 예상문제

제1장 단답형 예상문제 ·· 6-3
제2장 논술형 예상문제 ·· 6-28
    제1절 건설안전총론 논술형 예상문제 ·· 6-28
    제2절 토공사 논술형 예상문제 ·· 6-77
    제3절 철근 콘크리트 논술형 예상문제 ·· 6-108
    제4절 PC 및 커튼월공사 논술형 예상문제 ···································· 6-174
    제5절 철골 공사 논술형 예상문제 ·· 6-197
    제6절 해체 공사 논술형 예상문제 ·· 6-227
    제7절 교량 공사 논술형 예상문제 ·· 6-244
    제8절 터널 공사 논술형 예상문제 ·· 6-254

부록1 시사성문제 및 모범답안

01 작업 자세에 의한 요통 예방 대책 ··· 3
02 재해 예방을 위한 인간 공학의 역할 ··· 10
03 과로 및 스트레스에 의한 건강 장해 예방 대책 ···························· 17
04 산업 분야(건설사업장)의 사고 사례 분석 및 안전성 평가 ············ 22

05 안전행동 실천 운동(5C운동) ··59
06 自動化의 安全性과 발전 과제 ···66
07 직업과 요통 ··73
08 외국산 위험 기계·기구의 안전 확보 위해 안정성 검사 도입 돼야 ·····78
09 중대 산업사고 예방을 위한 공정안전 관리제도 도입 필요 ·········85
10 철저한 검사가 안전한 사업장 만든다 ···92
11 실크스크린 인쇄 공정의 작업 환경 개선사례 ···························100
12 자율 안전 관리 정착을 위한 HPMA System에 관한 연구 ······104
13 TPM과 안전 ···114
14 프레스 작업의 안전 ···118

부록2 과년도 출제문제

- 건설안전기술사(2001년 63회 시행) ··123
- 건설안전기술사(2001년 64회 시행) ··126
- 건설안전기술사(2001년 65회 시행) ··128
- 건설안전기술사(2002년 66회 시행) ··131
- 건설안전기술사(2002년 67회 시행) ··134
- 건설안전기술사(2002년 68회 시행) ··136
- 건설안전기술사(2003년 69회 시행) ··139
- 건설안전기술사(2003년 70회 시행) ··142
- 건설안전기술사(2003년 71회 시행) ··145
- 건설안전기술사(2004년 72회 시행) ··148
- 건설안전기술사(2004년 73회 시행) ··151
- 건설안전기술사(2004년 74회 시행) ··154
- 건설안전기술사(제75회 시행) ··156
- 건설안전기술사(제76회 시행) ··159
- 건설안전기술사(제77회 시행) ··162
- 건설안전기술사(제78회 시행) ··165

기술사 300점 시리즈

- 건설안전기술사(제79회 시행) ·················· 168
- 건설안전기술사(제80회 시행) ·················· 171
- 건설안전기술사(제81회 시행) ·················· 173
- 건설안전기술사(제82회 시행) ·················· 176
- 건설안전기술사(제83회 시행) ·················· 178
- 건설안전기술사(제84회 시행) ·················· 181
- 건설안전기술사(제85회 시행) ·················· 184
- 건설안전기술사(제86회 시행) ·················· 186
- 건설안전기술사(제87회 시행) ·················· 189
- 건설안전기술사(제88회 시행) ·················· 191
- 건설안전기술사(제89회 시행) ·················· 193
- 건설안전기술사(제90회 시행) ·················· 195
- 건설안전기술사(제91회 시행) ·················· 198
- 건설안전기술사(제92회 시행) ·················· 200
- 건설안전기술사(제93회 시행) ·················· 202
- 건설안전기술사(제94회 시행) ·················· 204
- 건설안전기술사(제95회 시행) ·················· 206
- 건설안전기술사(제96회 시행) ·················· 209
- 건설안전기술사(제97회 시행) ·················· 212
- 건설안전기술사(2012년 제98회 시행) ·················· 214
- 건설안전기술사(2013년 제99회 시행) ·················· 217
- 건설안전기술사(2013년 제100회 시행) ·················· 220
- 건설안전기술사(2013년 제101회 시행) ·················· 223
- 건설안전기술사(2014년 제102회 시행) ·················· 226
- 건설안전기술사(2014년 제103회 시행) ·················· 229
- 건설안전기술사(2014년 제104회 시행) ·················· 232
- 건설안전기술사(2015년 제105회 시행) ·················· 234
- 건설안전기술사(2015년 제106회 시행) ·················· 237
- 건설안전기술사(2015년 제107회 시행) ·················· 240
- 건설안전기술사(2016년 제108회 시행) ·················· 243
- 건설안전기술사(2016년 제109회 시행) ·················· 246
- 건설안전기술사(2016년 제110회 시행) ·················· 249

- 건설안전기술사(2017년 제111회 시행) ················· 252
- 건설안전기술사(2017년 제112회 시행) ················· 254
- 건설안전기술사(2017년 제113회 시행) ················· 257
- 건설안전기술사(2018년 제114회 시행) ················· 259
- 건설안전기술사(2018년 제115회 시행) ················· 262
- 건설안전기술사(2018년 제116회 시행) ················· 265
- 건설안전기술사(2019년 제117회 시행) ················· 268
- 건설안전기술사(2019년 제118회 시행) ················· 270
- 건설안전기술사(2019년 제119회 시행) ·················272
- 건설안전기술사(2020년 제120회 시행) ················· 275
- 건설안전기술사(2020년 제121회 시행) ················· 278
- 건설안전기술사(2020년 제122회 시행) ················· 280
- 건설안전기술사(2021년 제123회 시행) ················· 283
- 건설안전기술사(2021년 제124회 시행) ················· 286
- 건설안전기술사(2021년 제125회 시행) ·················289
- 건설안전기술사(2022년 제126회 시행) ················· 292
- 건설안전기술사(2022년 제127회 시행) ·················295
- 건설안전기술사(2022년 제128회 시행) ················· 298

부록3 모범답안 작성(예)

특별부록 답안지 및 답안작성 시 유의사항

기술사 300점 시리즈

안전관리헌장

개정 : 안전행정부고시 제2014-7호

재난 및 안전관리기본법 제7조에 의하여 안전관리헌장을 다음과 같이 개정 고시합니다.
2014년 1월 29일
안전행정부장관

안전관리헌장

안전은 재난, 안전사고, 범죄 등의 각종 위험에서 국민의 생명과 건강 그리고 재산을 지키는 가장 중요한 근본이다.

모든 국민은 안전할 권리가 있으며, 안전문화를 정착시키는 일은 국민의 행복과 국가의 미래를 위해 반드시 필요하다.

이에 우리는 다음과 같이 다짐한다.

Ⅰ. 모든 국민은 가정, 마을, 학교, 직장 등 사회 각 분야에서 안전수칙을 준수하고 안전생활을 적극 실천한다.

Ⅰ. 국가와 지방자치단체는 국민의 안전기본권을 보장하는 안전종합대책을 수립하고, 안전을 위한 투자에 최우선의 노력을 하며, 어린이, 장애인, 노약자는 특별히 배려한다.

Ⅰ. 자원봉사기관, 시민단체, 전문가들은 사고 예방 및 구조 활동, 안전 관련 연구 등에 적극 참여하고 협력한다.

Ⅰ. 유치원, 학교 등 교육 기관은 국민이 바른 안전 의식을 갖도록 교육하고, 특히 어릴 때부터 안전 습관을 들이도록 지도한다.

Ⅰ. 기업은 안전제일 경영을 실천하고, 위험 요인을 없애 사고가 발생하지 않도록 적극 노력한다.

국가직무능력표준(NCS)

▶NCS 자격검정 활용

가. 자격종목
1) 개념
자격종목은 국가기술자격의 등급을 직종별로 구분한 것으로 국가기술자격 취득의 기본 단위를 말함(국가기술자격별 2조). 자격종목 개편은 국가기술자격 종목 신설의 필요성, 기존 자격종목의 직무내용, 범위 및 난이도, 산업현장 적합도 등을 고려하여 새로운 국가기술자격을 신설하거나 기존의 국가기술자격을 통합, 폐지하는 것을 의미함.

2) 구성요소
자격종목 개편은
① 자격종목   ② 직무내용
③ 검토대상 능력군 ④ 검정필요여부
⑤ 출제기준과 비교 ⑥ 검토의견
⑦ 추가·삭제가 포함되어야 함.

구성요소	세부 내용
자격종목	검토대상 국가기술자격 종목 제시
직무내용	자격종목의 직무내용 제시
검토대상 능력군	검토대상 능력군의 능력단위, 능력단위요소, 수행준거 제시
검정필요여부	수행준거 중 자격검정에 필요한 부분 제시
출제기준과 비교	검정이 필요한 수행준거와 출제기준을 비교
검토의견	비교를 통해 현행 국가기술자격의 출제기준 검토
추가·삭제	출제기준 검토를 통해 추가나 삭제가 필요한 부분 제시

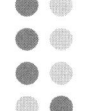

나. 출제기준

1) 개념
출제기준은 자격검정의 대상이 되는 종목의 과목별 출제의 대상범위를 나타낸 것으로 출제문제 작성방법과 시험내용범위의 기준을 의미함(국가기술자격법 시행규칙 제38조)

2) 구성요소
출제기준은
① 직무분야
② 자격종목
③ 적용기간
④ 직무내용
⑤ 필기검정방법
⑥ 문제수
⑦ 시험기간
⑧ 필기과목명
⑨ 필기과목 출제 문제수
⑩ 실기검정방법
⑪ 시험기간
⑫ 실기과목명
⑬ 필기, 실기과목별 주요항목
⑭ 세부항목
⑮ 세세항목이 포함되어야 함

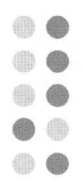

구성요소		세부내용
직무분야		해당 자격이 활용되는 직무분야
자격종목		국가기술자격의 등급을 직종별로 구분한 것 국가기술자격 취득의 기본단위
적용기간		작성된 출제기준이 개정되기 전까지 실제 자격검정에 적용되는 기간
직무내용		자격을 부여하기 위하여 개인의 능력의 정도를 평가해야 할 내용
필기과목	필기검정방법	필기시험의 검정방법 현행 국가기술자격에서는 객관식, 단답형 또는 주관식 논문형이 있음
	문제수	필기시험의 전체 문제수 제시
	시험기간	필기시험 시간
	필기과목명	기술자격의 종목별 필기시험과목
	출제 문제수	필기시험의 문제수

기술사 300점 시리즈

제 **1** 편

산업안전 관리론

- **제1장** 안전보건 관리 조직
- **제2장** 안전보건 관리 계획 및 운용
- **제3장** 산업 재해 발생 및 재해 조사 분석
- **제4장** 안전 점검·검사·인증·진단
- **제5장** 예상문제 및 실전모의시험

제1장 안전 보건 관리조직

1 안전 보건 관리 조직의 기본 방향(조직면, 기능면)

① 그 조직의 구성원을 전원 참여시킬 수 있어야 한다.
② 각 계층간에 종적, 횡적, 기능적으로 유대가 이루어져야 한다.
③ 조직의 기능을 충분히 발휘할 수 있는 제도적 장치를 마련해야 한다.

2 안전조직의 종류 및 특징

(1) Line형(또는 직계형, 계선형) 조직의 특징

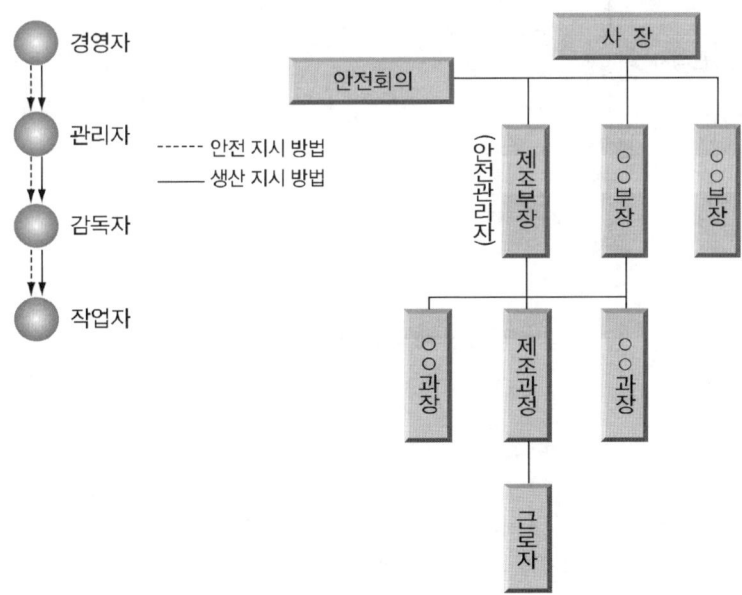

[그림] 라인형 안전 조직

특징

라인형 조직은 안전 관리에 관한 계획에서 실시, 평가에 이르기까지의 모든 권한이 포괄적이고 직선적으로 행사되고, 조직의 안전을 전문으로 분담하는 부문이 없으므로 고도의 관리를 기대할 수 없다. 이 조직은 100인 미만의 중·소 사업장에 적합한 안전 조직이다.
① 안전에 관한 명령이나 지시가 각 부문의 직제를 통하여 생산 업무와 함께 시행되므로, 지시나 조치가 철저하며 그 실시도 빠르다.
② 명령과 보고가 상, 하 관계이므로 간단 명료하고 직선적이다.
③ 생산 Line의 각급 관리·감독자는 일상의 생산 업무에 쫓겨 안전에 대한 전문 지식이나 정보를 몸에 익힐 수가 없다.
④ 라인에 과중한 책임이 발생한다.

(2) Staff형(참모식 조직)

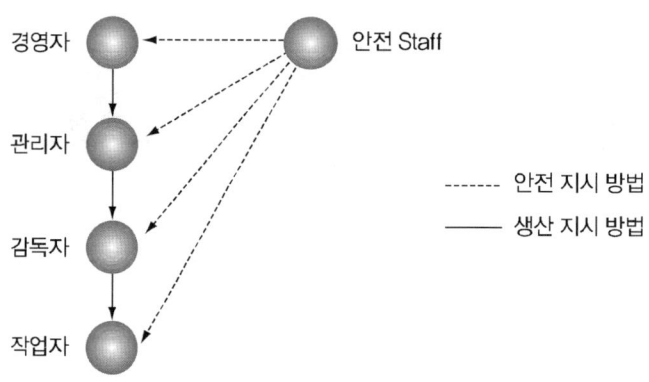

[그림] 스태프형 안전 조직

특징

스태프형 조직은 안전 관리를 관장하는 Staff를 두고 안전 관리에 관한 계획, 조사, 검토, 권고, 보고 등을 하도록 하는 안전 조직이다.
Staff의 성격상 어디까지나 계획의 작성, 조사, 점검 결과에 따른 조언, 보고에 머무는 것이며, 스스로 생산 라인의 안전 업무를 행하는 것은 아니다. 스태프형 조직은 F.W. Taylor가 제창한 것으로 분업의 원칙을 이용하려는 것이며, 책임 및 권한이 직능적으로 분담되어 있는 안전 조직이다.

① 전문 Staff의 지도에 의해서 고도의 안전 활동이 진행되게 되며 라인의 관리 감독자가 안전에 관하여 미숙하더라도 이들을 육성하면서 안전을 추진시킬 수 있고, 점차 안전 업무가 표준화되어 직장에 정착하게 된다.
② 스태프 조직은 작업자 입장에서 보면, 생산 및 안전에 관한 명령이 각각 별개의 두 계통에서 일어나는 결함이 생겨 직장의 질서 유지에 혼란을 가져올 우려가 있고 응급 조치가 곤란해지며, 통제 수단이 복잡한 결점이 있다.
③ 스태프형은 분야의 직능에 대하여 기인하는 조직을 합리적으로 확립하고 운영하는 데에는 곤란이 많다.
④ 경영자에게 지도와 조언·자문 역할을 하는 안전 조직이다.
⑤ 근로자 100~1,000명 이하 사업장에 적합하다.

(3) Line-Staff 혼형(직계·참모식 조직)

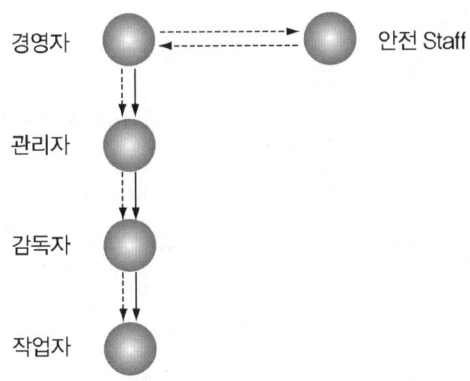

[그림] 라인, 스태프형의 안전 조직

특징

Lime-Staff형 조직은 Line형 조직과 Staff형 조직의 장점을 절충한 조직으로 대규모 사업장에서 채용하고 있는 안전 관리 조직이다. 안전 업무를 전문으로 관장하는 Staff 부문을 두는 한편, 생산 Line의 각 층에서도 겸임 또는 전임의 안전 담당자를 두고 안전 대책은 Staff 부문에서 기획되고, Line에서는 업무만 실시토록 하는 안전 조직이다.
① 안전 Staff는 안전 보건 관리 책임자 아래에 설치되어 전문적으로 안전 업무를 보좌한다.

② 안전 Staff는 안전에 관한 기획, 조사, 검토 및 연구를 실시한다.
③ Line의 관리 감독자에게 안전에 관한 책임과 권한이 부여되나 전문 사항에 대해서는 안전 스태프의 지식이나 기술 등을 활용하고 Line은 생산 활동에만 전념하면 된다.
④ 안전 Staff의 힘이 강해지면 그 권한을 넘어서 Line에게 간섭하게 되므로 Line의 권한이 약해져 그 Line은 유명무실해질 우려가 있다.
⑤ 안전 활동이 생산과 혼돈될 우려가 없기 때문에 운용이 적절하며 매우 이상적 안전 조직이라 할 수 있다.
⑥ 우리나라 산업안전보건법에서도 권장하는 안전 조직 형태이다.
⑦ 근로자 1,000명 이상의 대기업에 적합한 안전조직이다.

[표] 안전 보건 관리 조직의 장단점

조직 유형	장 점	단 점
Line형 안전 보건 관리 조직	① 안전에 대한 지시 및 전달이 신속 정확하다 ② 명령계통이 간단·명료하다.	① 안전에 대한 전문적인 지식 및 기술 축적이 미흡하다. ② 안전정보 및 신기술개발이 어렵다.
Staff형 안전 보건 관리 조직	① 안전에 대한 지식 및 기술축적이 용이하다. ② 신속한 안전정보의 입수가 가능하고 안전에 대한 신기술개발이 가능하다. ③ 경영자에게 지도와 조언, 자문을 할 수 있다. ④ 사업장 실정에 맞게 안전의 표준화를 달성할 수 있다.	① 생산부서와 유기적인 협조가 없으면 안전에 대한 지시나 전달이 어렵다. ② 생산부서와 마찰이 일어나기 쉽다. ③ 생산부서에는 안전에 대한 책임과 권한이 없다.
Line & Staff 혼합형 안전 보건 관리 조직	① 안전에 대한 지식 및 기술의 축적이 가능하고 안전지시 및 전달이 신속 정확하다. ② 안전에 대한 신기술의 개발 및 보급이 용이하고 안전활동이 생산과 분리되지 않으므로 운용이 쉽다.	① 명령계통과 지도·조언 및 권고적 참여가 혼동되기 쉽다. ② 스태프의 힘이 커지며 라인이 무력해진다.

3 안전 보건 관리의 조건(PDCA)

(1) 계획(Plan) – 실시(Do) – 검토(Check) – 조치(Action)
(2) 계획(Plan) – 실시(Do) – 평가(See)

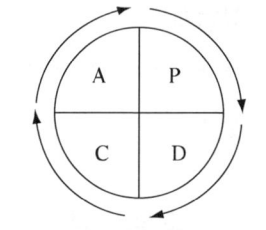

[그림] 안전 보건 관리 4-cycle

1. 안전 업무의 체계화(안전의 5step)

안전 업무는 인적, 물적, 관리적 면의 모든 재해의 예방 및 재해의 처리 대책을 행하는 작업으로 다음과 같이 체계화하여 구분할 수 있다.

(1) 1step : 예방 대책
(2) 2step : 재해를 국한(局限)하는 대책
(3) 3step : 재해 처리 대책
(4) 4step : 비상 조치 대책
(5) 5step : 개선을 위한 피드백(feed back) 대책

2. 안전 보건 관리 조직의 기본적 방향

① 조직의 구성원을 전원 참여시킬 수 있어야 한다.
② 안전 계층간에 종적, 횡적, 기능적으로 유대가 이루어져야 한다.
③ 안전 조직의 기능을 충분히 발휘할 수 있어야 한다.

4 안전 조직의 책임 및 업무 내용

1. 안전 책임의 원칙

(1) 경영자

안전한 작업 환경, 기계 설비, 공구, 원재료 등을 작업자에게 공급하여 생산을 달성할 책임이 있다.

(2) 관리 감독자

경영자의 방침을 실현하기 위하여 작업자를 안전하고 쾌적한 환경에서 생산에 종사하도록

할 책임이 있다.

(3) 작업자

관리, 감독자의 계획 실시에 협력하고, 생산을 실행하되 스스로 안전한 작업을 행할 책임이 있다.

2. 안전 조직의 업무 내용

(1) 경영자(사업주)

　　① 안전 조직 편성(원활한 안전 조직의 확립)
　　② 안전 보건 예산의 책정
　　③ 안전한 기계 설비 및 작업 환경의 유지
　　④ 기본 방침 및 안전 시책의 시달(示達)

(2) 안전 보건 관리자

　　① 구체적인 안전 보건 관리 규정 및 기준의 작성
　　② 설비 공정, 작업 방침 등의 안전 검토
　　③ 위험시 응급 조치
　　④ 재해 조사
　　⑤ 안전 보건 활동의 평가

(3) 현장 감독자(현장 안전 보건 관리의 핵심)

　　① 안전한 작업 방법의 교육 훈련
　　② 작업 감독 및 지시
　　③ 사업장의 안전 점검
　　④ 안전 회의 개최
　　⑤ 재해 보고서 작성
　　⑥ 개선에 관한 의견 상신

(4) 작업자(근로자)

　　① 작업 전후 안전 점검 실시
　　② 안전 작업의 이행(안전 작업의 생활화)
　　③ 보고, 신호, 안전 수칙 준수
　　④ 개선 필요시 적극적 의견 제안

3. 안전 스태프(Staff)의 기능 및 업무

(1) 스태프의 기능

① 안전 보건 관리의 중점 항목의 실시 상황을 파악, 평가, 통제함으로써 안전 수준을 향상시킨다.
② 라인(line)의 안전 보건 관리를 시기 적절하게 진행시켜 목표를 달성시키도록 지원한다.

(2) 스태프의 업무 내용

① 안전 보건 관리 계획의 수립 ② 안전 관계 자료의 수집 정리
③ 라인에 협력 및 지원 ④ 각 부분의 공통 교육 훈련 실시
⑤ 대외 활동 협조

(3) 안전 관리자의 주된 업무 – 안전 계획의 수립 및 운용 발전

(안전 관리자는 일반적으로 폭넓게 각 기술 분야의 안전에 관한 지식을 갖추어야 한다.)

4. 안전 보건 관리 규정

(1) 안전 보건 관리 규정 작성상의 유의 사항

① 규정된 안전 보건 기준은 법정 기준을 상회하도록 작성할 것
② 관리자층의 직무와 권한, 근로자에게 강제 또는 요청할 부분을 명확히 삽입한다.
③ 관계 법령의 제정, 개정에 따라 즉시 같이 개정한다.
④ 작성 또는 개정시에 현장의 의견을 충분히 반영한다.
⑤ 규정 내용을 정상시는 물론 이상시, 사고 및 재해 발생시의 조치에 관하여도 규정한다.

(2) 안전 보건 관리 규정에 포함하여야 할 주요 내용

① 안전 및 보건에 관한 관리조직과 그 직무에 관한 사항
② 안전보건교육에 관한 사항
③ 작업장의 안전 및 보건관리에 관한 사항
④ 사고 조사 및 대책 수립에 관한 사항
⑤ 그 밖에 안전 및 보건에 관한 사항

(3) 안전 보건 규정의 활용

관계자에 대하여 규정, 기준의 필요성과 중요성을 충분히 이해시키고, 교육 훈련을 하고, 이행 상황을 체크하여 직장에 안전 문화를 정착시키도록 한다.

5. 안전 보건 관리 계획

(1) 계획 수립시의 유의 사항
    ① 사업장의 실태에 맞도록 독자적으로 수립하되, 실현 가능성이 있도록 할 것
    ② 직장 단위로 구체적 계획을 작성할 것
    ③ 계획의 목표는 점진적으로 하여, 점차 높은 수준으로 할 것

(2) 실시상의 유의 사항
    ① 연차 계획을 월별로 나누어 실시한다.
    ② 실시 결과는 안전 보건 위원회에서 검토한 후 실시한다.
    ③ 실시 상황 확인을 위해 Staff와 Line 관리자는 직장 순찰을 한다.

(3) 평가
    ① 재해건수, 재해율 등의 목표값과 안전 활동 자체 평가를 포함할 것
    ② 몇 가지 평가를 병행, 다면적(多面的) 평가 시행할 것
    ③ 평가 결과에 따라 개선 결과를 도출할 것
    ④ 주요 평가 척도
        ㉮ 절대 척도(재해건수 등 수치)
        ㉯ 상대 척도(도수율, 강도율)
        ㉰ 평정(評定) 척도(양적으로 나타내는 것. 양호, 보통, 불가 등 단계로 평정)
        ㉱ 도수(度數) 척도(중앙값, % 등)

6. 안전 보건 개선 계획

(1) 목적
    ① 생산성과 안전성을 고려하는 데 목적이 있다.
    ② 안전이 확보되고 생산성이 향상되는 개선 계획을 실시하는 데 목적이 있다.

(2) 개선 계획 수립시 유의 사항
    ① 경영층이 안전 보건에 지대한 관심을 가진다.
    ② 무리, 불균형 낭비적인 요소를 대폭 개선한다.
    ③ 종전에 비해 작업 능률이 향상되고 제품이 개선되도록 한다.

(3) 시설, 체계, 교육 등 개선 대상에 대하여 명확히 하여야 할 사항
   ① 개선 계획 사항 등이 산재 예방에 기여하는 이유
   ② 자산 계획
   ③ 개선 사항 등의 계획 완료 예정일 등

5 안전 조직을 구성할 때 고려해야 하는 사항 중 가장 중요한 것 4가지

① 조직 구성원의 책임과 권한을 명확하게 할 것
② 생산 조직과 밀착된 조직이 되도록 할 것
③ 회사의 특성과 규모에 부합되게 조직되어야 할 것
④ 조직의 기능이 충분히 발휘될 수 있는 제도적 체계가 갖추어져 있을 것

6 안전 조직을 유효하게 활용하기 위한 안전 평가시에 활용되는 분석 방법의 3가지 기본 유형

① 안전 활동 분석(직무 분석)
② 권한 분석(계층별 책임 분석)
③ 관계 분석(부서간 연락 조정 분석)

제2장 안전 보건 관리 계획 및 운용

1 사고 예방 원리

1. 하인리히(H.W.Heinrich)의 사고 발생 연쇄성 이론(Domino's Theory)

① 유전적 요인 및 사회적 환경(ancestry and social environment)
② 개인적 결함(personal faults)
③ 불안전한 행동 및 불안전한 상태(unsafe act or unsafe condition)
④ 사고(accident)
⑤ 상해(재해 : injury)

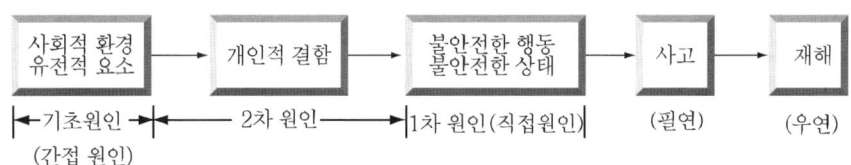

[그림] 사고발생 메커니즘(mechanism)

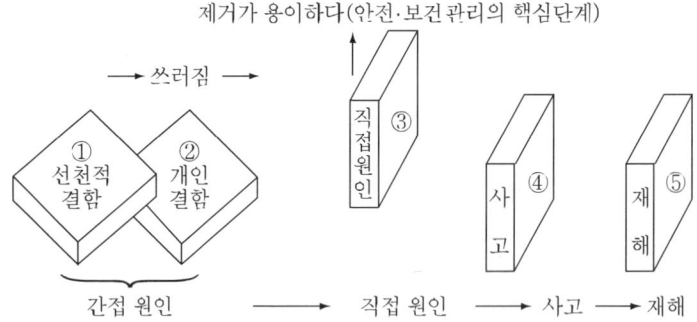

[그림] 하인리히재해발생과정 도미노 이론

2. 사고 예방 5단계

(1) 제1단계 : 조직(Organization)

　　① Staff 조직
　　② Line 조직
　　③ 지휘, 조치 및 후원
　　④ 규정, 안전 방침 및 계획 수립

(2) 제2단계 : 사실의 발견(Fact Finding)

　　① 재해 조사
　　② 안전 점검
　　③ 과거의 기록 검토
　　④ 제안
　　⑤ 건의 내용
　　⑥ 회의

(3) 제3단계 : 평가 분석(Analysis)

　　① 원인 분석
　　② 경향성 분석
　　③ 재해 통계 분석
　　④ 재해 코스트 분석
　　⑤ 위험 요인 분석

(4) 제4단계 : 시정책의 선정(Selection of Remedy)

　　① 교육 훈련
　　② 설득 호소
　　③ 기술적 조치
　　④ 인사 조정
　　⑤ 단속

(5) 제5단계 : 시정책의 적용(Adaption of Remedy)

　　▶ 3E의 적용 및 후속 조치 내용
　　① 기술(engineering)적 대책(공학적 대책) : 개선, 안전 보건 기준의 설정, 환경 설비의 개선, 점검 보존의 확립 등을 행한다.

② 교육(education)적 대책 : 안전 보건 교육 및 훈련을 실시한다.
③ 규제(enforecement)적 대책(관리적 대책) : 관리적 대책은 엄격한 규칙에 의해 제도적으로 시행되어야 하므로 다음의 조건이 충족되어야 한다.
  ㉮ 적합한 기준 설정
  ㉯ 각종 규정 및 수칙의 준수
  ㉰ 전 종업원의 기준 이해
  ㉱ 경영자 및 관리자의 솔선 수범
  ㉲ 부단한 동기 부여와 사기 향상

3. 3S란

① 표준화(Standardization)
② 전문화(Specification)
③ 단순화(Simplification)

4. 4S란 3S에 총합화(synthesization) 추가

[표] 3E · 3S · 4S · 5S

3E	3S	4S	5S 운동
safety Education(안전교육) safety Engineering(안전기술) safety Enforcement(안전독려)	① 단순화(Simplification) ② 표준화(Standardization) ③ 전문화(Specification)	4S = 3S + 총합화 (synthesization)	① 정리 ② 정돈 ③ 청소 ④ 청결 ⑤ 수칙준수(습관화)

5. 3정

① 정품
② 정량
③ 정위치

2 안전의 정의

(1) Webster 사전의 정의
  ① 안전은 상해 loss, 감전, 위해 또는 위험에 노출되는 것으로부터의 자유
  ② 안전은 자유를 위한 보관, 보호 또는 guard와 시건 장치(locking system), 질병의 방지에 필요한 기술 및 지식

(2) H.W. Heinrich의 정의
  ① 안전(safety) = 사고 방지(accident prevention)
  ② 사고 방지는 물리적 환경과 인간 및 기계의 performance를 통제하는 과학인 동시에 기술(art)이다. 즉, 하인리히는 과학과 기술의 체계를 안전에 도입했다.

(3) H.O. Berckhofs의 정의
  ① 안전 과학 : 인간 에너지 시스템의 주체인 인간이 외적 조건인 위치, 전기, 열, 화학 등 여러 가지 시스템과 결부되는 방법에 관한 인간 행동 과학
  ② 인간 에너지 시스템에 관련된 시스템 계열상에서 인간 자신의 예측 또는 전망을 뒤엎고 돌발하는 사건을 인간 형태학적 견지에서 과학적으로 통제하는 것
  ③ 사고의 시간성 및 에너지의 사고 관련성 규명

(4) J.H.Harvey의 3E(three E's of safety) : 사고를 방지하고 안전을 도모하기 위하여

  3E ─┬─ safety Education(교육)
      ├─ safety Engineering(기술)
      └─ safety Enforcement(규제, 단속, 독려, 감독)

  의 조치가 균형을 이루어야 한다고 주장하며 안전에 크게 기여했다.

(5) 4E란 3E에 환경(Environment) 추가

(6) 안전한 사업장을 만드는 5C 운동
  ① 5C 운동이란 Correctness 복장단정, Clearance 정리정돈, Cleaning 청소청결, Checking 점검확인, Concentration 전심전력을 말한다.
  ② 정리, 정돈, 청소, 청결, 습관화를 의미하는 5S 활동에서 조금 더 나아가 위험을 예방하는 운동이다.
  ③ 5S 운동은 생산관리를 중심으로 하는 반면 5C운동은 안전관리가 중심이다.
  ④ 5C 활동은 사업장에서 중요하면서 기본적으로 지켜져야 할 사항이지만, 너무 쉽고 당연하다고 생각해 잘 지켜지고 있지 않아 적극적으로 참여해야한다.

3 사고와 재해

(1) 사고(accident)

Accident(cido : 낙하, 전도)
Unfall(fall : 낙상, 전도)
① undesired event(원하지 않은 사상)
② unefficient event : 1950. N.Y. 대학의 Cutter 안전 과학장(비효율적 사상)
③ strained event : stress의 한계를 넘어선 strained event는 모두 사고다(변형된 사상).

(2) 사고에는 인적 사고와 물적 사고가 있다. 인적 사고라 함은 사고 발생이 직접 사람에게 상해를 주는 것으로서
① 사람의 동작에 의한 사고
② 물건의 운동에 의한 사고
③ 접촉·흡수에 의한 사고
등의 3종으로 구분된다.
물적 사고라 함은 상해는 발생되지 않았더라도 경제적 손실을 초래한 사고를 뜻한다.

4 안전의 의의

(1) 안전 제일(safety first)
① 게리(E.H.Gary)의 U.S. Steel Co. 1906
② 안전 투자는 경영 회계상 유리한 결과를 초래한다는 사실을 발견

(2) 안전의 의의
① 인도주의
② 기업의 경제적 손실 방지(재해로 인한 물적, 인적, 생산 손실 방지)
③ 생산 능률의 향상(사기 진작, 안전 동기 부여)
④ 대외 여론 개선

(3) 재해 발생이 노동력 손실에 주는 영향
① 교육 훈련 등 여분의 경비와 시간 손실
② 유경험자의 노동력 상실
③ 불안감에 의한 작업 능률 저하

5 산업 재해 발생 과정

1. 하인리히의 산업안전의 공리(公理)(Industrial Safety Axiom)

① 재해의 발생은 언제나 사고 요인의 연쇄 반응(sequence)의 결과로서 초래되며, 사고의 발생은 항상 불안전한 행동 또는 불안전한 상태에 기인된다.
② 대부분의 사고 책임은 불안전한 인간의 행동에 기인된다.
③ 불안전한 행동에 기인된 노동 불능 상해(disabling injury) 사고로 고통을 받는 사람은 대개의 경우 300번 이상 불안전한 행동을 하여 중, 경상 재해를 가까스로 면한 사고의 반복자들이다(1 : 29 : 300의 법칙).
④ 상해의 강도는 우연성이 크다. 그러나 재해를 수반하는 사고의 대부분은 방지할 수 있다.

2. 사고 발생 연쇄성 이론

(1) 하인리히(H.W. Heinrich)의 사고 발생 연쇄성 이론(Domino's theory)
　① 제1단계 : 유전적 요인 및 사회적 환경(ancestry and social environment)
　② 제2단계 : 개인적 결함(personal faults)
　③ 제3단계 : 불안전한 행동 및 불안전한 상태(unsafe act or unsafe condition)
　④ 제4단계 : 사고(accident)
　⑤ 제5단계 : 상해(injury)

(2) 버드(F.E. Bird Jr.)의 최신의 재해 연쇄성(도미노) 이론
　① 제1단계 : 통제의 부족(관리) : lack of control-management
　② 제2단계 : 기본 원인(기원[起源]) : basic cause-origins
　③ 제3단계 : 직접 원인(징후) : immediate causes-symptoms
　④ 제4단계 : 사고(접촉) : accident-contact
　⑤ 제5단계 : 상해(손실) : injury-damage-loss

(3) 재해 예방 4원칙(산업안전의 원칙 : Axioms)
　① 손실 우연의 원칙
　② 원인 계기의 원칙
　③ 예방 가능의 원칙
　④ 대책 선정의 원칙

3. 재해 발생의 주요 원인

(1) 사회적 환경과 유전적 요소

인간 성격의 내적 요소는 유전과 환경의 영향에 의해 형성되며, 유전과 환경은 인간 결함의 원인이 된다.

(2) 개인적 결함

후천적인 결함으로 불안전한 행동을 유발시키고 기계적, 물리적인 위험 존재의 원인이 되기도 한다.
① 부적절한 태도
② 전문 지식의 결여 및 기술, 숙련도 부족
③ 신체적 부적격
④ 부적절한 기계적, 물리적 환경
⑤ 정신적, 성격적 결함(무모, 신경질, 흥분, 과격한 기질, 동기 부여 실패)

(3) 불안전한 행동

직접적으로 사고를 일으키는 원인이 된다(인적 원인).
① 권한없이 행한 조작
② 불안전한 속도 조작 및 위험 경고없이 조작
③ 안전 장치를 고장내거나 기능 제거
④ 결함있는 장비 수리, 공구, 차량 등 운전, 시설의 불안전한 사용
⑤ 보호구 미착용 및 위험한 장비로 작업
⑥ 필요 장비를 사용하지 않거나 불안전한 기구를 대신 사용
⑦ 불안전한 적재, 배치, 결함, 정리 정돈하지 않음
⑧ 불안전한 인양, 운반
⑨ 불안전한 자세 및 위치
⑩ 당황, 놀람, 잡담, 장난 등

(4) 불안전 상태

사고 발생의 직접적인 원인이 되는 것으로 기계적, 물리적인 위험 요소를 말한다(물적 원인).
① guard 미비, 불완전한 guard(부적절한 설치)
② 결함있는 기계 설비 및 장비
③ 불안전한 설계, 위험한 배열 및 공정
④ 부적절한 조명, 환기, 복장, 보호구 등

⑤ 불량한 정리 정돈
⑥ 불량 상태(미끄러움, 날카로움, 거침, 깨짐, 부식됨 등)

4. 재해 원인의 연쇄 관계

재해 원인은 직접 원인과 간접 원인으로 나누어지며, 재해의 과정은 다음과 같은 연쇄 관계를 거쳐 진행한다. 따라서 연쇄를 절단하여 하나의 원인을 제거하면 사고의 발생을 방지할 수 있다.

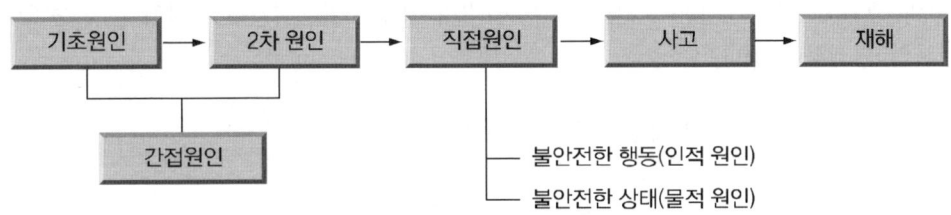

[그림] 재해원인의 연쇄관계

(1) 간접 원인 : 재해의 가장 깊은 곳에 존재하는 기본 원인이다.

① 기초 원인 : 학교 교육적 원인, 관리적 원인
② 2차 원인 : 신체적 원인, 정신적 원인, 안전 교육적 원인, 기술적 원인

(2) 직접 원인 : 시간적으로 사고 발생에 가장 가까운 원인이다.

① 물적 원인 : 불안전한 상태(설비 및 환경 등의 불량)
② 인적 원인 : 불안전한 행동

(3) 직접 원인과 간접 원인과의 상호 관계

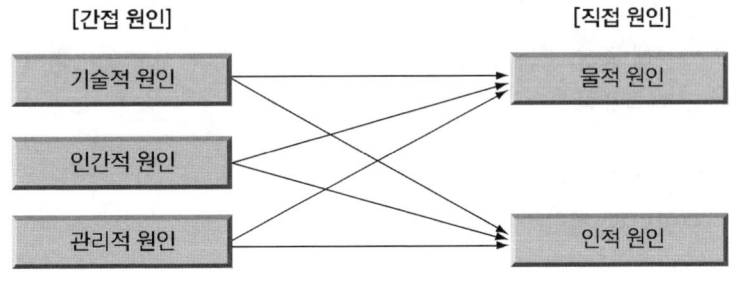

[그림] 직접 원인·간접 원인 관계

5. 산업 재해의 발생 형태

일반적으로 재해 발생의 메커니즘(mechanism)은 다음 3가지의 구조적 요소를 갖고 있다.

(1) 단순 자극형

상호 자극에 의하여 순간적으로 재해가 발생하는 유형으로 재해가 일어난 장소에, 그 시기에 일시적으로 요인이 집중한다고 하여 집중형이라고도 한다.

(2) 연쇄형

하나의 사고 요인이 또 다른 요인을 발생시키면서 재해를 발생시키는 유형이다. 단순 연쇄형과 복합 연쇄형이 있다.

(3) 복합형 : 단순 자극형과 연쇄형의 복합적인 발생 유형이다.

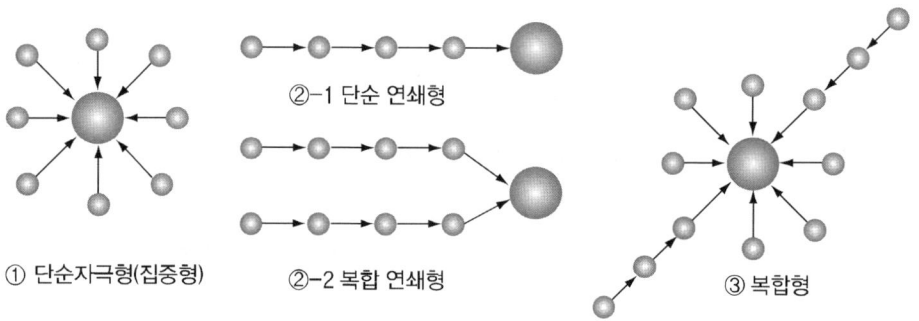

[그림] 재해의 발생 형태

6. 하인리히의 재해 구성 비율(하인리히의 법칙)

(1) 1 : 29 : 300의 법칙

330회의 사고 가운데 중상 또는 사망 1회, 경상 29회, 무상해 사고 300회의 비율로 사고가 발생한다는 것을 나타낸다.

(2) 재해의 발생 = 물적 불안전 상태 + 인적 불안전 행위 + α
= 설비적 결함 + 관리적 결함 + α

$$\therefore \alpha = \frac{300}{1 + 29 + 300} \text{(하인리히의 법칙)}$$

여기서 α : 잠재된 위험의 상태(potential) = 재해

사고 ┬─ 중상(휴업 8일 이상~사망) - 0.3[%] → 1
　　　├─ 경상(휴업 1일 이상~휴업 7일 미만) - 8.8[%] → 29
　　　└─ 무상해 사고(휴업 1일 미만) - 90.9[%] → 300

(3) 재해 구성 비율 모델

① 하인리히의 재해 구성 비율

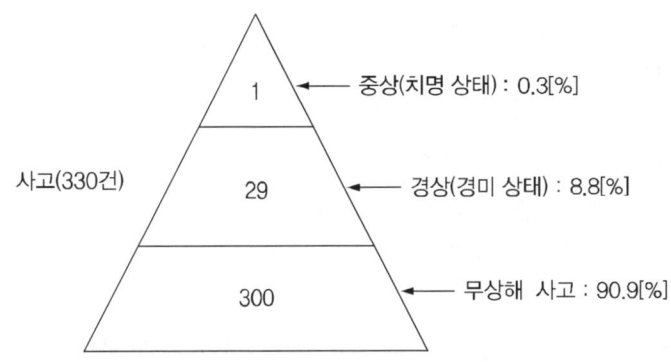

② I.L.O.의 재해 구성 비율　　③ 버드의 재해 구성 비율

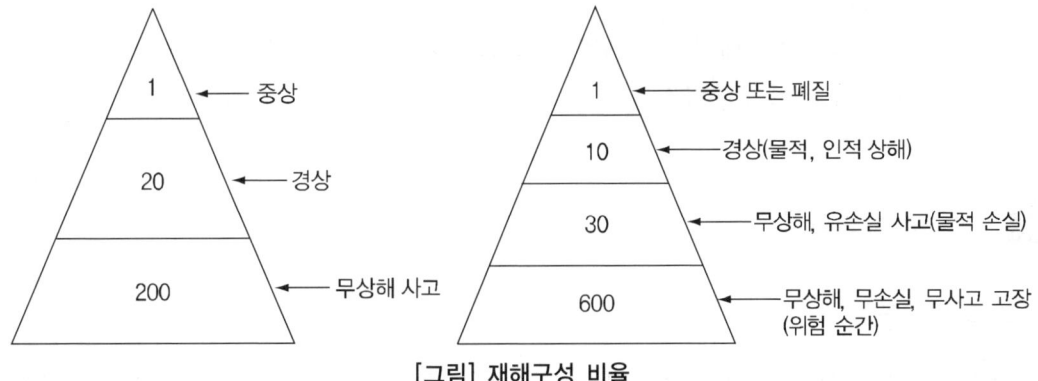

[그림] 재해구성 비율

7. 재해 빈발자

(1) 한번 재해를 일으킨 사람이 다음의 재해를 일으킬 가능성은 처음으로 재해를 일으킬 가능성보다 높다. 그 이유에 대한 세 가지의 설은 다음과 같다.

① 기회설 : 재해가 다발하는 것은 개인의 영향이 아니라 그 사람이 종사하는 작업에 위험성이 많기 때문이다.

② **암시설** : 사람은 한번 재해를 당하면 겁쟁이가 되거나, 신경과민이 되어 그 사람이 갖는 대응 능력이 열화되기 때문에 재해를 빈발하게 된다.

③ **재해 빈발 경향자설** : 근로자 가운데에 재해를 빈발하는 소질적 결함자가 있다.

(2) 재해 누발자의 유형

① 미숙성 누발자
  ㉮ 기능 미숙 때문에
  ㉯ 환경에 익숙하지 못하기 때문에

② 상황성 누발자
  ㉮ 작업이 어렵기 때문에
  ㉯ 기계 설비에 결함이 있기 때문에
  ㉰ 환경상 주의력의 집중이 혼란되기 때문에
  ㉱ 심신에 근심이 있기 때문에

③ 습관성 누발자
  ㉮ 재해의 경험에 의해 겁쟁이가 되거나 신경과민이 되기 때문에
  ㉯ 일종의 '슬럼프 상태에 빠져 있기 때문에

④ 소질성 누발자
  ㉮ 개인적 소질 가운데에 재해 원인의 요소를 가지고 있는 자
  ㉯ 개인의 특수 성격 소유자

6 안전 보건 보호구

1. 보호구의 특성

인간의 생산 활동에는 항상 기계 장치가 동반된다고 할 수 없으며 그 기계 장치를 안전하게 하는 것만으로 안전이 충분히 유지된다고 할 수는 없다. 이와 같이 인간의 외적인 조건을 완전하게 안전화(安全化)할 수 없는 경우에는 어떻게 하면 좋을 것인가? 안전한 작업을 할 수 있도록 하기 위해서는 원칙적으로 기계에 안전 장치를 하거나, 작업 환경을 쾌적하게 하여야 할 것이다.

그러나 이와 같은 원칙을 적용하기 어려울 때에는 작업하는 사람을 방호하기 위한 수단이 강구되어야 할 것이다. 이 때문에 사용되는 것이 보호구이다. 재해를 막는 데 있어서 보호구를 사용한다는 것은 재해 예방의 적극적인 대책으로서 진행시켜야 할 수단은 아니지만, 현실적으로 볼 때에 예상되는 위험성으로부터 작업자를 보호하기 위해서는 부득이한 수단

이라고 할 수 있다.

회사에서는 위험한 기계 설비에서 작업하거나 유해한 물질을 취급할 때는 우선적으로 필요한 안전 조치를 취하고 각종 보호구를 지급해야 하며, 작업자들도 반드시 안전 수칙들을 준수해야 하며, 보호구를 착용해야 할 의무가 있다. 보호구는 안전인증대상과 자율안전확인대상 보호구로 구분된다.

(1) 안전인증대상 보호구

① 추락 및 감전 위험방지용 안전모
② 안전화
③ 안전장갑
④ 방진마스크
⑤ 방독마스크
⑥ 송기마스크
⑦ 전동식 호흡보호구
⑧ 보호복
⑨ 안전대
⑩ 차광 및 비산물 위험방지용 보안경
⑪ 용접용 보안면
⑫ 방음용 귀마개 또는 귀덮개

(2) 자율안전확인대상 보호구

① 안전모(추락 및 감전 위험방지용 안전모 제외)
② 보안경(차광 및 비산물 위험방지용 보안경 제외)
③ 보안면(용접용 보안면 제외)

2. 보호구를 사용할 때의 유의 사항

올바른 보호구를 선정한 것만으로 문제는 해결되지 않는다. 그것을 어떻게 사용할 것인가가 문제이다.

보호구는 비치하는 데 의의가 있는 것이 아니고 그것을 올바르게 사용함으로써 그 목적을 달성할 수가 있는 것이다. 보호구를 효과있게 사용하기 위해서는 다음의 기본적인 사항을 지키는 것이 필요하다.

(1) 작업에 적절한 보호구를 설정한다.
(2) 작업장에는 필요한 수량의 보호구를 비치한다.
(3) 작업자에게 올바른 사용 방법을 빠짐없이 가르친다.
(4) 보호구는 사용하는 데 불편이 없도록 관리를 철저히 한다.
(5) 작업을 할 때에 필요한 보호구는 반드시 사용하도록 한다.

3. 안전 보호구를 선택할 때의 유의 사항

(1) 작업 중 언제나 사용하는 것(예 안전모, 안전화), 작업 중 필요한 때에 사용하는 것(예 보호 안경), 위급한 때에 임시로 사용하는 것(예 방독 마스크) 등 사용 목적에 적합하여야 한다.
(2) 공업 규격에 합격된 품질이 좋은 것이어야 한다.
(3) 사용하는 방법이 간편하고 손질하기가 쉬워야 한다.
(4) 무게가 가볍고 크기가 사용자에게 알맞아야 한다.

4. 보호구의 구비 조건 및 보관 방법

보호 장구는 인명과 직결되므로 여러 가지 제약 조건이 있다. 신체에 직접적으로 미치는 위험 유해 사항을 통제하기 위해서는 다음 사항이 필요하다.

(1) 착용이 간편할 것
(2) 작업에 방해가 안 되도록 할 것
(3) 유해 위험 요소에 대한 방호 성능이 충분히 있을 것
(4) 보호 장구의 원재료 품질이 양호한 것일 것
(5) 구조와 끝마무리가 양호할 것
(6) 겉모양과 표면이 섬세하고 외관상 좋을 것

보호 장구가 필요할 때 어느 때라도 착용할 수 있도록 청결하고 성능이 유지된 상태에서 보관되어야 한다. 각종 재료의 부식, 변질이 발생하지 않도록 보관해야 한다.

(1) 광선을 피하고 통풍이 잘되는 장소에 보관할 것

(2) 부식성, 유해성, 인화성 액체, 기름, 산 등과 혼합하여 보관하지 말 것
(3) 발열성 물질을 보관하는 주변에 가까이 두지 말 것
(4) 땀으로 오염된 경우에 세척하고 건조하여 변형되지 않도록 할 것
(5) 모래, 진흙 등이 묻은 경우는 깨끗이 씻고 그늘에서 건조할 것

7 보호구의 종류와 용도

1. 안전모

인체 중에서도 머리의 보호는 가장 중요하다. 안전모는 전선 작업, 보수 작업 등에서 물체가 떨어지거나 튈 염려가 있는 작업과 물건을 싣고 내리는 작업 등에서 떨어지거나 넘어져 머리를 다칠 우려가 있는 작업에는 반드시 안전모를 착용하여야 한다.

안전모는 사용 목적에 따라 일반용 안전모, 승차용 안전모, 전기 작업용 안전모 및 하역 작업용 안전모 등이 있으므로 작업 내용에 따라 선정되어야 한다. 또 안전모를 착용하였을 때의 효과를 높이기 위해서는 사용시에 벗겨지는 일이 없도록 턱끈을 확실히 조이는 등 올바른 착용 방법에 대해 작업자에게 지도하는 것이 중요하다.

(1) 안전모의 종류

종류기호	사용구분	모체의 재질	내전압성
AB	물체 낙하, 날아옴, 추락에 의한 위험을 방지, 경감시키는 것	합성수지	비내전압성
AE	물체 낙하, 날아옴에 의한 위험을 방지 또는 경감하고 머리부위 감전에 의한 위험을 방지하기 위한 것	합성수지 (FRP)	내전압성
ABE	물체의 낙하 또는 날아옴 및 추락에 의한 위험을 방지하기 위한 것 및 감전을 방지	합성수지 (FRP)	내전압성

㈜ 내전압성이란 7,000[V] 이하의 전압에 견디는 것을 말한다.
  FRP : Fiber Glass Reinforced Plastic(유리 섬유 강화 플라스틱)

산업 현장에서 사용되는 안전모의 각 부품 명칭은 그림과 같다. 모체는 합성 수지 또는 강화 플라스틱제이며 착장체 및 턱끈은 합성 면포 또는 가죽이고 충격 흡수용으로 발포성 스티로폴을 사용하며, 두께가 10[mm] 이상이어야 한다. 안전모의 무게는 착장체, 턱끈 등의 부속품을 제외한 무게가 440[g]을 초과해서는 안 된다.

[표] 안전모 명칭

착장체	① 모체
	② 머리 받침끈 ③ 머리 받침대 ④ 머리 받침 고리
	⑤ 충격 흡수재(자율안전확인에서 제외) ⑥ 턱끈 ⑦ 모자챙(차양)

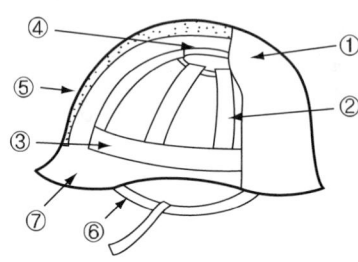

[그림] 안전모의 명칭

안전모의 성능 시험기준에는 내관통성 시험, 내전압성 시험, 내수성 시험, 난연성 시험·턱끈풀림 등이 있다.

(2) 안전모의 선택 방법

① 작업 성질에 따라 머리에 가해지는 각종 위험으로부터 보호할 수 있는 종류의 안전모를 선택해야 한다.
② 규격에 알맞고 성능 검사에 합격품이어야 한다(성능 검사는 한국산업안전공단에서 실시하는 성능 시험에 합격한 제품을 말한다).
③ 가볍고 성능이 우수하며 머리에 꼭 맞고 충격 흡수성이 좋아야 한다.

(3) 사용 방법 및 보관 방법

① 바르게 착용하고 사용해야 한다.
② 큰 충격을 받은 것과 외관에 손상이 있는 것은 사용을 피해야 한다.
③ 통풍을 목적으로 모체에 구멍을 뚫어서는 안 된다.
④ 착장체는 최소한 1개월에 한번 60[℃]의 물에 비누나 세척제로 세탁해야 하며, 합성수지의 안전모는 스팀과 뜨거운 물을 사용해서는 안 된다.
⑤ 휴식을 취할 때는 안전모를 지상에서 조금 떨어진 곳에 걸어두며, 모체에 흠집이 나지 않도록 하고 통풍이 잘되도록 해야 한다.
⑥ 안전모를 차에 싣고 다닐 때는 뒷창 밑에 두어서는 안 된다. 햇볕의 열과 자외선으로 변형되기 쉽다.
⑦ 사용하던 안전모를 제3자에게 지급할 때는 깨끗이 세탁하고 소독한 후에 지급해야 한다.

⑧ 모체에 페인트, 기름 등으로 오염된 경우는 유기 용제를 사용해야 하지만 강도에 영향이 없어야 한다.
⑨ 착장체는 충격을 흡수하는 역할을 하므로 헐거워지거나 찢어져서는 안 된다.
⑩ 플라스틱제의 안전모는 자외선에 의하여 열화되므로 교환해 주어야 한다.

[표] 플라스틱제 안전모의 내용년수

안전모의 종류	내용기간	비 고
열가소성 수지(폴리에틸렌, ABS, 폴리카보네이트)	약 2년	
열경화성 수지(FRP)	3~4년	

2. 보호 안경

(1) 보호 안경의 선택

눈은 신체 중에서 특히 중요한 부위이므로 눈의 부상은 재해 발생시에는 대수롭지 않은 것 같아도 의외로 후유증을 남기는 경우가 있으므로 주의를 하지 않으면 안 된다. 눈의 사고에는 여러 종류가 있고 또한 작업에 따라 여러 종류의 보호안경이 필요한데 크게 나누면 방진 안경과 차광용(遮光用) 안경의 두 가지가 있다.

방진 안경은 절단을 하거나 금속가공 작업을 할 때에 칩가루 등이 눈에 들어갈 우려가 있을 때 눈을 보호하기 위해 사용된다. 차광용 안경은 자외선(아크 용접 등), 가시광선(可視光線), 적외선(가스 용접, 용광로 작업)으로부터 눈의 장애를 방지하기 위한 것이다.

[표] 보호안경의 선택

작업의 종류	위험의 종류	보호안경 선택
산소 아세틸렌 예열용접 용단	스파크, 유해광선, 용융금속, 비산 입자	⑥
화공 약품 취급	비산산에 의한 화상	④, ①
절삭	비산 입자	⑦
전기(아크) 용접	스파크, 강한 광선, 용융금속	②
주물작업(노작업)	눈부심, 열, 용융금속	⑨
그라인딩 작업(경중)	비산 입자	⑤, ①
실험실	화공약품의 비산, 유리 파편	①, ④
기계가공	비산 입자	⑦, ①, ④
용융금속	열, 눈부심, 스파크, 쇳물튀김	②, ⑤

화공약품취급용 ①

보호안경(전기용접, 코발트) ②

보호안경, 차광, 방진 방독용 ③

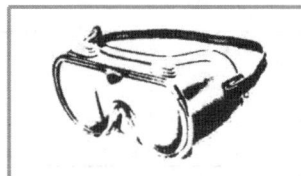
보호 안경 ④

이중보호안경 코발트, 방진, 용접, 그라인더용 ⑤

(안경알)색은 원하는 대로 끼울 수 있음 보호안경(산소용접용) ⑥

기계 가공용 ⑦

(보호안경) 보통 안경에 양쪽 실드 부착 ⑧

주물작업 보호 안경 ⑨

보호 안경은 사용함에 따라 분진 등으로 흠이 생기기 쉬우므로 늘 점검을 하고 불량한 것은 즉시 관리하는 등 관리면에 관심을 가져야 한다.

(2) 도수 렌즈 보호 안경

도수 렌즈 보호 안경은 적당한 도수가 있는 보호 렌즈를 가진 고글이나 스펙터클로 구성되며, 시력 교정용 안경 위에 아무 불편없이 착용 가능한 고글이어야 한다.

(3) 유지 관리, 사용 및 소독

① 유지 관리
 ㉮ 렌즈는 매일 깨끗이 닦아야 한다.
 ㉯ 흠집이 생긴 보호구는 교환해 주어야 한다.
 ㉰ 교환 렌즈는 전면으로 빠지도록 해야 한다.
 ㉱ 성능이 떨어진 헤드 밴드는 교환해 주어야 한다.
 ㉲ 적절한 케이스와 통 등에 보관해야 한다.
② **지급 및 사용** : 사용자가 바뀔 때는 깨끗이 세척하고 소독한 후에 지급되어야 한다.

③ 소독 : 정기적으로 세척, 소독해야 하며 사용자가 바뀔 때는 필히 소독 후에 사용해야 한다. 비누나 세제로 따뜻한 물로 깨끗이 씻어야 하며, 소독제(페놀, 차아염소산염, 4기 암모늄 화합물 등)에 10분간 담근 후, 바람에 건조시키고 자외선 소독 기구로 소독한다. 보관은 건조한 상태로 깨끗하고 먼지가 없는 용기에 보관해야 한다.

3. 안면 보호구

안면 보호구는 유해 광선으로부터 눈을 보호하고 파편에 의한 화상이나 안면부를 보호하기 위하여 착용하는 보호구이며, 사용 구분과 렌즈 재질은 다음과 같다.

종 류	사용구분	렌즈재질
용접용 보안면	아크용접, 가스용접, 절단작업시 발생하는 유해한 자외선, 가시광선 및 적외선으로부터 눈을 보호하고, 용접광 및 열에 의한 화상, 가열된 용재 등의 파편에 의한 화상의 위험에서 용접자의 안면, 머리부분, 목부분을 보호하기 위한 것이다.	발카나이즈드 파이버 FRP
일반 보안면	일반작업 및 점용접 작업시 발생하는 각종 비산물과 유해한 액체로부터 얼굴을 보호하기 위하여 착용한다.	플라스틱

(1) 용접용 보안면의 구조

용접용 보안면의 질량은 필터 플레이트 및 커버 플레이트를 제외하고 헬멧형은 560[g] 이하, 핸드 실드형은 500[g] 이하이어야 한다.

① 헬멧형
  ㉮ 면체는 안면, 머리 및 목을 방사선, 복사열 및 불꽃으로부터 방호해야 하며, 내면은 광선이 반사하지 않도록 하고 절연 처리를 해야 한다.
  ㉯ 창은 시야를 방해해서는 안 되며 필터 플레이트(filter plate) 및 커버 플레이트(cover plate)가 교환되고 방사선이 새어나오지 않도록 누름쇠로 견고하게 억제할 수 있는 구조이어야 한다.
  ㉰ 헤드 밴드는 면체가 착용자의 머리에 접촉하지 않도록 고정시킬 수 있어야 하고 면체를 올리고 내리기가 용이하고 흔들리지 않아야 한다. 그리고 공구를 사용하지 않고 머리 주위 500[mm]~650[mm]의 범위를 쉽게 조절할 수 있고 땀받이를 부착시키는 것이 바람직하다.
  ㉱ 턱걸이는 착용자의 얼굴이 면체에 접촉되지 않도록 하고 떼어내기가 가능해야 한다.

② 핸드 실드(hand shield)형 : 핸드 그립은 흔들리지 않도록 면체에 견고하게 부착되고 턱걸이가 없어야 하며 뾰족한 모서리나 요철이 없어야 한다.

성능은 면체의 경우에는 내열성, 전기 절연성, 가열 후 $3.0[kgf/mm^2]$ 이상의 인장 강도, 내열 비틀림 변형률 2[%] 이내를 갖추어야 하고, 금속 부품은 내식성이어야 한다.

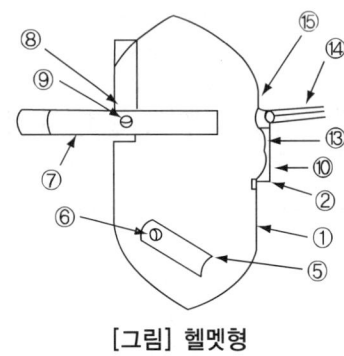

[그림] 헬멧형

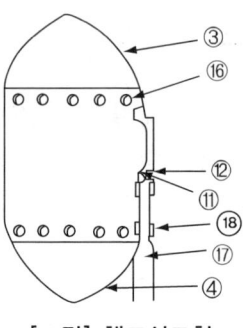

[그림] 핸드실드형

[표] 용접용 보안면의 각 부분 명칭

번 호	명 칭	번 호	명 칭
①	면체	⑩	플레이트 누름쇠
②	창	⑪	고리철물(플레이트 누름쇠용)
③	면체 상부	⑫	패킹
④	면체 하부	⑬	필터 플레이트 및 커버 플레이트
⑤	턱걸이	⑭	바깥쪽 창틀
⑥	턱걸이의 조임부착철물	⑮	바깥쪽 창틀 당김 코일
⑦	머리띠(헤드밴드)	⑯	리벳
⑧	머리띠의 결합철물	⑰	핸드그립
⑨	스프링	⑱	핸드그립 고정철물

(2) 일반 보안면

일반 보안면은 작업시에 눈, 안면, 머리 및 목을 보호하기 위하여 사용하며 용도는 다음과 같다.
① 점용접 작업
② 비산물이 발생하는 철물 기계 작업
③ 연마, 광택, 철사의 손질, 그라인딩 작업
④ 가루나 분진이 발생하는 목재 가공 작업
⑤ 고열체 및 부식성 물질의 조작 및 취급 작업

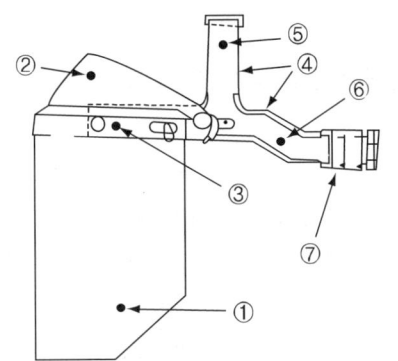

① 투시부
② 투시부 지지대
③ 투시부 부착 장치
④ 머리 덮개
⑤ 머리위끈
⑥ 머리 둘레끈
⑦ 머리 보호대

[그림] 일반 보안면 명칭

4. 안전화

안전화는 발에 무거운 물건을 떨어뜨리거나 튀어나온 못을 밟거나 하는 재해로부터 작업자를 보호하는 데 사용되고 있으며 이와 같은 재해는 각 산업에서 많이 발생되고 있다. 이런 종류의 재해를 막는 데는 작업 방법의 개선, 직장 내의 정리·정돈 등이 필요하나 안전화의 착용으로 어느 정도 방지하는 것이 가능하다.

안전화는 발등의 보호, 찔리거나 미끄러짐을 방지하는 데 중요한 역할을 하고 있으며 때로는 특수 안전화가 필요하기도 하다. 예를 들면 전기 공사를 할 때에는 징을 박지 않은 안전화를 신어야 하고, 폭발성 물질을 취급하는 경우에는 스파크를 일으키지 않는 안전화를 신어야 한다. 안전화를 선정할 때에는 직장환경, 작업내용, 착용자의 성별(性別), 근로 시간 등을 감안하여 필요없이 해당되지 않는 것을 선정하거나, 효과가 없는 것을 사용하도록 하는 일이 없도록 하여야 한다.

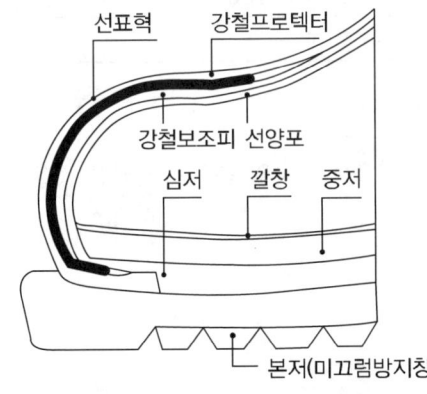

[그림] 안전화의 재료 및 구조

[표] 안전화 높이·하중

구분	높이[mm]	하중[kN]
중작업용	1,000	15±0.1
보통작업용	500	10±0.1
경작업용	250	4.4±0.1

(1) 안전화의 일반 구조
① 제조하는 과정에서 앞발가락 끝부분에 선심을 넣어 압박 및 충격에 대하여 착용자의 발가락을 보호할 수 있는 구조일 것
② 착용감이 좋고 작업에 편리할 것
③ 견고하게 제작하여 부분품의 마무리가 확실하며 형상은 균형있어야 한다.
④ 선심의 내측은 헝겊, 가죽, 고무 또는 플라스틱 등으로 감싸고 특히 후단부의 내측은 보강되어야 한다.
⑤ 정전화는 인체에 대전된 정전기를 구두 바닥을 통하여 땅으로 누전시키는 전기 회로가 형성될 수 있는 재료를 사용해야 한다.

[표] 절연장화의 종류 및 용도

종류	용도
A 종	주로 300[V]를 초과 교류 600[V], 직류 750[V] 이하의 작업에 사용
B 종	주로 교류 600[V], 직류 750[V] 초과 3,500[V] 이하의 작업에 사용
C 종	주로 3,500[V] 초과 7,000[V] 이하 작업에 사용

[표] 적용 안전화의 종류

종류	사용구분
가죽제 안전화	물체의 낙하, 충격 및 날카로운 물체에 의한 바닥으로 부터의 찔림에 의한 위험으로부터 발을 보호하기 위한 것
고무제 안전화	물체의 낙하, 충격에 의한 위험으로부터 발을 보호하고 아울러 방수를 겸한 것
정전기 안전화	정전기의 인체 대전을 방지하기 위한 것
발등 안전화	물체의 낙하 및 충격으로부터 발 및 발등을 보호 하기 위한 것
절연화	저압의 전기에 의한 감전을 방지하기 위한 것(직류 750[V], 교류 600[V] 이하)
절연장화	저압 및 고압에 의한 감전을 방지하기 위한 것

(2) 가죽제 안전화 구비 조건

가죽제 안전화는 용도와 종류에 따라서 여러 가지가 있으므로 작업 특성에 알맞은 것을 선택해야 하며 그 구비 조건은 다음과 같다.
① 신는 기분이 좋고 작업이 쉬울 것
② 사이즈가 맞고 선심에 발가락이 닿지 않을 것
③ 잘 구부러지고 신축성이 있을 것
④ 가능한 한 가벼울 것
⑤ 디자인, 색상 등 외관이 좋을 것

5. 안전대

(1) 개요

추락에 의한 재해는 모든 산업에서 많이 발생하고 있다. 이것을 막기 위해서는 설비의 개선, 발판의 설치, 작업 방법의 개선 등을 꾀하는 것이 필요하나 안전대의 사용으로 어느 정도는 방지가 가능하다. 안전대에는 전기 공사, 통신 선로 공사, 기타 높은 곳에서 작업을 할 때에 추락하는 것을 방지하는 것과, 광산, 채석장, 토목공사와 같은 높은 곳에서의 작업과 경사면에서의 작업에 사용되는 것 등이 있다.

(2) 안전대의 종류

종 류	사용 구분	비고
벨트식(B식) 안전그네식(H식)	U자걸이 전용	
	1개걸이 전용	
안전그네식(H식)	안전블록(H식 적용)	와이어로프지름 : 4[mm] 이상
	추락방지대(H식 적용)	

(3) U자 걸이로 사용할 수 있는 안전대의 구조

① 동기 대기 벨트, 각링 및 신축 조절기가 있을 것
② D링 및 각링은 안전대 착용자의 동체 양측에 해당하는 곳에 위치해야 한다.
③ 신축 조절기가 로프로부터 이탈하지 말 것

(4) 안전대 구조 및 용어정의

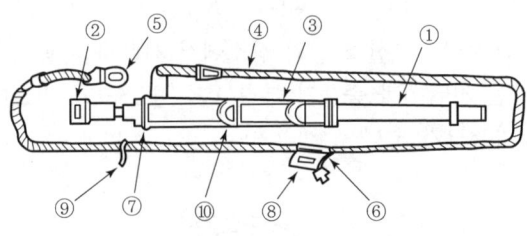

[그림] 안전대의 명칭

[표] 안전대의 각 부 명칭

번호	구 분	용 도
①	벨트	신체에 착용하는 띠모양의 부품
②	버클	벨트를 착용하기 위해 그 끝에 부착한 금속 장치
③	동체 대기 벨트	U자 걸이 사용시 벨트와 겹쳐서 몸체에 대는 역할을 하는 띠
④	로프	벨트와 지지 로프 기타 걸이 설비, 안전대를 안전하게 걸기 위한 설비
⑤	훅	로프와 걸이 설비 등 또는 D링과 연결하기 위한 고리 모양의 금속 장치
⑥	신축 조절기	로프의 길이를 조절하기 위하여 로프에 설치된 금속장치
⑦	D링	벨트와 로프를 연결하기 위한 D자형 금속장치
⑧	8자형 링	안전대를 1개 걸이로 사용할 때 훅과 로프를 연결하기 위한 8자형 금속 장치
⑨	세 개 이음형 고리	안전대를 1개 걸이로 사용할 때 훅과 로프를 연결하기 위한 세 개 이음형 고리 금속 장치를 말한다.
⑩	각링	벨트와 신축 조절기를 연결하기 위한 4각 형태의 금속 장치

(5) 안전대 선택시 유의 사항

① 벨트, 로프, 버클 등을 함부로 바꾸어서는 안 된다.
② 클립이나 신축 조절기(伸縮調節器)는 바른 방향에 달도록 한다.
③ 각 부품의 상태를 점검하고 결점이 있는 것은 교환한다.
④ 한 번 충격을 받은 안전대는 사용하지 않는다.

6. 호흡용 보호 장구

유해 물질이 인체에 침투되는 경로 중에서 호흡기를 통해서도 체내로 침투되므로 이를 차단시켜 주는 보호구 또한 중요하다. 그 용도나 종류는 여러 가지가 있다. 먼지가 많이 나는 곳에서 사용하는 방진 마스크, 산소 결핍 장소에서 사용하는 공기 공급식과 공기 정화식이 있다. 공기 공급식에는 자급식과 송풍기 부착 호스 마스크가 있으며 독성 오염을 방지하는 방독 마스크, 가스 마스크가 있다.

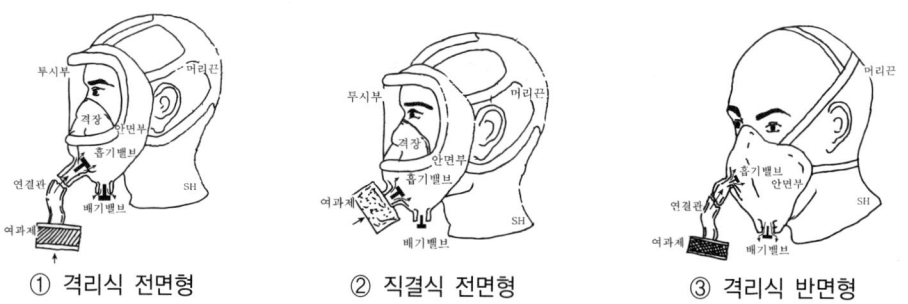

① 격리식 전면형   ② 직결식 전면형   ③ 격리식 반면형

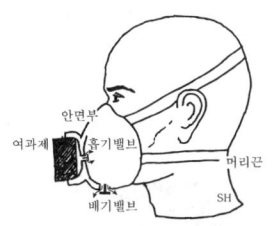 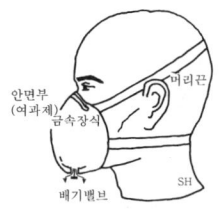

④ 직결식 반면형 ⑤ 안면부여과식

[그림] 방진마스크의 종류

7. 손보호 장갑

(1) 개요

손을 많이 사용하여 각종 위험요소로부터 손이 부상당하기 쉬우므로 작업 종류에 따라 장갑을 착용하여 손의 부상을 극소화시켜야 한다. 유기 용제를 취급하는 작업장에서도 장갑을 착용하여 피부염 등의 장해를 제거해야 한다.

(2) 보호 장갑의 종류

① 일반 작업용 : 천연 합성 섬유(면, 나일론, 비닐), 소가죽(크롬 무두질), 고무

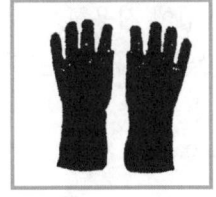 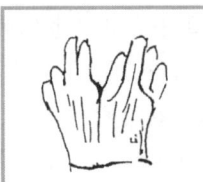  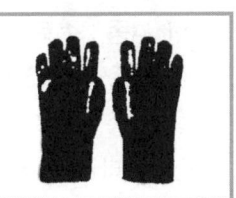

① PVC 장갑   ② 면장갑   ③ 코팅장갑   ④ 가죽장갑

[그림] 일반 작업용 고무 장갑

② 용접용 : 소가죽(크롬 무두질), 석면용

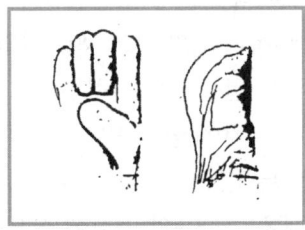 

① 용접 장갑   ② 방열방갑

[그림] 용접용 고무 장갑

③ 내열, 내화학용 : 석면, 알루미늄으로 표면 처리한 석면, 고무, 합성 고무, 플라스틱
④ 방전용 : 고무, 플라스틱
⑤ 절삭 방지용 : 금속, 특수 섬유

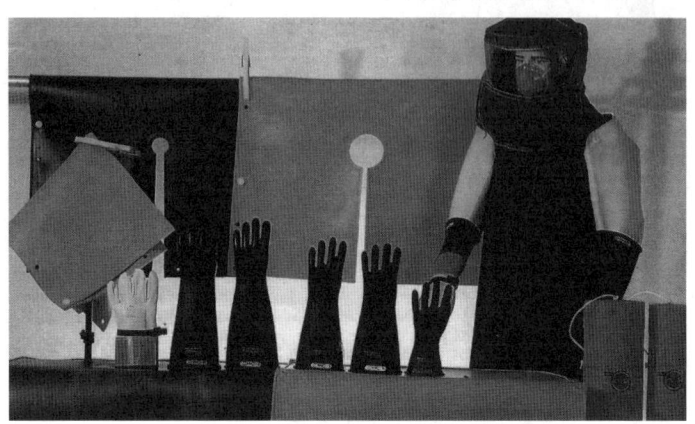

[그림] 전기 작업용 고무장갑

⑥ 전기용 절연 장갑은 300[V]~7,000[V]의 전기 회로 작업에 사용되는 장갑이다. 그 종류는
  ㉮ A종 : 주로 300[V]를 초과 교류 600[V] 또는 750[V] 이하 작업에 사용하는 것
  ㉯ B종 : 주로 교류 600[V] 또는 직류 750 초과 3,500[V] 이하 작업에 사용하는 것
  ㉰ C종 : 주로 3,500[V] 초과 7,000[V] 이하 작업에 사용하는 것
  따라서 고전압을 취급할 시에는 알맞은 절연 장갑을 반드시 착용해야 한다.

8. 작업 복장

(1) 작업복

작업장에서는 그 작업에 적합한 복장을 단정히 하고 작업을 함으로써 일하기도 수월하고 재해로부터 몸을 지킬 수 있는 것이다. 여름철에 작업복을 입지 않은 채로 작업을 하면 옥외에서는 태양의 직사면 때문에 오히려 덥고, 옥내에서도 현장에 있는 쇠부스러기, 기름, 고열물 등에 맞아 재해를 당하게 되므로 작업복을 착용하는 것이 필요하다. 깔끔한 복장은 마음도 긴장시켜서 안전 작업을 할 수 있어 재해도 줄어든다.
안전한 작업을 하기 위해 작업 복장을 선정할 때에는 다음의 사항에 유의하여야 한다.
① 작업복은 몸에 맞고 동작이 편하며, 상의의 끝이나 바지자락, 또는 단추가 기계에 말려

들어갈 위험이 없도록 한다.
② 작업복은 항상 깨끗이 하여야 하며 특히 기름이 묻은 작업복은 불이 붙기 쉬우므로 위험하기 때문에 세탁하여 사용하도록 한다.
③ 화기 사용 직장에서는 방염성(防炎性), 불연성(不燃性)의 것을 사용하도록 한다.
④ 착용자의 연령, 성별 등을 감안하여 적절한 스타일을 선정하는 것이 바람직하다.

(2) 작업모
① 기계 주위에서 작업을 할 때에는 반드시 모자를 쓰도록 한다.
② 여자나 머리가 긴 사람의 경우에는 모자 또는 수건으로 머리카락을 완전히 감싸도록 한다.
③ 여자의 경우에는 일부러 앞머리카락을 내놓고 모자를 착용하는 경우가 많으므로 착용 방법에 대하여 철저히 지도한다.

(3) 신발
① 신발은 작업 내용에 맞는 것을 선정하여 사용하는 것이 필요하다.
② 굽이 높은 구두나 운동화를 구부려 신는 것은 걸음걸이가 불안정해 넘어지거나 관절을 삘 우려가 있으므로 착용하지 않도록 한다.
③ 맨발은 부상당하기 쉽고 고열 물체에 닿을 때에는 화상을 입는 등 위험하므로 절대로 금지시킨다.

① 단화 : 113[mm] 미만

② 중단화 : 113[mm] 이상

③ 장화 : 178[mm] 이상

[그림] 안전화 종류 및 높이(h)

8 안전 보건 표지의 내용과 유의 사항

안전 보건 표지는 산업 현장에서 산업 재해를 예방하기 위하여 위험이 잠재한 곳이나 현존하는 위험이 있는 곳에 모든 근로자들이 보고 인식하여 스스로의 행동을 안전하게 취하도록 주의를 나타내 주기 위한 것이다. 즉, 생활 환경을 색채를 이용하여 효과적이고 안락하며 쾌적하게 만들어 주려고 노력하는 것이다.

산업 현장에서의 작업 환경은 근로자들에게 정서적 안정을 주어 생산 능률을 향상시키기 위함이다. 따라서 작업장의 시각을 피로하지 않게 색채 조합을 만들어 주는 것이 효과적이다. 또 위험한 곳이나 위험 요소가 있는 부분에 색채로 표시하여 누구나 쉽게 구분하도록 하여 사고나 재해를 미연에 방지할 수 있다.

[표] 안전 보건 표지의 기본모형

번호	기본모형	규격비율(크기)	사용예
1		$d \geq 0.025L$ $d_1 = 0.8d$ $0.7d < d_2 < 0.8d$ $d_3 = 0.1d$	금지
2		$a \geq 0.034L$ $a_1 = 0.8a$ $0.7a < a_2 < 0.8a$ $a \geq 0.025L$ $a_1 = 0.8a$ $0.7a < a_2 < 0.8a$	경고
3		$d \geq 0.025L$ $d_2 = 0.8d$	지시
4		$b \geq 0.0224L$ $b_2 = 0.8b$	안내

번호	기본모형	규격비율(크기)	사용예
5		$h < l$ $h_2 = 0.8h$ $l \times h \geqq 0.0005L^2$ $h - h_2 = l - l_2 = 2e_2$ $l/h = 1,\ 4,\ 2,\ 4,\ 8$ (4종류)	안내
6	A B C 모형 안쪽에는 A, B, C로 3가지 구역으로 구분하여 글씨를 기재한다.	1. 모형크기(가로 40[cm], 세로 25[cm] 이상) 2. 글자크기(A : 가로 4[cm], 세로 5[cm] 이상, B : 가로 2.5[cm], 세로 3[cm] 이상, C : 가로 3[cm], 세로 3.5[cm] 이상)	관계자외 출입금지
7	A B C 모형 안쪽에는 A, B, C로 3가지 구역으로 구분하여 글씨를 기재한다.	1. 모형크기(가로 70[cm], 세로 50[cm] 이상) 2. 글자크기(A : 가로 8[cm], 세로 10[cm] 이상, B, C : 가로 6[cm], 세로 6[cm] 이상)	관계자외 출입금지

※ 1. L=안전표지를 인식할 수 있거나 인식해야 할 안전거리를 말한다.(L과 a, b, d, e, h, l은 동일 단위로 계산해야 한다.)
  2. 점선 안에는 표지 사항과 관련된 부호 또는 그림을 그린다.

1. 색채가 재해에 미치는 영향

위험물을 표시하는 색을 교통 신호의 위험을 나타낸 색채와 같은 빨강으로 나타냈다면 붉은색은 피의 색과 같아 공포감을 연상하게 된다. 이와 같이 색채는 인간의 감각을 여러 가지로 변화시켜 일의 능률이나 휴식의 정도를 좌우하게 된다.

따라서 여러 가지 색을 조사하여 색채 계획이 잘못되지 않았는가를 확인하지 않으면 안 된다. 우리들이 눈으로 느끼는 색은 황색을 경계로 하여 녹색이나 청색은 침착감을 주어 안전하게 만든다.

반대로 빨강색은 자극을 주어 흥분하게 만드므로 조급하게 서둘러 불안감을 조성한다. 현장에서 너무 침착하여 졸음이 온다면 또 불행을 초래할 수도 있다. 그러므로 색채의 조화로 침착하면서도 능률을 높이는 색채 배합이 요구된다.

인간은 너무 차분한 색에 젖어들면 폐쇄감이 있으므로 작업 능률이 떨어지고, 산업 현장에서는 생산성에 영향을 미치게 된다. 산업 현장에 사용되고 있는 버튼 스위치의 색깔이 일정한 표준에 따라 청색과 적색으로 통일되어 있을 때는 문제가 없으나 색깔의 위치가 뒤바뀌어 있을 때는 항상 사용하던 작업자가 기계를 조작할 때 표준만 생각하여 뒤바뀐 색채에 미숙하기 때문에 실수를 하여 재해를 일으키게 된다. 따라서 색채는 통일성 있게 표시되어야 한다. 색채가 통일되면 눈의 피로를 적게 만들고 주의력을 환기시키며 쾌적한 작업 환경이 유지되고 작업 능률을 향상시킬 수 있다. 색채는 눈의 피로와 긴장을 증감시키며 정서적 감정에 영향을 끼친다. 일반적으로 색채는 인간의 심리적인 반응에 영향을 주고 있으며 조명의 밝기에도 영향을 준다. 색채는 또 둔함과 경쾌감에도 영향을 주며 원근 크기에도 영향을 준다.

2. 색채의 이용

작업 현장에서 많이 사용되는 안전 보건표지의 색채에는 다음과 같은 것이 있다.
① **빨간색** : 화재의 방지에 관계되는 물건에 나타내는 색으로 방화 표시, 소화전, 소화기, 화재 경보기 등이 있으며 정지시 표지로 긴급 정지 버튼, 정지 신호, 통행 금지, 출입 금지 등이 있다.
② **주황색** : 재해나 상해가 발생하는 장소에 위험 표지로 사용되며, 뚜껑없는 스위치, 스위치 박스, 뚜껑의 내면, 기계 안전 커버의 내면, 노출 톱니바퀴의 내면, 항공·선박의 시설 등에 사용된다.
③ **노란색** : 충돌·추락 주의 표시, 크레인의 훅, 낮은 보, 충돌의 위험이 있는 기둥, 피트의 끝, 바닥의 돌출물, 계단의 디딤면 등에 사용된다.
④ **청색** : 함부로 조작하면 안 되는 곳, 수리 중의 운휴 정지 장소를 표시하는 표지, 전기 스위치의 외부 표시 등에 사용된다.
⑤ **녹색** : 위험, 구급 장소를 나타낸다. 대피 장소 또는 방향을 표시하는 표지, 비상구, 안전 위생 지도 표지, 진행 등에 사용된다.
⑥ **흰색** : 통로의 표지, 방향 지시, 통로의 구획선, 물품 두는 장소, 보조색으로서 방화 등에 사용된다.
⑦ **흑색** : 주의, 위험 표지의 글자, 보조색(빨강이나 노랑에 대한) 등에 사용된다.
⑧ **보라색** : 방사능 등의 표시에 사용된다.

이들 안전 색채에 유의할 점은 용이하게 파손되거나 변질되지 않는 재료로 제작하여야 하며 색채 고정 원료를 배합하여 변질되지 아니한 것을 사용한다. 또 크기는 근로자가 쉽게 알아볼 수 있는 크기로 제작되어야 한다. 또 야간에는 표지에 조명등을 설치하거나 야광색으로 제작하여 빨리 알아볼 수 있도록 해야 한다.

3. 안전 보건 표지의 종류

안전 보건 표지는 산업 현장, 공장, 광산, 건설 현장, 차량, 선박 등의 안전을 유지하기 위하여 사용한다.

① 금지 표지 : 출입 금지, 보행 금지, 차량 통행 금지, 사용 금지, 탑승 금지, 금연, 화기 금지, 물체 이동 금지 등으로 흰색 바탕에 기본 모형은 빨강, 관련 부호 및 그림은 검정색이다.

② 경고 표지 : 인화성물질 경고, 산화성물질 경고, 폭발물 경고, 급성독성물질 경고, 부식성물질경고 등은 금지표지에 준하며, 방사성물질 경고, 고압전기 경고, 매달린 물체경고, 낙하물 경고, 고온 경고, 저온 경고, 몸균형 상실 경고, 레이저광선 경고, 위험장소 경고 등으로 바탕은 노란색 기본 모형, 관련 부호 및 그림은 검은색이다.

③ 지시 표지 : 보안경 착용, 방독 마스크 착용, 방진 마스크 착용, 보안면 착용, 안전 모자 착용, 귀마개 착용, 안전화 착용, 안전 장갑 착용, 안전복 착용으로 바탕은 파란색이고 그 관련 그림은 흰색으로 나타낸다.

④ 안내 표지 : 녹십자표지, 응급구호표지, 들것, 세안장치, 비상구, 좌측 비상구, 우측 비상구가 있는데 바탕은 흰색, 기본 모형 및 관련 부호는 녹색, 바탕은 녹색, 관련 부호 및 그림은 흰색으로 나타낸다.

⑤ 관계자외 출입금지
    ㉮ 허가대상물질작업장
    ㉯ 석면취급 해체작업장
    ㉰ 금지대상물질의 취급 실험실 등

[표] 산업안전 색채의 종류, 색도기준 및 표시사항

종 류	기 준	표시사항	사용예
빨간색	7.5R 4/14	금 지	정지신호, 소화설비 및 그 장소, 유해행위의 금지
		경 고	화학물질 취급장소에서 유해·위험경고
노란색	5Y8.5/12	경 고	화학물질 취급장소에서의 유해·위험경고 이외의 위험경고, 주의표지 또는 기계방호물
파란색	2.5PB 4/10	지 시	특정행위의 지시 및 사실의 고지
녹색	2.5G4/10	안 내	비상구 및 피난소, 사람, 차량의 통행표지
흰색	N 9.5		파란색 또는 녹색에 대한 보조색
검은색	N 0.5		문자 및 빨간색 또는 노란색에 대한 보조색

4. 안전 보건 표지의 종류와 형태

① 금지표시	101 출입금지	102 보행금지	103 차량통행금지	104 사용금지	105 탑승금지	106 금연	107 화기금지
108 물체이동 금지	② 경고표지	201 인화성 물질경고	202 산화성 물질경고	203 폭발성 물질경고	204 급성독성 물질경고	205 부식성 물질경고	206 방사성 물질경고
207 고압전기 경고	208 매달린 물체경고	209 낙하물 경고	210 고온경고	211 저온경고	212 몸균형 상실경고	213 레이저 광선경고	214 발암성·병이원성·생식독성·전신독성·호흡기 과민성물질 경고
215 위험장소 경고	③ 지시표지	301 보안경 착용	302 방독마스크 착용	303 방진마스크 착용	304 보안면 착용	305 안전모 착용	306 귀마개 착용
307 안전화 착용	308 안전장갑 착용	309 안전복 착용	④ 안내표지	401 녹십자 표지	402 응급구호 표지	403 들것	404 세안장치
405 비상용기구	406 비상구	407 좌측비상구	408 우측비상구	⑤ 관계자외 출입금지	501 허가대상물질작업장 관계자외 출입금지(허가물질명칭) 제조/사용/보관 중 보호구/보호복 착용 흡연 및 음식물 섭취 금지	502 석면취급/해체 작업장 관계자외 출입금지 석면 취급/해체 중 보호구/보호복 착용 흡연 및 음식물 섭취 금지	503 금지대상물질의 취급실험실 등 관계자외 출입금지 발암물질 취급 중 보호구/보호복 착용 흡연 및 음식물 섭취 금지
⑥ 문자 추가시 예시문		▶내자신의 건강과 복지를 위하여 안전을 늘 생각한다. ▶내가정의 행복과 화목을 위하여 안전을 늘 생각한다. ▶내자신이 일으킨 사고로 오는 회사의 재산과 과실을 방지하기 위하여 안전을 늘 생각한다. ▶내자신의 방심과 불안전한 행동이 조국의 번영에 장애가 되지 않도록 하기 위하여 안전을 늘 생각한다.					

제3장 산업 재해 발생 및 재해 조사 분석

1 재해 조사의 목적

재해 원인과 결함을 규명하여 동종 재해 및 유사 재해의 재발 방지 대책 강구

2 재해 조사 방법

① 재해 발생 직후에 행한다.
② 현장의 물리적 흔적(물적 증거)을 수집한다.
③ 재해 현장은 사진을 촬영하여 보관하고, 기록한다.
④ 목격자, 현장 책임자 등 많은 사람들에게 사고시의 상황을 듣는다.
⑤ 재해 피해자로부터 재해 직전의 상황을 듣는다.
⑥ 판단하기 어려운 특수 재해나 중대 재해는 전문가에게 조사를 의뢰한다.

> **참고**
> ▶ 재해 조사 과정의 3단계
> ① 현장 보존 ② 사실의 수집 ③ 목격자, 감독자, 재해자 등의 진술

3 재해 조사시의 유의 사항

① 사실을 수집한다. 이유는 뒤에 확인한다.
② 목격자 등이 증언하는 사실 이외의 추측의 말은 참고로만 한다.
③ 조사는 신속하게 하고 긴급 조치하여, 2차 재해의 방지를 도모한다.
④ 사람, 기계 설비 양면의 재해 요인을 모두 도출한다.
⑤ 객관적인 입장에서 공정하게 조사하며, 조사는 2인 이상이 한다.

⑥ 책임 추궁보다 재발 방지를 우선하는 기본 태도를 갖는다.
⑦ 피해자에 대한 구급 조치를 우선한다.
⑧ 2차 재해의 예방과 위험성에 대한 보호구를 착용한다.

4 재해 발생시 처리 순서 7단계

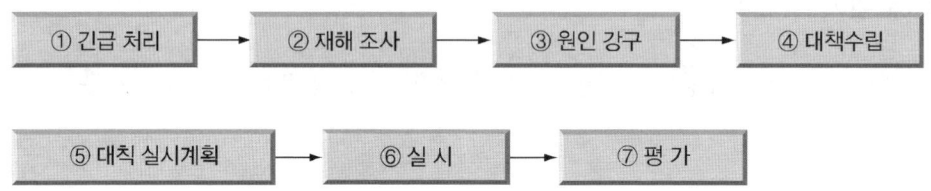

5 재해 발생시 제1단계 긴급 처리 내용 5가지

① 피재 기계의 정지
② 재해자의 응급 조치
③ 관계자에게 통보
④ 2차 재해 방지
⑤ 현장 보존

6 재해 조사시 잠재 재해 요인 적출

① 발생일시
② 발생장소
③ 재해관련 작업유형
④ 재해발생 당시 상황

7 재해 사례 연구 순서(Accident Analysis and Control)

① 전제 조건 : 재해 상황의 파악(상해 부위, 상해 정도, 상해의 성질)
② 제 1 단계 : 사실의 확인(사람, 물건, 관리, 재해 발생 경과)
③ 제 2 단계 : 문제점의 발견

④ 제 3 단계 : 근본 문제점의 결정
⑤ 제 4 단계 : 대책 수립

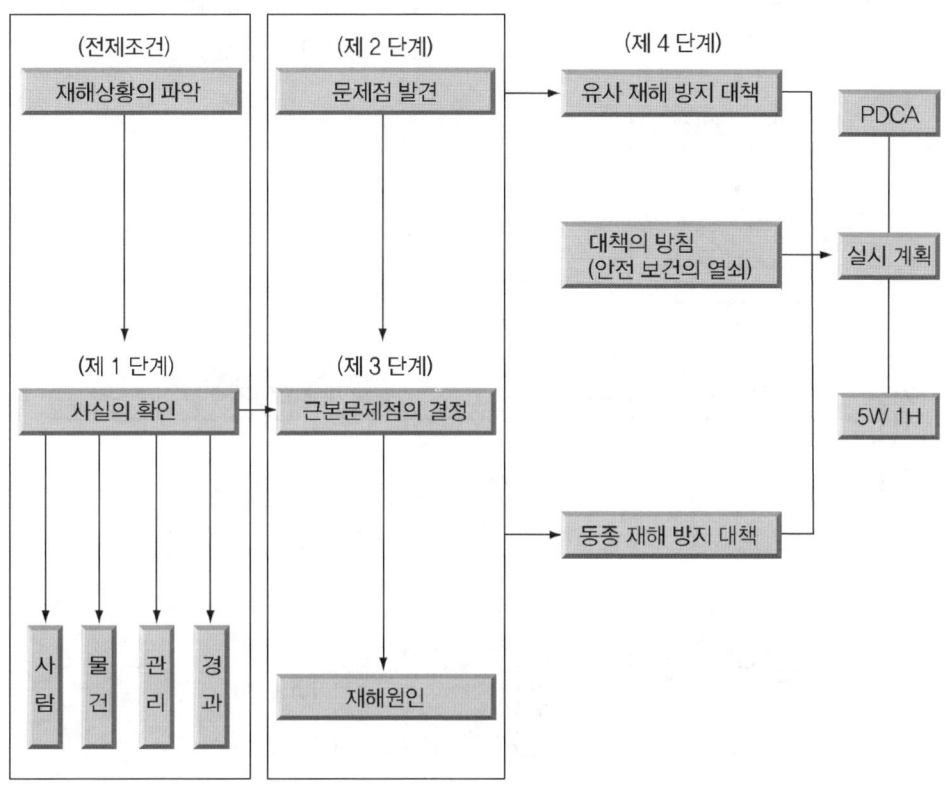

[그림] 재해 사례 연구 순서

8 재해의 직접 원인

(1) 불안전한 상태(물적 원인)

　　① 물 자체 결함　　　　　　　② 안전 방호 장치 결함
　　③ 복장, 보호구의 결함　　　　④ 기계의 배치 및 작업 장소의 결함
　　⑤ 작업 환경의 결함　　　　　⑥ 생산 공정의 결함
　　⑦ 경계 표시, 설비의 결함

(2) 불안전한 행동(인적 원인)

　　① 위험 장소 접근　　　　　　② 안전 장치의 기능 제거

③ 복장, 보호구의 잘못 사용　　④ 기계 기구 잘못 사용
⑤ 운전 중인 기계 장치의 손질　⑥ 불안전한 속도 조작
⑦ 위험물 취급 부주의　　　　　⑧ 불안전한 상태 방치
⑨ 불안전한 자세 동작　　　　　⑩ 감독 및 연락 불충분

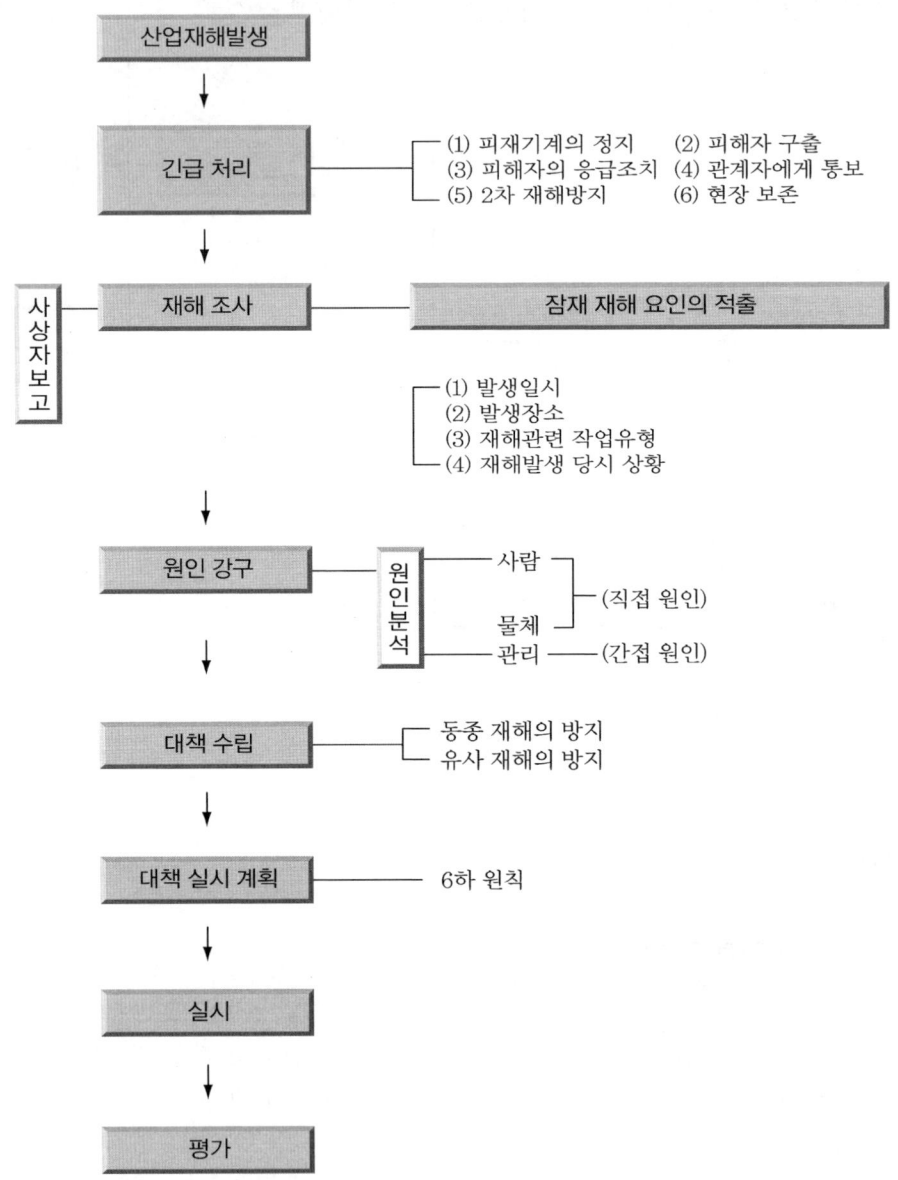

[그림] 재해 발생 처리 순서

9 재해 원인의 관리적 원인

(1) 기술적 원인
　　① 건물·기계 장치 설계 불량　　② 구조·재료의 부적합
　　③ 생산 공정의 부적당　　　　　④ 점검 및 보존 불량

(2) 교육적 원인
　　① 안전 지식의 부족
　　② 안전 수칙의 오해
　　③ 경험 훈련의 미숙
　　④ 작업 방법의 교육 불충분
　　⑤ 유해, 위험 작업의 교육 불충분

(3) 작업 관리상의 원인
　　① 안전 관리 조직 결함　　② 안전 수칙 미제정
　　③ 작업 준비 불충분　　　　④ 인원 배치 부적당
　　⑤ 작업 지시 부적당

> **참고**
>
> 1. 간접 원인
>   ① 기술적 원인　　② 교육적 원인
>   ③ 신체적 원인　　④ 정신적 원인
>   ⑤ 관리적 원인
>
> 2. 불안전한 행동의 원인
>   ① 생리적 원인　　② 심리적 원인
>   ③ 교육적 원인　　④ 환경적 원인
>
> 3. 불안전한 행동별 원인
>   ① 안전 작업 표준 미작성 : 무단 작업 실시로 재해가 발생한다.
>   ② 작업과 안전 작업 표준의 상이 : 설비, 작업의 수시변경으로 재해가 발생한다.
>   ③ 안전 작업 표준의 결함 : 작업 분석의 불완전으로 일어난다.
>   ④ 안전 작업 표준의 불이해 : 안전 교육에 결함이 있다.
>   ⑤ 안전 작업 표준의 불이행 : 안전 태도에 문제가 있다.

10 재해 분석 모델

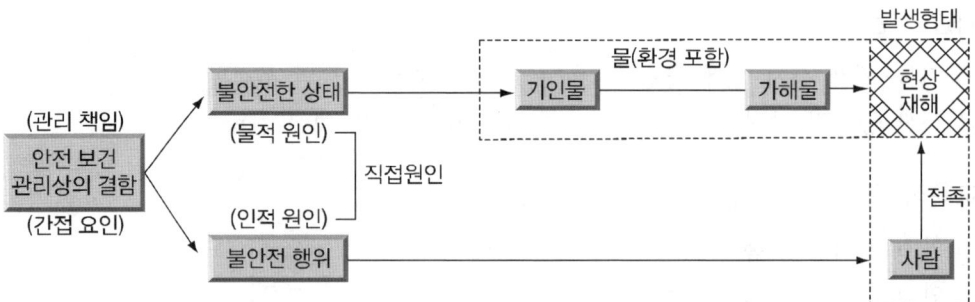

> **참고**
> ▶ 재해 분석(예)
>
> 1. 미끄러운 기름이 흩어져 있는 복도 위를 걷다가 넘어져 기계에 머리를 다쳤다. 재해 분석을 하시오.
>   ① 사고 유형 : 전도
>   ② 가해물 : 기계
>   ③ 기인물 : 기름
>
> 2. 롤러의 청소 작업 중 걸레를 쥔 손이 롤러에 말려들어가 손에 부상을 당하였다. 재해를 분석하시오.
>   ① 사고 유형 : 협착   ② 가해물 : 롤러
>   ③ 기인물 : 롤러기   ④ 불안전한 행동 : 운전 중 청소
>   ⑤ 불안전한 상태 : 방호 장치 미부착

11 재해 발생의 일반적인 경향

(1) 작업 시간

재해 발생은 작업 밀도에 비례하며, 작업 밀도가 높은 10시~11시경 및 14~15시경에 가장 많이 발생한다.
① 작업 밀도가 높고 정신적·육체적 피로가 축적되어 오조작 또는 오동작이 많아지기 때문에 재해가 많이 발생한다.
② 작업 시간이 길어지면 후반으로 갈수록 피로가 증가되어 재해 발생의 기회가 많아진다.

(2) 작업 숙련도에 의한 재해 발생

① 작업의 숙련 과정(1~2년)에서 재해 발생률이 많다.
② 연령은 기능 숙련 과정인 20~25세에 오동작에 의한 재해가 많이 발생한다.
③ 고령층에 있어서는 위험 작업에 종사하는 반면 신체의 운동 신경 둔화로 중대 재해가 발생한다.

(3) 작업 강도

작업 강도가 높을수록 R.M.R.(에너지 대사율)이 높아 산소가 부족하여지고, 이러한 상태가 지속되면 판단이 잘못되어 오동작이나 실수를 하여 재해가 발생하게 된다.

12 재해 원인 분석 방법

(1) 개별적 원인 분석

① 개개의 재해를 하나하나 분석하는 것으로 상세하게 그 원인을 규명하는 것이다.
② 특수 재해나 중대 재해 및 건수가 적은 사업장 또는 개별 재해 특유의 조사 항목을 사용할 필요성이 있을 때 사용한다.

(2) 통계적 원인 분석

각 요인의 상호 관계와 분포 상태 등을 거시적(macro)으로 분석하는 방법이다.

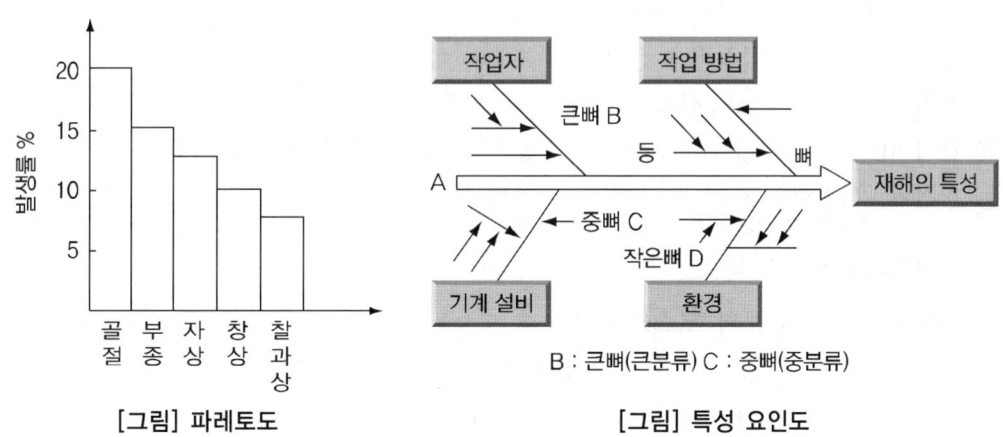

[그림] 파레토도   [그림] 특성 요인도

① 파레토(Pareto)도 : 사고의 유형, 기인물 등 분류 항목을 큰 순서대로 도표화한다(문제나 목표의 이해에 편리).

② 특성 요인도 : 특성과 요인 관계를 도표로 하여 어골상(魚骨狀)으로 세분한다.
③ 크로스(cross) 분석 : 2개 이상의 문제 관계를 분석하는 데 사용하는 것으로, 데이터(data)를 집계하고 표로 표시하여 요인별 결과 내역을 교차한 크로스 그림을 작성하여 분석한다.
④ 관리도 : 재해 발생 건수 등의 추이를 파악하여 목표 관리를 행하는 데 필요한 월별 재해 발생수를 그래프(graph)화하여 관리선을 설정 관리하는 방법이다. 관리선은 상방 관리 한계(UCL : Upper Control Limit), 중심선(PN), 하방 관리 한계(LCL : Low Control Limit)로 표시한다.

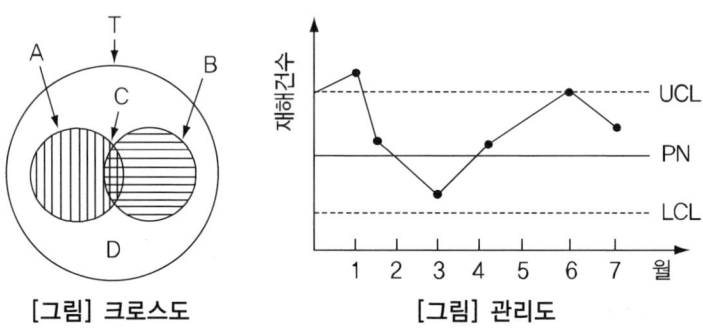

[그림] 크로스도   [그림] 관리도

13 재해 손실비(Accident Cost)

(1) 하인리히(H.W. Heinrich) 방법

① 총재해 코스트 = 직접비 + 간접비
② 직접비(direct cost) : 산재 보상비
③ 간접비(indirect cost) : 생산 손실, 물적 손실, 인적 손실(임금 손실)
④ 직접비 : 간접비 = 1 : 4

(2) 시몬즈(Simonds) 방식

① 총재해 코스트 = 보험 코스트 + 비보험 코스트
    = A × 휴업 상해 건수 + B × 통원 상해 건수 + C × 구급 조치 건수
    + D × 무상해 사고 건수
② 시몬즈 방식에서 별도로 계산 삽입하여야 하는 재해 : 사망, 영구 전노동 불능 재해

> **참고**
>
> 1. 2021년 한해의 산재보상비의 총액은 2,000만원이었다면 이 사업장의 재해 손실비는 얼마인가?(단, 하인리히 방식)
>   [해답]
>   2,000만원 × 5 = (직접비 : 2,000만원)×4 = 1억
>
> 2. 재해 손실비 중 간접비의 내역을 3가지로 분류하여 열거하시오.
>   [해답]
>   ① 생산 손실
>   ② 물적 손실
>   ③ 인적 손실(또는 임금 손실)
>
> 3. Simonds의 Accident cost 산출방식 중 비보험코스트의 산정 기준이 되는 재해 사고의 종류 4가지를 쓰시오.
>   [해답]
>   ① 휴업 상해　　　　② 통원 상해
>   ③ 구급 조치　　　　④ 무상해 사고

14 연천인율

① 연천인율이란 근로자 1,000명을 기준으로 한 재해 발생자 수의 비율이다.
② 계산 공식

$$연천인율 = \frac{연간재해자수}{연평균근로자수} \times 1,000$$

③ 1년간 평균 500명의 상시 근로자를 두고 있는 기업체 내의 연간 25명의 재해가 발생하였다면 연천인율은?

$$연천인율 = \frac{연간재해자수}{연평균근로자수} \times 1,000 = \frac{25}{500} \times 1,000 = 50$$

④ 연천인율이 50이란 뜻은 그 작업장의 수준으로 연간 1,000명이 작업한다면 50명의 재해가 발생된다는 뜻이다.

15 빈도율(F.R. : Frequency Rate of Injury)

① 빈도율이란 재해 발생 건수에 대한 통계로서 1,000,000인시(man hour)를 기준으로 하고 있다.

$$빈도율 = \frac{재해건수}{연근로시간수} \times 1,000,000$$

② 연근로 시간수 = 평균 근로자수 × 1인당 근로 시간수(연간)

③ 500인의 근로자를 채용하고 있는 사업장에서 연간 25건의 요양재해가 발생하였다면 빈도율은?

$$빈도율 = \frac{재해건수}{연근로시간수} \times 1,000,000 = \frac{25}{500 \times 8 \times 300} \times 10^6 = 20.89$$

④ 빈도율이 20.89라는 뜻은 1,000,000인시 작업하는 동안에 20.89건의 재해가 발생된다는 뜻이다.

⑤ 빈도율 20.89인 사업장에서 한 사람의 근로자가 일평생 작업한다면 몇 건의 재해를 당하겠는가의 환산 빈도율은?

$$20.89 \times \frac{100,000}{1,000,000} = 2.0 \quad 답 : 약 2건$$

⑥ **연천인율과 빈도율의 상관 관계** : 연천인율 = 2.4 × 빈도율

> **합격정보**
> 산업재해통계업무처리규정 제3조 산업재해통계의 산출방법 및 정의(2022.5.2 제194호)

16 강도율(Severity Rate of Injury)

① 강도율은 요양재해로 인한 근로 손실의 정도를 나타내는 통계로서 1,000인시당 근로 손실일수를 나타낸다.

② 계산 공식

$$강도율 = \frac{총요양근로손실일수}{연근로시간수} \times 1,000$$

[등급별 근로 손실 일수]

신체장해등급	1~3	4	5	6	7	8	9	10	11	12	13	14
근로손실일수	7,500	5,500	4,000	3,000	2,200	1,500	1,000	600	400	200	100	50

③ 근로 손실일수
= 장해 등급별 근로 손실 일수 + 비장해 등급 손실일수 × 300/365

> **참고**
> ▶ 사망에 의한 손실 일수 7,500일 산출 근거
> ① 사망자의 평균 연령 : 30세　　② 근로 가능 연령 : 55세
> ③ 근로 손실연수 : 55 − 30 = 25년　④ 연간 근로일수 : 300일
> ⑤ 사망으로 인한 근로 손실일수 : 300 × 25 = 7,500일

④ 연평균 100인의 근로자를 가진 사업장에서 연간 5건의 재해가 발생하였는데 그 중 사망 1명, 14급 2명, 1명은 30일 가료, 다른 1명은 7일 가료하였다. 강도율은?

$$강도율 = \frac{총요양근로손실일수}{연근로시간수} \times 1,000$$

$$= \frac{7,500 + (50 \times 2) + \left(\frac{37 \times 300}{365}\right)}{100 \times 2,400} \times 1,000 = 31.73$$

⑤ 강도율 31.73이란 뜻은 1,000인시 작업하는 동안에 요양 재해가 발생하여 31.73일의 근로 손실이 발생하였다는 뜻이다.

⑥ 강도율 31.73인 사업장에서 한 작업자가 평생 작업한다면 산재로 인하여 며칠의 근로 손실을 당하겠는가의 환산 강도율은?

$$환산강도율 = 강도율 \times \frac{100,000}{1,000} = 31.79 \times 100 = 3173$$

17 종합 재해 지수(F.S.I = Frequency Severity Imdicator)

$$종합재해지수(F.S.I) = \sqrt{빈도율(FR) \times 강도율(SR)}$$

18 Safe−T−Score

$$Safe-T-Score = \frac{현재빈도율 - 과거빈도율}{\sqrt{\frac{과거빈도율}{현재 근로총시간수} \times 10^6}}$$

단위가 없으며, 계산 결과가 +이면 나쁜 결과이고, −이면 과거에 비해 좋은 기록이다.
+2.00 이상인 경우 : 과거보다 심각하게 나빠졌다.

+2.00에서 −2.00 사이 : 과거에 비해 심각한 차이가 없다.
−2.00 이하인 경우 : 과거보다 좋아졌다.

> **참고**
>
> 어떤 사업장의 X부서와 Y부서의 재해율은 아래 표와 같다. 각 부서의 Safe-T-Score를 계산하고, 안전 관리 측면에서의 심각성 여부에 관하여 간단하게 서술하시오.
>
> | 연도 | 구분 | X부서 | Y부서 |
> |---|---|---|---|
> | 2020년 | 사고 | 10건 | 1,000건 |
> | | 근로 총시간수 | 10,000인시 | 1,000,000인시 |
> | | 빈도율 | 1,000 | 1,000 |
> | 2021년 | 사고 | 15건 | 1,100건 |
> | | 근로 총시간수 | 10,000인시 | 1,000,000인시 |
> | | 빈도율 | 1,500 | 1,100 |
>
> ① X부서의 Safe-T-Score
>
> $$\frac{1,500-1,000}{\sqrt{\frac{1,000}{10,000}\times 10^6}} = 1.58$$
>
> ② Y부서의 Safe-T-Score
>
> $$\frac{1,100-1,000}{\sqrt{\frac{1,000}{1,000,000}\times 10^6}} = 3.16$$
>
> X부서는 +1.58이므로 비록 재해는 50[%] 증가했으나 심각하지 않고, Y부서는 +3.16이므로 재해는 10[%]밖에 증가하지 않았으나 안전 문제가 심각하다.
> 안전 대책이 시급히 요망된다.

19 재해 발생률의 국제적 비교

(1) 재해 통계의 국제적 통일 권고

1949년 제6회 국제 노동 통계 회의에서 채택된 결의 사항

① 국가별, 시기별, 산업별의 비교를 위해 산업 사상 통계를 도수율이나 강도율의 양쪽의 율로 나타낸다.

② 도수율은 요양재해의 수량(100만배 한다)을 총인원의 근로 연시간수로 나누어 산정한다.

$$도수율 = \frac{요양재해건수(N)}{연근로시간수(H)} \times 10^6$$

③ 강도율은 근로 손실일수(1,000배 한다)를 총인원의 근로연시간수로 나누어 산정한다.

$$강도율 = \frac{총요양근로손실일수}{연근로시간수} \times 10^3$$

합격정보

산업재해통계업무처리규정 제2조 적용범위(2020.1.16)

(2) ILO(국제적) 구분에 의한 산업 재해의 정도
  ① 사망
  ② 영구 전노동 불능 상해(영구 전노동 불능 재해)
  ③ 영구 부분 노동 불능 상해(영구 일부 노동 불능 재해)
  ④ 일시 전노동 불능 상해(일시 전노동 불능 재해)
  ⑤ 일시 부분 노동 불능 상해(일시 일부 노동 불능 재해)
  ⑥ 구급 처지 상해

(3) 재해 발생률의 국제적 비교

도수율과 강도율의 정의는 1949년 제6회 국제 노동 통계 회의에서 정해진 것이나 그 방식을 채용하는 나라는 그다지 많지 않다.

예를 들어 미국의 NSC의 통계를 보아도 강도율은 100만 시간당의 수치이므로 우리나라의 수치를 1,000배 하여 비교할 필요가 있다.

또한 강도율의 계산에 사용되는 장해 등급별 근로 손실일수도 일정하지 않으며, 장해 등급의 제1급에서 제14급까지의 구분이 세계적으로 공통된 것은 아니다. 따라서, 휴업 도수율, 사망 연천인율 등의 수치는 그대로 비교하여도 거의 틀림없으나 강도율의 정확한 국제 비교는 현재의 입장에서는 불가능하다.

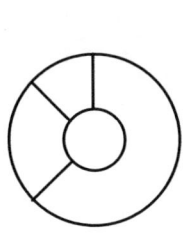
① 파이도표

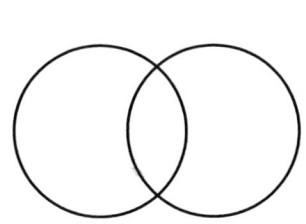
② 크로스 분석도

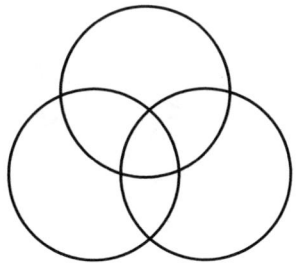
③ 오일러도표

[그림] 통계 도표의 종류

> **참고**
>
> 1. 가중 평균값을 이용하는 방법에 의하여 연천인율을 예측하시오.(단, 가중치는 연도별로 0.1, 0.2, 0.3, 0.4를 부여할 것)
>
> | 연 도 | 2018년 | 2019년 | 2020년 | 2021년 |
> |---|---|---|---|---|
> | 연천인율 | 39.77 | 39.83 | 35.99 | 31.55 |
>
>   [해답]
> $39.77 \times 0.1 + 39.83 \times 0.2 + 35.99 \times 0.3 + 31.55 \times 0.4 = 35.36$
>
> 2. 2021년 S사업장에서 1/4분기 500인, 2/4분기 450인, 3/4분기 500인, 4/4분기 450인의 근로자가 작업한 사업장에서 연간 25명의 재해가 발생하였다면 연천인율은 얼마인가?
>
> $$\frac{25}{\frac{50+450+500+450}{4}} \times 1{,}000 = 52.63$$
>
> 3. 500인의 근로자를 채용하고 있는 H사업장에서 연간 25건의 요양재해가 발생하였다면 빈도율은 얼마인가?(단, 연간의 결근율은 5[%]였다.)
>
> $$빈도율 = \frac{요양재해건수}{연근로시간수} \times 10^6 = \frac{25}{500 \times 2{,}400 \times \frac{95}{100}} \times 10^6 = 29.93$$

제4장 안전 점검·검사·인증·진단

1 안전 점검의 목적

(1) 정 의

안전 점검은 안전 확보를 위해 실태를 파악하여 설비의 불안전한 상태나 인간의 불안전한 행동에서 생기는 결함을 발견하고, 안전 대책의 이상 상태를 확인하는 행동이다.

① 기계 설비의 설계, 제조, 운전, 보전, 수리 등의 각 과정에서 인간의 착오 등에 의한 위험 요인의 잠재성을 제거하는 데 목적이 있다.
② 운전 중인 기계 설비나 작업 환경도 수시로 변화함으로써 위험 요인을 제거하는 것이 목적이다.

2 안전 점검의 의의

① 설비의 안전 확보
② 설비의 안전 상태 유지
③ 인적인 안전 행동 상태의 유지

3 안전 점검의 종류

① 정기 점검(계획 점검)
② 임시 점검
③ 수시 점검(일상 점검)
④ 특별 점검

(1) 일상 점검(수시 점검)

현장 감독자, 작업 주임이 자기가 맡고 있는 공정의 설비, 기계, 공구 등을 매일 일의 시작이나 종료시 또는 작업 중에 계속해서 시설과 사람의 작업 동작에 대하여 점검한다.

(2) 정기 점검(계획 점검)

일정 기간마다 정기적으로 점검하는 것을 말하며, 일반적으로 매주 또는 매월 1회씩 담당 분야별로 해당 분야의 작업 책임자가 기계 설비의 안전상의 중요 부분의 피로, 마모, 손상, 부식 등 장치의 변화 유무 등을 점검한다.

(3) 특별 점검

기계, 기구 또는 설비를 신설하거나 변경 내지는 고장, 수리 등을 할 경우에 행하는 부정기 특별 점검을 말하며, 산업안전보건 강조 기간 및 천재지변의 발생 후 점검도 이에 해당된다.

(4) 임시 점검

정기 점검 실시 후 다음 점검 기일 이전에 실시하는 점검이며 유사 기계의 돌발 사태시에도 적용된다.

4 안전 점검의 대상

(1) 전반적 또는 작업 방법에 관한 것
  ① 안전 보건 관리 조직 및 체계
  ② 안전 활동
  ③ 안전 보건 교육
  ④ 안전 점검

(2) 설비에 관한 것
  ① 작업 환경
  ② 안전 장치
  ③ 보호구
  ④ 정리 정돈
  ⑤ 운반 설비
  ⑥ 위험물 방화 관리

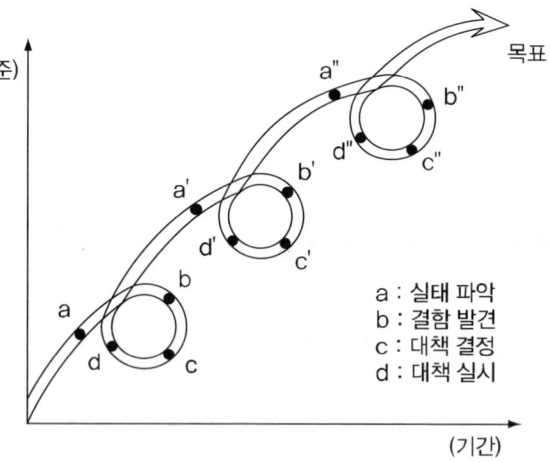

[그림] 안전점검 및 진단의 순서

5 안전 점검 및 진단의 순서

① 실태의 파악
② 결함의 발견
③ 대책의 결정
④ 대책의 실시

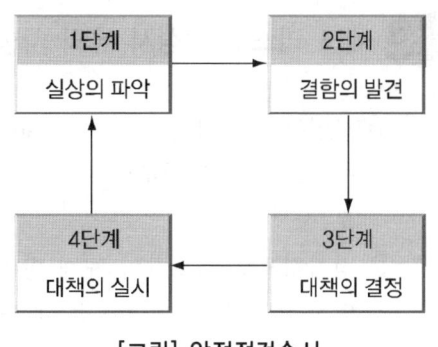

[그림] 안전점검순서

6 안전 점검시 유의 사항 6가지

① 여러 가지 점검 방법을 병용한다.
② 점검자의 능력에 상응하는 점검을 실시한다.
③ 과거의 재해 발생 부분은 그 원인이 배제되었는지 확인한다.
④ 불량한 부분이 발견된 경우에는 다른 동종 설비도 점검한다.
⑤ 발견된 불량 부분은 원인을 조사하고 필요한 대책을 강구한다.
⑥ 안전 점검은 안전 수준의 향상을 목적으로 하는 것임을 염두에 두어야 한다.

7 점검 방법에 의한 점검

(1) 외관 점검

기기의 적정한 배치, 설치 상태, 변형, 균열, 손상, 부식, 볼트의 풀림 등의 유무를 외관에서 시각 및 촉감 등에 의해 조사하고, 점검 기준에 의해 양부를 확인하는 것이다.

(2) 기능 점검

간단한 조작을 행하여 대상 기기의 기능의 양부를 확인하는 것이다.

(3) 작동 점검

안전 장치나 누전 차단 장치 등을 정해진 순서에 의해 작동시켜 상황의 양부를 확인하는 것이다.

(4) 종합 점검

정해진 점검 기준에 의해 측정, 검사를 하고 또 일정한 조건하에서 운전 시험을 하여 그 기계 설비의 종합적인 기능을 확인하는 것이다.

8 체크 리스트 작성시 유의 사항

① 사업장에 적합한 독자적인 내용일 것
② 중점도가 높은 것부터 순서대로 작성할 것(위험성이 높은 순이나 긴급을 요하는 순으로 작성)
③ 정기적으로 검토하여 재해 방지에 실효성 있게 개조된 내용일 것(관계자 의견 청취)
④ 일정 양식을 정하여 점검 대상을 정할 것
⑤ 점검표의 내용은 이해하기 쉽도록 표현하고 구체적일 것

9 체크 리스트에 포함하여야 하는 사항

① 점검대상
② 점검부분(점검개소)
③ 점검항목(점검내용 : 마모, 균열, 부식, 파손, 변형 등)
④ 점검주기 또는 기간(점검시기)
⑤ 점검방법(육안점검, 기능점검, 기기점검, 정밀점검)
⑥ 판정기준(안전검사기준, 법령에 의한 기준, KS기준 등)
⑦ 조치사항(점검결과에 따른 결함의 시정사항)

10 점검시의 재해 방지 대책(안전 대책)

① 자동 점검 시스템화, 페일 세이프(fail safe)화, 부품의 유닛(unit)화 등을 채택할 것 (점검의 간소화)
② 보호구를 착용하고 점검에 필요한 안전 장치, 안전망, 덮개, 승강 설비, 개폐기 등의 시설을 구비할 것
③ 점검 작업을 표준화(standardization)할 것
④ 작업자의 자격 요건을 정비하여 교육을 실시하고 점검 작업에 적합한 지휘 감독자를 배치할 것

11 안전인증 대상기계 또는 설비

① 프레스
② 전단기 및 절곡기
③ 크레인
④ 리프트
⑤ 압력용기
⑥ 롤러기
⑦ 사출성형기
⑧ 고소 작업대
⑨ 곤돌라

12 안전인증대상기계 방호장치의 종류

① 프레스 및 전단기 방호장치
② 양중기용 과부하방지장치
③ 보일러 압력방출용 안전밸브
④ 압력용기 압력방출용 안전밸브
⑤ 압력용기 압력방출용 파열판
⑥ 절연용 방호구 및 활선작업용 기구
⑦ 방폭구조 전기기계·기구 및 부품
⑧ 추락·낙하 및 붕괴 등의 위험방호에 필요한 가설기자재로서 고용노동부장관이 정하여 고시하는 것
⑨ 충돌·협착 등의 위험 방지에 필요한 산업용 로봇 방호장치로 고용노동부장관이 정하여 고시할 것

13 안전인증 전부면제

① 연구·개발을 목적으로 제조·수입하거나 수출을 목적으로 제조하는 경우
②「건설기계관리법」제13조제1항제1호부터 제3호까지에 따른 검사를 받은 경우 또는 같은 법 제18조에 따른 형식승인을 받거나 같은 조에 따른 형식신고를 한 경우
③「고압가스 안전관리법」제17조제1항에 따른 검사를 받은 경우
④「광산안전법」제9조에 따른 검사 중 광업시설의 설치공사 또는 변경공사가 완료되었을 때에 받는 검사를 받은 경우
⑤「방위사업법」제28조제1항에 따른 품질보증을 받은 경우
⑥「선박안전법」제7조에 따른 검사를 받은 경우
⑦「에너지이용 합리화법」제39조제1항 및 제2항에 따른 검사를 받은 경우
⑧「원자력안전법」제16조제1항에 따른 검사를 받은 경우
⑨「위험물안전관리법」제8조제1항 또는 제20조제2항에 따른 검사를 받은 경우

⑩ 「전기사업법」제63조에 따른 검사를 받은 경우
⑪ 「항만법」제26조제1항제1호·제2호 및 제4호에 따른 검사를 받은 경우
⑫ 「화재예방, 소방시설 설치·유지 및 안전관리에 관한 법률」제36조제1항에 따른 형식 승인을 받은 경우」

[표] 안전인증 심사의 종류 및 방법

종류	심사방법		심사기간
예비심사	기계 및 방호장치·보호가 안전인증 대상기계 등인지를 확인하는 심사(안전인증을 신청한 경우만 해당)		7일
서면심사	안전인증대상기계 등의 종류별 또는 형식별로 설계도면 등 안전인증대상기계 등의 제품 기술과 관련된 문서가 안전인증기준에 적합한지 여부에 대한 심사		15일 (외국에서 제조한 경우 30일)
기술능력 및 생산체계심사	안전인증대상기계 등의 안전성능을 지속적으로 유지·보증하기 위하여 사업장에서 갖추어야 할 기술능력과 생산체계가 안전인증기준에 적합한지에 대한 심사, 다만, 수입자가 안전인증을 받거나 제품심사에서의 개별 제품심사를 하는 경우에는 기술능력 및 생산체계 심사를 생략		30일 (외국에서 제조한 경우 45일)
제품심사	안전인증대상기계 등의 안전에 관한 성능이 안전인증기준에 적합한지에 대한 심사 (두 가지 심사 중 어느 하나만 을 받는다)	개별 제품심사	서면심사결과가 안전인증기준에 적합할 경우에 하는 안전인증대상기계 등 모두에 대하여 하는 심사 (서면심사와 개별 제품심사를 동시에 할 것을 요청하는 경우 병행하여 할 수 있다.)	15일
		형식별 제품심사	서면심사와 기술능력 및 생산체계 심사결과가 안전인증기준에 적합할 경우에 하는 안전인증 대상기계 등의 형식별로 표본을 추출하여 하는 심사(서면심사, 기술능력 및 생산체계 심사와 형식별 제품심사를 동시에 할 것을 요청하는 경우 병행하여 할 수 있다.)	30일 (방폭구조전기기계기구 및 부품과 일부 보호구는 60일)

14 자율안전확인 대상기계의 종류

(1) 기계 및 설비의 종류

① 연삭기 또는 연마기. 이경우 휴대형은 제외한다.

② 산업용 로봇
③ 혼합기
④ 파쇄기 또는 분쇄기
⑤ 식품가공용기계(파쇄·절단·혼합·제면기만 해당한다)
⑥ 컨베이어
⑦ 자동차정비용 리프트
⑧ 공작기계(선반, 드릴기, 평삭·형삭기, 밀링만 해당한다)
⑨ 고정형 목재가공용기계(둥근톱, 대패, 루타기, 띠톱, 모떼기 기계만 해당한다)
⑩ 인쇄기

(2) 방호장치의 종류
① 아세틸렌 용접장치용 또는 가스집합 용접장치용 안전기
② 교류아크 용접기용 자동전격 방지기
③ 롤러기 급정지장치
④ 연삭기 덮개
⑤ 목재가공용 둥근톱 반발예방장치 및 날접촉 예방장치
⑥ 동력식 수동대패용 칼날 접촉방지장치
⑦ 추락·낙하 및 붕괴 등의 위험방호에 필요한 가설기자재(안전인증대상기계에 해당되는 사항 제외)로서 고용노동부장관이 정하여 고시하는 것)

[표] 안전인증의 표시방법

구 분	표시	표시방법
안전인증 및 자율안전확인의 표시 및 표시방법	(KCs 마크)	가. 표시는 「국가표준기본법 시행령」 제15조의7 제1항에 따른 표시기준 및 방법에 따른다. 나. 표시를 하는 경우 인체에 상해를 입힐 우려가 있는 재질이나 표면이 거친 재질을 사용해서는 안 된다.

구 분	표시	표시방법
안전인증대상기계등이 아닌 유해·위험기계 등의 안전인증의 표시 및 표시방법	(S 마크 이미지)	① 표시의 크기는 유해·위험기계 등의 크기에 따라 조정할 수 있다. ② 표시의 표상을 명백히 하기 위하여 필요한 경우에는 표시 주위에 한글·영문 등의 글자로 필요한 사항을 덧붙여 적을 수 있다. ③ 표시는 유해·위험기계등이나 이를 담은 용기 또는 포장지의 적당한 곳에 붙이거나 인쇄하거나 새기는 등의 방법으로 해야 한다. ④ 표시는 테두리와 문자를 파란색, 그 밖의 부분을 흰색으로 표현하는 것을 원칙으로 하되, 안전인증표시의 바탕색 등을 고려하여 테두리와 문자를 흰색, 그 밖의 부분을 파란색으로 표현할 수 있다. 이 경우 파란색의 색도는 2.5PB 4/10으로, 흰색의 색도는 N9.5로 한다[색도기준은 한국산업표준(KS)에 따른 색의 3속성에 의한 표시방법(KS A 0062)에 따른다]. ⑤ 표시를 하는 경우에 인체에 상해를 입힐 우려가 있는 재질이나 표면이 거친 재질을 사용해서는 안 된다.

[표] 압력 용기 검사시 주요 사항 및 안전 대책

주요사항	안전대책
○ 안전 밸브	• 최고 사용압력의 110[%] 이하에서 정확히 작동되고 봉인할 것
○ 압력계	• 현저한 손상, 부식, 마모가 없을 것
○ 부식상태 및 용기두께	• 정확도 매일 점검 • 내·외면 부식이 심하지 않을 것
○ 덮개판 및 플랜지	• 측정두께가 설계두께 이상일 것(부식 여유 제외)
○ 외관과 설치 상태	• 나사산의 파손이 없고 체결 상태가 적정할 것 • 이음부 누설이 없을 것 • 노즐, 지지대 등 심한 손상, 변형이 없을 것 • 외력에 의한 손상이 없을 것
○ 용접이음 부위	• 볼트 체결 적정 및 이완 방지 조치
○ 표시판(name plate)	• 균열 또는 이상이 없을 것
○ 접지	• 기재 내용이 정확하고 선명할 것 • 접지편 및 접지선의 상태가 양호할 것

15 안전인증 및 자율안전 확인 제품의 표시내용(방법)

(1) 안전인증 제품 표시방법

　① 형식 또는 모델명
　② 규격 또는 등급 등
　③ 제조자명
　④ 제조번호 및 제조연월
　⑤ 안전인증 번호

(2) 자율안전 확인 제품 표시방법

　① 형식 또는 모델명
　② 규격 또는 등급 등
　③ 제조자명
　④ 제조번호 및 제조연월
　⑤ 자율안전 확인 번호

[표] 안전검사의 주기

구 분	검사주기
크레인(이동식 크레인은 제외한다) 리프트(이삿짐운반용 리프트는 제외한다)	사업장에서 설치가 끝난 날부터 3년 이내에 최초 안전검사를 실시하되, 그 이후부터 매 2년(건설현장에서 사용하는 것은 최초로 설치한 날부터 매 6개월마다)
이동식 크레인, 이삿짐 운반용리프트 및 고소작업대	'자동차관리법'제8조에 따른 신규등록 이후 3년 이내에 최초 안전검사를 실시하되, 그 이후부터 2년마다
프레스, 전단기, 압력용기, 국소 배기장치, 원심기, 화학설비 및 그 부속설비, 건조설비 및 그 부속설비, 롤러기, 사출성형기, 컨베이어 및 산업용 로봇	사업장에 설치가 끝난 날부터 3년 이내에 최초 안전검사를 실시하되, 그 이후부터 2년마다(공정안전보고서를 제출하여 확인을 받은 압력용기는 4년마다)

제5장 예상문제 및 실전모의시험

문제 1

산업 재해 조사와 원인 분석을 하시오.

1 산업 재해 조사와 원인 분석

1. 재해 조사의 목적

재해 조사의 목적은 기업 내에서 발생한 재해에 대해 그 발생 원인을 분명히 함으로써 적절한 재해방지 대책을 수립하여 동종 재해나 유사 재해를 미연에 방지하는 데 있다.
재해 조사의 결과로서 얻어지는 재해 방지 대책이 가장 효과적이기 위해서는 재해 원인을 과학적으로 분석함으로써 얻어진다.
따라서 산업 재해의 발생 과정에서 재해의 요인 가운데 무엇과 무엇이 어떻게 사태의 진전에 관여하였는가, 그 요인 상호간의 구체적 관련은 어떠한가, 무엇이 가장 기본적인 원인이었는가를 분명히 하는 것이 중요하다.
그러므로 산업 재해의 조사에 있어서는 먼저 재해의 형식과 원인을 명확하게 구분하여야 한다.

2. 재해 형식의 분석 방법

재해 형식은 상해, 사고, 가해물의 3종으로 나누어진다.
① 상해 : 사람이 업무 수행 중에 입은 상해를 말하며 신체 외부의 상해 종류, 상해의 정도로 구분된다.
② 사고 : 비정상적인 일 또는 계획에 없었던 사건을 사고라 하며 사고의 결과에 상해라는 손실이 일어난다.
　　　인적 사고와 물적 사고가 있으며 인적 사고란
　　　㉮ 사람의 동작에 의한 사고

  ㉯ 물체의 이동에 의한 사고
  ㉰ 접촉, 흡수에 의한 사고로 : 구분되며 물적 사고는 생산 설비나 시설의 파괴 등으로 발생되는 손실을 말함.
 ③ **가해물** : 사람에게 상해를 입히는 매개 역할을 한 물건이나 물체를 말하며
  ㉮ 기계적 Energy
  ㉯ 전기적 Energy
  ㉰ 화학적 Energy
  ㉱ 열 Energy
  ㉲ 방사 Energy
  로 구분된다.

2 재해 원인의 분석 방법

일반적으로 재해 원인은 직접 원인과 간접 원인으로 나누어지며 재해의 근원은 간접 원인에 의해 직접 원인이 생겨난다. 가해 물건에 의해 발생한 사고는 결과적으로 항상 손해와 연결되는 연쇄 관계에 있는 것이 산업 재해이다. 이러한 재해를 방지하려면 연쇄 고리를 단절하기 위한 기술적, 교육적, 관리적 대책을 강구하는 것이다.

① **직접 원인**
 ㉮ 물적 원인(불안전한 상태) : 노동 환경 또는 설비 시설의 결함이 있는 경우
  ㉠ 구내 정비의 결함 : 조명, 환기, 작업장 협소, 전기 절연 불량, 공구, 재료 불량
  ㉡ 작업 공정의 위험 : 위험 작업, 위험 공정
  ㉢ 경계 설비의 위험 : 경계 구역의 불명확, 경계 표시의 불비
  ㉣ 방호 설비의 결함 : 위험 장소의 방호 장치 부적당
  ㉤ 복장 보호 장비의 결함
 ㉯ 인적 원인(불안전한 행동)
  ㉠ 연락 불충분 : 감독 없음, 지시의 불충분
  ㉡ 위험 장소의 출입
  ㉢ 운전 중인 기계 장치의 손질
  ㉣ 정리 정돈의 불량
  ㉤ 방호 설비의 파괴
  ㉥ 기구의 오용
  ㉦ 위험물 취급 잘못
  ㉧ 복장, 보호 장비의 오용

ⓒ 불안전 자세
② 간접적 원인 : 기술적, 교육적, 신체적, 정신적 및 관리적 원인으로 분류
　㉮ **기술적 원인** : 건물기계 장치, 기구 등의 기술상의 결함에 기인한 것으로 설비, 배치, 검사, 표준 조작 등에 결함이 있는 경우
　㉯ **교육적 원인** : 근로자의 안전에 관한 지식 또는 경험의 부족, 즉 무지, 불이행, 경시, 미숙, 미경험 등에 의한 것
　㉰ **신체적 원인** : 신체의 질병, 난청, 근시, 피로 등의 원인이 되는 것
　㉱ **정신적 원인** : 인간의 착각, 태도 불안, 정신적 동요 등의 정신적 결함에 의한 것
　㉲ **관리적 원인** : 관리 조직상의 결함에 기인된 것으로서 최고 경영자의 책임감의 결여 조직, 인사, 제도, 기준, 예산 등에 있어 서의 결함

3 결론

재해 발생의 원인 규명에 따라 기술적, 교육적, 관리적 대책(3E)을 선정하고 즉시 실행에 옮겨야 하며 그 실시 결과에 의해 재해 분석 효과를 얻을 수 있는데 대책의 실시가 늦어지면 재해는 재발될 위험성이 있다는 것을 잊어서는 안 된다.
2020년 현재까지도 유일한 안전대책은 3E이다.

문제 2

안전 경영 활동을 위한 안전 조직의 형태를 분류하고 각 조직 구성 요소의 기능을 논하고 현재 우리나라에서의 안전 조직 운영상의 문제점을 논하시오

1 개요

① 재해 예방 대책 5단계에서 첫번째가 안전 조직이며 재해 예방의 시발점은 안전 조직의 구성과 기능의 담당에 있지만 아직까지 일부 사업장에서는 안전 보건 관리 조직은 2차적 조직으로 비생산적이라는 사업주의 인식 아래 소외되고 있고, 불의의 손실을 가져오는 경우나 그 미봉책으로 관리적 수단에만 안전을 강구하고 있는 것이 현실정이다.
② 안전 보건 관리 조직의 목적은
　㉮ 기업의 손실을 근본적으로 방지하고

㉯ 조직적인 사고 예방 활동의 추진
㉰ 조직 계층 상·하 횡적으로 신속한 정보 처리와 유대 강화에 있다.

2 안전 조직의 형태와 기능

안전 조직의 형태는 근로자의 수에 따라 3가지로 분류한다.

1. line형 조직

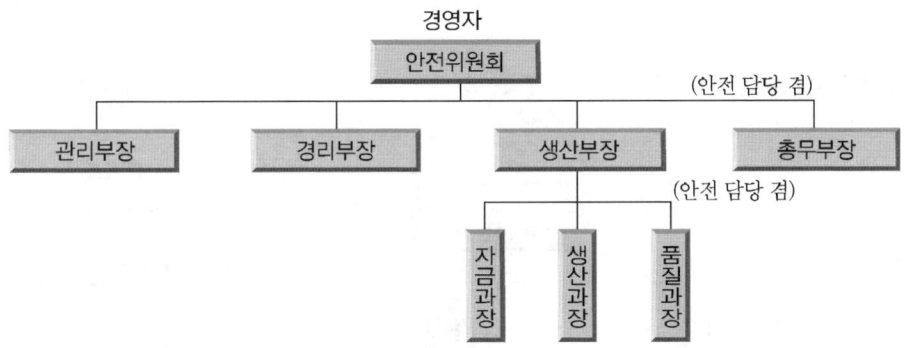

① line형 조직은 전 종업원수가 100명 내외일 때 기업체에 따라서는 효과적으로 안전 보건 관리 기능을 수행할 수 있다.
② 안전 계획에서부터 실시에 이르기까지 생산 지시와 병형하여 생산 라인을 따라서 안전 업무가 시달되고 감독되어 명령 지시가 강력하고 철저히 이행될 수 있는 장점이 있다.
③ 생산 라인이나 최고 책임자가 안전에 대하여 무관심하거나 안전 지식이 없는 경우에는 조직 내 안전 활동이 유명 무실해지는 경우가 많다.

2. staff형 조직

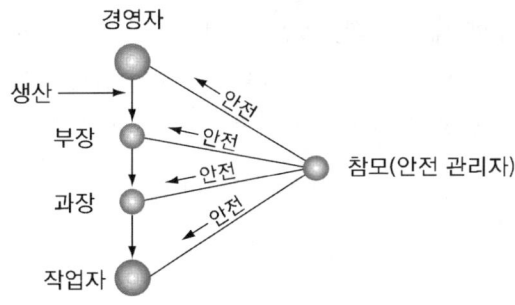

① staff형 조직은 안전 활동을 전담하는 부서를 두어 안전에 관한 계획, 조사, 검토 및 보고 등의 업무를 관장하는 제도이다.
② 이 조직은 안전 부서(또는 안전 관리자)는 계획안을 작성하여 안전 사고의 조사, 점검 및 시정 방안에 대한 건의와 조언을 하는데 그치고 자기 스스로 생산 라인의 안전 업무 기능을 담당하지 않는다.
③ staff형은 안전 관리자가 자격을 갖추고 안전에 대한 지식과 기술, 경험이 풍부할 때는 안전 업무가 비약적으로 발전되나 그렇지 못할 경우에는 line형보다 못한 경우가 허다하다.
④ 근로자 100~1,000명 내외의 사업장에 적합한 안전조직이다.

3. line and staff(혼합형) 조직

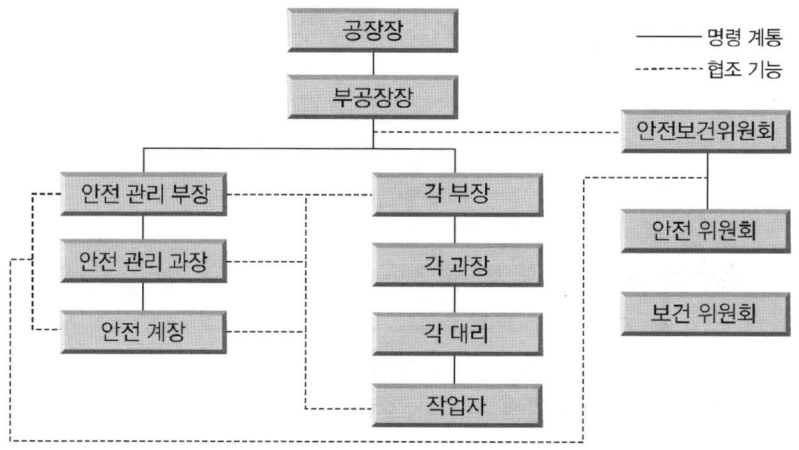

① line & staff형 조직 형태는 종업원 1,000명 이상의 대규모 사업체에 적용하는 경우에 적합하다.
② 라인 조직과 참모 조직 방식의 장점을 혼합한 형태로서 라인 조직에 안전 관리 기능을 부여하고 line 밖의 안전 업무를 전담하는 부서를 두는 조직 형태이다.
③ 이 조직은 안전 업무에 대한 기획, 입안, 조사, 연구 등은 안전 전담 부서에서 행하고 생산 기술의 진보 발전에 부합된 안전 대책은 line의 각급 담당자에게 안전 책임과 권한이 부여되어 있어 운용이 적절하게 이루어진다면 이상적인 관리 형태이다.

3 안전 조직의 운영상의 문제점

① 안전 보건 책임자나 안전 관리자는 인사 규정 절차 등에 의하여 선임되고 있으나 관리 감독자나 line에서의 안전 조직은 구두로 선임하여 책임감 결여
② 안전 전담 부서와 생산 line간에 대립적인 경향이 있다.
③ 특히, 산업 현장에서 안전 관리자 유자격자가 안전 전담 업무를 기피한다.
④ 안전 관리자를 직급이 낮은 직원으로 선임하여 조직 내에서의 입지 약화로 안전 업무 수행에 장애가 된다.
⑤ 특히 건설업 등에서는 근로자의 유동이 심하여 안전 보건 위원회 조직이 사실상 불가능하여 법으로 정하여진 업무를 수행할 수 없다.

4 결 론

① 안전 조직이 원활한 업무와 기능을 수행하기 위해서는 회사의 특성과 규모에 부합되게 조직되어야 한다.
② 안전 조직의 법적 근거를 갖추어야 한다.
③ 안전 조직의 기능을 충분히 발휘할 수 있는 능력있는 안전관계자가 배치되어야 하고 제도적인 조치가 강구될 수 있도록 경영자의 적극적 자세가 요구된다.

문제 3
안전 보건 규정 작성시 포함되어야 할 사항 및 작성 변경 절차를 기술하시오.

1 개 요

① 안전 보건 관리 규정은 각 사업장에서 안전에 관한 기준을 정하여 이 규정을 기본으로 하여 안전 관리 조직과 운영·개선 목표를 설정하고 이에 맞는 안전관리 활동을 하는 최소한의 규정이다.
② 규정 작성시에는 산업안전보건법 등 법에 위배되지 않고 해당 기업의 안전 수준에 알맞은 안전 보건 관리 규정을 작성하는 것이 가장 중요하다.

2 규정 작성시 포함되어야 할 사항

① 안전 및 보건에 관한 관리 조직과 그 직무에 관한 사항
② 안전 보건 교육에 관한 사항
③ 작업장 안전 및 보건관리에 관한 사항
④ 사고 조사 및 대책 수립에 관한 사항
⑤ 그 밖에 안전 및 보건에 관한 사항

3 규정 작성·변경 절차

① 사업주가 안전 보건 보건 관리 규정을 작성하거나 변경할 때에는 사업장에 설치되어 있는 산업안전보건 위원회의 심의·의결을 거치도록 규정하고 있다.
② 산업안전보건 위원회가 설치되어 있지 않은 사업장에 있어서는 근로자 대표의 동의를 받도록 규정하고 있다.
③ 안전 보건 관리 규정을 작성하여야 할 사업장 규모는 상시 근로자 50인 이상을 사용하는 사업장
④ 사업주는 안전 보건 규정을 작성할 사유가 발생한 날부터 30일 이내에 이를 작성하며, 이는 변경할 사유가 발생할 때도 같다.

4 결 론

① 안전 보건 관리 규정은 작성에 그치는 것이 아니고 항상 일선 작업자의 의견을 들어 부분적인 수정을 함은 물론 현실에 맞도록 하기 위해서 정기적으로 평가를 하여야 한다.
② 근로자에게는 안전 보건 관리 규정의 내용을 철저히 주지시켜 이해하고 실행에 옮길 수 있도록 전 사원이 일치되어 규정에 정해진 사항을 의욕적으로 지킬 때 규정이 실질적으로 산업 재해 예방에 기여를 하는 것이 된다.
③ 최고 경영자의 경영 지시와 각 부서장 및 안전관리자의 충실한 업무 수행과 근로자의 적극적인 참여만이 산업재해예방을 이룩할 수 있다.

문제 4

안전 보건 개선계획을 수립·제출하여야 할 경우와 포함되어야 할 사항을 기술하시오.

1 개 요

① 안전 보건 개선 계획은, 안전 보건 관리 체계나 재해율이 현저히 높은 사업장이나 중대 재해 발생 사업장에 대하여 산업 재해 예방을 위하여 종합적인 개선 조치를 강구해야 할 경우에 실시한다.
② 사업주는 보고서 작성상, 지적 사항에 대하여 개선 계획 수립을 제출하는 경우가 있다.

2 계획서를 수립·제출하여야 할 사업장

1. 안전 보건 진단을 받아 개선 계획을 수립할 대상

① 산업재해율이 같은 업종 평균 산업재해율의 2배 이상인 사업장
② 사업주가 필요한 안전조치 또는 보건조치를 이행하지 아니하여 중대재해가 발생한 사업장
③ 직업성 질병자가 연간 2명 이상(상시근로자 1천명 이상 사업장의 경우 3명 이상) 발생한 사업장
④ 그 밖에 작업환경 불량, 화재·폭발 또는 누출사고 등으로 사업장 주변까지 피해가 확산된 사업장으로써 고용노동부령으로 정하는 사업장

2. 개선 계획서 내용에 포함되어야 할 사항

① 안전 시설에 관한 사항
② 안전 보건 관리 체제에 관한 사항
③ 안전 보건 교육에 관한 사항
④ 산업 재해 예방을 위해 필요한 사항
⑤ 작업 환경개선을 위해 필요한 사항 등이 포함되어야 한다.

3. 결론

① 안전 보건 개선 계획 명령을 받은 사업주는 관할 지방고용노동관서의 장에게 이를 제출하여야 하며, 개선 계획서를 승인받았을 경우 사업장의 게시판, 홍보판 또는 홍보물에 게시하여 전 임직원에게 알려야 한다.
② 안전 보건 교육시 근로자에게 주지시켜 사업장에서 사업주 및 전 근로자가 이를 준수하고 시설물 등 계획 내용을 개선하는 노력이 반드시 필요하다.
③ 안전 보건개선계획의 수립·시행명령을 받은 사업주는 고용노동부장관이 정하는 바에 따라 안전 보건개선계획서를 작성하여 그 명령을 받은 날부터 60일 이내에 관할 지방고용노동관서의 장에게 제출하여야 한다.

문제 5

하인리히 및 버드의 도미노 이론을 비교 설명하시오.

1 서 론

① 하인리히 및 버드의 사고 이론은 어떠한 연쇄적 이론에 의해 발생된다는 학설로 예방 이론을 함께 제시하고 있다.
② 하인리히는 직, 간접 원인만 제거되면 사고 예방이 된다고 강조한 반면 버드는 관리 철저와 기본 원인을 제거해야 사고 예방이 된다고 강조했다.

2 하인리히의 연쇄성 이론

1. 제1단계 : 유전적인 요인 및 사회적 환경

① 성격상 바람직하지 못한 것은 유전 가능성
② 환경이 성격의 잘못을 조장한다.
③ 교육의 저해 요인이 되기 쉽다.
④ 유전 및 환경은 함께 인적 결함의 원인이 된다.

2. **제2단계** : 개인적 결함

   무지 포악한 성격, 신경질, 흥분성과 같은 선천적 원인, 후천적 인적 결함이 불안전한 행동 유발

3. **제3단계** : 불안전 행동·불안전 상태

   ① 작업시 인간의 불안전한 행동이나 안전장치 손상
   ② 불안전한 상태는 사고의 직접적인 원인이 된다.

4. **제4단계** : 사고

   ① 고의성 없이 작업에 지장을 주거나 능률 저하
   ② 인명 재산상의 피해로 인한 재해

5. **제5단계** : 재해

   ① 사고의 최종 결과
   ② 인적, 물적, 손실을 가져온 것

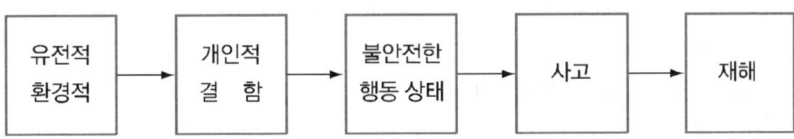

[그림] 하인리히의 재해 발생 연쇄성 이론 도해 설명

3 버드의 최신 재해 도미노 이론

1. **제1단계** : 제어의 부족

   ① 안전 보건 관리의 부족으로 주로 안전 관리자 또는 스태프의 관리(제어) 부족에 기인
   ② 안전 보건 관리 계획에는 재해 또는 사고의 연쇄성에 모든 요인을 해결하기 위한 대책이 포함

2. **제2단계** : 기본 원인

   ① 개인적 요인에 의한 지식 부족, 육체적, 정신적인 문제에 기인
   ② 작업상의 요인으로 기계 설비의 결함, 부적절한 작업 기준, 작업 체제 등

3. **제3단계** : 직접 원인

   ① 불안전한 상태 또는 불안전한 행동을 말한다.
   ② 관리자는 근본적인 징후를 발견하고 연속적인 제어 방법을 설정할 필요가 있다.

4. **제4단계** : 사고

   ① 불안전한 관리
   ② 기본 원인에 의한 신체 접촉에 기인

5. **제5단계** : 상해

   ① 사고의 최종 결과
   ② 산업 재해의 손실을 의미

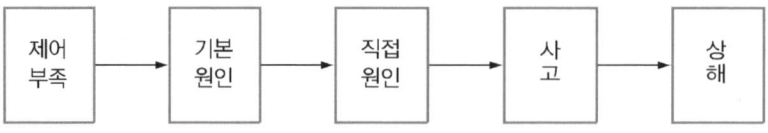

[그림] 버드의 상해발생 [도해]

4 하인리히 및 버드의 재해비교

단계 및 대책	하인리히 이론	버드 이론
1 단계	유전적 환경적 요인	제어(관리) 부족
2 단계	개인적 결함	기본원인
3 단계	불안전 상태, 행동	직접원인
4 단계	사고	사고
5 단계	재해	상해
예방 대책	하인리히는 직, 간접 원인만 제거하면 사고예방	버드는 관리철저와 기본원인 제거하면 사고예방

5 결 론

① 하인리히는 불안전한 행동(88[%]) 불안전한 상태(10[%])를 제거하면 사고가 예방된다는 이론을 제시하였다.
② 버드는 사고의 가장 중요한 요인은 기본 원인과 관리 제어 부족에 기인한다고 하여 이것을 제거하는 것이 중요하다고 주장하였다.
③ 사고는 인간의 의지와 철저한 안전 관리에서 예방될 수 있으므로 이에 대한 대책이 중요하다.

문제 6

산소 결핍에 의한 건강 장해 작업의 종류와 관리 대책에 대하여 기술하시오.

1 서 론

작업장은 충분한 공간을 확보하고 또한 환기가 잘 이루어져야 하며 공기 청정 장치를 설치하면 좋다. 산소 결핍에 따른 작업자에게 위험 또는 건강 장해가 일어나지 않도록 해야 하며 산소 결핍에 의한 건강 장해 작업의 종류와 예상 장소, 산소 결핍, 위험 작업시의 조치 사항, 관리 대책에 대해서 설명하면 다음과 같다.

2 본론

1. 산소 결핍 대상 장소 및 종류

① 다음의 지층에 접하거나 통하는 우물·수직갱·터널·잠함·피트 또는 그밖에 이와 유사한 것의 내부
  ㉮ 상층에 물이 통과하지 않는 지층이 있는 역암층 중 함수 또는 용수가 없거나 적은 부분
  ㉯ 제1철 염류 또는 제1망간 염류를 함유하는 지층
  ㉰ 메탄·에탄 또는 부탄을 함유하는 지층
  ㉱ 탄산수를 용출하고 있거나 용출할 우려가 있는 지층
② 장기간 사용하지 않은 우물 등의 내부
③ 케이블·가스관 또는 지하에 부설되어 있는 매설물을 수용하기 위하여 지하에 부설한 암거·맨홀 또는 피트의 내부
④ 빗물·하천의 유수 또는 용수가 있거나 있었던 통·암거·맨홀 또는 피트의 내부
⑤ 바닷물이 있거나 있었던 열교환기·관·암거·맨홀·둑 또는 피트의 내부
⑥ 장기간 밀폐된 강재(鋼材)의 보일러·탱크·반응탑이나 그 밖에 그 내벽이 산화하기 쉬운 시설(그 내벽이 스테인리스강으로 된 것 또는 그 내벽의 산화를 방지하기 위하여 필요한 조치가 되어 있는 것은 제외한다)의 내부
⑦ 석탄·아탄·황화광·강재·원목·건성유(乾性油)·어유(魚油) 또는 그 밖의 공기 중의 산소를 흡수하는 물질이 들어 있는 탱크 또는 호퍼(hopper) 등의 저장시설이나 선창의 내부
⑧ 천장·바닥 또는 벽이 건성유를 함유하는 페인트로 도장되어 그 페인트가 건조되기 전에 밀폐된 지하실·창고 또는 탱크 등 통풍이 불충분한 시설의 내부
⑨ 곡물 또는 사료의 저장용 창고 또는 피트의 내부, 과일의 숙성용 창고 또는 피트의 내부, 종자의 발아용 창고 또는 피트의 내부, 버섯류의 재배를 위하여 사용하고 있는 사일로(silo), 그 밖에 곡물 또는 사료종자를 적재한 선창의 내부
⑩ 간장·주류·효모 그 밖에 발효하는 물품이 들어 있거나 들어 있었던 탱크·창고 또는 양조주의 내부
⑪ 분뇨, 오염된 흙, 썩은 물, 폐수, 오수, 그 밖에 부패하거나 분해되기 쉬운 물질이 들어 있는 정화조·침전조·집수조·탱크·암거·맨홀·관 또는 피트의 내부
⑫ 드라이아이스를 사용하는 냉장고·냉동고·냉동화물자동차 또는 냉동컨테이너의 내부
⑬ 헬륨·아르곤·질소·프레온·탄산가스 또는 그 밖의 불활성기체가 들어 있거나 있었던 보일러·탱크 또는 반응탑 등 시설의 내부

⑭ 산소농도가 18퍼센트 미만 또는 23.5퍼센트 이상, 탄산가스농도가 1.5퍼센트 이상, 일산화탄소농도가 30피피엠 이상 또는 황화수소농도가 10피피엠 이상인 장소의 내부
⑮ 갈탄·목탄·연탄난로를 사용하는 콘크리트 양생장소(養生場所) 및 가설숙소 내부
⑯ 화학물질이 들어있던 반응기 및 탱크의 내부
⑰ 유해가스가 들어있던 배관이나 집진기의 내부
⑱ 근로자가 상주(常住)하지 않는 공간으로서 출입이 제한되어 있는 장소의 내부

2. 산소 결핍 위험 작업시의 조치 사항

① **환기** : 산소 결핍 위험 작업에 근로자를 종사하도록 할 때에는 작업 착수 전 산소 농도가 18[%] 이상 유지되도록 환기하여야 한다.
② **인원 점검** : 입·출입시 반드시 근로자의 인원을 점검한다.
③ **출입 금지** : 관계자가 아닌 사람의 출입을 금지하고 그 내용을 게시하도록 한다.
④ **연락** : 해당 작업장과 외부와 감독자와의 사이에 상시 연락을 취할 수 있는 설비를 하여야 한다.
⑤ **사고시의 대피 등** : 산소 결핍의 우려가 있는 경우 즉시 작업을 중단하고 대피하도록 한다.
⑥ **대피용 기구의 배치** : 공기 호흡기, 사다리 및 섬유 로프 등 비상시 근로자를 피난시키거나 구출하기 위하여 필요한 기구를 배치하여야 한다.
⑦ **구출시의 공기 호흡기 사용** : 구출 작업에 종사하는 근로자에게 공기 호흡기 등 호흡용 보호구를 지급하여 착용하도록 한다.

3. 관리상의 조치

① **관리감독자의 업무** : 산소 결핍 위험 작업에는 관리감독자를 지정, 다음 업무를 수행토록 한다.
　㉮ 산소가 결핍된 공기나 유해가스에 노출되지 않도록 작업 시작 전에 해당 근로자의 작업을 지휘하는 업무
　㉯ 작업을 하는 장소의 공기가 적절한지를 작업 시작 전에 측정하는 업무
　㉰ 측정장비·환기장치 또는 송기마스크 등을 작업 시작 전에 점검하는 업무
　㉱ 근로자에게 송기마스크 등의 착용을 지도하고 착용 상황을 점검하는 업무
② **감시인의 배치** : 상시 작업 상황을 감시하고 이상이 있을 때에는 즉시 안전 관리자, 관리 감독자에게 통보하는 인원을 배치한다.
③ **의사의 진찰** 산소 결핍증에 걸린 근로자에 대해서는 즉시 의사의 진찰 또는 치료를 받

도록 하여야 한다.
④ 산소 결핍으로 추락할 우려가 있을 때에는 안전대, 구명 밧줄과 송기마스크 등 호흡용 보호구를 착용하도록 한다.

3 결 론

① 산소 결핍 안전 관리 관련 여러 법령이 혼재되어 있어 법의 통일을 이루어야 한다.
② 안전에 관련이 있는 모두가 안전 관련 제도의 개선에 적극적인 관심을 가져야 하겠다.
③ 범국민적인 차원에서 산소 결핍 예방 대책에 힘써야 한다.

문제 7

위험예지훈련 방법을 논하시오.

1 개 요

① 작업 과정에서 위험한 행동 또는 판단은 대부분 근로자 자신에게 맡겨지는데 이런 상황을 위험하다고 느껴서 취하는 행동은 의식적인 행동이다.
② 위험 상황을 감지하고 적절한 대책을 강구하는 능력을 키우기 위해서는 잠재된 위험 요인을 분석함으로써 감수성을 키우고 판단력을 높이는 훈련이 필요한데 이것이 위험예지 훈련이다.

2 위험예지훈련 체계의 4단계

1. 제1단계 : 기초 정보

① 위험예지지식　　　　　　　② 작업 경험의 분석
③ 재해 통계의 분석　　　　　　④ 예지단계의 설정

2. 제2단계 : 위험 예보

① 작업 분담　　　　　　　　　② 작업 제시

③ 작업팀의 협의 ④ 위험 공정의 예보

3. **제3단계** : 예지 연습(토의)

① 연습 Sheet의 작성 ② 도상 연습 실시
③ 개인 예지를 종합하여 전원 확인

4. **제4단계** : 예지의 실시

① 위험 인지와 조치 결단 ② 팀내 연합 활동 차이 연결 조정

3 위험 예지의 범위

① 훈련 대상은 실제 작업이 실시되는 상황이라는 가정하에서 작업의 3요소인 인간, 기계, 설비 중에서 잠재되어 있는 모든 위험 요소를 대상으로 한다.
② 작업의 핵심인 기능과 태도를 예지의 범위로 하고 작업에 임하는 의욕, 책임, 협조 태도 등을 대상 항목으로 한다.

4 예지연습의 대상 및 내용(요령)

구 분	대상자	실시자	요 령
숙련자 그룹	현장감독자	전문강사	① 위험 예지의 지도·책임자에게 연습방법 습득 ② 구분 학습(15명 이내)
미숙련자 그룹	신규 작업원	작업책임자	① 작업위험 감수 능력 습득 ② 현장 학습(편성원)
혼성그룹	작업 단위팀	현장 감독자	① 작업 위험 감수능력 습득 ② 현장 학습(팀구성원)

5 예지 연습의 4단계

1. **제1단계**

연습 Sheet를 관찰하고 위험 개소 및 상태를 자력으로 확인한다.

2. 제2단계

잠재 위험을 발굴한다. 개인적 능력차에 의한 위험 강도의 공통성을 평가한다.

3. 제3단계

도상의 연습 위험 상황에서 나는 이렇게 한다를 정확, 신속히 결단하는 판단의 순발력을 몸에 익히는 것이 예지 연습의 급소이다.

4. 제4단계

시정, 보강, 개선 혹은 중지, 대회 등의 행동이 Team 또는 연합 활동 체계에서 연결 조정의 활동으로서 실시된다.

6 위험예지훈련 책임자의 마음가짐

① 대략적인 훈련계획을 세우자.
② 점검, 토의, 시간을 단축하자.
③ 위험 요인의 발견에 노력하자.
④ 상황의 범위를 좁혀가자.
⑤ 주의 위험을 파악하자.
⑥ 위험한 것을 빠뜨리지 말자
⑦ 불안전한 행동만으로 한정하지 말자
⑧ 참석자의 납득으로 선결하자.
⑨ 명랑한 분위기에서 말을 하자.

7 결 론

① 재해의 대부분은 인위적인 재해로서 예방할 수 있는 것이며, 천재지변 등 불가항력에 의해서 일어나는 재해는 전체 재해의 2[%]이다.
② 대부분의 재해는 인간의 불안전 행동인 실수에 의해서 발생하고 있다.
③ 재해의 원인 중 교육적 원인이 전체의 65[%]를 차지하고 있는 실정으로 생산성의 향상과 안전화를 이루기 위해서는 무엇보다도 위험예지훈련의 실시가 절실히 요구된다.

문제 8

재해 조사의 원칙 순서에 대해 기술하시오.

1 서 론

① 목적 : 발생한 재해에 대해 정확한 원인 분석을 통해 시정 대책을 수립, 동종의 재해, 유사 재해 재발 방지가 목적이다.
② 자세 : 객관적 공평한 입장에서 현장의 상황을 변경 이전에 실시한다.
③ 기록 : 가능한 한 목격자 현장 책임자로부터 당시 상황의 설명을 듣고 재해 현장을 사진이나 도면으로 작성한다.

2 재해 형태

① 상해(Injury) : 사람이 업무 수행 중 입은 상해로 기능 상실, 신체 부위 상해의 종류, 상해의 정도로 구분
② 사고(Accident)
  ㉮ 비정상적인 일이나 계획에 없던 사건의 발생 사실을 말함.
  ㉯ 인적 사고 : 사람의 동작, 물체의 운동 및 접촉, 흡수
  ㉰ 물적 사고 : 생산, 설비, 시설의 파괴
③ 가해 물건(재해 발생의 동기 유발 인자) : 기계적, 전기적, 화학적 Energy 혹은 자연 조건 등

3 실시 요령

조사 보고서 양식과 재해 조사 요령
5W 1H의 원칙 적용
① 발생 원인 추구
  ㉮ 사고의 원인 요소에 중점
  ㉯ 시설의 불안전 상태 경우 : 그 배경의 관리적 결함
  ㉰ 불안전 행동 : 근로자의 인적 결함
  ㉱ 작업 방법 : 표준 조사

㈑ 관리적 문제 : 안전 지도 감독 지시
② 재해 조사를 하는 사람
㉮ 사고 원인을 파악할 수 있는 능력과 자격 구비자
㉯ Line의 안전관리자 보건관리자도 참가

4 재해 조사의 순서

① 제1단계 : 사실의 확인(현장 중심)
㉮ 사람에 관한 사항
㉯ 작업에 관한 사항
㉰ 설비에 관한 사항
㉱ 작업 중 관리에 관한 사항
② 제2단계 : 직접 원인과 문제점의 확인
  문제점 유무, 이유를 분명하게
③ 제3단계 : 기본 원인과 근본적 문제의 결정
  직접·간접 원인, 4M(Man, Machine, Media, Management)
④ 제4단계 : 대책의 수립

5 재해 조사시 유의 사항

① 객관적 공정한 입장에서 조사한다.
② 발생시 되도록 빨리 현장의 변화가 없을 때 조사한다.
③ 인적, 물적 요인을 수집 보관한다.
④ 목격자, 현장 관리자의 의견을 수렴한다.
⑤ 현장 중심으로 조사한다.
⑥ 사진 도면 등을 참고하여 조사한다.

6 재해 조사의 항목

① 발생 연월일 : 시간, 장소
② 피해자 인적 사항
③ 사고의 현장

④ 기인물
⑤ 가해물
⑥ 관리적 요소
⑦ 기술 사항

7 결 론

① 재해는 철저한 조사를 통해 동종 및 유사 재해를 방지할 수 있으므로 과학적이고 체계적인 관리가 중요하다.
② 재해 조사의 근본목적은 동종 재해 및 유사 재해가 발생하지 않도록 하는 것이다.

문제 9

재해 예방을 위한 제도상의 문제점과 개선책을 기술하라.

1 서 론

우리나라에서 실시되는 각종 재해 방지를 위한 관계법이 서로 중복되어 각기 달리 해석함으로써 실시상에 문제점이 있으며, 또한 공사를 위한 계획, 설계, 시공 단계별 사전 심사 제도 미실시로 재해 요인이 항시 내포되어 있다 하겠다.

2 문제점

① 관계법이 서로 중복되어 있다.
② 감독상의 조치 및 개선 계획 제도에서 사전 심사 제도의 미실시
③ 재해 다발 경영주
  ㉮ 산재 보험료 추가 징수 제도 미실시
  ㉯ 경영주에게 책임 동시 부과 제도 미실시
  ㉰ 장기 교육 제도의 미실시
  ㉱ 근로 감독의 강화 제도 미흡 등

④ 안전 관리 우수 업체
  ㉮ 표창 및 포상 제도가 없는 등
  ㉯ 산재 보험료의 감면 제도가 없는 등
⑤ 공사비 단가가 현실에 부합되지 않는 것이 많다.
⑥ 공사 기간을 발주처의 효과 위주로 결정하여 부실 공사의 우려가 있다.
⑦ 각종 공사의 특수성으로 근로자의 고용이 불안정하여 책임감이 없고 또한 교육 및 훈련의 실시가 어렵다.
⑧ 지방 소규모 업체들의 재정 및 안전 관리 기술이 미약하고, 시공 회사의 안전 관리 부서는 사무직으로 구성되어 재해 사고 처리 업무가 주로 되어 있다.
⑨ 발주처에는 안전 관리 전담 부서가 없거나 미약하다.
⑩ 안전 관리 전문가의 부족 등 수많은 문제점이 많아 재해 방지 효과가 미흡하다.

3 개선 대책

① 산업안전보건법을 중심으로 관계법을 일원화할 수 있도록 제도적으로 보완한다.
② 공사의 계획, 설계, 시공 단계별로 사전 심사 제도의 실시
③ 사고 다발 경영주
  ㉮ 산재 보험료 추가 징수 제도 도입
  ㉯ 경영주 책임 동시 부과 제도 실시
  ㉰ 장기 교육 제도의 실시 등
④ 안전 관리 우수 업체에게는 표창, 포상 제도의 실시
⑤ 공사비는 실제 단가를 적용토록 추진
⑥ 근로자의 안전을 위하여 사회 정책적 보호 대책을 마련하는 등 대책의 실시가 바람직하다 하겠다.

4 결 론

모든 사고는 사전 예방이 가장 중요하며 계획, 설계, 시공 단계별로제시된 각종 제도를 도입하여 안전 관리 효과가 극대화되도록 적극 추진하는 것이 바람직하겠다.

문제 10

건설 공사에 있어 재해 요인을 분석하고 그 예방 대책을 기술하라.

1 개 요

건설 현장의 재해 발생을 유형별, 직종별, 월별, 시간별, 요일별, 연월별, 근무 기간별, 상해 부위별로 분류하여 분석하고 그 대책을 기술하면 다음과 같다.

2 재해 발생별 원인 분석 및 대책

1. 유형별

① 빈도순
  ㉮ 추락
  ㉯ 낙하물
  ㉰ 자재 취급
  ㉱ 전도
  ㉲ 기계 장치
  ㉳ 수공구
  ㉴ 시설물
  ㉵ 비산물
  ㉶ 붕괴

② 분석 : 추락 사고, 낙하물 사고가 가장 큰 비중을 차지하고 있는 것은 고소 작업시 안전 시설 부족 및 안전 의식 결여로 분석된다.

③ 대책
  ㉮ 안전 시설 설치 후 작업(안전망 등)
  ㉯ 안전 보호구(안전모) 착용의 생활화
  ㉰ 안전 교육 수시 실시

2. 요인별

① 빈도순
  ㉮ 불안전 및 부주의
  ㉯ 작업원 상호간의 신호 불일치
  ㉰ 안전 시설 미비
  ㉱ 감독 소홀

② 분석
    ㉮ 부주의, 작업원 상호간의 신호 불일치, 안전 감독 소홀 등 인적 요인이 절대 다수이다.
    ㉯ 안전 설비 미비
③ 대책
    ㉮ 안전 의식 교육 철저
    ㉯ 안전 작업 분위기 조성
    ㉰ 안전 시설 투자를 최대한 확대한다.

3. 직종별

① 빈도순
    ㉮ 보통 인부   ㉯ 형틀 목공
    ㉰ 미장공   ㉱ 건축 목공
    ㉲ 콘크리트공   ㉳ 비계공
② 분석 : 거푸집 등 고소 작업을 주로 하는 기능공이 대부분이다.
③ 대책
    ㉮ 무기능자에게 불합리한 작업 배치 지양
    ㉯ 고소 작업 기능공에 대한 안전 교육 강화
    ㉰ 안전 보호구 착용의 생활화

4. 월별

① 빈도순
    ㉮ 11~12월   ㉯ 9~10월
    ㉰ 7~8월   ㉱ 5~6월
    ㉲ 3~4월   ㉳ 1~2월
② 분석 : 동절기에 안전 사고가 제일 많이 나는 것은 기온 강하로 작업원의 활동이 자유롭지 못한 데 기인한다.
③ 대책
    ㉮ 동절기 안전 교육 강화
    ㉯ 작업장에서 작업 활동 범위가 협소해서 발생되는 원인을 제거한다. 즉 활동 범위를 확대한다.

5. 시간별

① 빈도순
- ㉮ 10~12시
- ㉯ 14~16시
- ㉰ 16~18시
- ㉱ 8~10시

② 분석
- ㉮ 작업 진행이 가장 활발한 시간에 가장 많이 발생한다.
- ㉯ 중식 후 식곤증이 오는 시간이 다음이다.
- ㉰ 피로 권태가 누적되는 작업 압박 시간이다.

③ 대책
- ㉮ 사고 다발 시간에 현장 순찰을 강화한다.
- ㉯ 적당한 휴식을 준다.

6. 요일별

① 빈도순
- ㉮ 목요일
- ㉯ 금요일
- ㉰ 화요일

② 분석 : 목·금요일에 많이 발생하고 여타 요일은 비슷하게 발생된다.

③ 대책
- ㉮ 안전 의식 강화 교육
- ㉯ 안전 점검 활동 강화

7. 연령별

① 빈도순
- ㉮ 31~40세
- ㉯ 41~50세
- ㉰ 21~30세
- ㉱ 51~60세

② 분석 : 각 연령별 사고 발생이 거의 비슷하게 발생된다.

③ 대책
- ㉮ 안전 교육 강화
- ㉯ 적당한 작업량 부여

8. 근무 연한별

① 빈도순
- ㉮ 1~3월
- ㉯ 1월
- ㉰ 3~6월

② 분석 : 3개월 미만이 전체 80[%]를 차지하며 이는 작업원 숙련도를 고려하지 않은 데 기인한다.

③ 대책
- ㉮ 안전 교육 강화(신규 채용자 등)
- ㉯ 근속 기간을 고려하여 작업 배치

9. 상해 부위별

① 빈도순
- ㉮ 다리 및 발
- ㉯ 팔과 손

② 분석 : 신체적 조건에 기인, 가장 많이 사용하는 부위가 많이 발생된다.

③ 대책
- ㉮ 안전 교육 강화 및 수시 교육
- ㉯ 안전 보호구 착용의 생활화
- ㉰ 시설 및 기계 개선

3 결 론

1. 상기 자료에 의한 통계 자료를 분석하여 철저한 안전대책과 교육훈련이 필요하다.

2. 사고 다발 업종, 사고 다발 시간, 연령별로 별도 교육을 실시하여 건설 공사 사고 예방 대책에 노력하여야 한다.

문제 11

> 재해 통계에 대해 기술하시오.

1 개 요

1. 재해 통계는 재해 방지에 활용할 정보를 위해 작성한다.
2. 다수의 재해의 통계처리 결과를 안전 대책으로 활용한다.
3. 동종 재해, 유사 재해의 예방을 목적으로 작성 활용한다.

2 재해 통계 작성시 고려사항

1. 재해 통계의 내용은 이용 목적을 충족할 수 있도록 충분해야 한다.
2. **재해 통계의 작성 목적**

    ① 안전 성적의 평가자료(보기 쉽게 정기적 작성)
    ② 재해방지 대책의 자료

3. 안전 활동을 추진하기 위한 자료임(안전 활동은 아님)
4. 재해 통계를 근거로 추측해서는 안 됨(조건, 상태)
5. 재해 통계 그 자체를 중시해서는 안 된다.
6. 이용 활용 가치가 없는 통계는 시간경비의 낭비 요인이 된다.

3 통계의 종류(재해율)

1. 연천인율

① 근로자 1,000명당 1년간 발생한 재해자수
② 연천인율 = (연간 재해자수 ÷ 평균 근로자수) × 1,000
③ 근로 시간수, 근로일수의 변동이 많은 사업장에는 부적당
④ 산출과 사용이 용이하다.

2. 도수율(빈도율)

① 100만 근로 시간당 발생한 요양재해건수
② 도수율 = (요양재해건수 ÷ 연근로시간수) × 1,000,000
③ 분자 분모 집계 기간 동일(가능한 1, 6, 12개월)

3. 강도율

① 1,000근로시간당 요양재해로 인한 근로손실 일수
② 강도율 = (총요양근로손실일수 ÷ 연근로시간수) × 1,000
③ 근로손실일수
  ㉮ 사망, 영구 근로 불능 : 7,500일
  ㉯ 중상해 : 8일 이상
  ㉰ 경상해 : 1~7일

4. 종합 재해 지수

$$F.S.I = \sqrt{(도수율 \times 강도율)}$$

5. Safe T Score

① Safe T Score
  = (현재 빈도율 − 과거 빈도율) ÷ (과거 빈도율 ÷ 현재 총근로시간수) × 1,000,000
② 현재와 과거의 안전 관리 성적비교 가능
  ㉮ 2 이상시 : 나빠짐

㉯ 2−2 : 현상 유지

㉰ −2 이하 : 좋아짐

4 재해 손실비(재해 Cost) 산정

1. 하인리히(H. W. Heinrich) 방식

① 총재해 비용 = 직접 비용 + 간접 비용
  ㉮ 직접 비용 : 피해자에게 지불되는 재해 비용(유족 급여, 장의비, 휴업 급여, 요양급여)
  ㉯ 간접 비용 : 시간 손실, 기계 설비 파손(인적 손실, 물적 손실, 생산차질, 특수 손실)
② 직접비 : 간접비 = 1 : 4
  ㉮ 간접비가 직접비의 4배 소요
  ㉯ 업종이 다른 사업장에 일률적용은 부적당

2. 시몬즈(R. H. Simonds) 방식

① 총재해 비용 = 보험 비용 + 비보험 비용
  ㉮ 보험 비용 : 직접 보험 비용 − 부대 비용(산재 보험료)
  ㉯ 비보험 비용 : A × 휴업 상해건수(영구 부분 노동 불능) + B × 통원 상해건수(일시 노동 불능) + C × 구급 상해건수(8시간 이내 치료) + D × 무상해 사고건수(제3자 작업 중지, 임금 손실, 재료 설비 교체, 부상자 임금 지불 비용, 재해에 따른 특별 급여 등)

> **참고**
> A, B, C, D는 상해 정도에 의한 평균 재해 비용

② 평균 재해 비용을 산출하기 어렵고 제도 등의 차이로 우리나라 적용 곤란

3. 콤페스(Compes) 방식

총재해 비용 = 개별 비용 + 공용 비용비
① 개별 비용비(직접 손실) : 작업 중단, 수리 비용, 사고 조사
② 공용 비용비 : 보험료, 안전 보건팀 유지비, 기업 명애비, 안전감에 대한 추상적 비용

4. 버드(Bird) 방식

보험비 : 비보험 계산비용 : 비보험 및 기타 재산 비용 = (1) : (5~50) : (1~3)
① 보험비 : 의료비, 보상금
② 비보험 계산 비용 : 건물 손실비, 장비 손실, 재료 손실 조업 중단
③ 비보험 및 기타 계산 비용 : 교육비, 임대비

5 이용 방법

1. 파레토(Pareto)도

① 재해 원인을 종류별 상황별로 분류, 그 크기순으로 하여 그래프와 누적 곡선으로 표시
② 재해의 중점적 원인을 파악하는 데 유효
③ 중점 관리 대상 선정에 유리, 재해 원인의 크기, 비중 확인 가능

2. 특성 요인도

① 문제의 특성과 여기에 영향을 주는 원인과의 관계를 정리한 것으로 생선뼈와 같은 형태로 표시한 것
② 원인과 결과와의 관계를 나타내어 재해 원인 분석에 이용

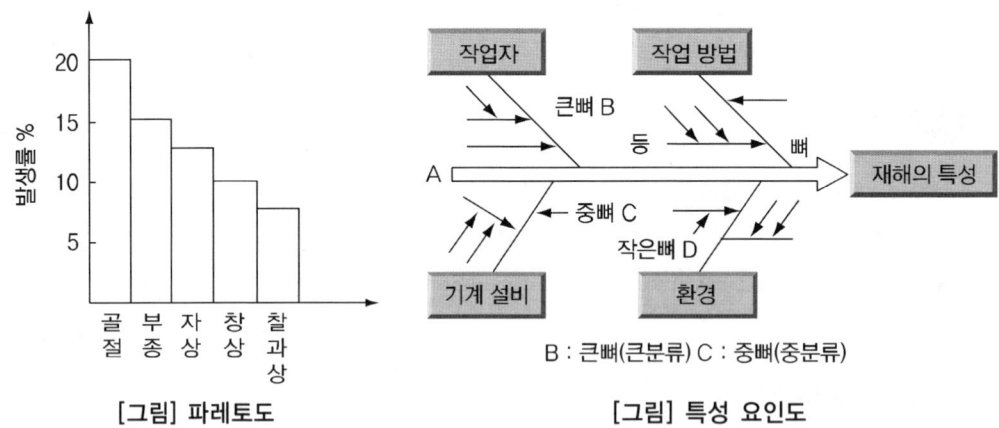

[그림] 파레토도   [그림] 특성 요인도

3. 횡적(Cross) 분류에 의한 방법

A : 불안전 상태 재해건수
B : 불안전 행동 재해건수
C : 불안전 상태와 불안전 행동의 겹침에 의한 재해건수
D : 무관한 상태의 재해건수
① A 재해 발생 확률 = A/T = P(A)
② B 재해 발생 확률 = B/T = P(B)
③ C 재해 발생 확률 = C/T = P(C) = P(A) × P(B)
④ C/T > P(A) × P(B) = C에 포함된 재해발생 가능성 큼
⑤ C/T < P(A) × P(B) = C에 포함된 재해발생 가능성이 작음
⑥ 둘 또는 그 이상의 관계 분석, 즉각적인 원인 분석, 확률 형태 취급, 복잡한 사고 원인 방지

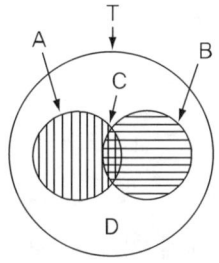

[그림] 크로스

4. 관리도

재해 발생 건수 등의 추이를 파악하여 목표 관리를 행하는 데 필요한 월별 재해 발생수를 그래프(graph)화하여 관리선을 설정 관리하는 방법이다.
관리선은 상방 관리 한계(UCL : Upper Control Limit), 중심선(PN), 하방 관리 한계(LCL : Low Control Limit)로 표시한다.

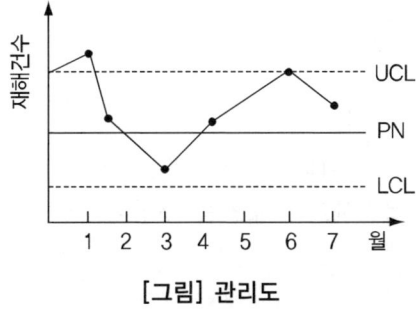

[그림] 관리도

6 결론

1. 재해통계의 이용법을 적절히 이용 안전관리를 효과적으로 추진한다.

2. 이용 순서

   ① 최근의 안전 성적은 어떠한가
   ② 동종의 사업장, 동종업의 평균 성적과 비교한다.
   ③ 과거의 성적과 비교 평가한다.
   ④ 당면한 안전 성적의 목표 설정을 한다.
   ⑤ 빈발 재해 분석(도수율)
   ⑥ 재해 정도의 분석(강도율)
   ⑦ 재해 손실의 분석(재해 손실 비용)

문제 12

안전 시공 관리 조직 및 관리 체계에 대해 기술하시오.

1 개 요

21C건설 공사는 대형화, 급속화가 추진되고 있으며 이에 부응하지 못할 경우에는 많은 재해를 유발하므로 안전 관리를 합리적으로 도입하여 재해 예방에 만전을 기해야 한다.

2 안전 조직

1. 안전 조직의 구성

   ① 조직 구성원의 책임과 권한을 명확히 한다.
   ② 생산 조직과 밀착된 조직이 되도록 구성한다.
   ③ 회사의 특성과 규모에 적합하도록 조직을 구성한다.

2. 안전 조직의 형태

① 계선(系線) 또는 라인(line)형 조직
  ㉮ 생산 라인을 통해 안전 관리의 계획에서 실시까지 시행
  ㉯ 장점 : 안전에 대해 지시와 조치가 철저하고 신속하게 실시
  ㉰ 단점 : 생산 업무의 우선으로 안전 지시 및 홍보 등이 취약
  ㉱ 대규모 사업장에서는 지시 전달이 말단까지 충분히 이루어지기 어려우므로 소규모 사업장에 적합

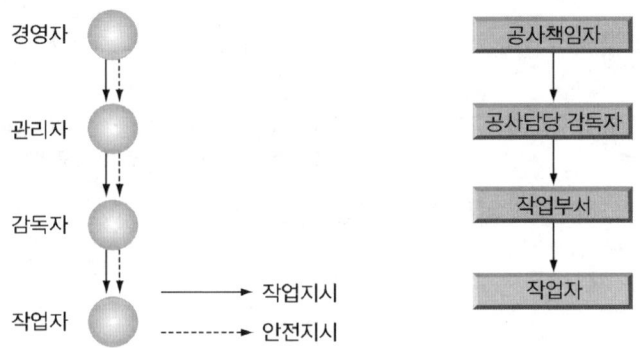

[그림] 라인형 조직도

② 참모 또는 스태프(Staff)형 조직
  ㉮ 안전의 참모를 두고, 안전에 대한 계획, 조사, 조언 및 보고 등을 하는 형태
  ㉯ 장점 : 최신의 안전 대책을 행할 수 있다.
  ㉰ 단점 : 안전 업무의 전문화로 경영 수뇌부, 관리 감독자 등의 안전에 대한 이해나 협력 부족시 관리감독자의 조언 지시가 현장에 전달되기 어렵다.
  ㉱ 중규모 정도의 사업장에 적합

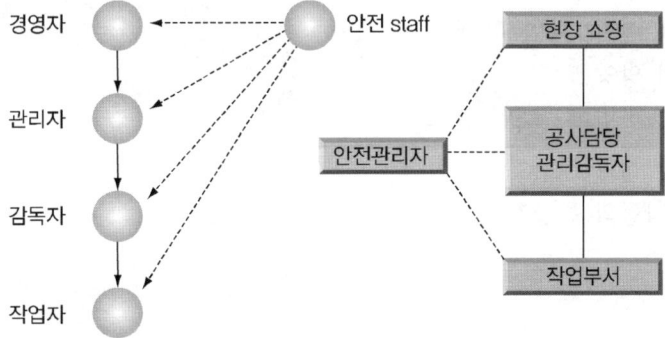

[그림] 스태프형 조직도

③ 라인-스태프(line-staff)형 혼합 조직
  ㉮ 안전 Staff를 설치함과 동시에 생산 Line에도 안전 Staff를 배치하여 안전을 기획한 다음 생산 Line을 통해 실시하는 조직 형태
  ㉯ Line형과 Staff형의 장점을 취합한 가장 이상적인 안전 조직 형태

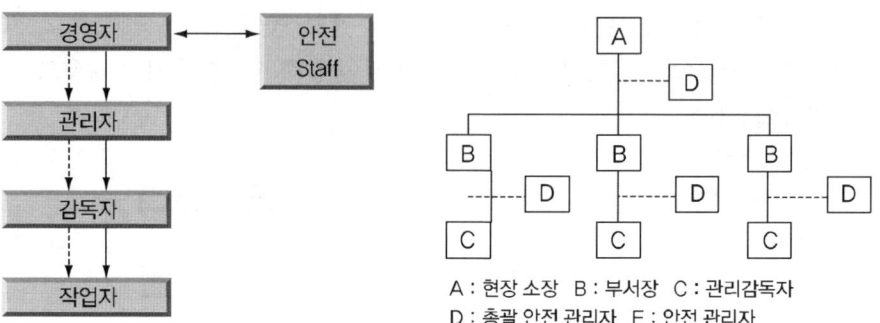

A : 현장 소장 B : 부서장 C : 관리감독자
D : 총괄 안전 관리자 E : 안전 관리자

[그림] 혼합형 안전 조직도

3 관리자의 임무

1. 경영자

① 안전에 대한 기본적 태도의 결정
② 기본 방침, 안전 시책의 공포

2. 관리 책임자

① 재해의 원인 조사와 재발 방지
② 안전 보건 교육 훈련
③ 안전한 기계 설비, 작업 환경 유지
④ 안전 의식의 앙양
⑤ 안전한 작업 방법의 결정
⑥ 작업자 등의 적정 배치
⑦ 안전 관리 활동의 종합적 평가

3. 관리자

① 구체적인 안전 보건 관리 기준 규정의 작성
② 설비 공정 작업 방법 등의 안전성 검토
③ 위험시의 응급 조치
④ 재해 조사와 재발 방지
⑤ 안전 보건 관리 활동의 평가

4. 관리감독자

① 작업원의 직접 지도 교육 훈련
② 작업의 감독 지시
③ 안전 점검
④ 직장 안전회의 개최
⑤ 재해 보고서 작성
⑥ 개선에 대한 의견 상신

5. 작업자

① 작업 전의 점검에 노력
② 안전 작업의 실시
③ 연락 작업 개시 신호에 노력
④ 개선에 대한 의견 상신

6. 안전 관리자(안전 스태프)

① 안전 보건 관리 계획의 작성
② 안전 보건 관계 자료의 작성
③ 정보의 수집 알림
④ 라인 관리에 대한 협력 지원
⑤ 실시 평가
⑥ 각 부문 공통의 교육 훈련
⑦ 대외 절충 연락 보고

4 안전 관리자 선임 기준

1. 건설업공사 금액 50억원 이상

① 안전 관리자수 : 1인
② 산업안전보건법 시행령 [별표 3] 해당자

2. 공사 금액 120억원 이상~800억원 미만

① 안전 관리자수 : 1인
② 선임방법 : 산업안전지도사, 건설안전기사, 건설안전산업기사, 산업안전기사, 산업안전산업기사

3. 공사 금액 800억원 이상~1500억원 미만

① 안전 관리자수 : 2인
② 선임 방법
　㉮ 1인 : 건설안전기사, 건설안전산업기사(1명 의무 사항)
　㉯ 1인 : 산업안전보건법 시행령 [별표 3] 기준

5 안전 시공 관리 체계

1. 안전 시공 관리 체계

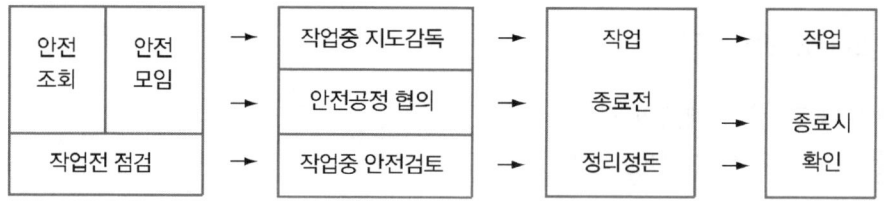

2. 일일 실시 업무

① 안전 조회
　㉮ 당일 작업 내용　　　　　　㉯ 위험한 작업 장소

㉰ 전일 검토 결과 전달 대책　　㉡ 재해 사례 전달
㉲ 신입자 소개　　㉫ 안전 훈시 교육
㉺ 복장, 보호구, 건강 상태 점호　　㉯ 지적 호칭

② 안전 모임
　㉮ 실시 사항
　　• 목적, 방법, 순서, 이유, 필요성, 중요성
　　• 사용 재료
　　• 시간 및 수시
　　• 역할 배치
　　• 작업장소, 범위, 통로, 운반
　　• 관련 작업
　　• 작업원 역할배치
　　• 신호 연락
　　• 동종작업 재해사례
　　• 정리정돈
　㉯ 작업원의 의견 청취
　㉰ 위험 예지 훈련

③ 작업 전 안전 점검
　㉮ 원칙 대상 결정　　㉯ 반입 장비는 원청자 확인
　㉰ 복수 작업 및 수련공 작업　　㉡ 점검표 작성
　㉲ 가설 작업시 사용자가 지정　　㉫ 재료 적치장은 안전한 곳
　㉺ 하도급 작업 검토

④ 작업 중 지도 감독
　㉮ 안전 시설 기계 공구 및 환경 변화 유의
　㉯ 불안전 행동, 신규 채용 배려
　㉰ 불안정시 중지, 지시서 배부, 대책 협의

⑤ 안전 공정 협의
　㉮ 상하 등 동시 작업시는 상하 작업간의 시간대를 조정 또는 확인 협동 작업 등의 순서 결정
　㉯ 공동 사용 기계의 시간, 내용, 방법 및 유도자 조정
　㉰ 공동 사용 시설의 시간, 내용, 방법 조정
　㉡ 계획 변경 작업, 신규 착수 작업 확정 실시
　㉲ 관계자 사이의 충분한 협조, 납득, 안전 작업 지도서 배부

㉑ 현장 불일치시 작업 중지
㉒ 확정내용 주지
⑥ 작업 종료전 정리 정돈
  ㉮ 5분 전 정리 정돈
  ㉯ 담당자 지정
  ㉰ 폐자재의 정리 정돈
  ㉱ 정리 정돈 확인
  ㉲ 청소 상태의 경비 부담 명확화
⑦ 작업 종료시 확인 사항
  ㉮ 하도급자 실시 사항
    • 일일 작업 검토
    • 연장 작업 사항
    • 사무 처리
    • 정리 정돈 확인
    • 화기 유무 확인
    • 원도급자 종료 보고
    • 건설 기계 열외 확인
    • 사무실 소등, 난로 소화
  ㉯ 원청자 지시사항
    • 작업반장 감독자 종료 보고 수리
    • 현장 전체 순찰
    • 출근 일지, 작업 일지, 사무 처리
    • 현장소장

3. 주간 실시 업무

① 주간 안전 공정 협의 확정
  ㉮ 주 1회 안전 회의 실시
  ㉯ 참석자 : 원청 안전 관리 책임자, 관리자, 직원 담당자, 하도급 종사자
② 주간 점검
  ㉮ 점검내용
    • 작업 환경 설비 기계 및 공구
    • 점검표대로 시행
    • 공동 및 대여 사용 시설
    • 점검 정비 분담 명확
    • 점검 사항 보고 기록
  ㉯ 하도급자 협력 사항
    • 설비 시설 담당자 지정
    • 원도급자의 지도 지시 점검
    • 지적 사항 수정 보고
③ 주간 정리 정돈
  ㉮ 주 1회 현장소장 책임하 정리 정돈
    • 자재, 불용 자재, 폐자재의 정리 정돈

- 청소용구 경비 부담, 보관 방법
- 청소 정리 정돈 구역 설정
- 주간 정리 정돈 담당자 설정

㉯ 하도급자 정리 정돈 사항
- 자체 작업장 할당 장소 실시
- 원청자와 협조
- 직반장 중심 실시

4. 월간 실시 업무

① 안전 보건 회의

㉮ 월 1회 안전 보건 위원회 개최
- 책임자 관리자의 안전 공정 설명
- 관계 관청 지시의 설명 토의 검토
- 직종별 담당자 작업 내용 설명
- 제안 사항 검토
- 작업 책임자 작업원 주지 사항
- 보고 검토사항, 필요 사항 확인
- 작업 설명 검토
- 재해 분석 검토
- 의견 조정
- 문제점 토의 조정
- 지역별 문제 사항 검토
- 차기 개최일 결정

㉯ 하도급업자의 검토 의결 사항
- 지시 및 요망 사항에 대한 대책 계획 검토
- 소속 작업자의 필요 사항 주지

② 정기 안전 점검

㉮ 점검표에 의한 검사 실시

㉯ 검사 대상 기계 설비
- 차량
- 기관차
- 쇼벨
- 승강기
- 건설 기계
- 포크리프트
- 전기 기계 기구
- 고압실

㉰ 실시자
- 원도급자가 설치, 특정업체가 사용할 때 : 공동 실시
- 하도급자가 반입 사용할 때 : 하도급자가 실시
- 원도급자가 반입 사용할 때 : 원도급자가 실시

6 결론

1. 산업안전보건법에 의한 안전 보건 관리 규정 준수는 최소한의 사업주 및 근로자의 임무로 재해 예방을 위해 필연적이라고 하겠다.

2. 안전 시공 관리 조직 및 규정은 각 사업체마다 법령에 위배되지 않는 한 최적의 관리 조직으로 운영되어야 한다.

문제 13

재해 조사에 대해 기술하시오.

1 목적

동종 재해 및 유사재해의 재발을 방지하기 위해 원인이 되는 불안전 상태, 행동의 발견 및 분석 검토하여 적절한 안전 대책을 강구하는 데 있다.

2 조사 방법 및 유의 사항

1. 조사 방법

① 현장 보전, 즉시 조사
② 재료 시험 및 화학 분석을 위한 증거 확보 및 수집
③ 사진 촬영 및 도면 작성
④ 목격자의 도움
⑤ 사후 피해자의 설명 기록 유지
⑥ 전문가에 의뢰

2. 조사시 유의 사항

① "왜"보다 "어떻게"에 주력
② 목격자의 단정이나 추측은 사실과 구분
③ 조사시 은폐 방지 주의
④ 재발 방지 금지 및 신속 조사
⑤ 인적 원인 및 물적 원인 파악
⑥ 객관성 및 공정성 유지 : 2인 이상 조사

3 재해원인 분석기법

분석기법	방 법	특 징	적 용
개별적 원인분석	• 상세 규명 • 중요요소 중점 분석 • 발생형태의 다양화 분석 • 보편조사 항목의 특수항목 구성 • 근본적인 해결방법 제시	• 의외의 사항 발견 • 대책의 이해정도 파악가능 및 결점 반점 • 재해예방 효과 • 재해원인의 복잡화로 인해 장기간 소요	• 특수 재해 • 중대 재해 • 재해발생수가 적은 사업장 • 통계적 분석의 근거자료
통계적 원인분석	• 개별적 원인의 수집 • 발생빈도 높은 원인 분석 • 다각적인 규명	• 공통적인 양상 규명 • 단순 복잡화 기능 • 원인요소 항목의 한도 결정 • 세분시 분산이 심하므로 통계 역할 불가	• 원인분석 • 개인 및 경영자 보고 사항 • 대책 가능
문답식 (YES, NO) 원인분석	Flow Chart □→□→◇→□ ↑ ↓ ←── Feed Back	• 관리상 약점 발견 가능 • 수행절차 구분 가능 • 분명한 의사결정이 가능	

4 재해 원인의 분류

1. 재해 발생 기본 모델

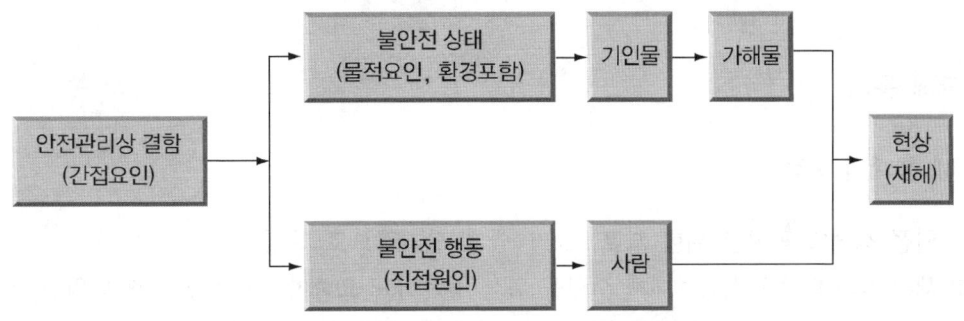

2. 재해 원인 분류

구 분		내 용		
관리적 원인	기술적 원인	① 설계불량 ④ 정보보전불량	② 재료의 부적합 ⑤ 기타	③ 방법의 부적당
	교육적 원인	① 지식부족 ④ 교육방법불충분	② 안전수칙 오해 ⑤ 위험수칙 오해	③ 경험훈련미숙 ⑥ 기타
	작업 관리상 원인	① 안전보건관리조직 결여 ④ 인원 배치 부적당	② 안전수칙 미제정 ⑤ 작업지시 부적당	③ 준비부족 ⑥ 기타
직접 원인	불안전 상태	① 물 자체 결함 ④ 배치장소 결함 ⑦ 경계표지 불량	② 안전방호 장치결함 ⑤ 환경결함 ⑧ 기타	③ 복장, 보호구 결함 ⑥ 생산공정 결함
	불안전 행동	① 위험장소접근 ④ 기계기구 오차 ⑦ 취급부주의 ⑩ 감독 불충분	② 안전 기능 제거 ⑤ 운전기계손실 ⑧ 상태방치 ⑪ 기타	③ 보호구 잘못 사용 ⑥ 속도 불안 ⑨ 자세불안
기 인 물		① 동력기계 ④ 가설건축구조물 ⑦ 환경	② 운반기계 ⑤ 물질재료 ⑧ 기타	③ 기타 장치 ⑥ 적재물
발생형태		① 전도 ④ 붕괴 ⑦ 감전 ⑩ 화재 ⑬ 무리한 동작	② 추락 ⑤ 도괴 ⑧ 폭발 ⑪ 이상온도 접촉 ⑭ 낙하, 비래	③ 충돌 ⑥ 협착 ⑨ 파열 ⑫ 유해물질 접촉
상해종류		① 골절 ④ 자상 ⑦ 중독 ⑩ 창상 ⑬ 시력장애	② 동상 ⑤ 좌상 ⑧ 질식 ⑪ 화상 ⑭ 기타	③ 부종 ⑥ 절상 ⑨ 찰과상 ⑫ 청력장애

5 재해 통계

1. 재해 통계의 목적

① 안전 성적의 평가를 위한 자료 : 보기 쉽게 정기적으로 작성
② 재해 방지 대책의 자료 : 대책 수립을 위한 항목이 필요하며, 그 내용은 재해 원인, 요소가 정확하게 파악되어 방지 대책이 수립될 수 있는 조건이 필요

2. 재해 통계 작성시 고려 사항

① 재해 통계의 내용은 이용 목적을 충족시킬 수 있도록 충분해야 한다.
② 재해 통계는 안전 활동을 추진하기 위한 자료이며, 안전 활동 자체는 아니다.
③ 재해 통계는 근거로 하며 조건이나 상태를 추측해서는 안 된다.
④ 재해 통계 그 자체를 중시해서는 안 된다.
⑤ 이용 및 활용가치가 없는 통계는 시간의 낭비, 경비의 낭비이다.

3. 재해통계 기법(이용방법)

① 특성 요인도
　㉮ 원인과 결과와의 관계를 간단히 도식
　㉯ 문제의 특성과 여기에 영향을 주는 원인과의 관계를 정리한 것으로 생선의 뼈와 비슷한 형태

② Pareto Diagram
　㉮ 재해의 중점적 원인을 파악하는 데 유효
　㉯ 재해를 원인별, 상황별로 분류, 그 크기순으로 하여 그래프와 누적 곡선으로 표시
　㉰ 중점적으로 처치해야 할 대상을 선정하기 용이
　㉱ 중점 관리 대상 선정에 유효

③ 횡적(Cross) 분류에 의한 방법
　㉮ 발생 확률 : A재해가 발생할 확률 = A/T = P(A)
　　B재해가 발생할 확률 = B/T = P(B)
　　C재해가 발생할 확률 = C/T = P(A) × P(B) = P(C)
　　C/T > P(A) × P(B) : C에 포함되는 재해 발생 가능성이 큼
　　C/T < P(A) × P(B) : C에 포함된 재해 발생 가능성이 작음
　㉯ 둘 이상의 관계 분석, 즉각적인 원인분석 가능
　㉰ 둘 또는 그 이상의 관계 분석, 즉각적인 원인 분석, 확률 형태, 취급 복잡한 사고 원인 방지
　　T : 전체 재해건수
　　A : 불안전 상태 재해수
　　B : 불안전 행동 재해수
　　C : 불안전 상태와 불안전 행동이 겹친 재해수
　　D : 무관한 상태의 재해수

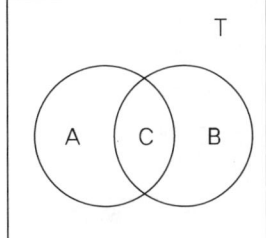

[그림] 크로스 분석도

6 재해 조사 규명

1. 개요

① 조치는 재해의 종류, 인적·물적 사항에 따라 다소 차이
② 중대 재해시 작업 중지 후 근로자 대피 등 필요한 조치를 취한 후 작업재개

2. 재해 발생시의 조치

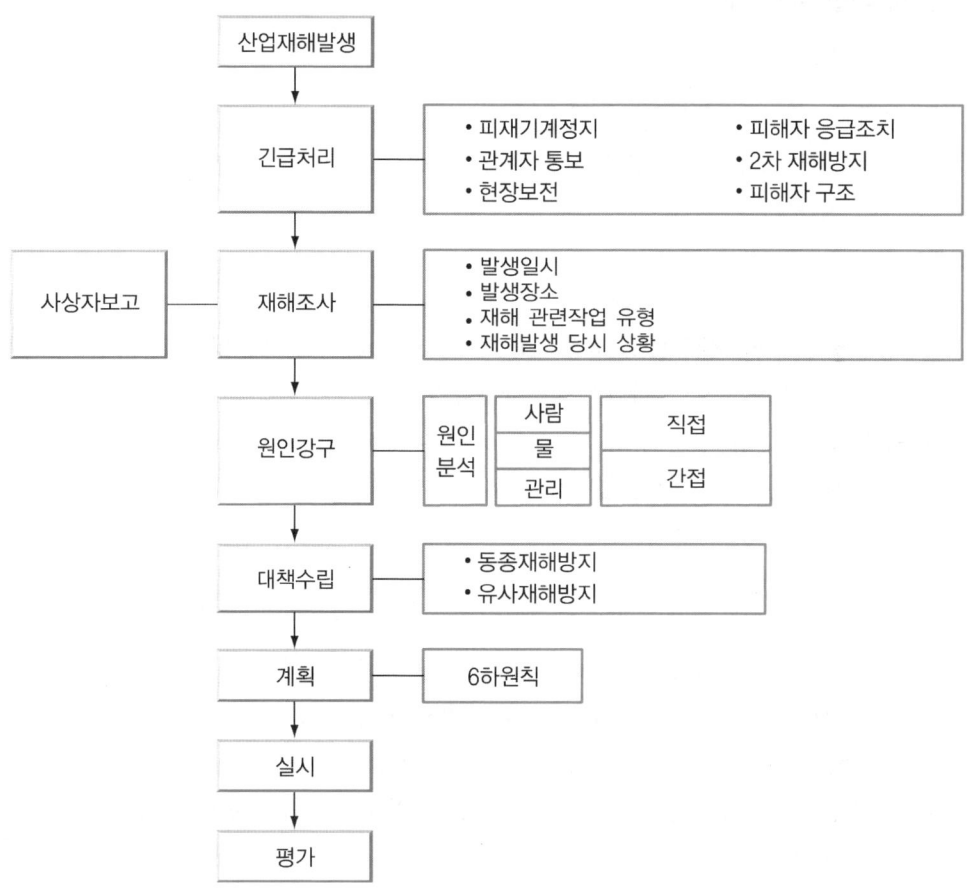

3. 보고 대상

① 중대 재해 발생시 : 지체 없이 보고
② 사망자 또는 3일 이상 휴업 및 부상 사고 발생시 : 1개월 이내

4. 보고내용

① 발생 개요 및 피해 상황
② 조치 및 전망
③ 그 밖의 중요 사항

> **참고**
> 산업안전보건법 시행규칙 제67조(중대재해발생시 보고)

7 결 론

① 안전 보건 관리란 모든 위험이나 사고 재해를 미연에 방지하는 것이며 재해 발생시에는 빨리 작게 제압하는 대책이다.
② 안전 보건 관리 활동은 안전 보건 관리 조직을 통하여 관리 감독자, 작업자가 중심이 되어 평소부터 교육 훈련을 실시함으로 재해 손실을 최소화할 수 있다.

문제 14

보호구의 종류 및 사용할 때 유의 사항에 대하여 기술하시오.

1 개 요

1. 보호구란 자신의 몸을 보호하기 위하여 사용되며

2. 사용이나 지급을 기피하거나 무관심하게 취급하는 경향이 있는데 이는 보호구의 불량품, 이해 부족, 사용 방법의 미숙, 경비 절감 및 지급 기피 때문

3. 작업시에는 반드시 착용하여 자신과 주변의 사람들을 보호

2 보호구의 종류

1. 신체 부위별 분류

(1) 안전인증 보호구의 종류

① 추락 및 감전 위험방지용 안전모
② 안전화
③ 안전장갑
④ 방진마스크
⑤ 방독마스크
⑥ 송기마스크
⑦ 전동식 호흡보호구
⑧ 보호복
⑨ 안전대
⑩ 차광 및 비산물 위험방지용 보안경
⑪ 용접용 보안면
⑫ 방음용 귀마개 또는 귀덮개

(2) 자율안전확인 보호구의 종류

① 안전모(안전인증 대상기계에 해당되는 사항 제외)
② 보안경(안전인증 대상기계에 해당되는 사항 제외)
③ 보안면(안전인증 대상기계에 해당되는 사항 제외)

2. 안전과 위생보호구

(1) 안전보호구

① 두부에 대한 보호구 : 안전모
② 추락 방지에 대한 보호구 : 안전대
③ 발에 대한 보호구 : 안전화
④ 손에 대한 보호구 : 안전장갑
⑤ 얼굴에 대한 보호구 : 보안면

(2) 위생보호구

① 유해 화학물질의 흡입방지를 위한 보호구 : 방진, 방독, 송기마스크
② 눈의 보호에 대한 보호구 : 보안경
③ 소음의 차단에 대한 보호구 : 귀마개, 귀덮개

(3) 작업조건에 맞는 보호구(산업안전 보건기준에 관한 규칙 제32조)

① 물체가 떨어지거나 날아올 위험 또는 근로자가 추락할 위험이 있는 작업 : 안전모

② 높이 또는 깊이 2[m] 이상의 추락할 위험이 있는 장소에서 하는 작업 : 안전대(안전(安全帶)
③ 물체의 낙하·충격, 물체에의 끼임, 감전 또는 정전기의 대전(帶電)에 의한 위험이 있는 작업 : 안전화
④ 물체가 흩날릴 위험이 있는 작업 : 보안경
⑤ 용접 시 불꽃이나 물체가 흩날릴 위험이 있는 작업 : 보안면
⑥ 감전의 위험이 있는 작업 : 절연용 보호구
⑦ 고열에 의한 화상 등의 위험이 있는 작업 : 방열복
⑧ 선창 등에서 분진(粉塵)이 심하게 발생하는 하역작업 : 방진마스크
⑨ 섭씨 영하 18도 이하인 급냉동어창에서 하는 하역작업 : 방한모·방한복·방한화·방한장갑
⑩ 물건을 운반하거나 수거·배달하기 위하여 「자동차관리법」제3조제1항제5호에 따른 이륜자동차(이하 "이륜자동차"라 한다)를 운행하는 작업 : 「도로교통법 시행 규칙」제32조제1항 각 호의 기준에 적합한 승차용 안전모

3 보호구의 관리

1. 보호구의 선택시 유의 사항

① 사용 목적에 적합
② 규격 합격(안전인증, 자율안전 확인), 보호 성능, 보장
③ 작업 행동 방해방지
④ 착용 용이, 사이즈 적합

2. 보호구의 점검 관리

① 정기 점검
② 청결, 습기 방지
③ 청결 보관, 사용 후 세척
④ 세척 후 건조 보관
⑤ 개인 보호구 일괄 보관 금지

3. 보호구의 한계성

① 보호구는 보조 수단
② 작업환경 계속 개선
③ 유해 인자 제거 병행

4 머리 보호구

1. 안전모

① 착용 기준 : 2[m] 이상 높은 곳에서 작업시
② 안전모의 분류
   ㉮ 일반안전모 : 중공업 건설제조사업장에서 사용되며, 비래, 낙하, 충돌, 추락에서 보호
   ㉯ 전기 안전모 : 고압 전기를 사용하는 경우 감전 방지 목적
③ 용어의 정의
   ㉮ 모체 : 착용자의 머리를 덮는 물체
   ㉯ 착장체 : 머리 받침끈, 머리 받침대, 머리받침 고리(충격 완화 모체 부품)
   ㉰ 충격 흡수재 : 충격 완화 목적, 모체 내부에 장착물
   ㉱ 턱끈 : 모체의 탈락 방지
④ 안전모 구비 조건
   ㉮ 모체는 내전압성, 내수성, 내열성, 내한성, 난연성
   ㉯ 저렴, 대량 생산 가능
   ㉰ 내충격성, 가볍고 사용 용이
   ㉱ 외관 미려(호감)

2. 전기 안전모

① 특성과 재질
   ㉮ 재질 : 합성 수지, 전기 절연성 재료
   ㉯ 특성
      ㉠ 선명, 밝은 색상
      ㉡ 내열성, 내한성, 내수성
      ㉢ 내부식, 난연성
      ㉣ 피부에 무해
      ㉤ 착장체 : 강도 유지, 내식성 확보
② 전기 안전모의 구조 특성
   ㉮ 감전 보호
   ㉯ 내전압 합격 리벳 사용

⒟ 두정부와 모체 내 간격 25[mm] 이상
⒠ 안전모 착용시 뒤뚱거리지 말 것

5 발의 보호구

1. 안전화의 종류

① 밑창의 성능에 따른 분류
　㋰ 1종 : 내마모성, 내유성, 내열성 및 보통 성능
　㋱ 2종 : 고내유성, 기계 공장, 기계 조정, 분해 조립, 열처리
② 제조 방법에 따른 분류
　㋰ 굿 야웰드(GW)식
　㋱ 직접 가루 압착식

2. 사용시 유의 사항

① 탄닌으로 무두질한 가죽에 산화철이 닿지 않도록 유의
② 가죽 실밥 끊어짐
③ 강성보다는 가죽에 유의
④ 가열에 주의
⑤ 인체 발생 땀속의 염분 주의
⑥ 고무창 강도 부족시 성능 저하
⑦ 감전 주의
⑧ 정전기 발생 주의

6 소음 방지용 보호구

1. 90[dB] 이상시는 귀보호(귀마개 및 시덮개)

2. 청력보호

3. 청결유지

4. 소음제거

7 추락 방지용 보호구

1. 사용용도

① U자 걸이 안전대　　　② 1개 걸이 안전대
③ 안전블록　　　　　　　④ 추락방지대

2. 안전대의 강도

① 안전 벨트는 폭 12[cm], 두께 6[mm], 최소 파단강도 1150[kg]
② 끈의 재질은 마닐라 로프 사용

3. 사용상 유의 사항

① 구조상의 유의 사항
　㉮ 고리의 벨트에서 벗겨지기 쉽다.
　㉯ 고리의 용접부분 절단
② 사용상 유의 사항
　㉮ 훅을 고리에 걸 때 확인
　㉯ 주상 안전대 사용할 때 신축 조절기 확인 후 첫줄을 걸 것
　㉰ 식물 섬유체는 습기, 산에 유의
　㉱ 로프는 작업점보다 높은 곳에 고정(최하사점)

4. 최하사점

최하사점
$$h = l + \alpha + \frac{T}{2} < H$$

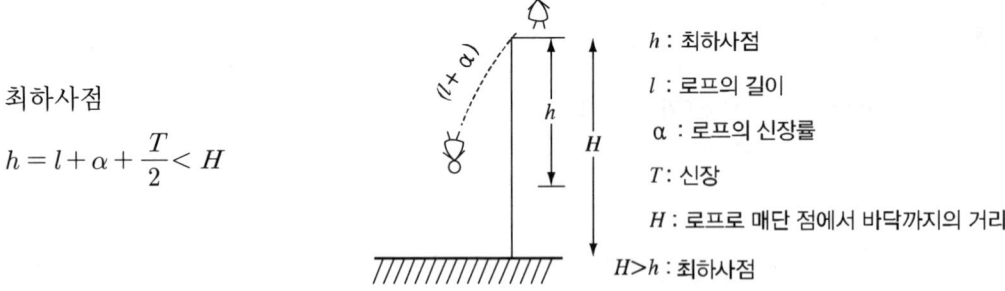

h : 최하사점
l : 로프의 길이
α : 로프의 신장률
T : 신장
H : 로프로 매단 점에서 바닥까지의 거리
$H > h$: 최하사점

5. 로프의 구비 조건

① 부드럽고 매끄럽지 않은 것
② 충격, 인장 강도
③ 완충성
④ 내마모성
⑤ 습기, 약품류에 유의
⑥ 내열성

6. 안전대의 파기 기준

① 로프 소선의 손상
② D형 부분 변형
③ 벨트 폭 1[mm] 이상 손실
④ 훅 버클 손상
⑤ 재봉 부분 1개 이상 절단

8 호흡용 보호구

1. 방독 마스크의 종류

① 방독 마스크의 종류 및 구분

종 류	시험가스	정화통 외부측면 표시색
유기화합물용	시클로헥산(C_6H_{12}) 디메틸에테르(CH_3OCH_3) 이소부탄(C_4H_{10})	갈색
할로겐용	염소가스 또는 증기(Cl_2)	회색
황화수소용	황화수소가스(H_2S)	회색
시안화수소용	시안화수소가스(HCN)	회색
아황산용	아황산가스(SO_2)	노란색
암모니아용	암모니아가스(NH_3)	녹색

* 복합용 및 겸용의 정화통 : ① 복합용[해당가스 모두 표시(2층 분리)]
　　　　　　　　　　　　　② 겸용[백색과 해당가스 모두 표시(2층 분리)]

② 사용 시 유의 사항
　㉮ 안면 서리 방지

㈏ 수명 주의
㈐ 과도한 의지 금지
㈑ 소극적 방어 수단
㈒ 적용 한계 내에서도 안전 보장 미보장
㈓ 산소 18[%] 이하에서는 사용 금지
㈔ 응급용임을 주지

2. **호흡용 마스크**

   ① 관리상 일반적인 조건
      ㈎ 호흡용 장비 사용자에게 요구되는 능력 파악
      ㈏ 유지 보존 조건 파악
      ㈐ 호흡용 장비의 적합성 파악
   ② 종류별 특성
      ㈎ 호스 마스크
         ㉠ 용도
            • 산소가 부족한 탱크 등의 제한 공간
            • 가스 증기, 먼지 등이 집중된 공간
         ㉡ 사용할 때 유의 사항
            • 산소 18[%] 이하시는 필히 사용
            • 제한 지역을 재환기 후에도 공기 성분 시험 실시
            • 송풍기 장착 호스 마스크 가스 증기 농도가 0.1[%] 이하까지 송풍
            • 호스 길이는 150[ft] 이하
            • 흡입 저항 1.0~2.5[inch]/몰 이하
      ㈏ 방진 마스크
         ㉠ 구분(분리식)

구 분	용 도	여과효율
특 급	수은, 납, 비소, 아연 중독분진, Fume, 방사성 물질	99.95[%] 이상
1급	광물천공, 암석파쇄, 분쇄, 광물선별, 포장, 금속 아크용접, 석면분진, 주물사락	94.0[%] 이상
2급	일반마스크	80.0[%] 이상

ⓛ 구비 조건
- 여과효율 준수
- 흡 배기 저항 최소화
- 사용적이 적을 것
- 중량이 가벼울 것
- 시야가 넓을 것
- 밀착성이 좋을 것
- 피부 접촉 부위의 고무질이 좋을 것

9 눈의 보호구

1. 보안경의 목적

작업의 종류나 내용에 따라 적합한 것을 선택해야 하며 잘못 선택시 효과가 저하되고, 작업 지장을 초래하므로 고품질의 것을 사용

2. 보안경의 종류

① 방진 안경
  ㉮ 선택 기준
    - 작업자가 비산되는 물체에 노출 정도
    - 비산량의 대, 소
    - 비산 물체의 대, 소
    - 비산되는가, 부유되는가
    - 정면 측면 보호
  ㉯ 구비조건
    - 렌즈 : 줄, 흠, 기포, 비틀림 방지, 두통 방지, 강도 유지, 광선 투과율 70[%] 이상, 내화학성 유지, 교정 렌즈외는 매끈
    - 안경테 : 내화학성, 강도, 부식 방지, 내화학성 피부보호, 경량, 렌즈파손방지
    - 형상 환기 구멍 : 접촉부 유연, 내화성, 얼굴 흉화, 서리방지
② 차광안경
  ㉮ 구비 조건
    - 유해 광선 차단

- 자외선, 적외선으로부터 보호
㉮ 렌즈의 광학적 특성
- 가시광선 투과(흑색, 황색, 황록색, 녹색, 청록색)
- 자외선을 허용치 이하로 부과
- 적외선을 허용치 이하로 부과

10 결 론

① 보호구는 유해 위험 요인으로부터 자신을 보호하는 안전 도구로서 규격품의 사용과 함께 사용 요령을 습득하여 각종 재해를 미연에 방지해야 하겠다.
② 보호구는 소극적이며 2차적인 안전대책이다.

문제 15

안전 사고(재해) 발생 및 예방 조치에 대해 설명하시오.

1 개 요

1. 산업 재해

산업 현장에서 발생한 사고에 의해 신체적 상해 및 경제적 손실을 입는 것

2. 안전 보건 사고

고의성없이 작업에 지장을 주거나 능률의 저하를 가져오며, 직·간접으로 인명이나 재산상의 손실을 줄 수 있는 일

3. 안전 보건 관리

사고 예방의 수단으로 효율적인 안전·보건 관리를 통해 사고를 예방하여 인적, 물적 손실을 막고 밝고 건전한 작업 환경 조성과 기업의 신뢰성 확보

4. 안전의 궁극적 목적

산업 현장에서의 "인간 존중의 실천"

2 재해 발생의 원인

1. 하인리히의 Domino 이론(사고의 상관성 5개 요소)

① 재해 원인의 연쇄성

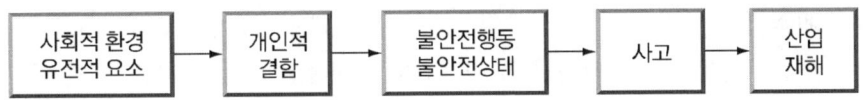

② 안전 사고는 선행 요인에 의해 일어나고, 사고 발생은 이들 요인이 겹쳐 연쇄적으로 발생한다는 이론
③ 사고 예방은 불안전 행동과 불안전 상태의 제거에 중점

2. Bird의 최신 Domino 이론

① Mechanism

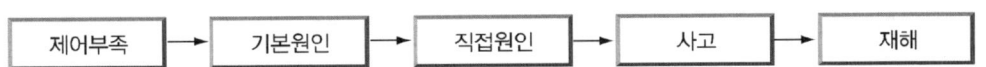

② 재해 요인이 연쇄 반응을 일으켜 재해가 발생
③ 재해예방 또한 직접적 원인뿐만 아니라 기본 원인도 제거해야 한다는 이론
④ 대상 : 4M(Man, Machine, Media, Management)
⑤ 대책
　㉮ 제어의 부족(관리, 경영)·사고조사, 설비검사, 작업분석, 개인의사 전달, 감독 훈련 등의 안전 작업의 명확화
　　• 명확화된 각 작업 활동의 경영 수행을 위한 표준 설정
　　• 설정된 표준에 의한 작업 활동의 측정 경영 수행
　　• 현재의 계획을 향상시킴에 따라 교정 수행
　㉯ 기본 원칙(기원)
　　• 개인적인 원인 : 지식 기술의 부족, 부적절한 동기 부여, 신체적 정신적 문제

- 작업상 원인 : 기계 설비의 결함, 부적절한 작업 기준, 부적절한 작업체계, 비정상적인 기계 기구 사용
㈐ 직접원인(징후)
- 사고, 사건의 연쇄에 있어 가장 중요한 인자
- 불안전한 조건, 행동에서 징후 발견, 제어 방법 결정
㈑ 사고(접촉)
- 계획되지 않은 사건의 발생
- 잘못, 실수의 원인
- 방지 대책이 가능(예방, 강화, 수정, 격리, 차단)
㈒ 상해(손실)
- 현대적 해석 = 신경적(정신적) 상해까지 포함
- 상해를 방지하기 위해서는 사고이전 단계를 최소화

3. 재해 발생의 기본적 원인

① 재해의 연쇄 관계

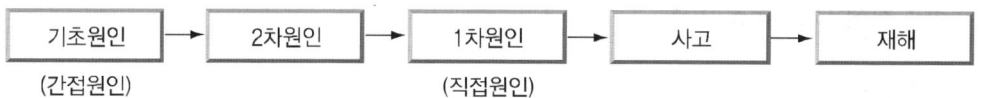

② 직접적 원인

㈎ Mechanism

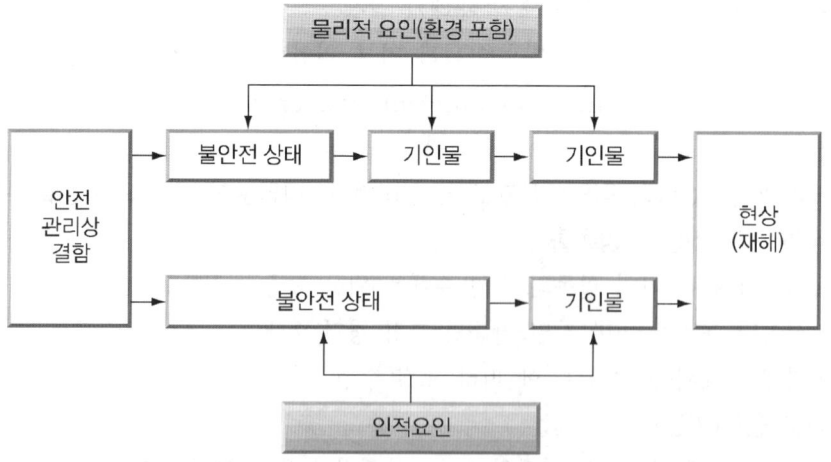

㈏ 직접 원인은 불안전한 상태와 불안전한 행동에 있다.

④ 불안전 상태 : 사고를 일으키게 하는 물적 조건, 즉 설비, 기계 및 보호구 외에 온열 조건, 조명 또는 소음 등의 환경 조건
④ 불안전한 행동 : 사고의 요인으로 사람의 불안전한 행동
③ 간접 원인

[표] 재해 원인

간접 원인	기술적 원인	설계, 점검상의 불비
인간적원인	교육적 원인	지식 및 경험부족
	신체적 원인	육체적 결함
	정신적 원인	성격 지능적 결함

3 사고예방 대책

1. 하인리히(Heinrich)의 사고 예방 법칙

① 사고 예방의 원칙
  ㉮ 사고 우연의 법칙 : 손실의 크기는 우연하게 일어난다.
  ㉯ 원인 계기의 원칙 : 사고 발생은 필히 필연적 원인이 있다.
  ㉰ 예방 가능의 원칙 : 원인만 제거하면 반드시 예방가능
  ㉱ 대책 선정의 원칙 : 안전 사고는 예방대책수립, 선정 가능

② 재해 발생 유형
  ㉮ 재해의 발생 = 물적 불안전상태 + 인적 불안전 행동 + α

  $\alpha = 숨은 위험재해 = \dfrac{300}{1 + 29 + 300}$

  ㉯ 1 : 29 : 300의 의미
   • 의미 : 손실 우연의 법칙, 예방의 법칙
   • Mechanism

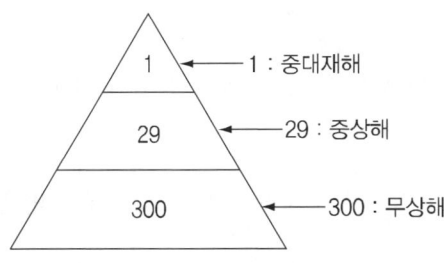

1 : 중대재해
29 : 중상해
300 : 무상해

중대재해 발생 1건의 잠재적인 재해 발생건수는 300건에 달하며, 중대 재해 1건의 발생을 방지하기 위해 불안전한 행동, 상태를 제거하여야 한다.

2. 사고 예방 기본 원리 5단계

① 제1단계 : 안전 조직
  ㉮ 안전·보건 관리 조직 구성   ㉯ 안전·보건 계획 수립
  ㉰ 경영층 참여 유도   ㉱ 안전 목표 달성
② 제2단계 : 사실 발견
  ㉮ 기록 검토   ㉯ 작업 분석
  ㉰ 현장 점검   ㉱ 안전 토의
  ㉲ 여론 조사   ㉳ 관찰
③ 제3단계 : 분석 평가
  ㉮ 사고 보고서 및 현장 조사   ㉯ 사고기록 및 자료분석
  ㉰ 인적, 물적, 환경적 자료분석 ㉱ 작업공정 분석
  ㉲ 교육훈련 분석   ㉳ 안전수칙
  ㉴ 작업 표준 개선   ㉵ 직·간접적 원인 분석
④ 제4단계 : 대책선정
  ㉮ 기술 개선   ㉯ 인사 조정
  ㉰ 교육, 훈련 개선   ㉱ 안전 행정 개선
  ㉲ 규정, 수칙 개선   ㉳ 확인, 통제 체계 개선
⑤ 제5단계 대책 적용(3E 시행)
  ㉮ 기술 개발(Engineering)
  ㉯ 교육실시(Education)
  ㉰ 독려 및 상벌(Enforcement)

4 결 론

1. 산업 재해는 안전 사고가 발생될 수 있는 잠재적 위험 요소를 미리 발견하여 이를 통제, 조절, 제거함으로 예방이 가능하다.

2. 안전 관리자는 사고 예방 5단계를 숙지하고 현장 실정에 알맞게 적용하여 재해예방에 솔선 수범하여야 한다.

문제 16

TBM(Tool Box Meeting)에 대해서 기술하시오.

1 개 요

1. TBM이란

직장에서 행하는 Meeting으로 미국 건설업에서 시작되어 큰 성과를 올린 제도이다.

2. 목 적

① 작업자의 안전 의식 향상
② 안전 활동의 실시

3. 미국 건설업에서 효과 큼

작업시작 전에 공구·기계 앞에서 T. B. M이 효과적이다.

2 방 법

1. 단시간 Meeting

① 작업 전 5~15분 정도
② 작업 후 3~5분 정도

2. 인 원

① 5~6인이 서로 이야기할 수 있는 정도로
② 때와 장소를 가리지 않고 작은 원으로 모여서
③ 짧은 시간 서서 Meeting

3 내 용

1. TBM이란
① 일방적인 지시, 명령의 방법이 아니고 작업에 잠재된 위험을 스스로 납득하고 생각하는 위험 예지의 한 방법
② TBM은 작업 상황의 위험에 대한 적극적이고 능동적인 대처 방안을 강구하는 것

2. 업무개시전의 TBM

단 계	내 용
도 입	직장 체조, 무재해기 게양, 인사, 안전 구호 제창
⇩	
점검, 정비	건강, 복장, 보호구, 재료, 기기 점검
⇩	
작업지시	작업 지시, 전달 확인
⇩	
위험예측	당일 작업의 위험 예측, 예지 훈련
⇩	
확 인	Team 목표 확인

4 효 과

1. 작업 상황에 내재된 위험 요인의 발굴을 개인 수준에서 Team 수준으로 높이는 탁월한 방법이다.

2. 발견된 위험을 Team의 문제 해결 능력으로 향상시키는 실천적 기법이다.

3. 안전의 선취를 위해서는 직장에서의 적극적인 화합이 선결 과제이다.

5 문제 해결 단계(4Round 8단계)

4-Round	8단계	
1R : 사실의 파악	1. 문제제기	2. 현상 파악
2R : 본질 추구	1. 문제점 발견	2. 중요 문제 결정
3R : 대책 수립	1. 해결책 구상	2. 구체적 방안 수립
4R : 목표 설정	1. 중점사항결정	2. 실시계획결정(5W1H)

6 결론

① 재해를 방지하기 위한 위험 예지 훈련의 하나인 T.B.M은 안전행동을 이루어 보자는데 목적이 있고, 인명과 재산을 재해로부터 보호하고 작업자에게는 안전감을 줌으로써 생산성을 향상시킨다.
② 각 기업체는 물론 국가지방 자치단체 등에서는 T.B.M의 중요성을 인식하고 현장에서 T.B.M이 계속 지속되도록 하여야 한다.

문제 17

작업의 안전수칙준수 사항에 대해 기술하시오.

1 개 요

① 작업안전수칙은 안전작업을 위하여 작업자가 작업시 지키도록 정하여진 규칙이며
② 근로자의 생명과 신체의 보호와 경제적 손실을 막고 나아가 생산성 및 품질향상에 기여

2 안전수칙의 기본요소

1. 안전 확보의 기본 요건에 미비점이 없어야 한다.

2. 상위 법규에 위배되지 않아야 한다.

3. 내용과 용어가 명확하여야 한다.

4. 근로자에 대하여 불이익이 없어야 한다.

3 안전 수칙의 기본 내용

1. 근로자의 안전과 보건의 확보라는 기본이념을 실현하여야 한다.

   ① 인간 존중 원칙 고려

② 합리적인 목적 추구
③ 안전 수칙의 안전성을 고려
④ 안전과 생산의 갈등을 조화

2. 안전 수칙은 강제성, 강요성을 구비하여야 한다.

3. 안전 수칙은 실효성, 타당성이 있어야 한다.

4 작업 안전 수칙(일반 사항)

1. 안전은 자신이 지켜야 한다.

    ① 자기 스스로 위험한 행동을 하지 않고 다른 사람에게도 위험한 행동은 시키지 않도록
    ② 현장에서 작업할 때에는 항상 안전에 유의
    ③ 사고로부터 신체를 지킬 수 있는 것은 자기 자신뿐이란 것을 항상 명심한다.

2. **재해 발생시 영향**

    ① 자신과 가족에게
        ㉮ 자신의 심신이 고통스럽다.
        ㉯ 수입이 감소되어 금전적으로 고통을 받는다.
        ㉰ 체력과 능력이 감퇴된다.
        ㉱ 가족에게 심려를 끼치게 되고 고생스럽게 한다.
    ② 국가와 사회에는
        ㉮ 아까운 인명 손실
        ㉯ 경제적 손실
        ㉰ 사회불안
        ㉱ 제조 비용의 상승
    ③ 회사와 현장에는
        ㉮ 일손이 부족하게 되고 작업이 지연
        ㉯ 작업 능률 감퇴되고 인간 관계 나빠진다.
        ㉰ 사회적인 신용 하락

3. 재해는 98[%]가 예방가능하다.

① 재해 발생의 원인
  ㉮ 실수를 범할 수 있는 사람
  ㉯ 작업의 수시 변동
  ㉰ 옥외 작업
  ㉱ 가설물에 의한 작업
  ㉲ 잘못된 시설물 및 기계 설비에 의하여 실수를 유발
  ㉳ 작업원 자신의 무리한 행동

② 재해 발생의 근본 대책
  ㉮ 가설물의 완벽한 설치 및 이용 방법 강구
  ㉯ 안전 장치의 설치
  ㉰ 자재 및 기계의 적치
  ㉱ 작업 장소의 결함 제거
  ㉲ 정리 정돈 철저
  ㉳ 보호구 및 보호 장구의 활용
  ㉴ 자연적 및 주변 상황에 대한 순응

③ 작업자의 임무
  ㉮ 안전한 자세 동작의 작업
  ㉯ 기계, 기구의 정확한 취급
  ㉰ 위험한 장소의 접근 및 행동의 금지
  ㉱ 무리한 속도나 행동의 작업 실시 엄금
  ㉲ 정리 정돈 및 청소 청결 유지

5 근로자 안전 수칙 10가지

① 항상 건전한 몸과 마음을 갖자.
② 복장 및 보호구를 바르게 착용한다.
③ 정리 정돈 철저 및 환경 정비에 협력한다.
④ 작업 지시는 잘 듣고, 바르게 지키자.
⑤ 무경험, 무자격 작업은 절대 금지한다.
⑥ 작업 표준에 따른 작업을 실시한다.
⑦ 작업 전, 작업 중, 작업 후의 점검을 철저히 실시한다.

⑧ 작업 중 위험 예측에 항상 관심을 둔다.
⑨ 안전 장치 및 방호 장치를 반드시 사용한다.
⑩ 공동 작업에서는 서로 돕고 협조한다.

6 결론

① 기업 및 정부는 안전 수칙을 정하고 수칙 위반시 강력한 징계를 하여야 한다.
② 안전 수칙이 지켜져야 사고가 예방되고 규정과 안전 수칙 준수가 철저히 이루어져야 재해 없는 국가, 직장, 가정이 정착된다.

문제 18

하인리히의 사고 발생 연쇄성 이론 5단계 및 사고 예방 원리 5단계에 대해 기술하시오.

1 개요

① 하인리히는 사고 발생 연쇄성 5단계에서 직접 원인만 제거하면 사고가 발생하지 않는다는 이론을 발표하였다.
② 사고 예방 5단계는 제1단계 안전·보건 관리 조직에서 제5단계 적용까지 명료하게 정리하여 오늘날까지 사고예방에 도움이 되고 있다.
③ 재해 손실 비용이란 업무상의 재해로서 인적 상해를 수반하는 재해에 의해서 생기는 손실, 비용을 말한다.
④ 만약 재해가 발생하지 않았다면 당연히 직접 또는 간접으로 생기는 여러 가지의 손실 비용은 발생하지 않을 것이며 이 비용을 총칭하여 재해 Cost라 한다.

2 하인리히(H. W. Heinrich) 재해 COST 산출 방식

① 직접 비용(보험 회사가 지불한 금액) → A
② 간접 비용(직접비 이외의 재산 손실이나, 생산의 저하 때문에 회사가 받은 손실) → B
③ A : B = 1 : 4
④ 총재해 비용 = 직접 비용과 간접 비용의 합

3 하인리히의 사고 발생 연쇄성 이론 5단계

1. 제1단계 : 유전적 요인 및 사회적 환경

① 무모, 완고, 탐욕, 기타 성격상의 바람직스럽지 못한 특징은 유전에 의해서 물려받았는지도 모른다.
② 환경은 성격상의 바람직스럽지 못한 특징을 조장하고, 교육을 방해할 수 있다.
③ 유전 및 환경은 인적 결함 원인이 된다.

2. 제2단계 : 개인적 결함

① 무모, 포악한 성질, 신경질, 흥분성, 무분별, 안전 수단에 대한 무능과 같은 선천적 또는 후천적인 인적 결함은 불안전 행동을 일으키고
② 기계적, 물리적 위험성이 존재하는 이유로 구성된다.

3. 제3단계 : 불안전 행동과 기계적 물리적 위험성

① 매달린 짐의 밑에 선다, 경보없이 기계를 움직인다.
② 방호되지 않은 톱니바퀴, 손잡이 미설치, 불충분한 조명
③ 상기 원인으로 기계적, 물리적 위험성은 직접적 사고 원인

4. 제4단계 : 사고(Accident)

사람의 추락, 비래물에 대한 타격 등과 같은 사상은 상해의 원인이 되는 전형적인 사고이다.

5. 상해(산업 재해)

화상, 열상 등은 직접적으로 사고로부터 생기는 상해이다.

4 하인리히의 사고 예방 원리 5단계

1. 제1단계(안전 조직)

① 경영자의 안전목표 설정   ② 안전 관리자의 선임

③ 안전의 라인 및 참모 조직 ④ 안전 활동 방침 및 계획 수립
⑤ 조직을 통한 안전 활동 전개

2. 제2단계(사실의 발견)

① 사고 및 활동 기록의 검토 ② 작업 분석
③ 점검 및 검사 ④ 사고 조사
⑤ 각종 안전 회의 및 토의회 ⑥ 근로자의 제안 및 여론 조사

3. 제3단계(분석)

① 사고 원인 및 경향성 분석 ② 사고 기록 및 관계 자료 분석
③ 인적, 물적, 환경적 조건 분석 ④ 작업 공정 분석
⑤ 교육 훈련 및 적정 배치 분석 ⑥ 안전 수칙 및 보호 장비의 적부

4. 제4단계(시정책의 선정)

① 기술적 개선 ② 배치 조정
③ 교육 훈련의 개선 ④ 안전 행정의 개선
⑤ 규정 및 수칙 등 제도의 개선 ⑥ 안전 운동의 전개 기타

5. 제5단계(시정책의 적용)

① **교육적 대책** : 지식 및 경험 부족 인원 배제
② **기술적 대책** : 설계·점검의 과속화
③ **단속 대책** : 관리·통제의 과속화

5 결 론

① 하인리히는 상해를 수반한 재해를 조사해 본 결과 상해가 뒤따르지 않은 유사한 사고가 상해를 수반한 사고보다 더 많이 일어난다는 사실을 알았다.
② 같은 사람이 거의 비슷한 종류의 330건의 사고를 낸 가운데 300건은 무상해 재해였고 29건은 경상 재해, 1건만 중대 사고였다.

③ 1 : 29 : 300의 법칙에서 300건의 무상해(뻔사고)의 제거 중요성이 강조된다.
④ 안전은 자율에 이루어져야 한다는 것을 말해주며 불가항력적인 2[%]외의 98[%]사고는 예방이 가능하다.(불안전한 상태 10[%], 불안전한 해동 88[%])

문제 19

재해 발생의 근원과 사고 예방 대책에 관하여 기술하시오.

1 재해 발생의 연쇄성

산업안전 관리를 정립시킨 미국의 Heinrich는 재해의 발생은 언제나 사고 요인이 연쇄 반응의 종결이며 사고 발생은 항상 불안전 행동과 불안전 상태에 기인한다.

대부분의 사고 발생은 불안전한 인간의 행동에 기인된다.

인간은 환경이나 도구와는 달리 갑자기 통제할 수 없는 결함이 많은 존재로서 전체 사고의 88[%]는 인간의 불안전한 행동이 주요 원인이 되고 있다. 불안전한 행동에 기인한 사고로 고통을 받는 사람은 대개 300번 이상의 불안전 행동을 거듭하면서 중·경 상해를 아슬아슬하게 면한 사고의 연발자들이다.

즉 상해를 입기전에 기계적 위험상태에 몇 수백 번이나 노출되면서 불안전 행동을 수없이 반복하는 근로자이다.

재해 발생의 연쇄성 이론(Domino 이론)
① 유전적 요소와 사회적 환경
② 개인적 결함
③ 불안전 행동과 불안전 상태
④ 사고
⑤ 산업 재해(상해)

2 사고 예방 대책

사고의 직접적 원인인 불안전한 행동 및 불안전한 상태를 과학적이고 지속적으로 통제 또는 제거함으로써 사고 예방은 가능하다.
① **불안전한 행동** : 불안전한 행동의 주원인은 안전 작업에 대한 지식의 결여, 기능 미숙과

태도 불량 및 인간의 Error로서 시정책도 그 원인에 적합하게 수립 시행되어야 제거가 가능하다.
② **불안전한 상태**: 불안전한 상태인 물적 사고 발생 원인
  ㉮ 방호적 장치가 없거나 부적당한 상태
  ㉯ 결함이 있는 장비나 재료
  ㉰ 잘못된 설계 또는 구조물
  ㉱ 부적절한 작업 환경(조명, 환기, 소음, 분진, 온·습도)
  ㉲ 부적합한 복장 장구
  ㉳ 잘못된 정리 정돈

3 사고 예방 기본 원리

산업 재해는 안전 사고에 의하여 일어나며, 그 원인은 불안전한 행동과 불안전한 상태이며 대부분 이들이 복합되어 발생된다.
따라서 이들을 잘 통제하면 98[%]의 안전 사고는 예방이 가능하다는 통계적 결론이 나온다. 이것이 바로 안전 관리의 핵심이며, 단계별 조치는 다음과 같다.
① 제1단계 : 안전 조직
  사고 예방을 위한 조직적이고 체계적인 조직의 편성을 위해서는 사업주의 안전 목표 설정과 안전 관리자의 임명과 생산 Line에 준하는 안전·보건 관리 조직을 편성하고, 안전·보건 관리 규정을 제정하여 조직을 통한 안전·보건 관리 활동을 전개한다.
② 제2단계 : 사실의 발견
  위험에 처한 사실의 파악과 이를 실천하는 전문 지식과 능력의 확보 단계로서 각종 사고 기록, 작업 방법, 안전 점검, 안전 회의 여론 조사, 근로자의 건의 사항 등을 통하여 사실을 파악한다.
③ 제3단계 : 분석
  발견된 사실을 토대로 사고의 직·간접 요인을 찾아내는 것으로 사고 보고서, 및 현장 조사, 인적·물적 조건, 작업 공정 및 교육 훈련의 분석 등이 이루어진다.
④ 제4단계 : 시정책의 선정
  개선책의 선정 분석을 통하여 색출된 결과를 토대로 불안전 행동과 상태를 제거하기 위하여
  ㉮ **기술적 대책** : 기술적 원인에 대한 설비, 환경
  ㉯ **교육적 대책** : 교육적 원인에 대한 안전 교육과 훈련의 실시
  ㉰ **관리적 대책** : 관리적 요인에 대한 최고 경영자의 책임과 자각, 조직·인사의 개선

⑤ 제5단계 : 개선책의 적용(실시)

재해 예방 대책(3E)이 결정되었을 때는 신속하고 확실하게 실시 적용하여야 한다.

문제 20

산업(건설) 현장에서 작업 기준의 필요성과 목적, 내용 및 운영에 대하여 기술하시오.

1 서 론

작업시 발생하는 재해는 기술과 설비의 불안전 상태와 근로자의 불안전 행위가 시간적, 공간적으로 중복되는 곳에서 발생한 사고의 결과로서 인적, 물적의 손실을 발생한 사건이다. 만약 이 사고를 피할 수 있다면 산업 재해는 대부분 예방될 수 있다. 따라서 직장에서 불안전 상태를 제거하기 위하여 안전 설비 기준을 준비하고 근로자의 불안전 행동을 없애기 위하여 작업 기준을 준비할 필요가 있다. 작업 기준이란 작업 조건, 작업 방법, 관리 방법, 사용 재료, 설비 및 기타 주의 사항에 관한 기준을 규정한 것이다.

따라서 작업 기준은 기술 수준의 요구 조건을 만족시키기 위해 조화를 잘 이루어야 한다.

2 작업 기준

작업 기준은 안전 수칙이며 안전 규정과 다른 점도 단위 작업별로 동작 순서와 급소가 명시되어 있어야 한다. 안전 수칙에는 특정 위험 작업에 대한 유의 사항(~할 것)과 금지 사항(~해서는 안 된다)을 명시하지만 재해 예방을 위해 무엇을 어떻게가 명시되지 않는다. 그러나 작업 기준에는 정확한 진행 방법을 품질, 생산, 원가, 안전 4가지로 서로 조화시켜 작성해야 한다.

① 작업 기준의 제정 목적

㉮ 작업자가 기계, 기구 장치를 안전하게 운전하기 위하여

㉯ 작업자가 안전하게 작업하기 위하여

㉰ 각 계층의 사람들이 생산 활동에 대한 책임과 권한을 분명하게 하기 위하여

㉱ 작업을 원활하게 추진하기 위하여 적절한 명령, 지도, 지시, 감독 등이 이루어질 수 있도록

㉲ 현재의 작업 상태를 확실히 파악하고, 작업의 간소화와 개선을 도모하기 위하여
㉳ 작업자가 작업에 대한 훈련을 쉽게 할 수 있도록 하고, 짧은 시간 내에 안전한 작업 수행 능력을 기르기 위해서
㉴ 기업의 기술 확보와 우수한 기술을 남기기 위하여
㉵ 현장에서 실시하는 작업의 내용을 확실히 전달하기 위하여
㉶ 안전 생산, 품질, 원가 관리를 추진하기 위한 기초를 위하여

② 작업 기준의 내용과 조건 : 작업 기준의 내용은 작업 범위 사용 재료 및 부품, 작업 방법, 작업 조건, 사용 설비, 작업상의 안전 유의 사항, 작업 시간, 사고 및 이상시 조치 사항, 작업의 관리 항목과 그 방법 등을 포함하여 작업하는 자의 위험을 줄이기 위한 안전 작업의 근거를 제공해야 한다.

3 작업 기준이 구비해야 할 요건

① **작업 실정에 맞는 것일 것** : 작업 목적과 내용을 정확히 분석, 실시 가능한 내용일 것
② **좋은 작업을 표준으로 함** : 안전하고 정확하고 쉽게 할 수 있는 내용일 것
③ 표현을 구체적으로 나타낼 것
④ 생산성과 품질 특성에 맞는 것일 것
⑤ 이상시의 조치에 대하여 정하여 둘 것
⑥ 다른 규정 등에 위반되지 않을 것
⑦ 책임과 권한을 분명히 하여 무리없이 실행할 수 있는 것으로 추후 수정 보완을 고려하여 작성되어야 한다.

4 결 론

작업 기준은 안전 작업에 지장이 생기거나 관리상의 한계점이 발견되었을 때 공정 개선을 위하여 현장에서 개정 요청이 있을 때 작업 방법을 검토 개선할 필요가 있다. 그 검토는 관리 감독자가 중심이 되어 실제 작업에 관계되는 작업자 전원이 참여하여 검토한 후 직장 안전 담당자를 통해 합리적 작업으로 개선시켜 나가야 한다.

작업자에게 작업 기준을 준수 이해하도록 하고 필요시 검토하여 개정하게 함으로써 안전 의식을 고취시키는 동기를 부여하며, 직장 내의 인간 관계 향상을 위해 참여 의식을 갖게 한다.

문제 21

작업장에서 발생하는 직업병의 종류와 대책에 대하여 논하라.

1 서 론

1. 정 의

근로자가 유해한 환경으로 인하여 유해 물질이나 유해 Energy에 폭로되어 건강 재해가 발생되는 것을 직업병이라 한다.

2. 문제점

일정한 직업에 오랫동안 종사함으로써 직업과 관련된 유해 인자에 의하여 발생하는 병으로 그 직업에 종사하는 사람은 누구나 이환될 가능성이 있다. 그러나 직업병 발생은 유해 요인의 정도, 폭로 시간, 작업 정도, 작업 방법, 작업 환경, 관리 상태, 보건 교육, 개인의 감수성 또는 효과적인 의학적 감시 여부 등에 따라 직업병의 발생 여부와 시기는 일정하지 않다. 직업성 질환의 자각 증상은 특정적인 예는 드물고, 대부분 일반 질환에서 나타나는 증상과 유사하며 만성적으로 진행되기 때문에 얻은 자 스스로 직업병으로 인식하기 어렵다.

몇 년 전 원진 레이온에서 이황화탄소 중독 사고가 발생하면서 산업 보건 분야의 사회적 관심이 고조되고, 노동계에서도 점차 산업 재해와 직업병 문제 등 복지 차원의 요구가 증대되어가고 있는 실정에서 21C에는 관계 당국이나 사업주, 근로자 모두 보건 건강 관리에 노력하여야 할 때이다.

2 건설 산업 현장에서 직업병의 종류와 대책

건설 산업은 옥외 작업으로서 일시적이고 유동적이며 대부분 일용 근로 형태의 근로 조건에서 제조업에 비하여 직업병 환자가 거의 노출되지 않고 있으나 수많은 잠재적 위험 요인이 있다. 산업안전보건법에는 유해한 작업장에 대한 작업 환경 측정이나 특수 건강 진단 실시가 건설업 특성상 제대로 실시되지 않고 있는 실정이다.

1. 유해 요인과 발생되는 작업장

구 분	유해 요인	증 상	발생 직종
유해 물질	분 진	진폐증	터널, 갱내, 착암공, 콘크리트용 용접공
	석 면	석면폐	석면의 뿜칠공
	유기용제	유기용제 중독	도장공, 방수공
	콜타르	피부장해	도장공, 방수공, 포장공
	산소결핍	산소결핍증	지하실, 갱내, 심공 작업시
유해 Energy	고기압	고기압장해, 감압병	잠함공, 잠수공
	진 동	백납증	착암공, 연마공
	소 음	난청	착암공

2. 예방 대책

직업성 질환을 예방하기 위해서는 유해한 작업장의 작업 변경 평가와 개선책의 실시 직업병 유소견자의 조기 발견을 위한 특수 건강 진단의 실시 방법 등이 필요하다. 그러나 일시적으로 작업 환경 개선에는 막대한 비용이 들고 작업 여건상 불가능한 경우 근로자에게 유해 요인에 대한 충분한 교육 실시와 필히 보호구나 보호 장구 사용을 철저히 해야 한다.

① 진동 공구를 사용하는 근로자는 방진 보호구를 착용하게 하고, 작업 시간을 정하여 무리한 작업을 피하고 충분한 휴식을 취하도록 작업조를 편성한다.
② 잠함 공사 등 고기압 장소에서 작업시에는 안전 담당자를 지정하여 기압, 산소 농도 등을 수시로 점검하도록 하고, 담당자의 지휘하에 일정한 작업 시간을 준수한다.
③ 산소 결핍 위험 장소에서는 작업전 공기 중 산소 용도를 측정 18[%] 미만인 경우 환기 조치해야 하며 호흡용 보호구를 착용하도록 한다.
④ 분진 작업은 습식 작업으로 대체해야 하며 분진의 유해성을 근로자에게 고취시켜 보호구 착용을 철저히 하도록 한다.
⑤ 건설 기계는 저소음 장비를 사용하도록 하고 공법의 선정도 저소음, 저진동 공법을 채택토록 한다.

3 결 론

사업주는 인간 존중 차원에서 유해한 작업 환경을 개선하여 근로자의 보건 건강을 확보하기 위한 노력을 계속하여야 하며 유해한 작업 환경에서의 작업 환경 측정과 평가에 따른 개선

방법의 제시, 직업병의 조기 발견을 위한 규칙적 건강 진단을 실시 해야 하며, 근로자들은 작업장의 유해 요인에 대한 안전 수칙의 준수와 올바른 사용 방법 및 보호구 착용을 생활화 함으로써 근로자 스스로 건강 관리에 노력하여야 할 것이다.

문제 22

산업안전보건 표지에 대하여 논하라.

1 서 론

산업안전보건 표지는 유해·위험한 기계, 기구나 물체의 표시로써 근로자가 쉽게 식별할 수 있는 장소 또는 물체에 설치하여야 한다.
표지는 모양, 색깔, 내용으로 그 지시 사항을 근로자가 빠르고 쉽게 알아볼 수 있게 하여 근로자의 작업 행위를 규제하고 대상물을 신속 용이하게 판별하여 주의를 환기시킴으로써 안전 행동을 유도하고 부주의에 의한 사고 예방을 방지하는 데 목적이 있다.
따라서 어떤 행동을 규제하고 안내, 지시하는 산업안전보건 표지는 금지 표지, 경고 표지, 지시 표지, 안내 표지, 관계자외 출입금지 등으로 구분 사용되고 있다.

2 산업안전보건 표지의 종류

① 금지 표지
   ㉮ 빨간색 원형으로 표시하여 근로자의 어떤 행동을 금지시키는 안전 명령이다.
   ㉯ 종류
      ㉠ 출입 금지
      ㉡ 보행 금지
      ㉢ 차량 통행 금지
      ㉣ 사용 금지
      ㉤ 탑승 금지
      ㉥ 금연
      ㉦ 화기 금지
      ㉧ 물체 이동 금지

[그림] 금지표지 기본 형태

② 경고 표지
  ㉮ 검은색 삼각형에 노란색으로 표시하는 것과 마름모형으로 표시하는 것 등 2가지 형태로 근로자의 행동에 주의를 환기시킨다.
  ㉯ 종류
    ㉠ 인화성물질 경고
    ㉡ 산화성물질 경고
    ㉢ 폭발성물질 경고
    ㉣ 급성독성물질 경고
    ㉤ 부식성물질 경고
    ㉥ 방사성물질 경고
    ㉦ 고압전기 경고
    ㉧ 매달린 물체 경고
    ㉨ 낙하물 경고
    ㉩ 고온 경고, 저온 경고
    ㉪ 몸균형상실 경고
    ㉫ 레이저광선 경고
    ㉬ 위험장소 경고

[그림] ㉠~㉤까지 경고표지 형태

[그림] ㉥~㉬까지 경고표지 형태

③ 지시 표지 : 파란색 원형 바탕에 흰색으로 근로자의 행동을 지시한다.
    ㉠ 보안경 착용
    ㉡ 방독 마스크 착용
    ㉢ 방진 마스크 착용
    ㉣ 보안면 착용
    ㉤ 안전모 착용
    ㉥ 귀마개 착용
    ㉦ 안전화 착용
    ㉧ 안전장갑 착용
    ㉨ 안전복 착용

[그림] 지시표지 기본 형태

④ 안내 표지 : 녹색 사각형 표지로 근로자의 행동을 안내한다.
    ㉠ 녹십자 표지
    ㉡ 응급 구호 표시
    ㉢ 세안 장치
    ㉣ 비상구
    ㉤ 좌측 비상구
    ㉥ 우측 비상구

[그림] 안내표지 기본 형태

⑤ 관계자외 출입금지
  ㉠ 허가대상물질 작업장
  ㉡ 석면취급/해체 작업장
  ㉢ 금지대상물질의 취급 실험실 등

3 결 론

① 산업안전보건 표지는 제2의 사업주이며 안전관리자로서 말없는 파수병 역할을 수행하므로 사업주는 반드시 설치 부착하여야 한다.
② 안전 보건 교육 훈련을 통하여 표지가 뜻하는 대로 행동하지 않으면 안전 기준을 위반하는 행위임을 근로자에게 주지시키고 항상 유지 관리에 노력하여야 한다.

문제 23

제조업(건설) 공사 현장의 재해 발생 원인에 대해 기술(인적, 물적, 자연 재해)하시오.

1 서 론

재해는 개인은 물론 사회적, 경제적, 국가적으로도 큰 불행 및 손실을 초래하므로 재해 예방에 대한 적극적인 대책 및 노력이 필요하다.
3대 재해 발생 원인은 다음과 같다.
① 인적 요인, 즉 불안전 행동 : 88[%]
② 물적 요인, 즉 불안전 형태(상태) : 10[%]
③ 자연(천후) 요인, 즉 불가항력적인 원인 : 2[%]
엄밀하게 보면 어느 한 가지만으로 재해가 발생된다고 볼 수는 없고 서로 복합되어 발생하므로 세심하게 관리되어야 한다. 특히 불안전 행동의 재해 대책이 중요하다.

2 본 론

구체적인 예방 대책은 아래와 같다.

1. 인적 원인(불안전한 행동)

① 심리적 원인

㉮ **미지** : 공사 현장에서 위험 지식이 없어 일어나는 재해는 의외로 많다. 작업 공정 및 위험 장소의 위치가 변할 때마다 잘 보이는 곳에 위험 표지를 하고 전체 작업원에게 주지시킨다.

㉯ **미숙련** : 기계화 시공에 따른 안전 교육 및 숙련 기능공의 양성에 의한 면허제 도입으로 미숙련공의 취업 제한을 실시한다.

㉰ **부주의** : 긴장감의 결여가 문제이므로 따라서 작업 중의 흡연, 언쟁, 잡담을 금하는 등 부주의에 의한 사고를 미연에 방지한다.

㉱ **권태** : 휴식 전 또는 작업 종료 전 심신의 피로를 많이 느낄 때 재해가 발생하는데 휴식 설비를 갖추고 충분히 휴식시켜 피로 회복을 꾀한다.

② 생리적 원인

㉮ **신체의 결함** : 신체의 현저한 결함은 재해 방지를 위해서 또한 능률상의 이유로도 피해야 한다.

㉯ **질병** : 생활 문제로 질병을 참으며 일하는 근로자들이 있는데 심적·생리적 활력을 잃기 때문에 재해 발생 우려가 많다. 충분한 조사로 질병자들을 파악하여 요양에 힘쓰도록 권장한다.

㉰ **피로** : 음주 및 수면 부족은 재해의 요인이 되므로 평소 예방해야 한다. 음주자의 당일 취업 금지 또한 무리한 작업 배치에 의한 수면 부족을 일으키지 않게 교대 근무를 적절히 시킨다. 현장 숙소 관리를 하는 경우 취침 시간 관리에 철저를 기한다.

㉱ **기타 사항** : 노령자 및 미성년자의 작업 배치를 금하고 허술한 복장은 작업에 능률적인 복장으로 교체시키거나 안전복 착용 후에 작업하도록 유도하고 각 직종별 근로자의 화합을 유도하는 등 안전 관리자의 신뢰받는 행동들이 안전 사고를 줄이는 데 도움이 되는 요소이다.

2. 물적 요인(불안전한 상태)

① 기계 설비

㉮ **구조의 불안전** : 시공 여건, 하중 관계 조사 등으로 구조물 안전에 의한 재해를 방지한다. 신중한 검토에 의한 계획과 시공시의 주의 및 안전 점검으로 구조상의 문제로 일어나는 가장 큰 재해를 예방한다.

㉯ **재료의 불안전** : 시공된 부분의 정기·비정기적인 점검으로 이상이 있으면 시정 조치한다. 재료 자체의 불안전으로 시공 후 재해가 발생하기도 한다.

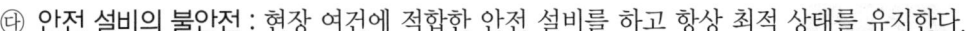

  ㉰ 안전 설비의 불안전 : 현장 여건에 적합한 안전 설비를 하고 항상 최적 상태를 유지한다.
  ㉱ 협소한 작업장 : 입지 조건의 조사 및 활용 대책으로 한정된 조건의 대지를 복잡한 작업 환경이 되지 않게 노력한다.
② 작업
  ㉮ 준비의 불안전 : 매일의 작업은 준비시 충분히 검토한 후 실시한다. 주도면밀한 계획만이 안전 사고를 예방할 수 있음에 유의하여 각 직종간 작업을 연결시키고, 준비 불충분에 의한 손실, 모순, 혼란이 생기지 않도록 주의한다.
  ㉯ 정리 정돈의 불안전 : 재해 방지에 정리 정돈은 매우 중요하다. 재료의 낭비, 이중 운반 등은 능률을 저하시키고 이 과정 전후에 안전 사고가 잘 발생한다. 정리 정돈으로 자재 저장 및 작업 통로 확보에 우선적으로 노력한다.
  ㉰ 기계·공구 사용의 불안전
  ㉱ 급속한 시공
  ㉲ 무리한 작업 : 공사 현장의 무리한 작업 유형은 다음과 같고 일부는 불안전한 행동과 관계있다.
    ㉠ 달아서 오르내릴 것의 던지는 행동
    ㉡ 놓아서는 안 될 곳에 물건을 놓는 일
    ㉢ 비계 발판을 이용하지 않고 기둥을 타는 일
    ㉣ 작업 통로가 아닌 곳을 통행하는 일
    ㉤ 안전 하중을 초과해서 적재하는 일
    ㉥ 올라가서 안 되는 리프트(lift)에 오르는 일
③ 천후 요인(자연)
  ㉮ 추운 기후, 더운 기후 : 강추위, 혹서기에 공사시 작업자의 건강 상태를 파악하여 혹서기에는 휴식 시간 증대, 혹한기에는 따뜻한 작업장 유지로 재해를 방지하는 데 대책을 세운다.
  ㉯ 바람, 비, 눈 : 높은 곳의 공사를 피하고 부득이한 경우에는 안전 용구에 대한 대책을 세운다.
  ㉰ 기타 : 이상 건조, 습기, 낙뢰 등의 원인도 재해 발생의 요인이 되므로 가설 피뢰침을 세우고, 건조하거나 습한 경우에 좋지 않은 작업은 피한다.

3 결론

재해 요인은 반드시 필연적인 원인이 있기에 재해 예방을 위한 과학적이고 체계적인 관리가 무엇보다 중요하다고 하겠다.

문제 24

건설 공사시 자연 재해의 종류 및 안전 대책을 쓰시오.

1 서 론

건설 공사는 대부분 옥외에서 이루어지는 작업이므로 자연에 의한 영향을 받으며 자연 속에 구조물을 건립하기 위해서는 자연의 여러 현상에 대비하여야 한다. 자연 재해 즉, 천재는 지진, 화산 폭발, 폭풍우, 태풍, 홍수, 낙뢰, 산사태, 폭설 등에 의한 재해이다.

이러한 자연 현상이 가해 요인이 되는 천재의 대책은 빨리 예견하여 인위적으로 대책을 시행함으로써 그 피해를 최소로 줄일 수 있는 것이다.

2 본 론

1. 재해 예방 대책 수립

사회 과학의 발달은 자연에 대한 인간의 무력함을 극복하기 위한 노력을 하기 시작하였고 인공 위성 등을 통한 태풍의 방향, 위치 등을 일찍이 예측하여 자연 재해를 감소시켰으며 현대 과학의 진보로 자연 재해에 대해서도 그 발생 원인을 분석 연구하여 귀중한 인명과 재산의 피해를 예방하는 데 최선의 노력을 하고 있다. 또한 설계나 시공시에 지진이나 태풍 등 극심한 상태의 자연 현상을 고려해야 한다.

자연 재해를 예방하기 위해 자연 조건이 건설 구조물에 미치는 영향과 원인을 고찰하는 데 있어서, 자연 재해의 종류와 구조물의 형태가 다양하므로 과거의 경험 및 사례와 실험을 통한 지식의 기반 위에 자연 재해를 원인별, 형태별로 분류하고, 자연에 의해 발생될 수 있는 건설 공사시 또는 구조물에 미치는 위험 요인을 재해 사례를 토대로 연구하여 건설 구조물의 피해 예방 대책을 세워야 한다.

2. 재해 현상별 예방 대책

① 지진
  ㉮ 구조물 설계시 동적 해석 방법을 사용하여 내진 설계로 지진의 영향에 대비한다.
  ㉯ 주요 구조물은 일반 기준보다 허용 응력을 낮게 하여 내진성을 강화한다.
  ㉰ 사질 지반은 지진시에 액화 현상이 일어나지 않도록 다짐·치환·수위 저하 및 배수

하는 방법을 쓴다.
　㉣ 철골 구조물 및 고층 건축시 높이 대 넓이는 4 : 1 이상이 안 되도록 한다.
　㉤ 철근 콘크리트 공사에서는 부재의 치수, 배근의 정확성 및 소정의 강도를 가진 콘크리트를 균일하고 수밀성있게 타설한다.
② 폭풍우·폭우
　㉮ 가설물의 바람을 받는 면의 보호 시트를 일시 철거하고, 벽연결 등의 증설로 보강하며, 비계판 등을 고정한다.
　㉯ 잔재 및 폐재가 높은 곳에 남아 있지 않도록 하며, 가설 재료를 제거하고 필요한 재료는 묶어서 무너지지 않게 한다.
　㉰ 활동할 가능성이 있는 토석은 제거한다.
　㉱ 악천후시에는 시계약화와 우의 장구 등으로 행동이 둔화되므로 안전 보호구의 사용 철저와 하물의 적재, 적하 작업시 주의하도록 한다.
③ 홍수·강우
　㉮ 현장 가설물 설치시, 과거의 최대 홍수위를 조사하여 고지에 설치하도록 하여 홍수시의 침수에 대비하고, 우기에 만일의 산사태에 대비하여 주변 지형을 관찰하여 설치한다.
　㉯ 공사용 가설 도로 표면은 장비 및 차량이 안전 운행을 할 수 있게 한다.
　㉰ 주변이 침수되어 고립되었을 때에는 선박 등에 의한 대피 철수 계획을 세운다.
　㉱ 수상 구조물의 작업시에는 사전에 물을 채워서 홍수 피해를 줄인다.
④ 번개, 낙뢰(번개)
　㉮ 구조물의 높은 부분에 낙뢰 방지를 위하여 피뢰침을 설치한다.
　㉯ 낙뢰에 의한 화재 발생시 화재의 확산을 방지하고 소화 대책을 세워 대비한다.
　㉰ 피뢰침, 접지선, 접지판 등을 우기 전에 점검하여 이상이 있으면 즉시 수리 또는 교체한다.
　㉱ 천둥, 낙뢰가 심할 때에는 피뢰침이 설치된 건물 내에서도 벽체와 이격을 유지한다.

3 결 론

자연 재해에 의한 재해의 요인은 전체 재해의 약 2[%]로 큰 비중을 차지하고 있지는 않으나 최근의 홍수 등에 의한 군 막사의 붕괴 등 자연 재해에 의한 사고는 자연 재해와 인적 재해가 연결된 큰 재해를 유발할 수 있다고 가정하여 자연 재해 역시 인간의 노력에 따라 최소화할 수 있음을 알 수 있다.

문제 25

소방 및 방화 관리에 대해서 기술하시오.

1 개 요

가장 널리 알려진 화재 발생 이론으로서 화재를 발생시키기 위해서는 세 가지의 필수 불가결한 요소인 적당한 온도의 열과 연료 및 공기의 3요소가 반드시 적당한 비율로 반응해야 한다.

2 발화의 원인 및 화재의 분류

1. 발화의 원인

① 일반 원인 : 불티, 담뱃불, 성냥불 등
② 고온물 : 용선, 용광, 가열로, 연도, 난로 등
③ 전기 : 전선 및 기계의 과열, 누전 단락, 과부하, 정전기 등
④ 기계 : 과열, 연마, 충격, 이물 흡입 등
⑤ 자연 발화

2. 화재의 분류

분류	대상 연료	소화	
		소화 방법	소화약재
A급	고체 연료	냉각 소화	물
B급	액체 연료	질식 소화	분말, 포말 CO_2, Halon
C급	전기의 발화연소	질식, 냉각	분말, CO_2, Halon
D급	금속분	분리 소화	물질 조사, 분말, 건조시
K급	주방화재	K급 소화기	

3 소방 관리

1. 소방반 편성표

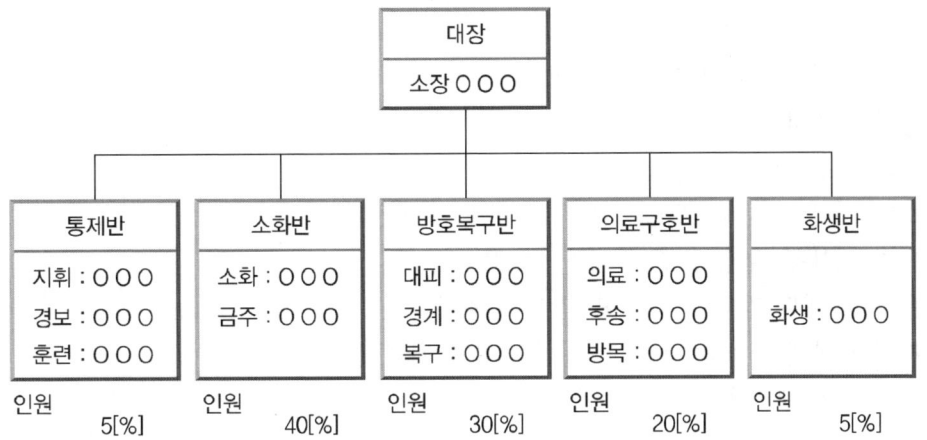

2. 소화 시설

① **소화 시설** : 소화기, 소화전, Foam 및 CO_2 소화 시설
② **경보 시설** : 자동 화재 탐지 시설, 비상 경보기 등
③ **피난 시설** : 피난 기구, 유도 표지
④ **소화용수 시설** : 저수지, 저수조
⑤ **소화 활동 용구** : 배연 설비, 연장 살수 설비, 송수 설비 등
⑥ **응급 소화**
 ㉮ 소화기는 사용에 편리하고, 잘 보이는 곳에 두고 표시
 ㉯ 소화기의 정기 점검 및 소화액 보충 철저
 ㉰ 방화수, 방화사 관리 철저
 ㉱ 상수도 설비시 최우선권 부여

4 방화 관리

1. 일반 사항

① 작업장별 화재 예방 대책 수립, 점검(3개월 1회)
② 현장 내 인화물, 인화성 및 기타 위험물이 있는 장소는 흡연을 금하고 위험 표지판 설치

③ 작업장 및 옥외 창고 청소 철저, 쓰레기는 매일 청소
④ 소방 설비 사용법, 소화 요령 및 훈련 실시로 숙달

2. 방화 관리자

① 안전 관리자를 방화 관리자로 임명
② 방화 계획서 작성
③ 소화 교육 및 대피 훈련 실시
④ 소화용 설비, 용수, 소방시설의 점검 및 보고
⑤ 화기의 사용, 취급에 관한 지도, 교육
⑥ 용접, 열전달 작업의 허가 및 감독자 지정
⑦ 자체 소방대의 조직 및 대피 시설의 유지 관리
⑧ 기타 소방 관리에 필요한 업무

3. 난방 기구 및 장치

① 연통 부분의 단열 시설
② 인화성 난로에 점화된 채로 급유 금지
③ 허가되지 않은 난방 기구 사용 금지
④ 난방 기구 부근에 소화 설비 비치
⑤ 임시 난방 기구 사용할 때 책임자 정부 임명

4. 흡 연

① 작업 중 흡연 금지
② 끽연장에서 휴식 시간 이용하여 흡연
③ 인화성 및 기타 위험물이 있는 장소에서는 절대 금연 및 위험 표지판 설치

5. 가설 사무실, 창고의 화재 예방

① 건물 내 난방 설비 설치시 완전 불연 재료의 구조
② 승인된 난방 기구 사용
③ 굴뚝과 인화성 물질의 이격

④ 사무실, 창고의 구조는 불연 재료 사용
⑤ 전열 기기(전기 장판, 전기 난로 등) 사용 금지
⑥ 소화기, 방화사, 방화수 비치

6. 적 치

① 인화성 가공품의 적치 금지
② 인화성 물품의 가공시는 다른 인화성 물질의 접근 금지
③ 인화성 물품 가공장에는 소화기 비치

7. 용접, 용단 작업

① 승인된 용접 장비만 사용
② 용접 장비에 인접하여 소화기 비치
③ 지정된 장소 및 안전한 장소에서 작업
④ 작업시 인화성 물질과 이격
⑤ 작업 완료 후 30분 동안 발화 여부 감시
⑥ 불티 발생시 불티받이 등 불티의 비산 방지에 유의

5 결 론

1. 화재 및 폭발에 의한 재해는 사전에 철저한 안전 교육 및 만약에 대비한 철저한 방화 계획에서 재해의 예방 및 축소가 가능하다.

2. 전근로자의 적극적인 안전 의식에서 비롯된다.

3. 정부에서는 소방법을 개정하여 실제예방활동이 가능토록 조치가 필요하다.

중대 재해 사례 및 예방 대책(예)

문제 1

회전하는 롤러 사이에 협착

1 재해 개요

2000년 3월 ○일 ○시 10분경 경남 울산 소재 (주) ○○화학공장 캘린더 공정에서 장판지 필터 생산 중 원단이 절단되어 이를 연결하던 작업자가 롤러 사이(약 10[cm] 공간)에 협착되어 사망한 재해임.

2 작업 공정 및 작업 상황

1. 작업 공정

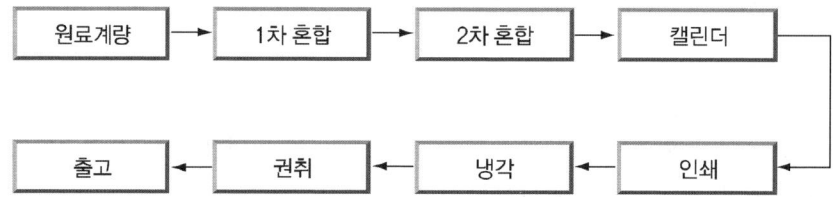

2. 기인물

   롤러기[직경 28[in]/, 원주 속도 25[m/min], 안전 장치 : 급정지 장치(조작 불능)]

3. 작업상황

   ① 28[in] 캘린더 공정에서 2인 1조가 되어 필터 원단 연결 작업을 시작
   ② 캘린더에서 원단이 절단되어 작업자(A)가 캘린더와 롤러 사이에 서서 캘린더의 롤러로 통하여 나오는 원단의 끝을 잡아 롤러 측면에 있는 작업자(B)에게 원단의 끝을 전해 주는 작업 중 회전하는 롤러 사이에 작업자(A)가 협착됨

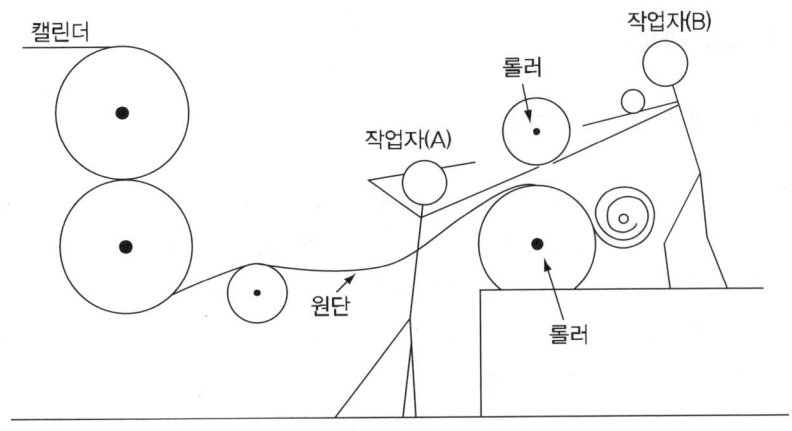

[그림] 재해 발생 상황도

3 재해 발생 원인

1. 작업 조건 불량

캘린더 공정의 작업장에 유류가 묻어 바닥이 미끄럽고 작업점이 작업자가 서 있는 바닥으로부터 수직 방향으로 약 1.4[m], 수평 방향으로 약 0.5[m] 상부에 위치하게 되어 원단의 끝을 잡아 롤러 사이로 동료 작업자에게 전해줄 때 회전하는 롤러에 접촉되기가 쉬운 작업 조건임.

2. 안전 장치의 기능 제거

롤러를 통한 원단 연결 작업시 2인 1조가 되어 작업함으로써 위급한 상황 발생시 제3자나 작업자가 직접 또는 무의식으로 조작이 가능하도록 급정지 장치가 설치되어 있었으나 기능을 제거한 경우

3. 안전 교육 미실시 등

① 작업자에게 원단 연결 작업에 대한 위험성과 작업 방법에 대한 안전교육을 실시하지 않았음.
② 안전 수칙 내용에 원단 연결 작업시 작업 인원, 면장갑 착용 금지 등 안전 작업 방법 등의 내용이 누락되어 있음.

4 동종 재해 예방 대책

1. 안전 장치 개선 및 작업 환경 개선

① 롤러 사이 전편의 작업에 방해가 되지 않는 범위 내에서 리밋 스위치 조작용 대(bar)를 전자 브레이크 모터와 연동시켜 설치하여 원단 연결 작업시 롤러에 협착되는 재해를 방지해야 함. 단, 작업상 설치가 불가할 경우에는 작업 인원을 3인 1조로 하여 2명은 원단 연결 작업을 하고 1명은 작업 감시 및 위급시 롤러 측면에 설치된 급정지 장치(P/B)를 조작하도록 작업해야 함.

② 작업장 바닥은 유류 등의 기름을 깨끗하게 제거하여 미끄럽지 않도록 해야 하고, 캘린더와 롤러 사이에 고정식 또는 이동식 발판을 설치하여 작업자가 무리한 동작을 행하지 않고 안전하게 원단을 연결하도록 하여야 함.

③ 원단 투입을 위한 전용의 수공구를 제작, 작업자가 사용토록 하여 회전하는 롤러에 직접 접촉되는 것을 방지하여야 함.

2. 안전 교육 실시 등

작업자 안전 교육 실시시에는 원단 연결 작업시에 발생될 수 있는 위험 요인, 작업 방법, 긴급 조치 사항 등 안전에 필요한 사항을 교육 내용에 포함시켜 교육을 실시하여야 함.

문제 2

프레스에 의한 협착

1 재해 개요

2001년 3월 ○○일 11시 10분경 경기도 송탄 소재 ○○자동차(주)의 프레스 공장 3라인 프레스 1회기(압입 능력 1,250톤)에서 피재자가 프레스를 자동으로 가동하면서 프레스 본체에 설치되어 있는 연동 장치(interlock)를 끈으로 매어 기능을 제거시킨 후, 금형 위에 소재를 정확하게 놓기 위하여 프레스의 위험점 부근에 접근하여 소재의 끝부분을 공구로 쳐서 위치를 수정하던 중 상금형이 부착된 슬라이드가 하강하여 이를 미처 피하지 못하고 신체의 일부인 머리와 어깨 부위가 프레스 상하 금형 사이에 협착되어 사망한 재해임.

2 작업 공정 및 작업상황

1. 작업 공정

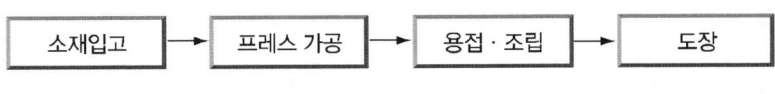

[그림] 재해 공정(bending, drawing 등)

2. 기인물 : 프레스

구 분	내 용
• Capacity	• 내부 : 1,250[t], 외부 : 750[t]
• Crank Type	• Crankless
• Stroke 수	• 8~18SPM
• Die 높이	• 내부 : 1,800[mm], 외부 : 1,600[mm]
• Slide Stroke	• 내부 : 940[mm], 외부 : 750[mm]
• Slide 면적	• 내부 : 3,300 × 1,750[mm]
	외부 : 3,700 × 2,250[mm]
• Bolster 면적	• 내부 : 3,700 × 2,250[mm]
• 제작사	• 미국 DANLY사
• 설치년월	• '93년 7월
• 촉명 입구 크기	• 2,500 × 3,000[m]

3. 작업상황

① 재해 발생 공정인 프레스 공장 3라인은 주야 교대로 근무하면서 프레스 작업을 실시
② 사고 당일 주간조인 피해자는 평상시에 하던 방법으로 프레스 본체의 게이트를 열어 놓고 자동으로 작업(프레스 1, 2호기는 각각 1명이 단독으로 작업)
③ 평상시 하금형에 소재의 부정확한 안착으로 하루 5~6건 실수가 발생한다고 함. 이 실수를 사전에 막기 위해 1호기 작업자는 무리한 행동으로 방호 장치인 게이트 내부에 들어가 철판 소재를 하금형에 부정확하게 안착되기 직전에 손으로 밀어 정확하게 안착시키는 방법으로 종종 작업을 실시했다고 함.
④ 프레스 하금형에 소재가 안착되어 감지기에 감지되는 순간 슬라이드가 내려오는 시간은 3~5초임.
⑤ 프레스 2과 소속인 프레스 2호기 작업자 ○○○은 11 : 20분 1호기에서 작업하던 작업자가 보이지 않아 1호기 프레스를 보니 상하 금형 사이에 피해자가 협착되어 있었고, 프레스는 계속 작동되고 있었다고 함.

⑥ 목격자 ○○○은 즉시 비상 정지 S/W를 누르고 ○○○ 반장에게 신고하여 구조함.
⑦ 피재자를 ○○○병원으로 후송(11 : 30분경)

3 재해 발생 원인

1. 방호 장치의 기능 제거

게이트 가드(gate guard)에 설치된 연동 장치를 끈으로 묶어 기능을 제거한 후 설비를 작동시킴으로써 위험점에 쉽게 접근할 수 있었음.

2. 작업 방법 미숙

소재가 금형의 정위치에 놓이도록 교정 작업을 하기 위해서는 기동스위치를 OFF한 상태에서 작업하여야 하나 작동중인 프레스의 위험점 부근에 접근하여 작업을 함.

3. 관리감독 소홀 등

작업자가 방호문의 연동 장치 기능을 제거한 후 작업하는 것을 방치하였으며, 소재의 정위치에 정확히 정착되도록 하는 설비의 개선이 없었음.

4 동종 재해 예방 대책

1. 게이트 가드에 설치된 방호장치의 기능복구

게이트 가드에 설치된 방호장치의 기능을 무효화하지 못하도록 하고, 네거티브(negative) 방식보다는 조정이 어려운 포지티브(positive) 방식의 리밋 스위치를 부착함.

2. 안전 수칙 준수 및 교육 실시

프레스 작업에 대한 작업 안전 수칙을 준수하도록 작업자에 대한 안전 교육을 실시하여 공정의 결함 발생시는 반드시 가동 스위치를 OFF하고 상하 금형 사이에 안전 블록을 설치함.

3. 관리 감독 철저

설치된 방호 장치를 임의로 해체하거나 기능을 제거하지 못하도록 하고 작업자가 불안전한 행동을 하지 않도록 설비의 개선이 필요함.

문제 3

설비 보수 작업 중 폭발

1 재해 개요

2011년 8월 ○일 16시경 대전시 소재 (주) ○○화학에서 황산제1철 생산 작업 중 배기 설비의 송풍기 인입 배관에서 황산이 누설되어 누설액을 배출시키기 위하여 배관 설치 작업을 하던 중 작업자가 토치 램프를 사용하려고 라이터를 켜는 순간, 황산제1철 반응기의 상부 원료 투입구와 배기 설비 배관 등에서 누설된 수소에 점화되면서 폭발이 발생하여 1명이 사망하고 1명이 부상을 입은 재해임.

2 작업 공정 및 작업 상황

1. 작업 공정

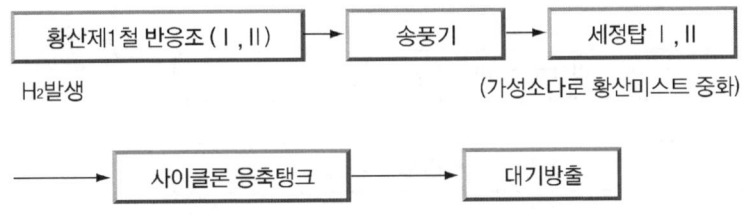

2. 발생 : 수소(H_2)

발생 과정 : 수소 발생은 황산제1철 반응조(Ⅰ, Ⅱ)에 Fe 칩과 황산 주입 후 황산제1철 생산 과정에서 아래 반응에 의하여 수소 가스 발생
$Fe + H_2SO_4 \rightarrow FeSO_4 + H_2 \uparrow$

3. 작업 상황

① 작업자 2명이 황산제1철의 생산을 위하여 당일 11 : 00경에 황산 반응조(Ⅰ)에 원료 투입을 마치고 황산제1철 반응조(Ⅱ)의 상부 뚜껑을 열고 원료인 철칩을 투입시키는 작업을 실시하던 중 반응기와 송풍기 인입 배관에서 황산이 누설됨.

② 누설액을 드레인 배관을 사용하여 플라스틱 저장 용기에 모으기 위하여 플라스틱 파이프, 플라스틱 통 등을 이용하여 드레인 배관을 제작하던 중 토치램프를 사용하려고 하는 순간 황산제1철 반응조(Ⅱ)의 상부 원료 투입구와 배기 설비 배관 등에서 누설된 수소에 점화되어 폭발이 발생함.

3 재해 요인 추정 및 분석

1. 재해 요인 추정

황산제1철 반응조(Ⅰ, Ⅱ)에 철칩(Fe)과 황산이 반응하여 수소가 발생한 것을 배기 설비로 외부로 배출되게 되어 있으나, 송풍기를 가동하지 않은 상태에서 황산 제1철 반응조(Ⅱ)에 원료 투입 작업을 실시하여 황산제1철 반응조(Ⅰ, Ⅱ) 상부 투입구와 배기 설비 배관 등에서 수소가 누설되어 작업장 내부에 수소가 폭발 범위 내로 형성된 상태에서 화기를 사용하여 화재·폭발이 발생된 것으로 추정된다.

2. 재해 발생 과정

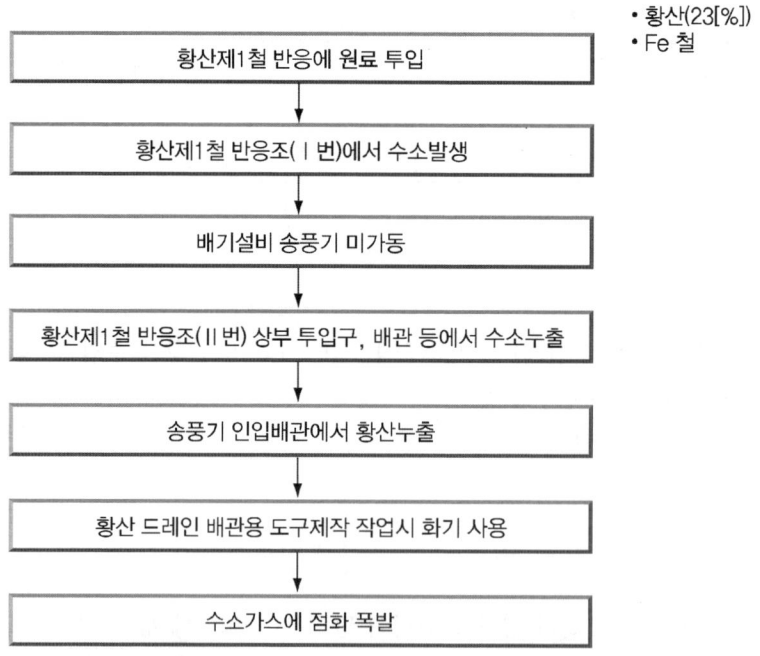

4 재해 발생 원인

1. 송풍기 미가동으로 인한 수소 누출

황산제1철 반응조(Ⅰ번)에서 발생된 수소를 작업장 외부로 배출하기 위하여 설치한 송풍기를 가동하지 않은 상태에서 황산제1철 반응조(Ⅱ)에 원료 투입 작업을 실시하여 수소가 황산제1철 반응조 상부 투입구와 배기배관 등에서 누출되어 폭발분위기를 형성함.

2. 화기 사용

위험 분위기에서 송풍기 인입 배관 설비 제작을 위하여 화기를 사용함으로써 폭발이 발생됨

3. 가스 누설 감지기·경보 기기 설치 등

인화성 가스 누설 우려가 있는 장소에 가스 누출 감지형 보기 미설치 및 작업시 안전작업에 대한 교육이 미흡함.

문제 4

배관 파이프 보온 작업 중 추락

1 재해 발생 개요

2011년 3월 2일 15 : 30분경 (주) ○○건설에서 시공하는 사회 체육 시설에서 본관동 지하 2층 중앙 피트 냉온수 배관파이프 보온 작업을 위한 작업 발판 설치 작업중(채널 상부에서) 배관 파이프와 채널사이(42 × 86[cm])로 빠져 지하 3층으로 추락(높이 6.25[m])하여 사망한 재해임.

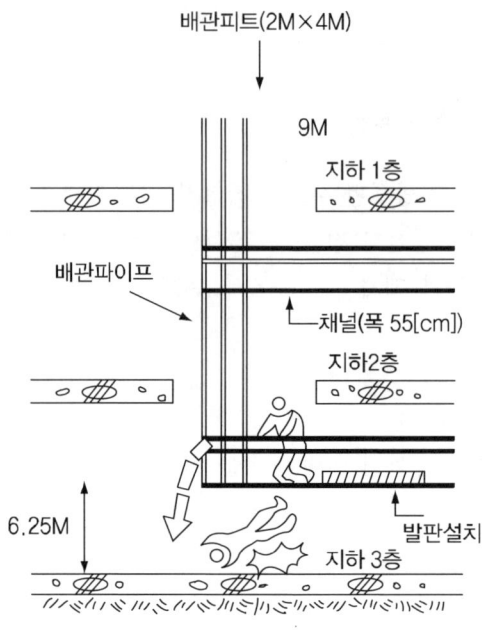

[그림] 재해발생 상황도

2 재해 발생 상황

사고 당시 재해자는 지하 1층 바닥 Slab까지 완료된 보온작업을 위해 가설치된 배관 파이프·정치용 프레임상에서 작업 발판을 설치하고자 작업 발판재(300 × 1,500[mm])를 잡고 뒷걸음하던 중 프레임 채널사이 개구부로 추락
- 재해가 발생한 피트는 협소한 공간으로 안전대 부착 설비가 미설치되었으며, 작업 발판을 설치하기에는 상하 이동이 주작업인 관계로 어려움이 있는 상황

3 재해 발생 원인

① **추락 방지 조치 미비** : 작업 조건상 협소한 공간(폭 55[cm])에 배관이 설치된 상황하에 작업 발판의 설치가 어려워 추락하였음
② **관리감독자** : 재해 발생 작업 장소는 지하 3층 바닥으로부터 6.25[m] 상부의 고소 작업으로서 관리감독자를 지정, 안전 작업 방법에 의해 작업하도록 감시·감독해야 함에도 피재자 홀로 작업을 하였음.

4 동종 재해 예방 대책

① 안전대 부착 설비(일반 로프를 파이프 거치용 프레임에 연결하여 근로자가 작업시 용이하게 안전대를 부착 작업할 수 있도록 함)를 설치하여 반드시 안전대를 착용하고 작업하도록 함.
② **달비계 설치** : 2층 slab판부에 고정식 달비계를 설치하여 그 상부에서 작업하도록 함.
③ 2[m] 이상 고소 작업으로서 건축물 설비 등의 작업시 관리감독자를 지정 배치하여 안전 작업 교육, 감시·감독을 함과 동시에 보호구 착용 상태, 안전 시설 등을 점검하도록 함.

기술사 300점 시리즈

제 2 편

산업안전보건교육 및 산업안전심리

제1장 안전보건교육
제2장 산업안전심리
제3장 예상문제 및 실전모의시험

제1장 안전보건교육

1 인간에 대한 기본적 안전 대책

① 안전보건 관리 체제 확립
② 안전보건 관리 규정, 표준 작업 작성, 안전보건 규칙 제정
③ 안전보건 교육 훈련 실시
④ 안전 보건 활동 전개, 의식 제고

2 교육의 3요소

(1) 교육의 주체(subject of education) : 강사
(2) 교육의 객체(object of education) : 수강자
(3) 교육의 매개체(educational of materials) :
    교육 내용(학습 내용 또는 교재)

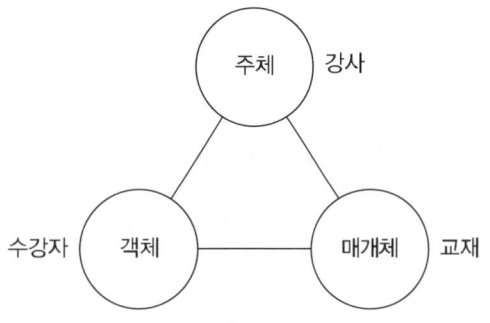

[그림] 교육의 3요소

3 안전보건 교육의 기본 방향

안전보건 교육은 인간 측면에 대한 사고 예방 수단의 하나인 동시에 안전 인간 형성을 위한 항구적인 목표라고도 할 수 있다. 기업의 규모나 특성에 따라 안전보건 교육 방향을 설정하는 데는 차이가 있으나 원칙적으로 다음과 같이 3가지로 기본 방향을 정하고 있다.
① 사고 사례 중심의 안전보건 교육
② 안전 작업(표준 작업)을 위한 안전보건 교육
③ 안전 의식 향상을 위한 안전보건 교육

4 안전보건 교육의 3단계

① **지식교육(제1단계)** : 강의, 시청각 교육을 통한 지식의 전달과 이해
② **기능교육(제2단계)** : 시범, 견학, 실습, 현장 실습 교육을 통한 경험 체득과 이해
③ **태도교육(제3단계)** : 작업 동작 지도, 생활 지도 등을 통한 안전의 습관화

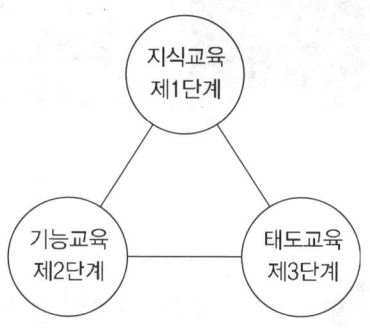

[그림] 교육체계도

[안전보건교육의 종류와 내용]

종류	교육내용	생각의 포인트
제1단계 지식교육	• 취급 기계와 설비의 구조, 성능의 개념을 이해시킨다. • 재해 발생의 원리를 이해시킨다. • 작업에 필요한 법규, 규정, 기준을 습득시킨다.	알고 싶은 것의 개념을 주지시킨다.
제2단계 기능교육	(실기 교육) • 작업방법, 기계장치, 계기류의 조작 행위를 몸으로 습득시킨다. (문제 해결의 종류) • 과거, 현재의 문제를 대상으로 하여 사실의 확인과 문제점의 발견 원인과 탐구로부터 대책을 세우는 순서를 알고, 문제 해결의 능력을 향상시킨다.	협력 대응 능력의 육성, 실기를 주체로 행한다.
제3단계 태도교육	• 안전작업에 임하는 자세와 동작을 습득시킨다. • 직장규칙, 안전규칙을 몸으로 습득시킨다. • 의욕을 가지고 행한다.	가치관 형성 교육을 한다.

5 안전보건교육 추진 순서

① 교육의 필요점을 발견한다.
② 교육 대상, 교육 내용, 교육 방법을 결정한다.
③ 교육을 준비한다.
④ 교육을 실시한다.
⑤ 교육의 성과를 평가한다.

6 학습 성과 설정시 유의하여야 할 사항

① 반드시 주제와 학습 정도가 포함되어야 한다.
② 학습 목적에 적합하고 타당해야 한다.
③ 구체적으로 서술해야 한다.
④ 수강자의 입장에서 기술해야 한다.

7 강의 계획의 4단계

강의 성과는 강의 계획의 준비 정도에 의해 결정된다. 강의 계획의 4단계는 다음과 같다.
① 학습 목적과 학습 성과의 설정
② 학습 자료의 수집 및 체계화
③ 교수 방법의 선정
④ 강의안 작성

8 학습 목적에 포함 사항

① 목표
② 주제
③ 학습 정도(㉠ 인지(to aquaint) ㉡ 지각(to know) ㉢ 이해(to understand) ㉣ 적용(to apply))

> **학습 목적**
>
> 「안전의 기본 지식을 습득하기 위하여 하인리히의 도미노 이론을 이해한다.」
> ① 학습 목표 : 안전의 기본 지식 습득
> ② 학습 주제 : 하인리히의 도미노 이론
> ③ 학습 정도 : 이해한다.

9 전개 과정의 4가지 사항

안전 학습 과정은 도입·전개·종결의 3단계로 나누어 체계화하는 것이 가장 이상적인 방법으로 알려져 있다. 이 중 전개 과정은 학습의 본론 부분으로서 가장 중요한 부분이다. 이 전개 과정의 4가지 사항은 다음과 같다.

① 주제를 과거의 것으로부터 현재의 것으로 배열하거나 또는 현재의 것으로부터 과거의 것으로 배열할 것
② 주제를 간단한 것으로부터 시작하여 점차 복잡한 것으로 배열한다.
③ 주제를 미리 알려져 있는 것으로부터 점차 미지의 것으로 배열한다.
④ 가장 많이 사용되는 것으로부터 시작하여 가장 적게 사용되는 것으로 배열한다.

10 학습 지도의 원리

① **자기 활동의 원리(자발성의 원리)** : 학습자 자신이 스스로 자발적으로 학습에 참여하는데 중점을 둔 원리이다.
② **개별화의 원리** : 학습자가 지니고 있는 각자의 요구와 능력 등에 알맞은 학습 활동의 기회를 마련해 주어야 한다는 원리이다.
③ **사회화의 원리** : 학습 내용을 현실 사회의 사상과 문제를 기반으로 하여 학교에서 경험한 것을 교류시키고 공동 학습을 통해서 협력적이고 우호적인 학습을 진행하는 원리이다.
④ **통합의 원리** : 학습을 총합적인 전체로서 지도하자는 원리로, 동시 학습 원리와 같다.
⑤ **직관의 원리** : 구체적인 사물을 직접 제시하거나 경험시킴으로써 큰 효과를 볼 수 있다는 원리이다.

11 사업장의 안전보건 교육

(1) 채용시의 교육 및 작업내용 변경시의 교육내용
  ① 산업안전 및 사고 예방에 관한 사항
  ② 산업보건 및 직업병 예방에 관한 사항
  ③ 산업안전보건법령 및 산업재해보상보험 제도에 관한 사항
  ④ 직무스트레스 예방 및 관리에 관한 사항

⑤ 직장 내 괴롭힘, 고객의 폭언 등으로 인한 건강장해 예방 및 관리에 관한 사항
⑥ 기계·기구의 위험성과 작업의 순서 및 동선에 관한 사항
⑦ 작업 개시 전 점검에 관한 사항
⑧ 정리정돈 및 청소에 관한 사항
⑨ 사고 발생 시 긴급조치에 관한 사항
⑩ 물질안전보건자료에 관한 사항

(2) 근로자의 정기교육
① 산업안전 및 사고 예방에 관한 사항
② 산업보건 및 직업병 예방에 관한 사항
③ 건강증진 및 질병 예방에 관한 사항
④ 유해·위험 작업환경 관리에 관한 사항
⑤ 산업안전보건법령 및 산업재해보상보험 제도에 관한 사항
⑥ 직무스트레스 예방 및 관리에 관한 사항
⑦ 직장 내 괴롭힘, 고객의 폭언 등으로 인한 건강장해 예방 및 관리에 관한 사항

(3) 관리감독자 정기교육
① 산업안전 및 사고 예방에 관한 사항
② 산업보건 및 직업병 예방에 관한 사항
③ 유해·위험 작업환경 관리에 관한 사항
④ 산업안전보건법령 및 산업재해보상보험 제도에 관한 사항
⑤ 직무스트레스 예방 및 관리에 관한 사항
⑥ 직장 내 괴롭힘, 고객의 폭언 등으로 인한 건강장해 예방 및 관리에 관한 사항
⑦ 작업공정의 유해·위험과 재해 예방대책에 관한 사항
⑧ 표준안전 작업방법 및 지도 요령에 관한 사항
⑨ 관리감독자의 역할과 임무에 관한 사항
⑩ 안전보건교육 능력 배양에 관한 사항
  - 현장근로자와의 의사소통능력 향상, 강의능력 향상 및 그 밖에 안전보건교육 능력 배양 등에 관한 사항. 이 경우 안전보건교육 능력 배양 교육은 별표 4에 따라 관리감독자가 받아야 하는 전체 교육시간의 3분의 1 범위에서 할 수 있다.

[표] 산업안전보건관련 교육과정별 교육시간

교육과정	교육대상		교육시간
가. 정기교육	사무직 종사 근로자		매분기 3시간 이상
	사무직 종사 근로자 외의 근로자	판매업무에 직접 종사하는 근로자	매분기 3시간 이상
		판매업무에 직접 종사하는 근로자 외의 근로자	매분기 6시간 이상
	관리감독자의 지위에 있는 사람		연간 16시간 이상
나. 채용시의 교육	일용근로자		1시간 이상
	일용근로자를 제외한 근로자		8시간 이상
다. 작업내용 변경시의 교육	일용근로자		1시간 이상
	일용근로자를 제외한 근로자		2시간 이상
라. 특별교육	별표 5 제1호라목 각 호(제40호는 제외한다)의 어느 하나에 해당하는 작업에 종사하는 일용근로자		2시간 이상
	별표 5 제1호라목제40호의 타워크레인 신호작업에 종사하는 일용근로자		8시간 이상
	별표 5 제1호라목 각 호의 어느 하나에 해당하는 작업에 종사하는 일용근로자를 제외한 근로자		• 16시간 이상(최초 작업에 종사하기 전 4시간 이상 실시하고 12시간은 3개월 이내에서 분할하여 실시가능) • 단기간 작업 또는 간헐적 작업인 경우에는 2시간 이상
마. 건설업 기초 안전 보건 교육	건설 일용근로자		4시간 이상

12 지도 교육의 8원칙

① 상대의 입장에서 지도 교육한다.
② 동기 부여를 충실히 한다.
③ 쉬운 것에서 어려운 것으로 지도한다.
④ 반복해서 교육한다.
⑤ 한 번에 하나씩을 가르친다.
⑥ 5감을 활용한다.

⑦ 인상의 강화를 한다.
⑧ 기능적인 이해를 돕는다.

13 하버드학파의 5단계 교수법

① 제1단계 : 준비시킨다(preparation).
② 제2단계 : 교시한다(presentation).
③ 제3단계 : 연합한다(association).
④ 제4단계 : 총괄시킨다(generalization).
⑤ 제5단계 : 응용시킨다(application).

14 듀이의 사고 과정의 5단계

① 제1단계 : 시사를 받는다(suggestion).
② 제2단계 : 머리로 생각한다.
③ 제3단계 : 가설을 설정한다.
④ 제4단계 : 추론한다(reasoning).
⑤ 제5단계 : 행동에 의하여 가설을 검토한다.

15 교시법의 4단계

① 제1단계 : 준비 단계(preparation)
② 제2단계 : 일을 하여 보이는 단계(presentation)
③ 제3단계 : 일을 시켜 보이는 단계(performance)
④ 제4단계 : 보습 지도의 단계(follow-up)

16 의사 전달 방법의 2가지

안전보건 관리 및 교육에 있어 의사 전달은 중요한 의미를 갖는다. 의사 전달 방법의 2가지는 다음과 같다.
① 일방적 의사 전달 방법 : 전달자가 수의자(受意者)에게 의사를 일방적으로 전하는 방법
② 쌍방적 의사 전달 방법 : 전달자가 수의자에게 의사를 전하고 수의자가 그 내용을 이해함으로써 완성되는 의사 전달 방법

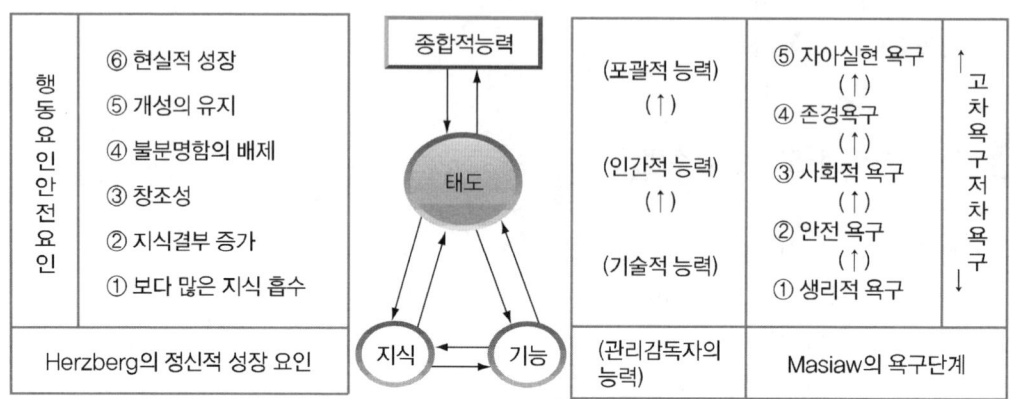

[그림] 안전보건교육 종합 체계도

17 강의법(Lecture Method)

많은 인원의 수강자(최적 인원 : 40~50명)를 단기간의 교육 기간에 비교적 많은 내용의 교육 내용을 전수하기 위한 방법이다.

18 토의법(Group Discussion Method)

쌍방적 의사 전달 방식에 의한 교육(최적 인원 : 10~20명)으로 적극성, 지도성, 협동성을 기르는 데 유효하다.

① 문제법(problem method) : 문제법의 단계는 첫째 문제의 인식, 둘째 해결 방법의 연구 계획, 셋째 자료의 수집, 넷째 해결 방법의 실시, 다섯째 정리와 결과의 검토 단계를 거친다.
② case study(case method) : 먼저 사례를 제시하고 문제적 사실들과 그의 상호 관계에 대해서 검토하고 대책을 토의한다.
③ forum : 새로운 자료나 교재를 제시하고 거기서의 문제점을 피교육자로 하여금 제시하게 하거나 의견을 여러 가지 방법으로 발표하게 하고 다시 깊이 파고들어 토의를 행하는 방법이다.
④ symposium : 몇 사람의 전문가에 의하여 과제에 관한 견해를 발표한 뒤 참가자로 하여금 의견이나 질문을 하게 하여 토의하는 방법이다(각 주제 발표 후 토론).
⑤ panel discussion : 패널 멤버(교육 과제에 정통한 전문가 4~5명)가 피교육자 앞에

서 자유로이 토의를 하고 뒤에 피교육자 전원이 참가하여 사회자의 사회에 따라 토의하는 방법이다.
⑥ buzz session : 6-6 회의라고도 하며, 먼저 사회자와 기록계를 선출한 후 나머지 사람은 6명씩의 소집단으로 구분하고, 소집단별로 각각 사회자를 선발하여 6분간씩 자유 토의를 하여 의견을 종합하는 방법이다.

19 TWI(Training Within Industry, 초급 관리자 훈련)

① 작업 방법 훈련(Job Method Training : JMT)
② 작업 지도 훈련(Job Instruction Training : JIT)
③ 인간 관계 훈련(Job Relations Training : JRT)
④ 작업 안전 훈련(Job Safety Training : JST)

20 MTP(Management Training Program)

① FEAF라고도 하며, 대상은 TWI보다 약간 높은 계층을 목표로 하고, TWI와는 달리 관리 문제에 보다 치중하고 있다.
② **교육 내용** : 관리의 기능, 조직의 원칙, 조직의 운영, 시간 관리 학습의 원칙과 부하 지도법, 훈련의 관리, 신인을 맞이하는 방법과 대행자를 육성하는 요령, 회의의 주관, 작업의 개선, 안전한 작업, 과업의 관리, 사기 앙양 등
③ 한 클래스는 10~15명 2시간씩 20회에 걸쳐 40시간 훈련하도록 되어 있다.

21 ATT(American Telephone & Telegram CO)

① **중요 특징** : 대상 계층이 한정되어 있지 않고 또 한 번 훈련을 받은 관리자는 그 부하인 감독자에 대해 지도원이 될 수 있다.
② **교육 내용** : 계획적 감독, 작업의 계획 및 인원 배치, 작업의 감독, 공구 및 자료 보고 및 기록, 개인 작업의 개선, 종업원의 향상, 인사 관계, 훈련, 고객 관계, 안전 부대 군인의 복무 조정 등 12가지로 되어 있다.
③ 코스는 1차 훈련(1일 8시간씩 2주간), 2차 과정에서는 문제가 발생할 때마다 하도록 되어 있으며, 진행 방법은 통상 토의식에 의하여 지도자의 유도로 과제에 대한 의견을

제시하게 하여 결론을 내려가는 방식을 취한다.

22 CCS(Civil Communication Frainging Program)

① ATP라고도 하며, 당초에는 일부 회사의 톱 매니지먼트에 대해서만 행하여졌던 것이 널리 보급된 것이라고 한다.
② 교육 내용 : 정책의 수립, 조직(경영 부분, 조직 형태, 구조 등), 통계(조직 통계의 적응, 품질 관리, 원가 통제의 적용 등) 및 운영(운영 조직, 협조에 의한 회사 운영) 등
③ 방법은 주로 강의법에 토의법이 가미된 것으로 매주 4일, 4시간씩으로 8주간(합계 128시간)에 걸쳐 실시하도록 되어 있다.

23 OJT와 OffJT

(1) OJT

① 개개인에게 적절한 지도 훈련이 가능하다.
② 직장의 실정에 맞는 실제적 훈련이 가능하다.
③ 즉시 업무에 연결되는 몸과 관계가 있다.
④ 훈련에 필요한 계속성이 끊어지지 않는다.
⑤ 효과가 곧 업무에 나타나며 결과에 따른 개선이 쉽다.
⑥ 훈련 효과를 보고 상호 신뢰 이해도가 높아지는 것이 가능하다.

(2) OffJT

① 다수의 근로자에게 조직적 훈련 시행 가능
② 훈련에만 전념하게 된다.
③ 전문가를 강사로 초빙하는 것이 가능하다.
④ 특별한 설비나 기구를 이용하는 것이 가능하다.
⑤ 각 직장의 근로자가 많은 지식이나 경험을 교류할 수 있다.
⑥ 교육 훈련 목표에 대하여 집단적 노력이 흐트러질 수도 있다.

24 수업방법

① 도입 : 강의, 시범
② 전개, 정리 : 반복, 토의, 실연
③ 도입, 전개, 정리 : 프로그램 학습법, 모의 학습법

[표] 효과적 수업 방법의 선택

수업방법 \ 수업단계	도 입	전 개	정 리
강의법	○		
시법	○		
반복법		○	○
토의법		○	○
실연법		○	○
자율학습법			○
프로그램학습법	○	○	○
학생상호학습법	○	○	○
모의학습법	○	○	○

25 단계법에 의한 교육의 4단계

① 도입
② 제시
③ 적용
④ 확인

26 안전 태도 교육의 기본 과정

① 청취한다(hearing).
② 이해 납득시킨다(understanding).
③ 모범을 보인다(example).
④ 평가한다(evaluation).

27 교육 계획

(1) 교육 계획 포함 사항
   ① 교육 목표 : 첫째 과제
   ② 교육 대상
   ③ 강사
   ④ 교육 방법
   ⑤ 교육 시간, 시기
   ⑥ 교육 장소

(2) 계획 작성
   ① 준비 계획
      ㉮ 교육목표 설정
      ㉯ 교육대상자 범위 결정
      ㉰ 교육과정 결정
   ② 실시계획 – 소요 예산 책정

28 교육 효과

(1) 이해도
   ① 귀 : 20[%]
   ② 눈 : 40[%]
   ③ 귀 + 눈 : 60[%]
   ④ 입 : 80[%] (귀 + 눈 + 입)
   ⑤ 머리 + 손·발 : 90[%]

(2) 감지 효과
   ① 시각 : 60[%]
   ② 청각 : 30[%]
   ③ 촉각 : 5[%]
   ④ 후각 : 3[%]
   ⑤ 미각 : 2[%]

29 학습평가 방법

교육구분	우 수	보 통	불 량
지식교육	평가 시험, 테스트	관찰, 면접, 질문	
기능교육	노트, 테스트	관찰	
태도교육	관찰, 면접	질문, 평가시험	테스트

30 학습 평가의 기본적인 기준 4가지

① 타당도(妥當度)
② 신뢰도(信賴度)
③ 객관도(客觀度)
④ 실용도(實用度)

31 안전 교육 추진시 유의 사항

(1) 교육 대상자의 지식이나 기능 정도에 따라 교재를 준비한다.

기초적인 지식 교육이 필요한 대상은 신입 작업자인 경우이며 기초 지식보다 현장 실무에 필요한 기능 교육 또는 모두가 안전에 대한 정신적인 안전 의식을 높이는 홍보 활동을 위한 경우도 있을 것이다. 또 문제 의식을 검토하여 정보 자료가 필요한 경우도 있다.

(2) 계속적이고 반복적으로 끈기있게 교육한다.

피교육자 입장에서는 건성으로 흘려보내는 경우가 있다. 따라서 몇 번이고 되풀이하여 반복적인 강의와 시청각 자료를 활용하여 꾸준히 교육한다. 한 번의 강의만으로 듣는 효과는 1시간 후에 40[%]가 남아 있으며 한 달이 지면 20[%]밖에 기억에 남지 않으므로 실행에 옮기지 않을 때도 있다.

(3) 상상력있는 구체적인 내용으로 실시한다.

안전·보건교육은 태도 교육으로 탈바꿈시킴으로써 효과를 얻을 수 있다. 듣고 몸에 익히도록 구체적인 것이어야 한다. 생산 계획에 따른 안전 방법을 생각하도록 신경을 써야 한다. 오관을 통하여 지식을 계속해서 몸에 익히도록 노력한다.

(4) 실제 사례 중심으로 자신의 행동과 비교할 수 있는 평가를 한다.

안전·보건 교육은 지도한 것이 확실하게 피교육자에게 이해되면 행동으로 옮기는 데 효과가 있다. 가르친 내용에 대한 이해 정도를 파악할 수 있는 간단한 평가는 교육을 진지하게 받는 태도에 도움이 된다. 만약에 가르친 것을 평가하여 이해도가 부족할 때는 재교육을 시키는 계획이 필요하다. 이해했으면 행동에 옮길 수 있는지 교육한 대로 시켜보고 시정해 주어야 한다. 무조건 강요당한다는 것은 오히려 역효과를 나타내므로 다시 잘 설명하여 납득시키고, 지도자는 말과 행동이 일치하도록 노력하지 않으면 안 된다. 특히 안전 교육을 보다 효과적으로 실시하기 위해서 항상 최근의 정보를 제시하여 모든 근로자들의 수준을 향상시키며, 또 사내 회보를 발행하여 사고 사례 분석을 통한 식견을 높이도록 하고, 모두가 참여할 수 있는 표어, 포스터 모집이나 안전 경진 대회를 개최하여 의욕을 향상시켜 주고, 정기적으로 집단 안전 교육을 실시하며, 현장에서는 안전 회합을 매일 실시하여 안전 태도를 길러준다.

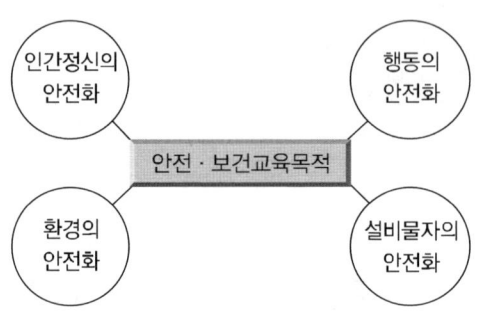

[그림] 안전·보건교육의 목적

32 무재해 운동

1. 무재해 운동의 개요(2019.1.1 기록인증제 폐지, 사업장 자율운동전환)

무재해란 근로자가 상해를 입지 않을 뿐만 아니라 상해를 입을 수 있는 위험 요소가 없는 상태를 말하는 것이다. 여기서부터 무재해 운동이 출발하지 않으면 무재해 운동은 일시적인 것에 불과하다.

근로자가 상해를 입지 않는다는 말과 상해를 입을 수 있는 위험 요소 없는 상태라는 말은 근로자가 작업으로 인해 재해를 입어서는 안 되며 본래의 건강이 보장되어야 한다는 뜻이다. 그렇게 될 때 기업이 요구하는 생산성을 최대한으로 보장할 수 있는 것이다.

사업장의 무재해 운동의 의의는 바로 인간 존중에 있으며 합리적인 기업 경영에 있다고 볼 수 있다. 따라서 무재해 운동은 인간 존중의 이념을 바탕으로 경영자, 관리 감독자, 작업자 등 사업장의 전원이 적극적으로 참가하여 직장의 안전과 보건을 선취하며 일체의 산업 재해를 근절하여 인간 중심의 밝고 활기찬 직장 풍토를 조성하는 것을 목적으로 한다.

(1) 무재해의 본질

무재해란 직장에서 중증 장해나 4일 이상의 상해만 없으면 된다는 뜻이 아니라 잠재하고 있는 모든 위험을 발견하여 사전에 예방 대책을 수립함으로써 산업 재해를 근절하자는 것이다. 어느 한 사람도 다치지 않는 무재해뿐만 아니라 어느 한 사람도 질병에 걸리지 않는 무질병, 이것은 인간의 가장 궁극적이며 기본 욕구인 것이다.

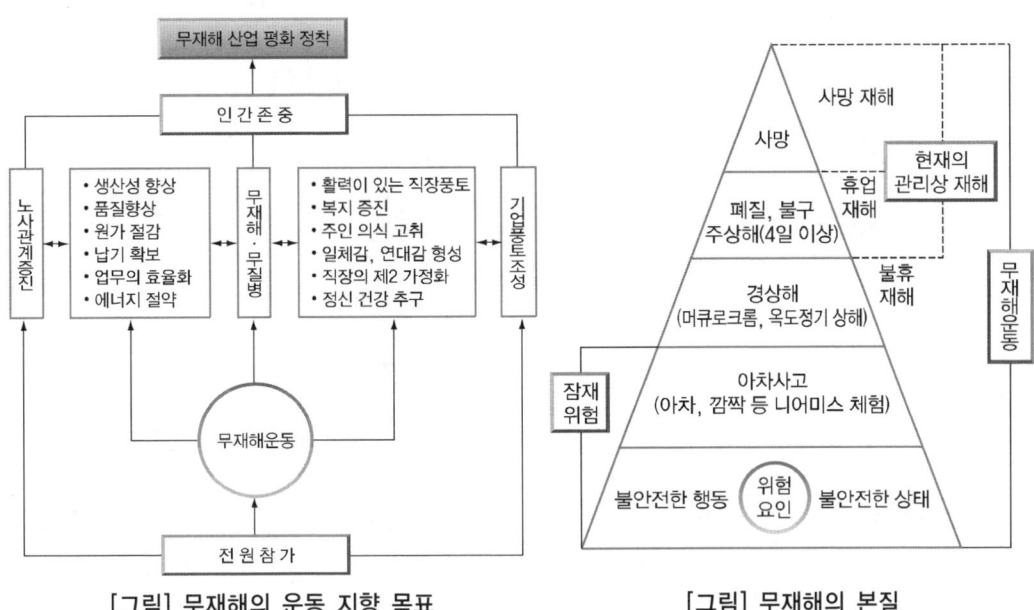

[그림] 무재해의 운동 지향 목표   [그림] 무재해의 본질

(2) 무재해 운동의 이념

무재해 운동은 인간 존중의 이념에서 출발한다. 그러므로 경영주는 먼저 인간 존중의 경영 철학을 기반으로 해서 자신이 고용한 근로자가 단 한 사람도 재해를 당하는 일이 있어서는 안 된다는 기본 이념을 가져야 하며, 관리 감독자는 자신의 노력에 의하여 한 사람의 근로자라도 불행한 일을 당하지 않도록 한다는 숭고한 인간애적 사상을 갖지 않으면 안 된다.

즉, 인간 존중이라는 기본 이념을 경영 지표로 삼고 무재해 운동의 기법을 도입하여 실천할 때 근로자에게까지 그 사상이 깊이 침투하여 안전과 보건을 확보하고 직장을 활성화시키며 생산성을 높이게 되는 것이다.

① **인간 존중의 철학** : 인간 존중이란 한 사람 한사람의 인간을 너나 할 것 없이 차별하지 않고 소중히 하는 것을 말한다. 직장에 있는 한 사람 한사람은 그 무엇과도 바꿀 수 없는 소중한 인격자들이다. 누구하나 다쳐도 죽어서도 안 된다. 이것이 무재해의 기본 이념이며 전원 참가로 안전과 건강을 선취하는 출발점이 되어야 한다.

이 이념은 정신 운동의 기법으로 끝날 것이 아니라 실제 행동에 의한 실천 운동으로 추진되어야 효과를 얻을 수 있다.

② **무재해 운동의 3원칙** : 무재해 운동에는 무(無), 선취(先取), 참가(參加)의 3대 원칙이 있다.

　㉮ **무(無)의 원칙** : 무재해란 단순히 사망 재해, 휴업 재해만 없으면 된다는 소극적인 사고가 아니라, 불휴 재해는 물론 직장의 일체 잠재 위험 요인까지도 사전에 발견하여 뿌리가 되는 요인까지 모두 제거한다는 뜻이다.

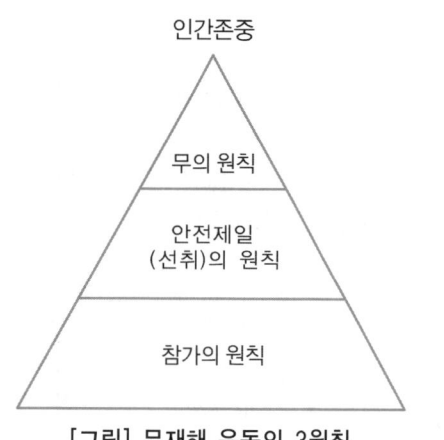

[그림] 무재해 운동의 3원칙

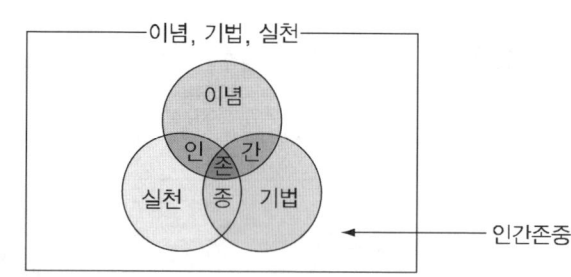

[그림] 무재해 운동의 이념·기법·실천(3이념)

  ㉯ **안전제일[선취(先取)]의 원칙** : 무재해 운동에 있어서 선취란 무재해, 무질병의 직장을 실현하기 위하여 직장의 위험 요인을 행동하기 전에 예지하여 발견, 파악, 해결함으로써 재해 발생을 예방하거나 방지하는 것을 말한다.

  ㉰ **참가(參加)의 원칙** : 「없앨 무를 지향하고 안전과 건강을 선취하고자」고 할 때 꼭 필요한 것은 전원 참가이다. 참가란 작업에 따르는 위험을 해결하기 위하여 각자의 처지에서 하겠다는 의욕을 갖고 문제나 위험을 해결하는 것을 뜻한다.

2. 무재해 운동의 추진 방법

(1) 인식 단계

 ① **경영 방침으로서의 무재해 운동 설정** : 무재해 운동을 추진하고 정착시키기 위해 가장 선결되어야 할 것은 대표 이사 또는 경영자가 인간 존중의 정신으로 동 운동을 추진하겠다는 확고한 경영 방침을 설정하는 것이라고 할 수 있다.

 ② **생산과의 관계** : 기업의 궁극적인 목적은 이윤이므로 경영자들은 기업 내의 안전 관리는 생산 저해 요인을 제거하는 것으로서 가장 기본적이고 중요한 업무이며 이윤 추구라는 기업의 궁극적인 목표에도 도움이 된다는 것을 깊이 통찰해야 한다.
  또한 과거의 안전 관리는 노무 관리의 영역이었으나 현대의 안전 관리는 생산 관리의 일환이 되었다. 즉, 산업 재해 발생의 사후 처리 개념에서 안전 선취의 예방 개념으로 전환되어 안전과 생산은 밀접한 관계를 갖는 개념으로 파악된다.

 ③ **노사와의 관계** : 기업도 과거의 생산성 향상과 수익성에 치우친 경영 방식으로부터 근로자를 존중하고 안전을 확보하면서 수익성을 찾는 경영 방식으로의 전환을 해야 하는 그런 시기이다. 경영자는 근로자를 아끼고 감싸주며 근로자는 경영자의 경영 이념을 존중하는 분위기가 사업장에 정착될 수 있는 방안이 강구되어야 하는데 그것이 바로

무재해 운동이라 할 수 있다.

무재해 운동은 사업주와 근로자가 다같이 참여하여 안전 보건을 추진함으로써 인간 중심의 건강하고 쾌적한 직장을 조성하고 활기에 찬 기업 풍토를 지향해 가는 실천 활동이다.

④ **무재해 운동의 성과** : 무재해 운동을 추진하면서 노사 관계가 원만해져 노사 화합이 형성된다. 왜냐하면 안전 미팅에서 대화를 활발히 하게 됨으로 직장의 분위기가 밝아지고 인간 관계도 따라서 개선되기 때문이다.

또한 개선 제안도 많아지고 잠재 위험 보고도 많아지게 됨으로 직장을 쾌적한 직업 환경으로 마련할 수 있는 계기가 되며 이는 생산 품질에도 좋은 영향을 미치게 된다. 그러므로 무재해 운동은 기업 경영에 큰 경제적 성과를 가져온다고 말할 수 있다.

첫째, 무재해 운동은 실시하면 산업 재해 보상금 및 간접 비용의 손실을 막을 수 있고, 생산성 저하도 막을 수 있으므로 기업에 경제적 이익을 준다.

둘째, 무재해 운동은 자율적 문제 해결운동으로서 생산, 품질의 문제 해결 능력이 향상된다.

셋째, 무재해 운동은 명랑하고 참가적이며 창조적인 직장 풍토를 만들어 준다.

넷째, 무재해 운동은 노사간 화합 분위기를 조성하여 노사 신뢰가 두터워진다.

(2) 준비 단계

① **무재해 운동의 추진도** : 현재의 무재해 운동은 산업안전보건법 제4조 제1항에 근거를 두고 안전·보건 의식을 북돋우기 위한 홍보·교육 및 무재해 운동 등 안전문화 추진을 시행하고 있는 자율적인 운동이다.

그 추진 개략도 다음과 같다.

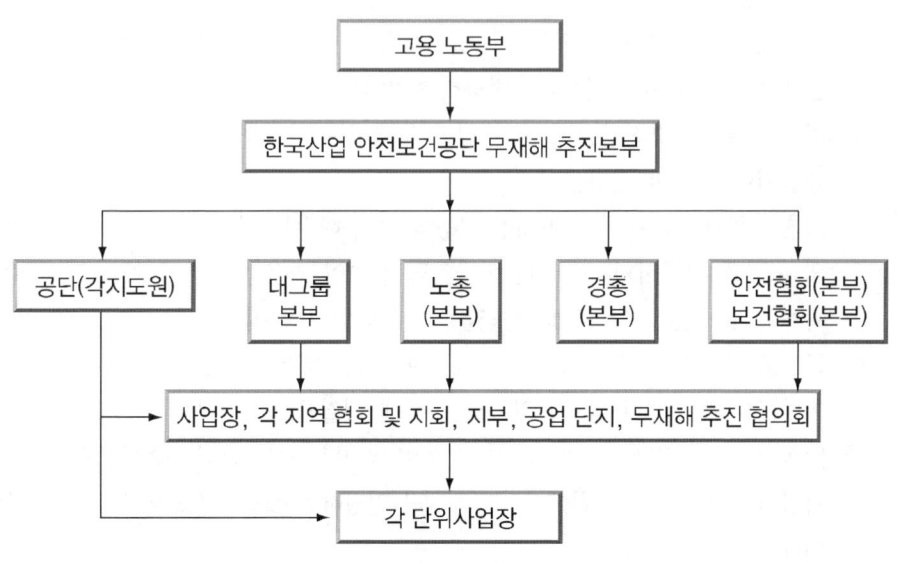

[그림] 무재해 운동의 추진도

② **무재해 운동 추진 체제 구축** : 먼저 무재해 운동을 사업장에서 시행하기 위한 계획 수립에 앞서 선행되어야 할 사항이 있는데 그것은 다음과 같다.
  ㉮ 안전 관리(무재해 운동)에 대한 규정 또는 지침이 세워져야 한다.
    사업장의 무재해 운동을 활성화 하기 위해서 사업장 실정에 맞는 무재해 목표 시간 및 시상 기준을 자체적으로 설정하여 목표 달성시에 시상함으로써 무재해 운동에 참여하는 전직원에 대한 사기를 진작시켜 자율 안전 관리 체제 확립을 정착시켜야 한다. 그리고 동 내용을 안전 보건 관리 규정에 포함시켜 사업주 및 근로자가 준수하도록 하는 것이 바람직하다.
  ㉯ 무재해 운동을 추진할 수 있는 추진체제를 갖추어야 한다.
    사업장에서 무재해 운동을 추진하기 위해서는 먼저 동 업무를 총괄 주관하는 부서가 정해져야 한다. 그렇게 함으로써 각 부서의 라인에서 시행할 수 있는 분장 업무를 부여하고 종합할 수 있기 때문이다.
    사업장의 안전 보건관리 체제의 근거는 산업안전보건법에서 비롯 되는 데 이번 개정에서는 안전 보건 관리가 기업의 생산 계통과 일체적으로 운영되도록 하기 위해 안전 보건 업무를 생산 계통에 정착시키는 안전보건 업무의 계통화(line화)를 실현시켰다.
  ㉰ 무재해 소집단이 편성되어야 한다.
    팀이란 복수의 사람이 문제 해결을 위해 공동의 목표 달성에 노력을 결집하고 있는 상태를 말한다. 무재해 소집단은 단지 서클이거나 그룹이 아니고 팀이 되어야 하며 활력있는 팀으로서의 요건에는 다음의 6가지가 있다.
    ㉠ **팀원수는 5~6인** : 팀의 요건으로서 인원수 문제는 매우 중요하다. 소집단의 인원수가 많으면 그것만으로 활동은 달성화한다. 단시간의 대화에 전원 참가할 수 있는 인원수는 5~6인이 가장 적당하며 3인도 팀을 형성할 수 있다.
    ㉡ **리더가 필요** : 소집단은 열의가 있고 능력있는 리더가 있어야만 리더를 중심으로 융합되어 움직여 간다.
    ㉢ **공통의 목표** : 팀이란 원래 직장 공통의 문제 해결을 위여 공통의 목표 달성에 전원의 노력을 집결시키는 소집단이다. 팀 전원이 마음을 불태울 수 있는 좋은 행동 목표를 만드는 것이야말로 팀 활동 활성화의 요체이다.
    ㉣ **목표를 달성하겠다는 의욕** : 해보자, 하겠다는 의욕이 없는 곳의 팀은 무의미한 것이며 하겠다는 의욕과 그 의욕으로 문제 해결을 하는 행동이 필요하다.
    ㉤ **역할의 분담** : 집단의 역할 분담은 분업이 아니다. 분업에서는 각기 독립하여 서로 불가침의 관계가 되나 역할에서는 독립성을 인정하면서도 서로 도와주고 밀어주는 관계이다.

㉫ 일체감·연대감 : 전원의 협력, 노력으로 「목표를 달성했다」 「한 가지 일을 완성했다」라는 성취 체험이 일체감, 연대감을 길러내며 이것은 바로 팀워크에 의하여 고조된다.

③ 무재해 운동의 적용 대상
㉮ 적용 대상 사업장 : 이 운동에 참여할 수 있는 사업장은 산업안전보건법에 적용 대상 사업장으로서 분류된 무재해 운동 적용 업종에 해당하는 업종이다.
㉯ 무재해 목표 시간 설정 : 고용노동부 예규 「사업장 무재해 운동 시행 요령」 적용 업종에서 해당 사업장의 업종을 선정한다.

예를 들어 기계 기구 제조업이라면 제4업종에 해당 되고 옷 등의 의류를 제조하는 사업장 이라면 제7업종의 섬유 및 섬유 제품 제조업이 된다.

그 다음 사업장의 근무 인원이 300인 이상인가 또는 그 이하인가를 확인한다. 300인 이상으로서의 앞의 제4업종이라면 1배 목표 시간은 150만 시간임을 알 수 있다. 제4업종에서 300인 미만 사업장이라면 310일 1배 목표가 된다.

[표] 무재해 운동 적용 업종 분류

분류	사업종류
1업종(3)	석탄 광업, 벌목업, 기타광업
2업종(3)	금속 및 비금속광업, 금속제품제조업 또는 금속가공업(을)
3업종(4)	석회석광업, 화물자동차 운수업, 제재 및 베니어판제조업, 채석업
4업종(9)	건설기계관리사업, 금속제품제조업 또는 금속가공업(갑), 비금속 광물제품제조업, 금속재료품제조업, 연탄 및 응집고체연료 생산업, 목재품제조업, 항만하역 및 화물취급사업, 위생 및 유사 서비스업, 기계·기구 제조업
5업종(15)	도금업, 선박건조 및 수리업, 농수산물위탁판매업, 제본 또는 인쇄물 가공업, 요업 및 토석제품 제조업, 펄프 및 지류제조업, 시멘트 원료채굴 및 제조업, 창고업, 자동차여객운수업, 유리제조업, 수송용기계기구제조업, 코크스 및 석탄가스제조업, 기타 제조업, 화학 제품제조업, 골프장 및 경마장운영업
6업종(16)	기타의 임업, 식료품제조업, 인쇄, 소형자동차운수업, 건물 등의 종합관리사업, 시멘트제조업, 전기기계·기구제조업, 수상운수업, 섬유 또는 섬유제품제조업, 도자기제품제조업, 항공운수업, 고무제품제조업, 계량기·광학기계타정밀기구제조업, 수제품제조업, 제염업, 금속제련업
7업종(10)	의약품 및 화장품향료제조업, 담배제조업, 경인쇄업, 기타의 각종사업, 통신업, 전기가스 및 상수도업, 전자제품제조업, 운수관련 서비스업, 철도·궤도 및 삭도운수업, 신문·화폐발행 및 출판업
8업종(3)	중건설공사, 일반건설공사, 철도 또는 궤도신설공사

[표] 업종별 무재해 1배 목표 시간(300인 이상 사업장)

근로자수(기간, 시간) \ 업종	1	2	3	4	5	6	7
100인 미만(일)	130	195	260	325	390	455	520
100~199인(일)	120	180	240	300	360	420	480
200~299인(일)	100	150	200	250	300	350	400
300~499인(만시간)	30	45	60	75	90	105	120
500~999인(만시간)	70	90	110	130	150	170	200
1,000~2,999인(만시간)	130	175	220	265	310	355	400
3,000~4,999인(만시간)	200	275	350	425	500	575	650
5,000~9,000인(만시간)	290	375	460	545	630	720	820
10,000인 이상(만시간)	400	500	600	700	800	900	1,000

[표] 건설업종(8군)의 공사규모별 무재해1배 목표시간

공사종류 \ 공사규모	50억 미만	50억원 이상 100억원 미만	100억원 이상 300억원 미만	300억원 이상 및 국외
건축, 플랜트 공사 등	15만 시간	30만 시간	50만 시간	100만 시간
토목공사	10만 시간	20만 시간	35만 시간	70만 시간

(3) 개시 및 시행 단계

① 무재해 운동의 개시 선포 : 앞에서와 같이 준비가 완료되고 사업장에 맞는 목표가 정해졌으면 무재해 운동 개시 보고를 하게 되는데 개시 선포식은 다음 예와 같이 한다.
㉮ 개시 일시 : 20○○년 ○○월 ○○일 ○○시
㉯ 개시 선포식(행사) : 전 종업원이 참석할 수 있는 아침 조회시 또는 월례 조회시나 안전 보건 교육시를 택하여 무재해 운동 선포식을 거행하여 참여 의식을 고취시킨다.

② 개시 보고 : 개시 선포식 행사가 끝나고 난 후 대내적으로 각 부서별 작업 시행반에 목표 달성을 서면 통보하고 무재해 기록판을 설치하여 매일의 무재해 달성 시간을 종합 누계하여 게시토록 함으로써 근로자들의 달성 의욕을 고취하도록 한다. 각 현장 부서마다. 게시용 무재해기를 액자에 넣어 게시하여도 시각적 효과를 돋을 수 있을 것이다.

대외적으로는 무재해 운동의 실시를 근로자에게 알린 사업주는 무재해 운동등 개시 보고서를 14일 이내에 한국산업안전보건공단의 각 관할 지사장(이하 지사장이라 한다)에게 무재해 운동 개시 보고를 하여야 한다.

일단 개시 보고를 한 사업장이 무재해 운동을 진행하다가 재해 발생으로 이 운동이 무산될 경우는 진행하던 시간(기간)은 원점(0)으로 환원되고 따라서 목표 시간을 재설정

하여 추진하도록 하지만 재개시 보고는 하지 않아도 된다.
③ **무재해 목표 시간(일)의 산정 방법** : 무재해 운동이 개시되면 그 시점부터 무재해 시간은 누적되어가는 것으로서 산정법은 아래의 표와 같이 한다.
④ **무재해 운동의 적극 추진** : 무재해 운동에 있어는 개시 보고 자체가 중요한 것은 절대 아니다. 무재해 목표 달성을 위하여 노사가 끊임없이 노력을 하여야만 된다.

구 분	산정방법	비 고
무재해 시간	실근무시간 × 실근로자수	• 무재해운동 개시 보고일로부터 목표달성일까지의 실근로자수에 실시간수를 곱한 시간수를 계산 • 사무직 또는 사무직 외의 근로자로서 실근로시간 산정이 곤란한 자의 경우에는 1일 8시간으로 산정 • 이때 직업병으로 판정된 자의 근로시간은 무재해시간 산정에서 제외한다.
무재해 일수	휴업한 일수를 제외한 실근로 일수	• 공휴일 등 휴일에 단 1명의 근로자라도 근무한 사실이 있으면 기간에 산정 • 하루 3교대 작업시라도 1일로 계산

그러기 위해 우선 모든 사람의 눈에 띄게 해야 하며, 무재해 운동의 표상으로서 회사의 정문에 무재해기를 게양하고 각 작업 현장에는 무재해기를 게양토록 하여 붐을 조성하도록 한다. 그리고 회사 정문 부근에 무재해 기록을 종합 집계하여 무재해 목표 달성을 위한 노사 간의 일체감, 연대감과 성취감을 일깨우도록 한다.
또한 작업 현장의 위험 요소를 사전에 발견, 해결하도록 하는 위험 예지 훈련 등의 재해 예방 기법을 적극 도입 시행하고 전직원의 안전 의식 고취를 위하여 외부 강사를 초빙하여 무재해 운동의 필요성을 인식시키도록 한다.

(4) 목표 달성 및 시상
① **무재해 목표 달성 보고** : 무재해 운동을 추진한 결과 당초 설정했던 무재해 목표가 달성되면 별도의 서식에 의하여 달성 보고서를 작성하여 한국산업안전보건공단 관할 지도원장에게 통보하여야 한다.

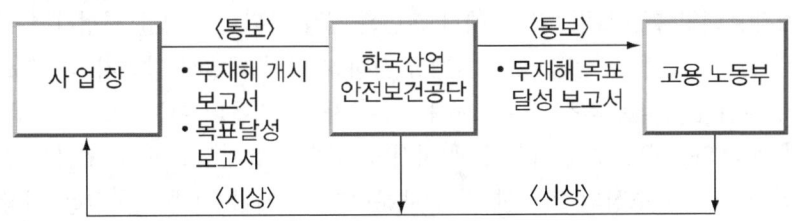

[그림] 무재해 목표달성 보고 및 시상 체계도

② 무재해 달성자 등 시상 방법 : 시상 대상 사업장은 고용노동부 및 공단과 시상 일자를 협의 확정하여 달성자의 수여시 가능하다면 사업장의 생산 활동에 지장이 없는 범위 내에서 많은 근로자가 참여할 수 있도록 한다.

또한 달성자 수여식과 병행하여 사업장에서는 무재해 목표달성에 공이 큰 안전 관계자나 근로자에게 자체 시상이나 특별 승진 등을 실시하도록 하고, 가능한 한 전 근로자에 대해 목표 달성 기념품을 포상함으로써 전직원의 무재해를 향한 성취감을 충족시켜 주도록 한다. 행사 끝에는 노사가 함께 무재해기를 향하여 「○○회사 무재해로 나가자, 좋다!(3회)」를 힘차게 지적·확인하도록 하여 차기 목표를 향한 힘찬 결의를 다짐하도록 한다.

3. 무재해 운동의 추진 기법

무재해 운동 추진 기법이란 재해를 예방하고자 하는 안전 보건 활동 수단으로서 특별히 표준이 있다고 말할 수는 없지만 각 사업장의 특성과 조건에 따라 매우 다양하다고 하겠다.
현재 사업장에서 일반적으로 많이 활용하고 있는 재해 예방 기법으로서 위험 예지 훈련 기법을 들 수 있으나 각 사업장에는 자체 실정에 맞는 추진 기법들을 도입, 보완하여 시행하여야 할 것이다.

(1) 지적 확인

우리가 무재해 운동을 추진하는 데 꼭 필요한 기법 중의 하나로 지적 확인을 들 수 있다. 이 기법은 안전 의식을 높여주는 수단적 기법이긴 하지만 인간 존중의 무재해 기본 이념을 실현하기 위해서는 꼭 실시하도록 하여 무재해 사업장을 확산하는 데 적극 활용해야 할 것이다.
지적 확인이란 작업을 오조작 없이 안전하게 하기 위하여 작업 공정의 요소요소에서 자신의 행동을 "○○ 좋아"하고 대상을 지적하면서 큰 소리로 확인하는 것을 말한다.
다시 말해서 사람의 눈이나 귀 등 오관의 감각 기관을 총동원해서 작업의 정확성과 안전성을 확인하는 것을 말한다.
공동 작업자와의 연락, 신호를 위한 동작이나 지적도 포함해서 지적 확인이라고 총칭하고 있다. 지적 확인은 위험 예지 훈련과 터치 앤드 콜에서 뗄래야 뗄 수 없는 복합적 무재해 추진 기법이다.

(2) 위험 예지 훈련

① **위험 예지 훈련의 추진 요령** : 위험 예지 훈련은 직장 단위로 집단을 편성하여 활동을 추진하게 된다. 소집단을 편성할 경우 직제상 상하 계열의 제일선 감독자(직장, 조장, 반장, 주임)가 지휘 감독하는 직장 단위로 하는 것이 자연스러운데 이는 정보를 공유할 수 있고 공유의 현장 의식이나 문제 의식 위에 서서 동일의 목표에 도달할 수 있다는 점에서 소집단 조직을 만드는 조성의 조건이 되기 때문이다. 그러기 위해서는 같은 직장에서 같은 일을 하고 있는 작업자의 단위로 편성하는 것이 효율적이다. 위험 예지 훈련은 본심을

대화할 수 있는 인원수로 편성하여야 하는데 소집단의 인원수는 5~6인이 좋다.
직장 단위는 동종 직업 단위로 편성하는 경우에 통상 그 집단의 제일선 감독자가 지도 감독하는 단위로 하는 것이 바람직하며 리더는 당연히 그 감독자가 된다. 활동은 근무 시간 내에 전개할 수 있어야 한다. 무재해 소집단 활동 중에 그룹 미팅도 취업 시간 내에 실시하도록 하여야 한다. 업무 개시시, 현장 도착시, 작업 중, 작업 후 등의 위험 예지 활동은 본래 작업과 일체의 것으로 또는 작업 그 자체로서 실시되어야 한다.

② 위험 예지 훈련 진행 요령
  ㉮ 위험 예지 훈련의 진행
    ㉠ 직장이나 작업의 상황 속에서 숨은 위험 요인과 그것이 초래하는 현상
    ㉡ 직장이나 작업상의 상황을 묘사한 그림을 사용하여
    ㉢ 또는 직장의 현물로 작업을 시키거나 해보이면서
    ㉣ 직장 소집단에서 다함께 대화하고 생각하며 합의한 뒤
    ㉤ 위험의 포인트나 중점 실시 항목을 지적 확인(제창)하여
    ㉥ 행동하기 전에 해결하기 위한 훈련으로서 이것을 습관화 하기 위하여 매일 훈련 실시하여야 한다.
  ㉯ 위험 예지 훈련의 4단계 : 안전을 선취하고 전원 일치의 마음가짐을 길러주는 훈련으로 다음 4단계를 활용한다.
    ㉠ 제1단계 [현상 파악] : 어떤 위험이 잠재하고 있는가?
      전원이 토론으로 도해의 상황 속에 잠재한 위험 요인을 발견한다.
    ㉡ 제2단계 [본질 추구] : 이것이 위험의 포인트이다.
    ㉢ 제3단계 [대책 수립] : 당신이라면 어떻게 할 것인가?
      ◉ 표를 한 중요 위험을 해결하기 위해서는 어떻게 하면 좋은가를 생각하여 구체적인 대책을 세운다.
    ㉣ 제4단계 [목표 달성] : 우리들은 이렇게 하자.
      대책 중 중점적인 실시 사항에 ※ 표를 붙여 그것을 실천하기 위한 팀의 행동 목표를 설정한다.

[표] 위험 예지 훈련 4라운드법의 진행방법

단계별	진행내용	진행요령
준 비	멤버가 많을 때에는 서브팀 편성	멤버 4~6명 역할 분담(리더, 서기, 발표자, 코멘트, 보고서 담당), 용지 배포
	〈전원 기립〉 리더(서브리더) 인사	정렬, 구령, 건강확인 등

단계별	진행내용	진행요령
1 R	〈현상 파악〉 어떤 위험이 잠재하고 있는가?	〈도해의 배포〉 위험요인과 초래되는 현상(5~7항목 정도) 「~해서 ~ㄴ다」「~때문에 ~ㄴ다」
2 R	〈본질 추구〉 이것이 위험의 포인트 이다!	(1) 문제라고 생각되는 항목 ○ (2) ◎ 표 2항목 정도(합의 요약), 밑줄 위험의 포인트 (지적인 제창)
3 R	〈대책수립〉 당신이라면 어떻게 하겠는가?	◎ 표 2항목에 대한 구체적이고 실천 가능한 대책 → 3항목 정도→ 전체로 5~7항목 정도
4 R	〈목표 설정〉 우리들은 이렇게 하자!	4R-(1) 중점실시 항목(합의 요약)-(1~2항목) 밑줄 4R-(2)팀의 행동목표→지적 확인 제창「을 ~하여 ~하자. 좋아!」
확인발표 & 코멘트	〈원 포인트〉	원 포인트 지적 확인 연습(3회) 「○○ 좋아!」
	〈터치 앤드 콜〉	「무재해로 나가자. 좋아!」
	〈발표 및 코멘트〉	(1) 발표자 1R~4R순서대로 읽어 나간다. (2) 상대팀의 발표 - 코멘트

(소요시간) 실시 : 1R, 2R.…15분 3R, 4R…15분 합계 30분 이내
보고서 : 위험 예지 훈련 보고서 사용

4. 위험 예지 훈련 보고서 작성

두 사람의 작업자가 플랜지를 떼어내고 있는 장면의 위험 예지 훈련 도해이다.

이 그림을 보면서 팀별로 위험 예지 훈련의 라운드법에 따라 현상 파악에서부터 목표 설정까지 작성한 다음 위험 예지 훈련 보고서를 작성하여 비교하여 보도록 한다.

어떠한 위험이 잠재하고 있는가?

〈상황〉

두 사람이 배관의 폐쇄 여부를 점검하기 위하여 플랜지(flang)를 떼어내고 있다.

다함께 생각하자.

[그림] 위험 예지 훈련 도해의 예 - (flange)분리

위험 예지 훈련 보고서(예)
(Report)

도해번호	확인	안관실	20. . .	결재	과 장	부 장

1. 라운드 : 어떤 위험이 잠재하고 있는가? 〈전원의 대화로 위험의 요인을 찾아낸다〉
2. 라운드 : 이것이 위험의 포인트이다.
   〈중요위험요인에 ○표, 또는 ◎표를 하고, ◎표에 밑줄을 그어 전원이 지적 확인한다.〉

No.	위험 요인과 그것이 기인하는 현상을 생각해서 〈…해서…ㄴ다〉로 쓸 것.
①	무거운 배관을 들다가 허리를 다친다. 좋아!
2	배관이 떨어져 있는 통수시 배관에 부딪친다.
3	들고 있는 배관이 떨어져 배관과 바닥 사이에 낀다.
④	공구가 흩어져 배관과 바닥 사이에 낀다.
5	
6	

라운드 : 당신이 어떻게 하겠는가? ◎(표의 중요 위험을 해결한은 대책을 세운다)

◎표		실행 가능한 구적인 대책	※표
2	1	받침목을 고인다.	※
	2	잭을 사용한다.	
	3		
4	1	정돈하여 놓는다.	※
	2	상자에 담는다.	
	3		

4라운드 : 우리들은 이렇게 하자!(※표의 중점 실시항목을 실시하기 위한 팀의 행동목표를 설정하고 전원이 지적 확인한다)

팀의 행동목표	플랜지 분리작업시 배관은 받침목을 고이고 공구는 정돈하자. 좋아!
원포인트	받침목, 정돈 좋아!(3회 실시)

미팅(meeting)의 마지막 : 팀에서 자주적으로 만들 것!(touch and call)

팀No	명칭	리더	서기	리포터	발표자	기타멤버

5. 원 포인트(One Point)위험 예지 훈련

(1) 원 포인트 위험 예지 훈련이란?

위험 예지 훈련 4라운드 중 2R, 3R, 4R을 모두 원 포인트로 요약하여 실시하는 TBM(Tool Box Meeting) 위험 예지이다.

흑판이나 용지를 사용하지 않고 또한 삼각 위험 예지 훈련과 같이 기초나 메모를 사용하지 않고 구두로 실시한다. 선 채로 2분간이면 할 수 있으므로 누구든지, 언제든지, 어디서나 할 수 있다.

(2) 훈련의 진행방법

① 서브팀(sub-team)의 편성 : 먼저 팀을 3명(또는 2명)씩의 서브팀으로 나눈다. 인원수를 3명으로 하는 것은
  ㉮ 대화의 참가도를 높이고
  ㉯ 단시간에 할 수 있도록 하고,
  ㉰ 훈련의 회전을 빠르게 한다.
  등의 이유 때문이다. 멤버 중 1명이 서브리더(sub-leader)가 된다.

② 사용할 도해 : 도해는 가급적 포인트를 하나로 요약할 수 있고 쉽고 단순한 도해를 준비한다. 가급적 회사에서 손수 만든 도해가 좋다.

③ 관찰 방식의 활용 : 처음 2~3회는 서브팀이 동시에 훈련해서 워밍업한 뒤 관찰 방식으로 진지하게 역할 연기하여 서로 강평하는 것이 좋다. 실시 시간을 4분으로 계산하고 있으나 통상 2~3분으로 완료하고 있다.

6. TBM-위험 예지 훈련

(1) TBM-위험 예지(즉시 즉응법)란?

TBM으로 실시하는 위험 예지 활동을 말한다. 이는 현장에서 그때 그 장소의 상황에 즉응하여 실시하는 위험 예지 활동으로서 즉시 즉응법이라고도 한다.

(2) TBM-위험 예지 진행 방법(요약)

① 미팅의 형식
  ㉮ 조회, 아침, 점심, 저녁 교체하여 시행한다.
  ㉯ 토의는 소수인(10명 이하)이 좋다.
  ㉰ 10분 정도가 바람직하다.

② 사전 준비
　㉮ 주제를 정하고 자료 등을 준비한다.
　㉯ 흑판이나 차트 등을 활용한다.
　㉰ 리더는 주제의 주안점에 대해서 연구해 둔다.
　㉱ 예정표를 작성해 둔다.
③ 진행 방법
　㉮ 계획적으로 「도입」, 「의견을 끌어내고」, 「종합」의 3단계로 진행한다.
　㉯ 주제는 적절한 것으로 하며 자료를 활용한다.
　㉰ 리더는 열의를 표시한다.
　㉱ 토의는 한 사람 한 사람 발언시키며 목적 이외의 토의는 피하도록 한다.
　㉲ 리더는 아는 체하지 말고 또 자기의 의견을 고집하지 말며 결론을 확실하게 말한다.
　㉳ 질문은 참가자의 능력에 따라서 하고 말재주 없는 사람에게는 무리한 발언을 요구하지 않는다.
　㉴ 결론이 아닌 것도 있으므로 결론을 서두르지 않는다. 이 경우에는 기록을 보존하여 다음 기회로 하고 새로운 자료를 작성한다.
　㉵ 모두가 미팅 방법을 검토하여 즐겁고 효과적인 운영을 연구한다.

7. 1인 위험 예지 훈련

(1) 1인 위험 예지 훈련 이란?

한 사람 한 사람의 위험에 대한 감수성 향상을 도모하기 위하여 삼각 및 원 포인트 위험 예지 훈련을 통합한 활용 기법의 하나이다.
한 사람 한 사람(리더 제외)이 동시에 공통의 도해로 4라운드까지의 1인 위험 예지를 직접 확인하면서 단시간에 실시한 뒤 그 결과를 리더의 사회로 서로서로 발표하고 강평함으로써 자기 개발의 도모를 겨냥하고 있다.

(2) 1인 위험 예지 훈련의 진행 방법(1분 30초~2분 이내)
① 팀의 편성
　㉮ 3~4인의 팀으로 실시한다. 팀 인원수가 많은 경우에는 세분한다.
　㉯ 팀에 감독역으로 리더를 둔다(리더는 도해마다 교대로 훈련한다).
② 1인 위험 예지 훈련의 실천
　㉮ 리더는 도해를 각자에게 배포하고 상황을 읽어준다. 리더는 사회 진행역이 되어 시간 관리에 임한다.

㉯ 각자(리더 제외)는 도해에 자신이 알게 된 위험 요인 개소에 △(삼각)표를 한다(1R). 삼각 위험 예지훈련의 요령으로 3~5항목 정도 원인이나 현상에 대해서 메모를 기입한다.
㉰ 특히 위험의 포인트라고 생각되는 항목(가급적 원 포인트로 합의 요약한다)을 ◉표로 하여 「위험의 포인트, ~해서~ㄴ다!」라고 혼자서 지적 확인한다(2R).

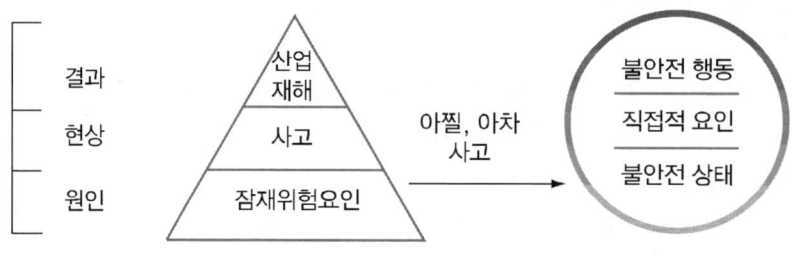

[그림] 위험 예지 훈련 진행 방법

이때 절도 있는 태도로 실시해야 한다.
아차 사고에 대한 브레인 스토밍(BS) 미팅 진행 방법은 다음과 같다
㉠ 직장의 아차 사고 체험은 선취를 위하여 가치있는 정보이다. 그러나 일반적으로 아차사고 체험은 은폐하기 쉽다. 아차사고 메모도 잘 제출하지 않고 선취에 활용되지 못하는 실정이다.
㉡ 작업자의 아차 사고 체험을 어떻게 발굴하고 어떻게 살리는가는 무재해 운동의 중요한 과제라 할 수 있다.
㉢ 무재해 운동에서 실시하고 있는 아차 사고 브레인 스토밍법은 문제 해결의 「제1단계→문제 제기」를 응용하여 브레인 스토밍으로 아차 사고 체험을 제출하게 하여 테마를 정해서 재해 사례 검토 4R법에 의하여 문제 해결을 실행한다.
㉣ 안전 미팅에서 브레인 스토밍뿐이라면 30분 정도로 실시할 수 있다. 사전 준비로서는 미리 안전 미팅에서 팀 멤버에게 아차 사고 체험에 대해서 대화하는것을 예고해 둔다(각자 1건 이상 자신의 아차 사고 체험을 생각하게 하고 메모해 두게 하는 것이 좋다).
㉱ ◉ 표 항목에 대한 대책을 생각하여(3R), 특히 중점 실시항목 ※ 표를 하나로 하여 도해에 메모한 뒤 「나의 행동 목표, ~을 ~하여 ~하자, 좋아!」라고 혼자 큰소리로 지적 지적 확인한다.
㉲ 원 포인트 지적 확인 항목을 정하여 3회 큰소리로 복창하고 도해에 메모한다.
㉳ 도해의 메모를 근거로 하여 2R 이하를 「1인 위험 예지 카드」양식에 보고서를 작성한다.

8. 아차 사고 (Near Accident) 사례 기법

산업 현장에는 수많은 잠재 위험 요인이 산재하고 있다. 이 위험 요인이 직접적인 원인(불안전한 행동 및 불안전한 상태)에 의하여 현상화될 때 사고가 발생하고 이러한 사고가 곧 산업재해로 이어지는 것이다.

이 과정에서 비록 재해로 이어지지는 않았지만 하마터면 재해가 발생할 뻔한 깜짝 놀랐던 경험을 아차 사고(뻔 사고)라 한다.

(1) 하인리히 1 : 29 : 300 법칙

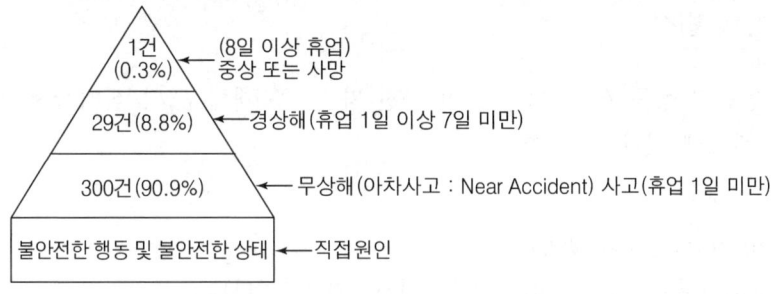

재해의 발생 = 물적 불안전 상태 + 인적 불안전 행동 + α

$$\alpha = \frac{1}{1+29+300} = \frac{1}{330}$$

α : 숨은 위험한 요인(잠재위험요인)

(2) ILO의 재해 구성 비율(1 : 20 : 200)

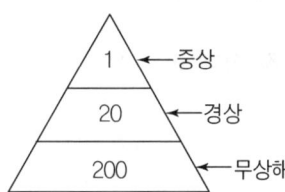

(3) 버드 이론 1 : 10 : 30 : 600의 법칙

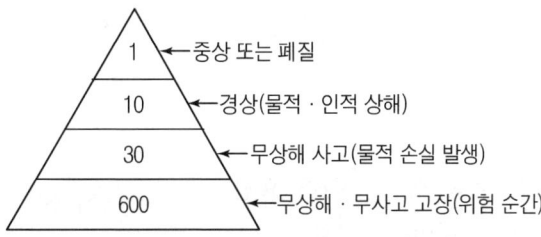

제2장 산업안전심리

1 인간의 행동 법칙

1. Lewin, R.의 법칙

(1) Lewin은 인간의 행동(B)은 그 사람이 가진 자질, 즉 개체(P)와 심리학적 환경(E)과의 상호 함수 관계에 있다고 하였다.

◎ $B = f(P \cdot E)$
   B : behavior(인간의 행동)
   P : person(년령, 경험, 심신 상태, 성격, 지능, 기타)
   E : environment(심리적 환경)
   f : function(적성, 기타 P와 E에 영향을 주는 조건)

(2) 개체(P)와 심리학적 환경(E)과의 통합체를 심리학적 상태(S)라고 하여 인간의 행동은 심리학적 상태에 긴밀히 의존하고 또 규정받는다고 한다.

(3) P와 E에 의해 성립되는 심리학적 상태 S를 심리학적 생활 공간(LSP) 또는 간단히 생활 공간이라고 한다.

◎ $B = f(L \cdot S \cdot P)$
Lewin에 의하면 인간의 행동은 어떤 순간에 있어서 어떤 행동, 어떤 심리학적 장을 일으키느냐, 안 일으키느냐 심리학적 생활 공간의 구조에 따라 결정된다는 것이다.

2. 인간 동작의 특성

(1) 외적 조건
   ① 동적 조건(대상물의 동적 성질) : 최대 요인
   ② 정적 조건(높이, 크기, 깊이)
   ③ 환경 조건(기온, 습도, 소음 등)

(2) 내적 조건
    ① 생리적 조건(피로, 긴장)
    ② 경험 시간
    ③ 개인차

3. 실수 및 과오의 요인

(1) 능력 부족 : 적성, 지식, 기술, 인간관계

(2) 주의 부족 : 개성, 감정의 불안정, 습관성

(3) 환경 조건 부적당 : 표준 불량, 규칙 불충분, 연락 및 의사 소통 불량, 작업조건 불량

[표] 인간 의식(주의력) 수준과 설비 상태의 관계

인간주의력 ≷ 설비상태	안전수준	대응 포인트
높은 수준 > 불안정상태	안전	인간측 고수준에 기대
높은 수준 ≤ 불안정상태	불안전	사고재해 가능성
낮은 수준 < 본질적 안전화	안전	설비측 Fool-proof, Fail-safe 안전 대책

2 인간의 심리 특성과 안전

1. 심리 특성

인간은 사고의 유발과 관계되는 몇 가지 본성을 가지고 있다.

(1) 간결성의 원리
    ① 최소의 에너지로써 목표에까지 도달되려는 심리 특성을 의미한다.
    ② 그 결과 생략, 단축, 근도 반응 등의 불안전한 행동이 야기된다. 대응 조치로서 안전 수칙을 제정, 이행할 필요가 있다.

(2) 주의의 일점 집중 현상
    ① 돌발 사태에 직면하면 공포를 느끼게 되고 주의가 일점(주시점)에 집중되어 판단 정지 및 멍청한 상태에 빠지게 되어 유효한 대응을 못하게 된다.

② 사전에 위험을 예상하고 대안을 미리 강구하는 심리적 훈련(mental practice)이 필요하다.

(3) 리스크 테이킹(risk taking)과 안전 태도의 관계
① 리스크 테이킹 : 객관적인 위험을 자기 나름대로 판정해서 의지 결정을 하고 행동에 옮기는 것을 말한다.
② 안전 태도가 양호한 자는 리스크 테이킹의 정도가 적고, 같은 순준의 안전 태도에서도 작업의 달성 동기, 성격, 능률 등 각종 요인의 영향에 의해 리스크 테이킹의 정도가 변하게 된다.

2. 일의 곤란도에 대응하는 정보 처리 채널

① 반사 작업
② 주시하지 않아도 되는 작업
③ 루틴 작업
④ 동적 의지 결정
⑤ 문제 해결

3. 의식의 수준

의식 수준	주의 상태	신뢰도	비 고
phase 0	수면 중	0	의식의 단절, 의식의 우회
phase I	졸음상태	0.9 이하	의식수준의 저하
phase II	일상 생활	0.99~0.99999	정상 상태
phase III	적극 활동시	0.999999 이상	주의집중상태, 15분 이상 지속 불가
phase IV	과긴장시	0.9 이하	주의의 일점집중, 의식의 과잉

3 안전 사고의 요인

1. 안전 사고의 경향성

(1) 안전사고의 원인과 개인의 관련성(심리학자 Greenwood)
기업체에서 일어난 대부분의 사고는 소수의 근로자에 의해서 발생한다.

(2) 소심한 사람은 사고를 유발하기 쉬우며, 이런 성격의 소유자는 도전적이다.

(3) 사고 경향성이 없는 사람은 침착 숙고형이다.

2. 소질적인 사고 요인

지능, 성격, 감각 운동 기능 등이 있다.

(1) 지능(intelligence)
① 지능과 사고의 관계는 비례적 관계에 있지 않으며 그보다 높거나 낮으면 부적응을 초래한다.
② Chiselli와 Brown은 지능 단계가 낮을수록 또는 높을수록 이직률 및 사고 발생률이 높다고 지적하였다.
③ 개개의 직무가 요구되는 지적 수준이 어느 정도인가를 파악하고 거기에 적합한 사람을 배치하거나 부단한 지속적 반복 훈련을 통하여 적응력을 키워야 한다.

(2) 성격 : 사람은 그 성격이 작업에 적응되지 못할 경우 재해 사고를 발생한다.

(3) 시각 기능
① 재해와 시각 관계를 조사한 결과 Tiffin, J.는 두눈의 시력이 불균형인 자에게 재해가 많음을 지적하였다.
② 시각 기능과 재해 발생에 있어서는 반응 속도 자체보다 반응의 정확도에 더 관계가 깊다.

[표] 반응의 정확도(스즈키)

구 분	반응속도	반응의 정확도(착오)
무사고자	0.177	1.9
1~2회 사고자	0.178	4.3
재해 빈발자	0.186	6.3

3. 미확인

미확인이란 인간이 행위를 진행하는 경우 일반적으로 block diagram으로 진행되며, 다음과 같은 경우가 있다.

(1) 단락에 의하는 경우

(2) 별도의 아웃풋 영역에 지령이 나가 버리는 경우

(3) 피드백이 행해지지 않고 통제되지 않는 경우

(4) 「… 을 행하지 않으면 안 된다」고 생각했을 뿐 실제로는 그것을 한 것으로 착각하는 경우

4. 착오

(1) 인지 과정 착오
　　① 생리, 심리적 능력의 한계
　　② 정보량 저장의 한계
　　③ 감각 차단 현상
　　④ 정서 불안정 : 공포, 불안, 불만

(2) 판단 과정 착오
　　① 능력 부족　　　　　　　② 정보 부족
　　③ 합리화　　　　　　　　④ 환경 조건 불비

4 주의와 부주의

1. 주의의 개념

(1) 주의와 부주의
　　① 주의란 행동의 목적에 의식 수준이 집중하는 심리 상태를 말한다.
　　② 부주의란 목적 수행을 위한 행동 전개 과정에서 목적을 벗어나는 심리적, 신체적 변화의 현상을 말한다.

(2) 주의의 특징 3가지
　　① **선택성** : 여러 종류의 자극을 자각할 때 소수의 특정한 것에 한하여 선택하는 기능
　　② **방향성** : 주시점만 인지하는 기능
　　③ **변동성** : 주의에는 주기적으로 부주의적 리듬이 존재

(3) 주의의 특성

① 주의는 동시에 두 방향에 집중하지 못한다.
② 고도의 주의는 장시간 지속할 수 없다.
③ 한 지점에 주의를 집중하면 다른 곳의 주의는 약해진다.

2. 부주의의 현상

(1) 의식의 단절

(2) 의식의 우회

(3) 의식 수준의 저하

(4) 의식의 과잉

3. 부주의의 발생 원인과 대책

(1) 외적 원인 및 대책

① 작업, 환경 조건 불량 : 환경 정비
② 작업 순서의 부적당 : 작업 순서 정비

(2) 내적 조건 및 대책

① 소질적 조건
② 의식의 우회 : 상담(counseling)
③ 경험, 미경험 : 교육

4. 주의력 집중과 배분

(1) 주의의 집중과 주의의 확장을 잘 조화시키는 것은 인간 과오를 없애는 데 있어 매우 중요한 것이다.

(2) 인간은 주의를 하는 특성이 있으며, 주의를 집중하는 경우에는 주의의 범위가 좁게 되고 또 주위 범위를 확장하면 주의의 정도가 낮게 되는 것이다. 따라서 이 두 가지 요소를 적절히 사용해 나가는 것이 필요하다.

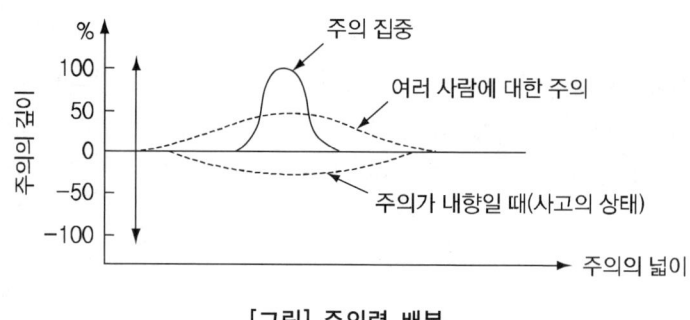

[그림] 주의력 배분

5 착시

1. 운동의 시지각(착각 현상)

(1) 자동 운동

암실 내에서 정지된 소광점을 응시하고 있으면 그 광점이 움직이는 것을 볼 수 있는데 이것을 자동 운동이라 한다. 자동 운동이 생기기 쉬운 조건은 다음과 같다.
① 광점이 작을 것
② 시야의 다른 부분이 어두울 것
③ 광의 강도가 작을 것
④ 대상이 단순할 것

(2) 유도 운동

실제로는 움직이지 않는 것이 어느 기준의 이동에 유도되어 움직이는 것처럼 느껴지는 현상을 말한다.

(3) 가현 운동(β 운동)

객관적으로 정지하고 있는 대상물이 급속히 나타나든가 소멸하는 것으로 인하여 일어나는 운동으로 마치 대상물이 운동하는 것처럼 인식되는 현상을 말한다(영화 영상의 방법).

2. 착시 현상

(1) Müler-Lyer의 착시

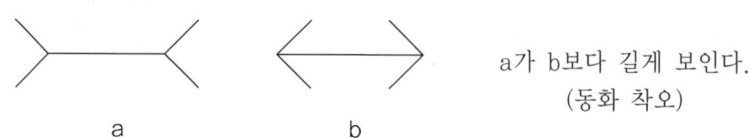

a가 b보다 길게 보인다.
(동화 착오)

(2) Helmhölz의 착시

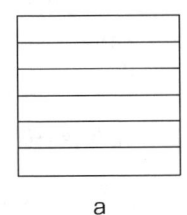 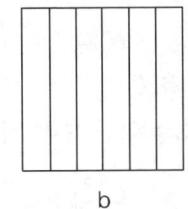

a는 가로로 길고
b는 세로로 길어보이다.

(3) Herling의 착시

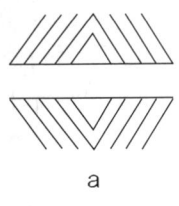 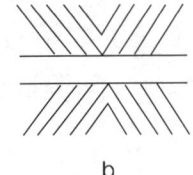

a는 양단이 벌어져 보이고
b는 중앙이 벌어져 보인다.
(분할 착오)

(4) Köhler의 착시

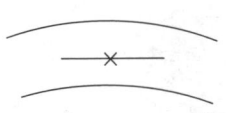

우선 평행의 호를 보고 이어 직선을 본 경우에 직선은 호의 반대방향으로 굽어 보인다. (윤곽 착오)

(5) Poggendorf의 착시

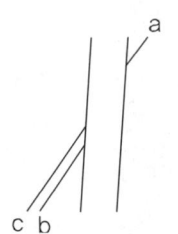

a와 c가 일직선으로 굽어 보인다.(위치착오)

(6) Zöller의 착시

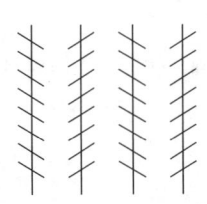

세로 선이 굽어 보인다.(방향착오)

6 안전 심리

1. 안전 심리의 5요소

(1) 개인이 갖는 습관은 동기, 기질, 감정, 및 습성의 차이에 큰 영향을 준다.

(2) 동기, 기질, 감정, 습성, 습관의 5대 요소는 안전과 직접 관련되어 있으며, 안전 사고를 막는 방법은 이 5대 요소를 통제하는 것이다.

(3) 동기 유발

동기 부여 또는 동기 조성이라고도 하며, 동기를 유발시키는 일, 즉 동기를 불러일으키게 하고, 일어난 행동을 유지시키고, 나아가서는 이것을 일정한 목표로 방향지어 이끌어 나가게 하는 과정을 말한다.

2. 안전 동기의 유발 방법(동기 부여 요인)

① 안전의 근본 이념을 인식시킬 것
② 안전 목표를 명확히 설정할 것
③ 결과를 알려줄 것(K.R.법 : Knowledge Result)
④ 상과 벌을 줄 것
⑤ 경쟁과 협동을 유도할 것
⑥ 동기 유발 수준을 유지할 것

3. 모럴 서베이의 주요 방법

(1) 통계에 의한 방법

사고 상해율, 생산량, 결근, 지각, 조퇴, 이직 등을 분석하여 파악하는 방법

(2) 사례 연구법

경영 관리상의 여러 가지 제도에 나타나는 사례에 대해 케이스 스터디로서 현상을 파악하는 방법

(3) 관찰법

종업원의 근무 실태를 계속 관찰함으로써 문제점을 찾아내는 방법

(4) 실험연구법

실험 그룹과 통제 그룹으로 나누고 정황, 자극을 주어 태도 변화 여부를 조사하는 방법

(5) 태도 조사법(의견 조사)

질문지법, 면접법, 집단 토의법, 투시법 등에 의해 의견을 조사하는 방법

4. 카운슬링(counseling)

(1) 개인적 카운슬링 방법

① 직접 충고(수칙 불이행시 적합)
② 설득적 방법
③ 설명적 방법

(2) 카운슬링의 순서

장면 구성 → 내담자 대화 → 의견 재분석 → 감정 표출 → 감정의 명확화

(3) 색과 심도에 대한 지각, 지각적 항구성, 공간적 식별, 반사 작용 시간, 근육활동 및 특히 이와 유사한 정신 물리학적 현상은 위험을 피하는 데 직접적으로 관련을 갖는 인체의 내적 현상이다.

(4) 인간의 발전, 성장, 성숙 과정 및 연령은 안전 사고를 유발하는 원인을 분석하는 데 필요한 요건이다.

5. 연령에 따른 근로자의 성장(성장 과정)

(1) 탐색의 단계(10~25세) : 청년기

① 자기의 적성, 흥미, 개성(personality) 등에 일맞은 역할을 탐색한다.
② 규율, 근면, 시간 엄수, 책임감, 신뢰성 등의 태도를 습득한다.
③ 모험심, 시행 착오의 단계이다.

(2) 확립의 단계(25~40세) : 영속적인 직업을 얻어 안정을 도모한다.

(3) 유지의 단계(45세 전후) : 직업상의 안정을 얻어 자기 실현의 만족을 누리는 시기이다.

(4) 하강의 단계(50세 이후)

　　신체적으로나 정신적으로 능력이 저하하고 인내력, 기억력, 사고력 등이 감퇴하는 시기이다.

6. 인사 관리의 중요한 기능

　　① 조직과 리더십　　　　　　② 선발
　　③ 배치　　　　　　　　　　　④ 작업 분석
　　⑤ 업무 평가　　　　　　　　⑥ 상담 및 노사간의 이해

7. 심리적 전염

유행과 비슷하게 행동 양식이 이상적이며, 비합리성이 강한 것으로, 어떤 사상이 상당한 기간을 걸쳐 광범위하게 논리적, 사고적 근거 없이 무비판하게 받아들여지는 것을 의미한다.

7 동기 이론

1. Maslow의 욕구 단계 이론

(1) 생리적 욕구(1단계) : 기아, 갈증, 호흡, 배설, 성욕 등 인간의 가장 기본적인 욕구(종족 보존)

(2) 안전 욕구(2단계) : 안전을 추구하려는 욕구

(3) 사회적 욕구(3단계) : 애정, 소속에 대한 욕구(친화 욕구)

(4) 인정받으려는 욕구(4단계) : 자기 존경의 욕구로 자존심, 명예, 성취 지위에 대한 욕구(승인의 욕구)

(5) 자아 실현의 욕구(5단계) : 잠재적인 능력을 실현하고자 하는 욕구(성취 욕구)

2. Alderfer의 ERG 이론

(1) 생존 욕구(E) : 신체적인 차원에서 유기체의 생존과 유지에 관련된 욕구

(2) 관계 욕구(R) : 타인과 상호 작용을 통해 만족되는 대인 욕구

(3) 성장 욕구(G) : 개인적인 발전과 증진에 관한 욕구

3. McGregor의 X, Y 이론

X 이론	Y 이론
① 인간 불신감	① 상호 신뢰감
② 성악설	② 성선설
③ 인간은 원래 게으르고 태만하여 남의 지배받기를 즐긴다.	③ 인간은 부지런하고, 근면, 적극적이며, 자주적이다.
④ 물질 욕구(저차적 욕구)	④ 정신 욕구(고차적 욕구)
⑤ 명령 통제에 의한 관리	⑤ 목표 통합과 자기 통제에 의한 자율 관리
⑥ 저개발국형	⑥ 선진국형

4. Herzberg의 동기 – 위생 요인

(1) 위생 요인(또는 유지 욕구)

인간의 동물적인 욕구를 반영하는 것으로서 Maslow의 욕구 단계에서 생리적, 안전, 사회적 욕구와 비슷하다.

(2) 동기 요인(또는 만족 욕구)

자아실현을 하려는 인간의 독특한 경향을 반영한 것으로 Maslow의 자아 실현 욕구와 비슷한 개념이다.

(3) 동기부여 요인은 만족 요인이고, 위생 요인은 불만족 요인이다.

(4) 직업 만족도(job satisfaction)

  ① 직업확대(job enlargement)
  ② 직업 윤택화(job enrichment)
  ③ 직업 순환(job rotation)

8 집단 기능과 인간 관계

1. 사회 행동의 기본 형태

(1) 협력(cooperation) : 조력, 분업

(2) 대립(opposition) : 공격, 경쟁

(3) 도피(escape) : 고립, 정신병, 자살

(4) 융합(accommodation) : 강제, 타협, 통합

(5) 사회 행동의 기초
   ① 요구
   ② 개성(personality)
   ③ 인지
   ④ 신념
   ⑤ 태도

2. 인간 관계의 메커니즘

(1) 동일화(identification)

다른 사람의 행동 양식이나 태도를 투입시키거나 다른 사람 가운데서 자기와 비슷한 것을 발견하는 것을 말한다.

(2) 투사(投射 : projection)

자기 속의 억압된 것을 다른 사람의 것으로 생각하는 것을 투사(또는 투출)라고 한다.

(3) 커뮤니케이션(communication)

갖가지 행동 양식이 기호를 매개로 하여 어떤 사람으로부터 다른 사람에게 전달되는 과정을 말한다.

(4) 모방(imitation)

남의 행동이나 판단을 표본으로 하여 그것과 같거나 또는 그것에 가까운 행동 또는 판단을 취하려는 것이다.

(5) 암시(Suggestion)

다른 사람으로 부터의 판단이나 행동은 무비판적으로 논리적, 사실적 근거없이 받아들이는 것을 말한다.

(6) 호손(Hauthorne) 실험

메이오(G.E. Mayo)에 의한 실험으로, 작업자의 작업 능률(생산성 향상)은 물리적인 작업 조건보다는 사람의 심리적인 태도, 감정을 규제하고 있는 인간 관계에 의하여 결정됨을 밝혔다.

3. 집단 효과

① 동조(同調) 효과
② Synergy 효과(system + energy)
③ 견물 효과

4. 집단의 기능

(1) 응집력 : 집단의 내부로부터 생기는 힘을 말한다.

(2) 행동의 규범

집단 규범은 집단을 유지하고 집단의 목표를 달성하기 위한 것으로, 집단에 의해 지지되며 통제가 행하여진다.

(3) 집단 목표

집단이 하나의 집단으로서의 역할을 다하기 위해서는 집단의 목표가 있어야 한다.

5. 적응과 역할(Super, D.E.의 역할 이론)

(1) 역할 연기(role playing)

자아 탐색(self-exploration)인 동시에 자아 실현의 수단이다.

(2) 역할 기대(role expectation)

자기의 역할을 기대하고 감수하는 사람은 그 직업에 충실한 것이다.

(3) 역할 조성(role shaping)

개인에게 여러 개의 역할 기대가 있을 경우 그 중의 어떤 역할 기대는 불응, 거부하는 수도 있으며, 혹은 다른 역할을 해내기 위해 다른 일을 구할 때도 있다.

(4) 역할 갈등(role conflict)

직업 중에는 상반된 역할이 기대되는 경우가 있으며 그럴 때 갈등이 생기게 된다.

9 직업 적성 및 적성의 분류

1. 직업 적성

(1) 기계적 적성

기계 작업에 성공하기 쉬운 특성으로 기계 작업에서의 성공에 관계되는 요인으로서는 다음과 같은 것이 있다.
① 손과 팔의 솜씨 : 빨리 그리고 정확히 잔일이나 큰일을 해내는 능력
② 공간 시각화 : 형상이나 크기의 관계를 확실히 판단하여 각 부분을 뜯어서 다시 맞추어 통일된 형태가 되도록 손으로 조작하는 과정
③ 기계적 이해 : 공간 지각화, 지각 속도, 추리, 기술적 지식, 기술적 경험 등의 복합적 인자가 합쳐져서 만들어진 적성

(2) 사무적(서기적) 적성

사무적 일에는 지능도 중요하지만 그와 함께 손과 팔의 솜씨나 지각의 속도 및 정확도 등이 중요하다.

2. 지능(Intelligence)

① 지능은 학습 능력, 추상적 사고 능력, 환경 적응 능력 등으로 간주되는데, 일반적으로 지능이란 새로운 문제 같은 것을 효과적으로 처리해 가는 능력을 말한다.
② 지능의 척도는 지능 지수(intelligence quotient : IQ)로 표시하며 그 식은 다음과 같다.

$$IQ = \frac{지능\ 연령}{생활\ 연령} \times 100$$

3. 흥미(Interest)

① 흥미는 직무 선택, 직업의 성공, 만족 등 직무적 행동의 동기를 조성한다.
② 직무에 대한 흥미는 그 직무에 전념하는 태도에 큰 영향을 미친다.

4. 인간성(Personality)

① 개인의 인간성은 직장의 적응에서 중요한 역할을 한다.

② 안정성을 성공의 지표로 할 경우 비이동적 인간은 이동적 인간보다 사회적으로 인격이 통합되어 있다고 할 수 있다.

5. 적성 발견의 방법

(1) 자기 이해

인간은 제각기 뛰어난 면, 즉 적성을 가지고 있으며 그것을 자신이 자기의 것으로 이해하고 인지하는 것을 자기 이해라 한다.

(2) 계발적 경험

직장 경험, 교육 활동이나 단체 활동의 경험, 여가 활동의 경험 등 자기 경험을 통하여 내적인 능력을 탐색하는 것을 계발적 경험이라 한다.

(3) 적성 검사

① **특수 직업 적성 검사** : 어느 특정의 직무에서 요구되는 능력을 가졌는가의 여부를 검사하는 것이다.
② **일반 직업 적성 검사** : 어느 직업 분야에서 발전할 수 있겠느냐 하는 가능성을 알기 위한 검사이다.
③ **적성 요인이 아닌 것** : 연령, 개인차
④ **적성 요인** : 지능, 직업 적성, 흥미, 인간성

(4) Y-G(시전부-Guilford) 성격 검사

① **A형(평균형)** : 조화적, 적응적
② **B형(우편형)** : 정서 불안정, 활동적, 외향적(불안전, 부적응, 적극적)
③ **C형(좌편형)** : 안정 소극형(온순, 소극적, 안정 비활동, 내향적)
④ **D형(우하형)** : 안정 적응 적극형(정서 안정, 사회 적응, 활동적, 대인 관계 양호)
⑤ **E형(좌하형)** : 불안정, 부적응 우동형(D형과 반대)

[표] Y-K(Yutaka-Kohata) 성격 검사

작업 성격 유형	작업 성격 인자	적성 직종의 일반적 경향
C, C´형	1. 운동, 결단, 기민, 빠르다. 2. 적응 빠르다. 3. 세심하지 않다. 4. 내구력, 집념 부족 5 담력, 자신감 강함	1 대인적(對人的) 직업 2. 창조적, 관리자적 직업 3. 변화있는 기술적, 가공작업 4. 변화있는 물품을 대상으로 하는 불연속 작업

작업 성격 유형	작업 성격 인자	적성 직종의 일반적 경향
M, M′형 (신경질형)	1. 운동성 느리고 지속성 풍부 2. 적응 느리다. 3. 세심, 억제, 정확하다. 4. 내구성, 집념, 지속성 5. 담력, 자신감 강하다.	1 연속적, 신중적, 인내적 작업 2. 연구 개발적, 과학적 작업 3. 정밀, 복잡성 작업
S, S′형, 다혈질 (운동성형)	1. 2, 3, 4, : C, C′형과 동일 5. 담력, 자신감 약하다.	1. 변화하는 불연속 작업 2. 사람 상대 상업적 작업 3. 기민한 동작을 요하는 작업
P, P′형 (평범 수동성형)	1. 2, 3, 4, : C, C′형과 동일 5. 약하다.	1. 경리사무, 흐름작업 2. 계기관리, 연속작업 3. 지속적 단순작업
Am형 (비정상질)	1. 극도로 나쁘다. 2. 극도로 느리다. 3. 극도로 강하거나 약하다. 4. 극도로 결핍	1. 위험을 수반하지 않는 단순한 기술적 작업 2. 직업상 부적응적 성격자는 정신위생적 치료 요함

10 피로의 증상 및 대책

1. 피로(Fatigue)

피로란 어느 정도 일정한 시간 작업 활동을 계속하면 객관적으로 작업 능률의 감퇴 및 저하, 착오의 증가, 주관적으로는 주의력 감소, 흥미의 상실, 권태 등으로 일종의 복잡한 심리적 불쾌감을 일으키는 현상을 말한다.

2. 피로의 분류

(1) 정신 피로와 육체 피로

① 정신 피로 : 정신적 긴장에 의해서 일어나는 중추 신경계의 피로를 말한다.
② 육체 피로 : 육체적으로 근육에서 일어나는 피로를 말한다(신체 피로).

(2) 급성 피로와 만성 피로

① 급성 피로 : 보통의 휴식에 의해서 회복되는 것으로서 정상 피로 또는 건강 피로라고도 한다.
② 만성 피로 : 오랜 기간에 걸쳐 축적되어 일어나는 피로로서 휴식에 의해서 회복되지 않으며, 축적 피로라고도 한다.

3. 작업 강도에 따른 에너지 소비량

(1) 1일 보통 사람의 소비 에너지는 약 4,300[kcal/day] 정도이며, 여기서 기초 대사와 여가에 필요한 에너지 2,300[kcal]를 뺀 나머지 2,000[kcal/day] 정도가 작업시의 소비 에너지가 된다. 이것을 480분(8시간)으로 나누면 약 4[kcal/분]이 된다(기초 대사를 포함한 상한은 약 5[kcal/분]이다.)

(2) 휴식 시간 산출

작업에 대한 평균 에너지 값을 4[kcal/분]이라 할 때 어떤 활동이 이 한계를 넘는다면 휴식 시간을 삽입하여 초과분을 보상해 주어야 하며, 휴식 시간 산출식은 음과 같다.

$$R = \frac{60(E-4)}{E-1.5}$$

여기서 R : 휴식 시간[분]

E : 작업시 평균 소비에너지 소비량[kcal/분]

총 작업 시간 : 60[분]

휴식 시간 중의 에너지 소비량 : 1.5[kcal/분]

> **참고**
>
> 분당 4.5[kcal]의 열량을 소모하는 작업시의 시간당 휴식 시간은?
>
> $R = \dfrac{60(4.5-4)}{4.5-1.5} = 10$[분]

4. 생체 리듬(Biorhythm) : 인간의 신체·감정·지성(知性)의 주기(週期)

① 혈액의 수분, 염분량 : 주간에 감소, 야간에 상승
② 체온, 혈압, 맥박 : 주간에 상승, 야간에 감소
③ 야간에는 체중 감소, 소화 분비액 불량
④ 야간에는 말초 운동 기능 저하, 피로의 자각 증상 증대

5. 바이오 리듬 곡선의 표시방법

인간주기율(人間週期律)이라고도 하며, 신체(physical)·감정(sensitivity)·지성(intellectual)의 머리글자를 따서 PSI 학설이라고도 한다. 또, 통속적으로는 생물시계·체내시계라고도 한다. 1906년 독일의 W.프리즈가 환자의 기록 카드를 조사해본 결과 설사·발열·심장발작·뇌졸중

등에 규칙적인 주기가 있다는 사실을 발견하고 조사한 결과 남자와 여자는 각각 남성인자(신체 리듬 : P)와 여성인자(감정 리듬 : S)에 의해서 지배되며 남성인자에는 23일, 여성인자에는 28일의 주기가 있다는 것을 알아냈다.

또한, 기억력 등 지적인 면에도 33일을 주기(I)로 하는 주파가 있다는 것을 발견하고, 또 1928년에 신체·감정·지성의 컨디션을 탄생일로부터 간단히 산출해 내는 표를 만들어 스포츠나 의학에서 이용할 수 있는 길을 열었다. 그 후 직장에서의 능률유지·안전관리 등에도 폭넓게 이용되게 되었다.

바이오 리듬 곡선의 표시방법은 국제적으로 통일이 되어 있으며, 색이나 또는 선으로 표시하는 두 가지 방법이 사용된다. 육체적 리듬인 P는 청색, 감성적 리듬인 S는 적색, 지성적 리듬 I는 녹색으로 나타내고, P는 실선으로 ----------, S는 점선 ·········· 으로, I는 실선과 점선, --·--·-- 으로 나타내며, 위험한 날은 점·, 하트형, 클로버형 등으로 나타내게 되어 있다.

- 24시간 중 사고 발생률이 가장 심한 시간대 03~05시 사이
- 주간일과 중 오전 10시~11시 오후 15시~16시 사이

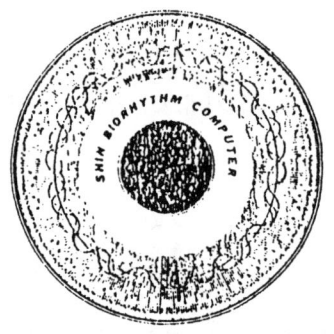

[그림] SHIN BIO RHYTHM COMPUTER

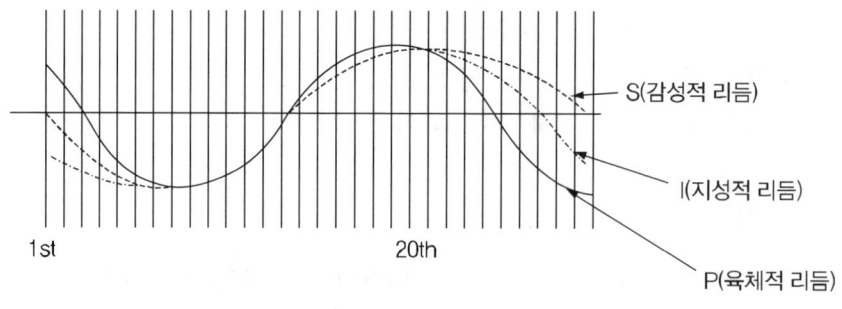

[그림] 바이오 리듬 챠트

제3장 예상문제 및 실전모의시험

문제 1

사고 다발 사업장의 유사 재해 재발 방지를 위한 기술적 착안 사항과 재해사례 연구 방법에 대하여 구체적으로 논하시오.

1 개 요

① 사고 다발 사업장의 재해는 반복 사고가 많이 발생하는데, 그 원인은 근로자의 불안전 행동과 시설이나 설비의 불안전 상태가 존재하기 때문이다.
② 사업장에서 불안전 행동과 상태를 제거하지 않으면 유사 재해는 계속 일어난다. 따라서 그동안 사업장에서 일어난 재해를 분석하여 원인을 돌출해 내고 적절한 대책을 강구하여야 한다.

2 유사 재해 재발 방지를 위한 기술적 착안 사항

① 설비 등의 안전한 설계
② 작업 과정을 분석하여 개선을 하여야 한다.
③ 작업 환경, 설비의 개선
④ 안전 점검 확립
⑤ 안전한 기준 설정을 우선 실시하여야 한다.

3 재해 사례연구 방법

1. 재해 원인 분석

① 개별 원인 분석 : 사고 사례, 사고 원인을 세밀히 분석하여 개재된 결함을 찾아내는 것으로 세밀하게 할수록 좋고 분석 결과 생각지도 못한 요인을 발견하는 이점이 있다. 개별적 원인 분석법은 특수 재해나 중대 재해의 원인 분석에 적합하다.

② 통계에 의한 원인 분석 : 사고의 경향성, 사고 요인의 분포 상태, 요인의 상호 관계 등을 주안점으로 하여 사고 원인을 찾아내는 방법이다.

2. 재해 사례 통계 작성 방법

① 작성 단계
- ㉮ 모든 사고 및 재해 보고 접수
- ㉯ 정보의 분류 및 기록
- ㉰ 정보의 분석
- ㉱ 결과 보고

② 사고 보고 양식
- ㉮ 6하 원칙에 의함
- ㉯ 재해의 형태
- ㉰ 기인물, 가해물
- ㉱ 불안전 행위, 상태
- ㉲ 사고 피해

③ 재해 통계
- ㉮ 도표에 의한 원인 요소 추구 방법
- ㉯ 특성 요인도 : 어골 형식임
    재해 분석 방법은 여러 가지가 있지만 일반적으로 FTA법이 많이 사용되고 있다.
- ㉰ 재해율 산출

3. 재해 손실의 정량적 분석 방법으로 재해율 산정 방식

① 연천인율

$$\frac{연간재해자수}{연평균근로자수} \times 1000$$

- 1년간 평균 근로자 1,000명당 재해 발생자수를 나타내는 통계

② 도수율

$$\frac{재해건수}{연근로시간수} \times 10^6$$

- 100만 시간 작업 중 요양재해 발생 건수를 나타내는 통계

③ 강도율

$$\frac{총요양근로손실일수}{연근로시간수} \times 1000$$

- 연근로 시간 1,000시간당 발생한 재해의 근로 손실일수를 산정하여 재해의 강도를 나타내는 통계

④ 종합 재해 지수(FSI)

$$\sqrt{빈도율(FR) \times 강도율(SR)}$$

- 해당 기업의 위험도를 비교할 때 사용함.

⑤ safety T score

$$\frac{도수율(현재) - 도수율(과거)}{\sqrt{\dfrac{도수율(과거)}{근로총시간수(현재)} \times 1,000,000}}$$

- 과거와 현재 안전 성적을 비교 분석하는 방법

4. 재해 통계 분석 이용

재해를 분석하여 이를 반드시 손실액으로 산출하여 경영진에게 보고하여야 한다. 재해 손실 산출 방식은 하인리히(1 : 4) 방법이나 시몬스 방법이 있지만 현장 현실에 맞는 것은 시몬스 방법이고 하인리히 방법은 비교적 산출이 간단하다.

4 결 론

① 재해가 다발하는 사업장은 먼저 원인을 철저히 분석하고 현상을 파악한 후 예방 대책을 단계적으로 수립하여 기술적, 교육적, 관리적 원인을 분석하여 대책을 세우면 재해는 급격히 감소할 것이다.
② 재해 사례의 철저한 조사로 동종 및 유사 재해 방지에 적극 노력하는 자세가 필요하다.

문제 2

안전보건 교육의 필요성과 안전보건 지도 방법, 안전보건 교육이 근로자에 미치는 영향에 대해서 써라.

1 서 론

사업주는 해당 사업장의 근로자에 대하여 고용노동부령이 정하는 바에 의하여 정기적으로 안전보건 교육에 관한 교육을 실시하여야 하며 근로자를 채용할 때와 작업 내용을 변경할 때 유해 또는 위험한 작업을 할 때와 근로자를 임시적으로 근로시에도 안전보건교육을 실시하여야 한다.

2 본 론

1. 안전보건 교육의 필요성

① 물(物)과 사람과의 비정상적인 접촉이 무엇인가를 작업자에게 알림.
② 안전은 경험을 활용하며 실험은 물체에 대해서만 가능하다.
③ 생산 공정과 작업 방법의 변화에 대한 새로운 안전 대책 강구
④ 반복 교육 훈련하여 이해, 납득, 습득, 수행 실시

2. 훈련의 목적

① 사고 방지 및 근로자 보호
② 직·간접적, 경제적 손실 방지
③ 지식, 기능, 태도 향상 및 생산 작업 방법 개선
④ 작업에 대한 안도감 고취, 기업에 대한 신뢰감 고취
⑤ 생산성 품질 향상

3. 안전보건 지도 방법

① 교육 지도 8원칙
  ㉠ 구체적 사실을 증명
  ㉡ 기능적 이해
  ㉢ 확실히 기억에 남도록 교육
  ㉣ 능력에 맞게
  ㉤ 근로자에게 동기 부여
  ㉥ 쉬운 것부터 어려운 것으로
  ㉦ 시청각 교육을 실시, 흥미있게
  ㉧ 항상 피교육자의 입장에 서서 교육

4. 안전 교육의 형태

① Off J T(Off Job Training) : 회사외의 장소에서 전문가를 강사로 하여 체계적이고 조직적인 합숙 훈련 실시. 일체성 기대되나 구체성 등이 부족하다.
② OJT(On the Job Training) : 직속 상사가 작업 표준을 가지고 개별 교육이나 지도를

하는 경우 구체적인 장점이 있으나 임기 응변적인 단점이 있다.
③ **교육 지원 활동** : 개인 또는 단체의 자주성에 기반을 둔 것이며 통신 교육 강습회, 비용 부담, 외부 강사 초청 지원

5. 안전보건 교육 계획

① 교육 순서
② 교육 필요점 파악
③ 교육 계획의 내용
  ㉮ 교육 훈련의 명칭, 목적　　㉯ 교육 시기 및 기간
  ㉰ 장소　　　　　　　　　　　㉱ 교육 대상
  ㉲ 교과목　　　　　　　　　　㉳ 교육자
  ㉴ 교재　　　　　　　　　　　㉵ 교육 방법
  ㉶ 교육 효과의 평가

6. 교육 방법의 4단계(진행)

① 제1단계(도입) : 준비
  인간의 기본 욕구를 활용하여 관심 고조 유도, 안전의 욕구, 객관적 인정의 욕구, 반응의 욕구, 경험의 욕구
② 제2단계(제시) : 설명
  능력별 교육, 기능의 습득, 교육 순서 결정, 논리적 체계의 전달 반복, 구분 교육, 활용 가능화 유도
③ 제3단계(적용) : 응용
  구체적 문제의 응용, 질문 유도 및 사례 연구, 교육자 견해 및 개인 견해 피력, 교육 내용 복습 정리
④ 제4단계(확인) : 정리
  교육 이해도 확인, 시험 또는 과제 부과, 결과 보강, 교수 방법 개선 검토

7. 안전보건 교육이 근로자에게 미치는 영향

① 안전보건 교육은 근로자가 상해를 입지 않을 뿐 아니라 상해를 입을 수 있는 위험 요소가 없는 상태를 유지하여 근로자의 복지 및 기업의 생산성을 최대한으로 하는 데 있다.

② 산업 재해의 직접적인 피해자는 본인과 그의 가족이다.
③ 산업 재해는 그 가족에게 최대 경제적 손실뿐만 아니라 정신적 손실까지 준다.
④ 산업 재해가 발생하면 불안으로 인한 작업 능률 감소
⑤ 상사에 대한 불신감 및 인간 관계가 나빠진다.
⑥ 기업에 대한 유형, 무형의 손실을 주며 이는 곧 근로자의 손실이다.
⑦ 재해로 인한 정신적 손실이 크다.
⑧ 사회에 미치는 영향 또한 크다.
  ㉮ 국민 세금 부담 증가
  ㉯ 국민 생활 부담
  ㉰ 일상 생활 지장
  ㉱ 국민에게 정신적 부담을 준다.

3 결론

안전보건 교육은 사고 방지 및 근로자 보호가 최우선이며 직·간접적인 경제적 손실을 방지하며 생산 작업 방법 등을 개선하여 작업에 대한 안도감 고취 및 기업에 대한 신뢰감과 생산성 품질 향상을 도모하는 데 있다.

문제 3

안전보건 교육의 교육 수단 및 추진 방법에 대해 기술하시오.

1 서론

안전보건교육은 모든 사고를 예방하는 능력을 기르는 데 있다. 또한 사고 예방이 불가능한 경우 피해를 최소화하는 방안이 필요하다. 이러한 방안 중에 교육 수단 및 교육 추진 방법, 교육 추진 순서 등이 큰 역할을 차지하고 있으며 안전보건 교육의 목적은
① 근로자를 산업 재해로부터 보호
② 재해의 발생으로 인한 직·간접적 경제적 손실 예방
③ 작업 방법의 개선 및 향상을 목표
④ 근로자에게 작업에 대한 안도감

⑤ 경영자에 대한 신뢰성 확보 및 생산성 및 품질 향상에 기여하게 되는 것

2 본 론

1. 교육 수단

① 게시판
  ㉮ 자료는 항상 최근 것으로 유지
  ㉯ 포스터, 표어는 시기에 맞도록
  ㉰ 모든 종사원이 잘 볼 수 있는 위치에 게시
② 발간물
  ㉮ 뉴스의 가치가 있는 최신 것
  ㉯ 흥미, 내용과 시기 적절
  ㉰ 유머스러운 것
③ 경진 대회 : 대회에 참여하는 다수인의 참석
④ 포스터·표어 : 내용이 단순하고 내용이 명확한 것
⑤ 집단 교육
⑥ 현장 안전 교육

2. 추진 방법

① 관리
  ㉮ 작업 기계 및 장비 개선
  ㉯ 작업 환경 개선, 적절한 교육
  ㉰ 유능한 감독, 보호구 제공
② 감독
  ㉮ 적절한 제시, 안전 절차 시범
  ㉯ 작업 확인
③ 교육 훈련 : 안전 지식, 작업 방법, 정기 교육
④ 동기 부여
  ㉮ 보호구 사용법, 재해 손실 제시
  ㉯ 자부심 경쟁심 제고, 사회 가족에 대한 책임 의식 고취

3. 교육 추진 순서

① 교육의 필요점을 발견한다.
② 교육 대상, 교육 방법, 교육 내용을 결정한다.
③ 교육을 준비한다.   ④ 교육을 실시한다.
⑤ 교육의 성과 평가

4. 교육 지도의 8원칙

① 기능적 이해가 쉽도록 한다.   ② 기억하기 쉽게 한다.
③ 능력에 맞게 한다.   ④ 피교육자 입장
⑤ 쉬운 것부터 한다.   ⑥ 시청각 교육
⑦ 동기 부여   ⑧ 구체적 사실

5. 산업안전보건법상 안전보건 교육

교육과정	교육대상		교육시간
가. 정기교육	사무직 종사 근로자		매분기 3시간 이상
	사무직 종사 근로자 외의 근로자	판매업무에 직접 종사하는 근로자	매분기 3시간 이상
		판매업무에 직접 종사하는 근로자 외의 근로자	매분기 6시간 이상
	관리감독자의 지위에 있는 사람		연간 16시간 이상
나. 채용시의 교육	일용근로자		1시간 이상
	일용근로자를 제외한 근로자		8시간 이상
다. 작업내용 변경시의 교육	일용근로자		1시간 이상
	일용근로자를 제외한 근로자		2시간 이상
라. 특별교육	별표 5 제1호라목 각 호(제40호는 제외한다)의 어느 하나에 해당하는 작업에 종사하는 일용근로자		2시간 이상
	별표 5 제1호라목제40호의 타워크레인 신호작업에 종사하는 일용근로자		8시간 이상
	별표 5 제1호라목 각 호의 어느 하나에 해당하는 작업에 종사하는 일용근로자를 제외한 근로자		• 16시간 이상(최초 작업에 종사하기 전 4시간 이상 실시하고 12시간은 3개월 이내에서 분할하여 실시가능) • 단기간 작업 또는 간헐적 작업인 경우에는 2시간 이상
마. 건설업 기초 안전보건 교육	건설 일용근로자		4시간 이상

3 결론

산업현장의 안전보건 교육은 건축, 기계, 전기, 토목, 제조 등 각 분야의 상호 관계를 이해하는 안전 대책이 필요하며 재해 예방 기술이 복잡하고 복합적인 성격을 갖고 있더라도 이를 단순화시켜 교육을 시키는 것이 중요하며 이는 안전·보건 교육 수단 및 추진 방법, 추진 순서 등에 입각하여 안전성을 확보하도록 노력하여야 하고 교육 내용의 구체화, 교육 대상에 상응하는 교재 준비, 지속적이고 반복적인 습관화될때까지 안전·보건 교육을 실시, 안전 의식 고취 및 안전 수칙을 준수토록 하여야만 교육 목적이 달성된다.

문제 4

산업(건설) 현장에서 무사고자의 성격적 특성 차이에 대하여 논하라.

1 서 론

산업(건설) 재해는 사업장에서 다양한 건설 기계와 여러 직종의 근로자가 혼재하여 공사의 변화에 따라 수시 이동하면서 작업하는 작업성과 가설물의 조립, 해체, 중량물의 취급 운반 등의 위험성과 상하 작업이 동시에 수행되며 타공정과의 상하, 횡적인 협조체제의 미흡과 건설 근로자가 대부분 유동적이며 일용 근로자로서 체계적인 안전관리의 어려움과 근로자의 안전의식 부족 등이 건설 재해가 다발하고 있는 건설업의 특성에 따른 문제이다.

위험한 직무에 종사하는 근로자 중 항상 불안전한 요인을 감수하면서 근로자 자신의 순간적 착각, 실수, 판단, 착오 등에 의해 사고를 일으키는 사람이 있고, 또는 같은 조건에서도 무사고를 기록하여 표창을 받는 근로자가 있다.

이와 같은 근로자의 특성을 파악하여 관리적 조치로서 근로자의 작업 배치에 활용하면 불안전 행동을 제거하는 데 효과적이다.

2 무사고자와 사고자의 특성

사고의 발생 경향은 근로자 자신이 갖고 있는 개인차, 지능, 성격과 태도, 특수기능 등에 의해 차이가 있다.

1. 무사고자의 특성

① 몸과 마음이 건강하고, 개인적인 욕구에 절제가 있고, 타인의 잘못에 관용하며 친절하고 책임감이 강하다.
② 본질적으로 온건하며 자신의 감정을 적당히 통제할 수 있다.
③ 상황 판단이 명확하며 판단된 상황을 적극적으로 추진한다.
④ 모든 일에 의욕과 집념이 강하고, 새로운 내용에 호기심을 갖고 빨리 익숙하며 사고의 원인과 대책을 스스로 연구하여, 같은 내용의 실수나 사고를 반복하지 않도록 노력한다.
⑤ 어려운 처지를 당하여도 실망하지 않고 일을 슬기롭게 극복한다.
⑥ 자신의 개성 특히 능력의 한계와 단점을 잘 파악하고 극복하기 위하여 노력하며, 자신의 자질을 효과적으로 활용한다.
⑦ 약간 내성적이고 수줍어하며 겸손하다.
⑧ 자신을 과시하지 않으면서 상급자의 지도에 잘 순응하고 법규와 규정을 잘 지키며 개인의 이익보다 근로자 전체의 이익을 우선한다.

2. 사고를 자주 일으키는 사람의 특성

① 지능이 낮고 주의력이 산만하여 정신 집중이 부족하다.
② 주위 사람과 접촉하기를 꺼려하며 성격이 괴팍하고 성급하다.
③ 그릇된 인생관과 가치관을 갖고, 무모한 생각을 한다.
④ 자제력이 부족하여 충동적이고 공격적이며 본능적 욕구를 추구한다.
⑤ 심한 좌절감에 빠져 모든 일에 불만이 많으며 피해 망상 때문에 나쁜 뜻과 원한을 가지고 있다.
⑥ 자기의 행위는 언제나 정당한 것으로 주장하면서 책임을 회피하며 변명의 구실을 찾고 객관적으로 보아 대수롭지 않은 것을 가지고 큰일이나 되는 것처럼 안절부절 조바심을 한다.
⑦ 남이 자기를 어떻게 평가할 것인가에 대하여 지나치게 신경을 쓰며, 다른 사람의 조그마한 과오도 혹독하게 비판한다.
⑧ 겁이 많아 항상 긴장되어 있고 모든 일에 근심, 걱정을 하며 불안해한다.
⑨ 항상 남의 눈치만 보며, 무기력하게 보인다.
⑩ 자신의 능력한계를 잘 모르며, 사고는 운명의 장난이라고 생각한다.
⑪ 술과 중독성이 있는 약물을 자주 복용한다.
⑫ 무모하고 격렬하며 남의 관심을 끌기 위하여 엉뚱한 짓을 하며 통찰력이 부족하다.

3 결 론

① 사고를 잘 내는 성격을 가진 사람에 대한 대책은 직무에 배치하기 전에 적성 검사를 실시하여 개인의 결함을 확인하여 적절한 작업에 배치하는데 활용한다.
② 후천적으로 교육 훈련 방법이나 지도 방법의 미숙으로 형성된 습관이나 적절하지 못한 태도에 의해 사고가 되풀이되는 사고 빈발자에 대해서는 계획적인 재훈련과 적절한 지도에 의해 교정하면 안전 작업과 능률의 향상을 기대할 수 있다.

문제 5

바이오 리듬이 산업안전에 미치는 영향을 기술하시오.

1 개 요

Bio rhythm은 Biological rhythm의 준말로서 생체 리듬이라 한다. 오늘날의 바이오 리듬은 1920년대 오스트리아의 밀처 박사에 의해 지성리듬이 발견됨으로써 인간에게 28, 23, 33일의 3가지 생체 주기가 있다는 것이 밝혀져 인간 관리에 응용되고 있으며 최근에는 산업 재해 예방에도 이를 활용하여 재해 예방에 기여하고 있다.

2 바이오 리듬의 종류와 내용

1. 육체적 리듬(P : Physical cycle)

① 23일 주기로 반복
② 11.5일은 활동기, 나머지 11.5일은 휴식기
③ 활동력, 지구력, 스태미너에 밀접

2. 지성적 리듬(I : Intellectual cycle)

① 33일 주기 16.5일은 지적 사고 활동기, 나머지 16.5일은 둔화 기간
② 상담, 사고, 기억, 의지, 판단력

3. 감성적 리듬(S : Sensitivity cycle)

① 28일 주기 반복
② 14일 둔화기간, 14일 정서, 창조감, 예감, 감정 기간

3 바이오 리듬의 적용

1. P.S.I. 3개의 서로 다른 리듬은 고조기와 저조기를 반복하면서 sin 곡선을 그려나가는데 (+)리듬에서 (−)리듬으로 또는 (−)리듬에서 (+)리듬으로 변화하는 점을 위험일이라 한다.

2. 위험일은 매월 6일 정도 일어난다.

3. 특히 1년에 1~3회 정도 생기는 P.S.I.리듬의 위험일이 함께 겹치는 날에는 많은 실수가 생기고 사고 발생이 확률이 높아서 특히 조심해야 한다.

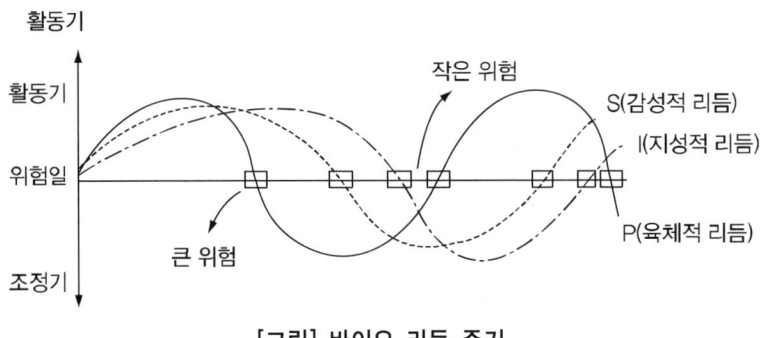

[그림] 바이오 리듬 주기

4 결 론

① 생체 리듬이 사고 발생과 어느 정도 밀접한 관련성을 가지고 있는지에는 아직도 이론의 여지가 있다.
② 그러나 현재 바이오 리듬은 건강 관리, 능력 개발, 환자 간호, 사고 방지에 널리 활용되고 있으며
③ 특히 건물 산업현장에서 위험일에 휴무를 한다든지, 안전모, 작업복에 표지를 붙여 생체 리듬상 위험일을 타인에게 알려주어 환기시키는 방법으로 사용되고 있으며
④ 따라서 새로운 시스템을 도입하는 실험 정신으로 바이오 리듬의 적용 등 많은 활용이 있어야 하겠다.

문제 6

피로의 종류 및 원인과 예방 대책을 기술하시오.

1 서 론

① 피로란 육체적 정신적인 노동에 의해 근무 능률이 저하되는 현상을 의미한다.
② 착오의 증가, 흥미의 상실, 권태 등에 의한 심리적 불쾌감을 일으키는 현상이다.

2 피로(Fatigue)의 종류

1. 정신 피로

① 정신적 긴장에 의해서 일어나는 중추 신경계의 피로 현상

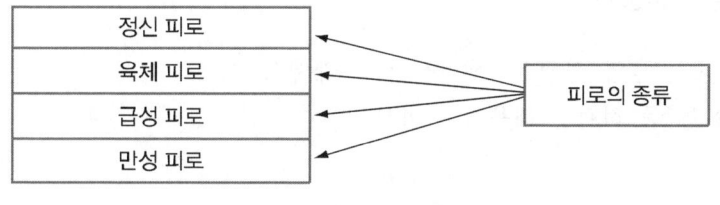

[그림] 피로의 종류

2. 육체(신체) 피로

① 육체적 운동량의 증가에 의해 일어나는 피로
② 근육의 긴장 이완에 의해 일어나는 피로 현상

3. 급성(정상)

① 스트레스 등 일시적인 현상에 의해 발생되는 피로
② 보통 휴식에 의하여 회복되는 피로

4. 만성(축적) 피로

오랜 기간에 걸쳐 축적되어 일어나는 피로로서 휴식에 의해서 회복되지 않는 피로

3 피로의 원인

1. 신체의 활동에 의한 피로

육체적 운동량의 증가로 인한 피로 발생 현상

2. 정신적 노력에 의한 피로

① 정신적 스트레스에 기인한 피로
② 고민, 생각, 잡념 등 정신적 원인

3. 환경에 관련된 피로

가정에서의 부적절한 위생 환경 등

4. 영양 및 배설의 불충분

① 식사 후 또는 영양 섭취 후 생리적 관습 배제시
② 필요한 운동 등 적절한 대응적 미비시

5. 질병에 의한 피로

건강 장해에 의한 보건 위생상의 결함

6. 기후에 의한 피로

온도, 습도 조절 미흡 등 기후에 기인한 피로

7. 신체적 긴장에 의한 피로

운동 또는 휴식 부족에 의한 신체에 긴장 발생

8. 단조감, 권태감에 의한 피로

일의 가치를 잊거나 작업의 단순한 진행

단조감, 권태감
신체의 긴장
기후에 기인
질병에 의한 피로
영양 및 배설 불충분
환경에 관련된 피로
정신적 노력에 의한 피로
신체의 활동에 의한 피로

[그림] 피로감의 분류

4 피로의 예방 대책

① 작업 부하를 작게 한다.
  운동량을 최소로 줄여 피로 방지
② 작업 속도를 알맞게 한다.
  과속 즉 무리한 속도 및 동작을 피한다.
③ 노동량을 작업 능력에 맞게 한다.
④ 노동 시간과 휴식을 알맞게 한다.
⑤ 수면을 충분히 한다.
  1일 8시간 정도의 휴식 및 수면 유지
⑥ 입욕, 마사지 등 가벼운 체조 필요
⑦ 비타민 B, C 등 적절한 영양제 공급
⑧ 소요 칼로리 이상의 풍부한 영양 섭취
⑨ 작업 이외의 시간을 적절히 활용한다.

5 결론

① 피로의 발생 원인은 작업 환경, 방법, 기후, 영양 등 여러 가지
② 기업에서는 쾌적한 작업 환경을 조성하고 근로 시간 외의 시간은 피로가 누적되지 않게 해야 한다.
③ 근로자는 작업 강도에 의한 피로의 누적 현상을 고려, 적절한 피로에 대한 대응조치가 필요하다.

문제 7

피로와 휴식의 연관성에 대해 기술하시오.

1 개 요

피로는 주로 주관적인 느낌, 객관적으로 예측할 수 없는 여러 가지 현상, 일의 내용의 변화 등을 종합해서 추상화된 하나의 약속된 개념이며 주관적·객관적으로 일의 능률이 떨어진다.

2 작업의 강도

1. 피로 요인

① 에너지 손실
② 작업 속도
③ 위험성 정도
④ 작업 대상 종류
⑤ 정밀도
⑥ 대인 관계
⑦ 변화 복잡성
⑧ 작업 자세
⑨ 작업 범위

2. 인간의 순수 기초대사

성인 : 1500~1600[kcal/day]

3. 작업 강도의 구분

① 경작업 : 0~2RMR
② 중작업 : 2~4RMR
③ 중(重) 작업 : 4~7RMR
④ 초중작업 : 7RMR 이상

3 피로의 종류 및 원인

1. 피로의 현상

① 피로감(주관적 피로)
② 생산, 작업 성격의 양적 질적 저하(객관적 피로)
③ 작업 능력 또는 생리적 기능의 저하(생리적 피로)

2. 피로의 종류

① **주관적 피로**
  ㉮ 개인의 주관적 자각에 의해 판단
  ㉯ 권태감이나 단조감 또는 포화감이 따르며 의지적 노력이 없어지고 주의가 산만해지고 불안과 초조감이 쌓여 극단적으로 직무포기
② **객관적 피로**
  ㉮ 생산된 것의 양과 질의 저하를 기준
  ㉯ 피로에 의해 작업리듬이 깨지고 주의가 산만해지며, 작업수행의 의욕과 힘이 떨어짐으로 생산성적이 떨어진다.
③ **생리적(기능적) 피로**
  ㉮ 생체의 제기능 또는 물질의 변화를 검사에 의해 판단
  ㉯ 현재 피로 검사법은 대부분 생리적 기능적 피로를 취급하지만, 피로란 특정한 실체가 없기 때문에 피로에 특유한 반응이나 증상도 없다.

3. 피로의 원인

① **개체 조건** : 체력, 숙련도, 경험년수, 연령, 성별, 성적 기질, 질병
② **작업 조건**
  ㉮ **질적 조건** : 육체적 부담이 큰 작업, 신경 감각적 부담이 큰 작업, 정신적 심적 부담이 큰 작업, 작업 방식, 기계 설비, 작업 규제 강제도, 규칙성, 반복성, 단조성, 위험성, 심적 관여도, 작업 의욕
  ㉯ **양적 조건** : 작업 부담, 작업 속도, 근무 시간, 연속 작업 시간, 심야 작업 교대제
③ **작업 환경** : 온도, 습도, 조도, 소음, 진동, 공기오염, 유독가스
④ **생활 조건** : 수면, 식사, 자유시간, 레크레이션

⑤ 사회적 조건 : 통근 소요시간, 통근 방법, 주택 환경과 가족수, 직장에서의 대인관계, 가족 내에서의 인간 관계, 부부간의 화합, 임금과 생활 수준

4 피로 판정 방법

1. 자각적 방법

① 자각적 증상 조사표에 의해 피로의 정도 판정
② 자각적 증상 조사표
   ㉮ 신체적 증상 : 10개 항목
   ㉯ 정신적 증상 : 10개 항목
   ㉰ 신경 감각적 항목 : 10개 항목

2. 타각적 방법

① 플리커법(Flicker Test)
   ㉮ 타각적 방법으로 가장 널리 이용
   ㉯ 객관성 결여, 주관적 기능 유지
② 연속 색명 호칭법(Color Naming Test) : 정신 활동을 계속해서 하는 것이 일시적으로 저해되는 현상(Blocking : 저지현상)을 이용한 검사

5 에너지 소비량 산출

1. 에너지 소비량은 일정 시간 내 작업시에 소모된 산소량을 측정하여 에너지로 환산하여 산정

2. RMR(Relative Metabolic Rate : 에너지 대사율)

① 기초 대사량에 대한 노동 대사량의 비율
② RMR=(노동 대사량)÷(기초 대사량)=(작업시 소비 에너지−안정시 소비 에너지)÷(기초 대사량)
③ 기초 대사량은 체표면적에 의거, 시간을 고려하여 산정
$A = H^{0.725} \times W^{0.425} \times 72.46$ (A : 몸의 표면적 cm^2, H : 신장 cm, W : 체중 kg)

3. RMR에 의한 작업 강도

① 0~2RMR : 경(輕)작업
② 2~4RMR : 중(中)작업
③ 4~7RMR : 중(重)작업
④ 7RMR : 초중 작업

6 피로 방지 및 회복법

1. 허세이(Hersey R.B.)의 피로 방지법

① 신체 활동에 의한 피로
  ㉮ 목적 외 활동배제
  ㉯ 기계력의 사용
  ㉰ 작업 교대
  ㉱ 작업 중의 휴식
② 정신적 노력에 의한 피로
  ㉮ 휴식
  ㉯ 양성 훈련
③ 신체적 긴장에 의한 피로
  ㉮ 운동
  ㉯ 휴식
④ 정신적 긴장에 의한 피로
  ㉮ 주도 면밀한 작업 계획 수립
  ㉯ 불필요한 마찰 배제
⑤ 환경과의 관계에 의한 피로
  ㉮ 작업장에서의 부적절한 제관계 배제
  ㉯ 가정 생활의 위생 교육
⑥ 영양 및 배설의 불충분
  ㉮ 조식, 중식, 종업시 등의 습관 감시
  ㉯ 보건 식량의 준비
  ㉰ 신체 위생에 관한 교육

㉔ 운동의 필요성에 관한 계몽
　⑦ **질병에 의한 피로**
　　　㉮ 신속 유효한 치료
　　　㉯ 유해한 작업 조건의 개선
　　　㉰ 적절한 예방법 교육
　⑧ **천후에 의한 피로** : 온도, 습도, 통풍의 조절
　⑨ **단조감, 권태감에 의한 피로**
　　　㉮ 일의 가치에 대한 교육
　　　㉯ 휴식
　　　㉰ 동작의 교대에 관한 교육

2. 휴식

① 장시간 작업으로 인하여 작업 능률이 저하되고 부주의로 인하여 사고를 유발시키는 등 피로에 의한 결과는 치명적
② 휴식 시간
　㉮ 작업장에서 적당한 간격으로 작업자의 피로를 풀어주는 것이 생산성 향상 및 안전성의 측면에서 중요
　㉯ 휴식 시간$(R) = \dfrac{60(E-4)}{E-1.5}$
　　　• R : 휴식 시간(분)
　　　• E : 작업에 소요되는 에너지[kcal/분]

7 결론

1. 적절한 휴식과 휴양은 근로자를 안전 사고로부터 방지할 수 있고 사기 진작을 통한 건전한 분위기를 창출할 수 있다.
2. 사고의 근원은 안전의식이 없거나 극도로 피로한 상태로, 적절한 휴식은 필연적이라고 하겠다.
3. 적절한 휴식은 피로방지는 물론 안전사고 예방이 가능하다.

문제 8

재해 예방의 4원칙에 대해 기술하시오.

1 서 론

1. 산업 재해는 직접 원인인 불안전한 행동과 불안전한 상태와 간접 원인인 기술적·교육적·관리적 원인에 의하여 발생되며 재해의 근원은 간접 원인에 의해 직접 원인이 생겨나고, 가해 물건을 통하여 안전 사고가 발생된다.
2. 산업 재해는 교육·기술·관리적 대책 및 재해 예방 원칙에 의하여 최소화할 수 있다.

2 본 론

1. 재해 예방의 4원칙

① **예방 가능의 원칙** : 인적 재해의 특성은 천재와는 달리 그 발생을 미연에 방지할 수 있는 것이다.
  안전 관리에 있어서 재해 예방에 그 목적을 두고 있는 것은 예방 가능의 원칙에 기초를 두고 있는 것이다. 그러므로 체계적이고 과학적인 예방 대책이 요구된다. 모든 재해를 예방하는 것은 어려운 일이다. 이를 위해서는 물적·인적인 면에 대하여 그 원인의 징후를 발견하여 재해 발생을 최소화해야 한다.

② **손실 우연의 법칙** : 인적 재해에 대해서는 Heinrich의 법칙이 있다.
  동종의 사고가 되풀이 되었을 경우 상해가 없는 경우 300회, 경상의 경우 29회, 중상의 경우가 1회의 비율로 발생된다.
  이를 1 : 29 : 300의 하인리히 법칙이라고 한다.
  이 법칙은 사고와 상해 정도 사이에 항상 우연적인 확률이 존재한다는 이론이다. 따라서 사고와 상해 정도(손실)에는 "한 사고의 결과로써 생긴 손실의 대소 또는 손실의 종류는 우연에 의하여 정해진다"는 관계가 있다. 사고가 발생하더라도 손실이 전혀 따르지 않는 경우를 Near accident라고 하며, 손실을 면한 사고라도 재발한 경우 얼마만큼의 큰 손실이 생기는가는 우연에 의해 정해지므로 예측할 수는 없다.
  그러므로 이 큰 손실을 막기 위해서는 사고의 재발을 예방하는 방법밖에는 없다. 재해 예방에 있어 근본적으로 중요한 것은 손실의 유무에 불구하고 사고의 발생을 미연에 방지하는 것이다.
③ 원인 계기의 원칙 : 사고 발생과 원인의 관계는 반드시 필연적인 인과 관계가 있다. 손실과 사고와의 관계는 우연적이지만, 사고와 원인과의 관계는 필연적이다. 일반적으로 사고 발생의 직접 원인은 인적, 물적 원인으로 구분되며 간접 원인은 기술적, 교육적, 관리적, 신체적, 정신적, 학교 교육적 원인 및 역사적 사회적 원인으로 구분하고 있다.
④ 대책 선정의 원칙 : 안전 사고에 대한 예방책으로는 기술적(Engineering), 교육적(Education), 관리적(Enforcement)의 3E 대책이 중요하다. 안전 사고의 예방은 3E를 모두 활용함으로써 효과를 얻을 수 있으며 합리적인 관리가 가능한 것이다.
재해 예방 대책을 선정할 때에는 정확한 원인 분석 결과에 의해 직접 원인을 유발시키는 배후의 간접 원인에 대한 시정 대책을 선정, 가능한 확실하게 신속히 실시하여야 한다.

3 결 론

경영자 및 안전 관리자는 재해 예방의 4원칙을 근거로 하여 다음과 같은 재해 예방의 기본적 자세로 안전 관리 활동에 임하여야 할 것이다.
① 사고는 우연의 법칙에 의하여 반복적으로 발생할 수 있다.
② 재해는 우연적 손실의 반복보다는 사고 발생의 예방이다.
③ 재해는 원칙적으로 모두 예방이 가능하다. 이를 위한 과학적이고 체계적인 관리가 중요하다.
④ 모든 재해는 필연적 원인에 의해 발생한다.
⑤ 조속한 예방대책이 실시되어야 한다.
⑥ 재해 예방을 위한 적절한 대책 및 3E 및 4M에 대한 시정책으로 재해를 최소화할 수 있다.

문제 9

안전보건 관리 규정에 대하여 논하라.

1 서 론

안전보건 관리 규정은 각각의 사업장에서 안전보건 관리에 대한 기본적인 사항을 규정한 것으로 그 내용에는 조직의 직무, 안전·보건 교육, 작업장 관리, 사고 조사와 대책 수립 등이 포함되며 최고 경영자의 준수 및 관심 철저, 관리 감독자, 안전 관리자 및 근로자가 사내의 규범으로서 준수하는 분위기 조성이 필요하다. 안전·보건 관리 규정은 사업장의 안전·보건 관리에 대한 기본적인 규정이라는 성격이 있기 때문에 이 관리 규정을 점검하여 각종의 규정, 기준, 수칙 등이 제정되는 것이 통례이다.

2 본 론

1. 안전보건 관리 규정의 필요성

안전 제일을 기업 경영의 목표로 삼는 기업이 많다. 이는 안전 사고시 기업의 경제적 손실은 물론 기업의 이미지 손상에도 크게 영향을 미치므로 이에 대한 안전을 제일로 하는 것은 기업의 당연한 필요성이라고 할 수 있다.

2. 안전보건 관리 규정의 내용

안전보건 관리 규정의 내용은 기업의 재해 예방을 위한 안전보건 관리 활동을 조직적으로 추진시킬 목적으로 작성되어야 한다.
① 안전보건 관리 조직과 직무에 관한 사항
② 안전보건 교육에 관한 사항
③ 작업장 안전 관리와 보건 관리에 관한 사항
④ 사고 조사와 대책 수립에 관한 사항
⑤ 안전보건 관리 규정에 의한 안전 관리자와 관리 감독자의 직무와 회사 조직상의 안전 관리자 및 관리 감독자에 대한 업무 한계의 명확성이 고려되어야 한다.

3. 규정 작성시 유의 사항

① 단순법보다는 실제 기업의 재해 예방 입장에서 작성되어야 한다.
② 단순 책임자 지정 중심이 아니라 책임자의 작업 내용을 중심으로 작성한다.
③ 생산 라인의 안전보건 관리 활동을 달성하게 하는 목적에 중점을 두어 작성하여야 한다.
④ 안전보건 관리 규정은 안전보건 관리에 대한 사내의 규범이므로 안전보건 관리 활동은 안전보건 관리 규정을 축으로 전개하여야 한다.

4. 안전보건 관리 규정 활동

① 안전보건 관리 규정 내용을 전 근로자에게 주지, 실천하도록 교육 및 이해시킨다.
② 사업자의 Top을 비롯한 총괄 감독자가 일체가 되어 협력하고 규정에 정해진 사항을 실천하는 의지와 태도를 보인다.
③ 안전보건 관리 규정은 작성하는 데만 그치지 말고 실천해 나가면서 정기적으로 분석하여 수정해야 할 점은 즉시 보완하여야 할 것이다.

3 결 론

안전보건 관리 규정은 명령이나 지휘만으로 충분한 효과를 거둘 수 있는 것이 아니며 관리 감독자의 책임과 권한의 소재를 분명히 하는 것으로 충분한 효과를 기대할 수 있는 것이 아니다. 경영주, 관리 감독자, 근로자 모두 3위 일체가 되어 재해 발생 후 후회하기보다 미리 위험 요인을 찾아내고 공동으로 사고를 일으키지 않도록 협조하는 관리 감독자의 충실한 임무 수행, 근로자의 적극적 참여 및 자발적인 참여만이 효율적인 안전보건 관리 규정에 대한 효과가 나타날 수 있음을 다시 한번 강조한다.

문제 10

안전 점검의 종류와 일반적인 안전 점검 내용, 안전 점검 기준의 구성과 안전 점검 결과에 따른 결함의 시정에 대해서 기술하시오.

1 개 요

1. 안전 점검이란 산업 현장의 제반 유해·위험사항을 사전에 조사하여 도출 해내고 그 결함을 분석하여 예방 대책을 강구함으로써 재해를 방지하고자 하는 안전 관리 활동의 하나이다.

2. 최근에는 산업안전보건법이 개정되어 사업장에 대하여 안전 진단을 의무화하는 등 건설 기술 관리법 및 시설물 관리 특별법상의 안전 의식이 매우 강화되고 있는 실정이다.

2 안전 점검의 종류

1. 정기 점검(계획 점검)

기계·기구 및 설비의 안전상 중요 부분의 무리한 작동 및 마모, 개조의 유무 등에 대하여 일정 기간마다 정기적으로 점검하는 것을 말하며, 법정 정기 검사도 여기에 속한다. 매주, 매월 해당 분야의 작업 책임자나 때에 따라서는 작업 당사자가 행하기도 하며, 법정 검사는 관계 전문가가 실시한다.

2. 일상 점검(수시 점검)

매일 작업 전·후 또는 작업 도중에도 수시로 점검하여 수시 점검이라고도 하며, 이러한 점검은 작업자뿐만 아니라, 작업 책임자 또는 직제상의 관리 감독자들도 수시로 행하는 업무 행위 중의 하나이다.
① 작업자 : 사용하는 기계·공구 및 작업장 환경 등 자신이 할 수 있는 범위에 대하여 점검을 한다.
② 관리 감독자 : 해당 작업에 대한 전체 사항을 점검하여 안전하게 작업할 수 있도록 한다.
③ 작업 종료 점검에는 정리 정돈을 포함 실시한다.

3. 특별 점검

사업장에서 기계, 시설을 신설하거나 개조할 경우에 실시하거나 폭풍, 강풍, 지진 등의 발생 후 작업 개시 전에 실시하는 점검이다. 현재 고용노동부에서는 해빙기, 홍수 대비, 동절기 대비 등 특별 점검을 실시하고 있다.

4. 안전 진단

외부의 전문가에 의뢰하여 실시하는 안전 점검의 일종으로 자체 점검에서 발견하지 못한 결함을 찾아내거나 또는 전문적인 판단이 필요할 때 실시하고, 정기적으로 실시하며, 외부 전문 기관에서 통상 실시한다. 건설 기술 관리법에 의한 공사 금액 100억 이상인 공사에 대하여 연 1회 이상 안전 진단을 의무화하고 있다.

3 안전 점검의 내용과 기준

1. 관리, 조직 및 운영

① 안전 조직 및 운영 : 조직 체제, 관리 및 운영 실태(안전 협의회) 협의체, 관리감독자 선임
② 안전보건 활동 : 안전 계획, 안전 규정 등의 작성 및 추진 상황
③ 안전보건 교육 : 법정 또는 사내 제반 안전보건 교육의 계획 및 실시 상황
④ 안전 점검 제도 및 실시 사항

2. 기술적 사항

① 안전 장치 : 법규와 적합성, 성능의 유지 및 관리 사항
② 작업 환경 : 온·습도, 환기, 소음, 진동 등 일반 환경과 유해·위험 관리 상태
③ 보호구 : 종류, 수량, 관리 및 성능 확인
④ 정리 정돈 : 표준화, 기계화, 성능과 취급 관리
⑤ 운반 설비 : 표준화, 기계화, 선정과 취급 관리
⑥ 위험물 및 방화 관리 : 위험물의 표지, 분류, 저장, 소방대의 편성과 훈련, 소화기 정비 상황
⑦ 제반 안전 시설 : 추락, 낙하, 비래, 붕괴, 도괴 등의 재해 예방 대책과 시설 설치 상태

4 안전 점검의 방법

1. 육안 점검

설비 시설의 배치, 부착, 변형, 균열, 손상, 안전 장치 부착 또는 사용 및 작업 방법 등을 인간의 시각, 촉각, 청각 등에 의하여 조사하여 점검 기준에 따라 양부를 확인하는 방법

2. 기능 점검

기계·기구 및 설비의 시동 장치, 안전 장치, 차단 장치 등을 정하여진 절차에 따라 상황을 확인하여 기능의 양부를 확인하는 방법

3. 기계 및 설비에 의한 점검

점검용 기계 및 설비를 사용하여 부식, 마모, 균열, 재질 등의 상태를 측정하는 방법으로 비파괴 검사의 발달로 기계, 설비를 해체하지 않고도 결함을 발견할 수 있다.

5 안전 점검의 결과에 따른 결함의 시정

1. 실상의 파악

관리 업무와 비교할 때 어렵다는 이유는 대상의 실체가 항상 유동하고 있기 때문이다. 움직이고 있는 실체를 바르게 판단한다는 것은 상당한 노력이 필요하다.

2. 결함의 발견

변동하는 직장 환경, 작업 방법, 개인의 동작 가운데에는 불안전한 상태와 불안전한 행위라는 결함이 존재하기 마련이다. 결함을 빠짐없이 발견하여 재해와의 인과 관계를 정확하게 판단하여야 하고 현존하는 결함만이 아니라 필연적으로 발생할 위험, 즉 잠재 원인을 예측하는 것이 중요하다.

3. 대책의 결정

결함을 발견한 후 시정하기 위한 대책을 검토하고 실시에 옮기는 방안을 결정한다.
결함이 많이 발견되어 일시에 전부를 시정하는 것이 곤란한 때에는 중대한 결함 및 간단하게 시정될 수 있는 결함부터 먼저 실시하여야 한다.

4. 대책의 실시

결함을 시정하기 위한 대책이 결정되면 되도록 빨리 실시하여야 한다. 여기에서 중요한 것은 시정의 확인이다. 점검과 자신이 확인할 수 있다면 문제는 되지 않으나 그 가운데에는 확인이 곤란한 경우도 있을 수 있다. 이와 같은 경우에는 실시 책임자로부터 시정 보고서를 받는 것도 하나의 방법이다.

6 결론

안전 점검은 재해 방지를 위한 적극적인 안전 관리 활동 중의 하나로서 불안전 상태와 행동을 사전에 도출하여 시정하여 가는 데 그 효과와 의의가 있으므로 최고 경영자의 적극적 안전 점검 및 안전보건 관리 책임자, 안전 관리자, 관리 감독자의 충실한 업무 수행이 필요하다.

문제 11
안전보건 관리 조직의 3방식을 구분 설명하시오.

1 안전보건 조직

집단의 목표 달성을 위하여 각자가 부여받은 임무를 수행할 조직이 필요하다. 안전 관리에서 가장 기본적인 활동은 안전 기구의 조직이다. 안전 조직이 편성되면 조직 구성원들에게 안전 관리 직무를 분장하고 책임을 부여하며, 그것을 안전보건관리 규정으로 정하여야 한다. 그리고 규정에 의해 안전보건 관리 계획을 수립하여 집행하여야 한다. 또한 안전 조직을 구성할 때에는 다음 사항을 고려하여야 한다.
① 조직 구성원의 책임과 권한을 명확하게 할 것
② 생산 조직과 밀착된 조직이 되도록 할 것
③ 회사의 특성과 규모에 부합되게 조직되어야 한다.
④ 조직의 기능이 충분히 발휘될 수 있는 제도적 체계가 갖추어야 한다.

2 안전보건 조직의 종류 및 특징

안전보건 보건 관리 조직에는 Line형, Staff형, Line-Staff 혼형의 3가지 유형이 있는데 이것을 약술하면 다음과 같다.

1. 라인형(직계식 또는 개선식) 조직

라인형의 조직 특성을 요약하면 아래와 같다.

① 안전에 관한 명령, 지시나 개선 조치가 각 부분의 직제를 통하여 생산 업무와 함께 시행되므로, 지시나 조치가 철저할 뿐만 아니라 그 실시도 빠르다.
② 명령과 보고가 상하 관계뿐이므로 간단 명료하다.
③ 생산 Line의 각급 관리, 감독자는 일상의 생산 관계 업무에 쫓겨 안전에 대한 전문 지식이나 정보를 몸에 익힐 수가 없다는 것이 결점이다.

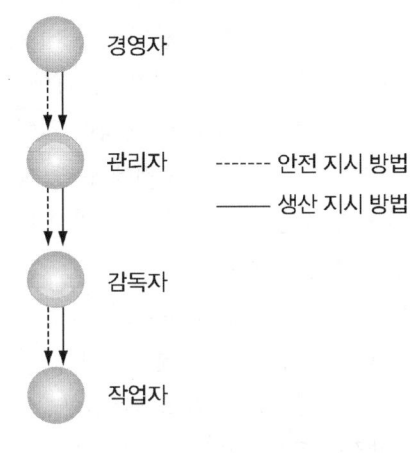

[그림] 라인형 골격

2. 스태프형(참모식) 조직

라인 조직에서 실시하는 안전 관리를 조성하기 위해, 특별히 스태프 부문을 두고 안전에 관한 계획, 조사, 검토, 권고, 보고 등을 행하는 관리 방식으로 스태프형이라 한다.
Staff형의 특성에 관하여 요약하면 다음과 같다.

① 전문 Staff의 지도에 의해서 고도의 안전 활동이 진행되게 되므로 라인에서의 관리 감독자가 안전에 미숙하더라도 이들을 육성하면서 안전에 관한 업무가 표준화되어 직장에 정착하게 된다.
② 직장에서의 작업자 입장에서 보면, 생산 및 안전에 관한 명령이 각각 별개의 두 계통에서 나온다는 결함이 생겨 직장의 질서 유지에 혼란을 가져올 우려가 있고 응급조치가 곤란해지며, 통제수단이 복잡하다.

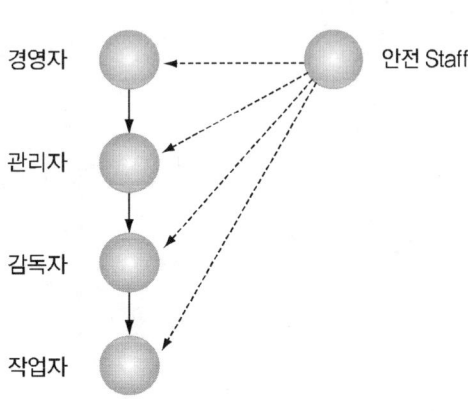

[그림] 스태프형의 골격

③ 각 분야의 직능에 대하여 이 조직에 기인하는 조직을 합리적으로 확립하고 운영하는 데에는 곤란이 많다.

3. 라인-스태프 혼형(직계, 참모식) 조직

Line-Staff 혼형은 라인형과 스태프형의 장점을 잘 절충하여 조정한 유형으로서 안전 보건 업무를 전문적으로 담당하는 Staff을 두는 한편 생산 Line의 각층에도 각 부서의 장으로 하여금 안전보건을 담당하게 함으로써 안전 보건 대책이 Staff에서 수립되면 곧 라인을 통하여 실천에 옮겨지도록 편성된 조직이다. Line-Staff 혼형에 있어서는 라인과 Staff가 협조를 이루어 나갈 수 있으며 Line에게는 생산과 안전 보건에 관한 책임과 권한이 동시에 지워지게 되므로 안전 보건 업무와 생산 업무가 균형을 유지할 수 있어 이상적인 조직이라 할 수 있다. 근로자 1,000명 이상의 대규모 사업장에 유효하다.

Line-Staff 혼형의 특징을 정리하면 다음과 같다.
① 안전 Staff는 안전 보건 관리책임자 밑에 설치되어 전문적으로 보좌한다.
② 안전 Staff는 안전에 관한 기획, 조사, 검토 및 연구를 행한다.
③ Line의 관리 감독자에게 안전에 관한 책임과 권한이 부여되나 전문 사항에 대해서는 안전 스태프의 지식이나 기술 등을 활용하면서 Line은 생산 활동에 그 힘을 집결시킬 수 있다.
④ 안전보건 Staff의 힘이 강해지면 그 권한을 넘어서 Line에게 간섭하게 되므로 Line의 권한이 약해져 그 Line은 유명무실해진다.
⑤ 안전보건 활동이 생산과 유리될 우려가 없기 때문에 운용이 적절하면 이상적 조직이라 할 수 있다.

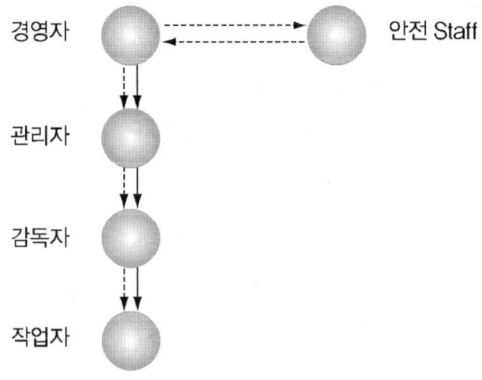

[그림] 라인 스태프형의 골격

3 결론

① 안전보건 조직은 산업 재해 예방을 위해 필요하다.
② 소규모 100명 이하는 라인형 조직, 100~1000명 정도는 스태프형 조직, 대규모 사업장은 라인-스태프 혼형이 필요하다.
③ 안전보건 조직이 회사의 규모에 적합하고 잘 조직될 때 산업 재해는 예방될 수 있다.

문제 12

건설 공사 작업 중지 및 근로자를 대피시켜야 할 사항을 기술하시오.

1 서론

건설 공사에 재해를 방지하기 위하여 생산 Line에 의한 안전 관리 조직을 확립하여 꾸준한 안전 활동을 통하여 근로자의 안전 의식을 앙양시키고 재해 발생의 요인이 되는 불안전 행동이나 불안전 상태를 제거하기 위한 3E, 즉 기술적, 교육적, 관리적 대책을 실시함으로써 재해 예방을 할 수 있다. 그러나 작업 과정에서 재해 발생의 위험이 있는 경우에 근로자의 안전 보건을 확보하기 위해서 작업 중지 근로자를 대피시킬 작업에 대해서 산업안전보건법에 규정하고 있다. 이를 위해서는 평상시 안전보건 교육 훈련을 실시하여 필요한 조치를 취할 수 있는 능력을 배양시켜 재해로부터 근로자를 보호해야 한다.

2 본론

1. 작업 중지 대상

산업안전보건법 규정에 의하면 산업 재해 발생의 급박한 위험이 있는 경우와 중대 재해가 발생하였을 때 즉시 작업을 중지하고 근로자를 대피시키는 등 안전 보건상 필요한 조치를 취하도록 규정하고 있다.
① 중대 재해 : 발생 즉시 고용노동부 지방관서에 보고 의무
　㉮ 사망자가 1명 이상 발생한 재해
　㉯ 3개월 이상 요양이 필요한 부상자가 동시에 2명 이상 발생한 재해

㈐ 부상자 또는 직업성 질병자가 동시에 10명 이상 발생한 재해
② 산업 재해 발생의 위험이 있는 작업
㉮ 악천후시(강우량 : 1[mm/hr], 강풍 : 10[mm/sec], 강설 : 1[cm/hr])
㉠ 거푸집 동바리 조립 해체 작업
㉡ 철골 공사 조립 해체 작업
㉢ 기존 구조물 해체 작업시
㉣ 흙막이 지보공 가설 해체 작업시
㉤ 양중기(crane lift) 조립 해체 작업시
㉯ 화재 폭발 사고시
㉰ 추락 낙하의 위험이 있는 경우
㉱ 토사 붕괴, 전도의 위험이 있는 경우
㉲ Tunnel 작업시 낙반, 이상 출수로 인하여 위험이 있는 경우
㉳ 잠함 공사(고기압 장해)시 산소 결핍 우려가 있든지 송기 설비, 통신 설비, 승강 설비가 고장난 경우 잠함 내부에 다량의 물이 유입되는 경우
㉴ 산소 결핍증(공기 중 산소 농도 18[%] 미만)의 우려가 있는 경우

3 결론

건설 공사는 작업 자체가 편무성 및 위험성이 높다. 유해 위험한 작업에 근로자를 투입시에는 관리 감독자를 지정하며, 기계·기구나 재료에 대하여 사전 점검하도록 하고 있다. 특히 위험성을 내포하고 사고 발생시 중대 재해로 발전될 가능성이 높은 작업을 수행하는 과정에서 위험 요소를 사전에 구체화하여 평상시 안전 보건 교육 실시 때 근로자에게 응급 조치 요령 및 대피 요령을 훈련시켜 위험에 대한 적응 능력을 길러 사고로부터 보호하여야 하겠다.

문제 13

산업 재해 예방을 위한 산업안전보건법상 관리 감독자의 역할을 쓰시오.

1 서론

1. 산업안전보건법은 사업장에서 사업주나 근로자가 산업 재해 예방을 위하여 수행하여야 할

업무 내용을 법조문 형식으로 서술한 것으로 산업안전보건법의 목적은 근로자의 안전과 보건을 유지, 증진함에 그 목적이 있다.

2. 산업 현장에서의 재해 예방은 해당 업무와 소속 직원을 직접 지휘 감독하는 작업 반장 등 관리 감독자로 그 역할이 중요하다고 하겠다.

2 본론

1. 산업안전보건법이란

① 산업안전보건법의 형성 배경 : 산업안전보건법은 산업안전보건에 관한 모든 조치 사항들이 무질서하고 주먹구구식으로 행해져서는 안 된다는 것을 법조문 형식으로 체계화시킨 것을 말한다.

② 산업안전보건법의 목적 : 산업안전보건법은 산업안전보건에 관한 기준을 확립하고 그 책임 소재를 명확하게 하여 산업 재해를 예방하고 쾌적한 작업 환경을 조성함으로써 노무를 제공하는 사람의 안전과 보건을 유지, 증진함에 있다.

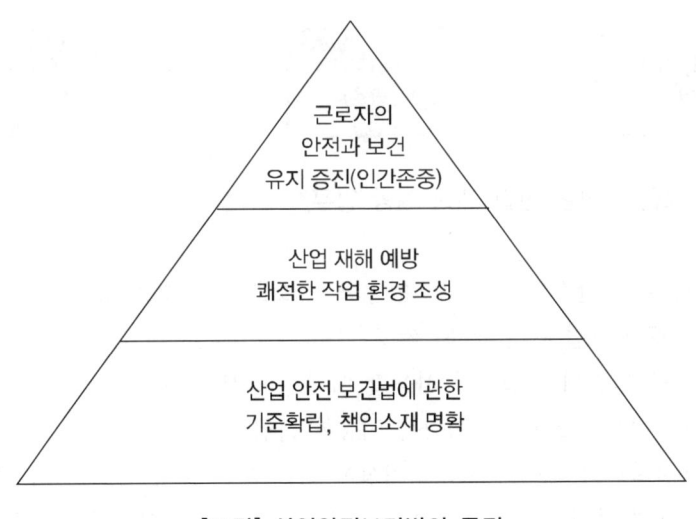

[그림] 산업안전보건법의 목적

2. 산업안전보건법상 관리 감독자의 역할

① 관리 감독자란 : 관리 감독자란 산업안전보건법상 관리 감독자, 즉 경영 조직에서 생산과 관련되는(건설 행위와 관련되는) 해당 업무와 소속 직원을 직접 지휘, 감독하는 부

서의 장이나 그 직위를 담당하는 자 중의 한 사람으로서 현장의 작업자를 감독하거나 반원의 일을 맡아보는 위치에 있는 사람을 뜻한다.
② 건설 현장 관리감독자의 공동 역할
 ㉮ 건설 작업과 관련되는 기계·기구 또는 설비의 안전 점검 및 이상 유무 확인
  ㉠ 기계적 위험, 즉 접촉적 위험, 물리적 위험, 구조적 위험 제거
  ㉡ 물적 위험, 즉 기계·기구에 존재하는 위험 제거를 통하여 부상, 사망 등 산업 재해를 예방
  ㉢ 건설 현장의 작업 중 발생되는 소음 및 진동에 대한 예방 대책을 강구하여 직업성 난청, 정신 피로, 정서 불안증, 경련증 발생 방지
 ㉯ 소속 근로자(작업자)의 작업복, 보호구 및 방호 장치의 점검
  ㉠ 물리적 위험, 작업 방법적 위험을 방호
   ⓐ 추락, 전도, 낙하, 비래시 충격 완화
   ⓑ 열, 방사선 차단을 통해 시각 장애 예방
   ⓒ 분진, 유해 가스, 유기 용제 등의 흡입을 차단하여 직업성 질병 및 피부 장애를 방지
  ㉡ 물적 위험의 방호를 통하여 확보될 수 있는 산업 재해 예방 업무

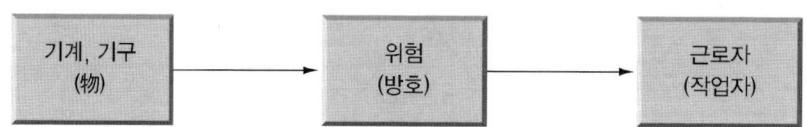

 ㉰ 관리적 요인에 의한 산업 재해 예방 업무
  ㉠ 교육
   ⓐ 작업복, 안전모, 안전대, 안전화 등 보호구 및 방호 장치의 착용·사용에 관한 근로자(작업자)의 교육, 지도
   ⓑ 다음 작업에 작업자를 사용할 때에는 안전에 관한 특별 교육 실시
    • 건설용 리프트, 곤돌라를 이용한 작업
    • 굴착면의 높이가 2[m] 이상이 되는 지반 굴착 및 암석의 굴착작업
    • 터널 안에서의 굴착 작업 또는 동 작업에 있어서의 터널 거푸집 지보공의 조립 또는 콘크리트 작업
    • 비계의 조립·해체 또는 변경 작업
    • 콘크리트 공작물의 해체 또는 파괴 작업
  ㉡ 산업 재해 원인 분석
   ⓐ 건설 작업 현장에서 발생한 산업 재해에 관한 보고

ⓑ 산업 재해에 관한 보고(6하 원칙에 따라 작성, 보고하여야 한다.)
ⓒ 산업 재해 발생시 응급 조치 및 재해 원인 분석
ⓒ 안전보건 관리 활동
 ⓐ 산업안전기술에 대한 전문가인 안전 관리자의 지도, 조언에 대한 협조 의무
 ⓑ 안전 관리 조직 구성원으로서 안전보건 활동을 수행하고 산업안전보건 위원회에 참석하여 안전에 관한 중요 사항에 대해 의견 제시
ⓔ 정리 정돈 및 통로 확보의 확인·감독
 ⓐ 작업장으로 통하는 장소 또는 작업장 내에는 근로자가 사용하기 위한 통로를 설치하고 항상 사용 가능한 상태로 유지
 ⓑ 통로의 주요 부분 및 위험 장소에서 안전보건 표지 설치
 ⓒ 흩어진 공구나 자재는 적합한 장소에 정리 정돈하여 보관
ⓜ 업무 수행 능력 향상 노력
 ⓐ 안전 보건에 대한 확고한 신념
 ⓑ 안전 보건 지식을 풍부하게 갖추어야 한다.
 ⓒ 안전 보건 업무의 감독 기법을 몸에 익혀야 한다.
ⓑ 리더십 보유 능력
 ⓐ 항상 적극적이고 원리 원칙을 존중하여야 한다.
 ⓑ 관리 감독자로서의 원만한 리더십을 갖도록 노력하여야 한다.
 ⓒ 근로자의 요구 사항을 항상 파악하여야 한다.
 ⓓ 문제의 조기 발견과 해결에 노력하여야 한다.

③ 특수한 건설 현장 관리 감독자의 직무의 개별 역할
 ㉮ 거푸집 동바리의 고정·해체 작업, 터널 굴착 작업, 지반의 굴착 작업 및 흙막이 지보공의 보강 또는 동바리 설치·해체 작업 소속 관리 감독자의 직무
  ㉠ 안전한 작업 방법 결정 및 작업 지휘하는 일
  ㉡ 재료·기구의 결함 유무를 점검하고 불량품을 제거하는 일
  ㉢ 작업 중 안전대 및 안전모 등 보호구 착용 상황을 감시하는 일
 ㉯ 비계의 조립·해체 또는 변경 작업 소속의 관리 감독자의 직무
  ㉠ 재료의 결함 유무를 점검하고 불량품을 제거하는 일
  ㉡ 기구·공구·안전대 및 안전모의 기능을 점검하고 불량품 제거하는 일
  ㉢ 작업 방법 및 근로자의 배치를 결정하고 작업 진행 상태를 감시하는 일
  ㉣ 안전대와 안전모 등의 착용 상황을 감시하는 일
 ㉰ 발파 작업 소속의 관리 감독자 직무
  ㉠ 점화 전에 점화작업에 종사하는 근로자가 아닌 사람에게 대피를 지시하는 일

㉡ 점화작업에 종사하는 근로자에게 대피장소 및 경로를 지시하는 일
　　　㉢ 점화 전 위험구역 내에서 근로자가 대피한 것을 확인하는 일
　　　㉣ 점화순서 및 방법에 대하여 지시하는 일
　　　㉤ 점화신호를 하는 일
　　　㉥ 점화작업에 종사하는 근로자에게 대피신호를 하는 일
　　　㉦ 발파 후 터지지 않은 장약이나 남은 장약의 유무, 용수(湧水)의 유무 및 암석·토사의 낙하 여부 등을 점검하는 일
　　　㉧ 점화하는 사람을 정하는 일
　　　㉨ 공기압축기의 안전밸브 작동 유무를 점검하는 일
　　㉱ **채석을 위한 굴착 작업 소속 관리 감독자 직무**
　　　㉠ 대피방법을 미리 교육하는 일
　　　㉡ 작업을 시작하기 전 또는 폭우가 내린 후에는 암석·토사의 낙하·균열의 유무 또는 함수(含水)·용수(湧水) 및 동결의 상태를 점검하는 일
　　　㉢ 발파한 후에는 발파장소 및 그 주변의 암석·토사의 낙하·균열의 유무를 점검하는 일
　　㉲ **화물취급 작업 소속 관리 감독자 직무**
　　　㉠ 작업방법 및 순서를 결정하고 작업을 지휘하는 일
　　　㉡ 기구 및 공구를 점검하고 불량품을 제거하는 일
　　　㉢ 그 작업장소에는 관계 근로자가 아닌 사람의 출입을 금지하는 일
　　　㉣ 로프 등의 해체작업을 할 때에는 하대(荷臺) 위의 화물의 낙하위험유무를 확인하고 작업의 착수를 지시하는 일
　④ **업무를 수행하지 않을 때 벌칙**
　　㉮ **산업안전보건법** : 해당 업무 미수행으로 산업 재해가 발생하거나 발생할 우려가 있는 경우에 산업안전보건법 규정에 의하여 과태료에 처하게 되며 양벌 규정에 의하여 개별적으로 위반된 사례에 따라 다양하게 처벌한다.
　　㉯ **형법**해당 업무와 관련하여 중대한 과실로 인하여 작업자를 사망 또는 부상당하게 한 경우에 형법 규정에 의하여 벌금에 처하게 된다.
　　㉰ **윤리, 도덕** : 어떤 처벌보다도 인간 본연의 마음속의 윤리, 도덕에 의한 수치심, 양심의 가책 등 스스로 윤리나 도덕적 측면에서 처벌한다.

3 결론

1. 건설 현장에서의 관리 감독자의 역할은 건설 현장 최일선에서 근로자의 안전을 직접 교육, 감독, 관리하는 업무로서 관리 감독자의 충실한 업무 수행 여부가 건설 현장의 안전 확보 및 쾌적한 작업 환경의 척도가 된다고 하겠다.

2. 안전보건 의식에 대한 최고 경영자의 적극적인 경영 자세 및 안전 관리자, 관리 감독자의 충실한 업무 수행과 근로자의 적극적인 안전보건 활동 참여에서 비롯된다 하겠다.

● 건강코너

체중 증가를 가져오는 음식
O형   밀, 옥수수, 강남콩, 양배추, 햄, 베이컨, 훈제연어
A형   육류, 유제품, 강남콩, 흰살 생선
B형   옥수수, 땅콩, 참깨, 메밀, 밀, 갑각류
AB형   육류, 강남콩, 씨앗, 메밀, 밀, 옥수수

체중 감소를 가져오는 음식
O형   다시마, 어패류, 간, 붉은 고기, 케익, 시금치, 브로콜리
A형   식물성 기름, 콩식품, 채소, 파인애플
B형   녹색야채, 계란, 저지방 유제품, 대구, 연어
AB형   두부, 어패류, 녹색채소, 유제품, 다시마, 파인애플

기술사 300점 시리즈

제 **3** 편

인간공학 및 시스템 안전공학

- **제1장** 인간공학(Human Engineering)
- **제2장** 시스템 안전(System Safety)공학
- **제3장** 예상문제 및 실전모의시험

제1장 인간공학(Human Engineering)

1 인체 계측 및 응용 원칙

1. 인체 계측 방법 3가지

① 정적 인체 계측(구조적 인체치수)
② 동적 인체 계측(기능적 인체치수)
③ 생리학적 인체 계측

2. 인체 측정 자료의 응용 원칙 3가지

① 최대 치수와 최소 치수(극단치를 이용한 설계)
　㉮ 극단치 설계(인체 측정 특성의 극단에 속하는 사람을 대상으로 설계하면 거의 모든 사람을 수용가능)

구분	최대 집단치	최소 집단치
개념	대상 집단에 인체 측정 변수의 상위 백분위수(percentile)를 기준으로 90, 95, 99[%]치가 사용	관련 인체 측정 변수 분포의 하위 백분위수를 기준으로 1, 5, 10[%]치가 사용
사용 예	① 출입문, 통로, 의자사이의 간격 등의 공간 여유의 결정 ② 줄사다리, 그네 등의 지지물의 최소 지지중량(강도)	선반의 높이 또는 조정장치까지의 거리, 버스나 전철의 손잡이 등의 결정

　㉯ 효과와 비용을 고려 : 보통 95[%]나 5[%]치를 사용
② 조절 범위(조절식) 설계
③ 평균치를 기준으로 한 설계

2 인간-기계 체계

1. 인간-기계 체계의 기본 기능

(1) 정의

인간-기계 체계가 목적을 달성하기 위해 필요한 기능이다.

(2) 인간-기계 체계 기본 기능의 종류

① 감지 기능(sensing function)
② 정보 보관 기능(information storage function)
③ 정보 처리 및 의사 결정 기능(information processing and decision function)
④ 행동 기능(action function)

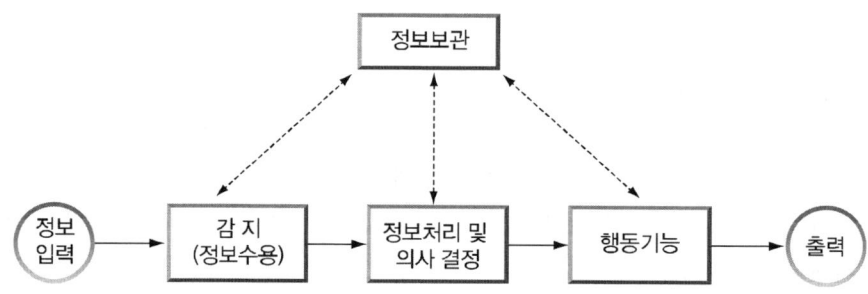

[그림] 인간-기계 체계의 기능 계통도

(3) 기능의 정의

① 감지 기능(sensing function) : 정보 입수의 기능으로 인간에 의한 감지는 시각, 청각 등의 감각 기관이 사용되며 기계의 감지 기능은 전자 장치, 사진 자동 개폐, 제동 장치 등을 들 수 있다.

② 정보 보관 기능(information storage function) : 인간의 정보 보관은 기억이고, 기계는 펀치 카드, 자기 테이프, 기록 장치, 문서 등으로 보관된다.

③ 정보 처리 및 의사 결정 기능(information processing and decision function) : 정보 처리란 감지한 정보를 수행하는 여러 종류의 조작을 말한다.

인간이 정보를 처리하는 경우에는 처리 과정의 단순 유무를 떠나 행동을 한다는 결심이 따른다. 기계인 경우 가능한 모든 입력 정보에 대해 정보 처리 과정이 미리 프로그램되어 있어야 한다.

④ 행동 기능(action function) : 의사 결정의 결과로 얻어지는 조작 행위이다.
이 기능은 대체로 2가지로 대별되며 첫째는 조종 장치의 작동 등 물리적 조작 행위이고 둘째는 음성, 신호, 기록 등의 방법이다.

2. 인간-기계의 통합 체계 유형

(1) 수동 체계(manual system)
수동 체계는 수공구나 기타 보조물로 이루어지며 자신의 신체적인 힘을 동력원으로 사용하여 작업을 통제하는 방식이다.

(2) 기계화 체계(mechanical system : 일명 반자동 체계)
작업 공정의 일부분을 기계화한 것으로 동력은 기계가 제공하고 이의 조정 및 통제는 인간이 하는 통제 방식이다.

(3) 자동 체계(automatic system)
모든 작업 공정이 자동화되어 감지, 정보 보관, 정보 처리 및 의사 결정, 행동 기능을 기계가 수행하며 인간은 감시 및 프로그램 제어 등의 기능을 담당하는 통제 방식이다.

3. 기계의 통제 방법 종류

(1) 개폐에 의한 통제
개폐에 의한 방식을 이용하여 기계를 통제하는 수단으로서 주로 ON-OFF 스위치로 푸시 버튼, 토글 스위치, 로터리 스위치 등이 있으며 조작에 의해 작동을 통제한다.

(2) 양의 조절에 의한 통제
투입되는 원료, 연료량, 전기량 등의 조절에 의해서 기계의 작동을 통제하는 방식으로 이의 통제 수단으로는 노브, 크랭크, 핸들, 레버, 페달 등이 있다.

(3) 반응에 의한 통제
신호 또는 감응에 의하여 기계를 통제하는 방식이다.

4. 통제 표시비(Control Display Ratio)

(1) 통제 표시비의 정의

① 통제 표시비는 통제비 또는 C/D비라고도 하며 통제 기기의 변위량과 표시 계기 지침의 변위량을 나타내는 비율이다.

② 통제 기기의 변위량을 X로 하고 표시 계기의 지침의 변위량을 Y라 하면 통제비는 다음 식과 같다.

$$통제비 = \frac{X}{Y} = \frac{C}{D}$$

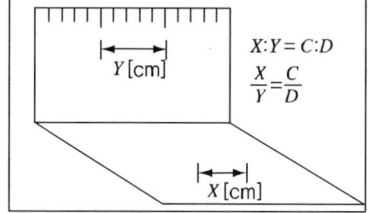

[그림] 통제 표시비

(2) 통제 표시비 설계시 고려 사항

① 계기의 크기
② 공차
③ 목시 거리
④ 조작 시간
⑤ 방향성

3 신뢰도(인간 – 기계 신뢰도)

1. 인간 및 기계의 신뢰도 결정 요소

(1) 인간의 신뢰도 결정 요소

① 주의력
② 의식 수준
③ 긴장 수준

(2) 기계의 신뢰도 결정 요소

① 재질
② 기능
③ 작동 방법

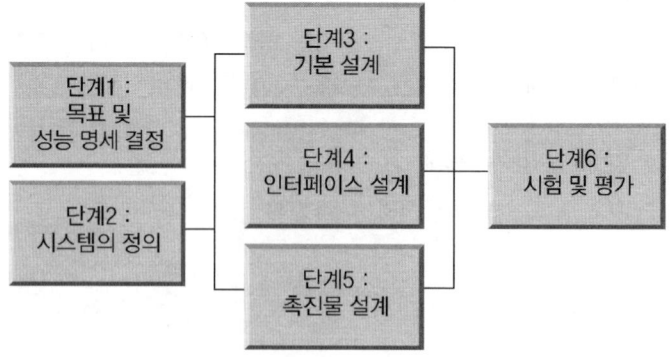

[그림] 시스템의 설계과정의 주요 단계

2. 인간-기계의 신뢰도 측정 방법

(1) 직렬 연결시의 신뢰도

인간과 기계가 직렬로 구성된 경우의 신뢰도는 다음과 같다.

[그림] 직렬 신뢰도

이때의 신뢰도$(R_s) = r_1 \times r_2 \, (r_1 < r_2$이면 $R \leqq n)$

(2) 병렬 연결시의 신뢰도

인간과 기계가 병렬로 구성된 경우의 신뢰도는 다음과 같다.

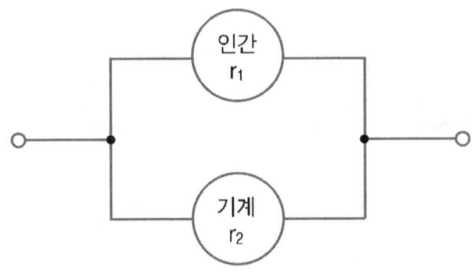

[그림] 병렬 신뢰도

이때의 신뢰도$(R_s) = r_1 + r_2(1-r_1) \, (r_1 < r_2$이면 $R \leqq r_2)$

3. 시스템의 신뢰도

(1) 직렬 연결시의 신뢰도

시스템을 이루는 모든 요소가 직렬 형태로 구성된 경우이다.

시스템의 신뢰도$(R_s) = R_1 \times R_2 \times R_3 \times ... \times R_n = \prod_{i=1}^{n} R_i$

(2) 병렬 연결시의 신뢰도

시스템을 이루고 있는 모든 요소들이 병렬 형태로 이루어진 경우로 고도의 안전성이 요구되는 항공기, 정밀 제어기 등에서 많이 적용되는 형태로 페일 세이프(fail safe)에 입각한 체계이다.

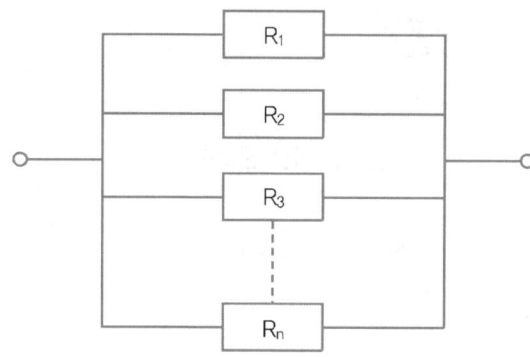

$$신뢰도(R_s) = 1 - (1-R_1) \times (1-R_2) \times (1-R_3) \cdots (1-R_n) = 1 - \prod_{i=1}^{n}(1-R_i)$$

(3) 요소 병렬시의 신뢰도

시스템이 요소 병렬로 구성되었을 경우의 신뢰도는 다음과 같다.

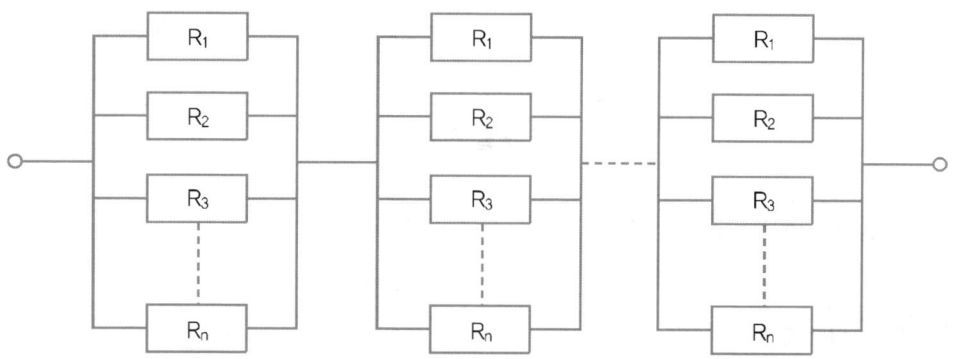

[그림] n개가 병렬로 연결됨

$$신뢰도(R_s) = \prod_{i=1}^{n}[1-(1-R_i)]^n$$

(4) 시스템 병렬시의 신뢰도

시스템 병렬 연결시의 신뢰도는 다음과 같다.

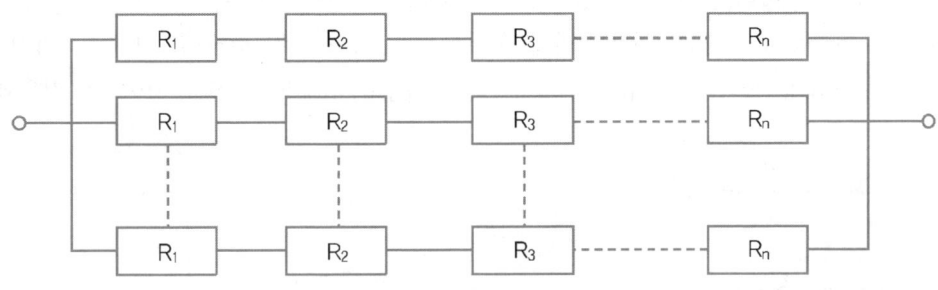

[n개가 병렬로 연결됨]

$$신뢰도(R_s) = 1 - (1 - \prod_{i=1}^{n} R_i)^n$$

4. 신뢰도의 향상 방법

(1) 인간에 대한 감시(monitoring) 방법

① 자기 감시(self-monitoring) 방법 : 인간은 감각으로 자기 자신의 상태를 파악할 수가 있다. 자극, 고통, 피로, 권태, 이상 감각 등의 지각에 의해서 자신의 상태를 알고 행동하는 감시 방법이다.

② 생리학적 감시(physiological monitoring) 방법 : 맥박수, 호흡 속도, 체온, 뇌파 등으로 인간 자체의 상태를 생리적으로 감시(monitoring)하는 방법이다.

③ 시각적 감시(visual monitoring) 방법 : 동작자의 태도를 보고 동작자의 상태를 파악하는 것으로서 졸린 상태는 생리적으로 분석하는 것보다 태도를 보고 상태를 파악하는 것이 쉽고 정확하다(태도 교육에 적합한 방법).

④ 반응적 감시(reactional monitoring) 방법 : 인간에게 어떤 종류의 자극을 가하여 이에 대한 반응을 보고 정상 또는 비정상을 판단하는 방법이다.
자극은 청각 또는 시각에 자극을 주어 반응을 판단하는데 최근에는 자극없이 동작 자체를 반응으로 하여 체크하는 방법도 사용되고 있다.

⑤ 환경적 감시(environmental monitoring) 방법 : 간접적인 감시 방법으로서 환경 조건의 개선으로 인체의 안락과 기분을 좋게 하여 정상 작업을 할 수 있도록 만드는 방법이다.

(2) Lock System의 활용

인간과 기계 시스템의 활용 가능한 Lock System에는 ① Interlock System, ② Intralock System, ③ Translock System 등 3가지가 있다.

먼저 Interlock System은 인간과 기계 사이에서, Intralock System은 인간 사이에서, 그리고 Translock System은 Interlock System과 Intralock System 사이에서 적용된다.

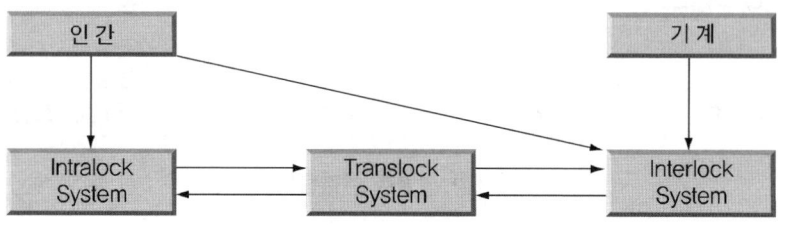

[그림] Lock System의 계통도

4 작업 표준

1. 작업 표준의 정의 및 목적

(1) 작업 표준(operation standard)의 정의

작업 표준이란 작업 조건, 작업 방법, 관리 방법, 사용 재료, 사용 설비, 기타 취급상의 주의사항 등에 관한 기준을 규정한 것으로 생산의 표준화 또는 표준화 생산을 말하는 것이다. 즉, 생산에 필요한 인(人), 물(物), 방법, 관리의 기준을 규정한 것이다.

① 일반적으로 작업 표준에는 기술 표준, 동작 표준, 작업 순서, 작업 요령, 작업 지도서, 작업 지시서 등이 모두 포함된다.
② 표준 작업 제도는 손실이나 위험 요인을 최대한으로 예방 내지는 감소시키기 위한 생산 수단의 한 방법이다.
③ 안전 작업 표준은 작업자의 안전 작업을 중심으로 품질, 원가, 능률 등을 표준화한 것을 말한다.

(2) 작업 표준의 목적

① 작업의 효율화
② 위험 요인의 제거
③ 손실 요인의 제거

2. 작업 개선 4단계

① 1step : 작업 분해
② 2step : 세부 내용 검토
③ 3step : 작업 분석
④ 4step : 새로운 방법의 적용

3. 작업 분석 방법(E. C. R. S.)

① 제거(Eliminate)
② 결합(Combine)
③ 재조정(Rearrange)
④ 단순화(Simplify)

4. 작업 위험 분석

① 설비, 환경, 인간의 위험 분석
② 과업에 절차를 포함
③ 안전 작업 표준화가 목적
④ 비정규 작업에는 적용 곤란

> **참고**
> ▶ 작업 위험 분석 방법 종류
> ① 면접법   ② 관찰법
> ③ 설문 방법   ④ 혼합 방식

5. 작업 위험 분석 필요점

① 위험 정도
② 피해 정도
③ 피폭 인원

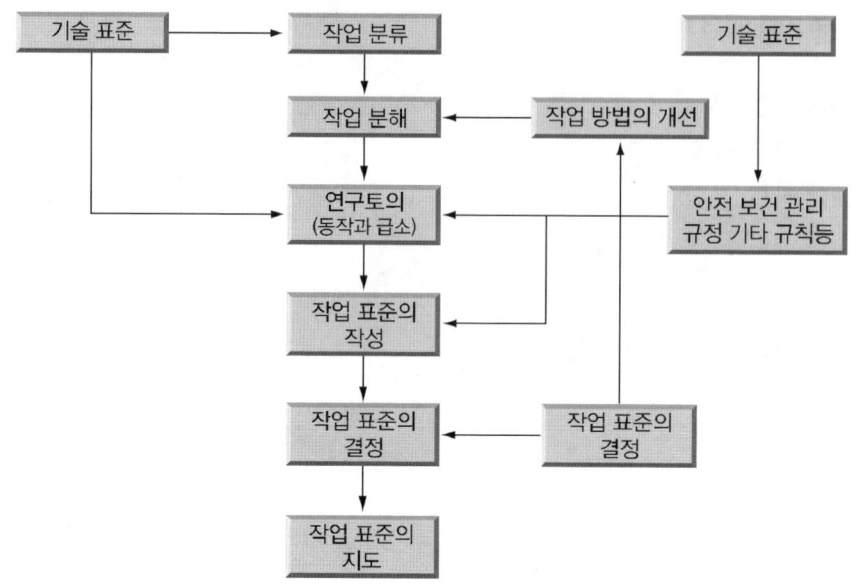

[그림] 작업 표준의 작성 순서

6. 동작 경제의 원칙(Barnes)

(1) 신체의 사용에 관한 원칙

① 양손은 동시에 동작을 시작하고, 또 끝마쳐야 한다.
② 휴식시간 이외에 양손이 동시에 노는 시간이 있어서는 안 된다.
③ 양팔은 각기 반대방향에서 대칭적으로 동시에 움직여야 한다.
④ 손의 동작은 작업을 수행할 수 있는 최소 동작 이상을 해서는 안 된다.
⑤ 작업자들을 돕기 위하여 동작의 관성을 이용하여 작업을 하는 것이 좋다.
⑥ 구속되거나 제한된 동작 또는 급격한 방향전환보다는 유연한 동작이 좋다.
⑦ 작업동작은 율동이 맞아야 한다.
⑧ 직선동작보다는 연속적인 곡선동작을 취하는 것이 좋다.
⑨ 탄도동작(ballistic movement)은 제한되거나 통제된 동작보다 더 신속·정확·용이하다.

(2) 작업역의 배치에 관한 원칙

① 모든 공구와 재료는 일정한 위치에 정돈되어야 한다.
② 공구와 재료는 작업이 용이하도록 작업자의 주위에 있어야 한다.
③ 중력을 이용한 부품상자나 용기를 이용하여 부품을 부품 사용장소에 가까이 보낼 수 있도록 한다.

④ 가능하면 낙하시키는 방법을 이용하여야 한다.
⑤ 공구 및 재료는 동작에 가장 편리한 순서로 배치하여야 한다.
⑥ 채광 및 조명장치를 잘 하여야 한다.
⑦ 의자와 작업대의 모양과 높이는 각 작업자에게 알맞도록 설계되어야 한다.
⑧ 작업자가 좋은 자세를 취할 수 있는 모양, 높이의 의자를 지급해야 한다.

(3) 공구 및 설비의 설계에 관한 원칙
① 치구, 고정 장치나 발을 사용함으로써 손의 작업을 보존하고 손은 다른 동작을 담당하도록 하면 편리하다.
② 공구류는 될 수 있는 대로 두 가지 이상의 기능을 조합한 것을 사용하여야 한다.
③ 공구류 및 재료는 될 수 있는 대로 다음에 사용하기 쉽도록 놓아두어야 한다.
④ 각 손가락이 사용되는 작업에서는 각 손가락의 힘이 같이 않음을 고려하여야 할 것이다.
⑤ 각종 손잡이는 손에 가장 알맞게 고안함으로써 피로를 감소시킬 수 있다.
⑥ 각종 레버나 핸들은 작업자가 최소의 움직임으로 사용할 수 있는 위치에 있어야 한다.

7. 인간공학의 정의 3단계

(1) 제1단계 : 인간의 특성을 결정하여 고려한다.
(2) 제2단계 : 인간공학의 목표를 설정하여 정의한다.
(3) 제3단계 : 인간공학의 접근 방법은 인간의 특성, 행동에 적절한 정보를 체계적으로 적용한다.

보충학습

길브레드(Gilbrete)동작 경제의 3원칙
(1) 동작능력 활용의 원칙
   ① 발 또는 왼손으로 할 수 있는 것은 오른손을 사용하지 않는다.
   ② 양손으로 동시에 작업하고 동시에 끝낸다.
(2) 작업량 절약의 원칙
   ① 적게 운동할 것   ② 재료나 공구는 취급하는 부근에 정돈할 것
   ③ 동작의 수를 줄일 것   ④ 동작의 양을 줄일 것
   ⑤ 물건을 장시간 취급할 시 장구를 사용할 것
(3) 동작개선의 원칙
   ① 동작을 자동적으로 리드미컬한 순서로 할 것
   ② 양손은 동시에 반대의 방향으로, 좌우 대칭적으로 운동하게 할 것
   ③ 관성, 중력, 기계력 등을 이용할 것

제2장 시스템 안전(System safety)공학

1 시스템 안전의 개요

(1) 시스템(system)

시스템이란 요소의 집합에 의해 구성되고, 시스템 상호간에 관계를 유지하면서, 정해진 조건 하에서 주어진 일을 수행하고 어떤 목적을 달성하기 위하여 작용하는 집합체라 할 수 있다.

(2) 시스템 안전(system safety)

어떤 시스템에 있어서 기능 시간, 코스트(cost) 등의 제약 조건하에서 인원 및 설비가 당하는 상해 및 손상을 최소한으로 줄이기 위한 것으로 시스템 전체에 대하여 종합적이고 균형이 잡힌 안전성을 확보하는 것이다(요소 안전 : 개개의 기계, 설비나 작업 등의 각 요소에 대한 안전을 말한다).

(3) 시스템 안전 관리

시스템의 안전을 전체의 프로그램 요건과 모순됨이 없이 달성하기 위하여 시스템 안전 프로그램 요건을 설정하고 일과 활동의 계획, 실행 및 완성을 확보하는 관리 업무의 한 요소로 다음과 같은 시스템 안전 업무를 수행한다.
① 안전 활동의 계획·조직 및 관리
② 시스템 안전에 필요한 사항의 동일성의 식별(identification)
③ 목표를 실현하기 위한 프로그램의 해석 검토 및 평가
④ 타시스템 프로그램 영역과의 조정

(4) 시스템 안전공학

시스템 내의 위험성을 적시에 식별하고 그 예방 또는 제어에 필요한 조치를 도모하기 위해서, 특별한 전문 지식, 기능을 가지고 과학적, 기술적 원리를 적용하는 시스템 공학의 한 분야이다.

(5) 시스템의 안전을 달성하기 위해서는 시스템의 계획, 설계, 제조, 운용 등의 전단계를 통하여 시스템의 안전 관리 및 시스템 안전 공학을 정확히 적용시켜야 한다.

2 시스템 안전의 달성 방법

(1) 재해 예방

위험의 소멸, 위험 수준의 제한, 유해 위험물의 대체 사용 및 완전 차폐, 페일 세이프 설계, 고장의 최소화, 중지 및 회복 등

(2) 피해의 최소화 및 억제 대책 : 격리, 보호구 사용, 탈출 및 생존, 구조 등

3 시스템 안전의 우선도

① 위험의 최소화를 위해 설계할 것
② 안전 장치의 채택
③ 경보 장치의 채택
④ 특수한 수단의 개발(위험의 제어를 위한 순서 및 훈련)

4 세이프티 어세스먼트(Safety Assessment : 안전성 평가)

(1) 세이프티 어세스먼트

설비의 전공정에 걸친 안전성의 사전 평가 행위를 말하며, 리스크 어세스먼트(risk assessment)라고도 한다.

(2) 안전성 평가의 기본 원칙

① 관계 자료의 정비 검토(제1단계)
② 정성적 평가(제2단계)
③ 정량적 평가(제3단계)
④ 안전 대책(제4단계)
⑤ 재해 정보에 의한 재평가(제5단계)
⑥ F.T.A.에 의한 재평가(제6단계)

5 리스크 어세스먼트(Risk Assessment : 위험성 평가)

(1) 리스크 어세스먼트

리스크 매니지먼트(risk management : 위험 관리)와 동의어로서 산업안전에 속하는 위험 관리는 바로 안전성 평가가 되는 것이다.

(2) 위험성 평가의 순서

① 위험성의 검출과 확인
② 위험성 측정과 분석 평가
③ 위험성 처리(위험의 제거 내지 극소화)
④ 위험성 처리 방법의 선택
⑤ 계속적인 위험성 감시

6 위험성 강도의 범주(Category)

(1) Category Ⅰ

파국적(catastrophic) : 사망 및 중상 또는 시스템의 상실을 일으킨다.

(2) Category Ⅱ

위기적(critical) : 상해 및 중한 직업병 또는 중요 시스템의 손상을 일으킨다(시정 조치 필요).

(3) Category Ⅲ

한계적(marginal) : 상해 또는 주요 시스템의 손상을 일으키지 않고 배제나 억제할 수 있다(control 가능 단계).

(4) Category Ⅳ

무시(negligible) : 상해 또는 시스템의 손상에는 이르지 않는다.

7 시스템 안전에서의 사실의 발견 방법

(1) FTA(Fault Tree Analysis) : 결함수 분석법(목분석법)

(2) ETA(Event Tree Analysis) : 귀납적, 정량적 기법

(3) FMEA(Failure Mode and Effect Analysis) : 고장의 유형과 영향 분석 기법

(4) FMECA(Failure Mode Effect and Criticality Analysis) : FMEA + CA(정성적 + 정량적)

(5) THERP(Technique for Human Error Rate Prediction) : 인간 과오율 예측 기법

(6) OS(Operability Study) : 안전 요건 결정 기법

(7) MORT(Management Oversight and Risk Tree) : 연역적, 정량적 분석기법

8 FMEA와 FMECA

FMEA란 시스템을 구성하는 모든 부품의 목록을 만들고, 각 부품의 고장 형식(mode)과 이 고장이 시스템에 미치는 영향을 검토하는 방법으로서, 시스템에 중대한 영향을 미칠 가능성이 있는 부품을 찾아내고 개발의 초기 단계에서 대책을 강구하고자 하는 것을 목적으로 하는 귀납적 해석 수법의 일종이다.

FMECA는 FMEA와 같은 방법으로서 고장 영향의 중대성을 수량화하여 평가한다는 점이 다르다고 하겠다.

FMEA나 FMECA는 다같이 시스템을 구성하고 있는 부품에 고장이 발생하였을 경우 이 고장이 시스템의 신뢰성이나 안전성에 어떠한 영향을 미치는가를 해석하고 사전에 필요한 대책을 강구하고자 하는 방법으로 그 실시 방법은 아래와 같다.

① 시스템의 구성을 블록 선도로 나타내고 시스템과 부품의 기능을 명확히 한다.
② 시스템을 구성하는 부품의 목록을 만든다.
③ 고장의 중요도를 구분한다. 예를 들어 그 부품의 고장이 시스템의 고장을 초래하는 경우를 치명 고장이라고 한다.
④ 부품의 고장이 시스템의 기능에 어떠한 영향을 미치는가를 구체적으로 조사한다.
⑤ 고장의 상대 도수를 검토한다.
⑥ 그 부품의 대체품이나 리던던시(redundancy) 설계의 가능성을 검토한다.
⑦ 이상의 조사와 검토를 실시한 후 특히 문제가 있는 부품에 대하여는 고장 형식(mode) 해석을 실시하고 대책을 강구한다.
⑧ 고장이나 조작 과오(miss)시의 인명에 미치는 위험 등 안전 해석도 실시한다.

(1) FMEA의 적용 순서
　① 대상으로 하는 시스템의 정의
　② 논리도(logic block diagram)를 작성한다.
　③ 고장 모드와 영향을 해석 해설표를 만든다.
　④ 결과를 종합한다.

(2) FMEA의 포맷
　① 품목　　　　　　　　② 기능 목적
　③ 고장 모드　　　　　　④ 고장 원인
　⑤ 고장률　　　　　　　⑥ 고장 검출 방법
　⑦ 수복 시간　　　　　　⑧ 고장의 영향
　⑨ 보상 수단　　　　　　⑩ 치명도

9 ETA

미국에서 개발된 DT(Decision Tree)에서 변천해 온 것으로 설비의 설계·심사·제작·검사·보전·운전·안전 대책의 과정에서 그 대응 조치가 성공인가 실패인가를 확대해 가는 과정을 검토한다. 귀납적 해석 방법으로 일반적으로 성공하는 것이 보통이고 실패가 드물게 일어나므로 실패의 확률만으로 계산하면 되게끔 되어 있다.
실패를 거듭할수록 피해가 커지는 것으로서, 그 발생 확률을 최소로 줄이기 위해서는 어디에 중점을 둘 것인가를 읽어낼 수 있다.

10 FTA

FTA는 시스템의 고장 상태를 먼저 상정하고 그 고장의 요인을 순차 하위 레벨로 전개하여 가면서 해석을 진행하여 나가는 Top-down 방식으로, 고장 발생의 인과 관계를 AND GATE나 OR GATE를 사용하여 논리표(logic diagram)의 형으로 나타내는 시스템 안전 해석 방법이다.
FTA의 실시 절차는 아래와 같다.
　① 발생할 우려가 있는 재해의 상정
　② 상정된 재해에 관계되는 기계·설비·인간 작업 행동 등에 대한 정보 수집
　③ FT도 작성

④ 작성된 FT도를 수식화하고 수학적 처리에 의해 간소화
⑤ 기계 부품의 고장률, 인간의 작업 행동 가운데 mistake가 일어날 수 있는 자료 수집
⑥ FT를 수식화한 식에 발생 확률을 대입하여 최초에 상정된 재해 확률을 구한다.
⑦ 위 결과를 평가한다.

11 FTA의 실시 순서

① 대상으로 한 시스템의 파악
② 정상 사상의 선정
③ FT도의 작성과 단순화
④ 정성적 평가
⑤ 정량적 평가
⑥ 종결(평가 및 개선 권고 등)

12 FTA에 의한 재해 사례 연구 순서

① Top 사상의 선정
② 사상의 재해 원인의 규명
③ FT도 작성
④ 개선 계획 작성

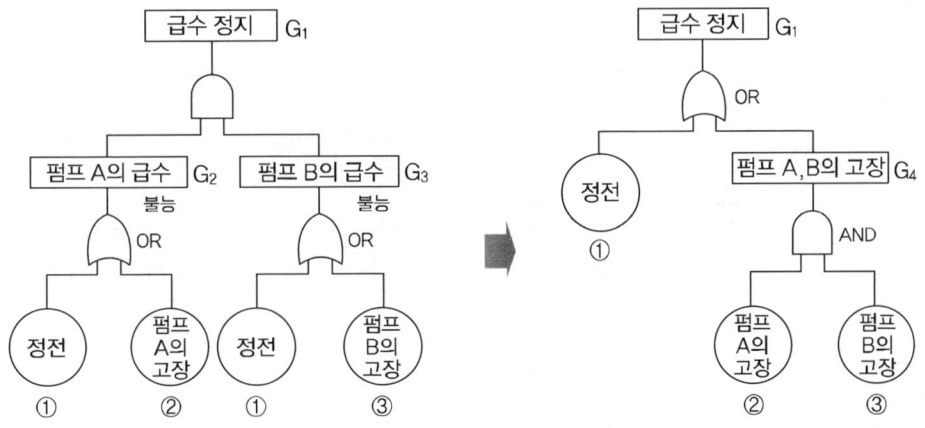

[그림] FT의 작성도

13 다음 FT도에 있어 A의 고장 발생 확률은?

(단, ①과 ③이 일어날 확률은 0.1이고, ②와 ④가 일어날 확률은 0.2이다)

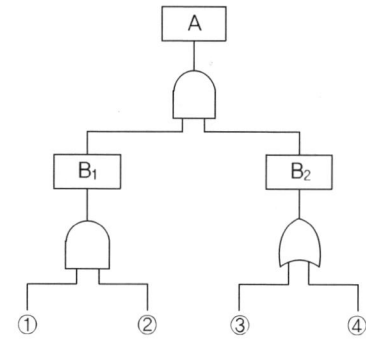

풀이 : $QA = QB_1 \times QB_2$

$QB_1 = Q_1 \times Q_2$

$QB_2 = 1 - (1-Q_3)(1-Q_4)$ 이므로,

$QA = (0.1 \times 0.2) \times \{1 - (1-0.1)(1-0.2)\}$

$\quad\quad = 0.0056$

답 : 0.0056

14 FTA의 기호 및 의미

번호	기호	명칭	설명
1	▭	결함 사상	개별적인 결함 사상
2	○	기본 사상	더 이상 전개되지 않는 기본적인 사상
3	◌	기본 사상 (인간의 실수)	또는 발생 확률이 단독으로 얻어지는 낮은 레벨의 기본적인 사상
4	⌂	통상 사상	통상 발생이 예상되는 사상(예상되는 원인)
5	◇	생략 사상	정보 부족, 해석기술의 불충분으로 더 이상 전개할 수 없는 사상작업 진행에 따라 해석이 가능할 때는 다시 속행한다.
6	◇	생략 사상 (인간의 실수)	

번호	기호	명칭	설명
7	(삼각형, 정상에 선)	전이 기호 (IN)	F.T. 도상에서 다른 부분에의 이행 또는 연결을 나타냄 삼각형 정상의 선은 정보의 전입 루트를 뜻한다.
8	(삼각형, 옆에 선)	전이 기호 (OUT)	F.T. 도상에서 다른 부분에의 이행 또는 연결을 나타냄 삼각형의 옆의 선은 정보의 전출을 뜻한다.
9	(역삼각형)	전이기호 (수량이 다르다)	
10	(AND 게이트 기호)	AND GATE	모든 입력 사상이 공존할 때만이 출력 사상이 발생한다.
11	(OR 게이트 기호)	OR GATE	입력 사상 중 어느 것이나 하나가 존재할 때 출력 사상이 발생한다.
12	(수정 게이트 기호)	수정 GATE	입력 사상에 대해서 이 게이트로 나타내는 조건이 만족하는 경우에만 출력 사상이 발생한다.
13	(우선적 AND 게이트 기호, Ai Aj Ak)	우선적 AND 게이트	입력 현상 중에 어떤 현상이 다른 현상보다 먼저 일어날 때에 출력 현상이 생긴다.
14	(조합 AND 게이트 기호, 2개의 출력, Ai Aj Ak)	조합 AND 게이트	3개 이상의 입력 현상 중에 언젠가 2개가 일어나면 출력이 생긴다.
15	(배타적 OR 게이트 기호, 동시발생 않음)	배타적 OR 게이트	OR 게이트지만 2개 또는 그 이상의 입력이 동시에 존재하는 경우에는 출력이 생기지 않는다. '동시에 발생하지 않는다'라고 기입한다.
16	(위험지속 AND 게이트 기호, 위험지속시간)	위험 지속 AND 게이트	입력 현상이 생겨서 어떤 일정한 기간이 지속될 때에 출력이 생긴다. 만약 2시간이 지속되지 않으면 출력은 생기지 않는다.

15 MIL-STD-882B의 목적

① 기준은 시스템 안전 프로그램을 발전시키고 수행하는 데 있어서 일정한 필요조건을 제공하는데 그것은 시스템의 위험도를 확인하고, 위험도를 없애거나 관련된 실수를 줄임으로써 재난을 막기 위한 설계 필요조건이나 경영조절을 하고, 관리활동(Managing Activity : MA)을 받아들일 수 있는 수준을 얻는 것이다.
② 관리활동이라는 용어는 일반적으로 정부 획득활동을 참조하는데 그들의 공급에 있어서 시스템 안전업무를 적용하고 싶어하는 계약자 및 부계약자를 포함한다.
③ 문서는 중요한 지침과 시스템 안전조건을 강요하고 개발하는 데 있어 정보를 어떻게 사용해야 하는지를 제공한다.
④ 문서는 요구조건을 만족시키는 방법에 대해서 중요한 지침은 제공하지 않는다.
⑤ 계약자는 정부와 MIL-STD-882B에 의해서 요구되는 시스템 안전 프로그램 계획을 개발하고 개선할 책임이 있다.
⑥ 문서의 처음 몇 페이지는 범위, 참조문헌, 정의와 약자 그리고 시스템 안전조건들과 같은 제목들이 포함되어 있다.

[표] 위험성

구분	등급	발생상황	
		개별항목	전체항목(시스템)
자주 발생	A	때때로 일어날 듯 함	연속적 경험
보통 발생	B	한 항목의 수명 중 수회 일어남	때때로 일어남
가끔 발생	C	한 항목의 수명 중 드물게 일어남	수회 일어남
거의 발생하지 않음	D	그리 일어날 것 같지 않음	일어날 것 같지 않으나 존재 가능성
극히 발생하지 않음	E	발생확률 0에 가까움	위험을 경험하지 않은 것으로 가정함
전혀 발생하지 않음	F	물리적 발생 불가능	물리적 발생 가능성

[표] MIL-STD-882B의 목차

단계	항 목
Paragraph 1	Scope(목적)
Paragraph 2	Referenced documents(참고서류)
Paragraph 3	Definitions and abbreviations(정의 및 약자)
Paragraph 4	System safety requirement(시스템 안전 요구사항)
Paragraph 5	Task descriptions(업무설명) Task section 100-program management and control(프로그램의 운영 및 통제) Task section 200-design and evaluation(설계와 평가) Task section 300-software hazard analysis(SHA)
Appendix A	Guidance for implementation of system safety program requirements (시스템 안전에 있어서 요구되는 사항 적용지침)
Appendix B	System safety program requirements related to life cycle phases (전 과정에 관계된 시스템 안전 요구사항)
Appendix C	Data requirements for MIL-STD-882B(MIL-STD-882B에서 요구되는 사항)

제3장 예상문제 및 실전모의시험

> **문제 1**
> 휴먼 에러의 원인을 인간-기계 시스템의 측면에서 기술하고 불안전 행동을 제거하기 위한 방법을 안전 기술 측면에서 논하시오.

1 개 요

① 인간과 기계는 각각 특성에 의하여 안전 사고를 일으킬 수 있는 불안전한 요소를 가지고 있다.
② 인간은 정신적, 생리적 능력과 습관에 의하여, 기계는 물리적, 화학적 에너지의 통제 미비로 안전 사고가 일어나고 있다.

2 Human Error와 Man-Machin System

- 인간과 기계 system에서의 신뢰성은 인간의 신뢰성과 기계의 신뢰성이 상승적으로 나타난다.
- 인간과 기계가 목표로 하는 작업을 할 경우 직렬로 연결하는 경우와 병렬로 연결하는 경우가 있다.

1. 직렬 배치(Series System)

[그림] 직렬 배치

R_s(신뢰도)$= r_1 \times r_2$

여기서, $r_1 < r_2$일 경우 $R_s \geq r_1,\ r_2$

- 인간과 기계가 직렬 작업 즉, 사람이 자동차를 운전하는 것 같은 경우에는 전체 신뢰도는 인간의 신뢰도보다 오히려 떨어진다.

  예) 인간(r_1)=0.5
  기계(r_2)=0.9
  R_s(신뢰도)=0.5 × 0.9=0.45

2. 병렬 배치(Parallel System)

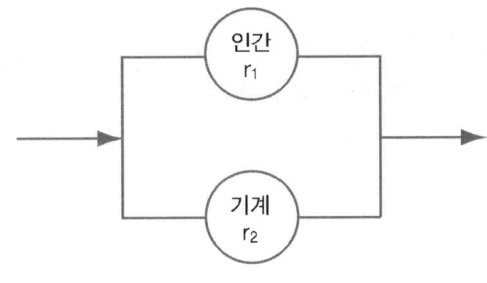

[그림] 병렬 배치

R_s(신뢰도)=$r_1 \times r_2(1-r_1)$, $R_s = (1-r_1)(1-r_2)$

여기서, $r_1 < r_2$일 경우 $R_s \leq r_1, r_2$

① 인간과 기계가 병렬 작업 즉, 방직 기계 여러 대를 작업자 1명이 감시하는 경우에는 신뢰도는 기계 단독이나 직렬 작업보다 높아진다.

  예) (r_1)=0.5
  (r_2)=0.9
  R_s=0.5+0.9(1−0.5)=0.95

② 인간과 기계를 병렬로 배치할 경우에는 인간의 역할이 여러 가지로 될 수 있으나 인간은 감시 역할을 시켜서 기계의 약점을 보강하는 방법이 최선이다.

3. System Performance와 인간의 실수의 관계

SP=f(HE)=KHE
SP=System Performance
HE=Human Error(f=함수, K=상수)

3 Human Error의 종류

1. 심리적 요인

① 그 일의 지식이 부족할 때
② 일을 할 의욕이나 도덕성이 결여되어 있을 때
③ 서두르거나 절박한 상황에 놓여 있을 때
④ 무엇인가의 체험으로 습관적이 되어 있을 때
⑤ 선입관으로 괜찮다고 느끼고 있을 때
⑥ 주의를 끄는 것이 있어 그것에 치우쳐 주의를 빼앗기고 있을 때
⑦ 많은 자극이 있어 어떤 것에 반응해야 좋을지 알 수 없을 때
⑧ 매우 피로해 있을 때

2. 물리적 요인

① 일이 단조로울 때
② 일이 너무 복잡할 때
③ 일의 생산성이 너무 강조될 때
④ 자극이 너무 많을 때
⑤ 재촉을 느끼게 하는 조직이 있을 때
⑥ 동일 형상의 것이 나란히 있을 때
⑦ 스트레오 타입에 맞지 않는 기기
⑧ 공간적 배치에 맞지 않는 기기

4 불안전 행동에 대한 안전 대책

1. 인간 공학 도입

기계보다도 인간의 측면을 안전에서 더욱 중요시하게 되었다. 기계에 의하여 인간의 안전이 보장되고 있다는 낡은 사고를 탈피하고 인간의 안전 중심주의에 입각하여 기계보다 인간이 안전 사고 예방의 중심이 된다는 안전 철학을 명심해야 한다.

2. Fail Safe 개념 도입

인간 또는 기계에 과오나 동작상의 실패가 있어도 안전 사고를 발생시키지 않도록 2중 또는 3중으로 통제를 가하는 것을 말한다. 전단기나 press machine의 적외선 안전 장치와 항공기의 제1차 fail safe와 제2차 fail safe, 자동차의 방어 운전 또는 2중 점검 제도 등은 fail safety의 예라고 볼 수 있다.

3. Lock System 개념 도입

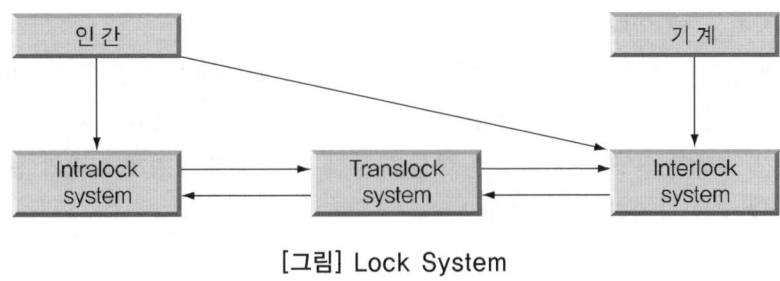

[그림] Lock System

① lock system을 대별하여, interlock system, translock system, intralock system의 세 가지로 나눌 수 있다.
② 인간의 특성인 주의력, 긴장 수준, 의식 수준을 높여야 하고, 기계·설비·설계 설치시 인간을 중심으로 하는 인간 공학적인 개념을 도입해야 한다.
③ intralock system과 interlock system의 중간에 translock system을 두고 불안전한 요소에 대하여 통제를 가한다.

5 결론

① 안전 사고 원인을 분석하여 나타난 통계 자료에는 인간이 불안전한 행동으로 일어나는 사고가 88[%], 기계 및 환경 조건의 불량이 10[%], 천재지변 등 불가 항력적인 요인이 2[%]로 나타나고 있다. 사고는 인간의 신뢰도를 높이면 많이 감소할 수 있다.
② 인간의 특성인 주의력, 긴장 수준, 의식 수준을 높여야 하고, 기계·설비·설계 설치시 인간을 중심으로 하는 인간 공학적인 개념을 도입해야 한다.

> **문제 2**
>
> 인간 공학의 뜻과 Man Machine System에서 인간 및 기계의 유리한 기능에 대해 논하라.

1 서 론

인간 공학이란 기계, 기구 설계시 인간을 설계에 반영함으로써 인간의 복지추진과 인간의 질을 향상시키는 데 있다.

각종 정보에 인간을 적용, 인간의 우수성과 기계의 우수성을 배분, 가장 효율적인 삶의 질을 유지하는 것만이 인간 공학에 대한 효과적인 적용이라고 할 수 있다.

이러한 인간 공학의 연구 목적은 안전 향상을 통한 사고 방지와 기계 조작의 능률, 생산성 향상 및 쾌적성을 유지하는 데 있다.

2 본 론

1. Man Machine Ssytem의 기본 기능

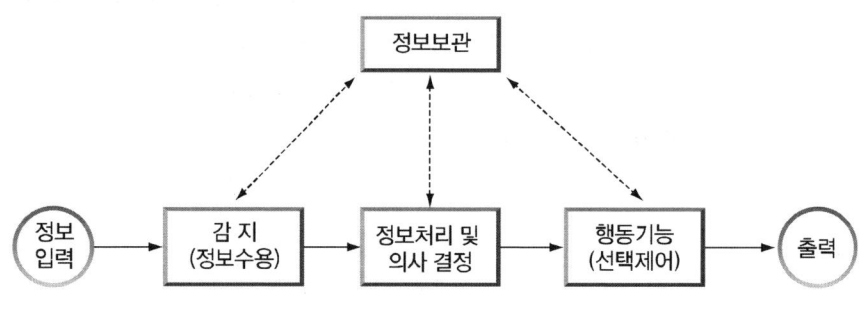

[그림] 인간-기계 기본 기능

2. Man Machine System의 활용 장점

① Man 이용시 유리한 기능
  ㉮ 감각 입력 특성
     ㉠ 선택 기능   ㉡ 상세 분석 기능
     ㉢ 예감, 오감 활용   ㉣ 미세한 자극 감지

㉭ 변화 자극 적용
② 출력 기능
　㉮ 고차원의 활동　　　　　　　㉯ 행동의 자유도
　㉰ 창조적 활동　　　　　　　　㉱ 다양한 방식에 순응
③ 정보 처리 기능
　㉮ 판단 기억 기능　　　　　　　㉯ 행동의 제한 기능
　㉰ 창조적 판단　　　　　　　　㉱ 주체적 분석 기능
　㉲ 경험의 활용　　　　　　　　㉳ 응용력 사용 기능
　㉴ 귀납 추리 가능
④ Machine 이용시 유리한 기능
　㉮ 감지 기능
　　㉠ X-ray 초음파 감지 기능
　　㉡ 환경의 상태와 무관
　　㉢ 드문 현상 감지
　㉯ 출력 기능
　　㉠ 반복 수행 가능　　　　　　㉡ 연속 고속 작업 가능
　　㉢ 과부하 가능　　　　　　　　㉣ 환경 조건 무관
　　㉤ 속도 및 처리량 과다 가능　　㉥ 정확한 계측 가능
　㉰ 정보 처리 기능
　　㉠ Program 대로 시행　　　　㉡ Monitor 기능
　　㉢ 연역적 기능　　　　　　　　㉣ 정보 처리 속도
　　㉤ 선, 측정의 정확　　　　　　㉥ 동시 다발 기능

3 결론

① 인간과 기계의 특성을 파악하여 기계, 인간의 조화로운 배치로 사고 예방, 안전성 확보를 할 수 있으며, 인간의 우수한 기능을 기계에 적용, 인간의 삶의 질을 향상시키고 복리 증진을 하는 것만이 진정한 인간공학이라고 할 수 있다.
② 사회가 날로 복잡화되고 있는 시점에서 인간공학 즉 인간의 우수성이 무엇보다 중요하다고 판단된다.

문제 3

동작 경제의 3원칙에 대해 논하라.

1 서 론

1. 재해의 예방은 불필요한 동작이나 행동의 제거가 중요하다. 불안전 행동으로 인한 재해는 전체 재해의 88[%]로, 이는 작업 분석에 의한 개선을 통해서 달성될 수 있으며, 동작 경제 원칙은 작업 분석표, 다중 활동 분석표 등과 함께 활용되고 있다.

2. 동작 경제의 원칙은 반즈(Barnes)에 의해 개발되었는데 이들 제원칙은 모든 작업에 직·간접적으로 적용되고 있으며 다음의 세 가지 원칙에서 작업 개선 내지 동작 개선의 방법을 모색하고 있다.
   첫째, 인체 사용에 관한 동작 경제 원칙
   둘째, 작업장에 관한 동작 경제 원칙
   셋째, 공구 및 설비의 설계에 관한 동작 경제 원칙

2 동작 경제 3원칙

1. 동작 능력 활용의 원칙(인체 : 신체사용)

① 두 손을 동시에 동작하기 시작하여 동시에 그 동작을 완수하여야 한다.
② 휴식 시간 중이 아니면 두 손을 동시에 쉬어서는 안 된다.
③ 두 팔의 동작들은 반대 방향에서 대칭적으로 동시에 이루어져야 한다.
④ 손과 신체의 동작들은 작업을 만족스럽게 수행해 줄 수 있는 최저한의 분류가 되어야 한다. 인체의 사용 범위가 넓을수록 피로가 더하고 시간도 낭비하게 되며 자세의 억압을 강요한다.
⑤ 가능한 한 작업자에게 유리하도록 관성(momentum)을 이용해야 하며 근육에 의하여 제어되고 있을 경우는 최소화한다.
⑥ 부드러운 연속 곡선 동작은 돌발적 급격한 방향 전환을 가지는 직선 운동보다 효과적이다.
⑦ 발격 동작(ballistic movements)은 구속되거나 제한된 동작보다 더 빠르고 용이하며 정확하다.
⑧ 작업은 가급적 용이하게 그리고 자연스러운 리듬을 타고 수행될 수 있도록 정리되어야 한다.

2. 작업량 절약의 원칙(작업장 : 작업역 배치)

① 모든 공구 및 재료는 정위치에 배치해야 한다.
② 공구, 재료 및 조정기는 사용하기 편리한 곳, 즉 작업자의 주변 가까이에 두어야 한다.
③ 중력 공급 상자 및 용기는 재료를 사용 장소에 가깝게 보내기 위해 사용되어야 한다.
④ 낙하 투입 송출 장치는 어느 곳에서나 이용될 수 있어야 한다.
⑤ 재료와 공구들은 최선의 동작이 연속될 수 있도록 배치되어야 한다.
⑥ 준비는 관측하는 데 적합한 조건이 되도록 해야 한다. 양호한 조명은 목시적 지각을 만족시켜 주는 첫번째 요건이다.
⑦ 작업대와 의자 높이는 작업 중 앉거나 서기에 모두 용이해야 한다.
⑧ 좋은 자세를 갖도록 해 주는 형태와 높이의 의자를 모든 작업자에게 제공해야 한다.

3. 동작 개선의 원칙(기계 설비 : 공구 및 설비)

① 치공구, 정착 시설 또는 발로 조정하는 장치에 의해서 더욱 유리하게 수행할 수 있는 작업에는 손의 부담을 덜어주어야 한다.
② 둘 또는 그 이상의 공구는 가능하면 결합해서 사용한다.
③ 공구 및 재료는 가능한 한 작업자 앞에 둔다.
④ 어느 손가락에 대해서도 고유의 동작 능력에 따라서 부하가 주어지도록 해야 한다.
⑤ 레버, 핸들, 조정기들은 작업자가 몸의 위치를 변경하지 않고서도 최대한으로 신속하고 편리하게 조작할 수 있는 위치에 배치한다.

3 결론

① 동작 경제의 원칙은 일반적인 작업 동작의 개선을 위한 착안점이라 할 수 있다. 이러한 원칙은 구체적인 작업의 단계까지 분석함으로써 그 적용이 같아 진다.
② 이러한 원칙들을 활용하고 작업이나 작업량을 간단히 검사해서 비효율적인 요소들을 개선해 나가기 위해서는 이러한 원칙들의 상호 관련성을 이해하는 것이 필요하다.
③ 제조업 및 건설업에서도 인적인 작업에 대해서 동작 경제화의 피로를 경감시켜, 인적 재해 유발 가능성을 줄이고 능률 제고를 위한 기본 원리나 지침으로 적극 활용, 재해 예방의 원동력이 되어야 하겠다.

> **문제 4**
>
> 직업병 및 작업 환경에 대하여 기술하시오.

1 서 론

① 직업병 : 유해한 작업 환경으로부터 유해한 물질이나 유해 에너지에 폭로되어 건강 장해가 발생되는 현상
② 환경 조건 : 작업 조건에 영향
③ 피로 불안전 : 행동의 요인

2 유해 요인 발생 직종

1. 유해 물질

① 분진 : 진폐증 – 착암공, 도자기 제조업, 벽돌 제조업, 탄광, 채석장
② 석면 : 석면폐 – 석면의 뿜칠공
③ 유기용제 : 중독 – 도장공
④ 콜타르 : 피부 장해 – 방수공, 포장공
⑤ 산소 결핍 : 산소 결핍증 – 지하철

2. 유해 Energe

① 고기압 : 고기압 장해, 잠함공
② 진동 : 백납증, 착암공, 연마공
③ 소음 : 청각 장해, 착암공

3 유해 인자 침입 경로

① 호흡기 : 유해 성대 진폐증
② 피부 : 피부 질환
③ 소화기
④ 난시, 난청

4 유해 인자

1. 물리적 유해 인자

① 소음(noise) : 발원지 10[m] 지점의 65[dB] 이상
  ㉮ 원하지 않는 소리(unwanted sound)
  ㉯ 고음에 장시간 노출시 난청의 원인
② 진동(vibration)
  ㉮ 전신 진동, 국소 진동
  ㉯ 장시간 폭로시 White Tinger(백납증)
③ 극한 온도(temperature entrance)
  ㉮ 저온 : 동상
  ㉯ 고온 : 열사병, 열피로, 열쇠약
④ 기도 장해
  ㉮ 방사선
  ㉯ 이상 기압
  ㉰ 산소 결핍

2. 화학적 유해 인자

① 에어로졸 : 분진 미스트
② 진폐 : 규폐, 석면폐, 용접 장해
③ 중금속 : 납(위장 근육), 크롬(암), Hg 등

3. 생물학적 유해인자

병원균(세균, 바이러스, 곰팡이)

4. 인적, 공학적 유해인자

Disk 발생 : 자세

5 직업병 예방 대책

1. 위험 유해 요인을 발생원으로부터 제거

   ① 대체
   ② 공법 변경
   ③ 공정 밀폐
   ④ 공정 격리
   ⑤ 습식법 : 물뿌리기
   ⑥ 국소 배기법

2. **발생원** : 근로자간 통과 과정에 통제

   ① 정리 정돈, 청소
   ② 전체 환기
   ③ 부분 환기
   ④ 거리의 확대

3. 근로자의 보호

   ① 교육 훈련
   ② 교대 근무(폭로 시간 단축)
   ③ 근로자의 밀폐
   ④ 보호구

6 결 론

① 목표 : 근로자가 정상적인 심신 상태를 유지하면서 주어진 작업 수행 능률 환경의 제공
② 직업병 예방 대책은 유해 인자, 유해 에너지, 유해 분진 등을 발생시에서부터 발생하지 않도록 근원적으로 예방하는 것이 중요하다.

문제 5

산업 현장에서 작업 환경 측정 대상 사업의 종류, 실시 방법을 기술하시오.

1 서 론

① 작업 환경 측정이란 작업 환경의 실태를 파악하기 위해 해당 근로자 또는 작업장에 대해 사업주가 측정 계획을 수립, 시료의 채취 및 분석, 평가하는 것을 말한다.
② 쾌적한 작업 환경 : 건강 장해 방지
  ㉮ Gas, 분진 제거
  ㉯ 온도, 습도
  ㉰ 채광, 조명
  ㉱ 피로의 감소
  ㉲ 근로자의 보건 건강 확보

2 필요성

① 작업 환경 내 유해 물질 인자의 허용 기준 이하로 조절
② 신규 설비, 생산 방식, 원재료 등 유해성 예측 작업 환경 관리 대책의 효과
③ 직업병 근로자 관리
④ 유해 위험 방지 조치의 필요성 결정
⑤ 국소 배기 장치의 기능

3 측정 대상

1. 분 진

① 1회, 6개월 이상 정기적으로 분진 농도
② 갱내에서 암석의 굴착 또는 상차
③ 갱내에서 Tank 선반관 또는 차량 내부에서 용접

2. 산소 결핍

① 산소 농도 18[%] 이하 위험
② 장시간 이용하지 않은 우물
③ 지하의 암거, 맨홀 : Cable Gas관
④ 빗물, 하천의 유수 용수가 체류하고 있거나 체류하였던 통로, Pit, 암거
⑤ 탄전의 용출 또는 우려가 있는 지층을 접하거나 통과하는 우물, 수직갱 Tunnel
⑥ 장시간 밀폐된 Boiler 탱크로서 그 내부가 산화하기 쉬운 구조

3. 유기 용제 업무를 하는 실내 작업장

① 1회, 6개월 이상
② 유기 용제 함유물을 취급하는 도장 작업

4. 소음 발생 옥내 사업장

① 1회, 6개월 이상
② Rivet 작업, Breaker 이용 해체

5. 설치 장비 이상 유무

① Gas 발생 억제를 위한 밀폐 설비, 환기 장치 : 1회, 1년 이상 유무 점검
② 배기 처리 장치 : 1회, 1년 이상
③ 채광 조명 설비 : 1회, 6개월 이상
④ 구급 용구 : 1회, 6개월 이상 유무 성능 check

4 측정 결과의 조치

① 작업 환경 측정 결과에 따라 시설의 개선, 적절 조치
② 보호구 착용, 개인 지급
③ 환경 측정 : 고용노동부 및 보건복지가족부 인가 기관에서 실시
④ 측정 결과를 한 날로부터 30일 이내 지방 고용노동관서장에게 보고
⑤ 측정시 근로자의 요구가 있으면 입회시키고 측정 결과를 알려준다.

5 향후 방향

① 기술적 요소 : 기기, 측정 방법, 분석 평가 ② 지속적, 체계적
③ 현실성을 고려, 법제도 규정 검토 ④ 감독 행정 기관의 조직 확대
⑤ 근로자에 알 권리 보장 ⑥ 전문 기관, 전문 인력 양성
⑦ 기록 보존 : 영구

6 결 론

1. **건설업** : 임시 작업, 이동성 옥외 작업으로 건강 장해

2. **인식 부족** : 직업병으로 발병

3. **사업주의 조치 사항**

    ① 작업 조건의 개선 ② 보건 건강
    ③ 건강 장해 ④ 인간 존중

문제 6

리스크 매니지먼트(Risk Management)의 종류와 리스크 매니지먼트 순서에 대하여 기술하시오.

1 개 요

1. 산업 현장에 잠재되어 있는 불안전한 행동 및 불안전한 상태를 사전에 발견하여 대책을 세우기 위해서는 작업 대상에 대한 위험을 분석하고 작업 공종의 표준화 또는 작업 표준의 기본 원칙을 정함으로 해서 사전에 잠재 재해 요인을 제거할 수 있다.

2. 사전에 위험 요인을 분석하고 작업의 표준을 정하는 것이 Risk Management의 참뜻이라고 할 수 있다.

2 리스크 매니지먼트(Risk Management)의 종류

1. 위험의 성질에 의한 리스크 매니지먼트의 종류

① 기업과 제3자간의 Risk가 발생하고 있는 사회적 Risk가 있다.
② 기업 내에 발생하고 있는 기업 Risk가 있다.
③ 기업 내에 근무하는 작업자가 지니는 인간(개인) Risk가 있다.

2. 기업 내 Risk의 종류

① 순수 위험(정태적 위험)
　㉮ 손해만이 발생하는 위험으로 인적 위험, 재산 위험, 책임 위험을 포함하고 있다.
　㉯ 보험 관리적 위험의 주요인은 인간 및 사회적 환경의 변화에서 비롯된다.
② 투기 위험(동태적 위험)
　㉮ 손해와 이익을 발생하는 위험으로 모험 위험, 시장 위험을 포함 하고 있다.
　㉯ 경영 관리적 위험의 주요인은 천재와 인재의 착오에서 발생한다.

3 리스크 매니지먼트 순서

리스크 매니지먼트의 기초는 위험 평가(Risk Assessment)이며, 위험 평가의 결과를 실행하여 가는 것이 리스크 매니지먼트라고 말할 수 있다.

1. 리스크의 발굴, 확인

보험이 가능한가 아닌가에 불구하고 순수적 리스크에 대해 직장에서 근로자의 면담과 점검에 의해 직접 자기의 눈으로 리스크의 정보를 확인한다.
다음으로 상세한 질문서, 과거의 사고 및 손실의 기록, 재무 기록, 최고 경영 관리자가 포부로 삼고 있는 장래 계획을 알고, 최후로 다른 조직에서는 문제가 어떻게 처리 되고 있는가를 알기 위해 같은 입장에 있는 사람들과의 연락을 취한다. 새로운 기술과 함께 새로운 위험이 생기고 새로운 법률이 생기고 새로운 관계가 나와 새로운 리스크가 탄생한다. 거기에다 근로자는 끊임없이 교체되므로 리스크 발굴의 과정에는 끝이 없다고 말을 하고 있다.

2. 리스크의 측정과 분석

리스크를 확인하였으면 과거의 손해 기록에 의거, 손해 건수와 손해 금액에서 미래도 과거와 같은 경과를 더듬는다는 가정하에 확률적으로 미래의 손해액에 대해 예산서를 작성한다.

3. 리스크 처리의 기술

미국에서는 리스크의 이론과 함께 위험 처리 수단이 오래 전부터 논의되어 왔다. 위험 처리의 기술은 다음 4가지로 위험의 회피, 위험의 제거, 위험의 보유, 위험의 전가로 분류된다.
① **위험의 회피** : 예상되는 위험을 차단하기 위해 그 위험에 관련되는 행동 자체를 행하지 않는 것이다.
② **위험의 제거** : 위험을 적극적으로 예방하고 경감하려고 하는 수단이 위험의 제거이다. 위험의 제거에는 위험의 방지(방재), 분산, 결합, 제한이 포함된다.
③ **위험의 보유** : 위험의 보유에는 위험에 대한 무지에서 결과적으로 보유하고 있는 소극적 보유와, 위험을 충분히 확인한 뒤 이것을 보유하는 적극적 보유의 두 가지가 있다.
④ **위험의 전가** : 위험의 전가는 전형적인 것은 보험이고 유사한 것은 보증, 공제 기금 제도이다. 위험의 회피가 이루어지지 않는 한 위험은 경감되어도 위험은 남는다. 남게 된 위험에 대해 회사의 재정 부담 능력을 생각하고 보유할 것인지, 이전할 것인가의 의사 결정을 한다.

4. 리스크 처리 기술의 선택

리스크의 회피가 이루어지지 않는 한 리스크는 경감되어도 리스크는 남는다.
남게 된 리스크에 대해 회사의 재정 부담 능력을 생각하고 보유하는가, 이전할 것인가의 의사 결정을 한다.

4 결론

1. 기업의 위험 관리 목표는 근로자, 고객 또는 지역 사회의 주민에 이르기까지 회사와 관계가 있는 모든 사람들을 상해 사고로부터 지키는 것이다.

2. 회사의 손해를 최소한으로 억제하여 보험 지출이나 보상 처리를 위해 숨은 비용을 최소화하는 것이 위험 관리의 목적이다.

문제 7

불안전 행동에 의한 배후 요인에 대하여 기술하라.

1 서 론

① 불안전 행동에 의한 재해 발생은 전체 재해 원인 중 약 88[%]를 차지 이에 대한 원인을 알고 대처할 수 있는 방법에 대하여 논하기로 한다.
② 레빈s(LeWin)의 $B=f(P \cdot E)$ 인적 요인과 외적 요인으로 구분, 인적 요인에는 심리적 요인, 외적 요인에는 인간 관계 요인, 설비적 요인, 작업적 요인, 관리적 요인이 있으며 이에 대한 연구를 통해 불안전 행동의 배후 요인에 대해서 알아보기로 한다.

2 본 론

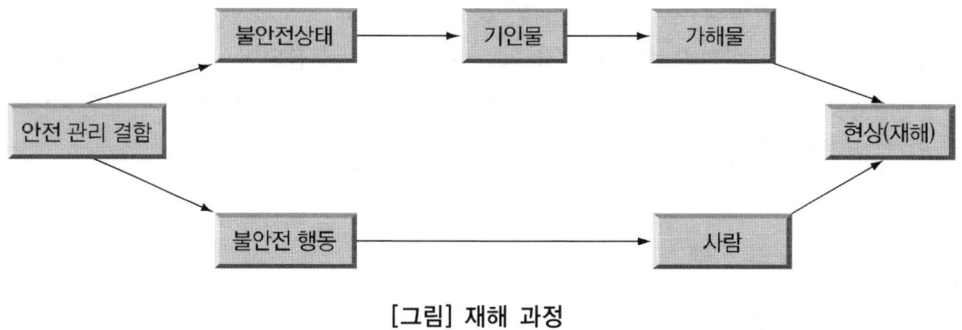

[그림] 재해 과정

1. 인적 요인

① 심리적 요인
㉮ 망각 : 사회 생활 속에 건망증은 누구나 있다. 그러나 작업 중 망각은 사고와 연결될 수 있으므로 이에 대한 재해 예방에 관심을 가져야 한다.
㉯ 소질적 결함이 있을 때 : 신체적 결함(간질의 지병, 심장 질환 등)의 소유자를 말하며, 이에 대한 작업 배치가 중요하다.
㉰ 주변적 동작 : 주위 상황을 보지 않고 작업에만 몰두하여 발생되는 재해. 작업시 주의가 요망된다.
㉱ 무의식 행동 : 주변적 동작에 의해 행해지는 동작

⑰ 의식의 우회를 보일 때 : 작업 중 온종일 긴장하여 작업하기는 곤란하다. 의식의 우회는 사고와 직결된다.
⑯ 생략 : 작업자가 피로하거나 작업이 급할 때 행해지는 작업으로 작업시 침착성과 피로 회복이 중요하다.
⑰ 억측 판단 : 자기 멋대로 주관적인 판단이나 희망적인 관찰에 의하는 행위, 이 정도면 되겠지 하는 판단은 사고와 직결된다.
⑱ 걱정 거리 : 작업 외의 문제 때문에 발생되는 각종 고민거리에 의한 불안전 행동에 대한 배후 요인으로 지적됨
② 생리적 요인 : 생리적 요인에 의한 피로, 영양과 에너지 대사, 적성과 작업의 종류로 구분된다.
㉮ 피로 : 피로는 육체적, 정신적 노동에 의한 근무 능률이 저하되는 상태를 말하며 육체적 피로, 정신적 피로, 급성 피로, 만성 피로로 나뉜다.
㉯ 영양과 에너지 대사 : 근로 에너지에 필요한 영양분을 섭취 작업에 지장이 없도록 한다.
㉰ 적성과 작업의 종류 : 적성 검사의 결과에 따라 작업 장소에 배치, 생산성 향상과 불안전 행동 제거에 도움이 되도록 한다.

2. 외적 요인

① 설비적 요인 : 설비 취급상의 문제, 유지 관리시의 문제에 대한 해소로 재해에 대한 대책 실시
② 작업적 요인 : 작업 자세 불안, 작업 속도, 작업 강도에 의한 불안전 행동 유발
③ 관리적 요인 : 교육 훈련 부족, 감독 지시 불충분, 적성 배치 불충분에 대한 관리적 요소 해소에 노력

3. 피로 회복 방법

피로는 충분한 영양 섭취와 휴식 등을 통하여 해소될 수 있으므로 작업시 피로하지 않도록 노력이 필요하다.
① 휴식과 수면
② 충분한 영양 섭취
③ 산책 및 가벼운 운동
④ 음악 감상·오락
⑤ 목욕·맛사지 등 물리적 요법

3 결론

1. 안전 사고는 불안전 상태나 행동의 접촉에 기인하는 것으로서 접촉을 단절할 수 있는 메커니즘을 구비하여 사고 예방에 만전을 기해야 하며 불안전 행동은 재해 요인 중 가장 큰 비중을 차지하고 있으므로 이에 대한 재해 감소에 최선을 다해야 할 것이다.

2. 최고 경영자의 적극 참여, 안전 관리자의 충실한 임무 수행, 근로자의 자율적인 참여만이 재해를 감소시켜 쾌적한 작업 환경을 이룰 것임을 명심해야 하겠다.

문제 8

산소결핍의 원인과 대책을 기술하시오.

1 개요

① 산소 결핍이란 공기 중의 산소 농도가 대기중 18[%] 미만인 상태로 적절한 환기 대책 미흡에서 발생된다.
② 산소가 결핍된 공기를 흡입함으로써 생기는 증상을 산소 결핍 증상이라고 한다.

2 산소 결핍 요인

산소의 결핍 원인은 산소가 부족하기 쉬운 작업장에 환기 시설 불충분 등 적절한 조치 미흡에서 발생되며 아래의 작업 장소에서 주로 발생된다.
① 장기간 사용을 하지 않은 우물 등의 내부
② Cable Gas관 또는 지하에 부설된 매설물을 수용하기 위하여 지하에 부설한 암거, 맨홀, Pit 내부
③ 빗물, 하천의 유수 또는 용수가 체류하고 있거나 체류하였던 통, 암거, 맨홀, 피트 내부
④ 해수가 체류하고 있거나 체류하였던 Pit, 맨홀, 암거
⑤ 장기간 밀폐된 강재의 보일러 탱크
⑥ 분뇨, 썩은 물 기타 부패, 분해되기 쉬운 물질이 있는 정화조, 탱크, 맨홀, 암거
⑦ 바닥, 벽, 천장이 페인트 도장으로 건조되기 전 밀폐된 지하실 창고

3 산소 결핍 위험 작업의 안전 대책

1. 환 기

① 산소 결핍 작업시에는 산소 농도가 18[%] 이상 환기하도록 조치
② 환기 불가시 근로자에게 호흡용 보호구 착용 지시

2. 인원 점검

입출입시 반드시 근로자의 인원을 점검

3. 출입금지

① 관계자 외의 출입을 금하고 그 내용을 게시하도록 한다.
② 출입 허가시 적절한 보호 조치 후 출입

4. 연 락

해당 작업장과 외부의 감독자와의 사이에 상시 연락을 취할 수 있는 설비 구축

5. 사고시의 대피

① 산소 결핍의 우려가 있는 경우 즉시 작업 중지 및 대피 실시
② 대피 후 즉시 관리 감독자에게 알려 즉각 조치 필요

6. 대피용 기구의 배치

공기 호흡기, 사다리, 섬유 로프 등을 위험 장소에 배치

7. 구출시의 호흡기 사용

구출 작업에 종사하는 근로자에게 공기 호흡기 등 호흡용 보호구를 착용하도록 한다.

환　　기
인 원 점 검
출 입 금 지
연　　락
사고시 대피
대피기구 배치
공기호흡기사용

4 관리상의 조치

1. 관리 감독자 배치

① 관리 감독자는 근로자가 산소에 결핍된 공기를 흡입하지 않도록 작업 개시전 작업 방법 결정, 작업지휘자 지정
② 작업 개시 전에 공기중의 산소 농도를 측정
③ 산소 농도 측정 기구, 환기 장치, 공기 호흡기 등의 기구 설비를 점검한다.
④ 공기 호흡기 등 호흡용 보호구의 착용을 지도 착용 상태를 점검한다.

2. 감시인 배치

① 상시 작업 상황을 감시하고 이상시 비상 조치
② 안전 관리자, 관리 감독자와 상시 연락 체제 구축

3. 의사의 진찰

산소 결핍 환자는 즉각 의료 조치 실시

4. 안전대 등 보호구

산소 결핍으로 추락 우려가 있을 때에는 안전대, 구명 밧줄과 호흡용 보호구 착용 유도

5 결론

① 산소 결핍에 의한 재해는 질식 및 중독 등 대부분 밀폐된 공간에 의한 재해로 환기 시설 구축 및 보호구 등의 조치가 필요하다.
② 최고 경영자의 작업 환경의 개선 및 안전 관리자, 명예산업안전 감독관 관리 감독자의 충실한 업무 수행, 전 근로자의 적극적인 자세로 예방될 수 있다.

문제 9

사전 안전성 평가(유해 위험 방지 계획서 : Safety Assessment)에 대하여 기술하시오.

1 개 요

안전성 평가란 재해 발생 가능성이 있는 건축물, 위험 설비 또는 기계 등이 사업장에 설치되거나, 근로자의 안전과 보건을 위해할 우려가 있는 생산 방법이나 공법이 채택되는 것을 사전에 방지하기 위해 유해 위험 요인을 평가하는 것을 말하며 평가 주체는 사업주, 설계, 제조 발주자, 즉 설계, 시공 계획 단계에서부터 안전 대책 설계를 의미한다.

2 배 경

① 초기 산업 사회 : 재해 사고를 단순히 개개인의 부주의로 생각
② 고도 산업 사회 : 재해 사고가 단순히 개개인과 관계없이 발생
→ 사업주, 설계, 시공자에 책임 부여

3 효 과

① 재해 예방 : 사전 검토
② 경제성 확보
③ 생산성 향상

4 유해위험방지계획서 제출대상 건설공사

(1) 다음 각 목의 어느 하나에 해당하는 건축물 또는 시설 등의 건설·개조 또는 해체 공사
  가. 지상높이가 31[m] 이상인 건축물 또는 인공구조물
  나. 연면적 30,000[m^2] 이상인 건축물
  다. 연면적 5,000[m^2] 이상인 시설로서 다음의 어느 하나에 해당하는 시설
   ① 문화 및 집회시설(전시장 및 동물원·식물원은 제외한다)
   ② 판매시설, 운수시설(고속철도의 역사 및 집배송시설은 제외한다)
   ③ 종교시설

    ④ 의료시설 중 종합병원
    ⑤ 숙박시설 중 관광 숙박 시설
    ⑥ 지하도상가
    ⑦ 냉동·냉장 창고시설
 (2) 연면적 5,000[m²] 이상의 냉동·냉장시설의 설비공사 및 단열공사
 (3) 최대지간길이가 50[m] 이상인 교량건설 등 공사
 (4) 터널건설 등의 공사
 (5) 다목적댐·발전용댐 및 저수용량 2천만톤 이상의 용수전용댐·지방상수도 전용댐 건설 등의 공사
 (6) 깊이 10[m] 이상인 굴착공사

5 평가 방법(5단계)

 ① 1단계 : 기초 자료 수집 및 정비
 ② 2단계 : 기본적인 자료의 검토(정성적 평가)
 ③ 3단계 : 위험도의 평가(정량적 평가)
  해당 공사에 따른 특수한 재해 중복 빈발, 가능성이 높은 것에 대한 평가, 과학적인 근거로 정량적 평가
 ④ 4단계 : 안전 대책의 검토
 ⑤ 5단계 : 안전 대책의 재평가(평가 결과의 계수화)

6 향후 방향(전망)

 ① 우리 실정에 맞는 제도의 설정 : 평가 과정, 심사 대상, 제출 서류, 제출 시기 등 법령화
 ② 심사 대상의 결정 : 일시에 모든 공사 도입은 무리, 위험성이 높은 고층부터
 ③ 심사자의 확보
 ④ 건설 안전 평가 세부 기준의 작성

7 결 론

 ① 제도적 정비보다는 기업 스스로의 협력
 ② 사전 안전성 평가 : 안전보건 관리 계획 수립, 운영 관리
 ③ 결국 안전성은 물론 경제적인 공법, 공정 관리 방법 연구로 생산성 향상
 ④ 특히 신기술, 신공법, 대형 공사 등 고도 기술을 요하는 공법

문제 10

> Risk Management(위험 관리)란?

1 서론

① 1930년 미국에서 재해 비용의 관리적 차원에서 보험 관리로서 대두
② Risk는 손실의 심각도와 손실 발생 빈도와의 관계비로 표시

2 Risk의 종류

① 순수 위험 : 그것이 생겼을 때 손해만 발생(Loss only Risk)
② 투기적 위험 : 그것이 생겼을 때 손해 이익 발생(Loss gain Risk)
　㉮ 투기적 위험 : 경영 관리적 위험, 동태적 위험
　㉯ 투기적 요인 : 인적 욕구 대책, 환경 변화
　㉰ 순수 위험 : 보험 관리적 위험, 절대적 위험
　㉱ 순수 요인 : 전체 인간의 착오

3 단계

① Risk의 발견 및 확인(Risk Indentication) : 출발점 Hazard의 추출
② Risk의 정량화(Risk Quantfication)
③ Risk의 대처(Risk Handling)

4 순서

① Risk의 발굴 확인　　　　　　② Risk의 측정 분석
③ Risk의 처리 기술
　㉮ 위험의 회피 : 소극적
　　Risk가 있는 사업에 손대지 않음
　㉯ 위험의 제거 : 적극적
　　㉠ 위험의 방지 : 발생 빈도 감소, 손해 규모 감소

　　　　ⓒ 위험의 분산 : 공사 창고 분산
　　　　ⓒ 위험의 결함 : 가격 협정, 기술 협정, 생산 제한, 경쟁 제한
　　　　ⓔ 위험의 제한
　　ⓓ 위험의 보유
　　　　㉠ 소극적 : 위험에의 무지　　㉡ 적극적 : 위험의 무한한 확인
　　ⓔ 보험의 전가 : 보험, 보증, 공제 기금 제도

5 결론

① 전사의 책임
　　㉮ 근로자, 고객, 지역 사회, 주민 등 회사와 관계 있는 모든 사람
　　㉯ 상해 사고로부터 보호
② 부분 관리자의 책임 : 손실, 상해, 재산상 손해 방지
③ 숨은 비용의 최소화

문제 11

Risk Management를 설명하시오.

1 개 요

1. 미국에서 발생한 위험 관리 기법으로 보험 중계인의 보험료를 모아서 독자적인 보험 조합을 만들기 위한 이론이었으나 현재는 경영적인 안전 관리 기법으로 활용

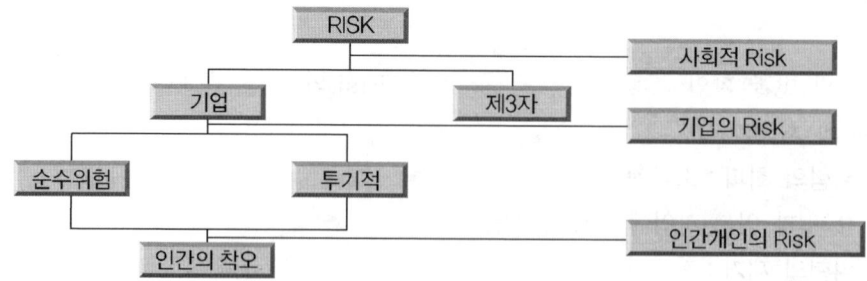

[그림] Risk-Management 기법

2. 투기적 위험과 순수 위험과의 차이

① 순수 위험 : 보험관리, 정태적 위험, 자연재해, 인간의 착오
② 투기적 위험 : 경영관리, 동태적 위험, 인간욕구, 사회적 환경

2 Risk Management의 목적

물적·인간적 자산이 이들 자산으로부터 얻을 수 있는 장래 소득에 대한 우발적 손실에서 기업이나 가정을 보호
① 근로자, 고객, 지역 주민의 상해 사고를 보호, 예방
② 재산 상의 손해 방지 및 회사의 평판고려
③ 보험 지출, 손해 처리의 최소화

3 Risk Management의 순서

1. Risk의 발굴 및 확인

① 근로자의 면담으로 Risk의 정보 확인
② 동일한 입장과의 상호 연락
③ 새로운 기술에 의한 새로운 Risk 탄생
④ 계속적인 Risk의 발굴

2. Risk의 특성과 분석

① 과거의 경과를 분석
② 확률적으로 장래의 손해액 계산

3. Risk 경감 대책

4. Risk 대책 기법의 의사 결정 및 실시

5. Risk의 계속 감시

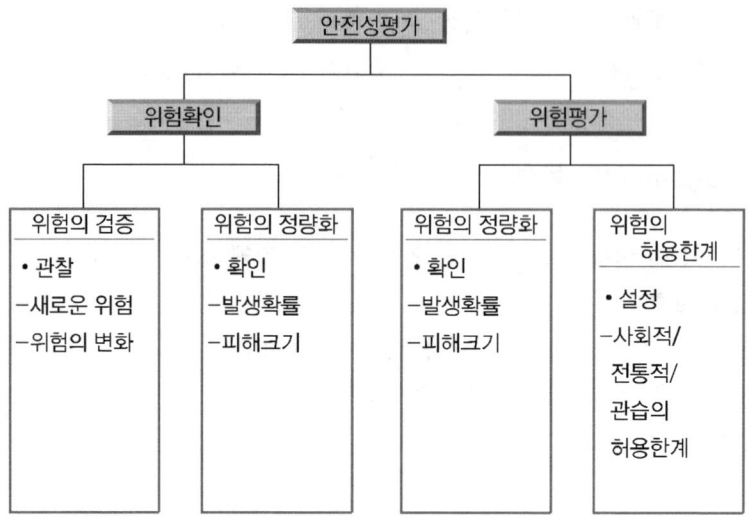

[그림] 안전성 평가

4 경영과 위험 관리

1. 안전과 경영

① 산업안전은 경영의 문제
② 안전 제일은 경영 조직의 실적
③ 설계, 견적, 운전, 보수시 안전 도입
④ 작업 기준서, 작업 지시서, 순서도 작성

2. 안전과 기업 경영의 합리화

① 안전은 이윤을 창출한다.
　㉮ 조기 수리 실시
　㉯ 예방 정비 실시
　㉰ 예방 교육 실시
② 노사 관계 형성에 기여
　㉮ 인간 관계 형성
　㉯ 자율 참여

㉰ 교육 철저
㉱ 신뢰 확보
③ 재해로 인한 손실은 거액
㉮ 직접적 손실 및 간접 손실
㉯ 저품질화
㉰ 안전 무시시 생산성 저하
㉱ 사회적 신용실추

3. 안전 관리에 의한 일괄 손실 방지

① 하인리히 방식
㉮ 직접 손실 : 간접손실=1 : 4(하인리히=1 : 4)
㉯ 직접 손실(보험보상)
  ㉠ 의료비
  ㉡ 보상비
㉰ 간접 손실(보험미보상)
  ㉠ 건물 손상
  ㉡ 공구, 장치 손해
  ㉢ 제품, 원료 손해
  ㉣ 보험 미계상 Cost
② 산재가 기업에 미치는 영향

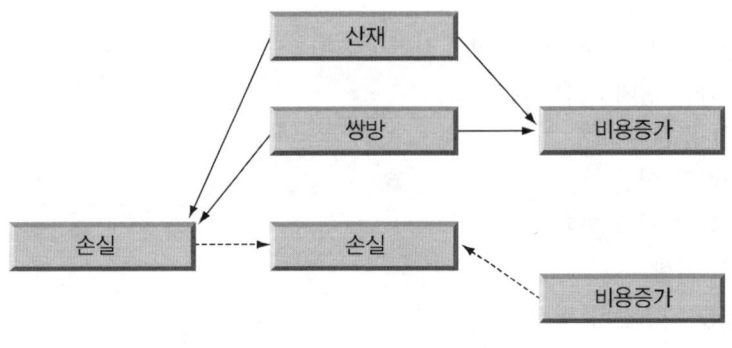

[그림] 산재 영향

5 Risk의 처리 방법

1. Willet의 기법

① 회피(Avoidance)
② 예방(Prevention)
③ 보유(Assumption)

2. Harvey의 기법

① 제거(Elimination)
② 보유(Assumption)
③ 전가(Transfer)

3. 위험 처리 기술

① 위험의 회피
  ㉮ 위험 사업의 투자 기피
  ㉯ 소극적 위험 처리 수단
  ㉰ 이익의 포기
② 위험의 제거
  ㉮ 방지
    ㉠ 인적 : 교육, 정기 점검
    ㉡ 물적 : 내화구조, 안전 장치
    ㉢ 소화기 설치 : 비상 계단
  ㉯ 위험의 분산
    ㉠ 위험의 이전
    ㉡ 계약시 면책 약관
  ㉰ 위험의 결합
    ㉠ 동종 기업간의 협정
    ㉡ 가격, 기술, 생산, 경쟁의 제한
  ㉱ 위험의 제한
    ㉠ 정형적 계약서 작성
    ㉡ 위험 부담 규격 확정

문제 12

안전성 사전 평가 의의와 확립 방안에 대해 기술하시오.

1 개 요

1. 최근 건축물이 대형화, 고층화됨에 따라 재해 강도가 더욱 높아져 공사의 계획 단계에서 공사의 완료시까지 발생 예측이 가능한 각 공정별, 공종별 단계에서 재해 요인에 대한 사전 분석의 중요성이 날로 증가하고 있다.

2. **법적 목적**

   산업안전보건법에서는 고용노동부령이 정하는 업종 및 규모에 해당하는 사업의 사업주는 해당 사업에 관계있는 건설물, 기계·기구 및 설비 등을 설치, 이전하거나 그 주요 구조부분을 변경할 때는 유해·위험 방지 계획서를 공사 착공 전일까지 지방고용노동관서의 장에게 제출하도록 하고 있다.

2 심사 대상 건설 공사

(1) 건축물 또는 시설 등의 건설·개조 또는 해체 공사
   가. 지상높이가 31[m] 이상인 건축물 또는 인공구조물
   나. 연면적 30,000[m^2] 이상인 건축물
   다. 연면적 5,000[m^2] 이상인 시설
      ① 문화 및 집회시설(전시장 및 동물원·식물원은 제외한다)
      ② 판매시설, 운수시설(고속철도의 역사 및 집배송시설은 제외한다)
      ③ 종교시설
      ④ 의료시설 중 종합병원
      ⑤ 숙박시설 중 관광 숙박 시설
      ⑥ 지하도상가
      ⑦ 냉동·냉장 창고시설
(2) 연면적 5,000[m^2] 이상의 냉동·냉장시설의 설비공사 및 단열공사
(3) 최대지간 길이가 50[m] 이상인 교량건설 등의 공사

(4) 터널건설 등의 공사
(5) 다목적댐·발전용댐 및 저수용량 2천만톤 이상의 용수전용댐·지방상수도 전용댐 건설 등의 공사
(6) 깊이 10[m] 이상인 굴착공사

3 안전성 사전 평가 확립 방안

1. 1년 1회 심사 내용, 이행 실태를 확인해왔으나 분기별 1회 확인하여 유해·위험 공사에 대한 지속적인 기술 지도가 미흡
2. 대구 도시가스 폭발 등의 계기로 지하철 공사장에는 「가스 누출 경보기」 설치를 의무화
3. 심사위원에 지식경제부, 국토해양부 등 관계 부처 전문가의 참여폭을 넓혀 심사를 대폭 강화
4. 유해·위험 방지 계획서의 내용을 전산화하여 중대 재해 발생시 각종 지도 감독자료로 활용

4 제출 서류

1. 건축물 각 층의 평면도
2. 기계·설비의 개요를 나타내는 서류
3. 기계·설비의 배치도면
4. 원재료 및 제품의 취급, 제조 등의 작업방법의 개요
5. 그 밖의 고용노동부장관이 정하는 도면 및 서류

5 판정(심사 결과 구분)

1. 적 정

    근로자의 안전과 보건상 필요한 조치가 구체적으로 확보되었다고 인정되는 경우

2. 조건부 적정

    근로자의 안전과 보건을 확보하기 위하여 일부 개선이 필요하다고 인정되는 경우

3. 부적정

기계·설비 또는 건설물이 심사기준에 위반되어 공사착공시 중대한 위험발생의 우려가 있거나 계획에 근본적 결함이 있다고 인정되는 경우

6 확인 사항

1. 유해·위험 방지 계획서의 내용과 실제 공사 내용과의 부합하는지 여부
2. 유해·위험 방지 계획서 변경내용의 적정성
3. 추가적인 유해·위험 요인의 존재 여부
4. 기타 재해 예방을 위하여 고용노동부장관이 정하는 사항

7 결 론

1. 유해·위험 방지 계획서는 공사 전 사전 안전성 평가라는 점에서 재해 예방에 큰 역할을 하고 있으며 공사 단계별 표준 모델 작성 등 개선점이 필요하다.
2. 이러한 의미에서 정부에서는 모든 재해 예방 기관 등 안전보건 관련 업무를 비영리 법인에서 영리 법인으로 확대 재해 예방에 적극 대처하여 효율적 재해 예방을 위한 각종 연구가 활발해질 전망이다.

문제 13

System 안전에 대해서 기술하시오.

1 개 요

1. System의 의의

   복수개의 요소 혹은 요소의 집합에 의해 구성되고 System 상호간의 관계를 유지하면서 정해진 조건에서 어떤 목적을 위하여 작용하는 집합체

2. System 안전이란

어떤 System에서 기능 시간, Cost의 제약하에서 인간의 사상, 물질의 손실 손상을 최소한으로 하는 것

2 SYSTEM 안전관리

1. 정 의

System 안전업무를 수행하기 위해 필요한 Program 관리의 한 분야

2. 주요 내용

① System 안전에 필요한 사항의 식별(identification)
② 안전 활동의 계획, 조직 및 관리
③ 다른 System Program 영역과의 조정
④ System 안전에 대한 목표를 유효하게, 적시에 실현하기 위한 Program의 해석 검토 및 평가 등

3 System의 안전 달성 방법

1. 재해 예방

위험의 소멸, 위험 수준의 제한, 유해 위험물의 대체 사용 및 완전차폐, 페일 세이프 설계, 고장의 최소화, 중지 및 회복

2. 피해의 최소화 및 억제

격리, 보호구 사용, 탈출 및 생존, 구조

4 System 안전의 우선도

① 안전의 최소화를 위한 설계
② 안전 장치의 채택

③ 경보 장치의 채택
④ 특수한 수단의 개발(위험의 제어를 위한 순서 및 훈련)

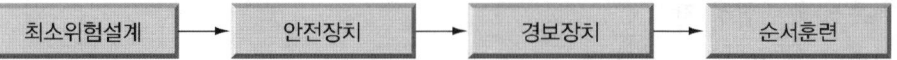

5 안전성 평가

1. 개 요

① Assessment의 정의 : 설비 기계를 사용함에 있어 기술적, 관리적 측면에 대하여 종합적인 안전성을 사전에 평가, 개선안의 제의
② 설비의 전공정에 걸친 안전성의 사전 평가 행위를 Safety Assessment 혹은 Risk Assessment라 한다.

2. 안전성 평가의 기본 원칙(단계)

① 제1단계 : 관계 자료의 정비 및 검토
② 제2단계 : 정성적 평가
③ 제3단계 : 정량적 평가
④ 제4단계 : 안전 대책
⑤ 제5단계 : 재해 정보에 의한 재평가
⑥ 제6단계 : FTA에 의한 재평가

3. 안전 평가 기본 방침

① 예방 기능
② 상해는 공통적 손실
③ 관리자는 상해 방지 책임
④ 위험 부분 방호 장치 설치
⑤ 교육, 훈련 의무화

4. 위험성 평가순서

① 위험성의 검출과 확인

② 위험성 측정과 분석, 평가
③ 위험성 처리 방법의 선택
④ 계속적인 위험성 감시
⑤ 위험성 처리(위험의 제거 또는 극소화)

5. 안전성 평가시기

① 작업 전
② 작업 중
③ 작업 후
④ 조업 가동 개시 전
⑤ 조업 개시 후

6. System 안전 해석 기법

① PHA(Preliminary Hazard Analysis)
　㉮ 개요 : 최초 단계의 분석으로서 System 내 위험 요소 상태를 정성적 평가
　㉯ 목적
　　㉠ Check List
　　㉡ 기술적 판단 경험에 의한 방법
② FHA(Fault Hazards Analysis : 결함 사고 분석)
　㉮ 개요 : Sub System 분석에 이용
　㉯ Sub System : 전체 중의 한 구성 요소
　㉰ 기재 사항
　　㉠ Sub System 고장형
　　㉡ 고장률 운용 방식
　　㉢ 고장의 영향
　　㉣ 2차고장
　　㉤ 지배 요인
　　㉥ 위험 분류
③ FTA(Fault Tree Analysis)
　㉮ 개요
　　㉠ System의 고장상태를 먼저 상정하고 그 고장의 요인을 순차 하위 레벨로 전개하

여 가면서 해석을 진행하여 나가는 하향식(Top-Down) 방법으로, 고장 발생의 인과 관계를 AND GATE나 OR GATE를 사용하여 논리표(Logic Diagram)의 형으로 나타내는 System 안전 해석 방법
   ㉡ 결함 수법, 결함 관련 수법, 고장의 목분석법
  ㉮ 특징 : 재해 발생 후의 원인 규명보다 재해 발생 전의 예측 기법
  ㉯ 순서 : Top사상의 선정 → 사상마다 재해원인 규명 → FT의 작성 → 개선계획 작성
   ㉠ 발생 우려가 있는 재해의 상정
   ㉡ 상정된 재해에 관계되는 기계, 설비, 인간작업행동 등에 대한 정보수집
   ㉢ FT도 작성
   ㉣ 작성된 FT도를 수식화 및 수학적 처리에 의해 간소화
   ㉤ 기계 부품의 고장률, 인간의 작업 행동 중 잘못이 일어날 수 있는 부분에 대한 자료 수집
   ㉥ FT를 수식화한 식에 발생 확률을 대입하여 최초에 상정된 재해 확률 산정
   ㉦ 결과평가
④ FMEA(Failure Modes in Effects Analysis : 고장형태와 영향분석)
  ㉮ 장점
   ㉠ CA(Critcailty Analysis)와 병행
   ㉡ FTA보다 적은 노력으로 가능
  ㉯ 단점
   ㉠ 논리부족
   ㉡ 2가지 요소가 고장날 경우 분석 곤란
   ㉢ 안전원인 규명 논란
  ㉰ 기재사항
   ㉠ 요소의 명칭
   ㉡ 고장의 영향
   ㉢ 고장의 발견
   ㉣ 고장의 형태
   ㉤ 위험성 분류
   ㉥ 시정방법
⑤ 결함발생의 빈도구분
  ㉮ 개연성(Probability) : 10,000시간 운전 중 1건 발생
  ㉯ 추정개연성(Reasonable Probability) : 10,000~100,000시간 운전중 1건 발생
  ㉰ 희박 : 100,000~10,000,000시간 중 1건 발생

　　　　　　㉓ 무관 : 10,000,000 이상시 1건 발생
　　⑥ CA(Criticality Analysis)
　　　　㉮ CA : 높은 위험도를 가진 요소 또는 고장의 형태에 따른 분석
　　　　㉯ 구분
　　　　　　㉠ Category Ⅰ : 생명 상실
　　　　　　㉡ Category Ⅱ : 작업 실패
　　　　　　㉢ Category Ⅲ : 운용 지연
　　　　　　㉣ Category Ⅳ : 관리로 이어진 고장
　　⑦ FMECA(Failure Modes Effects and Criticality Analysis)
　　　　• FMEA와 CA를 병용
　　⑧ Dicision Tree
　　　　• System 신뢰도를 나타내는 모델의 하나로 귀납적 정량적 분석 방법(Event Tree)
　　⑨ MORT(Management Oversight and Risk Tree)
　　　　• 관리, 설계, 생산, 보전 등으로 고도의 안전 달성
　　⑩ THERP(Technique for Human Error Rate Prediction)
　　　　㉮ System 인간 과오 정량적 평가
　　　　㉯ Man-Machine System의 국부적인 상세한 분석

6 결 론

1. 안전 System의 적극 활용을 통한 산업 재해 예방과 중대 재해 예방으로 근로자의 복리증진에 기여해야 하겠다.

2. 이는 관련 안전 기업 기관 및 기업의 적극적인 투자와 정부에서의 기술 지원, 그리고 철저한 감독에서 비롯된다고 하겠다.

기술사 300점 시리즈

제 **4** 편

산업안전보건 용어 정리

제1장 산업안전보건 용어 정리

제2장 예상문제 및 실전모의시험

제1장 산업안전보건 용어정리

1 안전 점검의 정의(건설업에 해당)

시설물 안전 관리법 의거, 안전 점검이라 함은 일정한 경험과 기술을 갖춘 자가 육안 또는 점검 기구 등에 의하여 검사를 실시함으로써 시설물에 내재되어 있는 위험 요인을 조사하는 행위를 말한다.

2 정밀 안전 진단이란(건설업에 해당)

(1) 내 용

안전 점검을 실시한 결과 시설물의 재해 예방 및 안전성 확보 등을 위하여 관리 주체가 필요하다고 인정하거나 대통령령이 정하는 시설물에 관하여 물리적 기능적 결함을 발견하고 그에 대한 신속하고 적절한 조치를 하기 위하여 구조적 안정성 및 결함의 원인 등을 조사 측정 평가하여 보수, 보강 등의 방법을 제시하는 것

(2) 정밀 안전 진단을 실시해야 할 시설물(제1종 시설물)

① 고속철도 교량, 연장 500미터 이상의 도로 및 철도교량
② 고속철도 및 도시철도 터널, 연장 1,000미터 이상의 도로 및 철도 터널
③ 갑문시설 및 연장 1,000미터 이상의 방파제
④ 다목적댐, 발전용댐, 홍수전용댐 및 총저수용량 1천만톤 이상의 용수전용댐
⑤ 21층 이상 또는 연면적 5만제곱미터 이상의 건축물
⑥ 하구둑, 포용저수량 8천만톤 이상의 방조제
⑦ 광역상수도, 공업용수도, 1일 공급능력 3만톤 이상의 지방상수도

[합격정보]
시설물안전법 제7조(시설물의 종류)2021.4.21

3 에너지 소비량(Relative Metabolic Rate)

(1) 에너지 소모량 산출 방법

$$RMR = 노동\ 대사량 / 기초\ 대사량$$
$$= \frac{작업시의\ 손실\ 에너지 - 안정시의\ 손실에너지}{기초대사량}$$

(2) 육체 작업

① 0~2RMR : 경 작업
② 2~4RMR : 중(中) 작업
③ 4~7RMR : 중(重) 작업
④ 7RMR : 초중 작업

(3) 기초 대사량 산출 방법

$$A = H^{0.725} \times W^{0.425} \times 72.46$$
A = 몸표면적, H = 신장, W = 체중

4 안전 공학(safety engineering)

안전 공학이란 산업에 따르는 각종 사고의 발생 원인, 경과의 규명 및 그 방지 대책에 필요한 과학 및 기술에 관한 통계적인 지식 체계라고 정의되어 있다.

그러나 이 어구를 사용하는 대부분의 사람들의 안전에 관한 지식 체계 중 기계, 전기, 화학, 토목에서 안전성을 확보하기 위한 공학 체계 외에 인간 공학적인 심리적 현상 또는 사회적 현상도 깊이 관계하고 있다.

최근에도 공학이란 어구의 적용 범위가 대단히 넓어져 안전 공학도 사회 과학과 자연 과학, 인간 공학적인 인간 조직, 시스템 및 그들의 관리도 포함한 것으로 해석된다.

5 안전 기준(safety standards)

산업안전보건법에서 근로자의 위험 또는 건강 장해를 방지하기 위한 조치에 대해서 규정하고 있지만 이 중에서 안전에 관계되는 것 즉 근로자의 취업에 관계되는 건설물, 기계, 기구 등의 설비, 원재료, 가스, 증기 등의 안전 설비의 기준, 근로자가 안전하게 작업을 수행하기 위하여 지켜야 할 행위에 대한 기준, 감독자가 직무 수행에 필요한 안전상 완수할 사항의 기준 등이 있다.

이것이 협의적인 안전 기준이라고 하는 것이다. 안전 기준에는 법으로서 강제력이 있는 최고 최저 기준과 기업이나 재해 방지 단체에서 법 기준에 의거해서 보다 구체적으로 정한 기준 지침 등이 있다.

법령상의 기준은 앞에서 기록된 협의적인 안전 기준을 기본으로 삼아 규정된 산업안전 기술에 관한 규칙 외에 고압 가스 안전 관리법, 도로 교통법 등에도 구체적으로 정해져 있다. 또 기술 지침 등으로는 재해 방지 단체가 제정하는 산업 재해 방제 규정 중의 안전 기준이나 기업이 정하는 안전 관리 규정, 작업 표준, 점검 정비 기준 등이 있다.

6 안전 코스트(safety cost)

기업 내의 안전을 유지하고 추진하기 위해 투자되는 비용을 말한다.
생산에 대한 원가를 산출할 때 당연히 계산에 넣어야 하는 것이다.
그러나 예를 들면 안전 포스터, 안전 표어, 안전 주간 행사 비용, 각종 안전 자료, 표창 비용 등 순전히 안전만의 것은 명확하지만 생산 직장에 있어서 모든 시설에 대한 안전 실시의 비용 등은 명확성을 상실할 우려가 있다.

7 안전보건표지(safety indication)

"안전보건표지"란 근로자의 안전 및 보건을 확보하기 위하여 위험장소 또는 위험물질에 대한 경고, 비상시에 대처하기 위한 지시 또는 안내, 그 밖에 근로자의 안전보건의식을 고취하기 위한 사항 등을 그림·기호 및 글자 등으로 표시하여 근로자의 판단이나 행동의 착오로 인하여 산업재해를 일으킬 우려가 있는 작업장의 특정 장소, 시설 또는 물체에 설치하거나 부착하는 표지를 말한다.

(1) 금지 표지

출입금지, 보행금지, 차량통행금지, 사용금지, 탑승금지, 금연, 화기금지, 물체이동금지 등으로 흰색 바탕에 기본 모형은 빨간색, 관련 부호 및 그림은 검은색이다.

(2) 경고 표지

인화성물질 경고, 산화성물질 경고, 폭발성물질 경고, 급성독성물질 경고, 부식성물질 경고, 방사성물질 경고, 고압전기 경고, 매달린 물체 경고, 낙하물체 경고, 고온 경고, 저온 경고, 몸균형 상실 경고, 레이저광선 경고, 발암성·변이원성·생식독성·전신독성·호흡기과민성물질 경고, 위험장소 경고 등으로 바탕은 노란색, 기본 모형, 관련 부호 및 그림은 검은색이다.

(3) 지시 표지

보안경 착용, 방독마스크 착용, 방진마스크 착용, 보안면 착용, 안전모 착용, 귀마개 착용, 안전화 착용, 안전장갑 착용, 안전복 착용으로 바탕은 파란색으로 그 관련 그림은 흰색으로 나타난다.

(4) 안내 표지

녹십자표시, 응급구호표지, 들것, 세안장치, 비상구, 좌측 비상구, 우측 비상구 등으로 바탕은 흰색, 기본 모형 및 관련 부호는 녹색, 바탕은 녹색, 관련 부호 및 그림은 흰색으로 나타낸다.

(5) 관계자외 출입금지

① 허가대상물질작업장
② 석면취급/해체작업장
③ 금지대상물질의 취급 실험실 등

8 작업 환경 측정이란

(1) 개 요

작업 환경 측정이라 함은 작업 환경의 실태를 파악하기 위하여 근로자 또는 작업장에 대하여 사업주가 측정 계획을 수립하여 시료의 채취 및 분석 평가를 하는 것을 말한다.

작업 환경을 쾌적한 상태로 유지한다는 것은 건강 장애를 방지하기 위하여 보건상 유해한 가스 또는 분진이 작업장 주변의 공기 중에 포함되어 있지 않고 특히 작업에 필요한 온도,

습도, 채광, 조명 등이 적절히 유지되어 기분 좋게 작업할 수 있으며 피로의 감소와 건강 장애를 일으키지 않아야 한다.

유해한 작업 환경에서 근로자의 보건 건강을 확보하고 직업병 발생을 예방하고자 사업주는 유해한 작업장에 대하여 규칙적으로 작업 환경을 측정 평가하고 그 결과를 기록 보전하여야 하며 잘못된 것은 시정 개선해야 한다.

(2) 산업안전보건법상 작업 환경 측정 대상 사업장
 ① 분진이 현저하게 발생한 작업장
 ② 산소 결핍의 위험이 있는 작업장
 ③ 유기 용제 업무를 하는 실내 작업장
 ④ 격렬한 소음을 발생하는 옥내 작업장
 ⑤ 설비 장치에 대한 이상 유무의 점검

(3) 측정 결과 조치
작업 환경 측정 결과에 따라 시설 개선 등 적절한 조치를 하며 측정 결과를 30일 이내 지방 고용노동관서의 장에게 보고한다.

9 중대 재해란

산업 재해 중 사망 등 재해정도가 심하거나 다수의 재해자가 발생한 경우로써 고용노동부령이 정하는 재해를 말한다.
 ① 사망자가 1명 이상 발생한 재해
 ② 3개월 이상의 요양이 필요한 부상자가 동시에 2명 이상 발생한 재해
 ③ 부상자 또는 직업성 질병자가 동시에 10명 이상 발생한 재해

10 무재해 운동의 3원칙

무재해란 근로자가 업무에 기인하여 사망 또는 4일 이상 요양을 요하는 부상 또는 질병에 이환되지 않는 것을 말한다.
 ① 무(無 : ZERO)의 원칙 : 무재해란 단순히 사망 재해, 휴업 재해만 없으면 된다는 소극적 사고가 아니고 물적, 인적 일체의 잠재 요인을 사전에 발견 파악 해결함으로써 근원

적인 산업 재해를 없애는 데 있는 것이다.
② 참가의 원칙 : 작업에 따른 잠재적인 위험 요인을 발견하기 위하여 전원이 참가, 각자의 처지에서 문제 해결 등을 실천하는 것이다.
③ 안전제일(선취)의 원칙 : 무재해, 무질병의 사업장을 실현하고자 일체의 직장의 위험 요인을 사전에 발견, 파악 해결하여 재해를 방지하는 것을 말한다.

11 개인 보호구의 보관 방법과 구비 조건

(1) 개 요

개인 보호구는 필요한 때 어느 때라도 착용할 수 있도록 청결하고 성능이 유지된 상태로 보관되어야 한다.

(2) 보관 방법
① 햇빛이 들지 않고, 통풍이 잘되는 장소에 보관
② 발열체가 주변에 없는 곳
③ 부식성 액체, 유기 용제, 기름, 화장품, 산 등과 혼합하여 보관하지 않을 것
④ 모래, 진흙 등이 묻은 경우, 세척 후 그늘에 말려 보관
⑤ 땀, 이물질 등으로 오염된 경우에는 세탁하고, 건조시킨 후 보관

(3) 구비 조건
① 착용이 간편할 것
② 작업에 방해를 주지 않을 것
③ 유해, 위험 요소에 대한 방호가 완전할 것
④ 재료의 품질이 우수할 것
⑤ 구조 및 표면 가공이 우수할 것
⑥ 외관상 보기가 좋을 것

(4) 안전인증대상 보호구
① 추락 및 감전 위험방지용 안전모　② 안전화
③ 안전장갑　④ 방진마스크
⑤ 방독마스크　⑥ 송기마스크
⑦ 전동식 호흡보호구　⑧ 보호복

⑨ 안전대
⑩ 차광 및 비산물 위험방지용 보안경
⑪ 용접용 보안면
⑫ 방음용 귀마개 또는 귀덮개

(5) 자율안전확인대상 보호구
① 안전모(추락 및 감전 위험방지용 안전모 제외)
② 보안경(차광 및 비산물 위험방지용 보안경 제외)
③ 보안면(용접용 보안면 제외)

12 에너지 대사율(RMR)

작업 대사율(Relative Metabolic Rate)이라고도 하며 작업시 에너지 대사량의 기초 대사량에 대한 비[RMR = (작업에 소요된 열량 – 안정시 열량/기초 대사량)]로서 어떤 작업을 하는 데 기초 대사의 몇 배의 에너지가 필요한가를 표기하는 것이다.
작업의 강도를 나타내는 데 쓰인다.
① 극히 경한 작업(0~1RMR)
② 경 작업(1~2RMR)
③ 중(中)경 작업(2~4RMR)
④ 중(重)작업(4~7RMR)
⑤ 격심한 작업(7~RMR)으로 구분하고 있다.

13 NSC(NATIONAL SAFETY COUNCIL)

미국 전국 안전 협회의 약칭이며, 1931년에 창립되었고, 1953년 연방 의회에서 법인 단체로 승인되었다.
미국에서 안전 운동의 핵심이 되는 조직이며, 사업장, 노동 조합, 단체, 학교, 병원, 개인 등이 개입하고 있다.
NSC의 목적은 미국 국내 모든 분야 사람들의 안전과 건강을 증진하기 위한 대책을 장려하고 촉진하는 것이고, 산업안전에 한하지 않고, 교통 안전, 농업 안전, 학교 안전 등 광범위하게 취급하고 있다.
사업의 중요한 것은

① 재해에 관한 정보의 수집 분석
② 홍보, 출판
③ 기계 기구의 안전 기준 중 안전에 대한 조사 연구
④ 교육, 훈련

등이며, 매년 시카고 시에서 전국 안전 대회 및 보호구 등에 대한 전시회를 개최하고 있다.

14 근로자란

산업안전보건법 제2조에서는 근로자라 함은 근로 기준법 제2조 1항1호의 규정에 의한 근로자를 말하고 있다.

근로 기준법의 근로자란 직업의 종류를 불문하고 사업 또는 사업장에 임금을 목적으로 근로를 제공하는 자를 말한다.

즉 동거하는 친족만을 사용하는 사업장이나 사무소 또는 가사 사용인을 제외하고 일반 사업장 또는 사무소에서 사용되는 사람이며 임금, 급료, 수당, 상여 기타 명칭 여하를 불문하고 근로의 대상으로 하여 사용자가 지불하는 것을 받는 사람이 근로자이다.

사업 또는 사무소에 사용되는 사람이란 그 노무를 제공하는 자가 사용자의 지휘 명령하에 있는 것, 하나의 조직 속에 위치하고 있는 것일 것.

또는 경제적으로 종속 관계하에 있는 것 등을 중심 요소로 하고 있다. 모든 사용 종속 관계에 있는 사람을 말하는 것으로 되어 있다.

15 기계 환기(mechanical ventilation)

유기물(organic substance)이 발생하는 작업장에서는 환기를 실시할 필요가 있다.

그러나 온도 차이와 바람을 이용한 자연 환기에는 언제나 효율을 기대할 수 없으므로 기계에 의한 환기 장치(ventilating system)를 사용한 기계 환기, 인공 환기, 강제 환기를 실시할 필요가 있다.

기계 환기에는 유해물을 그 발생 장소에서 제거하는 국소 배기와 그것을 할 수 없는 장소에서 사용되는 전체 환기가 있다. 기계 환기의 이점은 환기 효과가 일정하게 유지될 수 있지만 결점은 건설비와 유지비가 높게 지불된다.

기계 환기에 사용되는 장치가 환기 장치이다.

16 노동 과학(labor science)

이 용어가 사용되기 시작한 것은 제1차 세계 대전 후이다.
첫째로, 현재의 노동 과학에 가까운 것은 벨기에서 1904년, 이탈리아 및 미국에서는 1910년부터 연구가 행하여지고 있었다.
제1차 대전 후에 발생한 경제 공황, 근로자 계급의 힘의 증대에 대해서 사용자 측은 산업 합리화, 노동 능률을 극도로 끌어올리는 대책을 취했기 때문에 근로자 심신의 소모, 질병의 발생이 현저하였다.
구체적으로 기계 공구, 원재료 등의 물적 요인 및 성별, 연령, 교육, 생리적·정신적 피로, 작업 의사 등의 인적 요인을 연구 분석하여 최대 최선의 작업 결과를 발생시키도록 모든 사정을 인위적으로 조정하려고 하는 것이다.
즉, 근로자의 육체적 및 정신적인 영향을 최소로 하도록 근로 적정화를 도모하는 것을 목적으로 하는 과학이다.

17 산업안전의 4원칙

① 손실 우연의 원칙   ② 원인 계기의 원칙
③ 예방 가능의 원칙   ④ 대책 선정의 원칙

> **참고**
>
> 3E → Engineering, Education, Enforcement

18 F.T.A.(Fault Tree Analysis)

(1) 개 요

결함수 분석, 결함 관련 수법, 고장의 목 분석법

(2) 특 징

재해 발생 후의 원인 규명보다는 재해 발생 전의 예측 기법

(3) 작성 시기

　　설비 설치 가동, 고장 우려, 재해 발생

(4) 순 서

　　Top 사상의 선정 – 사상마다 재해 원인 규명 – FT의 작성 – 개선 계획 작성

기호	설명
	Fault Tree Analysis
	결함 사상
	통상 사상(불안전 상태, 행위)
	OR gate : 두개 중 하나만 있어도 발생
	AND gate : 두 개가 동시에 작용하여 발생
	제어 gate가 결정적 요소이다.

19 Heinrich의 도미노 이론

① 제1단계 : 사회적 유전적 요인
② 제2단계 : 개인적 결함
③ 제3단계 : 불안전 상태 및 행동
④ 제4단계 : 사고
⑤ 제5단계 : 재해

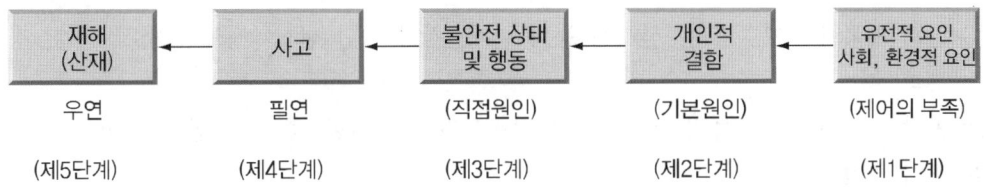

20 Bird의 도미노 이론

① 제1단계 : 관리 부족(제어 부족)
② 제2단계 : 기본 원인(기원)
③ 제3단계 : 직접 원인(징후)
④ 제4단계 : 사고(접촉)
⑤ 제5단계 : 상해(손해, 손실)

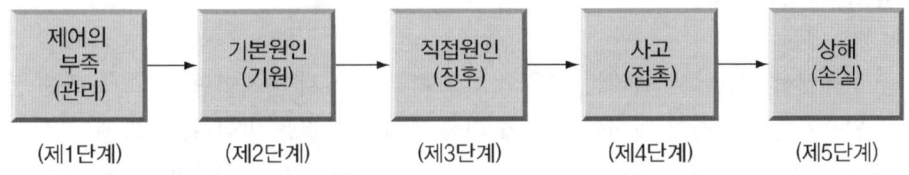

21 안전 진단 절차

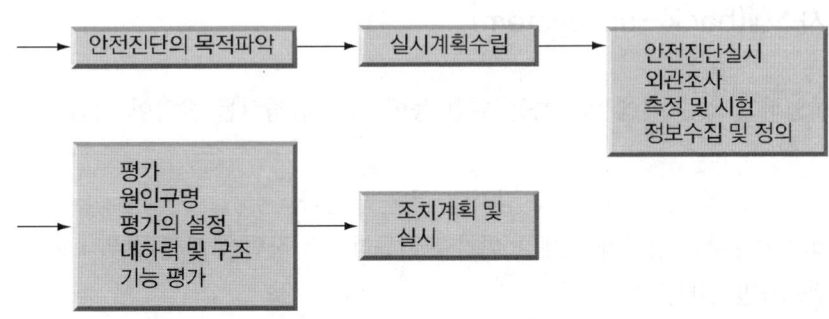

22 착 오

(1) 착오의 Mechanism

위치의 착오, 순서의 착오, 패턴의 착오, 형의 착오, 잘못 기억

(2) 착오의 원인

① 인지 과정의 착오 : 생리, 심리적 능력 한계, 감각 차단 현상, 정보량 저장 한계, 정보 부족
② 판단 과정의 착오 : 능력 부족, 정보 부족, 자기 합리화, 환경 조건의 불비
③ 조치 과정의 원인

(3) 실수 과오의 원인

① 능력 부족 : 적성, 기술, 지식, 인간 관계
② 주의 부족 : 개성, 감정, 습관성
③ 환경 조건 부적당 : 표준 불량, 규칙 불충분, 연락 의사 소통 작업 조건 불량

23 데릭(derrick)

동력을 사용해서 짐을 들어올리는 것을 목적으로 하는 기계 장치이며, 마스터 또는 붐을 구비하고 원동기를 설치하여 와이어 로프에 의해 조작되는 것을 말한다. 데릭은 구조 부분(마스터, 지브 등), 기계 장치(hoist 장치, 지브의 기복 선회 장치 등), 리프팅용 와이어 로프, hoisting accessory 및 안전 장치에 의해서 구성된다.

24 백업 시스템(back-up system)

인간이 작업하고 있을 때에 발생하는 위험 등에 대해서 경고를 발하여 지원하는 시스템을 말한다.
구체적으로 경보 장치, 감시 장치, 감시인 등을 말한다.
공공 작업의 경우나 작업자가 언제나 위치를 이동하면서 작업을 하는 경우에도 백업의 필요 유무를 검토하면 된다.
비정상 작업의 작업 지휘는 백업을 겸하고 있다고 생각할 수 있지만 외부로부터 침입해 오는

위험 기타 감지하기 어려운 위험이 존재할 우려가 있는 경우는 특히 백업 시스템을 구비할 필요가 있다.

백업에 의한 경고는 청각에 의한 호소가 좋으며, 필요에 따라서 점멸 램프 등 시각에 호소하는 것을 병용하면 좋다.

25 부주의(inattention)

일반적으로 재해가 발생하면 언제나 사고의 책임 소재가 추궁되며, 100[%]라고 하여도 좋을 정도로 거기에 주의, 부주의란 개념이 등장한다.

부주의라 하는 것은 바람직하지 않은 정신 상태를 총칭하는 말이며, 무의식의 상태가 있는 경우에는 결과적으로 부주의라고 부르게 된다.

우리들이 부주의 상태를 나타냈기 때문이라고 하여도 한마디로 그 사람의 주의가 산만하다고 단정할 수 없는 경우가 적지 않다.

어떤 부주의 상태가 보였을 경우, 안전면의 어떠한 조건과 환경 쪽의 어떠한 조건과 맞물려서 그 부주의가 일어났는가를 분석하여야 한다.

우리들이 나타내는 행동은 그때의 인적 조건과 환경적 조건과 복합된 조건에 대응해서 변한다는 데 유의하여야 한다.

「부주의하면서 주의를 한다」는 것은 대책이 되지 못하며, 그 부주의의 발생을 사람과 환경 조건과의 맞물린 모습에서 잡아내어야 대책이 살아나게 된다.

26 시설물 안전 관리를 위한 관리 주체란(건설업에 해당)

(1) 개 요

관리 주체라 함은 해당 시설물의 관리자로서 규정된 자 또는 해당 시설물의 소유자를 말한다. 이 경우 해당 시설물의 소유자와의 관리 계약 등에 의하여 시설물의 관리 책임을 진 자는 이를 관리 주체로 보며 이는 공공 관리 주체와 민간 관리 주체로 구분한다.

(2) 공공 관리 주체

① 국가, 지방 자치 단체
② 정부 투자 기관 관리 기본법에 의한 정부 투자 기관 및 지방공기업법에 의한 지방 공기업
③ 그 밖의 대통령령이 정하는 자

(3) 민간 관리 주체

공공 관리 주체 외의 관리 주체를 말한다.

27 안전 심리 5대 요소란

① 동기 : 동기는 능동적인 감각에 의한 자극에서 일어나는 사고의 결과로서 사람의 마음을 움직이는 원동력을 말한다.
② 기질 : 인간의 성격, 능력 등 개인적인 특성을 말하는 것으로 성장시 생활 환경에서 영향을 받으며 주위 환경에 따라 달라진다.
③ 감정 : 지각, 사고 등과 같이 대상의 성질을 아는 작용의 희로애락 등의 의식을 말한다.
④ 습성 : 동기, 기질, 감정 등의 밀접한 관계를 형성하여 인간의 행동에 영향을 미칠 수 있도록 하는 것
⑤ 습관 : 성장 과정을 통해 형성된 특성 등에 자신도 모르게 습관화된 형상

28 자신 과잉이란

불안전 행동을 통한 사고 유발 행위, 즉 안전하고 옳은 방법을 알면서도 하지 않는 행위를 말한다. 자신 과잉에 관련된 사항은 아래와 같다.
① 작업과 안전 수단
② 자신 과잉
③ 주위의 영향
④ 피로하였을 때
⑤ 직장 분위기

자신 과잉에 대한 대책으로는 작업 규율 확립, 환경 정비, 안전 교육 훈련 철저로 방지할 수 있다.

29 최하사점이란

추락 방지용 보호구로 사용되는 안전띠는 적정 길이가 정규 상태인 와이어 로프를 사용하여야 추락시 근로자의 안전을 확보할 수 있다는 이론이다.

① 최하사점(h)

$$h = L + a \cdot L - L_1/2$$

L = rope길이 H = rope 매단 지점에서 바닥까지의 거리
α = rope의 신장률 $H > h$인 경우 → 안전 상태
L_1 = 근로자의 신장

30 사고(trouble event)

일상 생활에 있어서는 여러 가지 불상사를 모두 사고라고 한다.
산업안전 분야에서는 이 사고의 정의는 이것과는 약간 취지를 달리하고 있다.
그 예를 들어 보면 H.W. Heinrich는 재해 발생의 기본적인 원리로서
① 사회적 환경
② 개인적 결함
③ 불안전 상태, 불안전 행동
④ 사고
⑤ 상해
의 관계, 5개 골패에 의해서 설명하고 있다.
즉, 상해는 사고에서 일어나며, 그 사고는 불안전 상태나 불안전 행동에 의해서 일어난다. 따라서 불안전 상태나 행동을 방지함으로써 사고를 없애는 것이 상해를 방지하기 위한 선결이라고 설명하고 있다.
여기서는 사고를 상해의 배경에 있는 변형된 사상(strained event)으로 받아들이고 있다.

31 산소 결핍(oxygen deficiency)

공기중의 산소 농도가 18[%] 미만인 상태를 말한다.
자연 환경의 공기는 질소가 78[%] 산소가 20.8[%] 정도 등 함유되어 이러한 환경을 벗어났을 때 신체적 유해 위험이 높아 사망에 이르게 할 수 있다.

32 산업 재해(industrial accident)

산업 활동에 수반해서 발생하는 사고이며, 인적, 물적 손해를 발생하는 것을 말하며, 노무를 제공하는 사람의 생명을 빼앗는 산업 재해이며 일반 대중에게 피해가 미치는 공중 재해 및 산업 시설만의 파손으로 분류된다.

33 안전 계수(safety factors)

하중이 걸리는 구조물 등의 부품 재료 등에 대해서 그 부품 재료에 허용하는 응력(허용응력) 과 그 부품 재료의 파괴응력과의 비를 말한다.
허용응력은 재료의 성질, 하중의 종류, 조건 등이 복잡하기 때문에 어느 정도의 여유를 고려해서 정해야 한다.
이 여유를 안전 계수(안전율)라 한다.

34 Y 이론

행동 과학자 더글라스 맥그리거는 X 이론은 인간성을 무시하고 있다. 인간은 원래 일할 의지를 가지고 있다. 그리고 자신이 옳고 그름을 생각하여 비교한 것이 가치가 있다는 쪽으로 생각하였을 때야말로 생생하게 자율적으로 활동하는 것이다라고 반론하는 것이 Y 이론이다. Y 이론에 입각하면 인간이 목표를 달성하거나 높은 성과를 얻거나 하였을 때 자아 실현 욕구의 만족감이야말로 최대의 보수이며 그것을 체험하면 다시 자율적으로 행동하도록 된다는 것이다.
이 사고 방식에 의하면 특히 안전의 Rule로 속박할 것이 아니라 오히려 작업자 자신의 문제점을 발굴하고 그 해결책을 지도하도록 하는 것이 지금부터 안전 관리를 지향하여야 할 방향이라고 하게 된다.

35 우발 고장

제어계는 많은 계기 제어 장치가 결합되어 있다. 제어를 실시하려면 이것을 언제나 고장없이 안전하게 작동하는 것이 근본 문제이다.

우발 고장은 랜덤(random)인 간격에서 불규칙하며 또한 예기치 못할 때에 발생하는 고장이며 Break-in이나 보수 작업으로는 방지할 수 없는 성질의 것이다.

만약 각 요소의 우발 고장에 있어서 평균 고장 시간 t_0를 알고 있으면 제어계 전체로서의 고장을 일으키지 않는 신뢰도를 다음과 같이 하여 구할 수 있다.

평균 고장 시간 t_0가 되는 요소가 t시간 고장을 일으키지 않는 확률 즉 신뢰도 $R(t)$는 다음 공식을 사용해서 구해진다.

$$R(t) = t/t_0$$

36 학습 목적의 3요소

학습 목적은 반드시 명확 간결하여야 하며 수강자들의 지식, 경험, 능력, 배경, 요구, 태도 등에 유의하여야 하고 한정된 시간 내에 강의를 끝낼 수 있도록 작성해야 한다. 학습 목적의 3요소는 다음과 같다.

(1) 목표(goal)

학습 목적의 핵심으로 학습을 통하여 달성하려는 지표를 말한다.

(2) 주제(subject)

목표 달성을 위한 테마(thema)를 의미한다.

(3) 학습 정도(level of learning)

학습 범위와 내용의 정도를 말하며 다음과 같은 단계에 의해 이루어진다.
① 인지(to aquaint) : ~을 인지하여야 한다.
② 지각(to know) : ~을 알아야 한다.
③ 이해(to understand) : ~을 이해하여야 한다.
④ 적용(to apply) : ~을 ~에 적용할 줄 알아야 한다.

37 재해(accident)

일반적으로 인간이 개체로서 또 집단으로서 어떤 의도를 수행하는 과정에 있어서 돌연 더욱이 인간 자신의 의지에 반해서 일시 또는 영구히 그 의도하는 행동을 정지시키도록 하는 현상(event)을 말한다.
이와 같은 현상이 발생되었을 경우 그 결과로서 인간이 상해를 받는 경우와 받지 않는 경우가 있다.
H.W. Heinrich에 의하면 그 경우 무상해로 되는 확률은 상해의 경우에 약 10배라 한다.

38 재해 손실(loss accident)

재해 발생 때문에 발생하는 직접적 및 간접적인 물적 손실 및 인적 손실을 말한다.
재해 손실을 경제적인 견지에서 평가한 것을 재해 cost라고 한다.
재해 cost의 평가 방식으로는 H.W.Heinrich, Rollin H. Simonds 방식이 유명하다.
우리나라에 있어서 재해 cost에 대해서 정설(theory)은 없지만 각 방법에서 여러 가지 발표가 되고 있다.

39 정격 하중(rated load)

크레인, 이동식 크레인 및 데릭의 매달아 올리는 하중에서 훅, grab, bucket 등의 hoisting accessory의 중량을 공제한 하중을 말한다.
정격 하중을 정하는 조건은 지브가 없는 크레인은 거더 등 위를 횡행하는 트롤 위치에 의해서 정해지며 거의 변화가 없으나 지브 크레인 및 데릭은 지브 길이 및 경사 각도 상태에 따라 정해져 다양하게 변한다.

40 착오(error)

착오란 「실수」 결국 「사실과 개념이 일치하지 않는 것」을 말한다.

착오에 기인한 행동은 사고의 원인이 된다. 착오를 일으키는 구조는 복잡하며, 현재 완전히 해명되어 있지 않지만, 현재까지 일반적으로 받아들이고 있는 지식을 근거로 해서 모든 조건을 갖추어져 착오의 기회를 되도록 경감하도록 노력하여야 한다.

인간의 착오가 사고로 이어지는 과정을 인간-기계의 입장에서 생각해 보면

① 기계나 장치의 가동 조건, 반응 조건, 계기의 지브, 경보음 기타 외적 정도 시스템
② 상기 ①의 정도를 감각을 통해서 받아들이거나 기억을 끌어내거나 하는 판단 중추로의 input
③ 중추 신경계의 작용과 거기에 악영향을 주는 모든 조건(간질, 약물 사용, 피로, 산소 부족, 가속도 등의 일시적 조건, 주의력의 감소나 경악(깜짝 놀램) 등의 순간적인 조건, 성격 기타
④ 중추 신경으로부터의 output(부적정한 출력이나 정밀도, 조작구의 선택 잘못)과 관계하고 있다.

이들의 모든 조건을 충분히 분석하고 대책을 고려할 필요가 있다.

41 페일 세이프(fail safe)

fail이란 영어에서 실패를 의미하지만 이 경우는 사람의 실패가 아니고 기계가 잘 작용하지 않는 것 결국 「고장」에 한정하고 있다.

결국 fail safe란 「기계가 고장난 경우 그대로 폭주해서 재해에 이어지는 것이 아니고 안전을 확보하는 기구」를 말한다.

이 경우의 안전 확보란 보통 「운전을 정지하면 바로 안전을 확보할 수 있다」는 것이다.

항공 기구 특히 여객기는 부품의 파손이나 어떤 기능이 고장나도 안전하게 착륙할 수 있도록 되어 있다.

고급 프레스 기계는 고장이 일어나면 슬라이드가 급정지하여 상해를 방지하도록 하는 기구가 되어 있다.

이러한 것은 어느 것이라도 fail safe이다. fail safe는 안전한 기계나 설비를 설계하는 데 있어서 반드시 고려해야 할 사항이다.

42 피로(fatigue)

작업을 실시한 뒤 정신 기능이나 신체 기능이 저하함으로써 오는 자각 증상(피로감)이 나타나는 경우 그러나 그 실태가 알려져 있지 않아 확실한 정의도 없다.

근로하는 인간 쪽의 조건(체력, 숙련, 연령, 성, 기질 등), 작업 조건(근로 시간의 장단, 근로의 강도, 작업 자세 등), 작업의 환경 조건, 통근, 수면, 생활 상태 등 여러 가지 사항이 피로에 영향을 준다.

피로는 생리적인 현상이며, 휴식에 의해서 다음 날이나 주초, 교대 초에 없어지면 좋지만 그렇지 못하면 피로가 축적(축적 피로)되어 과로 상태에 빠져 건강을 해치게 된다. 과격한 근로 뒤의 피로를 피곤하다고 말한다. 따라서 피로의 느낌을 과로, 피로하고 곤함의 방지에 필요하며 그 위험 신호라고도 할 수 있다.

피로는 근육 피로와 정신 피로, 국소 피로와 전신 피로 등으로 나뉘어진다. 이들의 분류 방법은 편의적인 것이다.

근육 피로는 근노동을 하여서 발생하는 신체적 피로이며, 정신 작업에 의해서 발생하는 정신의 피로가 정신적 피로이다. 최근에는 정신 피로가 보다 큰 문제로 되고 있다.

신체의 일부 예를 들면 손을 현저하게 사용하는 근로에서 발생하는 손의 피로는 국소 피로라 하며, 전신이 피로하는 경우가 전신 피로이다.

피로의 정도(피로도)를 재려면(피로 측정) 피로의 느낌, 생리적이거나 심리적인 기능의 측정을 하는 많은 방법이 도출되고 있으나 하나의 방법으로 모든 경우에 사용되는 것은 없다.

43 안전 관리 사이클(P → D → C → A)

(1) 계획을 세운다(Plan : P)
   ① 목표를 정한다.
   ② 목표를 달성하는 방법을 정한다.

(2) 계획대로 실시한다(Do : D)
   ① 환경과 설비를 개선한다.
   ② 점검한다.
   ③ 교육 훈련한다.
   ④ 기타의 계획을 실행에 옮긴다.

(3) 결과를 검토한다(Check : C)

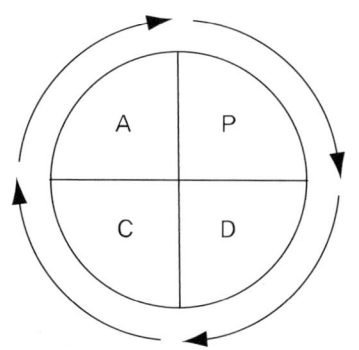

[그림] 안전관리 4-cycle

(4) 검토 결과에 의해 조치를 취한다(Action : A)
   ① 정해진 대로 행해지지 않았으면 수정한다.
   ② 문제점이 발견되었을 때 개선한다.
   ③ 개선의 방법에는 방법 개선(Method Improvement)과 공정 변경(Process Change)의 2가지 방향이 있다.
   ④ 더 좋은 개선책을 고안하여 다음 계획에 들어간다.
   이 4가지 순서를 되풀이함으로써 관리의 수준이 향상될 수 있다.
   또한, 관리 조건을 계획(Plan : P), 실시(Do : D), 평가(See : S)의 3단계로 구분하는 경우도 있다.

44 재해 누발자 4유형

① 미숙성 누발자
② 상황성 누발자
③ 습관성 누발자
④ 소질성 누발자

45 재해 예방 4원칙

① 손실 우연의 원칙
② 원인 계기의 원칙
③ 예방 가능의 원칙
④ 대책 선정의 원칙

46 하인리히의 사고 발생과 예방 원리 5단계

(1) 사고 발생 원리 5단계

재해 요인(accident factors)	요인의 설명(explanation of factors)
1. 유전적 요인 및 사회적 환경 (Ancestry and social envronment)	무모, 완고, 탐욕, 기타 성격상의 바람직하지 못한 특징은 유전에 의해서 물려받았는지도 모른다. 환경은 성격상의 바람직하지 못한 특징을 조장하고 교육을 방해할 수 있다. 유전 및 환경은 함께 인적 결함의 원인으로 된다.
2. 개인적 결함(personal fault)	무모, 포악한 품성, 신경질, 흥분성, 무분별, 안전 수단에 대한 무지 등과 같은 선천적 또는 후천적인 결함은 불안전 행동을 일으키고 또는 기계적·물질적 위험성이 존재하는 데 있어서 가장 가까운 이유를 구성한다.
3. 불안전 행동과 또는 기계적 물리적 위험성 (unsafe act or mechanical and physical hazard)	매달린 물건의 밑에 선다, 경보 없이 기계를 움직인다, 야단 법석을 한다, 그리고 안전 장치를 제거하는 것과 같은 인간의 불안전 행동, 또 방호되어 있지 않은 톱니바퀴, 방호되어 있지 않은 작업점, 손잡이의 미설치, 불충분한 조명등과 같은 기계적 또는 물질적 위험성은 직접적으로 사고의 원인으로 된다.
4. 사고(accident)	사람의 추락, 비래물에 대한 타격 등과 같은 사상은 상해의 원인으로 되는 전형적인 사고이다.
5. 상해(injury)	좌상, 열상 등은 직접적으로 사고로부터 생기는 상해이다.

(2) 사고 예방 원리 5단계

제1단계	제2단계	제3단계	제4단계	제5단계
안전 조직	사실의 발견	분석	시정 방법의 선정	시정책의 적용
1. 경영자의 안전 목표 설정	1. 사고 및 활동기록의 검토	1. 사고 원인 및 경향성 분석	1. 기술적 개선	1. 교육적 대책
2. 안전 관리자의 선임	2. 작업 분석	2. 사고 기록 및 관계 자료 분석	2. 배치 조정	2. 기술적 대책
3. 안전의 라인 및 참모조직	3. 점검 및 검사	3. 인적, 물적, 환경적 조건 분석	3. 교육 훈련의 개선	3. 단속 대책
4. 안전 활동 방침 및 계획 수립	4. 사고 조사	4. 작업 공정 분석	4. 안전 행정의 개선	
5. 조직을 통한 안전 활동 전개	5. 각종 안전 회의 및 토론회	5. 교육 훈련 및 적정 배치 분석	5. 규정 및 수칙 등 제도의 개선	
	6. 근로자의 제안 및 여론 조사	6. 안전 수칙 및 보호 장비의 적부	6. 안전 운동의 전개 기타	

47 하인리히의 1 : 29 : 300 원칙

하인리히는 사고의 결과로서 야기되는 상해를 중상(major accident – 8일 이상 휴업~사망)·경상(minor accident)으로 정하여 중상, 경상, 무상해 사고의 비율이 1 : 29 : 300의 법칙의 의미 속에는 만약 사고가 330번 발생된다면, 그 중에 중상이 1건, 경상이 29건, 무상해 사고가 300건 포함될 것이라는 뜻이 내포되어 있다.

48 연천인율

① 연천인율이란 근로자 1,000인당 연간 발생한 재해자 수를 말한다.
② 연천인율 = (연간재해자수/연평균근로자수) × 1,000
③ 변동 많은 사업장 적용 곤란
③ 산출, 사용이 용이하다.

49 도수율(빈도율)

① 도수율은 안전 사고의 발생 빈도를 표시하는 단위로 근로 시간 100만 시간당 발생하는 재해건수를 말한다.
② 도수율 = (재해건수/연근로시간수) × 1,000,000
③ 1개월, 6개월, 1년 기간으로 산정
※ 연천인율과 도수율 관계 : 연천인율 = 도수율 × 2.4

50 강도율

① 1,000인시 당 요양재해로 인한 근로 손실 일수
② 강도율 = (총요양근로손실일수/연근로시간수) × 1,000
③ 근로 손실일수 : 사망, 영구 근무 불능 : 7,500일

[표] 등급별 근로 손실일수

신체장해등급	1~3급	4	5	6	7	8	9	10	11	12	13	14
근로손실일수	7,500	5,500	4,000	3,000	2,200	1,500	1,000	600	400	200	100	50

참고

㉮ 사망자의 평균 연령 : 30세
㉯ 근로 가능연령 : 55세
㉰ 근로 손실 연수 : 55 − 30 = 25년
㉱ 근로 손실 일수 : 300일
㉲ 사망으로 인한 근로 손실 일수 : 300 × 25 = 7,500일

51 재해 통계 분석

각 요인의 상호 관계와 분포 상태 등을 거시적(macro)으로 분석하는 방법이다.
① 파레토(pareto)도 : 사고의 유형, 기인물 등 분류 항목을 큰 순서대로 도표화한다. 문제나 이해에 편리하다.
② 특성 요인도 : 특성과 요인 관계를 도표로 하여 어골상으로 세분한다.
③ 크로스(cross)분석 : 2개 이상의 문제 관계를 분석하는 데 사용하는 것으로, 데이터를 집계하고 표로 표시하여 요인별로 결과 내역을 교차한 크로스 그림을 작성하여 분석한다.
④ 관리도 : 재해 발생건수 등의 추이를 파악하여 목표 관리를 행하는 데 필요한 월별 재해 발생 수를 그래프화하여 관리선을 설정 관리하는 방법이다. 관리선은 상방 관리 한계(ULC : upper control limit), 중심선(PN), 하방 관리선 한계(LCL : low control limit)으로 표시한다.

52 안전인증 보호구

① 추락 및 감전 위험방지용 안전모
② 안전화
③ 안전장갑
④ 방진마스크
⑤ 방독마스크
⑥ 송기마스크
⑦ 전동식 호흡보호구
⑧ 보호복
⑨ 안전대
⑩ 차광 및 비산물 위험방지용 보안경
⑪ 용접용 보안면
⑫ 방음용 귀마개 또는 귀덮개

[표] 안전모의 종류

종류기호	사용구분	모체의 재질	내전압성
AB	물체낙하, 날아옴, 추락에 의한 위험을 방지, 경감시키는 것	합성수지	비내전압성
AE	물체낙하, 날아옴에 의한 위험을 방지 또는 경감하고 머리부위 감전에 의한 위험을 방지하기 위한 것	합성수지 (FRP)	내전압성(주)
ABE	물체의 낙하 또는 날아옴 및 추락에 의한 위험을 방지하기 위한 것 및 감전 방지용	합성수지 (FRP)	내전압성

(주) 내전압성이란 7,000[V] 이하의 전압에 견디는 것을 말한다.
　　FRP : Fiber Glass Reinforced Plastic(유리섬유 강화 플라스틱)

[표] 안전모의 시험성능기준 및 부가성능 기준

항 목	성 능
시험성능기준	
내관통성	종류 AE, ABE종 안전모는 관통거리가 9.5[mm] 이하이고, AB종 안전모는 관통거리가 11.1[mm] 이하이어야 한다.(자율안전확인에서는 관통거리가 11.1[mm] 이하)
충격 흡수성	최고전달충격력이 4,450[N]을 초과해서는 안되며, 모체와 착장체의 기능이 상실되지 않아야 한다.
내전압성	AE, ABE종 안전모는 교류 20[kV]에서 1분간 절연파괴없이 견뎌야 하고, 이때 누설되는 충전전류는 10[mA] 이하이어야 한다.(자율안전확인에서는 제외)
내수성	AE, ABE종 안전모는 질량 증가율이 1[%] 미만이어야 한다.(자율안전확인에서는 제외)
난연성	모체가 불꽃을 내며 5초 이상 연소되지 않아야 한다.
턱끈풀림	150[N] 이상 250[N] 이하에서 턱끈이 풀려야 한다.
부가성능기준	
측면변형방호	최대 측면변형은 40[mm], 잔여변형은 15[mm] 이내이어야 한다.
금속 용융 물분사방호	－용융물에 의해 10[mm] 이상의 변형이 없고 관통되지 않아야 한다. －금속 용융물의 방출을 정지한 후 5초 이상 불꽃을 내며 연소되지 않을 것(자율안전확인에서는 제외)

[표] 보안면의 종류

종 류	사용구분	렌즈의 재질
용접용 보안면	아크 용접 및 가스 용접, 절단 작업시에 발생하는 유해한 자외선, 가시선 및 적외선으로 부터 눈을 보호하고, 용접광 및 열에 의한 화상 또는 가열된 용재 등의 파편에 의한 화상의 위험에서 용접자의 안면, 머리 부분 및 목부분을 보호하기 위한 것	벌카나이즈드 파이버 및 유리 섬유 강화 플라스틱 또는 이와 동등 이상의 재질
일 반 보안면	일반 작업 및 점용접 작업시 발생하는 각종 비산물과 유해한 액체로부터 얼굴(머리의 전면, 이마, 턱, 목 앞부분, 코, 입)을 보호하고 눈부심을 방지하기 위해 적당한 보안경 위에 겹쳐 사용하는 것	플라스틱

[표] 보안경의 종류

종 류	사용구분	렌즈의 재질
차광 안경	눈에 대하여 해로운 자외선 및 적외선 또는 강렬한 가시광선(이하 "유해 광선"이라 한다)이 발생하는 장소로부터 눈을 보호하기 위한 것	유리 및 플라스틱
유리 보호 안경	미분, 칩 기타 비산물로부터 눈을 보호하기 위한 것	유리
플라스틱 보호안경	미분, 칩 기타 비산물로부터 눈을 보호하기 위한 것	플라스틱
도수 렌즈 보호 안경	근시, 원시 혹은 난시인 근로자가 차광 안경, 유리 보호 안경, 플라스틱 보호 안경을 착용해야 하는 장소에서 작업하는 경우, 빛이나 비산물 및 기타 유해 물질로부터 눈을 보호함과 동시에 시력을 교정하기 위한 것	유리 및 플라스틱

[표] 방독마스크의 종류

종 류	시험가스	정화통 외부측면 표시색
유기화합물용	시클로헥산(C_6H_{12}) 디메틸에테르(CH_3OCH_3) 이소부탄(C_4H_{10})	갈색
할로겐용	염소가스 또는 증기(Cl_2)	회색
황화수소용	황화수소가스(H_2S)	회색
시안화수소용	시안화수소가스(HCN)	회색
아황산용	아황산가스(SO_2)	노란색
암모니아용	암모니아가스(NH_3)	녹색

* 복합용 및 겸용의 정화통 : ① 복합용[해당가스 모두 표시(2층 분리)]
　　　　　　　　　　　　　② 겸용[백색과 해당가스 모두 표시(2층 분리)]

53 무재해 운동

(1) 무재해란

　근로자가 업무에 기인하여 사망 또는 4일 이상의 휴업을 요하는 부상 또는 질병에 이환되지 않는 경우를 말한다.

(2) 무재해 운동의 3원칙

　① 무의 원칙

② 안전제일(선취)의 원칙
③ 참가의 원칙

(3) 무재해 운동의 3기둥(추진 3요소)
① 톱의 엄격한 경영 자세(최고 경영자의 안전경영전략)
② 라인화의 철저(관리감독자의 안전보건에 대한 적극적인 추진)
③ 직장 자주 활동의 활성화(자율활동의 활발화)

(4) 무재해 운동 적용 범위
① 안전 관리자를 선임해야 할 사업장(상시 근로자 50인 이상인 사업장)
② 건설 공사의 경우 도급 금액 10억 이상 건설 현장
③ 해외 건설 공사의 경우 상시 근로자수 500인 이상이거나 도급 금액 1억불 이상인 건설 현장

(5) 무재해 실천 4단계
① 제1단계 : 인식 단계
  ㉮ 경영 방침으로서 무재해 운동
  ㉯ 생산성과의 관계
  ㉰ 노사의 관계
  ㉱ 무재해 운동의 성과
② 제2단계 : 준비 단계
  ㉮ 무재해 운동 추진도 작성
  ㉯ 방침 및 목표 설정
  ㉰ 추진 체제 구축
  ㉱ 세부 시행 방안 확정
③ 제3단계 : 개시 및 시행 단계
  ㉮ 개시 선포
  ㉯ 적극 추진 시행
④ 제4단계 : 목표 달성 및 시상
  ㉮ 무재해 목표 달성 보고
  ㉯ 무재해 목표 달성 사업장 확인 조사 실시
  ㉰ 달성 조사 보고

54 T.B.M(Tool Box Meeting)

(1) T.B.M.의 방법

① 단시간 meeting : T.B.M.은 통상 작업 개시 전 5~15분 정도의 시간으로 행하여지며 작업 종료 후 3~5분 정도의 종업시 meeting도 T.B.M.의 하나이다.
② 인원수는 5~6명으로 구성 : T.B.M.은 5~6인 정도로 서로 이야기할 수 있는 인원수로 때와 장소를 막론하고 작은 원을 그리며 짧은 시간에 서서 필요에 따라 이루어지는 안전 meeting이다.

(2) T.B.M.의 단계

T.B.M.은 일방적인 지시, 명령의 방법이 아니고, 작업의 상황에 잠재된 위험을 스스로 납득하고 생각하는 예지의 방법이다. 즉, T.B.M.은 작업 상황의 위험에 대한 적극적이고 능동적인 대처 방안을 강구하는 것이다.
① 업무 개시의 T.B.M. : 도입 → 점검 정비 → 작업 지시 → 위험 예측 → 팀 목표 확인
② 업무 종료시의 T.B.M.
　㉮ 작업 전의 T.B.M.에서의 지시 사항의 적정성 확인 개선
　㉯ 해당 작업의 위험 요인 발굴, 보고
　㉰ 해당 작업의 문제점 검토
　㉱ 퇴근시의 재해 예방

(3) T.B.M.의 효과

① 직장 또는 작업의 상황에 내재된 위험 요인 발굴을 개인 수준에서 팀 수준으로 높이는 탁월한 방법이다.
② 발견된 위험을 해결하려는 팀의 문제 해결 능력을 향상시키는 실천적 기법
③ 안전을 선취하기 위해서는 직장에서의 적극적 화합이 선결 과제이다.

55 위험 예지 훈련

(1) 위험 예지 훈련의 의의

작업 과정에서 위험한 행동 또는 판단의 대부분은 근로자 자신에게 맡겨지는데 이런 상황을 위험하다고 느껴서 취하는 행동은 의식적인 행동이다.

위험 상황을 감지하고 적절한 대책을 강구하는 능력을 키우기 위해서는 잠재된 재해 요인을 분석함으로써 감수성을 키우고 판단력을 높이는 훈련이 필요하다.

이것이 바로 위험 예지 훈련이다.

작업에 잠재된 위험 요인을 인지할 수 있는 감수성은 현장에서 깨달아지고 강화되는 것이며, 이런 능력을 기르기 위한 예지 훈련은 작업의 의식적 동작으로 행하여지고 있는 동안에 그 효과를 신뢰할 수 있는 것이다. 즉, 위험 예지는 의식의 자각에서 나오는 자각 효과인 것이다.

(2) 위험 예지 훈련의 4단계

직장이나 작업의 상황을 그린 도해를 이용하여
① 제1단계 : 기초 정보
② 제2단계 : 위험 예보
③ 제3단계 : 예지 연습
④ 제4단계 : 예지의 실시

(3) 위험 예지의 범위

훈련의 대상은 실제 작업이 실시되는 상황이라는 가정하에 작업의 3요소인 인간, 재료, 설비 중에서 잠재되어 있는 모든 위험 요소를 대상으로 한다.

따라서 작업의 핵심인 기능과 태도를 예지의 범위로 하고 작업에 임하는 의욕, 책임, 협조 태도 등을 대상 항목으로 한다.

(4) 건설업 예지 연습의 대상

건설업에서는 현장 책임자가 작업 전이나 작업 중에 작업을 실시하면서 위험의 지적, 작업 순서의 지시 등 종적 구조에 의해 작업이 수행되고 있으므로 이러한 작업 수행 방법이 작업 행동의 규제 및 확립에 얼마나 효과를 보았는가 하는 의문이 있다.

56 위험 예지 훈련 기초 4라운드

라운드	문제해결의 4라운드	위험 예지 훈련의 4라운드	위험예지 훈련의 진행 방법
1R	현상 파악 • 사실을 파악한다. • BS를 실시하는 라운드	• 어떤 위험이 잠재 하고 있는가?	• 전원이 토의하여 도해의 상황 속에 잠재하고 있는 위험 요인을 발견하여 그 요인이 초래하는 현상을 생각한 후, 「-해서, - 이 된다.」, 「때문에 - 이 - 된다」와 같은 방법으로 발언해 간다.
2R	본질 추구 • 요인을 찾아낸다. • 가장 위험한 것을 함으로서 결정하는 라운드	• 이것이 위험의 포인트이다.	• 발견된 위험 요인 중 이것이 가장 중요하다고 생각되는 위험을 파악하여 ○표를 붙이고 다시 요약해서 ◉표를 붙이고 ◉표를 붉은 펜으로 밑줄을 그려 전원이 지적 확인한다.
3R	대책 수립 • 대책을 세운다. • 보다 더 위험도가 높은 것에 대하여 BS로 대책을 세우는 라운드	• 당신이라면 어떻게 하겠는가?	• ◉표가 붙은 중요 위험을 해결하려면 어떻게 하면 좋은가를 생각해내고 구체적이고 실행 가능한 대책을 세운다.
4R	목표 달성(설정) • 행동계획을 정한다. • 수립한 대책 가운데 설정이 높은 항목에 합의하는 라운드	• 우리들은 이렇게 한다.	• 대책 중 중점 실시 항목을 좁혀 나가서 중요표(※)를 붙이고 그것을 실천하기 팀의 행동 목표를 설정하여 지적확인 한다. 또 그것을 one point로 줄여 지적확인을 3번 연습한다.

※ 1R : BS(양) → 2R(질), 3R : BS(양), 4R : 요약(질)(2R와 4R에서는 양 속에서 질을 농축시켜 합에 도달하는 라운드이다)

57 허세이의 피로의 원인 및 회복 대책

피로원인	피로회복 대책
1. 신체의 활동에 의한 피로	활동을 국한하는 목적 이외의 동작을 배제, 기계력의 사용, 작업대의 교대, 작업 중의 휴식
2. 정신적 노력에 의한 피로	휴식, 양성 훈련
3. 신체적 긴장에 의한 피로	운동 또는 휴식에 의해 긴장을 푸는 일, 기타 2항에 준한다.
4. 정신적 긴장에 의한 피로	주도면밀하고 현명하고, 동정적인 작업 계획을 세우는 것, 불필요한 마찰을 배제하는 일
5. 환경과의 관계에 의한 피로	작업장에서의 부적절한 제관계를 배제하는 일 가정, 생활의 위생에 관한 교육을 하는 일
6. 영양 및 배설의 불충분	조식, 중식 및 종업시 등의 관습의 감시, 건강식품의 준비, 신체의 위생에 관한 교육 및 운동의 필요에 관한 계몽
7. 질병에 의한 피로	빨리 유효 적절한 의료를 받게 하는 일 보건상 유해한 작업장의 조건을 개선하는 일 적당한 예방법을 가르치는 일
8. 기후에 의한 피로	온도, 습도, 통풍의 조절
9. 단조감, 권태감에 의한 피로	일의 가치를 가르치는 일 동작의 교대를 가르치는 일 휴식

58 교육 지도 8원칙

① 피교육자 입장에서
② 동기 부여
③ 쉬운 내용에서 어려운 내용으로
④ 한 가지씩
⑤ 시청각 교육 실시(인상의 강화)
⑥ 5감을 활용한다.
⑦ 반복해서 지도한다.
⑧ 기능적 이해를 돕는다.

59 Boiling(건설업 해당)

(1) 개요

① 흙막이가 설치된 현장의 굴착 작업시 사질 지반에서 지하수에 의해 발생
② 굴착 저면과 지하수의 수압차에 의해 굴착 저면의 모래와 물이 분출되는 현상
③ 도시 과밀, 인구 집중으로 밀도가 높아짐에 따라 고층화, 심층화되어 공사시 흙막이 설치 필수, 이 현상이 발생되면 안전 사고 발생, 공사비 증가, 민원이 야기되므로 시공 계획상 매우 중요하다.

(2) 정의

① 사질 지반에서 흙막이 설치 후 배수와 함께 굴착시 지반 수위와 기초파기 저면과 수압 차에 의해 물의 흐름 바뀜
② 침투수가 흙막이 저면을 파고들어, 굴착 저면에서 용출되는 현상
③ 물의 압력이 클 경우 물과 모래가 함께 분출되는 것
④ 점토 지반의 경우는 Heaving 현상이 발생한다.

(3) 문제점 및 대책

① 물과 모래가 함께 용출되므로 토공사량 증가
② 지지 수동 토압 감소로 흙막이 파괴 → 주변 지반 함몰
③ 흙막이 저면 타입 깊이를 크게 한다.(근입장 : 1.5[m] 이상) 비투수층까지 근입
④ 웰 포인트 등의 공법을 사용하여 지하 수위 → 물의 압력 감소
⑤ 생석회, 시멘트계를 선정하여 그라우팅 주입 공법으로 지반 개량

(4) 동향

① 굴착 공사시 정확한 계측을 실시한다.
② 지질 조사를 성실하고 정밀화하여 지하수에 대한 대책 마련 → 설계 반영
③ 시공시 사전 조사 철저(인근 현장 기록, 주민 경험 등)

60 공사 위험 관리(project risk management)(건설 용어)

(1) 개 요
   ① 1925년 보험 수요자인 미국 기업들이 기업 보험의 활성화를 공동 추진하며 최초 사용
   ② 기업 경영에 수반하여 나타나는 위험에 대처하기 위해 기업 내에 위험 관리 기능 인정
   ③ 공사의 초기 계획부터 준공, 인도와 하자 보수 기간에 이르기까지 전기간의 프로젝트의 득과 실의 결과에 대한 상호 관계를 관리하는 것

(2) 정 의
   ① 공사의 목적에 역효과를 미치는 risk event(위험 발생)의 가능성 발생
   ② 공사에 피해를 미치는 것, 정확하게 간주되는 위험 발생 증가를 뜻한다.
   ③ 위험 발생 확률과 그 효과로 초래되는 손실 범위와 이해 득실에 관계되는 공사비 증감의 증가를 뜻한다.
   ④ 1차원적(단순 위험) : 인명에 대한 부상, 사망, 또는 장비, 재산의 손실, 도괴, 부상

(3) 종류 : 공사상 위험, 계약상 위험 → 동시 분석 평가
   ① 계약상 위험
      ㉮ 계약서의 명확성 결여
      ㉯ 당사자간의 의사 소통, 전달의 결여
      ㉰ 행정상의 적시성 결여
      ㉱ 평위성 결여
      ㉲ 계약 조건, 약인의 결여→조건 개선, 적절한 위험 할당, 공익성 보완으로 위험을 사전에 완화
   ② 공사상 위험
      ㉮ 숙명적인 것
      ㉯ 일반적인 것
      ㉰ 물리적인 것
      ㉱ 기업 자체 기능 완전, 의사 소통 문제 없어도 발생

(4) 특 성
   ① 변형시킬 수 있으나 없앨 수는 없다.
   ② 위험 관리 기법의 선택적, 보행적 활용
   ③ 위험 개개의 결합은 불확성 및 위험의 가능성, 예측 불허, 예상치 않은 득실 초래

④ 손실과 소득의 함수 : 빈도, 격리도, 변화도 → 위험도의 지표가 됨

(5) 향후 전망
① 위험의 등급을 정해 보험을 처리할 수 있게 하여야 함(전체)
② 인공 지능을 갖춘 건물을 요구하는 시대이므로 위험 자체도 다양, 복잡하다.
③ 가능성도, cost of prevention을 감안, 위험 선발에 신중을 기하고, 목표 설정이 되면 최고 경영자의 결정이 요구된다.

61 Earth anchor 공법

(1) 개요
① 건축물의 고층, 대형, 심층화, 부지 협소로 터파기 공사시 흙막이가 많이 사용되어 주위 지반 안정 대책이 요구된다.
② 인장재를 통해 구조물을 지반에 정착시켜, 응력을 저항하도록 하는 것
③ 최근 흙막이, 옹벽, 구조물 부상 방지 등에 많이 사용되고 있으나 시공시의 부주의로 인해 긴장력의 풀림, Anchor체의 빠짐 등이 발생되어 많은 피해를 유발하고 있어 시공의 확실성을 기해 점차 많이 사용됨. Anchor 공법 발전을 유도해야 할 것이다.

(2) 정의
① 지중에 삭공을 하여 인장재를 삽입하고 그라우팅 등에 의해 저항부를 조성한 후 긴장 정착해서 구조물에 발생되는 토압, 수압 등의 외력에 저항토록 하는 공법
② 구조 : Anchor체, 인장부, Anchor 두부
③ 용도
    ㉮ 영구 Anchor
        ㉠ 지하 구조체벽 전도 방지
        ㉡ 교량의 반력용
        ㉢ 건축, 구조물 부력 상승 방지용
    ㉯ 가설 Anchor
        ㉠ 흙막이벽 Tie Back Anchor
        ㉡ 흙붕괴 방지용
        ㉢ 파일 지내력 시험 반력용

(3) 분류(지지 전달 방식에 의해)
    ① 주변 마찰형 지지 방식 : Anchor 주위면과 흙의 전단 저항에 의해 내력 기대하는 방식
    ② 지압형지지 방식 : Anchor체 선단부를 국부적으로 크게 뚫어 Plate 등을 덧대어 흙의 피동 저항에 따라 내력 기대
    ③ 복합형 지지 방식 : 마찰형 + 지압형

(4) 특 징
    ① 장점
        ㉮ 버팀대 지주 설치가 필요없다.   ㉯ 굴토 작업 공간이 넓다.
        ㉰ 공기 단축 가능   ㉱ 인근 구조물 피해 최소화
        ㉲ 진행에 따라 작업대와 지주 이설이 필요없다.
    ② 주의점
        ㉮ Anchor 자체 내부식성 처리
        ㉯ 정착력의 불변성 확보

62 압밀 침하(consolidation settlement)

(1) 개 요
    ① 외력에 의해 흙 속의 간극수를 제거하였을 때 흙의 입자와 흙사이가 좁아져 침하
    ② 연약 지반에 구조물이 건설되면 그 중량으로 연약 지반에 암밀 침하가 발생

(2) 침하의 원인
    ① 간극수 제거에 의한 암밀 : 배수 공법에 따른 지하 수위 저하
    ② 재하에 의한 압밀 : 각종 재하 공법 적용에 따른 압밀

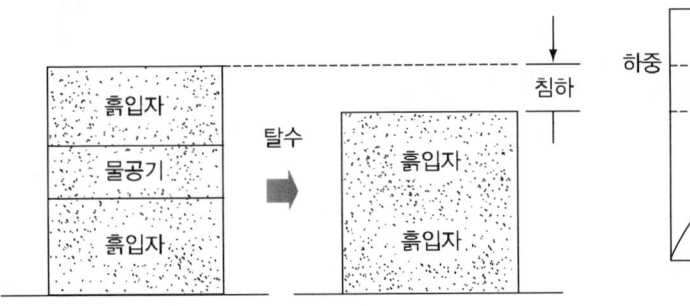
[그림] 침하의 개념도

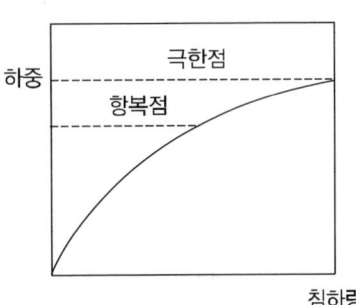
[그림] 흙의 하중 침하량 곡선

(3) 침하 구분
　① 다짐 : 힘히 가해져 공기만이 빠져 나갔을 때
　② 압밀 : 더 나아가 물까지 빠졌을 때의 경우

63 전단 강도(shearing strength)

(1) 정 의

흙의 가장 중요한 성질로서 흙이 외력에 저항할 수 있는 크기를 정량적으로 표시한 정도이며 이것으로 극한 지지력을 알 수 있다.

(2) 전단 강도(쿨롱의 법칙)

　τ : 극한 지지력(전단 강도)
　σ : 파괴면에 수직한 힘
　사질토 : $C = \theta$(점착력) $\Rightarrow$ $\tau \fallingdotseq \sigma \tan\phi (C \fallingdotseq \theta)$　tan : j마찰 계수
　점성토 : $C = \theta$(내부 마찰각) $\Rightarrow$ $\tau \fallingdotseq \sigma \tan\phi (C \fallingdotseq \theta)$　tan : j내부 마찰각
　　　　　C : 점착력

(3) 전단 시험

　① 직접 전단 시험 ─┬─ 1면 전단 시험
　　　　　　　　　　 └─ 2면 전단 시험
　② 간접 전단 시험(3축 압축 시험)

64 간극비(void ratio)(건설 용어)

(1) 정 의

간극의 부피, 즉 물과 공기의 부피와 토립자의 부피에 대한 비율 용적비

(2) 간극비(void ratio)

$$간극비 = \frac{간극의\ 용적(V_v)}{토립자의\ 용적(V_s)} \times 100[\%]$$

$$= \frac{물(V_w) + 공기의 부피(V_a)}{토립자의 부피(V_s)} \times 100[\%]$$

$$함수비 = \frac{물의 중량}{토립자의 중량} \times 100[\%]$$

$$포화도 = \frac{물의 용적}{토립자의 용적} \times 100[\%]$$

(3) 현 상

① 간극비를 통상 소수점으로 나타내며 모래의 경우 전형적인 크기는 0.4~1.0 정도이나 점토의 경우 0.3~1.5이다.

② 간극률$(n) = V_v/V \times 100$

흙덩이 전체의 체적에 대한 간극의 체적 비율을 말한다.

③ **모래의 함수량** : 20~40[%]

④ **진흙의 함수량** : 200[%]

⑤ 모래 지반의 지내력은 함수율에 의해 변화가 많으나, 진흙은 함수율에 의해 변화가 크다.

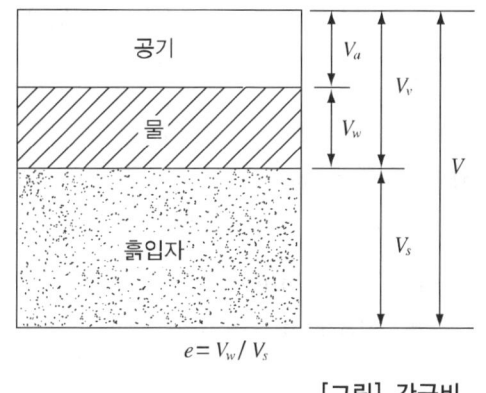

e : 간극비
V_v : 공기와 물의 체적
V_s : 토립자의 체적
V_w : 물의 체적
V_a : 공기의 체적

[그림] 간극비

65 액성 한계, 소성 한계, 수축 한계(건설 용어)

(1) 개 요

① 흙은 일반적으로 물을 포함하고 있으며 건조한 흙에 가하면 함수량의 변화에 따라 성질이 변화한다.

② 함수량 증감에 따라 흙의 성질이 좌우된다.

③ 그 변화 추이 상태의 한계를 시험 방법으로 정한 것이 소성 한계, 액성 한계이다.

(2) 흙 성질 모식도

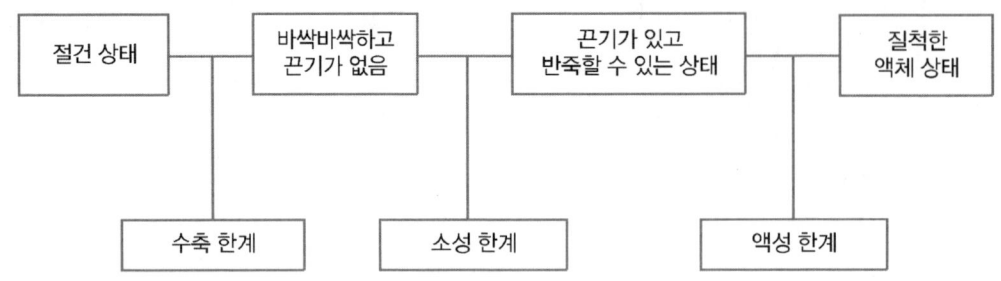

66 지내력 시험(재하 시험)(건설 용어)

(1) 정 의
　① 일명 Load Test 혹은 Loading Test(LT)라고 한다.
　② 기초 저면까지 굴착한 자리에서 재하 Loading하여 장기 하중에 대한 허용 지내력을 구하는 시험 방법

(2) 시공 순서
　① 터파기(굴착)
　② 재하판 설치(면적 2,000[cm^2] : 45[cm] × 45[cm]
　③ 하중틀 설치
　④ 재하 및 침하량 측정 ─┬─ 다이얼 게이지(Dial Gauge)
　　　　　　　　　　　　└─ 스트레인 게이지(Strain Gauge) 사용

(3) 재하 방법(loading method)
　① 직접 하중에 의한 방법
　② 반력보와 Jack System 이용 방법
　③ 재하 하중은 설계 하중의 2~3배로 한다.

(4) 주의 사항
　① 재하판은 정방형 보통 45[cm] 각(면적 A = 2,000[cm^2])
　② 매회 재하는 1[ton] 이하, 예정 파괴 하중의 1/5 이상
　③ 침하는 0.1[mm]/2 시간일 때 침하가 정지한 것으로 본다.

④ 단기 하중에 대한 허용 내력
  ㉮ 총침하량이 2[cm]에 도달하였을 때
  ㉯ 2[cm] 이하이더라도 침하 곡선이 항복 상태를 보일 때
⑤ 장기 하중에 대한 허용 지내력 = 단기 하중 × 50[%]
⑥ 시험 방법에는 급속 시험과 완속 시험이 있다.
⑦ 시험 위치는 예정 기초 저면에서 실시한다.

67 표준 관입 시험(SPT : Standard Penetration Test)(건설 용어)

(1) 정 의
① 시료 채취가 곤란한 사질성 지반에 추를 자유 낙하시켜 일정 깊이까지 관입되는 타격 횟수(N값)이다.
② 지반의 다짐(compaction)
③ 사질토에 주로 사용된다.

(2) 방 법
① 중량 63.5[kg], 76[cm] 높이에서 자유 낙하
② 30[cm] 관입하는 데 요하는 타격 횟수(N치) 산정

(3) 현 상
사질 지반의 다짐 상태 판정에 적합

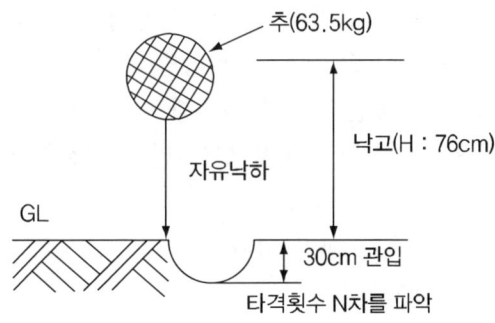

[그림] 표준 관입 시험 개념도

68 Boring test(보링 테스트)(건설 용어)

(1) 목 적
    ① 흐트러지지 않은 흙의 시료(sample) 채취(불교란 시료 채취)
    ② 불교란 시료의 채취가 가능한 점토질 지반 등에 적합

(2) 종 류
    ① 회전식(rotary) Boring : Bit를 회전시켜 천공하는 방법, 이수 Pump 사용
    ② 충격식(percussion) Boring
        ㉮ 충격날을 상하 60~70[cm] 운동시켜 낙하 충격을 준다.
        ㉯ 구멍 내에는 보통 이수를 주입 : 붕괴 방지, 암석이 많은 지반
    ③ 수세식 Boring : 충격을 주며 물을 분사하여 흙과 물을 배출시킨 후 침전물로 토질 판별
    ④ Auger Boring : 보통 깊이 10[m] 이내의 Boring에 사용

69 Top-Down Method(역타 공법)(건설 용어)

(1) 개 요
    ① 지하의 굴착과 병행하여 기둥 및 기초 완성 후 1층 슬래브 등의 콘크리트를 타설
    ② 이것을 흙막이 방축널로 하여 지하로 계속 굴착하면서 구조물을 완성시키는 공법

(2) 공법의 특징
    ① 재래 공법의 위험 부담 제거 : 흙막이 벽체의 안전성(safety)이 높다.
    ② 방축널로서 강성이 높게 되므로 주변 지반 악영향 감소
    ③ 1층 바닥 선시공으로 작업 공간과 지붕으로 활용 및 상·하부 작업 동시 병행 가능
    ④ Slab 밑에서 시공하므로 기후의 영향을 받지 않고 전천후 시공 가능
    ⑤ 토공사로 인한 소음, 분진 등의 감소
    ⑥ 15층 이상의 경우 공기 단축 효과가 있다.

(3) 시공법의 분류
    ① 지주의 지지 방식에 의한 구분
        ㉮ 본체 구조물 기둥을 이용하는 경우
        ㉯ 가설 기둥을 이용하는 경우

② 바닥 슬래브 콘크리트 타설 방식
  ㉮ 완전 역타 공법(full top down) : 공기 절감 효과가 크다.
  ㉯ 부분 역타 공법(partial top down) : 경제적이고 안전하나 공기 절감 효과는 적다.
  ㉰ Beam 및 Girder식 역타

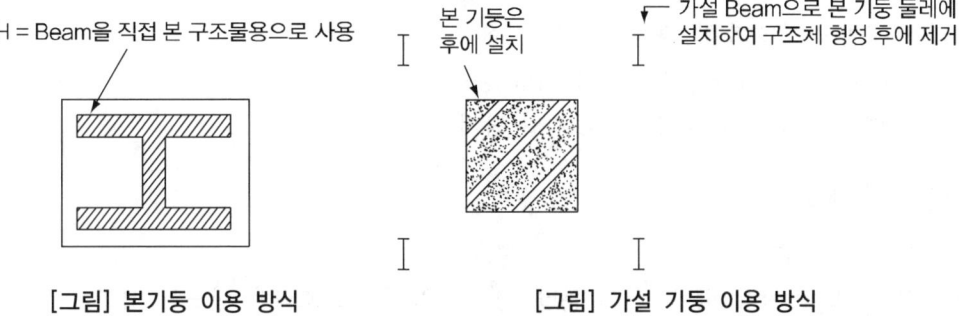

[그림] 본기둥 이용 방식   [그림] 가설 기둥 이용 방식

(4) 시공 순서
  ① 연속벽(Diaphragm Wall) 시공 : Slurry Wall
  ② 심초 굴착(Clamshell, Reverse Circulation Drill 공법 사용)
  ③ 철골 기둥 세우기 + 기둥 기초 공사(Barrette 기초)
  ④ 1층 바닥 콘크리트 타설
  ⑤ 지하 1층 바닥 밑까지 굴착
  ⑥ 지하 1층 철골 세우기
  ⑦ 지하 1층 바닥 콘크리트 타설

70 안정액(Bentonite액)(건설 용어)

(1) 정 의
  ① 굴착 공법 중 지층 붕괴를 막기 위해 지반을 안정시키는 비중이 높은 액체의 총칭
  ② 규산질이 주성분으로 고밀도 팽창성을 갖고 있어 지반 굴착시 흙이 무너지는 것을 방지할 목적으로 사용

(2) 안정액의 분류
  ① 벤토나이트를 주체로 한 안정액
  ② C.M.C.를 주체로 한 안정액

(3) 목 적
① 굴착 안전(safety)을 위한 충분한 밀도와 장기간 걸친 굴착면 유지 능력(굴착 벽면 붕괴 방지)
② 현장 콘크리트를 중력 치환할 수 있는 낮은 점성
③ Screen하여 굴착된 토사를 분리할 수 있는 점성
④ 콘크리트면에 보호막 형성해 주는 성질
⑤ 흙의 공극을 Gel화하여 흙입자 지탱 능력 향상
⑥ 굴착벽에 불침투막 형성, 물의 침입 방지

(4) 안정액의 재료
① 물 : 불순물 없고 중성
② 벤토나이트(Bentonite) : 흰색 분말, 점성, Gel화, 보호막을 만드는 성질
③ 바라이트(Barite : 중정석) : 안정액의 비중을 높이기 위한 재료
④ C.M.C. : 점성, 보호막 형성 능력
⑤ 니트로후민산 소다 : 점성 감소, 시멘트의 오염 막음
⑥ FLC : 안정액의 반복 사용 유효
⑦ 일수 방지재 : 안정액의 지층 흡수 방지

71 Joint 의 종류 및 특징(건설 용어)

① 시공 줄눈(Construction Joint) : 시공 현장에서 콘크리트의 생산 능력과 현재의 여건상 부득이할 때 기능상 필요해서가 아니라 시공상 필요에 의해 콘크리트 타설 이음을 주는 경우
  ㉮ 이음 위치 : 이음 부위는 누수, 강도상 취약점이 되므로 건축가, 구조가, 시공자가 협의하여 정하는 것이 바람직
    ㉠ 구조물 강도에 영향이 적은 곳
    ㉡ 이음 길이가 짧은 곳
    ㉢ 시공 순서에 무리가 없는 곳
    ㉣ 보, 바닥판→중앙, 기둥, 벽→기초, 바닥 slab 상부
  ㉯ 시공시 유의 사항
    ㉠ 밀실하게 시공
    ㉡ Laitance 불순물 제거

㉢ Cement paste 도포

㉣ 지하실벽, 수밀 콘크리트→지수판 사용

② Cold Joint

㉮ 응결하기 시작한 콘크리트에 새로운 콘크리트를 이어칠 경우 상부 콘크리트가 35 $[kg/cm^2]$ 이상 발현되었으면 경계면에 이음이 생긴다.

㉯ 무계획 현장 사정에 의해 생긴 계획이 없는 조인트이다.
  ㉠ 원인 : 콘크리트 온도가 높을 때, 펌프카의 고장, 폭우로 슬럼프 저하시, 혹서기 콘크리트 이어치기 간격이 장시간 소요시
  ㉡ 대책 : 경화 지연제 사용, 콘크리트 온도를 낮춘다. 레미콘 운반 시간을 고려, 사전에 시공 조인트를 계획, 고온시 타설 중지

③ Movement Joint(Function Joint) : 기능 줄눈

④ Expansion Joint : 콘크리트 양성 기간 중이나 구조물의 사용 중에 생기는 팽창과 수축에 대응하기 위해 설치한 줄눈. 유해한 응력(팽창, 수축, 지진, 진동 침하) 등에 대응하기 위하여 구조체를 끊어주어 그 부분의 변형을 흡수한다.

72 재난 관리법의 목적 및 용어 정의

(1) 목 적

이 법은 재난으로부터 국민의 생명과 재산을 보호하기 위하여 국가 및 지방 자치 단체의 재난 관리 체계를 확립하고, 재난의 예방 및 수습과 긴급 구조 구난 기타 재난 관리에 관하여 필요한 사항을 규정함을 목적으로 한다.

(2) 정 의

이 법에서 사용하는 용어의 정의는 다음과 같다.

① "재난"이란 국민의 생명·신체·재산과 국가에 피해를 주거나 줄 수 있는 것으로서 다음 각목의 것을 말한다.

㉮ 태풍, 홍수, 호우(豪雨), 강풍, 풍랑, 해일(海溢), 대설, 낙뢰, 가뭄, 지진, 황사(黃砂), 적조(赤潮), 조수(潮水), 그 밖에 이에 준하는 자연현상으로 인하여 발생하는 재해

㉯ 화재, 붕괴, 폭발, 교통사고, 화생방사고, 환경오염사고, 그 밖에 이와 유사한 사고로 발생하는 대통령령으로 정하는 규모 이상의 피해

㉰ 에너지, 통신, 교통, 금융, 의료, 수도 등 국가기반체계의 마비와 「감염병의 예방 및 관리에 관한 법률」에 따른 감염병, 「가축전염병예방법」에 따른 가축전염병 확산 등으

로 인한 피해
② "해외재난"이란 대한민국의 영역 밖에서 대한민국 국민의 생명·신체 및 재산에 피해를 주거나 줄 수 있는 재난으로서 정부차원에서 대처할 필요가 있는 재난을 말한다.
③ "재난관리리"란 재난의 예방·대비·대응 및 복구를 위하여 하는 모든 활동을 말한다.
④ "안전관리"란 시설 및 물질 등으로부터 사람의 생명·신체 및 재산의 안전을 확보하기 위하여 하는 모든 활동을 말한다.
⑤ "재난관리책임기관"이란 재난관리업무를 하는 다음 각 목의 기관을 말한다.
  ㉮ 중앙행정기관 및 지방자치단체
  ㉯ 지방행정기관·공공기관·공공단체(공공기관 및 공공단체의 지부 등 지방조직을 포함한다) 및 재난관리의 대상이 되는 중요시설의 관리기관 등으로서 대통령령으로 정하는 기관
⑥ "긴급구조"란 재난이 발생할 우려가 현저하거나 재난이 발생하였을 때에 국민의 생명·신체 및 재산을 보호하기 위하여 긴급구조기관과 긴급구조지원기관이 하는 인명구조, 응급처지, 그 밖에 필요한 모든 긴급한 조치를 말한다.
⑦ "긴급구조기관"이란 소방방재청·소방본부 및 소방서를 말한다. 다만, 해양에서 발생한 재난의 경우에는 해양경찰청·지방해양경찰청 및 해양경찰서를 말한다.
⑧ "긴급구조지원기관"이란 긴급구조에 필요한 인력·시설 및 장비, 운영체제 등 긴급구조능력을 보유한 기관이나 단체로서 대통령령으로 정하는 기관과 단체를 말한다.
⑨ "국가재난관리기준"이란 모든 유형의 재난에 공통적으로 활용할 수 있도록 재난관리의 전 과정을 통일적으로 단순화·체계화한 것으로서 행정안전부장관이 고시한 것을 말한다.
⑩ "재난관정보"란 재난관리를 위하여 필요한 재난 상황정보, 동원가능, 자원정보, 시설물정보, 지리정보를 말한다.

73 고내구성 콘크리트(건설 용어)

(1) 고내구성 콘크리트의 재료
  ① 골재
    ㉮ 굵은 골재 : 자갈, 부순 돌, 인공 경량 골재
    ㉯ 잔 골재 : 모래(부순 모래)
  ② 물
    ㉮ 청정수
    ㉯ 회수수 사용 금지
    ㉰ 혼화 재료

(2) 품질 및 배합
① 설계 기준 강도
㉮ 보통 콘크리트 : 210~360[kg/cm^2]
㉯ 경량 : 210~ 270[kg/cm^2]
② Slump 값
㉮ 12[cm] 이하
㉯ 유동화 : 유동화 시 18[cm]이하, Base 콘크리트 : 12[cm]이하
③ 단위 수량 : 175[kg/cm^2]
④ 단위시멘트량 : 300[kg/cm^2](보통 콘크리트), 300(경량)
⑤ W/C비의 최댓값

W/C비의 최댓값	보통	경량
포틀랜드, 고로 슬래그 특급, 실리카종 A종, 플라이애시 시멘트 A종	60	55
고로 슬래그 1급, 실리카 B종, 플라이애시 8종	55	56

⑥ 염화물 함유량 : 염소 이온량 0.2[kg/cm^2] 이하
⑦ 타설시 콘크리트 온도 : 3[℃]이상 30[℃] 이하

(3) 제 조
① 제조 및 제조 관리 계획서 작성
② 규정에 맞는 콘크리트 제조 공장 선정(서중, 매스)
③ 1개의 공장에서 제작
④ 온도 저하를 특별히 요구하는 경우 : 특기 시범 따름

(4) 운반 및 타설
① 1회 콘크리트 붓기 계획 : 구획, 깊이, 타설량 : 거푸집 속에 콘크리트를 균일, 밀실하게 충진할 수 있는 한도내
② 운반 : 버켓, 벨트 컨베이어
③ 비빔부터 타설까지 시간
㉮ 25[℃] 미만시 : 90분
㉯ 25[℃] 이상시 : 60분
④ 타설전 준비
㉮ 이어치기시 이음면 청소, 습윤
㉯ 철근, 철골, 금속재 거푸집 온도가 50[℃] 이상시 : 살수해서 냉각
㉰ 살수된 물은 타설 전 제거

⑤ 타설
  ㉮ 1회 타설 두께 : 60[cm] 내외, 충분히 다짐할 수 있는 속도
  ㉯ 벽부분 : 거의 동일 높이 되게 타설
  ㉰ 콘크리트 자유 낙하 높이 : 콘크리트 분리되지 않는 높이
  ㉱ 벽, 기둥 : 슈트, Pipe 상갑, 중간 개구부
  ㉲ 타설시 이음부 : Cold Joint 고려 시간 한도 내
  ㉳ 기둥, 벽, 보, Slab 일체 타설시 : 기둥,벽, 타설 콘크리트 침하 종료 후 보, Slab타설
⑥ 다짐
  ㉮ 숙련된 작업원의 실시 : 봉형, 거푸집 진동기 사용
  ㉯ 봉형 진동기 : 가능한 직경 큰 것 사용
  ㉰ 봉형 진동기 삽입 간격 : 60[cm] 이하, 콘크리트 분리 안 되게

74 콘크리트의 측압(건설 용어)

(1) 개 요
① 콘크리트 구조물의 대형, 거대화로 콘크리트 타설시 거푸집 등에 작용하는 하중이 커짐에 따라 품질 확보를 위한 각가설물의 안전이 요구된다.
② 콘크리트의 측압은 굳지 않은 상태에서 거푸집에 작용하는 하중을 말한다.
③ 거푸집 설치시 결합 및 연결, 조임 등의 미비로 인해 측압에 견디지 못하고 터짐 등이 발생되어 많은 피해를 야기하는바 재료, 공법, 숙련도 등의 개발 및 노력이 많아야 할 것이다.

(2) 정 의
  콘크리트가 굳지 않은 유동체일 때, 콘크리트의 자중으로 거푸집에 유체 압력을 가하므로 발생되는 것을 말한다.

(3) 측압의 요인 및 방향
① 타설 속도 : 빠를 수록 크다.
② 컨시스턴시 : 묽을 수록 크다.
③ 콘크리트 의 비중 : 비중 클수록 측압이 크다.
④ 골재 입경 : 현재까지 해명이 안 된다.
⑤ 콘크리트 온도 및 기온 : 온도 높을 수록 측압이 작다.
⑥ 거푸집 면 평활도 : 평활할수록 측압이 크다.
⑦ 거푸집 투수성, 누수성 : 투수, 누수성 클수록 측압이 작다.

⑧ 수평 단면(거푸집) : 단면 클수록 측압이 크다.
⑨ 바이브레이터 사용 : 사용할수록 측압이 커진다.
⑩ 시멘트 종류 : 응결 시간이 빠를수록 측압이 작다.
⑪ 거푸집 강성 : 강성 클수록 크다.
⑫ 철골, 철근량 : 내압강재량이 많을수록 측압이 작다.

(4) 측압 측정 방법
① 수압판에 의한 법
㉮ 금속재 수압판은 거푸집면 바로 아래 장착해야 한다.
㉯ 콘크리트와 직접 접합시켜야 한다.
㉰ 측압에 의한 탄성 변형에서 측압력 측정
② 수압계 이용법
㉮ 수압판에 스트레인 게이지 부착
㉯ 수압판 탄성 변형량 정기적 측정
㉰ 캘리브레이션에 의해 실수치 파악
③ 죄임 철물 변형의 간접 측정법
㉮ 죄임 철물의 본체인 볼트에 "스트레인 게이지"부착
㉯ 콘크리트 측압이 거푸집과 지보공을 사이에 두고 죄임 철물에 전달되어 응력 변형량 정기적 측정에 의한 환산

75 중성화(건설 용어)

(1) 서 론
① 건축물의 대형, 고층, 거대화로 콘크리트의 고강도, 내구성 유지를 요구하나 콘크리트의 여러 열화 요인으로 성능 저하 등 피해 발생
② 공기 중의 탄산가스의 콘크리트 침투로 콘크리트 강알칼리성이 약화되는 현상
③ 중성화로 인해 내부 철근의 부식에 의해 콘크리트 균열 등이 발생되어 구조물에 막대한 영향. 현재 많은 연구와 대책

(2) 정 의
① 시멘트 수화 반응상 생성되는 수산화칼슘은 PH 12~13, 강알칼리성을 나타냄.
$CaO + 2H_2O \rightarrow Ca(OH)_2 + H_2O \uparrow$

② 대기중 CO_2와 수분이 콘크리트 내의 수산화칼슘과 결합하여 탄산칼슘으로 변화
③ 이때 탄산칼슘으로 변화한 부분의 PH가 8.5~10 정도로 낮아지는 현상을 말한다.
④ 반응식 : $Ca(OH) + CO_2 + H_2O \rightarrow CaCO_3 + 2H_2O$

(3) 중성화의 영향

① 직접적 영향은 없다 : 물리적 열화 발생원인
② 내부 철근의 부식 : PH 11 이상에서는 부동태 역임
③ 철근의 용적 팽창 2.5배
④ 균열 발생
⑤ 철근 부착 강도 저하
⑥ 피복 콘크리트 분리
⑦ 저항 모멘트 저하

(4) 대 책

① 피복 두께 정상 유지 : 피복 두께의 제곱에 비례하여 중성화됨.
   $T = 7.3X^2$ (X = 피복 두께)
② 조강 포틀랜드 시멘트 사용
③ 물 시멘트비, 공기량, 세공량이 낮게 되도록 : 표면활성제 사용
⑤ 초기 양생을 충분히
⑥ 타설시 모르타르 유출, 콘크리트 분리 방지
⑦ 거푸집 제작 및 다짐방법 밀실하게 한다.
⑧ 골재 및 물에 함유된 염분, 유산분의 한도 지킨다.
⑨ 철근 표면 환경 차단 : 아연 도금, 에폭시 수지 본체 도장, 전기 화학적 방독
⑩ 콘크리트 표면 = 환경 차단 : 표면 라이닝, 표층 환경 차단 : (P. I. C.)

76 Laitance(건설 용어)

(1) 개 요

① 최근 건축물의 고층, 대형, 다양, 복잡화로 사용 및 시공되는 콘크리트의 고품질이 요구되나 시공의 부주의로 콘크리트의 품질 관리에 많은 문제점이 발생되어 품질이 저하되고 있다.
② 콘크리트 타설 후 블리딩 현상에 의해 내부의 미립 분이 상승되어 콘크리트 표면에 퇴적되어 있는 것

③ 타설된 콘크리트의 강도, 수밀성 저하 및 이음 불량 등으로 콘크리트 구조물에 많은 피해가 발생되므로 착공시 이에 대한 대책 수립에 만전을 기해 고품질의 콘크리트 생산 을 해야 한다.

(2) 정 의

콘크리트 타설 후 내부의 비교적 비중이 가벼운 물과 미립 분 등이 삼투압 현상에 의해 한 곳으로 집결된 물을 따라 콘크리트 표면으로 상승하여 물은 증발되고 침전되어 남는 찌꺼기를 Laitance라 한다.

(3) 특성 및 영향

① 화학 성분은 시멘트와 거의 동일
② 강도가 거의 없다.
③ 수분 침입 저항성이 적다.
④ 이음부의 접착 불량
⑤ 표면 Level의 불균일
⑥ 콘크리트 강도 저하(재료 분리 등으로)

(4) 원 리

① W/C비가 클 때
② Slump가 클 때
③ 블리딩 등 재료 분리가 클 때
④ 골재의 점토분이 많을 때
⑤ 시멘트의 소성 불량시 및 분말도 낮을수록
⑥ 과다한 진동, 다짐 및 불충분한 다짐시

(5) 방지 대책

① W/C비를 낮춤
② 시공상 부득이한 경우, 건습이 교차되는 위치에 시공이음 설치
③ 콘크리트 경화 전 또는 경화 후에 Water or Airjet, Sand Blasting하여 제거
④ 밀실한 다짐 시공
⑤ 우량 골재 사용
⑥ 시멘트 분말도가 높은 것 사용
⑦ 시공 후 충분한 습윤 양생
⑧ 적정 혼화재 사용

77 용접 결함 12가지 및 대책

(1) 종 류

① Blow Hole
  ㉮ 원인 : 지나친 운봉
  ㉯ 대책 : 적정 운봉

② Under Cut
  ㉮ 원인 : 운봉 빠짐, 전류 과대, 용접봉 선택 불량
  ㉯ 대책 : 적정 운봉, 전류 적당, 적정 용접봉 선택

③ Crater : Arc에 의해 모재가 움푹 들어간 부분
  ㉮ 원인 : 과대 전류, 운봉 부족
  ㉯ 대책 : 적정 운봉, 전류

④ Crack
  ㉮ 원인 : 고온 터짐, 저온 터짐
  ㉯ 대책 : 적당 용접 봉사용, 적당한 용접 설계, 예열, 완전 전도

⑤ Over lap
  ㉮ 원인 : 전류 약할 때
  ㉯ 대책 : 적정 전류

⑥ 용입 불량
  ㉮ 원인 : 빠른 속도, 봉구경 대, 전류 과대
  ㉯ 대책 : 적당 속도, 봉경, 전류, 봉종류

⑦ Slag 말림
  ㉮ 원인 : 운봉 부적정, 전류 과소
  ㉯ 대책 : 적정 운봉, 전류

⑧ Fish eye(은점) : 둥근 은백색 반점. Blow Hole과 Slag 말림 계속 모여 발생

⑨ Pit : 기공 발생으로 용접면에 작은 구멍
  ㉮ 원인 : 녹, 모재의 화학적 성분
  ㉯ 대책 : 사전 녹제거, 모재 선택시 주의

⑩ 자기 불기(Magnetic)
  ㉮ 원인 : 직류이므로 자장이 Arc를 휘게 한다.
  ㉯ 대책 : 접지 위치를 바꾸는 전류 사용

⑪ Laminate : 각이음, T이음에 많이 발생
  ㉮ 원인 : MnS와 SiO 등의 비금속 게재물, 판두께 방향의 구속 응력
  ㉯ 대책 : 이음 형상 변경, 개선의 변경, 구속도의 감소
⑫ Over hung
  ㉮ 원인 : 용착 금속이 완전 용융 안 되어 부착된 상태
  ㉯ 대책 : Over Welding 금지, 모재 및 용접 방법 결정

(2) 종합 대책
① 용접 재료 : 모재 적당, 건조
② 용접 방법 : 적정 운봉, 적정 자세, 속도, 전류 개선
③ 기능도 양호 : 교육 훈련
④ 기상 조건
⑤ 용접 장소
⑥ 작업 환경
⑦ 검사 확인

78 시설물 관리법의 목적(건설용어)

(1) 개요(도입 배경)
① 성수대교 붕괴, 구포열차 사고, 삼풍백화점 붕괴 등 대형 사고가 잇따라 발생하여
② 정부에서는 1995년 1월에 시설물 안전 관리에 관한 특별법을 제정하였다.
③ 시설물 안전 점검 및 유지 관리를 통하여 재해를 예방하고, 국민의 공공복리 증진에 기여하고자 한다.

(2) 목 적
① 시설물의 안전 점검과 적정한 유지 관리를 통하여 재해를 예방한다.
② 시설물의 효용을 증진시킴으로써 공중의 안전을 확보한다.
③ 나아가 국민의 복리 증진에 기여한다.

(3) 도해 설명

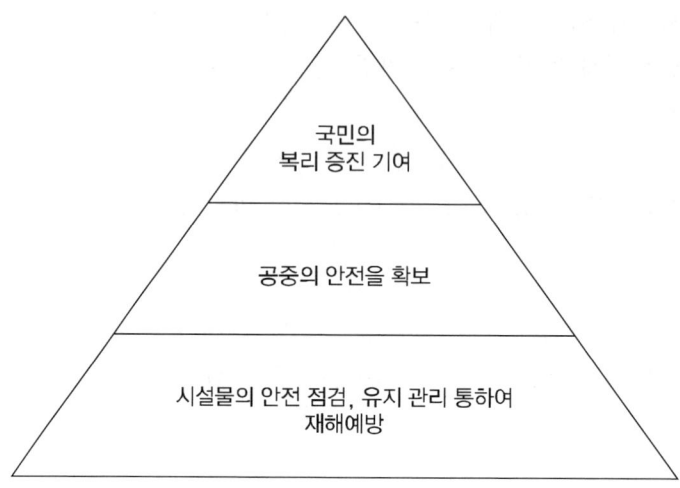

[그림] 시설물 관리법의 목적

79 의식 Level 단계 분류

단계	의식의 상태	주의의 작용	생리 상태	신뢰성
0	무신경 실신	0	수면, 뇌발작	0
I	이상 의식 불명	부주의	피로, 단조로움	0.9 이하
II	정상	수동적 심적 내향	안정기 휴식	0.99~0.9999
III	정상 명쾌	적극적 심적 외향	적극 활동	0.99999 이상
IV	과긴장	일점에 고집	감정 충분	0.9 이하

80 길브레드 동작 경제의 3원칙

① 동작 능력 활용의 원칙
    ㉮ 발 또는 왼손 사용
    ㉯ 양손 동시 작업 시작 종료
② 작업량 절약의 원칙 : 적게 운동
    ㉮ 공구재료 : 인접 위치 배치
    ㉯ 동작 수량을 절약
    ㉰ 장시간 취급시 장구 사용

③ 동작 개선(경제)의 원칙
- ㉮ 자동적 리드미컬한 순서
- ㉯ 양손을 반대 방향으로 좌우 대칭으로 운동
- ㉰ 관성, 중력, 기계력
- ㉱ 높이 준수, 피로 억제

81 PHA(Preliminary Hazard Analysis) : 예비 위험 분석

① 개요 : 최초 단계의 위험 분석으로 system 내 위험 요소 상태를 정성적 평가
② 목표
- ㉮ system 내 모든 사고를 식별, 대충 말로 표시
- ㉯ 사고 초래 요인 식별
- ㉰ 사고가 생긴다고 가정 system
- ㉱ 식별된 사고 분류 : 파국적, 중대, 한계적, 무시 가능 단계

82 FTA(Fault Tree analysis)

① 개요 : 결함수법, 결함 관련 수법, 고장의 목분석법
② 특징 : 재해 발생 후의 원인 규명보다는 재해 발생 전에 예측 기법
③ 작성시기 : 설비 설치 가동, 고장 우려, 재해 발생
④ 순서 : Top 사상의 선정 → 사상마다 재해 원인 규명 → FT의 작성 → 개선 계획 작성

83 결함 사고 분석(FHA : Fair Hazards Analysis)

① 개요
- ㉮ sub system 분석에 사용
- ㉯ sub system : 전체 중의 한 구성 요소
② FHA기재사항
- ㉮ sub system 고장형 고장률 운용방식
  - ㉠ 고장의 영향 2차 고장
  - ㉡ 지배요인 위험 분류 고장 영향

84 FMEA(Failure Mode and Effectes Analysis) : 고장형태와 영향분석

① 개요 : 전형적인 정성적 귀납적 분석 기법, system에 미치는 고장 형태 분석 검토
② 장점 : 위험 분석 및 system 분석
③ 단점 : 논리 부족 동시 2가지 이상 요인 사고시 분석 곤란

85 Bio rhythm

① 개요 : Biological Rhythm의 준말로 인간의 생리적 주기에 관한 이론이며 히포크라테스가 환자 치료법으로 개발하여 운용하였다.
② 생체 리듬의 종류 특성
   ㉮ 육체적 리듬(P)
      ㉠ 23일 주기로 반복
      ㉡ 11.5일은 활동기, 나머지 11.5일은 휴식기
      ㉢ 활동력, 지구력, 스태미너에 밀접
   ㉯ 지성적 리듬(I)
      ㉠ 33일 주기
      ㉡ 16.5일은 지적사고 활동기, 나머지 16.5일은 저하기
      ㉢ 상담, 사고, 기억, 의지, 판단력
   ㉰ 감성적 리듬(S)
      ㉠ 28일 주기 예비 기간
      ㉡ 14일 둔화 기간, 14일 정서, 창조감, 예감, 감정
      ㉢ 욕구의 구분

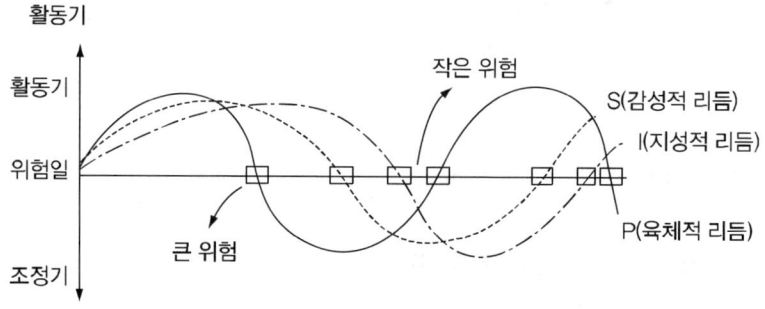

[그림] 바이오 리듬 곡선

참고
> **동기 이론**

Maslow	Herzberg	Alderfer	McGregor
self actualization need self esteem need beginning & love need safety need physiological need	동기 : 경험, 지성, 합리	성장(graduation)	Y이론 : 선진국, 자발적, 성선설
		관계(relation)	
	위생 : 생리, 감정, 비합리	존재(exist)	X이론 : 후진국, 강제적, 성악설

86 레빈의 행동 법칙

레빈(Kurt Lewin)은 인간의 행동은 인간이 가지고 있는 조건과 주변의 심리적 환경과의 상호 함수 관계에 있다고 한다.

즉, 「B = f(P·E)」의 등식이 성립될 수 있다는 것이다.

이때 B는 behavior(행위), P는 person(연령, 경험, 심신 상태, 지능 기타), E는 environment (주변의 환경으로서 인간이 주관적으로 받아들이는 심리적 환경을 의미함)를 뜻하며, f는 function(함수 관계)으로서 적성 기타 P와 E에 영향을 미칠 수 있는 조건을 의미한다.

또한, 개체(P)와 심리적 환경(E)과의 통합체를 심리학적 상태라 하고 인간의 행동은 심리학적 상태에 긴밀히 의존하고 또 규정받는다고 한다. 그리고, 개체와 환경에 의해 성립되는 심리학적 상태를 「심리학적 생활공간(psychological life space)」 또는 간단히 생활 공간이라고 하며, B = f(P.L.S.)라는 공식으로 표현하기도 한다.

레빈에 의하여 인간의 행동은 어떤 순간에 있어서 어떤 행동, 어떤 심리학적 장애를 일으키느냐, 안 일으키느냐 하는 것은 심리학적 생활공간 구조에 따라 결정된다는 것이다.

여하튼, 인간의 행동은 개인이 가지고 있는 조건과 주변 환경에 의해 결정되는 것이며, 개인이나 주변 환경적 요소에 결함이 있는 경우에 행동상 실수나 과오가 발생되는 것이다.

87 McGregor의 X이론과 Y이론 비교

X이론	Y이론
① 인간 불신감(성악설)	① 상호 신뢰감(성선설)
② 저차적(물질적) 욕구	② 고차(정신적)의 욕구 만족에 의한 동기 부여
③ 명령 통제에 의한 관리(규제 관리)	③ 목표 통합과 자기 통제에 의한 관리
④ 저개발국형	④ 선진국형

88 안전 교육의 종류·내용·시간

(1) 정기 교육

① 관리 감독자 교육
　㉮ 교육 대상자 : 해당 현장 소속 근로자 중 관리 감독자의 위치에 있는 사람
　㉯ 교육 내용 : 관리 감독자의 업무 내용에 필요한 안전 보건 사항
　㉰ 교육 시간 : 연간 16시간 이상

② 전체 근로자에 대한 교육
　㉮ 교육 대상자 : 해당 현장 소속 전체근로자
　㉯ 교육 내용 : 현장 관련 안전 보건 사항
　㉰ 사무직 종사 근로자 : 매분기 3시간 이상
　㉱ 사무직 종사 근로자 외의 근로자
　　㉠ 판매업무에 직접 종사하는 근로자 : 매분기 3시간 이상
　　㉡ 판매업무에 직접 종사하는 근로자외의 근로자 : 매분기 6시간 이상

③ 건설업 기초안전 보건교육 : 4시간 이상

(2) 수시 교육

① 신규 채용시 교육 및 작업내용 변경시 교육
　㉮ 교육 대상 및 시간 : 신규 채용 근로자로서 8시간 이상(일용근로자 1시간)
　㉯ 채용시의 교육 및 작업내용 변경시의 교육내용(공통)
　　㉠ 산업안전 및 사고 예방에 관한 사항
　　㉡ 산업보건 및 직업병 예방에 관한 사항
　　㉢ 산업안전보건법령 및 산업재해보상보험 제도에 관한 사항
　　㉣ 직무스트레스 예방 및 관리에 관한 사항
　　㉤ 직장 내 괴롭힘, 고객의 폭언 등으로 인한 건강장해 예방 및 관리에 관한 사항
　　㉥ 기계·기구의 위험성과 작업의 순서 및 동선에 관한 사항
　　㉦ 작업 개시 전 점검에 관한 사항
　　㉧ 정리정돈 및 청소에 관한 사항
　　㉨ 사고 발생 시 긴급조치에 관한 사항
　　㉩ 물질안전보건자료에 관한 사항

② 작업 내용 변경시 교육
　㉮ 교육 대상 및 근로 시간 : 일용근로자 1시간 이상, 일용근로자를 제외한 근로자 2시간 이상
　㉯ 교육 내용 : 신규 채용시 교육과 동일

③ 특별 교육

　㉮ 교육 대상 및 시간 : 산업안전보건법상 관리감독자를 지정해야 될 유해·위험 작업에 근로자를 투입할 경우, 16시간 이상

　㉯ 교육 내용 : 해당 작업과 관련된 안전 보건 사항

　특별 교육을 받지 않는 자는 해당 작업에 종사시켜서는 안 된다.

89 관리감독자를 지정 해야 할 건설 작업장

① 고압실 내 작업 : 잠함 공법, shield 공법에 의해 대기압이 없는 기압 상태의 작업실, 수갱 내부에서의 작업
② 아세틸렌 용접 또는 가스집합 용접장치를 이용하여 금속의 용접, 용단 또는 가열 작업
③ 1[ton] 이상의 crane을 사용하는 작업장
④ 건설용 lift·곤돌라를 이용하는 작업
⑤ 콘크리트 파쇄기를 사용하여 하는 파쇄 작업
⑥ 굴착 높이가 2[m]를 초과하는 암석 굴착 작업
⑦ 거푸집 동바리의 조립 해체 작업
⑧ 비계의 조립·해체 또는 변경 작업
⑨ 건축물의 골조, 교량의 상부 구조를 조립·해체 또는 변경하는 작업
⑩ 흙막이 지보공의 보강 또는 동바리의 설치·해체 작업
⑪ Tunnel 내에서의 굴착 작업
⑫ 굴착면의 높이가 2[m] 이상 되는 지반의 굴착
⑬ 처마 높이가 5[m] 이상인 목조 건축물의 구조 부재 조립이나 건축물의 지붕 또는 외벽 밑에서의 설치 작업
⑭ 콘크리트 인공구조물(높이 2[m] 이상)의 해체 또는 파괴 작업
⑮ 밀폐공간에서의 작업

90 하베이(J.H.Harvey)의 3E란?

사고를 방지하고 안전을 도모하기 위하여 ① 안전 교육(Safety Education), ② 안전 공학(Safety Engineering)과 ③ 안전 단속(Safety Enforcement)의 강제 조치 등이 균형을 이루어야 한다.

91 안전 동기 부여 방안

① 안전의 근본 이념을 인식시킨다 : 인도 주의
② 안전 목표를 정확히 설정한다 : 근로자의 행동에 큰 영향
③ 안전 활동의 결과를 근로자에게 알려준다 – 안전 의식 고취
④ 상과 벌을 준다.
⑤ 경쟁과 협동을 유도한다.

92 법적 안전 교육의 종류·대상·시간

교육과정	교육대상		교육시간
가. 정기교육	사무직 종사 근로자		매분기 3시간 이상
	사무직 종사 근로자 외의 근로자	판매업무에 직접 종사하는 근로자	매분기 3시간 이상
		판매업무에 직접 종사하는 근로자 외의 근로자	매분기 6시간 이상
	관리감독자의 지위에 있는 사람		연간 16시간 이상
나. 채용시의 교육	일용근로자		1시간 이상
	일용근로자를 제외한 근로자		8시간 이상
다. 작업내용 변경시의 교육	일용근로자		1시간 이상
	일용근로자를 제외한 근로자		2시간 이상
라. 특별교육	별표 5 제1호라목 각 호(제40호는 제외한다)의 어느 하나에 해당하는 작업에 종사하는 일용근로자		2시간 이상
	별표 5 제1호라목제40호의 타워크레인 신호작업에 종사하는 일용근로자		8시간 이상
	별표 5 제1호라목 각 호의 어느 하나에 해당하는 작업에 종사하는 일용근로자를 제외한 근로자		• 16시간 이상(최초 작업에 종사하기 전 4시간 이상 실시하고 12시간은 3개월 이내에서 분할하여 실시가능) • 단기간 작업 또는 간헐적 작업인 경우에는 2시간 이상
마. 건설업 기초 안전 보건 교육	건설 일용근로자		4시간 이상

93 안전보건 관리 책임자의 업무 사항

① 사업장의 산업 재해 예방 계획의 수립에 관한 사항
② 안전 보건 관리 규정의 작성에 관한 사항
③ 근로자의 안전 보건 교육에 관한 사항
④ 작업 환경의 측정 등 작업 환경의 점검 및 개선에 관한 사항
⑤ 근로자의 건강 진단 등 건강 관리에 관한 사항
⑥ 산업 재해 원인 조사 및 재발 방지 대책의 수립에 관한 사항
⑦ 산업 재해에 관한 통계의 기록 유지에 관한 사항
⑧ 안전 보건에 관련되는 안전 장치 및 보호구 구입시의 적격품 여부 확인에 관한 사항
⑨ 그 밖에 근로자의 유해·위험 예방 조치에 관한 사항으로서 고용노동부령이 정하는 사항

94 관리 감독자의 업무 사항

① 사업장 내 관리감독자가 지휘·감독하는 작업(이하 이 조에서 "해당 작업"이라 한다)과 관련되는 기계·기구 또는 설비의 안전보건점검 및 이상유무의 확인
② 관리감독자에게 소속된 근로자의 작업복·보호구 및 방호장치의 점검과 그 착용·사용에 관한 교육·지도
③ 해당 작업에서 발생한 산업재해에 관한 보고 및 이에 대한 응급조치
④ 해당 작업의 작업장의 정리정돈 및 통로확보의 확인·감독
⑤ 해당 사업장의 다음 각 목의 어느 하나에 해당하는 사람의 지도·조언에 대한 협조
  ㉮ 안전관리자[법에 따라 안전관리자의 업무를 같은 항에 따른 안전관리전문기관(이하 "안전관리전문기관"이라 한다)에 위탁한 사업장의 경우에는 그 전문기관의 해당사업장 담당자]
  ㉯ 보건관리자[법에 따라 보건관리자의 업무를 같은 항에 따라 준용되는 보건관리전문기관(이하 "보건관리전문기관"이라한다)에 위탁한 사업장의 경우에는 그 전문기관의 해당 사업장 담당자]
  ㉰ 안전보건관리담당자(법에 따라 안전보건관리담당자의 업무를 안전관리전문기관 또는 보건관리전문기관에 위탁한 사업장의 경우에는 그 전문기관의 해당 사업장 담당자)
  ㉱ 산업보건의
⑥ 위험성평가를 위한 업무
  ㉮ 유해·위험요인의 파악에 대한 참여 ㉯ 개선조치의 시행에 대한 참여
⑦ 그 밖의 해당 작업의 안전보건에 관한 사항으로서 고용노동부장관이 정하는 사항

95 안전보건 총괄 책임자의 직무 사항

① 위험성평가의 실시에 관한 사항
② 작업의 중지
③ 도급 시 산업재해 예방 조치
④ 산업안전보건관리비의 관계수급인간의 사용에 관한 협의·조정 및 그 집행의 감독
⑤ 안전인증대상기계 등과 자율안전확인대상기계 등의 사용 여부 확인

96 건설 기술 관리법의 목적

이 법은 건설 기술 연구·발전을 촉진하고 이를 효율적으로 이용·관리하게 함으로써 건설 기술 수준을 향상시키고 건설 공사 시공의 적정을 기하여 공공 복리의 증진과 국민 경제의 발전에 이바지함을 목적으로 한다.

97 감리원의 업무 범위 및 배치 기준(건설 용어)

① 감리원의 업무
  ㉮ 시공 계획·공정표·시공 상세 도면의 검토·확인
  ㉯ 설계 도면 및 시방서와 시공의 적합성 여부
  ㉰ 구조물 규격·사용 자재의 적합성 검토·확인
  ㉱ 품질관리 시험·실시 계획 지도·시험 성과에 관한 검토 확인
  ㉲ 재해 예방 대책 및 안전 관리의 확인
  ㉳ 설계 변경에 관한 사항의 검토 확인
  ㉴ 공사 진척 부분에 대한 조사 및 검사
  ㉵ 완공 도면의 검토 및 준공 검사
  ㉶ 하도급에 대한 타당성 검토
  ㉷ 설계 내용의 현장 조건 부합 및 실제 시공 가능 여부의 사전 검토
  ㉮ 기타 국토해양부령이 정하는 사항
② 감리원의 배치기준
  ㉮ 총공사비 200억원 이상 건설 공사 : 해당 공사 분야의 특급 감리원
  ㉯ 총공사비 50억원 이상 200억원 미만의 건설 공사 : 해당 공사 분야의 고급 감리원

이상의 감리원
㉰ 총공사비 50억원 미만의 건설 공사 : 해당 공사 분야의 중급 감리원 이상의 감리원
③ 발주청은 공사 예정 가격 88[%] 미만으로 낙찰된 공사로 부실 시공의 우려가 있는 공사에는 책임 감리 대가 기준에서 정한 감리원의 수보다 늘려서 배치하게 할 수 있음

98 구조상 주요 부분(건설 용어)

① 교량의 교좌 장치
② 터널의 복공 부위
③ 하천 제방의 수문 문비
④ 댐의 본체, 시공 이음부 및 여수로
⑤ 조립식 건축물의 연결 부위
⑥ 상수도 관로 이음부
⑦ 항만 시설 중 갑문비 작동 시설과 계류 시설의 구조체

99 안전 관리(safety management)

생산성의 향상과 손실(loss)의 최소화를 위하여 행하는 것으로 비능률적 요소인 사고가 발생하지 않는 상태를 유지하기 위한 활동, 즉 재해로부터 인간의 생명과 재산을 보호하기 위한 계획적이고 체계적인 제반 활동을 말한다.

100 안전 사고와 부상의 종류(classification of accidental injuries)

① 중상해 : 부상으로 인하여 2주 이상의 노동 손실을 가져온 상해 정도
② 경상해 : 부상으로 1일 이상 14일 미만의 노동 손실을 가져온 상해 정도
③ 경미 상해 : 부상으로 8시간 이하의 휴무 또는 작업에 종사하면서 치료를 받는 상해 정도

101 재해 정도의 국제적 구분(international classification of injury rates)

① 사망 : 안전 사고로 입은 부상의 결과로 생명을 잃는 것
② 영구 노동 불능 상해 : 부상 결과로 노동 기능을 완전히 잃게 되는 부상(신체 장해 등급

제1급~제3급에 해당)
③ **영구 부분 노동 불능 상해** : 부상 결과로 신체 부분의 일부가 노동 기능을 상실한 부상 (신체 장해 등급 제4등급~제14등급에 해당)
④ **일시 부분 노동 불능 상해** : 의사의 진단으로 일정 기간 정규 노동에 종사할 수 없으나 휴무 상태가 아닌 상태 즉 일시 가벼운 노동에 종사하는 경우
⑤ **응급 조치 상해** : 부상을 입은 다음 치료를 받고 다음부터 정상 작업에 임할 수 있는 정도의 상해

102 공해와 사상(pollution and injury for private business)

① 공해 : 자연 환경을 인간 행위에 의하여 오염시키는 것으로서 공기 오염, 수질 오염, 토질 오염으로 구분한다.
② 사상 : 어느 특정인에게 주는 피해중에서 기관이나 타인과의 계약에 의하지 않고 자신의 업무 수행 중에 입은 상해로서 의료 및 기타 보상을 청구할 수 없는 것

103 직업병(occupational disease)

① 정의 : 직업의 특수성으로 인하여 발생하는 질병으로서, 작업의 종류, 환경 및 작업 방법의 불량으로 인하여 근로자의 건강을 해치는 것을 직업병이라고 한다.
② 직업병의 예방책 : 원칙적으로 직업병을 예방하기 위한 대책은 다음과 같다.
　㉮ 유해 물질은 가능한 한 독성이 적은 물질 또는 독성이 없는 물질로 대체한다.
　㉯ 오염 원인을 피복한다.
　㉰ 유해 물질을 오염원으로부터 제거하기 위한 국소 배기 시설을 한다.
　㉱ 오염원을 격리시킨다.
　㉲ 폭로 시간을 단축시킨다.
　㉳ 전체 환기 시설을 한다.
　㉴ 개인적인 보호를 한다.
　㉵ 개인 위생을 철저히 한다.

104 Under pinning 공법

(1) 개 요

Under pinning 공법이란 기존 건축물보다 더 깊은 지반 굴착으로 인한 지하 수위의 이동 등이 발생, 기존 건축물의 침하를 방지하기 위한 기초 지점의 보강 등 대책을 세우는 공법을 말한다.

(2) 공법의 종류

① 이중 널말뚝의 설치를 통한 배수 후 차단
② 기존 건물에 기초 설치를 통한 지반 침하 방지
③ 웰 포인트 공법 등을 이용 지하수 배수를 설치하여 기존 건물 하부흙의 이동을 방지한다.
⑤ pit 또는 well을 설치, 벽 모양으로 늘어놓아 기존 건물의 자중으로 인한 영향을 제거한다.

(3) 시공상 문제점

① 지하 매설물이 많다 : 가스관, 상하수도, 전기 통신
② 공간이 협소 기계화 시공이 곤란하다.
③ 상부 구조물이 이동되어 작업 순서가 복잡하다.
④ 기존 건물이 사용중에 있어 작업 시간에 제약을 받는다.

105 Heaving

(1) 개 요

① 토공사에서 흙막이를 설치한 굴착 작업시 연약 지반에서 발생
② 연약한 점토 지반의 굴착시 굴착 지면에서 흙막이 내외의 흙의 중량, 토압, 물의 불균형에 의해 굴착 지면이 부풀어오르는 현상
③ 도시 과밀, 인구 집중으로 밀도가 높아짐에 따라 공유 수면 매립, 고층화로 인해 기초 공사시 흙막이를 설치해야 하므로, 안전 사고 발생시 공사비 증가, 민원 발생이 야기되므로 시공 계획상 필요

(2) 정 의

흙막이에 의한 수평 방향의 변형 방지로 깊이 팔 수 있다. 굴착시 바닥이 안정되지 않으면,
① 사질 지반 내의 간극 수압이 높아 흙입자가 솟구쳐 오르는 보일링 현상 발생
② 굴착 저면에 불투수층이 있는 경우 하부로부터의 피압으로 저면이 부푼다.

③ 저면 지반의 마찰력 또는 점성 저항이 배면토의 중량을 감당못함에 따라 굴착 저면이 부풀어 오르는 파괴 현상을 말한다.

(3) 대책 및 문제점
① 흙막이벽을 굳은 지반까지 도달
② 배면토를 제거하여 덮개 흙의 압력 감소
③ 생석회, 시멘트계를 사용, 그라우팅 주입 공법
④ 가는 폭으로 분할 구성 도달하게 지반 구체 설치
⑤ 아일랜드 굴착 공법 채택, 널말뚝 전면에 중량 부여
⑥ 바닥 파기를 굴착하고 지하 구조체 시공

(4) 동 향
① 계측 실시
② 지질 조사를 성실하고 정밀하게 실시한다.
③ 시공 전 사전 조사 철저(인근 현장 기록, 주민 경험 등)

$$FS = NC \frac{S}{rD + B}$$

FS = 안전율 ≤ 1.2
B = 밑둥면의 폭[m]
L = 밑둥면의 길이
NC 정방형 $= (0.84 + 0.16 B/L) NC$ 정방형

106 Piping 현상

(1) 발생 원인
흙막이벽 자체의 부실 공사로 인하여 구멍 또는 이음새를 통하여 물이 흙막이벽 내부로 piping 작용이 생기는 현상을 말한다.

(2) 방지 대책
① 흙막이 자체의 밀실한 시공을 할 것
② 흙막이 토류판이 양질 재료를 사용할 것
③ 시공시 품질 관리 철저

107 부마찰력

(1) 정 의

연약 지반에 박은 말뚝은 지반 자체의 흙의 침하로 인하여 말뚝을 땅속으로 끌어 내려가려는 작용에 의하여 침하하는 현상이 있는데 이 작용을 부마찰력이라고 한다.

(2) 발생 원인
  ① 지반 중에 연약 지반이 있을 때
  ② 침하되고 있는 지역의 항타시
  ③ 파일 간격을 조밀하게 항타시
  ④ 지하 수위 흡상 지역 항타시
  ⑤ pile 이음부의 시공 오차에 의한 응력 발생시
  ⑥ pile 박는 지표면에 하중 작용시

(3) 방지 대책
  ① 파일 개수를 늘릴 것
  ② 파일의 표면적을 작게 할 것
  ③ 긴 말뚝은 피할 것
  ④ 진동을 주지 말 것
  ⑤ 마찰력 감소 방법 검토
  ⑥ 시공 관리 철저

108 교육의 원리

(1) 교육 목적의 설정 원리
  ① 교육 목적의 구체성
  ② 교육 목적의 포괄성
  ③ 교육 목적의 일관성
  ④ 교육 목적의 실현 가능성
  ⑤ 교육 목적의 가변화
  ⑥ 교육 목적의 주체에 대한 내면화

(2) 학습 경험 선정의 원리
   ① 동기 유발의 원리
   ② 기회의 원리
   ③ 가능성의 원리
   ④ 다목적 달성의 원리
   ⑤ 전이 가능성의 원리

(3) 학습 경험 조직의 원리
   ① 계속성의 원리
   ② 계열성의 원리
   ③ 통합성의 원리
   ④ 균형성의 원리
   ⑤ 다양성의 원리
   ⑥ 건전성의 원리(보편성의 원리)

(4) 학습 경험 선정의 방법
   ① 교과서 및 교재법
   ② 목표법
   ③ 주제법
   ④ 활동 분석법
   ⑤ 흥미 중심법(청소년 욕구법)
   ⑥ 사회 기능법
   ⑦ 문제 영역법

109 공사 크레임

(1) 개 요
   ① 건설 공사의 대형화, 복잡화에 따른 시공 전, 중, 후에 대한 문제점, 크레임 발생. 이에 대한 대책 수립 필요
   ② 공사와 관련되어 발생되는 손해에 대한 배상
   ③ 부실 공사 방지, 수익성 증대를 위해 품질 관리 등의 향상에 노력 필요

(2) 크레임의 정의

목적물의 시공 및 완료시 시공 부실과 서류, 도면 등의 잘못으로 인해 발주자, 시공자, 사용자의 3각 관계로 발생되는 손해의 배상을 말한다.

(3) 분류

① **발주자(건축주)가 시공자에게** : 부실 시공, 하자 등 손해 요구
② **시공자가 발주자에게** : 계약 서류, 지시 사항, 도면 설계 도서상의 잘못에 대한 손해 요구
③ **사용자가 시공자에게** : 사용 중 하자에 대한 손해 요구

(4) 방지 대책

① **계약 내용 명확히**
　㉮ 공사 기간
　㉯ 설계 변경시 지불 관계
　㉰ 공사비 수불 관계
　㉱ 물가 변동시 적용
　㉲ 지체 상금

② **입찰 방법의 개선**
　㉮ 최저가 입찰 탈피
　㉯ PQ 제도 적용 등 선진 제도 적용을 국내 실정에 맞게

③ **교육적 대책**
　㉮ 관련자 교육 철저
　㉯ 인식 철저
　㉰ soft 기술 강화
　㉱ 인재 육성

④ **기술적 대책**
　㉮ 공사 관리 명확
　㉯ 관리 체계 전산화
　㉰ 품질 기준 사전 설정
　㉱ 공법 선정 정확

110 비폭성 파쇄제

(1) 개 요

암석이나 콘크리트 등의 해체 공사시 종래에는 화약류나 대형 파쇄기를 사용하였으나 이들은 소음, 진동, 분진, 비석 등의 환경 공해 및 안전성 측면에서 취급이나 사용 방법이 법적 규제가 된다. 이와 같은 문제점 해결을 위해 안전하고 공해 문제없이 암석이나 콘크리트 등의 취성 물체를 파쇄할 수 있도록 개발된 것이 비폭성 파쇄제이다.

(2) 특 징

비폭성 파쇄제는 광물의 수화 작용에 의한 팽창압을 이용하여 파쇄, 해체하는 팽창성 물질로 주성분은 CaO이며 수화 반응을 조절하기 위해 점토류, 석고 등이 첨가된다.

111 DIB(Dynamic Intelligent Building)

고층 빌딩이 지진이나 강풍에 흔들려도 컴퓨터로 수십톤의 무게의 전용 장치로 빌딩의 흔들리는 반대 방향으로 움직이게 하여 진동 에너지를 소멸시키는 장치를 말한다.
최근의 초고층화 추세 및 내진 설계의 입장에서 고려되고 활용해야 할 공법이다.

112 블리딩(bleeding)

(1) 정 의

콘크리트 재료 분리의 일종으로서 골재와 시멘트 입자의 침하에 의하여 콘크리트 표면에 물이 상승하는 현상

(2) 특 징

① 콘크리트의 수밀성 저하 요인
② 철근과의 부착 강도 저하
③ 블리딩 속도보다 표면수의 증발 속도가 빠르면 건조 수축 균열이 발생
④ 표면 마감의 정도는 좋으나 이어붓기의 접착 강도 저하

(3) 방지 대책

① 분말도가 높은 시멘트 사용
② 세립분이 많이 함유된 골재 사용
③ 골재의 최대 치수를 가능한 크게 한다.
④ 포졸란 사용
⑤ 슬럼프값 작게
⑥ AE제, 감수제 등의 사용

113 피로 강도

① 정의 : 재료가 반복 작용을 받을 때 피로로 인하여 정적 파괴 하중보다 작은 하중으로도 파괴되는 현상을 피로 파괴라 하며 유한 횟수의 반복에 걸리는 한계를 피로 강도라고 한다.
② 콘크리트의 피로 강도 = 정적 압축 강도 × 50~55[%]

114 Creep 변형

(1) 정 의

Creep란 일정 응력시에 변형이 시간과 더불어 증대하는 현상을 말하고 시간과 더불어 진행하는 변형을 Creep가 설계상 문제로 되는 일이 적으나 콘크리트의 경우는 저응력시에도 Creep가 발생한다.

(2) Creep의 발생

① 시멘트량이 많을수록 크다.
② 하중이 클수록 크다.
③ 부재의 단면 치수가 작을수록 커진다.
④ 부재의 건조 정도가 높을수록 커진다.
⑤ 외부 습도가 낮을수록 온도가 높을수록 커진다.
⑥ 부재의 건조 정도가 높을수록 커진다.

115 콘크리트의 중성화 작용

(1) 개 요

① CON'C의 중성화는 콘크리트 중의 알칼리와 대기 중의 탄산가스가 반응하여 내구성이 저하되는 현상을 말한다.
즉, $CaO + H_2O \rightarrow Ca(OH)_2 + CO_2 \rightarrow CaCO_3 + H_2O$

② 콘크리트가 중성화되면 부동 태막이 파괴 철근 부식에 대한 저항력이 소실된다.

(2) 중성화 시험 방법

페놀프탈레인 1[%] 용액을 콘크리트 표면에 분무
무색 → 중성화, 적색 → 정상

(3) 중성화 방지 대책

① AE제 사용 - 콘크리트 중성화가 느리다.
② 감수제 사용 - 콘크리트 중성화가 느리다.
③ 조강 시멘트가 보통 시멘트보다 중성화가 느리다.
④ 산화칼슘을 함유한 시멘트 사용
⑤ W/C를 낮게 한다.
⑥ 콘크리트 균열폭 0.3[H/m] 이상시 표면 처리 중 중성화 방지 대책 필요

116 액상화 현상

(1) 원 인

액상화란 지진·진동 등에 의해 사질토층에서 공극 수압의 상승 때문에 유효 응력이 감소하여 전단 저항을 상실하고 액체와 같이 되는 현상을 말한다.

(2) 방지 대책

① 액상화 가능 지역에서 구조물 구축을 피한다.
② 구조물에 말뚝 기초나 구조물 자체의 강성을 키우는 설계를 해야 한다.
③ 입도 개량 또는 약액 주입 공법을 채용한다.
④ 드레인 공법의 적용과 간극 수압의 소산을 도모한다.
⑤ 시트파일이나 지중 연속벽을 설치, 전단 변형을 억제시킨다.

117 온도 균열

(1) 원인

콘크리트 강도 변형이 불충분한 시기에 콘크리트 표면과 온도 구배에 의한 인장 응력에 의해 생기는 균열이다.

(2) 특성

① 콘크리트 타설 후 수일 내에 발생
② 발생 위치가 규칙적이다.
③ 온도 균열은 수밀성, 내구성 등 콘크리트 강도에 큰 영향을 미친다.

(3) 시공상 대책

① 재료 및 배합
　㉮ 발열량 저감 대책
　㉯ 양질의 골재 사용
　㉰ 플라이애시 등 분말 사용으로 밀실 시공 유도
② 설계
　㉮ 균열을 고려, 이음부 위치 결정
　㉯ 보강 철근 사용으로 균열 분산
　㉰ 균열 대비 방수 처리
③ 시공
　㉮ 온도 변화 적게, 습윤, 가열, 증기 양생
　㉯ 온도, 균열, 지수 관리

118 부동태막

(1) 정의

콘크리트는 $CaO + H_2O \rightarrow Ca(OH)_2$로 수산화칼슘이 강알칼리 성분을 나타내 철근에 부식 방지용 보호 피막이 형성된다. 이 보호 피막을 철근의 부동태막이라고 한다.

(2) 철근 부동태막의 파괴 원인은 중성화 작용

$CaO + H_2O \rightarrow Ca(OH)_2 + CO_2 \rightarrow CaCO_3 + H_2O$

즉, 대기 중에 이산화탄소의 영향으로 부동태막이 파괴된다.

(3) 부동태막 파괴로 인한 피해
   ① 콘크리트 내부 철근 부식으로 녹발생
   ② 녹발생으로 체적 2.6배 팽창
   ③ 콘크리트 표면 크랙 발생
   ④ 콘크리트 표면 크랙으로 물과 공기 침입 급속 진행

119 Cold joint

(1) 정 의
   ① 응결하기 시작한 콘크리트에 새로운 콘크리트를 이어질 경우 상부 콘크리트의 응결이 어느 정도 진행되어 있으며 콘크리트의 일체화가 저해되어 시공이 불량한 이음부가 발생한다. 이를 콜드 조인트라 한다.
   ② 외기 온도 25[℃] 이상 : 1시간
         15[℃]~25[℃] : 2시간
         15[℃] 미만 : 3.5 시간

(2) 발생 원인
   ① 레미콘차의 현장 도착 지연, 타설 시간 장시간 소요
   ② 콘크리트 타설 중 펌프의 고장
   ③ 레미콘의 수급 불량
   ④ 콘크리트의 온도가 높을 때
   ⑤ 혹서기 콘크리트 이어치기가 장시간 소요시
   ⑥ 폭우에 의한 빗물 유입으로 슬럼프값 저하시

(3) 예방 대책
   ① 콘크리트의 온도를 낮춘다(내부 냉각수 유입 등).
   ② 레미콘 운반 시간 고려 시공 계획 수립
   ③ 고온 타설 중지
   ④ 점심 시간 등 휴식 시간 조절
   ⑤ 콘크리트 대량 타설시 예비 장비 대기
   ⑥ 보완 조치(습윤, 접착제, 모르타르 사용)

120 슈미트 해머(Schmit hammer)

(1) 개 요
슈미트 해머를 벽면에 밀어붙여 스프링이 반발하는 힘을 눈금으로 읽어내어 강도를 측정하는 시험 방법을 말한다.

(2) 측정 방법, 종류
① 측정면에 가로 5개, 세로 4개의 선을 3[cm] 간격으로 긋고 교점 20점에 대하여 측정한다.
② 종류 : N형, NR형(기록 가능)
　　　　　L형, LR형(기록 가능)

(3) 측정시 주의 사항
① 측정 장소는 벽, 기둥, 보의 측면으로 하고, 두께 10[cm] 이하나 모서리 부분은 피한다.
② 측정값을 크기 순서대로 나열하고 그 중간값에서 6 이상 차가 있는 것은 버리고 나머지는 평균값으로 산정한다.
③ 슈미트 해머에 표시된 수식으로 정하여 압축 강도를 구한다.
④ 벽이 젖어 있을 때에는 보정값을 정하여 기준 강도를 정한다.
⑤ 콘크리트 표면 상태, 타격 방향, 콘크리트 배합 조건에 따라 편차가 달라 사용시 주의가 요망된다.

121 항복점

① 강재를 탄성 한도 이상으로 변형시켰을 때 변형률과 응력의 비가 갑자기 커지는 점이다.
② 응력 변형 곡선에 있어서 재료에 외력을 가할 때 응력의 증가됨이 없이 갑자기 큰 변형을 나타내는 점의 응력도를 그 재료의 항복점이라고 한다.

122 End tab

① 개요 : 용접 길이의 끝이 우묵하게 항아리처럼 끝이 파지는 것을 막기 위해 끝에 받쳐 대는 철판을 말한다.
② 특징 : End tab용 철판은 모재판의 높이와 같아야 용접부 끝이 움푹 파지는 것을 방지할 수 있다.

123 용접 비파괴 검사

(1) 정 의

　재료가 갖고 있는 물리적 성질을 이용해서 파괴하지 않고 내부 형상을 검사하는 방법

(2) 종류 및 특징

　① 방사선 투과법
　　㈎ X선 γ선을 용접부에 투과, 그 상태를 필름에 감광시켜 내부를 검출하는 법
　　㈏ 철판 뒷면에 필름을 대어서 하므로 검사 장소가 제한
　　㈐ 개인차에 따라 판정 결과가 다름

　② 초음파 탐상법
　　㈎ 용접부에 0.4~10[Hz]의 초음파를 투과시켜 검사하는 법
　　㈏ 검사 속도가 빠르고 경제적이다.
　　㈐ 기록성이 없고 검사원의 기량 능력에 따라 차이 발생
　　㈑ X선으로 불가능한 T형 이음에도 검사 가능

　③ 자기 분말 탐상법
　　㈎ 용접부에 자력선을 투과하여 검사하는 방법
　　㈏ 육안으로 안 보이는 미세한 부분도 가능
　　㈐ 표면 상태에 따라 감도가 다르다.
　　㈑ 강자성체만 적용 가능

　④ 침투 탐상법
　　㈎ 용접부에 기름을 투입하여 검사하는 방법
　　㈏ 표면 결함만 검사 가능
　　㈐ 넓은 범위 검사 가능
　　㈑ 검사가 간단하다.

124 동해(동결융해)

(1) 정 의

기온 변화에 따른 동결, 융해로 인하여 콘크리트가 수축, 팽창하여 균열이 발생하는 현상

(2) 동해 방지를 위한 시공법

① 한중 콘크리트를 타설한다.
② 부어넣기 후 동결의 위험이 있는 기간에 시공하는 것이 한중 콘크리트이다.
③ 보통 타설 후 28일간의 예상평균 기온이 약 3[℃] 이하의 경우에 적용
④ 콘크리트의 동결 온도는 W/C비, 혼화제 등에 의해 $-0.5 \sim -2[℃]$이면 빙점하가 된다.
⑤ 경화 전의 콘크리트는 용이하게 동결되고 팽창하여 초기 동해를 받는다.
⑥ 초기 동해를 받은 콘크리트는 충분히 양생하여도 강도, 수밀성, 내구성이 저하된다.
⑦ 한중 콘크리트 타설시 초기동해에 주의한다.

(3) 방지 대책

① 기온이 2[℃] 이하일 때는 콘크리트 타설 중지
② 한중 콘크리트 타설시 별도의 보양 대책 후 타설
③ W/C비를 적게 하여 55[%] 이하가 되도록 한다.
④ AE제나 감수제를 사용한다.
⑤ 단위 수량을 적게 하여 균열을 감소한다.
⑥ 밀실한 콘크리트 타설을 한다.
⑦ 타설 후 충분한 양생 및 보양을 한다.

125 콘크리트 염해

(1) 정 의

해사를 골재로 사용시 염소 이온(Cl)이 콘크리트 중에 혼입되어 철근이 부식, 체적 팽창으로 균열이 발생하는 현상

(2) 염해에 의한 영향

① 밀실한 콘크리트는 pH 12.5의 강알칼리성이므로 일반적으로 철근이 부식하기는 어렵다.

② 콘크리트 중에 염소 이온(Cl)이 존재하면 철근 주위의 부동태막이 부분적으로 파괴 부식된다.
③ 철근의 부식에 따라 체적 팽창
④ 체적 팽창에 따라 피복 콘크리트 파괴
⑤ 파괴된 부분으로 H_2O, CO_2가 침입, 철근 부식 가속화
⑥ 자체의 인장 강도 저하 및 콘크리트 중성화로 구조물 내력과 내구성 상실
⑦ 해사중의 염화물은 조기 강도는 다소 증진시키나 장기 강도가 떨어진다.

(3) 방지 대책

① 염기성 모래는 충분히 세척 후 사용
② 염분 규제치는 0.02[%] 이하가 되도록 한다.
③ 제염제를 혼합하여 사용한다.
④ 강모래와 혼합하여 염분 규제치를 저하시킨다.
⑤ 철근에 방청 피복을 한다.
⑥ 방청제를 콘크리트 속에 혼합하여 사용
⑦ 피복 두께를 증가시킨다.

126 학습 지도 방법의 5분류

(1) 강의법

(2) 질의 응답법

(3) 토론법

토론법의 유형은 다음과 같다.
① 자유 토론(free talking)
② 배심 토의(panel discussion)
③ 공개 토의(forum discussion)
④ 심포지엄(symposium)

(4) 문제 해결법

문제 해결법의 단계는 다음과 같다.
① 문제의 의식
② 해결 방법의 연구 계획
③ 자료의 수집
④ 해결 방법의 실시
⑤ 정리와 결과의 검토

(5) 구안법(project method)

학생이 마음 속에 생각하고 있는 것을 외부에 구체적으로 실현하고 형상화하기 위해서 자기 스스로가 계획을 세워 수행하는 학습 활동으로 이루어지는 형태이다. Collings는 구안법을 탐험(exploration), 구성(construction), 의사 소통(communication), 유희(play), 기술(skill)의 5가지로 지적하고 산업 시찰, 견학, 현장 실습 등도 이에 해당된다고 하였다. 구안법의 단계는 목적, 계획, 수행, 평가의 4단계를 거친다.

127 알칼리 골재 반응(Alkali-Aggregate-Reaction)

(1) 정 의
골재에 함유된 반응성 물질과 시멘트에 포함된 알칼리와 수분이 반응, Gel상의 불용성 화합물이 생성되어 콘크리트가 팽창, 균열하는 현상

(2) A.A.R.의 종류
① 알칼리 실리카 반응
② 알칼리 탄산염 반응
③ 알칼리 실리케이트 반응

(3) A.A.R.에 의한 영향
① 구조물에 균열, Gel 석출
② 구조물에 부재의 엇갈림, 이동 등의 성능 저하
③ 무근 콘크리트에서는 거북등과 같은 균열 발생
④ 철근 콘크리트에서는 주근 방향으로 균열 발생
⑤ 옥외 접합부에 심하게 발생
⑥ 구조물의 내구성 저하
⑦ 중성화를 가속화시킨다.

(4) 방지 대책
① 반응성 골재의 사용을 피할 것
② 콘크리트 포함된 알칼리 총량을 되도록 적게 할 것
③ 알칼리 함유량이 적은 시멘트 사용
④ 단위 시멘트량을 적게 할 것

⑤ 외부로부터 습기나 물의 침입을 막을 것
⑥ 플라이애시, 고로 슬래그 분말을 혼합하여 사용
⑦ 방수제를 사용하여 진행을 억제시킨다.

128 Bleeding

(1) 정 의

콘크리트 재료 분리의 일종(물의 분리)으로서 골재와 시멘트 입자의 침하에 의하여 콘크리트 표면에 물이 상승하는 현상

(2) 특 징

① 철근과의 부착 강도 저하
② Bleeding 속도보다 표면수의 증발 속도가 빠르면 건조 수축 균열이 발생
③ 표면 마감의 정도는 좋아진다.
④ 이어붓기시 접착 강도 저하
⑤ 콘크리트의 수밀성 저하

(3) 방지 대책

① 분말도가 높은 시멘트 사용
② 세립분이 많이 함유된 골재 사용
③ 골재의 최대 치수를 크게
④ Slump 치는 적게 한다.
⑤ 밀실한 콘크리트가 되도록 한다.
⑥ 골재중에 유해물이 적어야 한다.

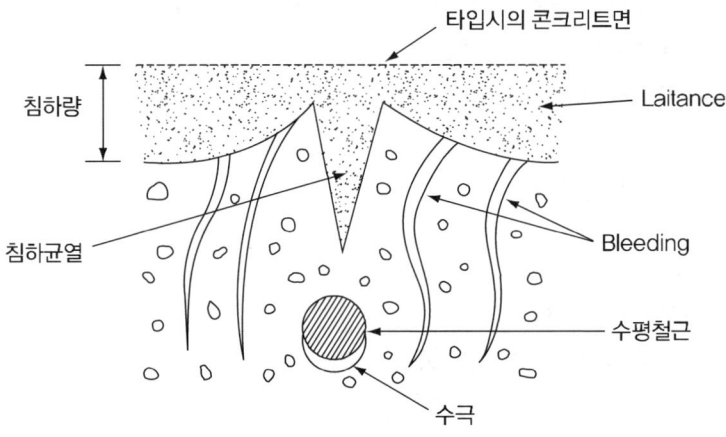

[그림] Bleeding 현상

129 Laitance

(1) 정 의
Bleeding 현상으로 물이 떠오를 때 유해 물질을 동반하고 올라와 콘크리트 표면에 침전하게 되는 찌꺼기를 말한다.

(2) 특 징
① 화학 성분은 시멘트와 거의 같으나 강도가 거의 없다.
② 물의 침투에 대한 저항성이 없으며 수밀성도 없다.
③ 이어치기시 접착 강도 저하시킨다.
④ 미세한 균열이 생기고 콘크리트의 부착이 나빠진다.
⑤ 레이턴스가 물의 관 위에 콘크리트를 부어서는 안 된다.

(3) 방지 대책
① 물·시멘트비를 줄인다.
② 콘크리트가 굳기 전에 제거한다.
③ Bleeding 현상이 일어나지 않게 한다.
  ㉮ 분말도가 높은 시멘트 사용
  ㉯ 세립분이 많이 함유된 골재 사용
  ㉰ 골재 중에 유해물이 적어야 한다.

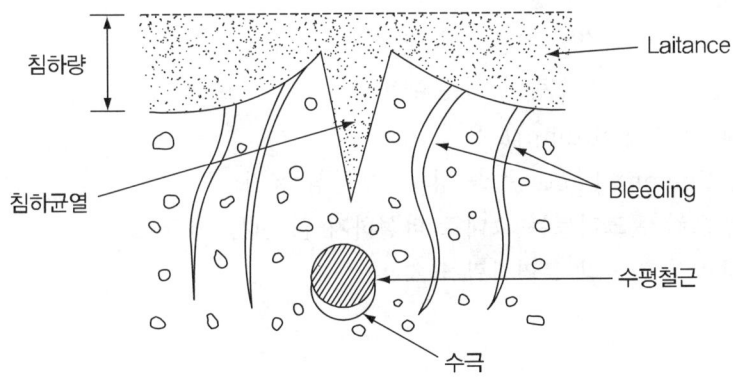

[그림] Laitance

130 재료 분리

(1) 정 의
- ① 균질하게 비벼진 콘크리트가 타설 도중 구성 요소인 시멘트, 물, 굵은 골재, 잔골재 등이 분리되는 현상
- ② 굵은 골재가 국부적으로 집중하거나 수분이 콘크리트 상면으로 모이는 현상

(2) 재료 분리의 원리
- ① 굵은 골재의 분리
  - ㉮ 굵은 골재와 모르타르의 비중 차이
  - ㉯ 굵은 골재 치수와 모르타르 중의 잔골재의 치수 차이
  - ㉰ 골재의 입형이 편평하고 세장한 골재가 분리하기 쉽다.
- ② Cement Paste 및 물의 분리
  - ㉮ Bleeding과 침하에 의한 분리
    - ㉠ 물시멘트비가 클수록 Bleeding 및 침하 증대
    - ㉡ 골재의 최대 치수가 작을 수록 증대
  - ㉯ 거푸집의 틈새 : 구멍의 발생으로 Cement Paste 유출

(3) 재료 분리의 방지책
- ① 시멘트량이 너무 적지 않도록 한다.
- ② 골재의 입도 및 입형이 좋은 것 사용
- ③ 골재는 세립분이 적절하게 혼합된 것 사용
- ④ AE제 사용하여 단위 수량이 적은 된비빔 콘크리트로 한다.
- ⑤ 적정한 W/C 비와 Slump값 유지
- ⑥ 거푸집은 Cement Paste 누출 방지, 수밀성 유지
- ⑦ 분리를 일으킨 콘크리트는 그대로 타설하지 않는다.
- ⑧ 거푸집 내에서 장거리 흘러내림 금지

131 Concrete head

(1) 개요

① 콘크리트 타설 높이가 클수록 측압은 증대되지만 일정 높이에 달하면 측압은 상승하지 않고 이후 타입을 계속하면 측압은 저하한다.
② 이 경계의 높이를 콘크리트 head라 한다.

(2) 콘크리트 head

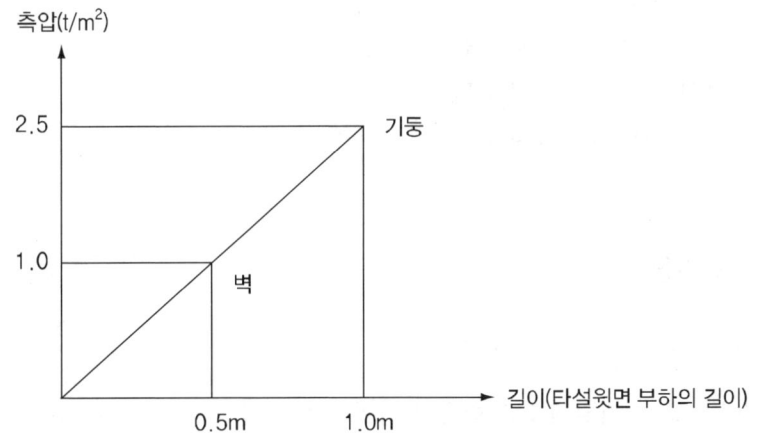

① 기둥 : 타설 윗면에서부터 $1[m]$에 측압은 $2.5[t/m^2]$ 정도가 최대

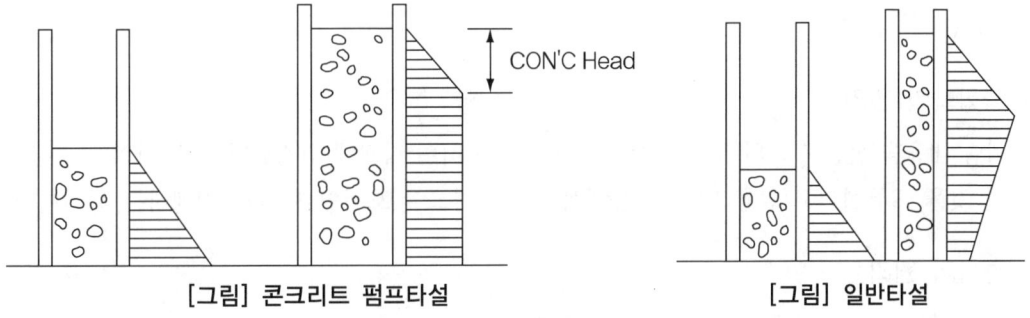

[그림] 콘크리트 펌프타설　　　　[그림] 일반타설

② 벽 : 타설윗면 $0.5[m]$ 지점에서 측압은 $1.0[t/m^2]$로 최대

132 측압에 영향을 주는 요소

① 거푸집의 두께가 두꺼울수록 측압은 커진다.
② 거푸집의 표면이 평활할수록 측압은 커진다.
③ 콘크리트 Slump값이 클 수록 측압은 커진다.
④ 콘크리트 시공 연도가 좋을 수록 측압은 커진다.
⑤ 철근·철골 양이 적을수록 측압은 커진다.
⑥ 외기 온도·습도가 적을수록 측압은 커진다.
⑦ 부배합일수록 측압은 커진다.
⑧ 부어넣기 속도가 빠를수록 측압은 커진다.
⑨ 다짐이 충분할수록 측압은 커진다.
⑩ 타설 방법이 상부에서 타설하면 측압은 커진다.

133 학습 지도의 5원리

(1) 자기 활동의 원리(자발성의 원리)

학습자 자신이 스스로 자발적으로 학습에 참여하는 데 중점을 둔 원리이다.

(2) 개별화의 원리

학습자가 지니고 있는 각자의 요구와 능력 등에 알맞은 학습 활동의 기회를 마련해 주어야 한다는 원리이다.

(3) 사회화의 원리

학습 내용을 현실 사회의 사상과 문제를 기반으로 하여 학교에서 경험한 것과 사회에서 경험한 것을 교류시키고 공동 학습을 통해서 협력적이고 우호적인 학습을 진행하는 원리이다.

(4) 통합의 원리

학습을 총합적인 전체로서 지도하자는 원리로, 동시 화합(concomitant learning) 원리와 같다.

(5) 직관의 원리

구체적인 사물을 직접 제시하거나 경험시킴으로써 큰 효과를 볼 수 있다는 원리이다.

134 Rebound check

(1) 정 의

말뚝의 지지력을 동역학적 방식에 의해서 구할 때 말뚝의 탄성 변형량과 지반의 탄성 변형량을 측정하기 위한 방법

(2) 말뚝의 허용 지지력

① $R_a = \dfrac{R_u}{F_s}$

R_u : 극한 지지력, F_s : 안전율

② 극한 지지력 R_u 산정 방법

㉮ 재하 시험에 의한 방법
㉯ 동역학적 공식에 의한 방법
㉰ 정역학적 공식에 의한 방법
  주변 마찰력 + 말뚝 선단 지지력 = 극한 지지력

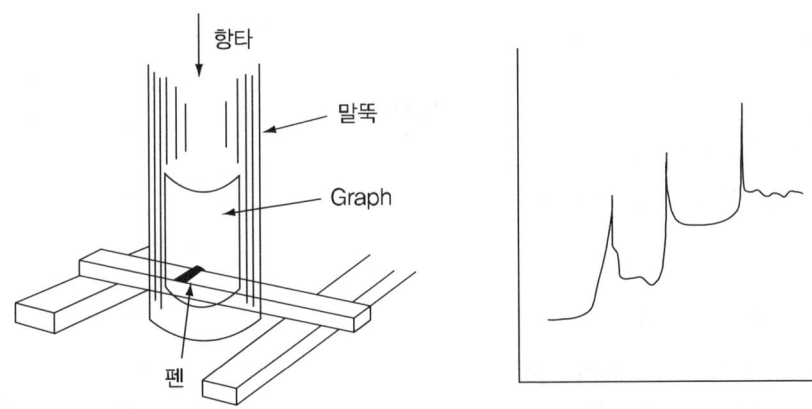

[그림] 관입량의 측정

(3) Check 방법

① 말뚝의 일정 부위에 Graph지 부착
② 말뚝에 인접하여 펜을 꽂는 장치 부착
③ 항타에 따른 침하 및 반발력을 Graph지에 도식

135 부마찰력

(1) 개 요

선단 지지 말뚝이 포화된 점토층을 관통하여 지지층에 박혀 있는 경우, 그 점토층 위에 성토를 하거나 지하 수위가 저하하여 점토층에 압밀 침하가 발생하는 경우 말뚝에 대하여 하향의 마찰력을 말한다.

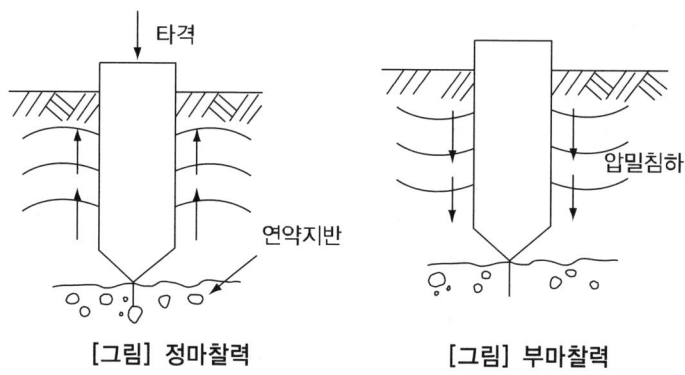

[그림] 정마찰력   [그림] 부마찰력

(2) 부마찰력의 원인

① 지반 내 간극 수압의 감소에 따라 중간층 압밀침하
② 강제 배수에 의한 수위 저하
③ 부지 조성을 위한 성토 또는 인접 지역 구조물 구축

(3) 방지 대책

① 부마찰력 고려, 말뚝수 증가
② 내·외관이 slide가 가능한 2중관 말뚝 시공
③ 말뚝 주위면 아스팔트나 미끄럼층 도포

136 동상 현상

(1) 지반이 동결로 상승하는 현상으로 모세관 현상, 투수 계수, 영하의 지속 시간 등의 인자에 의한 지반 동결 심도 이상 부위가 문제가 되며, 기초 구조는 반드시 동결 심도 이하에 있어야 한다.

(2) 원 인
　　① 모세관 혈관
　　② 투수성
　　③ 영하 지속 온도

(3) 대 책
　　① 동결 심도 이하로 기초를 구축한다.
　　② 자갈 등으로 치환한다.
　　③ 단열재를 사용한다(석탄재, 약품).
　　④ 지하 수위 저하 공법

137 간극 수압계

(1) 개 요
연약 지반, 성토층 매립지, 암반층에 있어서 터파기 시공시 Borehole, Stand Pipe 및 토사층 내부의 간극 수압을 측정하기 위해 지중에 설치하는 계측기를 말한다.

(2) 적용 범위
　　① 탈수나 배수의 효과적인 측정
　　② 수위 측정의 Monitoring
　　③ 지반의 안전성 검토 및 시공 조절
　　④ 굴착, 성토의 안전성 측정
　　⑤ 수리 조사, 오염 및 환경 조사
　　⑥ 배면의 연약 지반에 설치(연약층 깊이 별도)
　　⑦ 굴착에 따른 과잉 긴극 수압의 변화 측정, 안정성 판단

(3) 설치 방법
　　① 수압계 Tip을 케이블 연결 후 물에 담금(24시간)
　　② 초기값 기록
　　③ 설치점에 Boring
　　④ 케이싱 설치
　　⑤ 모래깔기

⑥ 설치 Package 이동 설치
⑦ 모래로 투수층 형성
⑧ 벤토나이트로 차수층 형성
⑨ 상부까지 Cement 그라우팅
⑩ 보호막 보호

138 토압의 종류

(1) 주동 토압
　① 벽에 토압이 작용해서 벽이 움직이기 시작할 때의 토압
　② 흙이 옹벽에 미치는 가로 방향의 압력

(2) 수동 토압
　① 벽의 뒷채움을 압축하고 뒷채움의 흙이 압축되어 붕괴를 일으킬 때 작용하는 토압
　② 지중에 있는 벽의 어느 한 방향으로 힘을 가했을 때 흙은 횡압으로 인해 수축되고 또 위로 떠밀려 오르는 상태로 될 때 흙의 저항력

(3) 정지 토압
　① 흙이 수평 방향으로 팽창 또는 압축이 없이 정지 상태에 있을 때
　② 정지 토압의 크기는 주동 토압과 수동 토압의 중간이다.

139 학습 지도 방법의 7 형태

(1) 강의식 : 교사의 언어를 통한 설명과 해설 등
(2) 독서식 : 교재에 의한 학생의 학습
(3) 필기식 : 필기에 의한 것으로 강의와 독서를 겸한 방식
(4) 시범식 : 시범에 의한 방식
(5) 신체적 표현 : 교사의 강의 방법
(6) 시청각 교재의 이용
(7) 계도(유도) : 학습의 어려운 문제를 해결 지도

140 피압수

(1) 정 의

지하 깊은 층인 상하 불투수층 사이의 높은 압력을 갖는 지하수로 토공사시 피해를 많이 준다.

(2) 피압수에 의한 문제

① 굴착 저면에 얇은 불투수층이 있는 경우 불투수층 하부에 존재하는 피압수에 의해 굴착 저면이 들어 올려진다.
② 심한 경우 흙막이 붕괴 야기

141 Well point 공법

(1) 공법 개요

① 지하수를 진공 펌프로 흡입 탈수하는 것
② 굴착부 주위에 소구경의 우물을 다수 설치하여 진공 흡입에 의해 지하수를 모아서 배수하는 공법

(2) 공법의 특성

① 투수성이 높은 층에서 건식 시공 가능
② 보일링의 위험 막기 위해 유효하다.
③ 투수성이 낮은 층에는 배수시 안정액 늘림으로써 압밀 침하 촉진

(3) 시공법

① 라이저 파이프 선단에 웰포인트 부착
② 셀프제트(self jetting)로 대수층까지 관입
③ 그 주위에 필터 모래 침적
④ 진공 펌프로 배수

(4) 시공시 주의 사항

① 지질이 이 공법에 적당한지 충분히 검토
② 투수성이 너무 낮으면 큰 효과가 없다.
③ 굴착 깊이가 깊은 경우는 고양정 펌프 사용

142 Tremie pipe

(1) 정 의
수중 콘크리트 타설시 수직 파이프인 Tremie관을 통해 콘크리트 중량에 의해 안정액을 콘크리트로 치환하는 역할을 한다.

(2) 종 류
① 밑뚜껑식
  ㉮ 선단에 뚜껑을 만들어 콘크리트 중량에 의해 타설하는 형식
  ㉯ 깊은 말뚝 시공시는 부력이 작용하여 시공상 불편
② 플런저식 : 가장 많이 사용되는 형으로 트레미 한끝에 플런저를 장착하여 관내의 누수를 배제하면서 타설하는 형식
③ 개폐문식 : 선단에 개폐문을 설치하여 콘크리트를 채운 후 선단을 개방하여 콘크리트를 타설하는 형식
④ 트레미관의 관경
  ㉮ 보통 관경은 15[cm], 20[cm], 25[cm], 30[cm]
  ㉯ 길이는 보통 1줄당 3[m] 정도

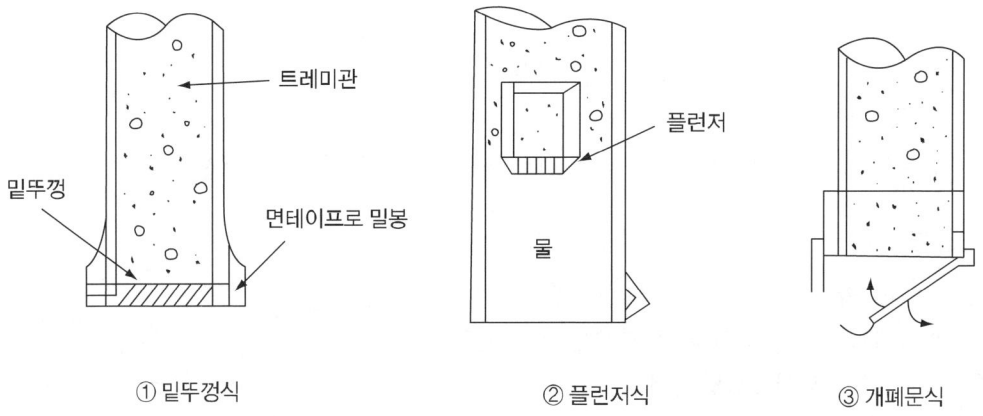

① 밑뚜껑식　　② 플런저식　　③ 개폐문식

143 Rock anchor

(1) 공법 개요
   ① 한쪽 끝부분이 Grout 재료 지반에 정착된 PC 강선에 긴장력을 도입
   ② 다른 한쪽 끝에 설치된 정착구를 통해 구조물에 상시 일정 방향의 일정 하중을 작용시키는 공법

(2) 적용 범위
   ① 도심지 초고층 건물에서 지진력·폭풍력 등의 횡력에 대한 전도 모멘트 방지
   ② 지하수 부력에 의한 건물 부상 방지
   ③ 경사지 건물의 Sliding 방지, 편토압 방지
   ④ 경사지 옹벽 지지

(3) 공법 분류
   ① 수직형
      ㉮ 주로 수압에 의한 건물의 부상, 지진력, 폭풍 등에 의한 기초의 부상저항 공법
      ㉯ Anchor 타설 방향 → 수직, ϕ(파이) 135[mm] 정도
   ② 경사형
      ㉮ Anchor 타설 각도가 수평면에 대해 15° 이상
      ㉯ 천공경 165[mm] 정도

144 표준 공기 제도

(1) 정 의

   발주 기관이 설계와 시공에 필요한 공기를 표준화하여 공사 기간을 미리 정해놓고 공사를 발주하는 제도

(2) 특 징
   ① 부실 공사 방지
   ② 종래의 공사 방식으로 공기를 서두를 필요가 없다.
   ③ 안전성 확보
   ④ 품질 향상

(3) 공기 산정의 기준

　① 건축 공사

　　㉮ 일반 건축 : 165 + (15일 × 층수)

　　㉯ PC : 155 + (15일 × 층수)

　② 지하 공사

　　㉮ 지하 1개층

　　　PT : 10일 기타 30일

　　㉯ 지하 2개층 : 50일

　　㉰ 파일 기초 : 15일

　③ 동, 하절기 고려(물공사 중단 기간)

　　지역에 따라 : 30~80일

　④ 지역적 특수성

　　군소재지, 산간 오지, 도서 지역 : 15일

　⑤ 사회적 특수성 : 명절, 연말 연시 30일 정도

　⑥ 기타 공사

　　㉮ 토목 조성 공사 : 건축 공사 준공 후 일정 기간 가산

　　㉯ 기계(선반) 공사 : 건축 공사와 동일

　　㉰ 전기 통신 공사 : 건축 공사 후 15일 가산

145 산업 재해 보상 보험 제도

(1) 정 의

　근로자에 대한 업무상 재해 보상 책임을 사회 보험화하여 국가가 운영함으로써 근로자 보호와 복지 증진에 기여하고자 하는 제도

(2) 적용 대상

　① 건설업은 1969년부터 산재 보험 적용 대상

　② 공사 금액 2천만원 이상 건설 공사 강제 적용

(3) 목 적

　① 산업 재해 예방

　② 재해 발생시 근로자 보호

③ 작업 환경 개선
④ 안전성 확보

(4) 재해 예방 가능

① 보험 요율 차등화를 통한 재해 예방 촉진
㉮ 재해 다발시 보험 효율 높게 적용
㉯ 보험 요율 구분(표준 안전 관리비 구분과 동일)
- 일반 건설 공사(갑)
- 일반 건설 공사(을)
- 중건설 공사
- 철도·궤도 신설 공사
㉰ 중건설 공사가 효율이 가장 높다.
② 과실 책임 추궁
㉮ 무과실 책임을 전제로 한다.
㉯ 업무상 사유로 인한 것은 보상, 보험 급여 지급

146 Sounding

(1) 정 의

보링 구멍을 이용하든지, 직접 동적 또는 정적으로 시험기를 떨어뜨려 흙의 저항 및 그 위치의 흙의 물리적 성질을 측정하는 방법

(2) 종 류

① 표준 관입 시험(사질 지반)
㉮ 표준 관입 시험용 Sampler로 중량 63.5[kg]의 추를 76[cm] 높이에서 자유 낙하시켜 30[cm] 관입시키는 데 필요한 타격 횟수 N값을 통하여 흙의 지내력을 측정하는 방법
㉯ 사질토에 주로 사용한다.
② Cone관입 시험
㉮ 끝에 부착된 Cone(원추)을 지중에 관입했을 대 받는 저항으로 지반의 경연 정도를 조사하는 시험법
㉯ 대단히 연약한 점토질 지반에 사용한다.

③ 스웨덴식 Sounding 시험 : 시험기의 Screw point를 100[kg]의 하중 혹은 하중과 회전에 의해 흙 중에 관입시켜 하중 또는 회전수와 관입량으로 토층 상황을 판단하는 방법
④ Vane Test
㉮ Boring 구멍을 이용하여 + 자 날개형의 Vane Tester를 지반에 때려 박고 회전시켜 그 회전력에 의하여 점토질의 점착력을 판별하는 방법
㉯ 연약한 점토질에 사용된다.

147 동결 공법

(1) 공법 개요

지중의 수분을 일시적으로 동결시켜 지반 강도와 차수성을 높이는 지반 개량 공법이다.

(2) 특 징
① 일시적인 지반 개량 공법이다.
② 경제적으로는 불리하다.

(3) 장 점
① 모든 지층에 적용 가능, 균질한 시공 효과 기대
② 동결된 흙의 강도, 차수성, 부착력이 좋다.

(4) 단 점
① 흙 중의 간극수 팽창시 지반을 치올려 구조물에 영향을 미친다.
② 지하수 흐름이 있을 경우 동결이 늦다.

(5) 종 류
① 저온 액화 가스 순환 방식
② 플라잉 방식
③ 주입 방식
④ 순환·주입 병용 방식
⑤ 순환 병용 방식

(6) 시공법
① 보링·압입·타설 등의 방법으로 소정 위치에 동결관 설치

② 냉동 설비 설치
③ 동결관의 내압 테스트
④ 동결 설비와 동결관 배관에 의해 연결
⑤ 냉각제를 동결관 내에 넣고 지반을 동결시킨다.

148 부주의의 발생 원인과 대책

(1) 외적 원인 및 대책

① 작업, 환경 조건 불량 : 환경 정비
② 작업 순서의 부적당 : 작업 순서 정비

(2) 내적 조건 및 대책

① 소질적 조건 : 적성 배치
② 의식의 우회 : 상담(counseling)
③ 경험, 미경험 : 교육

(3) 설비 및 환경적 측면에 대한 대책

① 설비 및 작업 환경의 안전화
② 표준 작업 제도 도입
③ 긴급시 안전 대책

(4) 기능 및 작업적 측면에 대한 대책

① 적성 배치
② 안전 작업 방법 습득
③ 표준 동작의 습관화
④ 적응력 향상과 작업 조건의 개선

(5) 정신적 측면에 대한 대책

① 안전 의식 및 작업 의욕 고취
② 피로 및 스트레스의 해소 대책
③ 주의력 집중 효과

149 Earth anchor

(1) 정의

흙막이벽 등의 배면을 원통형으로 굴착하여 인장재를 투입하고 Grouting에 의해 저항부를 조성한 후 긴장, 정착시켜 구조물에 부하되는 토압, 수압 등의 외력에 저항하도록 하는 공법

(2) 특징

① 지주나 버팀대가 없기 때문에 굴착 공간을 넓게 활용
② 대형 기계의 반입이 가능, 공사의 생략화로 공기 단축
③ 배면 지반에 미리 응력을 줌으로써 주변 지반의 변위 감소

(3) 공법의 분류

① **마찰 공식** : Anchor 주의 흙의 전단 저항에 따라 내력을 기대하는 방식
② **지압 방식** : 판상의 Anchor체를 통해 그 전면에 작용하는 수동 토압의 저항으로 인발력을 기대하는 방식
③ **복합 방식** : 마찰 방식과 지압 방식을 조합해서 인발력에 대항

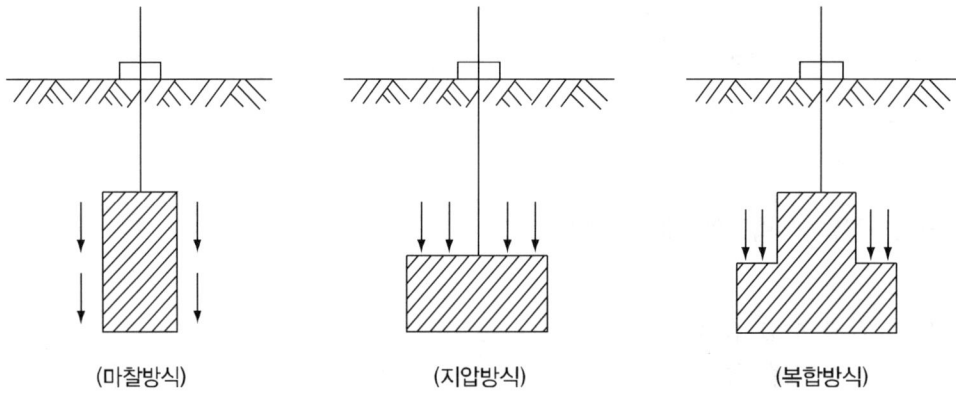

(마찰방식)　　　　(지압방식)　　　　(복합방식)

150 Leader ship

(1) 개 요

① Leader ship이란 집단 목표 달성 또는 집단 존속에 필요한 기능
② Leader ship 구성원의 응집 기능과 바람직한 방향으로 지향

(2) Leader ship의 기법

① 지식의 부여　　② 관대한 분위기
③ 일관된 규율　　④ 향상의 기회
⑤ 참가 기회　　　⑥ 호소 권리

(3) Leader ship의 5대 권한

① 보상적 권한(승진, 급여 인상)
② 합법적 권한(존경)
③ 강압적 권한(부하 처벌, 승진 누락)
④ 위임된 권한
⑤ 전문성의 권한

151 표준 관입 시험

(1) 정 의

① 표준 관입 시험시 중량 63.5[kg]의 추를 76[cm] 높이에서 자유 낙하시켜 30[cm] 관입시키는 데 필요한 타격 횟수를 말한다.
② N값을 통하여 흙의 지내력을 측정한다.

(2) N값과 흙의 상대 밀도

모래 지반 N값	점토지반 N값	상대 밀도
0~4	0~2	매우 연약
4~10	2~4	연약
10~30	4~8	중간
30~50	8~15	단단한 모래점토
50 이상	15~30	아주 단단한 모래점토

152 Vane test

(1) Vane test 정의
① 보링 구멍을 이용하여 +자 날개형의 Vane Tester를 지반에 때려 박고 회전시켜 그 회전력에 의하여 점토질의 점착력을 판별하는 방법
② 연약한 점토질에 사용한다.
③ 굳은 점토질은 테스터의 삽입이 곤란하므로 부적당
④ 10[m] 이상의 길이가 되면 Rod의 되돌림 등으로 정확도가 떨어진다.

153 안전보건 관리 책임자의 임무

(1) 선 임
① 안전보건관리책임자(이하 "관리책임자"라 한다)를 두어야 할 사업의 종류 및 규모는 상시 근로자 100명 이상을 사용하는 사업과 상시 근로자 100명 미만을 사용하는 사업 중 고용노동부령으로 정하는 사업으로 한다.
② 관리책임자는 해당 사업에서 그 사업을 실질적으로 총괄·관리하는 사람이어야 한다.
③ 사업주는 관리책임자를 선임하였을 때에는 그 사실을 증명할 수 있는 서류를 갖춰 둬야 한다.

(2) 업무 내용
① 산업 재해 예방 계획의 수립에 관한 사항
② 안전보건 관리 규정의 작성 및 변경에 관한 사항
③ 근로자의 안전보건 교육에 관한 사항
④ 작업 환경의 측정 등 작업 환경의 점검 및 개선에 관한 사항
⑤ 근로자의 건강 진단 등 건강 관리에 관한 사항
⑥ 산업 재해의 원인 조사 및 재발 방지 대책의 수립에 관한 사항
⑦ 산업 재해에 관한 통계의 기록 및 유지에 관한 사항
⑧ 안전 보건에 관련되는 안전 장치 및 보호구 구입시 적격품 여부 확인에 관한 사항
⑨ 근로자의 유해·위험 예방 조치에 관한 사항으로서 고용노동부령이 정하는 사항

154 안전보건 총괄 책임자 직무

(1) 선 임
   ① 사업의 일부를 도급으로 사업주 근로자와 수급인 근로자가 같은 장소에서 작업시 생기는 재해 예방을 위해 업무를 총괄 관리하는 안전보건 관리 책임자를 안전보건 총괄 책임자로 지정
   ② 안전보건 관리 책임자를 선임하지 않아도 되는 현장은 해당 사업의 총괄 관리자를 안전보건 총괄 책임자로 선임

(2) 직무 내용
   ① 위험성평가의 실시에 관한 사항
   ② 작업의 중지
   ③ 도급 시 산업재해 예방조치
   ④ 산업안전보건관리비의 관계수급인간의 사용에 관한 협의·조정 및 그 집행의 감독
   ⑤ 안전인증대상기계등과 자율안전확인대상기계등의 사용 여부 확인

(3) 선임 대상 사업장
   ① 상시 근로자 100명 이상인 사업
   ② 상시 근로자 50명 이상인 사업
      ㉠ 1차 금속 제조업
      ㉡ 선박 및 보트 건조업
      ㉢ 토사석 광업
   ③ 수급인 및 관계급인의 공사금액을 포함한 해당공사의 총공사 금액이 20억 이상인 건설업

155 안전 관리자 업무

(1) 선 임
   ① 안전에 관한 기술적 사항에 대해 지도 조언을 위해 선임
   ② **고용노동부 장관은 필요시 안전 관리자를 증원교체임명 명령**
      ㉠ 해당 사업장의 연간재해율이 같은 업종의 평균재해율의 2배 이상인 경우
      ㉡ 중대재해가 연간 2건 이상 발생한 경우
      ㉢ 관리자가 질병이나 그 밖의 사유로 3개월 이상 직무를 수행할 수 없게 된 경우

㉣ 화학적 인자로 인한 직업성 질병자가 연간 3명이상 발생한 경우
③ 안전관리 전문대행 기관에 위탁 가능
④ 선임 사유 발생시 지체없이 지방고용노동관서의 장에게 서류제출

(2) 선임 기준(건설업)

규 모	인 원	비 고
50억 이상 800억 미만	1명 이상	자격증소지자
공사금액 800억원 이상 1,500억원 미만	2명	자격증소지자

(3) 업무 내용
① 산업안전보건위원회 또는 안전 및 보건에 관한 노사협의체에서 심의·의결한 업무와 해당 사업장의 안전보건관리규정 및 취업규칙에서정한 직무
② 위험성평가에 관한 보좌 및 지도·조언
③ 안전인증대상기계등과 자율안전확인대상기계등 구입시 적격품의 선정에 관한 보좌 및 지도·조언
④ 해당 사업장 안전교육계획의 수립 및 안전교육 실시에 관한 보좌 및 지도·조언
⑤ 사업장 순회점검, 지도 및 조치 건의
⑥ 산업재해 발생의 원인 조사·분석 및 재발 방지를 위한 기술적 보좌 및 지도·조언
⑦ 산업재해에 관한 통계의 유지·관리·분석을 위한 보좌 및 지도·조언
⑧ 법 또는 법에 따른 명령으로 정한 안전에 관한 사항의 이행에 관한 보좌 및 지도·조언
⑨ 업무 수행 내용의 기록·유지
⑩ 그 밖에 안전에 관한 사항으로서 고용노동부장관이 정하는 사항

(4) 자격 제한
① 산업안전지도사 자격을 가진 사람
② 국가 기술 자격법상 산업안전기사 및 산업기사 이상 자격 취득자
③ 국가 기술 자격법상 건설안전기사 및 산업기사 이상 자격 취득자
④ 4년제 대학 이상에서 산업안전 관련학과 전공 졸업자
⑤ 전문대 이상 학교에서 산업안전 관련학과 전공 졸업자
⑥ 「국가기술자격법」에 따른 토목산업기사 또는 건축산업기사 이상의 자격을 취득한 후 해당 분야에서의 실무경력이 다음 각 목의 구분에 따른 기간 이상인 사람으로서 고용노동부장관이 지정하는 기관이 실시하는 산업안전교육(2023년 12월 31일까지의 교육만 해당한다)을 이수하고 정해진 시험에 합격한 사람
㉮ 토목기사 또는 건축기사 : 3년
㉯ 토목산업기사 또는 건축산업기사 : 5년

156 관리 감독자의 업무

(1) 선 임
① 관리 감독자 : 경영 조직에서 생산과 관련되는 업무와 그 소속 직원을 직접 지휘 감독하는 부서의 장 또는 그 직위를 담당하는 자
② 사업주는 관리 감독자에게 해당 직무와 관계된 안전 보건상의 업무를 수행하도록 임명
③ 위험 방지가 특히 필요한 작업에서는 해당 작업의 관리 감독자를 추가로 수행

(2) 관리감독자 업무 내용
① 사업장 내 관리감독자가 지휘·감독하는 작업(이하 이 조에서 "해당 작업"이라 한다)과 관련된 기계·기구 또는 설비의 안전보건 점검 및 이상 유무의 확인
② 관리감독자에게 소속된 근로자의 작업복·보호구 및 방호장치의 점검과 그 착용·사용에 관한 교육·지도
③ 해당 작업에서 발생한 산업재해에 관한 보고 및 이에 대한 응급조치
④ 해당 작업의 작업장 정리·정돈 및 통로확보에 대한 확인·감독
⑤ 해당 사업장의 다음 각 목의 어느 하나에 해당하는 사람의 지도·조언에 대한 협조
　㉮ 안전관리자[법에 따라 안전관리자의 업무를 같은 항에 따른 안전관리전문기관(이하 "안전관리전문기관"이라 한다)에 위탁한 사업장의 경우에는 그 전문기관의 해당사업장 담당자]
　㉯ 보건관리자[법에 따라 보건관리자의 업무를 같은 항에 따라 준용되는 보건관리전문기관(이하 "보건관리전문기관"이라한다)에 위탁한 사업장의 경우에는 그 전문기관의 해당 사업장 담당자]
　㉰ 안전보건관리담당자[법에 따라 안전보건관리담당자의 업무를 안전관리전문기관 또는 보건관리전문기관에 위탁한 사업장의 경우에는 그 전문기관의 해당 사업장 담당자]
　㉱ 산업보건의
⑥ 위험성평가를 위한 업무
　㉮ 유해·위험요인의 파악에 대한 참여　㉯ 개선조치의 시행에 대한 참여
⑦ 그 밖에 해당 작업의 안전보건에 관한 사항으로서 고용노동부령으로 정하는 사항

157 관리감독자 배치 기준

(1) 선 임
관리감독자 : 조·반장의 지위에는 해당 작업을 직접 지휘 감독하는 자로 선임

(2) 관리감독자를 지정해야 하는 작업
　① 프레스 등을 사용하는 작업
　② 목재가공용 기계를 취급하는 작업
　③ 크레인을 사용하는 작업
　④ 위험물을 제조하거나 취급하는 작업
　⑤ 건조설비를 사용하는 작업
　⑥ 아세틸렌 용접장치를 사용하는 금속의 용접·용단 또는 가열작업
　⑦ 가스집합용접장치의 취급작업
　⑧ 거푸집 동바리의 고정·조립 또는 해체 작업/지반의 굴착작업/흙막이 지보공의 고정·조립 또는 해체 작업/터널의 굴착작업/건물 등의 해체작업
　⑨ 달비계 또는 높이 5[m] 이상의 비계(飛階)를 조립·해체하거나 변경하는 작업
　⑩ 발파작업
　⑪ 채석을 위한 굴착작업
　⑫ 화물취급작업
　⑬ 부두와 선박에서의 하역작업
　⑭ 전로 등 전기작업 또는 그 지지물의 설치, 점검, 수리 및 도장 등의 작업
　⑮ 관리대상 유해물질을 취급하는 작업
　⑯ 허가대상 유해물질 취급작업
　⑰ 석면 해체·제거작업
　⑱ 고압작업
　⑲ 밀폐공간 작업

158 산업안전보건 위원회

(1) 위원회의 구성
　① 사업주는 안전보건관리 책임자의 업무를 심의하기 위해 근로자와 사용자 동수로 산업안전보건 위원회를 구성
　② 노사 협의회가 구성된 경우는 노사 협의회를 산업 안전 보건 위원회로 간주
　③ 사업주와 근로자는 위원회의 결정 사항을 성실히 이행
　④ 안전 관리자 등은 위원회에 출석하여 안전 보건에 관한 의견을 진출할 수 있다.

(2) 업무 내용
　① 안전보건관리 책임자의 업무를 심의
　② 해당 사업장의 근로자의 안전과 보건을 유지 증진시키기 위해 필요시 사업장의 안전보건에 관한 사항을 결정
　③ 단체 협약, 취업 규칙, 산업안전보건법 안전 보건 관리 규정에 위배해서는 안 된다.

(3) 산업안전보건위원회의 설치대상

산업안전보건위원회를 설치운영해야 할 사업의 종류 및 규모

사업의 종류	규모
1. 토사석 광업	상시 근로자 50명 이상
2. 목재 및 나무제품 제조업;가구제외	
3. 화학물질 및 화학제품 제조업;의약품 제외(세제, 화장품 및 광택제 제조업과 화학섬유 제조업은 제외한다)	
4. 비금속 광물제품 제조업	
5. 1차 금속 제조업	
6. 금속가공제품 제조업;기계 및 가구 제외	
7. 자동차 및 트레일러 제조업	
8. 기타 기계 및 장비 제조업(사무용 기계 및 장비 제조업은 제외한다)	
9. 기타 운송장비 제조업(전투용 차량 제조업은 제외한다)	
10. 농업	상시 근로자 300명 이상
11. 어업	
12. 소프트웨어 개발 및 공급업	
13. 컴퓨터 프로그래밍, 시스템 통합 및 관리업	
14. 정보서비스업	
15. 금융 및 보험업	
16. 임대업;부동산 제외	
17. 전문, 과학 및 기술 서비스업(연구개발업은 제외한다)	
18. 사업지원 서비스업	
19. 사회복지 서비스업	
20. 건설업	공사금액 120억원 이상 (「건설산업기본법 시행령」 별표 1에 따른 토목공사업에 해당하는 공사의 경우에는 150억원 이상)
21. 제1호부터 제20호까지의 사업을 제외한 사업	상시 근로자 100명 이상

(4) 산업안전보건위원회 구성

① 근로자위원

㉮ 근로자대표(근로자의 과반수로 조직된 노동조합이 있는 경우에는 그 노동조합의 대표자를 말하고, 근로자의 과반수로 조직된 노동조합이 없는 경우에는 근로자의 과반수를 대표하는 사람을 말하되, 해당 사업장에 단위 노동조합의 산하 노동단체가 그 사업장 근로자의 과반수로 조직되어 있는 경우에는 지부·분회 등 명칭 여하

에 관계없이 해당 노동단체의 대표자를 말한다.)
- ④ 명예산업안전감독관(이하 "명예감독관"이라 한다)이 위촉되어 있는 사업장의 경우 근로자대표가 지명하는 1명 이상의 명예감독관
- ⑤ 근로자대표가 지명하는 9명 이내의 해당 사업장의 근로자(명예감독관이 근로자위원으로 지명되어 있는 경우에는 그 수를 제외한 수의 근로자를 말한다)

② **사용자위원**
- ㉮ 해당 사업의 대표자(같은 사업으로서 다른 지역에 사업장이 있는 경우에는 그 사업장의 최고 책임자를 말한다.)
- ㉯ 안전관리자(안전관리자를 두어야 하는 사업장으로 한정하되, 안전관리자의 업무를 안전관리대행기관에 위탁한 사업장의 경우에는 그 대행기관의 해당 사업장 담당자를 말한다) 1명
- ㉰ 보건관리자(보건관리자를 두어야 하는 사업장으로 한정하되, 보건관리자의 업무를 보건관리대행기관에 위탁한 경우에는 그 대행기관의 해당 사업장 담당자를 말한다) 1명
- ㉱ 산업보건의(해당 사업장에 선임되어 있는 경우로 한정한다)
- ㉲ 해당 사업의 대표자가 지명하는 9명 이내의 해당 사업장 부서의 장

③ 3개월마다 정기회, 필요시 임시회 개최

④ **회의록 작성내용**
- ㉮ 개최 일시 및 장소
- ㉯ 출석위원
- ㉰ 심의 내용 및 의결·결정 사항
- ㉱ 그 밖의 토의사항

159 안전 점검의 종류

(1) **일상 점검(수시 점검)**
① 유지 관리를 책임지고 있는 자에 의해 일상적으로 행해지는 순찰과 유사한 성격의 점검
② 위험성이 있다고 판단되는 작업 개소 또는 공정에 대하여 상태의 악화 진행 여부를 주시할 목적
③ 매일 작업 전후 또는 작업 중에 작업자, 작업 책임자가 실시

(2) **정기 점검(계획점검)**
① 분기, 월, 주간 점검 계획에 의거, 정기적으로 실시

② 모든 작업 현장의 파악과 기실시한 안전 점검의 상황을 비교하거나 단위별 안전 대책 전반에 관한 성과를 평가하고자 할 때 실시
③ 작업 책임자가 실시

(3) 특별 점검(긴급 점검)
① 실시 시기
㉮ 안전에 관한 특정한 문제가 발생하였다.
㉯ 작업 과정에서 작업 시설이 급격히 변화하여 위배할 때
㉰ 근로자의 안전을 위하여 특별히 점검이 필요시
㉱ 상사의 특별한 지시로 점검시
② 실시자 : 안전에 대한 기술 및 지식을 갖춘 자

(4) 확인 점검
① 정기 점검 및 특별 점검의 시정지시 사항에 대한 조치 결과를 확인하는 점검
② 진척 사항을 파악하고 그 시정 사항이 완전히 해결될 때

160 재해 발생시 응급 조치

(1) 개 요
① 이상 상태 : 불안전 상태와 불안전 행동이 사고, 산업 재해로 연결되는 상태
② 모든 근로자는,
㉮ 불안전 상태, 불안전 행동이 이상 상태임을 인식하고 불안전 상태, 행동을 배제하여 재해 예방에 노력
㉯ 모든 상황의 이상 유무에 관심을 가지고, 경험과 지식 및 정해진 기준을 충분히 활용하여 이상 상태의 조기 발견에 최선
③ 사고 발생 및 사고 발생의 우려가 있을시 긴급 조치→평상시 교육 훈련 실시

(2) 재해 발생시의 응급 조치
① 응급 조치 내용
㉮ 피재 기계의 정지
㉯ 피해자의 응급 처치
㉰ 관계자에게 통보
㉱ 2차 재해의 방지

　　　　㉲ 현장의 보존
　② 인명의 구조
　　　　㉮ 피해자를 상해 발생 근원으로부터 격리
　　　　㉯ 재해 발생 목격자의 쇼크, 사기 저하로 인한 연쇄 사고 방지에 유의
　　　　㉰ 피해자는 지체없이 의무실로 후송하여 필요시 지혈법, 인공 호흡법 실시 및 병원 전문의 진찰
　　　　㉱ 중경상을 막론하고 임의 진단 및 진료 금지
　　　　㉲ 사고 원인 분석에 필요시 현장 보존
　　　　㉳ 현장에 관객이 모이거나 흥분이 고조되지 않도록 질서 유지
　　　　㉴ 현장의 피해가 확대되지 않도록 유의
　③ 자산의 보전
　　　　㉮ 손실이 확대되지 않도록 긴급 조치
　　　　㉯ 분실, 도난 방지
　　　　㉰ 현장 보존에 유의
　　　　㉱ 지체없이 상급 부서, 인근 경찰서에 신고하여 도움 요청

(3) 사고 보고
　① 재해 발생시 응급 조치 및 안전 전담 부서에 통보
　② 안전보건 담당 부서는 재해 통보 접수 후 즉시 병원, 소방서 및 최고 경영자에게 보고
　③ 중대 재해 발생시 지체없이 이내 고용노동부 관할 사무소에 보고

161 안전보건 개선 계획

(1) 개 요
　① 안전보건 개선 계획은 산업안전법상의 제도
　② 산업 재해 예방을 위해 종합적인 개선 조치를 강구하지 않으면 산업 재해의 효율적인 방지가 어려움을 의미
　③ 설비, 관리, 교육의 전반에 걸친 개선 조치를 의미하나 사업장 일부에만 해당되는 경우도 있다.

(2) 안전보건진단을 받아 안전보건 개선계획 수립·시행 명령을 할 수 있는 사업장
　① 산업재해율이 같은 업종 평균 산업재해율의 2배 이상인 사업장

② 사업주가 필요한 안전조치 또는 보건조치를 이행하지 아니하여 중대재해가 발생한 사업장
③ 직업성 질병자가 연간 2명 이상(상시근로자 1천명 이상 사업장의 경우 3명 이상) 발생한 사업장
④ 그 밖에 작업환경 불량, 화재·폭발 또는 누출사고 등으로 사업장 주변까지 피해가 확산된 사업장으로서 고용노동부령으로 정하는 사업장, 사회적 물의를 일으킨 사업장

(3) 안전보건 개선 계획의 내용
① 안전보건 시설, 안전 보건 교육, 안전 보건 관리 체제 산업 재해 방지 및 작업 환경 개선을 위해 필요 사항
② 생산, 하역, 운반, 굴삭용 등의 기계, 전기 설비, 화학 설비로 기타 설비 장치에 대한 개수, 대체, 신설 등의 조치
③ 유해물에 관계되는 기계, 설비, 건물 등의 국소 배기 및 환기 등의 조치
④ 유해물의 사용 후 처리 시설에 대한 조치
⑤ 작업 표준의 설치 및 구체적인 실시를 위한 교육 훈련 방법 등

(4) 개선 기간
① 원칙 : 6개월 이내
② 특수한 경우 연차별(3년) 실시 계획을 작성

(5) 안전보건 개선 계획의 수립, 시행 지시
① 개선 조치를 강구해야 할 사항, 기타 사항 및 작성 기한을 기재한 지시에 의하여 행사
② 사업주는 계획을 작성하여 지시서를 받은 날로부터 60일 이내 관할 고용노동부 지방 사무 소장에게 제출

(6) 계획서 검토
① 개선 계획에 지시된 내용의 준수 여부
② 개선 지시 내용의 세부 시행 계획 수립 여부
③ 개선 계획의 실현성 여부
④ 개선 기일의 고의적 지연 여부

162 산재 보험의 성립에서 소멸까지

(1) 산재 보험의 성립
   ① 모든 사업주는 산업 재해 보상 보험의 보험 가입자(단, 사업의 위험률, 규모 및 사업 장소 등 대통령령의 특정 사업은 고용노동부 장관의 승인을 얻어 보험 가입)
   ② 산재 보험 관계의 성립은 건설 공사, 도급 계약일 또는 자체 공사인 경우 사업 허가일에 성립

(2) 산재 보험 성립 신고
   산재 보험 관계가 성립되는 날로부터 7일 이내 산재 보험 성립 신고서를 고용노동부 장관에게 제출

(3) 착공 신고서
   보험 가입자는 공사 착공일의 다음달 7일까지 착공 신고서, 대리인 선임 신고서, 공사 도급 계약서 사본을 고용노동부 지방 사무소장에게 제출

(4) 보험 관계 성립의 통지
   고용노동부 장관이 보험 관계 성립의 통지

(5) 보험 관계의 소멸
   ① 사업이 폐지된 다음 날
   ② 사업의 위험물, 규모, 사업 장소 등의 사유로 고용노동부 장관의 승인 후 보험 가입시는 고용노동부 장관의 승인을 얻어 보험 계약을 해약한 날의 다음 날
   ③ 그 밖의 사유로 보험 관계를 유지할 수 없다고 인정하여 보험 관계의 소멸을 결정, 통지한 경우에는 그 통지한 날의 다음 날

(6) 보험 관계 소멸의 신고
   보험 관계가 소멸된 보험 가입자는 그 소멸된 날로부터 7일 이내 보험 관계 소멸 신고서를 고용노동부 장관에게 제출

(7) 보험 관계의 소멸 통지
   고용노동부 장관은 보험 관계가 소멸된 보험 가입자에게 보험 관계 소멸을 통지

163 인간의 동작 특성

(1) 외적 조건

　① 동적 조건 : 대상물의 동적 성질(최대 요인)
　② 정적 조건 : 높이, 크기, 깊이 등
　③ 환경 조건 : 기온, 습도, 소음 등

(2) 내적 조건

　경력, 개인차, 생리적 조건(피로, 긴장 등)

(3) 동작 실패의 요인

　① 물건을 잘못 잡은 오동작
　② 판단을 잘못하는 오동작
　③ 물건을 잘못보는 오동작
　④ 순간적으로 깜박 잊어버림
　⑤ 의식적 태만
　⑥ 작업 기피 및 생략 행위

164 안전성 평가

(1) 평 가

　안전성 평가는 사업주가 자주적으로 실시해야 하며, 기업 내 설계 계획 담당자, 공사 담당자, 관리감독자 등 각 분야 전문가의 협력 체제에 의하여 실시

(2) 평가 순서(방법)

　① 1단계
　　기초 자료의 수집 : 안정성 평가를 위한 기초 자료를 충분히 수집
　② 2단계
　　기본적인 자료의 검토 : 공사 시공에 있어 필요한 안전을 확보하는 데 적절한 기본적인 대책이 강구되었나 확인
　③ 3단계
　　위험도의 평가 : 기본적인 자료에 대한 적절한 대책이 확인된 후에 해당 공사에 따라

재해가 빈발할 가능성이 높은 것에 관해서 시공 도중에 위험성이 있는가를 평가
④ 4단계 : 안전 대책의 검토
㉮ 평가에서 위험성 정도로 본 안전 대책을 검토
㉯ 시공 계획서에 충분히 고려되었나 확인
㉰ 위험도가 높은 것으로 판정된 것은 기본적 자료에서 검토한 적절한 기본적 대책이 수립되었나 확인
⑤ 확인 결과의 수치 표시
㉮ 기본적 자료에서 검토한 기본적 사항 및 위험도 평가에서 검토한 각각의 위험 요소에 관해서는 확인 시점에서 어느 정도 구체적인 계획 수립이 되었는가의 여부 확인
㉯ 계획 수립률
$$= \frac{\text{구체적인 계획을 수립한 항목수}}{\text{계획을 수립하지 않으면 안되는 항목}} \times 100[\%]$$

(3) 안전성 평가시 유의 사항
① 현장마다 조건이 다르므로 공사 착공 전 수립된 안전 대책의 구체적 표현 여부를 획일적으로 나타내기는 곤란
② 산출된 계획 수립은 계획의 양부를 평가하기 위한 지표가 아니고, 안전성 평가의 시점에서 구체적으로 작성해야 할 계획 사항은 언제까지 어떻게 수립해야 하는가를 검토

165 안전화 성능 시험

(1) 안전화의 정의

물체의 낙하, 충격 또는 날카로운 물체로 인한 위험으로부터 발 또는 발등을 보호하거나 감전 또는 정전기의 대전을 방지하기 위한 것

(2) 안전화의 성능 조건
① 내마모성
② 내열성
③ 내유성
④ 내약품성

(3) 안전화의 종류
① **가죽제 안전화** : 물체의 낙하, 충격 또는 날카로운 물체로 인한 위험으로부터 발 또는 발등을 보호하기 위한 것
② **고무제 안전화** : 물체의 낙하, 충격에 의한 위험으로부터 발을 보호하고 아울러 방수를

겸한 것
③ **정전기 대전 안전화** : 정전기의 인체 대전을 방지하기 위한 것
④ **발등 안전화** : 물체의 낙하 및 충격으로부터 발 및 발등을 보호
⑤ **절연화** : 저압의 전기에 의한 감전을 방지하기 위한 것
⑥ **절연 장화** : 저압, 고압에 의한 감전을 방지하기 위한 것

(4) 안전화 성능 시험의 종류
① **내압박 시험** : 평활한 기구, 강제의 내압박 평면에 2[ton]의 하중을 가하여 압박 상태 조사
② **충격 시험** : 무게 23[kg]의 철제 추를 소정의 높이에서 자유 낙하시켜 변형률을 측정
③ **겉창의 박리 시험** : 안전화의 선심을 꺼낸 후 고무 겉창 및 가죽의 가장자리를 인장 시험기에 고정시킨 후 서로 반대 방향으로 당겨 겉창의 박리 측정
④ **가죽의 은면 결렬 시험** : 직사광선을 피하고 540[Lux] 광원을 45° 각 표면에 비추어 가죽의 은면 결렬 시험
⑤ **가죽의 크롬 함유량 시험** : 분석용 시료 1.5~2[g]에 질산, 황산, 과염소산 각 10[mℓ]를 가한 후 색깔 변화로 추정
⑥ **강제 선심의 내식 시험** : 강제 선심을 끓는 식염수에 15분간 담근 후 24시간 실온 중에 방치 후 미지근한 물에서 세정 48시간 방치 후 부식의 유무를 조사
⑦ **겉창 시험** : 겉창의 인장 및 경도 시험 추정
⑧ **봉합사의 인장 시험** : 적당한 길이로 채취하여 실 인장 시험기를 이용 측정
⑨ **내답발성 시험** : 철못을 안전화 바닥에 수직으로 세우고 걸어서 관통 여부 조사

166 건설 공사의 품질 관리 시험

(1) 품질 시험, 대상 시험
① **토목 공사** : 총공사비 50억원 이상
② **건축 공사** : 연면적 661[m²] 이상
③ **특수 공사** : 총공사비 5억원 이상
④ **전문 공사** : 총공사비 2억원 이상

(2) 품질 시험의 종류

구 분	내 용
선정 시험	건설 공사의 설계 시공을 위한 토질 조사 시험, 유기물 함량 시험, 골재원 시험 등 사전 조사 시험 및 사용될 재료 선정
관리 시험	건설 공사에 사용되는 재료, 시공이 설계도서 및 건설 공사의 품질확보를 위한 관계법령의 규정에 적합 여부에 대한 시험
검사 시험	건설 공사의 품질 확보 여부를 확인하기 위한 선정 시험 및 관리의 시험 적성 여부 확인

(3) 선정 시험
① 발주자는 한국 산업 규격, 국토해양부령의 기준에 따라 선정 시험
② 건설업자가 발주자를 대신하여 선정 시험
③ 예외
㉮ 산업 표준화법상 한국 산업 규격 표시품
㉯ 품질 경영 촉진법상 안전 검사를 받은 상품
㉰ 주택 건설 촉진법 및 기타 법령에 의해 품질 검사 및 품질 인정 제품

(4) 관리 시험
① 건설업자는 한국 산업 규격, 국토해양부령 기준에 따라 관리 시험
② 건설업자는 국토해양부령에 의해 관리 시험 계획서를 작성, 관리·감독자의 확인 후 발주자 또는 인허가 행정 기관장에게 제출
③ 선정 시험을 하지 않은 재료는 제규정에 의한 총시험 횟수의 1/5 이상 관리 시험 실시

(5) 검사 시험
① 발주자는 제반 규정에 따라 건설업자가 실시한 선정 시험 및 관리 시험의 적정 여부 확인을 위해 검사 시험
② 예외 : 발주자가 발주청이 아닌 경우에 연면적 $15,000[m^2]$ 이하시
③ 발주자는 검사 시험을 위한 시료 채취시는 감독자, 감리원 및 건설업자는 입회

167 안전 태도의 기본 과정

(1) 태도는 행동 이전의 마음 자세이며, 행동 결정을 판단하고 지시를 내리는 내적 행동 체계(inner behavior)이므로, 행동의 안전화는 인간의 태도에 달려 있다.

(2) 교육을 통한 안전 태도의 형성
　① 청취한다(hearing).　　　　　② 이해한다(understand).
　③ 모범을 보인다(example).　　 ④ 권장한다(exhortation).
　⑤ 칭찬한다(praise).　　　　　　⑥ 벌을 준다(purnish).

(3) 조직의 기능적 작용에 의한 안전 태도 형성
　① 안전 기준을 조직의 중요한 규범으로 성립시킨다.
　② 조직의 구성원 상호간 접촉에 의해 안전 태도를 유도한다. 즉 안전 교육, 안전 회의, 안전 대화, 카운슬링 등에 의하여 좋은 안전 태도를 형성시킨다.

168 산업안전 보건법상 용어 해설

(1) 산업 재해

노무를 제공하는 사람이 업무에 관계되는 건설물·설비·원재료·가스·증기·분진 등에 의하거나 작업 또는 그 밖의 업무로 인하여 사망 또는 부상하거나 질병에 걸리는 것

(2) 근로자

직업의 종류와 관계없이 임금을 목적으로 사업이나 사업장에 근로를 제공하는 자(근로 기준법상)

(3) 사업주

근로자를 사용하여 사업을 하는 자

(4) 근로자 대표
　① 노동 조합이 조직된 경우는 노동 조합을
　② 노동 조합이 조직되지 않은 경우는 근로자의 과반수를 대표하는 자

(5) 작업 환경 측정

작업 환경의 실태를 파악하기 위하여 해당 근로자 또는 사업장에 대하여 사업주가 측정 계획을 수립하여 시료의 채취 분석 및 평가를 하는 것

(6) 안전보건 진단

산업 재해를 예방하기 위하여 잠재적 위험성의 발견과 그 개선 대책의 수립을 목적으로 조사 및 평가

(7) 중대 재해

산업 재해 중 사망 등 재해의 정도가 심하거나 다수의 재해자가 발생한 경우

① 사망자가 1명 이상 발생한 재해
② 3개월 이상 요양이 필요한 부상자가 동시에 2명 이상 발생한 재해
③ 부상자 또는 직업성 질병자가 동시에 10명 이상 발생한 재해

(8) 안전보건 표지
① 근로자의 안전 보건을 확보하기 위해
② 위험 장소
　㉮ 위험 물질에 대한 금지, 경고, 비상시에 대처하기 위한 지시와 안내
　㉯ 기타 근로자의 안전 보건 의식을 고취하기 위한 사항
③ 그림, 기호 및 글자 등으로 표시
④ 근로자의 행동의 착오
⑤ 산업 재해를 일으킬 우려가 있는 작업장의 특정 장소, 시설 및 물체에 설치 부착하는 표지

169 산안법상 정부의 책무

① 산업안전 보건 및 보건 정책의 수립 및 집행
② 산업재해 예방 지원 및 지도
③ 「근로기준법」제76조2에 따른 직장 내 괴롭힘 예방을 위한 조치기준 마련, 지도 및 지원
④ 사업주의 자율적인 산업 안전 및 보건 경영체제 확립을 위한 지원
⑤ 산업 안전 및 보건에 관한 의식을 북돋우기 위한 홍보·교육 등 안전문화 확산 추진
⑥ 산업 안전 및 보건에 관한 기술의 연구·개발 및 시설의 설치·운영
⑦ 산업재해에 관한 조사 및 통계의 유지·관리
⑧ 산업 안전 및 보건 관련 단체 등에 대한 지원 및 지도·감독
⑨ 그 밖에 노무를 제공하는 자의 안전 및 건강의 보호·증진

170 안전보건 표지의 종류 및 형태

① 금지표지	101 출입금지	102 보행금지	103 차량통행금지	104 사용금지	105 탑승금지	106 금연	107 화기금지

108 물체이동금지	② 경고표지	201 인화성 물질경고	202 산화성 물질경고	203 폭발성 물질경고	204 급성독성 물질경고	205 부식성 물질경고	206 방사성 물질경고
207 고압전기 경고	208 매달린 물체경고	209 낙하물 경고	210 고온 경고	211 저온 경고	212 몸균형 상실경고	213 레이저 광선경고	214 발암성·변이원성·생식독성·전신독성·호흡기과민성 물질 경고
215 위험장소 경고	③ 지시표지	301 보안경 착용	302 방독마스크 착용	303 방진마스크 착용	304 보안면 착용	305 안전모 착용	306 귀마개 착용
307 안전화 착용	308 안전장갑 착용	309 안전복 착용	④ 안내표지	401 녹십자 표지	402 응급구호 표지	403 들것	404 세안장치
405 비상용기구	406 비상구	407 좌측비상구	408 우측비상구	⑤ 관계자외 출입금지	501 허가대상물질 작업장	502 석면취급/해체작업장	503 금지대상물질의 취급 실험실 등
					관계자외 출입금지(허가물질 명칭) 제조/사용/보관 중 보호구/보호복 착용 흡연 및 음식물 섭취 금지	관계자외 출입금지 석면 취급/해체 중 보호구/보호복 착용 흡연 및 음식물 섭취 금지	관계자외 출입금지 발암물질 취급 중 보호구/보호복 착용 흡연 및 음식물 섭취 금지
문⑥자 추가시 예시문		▶내자신의 건강과 복지를 위하여 안전을 늘 생각한다. ▶내가정의 행복과 화목을 위하여 안전을 늘 생각한다. ▶내자신의 실수로 동료를 해치지 않도록 하기 위하여 안전을 늘 생각한다. ▶내자신이 일으킨 사고로 오는 회사의 재산과 과실을 방지하기 위하여 안전을 늘 생각한다. ▶내자신의 방심과 불안전한 행동이 조국의 번영에 장애가 되지 않도록 하기 위하여 안전을 늘 생각한다.					

※ 안전보건 표지의 표시를 명백히 하기 위해 필요시 표지의 주위에 표시 사항을 글자로 부가 할 수 있다.
(글자 = 흰색 바탕 + 검은색 한글 고딕체)

171 안전보건 관리 규정

(1) 목 적

① 사업주는 사업장의 안전, 보건을 유지하기 위해
② 안전보건 관리 규정을 작성하여 각 사업장에 게시 또는 비치하고 이를 근로자에게 알려야 한다.

(2) 안전보건 관리 규정의 내용
   ① 안전보건 관리의 조직과 그 직무에 관한 사항
   ② 안전보건 교육에 관한 사항
   ③ 작업장 안전 관리에 관한 사항
   ④ 작업장 보건 관리에 관한 사항
   ⑤ 사고 조사 및 대책 수립에 관한 사항
   ⑥ 그 밖의 안전 보건에 관한 사항

(3) 안전보건 관리 규정의 작성
   ① 대상 사업장 : 상시 근로자 100명 이상 ~ 300명 이상 사업장
   ② 작성 시기
      ㉮ 안전보건 관리 규정을 작성해야 할 사유가 발생한 날로부터 30일 이내 작성
      ㉯ 변경할 사유가 발생시도 동일

(4) 타규칙과의 관계
   ① 해당 사업장에 적용되는 단체 협약 및 취업 규칙에 반할 수 없다.
   ② 단체 협약, 취업 규칙에 반하는 부분은 해당 단체 협약 및 취업 규칙에 정한 기준 적용

(5) 안전보건 관리 규정의 준수
   ① 사업주 및 근로자는 안전 보건 관리 규정의 준수 의무
   ② 안전보건 관리 규정에서 규정되지 않은 것은 그 성질에 반하지 않은 한 근로 기준법상 취업 규칙에 관한 규정 준용

(6) 작업 변경 절차
   ① 사업주는 안전보건 관리 규정을 작성 변경시는 산업안전 보건 위원회의 심의를 거쳐야 한다.
   ② 산업안전보건 위원회가 설치되지 않은 사업장은 근로자 대표의 의견 수렴

172 안전인증대상 보호구의 종류 및 내용

(1) 대 상
   ① 추락 및 감전 위험 방지용 안전모 : 물체의 낙하 비래 또는 추락에 의한 위험을 방지 경

감하거나 감전에 의한 위험 방지
② 안전대 : 추락에 의한 위험을 방지하기 위해 로프, 고리, 급정지 기구와 근로자 몸에 묶은 띠 및 그 부속물
③ 안전화 : 물체의 낙하, 충격 또는 날카로운 물체로 인한 위험으로부터 발, 발등을 보호하거나 감전, 정전기의 대전을 방지
④ 차광 및 비산물 위험 방지용 보안경 : 날아오는 물체에 의한 위험 또는 위험물, 유해 광선에 의한 시력 장해를 방지
⑤ 안전 장갑 : 전기에 의한 감전 방지
⑥ 용접용 보안면 : 용접시 불꽃 또는 날카로운 물체에 의한 위험 방지
⑦ 방진 마스크 : 분진이 호흡기를 통해 인체에 유입되는 것을 방지
⑧ 방독 마스크 : 유해 물질 흡수제 및 배기변이 있는 것
⑨ 귀마개 또는 귀덮개 : 소음으로부터 청력을 보호
⑩ 송기 마스크 : 산소 결핍으로 인한 위험 방지(잠수용은 제외)
⑪ 보호복 : 고열 작업에 의한 화상과 열중증을 방지

(2) 품질 경영 촉진법상 안전 검사에 합격한 것으로 고용노동부 장관의 기준 이상의 것은 인증 대상에서 제외

(3) 보호구의 제조 수입자는 검정에 불합격 혹은 합격이 취소된 보호구와 동일 종류의 제품은 다시 검정을 신청할 수 없다.

173 작업 환경 측정

(1) 개 요
① 사업주는 인체에 해로운 작업을 하는 작업장은 유자격자로 하여금 작업 환경을 측정 평가하도록 한 후 그 결과를 기록 보전하고 고용노동부 장관에게 보고
② 측정시 근로자의 대표가 요구시 입회시켜 측정
③ 사업주는 작업 환경 측정을 지정 측정 기관에 위탁 가능

(2) 작업환경측정 대상 작업장
① 법 제125조제1항에서 "고용노동부령으로 정하는 작업장"이란 별표 21의 작업환경측정 대상 유해인자에 노출되는 근로자가 있는 작업장을 말한다. 다만, 다음 각 호의 어느

하나에 해당하는 경우에는 작업환경측정을 하지 않을 수 있다.
- ㉮ 안전보건규칙 제420조제1호에 따른 관리대상 유해물질의 허용소비량을 초과하지 않는 작업장(그 관리대상 유해물질에 관한 작업환경측정만 해당한다)
- ㉯ 안전보건규칙 제420조제8호에 따른 임시 작업 및 같은 조 제9호에 따른 단시간 작업을 하는 작업장(고용노동부장관이 정하여 고시하는 물질을 취급하는 작업을 하는 경우는 제외한다)
- ㉰ 안전보건규칙 제605조제2호에 따른 분진작업의 적용 제외 작업장(분진에 관한 작업환경측정만 해당한다)
- ㉱ 그 밖에 작업환경측정 대상 유해인자의 노출 수준이 노출기준에 비하여 현저히 낮은 경우로서 고용노동부장관이 정하여 고시하는 작업장

② 안전보건진단기관이 안전보건진단을 실시하는 경우에 제1항에 따른 작업장의 유해인자 전체에 대하여 고용노동부장관이 정하는 방법에 따라 작업환경을 측정하였을 때에는 사업주는 법 제125조에 따라 해당 측정주기에 실시해야 할 해당 작업장의 작업환경측정을 하지 않을 수 있다.

(3) 작업환경측정 결과의 보고

① 사업주는 법 제125조제1항에 따라 작업환경측정을 한 경우에는 별지 제82호서식의 작업환경측정 결과보고서에 별지 제83호서식의 작업환경측정 결과표를 첨부하여 제189조제1항제3호에 따른 시료채취방법으로 시료채취(이하 이 조에서 "시료채취"라 한다)를 마친 날부터 30일 이내에 관할 지방고용노동관서의 장에게 제출해야 한다. 다만, 시료분석 및 평가에 상당한 시간이 걸려 시료채취를 마친 날부터 30일 이내에 보고하는 것이 어려운 사업장의 사업주는 고용노동부장관이 정하여 고시하는 바에 따라 그 사실을 증명하여 관할 지방고용노동관서의 장에게 신고하면 30일의 범위에서 제출기간을 연장할 수 있다.

② 법 제125조제5항 단서에 따라 작업환경측정기관이 작업환경측정을 한 경우에는 시료채취를 마친 날부터 30일 이내에 작업환경측정 결과표를 전자적 방법으로 지방고용노동관서의 장에게 제출해야 한다. 다만, 시료분석 및 평가에 상당한 시간이 걸려 시료채취를 마친 날부터 30일 이내에 보고하는 것이 어려운 작업환경측정기관은 고용노동부장관이 정하여 고시하는 바에 따라 그 사실을 증명하여 관할 지방고용노동관서의 장에게 신고하면 30일의 범위에서 제출기간을 연장할 수 있다.

③ 사업주는 작업환경측정 결과 노출기준을 초과한 작업공정이 있는 경우에는 법 제125조제6항에 따라 해당 시설·설비의 설치·개선 또는 건강진단의 실시 등 적절한 조치를 하고 시료채취를 마친 날부터 60일 이내에 해당 작업공정의 개선을 증명할 수 있는 서류

또는 개선 계획을 관할 지방고용노동관서의 장에게 제출해야 한다.
④ 제1항 및 제2항에 따른 작업환경측정 결과의 보고내용, 방식 및 절차에 관한 사항은 고용노동부장관이 정하여 고시한다.

(4) 지정 측정 기관

국가, 지방 자치 단체의 소속 기관, 대학 및 소속 기관, 비영리 법인 측정, 평가 대상인 사업장의 부속 기관으로 일정 이상의 인력과 시설을 갖춘 자

174 산업안전지도사의 직무 및 등록

(1) 지도사의 직무

① 업무 영역
  ㉮ 기계 안전
  ㉯ 전기 안전
  ㉰ 화공 안전
  ㉱ 건설 안전

② 업무 영역별 업무 범위
  ㉮ 유해위험방지계획서, 안전보건개선계획서, 공정안전보고서, 기계·기구·설비의 작업계획서 및 물질안전보건자료 작성 지도
  ㉯ 다음의 사항에 대한 설계·시공·배치·보수·유지에 관한 안전성 평가 및 기술 지도
    ㉠ 전기
    ㉡ 기계·기구·설비
    ㉢ 화학설비 및 공정
  ㉰ 정전기·전자파로 인한 재해의 예방, 자동화설비, 자동제어, 방폭전기설비 및 전력시스템 등에 대한 기술 지도
  ㉱ 인화성 가스, 인화성 액체, 폭발성 물질, 급성독성 물질 및 방폭설비 등에 관한 안전성 평가 및 기술 지도
  ㉲ 크레인 등 기계·기구, 전기작업의 안전성 평가
  ㉳ 그 밖에 기계, 전기, 화공 등에 관한 교육 또는 기술 지도

(2) 지도사의 자격 시험

① 고용노동부 장관이 시행하는 시험에 합격되어야 한다.
② 시험은 한국 산업 인력 공단에 위탁하여 실시

(3) 지도사의 등록

① 지도사의 등록
- ㉮ 지도사 업무 개시시는 일정 교육 이수 후 장관에게 등록
- ㉯ 등록한 지도사는 법인 설립
- ㉰ 등록 불가자
  - ㉠ 피성년후견인 또는 피한정후견인
  - ㉡ 파산선고를 받은 자로서 복권되지 아니한 사람
  - ㉢ 금고 이상의 실형을 선고받고 그 집행이 끝나거나(집행이 끝난 것으로 보는 경우를 포함한다) 집행이 면제된 날부터 2년이 지나지 아니한 사람
  - ㉣ 금고 이상의 형의 집행유예를 선고받고 그 유예기간 중에 있는 사람
  - ㉤ 이 법을 위반하여 벌금형을 선고받고 1년이 지나지 아니한 사람
  - ㉥ 제㉣항에 따라 등록이 취소된 후 2년이 지나지 아니한 사람

(4) 지도사에 대한 지도

① 장관은 공단으로 하여금 지도
② 지도 내용
- ㉮ 지도사에 대한 지도·연락 및 정보의 공동이용체제의 구축·유지
- ㉯ 지도사의 업무 수행과 관련된 사업주의 불만·고충의 처리 및 피해에 관한 분쟁의 조정
- ㉰ 그 밖에 지도사 업무의 발전을 위하여 필요한 사항으로서 고용노동부령으로 정하는 사항

(5) 지도사의 의무

① 비밀 유지 : 직무상 알게 된 비밀의 누설 남용 금지
② 손해 배상의 책임
- ㉮ 업무상 고의 과실로 의뢰인에게 손해를 끼칠시 배상 의무
- ㉯ 손해 배상의 보장을 위해 보증 보험에 가입 혹은 필요 조치
③ 유사 명칭 사용 금지 : 규정에 의해 등록된 자가 아니면 산업안전 지도사 또는 유사 명칭을 사용 금지

175 제1종 시설물, 제2종 시설물 및 제3종 시설물

① 제1종 시설물 : 공중의 이용편의와 안전을 도모하기 위하여 특별히 관리할 필요가 있거나 구조상 안전 및 유지관리에 고도의 기술이 필요한 대규모 시설물로서 다음 각 목의 어느 하나에 해당하는 시설물 등 대통령령으로정하는 시설물
  ㉮ 고속철도 교량, 연장 500미터 이상의 도로 및 철도 교량
  ㉯ 고속철도 및 도시철도 터널, 연장 1,000미터 이상의 도로 및 철도 터널
  ㉰ 갑문시설 및 연장 1,000미터이상의 방파제
  ㉱ 다목적댐, 발전용댐, 홍수전용댐 및 총저수용량 1천만톤 이상의 용수전용댐
  ㉲ 21층 이상 또는 연면적 5만제곱미터 이상의 건축물
  ㉳ 하구둑, 포용저수량 8천만톤 이상의 방조제
  ㉴ 광역상수도, 공업용수도, 1일 공급능력 3만톤 이상의 지방상수도

② 제2종 시설물 : 제1종 시설물 외에 사회기반시설 등 재난이 발생할 위험이 높거나 재난을 예방하기 위하여 계속적으로 관리할 필요가 있는 시설물로서 다음 각 목의 어느 하나에 해당하는 시설물 등 대통령령으로 정하는 시설물
  ㉮ 연장 100미터 이상의 도로 및 철도 교량
  ㉯ 고속국도, 일반국도, 특별시도 및 광역시도 도로터널 및 특별시 또는 광역시에 있는 철도터널
  ㉰ 연장 500미터 이상의 방파제
  ㉱ 지방상수도 전용댐 및 총저수용량 1백만톤 이상의 용수전용댐
  ㉲ 16층 이상 또는 연면적 3만 제곱미터 이상의 건축물
  ㉳ 포용저수량 1천만톤 이상의 방조제
  ㉴ 1일 공급능력 3만톤 미만의 지방상수도

③ 제3종 시설물 : 제1종 시설물 및 제2종 시설물 외에 안전관리가 필요한 소규모 시설물로서 제8조에 따라 지정·고시된 시설물

합격정보

시설물의 안전 및 유지관리에 관한 특별법(약칭 : 시설물안전법)
[시행 2021.4.21.][법률 제17551호, 2020.10.20., 일부개정]

176 시설물의 유지 관리

(1) 유지 관리 방법
　① 관리 주체가 직접 유지 관리
　② 유지 관리업자를 통해 유지 관리
　③ 타법령을 준수하여 유지 관리
　　㉮ 300세대 이상의 공동 주택
　　㉯ 승강기가 설치된 공동 주택
　　㉰ 중앙 집결식 난방 방식의 공동 주택

(2) 시공자의 유지 관리
　① 하자 담보 책임 기간 내 시공자를 유지 관리자로 선정 가능
　② 하자 기간이 완료되어도 시공자가 유지 관리업을 등록한 경우는 유지 관리자로 선정 가능

(3) 비 용
　유지 관리에 소요되는 비용은 관리 주체가 부담

(4) 보수 공사
　① 유지 관리업자는 시설물의 보수가 필요한 경우 보수 계획서를 작성하여 관리 주체의 승인을 받고 시행
　② 보수 완료시는 보수 완료 보고서를 제출하고 주체로부터 이행 확인을 받아야 한다.
　③ 보수 계획서상 포함 내용
　　㉮ 보수 설계 도서
　　㉯ 보수 주체
　　㉰ 보수 기간
　　㉱ 그 밖에 보수에 필요한 사항

177 콘크리트 현장 시험(비파괴 시험)

　① 강도법 : 콘크리트의 경도를 측정하여 콘크리트 강도 측정
　② 음파법 : 층분리나 기타 균열 파악

③ 초음파법 : 풍부한 경험이 있으면, 콘크리트 상태에 대한 양호한 자료 획득
④ 자기법 : 철근의 피복 두께 및 위치 파악
⑤ 전기법
   ㉮ 저항법 : 시설물 바닥판 Seal 도장의 침투성을 측정
   ㉯ 전위법 : 철근의 부식 정도를 확인
⑥ 원자법 : 중성자의 흡수 및 확산을 이용 콘크리트 내의 수분량
⑦ 자기 온도계법 : 콘크리트의 층분리 탐지에 이용되는 보조 기법
⑧ 레이더법 : 시설물의 노후화 및 층분리 확인용
⑨ 방사선법 : 감마선의 콘크리트 투과성 이용
⑩ 내시경법 : 콘크리트의 천공된 부분을 정밀 검사

178 강재의 현장 시험(비파괴 시험)

① 방사선법 : 용접 부위의 Slag 및 간극 등을 확인
② 자기 입자 시험 : 표면이나 표면 부근의 결함 확인
③ 와상 전류 시험 : 전기장의 교란을 이용
④ 염료 침투 시험 : 구조물의 표면 결함의 확인, 저렴하고 보편적 이용법
⑤ 초음파 검사법 : 내부의 결함을 확인하기 위해 재료 내의 소리에 대한 진동 특성 이용

179 시설물 상태 평가 등급 구분

(1) 주요 구조부에 대한 재료 및 육안 검사로 조사된 상태에 대한 평가를 포함

(2) 평가 원칙
   ① 일상 점검 : 점검 양식에 따라 주요 부재 종류별로 평가
   ② 정기 점검 : 각 부재별로 작성하되 문제 부위에 대해 망을 제작하여 상태 등급 부여
   ③ 정밀 안전 진단 : 전체 시설물에 대해 망을 작성하여 상태 등급 부여

(3) 점검의 확실성 여부의 대조표인 동시에 기록용 문서로 이용하기 위해 육안 검사 결과를 요소의 결함, 노후화의 형태, 크기, 양 및 심각 정도 등 기록

(4) 등급의 구분

부호	상태
A	문제점이 없는 최상의 상태
B	경미한 손상의 양호한 상태
C	보조 부재의 손상이 있는 보통의 상태
D	주요 부재에 진전된 노후화로 긴급한 보수, 보강이 필요한 상태로 사용 제한 여부를 판단
E	주요 부재에 심각한 노후화 또는 단면 손실이 발생하였거나 안전성에 위험이 있어 시설물을 즉각 사용 금지하고 개축이 필요한 상태

180 콘크리트 구조물의 노후화 종류

(1) 균 열

① 구분

구 분	폭[mm]	비 고
미세 균열	0.1 이하	
중간 균열	0.1~0.7	보통 균열부에는 녹, 백태의 흔적이 있다.
대형 균열	0.7 이상	

② 일반 철근 콘크리트
　㉮ 육안으로 확인 가능
　㉯ 미세 균열 : 구조물의 성능에 영향없다.
　㉰ 중간 대형 균열 : 점검 보고서에 기록하여 추가 조사

③ 프리스트레스
　㉮ 기기를 사용하여 측정 분별
　㉯ 점검 중 균열의 길이, 폭, 위치 및 방향에 유의

④ 보에서 구조에 영향을 주는 균열
　㉮ 최대 인장부 또는 모멘트부에서 발생하여 압축부로 진행되는 수직 방향의 휨균열
　㉯ 부재의 복부에서 발생하는 경사 방향의 전단 균열

⑤ 보에서 구조에 영향이 없는 균열
　㉮ 온도에 의한 균열, 건조 수축에 의한 균열
　㉯ 매스 콘크리트 균열

181 강재 구조물의 노후화 종류

(1) 부식
　① 강재에서의 가장 일반적인 노후화 현상
　② 종류
　　㉮ 환경적 요인에 의한 부식
　　㉯ 전류에 의한 부식
　　㉰ 박테리아에 의한 부식
　　㉱ 과대 응력에 의한 부식
　　㉲ 마모에 의한 부식

(2) 피로 균열
　① 피로 균열은 반복 하중에 의해 발생하여 갑작스런 파괴로 진전되므로 철저히 확인
　② 피로 균열 유발 요소
　　㉮ 시설물의 하중 이력　　　㉯ 응력 범주의 크기
　　㉰ 상세 부위의 형태　　　　㉱ 제작 상태와 질
　　㉲ 파괴 인성　　　　　　　㉳ 용접의 질

(3) 과재하중
　① 구조물의 설계에 허용된 하중을 초과한 하중
　② 인장 부재에는 신장 및 단면 감소를 압축 부재에는 좌굴을 유발

(4) 외부 충격에 의한 손상
　　외부의 충격으로 인한 부재의 뒤틀림, 변위 등의 손상

182 유해 광선의 종류

(1) 자외선
　① 가시광선보다 파장이 짧은 광선으로
　② 자극이 매우 강하고 안질환을 일으킨다.
　③ 차광안경으로 보호

(2) 적외선

① 가시광선보다 파장이 긴 광선으로
② 빛의 투과력이 강하고 열작용을 하며 안질환을 일으킨다.
③ 차광안경으로 보호

(3) 방사선

① **방사선** : 물질 내 방사선이 투과할 때 물질을 구성하는 원자가 작용하여 전자를 튀어나오게 하는 전리 작용
② **방사선 동위 원소** : 전리 방사선을 방출하여 다른 원소로 변하는 원소
③ **방사선 물질** : 방사선 동위 원소를 함유한 물질

183 산업안전 보건법 목적

(1) 개 요

① 국가 지도하의 산업안전 보건법이 1980년 개정 이후 사업주 주도의 법으로 1999년 재개정 및 2022년 8월 18일 일부개정
② 개정된 산업안전보건법은 사업장의 자율 체제 통한 안전 강화로 제정

(2) 목 적

① 산업안전 보건법은 산업안전보건에 관한 기준을 확립하고 그 책임의 소재를 명확하게 하여 산업 재해를 예방하고 쾌적한 작업 환경을 조성함으로써 노무를 제공하는 사람의 안전과 보건을 유지·증진함을 목적
② 산업안전 보건법 도해 설명

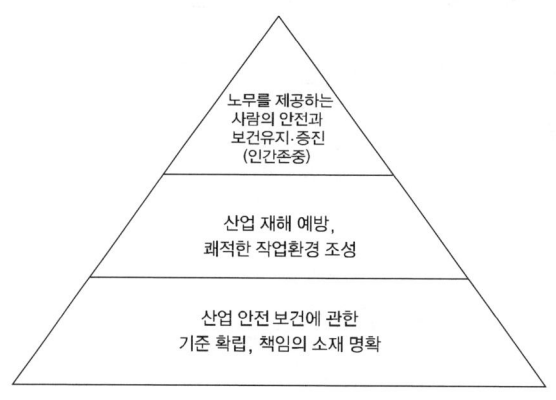

[그림] 산업안전보건법 목적

(3) 개선 방향

① 안전 관련 타법령과 조화있게 법을 유지
② 제조업, 건설업 혼재한 산업안전보건법은 제조, 건설업 구분 편성하여야 한다.

184 무재해 운동 실천 4단계

① 1단계(인식 단계)
　㉮ 경영 방침으로 무재해 운동 적용
　㉯ 생산성과의 관계 인식
　㉰ 노사 관계
　㉱ 무재해 운동의 성과
② 2단계(준비 단계)
　㉮ 무재해 운동 추진도 작성
　㉯ 방침 및 목표 설정
　㉰ 추진 체계 구축
　㉱ 세부 시행 방안 확정
③ 3단계(개시 시행 단계)
　㉮ 개시 선포
　㉯ 적극 추진 시행
④ 4단계(목표 달성 및 시상)
　㉮ 무재해 목표 달성 보고
　㉯ 무재해 목표 달성 사업장 확인 조사 실시

185 주의와 부주의

(1) 주의와 부주의

① 주의란 행동의 목적에 의식 수준이 집중하는 심리 상태를 말한다.
② 부주의란 목적 수행을 위한 행동 전개 과정에서 목적에서 벗어나는 심리적, 신체적 변화의 현상을 말한다.

(2) 주의의 특징

① 선택성 : 여러 종류의 자극을 지각할 때 소수의 특정한 것에 한하여 선택하는 기능

② 방향성 : 주시점만 인지하는 기능
③ 변동성 : 주의에는 주기적으로 부주의의 리듬이 존재

(3) 주의력과 동작

인간의 동작은 주의력에 의해서 좌우되며, 비정상적인 동작(목적하는 동작의 실패)은 재해 사고를 발생시킨다.

(4) 동작 실패의 원인이 되는 조건
① 자세의 불균형 : 행동의 습관
② 피로도 : 신체 조건, 작업 속도, 스트레스 등
③ 작업 강도 : 작업량, 작업 속도, 작업 시간 등
④ 기상 조건 : 온도, 습도, 기타 기상 조건 등
⑤ 환경 조건 : 작업 환경, 심리적 환경

186 제조물 책임(Product Liability : PL)

(1) 개 요
① 제조물 책임이란 결함 제조물로 인해 인명 사고 및 재산 손해가 발생할 경우 제조업자 또는 판매업자가 그 손해에 대하여 배상 책임을 지는 것
② 유럽에서는 100여년의 역사를 가지고 있으며, 미국, 일본에서도 1960~70년대부터 사회 문제로 대두되어 "소비자 위험 부담 시대"에서 "판매 위험 부담 시대"로 변환
③ 제조업에서 사고 발생을 방지할 책임이 있기 때문에 결함 제조물에 대한 전적인 책임이 있다.

(2) 제조물 책임(PL)의 권리
① 1964년 미국의 케네디 대통령이 소비자의 4대 권리를 주장하고 법령으로 제정
② 소비자의 4대 권리
㉮ 알리는 권리(The Right to be Informed)
㉯ 안전의 권리(The Right to be Safety)
㉰ 선택의 권리(The Right to be Chosen)
㉱ 들어주는 권리(The Right to be Heard)

(3) PL의 방향
① 미국 : PL 청구에 대한 관례법으로 손해를 배상하도록 책임 부여

㉮ 과실 책임
  ㉠ 설계상의 과실
  ㉡ 제조상의 과실
  ㉢ 경고 과실의 과실
㉯ 담보 책임 : 명시 보증, 묵시 보증
㉰ 엄격 책임 : 불합리하고 위험한 상태의 제조물에 대한 책임
② 일본 : 민법으로 손해 배상에 대한 청구를 심의
  ㉮ 계약 책임
  ㉯ 불법 행위 책임
  ㉰ 보증 보험
  ㉱ PL에 대한 형법 적용 : 업무상 과실 치사 등

(4) 대 책

① 법률은 어떠한 경우라도 소비자에게 손해를 입혀서는 안 된다는 안전 이념이 철저해야 한다(제조업자, 판매업자의 안전 의식 토착화)
② 우리나라에서도 하루 속히 이러한 법규들을 정리해서 안전이 국민 생활에 정착될 수 있도록 노력

187 인간의 장단점

구 분	장 점	단 점
감각입력 특징	• 지각 대상의 특성 및 신속 분석 • 다수의 감각 중에서 특정 대상을 직관적으로 인지	• 지각의 제한성 • 착시, 착각 현상 • 불가, 과잉 예측 우려
운동 출력	• 동작 운반의 자유도가 크다. • 다차원 동작 숙련 • 기능 발달	• 자세의 불안정, 현기증 유발 • 출력 • 외력에 약하다
중추 처리	• 기억 학습 능력 우수 • 유연 논리적 판단, 직선의 사고 • 변화, 행동의 억제 기능 • 창조적 연구, 관찰 발상 호기심 • 주체적 활동 의욕, 실천 능력	• 망각 동반 • 파악 시간이 늦고 판단이 흐려진다. • 동작, 반복 취약 • 의식 둔감, 피로 용이 • 습관 규율 경시 우려 • 욕구 만족시 무절제 • 처리 우려

188 인간 공학의 정의

(1) 인간이 사용할 수 있도록 설계하는 과정

(2) 단계별 정의

① **인간 공학의 초점** : 생활에 사용되는 물건, 기구 또는 환경을 설계하는 과정에서 인간 고려
② **인간 공학의 목표** : 실질적 효율 향상, 건강, 안전 등과 같이 인간의 가치 기준을 유지, 향상, 즉 복지 향상
③ **접근 방법** : 인간의 특성이나 행동에 관한 적절한 정보를 체계적으로 적용

(3) 인간 공학의 목적 : 안전과 능률 향상

① 안전성 향상과 사고 예방
② 기계 조작 능률성과 생산성 향상
③ 쾌적성

189 Human Error의 원인

(1) 인지 과정의 착오

① 인간의 생리, 심리적 능력의 한계
② **정보 처리량의 한계** : 급박한 상황하에서는 작업자가 인지, 판단해야 할 상황이 제시될 때 거부 반응이 발생
③ **감각 차단 현상** : 작업 내용의 변화가 없이 일정하고 단조롭게 장시간 지속될 때 작업자의 감각 기관이 둔화되는 현상
④ **정서적 불안정** : 외부 자극으로 인하여 발생되는 신체적, 심리적인 불안 상태
⑤ 신체적 소질

(2) 판단 과정의 착오

① 능력의 부족
② 정보의 부족
③ **합리화 현상** : 자신의 행위가 합리적이고 정당하며 훌륭하게 평가되기 위해 사회적으로 증명하기 위한 현상으로 상황을 자기에게 유리하게 판단하며 잘못을 인정하지 않으려는 행위

④ 습관적 행동
⑤ 자기 능력의 과시
⑥ 주변 환경의 영향

(3) 조치 과정의 착오

① 능력의 부족
② 주의 부족
③ 환경 조건의 부적당

190 안전검사 및 안전인증

(1) 안전인증대상 기계

① 프레스
② 전단기(剪斷機) 및 절곡기
③ 크레인
④ 리프트
⑤ 압력용기
⑥ 롤러기
⑦ 사출성형기(射出成形機)
⑧ 고소(高所) 작업대
⑨ 곤돌라

(2) 안전인증대상 방호장치

① 프레스 및 전단기 방호장치
② 양중기용(陽重機用) 과부하방지장치
③ 보일러 압력방출용 안전밸브
④ 압력용기 압력방출용 안전밸브
⑤ 압력용기 압력방출용 파열판
⑥ 절연용 방호구 및 활선작업용(活線作業用) 기구
⑦ 방폭구조(防爆構造) 전기기계·기구 및 부품
⑧ 추락·낙하 및 붕괴 등의 위험 방지 및 보호에 필요한 가설기자재로서 고용노동부장관이 정하여 고시하는 것

⑨ 충돌·협착 등의 위험방지에 필요한 산업용 로봇 방호장치로서 고용노동부장관이 정하여 고시하는 것

(3) 자율확인대상 기계
① 연삭기 또는 연마기(휴대형은 제외)
② 산업용 로봇
③ 혼합기
④ 파쇄기 또는 분쇄기
⑤ 식품가공용기계(파쇄·절단·혼합·제면기만 해당)
⑥ 컨베이어
⑦ 자동차 정비용 리프트
⑧ 공작기계(선반, 드릴기, 평삭·형삭기, 밀링만 해당)
⑨ 고정형 목재가공용 기계(둥근톱, 대패, 루타기, 띠톱, 모떼기 기계만 해당)
⑩ 인쇄기

(4) 안전검사 대상 기계
① 프레스
② 전단기
③ 크레인(정격하중 2[t] 미만인 것은 제외한다.)
④ 리프트
⑤ 압력용기
⑥ 곤돌라
⑦ 국소배기장치(이동식은 제외한다)
⑧ 원심기(산업용에 해당한다)
⑨ 롤러기(밀폐형 구조는 제외한다)
⑩ 사출성형기[형 체결력(型 締結力) 294킬로뉴턴(kN) 미만은 제외한다.]
⑪ 고소작업대(화물자동차 또는 특수자동차에 탑재한 고소작업대로 한정한다.)
⑫ 컨베이어
⑬ 산업용 로봇

(5) 안전보건진단 종류
① 안전진단
② 보건진단
③ 종합진단(안전진단과 보건진단을 동시에 진행하는 것)

(6) 안전보건진단을 받아 안전보건개선계획 수립·시행 명령을 할 수 있는 사업장

① 산업재해율이 같은 업종 평균 산업재해율의 2배 이상인 사업장
② 사업주가 필요한 안전조치 또는 보건조치를 이행하지 아니하여 중대재해가 발생한 사업장
③ 직업성 질병자가 연간 2명 이상(상시근로자 1천명 이상 사업장의 경우 3명 이상) 발생한 사업장
④ 그 밖에 작업환경 불량, 화재·폭발 또는 누출사고 등으로 사업장 주변까지 피해가 확산된 사업장으로서 고용노동부령으로 정하는 사업장

(7) 안전점검표(체크리스트)에 포함되어야 할 사항

① 점검대상
② 점검부분(점검개소)
③ 점검항목(점검내용 : 마모, 균열, 부식, 파손, 변형 등)
④ 점검주기 또는 기간(점검시기)
⑤ 점검방법(육안점검, 기능점검, 기기점검, 정밀점검)
⑥ 판정기준(법령에 의한 기준 등)
⑦ 조치사항(점검결과에 따른 결과의 시정)

191 안전 교육의 분류(3단계)

(1) 안전 지식 교육(제1단계)

① 작업장에 있어서의 기계, 공구의 구조 및 기능에 대한 안전 지식과 취급 방법에 관한 안전 교육
② 강의, 시청각 교육을 통한 지식의 전달과 이해
③ 기계, 전기, 화학 등 인간의 감각으로 위험성을 판단할 수 없는 분야
④ 전혀 무지한 자에 대한 작업 방법, 사용 기계, 공구에 대한 안전 지식을 받게 하는 안전 교육

(2) 안전 기능 교육(제2단계)

① 습득한 안전 지식을 실제로 시행할 수 있게 기능을 교육
② 기능을 몸에 익히기 위해 반복적으로 개인 지도

(3) 안전 태도 교육(제3단계)

습득한 안전 지식, 안전 기능을 체득 후 실행할 수 있도록 하는 의지 결정의 교육

종류	내용	교육중점
지식교육	• 취급 기계와 설비의 구조, 기능, 성능의 개념을 이해 • 재해 발생의 원리 이해 • 작업에 필요한 법규, 규정 기준 습득	• 알고 싶은 것의 개념 주지
기능교육	(실기 교육) • 작업 방법, 기계 장치, 계기류의 조작 행위를 몸으로 습득 (문제 해결의 종류) • 과거, 현재의 문제를 대상으로 하여 사실의 확인과 문제점의 발견원 탐구로부터 대책을 세우는 순서를 습득	• 실기를 주체로 시행
태도교육	• 안전 작업에 임하는 자세와 동작을 습득 • 직장 규칙, 안전 규칙을 몸으로 습득 • 의욕을 가지고 행한다.	• 가치관 형성 교육

192 학습 지도

(1) 학습 지도의 원리

① **자율 활동** : 수강자 자신이 자발적으로 학습에 참여해야 하는 데 중점을 둔 원리
② **개별화** : 수강자가 가지고 있는 각자의 욕구와 능력 등에 알맞은 학습 활동의 기회를 마련한다는 원리
③ **사회화** : 학습 내용을 현실 사회의 사상과 문제를 기반으로 하여 학교에서 경험한 것을 교류시키고 공동 학습을 통하여 협력적이고 우호적인 학습을 진행하는 원리
④ **통합** : 학습을 종합적인 전체로서 지도하자는 원리
⑤ **직관** : 구체적인 사물을 직접 제시하거나 경험시킴으로써 큰 효과를 얻을 수 있는 원리

(2) 지도 교육의 8원칙

① 상대방의 입장에서 지도 교육
② 동기 부여
③ 쉬운 것에서 어려운 것으로
④ 반복
⑤ 한 번에 하나씩
⑥ 5감의 활용
⑦ 인상의 강화
⑧ 기능적인 교육

(3) 교육 방법의 4단계

① 제1단계 : 도입(준비)
② 제2단계 : 제시(설명)
③ 제3단계 : 적용(응용)
④ 제4단계 : 확인(정리)

(4) 교육의 4분야

① 동작에 의한 교육
- 반복 연습
- 계속 교육

② 기억에 의한 교육
- 반복 교육
- 시간을 분해 교육(전문 교육시)

③ 이해에 의한 교육
- 해명 및 설명
- 참가자의 자주성 신장
- 다각적 검토 및 상관 관계 유지

④ 태도의 교육
- 훈시보다 이론적 설명
- 이론적 설명보다 토의 관찰
- 토의 관찰보다 실행
- 가치 체계의 반영
- 집단 사고의 유의

193 산업 재해의 원인 3분류

(1) 기본 원인의 일반적 형태

기본원인	일반적 형태
인간적 요인 (Man)	① 심리적 원인 : 습관적 행동(망각, 주변적 동작, 고민, 무의식 행동, 위험 감각, 생략 행위 등), 억측 판단, 착각 및 부주의 ② 생리적 원인 : 피로, 수면 부족, 신체 기능, 질병 등 ③ 직장적 원인 : 직장 내 인간 관계, 통솔력 의사 소통 등
설비적 요인 (Machine)	① 기계 설비의 설계상 결함 ② 위험에 대한 방호 및 보호의 불량 ③ 근원적 안전 대책의 미흡 ④ 안전 점검 및 정비의 불량
작업적 요인 (Media)	① 작업 정보 및 작업 안전 기준의 부적절 ② 작업 자세, 작업 동작의 불량 ③ 작업 공간 및 작업대의 불량 ④ 작업 환경 조건의 불량

기본원인	일반적 형태
관리적 요인 (Management)	① 안전 관리 조직의 불량 ② 안전 관리 규정의 불비 ③ 안전 관리 계획의 미수립 ④ 안전 교육 훈련의 부족 ⑤ 적성 배치의 부적절 ⑥ 건강 관리의 불량 ⑦ 작업자에 대한 지도 감독 부족

(2) 간접 원인의 일반적 형태

간접원인	일반적 형태
기술적 원인 (Engineering)	① 기술적 결함(설비의 설계, 점검, 보전 등) ② 설비, 기계 장치의 상태 및 배치 불량 ③ 작업장 바닥의 정비 상태 불량 ④ 작업장의 조명, 환기 불량 ⑤ 위험 장소의 방호, 보호 설비의 배치, 정비 불량 ⑥ 안전 보호 장구의 상태 결함 ⑦ 작업 공간 및 작업대의 상태 불량
교육적 원인 (Education)	① 안전에 대한 지식, 경험 부족 ② 위험에 대한 무지 ③ 안전 작업 방법의 무지, 경시, 무시 ④ 작업에 대한 학습 또는 미경험
관리적 원인 (Enforcement)	① 관리 감독자의 책임감 부족 ② 안전 관리 조직상의 결함 ③ 작업 기준, 안전 수칙 미지정 및 불명확 ④ 인사 및 적성 배치의 부적절 ⑤ 안전 관리 계획의 작성, 실시, 평가 미흡 ⑥ 안전 점검, 안전 교육의 관리 부적절 ⑦ 재해 원인 분석, 위험 분석 미흡

(3) 간접 원인과 대책 선정

간접원인	대책선정
기술적 원인	공학적 대책(Engineering)
인간적 원인	교육적 대책(Education)
관리적 요인	규제적 대책(Enforcement)

194 위험의 분류

(1) 기계적 위험

    ① **접촉적 위험** : 작업점 또는 동력전도 부분의 기계적 운동 한계 내 신체 일부가 접촉됨으로써 발생되는 위험

    ② **물리적 위험** : 기계 작업으로 인한 비래, 낙하의 위험

    ③ **구조적 위험** : 그라인더 숫돌 등의 파괴, 보일러 파열 등의 위험

구 분	사고의 형
접촉의 위험	• 틈에 끼임·말려들어감·잘림, 스침·격돌 찔림
물리적 위험	• 비래·낙하·추락·전락
구조적 위험	• 파열·파괴·절단

(2) 화학적 위험

    ① **폭발성 물질** : 가열, 충격, 마찰 등에 의해 다량의 가스 발생 및 폭발

    ② **발화성 물질** : 공기 접촉 후 발화 및 물과 접촉하여 인화성 가스 발생

    ③ **인화성 물질** : 인화성 액체의 증기가 점화원과 접촉, 폭발

    ④ **산화성 물질** : 인화성 물질, 환원성 물질이 접촉하였을 때 발화, 폭발

구 분	사고의 형
폭발 화재	• 폭발성·발화성·인화성·인화성 물질, 가스
생리적 위험	• 부식성

(3) 에너지 위험

위험의 종류	사고의 형	위험물
전기적 위험	• 감전·과열·발화 • 눈의 장해	• 전기기계, 기구·전선, 배선
열 기타의 위험	• 화상·방사선 장애 • 눈의 장애	• 화염·보일러·화학 설비 • 중성선, 레이저 광선

(4) 작업적 위험

위험의 종류	사고의 형	위험 작업, 장소
작업 방법의 위험	• 추락, 전도 • 비래, 낙하물에 맞음 • 충돌·사이에 낌	• 운반 기계 설치·벌목, 집재 • 토석 채취·운송, 하역 작업 • 제조, 운반 작업

위험의 종류	사고의 형	위험 작업, 장소
장소적 위험	• 붕괴 낙하물에 맞음 • 추락 · 전도 · 충돌	• 작업장 · 발판 · 옥상 • 옥외 통로 · 재료 설치장 • 채취 · 하역장

195 재해의 직접 원인

(1) 불안전한 상태

① 개요 : 불안전한 상태의 재해, 사고를 일으키거나 그 요인을 만들어내는 물리적인 상태 혹은 환경

② 종류

㉮ 역학적인 불안전 요소
- 잠재 에너지
- 현재 에너지
- 운전 에너지
- 구속 에너지
- 중력 위치 에너지
- 체력, 근력
- 동물 에너지
- 자연 현상
- 지진, 낙뢰

㉯ 환경적 불안전 요소
- 유독, 유해 물질 : 가스, 유해 분진, 증기
- 유해 조건 : 산소 결핍, 이상 온습도, 이상 기압, 소음, 조명 부족, 진동
- 행동의 장애 조건 : 통행, 피난의 방법, 표시, 표지, 복장, 설비, 색채 등의 불안 요소

㉰ 에너지와 인체의 격리 상태
- 에너지원의 통제
- 에너지원과 사람 중간에서 격리, 차단
- 개인 보호구의 착용

③ 대책

㉮ 생산 에너지의 컨트롤
㉯ 기기 불안 제거, 설계 구조 방법 개선, 배열 및 저장의 합리화

(2) 불안전 행위
　① 개요 : 불안전 행동이란 재해 사고를 일으키거나, 그 요인을 만들어내는 근로자의 행동
　② 종류
　　㉮ 무의식적으로 행동 : 무지, 착오
　　㉯ 의식적으로 행하는 경우 : 고의
　③ 원인
　　㉮ 올바른 안전 방법을 모르기 때문
　　㉯ 올바른 안전 방법으로 할 수 없기 때문
　　㉰ 올바른 안전 방법으로 하지 않기 때문
　④ 대책
　　㉮ 지식, 기능의 교육
　　㉯ 작업 배치, 작업량 변화
　　㉰ 생리적, 정신적 대책 강구

196 인간에 의한 사고의 특징

(1) 사고의 경향성
　① 상황성 유발자의 재해 유발 요인
　　㉮ 작업이 어렵기 때문
　　㉯ 기계 설비의 결함
　　㉰ 환경적 집중 곤란
　　㉱ 심신에 근심
　② 소질성 유발자
　　㉮ 주의력 산만 및 지속 불능　㉯ 저지능
　　㉰ 주의력 범위의 협소　　　　㉱ 불규칙, 흐리멍텅
　　㉲ 경시, 경솔　　　　　　　　㉳ 부정확
　　㉴ 흥분(침착 결여)　　　　　　㉵ 도전 결여
　　㉶ 소심(도전적)한 성격　　　　㉷ 감각 운동의 부적당
　③ 미숙성 누발자
　　㉮ 기능 미숙
　　㉯ 환경 미숙

④ 습관성 누발자
   ㉮ 신경 과민
   ㉯ 일종의 슬럼프

(2) 재해 빈발성
① **기회설** : 개인 영향(교육, 환경, 개선으로 치유)
② **성격** : 습관성 누발자의 형태
③ **재해 빈발 경향자설** : 재해 빈발 소질이 있는 자

(3) 안전과 심리
① 사고와 개성
② 동기
③ 감성
④ 도전적 소유자
⑤ 침착하고 숙고형

(4) 사고를 일으키지 않는 사람의 성격
① 개인 욕구, 절제, 관용, 친절, 책임감
② 온건, 통제
③ 판단력, 추진력
④ 의욕, 집착, 연구
⑤ 적극적 사고, 실망 방지
⑥ 능력 한계 파악, 안전 파악
⑦ 약간 내성적, 겸손, 수줍음
⑧ 능력 과시 없고 상급자 순종, 법규 준수

(5) 사고 유발자의 특징
① 지능이 낮고, 주의 산만
② 접촉 기피, 성격 괴팍
③ 그릇된 인생관, 가치관
④ 자제력 부족, 공격적
⑤ 자기 행동 정당화, 책임 회피
⑥ 좌절, 피해 망상
⑦ 비평 주의, 과오 비판
⑧ 긴장, 근심, 걱정

197 동작 분석 및 동작 경제 3원칙

(1) 정 의

작업 동작 분석으로 Loss 및 Risk 요인의 발견

(2) 분석 목적

① 동작 계열의 개선
② 표준 동작의 설계
③ Motion Mind 체질화

(3) 동작 분석법의 종류

① 서블리그(Therblig)법 : 동작분석시 Therblig 기호 이용
② 필름 분석법 : 작업을 분석하고 있는 작업자의 동작을 사진으로 촬영하여 적정 작업 방법으로서의 개선, 표준 시간의 개선 및 작업 교육 실시 등에 활용하는 방법
③ 목시 동작 분석법 : 작업자가 수행하고 있는 동작을 목시(目視)하여 관측 용지에 Therblig 기호를 이용하여 기록 분석하는 방법

(4) 동작 경제 3원칙

① 인체 사용에 대한 동작 경제 원칙
　㉮ 두손 동시 사용
　㉯ 두손 동시 쉬면 안 됨
　㉰ 두팔 동작은 반대 방향 대칭으로 동시
　㉱ 최소한 동작 분류
　㉲ 관성 이용
　㉳ 곡선 이동
　㉴ 리듬 운동
② 작업량에 관한 동작 경제 원칙
　㉮ 공구 재료는 정위치에 배치
　㉯ 공구 재료는 작업 주변에 가까이 배치
　㉰ 조명 확보
　㉱ 공구 상자는 사용시 가까이 배치
　㉲ 재료 공구는 연속 동작이 되도록 배치
　㉳ 작업대 의자는 앉거나 서기에 편리

㈆ 좋은 자세의 의자 확보
㈇ 중력 공구 상자 용기는 재료를 사용 장소로 이동시 사용
㈈ 낙하 투입 송출 장치는 어느 곳에서나 이용될 수 있어야 한다.
③ 공구 설비 설계의 동작 경제 원칙
㉮ 발사용이 유리할 때는 손의 부담을 줄이도록 한다.
㉯ 2개 이상의 공구를 결합하여 사용
㉰ 공구 재료는 가능한 한 곳에 배치
㉱ 손가락에 고유의 동작 능력에 따라 부하하도록 한다.
㉲ 레버, 핸들 등은 몸전체를 움직이지 않게 배치

198 작업 표준

(1) 정 의
생산에 필요한 작업 방법, 관리 방법, 작업 조건, 사용 재료, 사용 설비 그 밖의 주의 사항 등에 관한 기준을 규정하는 것

(2) 작업 표준의 종류

구 분	내 용
기술표준	• 품질에 영향을 미치는 기술적 요인에 대해 그 구조 요건을 규정하는 것 • 작업 표준의 바탕
작업표준	• 기술 표준의 요구 조건을 만족시킨다. • 안전, 품질, 능률, 원가 등의 견지에서 통합 작업 및 단위 작업마다 사용 재료, 사용 설비, 작업자, 작업 조건, 작업 방법, 작업 관리 등을 규정
작업순서 작업 지시서	• 작업 표준을 받아 단위 작업 또는 요소 작업마다 사용 재료, 사용 설비, 사용자 공구, 개개 작업자가 행할 동작, 작업상의 주의 사항, 이상 발생시 보고 등을 규정

(3) 작업 표준의 구비 조건
① 작업 실정에 맞을 것
② 좋은 작업의 표준일 것
③ 구체적으로 표현
④ 생산성과 품질 특성에 맞을 것
⑤ 책임과 권한

⑥ 타 규정에 위배되지 말 것
⑦ 이상시의 조치에 대한 규정

(4) 작업 표준의 작성 순서

① 제1단계 : 작업의 분류 및 정리
② 제2단계 : 작업 분석
③ 제3단계 : 동작 순서 및 급소를 정한다.
④ 제4단계 : 작업 표준안 작성
⑤ 제5단계 : 작업 표준의 제정의 교육 실시

199 산업 재해의 발생 형태

일반적으로 재해 발생의 메커니즘(mechanism)은 다음 3가지의 구조적 요소를 갖고 있다.

(1) 단순 자극형

상호 자극에 의하여 순간적으로 재해가 발생하는 유형으로 재해가 일어난 장소에, 그 시기에 일시적으로 요인이 집중한다고 하여 집중형이라고 한다.

(2) 연쇄형

하나의 사고 요인이 또는 다른 요인을 발생시키면서 재해를 발생시키는 유형이다. 단순 연쇄형과 복합 연쇄형이 있다.

(3) 복합형 : 단순 자극형과 연쇄형의 복합적인 발생 유형이다.

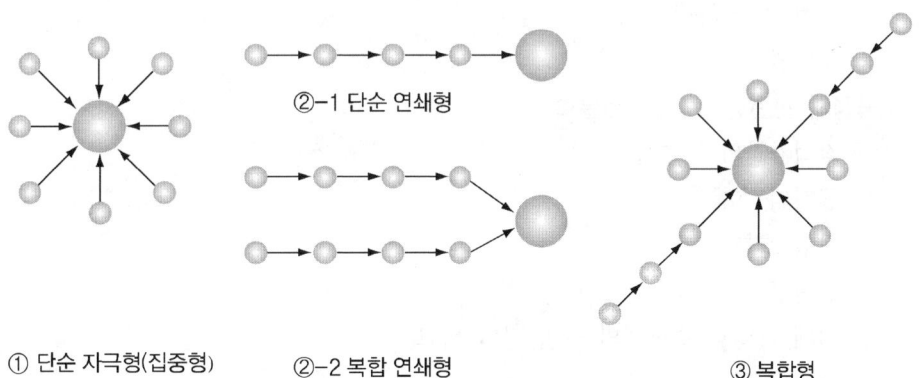

200 작업 위험 분석

(1) 작업 위험 분석 방법 및 순서
   ① **면접법** : 해당 부문의 숙련된 기술자와 경험이 많은 장기 근속자와 작업 위험에 대한 의견 수집
   ② **시찰법** : 작업자가 평상시에 하는 대로의 작업 양식을 당사자들이 의식하지 않은 상태에서 시찰하여 문제점을 발견
   ③ **질문지법**
      ㉮ 작업 공정 및 작업 방법에 대한 적절한 문항을 작성하여 알아보는 방법
      ㉯ 개인의 태도 측정과 문제점의 비교에 적합한 방법
   ④ **절충법** : 상기 방법을 상황에 따라 적절히 상호 보완

(2) 작업 위험 분석의 순서 5단계
   ① **제1단계** : 기초 조사
      ㉮ 필요한 단서에 대한 기초 조사 및 연구가 선행
      ㉯ 관련 문헌 및 자료의 수집 분석
      ㉰ 재해 빈도 및 강도율
      ㉱ 사고 보고 기록에 나타난 취약 작업, 작업자, 장비 및 작업 환경의 검토
   ② **제2단계** : 작업의 세분화
      ㉮ 작업 내용을 단위 작업 수준까지 세분화함으로써 분석할 문제점을 세분, 단순화
      ㉯ 작업 위험 분석의 내용에 따라 세분화
         ㉠ 작업자 개인 단위별
         ㉡ 작업 집단별
         ㉢ 공정 및 절차별
         ㉣ 조업별
      ㉰ 공정의 관련성에 따라 세분화
         ㉠ 작업자간의 관련성
         ㉡ 공정의 흐름
         ㉢ 작업 흐름 도표
         ㉣ 반복성
         ㉤ 기계 작업과 수작업의 작업 방법 비교

③ 제3단계 : 위험성의 검토 및 분석
  ㉮ 세분화된 작업 내용을 검토하여 위험을 인지하고 사고의 잠재성을 찾아내어 안정 방안 강구
  ㉯ 검토 내용
    ㉠ 위험 요인의 필요성
    ㉡ 목적
    ㉢ 작업 순서 및 절차
    ㉣ 작업자의 위치 및 배치
    ㉤ 공정에 적합한 장비 작업자
④ 제4단계 : 신규 방법의 개발
  ㉮ 잠재적 사고 위험을 배제할 수 있는 새로운 작업 방법 개발
  ㉯ 불필요한 세부 작업 내용의 제거
  ㉰ 개선된 방법 및 절차로 위험성 배제
  ㉱ 모든 필요한 세부 작업 내용을 단순화
  ㉲ 위험을 조성하는 세부 작업 조건을 변경하거나 인간 공학적으로 개선
  ㉳ 신규 방법의 표준화
⑤ 제5단계 : 적용
  안전하고 생산적인 신규 방법을 작업에 적용할 수 있도록 표준 안전 작업을 정하고 실천

201 동기 부여 방법

(1) 안전의 근본 이념을 인식시킨다.
  ① 안전의 중요 목적은 인도주의이다.
  ② 근로자에게 그 목적을 인식시켜 진정한 안전 활동 유도

(2) 안전 목표를 정확히 설정
  ① 안전 목표는 안전 활동의 방향과 도달점을 설정
  ② 안전 활동은 근로자의 행동에 큰 영향

(3) 안전 활동의 결과를 근로자에게 알려준다.
  결과를 근로자에게 알려주고 근로자가 결과를 평가 점검하도록 기회를 주는 것이 안전 의식을 높인다.

(4) 상과 벌을 준다
　① 안전 수칙이나 안전 기준을 정하여 이를 준수 강요
　② 각종 안전 포상 제도를 실시
　③ 위반시에는 가차없이 질책

(5) 경쟁과 협동을 유도
　① 개인의 경쟁, 집단간의 경쟁, 자신 기록과의 경쟁을 유도하는 데는 개인 대 개인의 경쟁이 가장 효과적
　② 협동은 집단의 생산성을 질적 양적으로 향상시키고, 대인 관계의 개선, 의사 소통의 증대 등 안전 의식 고취에 효과

(6) 동기 유발 수준 유지

(7) 적절한 업무 배분

202 동기 유발을 위한 안전 활동 사항

(1) 책임과 권한의 명확화
　전 직원 하도급 관계자의 책임 및 권한의 명확화

(2) 작업 환경의 정비
　안전 통로, 안전화, 공정의 적정화, 휴식 장소

(3) 고용시 안전 의식 고취
　안전 준수 사항 준비, 안전상 주의 환기

(4) 조례실시 : 5분 미팅 실시

(5) 안전 모임(TBM) 실시
　① 작업 내용, 방법, 안전 대책
　② 위험 부분 대책
　③ 같은 장소 타작업시 주의 사항 전달
　④ 작업시 중점 요소
　⑤ 현장 작업자의 지시 현장, 안전 목표

⑥ 작업자 신변 재해
⑦ 건강 상태, 복장, 보호구 확인

(6) 안전 순찰 및 점검 실시
① 점검자 지명
② 시설, 작업 방법 점검
③ 불안 상태 개선 및 보고

(7) 안전 당번 제도
① 안전 당번 제도 채용
② 현장 순찰, 안전 점검

(8) 안전 작업 표준 활동
① 본사에서 안전 작업 표준 결정
② 현장에서 시행

(9) 제안 제도 실시
안전 장치, 공구 발명, 작업 방법, 공정 개선, 환경 장비

(10) 안전 경쟁 실시
① 반직종 단위 안전 경쟁
② 우수자 표창

(11) 안전 표창 실시
안정 성적 우수자 포함

(12) 현장 안전 위원회 개최
① 위원회 개최
② 재해 사례 검토, 안전 토의
③ 도급자, 현장 감독자 포함

(13) 안전 강습, 연수, 견학
건설 기계, 신호 등 현장 작업자 강습 실시

(14) 안전 영화, 슬라이드 상영

(15) 안전 방송 실시

휴식 시간 이용, 음악 방송

(16) 특별 안전의 날 실시

① 매월 1~2회 실시, 전원 실시
② 안전 조례, 정리 정돈, 순찰

203 동기 부여 이론

(1) 맥그리거(McGregor)의 X, Y이론

① X, Y이론의 비교

X이론	Y이론
• 인간 불신감	• 상호 신뢰감
• 성악설	• 성선설
• 인간은 원래 게으르고 태만하여 남의 지배를 받기 원한다.	• 부지런하고 근면하며 적극적이고 자주적이다.
• 물질 욕구(저차적 욕구)	• 정신 욕구(고차적 욕구)
• 명령 통제에 의한 관리	• 목표 통합과 자기 통제에 의한 자율 관리
• 저개발국형	• 선진국형

② 동기 부여 측면에서는 Y이론이 효과적
③ 특징
- 환경 개선보다는 일의 자유화 추구
- 불필요한 통제 배제
- 특정 작업의 기회 부여
- 새롭고 힘든 과업 부여

(2) Davis의 동기 부여 이론

① 인간의 성과 × 물질의 성과 = 경영의 성과
② 지식(knowledge) × 기능(skill) = 능력(ability)
③ 상황(situation) × 태도(affitude) = 동기유발(motivation)
④ 능력 × 동기 유발 = 인간의 성과(humanperformance)

(3) 매슬로우(Maslow)의 욕구 5단계

- 특징
  - 1, 2단계 : 기본 욕구로서 동기 부여 불가
  - 3, 4, 5단계 : 동기 부여 가능
  ① 1단계(생리적 욕구) : 기아, 갈증, 호흡, 배설, 성욕 등
  ② 2단계(안전 욕구) : 안전을 구하려는 욕구
  ③ 3단계(사회적 욕구) : 애정, 소속에 대한 욕구
  ④ 4단계(인정받으려는 욕구) : 자기 존중의 욕구로 자존심, 명예, 성취 지위에 대한 욕구
  ⑤ 5단계(자아 실현의 욕구) : 잠재적인 능력의 실현 욕구

204 안전 심리 5대 요소

(1) 동기(Motive)

동기는 능동적인 감각에 의한 자극에서 일어나는 사고의 결과로서 사람의 마음을 움직이는 원동력

(2) 기질(Temper)

① 인간의 성격, 능력 등 개인적인 특성
② 성장시의 생활 환경에서 영향을 받는다.
③ 특히 여러 사람과의 접촉 및 환경에 따라 달라진다.

(3) 감정(Emotion)

① 감정이란 지각, 사고 등과 같이 대상의 성질을 아는 작용이 아니고 희로애락 등의 의식
② 사람의 감정은 안전과 밀접한 관계를 가지며, 사고를 일으키는 정신적 동기이다.

(4) 습성(Habits)

동기, 기질, 감정 등이 밀접한 연관 관계를 형성하여 인간의 행동에 영향을 미칠 수 있도록 하는 것을 말한다.

(5) 습관(custom)

성장과정을 통해 형성된 특성 등이 자신도 모르게 습관화된 현상을 말하며 습관에 영향을 미치는 요소로는 ㉮ 동기, ㉯ 기질, ㉰ 감정, ㉱ 습성 등이다.

205 피로의 종류, 증상, 회복, 대책

(1) 정의

피로란 어느 정도 일정한 시간, 작업 활동을 계속하면 객관적으로 작업 능률의 감퇴 및 저하, 착오의 증가, 주관적으로는 주의력의 감소, 흥미의 상실, 권태 등으로 일종의 복잡한 심리적 불쾌감을 일으키는 현상을 말한다.

(2) 피로의 분류

① 정신 피로와 육체 피로
  ㉮ 정신 피로 : 정신적 건강에 의해서 일어나는 중추 신경계의 피로를 말한다.
  ㉯ 육체 피로 : 육체적으로 근육에서 일어나는 피로를 말한다(신체 피로)
② 급성 피로와 만성 피로
  ㉮ 급성 피로 : 보통의 휴식에 의해서 회복되는 것으로서 정상 피로 또는 건강 피로라고도 한다.
  ㉯ 만성 피로 : 오랜 기간에 걸쳐 축적되어 일어나는 피로로서 휴식에 의해서 회복되지 않으며, 축적 피로라고도 한다.

(3) 피로의 증상

① 신체적 증상(생리적 현상)
  ㉮ 작업에 대한 몸자세가 흐트러지고 지치게 된다.
  ㉯ 작업에 대한 무감각, 무표정, 경련 등이 일어난다.
  ㉰ 작업 효과나 작업량이 감퇴 및 저하된다.
② 정신적 증상(심리적 현상)
  ㉮ 주의력이 감소 또는 경감된다.
  ㉯ 불쾌감이 증가된다.
  ㉰ 긴장감이 해이 또는 해소된다.
  ㉱ 권태, 태만해지고, 관심 및 흥미감이 상실된다.

(4) 피로의 회복 대책

① 휴식과 수면을 취할 것(가장 좋은 방법)
② 충분한 영양(음식)을 섭취할 것
③ 산책 및 가벼운 운동을 할 것
④ 음악 감상, 오락 등에 의해 기분을 전환시킬 것
⑤ 목욕, 마사지 등 물리적 요법을 행할 것

제2장 예상문제 및 실전모의시험

문제 1
안전성 평가

1 개 요

재해 사고의 대형화 현상에 따라 사전 안전성 평가 방법이 활발하게 진행되었으며 안전성 평가는 6단계로 나누면 아래와 같다.

1. **1단계** : 관계 자료의 작성 준비
2. **2단계** : 정성적 평가
3. **3단계** : 정량적 평가
4. **4단계** : 안전 대책
5. **5단계** : 재해정보에 의한 재평가
6. **6단계** : FTA에 의한 재평가

2 방 법

안전성을 정량적으로 평가하는 방법에는 재해 상태에 의해 피해자 수를 확률적으로 예측하는 방법과 FTA나 ETA에 의해 종합적으로 평가하는 방법 등이 사용되고 있다.

3 안전성 평가의 관계 자료

1. 관계 자료의 양식

관계 자료는 공장 전체 배치도로부터 건조물, 구조물까지 도면을 포함한 일부의 것을 제외하고 양식은 자유이다.

2. 관계 자료의 조사 항목

① 입지 조건
② 공장 배치도
③ 구조 평면도, 단면도 및 입면도
④ 일어날 수 있는 반응
⑤ 공정 계통도
⑥ 공정 기기 리스트
⑦ 배관 및 계장 계통도
⑧ 안전 설비의 종류와 설치 장소
⑨ 운전 요령, 공정 조업 중단 및 유지 기준
⑩ 요원 배치 계획

3. 정량적 평가 항목

① 해당 화학설비의 취급물질
② 해당 화학설비의 취급용량
③ 온도
④ 압력
⑤ 조작

4. 위험도 등급 및 점수

① 1등급(16점 이상) : 위험도가 높다.
② 2등급(11~15점 이하) : 주위 상황, 다른 설비와 관련해서 평가한다.
③ 3등급(10점 이하) : 위험도가 낮다.

문제 2

허세이의 피로 분류에 대한 대책을 설명하시오.

허세이는 피로 분류를 9가지로 구분, 그에 대한 대책을 아래와 같이 기술하였다.

피로구분	피로 회복 대책
1. 신체의 활동에 의한 피로	활동을 국한하는 목적 이외의 동작을 배제, 기계력의 사용, 작업의 교대, 작업 중의 휴식
2. 정신적, 노력에 의한 피로	휴식, 양성 훈련
3. 운동 또는 긴장에 의한 피로	운동 또는 휴식에 의해 긴장을 푸는 일 기타, 2항에 준함
4. 정신적 긴장에 의한 피로	주도 면밀하고, 동적인 작업 계획을 세우는 것, 불필요한 마찰을 배제하는 일
5. 환경과의 관계에 의한 피로	작업장에서의 부적절한 제관계를 배제하는 일, 가정 생활의 행위에 관한 교육을 하는 일
6. 영양 및 배설의 불충분	조식, 중식 및 종업시 등의 관습의 감시, 건강식품의 준비 신체의 위생에 관한 교육 및 운동의 필요에 관한 계몽
7. 질병에 의한 피로	속히 유효 적절한 의료를 받게 하는 일, 보건상 유해한 작업상의 조건을 개선하는 일, 적당한 예방법을 가르치는 일
8. 기후에 의한 피로	온도, 습도, 통풍의 조절
9. 단조감, 권태감에 의한 피로	일의 가치를 가르치는 일, 동작의 교대를 가르치는 일, 휴식

문제 3

System안전의 5단계를 기술하시오.

1 개 요

① 시스템이란 2개 이상의 다른 기능의 요인을 하나의 목적을 이루어 기능을 발휘하도록 한 것이다.
② 시스템 안전이란 어떤 시스템에 있어서의 기능, 시간, cost의 일정 제약 조건하에서 인원 및 설비의 손상을 최소한으로 줄이는 것이라 정의할 수 있다.

2 System 안전의 5단계

1. 제1단계 : 구상 단계

해당 설비에 어떤 기능이 요구되는가의 검토

2. 제2단계 : 사양 결정 단계

① 1단계의 검토 결과에 의해 사양 결정
② 달성해야 할 목표를 정한다.

3. 제3단계 : 설계 단계

① 기본 설계와 세부 설계로 나누어진다.
② 위험 상태를 최소화한다.

4. 제4단계 : 제작 단계

① 완성된 설계 도면에 의해 제작
② 작업 표준, 보전의 방식, 안전 점검 기준 검토

5. 제5단계 : 조업 단계

① 시운전을 실시, 필요한 자료 확보
② 시운전 결과에 의해 필요한 조치 후 정상 운전
③ 유지 관리 보존을 양호하게 한다.

문제 4

안전과 재해를 정의하시오.

1 개 요

① 산업 재해를 예방하기 위해서는 사전에 철저한 위험성 검토 및 대책 강구가 필요하다.
② 특히 산업재해는 대부분 중대 재해로, 이에 대한 철저한 관리가 요구된다.

2 안전 및 재해의 정의

1. 안 전

안전이라 함은 산업 재해를 예방하기 위하여 잠재적 위험성 발견과 그 개선책을 수립할 목적이며 고용노동부 장관이 지정하는 자가 실시하는 조사 평가도 포함된다.

2. 재 해

재해라 함은 노무를 제공하는 사람이 업무에 관계되는 건설물·설비·원재료·가스·증기·분진 등에 의하거나 작업, 또는 그 밖의 업무로 인하여 사망 또는 부상하거나 질병에 걸리는 것을 말한다.

문제 5

태도 교육의 뜻, 중요성, 기본 과정을 기술하시오.

1 개 요

① 안전 교육은 근로자의 지식, 기능 및 태도 향상을 도모하여 산업 현장의 재해예방을 하는 데 있다.
② 안전 교육의 3단계에는 지식, 기능, 태도 교육이 있으며 안전 사고 발생을 억제하기 위한 태도 교육을 철저히 해야 한다.

2 태도 교육의 뜻과 중요성

① 태도는 행위 이전에 마음의 자세이므로 행위 결정을 하고 지시를 내리는 행위 원점 또는 내적 행동 체계라고 할 수 있다.
② 안전 태도는 개인 대 개인의 교육이므로 그 효과를 거두는 데는 상대가 어떠한 성격을 지니고 있는가에 따라 구체적 방법을 취할 필요가 있다.
③ 안전에 대한 태도가 불량하면 무의미하여 안전 사고를 발생시키기 때문에 태도 교육이 제일 중요하다고 하겠다.

3 안전 교육의 3단계

① 제1단계 : 지식 교육 – 강의, 시청각 교육을 통한 지식의 전달과 이해
② 제2단계 : 기능 교육 – 시범, 실습, 견학을 통한 이해와 경험 체득
③ 제3단계 : 태도 교육 – 생활 지도, 작업 지도를 통한 안전의 습관화

4 안전 태도의 기본 과정

① 청취한다. : 상대방의 말을 잘 들어 본 다음 소질 및 태도의 결함 발견
② 이해하고 납득한다. : 상대방의 입장에서 이해 납득
③ 항상 모범을 보인다.
④ 평가한다.
⑤ 장려한다.
⑥ 처벌한다.

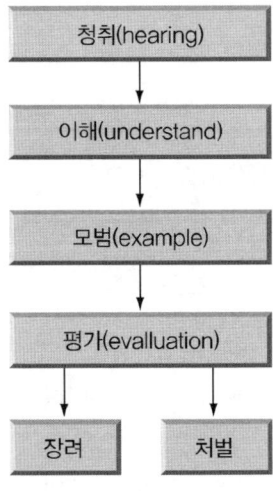

[그림] 태도 교육 4단계

문제 6

사업주의 의무는?

1 개 요

① 사업주라 함은 근로자를 사용하여 사업을 하는 자를 말한다.
② 사업주는 안전 관리 업무를 추진하는 데 가장 중요한 위치에 있는 경영주라 할 수 있다.

2 사업주의 범위

① 개인 기업에서는 경영 주체
② 법인 단체일 경우 그 단체 자체
③ 기업에 있어서는 기업을 운영하는 자
④ 기계, 자재, 원료 등을 제조 수입 설계하는 자를 포함하고 건설 공사의 발주자, 설계자, 시공자가 포함된다.

3 사업주의 의무

① 산업 재해 예방을 위한 기준 준수
② 근로조건의 개선을 통하여 적절한 작업 환경 조성
③ 근로자의 생명 보전
④ 안전보건을 유지 증진
⑤ 국가에서 시행하는 산업 재해 예방 시책에 적극 협조

4 결 론

① 사업주는 안전에 가장 중요한 위치에 있는 사람이기 때문에 안전에 대한 의식 개혁이 필요하다.
② 안전 활동을 잘하면 생산성 및 품질이 향상된다는 것을 명심해야 하겠다.

문제 7

안전의 기둥 4M은?

1 개 요

1. 모든 재해는 불완전한 상태와 행동에 의하여 발생되며 이는 4M에 의한 원인에 의하여 비롯된다.

2. 4M은, Man(인간), Machine(기계설비), Media(작업방법), Management(관리적 요인)으로 구성된다.

2 4M에 의한 재해의 원인

1. Man(인간)

인간의 과오, 망각, 무의식, 피로 등에 의한 재해 요인 발생

2. Machine(기계 설비)

기계 설비의 안전 방호 장치 미설치, 기계 설비의 결함

3. Media(작업 방법)

작업시 작업 순서, 작업 동작, 작업 방법, 작업 환경의 문제점이 결함으로 발생

4. Management(관리적 요인)

안전 관리 조직 및 안전 관리 규정의 미흡이 재해의 요인으로 발생

3 4M에 의한 대책

1. Man(인간)

인간관계 개선, 근로자의 욕구충족

2. Machine(기계 설비)

기계 설비의 안전 장치 설치, 기계 설비 정비, 철저한 점검 관리 등이 재해 예방에 효과적

3. Media(작업 방법)

작업 순서 및 작업 동작의 기준 정립, 작업 환경 개선

4. Management(관리적 요인)

안전 관리 조직 및 안전 관리 규정에 대한 체계적인 정립 및 준수가 재해 예방의 지름길이다.

문제 8

재해예방의 4원칙은?

---

1 개 요

1. 모든 재해는 직접 원인 및 간접 원인에 의한 재해의 발생 요인이 있다.

2. 이는 재해 예방의 4원칙인 손실 우연의 원칙, 원인 계기의 원칙, 예방 가능의 원칙, 대책 선정의 원칙에서 비롯된다.

2 재해 예방의 4원칙

1. 손실 우연의 원칙

재해 손실은 사고 발생시 사고 대상의 조건에 따라 달라지므로 한 사고의 결과로서 생긴 재해 손실은 우연성에 의하여 결정된다. 따라서 재해 방지의 대상은 우연성에 좌우되는 손실의 방지보다는 사고 발생 자체의 방지가 되어야 한다.

2. 원인 계기의 원칙

재해 발생은 반드시 원인이 있다. 즉, 사고와 손실과의 관계는 우연적이지만 사고와 원인 관계는 필연적이다.

3. 예방 가능의 원칙

재해는 원칙적으로 원인만 제거되면 예방이 가능하다.

4. 대책 선정의 원칙

재해 예방을 위한 가능한 안전 대책은 반드시 존재한다. 일반적으로 재해 방지를 위한 안전 대책은 다음과 같은 것이 있다.
① 기술(Engineering)적 대책(공학적 대책) : 안전 설계, 작업 행정의 개선, 안전 기준의 설정, 환경 설비의 개선, 점검 보존의 확립 등을 행한다.
② 교육(Education)적 대책 : 안전교육 및 훈련을 실시한다.
③ 규제(Enforcement)적 대책(관리적 대책) : 관리적 대책은 엄연한 규칙에 의해 제도적으로 시행되어야 하므로 다음의 조건이 충족되어야 한다.

3 사고 예방 대책의 기본 원리 5단계

1. 조직(1단계 : 안전 관리 조직)

경영층이 참여, 안전 관리자의 임명 및 라인 조직 구성, 안전 활동 방침 및 안전 계획 수립, 조직을 통한 안전 활동 등 안전 관리에서 가장 기본적인 활동은 안전기구의 조직이다.

2. 사실의 발견(2단계 : 현상 파악)

각종 사고 및 안전 활동의 기록 검토, 작업 분석, 안전 점검 및 안전 진단, 사고 조사, 안전 회의 및 토의, 종업원의 건의 및 여론 조사 등에 의하여 불안전 요소를 발견한다.

3. 분석 평가(3단계)

사고 보고서 및 현장 조사, 사고 기록, 인적·물적 조건의 분석, 작업 공정의 분석, 교육과 훈련의 분석 등을 통하여 사고의 직접 및 간접 원인을 규명한다.

4. 시정 방법의 선정(4단계 : 대책의 선정)

기술의 개선, 인사 조정, 교육 및 훈련의 개선, 안전 행정의 개선, 규정 및 수칙의 개선, 확인 및 통제 체제 개선 등 효과적인 개선 방법을 선정한다.

5. 시정책의 적용(5단계 : 목표 달성)

시정책은 3E 즉 기술(Engineering), 교육(Education), 독려(Enforcement)를 완성함으로써 이루어진다.

문제 9

재해조사의 순서는?

1 재해 조사의 목적

1. 재해의 원인과 자체의 결함 등을 규명함으로써 동종 재해 및 유사 재해의 발생을 막기 위한 예방 대책을 강구하기 위해서 실시한다.
2. 재해 조사는 조사하는 것이 목적이 아니고, 또 관계자의 책임을 추궁하는 것이 목적도 아니다.
3. 재해 조사에서 중요한 것은 재해 원인에 대한 사실을 알아내는 데 있다.

2 재해 조사사의 유의 사항

1. 사실을 수집한다. 이유는 뒤에 확인한다.
2. 목격자 등이 증언하는 사실 이외의 추측의 말은 참고로만 한다.
3. 조사는 신속하게 행하고 긴급 조치하여 2차 재해의 방지를 도모한다.
4. 사람·기계 설비, 양면의 재해 요인을 모두 도출한다.
5. 객관적인 입장에서 공정하게 조사하며, 조사는 2인 이상이 한다.
6. 책임 추궁보다 재발 방지를 우선하는 기본 태도를 갖는다.
7. 피해자에 대한 구급 조치를 우선한다.
8. 2차 재해의 예방과 위험성에 대한 보호구를 착용한다.

3 재해 조사의 방법

1. 재해 발생 직후에 행한다(현장 보전에 유의)
2. 현장의 물리적 흔적(물적 증거)을 수집한다.
3. 재해 현장은 사진을 촬영하여 보관하고, 기록한다.
4. 목격자, 현장 책임자 등 많은 사람들에게 사고시의 상황을 듣는다.
5. 재해 피해자로부터 재해 직전의 상황을 듣는다.
6. 판단하기 어려운 특수 재해나 중대 재해는 전문가에게 조사를 의뢰한다.

4 재해 원인 조사의 순서

1. **1단계(사실의 확인)** : 인적, 물적, 관리적 면에 관한 사실 수집
2. **2단계(재해 요인의 파악)** : 인적, 물적, 관리적 재해 요인 파악
3. **3단계(재해 요인의 결정)** : 재해 요인의 중요도 고려

5 산업 재해 발생시 조치 순서 7단계

1. **1단계(긴급 처리)** : 피재 기계 정지 및 피해자의 응급조치
2. **2단계(재해 조사)** : 잠재 재해 요인의 색출
3. **3단계(원인강구)** : 직접 및 간접 원인에 대한 조치 강구 필요
4. **4단** : 동종 및 유사 재해 방지
5. **5단계(대책 실시 계획)** : 6하 원칙
6. **6단계(실시)**
7. **7단계(평가)**

문제 10

불안전한 행동은?

1 개 요

1. 재해 원인은 불안전한 상태 및 불안전한 행동으로 나누어지며 특히 불안전한 행동은 전체 재해 원인의 88[%]를 차지하고 있다.
2. 불안전한 행동은 인적 원인으로 3E에 의한, 즉 기술적, 교육적, 관리적 대책 및 작업 표준의 완벽함에서 제거될 수 있다.

2 재해 발생의 메커니즘(Mechanism)

1. 사고의 발생 : 물체와 사람과의 접촉의 현상을 말한다.

① 물체가 사람에 직접 접촉한 현상
② 사람이 유해 환경하에 폭로된 현상

2. 기인물과 가해물

① 기인물 : 불안전한 상태에 있는 물질(환경 포함)
② 가해물 : 직접 사람에게 접촉되어 위해를 가한 물체

3 불안전한 상태와 불안전한 행동

1. 불안전한 상태

재해의 물적 원인으로, 사고를 일으키게 하는 상태 또는 사고의 요인을 만들어내고 있는 것과 같은 상태라 말하며 재해 원인의 10[%]를 차지한다.

2. 불안전한 행동

재해의 인적 원인으로, 재해 발생의 주요인이며 전체 재해 원인의 88[%]를 차지한다.
불안전한 행동별 원인은 다음과 같다.
① 안전 작업 표준 미완성 : 무단 작업 실시로 재해가 발생한다.
② 작업과 안전 작업 표준의 상이 : 설비, 작업의 수시 변경으로 재해가 발생한다.
③ 안전 작업 표준에 결함 : 작업 분석의 불완전으로 일어난다.
④ 안전 작업 표준의 불이해 : 안전 교육에 결함이 있다.
⑤ 안전 작업 표준의 불이행 : 안전 태도에 문제가 있다.

4 대 책

① 불안전 행동을 배제하기 위한 기술적(Engineering), 교육적(Education), 작업관리상(Enforcement)의 대책 필요
② 안전 작업 표준의 내실화
③ 최고 경영자 및 관리 감독자, 안전 관리자의 안전 의식 강화

문제 11

위험의 분류

1 개 요

재해의 위험에 대한 산업 재해의 분류는 에너지 형태에 따라 화학적 위험, 물리적 위험, 전기적 위험, 건설적 위험으로 분류되며 각 위험별 내용은 아래와 같다.

2 에너지 형태에 따른 위험의 분류

1. 화학적 위험

① 화재 및 폭발 : 인화성 가스 및 액체, 폭발성 물질 및 유기과산화물, 물반응성 물질 및 인화성 고체 등
② 약물 중독 및 가스 누출 : 질식성 가스, 자극성 가스, 전신 중독성 가스, 유해 분진, 미스트, 발암성 물질, 부식성 물질, 독극물 등
③ 대기 오염 : 매연, 분진, 배출 가스, 악취 등

2. 물리적 위험

① 눈 장해 : 자외선, 적외선 등
② 방사선 장해 : α선, β선, γ선, X선, 중성자선 등
③ 열중증 및 동상 : 고온, 저온
④ 잠함병 및 고산병 : 고기압, 저기압
⑤ 난청 및 소음 공해 : 음파
⑥ 신경증 및 진동 공해 : 진동

3. 기계적 위험

① 파열, 분출 : 압축기, 고압 장치, 배관
② 낙하, 도괴 : 양중기
③ 진동, 파단 : 고속 회전기

④ 충돌, 탈선, 낙차 : 차륜, 운반기
⑤ 압박·진동 : 중량물
⑥ 전도, 추락 : 통로, 계단, 사다리, 발판, 작업 바닥
⑦ 접촉, 협착, 절상 : 모터, 동력 전도 장치, 제조 기계, 공작 기계

4. 전기적 위험

① 감전 : 전기 기기, 배선
② 발화 : 누전, 전기 불꽃, 정전기 방전

5. 건설적 위험

옹벽붕괴, 낙반, 침하, 도로 및 구축물 훼손, 균열 등 토목 시설의 위험

문제 12

인재의 분류에 대해 기술하시오.

1 개 요

산업안전 보건법상 산업 재해란 "노무를 제공하는 자가 업무에 관계되는 건설물·설비·원재료·가스·증기·분진 등에 의하거나 작업 또는 그 밖의 업무로 인하여 사망 또는 부상하거나 질병에 걸리는 것을 말한다."라고 정의하고 있으며, 우리나라에서는 3일 이상의 휴업을 필요로 하는 재해를 산업 재해 즉 재해로 인정하고 있다.

2 재해의 종류

일반적으로 인재에는 그 발생하는 장소에 따라 분류하면 다음과 같다.

1. 공장 재해

① 공장 재해를 현상면에서 파악하면 사람의 상처나 사상, 중독, 직업병에 기인한다.

② 화재, 폭발, 파열 등 기기, 설비의 파괴나 원료, 제품 등의 손실을 가져오는 물적인 것

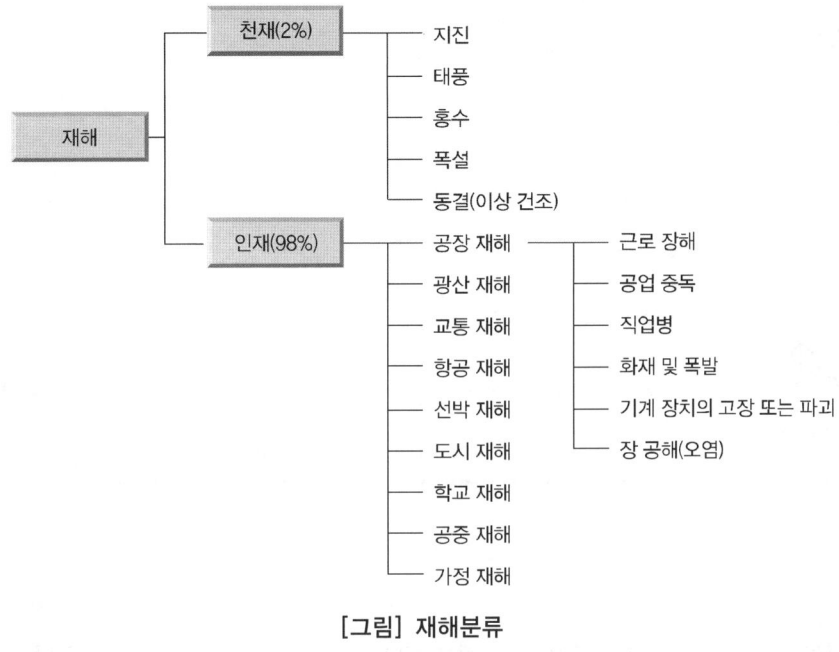

[그림] 재해분류

2. 광산 재해

광산에서의 낙반, 갱내 화재, 가스 돌출, 가스 탄진 폭발, 석탄 자연 발화, 광해 등

3. 교통 재해

도로상의 차량 또는 보행자의 전복, 충돌 등의 사고, 궤도상의 기차, 전차 등의 충돌, 탈선 등의 사고, 항공기의 추락 사고, 위험물 수송 사고 등

4. 선박 재해(해난)

선박의 화재, 폭발, 충돌, 침몰, 좌초, 표류 등의 사고

5. 도시 재해

도시의 주택, 점포, 공공건물 등의 화재 및 소화활동에 수반된 파괴

6. 공중 재해

7. 가정 재해

8. 항공 재해

항공기 폭발 등

문제 13
사고의 간접원인

1 개 요

1. 산업재해는 직접 원인과 간접 원인에 의하여 발생하며, 사고의 결과로 인간의 상해가 생기는 연쇄관계를 거쳐서 발생한다.

2. 따라서 재해를 방지하려면 이 연쇄관계를 중도에서 단절할 필요가 있으며 가장 쉬운 대상은 간접 원인을 배제하는 것이다.

2 사고의 간접 원인

① **기술적 원인** : 공장에 있어서의 건물, 구축물, 기계 장치, 기구 등의 기술상의 결함에 기인하는 것으로서 그들의 설계, 배치, 재료, 검사, 보전, 표준 조작 등에 결함이 있었을 경우
② **교육적 원인** : 근로자의 안전에 관한 지식 또는 경험의 부족에 기인된 것으로서 무지, 불이해, 경시, 미숙, 미경험 등에 의한 것
③ **신체적 원인** : 신체의 질병, 난청, 근시, 피로 등의 원인이 되는 것
④ **정신적 원인** : 인간의 착각, 태도 불안, 정신적 동요, 기타의 정신적인 결함에 의한 것
⑤ **관리적 원인** : 관리 조직상의 결함에 기인된 것으로서 최고 관리자의 책임감 결여를 비롯하여 조직, 제도, 기준, 인사, 노무, 예산 등에 있어서의 결함에 의한 것

3 결 론

① 간접 원인을 제거하고 불안전 행위를 없애기 위해서는 기술적, 교육적, 신체적, 정신적, 관리적 원인이라는 5가지 간접 원인별로 대책을 강구할 필요가 있다.
② 교육적 대책은 안전 교육과 훈련, 신체적 대책은 휴양, 의료, 직장 이탈, 배치 전환이 있다.
③ 정신적 대책은 심리학적 조사, 규율 엄정, 훈계 징벌, 배치 전환이 있으며, 관리적 대책은 최고 관리자의 책임 자각, 안전 관리의 개선, 안전 교육 제도의 충실, 대책의 즉시 실시, 인사 관리의 개선, 근로 의욕의 향상이 있다.

문제 14

안전 교육 4단계란?

1 개 요

① 안전 교육은 교육의 8원칙 및 4단계를 활용, 피교육자에게 효율적으로 실시해야 한다.
② 교육의 4단계는 도입, 제시, 적용, 확인의 단계로 분류된다.

2 단계별 교육 지도 방법

1. 제1단계(도입) : 학습 목표를 설명한다.

① 피교육자의 심신을 편하게 한다.
② 학습의 목적, 취지, 배경을 설명한다.
③ 타 과목과의 관련을 설명한다.

2. 제2단계(제시)

① 교육 내용에 체계와 그 중점을 명시한다.
② 교육 내용의 원리 원칙과 상관 관계를 분명하게 나타낸다.
③ 시청각 교재를 적극 활용한다.

3. 제3단계(응용)

① 교육 내용에 대한 정보 교환을 시킨다.
② 사례연구, 재해사례 등을 영화 슬라이드를 통해 연구발표시킨다.
③ 교육 내용의 직장 적용에 대한 질문을 받는다.

4. 제4단계(확인)

① 교육 내용의 이해 납득 소득의 정도를 확인한다.
② 향후 연수자의 실천 사항을 명시한다.
③ 연수자에 대한 기대와 결의를 나타내고 끝낸다.

문제 15

운반시 Lay out의 주요 사항은?

1 개 요

1. Lay out의 원칙은

취급 운반 재해의 위험 방지에 취급 운반 공정은 공장 창고 또는 건설 현장 등에서 물품의 이동 운반 및 보관에 부대하는 작업이다.

2. 최근에는 자동화 시스템화의 진전이 두드러진 분야이기는 하나 여전히 사람의 조작을 필요로 하는 경우가 많다.

2 Lay out의 원칙

1. 운반 관리에 있어 원칙이라고 하는 것이 여러 가지가 있으나 여기에는 취급운반 시스템을 검토함에 있어 필요한 원칙 중 하나로서 「배치의 원칙은 기계 설비, 하물의 놓는 장소 등 레이아웃을 적절하게 하여 운반을 효율적으로 행한다」는 원칙을 말한다.

2. 원칙의 종류로는 직선화 원칙, 정비의 원칙, 탄력성의 원칙, 안전의 원칙, 자중 경감의 원칙 등 작업의 적절한 운용에 있다.

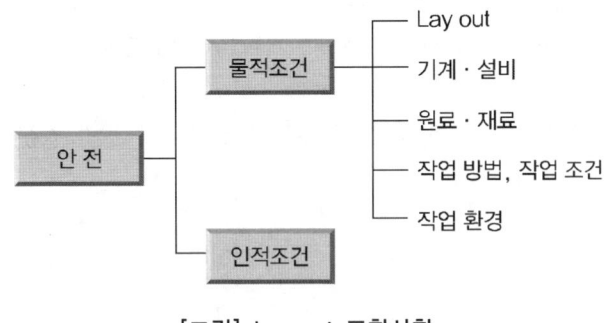

[그림] Layout 포함사항

문제 16

안전 순찰이란?

1 안전 순찰의 정의

① 안전 패트롤이란 사업장의 전 구역 또는 단위 작업장마다 기계 설비 등의 물적 조건 또는 작업 방법, 작업 환경 등의 위험의 적출, 지적을 행하고 이것을 시정하여 안전을 달성하고자 하는 직장 순시를 말한다.
② 직장 순시에는 사업장의 톱, 안전보건 관리 책임자, 안전 관리자 등의 현장 순시와 라인의 관리, 감독자가 행하는 자기 직장의 순시, 안전 보건 위원회가 재해 방지를 위한 조사 심의의 필요상 행하는 안전 순시 등이 있으며, 안전관리기준이 철저히 이행되고 있는가, 작업 순시가 실행되고 있는가, 교육 사항이 준수되고 있는가 등을 엄격하게 체크함과 동시에 불완전한 상태는 확실하게 시정할 필요가 있다.

2 안전 순시의 효과적 방법

① 조직적으로 실시할 수 있는 연간 계획을 수립하고 그 계획에 따라 행한다. 계획에는 순시의 방법, 중점 사항, 지적 사항, 지적 사항의 처리, 시점의 확인 등에 관한 사항을 정한다.
② 라인의 관리, 감독자는 매일 1회는 자기가 담당한 부서를 순시한다. 특히, 작업자의

행동, 작업 방법의 적부 등에 대해서는 감독자의 수시 순시 횟수를 늘린다.
③ 체크 리스트를 작성하고 사용하는 것이 좋다.
④ 작업 행동은 끊임없이 변화하고 있으므로 불안전 요인을 철저히 확인하기 위하여 기계 조작의 방법, 공구나 보호구의 사용상황, 기타의 작업 행동, 작업 복장에 대해서도 반드시 체크한다.
⑤ 기계 설비도 눈에 보이는 위험 부분의 유무만이 아니라 조작 잘못이나 안전장치 등의 이상 유무를 체크한다.

문제 17

버드의 빙산이란?

최근 미국의 보험학자인 버드(Bird)는 빙산의 예를 들어 상해 사고와 관련되는 의료비나 보상비가 1달러라고 하면 그 상해 사고로 인해 생긴 시설이나 기계의 파손으로 인한 손해, 제품이나 원료의 손해, 생산의 지체, 사고 처리에 쓰여진 비용 등을 계산하면 5달러가 될 것이라고 기술하고 있다.

또 표면에 나타난 의료비나 보상비는 보험으로 보충되지만, 표면에 나타나지 않았던 간접비용은 보험으로는 보상되지 않는 기업의 손실이라고 기술하고 있다.

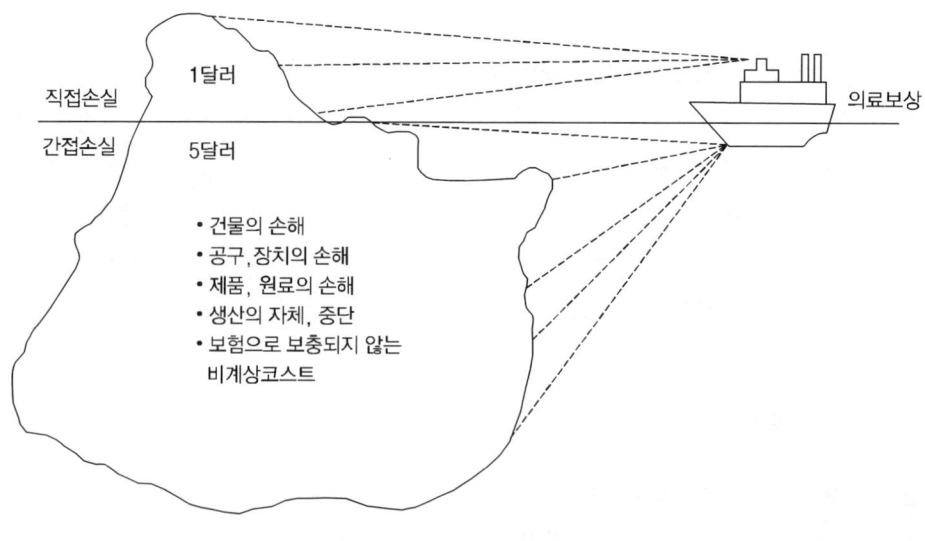

[그림] 버드의 빙산

문제 18

안전대 파기 기준은?

1 개 요

안전대 검정 기준 및 파기 기준은 산업안전 보건법, 동법 시행령 및 동법 시행 규칙에 의한 안전대 검정 규격 및 고용노동부 고시 등 추락 재해 방지 표준 안전 작업 지침의 규정에 의한 안전대 폐기 기준에 준한다.

2 본 론

1. 추락 방지를 위한 안전대는 사용 방법에 따라 아래와 같이 구분된다.

종 류	사용 구분
벨트식(B식)	U자걸이 전용
안전그네식(H식)	1개걸이 전용
안전그네식(H식)	안전블록(H식 적용)
	추락방지대(H식 적용)

2. 다음 각 호에 해당되는 안전대는 폐기 처리하여야 한다.

   ① 다음 각 목의 규정에 해당되는 로프는 폐기하여야 한다.
      ㉮ 소선에 손상이 있는 것
      ㉯ 페인트, 기름, 약품, 오물 등에 의해 변화된 것
      ㉰ 비틀림이 있는 것
      ㉱ 횡마로 된 부분이 헐거워진 것
   ② 다음 각 목의 규정에 해당되는 벨트는 폐기하여야 한다.
      ㉮ 끝 또는 폭에 4[mm] 이상의 손상 또는 변형이 있는 것
      ㉯ 양끝의 해짐이 심한 것
   ③ 다음 각 목의 규정에 해당되는 재봉 부분은 폐기하여야 한다.
      ㉮ 재봉 부분의 이완이 있는 것

㉯ 재봉실이 1개소 이상 단절되어 있는 것
㉰ 재봉실의 마모가 심한 것
④ 다음 각 목의 규정에 해당되는 D링 부분은 폐기하여야 한다.
㉮ 깊이 1[mm] 이상 손상이 있는 것(특히 그림 부분)
㉯ 눈에 보일 정도로 변형이 심한 것
㉰ 전체적으로 녹이 슬어 있는 것

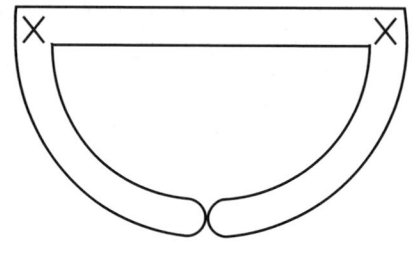

[그림] 안전대 D링

⑤ 다음 각 목의 규정에 해당되는 훅, 버클 부분은 폐기하여야 한다.
㉮ 훅의 갈고리 부분의 안쪽에 손상이 있는 것(그림 X 부분)
㉯ 훅 외측에 깊이 1[mm] 이상의 손상이 있는 것
㉰ 이탈 방지 장치의 작동이 나쁜 것
㉱ 전체적으로 녹이 슬어 있는 것
㉲ 변형되어 있거나 버클의 체결 상태가 나쁜 것

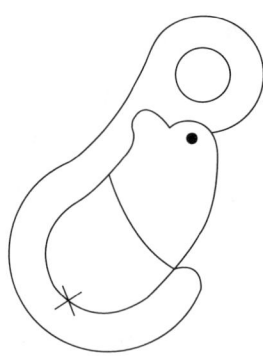

[그림] 안전대 후크

3. 안전대 보관은 다음 각 호의 장소에 보관한다.

① 직사광선이 닿지 않는 곳
② 통풍이 잘되며 습기가 없는 곳
③ 부식성 물질이 없는 곳
④ 화기 등이 근처에 없는 곳

3 결론

고소 작업, 특히 철골 공사시에 많이 사용되는 안전대는 사용 방법 및 안전 수칙도 중요하지만 상기에서 열거한 바와 같이 사용 재료의 재질 또한 중요한 만큼 안전대 사용전 재료의 손상 유무 및 안전 장치를 필히 점검해야 하겠다.

문제 19

하인리히의 1 : 29 : 300이란?

1. 하인리히는 상해를 수반한 재해를 조사해 본 결과 상해가 뒤따르지 않는 유사한 사고가 상해를 수반한 사고보다 더 많이 일어난다는 사실을 알았다.

   같은 사람이 거의 비슷한 종류의 330건의 사고를 낸 가운데 300건은 무상해 사고였고 29건이 경상해 사고였으며 1건만이 중상해 사고였다.
   여기서 300의 무상해 제거의 중요성이 강조되고 안전은 자율(생산 부서)에서 이루어져야 한다는 것을 말해주며 또한 불가항력적인 원인 2[%]에 의한 사고 외에 98[%]의 사고는 예방이 가능하다.

2. 하인리히는 7,500건의 재해를 분석, 중대 재해는 8일 이상 상해, 경상해는 8일 미만, 무사고는 1일 미만의 재해로 구분했다.

   $\alpha = 1/(1 + 29 + 300)$
   ⟨α = 숨은 재해임⟩

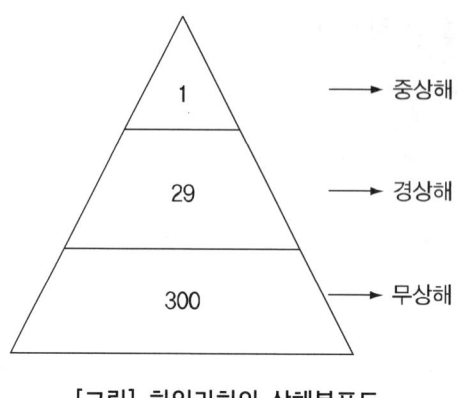

[그림] 하인리히의 상해분포도

문제 20

작업 환경 측정이란?

1 개 요

작업 환경 측정이라 함은 작업 환경의 실태를 파악하기 위하여 해당 근로자 또는 작업장에 대하여 사업주가 측정 계획을 수립하여 시료의 채취 및 분석 평가를 하는 것을 말한다.

작업 환경을 쾌적한 상태로 유지한다는 것은 건강 장애를 방지하기 위하여 보건상 유해한 가스 또는 분진이 작업장 주변의 공기 중에 포함되어 있지 않고 특히 작업에 필요한 온도, 습도, 채광, 조명 등이 적절히 유지되어 기분 좋게 작업할 수 있고 피로의 감소와 건강 장애를 일으키지 않아야 한다.

유해한 작업 환경에서 근로자의 보건 건강을 확보하고 직업병 발생을 예방하고자 사업주는 유해한 작업장에 대하여 규칙적으로 작업 환경을 측정 평가하고 그 결과를 기록 보전하여야 하며 잘못된 것은 시정 개선해야 한다.

2 건설 공사 중 작업 환경 측정 대상 사업장

1. 분진이 현저하게 발생한 작업장

2. 산소 결핍의 위험이 있는 작업

3. 유기용제 업무를 하는 실내 작업장

4. 격렬한 소음을 발생하는 옥내 사업장

5. 설비 장치에 대한 이상 유무의 점검

3 측정 결과 조치

작업 환경 측정 결과에 따라 시설 개선 등 적절한 조치를 하며 측정 결과를 30일 이내 지방 고용노동관서의 장에게 보고한다.

문제 21

중대재해란?

산업 재해 중 사망 등 재해의 정도가 심하거나 다수의 재해자가 발생한 경우로서 고용노동부령이 정하는 재해를 말한다.
① 사망자가 1명 이상 발생한 재해
② 3개월 이상 요양이 필요한 부상자가 동시에 2명 이상 발생한 재해
③ 부상자 또는 직업성 질병자가 동시에 10명 이상 발생한 재해

문제 22

무재해운동의 3원칙은?

무재해란 근로자가 업무로 인하여 사망 또는 4일 이상의 요양이 필요한 부상 또는 질병에 걸리지 않는 것을 말한다.

① **무의 원칙** : 무재해란 단순히 사망 재해 휴업 재해만 없으면 된다는 소극적 사고가 아니고 물적, 인적 일체의 잠재 요인을 사전에 발견, 파악 해결함으로써 근원적인 산업 재해를 없애는 데 있는 것이다.

② **참가의 원칙** : 작업에 따른 잠재적인 위험 요인을 발견하기 위하여 전원이 참가 각자의 처지에서 문제 해결 등을 실천하는 것이다.

③ **안전제일(선취)의 원칙** : 무재해, 무질병의 사업장을 실현하고자 일체의 직장의 위험 요인을 사전에 발견, 파악 해결하여 재해를 방지하는 것을 말한다.

문제 23

건설업의 안전보건 관리 책임자의 업무는?

1 서 론

산업안전보건법 및 동법 시행령에 준하여 사업주는 20억 이상의 건설 공사에 대하여 안전보건 관리 책임자를 두어야 하며 안전보건 관리 책임자는 하도급 시행시 "안전 보건 총괄 책임자"의 업무를 동시에 수행하며 현장을 총괄 관리하여야 한다.

2 본 론

1. **안전보건 관리 책임자의 업무**

   ① 사업장의 산업 재해 예방 계획의 수립에 관한 사항
   ② 안전보건 관리 규정의 작성 및 변경에 관한 사항
   ③ 근로자의 안전보건 교육에 관한 사항

④ 작업환경측정 등 작업환경의 점검 및 개선에 관한 사항
⑤ 근로자의 건강 진단 등 건강 관리에 관한 사항
⑥ 산업재해 원인 조사 및 재발 방지 대책의 수립에 관한 사항
⑦ 산업재해에 관한 통계의 기록 및 유지에 관한 사항
⑧ 안전 장치 및 보호구 구입시 적격품 여부 확인에 관한 사항
⑨ 그 밖에 근로자의 유해·위험 예방 조치에 관한 사항으로 고용노동부령으로 정하는 사항

3 결 론

안전보건 관리 책임자는 안전 관리자와 보건 관리자를 지휘 감독하며 사업장의 유해·위험 요소에 대한 사전 조사 및 재해의 통계 기록 유지를 통하여 동종 재해 및 유사 재해를 방지하며 사업장의 안전에 대한 모든 업무를 관장하여 쾌적한 작업 환경을 유지하도록 노력해야 한다.

문제 24

시설물 안전 관리를 위한 관리 주체란?

1 개 요

① 관리 주체라 함은 해당 시설물의 관리자로서 규정된 자 또는 해당 시설물의 소유자를 말한다.
② 이 경우 해당 시설물의 소유자와의 관리 계약 등에 의하여 시설물의 관리책임을 진 자는 이를 관리 주체로 보며 이는 공공 관리 주체와 민간 관리 주체로 구분한다.

2 공공 관리 주체

1. 국가, 지방 자치 단체

2. 정부 투자 기관 관리 기본법 규정에 의한 정부 투자 기관 및 공기업법에 의한 지방 공기업

3. 그 밖의 대통령령이 정하는 자

3 민간관리 주체

공공관리 주체외의 관리주체를 말한다.

문제 25
개인 보호구의 보관 방법과 구비 조건은?

1 개 요

개인 보호구는 필요할 때 어느 때라도 착용할 수 있도록 청결하고 성능이 유지된 상태로 보관되어야 한다.

2 보관 방법

1. 햇빛이 들지 않고, 통풍이 잘되는 장소에 보관
2. 발열체가 주변에 없는 곳
3. 부식성 액체, 유기 용제, 기름, 화장품, 산 등과 혼합하여 보관하지 않을 것
4. 모래, 진흙 등이 묻은 경우, 세척 후 그늘에 말려 보관
5. 땀, 이물질 등으로 오염된 경우에는 세탁하고, 건조시킨 후 보관

3 구비 조건

1. 착용이 간편할 것
2. 작업에 방해를 주지 않을 것
3. 유해, 위험요소에 대한 방호가 완전할 것
4. 재료의 품질이 우수할 것

5. 구조 및 표면 가공이 우수할 것
6. 외관상 보기가 좋을 것

4 보호구의 종류

(1) 안전인증대상 보호구

 ① 추락 및 감전 위험방지용 안전모
 ② 안전화
 ③ 안전장갑
 ④ 방진마스크
 ⑤ 방독마스크
 ⑥ 송기마스크
 ⑦ 전동식 호흡보호구
 ⑧ 보호복
 ⑨ 안전대
 ⑩ 차광 및 비산물 위험방지용 보안경
 ⑪ 용접용 보안면
 ⑫ 방음용 귀마개 또는 귀덮개

(2) 자율안전확인대상 보호구

 ① 안전모(추락 및 감전 위험방지용 안전모 제외)
 ② 보안경(차광 및 비산물 위험방지용 보안경 제외)
 ③ 보안면(용접용 보안면 제외)

문제 26

안전 심리 5대 요소란?

1. 동 기

동기는 능동적인 감각에 의한 자극에서 일어나는 사고의 결과로서 사람의 마음을 움직이는 원동력을 말한다.

2. 기 질

인간의 성격, 능력 등 개인적인 특성을 말하는 것으로서 성장시 생활환경에서 영향을 받으며 주위 환경에 따라 달라진다.

3. 감 정

지각, 사고 등과 같이 대상의 성질을 아는 작용이 아니고 희로애락 등의 의식을 말한다.

4. 습 성

동기, 기질, 감정 등이 밀접한 관계를 형성하여 인간의 행동에 영향을 미칠 수 있도록 하는 것

5. 습 관

성장 과정을 통해 형성된 특성 등이 자신도 모르게 습관화된 현상

문제 27

자신 과잉이란?

불안전 행동을 통한 사고 유발 행위, 즉 안전하고 옳은 방법을 알면서도 하지 않는 행위를 말한다. 자신 과잉에 관련되는 사항은 아래와 같다.
① 작업과 안전 수단
② 자신 과잉
③ 주위의 영향
④ 피로하였을 때
⑤ 직장 분위기로 자신 과잉에 대한 대책으로는 작업 규율 확립, 환경 정비, 안전 교육 훈련 철저로 방지할 수 있다.

문제 28

최하사점이란?

추락 방지용 보호구로 사용되는 안전띠는 적정 길이가 정규 상태인 와이어 로프를 사용하여야 추락시 근로자의 안전을 확보할 수 있다는 이론이다.

최하시점(h)

$h = 1 + \alpha\ell + \ell_1/2$

ℓ = rope의 길이
α = rope의 신장률
ℓ_1 = 근로자의 신장
H = rope매단 지점에 바닥까지의 거리
$H > h$인 경우 → 안전상태

문제 29

시설물 안전 점검의 정의

시설물 안전 관리법에 의한 안전 점검이라 함은 일정한 경험과 기술을 갖춘 자가 육안 또는 점검 기구 등에 의하여 검사를 실시함으로써 시설물에 내재되어 있는 위험 요인을 조사하는 행위임

문제 30

정밀 안전 진단이란?

1 개 요

안전 점검을 실시한 결과 시설물의 재해 예방 및 안전성 확보 등을 위하여 관리주체가 필요하다고 인정하거나 대통령이 정하는 시설물에 관하여 물리적, 기능적 결함을 발견하고 그에 대한 신속하고 적절한 조치를 하기 위하여 구조적 안전성 및 결함의 원인 등을 조사, 측정

2 정밀 안전 진단을 실시해야 할 시설물(제1종 시설물)

① 고속철도 교량, 연장 500미터 이상의 도로 및 철도교량
② 고속철도 및 도시철도 터널, 연장 1,000미터 이상의 도로 및 철도 터널
③ 갑문시설 및 연장 1,000미터 이상의 방파제
④ 다목적댐, 발전용댐, 홍수전용댐 및 총저수용량 1천만톤 이상의 용수전용댐
⑤ 21층 이상 또는 연면적 5만제곱미터 이상의 건축물
⑥ 하구둑, 포용저수량 8천만톤 이상의 방조제
⑦ 광역상수도, 공업용수도, 1일 공급능력 3만톤 이상의 지방상수도

> **문제 31**
>
> 사업주가 구조물, 시설물의 안전 진단 등 안전성 평가를 실시하여 근로자에게 미칠 위험성을 미리 제거해야 할 때는?

1 개 요

① 산업안전보건법 안전 보건기준에서 구축물 또는 이와 유사한 시설물의 안전성 평가를 하여 위험성을 미리 제거하여야 하는 경우를 구체적으로 명시하고 있다.
② 균열, 침하, 지진 등이 발생하여 구축물의 안전성이 의심이 갈 때나 잠재 위험이 내재되어 있어 방치하면 장래에 중대한 위험이 예상될 때는 안전성 평가를 실시하여야 한다.

2 안전성 평가 대상

① 구축물 또는 이와 유사한 시설물의 인근에서 굴착·항타 작업 등으로 침하·균열 등이 발생하여 붕괴의 위험이 예상될 경우
② 구축물 또는 이와 유사한 시설물에 지진·동해·부동 침하 등으로 균열·비틀림 등이 발생하였을 경우
③ 구축물 또는 이와 유사한 시설물에 설계 당시보다 과다한 중량이 부과되어 안전성을 검토하여야 할 경우
④ 화재 등으로 구축물 또는 이와 유사한 시설물의 내력이 현저히 저하된 경우
⑤ 오랜 기간 사용하지 아니하던 구축물 또는 이와 유사한 시설물을 재사용하게 되어 안전성을 검토하여야 할 경우
⑥ 기타 잠재 위험이 예상될 경우

3 결 론

① 위험이 있거나 잠재 위험이 있는 구축물 또는 유사 시설물에 대한 안전 진단 또는 안전성 평가를 하여 그 결과에 대하여는 신속하게 대책을 세워 시설 보완 등의 조치가 따라야 한다.
② 위험성에 대한 사전 안전성 평가는 대형 사고 예방에 큰 역할을 한다.

문제 32

생체 리듬(Biorhythm)이란?

1 개요

Biorhythm이란 인간의 생리 주기에 관한 이론이며 히포크라테스가 환자 치료법으로 개발 운용하였음.

2 생체 리듬의 중요성

1. 육체적 리듬(P) : 23일 주기로 반복, 청색(실선)

11.5일은 활동기, 나머지 11.5일은 휴식기
활동력, 지구력, 스태미너에 밀접

2. 지성적 리듬(I) : 33일 주기, 16.5일은 지적 사고 활동기, 녹색(2점 쇄선)

나머지 16.5일은 저하기
상상력, 사고, 기억, 의지, 판단력

3. 감성적 리듬(S) : 28일 주기, 예민 기간, 적색(점선)

14일 둔화 기간, 14일 정서, 창조감, 예감, 감정

3 생체 리듬의 변화

① 혈액의 수분, 염분량 : 주간 감소, 야간 증대
② 체온, 혈액, 맥박수 : 주간 상승, 야간 감소
③ 야간 체중 감소, 소화액 분비 불량

4 Bio-rhythm 곡선

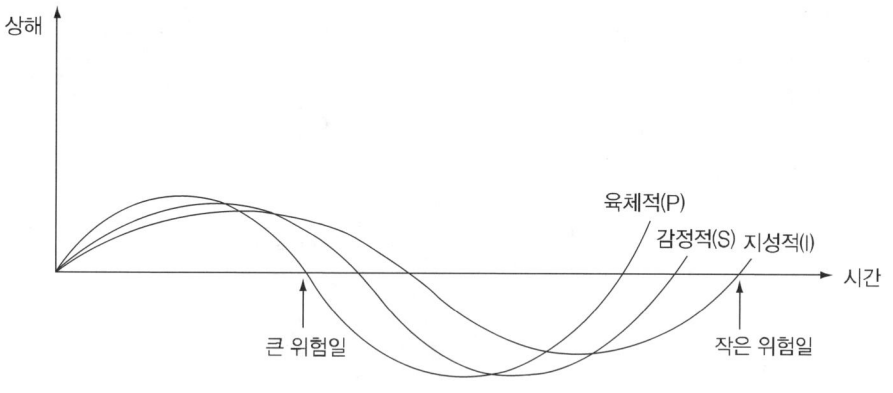

문제 33

FAIL SAFE란?

1. Fail safe

인간 또는 기계의 동작상의 실수가 있어도 사고가 발생하지 않도록 2중, 3중의 통제를 가하는 근본적 안전대책 한 부분의 결함이 중대 재해를 유발하지 않는 시스템 개념이다.

① 직렬 연결 : 자동차 운전

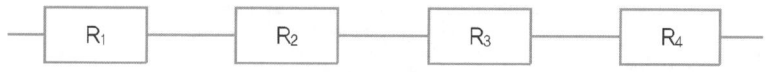

② 병렬 연결 : 열차, 항공기

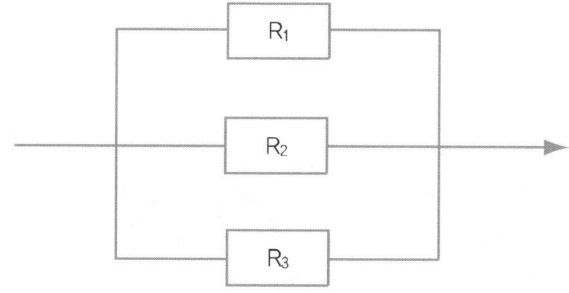

③ 요소 병렬

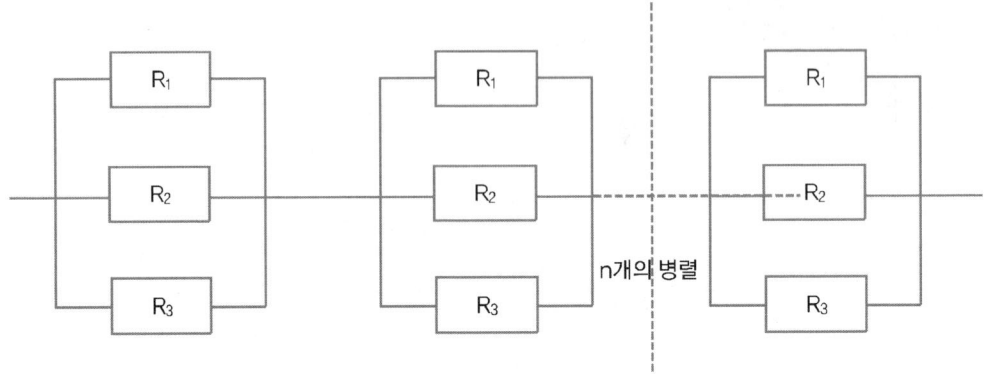

문제 34

위험예지 훈련의 기초 4라운드란?

1 개 요

직장이나 작업의 상황 속에 "어떠한 위험이 잠재하고 있는가"를 직장의 멤버끼리 대화를 나누는 경우 무재해 운동에서는 다음의 문제 해결 4라운드를 거쳐 단계적으로 진행해 나간다. 미팅의 진행 방법과 전원이 다함께 대화를 나누는 방법으로 다음의 세 가지에 주의해야 한다.
① 마음 편한 분위기로 할 것
② 전원이 발언을 한다.
③ 따지거나 비평하는 발언을 하거나 시켜서는 안 된다.

2 기초 4라운드

라운드	문제해결의 4라운드	위험예지 훈련의 4라운드	위험예지 훈련의 진행방법
1R (현상파악)	- 현상 파악 - 사실을 파악한다. - BS를 실시하는 라운드	- 어떤 위험이 잠재하고 있는가	- 전원이 토의하여 도해의 상황 속에 잠재하고 있는 위험요인을 발견하여 그 요인이 초래하는 현상을 생각한 후, "~해서는 …이 된다." "때문에 …이 된다"와 같은 방법으로 발언해 간다.
2R (본질추구)	- 요인을 찾아낸다. - 가장 위험한 것을 함으로써 결정하는 라운드	- 본질추구 - 이것이 위험의 포인트이다.	- 발견된 위험요인 중 이것이 중요하다고 생각되는 위험을 파악하고 ○표를 붙이고 다시 요약해서 ◉를 붙이고 ◉표를 붉은 펜으로 밑줄을 그어 전원이 지적 확인한다.
3R (대책수립)	- 대책 수립 - 대책을 세운다. - 보다 더 위험도가 높은 것에 대하여 BS로 대책을 세우는 라운드	- 당신이라면 어떻게 하겠는가?	◉표를 붙인 중요 위험을 해결하려면 어떻게 하면 좋은가를 생각해내고 구체적으로 실행 가능한 대책을 세운다.
4R (대책실시)	- 목표 달성(설정) - 행동 계획을 정한다. - 수립한 대책 가운데서 질이 높은 항목에 합의하는 라운드	- 우리들은 이렇게 한다.	대책 중 중점실시항목을 좁혀나가서 중요표(※)를 붙이고 그것을 실천하기 위한 팀의 행동 목표를 설정하여 지적 확인한다. 또, 그것을 one point로 줄여 지적확인을 3번 반복한다.

문제 35

안전보건 진단에 포함되어야 할 내용은?

산업안전 보건법 및 동법 시행령에 의거, 안전 보건 진단에는 다음 각 호의 사항을 포함하여야 한다.
① 재해 또는 사고의 발생 원인(재해 또는 사고가 발생한 경우에 한한다)
② 기계, 기구, 설비, 장치, 건설물, 시설물, 원재료 및 공정 등의 유해 또는 위험 요인
③ 온도, 습도, 환기, 소음, 진동, 분진 및 유해 광선 등의 유해 또는 위험 요인에 대한 측정 및 분석
④ 유해 물질 등의 사용, 보관 및 저장 상태
⑤ 작업 조건 및 작업 방법
⑥ 보호구 및 안전 보건 장비의 적정성
⑦ 기타 안전, 보건의 개선을 위하여 필요한 사항

문제 36

산업안전지도사의 직무 및 업무 영역은?

제101조(산업안전지도사 등의 직무) ① 법 제142조제1항제4호에서 "대통령령으로 정하는 사항"이란 다음 각 호의 사항을 말한다.
1. 법 제36조에 따른 안전보건개선계획서의 작성
2. 법 제49조에 따른 위험성평가의 지도
3. 그 밖에 산업안전에 관한 사항의 자문에 대한 응답 및 조언
② 법 제142조제2항제6호에서 "대통령령으로 정하는 사항"이란 다음 각 호의 사항을 말한다.
1. 법 제36조에 따른 안전보건개선계획서의 작성
2. 법 제49에 따른 위험성평가의 지도
3. 그 밖에 산업보건에 관한 사항의 자문에 대한 응답 및 조언

제102조(산업안전지도사 등의 업무 영역별 종류 등) ① 법 제145조제1항에 따라 등록한 산업안전지도사의 업무 영역은 기계안전·전기안전·화공안전·건설안전 분야로 구분하고, 같은 항에 따라 등록한 산업보건지도사의 업무 영역은 직업환경의학·산업위생 분야로 구분한다.
② 법 제145조제1항에 따라 등록한 산업안전지도사 또는 산업보건지도사(이하 "지도사"라 한다)의 해당 업무 영역별 업무 범위는 별표 31과 같다.

문제 37

안전사고와 산업 재해는?

산업안전보건법 제2조에 의한 산업 재해와 안전 사고는 다음과 같다.
① **산업 재해** : 산업 재해란 사고의 최종 결과인 인명의 상해나 재산상의 손해를 가져온 것을 말한다. 산업안전보건법에서 "산업 재해란 노무를 제공하는사람이 업무에 관계되는 건설물, 설비, 원재료, 가스, 증기, 분진 등에 의하거나 작업 업무로 인하여 사망 또는 부상하거나, 질병에 걸리는 것을 말한다."라고 규정되어 있으며, 국제노동기구(ILO)에서는 "재해란 사람이 물질 또는 사람과의 접촉 또는 그 작업 방법 등에 의해서 상해를 입는 것"이라고 규정하고 있고, 미국의 산업안전보건법(OSHA)에는 "재해란 작업으로 인한 상해 또는 작업 환경에 노출된 결과에 의해 발생된 절상, 골절, 염좌, 절단 등의 모든 상해를 말한다"라고 정의하고 있다. 산업 재해 중 그 피해 정도가 심하여 국가적 차원으로 특별관리하고 있는 재해를 중대 재해라고 하며, 우리나라 산업안전보건법에서는
  ㉮ 사망자 1명 이상 발생한 재해
  ㉯ 3개월 이상의 요양이 필요한 직업성 질병자가 동시에 2명 이상 발생한 재해
  ㉰ 부상자 또는 질병자가 동시에 10명 이상 발생한 재해를 중대 재해라 정의하고 있다.
② **안전사고** : 사고 또는 안전 사고란 고의성 없이 작업에 지장을 주거나 능률의 저하를 가져오며 직·간접으로 인명이나 재산상의 손실을 줄 수 있는 일을 말하며 다음과 같이 정의되기도 한다.
  ㉮ **원하지 않는 사상(undesired event)** : 구미에서 사고를 "원하지 않는 사상(undesired event)"이란 용어를 사용하고 있는데, 사업체에서 일어나는 사망, 상해, 화재 및 폭발, 산업적 낭비(industrial waste, loss), 조업 시간의 상실, 각종 에너지 혹은 원자재의 감소, 기계 또는 장비의 과도한 마모 등과 오염 물질 및 유해물질의 방출 등을 바로 사고로 보고 액시던트(accident) 대신 언디자이어드 이벤트(undesired event)라는 합리적인 말로 사용한다.
  ㉯ **비능률적 사상(unefficient event)** : 뉴욕 대학의 안전관리학과 과장이었던 카터(Cutter)박사는 1950년대에 이미 비능률적인 사상(unefficient event)은 전부 사고의 범주에 속한다고 사고의 핵심개념을 지적하고 있다.
  ㉰ **변형된 사상(strained event)** : 인간이 외부로부터 과도한 압력을 받으면 육체적으로나 심리적으로 긴장이 높아지고 견디기 어려운 한계에까지 도달되면 이성을 잃거나 과오를 범하기 쉽고 위험에 여유있게 대처할 수 없게 되는, 스트레인 상태에

빠지게 된다. 따라서 심리적으로 인간이 견딜 수 있는 스트레스의 한계를 넘어선 스트레인 이벤트(unefficient event)를 모두 사고라고 할 수 있다.

문제 38
우리나라 최고 경영자의 안전에 대한 관심도는?

1 개 요

우리나라 각 회사의 최고 경영자의 안전 관리에 대한 참여도는 결여되어 있다고 본다. 21C인 오늘의 안전 관심도는 점차 향상되고 있다.

2 최고 경영자의 안전에 대한 관심도를 측정하면

① 조직상 문제 : 안전 관리를 체계화하여 운영하는 사례는 적고 관리 자체를 부하 직원에게 일임하여 직접 진두 지휘하는 조직을 갖추지 못하고 있는 실정이다.
② 투자상 문제 : 예산상 안전 관리비 계상이 미미하고 과감한 투자를 기피하고 있는 실정이다.
③ 안전 관리의 실태 미확인 : 최고 경영자는 현장 방문시 또는 회사 운영시 이윤에만 관심을 갖고, 현장 안전에 대한 확인을 실시하고 있지 않은 실정이다.

3 개선 의견

① 조직상 문제 : 회사의 안전 관리 총책임자를 최고 경영자로 하여 직접 진두지휘할 수 있는 체제로 강화하고 만약 사고가 발생시는 그 책임을 직접 최고 경영자에게 물을 수 있도록 행정적인 제도가 요망된다.
② 투자상 문제 : 현장의 안전 관리에 필요로 하는 비용은 예산액에 대한 일정액을 투자할 수 있도록 입법을 통해 강제 규제를 실시하도록 한다.
③ 안전 관리 실태 미확인 : 최고 경영자가 현장 안전 관리에 관심을 갖도록 유도하고 사고가 발생시 최고 경영자가 총책임을 물을 수 있는 입법 조치가 되면 자연 관심도가 높아지리라 생각된다.

4 결 론

안전 사고가 발생시에는 사회적인 무리가 발생함은 물론 재해 손실 비용으로 막대한 재산상의 피해와 인명을 손실하게 되므로 최고 경영자는 당장 눈앞의 이익에만 급급하지 말고 사회적인 차원에서 스스로 안전에 대한 관심을 가져야 할 것으로 생각된다. 21C 선진국에 진입하는 길은 안전과 환경 뿐이다.

문제 39
산업안전지도사의 직무와 건설 안전 분야의 업무 범위는?

1 개 요

① 산업 현장에서의 재해의 종류는 다양하고 특히 건설업에서의 재해는 좀처럼 줄어들지 않고 있다. 이에 고용노동부 산하에 관인 한국산업안전보건공단에서는 산업안전지도사 제도를 신설, 건설 재해 예방을 이룰 수 있도록 지도사 제도를 신설했다.
② 독일 및 일본에서는 consulting업무가 매우 활발하여 산업 재해를 예방하는데 큰 역할을 하고 있다.
③ 정부 최고 안전 책임자인 고용노동부장관의 발언 역시 건설업에 사고가 발생하면 회사도 반드시 망한다고 기술한 바 있다.

2 지도사의 직무

제101조(산업안전지도사등의 직무)① 법 제142조제1항제4호에서 "대통령령으로 정하는 사항"이란 다음 각 호의 사항을 말한다.
1. 법 제36조에 따른 안전보건개선계획서의 작성
2. 법 제49조에 따른 위험성평가의 지도
3. 그 밖에 산업안전에 관한 사항의 자문에 대한 응답 및 조언
② 법 제142조제2항제6호에서 "대통령령으로 정하는 사항"이란 다음 각 호의 사항을 말한다.
1. 법 제36조에 따른 안전보건개선계획서의 작성

2. 법 제49조에 따른 위험성평가의 지도
3. 그 밖에 산업보건에 관한 사항의 자문에 대한 응답 및 조언

3 건설 안전 분야의 업무 범위

1. 각종 계획서 작성, 지도에 관한 사항

① 유해·위험 방지 계획서
② 안전보건 개선 계획서
③ 건설 현장 작업 계획서

2. 안전성 평가에 관한 사항

① 가설 구조물
② 시공 중인 구축물
③ 해체 공사
④ 건설 현장 주변
⑤ 건설 현장의 시설, 기계·기구, 가설 전기

3. 굴착 공사의 안전 시설, 갱내 또는 밀폐 공간의 환기, 배기 시설의 기술 지도

4. 기타 토목, 건축 등에 관한 교육 또는 기술 지도

4 결 론

① 건설 안전 지도사 제도가 정착되어 건설 현장의 재해 예방에 기여하기 위해서는 업무 영역에 대하여 법으로 보장하여야 하며, 지도사 수수료에 대하여 그 댓가를 법으로 규정하고 자질 향상을 위한 정기적인 교육이 제도적으로 마련되어야 할 것이다.
② 특히, 지도사 제도가 발전하기 위해서는 지도사 스스로 자질을 향상하고 자문 의뢰자에게 만족한 consulting이 되어 재해 예방에 실질적인 도움이 되게 하는 것이 무엇보다 중요하다.

문제 40

안전 보호구의 종류와 선택 및 사용 방법은?

1 서 론

인체의 상해에 대한 보호책은 적극적 보호 방법과 소극적 보호책으로 나누며 여기에서는 소극적 보호책으로 분류되며 자신의 상해에 대한 보호를 목적으로 하는 안전 보호구에 대해 보후구의 종류 및 선택, 사용할 때 유의 사항에 대하여 알아보기로 한다.

2 본 론

1. 종 류

인체에 대한 상해에 대하여 보호할 목적으로 만들어지는 안전 보호구는 다음과 같이 크게 두 가지로 구분할 수 있다.
① 인체에 대한 급성적인 상해를 방호하기 위한 것
② 인체에 대한 만성적인 상해를 방호하기 위한 것

2. 급성적 상해를 주는 에너지에 대한 방호 방식

① 정적 에너지가 동적 에너지로 되면서 에너지 흐름이 완화되는 방식 : 안전모, 안전화
② 전기 에너지를 절연체로 차단하는 방식 : 절연 장갑, 절연 안전모
③ 급성 유해 화학 에너지를 약제로 무해하게 하는 방식 : CO, CO_2 등 급성 유해가스용 마스크류
④ 작업자에게 신선한 공기를 공급하는 방식 : 호스와 필터가 부착된 마스크

3. 만성적 상해를 주는 에너지에 대한 방호방식

① 화학 에너지의 전달을 방지하는 방식 : 방호 의복, 각종 마스크
② 소음 에너지를 흡수, 차단하는 방식 : 귀마개, 귀덮개
③ 방사열 에너지를 차단하는 방식 : 방열 의복, 작업 의복
④ 반사 에너지를 차단하는 방식 : 보안경, 납판을 넣은 에어프런 등

4. 선택

착용시의 작업의 용이성, 작업특성에 대한 완전한 방호성, 재료와 품질, 구조와 표면 가공성, 외관 등을 고려하여, 작업 중에 사용성(상시, 필요성, 임시)과 착용과 보관의 난이성, 크기, 사용, 목적 등을 고려하여 선택할 것

3 사용법

각 보호구의 특성에 따른 사용법을 따를 것. 특히 사용후에는 세척하여 건조시켜서 청결하고도 습기가 없는 장소에 보관하여 언제든지 사용할 수 있는 상태로 관리할 것이며 정기적인 점검을 실시할 것

4 결 론

안전 보호구는 보호구의 종류에 따라 인체 구조에 적합한 방식을 택하여야 하며 착용시 작업 및 방호 성능에 지장을 주지 않도록 하여 유해·위험 요소에 대해 대비할 수 있도록 하여야 하며 기술자로서 더욱 편리하고 방호 성능이 뛰어난 보호구의 연구개발에도 관심을 가져야 하겠다.

문제 41

안전모의 시험 성능 기준은?

1 시험 성능기준

1. 내관통성 시험

① 시험 안전모를 사람 모형에 장착 무게 0.45[kg]의 철재추를 높이 3.048[m] 모체 정부 중심 76[mm] 안에 자유낙하시켜 관통거리 측정
② AE, ABE 안전모의 관통 거리는 9.5[mm] 이하, AB종 안전모는 관통 거리가 11.1[mm] 이하이어야 한다.

2. 충격 흡수성 시험

① 시험 안전모 장착 후 무게 3.6[kg]의 철재 충격추를 모체 정부를 중심으로 직경 76[mm] 안에 되도록 1.524[m](5피트)에서 자유 낙하, 전달 충격력을 측정
② 최고 전달 충격력이 4.450N(1,000파운드)를 초과해서는 안 되며 모체와 장착제가 분리되거나 파손되지 않아야 한다.

3. 내전압성 시험

① 종류 AE, ABE 안전모를 수위가 동일하게 되도록 물을 넣은 후 체양과 끝부분은 수면 위로 상승시킴(모체 끝에서 최소 연면 거리가 30[mm])
② 이 상태에서 모체 내외의 수중에 전극을 담그고 이것을 주파수 60[Hz]의 정현파에 가까운 20[kW]의 전압을 가하고 충전 전류를 측정한다.
③ 종류 AE, ABE의 안전모는 1분간 견디고 또한 충전 전류가 10[mA]이하로 한다.

4. 내수성 시험

① 종류 AE와 ABE 안전모의 모체를 20~25[℃]의 수중에 24시간 담가놓은 후 대기 중에 꺼내어 마른 천 등으로 표면의 수분을 닦아내고 무게 증가율[%]을 산출하여 1[%] 미만이어야 한다.

$$무게증가율(\%) = \frac{담근후의\ 무게 - 담그기전의\ 무게}{담그기\ 전의\ 무게} \times 100$$

② 종류 AE, ABE의 안전모는 연소시 연소 시간이 연소를 계속할 때 또는 계속하지 않을 대 60초 이상이어야 한다.

5. 난연성 시험

① 종류 AE와 ABE의 안전모 모체로부터 너비 25[mm], 길이 125[mm]의 시험편을 취하고 표면에 25[mm]마다 표시한다. 시험편의 종축을 수평으로, 횡축을 수평면에 대해 45°가 되도록 고정한다.
② 알코올 램프의 불꽃을 높이 약 20[mm] 청색 불꽃으로 조절하고, 그 선단을 시험편의 자유단에 접촉시킨다.
③ 30초 후 램프 위 불꽃을 제거하고 시험편으로부터 약 450[mm] 이상 떼어 놓는다. 1회 점화로 불연소시 불꽃이 소멸한 후 다시 30초간 같은 방법으로 점화시킨다.

④ 1회 또는 2회의 점화로 시험편이 계속 연소시, 불꽃이 시험편의 하단 25[mm]의 표선에 달한 때부터 100[mm]의 표선 하단에 달할 때까지의 시간을 측정하고 연소 시간 [sec]로 한다.
⑤ 종류 AE, ABE의 안전모는 연소를 계속할 때 또는 계속하지 않을 때에 관계없이 연소 시간이 5초 이상이어야 한다.

6. 턱끈풀림

150[N] 이상 250[N] 이하에서 턱끈이 풀려야 한다.

2 부가성능기준

1. 측면변형방호

최대 측면변형은 40[mm], 잔여변형은 15[mm] 이내이어야 한다.

2. 금속 용융물 분사 방호

- 용융물에 의해 10[mm] 이상의 변형이 없고 관통되지 않아야 한다.
- 금속 용융물의 방출을 정지한 후 5초 이상 불꽃을 내며 연소되지 않을 것(자율안전확인에서는 제외)

[표] 안전모의 종류 및 용도

종류 기호	사용구분	모체의 재질	내전압성
AB	물체낙하, 날아옴, 추락에 의한 위험을 방지, 경감시키는 것	합성수지	비내전압성
AE	물체낙하, 날아옴에 의한 위험을 방지 또는 경감하고 머리부위 감전에 의한 위험을 방지하기 위한 것	합성수지(FRP)	내전압성(주)
ABE	물체의 낙하 또는 날아옴 및 추락에 의한 위험을 방지하기 위한 것 및 감전 방지용	합성수지(FRP)	내전압성

(주) 내전압성이란 7,000[V] 이하의 전압에 견디는 것을 말한다.
FRP : Fiber Glass Reinforced Plastic(유리섬유 강화 플라스틱)

기술사 300점 시리즈

제 5 편

산업안전보건법규

- **제1장** 산업안전보건법
- **제2장** 산업안전보건법 시행령
- **제3장** 산업안전보건법 시행 규칙
- **제4장** 예상문제 및 실전모의시험

Chapter 05 산업안전관계법규

중점 학습내용

대한민국의 산업안전보건법에 관한 법은 근로기준법으로부터 태동되었다.
본 장의 내용은 다음과 같이 구성하여 이번 시험 합격에 대비하였다.
❶ 산업안전보건법
❷ 산업안전보건법 시행령
❸ 산업안전보건법 시행규칙

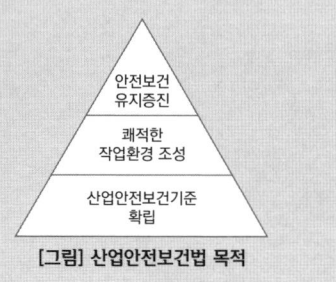

[그림] 산업안전보건법 목적

합격예측 및 관련법규

「근로기준법」
제2조(정의) ① 이 법에서 사용하는 용어의 뜻은 다음과 같다.
1. "근로자"란 직업의 종류와 관계없이 임금을 목적으로 사업이나 사업장에 근로를 제공하는 자를 말한다.
2. "사용자"란 사업주 또는 사업 경영 담당자, 그 밖에 근로자에 관한 사항에 대하여 사업주를 위하여 행위하는 자를 말한다.
3. "근로"란 정신노동과 육체노동을 말한다.
4. "근로계약"이란 근로자가 사용자에게 근로를 제공하고 사용자는 이에 대하여 임금을 지급하는 것을 목적으로 체결된 계약을 말한다.
5. "임금"이란 사용자가 근로의 대가로 근로자에게 임금, 봉급, 그 밖에 어떠한 명칭으로든지 지급하는 일체의 금품을 말한다.
6. "평균임금"이란 이를 산정하여야 할 사유가 발생한 날 이전 3개월 동안에 그 근로자에게 지급된 임금의 총액을 그 기간의 총일수로 나눈 금액을 말한다. 근로

1 산업안전보건법

[시행 2022. 8. 18.] [법률 제18426호, 2021. 8. 17., 일부개정]

제1장 총칙

제1조(목적) 이 법은 산업 안전 및 보건에 관한 기준을 확립하고 그 책임의 소재를 명확하게 하여 산업재해를 예방하고 쾌적한 작업환경을 조성함으로써 노무를 제공하는 사람의 안전 및 보건을 유지·증진함을 목적으로 한다.

제2조(정의) 이 법에서 사용하는 용어의 뜻은 다음과 같다.
1. "산업재해"란 노무를 제공하는 사람이 업무에 관계되는 건설물·설비·원재료·가스·증기·분진 등에 의하거나 작업 또는 그 밖의 업무로 인하여 사망 또는 부상하거나 질병에 걸리는 것을 말한다.
2. "중대재해"란 산업재해 중 사망 등 재해 정도가 심하거나 다수의 재해자가 발생한 경우로서 고용노동부령으로 정하는 재해를 말한다.
3. "근로자"란 「근로기준법」제2조제1항제1호에 따른 근로자를 말한다.
4. "사업주"란 근로자를 사용하여 사업을 하는 자를 말한다.
5. "근로자대표"란 근로자의 과반수로 조직된 노동조합이 있는 경우에는 그 노동조합을, 근로자의 과반수로 조직된 노동조합이 없는 경우에는 근로자의 과반수를 대표하는 자를 말한다.

6. "도급"이란 명칭에 관계없이 물건의 제조·건설·수리 또는 서비스의 제공, 그 밖의 업무를 타인에게 맡기는 계약을 말한다.
7. "도급인"이란 물건의 제조·건설·수리 또는 서비스의 제공, 그밖의 업무를 도급하는 사업주를 말한다. 다만, 건설공사발주자는 제외한다.
8. "수급인"이란 도급인으로부터 물건의 제조·건설·수리 또는 서비스의 제공, 그 밖의 업무를 도급받은 사업주를 말한다.
9. "관계수급인"이란 도급이 여러 단계에 걸쳐 체결된 경우에 각 단계별로 도급받은 사업주 전부를 말한다.
10. "건설공사발주자"란 건설공사를 도급하는 자로서 건설공사의 시공을 주도하여 총괄·관리하지 아니하는 자를 말한다. 다만, 도급받은 건설공사를 다시 도급하는 자는 제외한다.
11. "건설공사"란 다음 각 목의 어느 하나에 해당하는 공사를 말한다.
    가. 「건설산업기본법」제2조제4호에 따른 건설공사
    나. 「전기공사업법」제2조제1호에 따른 전기공사
    다. 「정보통신공사업법」제2조제2호에 따른 정보통신공사
    라. 「소방시설공사업법」에 따른 소방시설공사
    마. 「문화재수리 등에 관한 법률」에 따른 문화재수리공사
12. "안전보건진단"이란 산업재해를 예방하기 위하여 잠재적 위험성을 발견하고 그 개선대책을 수립할 목적으로 조사·평가하는 것을 말한다.
13. "작업환경측정"이란 작업환경 실태를 파악하기 위하여 해당 근로자 또는 작업장에 대하여 사업주가 유해인자에 대한 측정계획을 수립한 후 시료(試料)를 채취하고 분석·평가하는 것을 말한다.

제2장 안전보건관리체제 등

제1절 안전보건관리체제

제14조(이사회 보고 및 승인 등) ① 「상법」제170조에 따른 주식회사 중 대통령령으로 정하는 회사의 대표이사는 대통령령으로 정하는 바에 따라 매년 회사의 안전 및 보건에 관한 계획을 수립하여 이사회에 보고하고 승인을 받아야 한다.
② 제1항에 따른 대표이사는 제1항에 따른 안전 및 보건에 관한 계획을 성실하게 이행하여야 한다.
③ 제1항에 따른 안전 및 보건에 관한 계획에는 안전 및 보건에 관한 비용, 시설, 인원 등의 사항을 포함하여야 한다.
대상 ① 상시근로자 500명 이상인 회사
② 전년도 시공능력평가액(토목·건축공사업에 한함)순위 상위 1,000위 이내의 건설회사

자가 취업한 후 3개월 미만인 경우도 이에 준한다.
7. "1주"란 휴일을 포함한 7일을 말한다.
8. "소정(所定)근로시간"이란 제50조, 제69조 본문 또는 「산업안전보건법」제46조에 따른 근로시간의 범위에서 근로자와 사용자 사이에 정한 근로시간을 말한다.
9. "단시간근로자"란 1주 동안의 소정근로시간이 그 사업장에서 같은 종류의 업무에 종사하는 통상 근로자의 1주 동안의 소정근로시간에 비하여 짧은 근로자를 말한다.
② 제1항제6호에 따라 산출된 금액이 그 근로자의 통상임금보다 적으면 그 통상임금액을 평균임금으로 한다.

합격예측 및 관련법규

「건설산업기본법」제2조제4호
4. "건설공사"란 토목공사, 건축공사, 산업설비공사, 조경공사, 환경시설공사, 그 밖에 명칭에 관계없이 시설물을 설치·유지·보수하는공사(시설물을 설치하기 위한 부지조성공사를 포함한다) 및 기계설비나 그 밖의 구조물의 설치 및 해체공사 등을 말한다. 다만, 다음 각 목의 어느 하나에 해당하는 공사는 포함하지 아니한다.
    가. 「전기공사업법」에 따른 전기공사
    나. 「정보통신사업법」에 따른 정보통신공사
    다. 「소방시설공사업법」에 따른 소방시설공사
    라. 「문화재 수리 등에 관한 법률」에 따른 문화재 수리공사

합격날개

합격예측 및 관련법규

「전기공사업법」제2조제1호
1. "전기공사"란 다음 각 목의 어느 하나에 해당하는 설비 등을 설치·유지·보수하는 공사 및 이에 따른 부대공사로서 대통령령으로 정하는 것을 말한다.
   가. 「전기사업법」제2조제16호에 따른 전기설비
   나. 전력 사용 장소에서 전력을 이용하기 위한 전기계장설비(電氣計裝設備)
   다. 전기에 의한 신호표지
   라. 「신에너지 및 재생에너지 개발·이용·보급 촉진법」제2조제3호에 따른 신·재생에너지 설비 중 전기를 생산하는 설비
   마. 「지능형전력망의 구축 및 이용촉진에 관한 법률」제2조제2호에 따른 지능형전력망 중 전기설비

「정보통신공사업법」제2조제2호
2. "정보통신공사"란 정보통신설비의 설치 및 유지·보수에 관한 공사와 이에 따르는 부대공사(附帶工事)로서 대통령령으로 정하는 공사를 말한다.

「상법」
제170조(회사의 종류) 회사는 합명회사, 합자회사, 유한책임회사, 주식회사와 유한회사의 5종으로 한다.

대상 ① 전년도 안전보건활동실적
② 안전보건경영방침 및 안전보건활동 계획
③ 안전보건관리 체계·인원 및 역할
④ 안전 및 보건에 관한 시설 및 비용

제2절 안전보건관리규정

제25조(안전보건관리규정의 작성) ① 사업주는 사업장의 안전 및 보건을 유지하기 위하여 다음 각 호의 사항이 포함된 안전보건관리규정을 작성하여야 한다.
   1. 안전 및 보건에 관한 관리조직과 그 직무에 관한 사항
   2. 안전보건교육에 관한 사항
   3. 작업장의 안전 및 보건 관리에 관한 사항
   4. 사고 조사 및 대책 수립에 관한 사항
   5. 그 밖에 안전 및 보건에 관한 사항

② 제1항에 따른 안전보건관리규정(이하 "안전보건관리규정"이라 한다)은 단체협약 또는 취업규칙에 반할 수 없다. 이 경우 안전보건관리규정 중 단체협약 또는 취업규칙에 반하는 부분에 관하여는 그 단체협약 또는 취업규칙으로 정한 기준에 따른다.

③ 안전보건관리규정을 작성하여야 할 사업의 종류, 사업장의 상시 근로자 수 및 안전보건관리규정에 포함되어야 할 세부적인 내용, 그 밖에 필요한 사항은 고용노동부령으로 정한다.

제3장 안전보건교육

제29조(근로자에 대한 안전보건교육) ① 사업주는 소속 근로자에게 고용노동부령으로 정하는 바에 따라 정기적으로 안전보건교육을 하여야 한다.

② 사업주는 근로자를 채용할 때와 작업내용을 변경할 때에는 그 근로자에게 고용노동부령으로 정하는 바에 따라 해당 작업에 필요한 안전보건교육을 하여야 한다. 다만, 제31조제1항에 따른 안전보건교육을 이수한 건설 일용근로자를 채용하는 경우에는 그러하지 아니하다.

③ 사업주는 근로자를 유해하거나 위험한 작업에 채용하거나 그 작업으로 작업내용을 변경할 때에는 제2항에 따른 안전보건교육 외에 고용노동부령으로 정하는 바에 따라 유해하거나 위험한 작업에 필요한 안전보건교육을 추가로 하여야 한다.

④ 사업주는 제1항부터 제3항까지의 규정에 따른 안전보건교육을 제33조에 따라 고용노동부장관에게 등록한 안전보건교육기관에 위탁할 수 있다.

제4장 유해·위험 방지 조치

제34조(법령 요지 등의 게시 등) 사업주는 이 법과 이 법에 따른 명령의 요지 및 안전보건관리규정을 각 사업장의 근로자가 쉽게 볼 수 있는 장소에 게시하거나 갖추어 두어 근로자에게 널리 알려야 한다.

제5장 도급 시 산업재해 예방

제1절 도급의 제한

제58조(유해한 작업의 도급금지) ① 사업주는 근로자의 안전 및 보건에 유해하거나 위험한 작업으로서 다음 각 호의 어느 하나에 해당하는 작업을 도급하여 자신의 사업장에서 수급인의 근로자가 그 작업을 하도록 해서는 아니 된다.
   1. 도금작업
   2. 수은, 납 또는 카드뮴을 제련, 주입, 가공 및 가열하는 작업
   3. 제118조제1항에 따른 허가대상물질을 제조하거나 사용하는 작업

② 사업주는 제1항에도 불구하고 다음 각 호의 어느 하나에 해당하는 경우에는 제1항 각 호에 따른 작업을 도급하여 자신의 사업장에서 수급인의 근로자가 그 작업을 하도록 할 수 있다.
   1. 일시·간헐적으로 하는 작업을 도급하는 경우
   2. 수급인이 보유한 기술이 전문적이고 사업주(수급인에게 도급을 한 도급인으로서의 사업주를 말한다)의 사업 운영에 필수 불가결한 경우로서 고용노동부장관의 승인을 받은 경우

③ 사업주는 제2항제2호에 따라 고용노동부장관의 승인을 받으려는 경우에는 고용노동부령으로 정하는 바에 따라 고용노동부장관이 실시하는 안전 및 보건에 관한 평가를 받아야 한다.

④ 제2항제2호에 따른 승인의 유효기간은 3년의 범위에서 정한다.

⑤ 고용노동부장관은 제4항에 따른 유효기간이 만료되는 경우에 사업주가 유효기간의 연장을 신청하면 승인의 유효기간이 만료되는 날의 다음 날부터 3년의 범위에서 고용노동부령으로 정하는 바에 따라 그 기간의 연장을 승인할 수 있다. 이 경우 사업주는 제3항에 따른 안전 및 보건에 관한 평가를 받아야 한다.

⑥ 사업주는 제2항제2호 또는 제5항에 따라 승인을 받은 사항 중 고용노동부령으로 정하는 사항을 변경하려는 경우에는 고용노동부령으로 정하는 바에 따라 변경에 대한 승인을 받아야 한다.

⑦ 고용노동부장관은 제2항제2호, 제5항 또는 제6항에 따라 승인, 연장승인 또는 변경승인을 받은 자가 제8항에 따른 기준에 미달하게 된 경우에는 승인, 연장승인 또는 변경승인을 취소하여야 한다.

합격날개

합격예측 및 관련법규

(1) 대통령령으로 정하는 건설공사
총 공사금액 50억원 이상 건설공사의 발주자에게 공사 계획·설계·시공 등 전 과정에서 조치 의무를 부여

(2) 특수형태근로종사자
① 보험설계사·우체국보험모집원 ② 건설기계 직접 운전자(27종) ③ 학습지교사 ④ 골프장 캐디 ⑤ 택배기사 ⑥ 퀵서비스기사 ⑦ 대출모집인 ⑧ 신용카드회원 모집인 ⑨ 대리운전기사
참 산업안전보건법 = 산업재해보상보험법

(3) 특수형태근로종사자 : 건설기계 운전자(27종)
① 불도저 ② 굴착기 ③ 로더 ④ 지게차 ⑤ 스크레이퍼 ⑥ 덤프트럭 ⑦ 기중기 ⑧ 모터그레이더 ⑨ 롤러 ⑩ 노상안정기 ⑪ 콘크리트뱃칭플랜트 ⑫ 콘크리트피니셔 ⑬ 콘크리트살포기 ⑭ 콘크리트믹서트럭 ⑮ 콘크리트펌프 ⑯ 아스팔트믹싱플랜트 ⑰ 아스팔트피니셔 ⑱ 아스팔트살포기 ⑲ 골재살포기 ⑳ 쇄석기 ㉑ 공기압축기 ㉒ 천공기 ㉓ 항타 및 항발기 ㉔ 자갈채취기 ㉕ 준설선 ㉖ 특수건설기계 ㉗ 타워크레인

---

⑧ 제2항제2호, 제5항 또는 제6항에 따른 승인, 연장승인 또는 변경승인의 기준·절차 및 방법, 그 밖에 필요한 사항은 고용노동부령으로 정한다.

제2절 도급인의 안전조치 및 보건조치

제62조(안전보건총괄책임자) ① 도급인은 관계수급인 근로자가 도급인의 사업장에서 작업을 하는 경우에는 그 사업장의 안전보건관리책임자를 도급인의 근로자와 관계수급인 근로자의 산업재해를 예방하기 위한 업무를 총괄하여 관리하는 안전보건총괄책임자로 지정하여야 한다. 이 경우 안전보건관리책임자를 두지 아니하여도 되는 사업장에서는 그 사업장에서 사업을 총괄하여 관리하는 사람을 안전보건총괄책임자로 지정하여야 한다.
② 제1항에 따라 안전보건총괄책임자를 지정한 경우에는 「건설기술 진흥법」제64조제1항제1호에 따른 안전총괄책임자를 둔 것으로 본다.
③ 제1항에 따라 안전보건총괄책임자를 지정하여야 하는 사업의 종류와 사업장의 상시근로자 수, 안전보건총괄책임자의 직무·권한, 그 밖에 필요한 사항은 대통령령으로 정한다.

제3절 건설업 등의 산업재해 예방

제67조(건설공사발주자의 산업재해 예방 조치) ① 대통령령으로 정하는 건설공사의 건설공사발주자는 산업재해 예방을 위하여 건설공사의 계획, 설계 및 시공 단계에서 다음 각 호의 구분에 따른 조치를 하여야 한다.
1. 건설공사 계획단계 : 해당 건설공사에서 중점적으로 관리하여야할 유해·위험요인과 이의 감소방안을 포함한 기본안전보건대장을 작성할 것
2. 건설공사 설계단계 : 제1호에 따른 기본안전보건대장을 설계자에게 제공하고, 설계자로 하여금 유해·위험요인의 감소방안을 포함한 설계안전보건대장을 작성하게 하고 이를 확인할 것
3. 건설공사 시공단계 : 건설공사발주자로부터 건설공사를 최초로 도급받은 수급인에게 제2호에 따른 설계안전보건대장을 제공하고, 그 수급인에게 이를 반영하여 안전한 작업을 위한 공사안전보건대장을 작성하게 하고 그 이행 여부를 확인할 것

② 제1항 각 호에 따른 대장에 포함되어야 할 구체적인 내용은 고용노동부령으로 정한다.

제4절 그 밖의 고용형태에서의 산업재해 예방

제77조(특수형태근로종사자에 대한 안전조치 및 보건조치 등) ① 계약의 형식에 관계없이 근로자와 유사하게 노무를 제공하여 업무상의 재해로부터 보호할 필요가 있음에도 「근로기준법」등이 적용되지 아니하는 사람으로서 다음 각 호의 요건을 모

두 충족하는 사람(이하 "특수형태근로종사자"라 한다)의 노무를 제공받는 자는 특수형태근로종사자의 산업재해 예방을 위하여 필요한 안전조치 및 보건조치를 하여야 한다.
  1. 대통령령으로 정하는 직종에 종사할 것
  2. 주로 하나의 사업에 노무를 상시적으로 제공하고 보수를 받아 생활할 것
  3. 노무를 제공할 때 타인을 사용하지 아니할 것
② 대통령령으로 정하는 특수형태근로종사자로부터 노무를 제공받는 자는 고용노동부령으로 정하는 바에 따라 안전 및 보건에 관한 교육을 실시하여야 한다.
③ 정부는 특수형태근로종사자의 안전 및 보건의 유지·증진에 사용하는 비용의 일부 또는 전부를 지원할 수 있다.

제6장 유해·위험 기계 등에 대한 조치

제1절 유해하거나 위험한 기계 등에 대한 방호조치 등

제80조(유해하거나 위험한 기계·기구에 대한 방호조치) ① 누구든지 동력(動力)으로 작동하는 기계·기구로서 대통령령으로 정하는 것은 고용노동부령으로 정하는 유해·위험 방지를 위한 방호조치를 하지 아니하고는 양도, 대여, 설치 또는 사용에 제공하거나 양도·대여의 목적으로 진열해서는 아니 된다.
② 누구든지 동력으로 작동하는 기계·기구로서 다음 각 호의 어느 하나에 해당하는 것은 고용노동부령으로 정하는 방호조치를 하지 아니하고는 양도, 대여, 설치 또는 사용에 제공하거나 양도·대여의 목적으로 진열해서는 아니 된다.
  1. 작동 부분에 돌기 부분이 있는 것
  2. 동력전달 부분 또는 속도조절 부분이 있는 것
  3. 회전기계에 물체 등이 말려 들어갈 부분이 있는 것
③ 사업주는 제1항 및 제2항에 따른 방호조치가 정상적인 기능을 발휘할 수 있도록 방호조치와 관련되는 장치를 상시적으로 점검하고 정비하여야 한다.
④ 사업주와 근로자는 제1항 및 제2항에 따른 방호조치를 해체하려는 경우 등 고용노동부령으로 정하는 경우에는 필요한 안전조치 및 보건조치를 하여야 한다.

제2절 안전인증

제83조(안전인증기준) ① 고용노동부장관은 유해하거나 위험한 기계·기구·설비 및 방호장치·보호구(이하 "유해·위험기계등"이라 한다)의 안전성을 평가하기 위하여 그 안전에 관한 성능과 제조자의 기술 능력 및 생산 체계 등에 관한 기준(이하 "안전인증기준"이라한다)을 정하여 고시하여야 한다.
② 안전인증기준은 유해·위험기계등의 종류별, 규격 및 형식별로 정할 수 있다.

제3절 자율안전확인의 신고

제89조(자율안전확인의 신고) ① 안전인증대상기계등이 아닌 유해·위험기계등으로서 대통령령으로 정하는 것(이하 "자율안전확인대상기계등"이라 한다)을 제조하거나 수입하는 자는 자율안전확인대상기계등의 안전에 관한 성능이 고용노동부장관이 정하여 고시하는 안전기준(이하 "자율안전기준"이라 한다)에 맞는지 확인(이하 "자율안전확인"이라 한다)하여 고용노동부장관에게 신고(신고한 사항을 변경하는 경우를 포함한다)하여야 한다. 다만, 다음 각 호의 어느 하나에 해당하는 경우에는 신고를 면제할 수 있다.
1. 연구·개발을 목적으로 제조·수입하거나 수출을 목적으로 제조하는 경우
2. 제84조제3항에 따른 안전인증을 받은 경우(제86조제1항에 따라 안전인증이 취소되거나 안전인증표시의 사용 금지 명령을 받은 경우는 제외한다)
3. 다른 법령에 따라 안전성에 관한 검사나 인증을 받은 경우로서 고용노동부령으로 정하는 경우

② 고용노동부장관은 제1항 각 호 외의 부분 본문에 따른 신고를 받은 경우 그 내용을 검토하여 이 법에 적합하면 신고를 수리하여야 한다.
③ 제1항 각 호 외의 부분 본문에 따라 신고를 한 자는 자율안전확인대상기계등이 자율안전기준에 맞는 것임을 증명하는 서류를 보존하여야 한다.
④ 제1항 각 호 외의 부분 본문에 따른 신고의 방법 및 절차, 그 밖에 필요한 사항은 고용노동부령으로 정한다.

제4절 안전검사

제93조(안전검사) ① 유해하거나 위험한 기계·기구·설비로서 대통령령으로 정하는 것(이하 "안전검사대상기계등"이라 한다)을 사용하는 사업주(근로자를 사용하지 아니하고 사업을 하는 자를 포함한다. 이하 이 조, 제94조, 제95조 및 제98조에서 같다)는 안전검사대상기계등의 안전에 관한 성능이 고용노동부장관이 정하여 고시하는 검사기준에 맞는지에 대하여 고용노동부장관이 실시하는 검사(이하 "안전검사"라 한다)를 받아야 한다. 이 경우 안전검사대상기계등을 사용하는 사업주와 소유자가 다른 경우에는 안전검사대상기계등의 소유자가 안전검사를 받아야 한다.
② 제1항에도 불구하고 안전검사대상기계등이 다른 법령에 따라 안전성에 관한 검사나 인증을 받은 경우로서 고용노동부령으로 정하는 경우에는 안전검사를 면제할 수 있다.
③ 안전검사의 신청, 검사 주기 및 검사합격 표시방법, 그 밖에 필요한 사항은 고용노동부령으로 정한다. 이 경우 검사 주기는 안전검사대상기계등의 종류, 사용연한(使用年限) 및 위험성을 고려하여 정한다.

제5절 유해·위험기계등의 조사 및 지원 등

제101조(성능시험 등) 고용노동부장관은 안전인증대상기계등 또는 자율안전확인대상기계등의 안전성능의 저하 등으로 근로자에게 피해를 주거나 줄 우려가 크다고 인정하는 경우에는 대통령령으로 정하는 바에 따라 유해·위험기계등을 제조하는 사업장에서 제품 제조과정을 조사할 수 있으며, 제조·수입·양도·대여하거나 양도·대여의 목적으로 진열된 유해·위험기계등을 수거하여 안전인증기준 또는 자율안전기준에 적합한지에 대한 성능시험을 할 수 있다.

제7장 유해·위험물질에 대한 조치

제1절 유해·위험물질의 분류 및 관리

제104조(유해인자의 분류기준) 고용노동부장관은 고용노동부령으로 정하는 바에 따라 근로자에게 건강장해를 일으키는 화학물질 및 물리적 인자 등(이하 "유해인자"라 한다)의 유해성·위험성 분류기준을 마련하여야 한다.

제2절 석면에 대한 조치

제119조(석면조사) ① 건축물이나 설비를 철거하거나 해체하려는 경우에 해당 건축물이나 설비의 소유주 또는 임차인 등(이하 "건축물·설비소유주등"이라 한다)은 다음 각 호의 사항을 고용노동부령으로 정하는 바에 따라 조사(이하 "일반석면조사"라 한다)한 후 그 결과를 기록하여 보존하여야 한다.
    1. 해당 건축물이나 설비에 석면이 포함되어 있는지 여부
    2. 해당 건축물이나 설비 중 석면이 포함된 자재의 종류, 위치 및 면적
② 제1항에 따른 건축물이나 설비 중 대통령령으로 정하는 규모 이상의 건축물·설비소유주등은 제120조에 따라 지정받은 기관(이하 "석면조사기관"이라 한다)에 다음 각 호의 사항을 조사(이하 "기관석면조사"라 한다)하도록 한 후 그 결과를 기록하여 보존하여야 한다. 다만, 석면함유 여부가 명백한 경우 등 대통령령으로 정하는 사유에 해당하여 고용노동부령으로 정하는 절차에 따라 확인을 받은 경우에는 기관석면조사를 생략할 수 있다.
    1. 제1항 각 호의 사항
    2. 해당 건축물이나 설비에 포함된 석면의 종류 및 함유량
③ 건축물·설비소유주등이 「석면안전관리법」등 다른 법률에 따라 건축물이나 설비에 대하여 석면조사를 실시한 경우에는 고용노동부령으로 정하는 바에 따라 일반석면조사 또는 기관석면조사를 실시한 것으로 본다.
④ 고용노동부장관은 건축물·설비소유주등이 일반석면조사 또는 기관석면조사를 하지 아니하고 건축물이나 설비를 철거하거나 해체하는 경우에는 다음 각 호

의 조치를 명할 수 있다.
1. 해당 건축물·설비소유주등에 대한 일반석면조사 또는 기관석면조사의 이행 명령
2. 해당 건축물이나 설비를 철거하거나 해체하는 자에 대하여 제1호에 따른 이행 명령의 결과를 보고받을 때까지의 작업중지 명령

제8장 근로자 보건관리

제1절 근로환경의 개선

제125조(작업환경측정) ① 사업주는 유해인자로부터 근로자의 건강을 보호하고 쾌적한 작업환경을 조성하기 위하여 인체에 해로운 작업을 하는 작업장으로서 고용노동부령으로 정하는 작업장에 대하여 고용노동부령으로 정하는 자격을 가진 자로 하여금 작업환경측정을 하도록 하여야 한다.
② 제1항에도 불구하고 도급인의 사업장에서 관계수급인 또는 관계수급인의 근로자가 작업을 하는 경우에는 도급인이 제1항에 따른 자격을 가진 자로 하여금 작업환경측정을 하도록 하여야 한다.
③ 사업주(제2항에 따른 도급인을 포함한다. 이하 이 조 및 제127조에서 같다)는 제1항에 따른 작업환경측정을 제126조에 따라 지정받은 기관(이하 "작업환경측정기관"이라 한다)에 위탁할 수 있다. 이 경우 필요한 때에는 작업환경측정 중 시료의 분석만을 위탁할 수 있다.
④ 사업주는 근로자대표(관계수급인의 근로자대표를 포함한다. 이하 이 조에서 같다)가 요구하면 작업환경측정 시 근로자대표를 참석시켜야 한다.
⑤ 사업주는 작업환경측정 결과를 기록하여 보존하고 고용노동부령으로 정하는 바에 따라 고용노동부장관에게 보고하여야 한다. 다만, 제3항에 따라 사업주로부터 작업환경측정을 위탁받은 작업환경측정기관이 작업환경측정을 한 후 그 결과를 고용노동부령으로 정하는 바에 따라 고용노동부장관에게 제출한 경우에는 작업환경측정 결과를 보고한 것으로 본다.
⑥ 사업주는 작업환경측정 결과를 해당 작업장의 근로자(관계수급인 및 관계수급인 근로자를 포함한다. 이하 이 항, 제127조 및 제175조제5항제15호에서 같다)에게 알려야 하며, 그 결과에 따라 근로자의건강을 보호하기 위하여 해당 시설·설비의 설치·개선 또는 건강진단의 실시 등의 조치를 하여야 한다.
⑦ 사업주는 산업안전보건위원회 또는 근로자대표가 요구하면 작업환경측정 결과에 대한 설명회 등을 개최하여야 한다. 이 경우 제3항에 따라 작업환경측정을 위탁하여 실시한 경우에는 작업환경측정기관에 작업환경측정 결과에 대하여 설명하도록 할 수 있다.

⑧ 제1항 및 제2항에 따른 작업환경측정의 방법·횟수, 그 밖에 필요한 사항은 고용노동부령으로 정한다.

제2절 건강진단 및 건강관리

제129조(일반건강진단) ① 사업주는 상시 사용하는 근로자의 건강관리를 위하여 건강진단(이하 "일반건강진단"이라 한다)을 실시하여야 한다. 다만, 사업주가 고용노동부령으로 정하는 건강진단을 실시한 경우에는 그 건강진단을 받은 근로자에 대하여 일반건강진단을 실시한 것으로 본다.
② 사업주는 제135조제1항에 따른 특수건강진단기관 또는 「건강검진기본법」제3조제2호에 따른 건강검진기관(이하 "건강진단기관"이라 한다)에서 일반건강진단을 실시하여야 한다.
③ 일반건강진단의 주기·항목·방법 및 비용, 그 밖에 필요한 사항은 고용노동부령으로 정한다.

제9장 산업안전지도사 및 산업보건지도사

제142조(산업안전지도사 등의 직무) ① 산업안전지도사는 다음 각 호의 직무를 수행한다.
  1. 공정상의 안전에 관한 평가·지도
  2. 유해·위험의 방지대책에 관한 평가·지도
  3. 제1호 및 제2호의 사항과 관련된 계획서 및 보고서의 작성
  4. 그 밖에 산업안전에 관한 사항으로서 대통령령으로 정하는 사항
② 산업보건지도사는 다음 각 호의 직무를 수행한다.
  1. 작업환경의 평가 및 개선 지도
  2. 작업환경 개선과 관련된 계획서 및 보고서의 작성
  3. 근로자 건강진단에 따른 사후관리 지도
  4. 직업성 질병 진단(「의료법」제2조에 따른 의사인 산업보건지도사만 해당한다) 및 예방 지도
  5. 산업보건에 관한 조사·연구
  6. 그 밖에 산업보건에 관한 사항으로서 대통령령으로 정하는 사항
③ 산업안전지도사 또는 산업보건지도사(이하 "지도사"라 한다)의 업무 영역별 종류 및 업무 범위, 그 밖에 필요한 사항은 대통령령으로 정한다.

제10장 근로감독관 등

제155조(근로감독관의 권한) ①「근로기준법」제101조에 따른 근로감독관(이하 "근로감독관"이라 한다)은 이 법 또는 이 법에 따른 명령을 시행하기 위하여 필요한

합격예측 및 관련법규

「건강검진기본법」
제3조(정의) 이 법에서 사용하는 용어의 정의는 다음과 같다.
1. "건강검진"이란 건강상태 확인과 질병의 예방 및 조기발견을 목적으로 제2호에 따른 건강검진기관을 통하여 진찰 및 상담, 이학적 검사, 진단검사, 병리검사, 영상의학 검사 등 의학적 검진을 시행하는 것을 말한다.
2. "건강검진기관(이하 "검진기관"이라 한다)"이란 국가 건강검진을 실시하기 위하여 제14조에 따라 지정을 받아 건강검진을 시행하는 기관을 말한다.

「의료법」
제2조(의료인) ① 이 법에서 "의료인"이란 보건복지부장관의 면허를 받은 의사·치과의사·한의사·조산사 및 간호사를 말한다.
② 의료인은 종별에 따라 다음 각 호의 임무를 수행하여 국민보건 향상을 이루고 국민의 건강한 생활 확보에 이바지할 사명을 가진다.
1. 의사는 의료와 보건지도를 임무로 한다.
2. 치과의사는 치과 의료와 구강 보건지도를 임무로 한다.
3. 한의사는 한방 의료와 한방 보건지도를 임무로 한다.
4. 조산사는 조산(助産)과 임산부 및 신생아에 대한 보건과 양호지도를 임무로 한다.
5. 간호사는 다음 각 목의 업무를 임무로 한다.
  가. 환자의 간호요구에 대한 관찰, 자료수집, 간호판단 및 요양을 위한 간호
  나. 의사, 치과의사, 한의사의 지도하에 시행하는 진료의 보조
  다. 간호 요구자에 대한 교육·상담 및 건강증진을 위한 활동의 기획과 수행, 그 밖의 대통령령으로 정하는 보건활동
  라. 제80조에 따른 간호조무사가 수행하는 가목부터 다목까지의 업무보조에 대한 지도

합격예측 및 관련법규

「근로기준법」

제101조(감독 기관) ① 근로조건의 기준을 확보하기 위하여 고용노동부와 그 소속 기관에 근로감독관을 둔다.
② 근로감독관의 자격, 임면(任免), 직무 배치에 관한 사항은 대통령령으로 정한다.

합격예측 및 관련법규

제38조(안전조치) ① 사업주는 다음 각 호의 어느 하나에 해당하는 위험으로 인한 산업재해를 예방하기 위하여 필요한 조치를 하여야 한다.
1. 기계·기구, 그 밖의 설비에 의한 위험
2. 폭발성, 발화성 및 인화성 물질 등에 의한 위험
3. 전기, 열, 그 밖의 에너지에 의한 위험

② 사업주는 굴착, 채석, 하역, 벌목, 운송, 조작, 운반, 해체, 중량물 취급, 그 밖의 작업을 할 때 불량한 작업방법 등에 의한 위험으로 인한 산업재해를 예방하기 위하여 필요한 조치를 하여야 한다.

③ 사업주는 근로자가 다음 각 호의 어느 하나에 해당하는 장소에서 작업을 할 때 발생할 수 있는 산업재해를 예방하기 위하여 필요한 조치를 하여야 한다.
1. 근로자가 추락할 위험이 있는 장소
2. 토사·구축물 등이 붕괴할 우려가 있는 장소
3. 물체가 떨어지거나 날아올 위험이 있는 장소
4. 천재지변으로 인한 위험이 발생할 우려가 있는 장소

제39조(보건조치) ① 사업주는 다음 각 호의 어느 하나에 해당하는 건강장해를 예방하기 위하여 필요한 조치(이하 "보건조치"라 한다)를 하여야 한다.
1. 원재료·가스·증기·분진·흄(fume, 열이나 화학반응에 의하여 형성된 고체증기가 응축되어 생긴 미세입자를 말한다)·미스트(mist, 공기 중에 떠다니는 작은 액체방

경우 다음 각 호의 장소에 출입하여 사업주, 근로자 또는 안전보건관리책임자 등 (이하 "관계인"이라 한다)에게 질문을 하고, 장부, 서류, 그 밖의 물건의 검사 및 안전보건점검을 하며, 관계 서류의 제출을 요구할 수 있다.

1. 사업장
2. 제21조제1항, 제33조제1항, 제48조제1항, 제74조제1항, 제88조제1항, 제96조제1항, 제100조제1항, 제120조제1항, 제126조제1항 및 제129조제2항에 따른 기관의 사무소
3. 석면해체·제거업자의 사무소
4. 제145조제1항에 따라 등록한 지도사의 사무소

② 근로감독관은 기계·설비등에 대한 검사를 할 수 있으며, 검사에 필요한 한도에서 무상으로 제품·원재료 또는 기구를 수거할 수 있다. 이 경우 근로감독관은 해당 사업주 등에게 그 결과를 서면으로 알려야 한다.

③ 근로감독관은 이 법 또는 이 법에 따른 명령의 시행을 위하여 관계인에게 보고 또는 출석을 명할 수 있다.

④ 근로감독관은 이 법 또는 이 법에 따른 명령을 시행하기 위하여 제1항 각 호의 어느 하나에 해당하는 장소에 출입하는 경우에 그 신분을 나타내는 증표를 지니고 관계인에게 보여 주어야 하며, 출입시 성명, 출입시간, 출입 목적 등이 표시된 문서를 관계인에게 내주어야 한다.

제11장 보칙

제158조(산업재해 예방활동의 보조·지원) ① 정부는 사업주, 사업주단체, 근로자단체, 산업재해 예방 관련 전문단체, 연구기관 등이 하는 산업재해 예방사업 중 대통령령으로 정하는 사업에 드는 경비의 전부 또는 일부를 예산의 범위에서 보조하거나 그 밖에 필요한 지원(이하 "보조·지원"이라 한다)을 할 수 있다. 이 경우 고용노동부장관은 보조·지원이 산업재해 예방사업의 목적에 맞게 효율적으로 사용되도록 관리·감독하여야 한다.

② 고용노동부장관은 보조·지원을 받은 자가 다음 각 호의 어느 하나에 해당하는 경우 보조·지원의 전부 또는 일부를 취소하여야 한다. 다만, 제1호 및 제2호의 경우에는 보조·지원의 전부를 취소 하여야 한다.
1. 거짓이나 그 밖의 부정한 방법으로 보조·지원을 받은 경우
2. 보조·지원 대상자가 폐업하거나 파산한 경우
3. 보조·지원 대상을 임의매각·훼손·분실하는 등 지원 목적에 적합하게 유지·관리·사용하지 아니한 경우
4. 제1항에 따른 산업재해 예방사업의 목적에 맞게 사용되지 아니한 경우
5. 보조·지원 대상 기간이 끝나기 전에 보조·지원 대상 시설 및 장비를 국

외로 이전한 경우
　6. 보조·지원을 받은 사업주가 필요한 안전조치 및 보건조치 의무를 위반하여 산업재해를 발생시킨 경우로서 고용노동부령으로 정하는 경우

③ 고용노동부장관은 제2항에 따라 보조·지원의 전부 또는 일부를 취소한 경우에는 해당 금액 또는 지원에 상응하는 금액을 환수하되, 같은 항 제1호의 경우에는 지급받은 금액에 상당하는 액수 이하의 금액을 추가로 환수할 수 있다. 다만, 제2항제2호 중 보조·지원 대상자가 파산한 경우에 해당하여 취소한 경우는 환수하지 아니한다.

④ 제2항에 따라 보조·지원의 전부 또는 일부가 취소된 자에 대해서는 고용노동부령으로 정하는 바에 따라 취소된 날부터 3년 이내의 기간을 정하여 보조·지원을 하지 아니할 수 있다.

⑤ 보조·지원의 대상·방법·절차, 관리 및 감독, 제2항 및 제3항에 따른 취소 및 환수 방법, 그 밖에 필요한 사항은 고용노동부장관이 정하여 고시한다.

제12장 벌칙

제167조(벌칙) ① 제38조제1항부터 제3항까지, 제39조제1항 또는 제63조를 위반하여 근로자를 사망에 이르게 한 자는 7년 이하의 징역 또는 1억원 이하의 벌금에 처한다.

② 제1항의 죄로 형을 선고받고 그 형이 확정된 후 5년 이내에 다시 제1항의 죄를 범한 자는 그 형의 2분의 1까지 가중한다.

합격날개

울을 말한다)·산소결핍·병원체 등에 의한 건강장해
2. 방사선·유해광선·고온·저온·초음파·소음·진동·이상기압등에 의한 건강장해
3. 사업장에서 배출되는 기체·액체 또는 찌꺼기 등에 의한 건강장해
4. 계측감시(計測監視), 컴퓨터 단말기 조작, 정밀공작(精密工作) 등의 작업에 의한 건강장해
5. 단순반복작업 또는 인체에 과도한 부담을 주는 작업에 의한 건강장해
6. 환기·채광·조명·보온·방습·청결 등의 적정기준을 유지하지 아니하여 발생하는 건강장해

제63조(도급인의 안전조치 및 보건조치) 도급인은 관계수급인 근로자가 도급인의 사업장에서 작업을 하는 경우에 자신의 근로자와 관계수급인 근로자의 산업재해를 예방하기 위하여 안전 및 보건 시설의 설치 등 필요한 안전조치 및 보건조치를 하여야 한다. 다만, 보호구 착용의 지시 등 관계수급인 근로자의 작업행동에 관한 직접적인 조치는 제외한다.

2 산업안전보건법 시행령

[시행 2022. 8. 18.] [대통령령 제32873호, 2022. 8. 16., 일부개정]

제1장 총칙

제1조(목적) 이 영은 「산업안전보건법」에서 위임된 사항과 그 시행에 필요한 사항을 규정함을 목적으로 한다.

제5조(산업 안전 및 보건 의식을 북돋우기 위한 시책 마련) 고용노동부장관은 법 제4조제1항제5호에 따라 산업 안전 및 보건에 관한 의식을 북돋우기 위하여 다음 각 호와 관련된 시책을 마련해야 한다.

1. 산업 안전 및 보건 교육의 진흥 및 홍보의 활성화
2. 산업 안전 및 보건과 관련된 국민의 건전하고 자주적인 활동의 촉진
3. 산업 안전 및 보건 강조 기간의 설정 및 그 시행

제10조(공표대상 사업장) ① 법 제10조제1항에서 "대통령령으로 정하는 사업장"이란 다음 각 호의 어느 하나에 해당하는 사업장을 말한다.

1. 산업재해로 인한 사망자(이하 "사망재해자"라 한다)가 연간 2명 이상 발생한 사업장
2. 사망만인율(死亡萬人率 : 연간 상시근로자 1만명당 발생하는 사망재해자 수의 비율을 말한다)이 규모별 같은 업종의 평균 사망만인율 이상인 사업장
3. 법 제44조제1항 전단에 따른 중대산업사고가 발생한 사업장
4. 법 제57조제1항을 위반하여 산업재해 발생 사실을 은폐한 사업장
5. 법 제57조제3항에 따른 산업재해의 발생에 관한 보고를 최근 3년 이내 2회 이상 하지 않은 사업장

② 제1항제1호부터 제3호까지의 규정에 해당하는 사업장은 해당 사업장이 관계수급인의 사업장으로서 법 제63조에 따른 도급인이 관계수급인 근로자의 산업재해 예방을 위한 조치의무를 위반하여 관계수급인 근로자가 산업재해를 입은 경우에는 도급인의 사업장(도급인이 제공하거나 지정한 경우로서 도급인이 지배·관리하는 제11조 각 호에 해당하는 장소를 포함한다. 이하 같다)의 법 제10조제1항에 따른 산업재해발생건수등을 함께 공표한다.

제11조(도급인이 지배·관리하는 장소) 법 제10조제2항에서 "대통령령으로 정하는 장소"란 다음 각 호의 어느 하나에 해당하는 장소를 말한다.

1. 토사(土砂)·구축물·인공구조물 등이 붕괴될 우려가 있는 장소
2. 기계·기구 등이 넘어지거나 무너질 우려가 있는 장소
3. 안전난간의 설치가 필요한 장소

4. 비계(飛階) 또는 거푸집을 설치하거나 해체하는 장소
5. 건설용 리프트를 운행하는 장소
6. 지반(地盤)을 굴착하거나 발파작업을 하는 장소
7. 엘리베이터홀 등 근로자가 추락할 위험이 있는 장소
8. 석면이 붙어 있는 물질을 파쇄하거나 해체하는 작업을 하는 장소
9. 공중 전선에 가까운 장소로서 시설물의 설치·해체·점검 및 수리 등의 작업을 할 때 감전의 위험이 있는 장소
10. 물체가 떨어지거나 날아올 위험이 있는 장소
11. 프레스 또는 전단기(剪斷機)를 사용하여 작업을 하는 장소
12. 차량계(車輛系) 하역운반기계 또는 차량계 건설기계를 사용하여 작업하는 장소
13. 전기 기계·기구를 사용하여 감전의 위험이 있는 작업을 하는 장소
14. 「철도산업발전기본법」 제3조제4호에 따른 철도차량(「도시철도법」에 따른 도시철도차량을 포함한다)에 의한 충돌 또는 협착의 위험이 있는 작업을 하는 장소
15. 그 밖에 화재·폭발 등 사고발생 위험이 높은 장소로서 고용노동부령으로 정하는 장소

제12조(통합공표 대상 사업장 등) 법 제10조제2항에서 "대통령령으로 정하는 사업장"이란 다음 각 호의 어느 하나에 해당하는 사업이 이루어지는 사업장으로서 도급인이 사용하는 상시근로자 수가 500명 이상이고 도급인 사업장의 사고사망만인율(질병으로 인한 사망재해자를 제외하고 산출한 사망만인율을 말한다. 이하 같다)보다 관계수급인의 근로자를 포함하여 산출한 사고사망만인율이 높은 사업장을 말한다.
1. 제조업
2. 철도운송업
3. 도시철도운송업
4. 전기업

제2장 안전보건관리체제 등

제13조(이사회 보고·승인 대상 회사 등) ① 법 제14조제1항에서 "대통령령으로 정하는 회사"란 다음 각 호의 어느 하나에 해당하는 회사를 말한다.
1. 상시근로자 500명 이상을 사용하는 회사
2. 「건설산업기본법」 제23조에 따라 평가하여 공시된 시공능력(같은 법 시행령 별표 1의 종합공사를 시공하는 업종의 건설업종란 제3호에 따른 토목건축공사업에 대한 평가 및 공시로 한정한다)의 순위 상위 1천위 이내의 건설

합격예측 및 관련법규

「철도산업발전기본법」 제3조 제4호
4. "철도차량"이라 함은 선로를 운행할 목적으로 제작된 동력차·객차·화차 및 특수차를 말한다.

「건설산업기본법」
제23조(시공능력의 평가 및 공시) ① 국토교통부장관은 발주자가 적정한 건설사업자를 선정할 수 있도록 하기 위하여 건설사업자의 신청이 있는 경우 그 건설사업자의 건설공사 실적, 자본금, 건설공사의 안전·환경 및 품질관리 수준 등에 따라 시공능력을 평가하여 공시하여야 한다.
② 삭제 〈1999. 4. 15.〉
③ 제1항에 따른 시공능력의 평가 및 공시를 받으려는 건설사업자는 국토교통부령으로 정하는 바에 따라 전년도 건설공사 실적, 기술자 보유현황, 재무상태, 그 밖에 국토교통부령으로 정하는 사항을 국토교통부장관에게 제출하여야 한다.
④ 제1항과 제3항에 따른 시공능력의 평가방법, 제출 자료의 구체적인 사항 및 공시 절차, 그 밖에 필요한 사항은 국토교통부령으로 정한다.

합격예측 및 관련법규

「상법」
제408조의2(집행임원 설치회사, 집행임원과 회사의 관계)
① 회사는 집행임원을 둘 수 있다. 이 경우 집행임원을 둔 회사(이하 "집행임원 설치회사"라 한다)는 대표이사를 두지 못한다.
② 집행임원 설치회사와 집행임원의 관계는 「민법」중 위임에 관한 규정을 준용한다.
③ 집행임원 설치회사의 이사회는 다음의 권한을 갖는다.
1. 집행임원과 대표집행임원의 선임·해임
2. 집행임원의 업무집행 감독
3. 집행임원과 집행임원 설치회사의 소송에서 집행임원 설치회사를 대표할 자의 선임
4. 집행임원에게 업무집행에 관한 의사결정의 위임(이 법에서 이사회 권한사항으로 정한 경우는 제외한다)
5. 집행임원이 여러 명인 경우 집행임원의 직무 분담 및 지휘·명령관계, 그 밖에 집행임원의 상호관계에 관한 사항의 결정
6. 정관에 규정이 없거나 주주총회의 승인이 없는 경우 집행임원의 보수 결정
④ 집행임원 설치회사는 이사회의 회의를 주관하기 위하여 이사회 의장을 두어야 한다. 이 경우 이사회 의장은 정관의 규정이 없으면 이사회 결의로 선임한다.

제408조의5(대표집행임원)
① 2명 이상의 집행임원이 선임된 경우에는 이사회 결의로 집행임원 설치회사를 대표할 대표집행임원을 선임하여야 한다. 다만, 집행임원이 1명인 경우에는 그 집행임원이 대표집행임원이 된다.
② 대표집행임원에 관하여는 이 법에 다른 규정이 없으면 주식회사의 대표이사에 관한 규정을 준용한다.
③ 집행임원 설치회사에 대하여는 제395조를 준용한다.

회사
② 법 제14조제1항에 따른 회사의 대표이사(「상법」제408조의2제1항 후단에 따라 대표이사를 두지 못하는 회사의 경우에는 같은 법 제408조의5에 따른 대표집행임원을 말한다)는 회사의 정관에서 정하는 바에 따라 다음 각 호의 내용을 포함한 회사의 안전 및 보건에 관한 계획을 수립해야 한다.
1. 안전 및 보건에 관한 경영방침
2. 안전·보건관리 조직의 구성·인원 및 역할
3. 안전·보건 관련 예산 및 시설 현황
4. 안전 및 보건에 관한 전년도 활동실적 및 다음 연도 활동계획
[시행일 : 2021. 1. 1] 제13조

제24조(안전보건관리담당자의 선임 등) ① 다음 각 호의 어느 하나에 해당하는 사업의 사업주는 법 제19조제1항에 따라 상시근로자 20명 이상 50명 미만인 사업장에 안전보건관리담당자를 1명 이상 선임해야 한다.
1. 제조업
2. 임업
3. 하수, 폐수 및 분뇨 처리업
4. 폐기물 수집, 운반, 처리 및 원료 재생업
5. 환경 정화 및 복원업

② 안전보건관리담당자는 해당 사업장 소속 근로자로서 다음 각 호의 어느 하나에 해당하는 요건을 갖추어야 한다.
1. 제17조에 따른 안전관리자의 자격을 갖추었을 것
2. 제18조에 따른 보건관리자의 자격을 갖추었을 것
3. 고용노동부장관이 정하여 고시하는 안전보건교육을 이수했을 것

③ 안전보건관리담당자는 제25조 각 호에 따른 업무에 지장이 없는 범위에서 다른 업무를 겸할 수 있다.
④ 사업주는 제1항에 따라 안전보건관리담당자를 선임한 경우에는 그 선임 사실 및 제25조 각 호에 따른 업무를 수행했음을 증명할 수 있는 서류를 갖추어 두어야 한다.

제25조(안전보건관리담당자의 업무) 안전보건관리담당자의 업무는 다음 각 호와 같다.
1. 법 제29조에 따른 안전보건교육 실시에 관한 보좌 및 지도·조언
2. 법 제36조에 따른 위험성평가에 관한 보좌 및 지도·조언
3. 법 제125조에 따른 작업환경측정 및 개선에 관한 보좌 및 지도·조언
4. 법 제129조부터 제131조까지에 따른 건강진단에 관한 보좌 및 지도·조언
5. 산업재해 발생의 원인 조사, 산업재해 통계의 기록 및 유지를 위한 보좌 및

지도·조언

6. 산업 안전·보건과 관련된 안전장치 및 보호구 구입 시 적격품 선정에 관한 보좌 및 지도·조언

제32조(명예산업안전감독관 위촉 등) ① 고용노동부장관은 다음 각 호의 어느 하나에 해당하는 사람 중에서 법 제23조제1항에 따른 명예산업안전감독관(이하 "명예산업안전감독관"이라 한다)을 위촉할 수 있다.

1. 산업안전보건위원회 구성 대상 사업의 근로자 또는 노사협의체 구성·운영 대상 건설공사의 근로자 중에서 근로자대표(해당 사업장에 단위 노동조합의 산하 노동단체가 그 사업장 근로자의 과반수로 조직되어 있는 경우에는 지부·분회 등 명칭이 무엇이든 관계없이 해당 노동단체의 대표자를 말한다. 이하 같다)가 사업주의 의견을 들어 추천하는 사람
2. 「노동조합 및 노동관계조정법」 제10조에 따른 연합단체인 노동조합 또는 그 지역 대표기구에 소속된 임직원 중에서 해당 연합단체인 노동조합 또는 그 지역 대표기구가 추천하는 사람
3. 전국 규모의 사업주단체 또는 그 산하조직에 소속된 임직원 중에서 해당 단체 또는 그 산하조직이 추천하는 사람
4. 산업재해 예방 관련 업무를 하는 단체 또는 그 산하조직에 소속된 임직원 중에서 해당 단체 또는 그 산하조직이 추천하는 사람

② 명예산업안전감독관의 업무는 다음 각 호와 같다. 이 경우 제1항제1호에 따라 위촉된 명예산업안전감독관의 업무 범위는 해당 사업장에서의 업무(제8호는 제외한다)로 한정하며, 제1항제2호부터 제4호까지의 규정에 따라 위촉된 명예산업안전감독관의 업무 범위는 제8호부터 제10호까지의 규정에 따른 업무로 한정한다.

1. 사업장에서 하는 자체점검 참여 및 「근로기준법」 제101조에 따른 근로감독관(이하 "근로감독관"이라 한다)이 하는 사업장 감독 참여
2. 사업장 산업재해 예방계획 수립 참여 및 사업장에서 하는 기계·기구 자체검사 참석
3. 법령을 위반한 사실이 있는 경우 사업주에 대한 개선 요청 및 감독기관에의 신고
4. 산업재해 발생의 급박한 위험이 있는 경우 사업주에 대한 작업중지 요청
5. 작업환경측정, 근로자 건강진단 시의 참석 및 그 결과에 대한 설명회 참여
6. 직업성 질환의 증상이 있거나 질병에 걸린 근로자가 여러 명 발생한 경우 사업주에 대한 임시건강진단 실시 요청
7. 근로자에 대한 안전수칙 준수 지도
8. 법령 및 산업재해 예방정책 개선 건의

합격예측 및 관련법규

「노동조합 및 노동관계조정법」(약칭:노동조합법)
제10조(설립의 신고) ①노동조합을 설립하고자 하는 자는 다음 각호의 사항을 기재한 신고서에 제11조의 규정에 의한 규약을 첨부하여 연합단체인 노동조합과 2 이상의 특별시·광역시·특별자치시·도·특별자치도에 걸치는 단위노동조합은 고용노동부장관에게, 2 이상의 시·군·구(자치구를 말한다)에 걸치는 단위노동조합은 특별시장·광역시장·도지사에게, 그 외의 노동조합은 특별자치시장·특별자치도지사·시장·군수·구청장(자치구의 구청장을 말한다. 이하 제12조제1항에서 같다)에게 제출하여야 한다. 〈개정 1998. 2. 20., 2006. 12. 30., 2010. 6. 4., 2014. 5. 20.〉
1. 명칭
2. 주된 사무소의 소재지
3. 조합원수
4. 임원의 성명과 주소
5. 소속된 연합단체가 있는 경우에는 그 명칭
6. 연합단체인 노동조합에 있어서는 그 구성노동단체의 명칭, 조합원수, 주된 사무소의 소재지 및 임원의 성명·주소

②제1항의 규정에 의한 연합단체인 노동조합은 동종산업의 단위노동조합을 구성원으로 하는 산업별 연합단체와 산업별 연합단체 또는 전국규모의 산업별 단위노동조합을 구성원으로 하는 총연합단체를 말한다.

9. 안전·보건 의식을 북돋우기 위한 활동 등에 대한 참여와 지원
10. 그 밖에 산업재해 예방에 대한 홍보 등 산업재해 예방업무와 관련하여 고용노동부장관이 정하는 업무

③ 명예산업안전감독관의 임기는 2년으로 하되, 연임할 수 있다.
④ 고용노동부장관은 명예산업안전감독관의 활동을 지원하기 위하여 수당 등을 지급할 수 있다.
⑤ 제1항부터 제4항까지에서 규정한 사항 외에 명예산업안전감독관의 위촉 및 운영 등에 필요한 사항은 고용노동부장관이 정한다.

제33조(명예산업안전감독관의 해촉) 고용노동부장관은 다음 각 호의 어느 하나에 해당하는 경우에는 명예산업안전감독관을 해촉(解囑)할 수 있다.

1. 근로자대표가 사업주의 의견을 들어 제32조제1항제1호에 따라 위촉된 명예산업안전감독관의 해촉을 요청한 경우
2. 제32조제1항제2호부터 제4호까지의 규정에 따라 위촉된 명예산업안전감독관이 해당 단체 또는 그 산하조직으로부터 퇴직하거나 해임된 경우
3. 명예산업안전감독관의 업무와 관련하여 부정한 행위를 한 경우
4. 질병이나 부상 등의 사유로 명예산업안전감독관의 업무 수행이 곤란하게 된 경우

제35조(산업안전보건위원회의 구성) ① 산업안전보건위원회의 근로자위원은 다음 각 호의 사람으로 구성한다.

1. 근로자대표
2. 명예산업안전감독관이 위촉되어 있는 사업장의 경우 근로자대표가 지명하는 1명 이상의 명예산업안전감독관
3. 근로자대표가 지명하는 9명(근로자인 제2호의 위원이 있는 경우에는 9명에서 그 위원의 수를 제외한 수를 말한다) 이내의 해당 사업장의 근로자

② 산업안전보건위원회의 사용자위원은 다음 각 호의 사람으로 구성한다. 다만, 상시근로자 50명 이상 100명 미만을 사용하는 사업장에서는 제5호에 해당하는 사람을 제외하고 구성할 수 있다.

1. 해당 사업의 대표자(같은 사업으로서 다른 지역에 사업장이 있는 경우에는 그 사업장의 안전보건관리책임자를 말한다. 이하 같다)
2. 안전관리자(제16조제1항에 따라 안전관리자를 두어야 하는 사업장으로 한정하되, 안전관리자의 업무를 안전관리전문기관에 위탁한 사업장의 경우에는 그 안전관리전문기관의 해당 사업장 담당자를 말한다) 1명
3. 보건관리자(제20조제1항에 따라 보건관리자를 두어야 하는 사업장으로 한정하되, 보건관리자의 업무를 보건관리전문기관에 위탁한 사업장의 경우에는 그 보건관리전문기관의 해당 사업장 담당자를 말한다) 1명

4. 산업보건의(해당 사업장에 선임되어 있는 경우로 한정한다)
   5. 해당 사업의 대표자가 지명하는 9명 이내의 해당 사업장 부서의 장
③ 제1항 및 제2항에도 불구하고 법 제69조제1항에 따른 건설공사도급인(이하 "건설공사도급인"이라 한다)이 법 제64조제1항제1호에 따른 안전 및 보건에 관한 협의체를 구성한 경우에는 산업안전보건위원회의 위원을 다음 각 호의 사람을 포함하여 구성할 수 있다.
   1. 근로자위원 : 도급 또는 하도급 사업을 포함한 전체 사업의 근로자대표, 명예산업안전감독관 및 근로자대표가 지명하는 해당 사업장의 근로자
   2. 사용자위원 : 도급인 대표자, 관계수급인의 각 대표자 및 안전관리자

제36조(산업안전보건위원회의 위원장) 산업안전보건위원회의 위원장은 위원 중에서 호선(互選)한다. 이 경우 근로자위원과 사용자위원 중 각 1명을 공동위원장으로 선출할 수 있다.

제37조(산업안전보건위원회의 회의 등) ① 법 제24조제3항에 따라 산업안전보건위원회의 회의는 정기회의와 임시회의로 구분하되, 정기회의는 분기마다 산업안전보건위원회의 위원장이 소집하며, 임시회의는 위원장이 필요하다고 인정할 때에 소집한다.
② 회의는 근로자위원 및 사용자위원 각 과반수의 출석으로 개의(開議)하고 출석위원 과반수의 찬성으로 의결한다.
③ 근로자대표, 명예산업안전감독관, 해당 사업의 대표자, 안전관리자 또는 보건관리자는 회의에 출석할 수 없는 경우에는 해당 사업에 종사하는 사람 중에서 1명을 지정하여 위원으로서의 직무를 대리하게 할 수 있다.
④ 산업안전보건위원회는 다음 각 호의 사항을 기록한 회의록을 작성하여 갖추어 두어야 한다.
   1. 개최 일시 및 장소
   2. 출석위원
   3. 심의 내용 및 의결·결정 사항
   4. 그 밖의 토의사항

제3장 안전보건교육

제40조(안전보건교육기관의 등록 및 취소) ① 법 제33조제1항 전단에 따라 법 제29조제1항부터 제3항까지의 규정에 따른 안전보건교육에 대한 안전보건교육기관(이하 "근로자안전보건교육기관"이라 한다)으로 등록하려는 자는 법인 또는 산업안전·보건 관련 학과가 있는 「고등교육법」 제2조에 따른 학교로서 별표 10에 따른 인력·시설 및 장비 등을 갖추어야 한다.
② 법 제33조제1항 전단에 따라 법 제31조제1항 본문에 따른 안전보건교육에 대

한 안전보건교육기관으로 등록하려는 자는 법인 또는 산업 안전·보건 관련 학과가 있는 「고등교육법」 제2조에 따른 학교로서 별표 11에 따른 인력·시설 및 장비를 갖추어야 한다.

③ 법 제33조제1항 전단에 따라 법 제32조제1항 각 호 외의 부분 본문에 따른 안전보건교육에 대한 안전보건교육기관(이하 "직무교육기관"이라 한다)으로 등록할 수 있는 자는 다음 각 호의 어느 하나에 해당하는 자로 한다.

1. 「한국산업안전보건공단법」에 따른 한국산업안전보건공단(이하 "공단"이라 한다)
2. 다음 각 목의 어느 하나에 해당하는 기관으로서 별표 12에 따른 인력·시설 및 장비를 갖춘 기관
   가. 산업 안전보건 관련 학과가 있는 「고등교육법」 제2조에 따른 학교
   나. 비영리법인

④ 법 제33조제1항 후단에서 "대통령령으로 정하는 중요한 사항"이란 다음 각 호의 사항을 말한다.
1. 교육기관의 명칭(상호)
2. 교육기관의 소재지
3. 대표자의 성명

⑤ 제1항부터 제3항까지의 규정에 따른 안전보건교육기관에 관하여 법 제33조제4항에 따라 준용되는 법 제21조제4항제5호에서 "대통령령으로 정하는 사유에 해당하는 경우"란 다음 각 호의 경우를 말한다.
1. 교육 관련 서류를 거짓으로 작성한 경우
2. 정당한 사유 없이 교육 실시를 거부한 경우
3. 교육을 실시하지 않고 수수료를 받은 경우
4. 법 제29조제1항부터 제3항까지, 제31조제1항 본문 또는 제32조제1항 각 호 외의 부분 본문에 따른 교육의 내용 및 방법을 위반한 경우

제4장 유해·위험 방지 조치

제41조(제3자의 폭언등으로 인한 건강장해 발생 등에 대한 조치) 법 제41조제2항에서 "업무의 일시적 중단 또는 전환 등 대통령령으로 정하는 필요한 조치"란 다음 각 호의 조치 중 필요한 조치를 말한다.
1. 업무의 일시적 중단 또는 전환
2. 「근로기준법」 제54조제1항에 따른 휴게시간의 연장
3. 법 제41조제2항에 따른 폭언등으로 인한 건강장해 관련 치료 및 상담 지원
4. 관할 수사기관 또는 법원에 증거물·증거서류를 제출하는 등 법 제41조제2항에 따른 고객응대근로자 등이 같은 항에 따른 폭언등으로 인하여 고소,

---

합격예측 및 관련법규

「고등교육법」
제2조(학교의 종류) 고등교육을 실시하기 위하여 다음 각 호의 학교를 둔다.
1. 대학
2. 산업대학
3. 교육대학
4. 전문대학
5. 방송대학·통신대학·방송통신대학 및 사이버대학(이하 "원격대학"이라 한다)
6. 기술대학
7. 각종학교

「근로기준법」
제54조(휴게) ① 사용자는 근로시간이 4시간인 경우에는 30분 이상, 8시간인 경우에는 1시간 이상의 휴게시간을 근로시간 도중에 주어야 한다.
② 휴게시간은 근로자가 자유롭게 이용할 수 있다

고발 또는 손해배상 청구 등을 하는 데 필요한 지원

제42조(유해위험방지계획서 제출 대상) ① 법 제42조제1항제1호에서 "대통령령으로 정하는 사업의 종류 및 규모에 해당하는 사업"이란 다음 각 호의 어느 하나에 해당하는 사업으로서 전기 계약용량이 300킬로와트 이상인 경우를 말한다.

1. 금속가공제품 제조업 : 기계 및 가구 제외
2. 비금속 광물제품 제조업
3. 기타 기계 및 장비 제조업
4. 자동차 및 트레일러 제조업
5. 식료품 제조업
6. 고무제품 및 플라스틱제품 제조업
7. 목재 및 나무제품 제조업
8. 기타 제품 제조업
9. 1차 금속 제조업
10. 가구 제조업
11. 화학물질 및 화학제품 제조업
12. 반도체 제조업
13. 전자부품 제조업

② 법 제42조제1항제2호에서 "대통령령으로 정하는 기계·기구 및 설비"란 다음 각 호의 어느 하나에 해당하는 기계·기구 및 설비를 말한다. 이 경우 다음 각 호에 해당하는 기계·기구 및 설비의 구체적인 범위는 고용노동부장관이 정하여 고시한다.〈개정 2021.11.19〉

1. 금속이나 그 밖의 광물의 용해로
2. 화학설비
3. 건조설비
4. 가스집합 용접장치
5. 근로자의 건강에 상당한 장해를 일으킬 우려가 있는 물질로서 고용노동부령으로 정하는 물질의 밀폐·환기·배기를 위한 설비

③ 법 제42조제1항제3호에서 "대통령령으로 정하는 크기 높이 등에 해당하는 건설공사"란 다음 각 호의 어느 하나에 해당하는 공사를 말한다.

1. 다음 각 목의 어느 하나에 해당하는 건축물 또는 시설 등의 건설·개조 또는 해체(이하 "건설등"이라 한다) 공사
   가. 지상높이가 31미터 이상인 건축물 또는 인공구조물
   나. 연면적 3만제곱미터 이상인 건축물
   다. 연면적 5천제곱미터 이상인 시설로서 다음의 어느 하나에 해당하는 시설
      1) 문화 및 집회시설(전시장 및 동물원·식물원은 제외한다)

2) 판매시설, 운수시설(고속철도의 역사 및 집배송시설은 제외한다)
3) 종교시설
4) 의료시설 중 종합병원
5) 숙박시설 중 관광숙박시설
6) 지하도상가
7) 냉동·냉장 창고시설
2. 연면적 5천제곱미터 이상인 냉동·냉장 창고시설의 설비공사 및 단열공사
3. 최대 지간(支間)길이(다리의 기둥과 기둥의 중심사이의 거리)가 50미터 이상인 다리의 건설등 공사
4. 터널의 건설등 공사
5. 다목적댐, 발전용댐, 저수용량 2천만톤 이상의 용수 전용 댐 및 지방상수도 전용 댐의 건설등 공사
6. 깊이 10미터 이상인 굴착공사

제43조(공정안전보고서의 제출 대상) ① 법 제44조제1항 전단에서 "대통령령으로 정하는 유해하거나 위험한 설비"란 다음 각 호의 어느 하나에 해당하는 사업을 하는 사업장의 경우에는 그 보유설비를 말하고, 그 외의 사업을 하는 사업장의 경우에는 별표 13에 따른 유해·위험물질 중 하나 이상의 물질을 같은 표에 따른 규정량 이상 제조·취급·저장하는 설비 및 그 설비의 운영과 관련된 모든 공정설비를 말한다.

1. 원유 정제처리업
2. 기타 석유정제물 재처리업
3. 석유화학계 기초화학물질 제조업 또는 합성수지 및 기타 플라스틱물질 제조업. 다만, 합성수지 및 기타 플라스틱물질 제조업은 별표 13 제1호 또는 제2호에 해당하는 경우로 한정한다.
4. 질소 화합물, 질소·인산 및 칼리질 화학비료 제조업 중 질소질 비료 제조
5. 복합비료 및 기타 화학비료 제조업 중 복합비료 제조(단순혼합 또는 배합에 의한 경우는 제외한다)
6. 화학 살균·살충제 및 농업용 약제 제조업[농약 원제(原劑) 제조만 해당한다]
7. 화약 및 불꽃제품 제조업

② 제1항에도 불구하고 다음 각 호의 설비는 유해하거나 위험한 설비로 보지 않는다.

1. 원자력 설비
2. 군사시설
3. 사업주가 해당 사업장 내에서 직접 사용하기 위한 난방용 연료의 저장설비

및 사용설비
4. 도매·소매시설
5. 차량 등의 운송설비
6. 「액화석유가스의 안전관리 및 사업법」에 따른 액화석유가스의 충전·저장시설
7. 「도시가스사업법」에 따른 가스공급시설
8. 그 밖에 고용노동부장관이 누출·화재·폭발 등의 사고가 있더라도 그에 따른 피해의 정도가 크지 않다고 인정하여 고시하는 설비

③ 법 제44조제1항 전단에서 "대통령령으로 정하는 사고"란 다음 각 호의 어느 하나에 해당하는 사고를 말한다.
1. 근로자가 사망하거나 부상을 입을 수 있는 제1항에 따른 설비(제2항에 따른 설비는 제외한다. 이하 제2호에서 같다)에서의 누출·화재·폭발 사고
2. 인근 지역의 주민이 인적 피해를 입을 수 있는 제1항에 따른 설비에서의 누출·화재·폭발 사고

제44조(공정안전보고서의 내용) ① 법 제44조제1항 전단에 따른 공정안전보고서에는 다음 각 호의 사항이 포함되어야 한다.
1. 공정안전자료
2. 공정위험성 평가서
3. 안전운전계획
4. 비상조치계획
5. 그 밖에 공정상의 안전과 관련하여 고용노동부장관이 필요하다고 인정하여 고시하는 사항

② 제1항제1호부터 제4호까지의 규정에 따른 사항에 관한 세부 내용은 고용노동부령으로 정한다.

제46조(안전보건진단의 종류 및 내용) ① 법 제47조제1항에 따른 안전보건진단(이하 "안전보건진단"이라 한다)의 종류 및 내용은 별표 14와 같다.
② 고용노동부장관은 법 제47조제1항에 따라 안전보건진단 명령을 할 경우 기계·화공·전기·건설 등 분야별로 한정하여 진단을 받을 것을 명할 수 있다.
③ 안전보건진단 결과보고서에는 산업재해 또는 사고의 발생원인, 작업조건·작업방법에 대한 평가 등의 사항이 포함되어야 한다.

제49조(안전보건진단을 받아 안전보건개선계획을 수립할 대상) 법 제49조제1항 각 호 외의 부분 후단에서 "대통령령으로 정하는 사업장"이란 다음 각 호의 사업장을 말한다.
1. 산업재해율이 같은 업종 평균 산업재해율의 2배 이상인 사업장
2. 법 제49조제1항제2호(사업주가 필요한 안전조치 또는 보건조치를 이행하

합격예측 및 관련법규

제53조의2(도급에 따른 산업재해 예방조치) 법 제64조제1항제8호에서 "화재·폭발 등 대통령령으로 정하는 위험이 발생할 우려가 있는 경우"란 다음 각 호의 경우를 말한다.
1. 화재·폭발이 발생할 우려가 있는 경우
2. 동력으로 작동하는 기계·설비 등에 끼일 우려가 있는 경우
3. 차량계 하역운반기계, 건설기계, 양중기(揚重機) 등 동력으로 작동하는 기계와 충돌할 우려가 있는 경우
4. 근로자가 추락할 우려가 있는 경우
5. 물체가 떨어지거나 날아올 우려가 있는 경우
6. 기계·기구 등이 넘어지거나 무너질 우려가 있는 경우
7. 토사·구축물·인공구조물 등이 붕괴될 우려가 있는 경우
8. 산소 결핍이나 유해가스로 질식이나 중독의 우려가 있는 경우

제55조의2(안전보건전문가) 법 제67조제2항에서 "대통령령으로 정하는 안전보건 분야의 전문가"란 다음 각 호의 사람을 말한다.
1. 법 제143조제1항에 따른 건설안전 분야의 산업안전지도사 자격을 가진 사람
2. 「국가기술자격법」에 따른 건설안전기술사 자격을 가진 사람
3. 「국가기술자격법」에 따른 건설안전기사 자격을 취득한 후 건설안전 분야에서 3년 이상의 실무경력이 있는 사람
4. 「국가기술자격법」에 따른 건설안전산업기사 자격을 취득한 후 건설안전 분야에서 5년 이상의 실무경력이 있는 사람

지 아니하여 중대재해가 발생한 사업장)에 해당하는 사업장
3. 직업성 질병자가 연간 2명 이상(상시근로자 1천명 이상 사업장의 경우 3명 이상) 발생한 사업장
4. 그 밖에 작업환경 불량, 화재·폭발 또는 누출 사고 등으로 사업장 주변까지 피해가 확산된 사업장으로서 고용노동부령으로 정하는 사업장

제5장 도급 시 산업재해 예방

제51조(도급승인 대상 작업) 법 제59조제1항 전단에서 "급성 독성, 피부 부식성 등이 있는 물질의 취급 등 대통령령으로 정하는 작업"이란 다음 각 호의 어느 하나에 해당하는 작업을 말한다.
1. 중량비율 1퍼센트 이상의 황산, 불화수소, 질산 또는 염화수소를 취급하는 설비를 개조·분해·해체·철거하는 작업 또는 해당 설비의 내부에서 이루어지는 작업. 다만, 도급인이 해당 화학물질을 모두 제거한 후 증명자료를 첨부하여 고용노동부장관에게 신고한 경우는 제외한다.
2. 그 밖에 「산업재해보상보험법」 제8조제1항에 따른 산업재해보상보험및예방심의위원회(이하 "산업재해보상보험및예방심의위원회"라 한다)의 심의를 거쳐 고용노동부장관이 정하는 작업

제52조(안전보건총괄책임자 지정 대상사업) 법 제62조제1항에 따른 안전보건총괄책임자(이하 "안전보건총괄책임자"라 한다)를 지정해야 하는 사업의 종류 및 사업장의 상시근로자 수는 관계수급인에게 고용된 근로자를 포함한 상시근로자가 100명(선박 및 보트 건조업, 1차 금속 제조업 및 토사석 광업의 경우에는 50명) 이상인 사업이나 관계수급인의 공사금액을 포함한 해당 공사의 총공사금액이 20억원 이상인 건설업으로 한다.

제53조(안전보건총괄책임자의 직무 등) ① 안전보건총괄책임자의 직무는 다음 각 호와 같다.
1. 법 제36조에 따른 위험성평가의 실시에 관한 사항
2. 법 제51조 및 제54조에 따른 작업의 중지
3. 법 제64조에 따른 도급 시 산업재해 예방조치
4. 법 제72조제1항에 따른 산업안전보건관리비의 관계수급인 간의 사용에 관한 협의·조정 및 그 집행의 감독
5. 안전인증대상기계등과 자율안전확인대상기계등의 사용 여부 확인

② 안전보건총괄책임자에 대한 지원에 관하여는 제14조제2항을 준용한다. 이 경우 "안전보건관리책임자"는 "안전보건총괄책임자"로, "법 제15조제1항"은 "제1항"으로 본다.

③ 사업주는 안전보건총괄책임자를 선임했을 때에는 그 선임 사실 및 제1항 각

합격예측 및 관련법규

「산업재해보상보험법」(약칭: 산재보험법)
제8조(산업재해보상보험및예방심의위원회) ① 산업재해보상보험 및 예방에 관한 중요 사항을 심의하게 하기 위하여 고용노동부에 산업재해보상보험및예방심의위원회(이하 "위원회"라 한다)를 둔다.
② 위원회는 근로자를 대표하는 자, 사용자를 대표하는 자 및 공익을 대표하는 자로 구성하되, 그 수는 각각 같은 수로 한다.
③ 위원회는 그 심의 사항을 검토하고, 위원회의 심의를 보조하게 하기 위하여 위원회에 전문위원회를 둘 수 있다.

호의 직무의 수행내용을 증명할 수 있는 서류를 갖추어 두어야 한다.

제55조(산업재해 예방 조치 대상 건설공사) 법 제67조제1항 각 호 외의 부분에서 "대통령령으로 정하는 건설공사"란 총공사금액이 50억원 이상인 공사를 말한다.

제56조(안전보건조정자의 선임 등) ① 법 제68조제1항에 따른 안전보건조정자(이하 "안전보건조정자"라 한다)를 두어야 하는 건설공사는 각 건설공사의 금액의 합이 50억원 이상인 경우를 말한다.

② 제1항에 따라 안전보건조정자를 두어야 하는 건설공사발주자는 제1호 또는 제4호부터 제7호까지에 해당하는 사람 중에서 안전보건조정자를 선임하거나 제2호 또는 제3호에 해당하는 사람 중에서 안전보건조정자를 지정해야 한다.

1. 법 제143조제1항에 따른 산업안전지도사 자격을 가진 사람
2. 「건설기술 진흥법」 제2조제6호에 따른 발주청이 발주하는 건설공사인 경우 발주청이 같은 법 제49조제1항에 따라 선임한 공사감독자
3. 다음 각 목의 어느 하나에 해당하는 사람으로서 해당 건설공사 중 주된 공사의 책임감리자
   가. 「건축법」 제25조에 따라 지정된 공사감리자
   나. 「건설기술 진흥법」 제2조제5호에 따른 감리 업무를 수행하는 자
   다. 「주택법」 제43조에 따라 지정된 감리자
   라. 「전력기술관리법」 제12조의2에 따라 배치된 감리원
   마. 「정보통신공사업법」 제8조제2항에 따라 해당 건설공사에 대하여 감리 업무를 수행하는 자
4. 「건설산업기본법」 제8조에 따른 종합공사에 해당하는 건설현장에서 안전보건관리책임자로서 3년 이상 재직한 사람
5. 「국가기술자격법」에 따른 건설안전기술사
6. 「국가기술자격법」에 따른 건설안전기사 자격을 취득한 후 건설안전 분야에서 5년 이상의 실무경력이 있는 사람
7. 「국가기술자격법」에 따른 건설안전산업기사 자격을 취득한 후 건설안전 분야에서 7년 이상의 실무경력이 있는 사람

③ 제1항에 따라 안전보건조정자를 두어야 하는 건설공사발주자는 분리하여 발주되는 공사의 착공일 전날까지 제2항에 따라 안전보건조정자를 선임하거나 지정하여 각각의 공사 도급인에게 그 사실을 알려야 한다.

제57조(안전보건조정자의 업무) ① 안전보건조정자의 업무는 다음 각 호와 같다.

1. 법 제68조제1항에 따라 같은 장소에서 이루어지는 각각의 공사 간에 혼재된 작업의 파악
2. 제1호에 따른 혼재된 작업으로 인한 산업재해 발생의 위험성 파악
3. 제1호에 따른 혼재된 작업으로 인한 산업재해를 예방하기 위한 작업의 시

합격예측 및 관련법규

「건설기술 진흥법」

제2조(정의) 이 법에서 사용하는 용어의 뜻은 다음과 같다

5. "감리"란 건설공사가 관계 법령이나 기준, 설계도서 또는 그 밖의 관계 서류 등에 따라 적정하게 시행될 수 있도록 관리하거나 시공관리·품질관리·안전관리 등에 대한 기술지도를 하는 건설사업관리 업무를 말한다.
6. "발주청"이란 건설공사 또는 건설기술용역을 발주(發注)하는 국가, 지방자치단체, 「공공기관의 운영에 관한 법률」 제5조에 따른 공기업·준정부기관, 「지방공기업법」에 따른 지방공사·지방공단, 그 밖에 대통령령으로 정하는 기관의 장을 말한다.

「건축법」

제25조(건축물의 공사감리) ① 건축주는 대통령령으로 정하는 용도·규모 및 구조의 건축물을 건축하는 경우 건축사나 대통령령으로 정하는 자를 공사감리자(공사시공자 본인 및 「독점규제 및 공정거래에 관한 법률」 제2조에 따른 계열회사는 제외한다)로 지정하여 공사감리를 하게 하여야 한다.
② 제1항에도 불구하고 「건설산업기본법」 제41조제1항 각 호에 해당하지 아니하는 소규모 건축물로서 건축주가 직접 시공하는 건축물 및 주택으로 사용하는 건축물 중 대통령령으로 정하는 건축물의 경우에는 대통령령으로 정하는 바에 따라 허가권자가 해당 건축물의 설계에 참여하지 아니한 자 중에서 공사감리자를 지정하여야 한다. 다만, 다음 각 호의 어느 하나에 해당하는 건축물의 건축주가 국토교통부령으로 정하는 바에 따라 허가권자에게 신청하는 경우에는 해당 건축물을 설계한 자를 공사감리자로 지정할 수 있다.
1. 「건설기술 진흥법」 제14조에 따른 신기술을 적용하여 설계한 건축물
2. 「건축서비스산업 진흥법」 제13조제4항에 따른 역량 있는 건축사가 설계한 건축물
3. 설계공모를 통하여 설계한 건축물
③ 공사감리자는 공사감리를 할 때 이 법과 이 법에 따른 명령이나 처분, 그 밖의 관계 법령에 위반된 사항을 발견하거

기・내용 및 안전보건 조치 등의 조정
4. 각각의 공사 도급인의 안전보건관리책임자 간 작업 내용에 관한 정보 공유 여부의 확인

② 안전보건조정자는 제1항의 업무를 수행하기 위하여 필요한 경우 해당 공사의 도급인과 관계수급인에게 자료의 제출을 요구할 수 있다.

제63조(노사협의체의 설치 대상) 법 제75조제1항에서 "대통령령으로 정하는 규모의 건설공사"란 공사금액이 120억원(「건설산업기본법 시행령」 별표 1의 종합공사를 시공하는 업종의 건설업종란 제1호에 따른 토목공사업은 150억원) 이상인 건설공사를 말한다.

제64조(노사협의체의 구성) ① 노사협의체는 다음 각 호에 따라 근로자위원과 사용자위원으로 구성한다.
1. 근로자위원
   가. 도급 또는 하도급 사업을 포함한 전체 사업의 근로자대표
   나. 근로자대표가 지명하는 명예산업안전감독관 1명. 다만, 명예산업안전감독관이 위촉되어 있지 않은 경우에는 근로자대표가 지명하는 해당 사업장 근로자 1명
   다. 공사금액이 20억원 이상인 공사의 관계수급인의 각 근로자대표
2. 사용자위원
   가. 도급 또는 하도급 사업을 포함한 전체 사업의 대표자
   나. 안전관리자 1명
   다. 보건관리자 1명(별표 5 제44호에 따른 보건관리자 선임대상 건설업으로 한정한다)
   라. 공사금액이 20억원 이상인 공사의 관계수급인의 각 대표자

② 노사협의체의 근로자위원과 사용자위원은 합의하여 노사협의체에 공사금액이 20억원 미만인 공사의 관계수급인 및 관계수급인 근로자대표를 위원으로 위촉할 수 있다.

③ 노사협의체의 근로자위원과 사용자위원은 합의하여 제67조제2호에 따른 사람을 노사협의체에 참여하도록 할 수 있다.

제65조(노사협의체의 운영 등) ① 노사협의체의 회의는 정기회의와 임시회의로 구분하여 개최하되, 정기회의는 2개월마다 노사협의체의 위원장이 소집하며, 임시회의는 위원장이 필요하다고 인정할 때에 소집한다.

② 노사협의체 위원장의 선출, 노사협의체의 회의, 노사협의체에서 의결되지 않은 사항에 대한 처리방법 및 회의 결과 등의 공지에 관하여는 각각 제36조, 제37조제2항부터 제4항까지, 제38조 및 제39조를 준용한다. 이 경우 "산업안전보건위원회"는 "노사협의체"로 본다.

제66조(기계·기구 등) 법 제76조에서 "타워크레인 등 대통령령으로 정하는 기계·기구 또는 설비 등"이란 다음 각 호의 어느 하나에 해당하는 기계·기구 또는 설비를 말한다.
1. 타워크레인
2. 건설용 리프트
3. 항타기(해머나 동력을 사용하여 말뚝을 박는 기계) 및 항발기(박힌 말뚝을 빼내는 기계)

제67조(특수형태근로종사자의 범위 등) 법 제77조제1항제1호에 따른 요건을 충족하는 사람은 다음 각 호의 어느 하나에 해당하는 사람으로 한다. 〈개정2021.11.19〉
1. 보험을 모집하는 사람으로서 다음 각 목의 어느 하나에 해당하는 사람
   가. 「보험업법」 제83조제1항제1호에 따른 보험설계사
   나. 「우체국예금·보험에 관한 법률」에 따른 우체국보험의 모집을 전업(專業)으로 하는 사람
2. 「건설기계관리법」 제3조제1항에 따라 등록된 건설기계를 직접 운전하는 사람
3. 「통계법」 제22조에 따라 통계청장이 고시하는 직업에 관한 표준분류(이하 "한국표준직업분류표"라 한다)의 세세분류에 따른 학습지 방문강사, 교육교구 방문강사, 그 밖에 회원의 가정 등을 직접 방문하여 아동이나 학생 등을 가르치는 사람
4. 「체육시설의 설치·이용에 관한 법률」 제7조에 따라 직장체육시설로 설치된 골프장 또는 같은 법 제19조에 따라 체육시설업의 등록을 한 골프장에서 골프경기를 보조하는 골프장 캐디
5. 한국표준직업분류표의 세분류에 따른 택배원으로서 택배사업(소화물을 집화·수송 과정을 거쳐 배송하는 사업을 말한다)에서 집화 또는 배송 업무를 하는 사람
6. 한국표준직업분류표의 세분류에 따른 택배원으로서 고용노동부장관이 정하는 기준에 따라 주로 하나의 퀵서비스업자로부터 업무를 의뢰받아 배송 업무를 하는 사람
7. 「대부업 등의 등록 및 금융이용자 보호에 관한 법률」 제3조제1항 단서에 따른 대출모집인
8. 「여신전문금융업법」 제14조의2제1항제2호에 따른 신용카드회원 모집인
9. 고용노동부장관이 정하는 기준에 따라 주로 하나의 대리운전업자로부터 업무를 의뢰받아 대리운전 업무를 하는 사람
10. 「방문판매 등에 관한 법률」 제2조제2호 또는 제8호의 방문판매원이나 후원방문판매원으로서 고용노동부장관이 정하는 기준에 따라 상시적으로 방문판매업무를 하는 사람

합격예측 및 관련법규

업무획승인 대상과 「건설기술진흥법」 제39조제2항에 따라 건설사업관리를 하게 하는 건축물의 공사감리는 제1항부터 제9항까지 및 제11항부터 제14항까지의 규정에도 불구하고 각각 해당 법령으로 정하는 바에 따른다.
⑪ 제2항에 따라 허가권자가 공사감리자를 지정하는 건축물의 건축주는 제21조에 따른 착공신고를 하는 때에 감리비용이 명시된 감리 계약서를 허가권자에게 제출하여야 하고, 제22조에 따른 사용승인을 신청하는 때에는 감리용역 계약내용에 따라 감리비용을 지불하여야 한다. 이 경우 허가권자는 감리 계약서에 따라 감리비용이 지불되었는지를 확인한 후 사용승인을 하여야 한다.
⑫ 제2항에 따라 허가권자가 공사감리자를 지정하는 건축물의 건축주는 설계자의 설계 의도가 구현되도록 해당 건축물의 설계자를 건축과정에 참여시켜야 한다. 이 경우 「건축서비스산업 진흥법」 제22조를 준용한다.
⑬ 제12항에 따라 설계자를 건축과정에 참여시켜야 하는 건축주는 제21조에 따른 착공신고를 하는 때에 해당 계약서 등 대통령령으로 정하는 서류를 허가권자에게 제출하여야 한다.
⑭ 허가권자는 제11항의 감리비용에 관한 기준을 해당 지방자치단체의 조례로 정할 수 있다.

「주택법」
제43조(주택의 감리자 지정 등) ① 사업계획승인권자가 제15조제1항 또는 제3항에 따른 주택건설사업계획을 승인하였을 때와 시장·군수·구청장이 제66조제1항 또는 제2항에 따른 리모델링의 허가를 하였을 때에는 「건축사법」 또는 「건설기술 진흥법」에 따른 감리자격이 있는 자를 대통령령으로 정하는 바에 따라 해당 주택건설공사의 감리자로 지정하여야 한다. 다만, 사업주체가 국가·지방자치단체·한국토지주택공사·지방공사 또는 대통령령으로 정하는 자인 경우와 「건축법」 제25조에 따라 공사감리를 하는 도시형 생활주택의 경우에는 그러하지 아니하다.
② 사업계획승인권자는 감리

11. 한국표준직업분류표의 세세분류에 따른 대여 제품 방문점검원
12. 한국표준직업분류표의 세분류에 따른 가전제품 설치 및 수리원으로서 가전제품을 배송, 설치 및 시운전하여 작동상태를 확인하는 사람

제6장 유해·위험 기계 등에 대한 조치

제70조(방호조치를 해야 하는 유해하거나 위험한 기계·기구) 법 제80조제1항에서 "대통령령으로 정하는 것"이란 별표 20에 따른 기계·기구를 말한다.

제72조(타워크레인 설치·해체업의 등록요건) ① 법 제82조제1항 전단에 따라 타워크레인을 설치하거나 해체하려는 자가 갖추어야 하는 인력·시설 및 장비의 기준은 별표 22와 같다.
② 법 제82조제1항 후단에서 "대통령령으로 정하는 중요한 사항"이란 다음 각 호의 사항을 말한다.
　1. 업체의 명칭(상호)
　2. 업체의 소재지
　3. 대표자의 성명

제74조(안전인증대상기계등) ① 법 제84조제1항에서 "대통령령으로 정하는 것"이란 다음 각 호의 어느 하나에 해당하는 것을 말한다.
　1. 다음 각 목의 어느 하나에 해당하는 기계 또는 설비
　　가. 프레스
　　나. 전단기 및 절곡기(折曲機)
　　다. 크레인
　　라. 리프트
　　마. 압력용기
　　바. 롤러기
　　사. 사출성형기(射出成形機)
　　아. 고소(高所) 작업대
　　자. 곤돌라
　2. 다음 각 목의 어느 하나에 해당하는 방호장치
　　가. 프레스 및 전단기 방호장치
　　나. 양중기용(揚重機用) 과부하 방지장치
　　다. 보일러 압력방출용 안전밸브
　　라. 압력용기 압력방출용 안전밸브
　　마. 압력용기 압력방출용 파열판
　　바. 절연용 방호구 및 활선작업용(活線作業用) 기구
　　사. 방폭구조(防爆構造) 전기기계·기구 및 부품

아. 추락·낙하 및 붕괴 등의 위험 방지 및 보호에 필요한 가설기자재로서 고용노동부장관이 정하여 고시하는 것

자. 충돌·협착 등의 위험 방지에 필요한 산업용 로봇 방호장치로서 고용노동부장관이 정하여 고시하는 것

3. 다음 각 목의 어느 하나에 해당하는 보호구

　가. 추락 및 감전 위험방지용 안전모

　나. 안전화

　다. 안전장갑

　라. 방진마스크

　마. 방독마스크

　바. 송기(送氣)마스크

　사. 전동식 호흡보호구

　아. 보호복

　자. 안전대

　차. 차광(遮光) 및 비산물(飛散物) 위험방지용 보안경

　카. 용접용 보안면

　타. 방음용 귀마개 또는 귀덮개

② 안전인증대상기계등의 세부적인 종류, 규격 및 형식은 고용노동부장관이 정하여 고시한다.

제77조(자율안전확인대상기계등) ① 법 제89조제1항 각 호 외의 부분 본문에서 "대통령령으로 정하는 것"이란 다음 각 호의 어느 하나에 해당하는 것을 말한다.

1. 다음 각 목의 어느 하나에 해당하는 기계 또는 설비

　가. 연삭기(研削機) 또는 연마기. 이 경우 휴대형은 제외한다.

　나. 산업용 로봇

　다. 혼합기

　라. 파쇄기 또는 분쇄기

　마. 식품가공용 기계(파쇄·절단·혼합·제면기만 해당한다)

　바. 컨베이어

　사. 자동차정비용 리프트

　아. 공작기계(선반, 드릴기, 평삭·형삭기, 밀링만 해당한다)

　자. 고정형 목재가공용 기계(둥근톱, 대패, 루타기, 띠톱, 모떼기 기계만 해당한다)

　차. 인쇄기

2. 다음 각 목의 어느 하나에 해당하는 방호장치

　가. 아세틸렌 용접장치용 또는 가스집합 용접장치용 안전기

합격예측 및 관련법규

공사감리 완료보고서의 내용 및 제출 방법, 제4항에 따른 감리원 배치확인서 및 공사감리 완료증명서의 발급 등에 관하여 필요한 사항은 산업통상자원부령으로 정한다.

「정보통신공사업법」
제8조(건설업의 종류) ① 건설업의 종류는 종합공사를 시공하는 업종과 전문공사를 시공하는 업종으로 한다.
② 건설업의 구체적인 종류 및 업무범위 등에 관한 사항은 대통령령으로 정한다.

「보험업법」
제83조(모집할 수 있는 자) ① 모집을 할 수 있는 자는 다음 각 호의 어느 하나에 해당하는 자이어야 한다.
1. 보험설계사

「건설기계관리법」
제3조(등록 등) ① 건설기계의 소유자는 대통령령으로 정하는 바에 따라 건설기계를 등록하여야 한다.

「통계법」
제22조(표준분류) ① 통계청장은 통계작성기관이 동일한 기준에 따라 통계를 작성할 수 있도록 국제표준분류를 기준으로 산업, 직업, 질병·사인(死因) 등에 관한 표준분류를 작성·고시하여야 한다. 이 경우 통계청장은 미리 관계 기관의 장과 협의하여야 한다.
② 통계작성기관의 장은 통계를 작성하는 때에는 통계청장이 제1항에 따라 작성·고시하는 표준분류에 따라야 한다. 다만, 통계의 작성목적상 불가피하게 표준분류와 다른 기준을 적용하고자 하는 때에는 미리 통계청장의 동의를 받아야 한다.
③ 통계청장은 표준분류의 내용을 변경하거나 요약·발췌하여 발간함으로써 표준분류의 내용이 사실과 다르게 전달될 우려가 있다고 인정되는 경우에는 그 발간자에 대하여 시정을 명할 수 있다.

「체육시설의 설치·이용에 관한 법률」(약칭: 체육시설법)
제7조(직장체육시설) ① 직장의 장은 직장인의 체육 활동에 필요한 체육시설을 설치·운영하여야 한다.

나. 교류 아크용접기용 자동전격방지기

다. 롤러기 급정지장치

라. 연삭기 덮개

마. 목재 가공용 둥근톱 반발 예방장치와 날 접촉 예방장치

바. 동력식 수동대패용 칼날 접촉 방지장치

사. 추락·낙하 및 붕괴 등의 위험 방지 및 보호에 필요한 가설기자재(제74조제1항제2호아목의 가설기자재는 제외한다)로서 고용노동부장관이 정하여 고시하는 것

3. 다음 각 목의 어느 하나에 해당하는 보호구

가. 안전모(제74조제1항제3호가목의 안전모는 제외한다)

나. 보안경(제74조제1항제3호차목의 보안경은 제외한다)

다. 보안면(제74조제1항제3호카목의 보안면은 제외한다)

② 자율안전확인대상기계등의 세부적인 종류, 규격 및 형식은 고용노동부장관이 정하여 고시한다.

제7장 유해·위험물질에 대한 조치

제84조(유해인자 허용기준 이하 유지 대상 유해인자) 법 제107조제1항 각 호 외의 부분 본문에서 "대통령령으로 정하는 유해인자"란 별표 26 각 호에 따른 유해인자를 말한다.

제89조(기관석면조사 대상) ① 법 제119조제2항 각 호 외의 부분 본문에서 "대통령령으로 정하는 규모 이상"이란 다음 각 호의 어느 하나에 해당하는 경우를 말한다.

1. 건축물(제2호에 따른 주택은 제외한다. 이하 이 호에서 같다)의 연면적 합계가 50제곱미터 이상이면서, 그 건축물의 철거·해체하려는 부분의 면적 합계가 50제곱미터 이상인 경우

2. 주택(「건축법 시행령」 제2조제12호에 따른 부속건축물을 포함한다. 이하 이 호에서 같다)의 연면적 합계가 200제곱미터 이상이면서, 그 주택의 철거·해체하려는 부분의 면적 합계가 200제곱미터 이상인 경우

3. 설비의 철거·해체하려는 부분에 다음 각 목의 어느 하나에 해당하는 자재(물질을 포함한다. 이하 같다)를 사용한 면적의 합이 15제곱미터 이상 또는 그 부피의 합이 1세제곱미터 이상인 경우

가. 단열재

나. 보온재

다. 분무재

라. 내화피복재(耐火被覆材)

마. 개스킷(Gasket: 누설방지재)

바. 패킹재(Packing material : 틈박이재)
사. 실링재(Sealing material : 액상 메움재)
아. 그 밖에 가목부터 사목까지의 자재와 유사한 용도로 사용되는 자재로서 고용노동부장관이 정하여 고시하는 자재
4. 파이프 길이의 합이 80미터 이상이면서, 그 파이프의 철거·해체하려는 부분의 보온재로 사용된 길이의 합이 80미터 이상인 경우

② 법 제119조제2항 각 호 외의 부분 단서에서 "석면함유 여부가 명백한 경우 등 대통령령으로 정하는 사유"란 다음 각 호의 어느 하나에 해당하는 경우를 말한다.
1. 건축물이나 설비의 철거·해체 부분에 사용된 자재가 설계도서, 자재 이력 등 관련 자료를 통해 석면을 함유하고 있지 않음이 명백하다고 인정되는 경우
2. 건축물이나 설비의 철거·해체 부분에 석면이 중량비율 1퍼센트를 초과하여 함유된 자재를 사용하였음이 명백하다고 인정되는 경우

제8장 근로자 보건관리

제95조(작업환경측정기관의 지정 요건) 법 제126조제1항에 따라 작업환경측정기관으로 지정받을 수 있는 자는 다음 각 호의 어느 하나에 해당하는 자로서 작업환경측정기관의 유형별로 별표 29에 따른 인력·시설 및 장비를 갖추고 법 제126조제2항에 따라 고용노동부장관이 실시하는 작업환경측정기관의 측정·분석능력 확인에서 적합 판정을 받은 자로 한다.
1. 국가 또는 지방자치단체의 소속기관
2. 「의료법」에 따른 종합병원 또는 병원
3. 「고등교육법」 제2조제1호부터 제6호까지의 규정에 따른 대학 또는 그 부속기관
4. 작업환경측정 업무를 하려는 법인
5. 작업환경측정 대상 사업장의 부속기관(해당 부속기관이 소속된 사업장 등 고용노동부령으로 정하는 범위로 한정하여 지정받으려는 경우로 한정한다)

제99조(유해·위험작업에 대한 근로시간 제한 등) ① 법 제139조제1항에서 "높은 기압에서 하는 작업 등 대통령령으로 정하는 작업"이란 잠함(潛函) 또는 잠수 작업 등 높은 기압에서 하는 작업을 말한다.
② 제1항에 따른 작업에서 잠함·잠수 작업시간, 가압·감압방법 등 해당 근로자의 안전과 보건을 유지하기 위하여 필요한 사항은 고용노동부령으로 정한다.
③ 법 제139조제2항에서 "대통령령으로 정하는 유해하거나 위험한 작업"이란 다음 각 호의 어느 하나에 해당하는 작업을 말한다.
1. 갱(坑) 내에서 하는 작업
2. 다량의 고열물체를 취급하는 작업과 현저히 덥고 뜨거운 장소에서 하는 작업

합격예측 및 관련법규

제96조의2(휴게시설 설치·관리기준 준수 대상 사업장의 사업주) 법 제128조의2제2항에서 "사업의 종류 및 사업장의 상시 근로자 수 등 대통령령으로 정하는 기준에 해당하는 사업장"이란 다음 각 호의 어느 하나에 해당하는 사업장을 말한다.
1. 상시근로자(관계수급인의 근로자를 포함한다. 이하 제2호에서 같다) 20명 이상을 사용하는 사업장(건설업의 경우에는 관계수급인의 공사금액을 포함한 해당 공사의 총공사금액이 20억 원 이상인 사업장으로 한정한다)
2. 다음 각 목의 어느 하나에 해당하는 직종(「통계법」 제22조제1항에 따라 통계청장이 고시하는 한국표준직업분류에 따른다)의 상시근로자가 2명 이상인 사업장으로서 상시근로자 10명 이상 20명 미만을 사용하는 사업장(건설업은 제외한다)
가. 전화 상담원
나. 돌봄 서비스 종사원
다. 텔레마케터
라. 배달원
마. 청소원 및 환경미화원
바. 아파트 경비원
사. 건물 경비원

3. 다량의 저온물체를 취급하는 작업과 현저히 춥고 차가운 장소에서 하는 작업
4. 라듐방사선이나 엑스선, 그 밖의 유해 방사선을 취급하는 작업
5. 유리·흙·돌·광물의 먼지가 심하게 날리는 장소에서 하는 작업
6. 강렬한 소음이 발생하는 장소에서 하는 작업
7. 착암기(바위에 구멍을 뚫는 기계) 등에 의하여 신체에 강렬한 진동을 주는 작업
8. 인력(人力)으로 중량물을 취급하는 작업
9. 납·수은·크롬·망간·카드뮴 등의 중금속 또는 이황화탄소·유기용제, 그 밖에 고용노동부령으로 정하는 특정 화학물질의 먼지·증기 또는 가스가 많이 발생하는 장소에서 하는 작업

제9장 산업안전지도사 및 산업보건지도사

제101조(산업안전지도사 등의 직무) ① 법 제142조제1항제4호에서 "대통령령으로 정하는 사항"이란 다음 각 호의 사항을 말한다.
  1. 법 제36조에 따른 위험성평가의 지도
  2. 법 제49조에 따른 안전보건개선계획서의 작성
  3. 그 밖에 산업안전에 관한 사항의 자문에 대한 응답 및 조언
② 법 제142조제2항제6호에서 "대통령령으로 정하는 사항"이란 다음 각 호의 사항을 말한다.
  1. 법 제36조에 따른 위험성평가의 지도
  2. 법 제49조에 따른 안전보건개선계획서의 작성
  3. 그 밖에 산업보건에 관한 사항의 자문에 대한 응답 및 조언

제10장 보칙

제109조(산업재해 예방사업의 지원) 법 제158조제1항 전단에서 "대통령령으로 정하는 사업"이란 다음 각 호의 어느 하나에 해당하는 업무와 관련된 사업을 말한다.
  1. 산업재해 예방을 위한 방호장치, 보호구, 안전설비 및 작업환경개선 시설·장비 등의 제작, 구입, 보수, 시험, 연구, 홍보 및 정보제공 등의 업무
  2. 사업장 안전·보건관리에 대한 기술지원 업무
  3. 산업 안전·보건 관련 교육 및 전문인력 양성 업무
  4. 산업재해예방을 위한 연구 및 기술개발 업무
  5. 법 제11조제3호에 따른 노무를 제공하는 자의 건강을 유지·증진하기 위한 시설의 운영에 관한 지원 업무

6. 안전·보건의식의 고취 업무
7. 법 제36조에 따른 위험성평가에 관한 지원 업무
8. 안전검사 지원 업무
9. 유해인자의 노출 기준 및 유해성·위험성 조사·평가 등에 관한 업무
10. 직업성 질환의 발생 원인을 규명하기 위한 역학조사·연구 또는 직업성 질환 예방에 필요하다고 인정되는 시설·장비 등의 구입 업무
11. 작업환경측정 및 건강진단 지원 업무
12. 법 제126조제2항에 따른 작업환경측정기관의 측정·분석 능력의 확인 및 법 제135조제3항에 따른 특수건강진단기관의 진단·분석 능력의 확인에 필요한 시설·장비 등의 구입 업무
13. 산업의학 분야의 학술활동 및 인력 양성 지원에 관한 업무
14. 그 밖에 산업재해 예방을 위한 업무로서 산업재해보상보험및예방심의위원회의 심의를 거쳐 고용노동부장관이 정하는 업무

제11장 벌칙

제119조(과태료의 부과기준) 법 제175조제1항부터 제6항까지의 규정에 따른 과태료의 부과기준은 별표 35와 같다.

산업안전보건법, 영·규칙 별표

[별표2] 안전보건관리책임자를 두어야 할 사업의 종류 및 사업장의 상시근로자 수

사업의 종류	상시근로자 수
1. 토사석 광업 2. 식료품 제조업, 음료 제조업 3. 목재 및 나무제품 제조업;가구 제외 4. 펄프, 종이 및 종이제품 제조업 5. 코크스, 연탄 및 석유정제품 제조업 6. 화학물질 및 화학제품 제조업;의약품 제외 7. 의료용 물질 및 의약품 제조업 8. 고무 및 플라스틱제품 제조업 9. 비금속 광물제품 제조업 10. 1차 금속 제조업 11. 금속가공제품 제조업;기계 및 가구 제외 12. 전자부품, 컴퓨터, 영상, 음향 및 통신장비 제조업 13. 의료, 정밀, 광학기기 및 시계 제조업 14. 전기장비 제조업 15. 기타 기계 및 장비 제조업 16. 자동차 및 트레일러 제조업 17. 기타 운송장비 제조업 18. 가구 제조업 19. 기타 제품 제조업 20. 서적, 잡지 및 기타 인쇄물 출판업 21. 해체, 선별 및 원료 재생업 22. 자동차 종합 수리업, 자동차 전문 수리업	상시 근로자 50명 이상
23. 농업 24. 어업 25. 소프트웨어 개발 및 공급업 26. 컴퓨터 프로그래밍, 시스템 통합 및 관리업 27. 정보서비스업 28. 금융 및 보험업 29. 임대업;부동산 제외 30. 전문, 과학 및 기술 서비스업(연구개발업은 제외한다) 31. 사업지원 서비스업 32. 사회복지 서비스업	상시 근로자 300명 이상
33. 건설업	공사금액 20억원 이상
34. 제1호부터 제33호까지의 사업을 제외한 사업	상시 근로자 100명 이상

[별표3] 안전관리자를 두어야 하는 사업의 종류, 사업장의 상시근로자 수, 안전관리자의 수 및 선임방법

사업의 종류	상시근로자 수	안전관리자의 수	안전관리자의 선임방법
1. 토사석 광업 2. 식료품 제조업, 음료 제조업 3. 목재 및 나무제품 제조; 가구제외 4. 펄프, 종이 및 종이제품 제조업 5. 코크스, 연탄 및 석유정제품 제조업 6. 화학물질 및 화학제품 제조업; 의약품 제외 7. 의료용 물질 및 의약품 제조업 8. 고무 및 플라스틱제품 제조업 9. 비금속 광물제품 제조업 10. 1차 금속 제조업 11. 금속가공제품 제조업; 기계 및 가구 제외 12. 전자부품, 컴퓨터, 영상, 음향 및 통신장비 제조업 13. 의료, 정밀, 광학기기 및 시계 제조업 14. 전기장비 제조업 15. 기타 기계 및 장비제조업 16. 자동차 및 트레일러 제조업 17. 기타 운송장비 제조업 18. 가구 제조업 19. 기타 제품 제조업 20. 서적, 잡지 및 기타 인쇄물 출판업 21. 해체, 선별 및 원료 재생업 22. 자동차 종합 수리업, 자동차 전문 수리업 23. 발전업	상시근로자 50명 이상 500명 미만	1명 이상	별표 4 각 호의 어느 하나에 해당하는 사람(같은 표 제3호·제7호 및 제9호 부터 제12호까지에 해당하는 사람은 제외한다)을 선임해야 한다.
	상시근로자 500명 이상	2명 이상	별표 4 각 호의 어느 하나에 해당하는 사람(같은 표 제7호 및 제9호부터 제12호까지에 해당하는 사람은 제외한다)을 선임하되, 같은 표 제1호·제2호(「국가기술자격법」에 따른 산업안전산업기사의 자격을 취득한 사람은 제외한다) 또는 제4호에 해당하는 사람이 1명 이상 포함되어야 한다.

사업의 종류	상시근로자 수	안전관리자의 수	안전관리자의 선임방법
24. 농업, 임업 및 어업 25. 제2호부터 제19호까지의 사업을 제외한 제조업 26. 전기, 가스, 증기 및 공기조절 공급업(발전업은 제외한다) 27. 수도, 하수 및 폐기물 처리, 원료 재생업(제21호에 해당하는 사업은 제외한다) 28. 운수 및 창고업 29. 도매 및 소매업 30. 숙박 및 음식점업 31. 영상·오디오 기록물 제작 및 배급업	상시근로자 50명 이상 1천명 미만. 다만, 제37호의 부동산업(부동산 관리업은 제외한다)과 제40호의 사업의 경우에는 상시근로자 100명 이상 1천명 미만으로 한다.	1명 이상	별표 4 각 호의 어느 하나에 해당하는 사람(같은 표 제3호 및 제9호부터 제12호까지에 해당하는 사람은 제외한다. 다만, 제28호 및 제30호부터 제46호까지의 사업의 경우 별표 4 제3호에 해당하는 사람에 대해서는 그렇지 않다)을 선임해야 한다.
32. 방송업 33. 우편 및 통신업 34. 부동산업 35. 임대업; 부동산 제외 36. 연구개발업 37. 사진처리업 38. 사업시설 관리 및 조경 서비스업 39. 청소년 수련시설 운영업 40. 보건업 41. 예술, 스포츠 및 여가관련 서비스업 42. 개인 및 소비용품수리업(제22호에 해당하는 사업은 제외한다) 43. 기타 개인 서비스업 44. 공공행정(청소, 시설관리, 조리 등 현업업무에 종사하는 사람으로서 고용노동부장관이 정하여 고시하는 사람으로 한정한다) 45. 교육서비스업 중 초등·중등·고등 교육기관, 특수학교·외국인학교 및 대안학교(청소, 시설관리, 조리 등 현업업무에 종사하는 사람으로서 고용노동부장관이 정하여 고시하는 사람으로 한정한다)	상시근로자 1천명 이상	2명 이상	별표 4 각 호의 어느 하나에 해당하는 사람(같은 표 제7호·제11호 및 제12호에 해당하는 사람은 제외한다)을 선임하되, 같은 표 제1호·제2호·제4호 또는 제5호에 해당하는 사람이 1명 이상 포함되어야 한다.

사업의 종류	상시근로자 수	안전관리자의 수	안전관리자의 선임방법
46. 건설업	공사금액 50억원 이상(관계수급인은 100억원 이상) 120억원 미만(「건설산업기본법 시행령」 별표 1의 종합공사를 시공하는 업종의 건설업종란 제1호에 따른 토목공사업의 경우에는 150억원 미만)	1명 이상	별표 4 제1호부터 제7호까지 및 제10호부터 제12호까지의 어느 하나에 해당하는 사람을 선임해야 한다.
	공사금액 120억원 이상(「건설산업기본법 시행령」 별표 1의 제1호 가목의 토목공사업의 경우에는 150억원 이상) 800억원 미만		별표 4 제1호부터 제7호까지 및 제10호의 어느 하나에 해당하는 사람을 선임해야 한다.
	공사금액 800억원 이상 1,500억원 미만	2명 이상. 다만, 전체 공사기간을 100으로 할 때 공사 시작에서 15에 해당하는 기간과 공사 종료 전의 15에 해당하는 기간(이하 "전체 공사기간 중 전·후 15에 해당하는 기간"이라 한다) 동안은 1명 이상으로 한다.	별표 4 제1호부터 제7호까지 및 제10호의 어느 하나에 해당하는 사람을 선임하되, 같은 표 제1호부터 제3호까지의 어느 하나에 해당하는 사람이 1명 이상 포함되어야 한다.
	공사금액 1,500억원 이상 2,200억원 미만	3명 이상. 다만, 전체 공사기간 중 전·후 15에 해당하는 기간은 2명 이상으로 한다.	별표 4 제1호부터 제7호까지 및 제12호의 어느 하나에 해당하는 사람을 선임하되, 같은 표 제12호에 해당하는 사람 1

> **참고**
>
> **건설업 년도별 선임 기준**
> ① 공사금액 60억원 이상 80억원 미만 공사의 경우 : 2022년 7월 1일
> ② 공사금액 50억원 이상 60억원 미만 공사의 경우 : 2023년 7월 1일

사업의 종류	상시근로자 수	안전관리자의 수	안전관리자의 선임방법
46. 건설업 (계속)	공사금액 1,500억원 이상 2,200억원 미만 (계속)		명만 포함될 수 있고, 같은 표 제1호 또는 「국가기술자격법」에 따른 건설안전기술사(건설안전기사 또는 산업안전기사의 자격을 취득한 후 7년 이상 건설안전 업무를 수행한 사람이거나 건설안전산업기사 또는 산업안전산업기사의 자격을 취득한 후 10년 이상 건설안전 업무를 수행한 사람을 포함한다)자격을 취득한 사람(이하 "산업안전지도사등"이라 한다)이 1명 이상 포함되어야 한다.
	공사금액 2,200억원 이상 3천억원 미만	4명 이상. 다만, 전체 공사기간 중 전·후 15에 해당하는 기간은 2명 이상으로 한다.	
	공사금액 3천억원 이상 3,900억원 미만	5명 이상. 다만, 전체 공사기간 중 전·후 15에 해당하는 기간은 3명 이상으로 한다.	별표 4 제1호부터 제7호까지 및 제12호의 어느 하나에 해당하는 사람을 선임하되, 같은 표 제12호에 해당하는 사람이 1명만 포함될 수 있고, 산업안전지도사등이 2명 이상 포함되어야 한다. 다만, 전체 공사기간 중 전·후 15에 해당하는 기간에는 산업안전지도사등이 1명 이상 포함되어야 한다.
	공사금액 3,900억원 이상 4,900억원 미만	6명 이상. 다만, 전체 공사기간 중 전·후 15에 해당하는 기간은 3명 이상으로 한다.	
	공사금액 4,900억원 이상 6천억원 미만	7명 이상. 다만, 전체 공사기간 중 전·후 15에 해당하는 기간은 4명 이상으로 한다.	별표 4 제1호부터 제7호까지 및 제12호의 어느 하나에 해당하는 사람을 선임하되, 같은 표 제12호에 해당하는 사람이 2명까

사업의 종류	상시근로자 수	안전관리자의 수	안전관리자의 선임방법
46. 건설업 (계속)	공사금액 6천억원 이상 7,200억원 미만	8명 이상. 다만, 전체 공사기간 중 전·후 15에 해당하는 기간은 4명 이상으로 한다.	지만 포함될 수 있고, 산업안전지도사등이 2명 이상 포함되어야 한다. 다만, 전체 공사기간 중 전·후 15에 해당하는 기간에는 산업안전지도사등이 2명 이상 포함되어야 한다
	공사금액 7,200억원 이상 8,500억원 미만	9명 이상. 다만, 전체 공사기간 중 전·후 15에 해당하는 기간은 5명 이상으로 한다.	별표 4 제1호부터 제7호까지 및 제12호의 어느 하나에 해당하는 사람을 선임하되, 같은 표 제12호에 해당하는 사람은 2명까지만 포함될 수 있고, 산업안전지도사등이 3명 이상 포함되어야 한다. 다만, 전체 공사기간 중 전·후 15에 해당하는 기간에는 산업안전지도사등이 3명 이상 포함되어야 한다.
	공사금액 8,500억원 이상 1조원 미만	10명 이상. 다만, 전체 공사기간 중 전·후 15에 해당하는 기간은 5명 이상으로 한다.	
	1조원 이상	11명 이상[매 2천억원(2조원 이상부터는 매 3천억원)마다 1명씩 추가한다]. 다만, 전체 공사기간 중 전·후 15에 해당하는 기간은 선임 대상 안전관리자 수의 2분의 1(소수점 이하는 올림한다) 이상으로 한다.	

비고 :
1. 철거공사가 포함된 건설공사의 경우 철거공사만 이루어지는 기간은 전체 공사기간에는 산입되나 전체 공사기간 중 전·후 15에 해당하는 기간에는 산입되지 않는다. 이 경우 전체 공사기간 중 전·후 15에 해당하는 기간은 철거공사만 이루어지는 기간을 제외한 공사기간을 기준으로 산정한다.
2. 철거공사만 이루어지는 기간에는 공사금액별로 선임해야 하는 최소 안전관리자 수 이상으로 안전관리자를 선임해야 한다.

[별표 4] 안전관리자의 자격

안전관리자는 다음 각 호의 어느 하나에 해당하는 사람으로 한다.

1. 법 제143조제1항에 따른 산업안전지도사 자격을 가진 사람
2. 「국가기술자격법」에 따른 산업안전산업기사 이상의 자격을 취득한 사람
3. 「국가기술자격법」에 따른 건설안전산업기사 이상의 자격을 취득한 사람
4. 「고등교육법」에 따른 4년제 대학 이상의 학교에서 산업안전 관련 학위를 취득한 사람 또는 이와 같은 수준 이상의 학력을 가진 사람
5. 「고등교육법」에 따른 전문대학 또는 이와 같은 수준 이상의 학교에서 산업안전 관련 학위를 취득한 사람
6. 「고등교육법」에 따른 이공계 전문대학 또는 이와 같은 수준 이상의 학교에서 학위를 취득하고, 해당 사업의 관리감독자로서의 업무(건설업의 경우는 시공실무경력)를 3년(4년제 이공계 대학 학위 취득자는 1년) 이상 담당한 후 고용노동부장관이 지정하는 기관이 실시하는 교육(1998년 12월 31일까지의 교육만 해당한다)을 받고 정해진 시험에 합격한 사람. 다만, 관리감독자로 종사한 사업과 같은 업종(한국표준산업분류에 따른 대분류를 기준으로 한다)의 사업장이면서, 건설업의 경우를 제외하고는 상시근로자 300명 미만인 사업장에서만 안전관리자가 될 수 있다.
7. 「초·중등교육법」에 따른 공업계 고등학교 또는 이와 같은 수준 이상의 학교를 졸업하고, 해당 사업의 관리감독자로서의 업무(건설업의 경우는 시공실무경력)를 5년 이상 담당한 후 고용노동부장관이 지정하는 기관이 실시하는 교육(1998년 12월 31일까지의 교육만 해당한다)을 받고 정해진 시험에 합격한 사람. 다만, 관리감독자로 종사한 사업과 같은 종류인 업종(한국표준산업분류에 따른 대분류를 기준으로 한다)의 사업장이면서, 건설업의 경우를 제외하고는 별표 3 제28호 또는 제33호의 사업을 하는 사업장(상시근로자 50명 이상 1천명 미만인 경우만 해당한다)에서만 안전관리자가 될 수 있다.
8. 다음 각 목의 어느 하나에 해당하는 사람. 다만, 해당 법령을 적용받은 사업에서만 선임될 수 있다.

   가. 「고압가스 안전관리법」 제4조 및 같은 법 시행령 제3조제1항에 따른 허가를 받은 사업자 중 고압가스를 제조·저장 또는 판매하는 사업에서 같은 법 제15조 및 같은 법 시행령 제12조에 따라 선임하는 안전관리 책임자

   나. 「액화석유가스의 안전관리 및 사업법」 제5조 및 같은 법 시행령 제3조에 따른 허가를 받은 사업자 중 액화석유가스 충전사업·액화석유가스 집단공급사업 또는 액화석유가스 판매사업에서 같은 법 제34조 및 같은 법 시행령 제15조에 따라 선임하는 안전관리책임자

   다. 「도시가스사업법」 제29조 및 같은 법 시행령 제15조에 따라 선임하는 안전관

리 책임자
　라. 「교통안전법」 제53조에 따라 교통안전관리자의 자격을 취득한 후 해당 분야에 채용된 교통안전관리자
　마. 「총포·도검·화약류 등의 안전관리에 관한 법률」 제2조제3항에 따른 화약류를 제조·판매 또는 저장하는 사업에서 같은 법 제27조 및 같은 법 시행령 제54조·제55조에 따라 선임하는 화약류제조보안책임자 또는 화약류관리보안책임자
　바. 「전기사업법」 제73조에 따라 전기사업자가 선임하는 전기안전관리자
9. 제16조제2항에 따라 전담 안전관리자를 두어야 하는 사업장(건설업은 제외한다)에서 안전 관련 업무를 10년 이상 담당한 사람
10. 「건설산업기본법」 제8조에 따른 종합공사를 시공하는 업종의 건설현장에서 안전보건관리책임자로 10년 이상 재직한 사람
11. 「건설기술 진흥법」에 따른 토목·건축 분야 건설기술인 중 등급이 중급 이상인 사람으로서 고용노동부장관이 지정하는 기관이 실시하는 산업안전교육(2023년 12월 31일까지의 교육만 해당한다)을 이수하고 정해진 시험에 합격한 사람
12. 「국가기술자격법」에 따른 토목산업기사 또는 건축산업기사 이상의 자격을 취득한 후 해당 분야에서의 실무경력이 다음 각 목의 구분에 따른 기간 이상인 사람으로서 고용노동부장관이 지정하는 기관이 실시하는 산업안전교육(2023년 12월 31일까지의 교육만 해당한다)을 이수하고 정해진 시험에 합격한 사람
　가. 토목기사 또는 건축기사 : 3년
　나. 토목산업기사 또는 건축산업기사 : 5년

[별표9] 산업안전보건위원회를 구성해야 할 사업의 종류 및 사업장의 상시근로자 수

사업의 종류	상시근로자 수
1. 토사석 광업 2. 목재 및 나무제품 제조업;가구제외 3. 화학물질 및 화학제품 제조업;의약품 제외(세제, 화장품 및 광택제 제조업과 화학섬유 제조업은 제외한다) 4. 비금속 광물제품 제조업 5. 1차 금속 제조업 6. 금속가공제품 제조업;기계 및 가구 제외 7. 자동차 및 트레일러 제조업 8. 기타 기계 및 장비 제조업(사무용 기계 및 장비 제조업은 제외한다) 9. 기타 운송장비 제조업(전투용 차량 제조업은 제외한다)	상시 근로자 50명 이상

사업의 종류	상시근로자 수
10. 농업 11. 어업 12. 소프트웨어 개발 및 공급업 13. 컴퓨터 프로그래밍, 시스템 통합 및 관리업 14. 정보서비스업 15. 금융 및 보험업 16. 임대업;부동산 제외 17. 전문, 과학 및 기술 서비스업(연구개발업은 제외한다) 18. 사업지원 서비스업 19. 사회복지 서비스업	상시 근로자 300명 이상
20. 건설업	공사금액 120억원 이상(「건설산업기본법 시행령」 별표 1에 따른 토목공사에 해당하는 공사의 경우에는 150억원 이상)
21. 제1호부터 제20호까지의 사업을 제외한 사업	

[별표13] 유해·위험물질 규정량

번호	유해·위험물질	CAS번호	규정량[kg]
1	인화성 가스	−	제조·취급 : 5,000 (저장: 200,000)
2	인화성 액체	−	제조·취급 : 5,000 (저장: 200,000)
3	메틸 이소시아네이트	624−83−9	제조·취급·저장 : 1,000
4	포스겐	75−44−5	제조·취급·저장 : 500
5	아크릴로니트릴	107−13−1	제조·취급·저장 : 10,000
6	암모니아	7664−41−7	제조·취급·저장 : 10,000
7	염소	7782−50−5	제조·취급·저장 : 1,500
8	이산화황	7446−09−5	제조·취급·저장 : 10,000
9	삼산화황	7446−11−9	제조·취급·저장 : 10,000
10	이황화탄소	75−15−0	제조·취급·저장 : 10,000
11	시안화수소	74−90−8	제조·취급·저장 : 500
12	불화수소(무수불산)	7664−39−3	제조·취급·저장 : 1,000
13	염화수소(무수염산)	7647−01−0	제조·취급·저장 : 10,000
14	황화수소	7783−06−4	제조·취급·저장 : 1,000
15	질산암모늄	6484−52−2	제조·취급·저장 : 500,000
16	니트로글리세린	55−63−0	제조·취급·저장 : 10,000
17	트리니트로톨루엔	118−96−7	제조·취급·저장 : 50,000
18	수소	1333−74−0	제조·취급·저장 : 5,000

번호	유해·위험물질	CAS번호	규정량[kg]
19	산화에틸렌	75-21-8	제조·취급·저장 : 1,000
20	포스핀	7803-51-2	제조·취급·저장 : 500
21	실란(Silane)	7803-62-5	제조·취급·저장 : 1,000
22	질산(중량 94.5% 이상)	7697-37-2	제조·취급·저장 : 50,000
23	발연황산(삼산화황 중량 65% 이상 80% 미만)	8014-95-7	제조·취급·저장 : 20,000
24	과산화수소(중량 52% 이상)	7722-84-1	제조·취급·저장 : 10,000
25	톨루엔 디이소시아네이트	91-08-7, 584-84-9, 26471-62-5	제조·취급·저장 : 2,000
26	클로로술폰산	7790-94-5	제조·취급·저장 : 10,000
27	브롬화수소	10035-10-6	제조·취급·저장 : 10,000
28	삼염화인	7719-12-2	제조·취급·저장 : 10,000
29	염화 벤질	100-44-7	제조·취급·저장 : 2,000
30	이산화염소	10049-04-4	제조·취급·저장 : 500
31	염화 티오닐	7719-09-7	제조·취급·저장 : 10,000
32	브롬	7726-95-6	제조·취급·저장 : 1,000
33	일산화질소	10102-43-9	제조·취급·저장 : 10,000
34	붕소 트리염화물	10294-34-5	제조·취급·저장 : 10,000
35	메틸에틸케톤과산화물	1338-23-4	제조·취급·저장 : 10,000
36	삼불화 붕소	7637-07-2	제조·취급·저장 : 1,000
37	니트로아닐린	88-74-4, 99-09-2, 100-01-6, 29757-24-2	제조·취급·저장 : 2,500
38	염소 트리플루오르화	7790-91-2	제조·취급·저장 : 1,000
39	불소	7782-41-4	제조·취급·저장 : 500
40	시아누르 플루오르화물	675-14-9	제조·취급·저장 : 2,000
41	질소 트리플루오르화물	7783-54-2	제조·취급·저장 : 20,000
42	니트로 셀룰로오스(질소 함유량 12.6% 이상)	9004-70-0	제조·취급·저장 : 100,000
43	과산화벤조일	94-36-0	제조·취급·저장 : 3,500
44	과염소산 암모늄	7790-98-9	제조·취급·저장 : 3,500
45	디클로로실란	4109-96-0	제조·취급·저장 : 1,000
46	디에틸 알루미늄 염화물	96-10-6	제조·취급·저장 : 10,000
47	디이소프로필 퍼옥시디카보네이트	105-64-6	제조·취급·저장 : 3,500
48	불산(중량 10% 이상)	7664-39-3	제조·취급·저장 : 10,000
49	염산(중량 20% 이상)	7647-01-0	제조·취급·저장 : 20,000
50	황산(중량 20% 이상)	7664-93-9	제조·취급·저장 : 20,000
51	암모니아수(중량 20% 이상)	1336-21-6	제조·취급·저장 : 50,000

비고

1. 인화성 가스란 인화한계 농도의 최저한도가 13[%] 이하 또는 최고한도와 최저한도의 차가 12[%] 이상인 것으로서 표준압력(101.3[kPa])하의 20[℃]에서 가스 상태인 물질을 말한다.
2. 인화성 가스 중 사업장 외부로부터 배관을 통해 공급받아 최초 압력조정기 후단 이후의 압력이 0.1[MPa](계기압력) 미만으로 취급되는 사업장의 연료용 도시가스(메탄 중량성분 85[%] 이상으로 이 표에 따른 유해·위험물질이 없는 설비에 공급되는 경우에 한정한다)는 취급 규정량을 50,000[kg]으로 한다.
3. 인화성 액체란 표준압력(101.3[kPa])에서 인화점이 60[℃] 이하이거나 고온·고압의 공정운전조건으로 인하여 화재·폭발위험이 있는 상태에서 취급되는 가연성 물질을 말한다.
4. 인화점의 수치는 태그밀폐식 또는 펜스키마르테르식 등의 밀폐식 인화점 측정기로 표준압력(101.3 [kPa])에서 측정한 수치 중 작은 수치를 말한다.
5. 유해·위험물질의 규정량이란 제조·취급·저장 설비에서 공정과정 중에 저장되는 양을 포함하여 하루 동안 최대로 제조·취급 또는 저장할 수 있는 양을 말한다.
6. 규정량은 화학물질의 순도 100[%]를 기준으로 산출하되, 농도가 규정되어 있는 화학물질은 그 규정된 농도를 기준으로 한다.
7. 사업장에서 다음 각 목의 구분에 따라 해당 유해·위험물질을 그 규정량 이상 제조·취급·저장하는 경우에는 유해·위험설비로 본다.
   가. 한 종류의 유해·위험물질을 제조·취급·저장하는 경우 : 해당 유해·위험물질의 규정량 대비 하루 동안 제조·취급 또는 저장할 수 있는 최대치 중 가장 큰 값($\frac{C}{T}$)이 1 이상인 경우
   나. 두 종류 이상의 유해·위험물질을 제조·취급·저장하는 경우 : 유해·위험물질별로 가목에 따른 가장 큰 값($\frac{C}{T}$)을 각각 구하여 합산한 값(R)이 1 이상인 경우, 그 계산식은 다음과 같다.
   $$R = \frac{C_1}{T_1} + \frac{C_2}{T_2} + \cdots\cdots\cdots + \frac{C_n}{T_n}$$
   주) C_n : 유해·위험물질별(n) 규정량과 비교하여 하루 동안 제조·취급 또는 저장할 수 있는 최대치 중 가장 큰 값
   　　T_n : 유해·위험물질별(n) 규정량
8. 가스를 전문으로 저장·판매하는 시설 내의 가스는 이 표의 규정량 산정에서 제외한다.

[별표20] 유해·위험 방지를 위한 방호조치가 필요한 기계·기구 20. 9. 27

1. 예초기
2. 원심기
3. 공기압축기
4. 금속절단기
5. 지게차
6. 포장기계(진공포장기, 랩핑기로 한정한다)

3　산업안전보건법 시행규칙

[시행 2023. 1. 1.] [고용노동부령 제363호, 2022. 8. 18., 일부개정]

제1장 총칙

제1조(목적) 이 규칙은 「산업안전보건법」 및 같은 법 시행령에서 위임된 사항과 그 시행에 필요한 사항을 규정함을 목적으로 한다.

제3조(중대재해의 범위) 법 제2조제2호에서 "고용노동부령으로 정하는 재해"란 다음 각 호의 어느 하나에 해당하는 재해를 말한다.

　1. 사망자가 1명 이상 발생한 재해
　2. 3개월 이상의 요양이 필요한 부상자가 동시에 2명 이상 발생한 재해
　3. 부상자 또는 직업성 질병자가 동시에 10명 이상 발생한 재해

제6조(도급인의 안전보건 조치 장소) 「산업안전보건법 시행령」(이하 "영"이라 한다) 제11조제15호에서 "고용노동부령으로 정하는 장소"란 다음 각 호의 어느 하나에 해당하는 장소를 말한다.

　1. 화재·폭발 우려가 있는 다음 각 목의 어느 하나에 해당하는 작업을 하는 장소
　　가. 선박 내부에서의 용접·용단작업
　　나. 안전보건규칙 제225조제4호에 따른 인화성 액체를 취급·저장하는 설비 및 용기에서의 용접·용단작업
　　다. 안전보건규칙 제273조에 따른 특수화학설비에서의 용접·용단작업
　　라. 가연물(可燃物)이 있는 곳에서의 용접·용단 및 금속의 가열 등 화기를 사용하는 작업이나 연삭숫돌에 의한 건식연마작업 등 불꽃이 발생할 우려가 있는 작업
　2. 안전보건규칙 제132조에 따른 양중기(揚重機)에 의한 충돌 또는 협착(狹窄)의 위험이 있는 작업을 하는 장소
　3. 안전보건규칙 제420조제7호에 따른 유기화합물 취급 특별장소
　4. 안전보건규칙 제574조제1항 각 호에 따른 방사선 업무를 하는 장소
　5. 안전보건규칙 제618조제1호에 따른 밀폐공간
　6. 안전보건규칙 별표 1에 따른 위험물질을 제조하거나 취급하는 장소
　7. 안전보건규칙 별표 7에 따른 화학설비 및 그 부속설비에 대한 정비·보수작업이 이루어지는 장소

제2장 안전보건관리체제 등

제1절 안전보건관리체제

제9조(안전보건관리책임자의 업무) 법 제15조제1항제9호에서 "고용노동부령으로 정하는 사항"이란 법 제36조에 따른 위험성평가의 실시에 관한 사항과 안전보건규칙에서 정하는 근로자의 위험 또는 건강장해의 방지에 관한 사항을 말한다.

제10조(도급사업의 안전관리자 등의 선임) 안전관리자 및 보건관리자를 두어야 할 수급인인 사업주는 영 제16조제5항 및 제20조제3항에 따라 도급인인 사업주가 다음 각 호의 요건을 모두 갖춘 경우에는 안전관리자 및 보건관리자를 선임하지 않을 수 있다.
  1. 도급인인 사업주 자신이 선임해야 할 안전관리자 및 보건관리자를 둔 경우
  2. 안전관리자 및 보건관리자를 두어야 할 수급인인 사업주의 사업의 종류별로 상시근로자 수(건설공사의 경우에는 건설공사 금액을 말한다. 이하 같다)를 합계하여 그 상시근로자 수에 해당하는 안전관리자 및 보건관리자를 추가로 선임한 경우

제12조(안전관리자 등의 증원·교체임명 명령) ① 지방고용노동관서의 장은 다음 각 호의 어느 하나에 해당하는 사유가 발생한 경우에는 법 제17조제4항·제18조제4항 또는 제19조제3항에 따라 사업주에게 안전관리자·보건관리자 또는 안전보건관리담당자(이하 이 조에서 "관리자"라 한다)를 정수 이상으로 증원하게 하거나 교체하여 임명할 것을 명할 수 있다. 다만, 제4호에 해당하는 경우로서 직업성 질병자 발생 당시 사업장에서 해당 화학적 인자(因子)를 사용하지 않은 경우에는 그렇지 않다.
  1. 해당 사업장의 연간재해율이 같은 업종의 평균재해율의 2배 이상인 경우
  2. 중대재해가 연간 2건 이상 발생한 경우. 다만, 해당 사업장의 전년도 사망만인율이 같은 업종의 평균 사망만인율 이하인 경우는 제외한다.
  3. 관리자가 질병이나 그 밖의 사유로 3개월 이상 직무를 수행할 수 없게 된 경우
  4. 별표 22 제1호에 따른 화학적 인자로 인한 직업성 질병자가 연간 3명 이상 발생한 경우. 이 경우 직업성 질병자의 발생일은 「산업재해보상보험법 시행규칙」 제21조제1항에 따른 요양급여의 결정일로 한다.

② 제1항에 따라 관리자를 정수 이상으로 증원하게 하거나 교체하여 임명할 것을 명하는 경우에는 미리 사업주 및 해당 관리자의 의견을 듣거나 소명자료를 제출받아야 한다. 다만, 정당한 사유 없이 의견진술 또는 소명자료의 제출을 게을리한 경우에는 그렇지 않다.

③ 제1항에 따른 관리자의 정수 이상 증원 및 교체임명 명령은 별지 제4호서식에 따른다.

제2절 안전보건관리규정

제25조(안전보건관리규정의 작성) ① 법 제25조제3항에 따라 안전보건관리규정을 작성해야 할 사업의 종류 및 상시근로자 수는 별표 2와 같다.
② 제1항에 따른 사업의 사업주는 안전보건관리규정을 작성해야 할 사유가 발생한 날부터 30일 이내에 별표 3의 내용을 포함한 안전보건관리규정을 작성해야 한다. 이를 변경할 사유가 발생한 경우에도 또한 같다.
③ 사업주가 제2항에 따라 안전보건관리규정을 작성할 때에는 소방·가스·전기·교통 분야 등의 다른 법령에서 정하는 안전관리에 관한 규정과 통합하여 작성할 수 있다.

제3장 안전보건교육

제26조(교육시간 및 교육내용) ① 법 제29조제1항부터 제3항까지의 규정에 따라 사업주가 근로자에게 실시해야 하는 안전보건교육의 교육시간은 별표 4와 같고, 교육내용은 별표 5와 같다. 이 경우 사업주가 법 제29조제3항에 따른 유해하거나 위험한 작업에 필요한 안전보건교육(이하 "특별교육"이라 한다)을 실시한 때에는 해당 근로자에 대하여 법 제29조제2항에 따라 채용할 때 해야 하는 교육(이하 "채용 시 교육"이라 한다) 및 작업내용을 변경할 때 해야 하는 교육(이하 "작업내용 변경 시 교육"이라 한다)을 실시한 것으로 본다.
② 제1항에 따른 교육을 실시하기 위한 교육방법과 그 밖에 교육에 필요한 사항은 고용노동부장관이 정하여 고시한다.
③ 사업주가 법 제29조제1항부터 제3항까지의 규정에 따른 안전보건교육을 자체적으로 실시하는 경우에 교육을 할 수 있는 사람은 다음 각 호의 어느 하나에 해당하는 사람으로 한다.
  1. 다음 각 목의 어느 하나에 해당하는 사람
    가. 법 제15조제1항에 따른 안전보건관리책임자
    나. 법 제16조제1항에 따른 관리감독자
    다. 법 제17조제1항에 따른 안전관리자(안전관리전문기관에서 안전관리자의 위탁업무를 수행하는 사람을 포함한다)
    라. 법 제18조제1항에 따른 보건관리자(보건관리전문기관에서 보건관리자의 위탁업무를 수행하는 사람을 포함한다)
    마. 법 제19조제1항에 따른 안전보건관리담당자(안전관리전문기관 및 보건관리전문기관에서 안전보건관리담당자의 위탁업무를 수행하는 사람을 포함한다)
    바. 법 제22조제1항에 따른 산업보건의
  2. 공단에서 실시하는 해당 분야의 강사요원 교육과정을 이수한 사람

3. 법 제142조에 따른 산업안전지도사 또는 산업보건지도사(이하 "지도사"라 한다)
4. 산업안전보건에 관하여 학식과 경험이 있는 사람으로서 고용노동부장관이 정하는 기준에 해당하는 사람

제4장 유해·위험 방지 조치

제37조(위험성평가 실시내용 및 결과의 기록·보존) ① 사업주가 법 제36조제3항에 따라 위험성평가의 결과와 조치사항을 기록·보존할 때에는 다음 각 호의 사항이 포함되어야 한다.
1. 위험성평가 대상의 유해·위험요인
2. 위험성 결정의 내용
3. 위험성 결정에 따른 조치의 내용
4. 그 밖에 위험성평가의 실시내용을 확인하기 위하여 필요한 사항으로서 고용노동부장관이 정하여 고시하는 사항

② 사업주는 제1항에 따른 자료를 3년간 보존해야 한다.

제38조(안전보건표지의 종류·형태·색채 및 용도 등) ① 법 제37조제2항에 따른 안전보건표지의 종류와 형태는 별표 6과 같고, 그 용도, 설치·부착 장소, 형태 및 색채는 별표 7과 같다.

② 안전보건표지의 표시를 명확히 하기 위하여 필요한 경우에는 그 안전보건표지의 주위에 표시사항을 글자로 덧붙여 적을 수 있다. 이 경우 글자는 흰색 바탕에 검은색 한글고딕체로 표기해야 한다.

③ 안전보건표지에 사용되는 색채의 색도기준 및 용도는 별표 8과 같고, 사업주는 사업장에 설치하거나 부착한 안전보건표지의 색도기준이 유지되도록 관리해야 한다.

④ 안전보건표지에 관하여 법 또는 법에 따른 명령에서 규정하지 않은 사항으로서 다른 법 또는 다른 법에 따른 명령에서 규정한 사항이 있으면 그 부분에 대해서는 그 법 또는 명령을 적용한다.

제40조(안전보건표지의 제작) ① 안전보건표지는 그 종류별로 별표 9에 따른 기본모형에 의하여 별표 7의 구분에 따라 제작해야 한다.

② 안전보건표지는 그 표시내용을 근로자가 빠르고 쉽게 알아볼 수 있는 크기로 제작해야 한다.

③ 안전보건표지 속의 그림 또는 부호의 크기는 안전보건표지의 크기와 비례해야 하며, 안전보건표지 전체 규격의 30퍼센트 이상이 되어야 한다.

④ 안전보건표지는 쉽게 파손되거나 변형되지 않는 재료로 제작해야 한다.

⑤ 야간에 필요한 안전보건표지는 야광물질을 사용하는 등 쉽게 알아볼 수 있도

록 제작해야 한다.

제41조(고객의 폭언등으로 인한 건강장해 예방조치) 사업주는 법 제41조제1항에 따라 건강장해를 예방하기 위하여 다음 각 호의 조치를 해야 한다.
1. 법 제41조제1항에 따른 폭언등을 하지 않도록 요청하는 문구 게시 또는 음성 안내
2. 고객과의 문제 상황 발생 시 대처방법 등을 포함하는 고객응대업무 매뉴얼 마련
3. 제2호에 따른 고객응대업무 매뉴얼의 내용 및 건강장해 예방 관련 교육 실시
4. 그 밖에 법 제41조제1항에 따른 고객응대근로자의 건강장해 예방을 위하여 필요한 조치

제42조(제출서류 등) ① 법 제42조제1항제1호에 해당하는 사업주가 유해위험방지계획서를 제출할 때에는 사업장별로 별지 제16호서식의 제조업 등 유해위험방지계획서에 다음 각 호의 서류를 첨부하여 해당 작업 시작 15일 전까지 공단에 2부를 제출해야 한다. 이 경우 유해위험방지계획서의 작성기준, 작성자, 심사기준, 그 밖에 심사에 필요한 사항은 고용노동부장관이 정하여 고시한다.
1. 건축물 각 층의 평면도
2. 기계·설비의 개요를 나타내는 서류
3. 기계·설비의 배치도면
4. 원재료 및 제품의 취급, 제조 등의 작업방법의 개요
5. 그 밖에 고용노동부장관이 정하는 도면 및 서류

② 법 제42조제1항제2호에 해당하는 사업주가 유해위험방지계획서를 제출할 때에는 사업장별로 별지 제16호서식의 제조업 등 유해위험방지계획서에 다음 각 호의 서류를 첨부하여 해당 작업 시작 15일 전까지 공단에 2부를 제출해야 한다.
1. 설치장소의 개요를 나타내는 서류
2. 설비의 도면
3. 그 밖에 고용노동부장관이 정하는 도면 및 서류

③ 법 제42조제1항제3호에 해당하는 사업주가 유해위험방지계획서를 제출할 때에는 별지 제17호서식의 건설공사 유해위험방지계획서에 별표 10의 서류를 첨부하여 해당 공사의 착공(유해위험방지계획서 작성 대상 시설물 또는 구조물의 공사를 시작하는 것을 말하며, 대지 정리 및 가설사무소 설치 등의 공사 준비기간은 착공으로 보지 않는다) 전날까지 공단에 2부를 제출해야 한다. 이 경우 해당 공사가「건설기술 진흥법」제62조에 따른 안전관리계획을 수립해야 하는 건설공사에 해당하는 경우에는 유해위험방지계획서와 안전관리계획서를 통합하여 작성한 서류를 제출할 수 있다.

④ 같은 사업장 내에서 영 제42조제3항 각 호에 따른 공사의 착공시기를 달리하

는 사업의 사업주는 해당 공사별 또는 해당 공사의 단위작업공사 종류별로 유해위험방지계획서를 분리하여 각각 제출할 수 있다. 이 경우 이미 제출한 유해위험방지계획서의 첨부서류와 중복되는 서류는 제출하지 않을 수 있다.

⑤ 법 제42조제1항 단서에서 "산업재해발생률 등을 고려하여 고용노동부령으로 정하는 기준에 해당하는 사업주"란 별표 11의 기준에 적합한 건설업체(이하 "자체심사 및 확인업체"라 한다)의 사업주를 말한다.

⑥ 자체심사 및 확인업체는 별표 11의 자체심사 및 확인방법에 따라 유해위험방지계획서를 스스로 심사하여 해당 공사의 착공 전날까지 별지 제18호서식의 유해위험방지계획서 자체심사서를 공단에 제출해야 한다. 이 경우 공단은 필요한 경우 자체심사 및 확인업체의 자체심사에 관하여 지도·조언할 수 있다.

제43조(유해위험방지계획서의 건설안전분야 자격 등) 법 제42조제2항에서 "건설안전 분야의 자격 등 고용노동부령으로 정하는 자격을 갖춘 자"란 다음 각 호의 어느 하나에 해당하는 사람을 말한다.

1. 건설안전 분야 산업안전지도사
2. 건설안전기술사 또는 토목·건축 분야 기술사
3. 건설안전산업기사 이상의 자격을 취득한 후 건설안전 관련 실무경력이 건설안전기사 이상의 자격은 5년, 건설안전산업기사 자격은 7년 이상인 사람

제45조(심사 결과의 구분) ① 공단은 유해위험방지계획서의 심사 결과를 다음 각 호와 같이 구분·판정한다.

1. 적정: 근로자의 안전과 보건을 위하여 필요한 조치가 구체적으로 확보되었다고 인정되는 경우
2. 조건부 적정: 근로자의 안전과 보건을 확보하기 위하여 일부 개선이 필요하다고 인정되는 경우
3. 부적정: 건설물·기계·기구 및 설비 또는 건설공사가 심사기준에 위반되어 공사착공 시 중대한 위험이 발생할 우려가 있거나 해당 계획에 근본적 결함이 있다고 인정되는 경우

② 공단은 심사 결과 적정판정 또는 조건부 적정판정을 한 경우에는 별지 제20호서식의 유해위험방지계획서 심사 결과 통지서에 보완사항을 포함(조건부 적정판정을 한 경우만 해당한다)하여 해당 사업주에게 발급하고 지방고용노동관서의 장에게 보고해야 한다.

③ 공단은 심사 결과 부적정판정을 한 경우에는 지체 없이 별지 제21호서식의 유해위험방지계획서 심사 결과(부적정) 통지서에 그 이유를 기재하여 지방고용노동관서의 장에게 통보하고 사업장 소재지 특별자치시장·특별자치도지사·시장·군수·구청장(구청장은 자치구의 구청장을 말한다. 이하 같다)에게 그 사실을 통보해야 한다.

④ 제3항에 따른 통보를 받은 지방고용노동관서의 장은 사실 여부를 확인한 후 공사착공중지명령, 계획변경명령 등 필요한 조치를 해야 한다.
⑤ 사업주는 지방고용노동관서의 장으로부터 공사착공중지명령 또는 계획변경명령을 받은 경우에는 유해위험방지계획서를 보완하거나 변경하여 공단에 제출해야 한다.

제51조(공정안전보고서의 제출 시기) 사업주는 영 제45조제1항에 따라 유해하거나 위험한 설비의 설치·이전 또는 주요 구조부분의 변경공사의 착공일(기존 설비의 제조·취급·저장 물질이 변경되거나 제조량·취급량·저장량이 증가하여 영 별표 13에 따른 유해·위험물질 규정량에 해당하게 된 경우에는 그 해당일을 말한다) 30일 전까지 공정안전보고서를 2부 작성하여 공단에 제출해야 한다. 20.6.7 기

제61조(안전보건개선계획의 제출 등) ① 법 제50조제1항에 따라 안전보건개선계획서를 제출해야 하는 사업주는 법 제49조제1항에 따른 안전보건개선계획서 수립·시행 명령을 받은 날부터 60일 이내에 관할 지방고용노동관서의 장에게 해당 계획서를 제출(전자문서로 제출하는 것을 포함한다)해야 한다.
② 제1항에 따른 안전보건개선계획서에는 시설, 안전보건관리체제, 안전보건교육, 산업재해 예방 및 작업환경의 개선을 위하여 필요한 사항이 포함되어야 한다.

제63조(기계·설비 등에 대한 안전 및 보건조치) 법 제53조제1항에서 "안전 및 보건에 관하여 고용노동부령으로 정하는 필요한 조치"란 다음 각 호의 어느 하나에 해당하는 조치를 말한다.
1. 안전보건규칙에서 건설물 또는 그 부속건설물·기계·기구·설비·원재료에 대하여 정하는 안전조치 또는 보건조치
2. 법 제87조에 따른 안전인증대상기계등의 사용금지
3. 법 제92조에 따른 자율안전확인대상기계등의 사용금지
4. 법 제95조에 따른 안전검사대상기계등의 사용금지
5. 법 제99조제2항에 따른 안전검사대상기계등의 사용금지
6. 법 제117조제1항에 따른 제조등금지물질의 사용금지
7. 법 제118조제1항에 따른 허가대상물질에 대한 허가의 취득

제67조(중대재해 발생 시 보고) 사업주는 중대재해가 발생한 사실을 알게 된 경우에는 법 제54조제2항에 따라 지체 없이 다음 각 호의 사항을 사업장 소재지를 관할하는 지방고용노동관서의 장에게 전화·팩스 또는 그 밖의 적절한 방법으로 보고해야 한다.
1. 발생 개요 및 피해 상황
2. 조치 및 전망
3. 그 밖의 중요한 사항

제72조(산업재해 기록 등) 사업주는 산업재해가 발생한 때에는 법 제57조제2항에 따라 다음 각 호의 사항을 기록·보존해야 한다. 다만, 제73조제1항에 따른 산업재해조사표의 사본을 보존하거나 제73조제5항에 따른 요양신청서의 사본에 재해 재발방지 계획을 첨부하여 보존한 경우에는 그렇지 않다.

1. 사업장의 개요 및 근로자의 인적사항
2. 재해 발생의 일시 및 장소
3. 재해 발생의 원인 및 과정
4. 재해 재발방지 계획

제73조(산업재해 발생 보고 등) ① 사업주는 산업재해로 사망자가 발생하거나 3일 이상의 휴업이 필요한 부상을 입거나 질병에 걸린 사람이 발생한 경우에는 법 제57조제3항에 따라 해당 산업재해가 발생한 날부터 1개월 이내에 별지 제30호서식의 산업재해조사표를 작성하여 관할 지방고용노동관서의 장에게 제출(전자문서로 제출하는 것을 포함한다)해야 한다.

② 제1항에도 불구하고 다음 각 호의 모두에 해당하지 않는 사업주가 법률 제11882호 산업안전보건법 일부개정법률 제10조제2항의 개정규정의 시행일인 2014년 7월 1일 이후 해당 사업장에서 처음 발생한 산업재해에 대하여 지방고용노동관서의 장으로부터 별지 제30호서식의 산업재해조사표를 작성하여 제출하도록 명령을 받은 경우 그 명령을 받은 날부터 15일 이내에 이를 이행한 때에는 제1항에 따른 보고를 한 것으로 본다. 제1항에 따른 보고기한이 지난 후에 자진하여 별지 제30호서식의 산업재해조사표를 작성·제출한 경우에도 또한 같다.

1. 안전관리자 또는 보건관리자를 두어야 하는 사업주
2. 법 제62조제1항에 따라 안전보건총괄책임자를 지정해야 하는 도급인
3. 법 제73조제2항에 따라 건설재해예방전문지도기관의 지도를 받아야 하는 건설공사도급인(법 제69조제1항의 건설공사도급인을 말한다. 이하 같다)
4. 산업재해 발생사실을 은폐하려고 한 사업주

③ 사업주는 제1항에 따른 산업재해조사표에 근로자대표의 확인을 받아야 하며, 그 기재 내용에 대하여 근로자대표의 이견이 있는 경우에는 그 내용을 첨부해야 한다. 다만, 근로자대표가 없는 경우에는 재해자 본인의 확인을 받아 산업재해조사표를 제출할 수 있다.

④ 제1항부터 제3항까지의 규정에서 정한 사항 외에 산업재해발생 보고에 필요한 사항은 고용노동부장관이 정한다.

⑤ 「산업재해보상보험법」 제41조에 따라 요양급여의 신청을 받은 근로복지공단은 지방고용노동관서의 장 또는 공단으로부터 요양신청서 사본, 요양업무 관련 전산입력자료, 그 밖에 산업재해예방업무 수행을 위하여 필요한 자료의 송부를 요청받은 경우에는 이에 협조해야 한다.

제5장 도급 시 산업재해 예방

제1절 도급의 제한

제74조(안전 및 보건에 관한 평가의 내용 등) ① 사업주는 법 제58조제2항제2호에 따른 승인 및 같은 조 제5항에 따른 연장승인을 받으려는 경우 법 제165조제2항, 영 제116조제2항에 따라 고용노동부장관이 고시하는 기관을 통하여 안전 및 보건에 관한 평가를 받아야 한다.
② 제1항의 안전 및 보건에 관한 평가에 대한 내용은 별표 12와 같다.

제2절 도급인의 안전조치 및 보건조치

제79조(협의체의 구성 및 운영) ① 법 제64조제1항제1호에 따른 안전 및 보건에 관한 협의체(이하 이 조에서 "협의체"라 한다)는 도급인 및 그의 수급인 전원으로 구성해야 한다.
② 협의체는 다음 각 호의 사항을 협의해야 한다.
  1. 작업의 시작 시간
  2. 작업 또는 작업장 간의 연락방법
  3. 재해발생 위험이 있는 경우 대피방법
  4. 작업장에서의 법 제36조에 따른 위험성평가의 실시에 관한 사항
  5. 사업주와 수급인 또는 수급인 상호 간의 연락 방법 및 작업공정의 조정
③ 협의체는 매월 1회 이상 정기적으로 회의를 개최하고 그 결과를 기록·보존해야 한다.

제80조(도급사업 시의 안전보건조치 등) ① 도급인은 법 제64조제1항제2호에 따른 작업장 순회점검을 다음 각 호의 구분에 따라 실시해야 한다.
  1. 다음 각 목의 사업 : 2일에 1회 이상
    가. 건설업
    나. 제조업
    다. 토사석 광업
    라. 서적, 잡지 및 기타 인쇄물 출판업
    마. 음악 및 기타 오디오물 출판업
    바. 금속 및 비금속 원료 재생업
  2. 제1호 각 목의 사업을 제외한 사업 : 1주일에 1회 이상
② 관계수급인은 제1항에 따라 도급인이 실시하는 순회점검을 거부·방해 또는 기피해서는 안 되며 점검 결과 도급인의 시정요구가 있으면 이에 따라야 한다.
③ 도급인은 법 제64조제1항제3호에 따라 관계수급인이 실시하는 근로자의 안전·보건교육에 필요한 장소 및 자료의 제공 등을 요청받은 경우 협조해야 한다.

제81조(위생시설의 설치 등 협조) ① 법 제64조제1항제6호에서 "위생시설 등 고용노동부령으로 정하는 시설"이란 다음 각 호의 시설을 말한다.
　　1. 휴게시설
　　2. 세면·목욕시설
　　3. 세탁시설
　　4. 탈의시설
　　5. 수면시설
② 도급인이 제1항에 따른 시설을 설치할 때에는 해당 시설에 대해 안전보건규칙에서 정하고 있는 기준을 준수해야 한다.

제82조(도급사업의 합동 안전보건점검) ① 법 제64조제2항에 따라 도급인이 작업장의 안전 및 보건에 관한 점검을 할 때에는 다음 각 호의 사람으로 점검반을 구성해야 한다.
　　1. 도급인(같은 사업 내에 지역을 달리하는 사업장이 있는 경우에는 그 사업장의 안전보건관리책임자)
　　2. 관계수급인(같은 사업 내에 지역을 달리하는 사업장이 있는 경우에는 그 사업장의 안전보건관리책임자)
　　3. 도급인 및 관계수급인의 근로자 각 1명(관계수급인의 근로자의 경우에는 해당 공정만 해당한다)
② 법 제64조제2항에 따른 정기 안전·보건점검의 실시 횟수는 다음 각 호의 구분에 따른다.
　　1. 다음 각 목의 사업 : 2개월에 1회 이상
　　　가. 건설업
　　　나. 선박 및 보트 건조업
　　2. 제1호의 사업을 제외한 사업 : 분기에 1회 이상

제3절 건설업 등의 산업재해 예방

제86조(기본안전보건대장 등) ① 법 제67조제1항제1호에 따른 기본안전보건대장에는 다음 각 호의 사항이 포함되어야 한다.
　　1. 공사규모, 공사예산 및 공사기간 등 사업개요
　　2. 공사현장 제반 정보
　　3. 공사 시 유해·위험요인과 감소대책 수립을 위한 설계조건
② 법 제67조제1항제2호에 따른 설계안전보건대장에는 다음 각 호의 사항이 포함되어야 한다. 다만, 「건설기술진흥법 시행령」 제75조의2에 따른 설계안전검토보고서를 작성한 경우에는 제1호 및 제2호를 포함하지 않을 수 있다.
　　1. 안전한 작업을 위한 적정 공사기간 및 공사금액 산출서

2. 제1항제3호의 설계조건을 반영하여 공사 중 발생할 수 있는 주요 유해·위험요인 및 감소대책에 대한 위험성평가 내용
3. 법 제42조제1항에 따른 유해위험방지계획서의 작성계획
4. 법 제68조제1항에 따른 안전보건조정자의 배치계획
5. 법 제72조제1항에 따른 산업안전보건관리비의 산출내역서
6. 법 제73조제1항에 따른 건설공사의 산업재해 예방 지도의 실시계획

③ 법 제67제1항제3호에 따른 공사안전보건대장에 포함하여 이행여부를 확인해야 할 사항은 다음 각 호와 같다.

1. 설계안전보건대장의 위험성평가 내용이 반영된 공사 중 안전보건 조치 이행계획
2. 법 제42조제1항에 따른 유해위험방지계획서의 심사 및 확인결과에 대한 조치내용
3. 법 제72조제1항에 따라 계상된 산업안전보건관리비의 사용계획 및 사용내역
4. 법 제73조제1항에 따른 건설공사의 산업재해 예방 지도를 위한 계약 여부, 지도결과 및 조치내용

④ 제1항부터 제3항까지의 규정에 따른 기본안전보건대장, 설계안전보건대장 및 공사안전보건대장의 작성과 공사안전보건대장의 이행여부 확인 방법 및 절차 등에 관하여 필요한 사항은 고용노동부장관이 정하여 고시한다.

제93조(노사협의체 협의사항 등) 법 제75조제5항에서 "고용노동부령으로 정하는 사항"이란 다음 각 호의 사항을 말한다.

1. 산업재해 예방방법 및 산업재해가 발생한 경우의 대피방법
2. 작업의 시작시간, 작업 및 작업장 간의 연락방법
3. 그 밖의 산업재해 예방과 관련된 사항

제4절 그 밖의 고용형태에서의 산업재해 예방

제95조(교육시간 및 교육내용 등) ① 특수형태근로종사자로부터 노무를 제공받는 자가 법 제77조제2항에 따라 특수형태근로종사자에 대하여 실시해야 하는 안전 및 보건에 관한 교육시간은 별표 4와 같고, 교육내용은 별표 5와 같다.
② 특수형태근로종사자로부터 노무를 제공받는 자가 제1항에 따른 교육을 자체적으로 실시하는 경우 교육을 할 수 있는 사람은 제26조제3항 각 호의 어느 하나에 해당하는 사람으로 한다.
③ 특수형태근로종사자로부터 노무를 제공받는 자는 제1항에 따른 교육을 안전보건교육기관에 위탁할 수 있다.
④ 제1항에 따른 교육을 실시하기 위한 교육방법과 그 밖에 교육에 필요한 사항은 고용노동부장관이 정하여 고시한다.

합격예측 및 관련법규

제87조(공사기간 연장 요청 등)
① 건설공사도급인은 법 제70조제1항에 따라 공사기간 연장을 요청하려면 같은 항 각 호의 사유가 종료된 날부터 10일이 되는 날까지 별지 제35호서식의 공사기간 연장 요청서에 다음 각 호의 서류를 첨부하여 건설공사발주자에게 제출해야 한다. 다만, 해당 공사기간의 연장 사유가 그 건설공사의 계약기간 만료 후에도 지속될 것으로 예상되는 경우에는 그 계약기간 만료 전에 건설공사발주자에게 공사기간 연장을 요청할 예정임을 통지하고, 그 사유가 종료된 날부터 10일이 되는 날까지 공사기간 연장을 요청할 수 있다.

⑤ 특수형태근로종사자의 교육면제에 대해서는 제27조제4항을 준용한다. 이 경우 "사업주"는 "특수형태근로종사자로부터 노무를 제공받는 자"로, "근로자"는 "특수형태근로종사자"로, "채용"은 "최초 노무제공"으로 본다.

제6장 유해·위험 기계 등에 대한 조치

제1절 유해하거나 위험한 기계 등에 대한 방호조치 등

제98조(방호조치) ① 법 제80조제1항에 따라 영 제70조 및 영 별표 20의 기계·기구에 설치해야 할 방호장치는 다음 각 호와 같다.
1. 영 별표 20 제1호에 따른 예초기 : 날접촉 예방장치
2. 영 별표 20 제2호에 따른 원심기 : 회전체 접촉 예방장치
3. 영 별표 20 제3호에 따른 공기압축기 : 압력방출장치
4. 영 별표 20 제4호에 따른 금속절단기 : 날접촉 예방장치
5. 영 별표 20 제5호에 따른 지게차 : 헤드 가드, 백레스트(backrest), 전조등, 후미등, 안전벨트
6. 영 별표 20 제6호에 따른 포장기계 : 구동부 방호 연동장치

② 법 제80조제2항에서 "고용노동부령으로 정하는 방호조치"란 다음 각 호의 방호조치를 말한다.
1. 작동 부분의 돌기부분은 묻힘형으로 하거나 덮개를 부착할 것
2. 동력전달부분 및 속도조절부분에는 덮개를 부착하거나 방호망을 설치할 것
3. 회전기계의 물림점(롤러나 톱니바퀴 등 반대방향의 두 회전체에 물려 들어가는 위험점)에는 덮개 또는 울을 설치할 것

③ 제1항 및 제2항에 따른 방호조치에 필요한 사항은 고용노동부장관이 정하여 고시한다.

제2절 안전인증

제107조(안전인증대상기계등) 법 제84조제1항에서 "고용노동부령으로 정하는 안전인증대상기계등"이란 다음 각 호의 기계 및 설비를 말한다.
1. 설치·이전하는 경우 안전인증을 받아야 하는 기계
   가. 크레인
   나. 리프트
   다. 곤돌라
2. 주요 구조 부분을 변경하는 경우 안전인증을 받아야 하는 기계 및 설비
   가. 프레스
   나. 전단기 및 절곡기(折曲機)
   다. 크레인

라. 리프트
　　마. 압력용기
　　바. 롤러기
　　사. 사출성형기(射出成形機)
　　아. 고소(高所)작업대
　　자. 곤돌라

제114조(안전인증의 표시) ① 법 제85조제1항에 따른 안전인증의 표시 중 안전인증대상기계등의 안전인증의 표시 및 표시방법은 별표 14와 같다.
② 법 제85조제1항에 따른 안전인증의 표시 중 법 제84조제3항에 따른 안전인증대상기계등이 아닌 유해·위험기계등의 안전인증 표시 및 표시방법은 별표 15와 같다.

제3절 자율안전확인의 신고

제119조(신고의 면제) 법 제89조제1항제3호에서 "고용노동부령으로 정하는 경우"란 다음 각 호의 어느 하나에 해당하는 경우를 말한다.
1. 「농업기계화촉진법」 제9조에 따른 검정을 받은 경우
2. 「산업표준화법」 제15조에 따른 인증을 받은 경우
3. 「전기용품 및 생활용품 안전관리법」 제5조 및 제8조에 따른 안전인증 및 안전검사를 받은 경우
4. 국제전기기술위원회의 국제방폭전기기계·기구 상호인정제도에 따라 인증을 받은 경우

제4절 안전검사

제124조(안전검사의 신청 등) ① 법 제93조제1항에 따라 안전검사를 받아야 하는 자는 별지 제50호서식의 안전검사 신청서를 제126조에 따른 검사 주기 만료일 30일 전에 영 제116조제2항에 따라 안전검사 업무를 위탁받은 기관(이하 "안전검사기관"이라 한다)에 제출(전자문서로 제출하는 것을 포함한다)해야 한다.
② 제1항에 따른 안전검사 신청을 받은 안전검사기관은 검사 주기 만료일 전후 각각 30일 이내에 해당 기계·기구 및 설비별로 안전검사를 해야 한다. 이 경우 해당 검사기간 이내에 검사에 합격한 경우에는 검사 주기 만료일에 안전검사를 받은 것으로 본다.

제126조(안전검사의 주기와 합격표시 및 표시방법) ① 법 제93조제3항에 따른 안전검사대상기계등의 안전검사 주기는 다음 각 호와 같다.
1. 크레인(이동식 크레인은 제외한다), 리프트(이삿짐운반용 리프트는 제외한다) 및 곤돌라 : 사업장에 설치가 끝난 날부터 3년 이내에 최초 안전검사를

합격예측 및 관련법규

「농업기계화 촉진법」 (약칭 : 농업기계화법)
제9조(농업기계의 검정) ① 농업기계의 제조업자와 수입업자는 제조하거나 수입하는 농업용 트랙터, 콤바인 등 농림축산식품부령으로 정하는 농업기계에 대하여 농림축산식품부장관의 검정을 받아야 한다. 다만, 연구·개발 또는 수출을 목적으로 제조하거나 수입하는 경우에는 그러하지 아니하다.
② 누구든지 제1항에 따른 검정을 받지 아니하거나 검정에 부적합판정을 받은 농업기계를 판매·유통해서는 아니 된다.
③ 농림축산식품부장관은 제1항에 따른 검정에 적합판정을 받은 농업기계와 동일한 형식의 농업기계에 대하여 품질 유지 등을 위하여 필요하다고 인정하면 그 농업기계에 대하여 사후검정을 할 수 있다.
④ 농업기계 제조업자나 수입업자는 제1항에 따른 검정이나 제3항에 따른 사후검정에 이의가 있으면 농림축산식품부령으로 정하는 바에 따라 이의신청을 할 수 있다.
⑤ 제1항에 따른 검정 및 제3항에 따른 사후검정의 종류·신청·기준·방법과 검정 용도의 제품 처리, 검정 결과의 공표 등에 필요한 사항은 농림축산식품부령으로 정한다.
⑥ 제1항에 따른 검정을 받으려는 자는 농림축산식품부장관이 정하는 바에 따라 수수료를 내야 한다.

「산업표준화법」
제15조(제품의 인증) ① 산업통상자원부장관이 필요하다고 인정하여 심의회의 심의를 거쳐 지정한 광공업품을 제조하는 자는 공장 또는 사업장마다 산업통상자원부령으로 정하는 바에 따라 인증기관으로부터 그 제품의 인증을 받을 수 있다.
② 제1항에 따라 제품의 인증을 받은 자는 그 제품·포장·용기·납품서 또는 보증서에 산업통상자원부령으로 정하는 바에 따라 그 제품이 한국산업표준에 적합한 것임을 나타

합격예측 및 관련법규

는 표시(이하 이 조에서 "제품인증표시"라 한다)를 하거나 이를 홍보할 수 있다.
③ 제1항에 따른 인증을 받은 자가 아니면 제품·포장·용기·납품서·보증서 또는 홍보물에 제품인증표시를 하거나 이와 유사한 표시를 하여서는 아니 된다.
④ 제3항을 위반하여 제품인증표시를 하거나 이와 유사한 표시를 한 제품을 그 사실을 알고 판매·수입하거나 판매를 위하여 진열·보관 또는 운반하여서는 아니 된다.

전기용품 및 생활용품 안전관리법(약칭 : 전기생활용품안전법)
제5조(안전인증 등) ① 안전인증대상제품의 제조업자(외국에서 제조하여 대한민국으로 수출하는 자를 포함한다. 이하 같다) 또는 수입업자는 안전인증대상제품에 대하여 모델(산업통상자원부령으로 정하는 고유한 명칭을 붙인 제품의 형식을 말한다. 이하 같다)별로 산업통상자원부령으로 정하는 바에 따라 안전인증기관의 안전인증을 받아야 한다.
② 안전인증대상제품의 제조업자 또는 수입업자는 안전인증을 받은 사항을 변경하려는 경우에는 산업통상자원부령으로 정하는 바에 따라 안전인증기관으로부터 변경인증을 받아야 한다. 다만, 제품의 안전성과 관련이 없는 것으로서 산업통상자원부령으로 정하는 사항을 변경하는 경우에는 그러하지 아니하다.
③ 안전인증기관은 안전인증대상제품이 산업통상자원부장관이 정하여 고시하는 제품시험의 안전기준 및 공장심사 기준에 적합할 경우 안전인증을 하여야 한다. 다만, 안전기준이 고시되지 아니하거나 고시된 안전기준을 적용할 수 없는 경우의 안전인증대상제품에 대해서는 산업통상자원부령으로 정하는 바에 따라 안전인증을 할 수 있다.
④ 안전인증기관은 제3항에 따라 안전인증을 하는 경우 산업통상자원부령으로 정하는

실시하되, 그 이후부터 2년마다(건설현장에서 사용하는 것은 최초로 설치한 날부터 6개월마다)

2. 이동식 크레인, 이삿짐운반용 리프트 및 고소작업대 : 「자동차관리법」 제8조에 따른 신규등록 이후 3년 이내에 최초 안전검사를 실시하되, 그 이후부터 2년마다

3. 프레스, 전단기, 압력용기, 국소 배기장치, 원심기, 롤러기, 사출성형기, 컨베이어 및 산업용 로봇 : 사업장에 설치가 끝난 날부터 3년 이내에 최초 안전검사를 실시하되, 그 이후부터 2년마다(공정안전보고서를 제출하여 확인을 받은 압력용기는 4년마다)

② 법 제93조제3항에 따른 안전검사의 합격표시 및 표시방법은 별표 16과 같다.

제5절 유해·위험기계등의 조사 및 지원 등

제136조(제조 과정 조사 등) 영 제83조에 따른 제조 과정 조사 및 성능시험의 절차 및 방법은 제110조, 제111조제1항 및 제120조의 규정을 준용한다.

제7장 유해·위험물질에 대한 조치

제1절 유해·위험물질의 분류 및 관리

제141조(유해인자의 분류기준) 법 제104조에 따른 근로자에게 건강장해를 일으키는 화학물질 및 물리적 인자 등(이하 "유해인자"라 한다)의 유해성·위험성 분류기준은 별표 18과 같다.

제156조(물질안전보건자료의 작성방법 및 기재사항) ① 법 제110조제1항에 따른 물질안전보건자료대상물질(이하 "물질안전보건자료대상물질"이라 한다)을 제조·수입하려는 자가 물질안전보건자료를 작성하는 경우에는 그 물질안전보건자료의 신뢰성이 확보될 수 있도록 인용된 자료의 출처를 함께 적어야 한다.

② 법 제110조제1항제5호에서 "물리·화학적 특성 등 고용노동부령으로 정하는 사항"이란 다음 각 호의 사항을 말한다.
 1. 물리·화학적 특성
 2. 독성에 관한 정보
 3. 폭발·화재 시의 대처방법
 4. 응급조치 요령
 5. 그 밖에 고용노동부장관이 정하는 사항

③ 그 밖에 물질안전보건자료의 세부 작성방법, 용어 등 필요한 사항은 고용노동부장관이 정하여 고시한다.
[시행일 : 2021. 1. 16] 제156조

제167조(물질안전보건자료를 게시하거나 갖추어 두는 방법) ① 법 제114조제1항에 따라 물질안전보건자료대상물질을 취급하는 사업주는 다음 각 호의 어느 하나에 해당하는 장소 또는 전산장비에 항상 물질안전보건자료를 게시하거나 갖추어 두어야 한다. 다만, 제3호에 따른 장비에 게시하거나 갖추어 두는 경우에는 고용노동부장관이 정하는 조치를 해야 한다.

1. 물질안전보건자료대상물질을 취급하는 작업공정이 있는 장소
2. 작업장 내 근로자가 가장 보기 쉬운 장소
3. 근로자가 작업 중 쉽게 접근할 수 있는 장소에 설치된 전산장비

② 제1항에도 불구하고 건설공사, 안전보건규칙 제420조제8호에 따른 임시 작업 또는 같은 조 제9호에 따른 단시간 작업에 대해서는 법 제114조제2항에 따른 물질안전보건자료대상물질의 관리 요령으로 대신 게시하거나 갖추어 둘 수 있다. 다만, 근로자가 물질안전보건자료의 게시를 요청하는 경우에는 제1항에 따라 게시해야 한다.

[시행일 : 2021. 1. 16] 제167조

제168조(물질안전보건자료대상물질의 관리 요령 게시) ① 법 제114조제2항에 따른 작업공정별 관리 요령에 포함되어야 할 사항은 다음 각 호와 같다.

1. 제품명
2. 건강 및 환경에 대한 유해성, 물리적 위험성
3. 안전 및 보건상의 취급주의 사항
4. 적절한 보호구
5. 응급조치 요령 및 사고 시 대처방법

② 작업공정별 관리 요령을 작성할 때에는 법 제114조제1항에 따른 물질안전보건자료에 적힌 내용을 참고해야 한다.
③ 작업공정별 관리 요령은 유해성·위험성이 유사한 물질안전보건자료대상물질의 그룹별로 작성하여 게시할 수 있다.

[시행일 : 2021. 1. 16] 제168조

제2절 석면에 대한 조치

제175조(석면조사의 생략 등 확인 절차) ① 법 제119조제2항 각 호 외의 부분 단서에 따라 건축물이나 설비의 소유주 또는 임차인 등(이하 "건축물·설비소유주등"이라 한다)이 영 제89조제2항 각 호에 따른 석면조사의 생략 대상 건축물이나 설비에 대하여 확인을 받으려는 경우에는 영 제89조제2항 각 호의 사유에 해당함을 증명할 수 있는 서류를 첨부하여 별지 제74호서식의 석면조사의 생략 등 확인 신청서에 석면이 함유되어 있지 않음 또는 석면이 1퍼센트(무게 퍼센트) 초과하여 함유되어 있음을 표시하여 관할 지방고용노동관서의 장에게 제출해야 한다.

합격예측 및 관련법규

바에 따라 조건을 붙일 수 있다. 이 경우 그 조건은 해당 제조업자에게 부당한 의무를 부과하는 것이어서는 아니 된다.

제8조(안전인증대상 수입 중고 전기용품의 안전검사) ① 중고 안전인증대상전기용품을 외국에서 수입하려는 자는 산업통상자원부령으로 정하는 바에 따라 해당 안전인증대상전기용품의 안전성을 확인하기 위한 안전검사를 받아야 한다. 다만, 제5조제1항에 따른 안전인증을 받거나 제6조 각 호에 따른 안전인증의 면제 사유에 해당하는 경우에는 그러하지 아니하다.
② 제1항에 따른 안전검사의 기준은 제5조제3항에 따른 안전기준을 준용한다.

② 법 제119조제3항에 따라 건축물·설비소유주등이「석면안전관리법」에 따른 석면조사를 실시한 경우에는 별지 제74호서식의 석면조사의 생략 등 확인신청서에「석면안전관리법」에 따른 석면조사를 하였음을 표시하고 그 석면조사 결과서를 첨부하여 관할 지방고용노동관서의 장에게 제출해야 한다. 다만,「석면안전관리법 시행규칙」제26조에 따라 건축물석면조사 결과를 관계 행정기관의 장에게 제출한 경우에는 석면조사의 생략 등 확인신청서를 제출하지 않을 수 있다.

③ 지방고용노동관서의 장은 제1항 및 제2항에 따른 신청서가 제출되면 이를 확인한 후 접수된 날부터 20일 이내에 그 결과를 해당 신청인에게 통지해야 한다.

④ 지방고용노동관서의 장은 제3항에 따른 신청서의 내용을 확인하기 위하여 기술적인 사항에 대하여 공단에 검토를 요청할 수 있다.

제185조(석면농도의 측정방법) ① 법 제124조제2항에 따른 석면농도의 측정방법은 다음 각 호와 같다.

1. 석면해체·제거작업장 내의 작업이 완료된 상태를 확인한 후 공기가 건조한 상태에서 측정할 것
2. 작업장 내에 침전된 분진을 흩날린 후 측정할 것
3. 시료채취기를 작업이 이루어진 장소에 고정하여 공기 중 입자상 물질을 채취하는 지역시료채취방법으로 측정할 것

② 제1항에 따른 측정방법의 구체적인 사항, 그 밖의 시료채취 수, 분석방법 등에 관하여 필요한 사항은 고용노동부장관이 정하여 고시한다.

제8장 근로자 보건관리

제1절 근로환경의 개선

제186조(작업환경측정 대상 작업장 등) ① 법 제125조제1항에서 "고용노동부령으로 정하는 작업장"이란 별표 21의 작업환경측정 대상 유해인자에 노출되는 근로자가 있는 작업장을 말한다. 다만, 다음 각 호의 어느 하나에 해당하는 경우에는 작업환경측정을 하지 않을 수 있다.

1. 안전보건규칙 제420조제1호에 따른 관리대상 유해물질의 허용소비량을 초과하지 않는 작업장(그 관리대상 유해물질에 관한 작업환경측정만 해당한다)
2. 안전보건규칙 제420조제8호에 따른 임시 작업 및 같은 조 제9호에 따른 단시간 작업을 하는 작업장(고용노동부장관이 정하여 고시하는 물질을 취급하는 작업을 하는 경우는 제외한다)
3. 안전보건규칙 제605조제2호에 따른 분진작업의 적용 제외 작업장(분진에 관한 작업환경측정만 해당한다)
4. 그 밖에 작업환경측정 대상 유해인자의 노출 수준이 노출기준에 비하여 현

저히 낮은 경우로서 고용노동부장관이 정하여 고시하는 작업장
② 안전보건진단기관이 안전보건진단을 실시하는 경우에 제1항에 따른 작업장의 유해인자 전체에 대하여 고용노동부장관이 정하는 방법에 따라 작업환경을 측정하였을 때에는 사업주는 법 제125조에 따라 해당 측정주기에 실시해야 할 해당 작업장의 작업환경측정을 하지 않을 수 있다.

제2절 건강진단 및 건강관리

제195조(근로자 건강진단 실시에 대한 협력 등) ① 사업주는 법 제135조제1항에 따른 특수건강진단기관 또는 「건강검진기본법」 제3조제2호에 따른 건강검진기관(이하 "건강진단기관"이라 한다)이 근로자의 건강진단을 위하여 다음 각 호의 정보를 요청하는 경우 해당 정보를 제공하는 등 근로자의 건강진단이 원활히 실시될 수 있도록 적극 협조해야 한다.
 1. 근로자의 작업장소, 근로시간, 작업내용, 작업방식 등 근무환경에 관한 정보
 2. 건강진단 결과, 작업환경측정 결과, 화학물질 사용 실태, 물질안전보건자료 등 건강진단에 필요한 정보
② 근로자는 사업주가 실시하는 건강진단 및 의학적 조치에 적극 협조해야 한다.
③ 건강진단기관은 사업주가 법 제129조부터 제131조까지의 규정에 따라 건강진단을 실시하기 위하여 출장검진을 요청하는 경우에는 출장검진을 할 수 있다.

제197조(일반건강진단의 주기 등) ① 사업주는 상시 사용하는 근로자 중 사무직에 종사하는 근로자(공장 또는 공사현장과 같은 구역에 있지 않은 사무실에서 서무 · 인사 · 경리 · 판매 · 설계 등의 사무업무에 종사하는 근로자를 말하며, 판매업무 등에 직접 종사하는 근로자는 제외한다)에 대해서는 2년에 1회 이상, 그 밖의 근로자에 대해서는 1년에 1회 이상 일반건강진단을 실시해야 한다.
② 법 제129조에 따라 일반건강진단을 실시해야 할 사업주는 일반건강진단 실시 시기를 안전보건관리규정 또는 취업규칙에 규정하는 등 일반건강진단이 정기적으로 실시되도록 노력해야 한다.

제198조(일반건강진단의 검사항목 및 실시방법 등) ① 일반건강진단의 제1차 검사항목은 다음 각 호와 같다.
 1. 과거병력, 작업경력 및 자각 · 타각증상(시진 · 촉진 · 청진 및 문진)
 2. 혈압 · 혈당 · 요당 · 요단백 및 빈혈검사
 3. 체중 · 시력 및 청력
 4. 흉부방사선 촬영
 5. AST(SGOT) 및 ALT(SGPT), γ-GTP 및 총콜레스테롤
② 제1항에 따른 제1차 검사항목 중 혈당 · γ-GTP 및 총콜레스테롤 검사는 고용노동부장관이 정하는 근로자에 대하여 실시한다.

> **합격예측 및 관련법규**
> **제194조의2(휴게시설의 설치·관리기준)** 법 제128조의2제2항에서 "크기, 위치, 온도, 조명 등 고용노동부령으로 정하는 설치·관리기준"이란 별표 21의2의 휴게시설 설치·관리기준을 말한다.

③ 제1항에 따른 검사 결과 질병의 확진이 곤란한 경우에는 제2차 건강진단을 받아야 하며, 제2차 건강진단의 범위, 검사항목, 방법 및 시기 등은 고용노동부장관이 정하여 고시한다.

④ 제196조 각 호 및 제200조 각 호에 따른 법령과 그 밖에 다른 법령에 따라 제1항부터 제3항까지의 규정에서 정한 검사항목과 같은 항목의 건강진단을 실시한 경우에는 해당 항목에 한정하여 제1항부터 제3항에 따른 검사를 생략할 수 있다.

⑤ 제1항부터 제4항까지의 규정에서 정한 사항 외에 일반건강진단의 검사방법, 실시방법, 그 밖에 필요한 사항은 고용노동부장관이 정한다.

제220조(질병자의 근로금지) ① 법 제138조제1항에 따라 사업주는 다음 각 호의 어느 하나에 해당하는 사람에 대해서는 근로를 금지해야 한다.

1. 전염될 우려가 있는 질병에 걸린 사람. 다만, 전염을 예방하기 위한 조치를 한 경우는 제외한다.
2. 조현병, 마비성 치매에 걸린 사람
3. 심장·신장·폐 등의 질환이 있는 사람으로서 근로에 의하여 병세가 악화될 우려가 있는 사람
4. 제1호부터 제3호까지의 규정에 준하는 질병으로서 고용노동부장관이 정하는 질병에 걸린 사람

② 사업주는 제1항에 따라 근로를 금지하거나 근로를 다시 시작하도록 하는 경우에는 미리 보건관리자(의사인 보건관리자만 해당한다), 산업보건의 또는 건강진단을 실시한 의사의 의견을 들어야 한다.

제221조(질병자 등의 근로 제한) ① 사업주는 법 제129조부터 제130조에 따른 건강진단 결과 유기화합물·금속류 등의 유해물질에 중독된 사람, 해당 유해물질에 중독될 우려가 있다고 의사가 인정하는 사람, 진폐의 소견이 있는 사람 또는 방사선에 피폭된 사람을 해당 유해물질 또는 방사선을 취급하거나 해당 유해물질의 분진·증기 또는 가스가 발산되는 업무 또는 해당 업무로 인하여 근로자의 건강을 악화시킬 우려가 있는 업무에 종사하도록 해서는 안 된다.

② 사업주는 다음 각 호의 어느 하나에 해당하는 질병이 있는 근로자를 고기압 업무에 종사하도록 해서는 안 된다.

1. 감압증이나 그 밖에 고기압에 의한 장해 또는 그 후유증
2. 결핵, 급성상기도감염, 진폐, 폐기종, 그 밖의 호흡기계의 질병
3. 빈혈증, 심장판막증, 관상동맥경화증, 고혈압증, 그 밖의 혈액 또는 순환기계의 질병
4. 정신신경증, 알코올중독, 신경통, 그 밖의 정신신경계의 질병
5. 메니에르씨병, 중이염, 그 밖의 이관(耳管)협착을 수반하는 귀 질환
6. 관절염, 류마티스, 그 밖의 운동기계의 질병

7. 천식, 비만증, 바세도우씨병, 그 밖에 알레르기성·내분비계·물질대사 또는 영양장해 등과 관련된 질병

제9장 산업안전지도사 및 산업보건지도사

제225조(자격시험의 공고) 「한국산업인력공단법」에 따른 한국산업인력공단(이하 "한국산업인력공단"이라 한다)이 지도사 자격시험을 시행하려는 경우에는 시험 응시자격, 시험과목, 일시, 장소, 응시 절차, 그 밖에 자격시험 응시에 필요한 사항을 시험 실시 90일 전까지 일간신문 등에 공고해야 한다.

제10장 근로감독관 등

제235조(감독기준) 근로감독관은 다음 각 호의 어느 하나에 해당하는 경우 법 제155조제1항에 따라 질문·검사·점검하거나 관계 서류의 제출을 요구할 수 있다.
1. 산업재해가 발생하거나 산업재해 발생의 급박한 위험이 있는 경우
2. 근로자의 신고 또는 고소·고발 등에 대한 조사가 필요한 경우
3. 법 또는 법에 따른 명령을 위반한 범죄의 수사 등 사법경찰관리의 직무를 수행하기 위하여 필요한 경우
4. 그 밖에 고용노동부장관 또는 지방고용노동관서의 장이 법 또는 법에 따른 명령의 위반 여부를 조사하기 위하여 필요하다고 인정하는 경우

제236조(보고·출석기간) ① 지방고용노동관서의 장은 법 제155조제3항에 따라 보고 또는 출석의 명령을 하려는 경우에는 7일 이상의 기간을 주어야 한다. 다만, 긴급한 경우에는 그렇지 않다.
② 제1항에 따른 보고 또는 출석의 명령은 문서로 해야 한다.

제11장 보칙

제237조(보조·지원의 환수와 제한) ① 법 제158조제2항제6호에서 "고용노동부령으로 정하는 경우"란 보조·지원을 받은 후 3년 이내에 해당 시설 및 장비의 중대한 결함이나 관리상 중대한 과실로 인하여 근로자가 사망한 경우를 말한다.
② 법 제158조제4항에 따라 보조·지원을 제한할 수 있는 기간은 다음 각 호와 같다. 〈개정 2021.11.19〉
1. 법 제158조제2항제1호의 경우 : 5년
2. 법 제158조제2항제2호부터 제6호까지의 어느 하나의 경우 : 3년
3. 법 제158조제2항제2호부터 제6호까지의 어느 하나를 위반한 후 5년 이내에 같은 항 제2호부터 제6호까지의 어느 하나를 위반한 경우 : 5년

합격예측 및 관련법규

제243조(규제의 재검토) ① 고용노동부장관은 별표 21의2에 따른 휴게시설 설치·관리기준에 대하여 2022년 8월 18일을 기준으로 4년마다(매 4년이 되는 해의 기준일과 같은 날 전까지를 말한다) 그 타당성을 검토하여 개선 등의 조치를 해야 한다. 〈신설 2022. 8. 18.〉
② 고용노동부장관은 다음 각 호의 사항에 대하여 다음 각 호의 기준일을 기준으로 3년마다(매 3년이 되는 해의 기준일과 같은 날 전까지를 말한다) 그 타당성을 검토하여 개선 등의 조치를 해야 한다. 〈개정 2022. 8. 18.〉
1. 제12조에 따른 안전관리자 등의 증원·교체임명 명령 : 2020년 1월 1일
2. 제220조에 따른 질병자의 근로금지 : 2020년 1월 1일
3. 제221조에 따른 질병자의 근로제한 : 2020년 1월 1일
4. 제229조에 따른 등록신청 등 : 2020년 1월 1일
5. 제241조제2항에 따른 건강진단 결과의 보존 : 2020년 1월 1일

[별표1] 건설업체 산업재해발생률 및 산업재해 발생 보고의무 위반건수의 산정 기준과 방법(제4조 관련) 〈개정 2021.11.19〉

1. 산업재해발생률 및 산업재해 발생 보고의무 위반에 따른 가감점 부여대상이 되는 건설업체는 매년 「건설산업기본법」 제23조에 따라 국토교통부장관이 시공능력을 고려하여 공시하는 건설업체 중 고용노동부장관이 정하는 업체로 한다.
2. 건설업체의 산업재해발생률은 다음의 계산식에 따른 업무상 사고사망만인율 (이하 "사고사망만인율"이라 한다)로 산출하되, 소수점 셋째 자리에서 반올림한다.

$$\text{사고사망만인율}[‰] = \frac{\text{사고사망자수}}{\text{상시근로자수}} \times 10,000$$

3. 제2호의 계산식에서 사고사망자 수는 다음과 같은 기준과 방법에 따라 산출한다.
    가. 사고사망자 수는 사고사망만인율 산정 대상 연도의 1월 1일부터 12월 31일까지의 기간 동안 해당 업체가 시공하는 국내의 건설 현장(자체사업의 건설 현장은 포함한다. 이하 같다)에서 사고사망재해를 입은 근로자 수를 합산하여 산출한다. 다만, 별표 18 제2호마목에 따른 이상기온에 기인한 질병사망자는 포함한다.
        1) 「건설산업기본법」 제8조에 따른 종합공사를 시공하는 업체의 경우에는 해당 업체의 소속 사고사망자 수에 그 업체가 시공하는 건설현장에서 그 업체로부터 도급을 받은 업체(그 도급을 받은 업체의 하수급인을 포함한다. 이하 같다)의 사고사망자 수를 합산하여 산출한다.
        2) 「건설산업기본법」 제29조제3항에 따라 종합공사를 시공하는 업체(A)가 발주자의 승인을 받아 종합공사를 시공하는 업체(B)에 도급을 준 경우에는 해당 도급을 받은 종합공사를 시공하는 업체(B)의 사고사망자 수와 그 업체로부터 도급을 받은 업체(C)의 사고사망자 수를 도급을 한 종합공사를 시공하는 업체(A)와 도급을 받은 종합공사를 시공하는 업체(B)에 반으로 나누어 각각 합산한다. 다만, 그 산업재해와 관련하여 법원의 판결이 있는 경우에는 산업재해에 책임이 있는 종합공사를 시공하는 업체의 사고사망자 수에 합산한다.
        3) 제73조제1항에 따른 산업재해조사표를 제출하지 않아 고용노동부장관이 산업재해 발생연도 이후에 산업재해가 발생한 사실을 알게 된 경우에는 그 알게 된 연도의 사고사망자 수로 산정한다.
    나. 둘 이상의 업체가 「국가를 당사자로 하는 계약에 관한 법률」 제25조에 따라 공동계약을 체결하여 공사를 공동이행 방식으로 시행하는 경우 해당 현장에서 발생하는 사고사망자 수는 공동수급업체의 출자 비율에 따라 분배한다.
    다. 건설공사를 하는 자(도급인, 자체사업을 하는 자 및 그의 수급인을 포함한다)와 설치, 해체, 장비 임대 및 물품 납품 등에 관한 계약을 체결한 사업주의 소속 근로자가 그 건설공사와 관련된 업무를 수행하는 중 사고사망재해를 입은 경우에는 건설공사를 하는 자의 사고사망자 수로 산정한다.
    라. 사고사망자 중 다음의 어느 하나에 해당하는 경우로서 사업주의 법 위반으로

인한 것이 아니라고 인정되는 재해에 의한 사고사망자는 사고사망자 수 산정에서 제외한다.
    1) 방화, 근로자간 또는 타인간의 폭행에 의한 경우
    2) 「도로교통법」에 따라 도로에서 발생한 교통사고에 의한 경우(해당 공사의 공사용 차량·장비에 의한 사고는 제외한다)
    3) 태풍·홍수·지진·눈사태 등 천재지변에 의한 불가항력적인 재해의 경우
    4) 작업과 관련이 없는 제3자의 과실에 의한 경우(해당 목적물 완성을 위한 작업자간의 과실은 제외한다)
    5) 그 밖에 야유회, 체육행사, 취침·휴식 중의 사고 등 건설작업과 직접 관련이 없는 경우
  마. 재해 발생 시기와 사망 시기의 연도가 다른 경우에는 재해 발생 연도의 다음 연도 3월 31일 이전에 사망한 경우에만 산정 대상 연도의 사고사망자수로 산정한다.
4. 제2호의 계산식에서 상시근로자 수는 다음과 같이 산출한다.

$$상시근로자 수 = \frac{연간\ 국내공사\ 실적액 \times 노무비율}{건설업\ 월평균임금 \times 12}$$

  가. '연간 국내공사 실적액'은 「건설산업기본법」에 따라 설립된 건설업자의 단체, 「전기공사업법」에 따라 설립된 공사업자단체, 「정보통신공사업법」에 따라 설립된 정보통신공사협회, 「소방시설공사업법」에 따라 설립된 한국소방시설협회에서 산정한 업체별 실적액을 합산하여 산정한다.
  나. '노무비율'은 「고용보험 및 산업재해보상보험의 보험료징수 등에 관한 법률 시행령」 제11조제1항에 따라 고용노동부장관이 고시하는 일반 건설공사의 노무비율(하도급 노무비율은 제외한다)을 적용한다.
  다. '건설업 월평균임금'은 「고용보험 및 산업재해보상보험의 보험료징수 등에 관한 법률 시행령」 제2조제1항제3호가목에 따라 고용노동부장관이 고시하는 건설업 월평균임금을 적용한다.
5. 고용노동부장관은 제3호라목에 따른 사고사망자 수 산정 여부 등을 심사하기 위하여 다음 각 목의 어느 하나에 해당하는 사람 각 1명 이상으로 심사단을 구성·운영할 수 있다.
  가. 전문대학 이상의 학교에서 건설안전 관련 분야를 전공하는 조교수 이상인 사람
  나. 공단의 전문직 2급 이상 임직원
  다. 건설안전기술사 또는 산업안전지도사(건설안전 분야에만 해당한다) 등 건설안전 분야에 학식과 경험이 있는 사람
6. 산업재해 발생 보고의무 위반건수는 다음 각 목에서 정하는 바에 따라 산정한다.
  가. 건설업체의 산업재해 발생 보고의무 위반건수는 국내의 건설현장에서 발생한 산업재해의 경우 법 제57조제3항에 따른 보고의무를 위반(제73조제1항에 따른 보고기한을 넘겨 보고의무를 위반한 경우는 제외한다)하여 과태료 처분을 받은 경우만 해당한다.

나. 「건설산업기본법」 제8조에 따른 종합공사를 시공하는 업체의 산업재해 발생 보고의무 위반건수에는 해당 업체로부터 도급받은 업체(그 도급을 받은 업체의 하수급인을 포함한다)의 산업재해 발생 보고의무 위반건수를 합산한다.
다. 「건설산업기본법」 제29조제3항에 따라 종합공사를 시공하는 업체(A)가 발주자의 승인을 받아 종합공사를 시공하는 업체(B)에 도급을 준 경우에는 해당 도급을 받은 종합공사를 시공하는 업체(B)의 산업재해 발생 보고의무 위반건수와 그 업체로부터 도급을 받은 업체(C)의 산업재해 발생 보고의무 위반건수를 도급을 준 종합공사를 시공하는 업체(A)와 도급을 받은 종합공사를 시공하는 업체(B)에 반으로 나누어 각각 합산한다.
라. 둘 이상의 건설업체가 「국가를 당사자로 하는 계약에 관한 법률」 제25조에 따라 공동계약을 체결하여 공사를 공동이행 방식으로 시행하는 경우 산업재해 발생 보고의무 위반건수는 공동수급업체의 출자비율에 따라 분배한다.

[별표2] 안전보건관리규정을 작성하여야 할 사업의 종류 및 상시 근로자수

사업의 종류	상시 근로자수
1. 농업 2. 어업 3. 소프트웨어 개발 및 공급업 4. 컴퓨터 프로그래밍, 시스템 통합 및 관리업 5. 정보서비스업 6. 금융 및 보험업 7. 임대업;부동산 제외 8. 전문, 과학 및 기술 서비스업(연구개발업은 제외한다) 9. 사업지원 서비스업 10. 사회복지 서비스업	상시 근로자 300명 이상을 사용하는 사업장 20. 6. 7 기
11. 제1호부터 제10호까지의 사업을 제외한 사업	상시 근로자 100명 이상을 사용하는 사업장

[별표3] 안전보건관리규정의 세부 내용

1. 총칙
   가. 안전보건관리규정 작성의 목적 및 적용 범위에 관한 사항
   나. 사업주 및 근로자의 재해 예방 책임 및 의무 등에 관한 사항
   다. 하도급 사업장에 대한 안전·보건관리에 관한 사항
2. 안전보건 관리조직과 그 직무
   가. 안전보건 관리조직의 구성방법, 소속, 업무 분장 등에 관한 사항
   나. 안전보건관리책임자(안전보건총괄책임자), 안전관리자, 보건관리자, 관리감독자의 직무 및 선임에 관한 사항

다. 산업안전보건위원회의 설치·운영에 관한 사항
라. 명예산업안전감독관의 직무 및 활동에 관한 사항
마. 작업지휘자 배치 등에 관한 사항
3. 안전보건교육
  가. 근로자 및 관리감독자의 안전·보건교육에 관한 사항
  나. 교육계획의 수립 및 기록 등에 관한 사항
4. 작업장 안전관리
  가. 안전보건관리에 관한 계획의 수립 및 시행에 관한 사항
  나. 기계·기구 및 설비의 방호조치에 관한 사항
  다. 유해·위험기계등에 대한 자율검사프로그램에 의한 검사 또는 안전검사에 관한 사항
  라. 근로자의 안전수칙 준수에 관한 사항
  마. 위험물질의 보관 및 출입 제한에 관한 사항
  바. 중대재해 및 중대산업사고 발생, 급박한 산업재해 발생의 위험이 있는 경우 작업중지에 관한 사항
  사. 안전표지·안전수칙의 종류 및 게시에 관한 사항과 그 밖에 안전관리에 관한 사항
5. 작업장 보건관리
  가. 근로자 건강진단, 작업환경측정의 실시 및 조치절차 등에 관한 사항
  나. 유해물질의 취급에 관한 사항
  다. 보호구의 지급 등에 관한 사항
  라. 질병자의 근로 금지 및 취업 제한 등에 관한 사항
  마. 보건표지·보건수칙의 종류 및 게시에 관한 사항과 그 밖에 보건관리에 관한 사항
6. 사고 조사 및 대책 수립
  가. 산업재해 및 중대산업사고의 발생 시 처리 절차 및 긴급조치에 관한 사항
  나. 산업재해 및 중대산업사고의 발생원인에 대한 조사 및 분석, 대책 수립에 관한 사항
  다. 산업재해 및 중대산업사고 발생의 기록·관리 등에 관한 사항
7. 위험성평가에 관한 사항
  가. 위험성평가의 실시 시기 및 방법, 절차에 관한 사항
  나. 위험성 감소대책 수립 및 시행에 관한 사항
8. 보칙
  가. 무재해운동 참여, 안전·보건 관련 제안 및 포상·징계 등 산업재해 예방을 위하여 필요하다고 판단하는 사항
  나. 안전·보건 관련 문서의 보존에 관한 사항
  다. 그 밖의 사항
    사업장의 규모·업종 등에 적합하게 작성하며, 필요한 사항을 추가하거나 그 사업장에 관련되지 않는 사항은 제외할 수 있다.

[별표12] 안전 및 보건에 관한 평가의 내용(제74조제2항 및 제78조제4항 관련)

종류	평가항목

종합평가	1. 작업조건 및 작업방법에 대한 평가
	2. 유해·위험요인에 대한 측정 및 분석
	   가. 기계·기구 또는 그 밖의 설비에 의한 위험성
	   나. 폭발성·물반응성·자기반응성·자기발열성 물질, 자연발화성 액체·고체 및 인화성 액체 등에 의한 위험성
	   다. 전기·열 또는 그 밖의 에너지에 의한 위험성
	   라. 추락, 붕괴, 낙하, 비래 등으로 인한 위험성
	   마. 그 밖에 기계·기구·설비·장치·구축물·시설물·원재료 및 공정 등에 의한 위험성
	   바. 영 제88조에 따른 허가 대상 유해물질, 고용노동부령으로 정하는 관리 대상 유해물질 및 온도·습도·환기·소음·진동·분진, 유해광선 등의 유해성 또는 위험성
	3. 보호구, 안전·보건장비 및 작업환경 개선시설의 적정성
	4. 유해물질의 사용·보관·저장, 물질안전보건자료의 작성, 근로자 교육 및 경고 표시 부착의 적정성
	   가. 화학물질 안전보건 정보의 제공
	   나. 수급인 안전보건교육 지원에 관한 사항
	   다. 화학물질 경고표시 부착에 관한 사항 등
	5. 수급인의 안전보건관리 능력의 적정성
	   가. 안전보건관리체제(안전·보건관리자, 안전보건관리담당자, 관리감독자 선임관계 등)
	   나. 건강검진 현황(신규자는 배치전건강진단 실시여부 확인 등)
	   다. 특별안전보건교육 실시 여부 등
	6. 그 밖에 작업환경 및 근로자 건강 유지·증진 등 보건관리의 개선을 위하여 필요한 사항

안전평가	종합평가 항목 중 제1호의 사항, 제2호가목부터 마목까지의 사항, 제3호 중 안전 관련 사항, 제5호의 사항
보건평가	종합평가 항목 중 제1호의 사항, 제2호바목의 사항, 제3호 중 보건 관련 사항, 제4호·제5호 및 제6호의 사항

※ 비고 : 세부 평가항목별로 평가 내용을 작성하고, 최종 의견('적정', '조건부 적정', '부적정' 등)을 첨부해야 한다.

[별표13] 안전인증을 위한 심사종류별 제출서류(제108조제1항 관련)

심사종류	법 제84조제1항 및 제3항에 따른 기계·기구 및 설비	법 제84조제1항 및 제3항에 따른 방호장치·보호구
예비심사	1. 인증대상 제품의 용도·기능에 관한 자료 2. 제품설명서 3. 제품의 외관도 및 배치도	왼쪽란과 같음
서면심사	다음 각 호의 서류 각 2부 1. 사업자등록증 사본 2. 수입을 증명할 수 있는 서류(수입하는 경우로 한정한다) 3. 대리인임을 증명하는 서류(제108조제1항 후단에 해당하는 경우로 한정한다) 4. 기계·기구 및 설비의 명세서 및 사용방법설명서 5. 기계·기구 및 설비를 구성하는 부품 목록이 포함된 조립도 6. 기계·기구 및 설비에 포함된 방호장치 명세서 및 방호장치와 관련된 도면 7. 기계·기구 및 설비에 포함된 부품·재료 및 동체 등의 강도계산서와 관련된 도면(고용노동부장관이 정하여 고시하는 것만 해당한다)	다음 각 호의 서류 각 2부 1. 사업자등록증 사본 2. 수입을 증명할 수 있는 서류(수입하는 경우로 한정한다) 3. 대리인임을 증명하는 서류(제108조제1항 후단에 해당하는 경우로 한정한다) 4. 방호장치 및 보호구의 명세서 및 사용방법설명서 5. 방호장치 및 보호구의 조립도·부품도·회로도와 관련된 도면 6. 방호장치 및 보호구의 앞면·옆면 사진 및 주요 부품 사진
기술능력 및 생산체계 심사	다음 각 호의 내용을 포함한 서류 1부 1. 품질경영시스템의 수립 및 이행 방법 2. 구매한 제품의 안전성 확인 절차 및 내용 3. 공정 생산·관리 및 제품 출하 전후의 사후관리 절차 및 내용 4. 생산 및 서비스 제공에 대한 보완시스템 절차 5. 부품 및 제품의 식별관리체계 및 제품의 보존방법 6. 제품 생산 공정의 모니터링, 측정시험장치 및 장비의 관리방법 7. 공정상의 데이터 분석방법 및 문제점 발생 시 시정 및 예방에 필요한 조치 방법 8. 부적합품 발생 시 처리 절차	왼쪽란과 같음

심사종류		법 제84조제1항 및 제3항에 따른 기계·기구 및 설비	법 제84조제1항 및 제3항에 따른 방호장치·보호구
제품심사	개별제품심사	다음 각 호의 서류 각 1부 1. 서면심사결과 통지서 2. 기계·기구 및 설비에 포함된 재료의 시험성적서 3. 기계·기구 및 설비의 배치도(설치되는 경우만 해당한다) 4. 크레인 지지용 구조물의 안전성을 증명할 수 있는 서류(구조물에 지지되는 경우만 해당하며, 정격하중 10톤 미만인 경우는 제외한다)	해당 없음
	형식별제품심사	다음 각 호의 서류 각 1부 1. 서면심사결과 통지서 2. 기술능력 및 생산체계 심사결과통지서 3. 기계·기구 및 설비에 포함된 재료의 시험성적서	다음 각 호의 서류 각 1부 1. 서면심사결과 통지서 2. 기술능력 및 생산체계 심사결과 통지서(제110조제1항제3호 각 목에 해당하는 경우는 제외한다) 3. 방호장치 및 보호구에 포함된 재료의 시험성적서

[별표14] 안전인증 및 자율안전확인의 표시 및 표시방법
(제114조제1항 및 제121조 관련)

1. 표시

 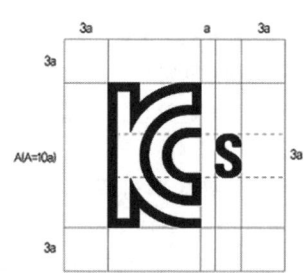

2. 표시방법
    가. 표시는 「국가표준기본법 시행령」 제15조의7제1항에 따른 표시기준 및 방법에 따른다.
    나. 표시를 하는 경우 인체에 상해를 입힐 우려가 있는 재질이나 표면이 거친 재질을 사용해서는 안 된다.

[별표15] 안전인증대상기계등이 아닌 유해·위험기계등의 안전인증의 표시 및 표시방법 (제114조제2항 관련)

1. 표시

 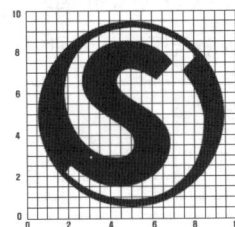

2. 표시방법
   가. 표시의 크기는 유해·위험기계등의 크기에 따라 조정할 수 있다.
   나. 표시의 표상을 명백히 하기 위하여 필요한 경우에는 표시 주위에 한글·영문 등의 글자로 필요한 사항을 덧붙여 적을 수 있다.
   다. 표시는 유해·위험기계등이나 이를 담은 용기 또는 포장지의 적당한 곳에 붙이거나 인쇄하거나 새기는 등의 방법으로 해야 한다.
   라. 표시는 테두리와 문자를 파란색, 그 밖의 부분을 흰색으로 표현하는 것을 원칙으로 하되, 안전인증표시의 바탕색 등을 고려하여 테두리와 문자를 흰색, 그 밖의 부분을 파란색으로 표현할 수 있다. 이 경우 파란색의 색도는 2.5PB 4/10으로, 흰색의 색도는 N9.5로 한다[색도기준은 한국산업표준(KS)에 따른 색의 3속성에 의한 표시방법(KS A 0062)에 따른다].
   마. 표시를 하는 경우에 인체에 상해를 입힐 우려가 있는 재질이나 표면이 거친 재질을 사용해서는 안 된다.

[별표16] 안전검사 합격표시 및 표시방법(제126조제2항 및 제127조 관련)

1. 합격표시

안전검사합격증명서	
① 안전검사대상기계명	
② 신청인	
③ 형식번(기)호(설치장소)	
④ 합격번호	
⑤ 검사유효기간	
⑥ 검사기관(실시기관)	○○○○○○　(직인) 검 사 원 : ○ ○ ○
	고 용 노 동 부 장 관　[직인생략]

2. 표시방법

가. ② 신청인은 사용자의 명칭 등의 상호명을 기입한다.

나. ③ 형식번호는 안전검사대상기계등을 특정 짓는 형식번호나 기호 등을 기입하며, 설치장소는 필요한 경우 기입한다.

다. ④ 합격번호는 안전검사기관이 아래와 같이 부여한 번호를 적는다.

□□	-	□□	□□	-	□□	-	□□□□
㉠ 합격연도		㉡ 검사기관	㉢ 지역(시·도)		㉣ 안전검사대상품		㉤ 일련번호

㉠ 합격연도 : 해당 연도의 끝 두 자리 수(예시: 2015 → 15, 2016 → 16)

㉡ 검사기관별 구분(A, B, C, D ……)

㉢ 지역(시·도)은 해당 번호를 적는다.

지역명	번호	지역명	번호	지역명	번호	지역명	번호
서울특별시	02	광주광역시	62	강원도	33	경상남도	55
부산광역시	51	대전광역시	42	충청북도	43	전라북도	63
대구광역시	53	울산광역시	52	충청남도	41	전라남도	61
인천광역시	32	세종시	44	경상북도	54	제주도	64
		경기도	31				

㉣ 안전검사대상품 : 검사대상품의 종류 및 표시부호

번호	종류	표시부호
1	프레스	A
2	전단기	B
3	크레인	C
4	리프트	D
5	압력용기	E
6	곤돌라	F
7	국소배기장치	G
8	원심기	H
9	롤러기	I
10	사출성형기	J
11	화물자동차 또는 특수자동차에 탑재한 고소작업대	K
12	컨베이어	L
13	산업용 로봇	M

㉤ 일련번호 : 각 실시기관별 합격 일련번호 4자리

라. ⑤ 유효기간은 합격 연·월·일과 효력만료 연·월·일을 기입한다.

마. 합격표시의 규격은 가로 90mm 이상, 세로 60mm 이상의 장방형 또는 직경

70mm 이상의 원형으로 하며, 필요 시 안전검사대상기계등에 따라 조정할 수 있다.
바. 합격표시는 안전검사대상기계등에 부착·인쇄 등의 방법으로 표시하며 쉽게 내용을 알아 볼 수 있으며 지워지거나 떨어지지 않도록 표시해야 한다.
사. 검사연도 등에 따라 색상을 다르게 할 수 있다.

[별표17] 유해·위험기계등 제조사업 등의 지원 및 등록 요건(제137조 관련)

1. 법 제84조제1항에 따른 안전인증대상기계등의 제조업체 또는 법 제89조제1항에 따른 자율안전확인대상기계등의 제조업체 또는 산업재해가 많이 발생하는 기계·기구 및 설비의 제조업체로서 자체적으로 생산체계 및 품질관리시스템을 갖추고 이를 준수하는 업체일 것. 다만, 다음 각 목의 어느 하나에 해당하는 업체는 제외한다.
    가. 지원신청일 직전 2년간 법 제86조제1항에 따라 안전인증이 취소된 사실이 있는 업체
    나. 지원신청일 직전 2년간 법 제87조제2항 또는 법 제92조제2항에 따라 수거·파기된 사실이 있는 업체
    다. 지원신청일 직전 2년간 법 제91조제1항에 따라 자율안전확인 표시 사용이 금지된 사실이 있는 업체
2. 국소배기장치 및 전체환기장치 시설업체

인력	시설 및 장비
가. 산업보건지도사·산업위생관리기술사·대기관리기술사 중 1명 이상 나. 산업위생관리기사·대기환경기사 중 1명 이상 다. 다음 1)부터 3)까지 중 2개 항목 이상 　1) 일반·정밀·건설기계 또는 공정설계기사 1명 이상 　2) 화공 또는 공업화학기사 1명 이상 　3) 전기·전기공사기사 또는 전기기기·전기공사기능장 1명 이상	가. 사무실 나. 산업환기시설 성능검사 장비 　1) 스모크테스터 　2) 정압 프로브가 달린 열선풍속계 　3) 청음기 또는 청음봉 　4) 절연저항계 　5) 표면온도계 　6) 회전계(R.P.M측정기)

※ 비고
가. 인력 중 가목의 산업보건지도사·산업위생관리기술사는 산업위생 전공 박사학위 소지자 또는 산업위생관리기사 자격을 취득한 후 그 전문기술 분야에서 5년 이상 실무경력이 있는 사람으로 대체할 수 있으며, 대기관리기술사는 화학장치설비기술사·화학공장설계기술사·유체기계기술사·공조냉동기계기술사 또는 환경공학 전공 박사학위 소지자로 대체하거나 대기환경기사 자격을 취득한 후 그 전문기술 분야에서 5년 이상 실무경력이 있는 사람으로 대체할 수 있다.
나. 인력 중 나목의 인력은 가목의 대기관리기술사 자격을 보유한 경우에는 산업위생관리기사 자격을 보유해야 한다.

다. 기사는 해당 분야 산업기사의 자격을 취득한 후 해당 분야에 4년 이상 종사한 사람으로 대체할 수 있다.

3. 소음·진동 방지장치 시설업체

인력	시설 및 장비
가. 산업보건지도사·산업위생관리기술사·소음진동기술사 중 1명 이상 나. 산업위생관리기사·소음진동기사 중 1명 이상 다. 다음 각 목 중 2개 항목 이상 　1) 일반기계기사 1명 이상 　2) 건축기사 1명 이상 　3) 토목기사 1명 이상 　4) 전기기사·전기공사기사·전기기기기능장 또는 전기공사기능장 1명 이상	가. 사무실 나. 장비 　1) 소음측정기(주파수분석이 가능한 것이어야 한다) 　2) 누적소음 폭로량측정기: 2대 이상

※ 비고

가. 인력 중 가목의 산업보건지도사·산업위생관리기술사는 산업위생전공 박사학위 소지자 또는 산업위생관리기사 자격을 취득한 후 그 전문기술 분야에서 5년 이상 실무경력이 있는 사람으로 대체할 수 있으며, 소음진동기술사는 기계제작기술사, 전자응용기술사, 환경공학 전공 박사학위 소지자 또는 소음진동기사 자격을 취득한 후 그 전문기술 분야에서 5년 이상 실무경력이 있는 사람으로 대체할 수 있다.
나. 인력 중 나목의 인력은 가목에서 소음진동기술사 자격을 보유한 경우에는 산업위생관리기사 자격을 보유해야 한다.
다. 기사는 해당 분야 산업기사의 자격을 취득한 후 해당 분야에 4년 이상 종사한 사람으로 대체할 수 있다.
라. 국소배기장치 및 전체환기장치 시설업체와 소음·진동방지장치 시설업체를 같이 경영하는 경우에는 공통되는 기술인력·시설 및 장비를 중복하여 갖추지 않을 수 있다.

[별표18] 유해인자의 유해성·위험성 분류기준(제141조 관련)

1. 화학물질의 분류기준
　가. 물리적 위험성 분류기준
　　1) 폭발성 물질 : 자체의 화학반응에 따라 주위환경에 손상을 줄 수 있는 정도의 온도·압력 및 속도를 가진 가스를 발생시키는 고체·액체 또는 혼합물
　　2) 인화성 가스 : 20℃, 표준압력(101.3㎪)에서 공기와 혼합하여 인화되는 범위에 있는 가스와 54℃ 이하 공기 중에서 자연발화하는 가스를 말한다.(혼합물을 포함한다)
　　3) 인화성 액체 : 표준압력(101.3㎪)에서 인화점이 93℃ 이하인 액체
　　4) 인화성 고체 : 쉽게 연소되거나 마찰에 의하여 화재를 일으키거나 촉진할 수 있는 물질
　　5) 에어로졸 : 재충전이 불가능한 금속·유리 또는 플라스틱 용기에 압축가스·

액화가스 또는 용해가스를 충전하고 내용물을 가스에 현탁시킨 고체나 액상 입자로, 액상 또는 가스상에서 폼·페이스트·분말상으로 배출되는 분사장치를 갖춘 것

6) 물반응성 물질 : 물과 상호작용을 하여 자연발화되거나 인화성 가스를 발생시키는 고체·액체 또는 혼합물
7) 산화성 가스 : 일반적으로 산소를 공급함으로써 공기보다 다른 물질의 연소를 더 잘 일으키거나 촉진하는 가스
8) 산화성 액체 : 그 자체로는 연소하지 않더라도, 일반적으로 산소를 발생시켜 다른 물질을 연소시키거나 연소를 촉진하는 액체
9) 산화성 고체 : 그 자체로는 연소하지 않더라도 일반적으로 산소를 발생시켜 다른 물질을 연소시키거나 연소를 촉진하는 고체
10) 고압가스 : 20℃, 200킬로파스칼(kpa) 이상의 압력 하에서 용기에 충전되어 있는 가스 또는 냉동액화가스 형태로 용기에 충전되어 있는 가스(압축가스, 액화가스, 냉동액화가스, 용해가스로 구분한다)
11) 자기반응성 물질 : 열적(熱的)인 면에서 불안정하여 산소가 공급되지 않아도 강렬하게 발열·분해하기 쉬운 액체·고체 또는 혼합물
12) 자연발화성 액체 : 적은 양으로도 공기와 접촉하여 5분 안에 발화할 수 있는 액체
13) 자연발화성 고체 : 적은 양으로도 공기와 접촉하여 5분 안에 발화할 수 있는 고체
14) 자기발열성 물질 : 주위의 에너지 공급 없이 공기와 반응하여 스스로 발열하는 물질(자기발화성 물질은 제외한다)
15) 유기과산화물 : 2가의 -O-O-구조를 가지고 1개 또는 2개의 수소 원자가 유기라디칼에 의하여 치환된 과산화수소의 유도체를 포함한 액체 또는 고체 유기물질
16) 금속 부식성 물질 : 화학적인 작용으로 금속에 손상 또는 부식을 일으키는 물질

나. 건강 및 환경 유해성 분류기준
1) 급성 독성 물질 : 입 또는 피부를 통하여 1회 투여 또는 24시간 이내에 여러 차례로 나누어 투여하거나 호흡기를 통하여 4시간 동안 흡입하는 경우 유해한 영향을 일으키는 물질
2) 피부 부식성 또는 자극성 물질 : 접촉 시 피부조직을 파괴하거나 자극을 일으키는 물질(피부 부식성 물질 및 피부 자극성 물질로 구분한다)
3) 심한 눈 손상성 또는 자극성 물질 : 접촉 시 눈 조직의 손상 또는 시력의 저하 등을 일으키는 물질(눈 손상성 물질 및 눈 자극성 물질로 구분한다)
4) 호흡기 과민성 물질 : 호흡기를 통하여 흡입되는 경우 기도에 과민반응을 일으키는 물질
5) 피부 과민성 물질 : 피부에 접촉되는 경우 피부 알레르기 반응을 일으키는 물질

6) 발암성 물질 : 암을 일으키거나 그 발생을 증가시키는 물질
7) 생식세포 변이원성 물질 : 자손에게 유전될 수 있는 사람의 생식세포에 돌연변이를 일으킬 수 있는 물질
8) 생식독성 물질 : 생식기능, 생식능력 또는 태아의 발생·발육에 유해한 영향을 주는 물질
9) 특정 표적장기 독성 물질(1회 노출) : 1회 노출로 특정 표적장기 또는 전신에 독성을 일으키는 물질
10) 특정 표적장기 독성 물질(반복 노출) : 반복적인 노출로 특정 표적장기 또는 전신에 독성을 일으키는 물질
11) 흡인 유해성 물질 : 액체 또는 고체 화학물질이 입이나 코를 통하여 직접적으로 또는 구토로 인하여 간접적으로, 기관 및 더 깊은 호흡기관으로 유입되어 화학적 폐렴, 다양한 폐 손상이나 사망과 같은 심각한 급성 영향을 일으키는 물질
12) 수생 환경 유해성 물질 : 단기간 또는 장기간의 노출로 수생생물에 유해한 영향을 일으키는 물질
13) 오존층 유해성 물질 : 「오존층 보호를 위한 특정물질의 제조규제 등에 관한 법률」제2조제1호에 따른 특정물질

2. 물리적 인자의 분류기준
   가. 소음 : 소음성난청을 유발할 수 있는 85데시벨(A) 이상의 시끄러운 소리
   나. 진동 : 착암기, 손망치 등의 공구를 사용함으로써 발생되는 백랍병·레이노 현상·말초순환장애 등의 국소 진동 및 차량 등을 이용함으로써 발생되는 관절통·디스크·소화장애 등의 전신 진동
   다. 방사선 : 직접·간접으로 공기 또는 세포를 전리하는 능력을 가진 알파선·베타선·감마선·엑스선·중성자선 등의 전자선
   라. 이상기압 : 게이지 압력이 제곱센티미터당 1킬로그램 초과 또는 미만인 기압
   마. 이상기온 : 고열·한랭·다습으로 인하여 열사병·동상·피부질환 등을 일으킬 수 있는 기온

3. 생물학적 인자의 분류기준
   가. 혈액매개 감염인자 : 인간면역결핍바이러스, B형·C형간염바이러스, 매독바이러스 등 혈액을 매개로 다른 사람에게 전염되어 질병을 유발하는 인자
   나. 공기매개 감염인자 : 결핵·수두·홍역 등 공기 또는 비말감염 등을 매개로 호흡기를 통하여 전염되는 인자
   다. 곤충 및 동물매개 감염인자 : 쯔쯔가무시증, 렙토스피라증, 유행성출혈열 등 동물의 배설물 등에 의하여 전염되는 인자 및 탄저병, 브루셀라병 등 가축 또는 야생동물로부터 사람에게 감염되는 인자

※ 비고
제1호에 따른 화학물질의 분류기준 중 가목에 따른 물리적 위험성 분류기준별 세부 구분기준과 나목에 따른 건강 및 환경 유해성 분류기준의 단일물질 분류기준별 세부 구분기준 및 혼합물질의 분류기준은 고용노동부장관이 정하여 고시한다.

[별표19] 유해인자별 노출 농도의 허용기준(제145조제1항 관련)

유해인자		허용기준			
		시간가중평균값 (TWA)		단시간 노출값 (STEL)	
		ppm	mg/m³	ppm	mg/m³
1. 6가크롬[18540-29-9] 화합물(Chromium VI compounds)	불용성		0.01		
	수용성		0.05		
2. 납[7439-92-1] 및 그 무기화합물(Lead and its inorganic compounds)			0.05		
3. 니켈[7440-02-0] 화합물(불용성 무기화합물로 한정한다)(Nickel and its insoluble inorganic compounds)			0.2		
4. 니켈카르보닐(Nickel carbonyl ; 13463-39-3)		0.001			
5. 디메틸포름아미드(Dimethylformamide ; 68-12-2)		10			
6. 디클로로메탄(Dichloromethane ; 75-09-2)		50			
7. 1, 2-디클로로프로판(1, 2-Dichloro propane ; 78-87-5)		10	1	110	
8. 망간[7439-96-5] 및 그 무기화합물(Manganese and its inorganic compounds)					
9. 메탄올(Methanol; 67-56-1)		200		250	
10. 메틸렌 비스(페닐 이소시아네이트)[Methylene bis(phenyl isocya nate) ; 101-68-8 등]		0.005	0.002		
11. 베릴륨[7440-41-7] 및 그 화합물(Beryllium and its compounds)					0.01
12. 벤젠(Benzene ; 71-43-2)		0.5		2.5	
13. 1,3-부타디엔(1,3-Butadiene ; 106-99-0)		2		10	
14. 2-브로모프로판(2-Bromopropane ; 75-26-3)		1			
15. 브롬화 메틸(Methyl bromide ; 74-83-9)		1			
16. 산화에틸렌(Ethylene oxide ; 75-21-8)		1	0.1 개/cm³		
17. 석면(제조·사용하는 경우만 해당한다)(Asbestos ; 1332-21-4 등)			0.025		
18. 수은[7439-97-6] 및 그 무기화합물(Mercury and its inorganic compounds)					
19. 스티렌(Styrene ; 100-42-5)		20		40	
20. 시클로헥사논(Cyclohexanone ; 108-94-1)		25		50	
21. 아닐린(Aniline ; 62-53-3)		2			
22. 아크릴로니트릴(Acrylonitrile ; 107-13-1)		2			
23. 암모니아(Ammonia ; 7664-41-7 등)		25		35	

유해인자	허용기준			
	시간가중평균값 (TWA)		단시간 노출값 (STEL)	
	ppm	mg/m³	ppm	mg/m³
24. 염소(Chlorine ; 7782-50-5)	0.5		1	
25. 염화비닐(Vinyl chloride ; 75-01-4)	1			
26. 이황화탄소(Carbon disulfide ; 75-15-0)	1			
27. 일산화탄소(Carbon monoxide ; 630-08-0)	30	0.01	200	
28. 카드뮴[7440-43-9] 및 그 화합물(Cadmium and its compounds)		(호흡성 분진인 경우 0.002)		
29. 코발트[7440-48-4] 및 그 무기화합물(Cobalt and its inorganic compounds)		0.02		
30. 콜타르피치[65996-93-2] 휘발물(Coal tar pitch volatiles)		0.2		
31. 톨루엔(Toluene ; 108-88-3)	50		150	
32. 톨루엔-2,4-디이소시아네이트(Toluene-2,4-diisocyanate ; 584-84-9 등)	0.005		0.02	
33. 톨루엔-2,6-디이소시아네이트(Toluene-2,6-diisocyanate ; 91-08-7 등)	0.005		0.02	
34. 트리클로로메탄(Trichloromethane ; 67-66-3)	10			
35. 트리클로로에틸렌(Trichloroethylene ; 79-01-6)	10		25	
36. 포름알데히드(Formaldehyde ; 50-00-0)	0.3			
37. n-헥산(n-Hexane ; 110-54-3)	50			
38. 황산(Sulfuric acid ; 7664-93-9)		0.2		0.6

※ 비고
1. "시간가중평균값(TWA, Time-Weighted Average)"이란 1일 8시간 작업을 기준으로 한 평균노출농도로서 산출공식은 다음과 같다.
    주) C : 유해인자의 측정농도(단위 : ppm, mg/m³ 또는 개/cm³)
    　　T : 유해인자의 발생시간(단위 : 시간)
2. "단시간 노출값(STEL, Short-Term Exposure Limit)"이란 15분 간의 시간가중평균값으로서 노출 농도가 시간가중평균값을 초과하고 단시간 노출값 이하인 경우에는 ① 1회 노출 지속시간이 15분 미만이어야 하고, ② 이러한 상태가 1일 4회 이하로 발생해야 하며, ③ 각 회의 간격은 60분 이상이어야 한다.
3. "등"이란 해당 화학물질에 이성질체 등 동일 속성을 가지는 2개 이상의 화합물이 존재할 수 있는 경우를 말한다.

보충학습 1   관리감독자의 유해 · 위험 방지

직업의 종류	직무수행 내용
1. 프레스 등을 사용하는 작업(제2편 제1장 제3절)	㉮ 프레스 등 및 그 방호장치를 점검하는 일 ㉯ 프레스 등 그 방호장치에 이상이 발견되면 즉시 필요한 조치를 하는 일 ㉰ 프레스 등 그 방호장치에 전환스위치를 설치했을 때 그 전환스위치의 열쇠를 관리하는 일 ㉱ 금형의 부착·해체 또는 조정작업을 직접 지휘하는 일
2. 목재가공용 기계를 취급하는 작업(제2편 제1장 제4절)	㉮ 목재가공용 기계를 취급하는 작업을 지휘하는 일 ㉯ 목재가공용 기계 및 그 방호장치를 점검하는 일 ㉰ 목재가공용 기계 및 그 방호장치에 이상이 발견된 즉시 보고 및 필요한 조치를 하는 일 ㉱ 작업 중 지그(jig) 및 공구 등의 사용 상황을 감독하는 일
3. 크레인을 사용하는 작업(제2편 제1장 제9절 제2관·제3관)	㉮ 작업방법과 근로자 배치를 결정하고 그 작업을 지휘하는 일 ㉯ 재료의 결함 유무 또는 기구 및 공구의 기능을 점검하고 불량품을 제거하는 일 ㉰ 작업 중 안전대 또는 안전모의 착용 상황을 감시하는 일
4. 위험물을 제조하거나 취급하는 작업(제2편제2장제1절)	㉮ 작업을 지휘하는 일 ㉯ 위험물을 제조하거나 취급하는 설비 및 그 설비의 부속설비가 있는 장소의 온도·습도·차광 및 환기 상태 등을 수시로 점검하고 이상을 발견하면 즉시 필요한 조치를 하는 일 ㉰ 나목에 따라 한 조치를 기록하고 보관하는 일
5. 건조설비를 사용하는 작업(제2편제2장제5절)	㉮ 건조설비를 처음으로 사용하거나 건조방법 또는 건조물의 종류를 변경했을 때에는 근로자에게 미리 그 작업방법을 교육하고 작업을 직접 지휘하는 일 ㉯ 건조설비가 있는 장소를 항상 정리정돈하고 그 장소에 가연성 물질을 두지 않도록 하는 일

6. 아세틸렌 용접장치를 사용하는 금속의 용접·용단 또는 가열작업(제2편제2장제6절제1관)	㉮ 작업방법을 결정하고 작업을 지휘하는 일
	㉯ 아세틸렌 용접장치의 취급에 종사하는 근로자로 하여금 다음의 작업요령을 준수하도록 하는 일
	  (1) 사용 중인 발생기에 불꽃을 발생시킬 우려가 있는 공구를 사용하거나 그 발생기에 충격을 가하지 않도록 할 것
	  (2) 아세틸렌 용접장치의 가스누출을 점검할 때에는 비눗물을 사용하는 등 안전한 방법으로 할 것
	  (3) 발생기실의 출입구 문을 열어 두지 않도록 할 것
	  (4) 이동식 아세틸렌 용접장치의 발생기에 카바이드를 교환할 때에는 옥외의 안전한 장소에서 할 것
	㉰ 아세틸렌 용접작업을 시작할 때에는 아세틸렌 용접장치를 점검하고 발생기 내부로부터 공기와 아세틸렌의 혼합가스를 배제하는 일
	㉱ 안전기는 작업 중 그 수위를 쉽게 확인할 수 있는 장소에 놓고 1일 1회 이상 점검하는 일

직업의 종류	직무수행 내용
6. 아세틸렌 용접장치를 사용하는 금속의 용접·용단 또는 가열작업(제2편제2장제6절제1관)	㉯ 아세틸렌 용접장치 내의 물이 동결되는 것을 방지하기 위하여 아세틸렌 용접장치를 보온하거나 가열할 때에는 온수나 증기를 사용하는 등 안전한 방법으로 하도록 하는 일 ㉰ 발생기 사용을 중지하였을 때에는 물과 잔류 카바이드가 접촉하지 않은 상태로 유지하는 일 ㉱ 발생기를 수리·가공·운반 또는 보관할 때에는 아세틸렌 및 카바이드에 접촉하지 않은 상태로 유지하는 일 ㉲ 작업에 종사하는 근로자의 보안경 및 안전장갑의 착용 상황을 감시하는 일

7. 가스집합용접장치의 취급작업(제2편제2장제6절제2관)	㉮ 작업방법을 결정하고 작업을 직접 지휘하는 일
	㉯ 가스집합장치의 취급에 종사하는 근로자로 하여금 다음의 작업요령을 준수하도록 하는 일
	  (1) 부착할 가스용기의 마개 및 배관 연결부에 붙어 있는 유류·찌꺼기 등을 제거할 것
	  (2) 가스용기를 교환할 때에는 그 용기의 마개 및 배관 연결부 부분의 가스누출을 점검하고 배관 내의 가스가 공기와 혼합되지 않도록 할 것
	  (3) 가스누출 점검은 비눗물을 사용하는 등 안전한 방법으로 할 것
	  (4) 밸브 또는 콕은 서서히 열고 닫을 것
	㉰ 가스용기의 교환작업을 감시하는 일
	㉱ 작업을 시작할 때에는 호스·취관·호스밴드 등의 기구를 점검하고 손상·마모 등으로 인하여 가스나 산소가 누출될 우려가 있다고 인정할 때에는 보수하거나 교환하는 일
	㉲ 안전기는 작업 중 그 기능을 쉽게 확인할 수 있는 장소에 두고 1일 1회 이상 점검하는 일
	㉳ 작업에 종사하는 근로자의 보안경 및 안전장갑의 착용 상황을 감시하는 일

8. 거푸집 동바리의 고정·조립 또는 해체 작업/지반의 굴착작업/흙막이 지보공의 고정·조립 또는 해체 작업/터널의 굴착작업/건물 등의 해체작업(제2편제4장제1절제2관·제4장제2절제1관·제4장제2절제3관제1속·제4장제4절)	㉮ 안전한 작업방법을 결정하고 작업을 지휘하는 일 ㉯ 재료·기구의 결함 유무를 점검하고 불량품을 제거하는 일 ㉰ 작업 중 안전대 및 안전모 등 보호구 착용 상황을 감시하는 일

직업의 종류	직무수행 내용
9. 달비계 또는 높이 5미터 이상의 비계(飛階)를 조립·해체하거나 변경하는 작업(해체작업의 경우 가목은 적용 제외)(제1편제7장제2절)	㉮ 재료의 결함 유무를 점검하고 불량품을 제거하는 일 ㉯ 기구·공구·안전대 및 안전모 등의 기능을 점검하고 불량품을 제거하는 일 ㉰ 작업방법 및 근로자 배치를 결정하고 작업 진행 상태를 감시하는 일 ㉱ 안전대와 안전모 등의 착용 상황을 감시하는 일
10. 발파작업(제2편제4장제2절제2관)	㉮ 점화 전에 점화작업에 종사하는 근로자가 아닌 사람에게 대피를 지시하는 일 ㉯ 점화작업에 종사하는 근로자에게 대피장소 및 경로를 지시하는 일 ㉰ 점화 전에 위험구역 내에서 근로자가 대피한 것을 확인하는 일 ㉱ 점화순서 및 방법에 대하여 지시하는 일 ㉲ 점화신호를 하는 일 ㉳ 점화작업에 종사하는 근로자에게 대피신호를 하는 일 ㉴ 발파 후 터지지 않은 장약이나 남은 장약의 유무, 용수(湧水)의 유무 및 암석·토사의 낙하 여부 등을 점검하는 일 ㉵ 점화하는 사람을 정하는 일 ㉶ 공기압축기의 안전밸브 작동 유무를 점검하는 일 ㉷ 안전모 등 보호구 착용 상황을 감시하는 일
11. 채석을 위한 굴착작업(제2편제4장제2절제5관)	㉮ 대피방법을 미리 교육하는 일 ㉯ 작업을 시작하기 전 또는 폭우가 내린 후에는 암석·토사의 낙하·균열의 유무 또는 함수(含水)·용수(湧水) 및 동결의 상태를 점검하는 일 ㉰ 발파한 후에는 발파장소 및 그 주변의 암석·토사의 낙하·균열의 유무를 점검하는 일
12. 화물취급작업(제2편제6장제1절)	㉮ 작업방법 및 순서를 결정하고 작업을 지휘하는 일 ㉯ 기구 및 공구를 점검하고 불량품을 제거하는 일 ㉰ 그 작업장소에는 관계 근로자가 아닌 사람의 출입을 금지하는 일 ㉱ 로프 등의 해체작업을 할 때에는 하대(荷臺) 위의 화물의 낙하위험 유무를 확인하고 작업의 착수를 지시하는 일
13. 부두와 선박에서의 하역작업(제2편제6장제2절)	㉮ 작업방법을 결정하고 작업을 지휘하는 일 ㉯ 통행설비·하역기계·보호구 및 기구·공구를 점검·정비하고 이들의 사용 상황을 감시하는 일 ㉰ 주변 작업자간의 연락을 조정하는 일

직업의 종류	직무수행 내용
14. 전로 등 전기작업 또는 그 지지물의 설치, 점검, 수리 및 도장 등의 작업(제2편제3장)	㉮ 작업구간 내의 충전전로 등 모든 충전 시설을 점검하는 일 ㉯ 작업방법 및 그 순서를 결정(근로자 교육 포함)하고 작업을 지휘하는 일 ㉰ 작업근로자의 보호구 또는 절연용 보호구 착용 상황을 감시하고 감전재해 요소를 제거하는 일 ㉱ 작업 공구, 절연용 방호구 등의 결함 여부와 기능을 점검하고 불량품을 제거하는 일 ㉲ 작업장소에 관계 근로자 외에는 출입을 금지하고 주변 작업자와의 연락을 조정하며 도로작업 시 차량 및 통행인 등에 대한 교통통제 등 작업전반에 대해 지휘·감시하는 일 ㉳ 활선작업용 기구를 사용하여 작업할 때 안전거리가 유지되는지 감시하는 일 ㉴ 감전재해를 비롯한 각종 산업재해에 따른 신속한 응급 처치를 할 수 있도록 근로자들을 교육하는 일
15. 관리대상 유해물질을 취급하는 작업(제3편제1장)	㉮ 관리대상 유해물질을 취급하는 근로자가 물질에 오염되지 않도록 작업방법을 결정하고 작업을 지휘하는 업무 ㉯ 관리대상 유해물질을 취급하는 장소나 설비를 매월 1회 이상 순회점검하고 국소배기장치 등 환기설비에 대해서는 다음 각 호의 사항을 점검하여 필요한 조치를 하는 업무. 단, 환기설비를 점검하는 경우에는 다음의 사항을 점검 　(1) 후드(hood)나 덕트(duct)의 마모·부식, 그 밖의 손상 여부 및 정도 　(2) 송풍기와 배풍기의 주유 및 청결 상태 　(3) 덕트 접속부가 헐거워졌는지 여부 　(4) 전동기와 배풍기를 연결하는 벨트의 작동 상태 　(5) 흡기 및 배기 능력 상태 ㉰ 보호구의 착용 상황을 감시하는 업무 ㉱ 근로자가 탱크 내부에서 관리대상 유해물질을 취급하는 경우에 다음의 조치를 했는지 확인하는 업무 　(1) 관리대상 유해물질에 관하여 필요한 지식을 가진 사람이 해당 작업을 지휘 　(2) 관리대상 유해물질이 들어올 우려가 없는 경우에는 작업을 하는 설비의 개구부를 모두 개방 　(3) 근로자의 신체가 관리대상 유해물질에 의하여 오염되었거나 작업이 끝난 경우에는 즉시 몸을 씻는 조치

직업의 종류	직무수행 내용
	(4) 비상시에 작업설비 내부의 근로자를 즉시 대피시키거나 구조하기 위한 기구와 그 밖의 설비를 갖추는 조치 (5) 작업을 하는 설비의 내부에 대하여 작업 전에 관리대상 유해물질의 농도를 측정하거나 그 밖의 방법으로 근로자가 건강에 장해를 입을 우려가 있는지를 확인하는 조치 (6) 제(5)에 따른 설비 내부에 관리대상 유해물질이 있는 경우에는 설비 내부를 충분히 환기하는 조치 (7) 유기화합물을 넣었던 탱크에 대하여 제(1)부터 제(6)까지의 조치 외에 다음의 조치 (가) 유기화합물이 탱크로부터 배출된 후 탱크 내부에 재유입되지 않도록 조치 (나) 물이나 수증기 등으로 탱크 내부를 씻은 후 그 씻은 물이나 수증기 등을 탱크로부터 배출 (다) 탱크 용적의 3배 이상의 공기를 채웠다가 내보내거나 탱크에 물을 가득 채웠다가 내보내거나 탱크에 물을 가득 채웠다가 배출 ㉻ 나목에 따른 점검 및 조치 결과를 기록·관리하는 업무
16. 허가대상 유해물질 취급작업(제3편제2장)	㉮ 근로자가 허가대상 유해물질을 들이마시거나 허가대상 유해물질에 오염되지 않도록 작업수칙을 정하고 지휘하는 업무 ㉯ 작업장에 설치되어 있는 국소배기장치나 그 밖에 근로자의 건강장해 예방을 위한 장치 등을 매월 1회 이상 점검하는 업무 ㉰ 근로자의 보호구 착용 상황을 점검하는 업무
17. 석면 해체·제거 작업(제3편제2장제6절)	㉮ 근로자가 석면분진을 들이마시거나 석면분진에 오염되지 않도록 작업방법을 정하고 지휘하는 업무 ㉯ 작업장에 설치되어 있는 석면분진 포집장치, 음압기 등의 장비의 이상 유무를 점검하고 필요한 조치를 하는 업무 ㉰ 근로자의 보호구 착용 상황을 점검하는 업무
18. 고압작업(제3편제5장)	㉮ 작업방법을 결정하여 고압작업자를 직접 지휘하는 업무 ㉯ 유해가스의 농도를 측정하는 기구를 점검하는 업무 ㉰ 고압작업자가 작업실에 입실하거나 퇴실하는 경우에 고압작업자의 수를 점검하는 업무 ㉱ 작업실에서 공기조절을 하기 위한 밸브나 콕을 조작하는 사람과 연락하여 작업실 내부의 압력을 적정한 상태로 유지하도록 하는 업무

직업의 종류	직무수행 내용
	⑮ 공기를 기압조절실로 보내거나 기압조절실에서 내보내기 위한 밸브나 콕을 조작하는 사람과 연락하여 고압작업자에 대하여 가압이나 감압을 다음과 같이 따르도록 조치하는 업무 (1) 가압을 하는 경우 1분에 제곱센티미터당 0.8킬로그램 이하의 속도로 함 (2) 감압을 하는 경우에는 고용노동부장관이 정하여 고시하는 기준에 맞도록 함 ⑯ 작업실 및 기압조절실 내 고압작업자의 건강에 이상이 발생한 경우 필요한 조치를 하는 업무
19. 밀폐공간 작업 (제3편제10장)	㉮ 산소가 결핍된 공기나 유해가스에 노출되지 않도록 작업 시작 전에 해당 근로자의 작업을 지휘하는 업무 ㉯ 작업을 하는 장소의 공기가 적절한지를 작업 시작 전에 측정하는 업무 ㉰ 측정장비·환기장치 또는 송기마스크 등을 작업 시작 전에 점검하는 업무 ㉱ 근로자에게 송기마스크 등의 착용을 지도하고 착용 상황을 점검하는 업무

보충학습 2 시설물의 안전 및 유지관리에 관한 특별법

시설물의 안전 및 유지관리에 관한 특별법 (약칭 : 시설물안전법)
[시행 2021. 9. 17.] [법률 제17946호, 2021. 3. 16., 일부개정]

(1) 용어의 정의

① "시설물"이란 건설공사를 통하여 만들어진 교량·터널·항만·댐·건축물 등 구조물과 그 부대시설로서 제7조 각 호에 따른 제1종시설물, 제2종시설물 및 제3종시설물을 말한다.
② "관리주체"란 관계 법령에 따라 해당 시설물의 관리자로 규정된 자나 해당 시설물의 소유자를 말한다. 이 경우 해당 시설물의 소유자와의 관리계약 등에 따라 시설물의 관리책임을 진 자는 관리주체로 보며, 관리주체는 공공관리주체(公共管理主體)와 민간관리주체(民間管理主體)로 구분한다.
③ "공공관리주체"란 다음 각 목의 어느 하나에 해당하는 관리주체를 말한다.
  ㉮ 국가·지방자치단체
  ㉯ 「공공기관의 운영에 관한 법률」 제4조에 따른 공공기관
  ㉰ 「지방공기업법」에 따른 지방공기업
④ "민간관리주체"란 공공관리주체 외의 관리주체를 말한다.

⑤ "안전점검"이란 경험과 기술을 갖춘 자가 육안이나 점검기구 등으로 검사하여 시설물에 내재(內在)되어 있는 위험요인을 조사하는 행위를 말하며, 점검목적 및 점검수준을 고려하여 국토교통부령으로 정하는 바에 따라 정기안전점검 및 정밀안전점검으로 구분한다.
⑥ "정밀안전진단"이란 시설물의 물리적·기능적 결함을 발견하고 그에 대한 신속하고 적절한 조치를 하기 위하여 구조적 안전성과 결함의 원인 등을 조사·측정·평가하여 보수·보강 등의 방법을 제시하는 행위를 말한다.
⑦ "긴급안전점검"이란 시설물의 붕괴·전도 등으로 인한 재난 또는 재해가 발생할 우려가 있는 경우에 시설물의 물리적·기능적 결함을 신속하게 발견하기 위하여 실시하는 점검을 말한다.
⑧ "내진성능평가(耐震性能評價)"란 지진으로부터 시설물의 안전성을 확보하고 기능을 유지하기 위하여 「지진·화산재해대책법」 제14조제1항에 따라 시설물별로 정하는 내진설계기준(耐震設計基準)에 따라 시설물이 지진에 견딜 수 있는 능력을 평가하는 것을 말한다.
⑨ "도급(都給)"이란 원도급·하도급·위탁, 그 밖에 명칭 여하에도 불구하고 안전점검·정밀안전진단이나 긴급안전점검, 유지관리 또는 성능평가를 완료하기로 약정하고, 상대방이 그 일의 결과에 대하여 대가를 지급하기로 한 계약을 말한다.
⑩ "하도급"이란 도급받은 안전점검·정밀안전진단이나 긴급안전점검, 유지관리 또는 성능평가 용역의 전부 또는 일부를 도급하기 위하여 수급인(受給人)이 제3자와 체결하는 계약을 말한다.
⑪ "유지관리"란 완공된 시설물의 기능을 보전하고 시설물이용자의 편의와 안전을 높이기 위하여 시설물을 일상적으로 점검·정비하고 손상된 부분을 원상복구하며 경과시간에 따라 요구되는 시설물의 개량·보수·보강에 필요한 활동을 하는 것을 말한다.
⑫ "성능평가"란 시설물의 기능을 유지하기 위하여 요구되는 시설물의 구조적 안전성, 내구성, 사용성 등의 성능을 종합적으로 평가하는 것을 말한다.
⑬ "하자담보책임기간"이란 「건설산업기본법」과 「공동주택관리법」 등 관계 법령에 따른 하자담보책임기간 또는 하자보수기간 등을 말한다.

(2) 시설물의 안전 및 유지관리 기본계획의 수립
① 국토교통부장관은 시설물이 안전하게 유지관리될 수 있도록 하기 위하여 5년마다 시설물의 안전 및 유지관리에 관한 기본계획을 수립·시행하고, 이를 관보에 고시하여야 한다. 기본계획을 변경하는 경우에도 또한 같다.(제5조)
② 기본계획에는 다음 각 호의 사항이 포함되어야 한다.
㉮ 시설물의 안전 및 유지관리에 관한 기본목표 및 추진방향에 관한 사항
㉯ 시설물의 안전 및 유지관리체계의 개발, 구축 및 운영에 관한 사항
㉰ 시설물의 안전 및 유지관리에 관한 정보체계의 구축·운영에 관한 사항
㉱ 시설물의 안전 및 유지관리에 필요한 기술의 연구·개발에 관한 사항
㉲ 시설물의 안전 및 유지관리에 필요한 인력의 양성에 관한 사항
㉳ 그 밖에 시설물의 안전 및 유지관리에 관하여 대통령령으로 정하는 사항

(3) 시설물의 안전 및 유지관리에 관한 특별법 시행규칙(약칭 : 시설물안전법 시행규칙)
[시행 2021. 8. 27][국토교통부령 제882호, 2021. 8. 27., 타법개정]

제2조(안전점검의 종류) 「시설물의 안전 및 유지관리에 관한 특별법」(이하 "법"이라 한다) 제2조제5호에 따른 안전점검은 다음 각 호와 같이 구분한다.
1. 정기안전점검 : 시설물의 상태를 판단하고 시설물이 점검 당시의 사용요건을 만족시키고 있는지 확인할 수 있는 수준의 외관조사를 실시하는 안전점검
2. 정밀안전점검 : 시설물의 상태를 판단하고 시설물이 점검 당시의 사용요건을 만족시키고 있는지 확인하며 시설물 주요부재의 상태를 확인할 수 있는 수준의 외관조사 및 측정·시험장비를 이용한 조사를 실시하는 안전점검

시설물의 안전 및 유지관리에 관한 특별법 시행령 [별표 1] 〈개정 2021. 12. 30.〉

제1종시설물 및 제2종시설물의 종류(제4조 관련)

구분	제1종시설물	제2종시설물
1. 교량		
가. 도로교량	1) 상부구조형식이 현수교, 사장교, 아치교 및 트러스교인 교량 2) 최대 경간장 50미터 이상의 교량(한 경간 교량은 제외한다) 3) 연장 500미터 이상의 교량 4) 폭 12미터 이상이고 연장 500미터 이상인 복개구조물	1) 경간장 50미터 이상인 한 경간 교량 2) 제1종시설물에 해당하지 않는 교량으로서 연장 100미터 이상의 교량 3) 제1종시설물에 해당하지 않는 복개구조물로서 폭 6미터 이상이고 연장 100미터 이상인 복개구조물
나. 철도교량	1) 고속철도 교량 2) 도시철도의 교량 및 고가교 3) 상부구조형식이 트러스교 및 아치교인 교량 4) 연장 500미터 이상의 교량	제1종시설물에 해당하지 않는 교량으로서 연장 100미터 이상의 교량
2. 터널		
가. 도로터널	1) 연장 1천미터 이상의 터널 2) 3차로 이상의 터널 3) 터널구간의 연장이 500미터 이상인 지하차도	1) 제1종시설물에 해당하지 않는 터널로서 고속국도, 일반국도, 특별시도 및 광역시도의 터널 2) 제1종시설물에 해당하지 않는 터널로서 연장 300미터 이상의 지방도, 시도, 군도 및 구도의 터널 3) 제1종시설물에 해당하지 않는 지하차도로서 터널구간의 연장이 100미터 이상인 지하차도

	나. 철도터널	1) 고속철도 터널 2) 도시철도 터널 3) 연장 1천미터 이상의 터널	제1종시설물에 해당하지 않는 터널로서 특별시 또는 광역시에 있는 터널
3. 항만	가. 갑문	갑문시설	
	나. 방파제, 파제제 및 호안	연장 1천미터 이상인 방파제	1) 제1종시설물에 해당하지 않는 방파제로서 연장 500미터 이상의 방파제 2) 연장 500미터 이상의 파제제 3) 방파제 기능을 하는 연장 500미터 이상의 호안
	다. 계류시설	1) 20만톤급 이상 선박의 하역시설로서 원유부이(BUOY)식 계류시설(부대시설인 해저송유관을 포함한다) 2) 말뚝구조의 계류시설(5만톤급 이상의 시설만 해당한다)	1) 제1종시설물에 해당하지 않는 원유부이식 계류시설로서 1만톤급 이상의 원유부이식 계류시설(부대시설인 해저송유관을 포함한다) 2) 제1종시설물에 해당하지 않는 말뚝구조의 계류시설로서 1만톤급 이상의 말뚝구조의 계류시설 3) 1만톤급 이상의 중력식 계류시설
4. 댐		다목적댐, 발전용댐, 홍수전용댐 및 총저수용량 1천만톤 이상의 용수전용댐	제1종시설물에 해당하지 않는 댐으로서 지방상수도전용댐 및 총저수용량 1백만톤 이상의 용수전용댐
5. 건축물	가. 공동주택		16층 이상의 공동주택
	나. 공동주택외의 건축물	1) 21층 이상 또는 연면적 5만제곱미터 이상의 건축물 2) 연면적 3만제곱미터 이상의 철도역시설 및 관람장 3) 연면적 1만제곱미터 이상의 지하도상가(지하보도면적을 포함한다)	1) 제1종시설물에 해당하지 않는 건축물로서 16층 이상 또는 연면적 3만제곱미터 이상의 건축물 2) 제1종시설물에 해당하지 않는 건축물로서 연면적 5천제곱미터 이상(각 용도별 시설의 합계를 말한다)의 문화 및 집회시설, 종교시설, 판매시설, 운수시설 중 여객용 시설, 의료시설, 노유자시설, 수련시설, 운동시설, 숙박시설 중 관광숙박시설 및 관광 휴게시설

			3) 제1종시설물에 해당하지 않는 철도 역시설로서 고속철도, 도시철도 및 광역철도 역시설 4) 제1종시설물에 해당하지 않는 지하도상가로서 연면적 5천제곱미터 이상의 지하도상가(지하보도면적을 포함한다)
6. 하천	가. 하구둑	1) 하구둑 2) 포용조수량 8천만톤 이상의 방조제	제1종시설물에 해당하지 않는 방조제로서 포용조수량 1천만톤 이상의 방조제
	나. 수문 및 통문	특별시 및 광역시에 있는 국가하천의 수문 및 통문(通門)	1) 제1종시설물에 해당하지 않는 수문 및 통문으로서 국가하천의 수문 및 통문 2) 특별시, 광역시, 특별자치시 및 시에 있는 지방하천의 수문 및 통문
	다. 제방		국가하천의 제방[부속시설인 통관(通管) 및 호안(護岸)을 포함한다]
	라. 보	국가하천에 설치된 높이 5미터 이상인 다기능 보	제1종시설물에 해당하지 않는 보로서 국가하천에 설치된 다기능 보
	마. 배수펌프장	특별시 및 광역시에 있는 국가하천의 배수펌프장	1) 제1종시설물에 해당하지 않는 배수펌프장으로서 국가하천의 배수펌프장 2) 특별시, 광역시, 특별자치시 및 시에 있는 지방하천의 배수펌프장
7. 상하수도	가. 상수도	1) 광역상수도 2) 공업용수도 3) 1일 공급능력 3만톤 이상의 지방상수도	제1종시설물에 해당하지 않는 지방상수도
	나. 하수도		공공하수처리시설(1일 최대처리용량 500톤 이상인 시설만 해당한다)
8. 옹벽 및 절토사면			1) 지면으로부터 노출된 높이가 5미터 이상인 부분의 합이 100미터 이상인 옹벽

		2) 지면으로부터 연직(鉛直)높이 (옹벽이 있는 경우 옹벽 상단으로부터의 높이) 30미터 이상을 포함한 절토부(땅깎기를 한 부분을 말한다)로서 단일 수평연장 100미터 이상인 절토사면
9. 공동구		공동구

[비고]
1. "도로"란 「도로법」 제10조에 따른 도로를 말한다.
2. 교량의 "최대 경간장"이란 한 경간에서 상부구조의 교각과 교각의 중심선 간의 거리를 경간장으로 정의할 때, 교량의 경간장 중에서 최댓값을 말한다. 한 경간 교량에 대해서는 교량 양측 교대의 흉벽 사이를 교량 중심선에 따라 측정한 거리를 말한다.
3. 교량의 "연장"이란 교량 양측 교대의 흉벽 사이를 교량 중심선에 따라 측정한 거리를 말한다.
4. 도로교량의 "복개구조물"이란 하천 등을 복개하여 도로의 용도로 사용하는 모든 구조물을 말한다.
5. "갑문, 방파제, 파제제, 호안"이란 「항만법」 제2조제5호가목2)에 따른 외곽시설을 말한다.
6. "계류시설"이란 「항만법」 제2조제5호가목4)에 따른 계류시설을 말한다.
7. "댐"이란 「저수지 · 댐의 안전관리 및 재해예방에 관한 법률」 제2조제1호에 따른 저수지 · 댐을 말한다.
8. 위 표 제4호의 용수전용댐과 지방상수도전용댐이 위 표 제7호가목의 제1종시설물 중 광역상수도 · 공업용수도 또는 지방상수도의 수원지시설에 해당하는 경우에는 위 표 제7호의 상하수도시설로 본다.
9. 위 표의 건축물에는 그 부대시설인 옹벽과 절토사면을 포함하며, 건축설비, 소방설비, 승강기설비 및 전기설비는 포함하지 아니한다.
10. 건축물의 연면적은 지하층을 포함한 동별로 계산한다. 다만, 2동 이상의 건축물이 하나의 구조로 연결된 경우와 둘 이상의 지하도상가가 연속되어 있는 경우에는 연면적의 합계를 말한다.
10의2. 건축물의 층수에는 필로티나 그 밖에 이와 비슷한 구조로 된 층을 포함한다.
11. "공동주택 외의 건축물"은 「건축법 시행령」 별표 1에서 정한 용도별 분류를 따른다.
12. 건축물 중 주상복합건축물은 "공동주택 외의 건축물"로 본다.
13. "운수시설 중 여객용 시설"이란 「건축법 시행령」 별표 1 제8호에 따른 운수시설 중 여객자동차터미널, 일반철도역사, 공항청사, 항만여객터미널을 말한다.
14. "철도 역시설"이란 「철도의 건설 및 철도시설 유지관리에 관한 법률」 제2조제6호가목에 따른 역 시설(물류시설은 제외한다)을 말한다. 다만, 선하역사(시설이 선로 아래 설치되는 역사를 말한다)의 선로구간은 연속되는 교량시설물에 포함하고, 지하역사의 선로구간은 연속되는 터널시설물에 포함한다.

15. 하천시설물이 행정구역 경계에 있는 경우 상위 행정구역에 위치한 것으로 한다.
16. "포용조수량"이란 최고 만조(滿潮)시 간척지에 유입될 조수(潮水)의 양을 말한다.
17. "방조제"란 「공유수면 관리 및 매립에 관한 법률」 제37조, 「농어촌정비법」 제2조제6호, 「방조제 관리법」 제2조제1호 및 「산업입지 및 개발에 관한 법률」 제20조제1항에 따라 설치한 방조제를 말한다.
18. 하천의 "통문"이란 제방을 관통하여 설치한 사각형 단면의 문짝을 가진 구조물을 말하며, "통관"이란 제방을 관통하여 설치한 원형 단면의 문짝을 가진 구조물을 말한다.
19. 하천의 "다기능 보"란 용수 확보, 소수력 발전 및 도로(하천 횡단) 등 두 가지 이상의 기능을 갖는 보를 말한다.
20. "배수펌프장"이란 「하천법」 제2조제3호나목에 따른 배수펌프장과 「농어촌정비법」 제2조제6호에 따른 배수장을 말하며, 빗물펌프장을 포함한다.
21. 동일한 관리주체가 소관하는 배수펌프장과 연계되어 있는 수문 및 통문은 배수펌프장에 포함된다.
22. 위 표 제7호의 상하수도의 광역상수도, 공업용수도 및 지방상수도에는 수원지시설, 도수관로·송수관로(터널을 포함한다), 취수시설, 정수장, 취수·가압펌프장 및 배수지를 포함하고, 배수관로 및 급수시설은 제외한다.
23. "공동구"란 「국토의 계획 및 이용에 관한 법률」 제2조제9호에 따른 공동구를 말하며, 수용시설(전기, 통신, 상수도, 냉·난방 등)은 제외한다.

시설물의 안전 및 유지관리에 관한 특별법 시행령 [별표 3]

[표] 안전점검, 정밀안전진단 및 성능평가의 실시시기

안전등급	정기안전점검	정밀안전점검		정밀안전진단	성능평가
		건축물	건축물 외 시설물		
A등급	반기에 1회 이상	4년에 1회 이상	3년에 1회 이상	6년에 1회 이상	5년에 1회 이상
B·C등급		3년에 1회 이상	2년에 1회 이상	5년에 1회 이상	
D·E등급	1년에 3회 이상	2년에 1회 이상	1년에 1회 이상	4년에 1회 이상	

[비고]
1. "안전등급"이란 시설물의 안전등급을 말한다.
2. 준공 또는 사용승인 후부터 최초 안전등급이 지정되기 전까지의 기간에 실시하는 정기안전점검은 반기에 1회 이상 실시한다.
3. 제1종 및 제2종 시설물 중 D·E등급 시설물의 정기안전점검은 해빙기·우기·동절기 전 각각 1회 이상 실시한다. 이 경우 해빙기 전 점검시기는 2월·3월로, 우기 전 점검시기는 5월·6월로, 동절기 전 점검시기는 11월·12월로 한다.
4. 공동주택의 정기안전점검은 「공동주택관리법」 제33조에 따른 안전점검(지방자치단체의 장이 의무관리대상이 아닌 공동주택에 대하여 같은 법 제34조에 따라 안전점검을 실시한 경우에는 이를 포함한다)으로 갈음한다.
5. 최초로 실시하는 정밀안전점검은 시설물의 준공일 또는 사용승인일(구조형태의 변경으로 시설물로 된 경우에는 구조형태의 변경에 따른 준공일 또는 사용승인

일을 말한다)을 기준으로 3년 이내(건축물은 4년 이내)에 실시한다. 다만, 임시 사용승인을 받은 경우에는 임시 사용승인일을 기준으로 한다.
6. 최초로 실시하는 정밀안전진단은 준공일 또는 사용승인일(준공 또는 사용승인 후에 구조형태의 변경으로 제1종시설물로 된 경우에는 최초 준공일 또는 사용승인일을 말한다) 후 10년이 지난 때부터 1년 이내에 실시한다. 다만, 준공 및 사용승인 후 10년이 지난 후에 구조형태의 변경으로 인하여 제1종시설물로 된 경우에는 구조형태의 변경에 따른 준공일 또는 사용승인일부터 1년 이내에 실시한다.
7. 최초로 실시하는 성능평가는 성능평가대상시설물 중 제1종시설물의 경우에는 최초로 정밀안전진단을 실시하는 때, 제2종시설물의 경우에는 법 제11조제2항에 따른 하자담보책임기간이 끝나기 전에 마지막으로 실시하는 정밀안전점검을 실시하는 때에 실시한다. 다만, 준공 및 사용승인 후 구조형태의 변경으로 인하여 성능평가대상시설물로 된 경우에는 제5호 및 제6호에 따라 정밀안전점검 또는 정밀안전진단을 실시하는 때에 실시한다.
8. 정밀안전점검 및 정밀안전진단의 실시 주기는 이전 정밀안전점검 및 정밀안전진단을 완료한 날을 기준으로 한다. 다만, 정밀안전점검 실시 주기에 따라 정밀안전점검을 실시한 경우에도 법 제12조에 따라 정밀안전진단을 실시한 경우에는 그 정밀안전진단을 완료한 날을 기준으로 정밀안전점검의 실시 주기를 정한다.
9. 정밀안전점검, 긴급안전점검 및 정밀안전진단의 실시 완료일이 속한 반기에 실시하여야 하는 정기안전점검은 생략할 수 있다.
10. 정밀안전진단의 실시 완료일부터 6개월 전 이내에 그 실시 주기의 마지막 날이 속하는 정밀안전점검은 생략할 수 있다.
11. 성능평가 실시 주기는 이전 성능평가를 완료한 날을 기준으로 한다.
12. 증축, 개축 및 리모델링 등을 위하여 공사 중이거나 철거예정인 시설물로서, 사용되지 않는 시설물에 대해서는 국토교통부장관과 협의하여 안전점검, 정밀안전진단 및 성능평가의 실시를 생략하거나 그 시기를 조정할 수 있다.

🔻 참고1

[표] 시설물의 안전등급 기준

안전등급	시설물의 상태
가. A(우수)	문제점이 없는 최상의 상태
나. B(양호)	보조부재에 경미한 결함이 발생하였으나 기능 발휘에는 지장이 없으며, 내구성 증진을 위하여 일부의 보수가 필요한 상태
다. C(보통)	주요부재에 경미한 결함 또는 보조부재에 광범위한 결함이 발생하였으나 전체적인 시설물의 안전에는 지장이 없으며, 주요부재에 내구성, 기능성 저하 방지를 위한 보수가 필요하거나 보조부재에 간단한 보강이 필요한 상태
라. D(미흡)	주요부재에 결함이 발생하여 긴급한 보수·보강이 필요하며 사용제한 여부를 결정하여야 하는 상태
마. E(불량)	주요부재에 발생한 심각한 결함으로 인하여 시설물의 안전에 위험이 있어 즉각 사용을 금지하고 보강 또는 개축을 하여야 하는 상태

> 참고2

건설기술진흥법 시행령
[시행 2021. 12. 30.] [대통령령 제32274호, 2021. 12. 28.]

제98조(안전관리계획의 수립) ① 법 제62조제1항에 따른 안전관리계획(이하 "안전관리계획"이라 한다)을 수립하여야 하는 건설공사는 다음 각 호와 같다. 이 경우 원자력시설공사는 제외하며, 해당 건설공사가 「산업안전보건법」 제42조에 따른 유해위험 방지 계획을 수립하여야 하는 건설공사에 해당하는 경우에는 해당 계획과 안전관리계획을 통합하여 작성할 수 있다.

1. 「시설물의 안전 및 유지관리에 관한 특별법」 제7조제1호 및 제2호에 따른 1종시설물 및 2종시설물의 건설공사(같은 법 제2조제11호에 따른 유지관리를 위한 건설공사는 제외한다)
2. 지하 10미터 이상을 굴착하는 건설공사. 이 경우 굴착 깊이 산정 시 집수정(集水井), 엘리베이터 피트 및 정화조 등의 굴착 부분은 제외하며, 토지에 높낮이 차가 있는 경우 굴착 깊이의 산정방법은 「건축법 시행령」 제119조제2항을 따른다.
3. 폭발물을 사용하는 건설공사로서 20미터 안에 시설물이 있거나 100미터 안에 사육하는 가축이 있어 해당 건설공사로 인한 영향을 받을 것이 예상되는 건설공사
4. 10층 이상 16층 미만인 건축물의 건설공사

4의2. 다음 각 목의 리모델링 또는 해체공사
   가. 10층 이상인 건축물의 리모델링 또는 해체공사
   나. 「주택법」 제2조제25호다목에 따른 수직증축형 리모델링

5. 「건설기계관리법」 제3조에 따라 등록된 다음 각 목의 어느 하나에 해당하는 건설기계가 사용되는 건설공사
   가. 천공기(높이가 10미터 이상인 것만 해당한다)
   나. 항타 및 항발기
   다. 타워크레인

5의2. 제101조의2제1항 각 호의 가설구조물을 사용하는 건설공사

6. 제1호부터 제4호까지, 제4호의2, 제5호 및 제5호의2의 건설공사 외의 건설공사로서 다음 각 목의 어느 하나에 해당하는 공사
   가. 발주자가 안전관리가 특히 필요하다고 인정하는 건설공사
   나. 해당 지방자치단체의 조례로 정하는 건설공사 중에서 인·허가기관의 장이 안전관리가 특히 필요하다고 인정하는 건설공사

② 건설업자와 주택건설등록업자는 법 제62조제1항에 따라 안전관리계획을 수립하여 발주청 또는 인·허가기관의 장에게 제출하는 경우에는 미리 공사감독자 또는 건설사업관리 기술자의 검토·확인을 받아야 하며, 건설공사를 착공하기 전에 발주청 또는 인·허가기관의 장에게 제출하여야 한다. 안전관리계획의 내용을 변경하는 경우에도 또한 같다.

1. 적정 : 안전에 필요한 조치가 구체적이고 명료하게 계획되어 건설공사의 시공상 안전성이 충분히 확보되어 있다고 인정될 때
2. 조건부 적정 : 안전성 확보에 치명적인 영향을 미치지는 아니하지만 일부 보완이 필요하다고 인정될 때

3. 부적정 : 시공 시 안전사고가 발생할 우려가 있거나 계획에 근본적인 결함이 있다고 인정될 때
⑥ 발주청 또는 인허가기관의 장은 건설업자 또는 주택건설등록업자가 제출한 안전관리계획서가 제5항제3호에 따른 부적정 판정을 받은 경우에는 안전관리계획의 변경 등 필요한 조치를 하여야 한다.
 - 이하 생략 -
③ 법 제62조제1항에 따라 안전관리계획을 제출받은 발주청 또는 인·허가기관의 장은 안전관리계획의 내용을 검토하여 안전관리계획을 제출받은 날부터 20일 이내에 건설사업자 또는 주택건설등록업자에게 그 결과를 통보해야 한다.
④ 발주청 또는 인·허가기관의 장이 제3항에 따라 안전관리계획의 내용을 심사하는 경우에는 제100조제2항에 따른 건설안전점검기관에 검토를 의뢰하여야 한다. 다만, 「시설물의 안전 및 유지관리에 관한 특별법」 제7조제1호 및 제2호에 따른 1종시설물 및 2종시설물의 건설공사의 경우에는 한국시설안전공단에 안전관리계획의 검토를 의뢰하여야 한다.
⑤ 발주청 또는 인·허가기관의 장은 제3항에 따른 안전관리계획의 심사 결과를 다음 각호의 구분에 따라 판정한 후 제1호 및 제2호의 경우에는 승인서(제2호의 경우에는 보완이 필요한 사유를 포함하여야 한다)를 건설업자 또는 주택건설등록업자에게 발급하여야 한다.

제106조(건설사고조사위원회의 구성·운영 등) ① 건설사고조사위원회는 위원장1명을 포함한 12명 이내의 위원으로 구성한다.
② 건설사고조사위원회의 위원은 다음 각 호의 어느 하나에 해당하는 사람 중에서 해당 건설사고조사위원회를 구성·운영하는 국토교통부장관, 발주청 또는 인·허가기관의 장이 임명하거나 위촉한다.
1. 건설공사 업무와 관련된 공무원
2. 건설공사 업무와 관련된 단체 및 연구기관 등의 임직원
3. 건설공사 업무에 관한 학식과 경험이 풍부한 사람
③ 제2항제2호 및 제3호에 따른 위원의 임기는 2년으로 하며, 위원의 사임 등으로 새로 위촉된 위원의 임기는 전임위원 임기의 남은 기간으로 한다.
④ 건설사고조사위원회 위원의 제척·기피·회피에 관하여는 제20조를 준용한다. 이 경우 "중앙심의위원회등"은 "건설사고조사위원회"로, "각 위원회의 심의·의결"은 "건설사고조사위원회의 심의·의결"로, "안건"은 "사고"로, "심의"는 "조사"로 본다.
⑤ 법 제68조제2항에 따른 건설사고조사위원회의 권고 또는 건의를 받은 국토교통부장관, 발주청 또는 인·허가기관의 장, 그 밖의 관계 행정기관의 장은 그 조치 결과를 국토교통부장관 및 건설사고조사위원회에 통보하여야 한다.
⑥ 건설사고조사위원회의 회의에 출석하는 위원에게는 예산의 범위에서 수당과 여비 등을 지급할 수 있다. 다만, 공무원인 위원이 그 소관 업무와 직접적으로 관련되어 출석하는 경우에는 그러하지 아니하다.
⑦ 제1항부터 제6항까지에서 규정한 사항 외에 건설사고조사위원회의 구성 및 운영 등에 필요한 사항은 국토교통부장관이 정하여 고시한다.

합격날개

합격예측

경영의 3요소
① 자본 ② 기술 ③ 인간
전 cost 비용(T)
=재해예방비용(T_1)+재해비용(T_2)

용어정의

테일러(Taylor)의 과학적 관리방식
생산능률향상을 위해 능률의 논리를 경영관리의 방법으로 체계화한 방식

합격예측

일반적인 재해조사항목
① 사고의 형태
② 기인물 및 가해물
③ 불안전한 행동 및 상태

보충학습

■ 산업안전보건법 시행규칙 [별지 제30호서식] 〈개정 2021. 11. 19〉

산업재해 조사표

※ 뒤쪽의 작성 방법을 읽고 작성해 주시기 바라며, [ ]에는 해당하는 곳에 √표시를 합니다.　　(앞쪽)

Ⅰ. 사업장 정보	① 산재관리번호 (사업개시번호)		사업자등록번호		
	② 사업장명		③ 근로자 수		
	④ 업종		소재지	(-)	
	⑤ 재해자가 사내 수급인 소속인 경우(건설업 제외)	원도급인 사업장명	⑥ 재해자가 파견근로자인 경우	파견사업주 사업장명	
		사업장 산재관리번호 (사업개시번호)		사업장 산재관리번호 (사업개시번호)	
	건설업만 작성	발주자		[ ]민간 [ ]국가지방자치단체 [ ]공공기관	
		⑦ 원수급 사업장명		공사현장 명	
		⑧ 원수급 사업장 산재관리번호(사업개시번호)			
		⑨ 공사종류		공정률　　%	공사금액 백만원

※ 아래 항목은 재해자별로 각각 작성하되, 같은 재해로 재해자가 여러 명이 발생된 경우 별도 서식에 추가로 적습니다.

Ⅱ. 재해 정보	성 명		주민등록번호 (외국인 등록번호)	성별 [ ]남 [ ]여
	국 적	[ ]내국인 [ ]외국인 [국적: ⑩ 체류자격:]		⑪ 직업
	입사일	년 월 일	⑫같은 종류업무 근속기간	년 월
	⑬ 고용형태	[ ]상용 [ ]임시 [ ]일용 [ ]무급가족종사자 [ ]자영업자 [ ]그 밖의 사항 [ ]		
	⑭ 근무형태	[ ]정상 [ ]2교대 [ ]3교대 [ ]4교대 [ ]시간제 [ ]그 밖의 사항 [ ]		
	⑮ 상해종류 (질병명)		⑯ 상해부위 (질병부위)	⑰ 휴업예상 일수　휴업 [ ]일
				사망 여부　[ ] 사망

Ⅲ. 재해발생 개요 및 원인	⑱ 재해 발생 개요	발생일시	[ ]년 [ ]월 [ ]일 [ ]요일 [ ]시 [ ]분
		발생장소	
		재해관련 작업유형	
		재해발생 당시 상황	
	⑲ 재해발생 원인		

Ⅳ. ⑳ 재발방지계획	

※ ⑳ 재발방지 계획 이행을 위한 안전보건교육 및 기술지도 등을 한국산업안전보건공단에서 무료로 제공하고 있으니 즉시 기술지원 서비스를 받고자 하는 경우 오른쪽에 √표시를 하시기 바랍니다.　　즉시 기술지원 서비스 요청 [ ]

※ 근로복지공단은 재해자의 개인정보를 활용하는 것에 동의하는 사람에 한정하여 해당 재해자에게 산재보험급여의 신청방법을 안내하고 있으니 관련 안내를 받으려는 재해자는 오른쪽에 √ 표시를 하시기 바랍니다.	산재보험급여 신청방법 안내를 위한 재해자의 개인정보 활용 동의 [ ]

작성자 성명				
작성자 전화번호	작성일	년	월	일
	사업주			(서명 또는 인)
	근로자대표(재해자)			(서명 또는 인)

( )지방고용노동청장(지청장) 귀하

재해 분류자 기입란 (사업장에서는 적지 않습니다)	발생형태	□□□	기인물	□□□□□
	작업지역·공정	□□□	작업내용	□□□

210mm×297mm[백상지(80g/㎡) 또는 중질지(80g/㎡)]

작성방법

Ⅰ. 사업장 정보

① 산재관리번호(사업개시번호) : 근로복지공단에 산업재해보상보험 가입이 되어 있으면 그 가입번호를 적고 사업장등록번호 기입란에는 국세청의 사업자등록번호를 적습니다. 다만, 근로복지공단의 산업재해보상보험에 가입이 되어 있지 않은 경우 사업자등록번호만 적습니다.

※ 산재보험 일괄 적용 사업장은 산재관리번호와 사업개시번호를 모두 적습니다.

② 사업장명 : 재해자가 사업주와 근로계약을 체결하여 실제로 급여를 받는 사업장명을 적습니다. 파견근로자가 재해를 입은 경우에는 실제적으로 지휘·명령을 받는 사용사업주의 사업장명을 적습니다. [예 아파트를 건설하는 종합건설업의 하수급 사업장 소속 근로자가 작업 중 재해를 입은 경우 재해자가 실제로 하수급 사업장의 사업주와 근로계약을 체결하였다면 하수급 사업장명을 적습니다.]

③ 근로자 수 : 사업장의 최근 근로자 수를 적습니다(정규직, 일용직·임시직 근로자, 훈련생 등 포함).

④ 업종 : 통계청(www.kostat.go.kr)의 통계분류 항목에서 한국표준산업분류를 참조하여 세세분류(5자리)를 적습니다. 다만, 한국표준산업분류 세세분류를 알 수 없는 경우 아래와 같이 한국표준산업명과 주요 생산품을 추가로 적습니다. [예 제철업, 시멘트제조업, 아파트건설업, 공작기계도매업, 일반화물자동차 운송업, 중식음식점업, 건축물 일반청소업 등]

⑤ 재해자가 사내 수급인 소속인 경우(건설업 제외) : 원도급인 사업장명과 산재관리번호(사업개시번호)를 적습니다.

※ 원도급인 사업장이 산재보험 일괄 적용 사업장인 경우에는 원도급인 사업장 산재관리번호와 사업개시번호를 모두 적습니다.

⑥ 재해자가 파견근로자인 경우 : 파견사업주의 사업장명과 산재관리번호(사업개시번호)를 적습니다.

※ 파견사업주의 사업장이 산재보험 일괄 적용 사업장인 경우에는 파견사업주의 사업장 산재관리번호와 사업개시번호를 모두 적습니다.

⑦ 원수급 사업장명 : 재해자가 소속되거나 관리되고 있는 사업장이 하수급 사업장인 경우에만 적습니다.

합격예측

하인리히에 의한 사고원인의 분류

(1) 직접 원인 : 직접적으로 사고를 일으키는 불안전 행동이나 불안전한 상태를 말한다.
(2) 부원인(Subcause) : 불안전한 행동을 일으키는 이유(안전작업 규칙들이 위배되는 이유)
  ① 부적절한 태도
  ② 지식 또는 기능의 결여
  ③ 신체적 부적격
  ④ 부적절한 기계적, 물리적 환경
(3) 기초 원인 : 습관적, 사회적, 유전적, 관리감독적 특성

합격예측

작업개선 4단계
① 1단계 : 작업분해
② 2단계 : 세부내용 검토
③ 3단계 : 작업분석
④ 4단계 : 새로운 방법의 적용

참고

[그림] 낙하/비래
(Hit by falling/Flying object)

⑧ 원수급 사업장 산재관리번호(사업개시번호) : 원수급 사업장이 산재보험 일괄 적용 사업장인 경우에는 원수급 사업장 산재관리번호와 사업개시번호를 모두 적습니다.
⑨ 공사 종류, 공정률, 공사금액 : 수급 받은 단위공사에 대한 현황이 아닌 원수급 사업장의 공사 현황을 적습니다.
　가. 공사 종류 : 재해 당시 진행 중인 공사 종류를 말합니다. [예 아파트, 연립주택, 상가, 도로, 공장, 댐, 플랜트시설, 전기공사 등]
　나. 공정률 : 재해 당시 건설 현장의 공사 진척도로 전체 공정률을 적습니다.(단위공정률이 아님)

II. 재해자 정보

⑩ 체류자격 : 「출입국관리법 시행령」 별표 1에 따른 체류자격(기호)을 적습니다. [예 E-1, E-7, E-9 등]
⑪ 직업 : 통계청(www.kostat.go.kr)의 통계분류 항목에서 한국표준직업분류를 참조하여 세세분류(5자리)를 적습니다. 다만, 한국표준직업분류 세세분류를 알 수 없는 경우 알고 있는 직업명을 적고, 재해자가 평소 수행하는 주요 업무내용 및 직위를 추가로 적습니다. [예 토목감리기술자, 전문간호사, 인사 및 노무사무원, 한식조리사, 철근공, 미장공, 프레스조작원, 선반기조작원, 시내버스 운전원, 건물내부청소원 등]
⑫ 같은 종류 업무 근속기간 : 과거 다른 회사의 경력부터 현직 경력(동일·유사 업무 근무경력)까지 합하여 적습니다.(질병의 경우 관련 작업근무기간)
⑬ 고용형태 : 근로자가 사업장 또는 타인과 명시적 또는 내재적으로 체결한 고용계약 형태를 적습니다.
　가. 상용 : 고용계약기간을 정하지 않았거나 고용계약기간이 1년 이상인 사람
　나. 임시 : 고용계약기간을 정하여 고용된 사람으로서 고용계약기간이 1개월 이상 1년 미만인 사람
　다. 일용 : 고용계약기간이 1개월 미만인 사람 또는 매일 고용되어 근로의 대가로 일급 또는 일당제 급여를 받고 일하는 사람
　라. 자영업자 : 혼자 또는 그 동업자로서 근로자를 고용하지 않은 사람
　마. 무급가족종사자 : 사업주의 가족으로 임금을 받지 않는 사람
　바. 그 밖의 사항 : 교육·훈련생 등
⑭ 근무형태 : 평소 근로자의 작업 수행시간 등 업무를 수행하는 형태를 적습니다.
　가. 정상 : 사업장의 정규 업무 개시시각과 종료시각(통상 오전 9시 전후에 출근하여 오후 6시 전후에 퇴근하는 것) 사이에 업무수행하는 것을 말합니다.
　나. 2교대, 3교대, 4교대 : 격일제근무, 같은 작업에 2개조, 3개조, 4개조로 순환하면서 업무수행하는 것을 말합니다.
　다. 시간제 : 가목의 '정상' 근무형태에서 규정하고 있는 주당 근무시간보다 짧은 근로시간 동안 업무수행하는 것을 말합니다.
　라. 그 밖의 사항 : 고정적인 심야(야간)근무 등을 말합니다.
⑮ 상해종류(질병명) : 재해로 발생된 신체적 특성 또는 상해 형태를 적습니다.
　[예 골절, 절단, 타박상, 찰과상, 중독·질식, 화상, 감전, 뇌진탕, 고혈압, 뇌졸중, 피부염, 진폐, 수근관증후군 등]
⑯ 상해부위(질병부위) : 재해로 피해가 발생된 신체 부위를 적습니다.

[예] 머리, 눈, 목, 어깨, 팔, 손, 손가락, 등, 척추, 몸통, 다리, 발, 발가락, 전신, 신체 내부기관(소화·신경·순환·호흡배설) 등]

※ 상해종류 및 상해부위가 둘 이상이면 상해 정도가 심한 것부터 적습니다.

⑰ 휴업예상일수 : 재해발생일을 제외한 3일 이상의 결근 등으로 회사에 출근하지 못한 일수를 적습니다.(추정 시 의사의 진단 소견을 참조)

Ⅲ. 재해발생정보

⑱ 재해발생개요 : 재해원인의 상세한 분석이 가능하도록 발생일시[년, 월, 일, 요일, 시(24시 기준), 분], 발생 장소(공정 포함), 재해관련 작업유형(누가 어떤 기계·설비를 다루면서 무슨 작업을 하고 있었는지), 재해발생 당시 상황[재해 발생 당시 기계·설비·구조물이나 작업환경 등의 불안전한 상태(예시 : 떨어짐, 무너짐 등)와 재해자나 동료 근로자가 어떠한 불안전한 행동(예시 : 넘어짐, 까임 등)을 했는지]을 상세히 적습니다.

[작성예시]

발생일시	2013년 5월 30일 금요일 14시 30분
발생장소	사출성형부 플라스틱 용기 생산 1팀 사출공정에서
재해관련 작업유형	재해자 000가 사출성형기 2호기에서 플라스틱 용기를 꺼낸 후 금형을 점검하던 중
재해발생 당시 상황	재해자가 점검중임을 모르던 동료근로자 000가 사출성형기 조작스위치를 가동하여 금형사이에 재해자가 끼어 사망하였음

⑲ 재해발생 원인 : 재해가 발생한 사업장에서 재해발생 원인을 인적 요인(무의식 행동, 착오, 피로, 연령, 커뮤니케이션 등), 설비적 요인(기계·설비의 설계상 결함, 방호장치의 불량, 작업표준화의 부족, 점검·정비의 부족 등), 작업·환경적 요인(작업정보의 부적절, 작업자세·동작의 결함, 작업방법의 부적절, 작업환경 조건의 불량 등), 관리적 요인(관리조직의 결함, 규정·매뉴얼의 불비·불철저, 안전교육의 부족, 지도감독의 부족 등)을 적습니다.

Ⅳ. 재발방지계획

⑳ "⑲ 재해발생 원인"을 토대로 재발방지 계획을 적습니다.

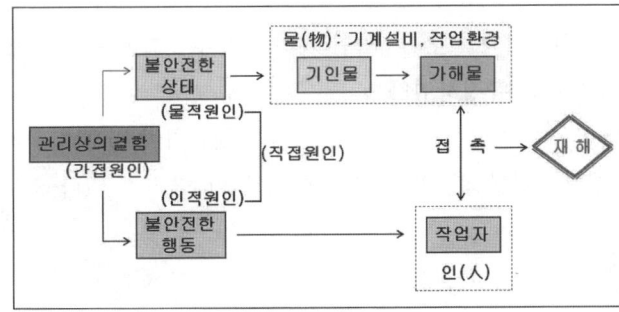

[그림] 재해발생의 메커니즘

합격예측

재해 발생 형태별 분류
① 추락(떨어짐) : 사람이 건축물, 비계, 기계, 사다리, 계단, 경사면, 나무 등에서 떨어지는 것
② 전도(넘어짐) : 사람이 평면상으로 넘어졌을 때를 말함(과속, 미끄러짐 포함)
③ 충돌(부딪힘) : 사람이 정지물에 부딪친 경우
④ 낙하, 비래(떨어짐) : 물건이 주체가 되어 사람이 맞은 경우
⑤ 붕괴, 도괴(무너짐) : 적재물, 비계, 건축물이 무너진 경우
⑥ 협착(끼임, 감김) : 물건에 끼인 상태, 말려든 상태
⑦ 감전 : 전기 접촉이나 방전에 의해 사람이 충격을 받은 경우
⑧ 폭발 : 압력의 급격한 발생 또는 개방으로 폭음을 수반한 팽창이 일어나는 경우
⑨ 파열 : 용기 또는 장치가 물리적인 압력에 의해 파열한 경우
⑩ 화재 : 화재로 인한 경우를 말하며 관련 물체는 발화물을 기재
⑪ 무리한 동작 : 무거운 물건을 들다 허리를 삐거나 부자연한 자세 또는 동작의 반동으로 상해를 입은 경우
⑫ 이상온도접촉 : 고온이나 저온에 접촉한 경우
⑬ 유해물접촉 : 유해물 접촉으로 중독되거나 질식된 경우

합격예측

재해코스트
콤페스(P. C. Compas)의 방식
① 직접비용과 간접비용외에 기업의 활동능력이 상실되는 손실도 감안
② 전체재해손실 = 공동비용(불변) + 개별비용(변수)

구분	공동비용	개별비용
항목	① 보험료 ② 안전보건팀 유지비용 ③ 기타(기업의 명예, 안전성 등)	① 작업중단으로 인한 손실 비용 ② 수리대책에 필요한 비용 ③ 치료에 소요되는 비용 ④ 사고조사에 필요한 비용 등

제4장 예상문제 및 실전모의시험

> **문제 1**
> 산업안전보건법령의 체계를 설명하시오.

1 산업안전보건법

산업안전보건법은 산업 재해 예방을 위한 각종 제도적 근거의 확보를 위한 산업 재해 예방을 위한 기본적인 제도로서 사업주, 근로자 및 정부가 수행해야 할 내용들과 조문과 부칙으로 구성하였다.

산업안전보건법의 목적은 산업안전보건에 관한 기준을 확립하고 정부, 사업주, 근로자들의 책임의 소재를 명확하게 하여 산업 재해를 예방하고 쾌적한 작업 환경을 조성함으로써 노무를 제공하는 사람의 안전과 보건을 유지 증진함에 있다.

2 산업안전보건법 시행령

산업안전보건법 시행령은 법에서 위임된 사항들을 규정한 것으로 제도 시행의 대상 범위, 종류 등에 관한 내용으로 조문과 부칙으로 구성되어 있다.

3 산업안전보건법 시행규칙

산업 안전 보건법 시행 규칙은 일반, 안전, 보건, 취업 제한으로 구성되어 있으며 법과 시행령에서 위임된 사항들을 구체적으로 규정하였다.
산업 안전 보건에 관한 일반사항을 규정한 산업 안전 보건법 시행규칙이 있으며, 산업안전보건기준에 관한 규칙 그리고 유해, 위험작업의 취업 제한에 관한 규칙이 있다.

4 고시, 예규, 훈령

고시란 행정 기관이 일정한 사항을 국민들에게 알리는 행정 규칙으로서 산업안전보건법의 보충을 위해서 각종 검사와 검정 등에 필요한 일반적이고 객관적인 사항을 규정한 내용이다. 예를 들면, 크레인 제작 기준, 안전 기준 및 검사기준, 근로자 건강 진단 실시 등이다.

예규란 법규 문서 이외의 문서로서 행정 사무의 기준으로 산업 안전 보건업무에 필요한 행정 절차적 사항 및 정부, 실시기관, 의무 대상간의 관계를 조문 형식을 빌어 규정하고 있다. 한 예로 사업장 안전 보건 관리 규정 작성 및 심사에 관한 규정 등이 있다.

훈령이란 상급 기관이 하급 기관에 대하여 그 권한의 행사를 지휘 감독하기 위하여 발하는 명령으로 상급 기관인 고용노동부장관이 하급기관 즉 지방고용노동관서의 장에게 조문의 형식을 빌어 산업 안전 보건에 대한 훈시, 지침의 내용을 말한다. 한 예로 산업 안전 보건 정책 심의 위원회 운영 규정

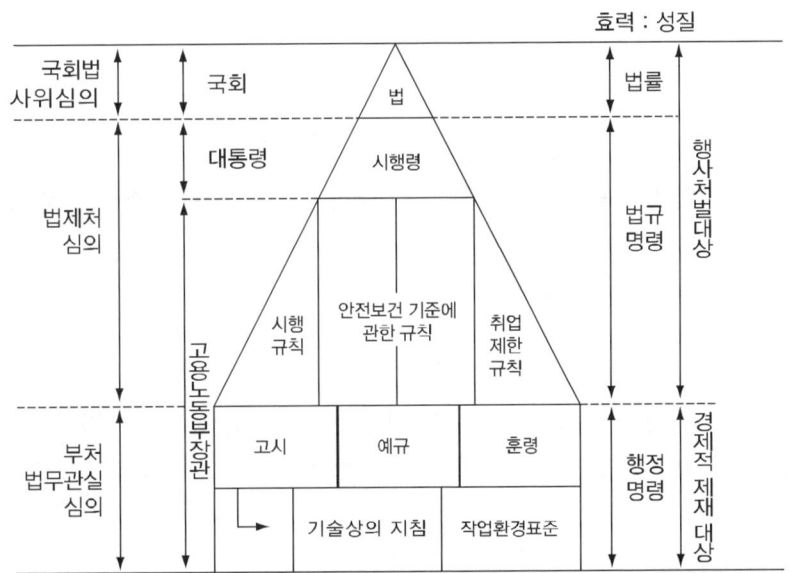

[그림] 법령계층의 구조도

> **문제 2**
>
> 산업 안전 보건법의 구성을 설명하시오.

산업 안전 보건법은 본칙 사항과 부칙 사항으로 구성되어 있는데 구체적인 구성형태는 다음과 같다.

1 총칙적 사항

산업 안전 보건법 전체에 통하는 총괄적인 내용을 정하는 것으로서 목적, 정의, 적용 범위, 정부의 책무, 협조의 요청 등, 보고·출석의 의무, 법령 요지의 게시 등, 안전·보건 표지 부착 등으로 구성되어 있다.

2 구체적 사항

산업 안전 보건법의 목적을 달성하는 데 가장 중심이 되는 내용을 정하는 것으로 구성되어 있다.

1. 안전 보건 관리 체제

안전 보건 관리 체제는 안전 보건 관리 책임자, 관리 감독자, 안전 관리자, 보건 관리자, 산업 보건의, 안전 보건 총괄 책임자, 산업 안전 보건 위원회로 구성되어 있다.

2. 안전 보건 관리 규정

안전 보건 관리 규정은 안전 보건 관리 규정의 작성 등, 안전 보건 관리 규정의 작성·변경·절차, 준수 등으로 구성되어 있다.

3. 유해·위험 예방 조치

유해·위험 예방 조치는 안전 조치, 보건 조치, 근로자의 준수 사항, 작업중지 등, 기술상의 지침 및 작업 환경의 표준, 유해 작업 도급 금지, 도급 사업에 있어서의 안전·보건조치, 산업안전보건 관리비의 계상 등, 안전·보건 교육, 관리책임자 등에 대한 교육, 유해·위험 기계·기구 등의 방호 조치, 안전인증, 자율안전확인의 신고, 안전 검사, 제조 등의 금지, 제조 등의 허가, 유해인자의 관리 등, 신규 화학물질의 유해성·위험성 조사, 물질 안전 보건 자료의 작성·배치 등으로 구성되어 있다.

4. 근로자의 보건 관리

근로자의 보건 관리는 작업 환경의 측정 등, 건강 진단, 건강 관리 수첩, 질병자의 근로금지·제한, 근로시간 연장의 제한, 자격 등에 의한 취업 제한으로 구성되어 있다.

5. 감독과 명령

감독과 명령은 유해·위험 방지 계획서의 제출 등, 안전·보건 진단 등, 안전 보고서의 제출 등, 안전 보건 개선 계획서, 감독상의 조치, 감독 기관에 대한 신고로 구성되어 있다.

6. 산업 안전 지도사 및 산업 보건 지도사

산업 안전 지도사 및 산업 보건 지도사는 지도사의 직무, 지도사의 자격 및 시험, 지도사의 등록, 지도사에 대한 지도 등, 비밀 유지, 손해 배상의 책임, 유사 명칭의 사용금지로 구성되어 있다.

3 보칙적 사항

산업 안전 보건법을 운용하는 데 보완적으로 필요한 사항을 정하는 것으로서 산업재해 예방 시설, 재해예방의 재원, 비밀 유지, 서류의 보존, 권한 등의 위임·위탁, 수수료 등이 구성되어 있다.

4 벌칙 사항

산업 안전 보건법상의 각종 제도의 실효성을 확보하기 위한 장치로서 벌칙 내용을 안전 보건 제도의 중요도에 따라 차등을 두어 다양하게 구성되어 있다.

5 부칙 사항

산업 안전 보건법의 시행과 경과 조치 등에 대한 사항을 정하는 부칙 사항이 몇 개조문으로 형성되어 있다.

문제 3

산업 안전 보건법에서 안전관리 의의 및 인간적 요인을 논하시오.

---

1 개 요

안전 관리 측면에서 산업 재해 발생 원인을 크게 4가지 요인, 즉 인간적인 요인(man), 기계·물리적 요인(machine·material), 작업 환경 또는 매체에 의한 요인(media), 관리적 요인(management)으로 구별하고 있는데, 산업 재해는 4가지 요인 중 하나 또는 그 이상이 존재할 경우에 발생될 수 있다.

이와 같은 안전 관리의 학문적 측면을 고려하여 산업 안전 보건 제도의 틀인 산업 안전 보건법령의 내용을 규범화하게 되었고, 정부가 매년 분석 발표한 산업재해 분석항목에도 도입하여 운영하고 있다.

따라서 우리는 산업 재해 발생 원인과 실정 법규인 산업 안전 보건제도를 연계하여 그 내용을 이해하여야 한다.

2 안전 관리의 의의 및 목표

1. 의 의

안전 관리란 근로자에게는 작업에 대한 불안을 제거해 줌으로써 쾌적하고 안락한 상태에서 근로를 제공할 수 있도록 근로 조건을 형성하여 하나밖에 없는 생명을 보호해 주고, 사업주에게는 생산의 저해를 가져오는 모든 손실을 방지함으로써 기업자산의 손실 초래를 제거하고 경영 효과와 생산의 능률성을 가져다 주며, 국가에게는 산업평화의 조건형성을 마련하여 국제 경쟁력 제고에 이바지하는 제반 내용을 말한다.

2. 목표

안전 관리의 목표는 일반적으로 크게 3가지, 즉 인간 존중, 경제적 경영, 사회적 신뢰로 선정하고 있다.

첫째, 산업 안전 보건법의 추상적 이념이고, 인도적 신념의 실현 목표이며 헌법에서 보장하는 천부적 기본권인 인간 존중을 안전 관리의 최상의 목표로 하고 있다.

둘째, 오늘날 노동 생산성을 높이고 제품의 품질 향상을 위해 기업에서 경제적 경영을 위한 목표로 안전 관리를 선정하고 있다.

셋째, 오늘날 대형 산업 사고는 인근 주민의 피해까지 고려되므로 기업과 주민간의 신뢰가 요구되어 기업에 대한 사회적 신뢰를 평가하는 요소로서 사회적 신뢰 확보가 안전 관리의 목표로 채택되고 있다.

3 인간적 요인

1. 개 요

작업자가 주관이 되어 안전성을 확보하는 인간적인 요인에 대한 산업 안전 보건법상 대책은 망각, 무의식 행동, 착오와 같은 심리적 요인을 제거하는 정신 의식 함양 및 의식 고취 제도, 무재해 운동 제도, 안전·보건 표지 제도, 법령 요지 습득 제도가 있고 피로·수면 부족, 질병, 고령·미성숙, 기능·경험 부족, 개인 건강 부실과 같은 생리적 요인을 제거하는 근로 시간 연장의 제한 및 휴식제도, 질병자의 근로금지 및 제한 제도, 여자·연소자 보호 제도, 자격 등에 의한 취업 제한 제도, 건강 진단 제도가 있으며, 우리나라의 산업 안전 보건법령상의 제도는 없으나 선진 일본·미국에서는 직장 내 인간 관계 소홀과 같은 직장적 요인을 제거하기 위해 레크리에이션, 토론 문화 정착과 같은 제도를 통하여 해결하도록 하고 있다.

2. 심리적 요인 제거

① 정신 의식 함양과 의식 고취
  ㉮ 고용노동부장관은 안전 보건 의식의 고취를 위한 활동을 효율적으로 추진하기 위하여 산업 안전 보건강조 기간을 설정하는 등 필요한 시책을 강구하여야 한다.
  ㉯ 사업주 및 근로자 기타 관련 단체는 정부의 안전 보건 의식 고취를 위한 시책과 행사에 적극적으로 참여·협조하여야 한다.
  ㉰ 정신 의식 함양과 의식고취를 위한 제도적 시행 절차 사항은 산업안전보건 강조 기간 설정에 관한 규정에 상세히 규범화하였다.

② 무재해 운동
  ㉮ 고용노동부장관은 무재해 운동을 효율적으로 추진하기 위하여 사업장 무재해운동의 확산과 그 추진 기법의 보급 및 목표 달성 사업장에 대한 시상 등 무재해 운동의 활성화를 위한 시책을 강구하여야 한다.
  ㉯ 사업주는 정부의 무재해 운동 시책에 따라 해당 사업장의 실정에 적합한 무재해 운동 추진기법을 도입·시행하고, 근로자가 무재해 운동과 관련한 교육 또는 훈련 등에 참여할 수 있도록 적절한 지원을 하여야 한다.
  ㉰ 무재해 운동에 참여하는 적용 사업장의 범위·적용 업종별 목표시간·개시보고·목표달성 사업장에 대한 시상요령 등 무재해 운동의 추진에 필요한 사항은 사업장 무재해 운동 시행요령에 상세히 규범화하였다.

③ 안전보건 표지
  ㉮ 사업주는 사업장의 유해 또는 위험한 시설 및 장소에 대한 경고, 비상시 조치의 안내 기타 안전 의식을 고취하기 위하여 안전·보건표지를 설치하거나 부착하여야 한다.
  ㉯ 안전보건 표지의 부착 방법, 표지의 종류와 형태, 용도, 색채, 색도 기준, 기본 모형, 규격 비율등 구체적 사항은 산업 안전 보건법 시행 규칙에 상세히 설정해 두고 있다.

④ 법령 요지의 습득 : 사업주는 산업 재해 예방인 실천 방안 또는 사업장의 적정한 노무관리 방안으로서 산업 안전 보건법령의 요지를 항시 근로자가 보기 쉬운 장소에 게시 또는 부착 및 동 법령의 주요한 내용을 발췌 해설하여 교육을 시키거나 제작 배포하는 등 근로자에게 주지시킬 수 있는 적절한 조치를 하여야 한다.

3. 생리적 요인제거

① 근로 시간 연장의 제한 및 휴식
  ㉮ 수중 건설 공사, 수중 케이블 공사, 교량 공사, 수산업 등에서 주로 행해지는 작업 형태의 하나인 잠함·잠수작업에 대하여 사업주는 동 작업을 행하는 근로자에 대하여 1일 6시간, 1주 34시간을 초과하여 근로하게 하여서는 아니 된다.
  ㉯ 사업주는 유해·위험 작업에 대하여는 근로자의 건강 보호를 위하여 산업 안전 보건법에 의한 안전 조치 및 보건 조치 외에 해당 작업과 관련된 적정한 휴식의 배분 기타 쾌적한 근로 조건의 유지·개선을 위한 근로자의 건강 보호 조치를 강구하여야 한다.
    ㉠ 갱내에서 행하는 작업

ⓒ 다량의 고열 물체를 취급하는 작업과 현저하게 덥고 뜨거운 장소에서 행하는 작업
ⓒ 다량의 저온 물체를 취급하는 작업과 현저히 춥고 차가운 장소에서 행하는 작업
② 라듐 방사선·엑스선·기타 유해 방사선을 취급하는 작업
⑩ 유리·토석·광물의 분진이 현저히 비산하는 장소에서 행하는 작업
ⓑ 강렬한 소음을 발하는 장소에서 행하는 작업
ⓢ 착암기 등에 의하여 신체에 강렬한 진동을 주는 작업
ⓞ 인력에 의하여 중량물을 취급하는 작업
ⓩ 납·수은·크롬·망간·카드뮴 등의 중금속 또는 이황화탄소, 유기 용제 기타 특정 화학 물질의 분진·증기 또는 가스를 현저히 발산하는 장소에서 행하는 작업

② 질병자의 근로 금지 및 제한
㉮ 사업주는 전염병에 걸린 자, 정신병·정신 분열증·마비성 치매 기타 정신 질환에 걸린 자 및 심장·신장·폐 등의 질환이 있는 자로서 근로에 의하여 병세가 악화될 우려가 있는 자에 대하여 의사의 진단에 따라 근로를 금지하거나 제한하여야 한다.
㉯ 사업주는 근로를 금지 또는 제한받은 근로자가 건강을 회복한 때에는 지체없이 취업하게 하여야 한다.

③ 자격 등에 의한 취업 제한 : 사업주는 유해·위험 작업 취업 제한에 관한 규칙상의 법령이 요구하는 자격·면허·기능 및 경험을 갖춘 자가 아니면 해당 작업에 임하게 하여서는 아니된다.

④ 건강 진단 등
㉮ 사업주는 근로자를 채용할 때 및 근로자를 계속 사용 중에 정기적(생산직 근로자는 1년에 1회 이상, 사무직·근로자는 2년에 1회 이상)으로 건강 진단을 실시하여야 한다.
㉯ 근로자는 사업주가 실시하는 건강 진단을 받아야 한다.
㉰ 사업주는 건강 진단을 실시한 때에는 그 결과를 지체없이 근로자에게 통보하고 고용노동부장관에게 보고하여야 한다.
㉱ 사업주는 건강 진단 결과 근로자의 건강을 유지하기 위하여 필요하다고 인정할 때에는 작업 장소의 변경, 작업의 전환, 근로 시간의 단축 및 작업환경 측정의 실시, 시설·설비의 설치 또는 개선 기타 적절한 조치를 취하여야 한다.
㉲ 고용노동부장관은 근로자의 건강을 보호하기 위하여 필요하다고 인정할 때에는 사업주에 대하여 특정 근로자에 대한 임시 건강 진단의 실시 기타 필요한 사항을 명할 수 있다.
㉳ 건강 진단 실시 대상 사업의 종류, 건강 진단의 횟수, 검사 항목, 검진 항목, 검진 비용 등 건강 진단제도 실시를 위한 세부 사항은 산업 안전 보건법 시행규칙에 기

술되어 있다.

㉯ 베타나프탈아민, 벤지딘염산염 등의 제조 또는 취급 업무에 3개월 이상 종사한 자, 베스에테르, 벤조트리클로리 등의 제조 또는 취급에 3년 이상 종사한 자 등에 대하여 이직시에 고용노동부장관은 건강 관리 수첩을 교부(실질적 업무는 한국산업안전공단 이사장이 위탁받아 수행함)하여 직업병 발병 악화를 방지하고 보건상 유해환경 조치에 대한 책임의 명확성을 보장하도록 제도화하였다.

4. 직장적 요인 제거

산업 재해 원인의 구체적항목으로는 구별되거나 배열되는 경향은 없으나 근로자의 작업 수행에는 사회 구성원의 기본적 사항인 여러 가지 인간사에 관련된 악영향이 산업 재해를 유발하고 있음은 통계적으로 파악할 수 없으나 심중이 많은 항목 중의 하나가 레크리에이션 활동 부재, 토론 문화 미정착 등 직장적 요인이 있을 것이다.

우리나라 산업 안전 보건법에는 동 요인을 제거하기 위한 제도적 장치는 없으나 대기업 등의 노동 환경에서는 사실적으로 확보되었고 선진 일본·미국에서는 법제도로서 규범화되었다.

문제 4

산업 안전 보건법 내용에서 기계 물리적 요인을 쓰시오.

1 개 요

작업자가 실수를 할지라도 작업자의 노동력을 전달하는 매체인 기계·기구 및 유해 물질 그 자체의 안전성이 확보되면 산업 재해를 예방할 수 있고, 그 안전성을 확보하는 기계·물질적 요인에 대한 산업 안전 보건법상 대책은 사용·제작상의 대책, 불량품의 양도·대여·설치·진열에 따른 기계·설비의 위험 요소를 제거하는 기계·기구의 완성·성능 또는 정기 검사 제도, 기계·기구에 대한 방호 조치 의무화 제도, 기계 장치 대여자 및 대여받는 자의 유해·위험방지조치 의무화제도가 있고, 유해 물질에 대한 직업병 발생 방지를 위한 유해 물질 제조·수입·양도·제공·사용금지 제도, 유해 물질 제조·사용허가 제도, 유해 물질 표시 제도, 신규 화학 물질의 유해성 조사 제도, 물질 안전 보건자료가 있으며, 방호능력 결함 방지와 불량품 유통 근절을 위한 방호 장치 성능 검정 제도와 보호구 성능 검정 제도가 있고, 기계·기구·설비 자체점검과 정비를 위한 기계·기구·설비의 안전검사제도가 있으며, 제조·설치·이전·변경 및 계획 수립시의 위험요소제거를 위한 기계·기구에 대한 설계 검사 제도, 유해·위험 방지 계획서 심사 제도, 공정 안전 보고서 심사 제도, 안전 보건 진단제도, 안전 보건 개선 계획서 수립·시행 제도 등이 있다.

2 기계·설비의 위험 요인 제거

1. 완성·성능 및 정기 검사

① 크레인·리프트·프레스·압력 용기 등 유해·위험한 기계·기구 및 설비를 제조·수입하는 자는 고용노동부장관이 실시(공단이사장이 위탁받아 실시)하는 완성 또는 성능검사를 받아야 하고, 동 기계·기구 및 설비를 사용하는 자는 일정 주기별로 정기검사를 받아야 한다.

② 고용노동부장관은 완성 또는 성능 검사에 합격하지 아니한 기계·기구 및 설비 등을 제조 또는 수입하는 자에 대하여 해당 기계·기구 및 설비 등의 제조·수입·진열·사용·대여 또는 판매의 중지 기타 필요한 조치를 명할 수 있다.

2. 방호 조치 의무화

유해 또는 위험한 작업을 필요로 하거나 동력에 의하여 작동되는 프레스·크레인·리프트·압력 용기·보일러·롤러기·산업용 로봇·연삭기·방폭용 전기 기계·기구 등은 일정한 유해 위험 방지를 위한 방호 조치를 하지 아니하고는 이를 양도·대여·설치 또는 사용하거나, 양도·대여의 목적으로 진열하여서는 아니 된다.

3. 대여자 및 대여받은 자의 유해·위험 방지 조치 의무화

이동식 크레인·불도저·로더·트랜치·항타기·천공기·공장용 건축물 등 기계·기구·설비 및 건축물을 타인에게 대여하는 자 및 대여하는 자는 일정한 유해·위험방지를 위하여 필요한 조치를 하여야 한다.

3 유해 물질의 유해성 제거

1. 제조·수입·양도·제공·사용금지

황린 성냥·벤지딘 등 근로자의 건강상 특히 해로운 유해 물질은 일정한 절차에 따른 시험·연구 목적 외에는 제조·수입·양도·제공 또는 사용하여서는 아니된다.

2. 제조·사용 허가

① 디클로벤지딘 등 근로자의 건강상 특히 해로운 유해 물질을 제조 또는 사용하고자 하는 자는 일정한 절차에 따라 고용노동부장관의 허가를 받아야 한다.
② 유해 물질의 제조·사용 허가를 받은 자는 그 제조·사용 설비를 법적 기준에 적합하도록 유지하여야 하며, 그 기준에 적합한 작업 방법에 의하여 유해 물질을 제조 또는 사용하여야 한다.
③ 고용노동부장관은 유해 물질 제조·사용자의 제조·사용 설비 또는 작업 방법이 법적 기준에 적합하지 않다고 인정할 때에는 해당 기준에 적합하도록 제조·사용 설비를 수리·개조 또는 이전하도록 하거나 해당 기준에 적합한 작업 방법에 의해 그 물질을 제조 또는 사용하도록 명할 수 있다.
④ 고용노동부장관은 유해 물질의 제조·사용자가 법적제재사항을 위반할 때에는 허가를 취소하거나 영업을 정지하도록 명할 수 있다.

3. 유해물질 명칭 표시

노르말헥산·니트로글리콜·아세톤·마젠타·수은·망간·초산부틸·페놀·크레졸 등 근로자에게 건강 장애를 일으킬 유해 또는 위험한 물질을 용기에 넣거나 포장하여 양도·제공하는 자는 그 용기 또는 포장에 명칭, 성분 및 함유량, 인체에 미치는 영향, 저장 또는 취급상의 주의 사항 및 긴급 방재 요령 등을 표시하여야 한다.

4. 물질 안전 보건 자료(M.S.D.S.)

① 사업주는 화학 물질 또는 화학 물질을 함유한 제제(대통령령이 정하는 제제를 제외한다)를 제조·수입·사용·운반 또는 저장하고자 할 때에는 미리 다음 각 호의 사항을 기재한 자료(이하 "물질 안전 보건 자료"라 한다)를 작성하여 취급 근로자가 쉽게 볼 수

있는 장소에 게시 또는 비치하여야 한다.
㉮ 화학 물질의 명칭
㉯ 안전·보건상의 취급 주의 사항
㉰ 환경에 미치는 영향
㉱ 그 밖의 고용노동부령이 정하는 사항
② 사업주는 화학 물질 또는 화학 물질을 함유한 제재를 취급하는 근로자의 안전·보건을 위하여 경고 표지를 부착하고, 근로자에 대한 교육을 실시하는 등 적절한 조치를 하여야 한다.
③ 화학 물질 또는 화학 물질을 함유한 제제를 양도 또는 제공하는 경우에는 물질 안전 보건자료를 함께 양도 또는 제공하여야 한다.
④ 고용노동부장관은 화학 물질 또는 화학 물질을 함유한 제제를 취급하는 근로자의 안전·보건을 유지하기 위하여 필요하다고 인정할 때에는 사업주에게 물질 안전 보건 자료의 제출을 명하거나 물질 안전 보건 자료상의 취급주의 사항 등의 변경을 명할 수 있다.
⑤ 사업주는 화학 물질 또는 화학 물질을 함유한 제제를 취급하는 작업 공정별로 관리요령을 게시하여야 한다.
⑥ 고용노동부장관은 근로자의 안전·보건의 유지를 위하여 필요한 경우에는 물질안전 보건 자료와 관련된 자료를 근로자 및 사업주에게 제공할 수 있다.
⑦ 물질 안전 보건 자료의 작성, 제출, 경고 표지 기타 필요한 사항은 고용노동부령으로 정한다.

5. 신규 화학물질의 유해성 조사

① 신규 화학 물질을 제조 또는 수입하고자 하는 사업주는 화학 물질에 의한 근로자의 건강 장해를 예방하기 위하여 일정한 절차에 따라 해당 신규 화학 물질에 대한 유해성 결과 보고서를 고용노동부장관에게 제출하여야 한다.
② 유해성 조사를 실시한 사업주는 그 결과에 따라 해당 신규 화학물질에 의한 근로자의 건강 장애를 방지하기 위하여 즉시 필요한 조치를 하여야 한다.
③ 고용노동부장관은 화학 물질의 유해성 결과 보고서가 제출된 때에는 일정한 절차에 따라 신규 화학 물질의 명칭·유해성·조치 사항 등을 공표하고 관계부처에 통보하여야 한다.
④ 고용노동부장관은 제출된 화학 물질의 유해성 결과 보고서에 따라 근로자의 건강장애 방지를 위하여 필요하다고 인정할 때에는 해당 사업주에 대하여 시설·설비의 설치 또는 정비, 보호구의 비치 등의 조치를 하도록 명할 수 있다.

4 위험 요인 방호

1. 방호 장치 성능 검정

위험 기계·기구에 부착하는 방호 장치의 방호 능력을 완벽하게 하고, 양질의 방호장치가 유통될 수 있는 제도적 장치로서 과부하 방지 장치, 안전 매트, 방폭전기 기계·기구, 압력 방출 장치, 절연용 방호구, 가설 기자재 등 방호장치를 제조·수입하는 자는 고용노동부장관이 실시하는 성능 검정(공단 이사장이 위탁받아 실시)을 받아야 한다.

2. 보호구 인증 및 확인

① 사람이 착용하는 보호구는 보호 능력을 완벽하게 하고, 양질의 보호구가 유통될 때 본래의 기능을 다할 수 있으므로 안전모·안전대·방독 마스크·안전화 등 보호구를 제조·수입하는 자는 고용노동부장관이 실시(공단 이사장이 위탁받아 실시)하는 인증 및 확인을 받아야 한다.
② 고용노동부장관의 인증을 받지 아니한 보호구는 양도·대여 또는 사용하거나 판매의 목적으로 진열하여서는 아니 된다.
③ 보호구를 제조·수입하고자 하는 자는 법적 기준의 인력과 시설을 갖추어야 한다.

5 점검·정비

① 사업주는 프레스·크레인·곤돌라·리프트·승강기·화학 설비·압력 용기·국소 배기 장치 등 유해·위험한 기계·기구에 대하여는 법정자격을 가진 자로 하여금 정기적으로 법적기준·방법에 따라 검사를 실시하도록 하고 그 결과에 대하여 산업 안전 보건 위원회의 의견을 첨부하여 기록·보존하여야 한다.
② 사업장의 안전검사를 실시하는 자는 일정한 법정 직무 교육을 받아야 한다.

6 본질(근원적) 안전화

1. 기계·기구 설계 검사

크레인·리프트·프레스·압력 용기·승강기 등 유해·위험한 기계·기구 및 설비를 제조 또는 수입하는 자는 고용노동부장관이 실시(공단 이사장이 위탁받아 실시)하는 설계 검사를 받아야 한다.

2. 유해·위험 방지 계획서 심사

① 사업주는 해당 사업에 관계있는 건설물·기계·기구 및 설비 등을 설치·이전하거나 그 주요 구조 부분을 변경할 때에는 산업 안전 보건법령에서 정하는 유해 위험 방지 계획서를 고용노동부령이 정하는 바에 의하여 공단 이사장(고용노동부장관으로부터 위탁받음)에게 제출하여야 한다.
② 건설 공사를 착공하려고 하는 사업주는 산업 안전 보건 법령에서 정하는 유해·위험 방지 계획서를 고용노동부령이 정하는 바에 의하여 공단 이사장(고용노동부장관으로부터 위탁받음)에게 제출하여야 한다.
③ 고용노동부장관은 유해·위험 방지 계획서를 심사한 후 근로자의 안전과 보건상 필요하다고 인정할 때에는 공사의 착공을 중지하거나 계획을 변경할 것을 명할 수 있다.
④ 유해·위험 방지계획서를 제출한 사업주는 공단 이사장(고용노동부장관으로부터 위탁받음)의 확인을 받아야 한다.

3. 공정 안전보고서 심사

인적 요소의 통제 관리 부족, 기계·설비 구성요소의 결함, 정상적인 운전 상태에서의 일탈 등으로부터 발생되는 위험을 적절히 통제하는 방법, 즉 위험회피·위험방지·위험 경감·위험 분산·위험 전가 등을 통하여 중대 산업사고로부터 근로자의 생명을 보호하고 산업 안전 보건의 국제 수준인 ILO 제174호 조약의 내용을 준수하는 측면에서 중대 산업사고 예방 제도가 '95년에 제정되었다.

① 대통령령이 정하는 유해·위험 설비를 보유한 사업장의 사업주는 해당 설비로부터의 위험 물질의 누출·화재·폭발 등으로 인하여 사업장 내의 근로자에게 즉시 피해를 주거나 사업장 인근 지역에 피해를 줄 수 있는 사고(이하 "중대 산업 사고"라 한다)를 예방하기 위하여 대통령령이 정하는 바에 의해 정기적으로 공정 안전 보고서를 작성하여 고용노동부장관에게 제출하여야 한다.
② 사업주는 공정 안전보고서를 작성할 때에는 산업안전보건 위원회의 심의를 거쳐야 하고 이 경우 동 위원회가 설치되지 아니한 사업장은 근로자 대표의 의견을 들어야 한다.
③ 고용노동부장관은 공정 안전 보고서를 심사(고용노동부장관으로부터 위탁받아 공단이 실시할 것임)한 후 근로자의 안전과 보건유지·증진을 위하여 필요하다고 인정하는 경우에는 해당 공정 안전 보고서의 변경을 명할 수 있다.
④ 공정 안전 보고서를 제출한 사업주는 고용노동부령이 정하는 바에 의하여 고용노동부장관의 확인(고용노동부장관의 위탁을 받아 공단이 실시할 것임)을 받아야 한다.

⑤ 사업주 및 근로자는 공정 안전 보고서의 내용을 준수하여야 한다.

4. 안전보건 진단

고용노동부장관은 법적 기준 및 절차에 따라 안전·보건 진단을 받을 것을 명할 수 있으며, 사업주는 전문 진단 기관에 의뢰하여 안전보건 진단을 실시할 수 있다.

5. 안전 보건 개선 계획서

① 고용노동부장관은 사업장·시설 기타의 사항에 관하여 산업 재해 예방을 위하여 종합적인 개선 조치를 할 필요가 있다고 인정할 때에는 사업주에게 해당 사업장·시설 기타 사항에 관한 안전 보건 개선 계획서의 수립·시행을 명할 수 있다.
② 사업주가 안전 보건 개선 계획서를 수립할 때에는 산업 안전 보건 위원회의 심의를 거쳐야 하고, 동 위원회가 설치되지 않은 사업장에 있어서는 근로자 대표의 의견을 들어야 한다.
③ 사업주와 근로자는 안전 보건 개선 계획서를 준수하여야 한다.

7 위험 예방의 기술적 조치

사업주가 사업장 내의 위험을 예방하기 위한 기술적 조치인 안전조치 의무사항은 법 제38조에, 그리고 그 세부 실천 내용인 안전 기준은 산업 안전보건 기준에 관한 규칙에 상세히 제도화하고 있다.

① 사업주는 사업을 행함에 있어서 발생하는 다음 위험을 예방하기 위하여 필요한 조치를 하여야 한다.
  ㉮ 기계·기구 그 밖의 설비에 의한 위험
  ㉯ 폭발성·발화성 및 인화성 물질 등에 의한 위험
  ㉰ 전기·열 그 밖의 에너지에 의한 위험
② 사업주는 굴착·채석·하역·벌목·운송·조작·운반·해체·중량물 취급 그 밖의 작업에 있어 불량한 작업 방법 등에 기인하여 발생하는 위험을 방지하기 위하여 필요한 조치를 하여야 한다.
③ 사업주는 작업 중 근로자가 추락할 위험이 있는 장소, 토사, 구축물이 붕괴할 우려가 있는 장소, 물체가 낙하·비래할 위험이 있는 장소 그 밖의 천재지변으로 인하여 작업수행상 위험발생이 예상되는 장소에는 그 위험을 방지하기 위하여 필요한 조치를 하여야 한다.

8 건강장해 예방의 기술적 조치

사업주가 사업장 내의 건강 장해를 예방하기 위한 기술적 조치인 보건조치 의무 사항은 법 제39조에, 그리고 그 세부 실천내용인 보건기준은 산업보건 기준에 관한 규칙에 상세히 제도화하고 있다.

① 사업주는 원재료·가스·증기·분진·흄(fume)·미스트(mist)·산소 결핍·병원체 등에 의한 건강 장해를 예방하기 위하여 필요한 조치를 하여야 한다.
② 사업주는 방사선·유해 광선·고온·저온·초음파·소음·진동·이상 기압 등에 의한 건강 장해를 예방하기 위하여 필요한 조치를 하여야 한다.
③ 사업주는 사업장에서 배출되는 기체·액체 또는 잔재물 등에 의한 건강장애를 예방하기 위하여 필요한 조치를 하여야 한다.
④ 사업주는 계측 감시·컴퓨터 단말기 조작·정밀 공작 등의 작업에 의한 건강 장해를 예방하기 위하여 필요한 조치를 하여야 한다.
⑤ 사업주는 환기·채광·조명·보온·방습 및 청결 등에 대한 적정 기준을 유지하지 아니함으로 인하여 발생하는 건강 장해를 예방하기 위하여 필요한 조치를 하여야 한다.

문제 5

산업 안전 보건법상 관리적 요인을 쓰시오.

1 개 요

「인간-기계」중심의 산업 구조 내에서 산업 재해 예방 수단으로 기계적 요인과 인간적 요인에 의한 산업재해를 방지하기 위한 산업 안전 보건 제도가 형성되고 집행의 중심을 차지하였으나, 급속한 산업화 과정에 대응하기 위해서 다른 제 학문적 변화와 마찬가지로 안전 관리 측면에서도 종합 관리적 재해 예방 수단이 필요하게 되고, 두 요인을 차단시키는 모든 산업 안전 보건 제도의 효율성을 극대화시키며, 안전관리 학문의 기본 개념인 관리(management)라는 측면을 도입시키기 위해서 산업 재해 예방 수단으로 등장되는 것이 관리적 요인을 차단시키기 위한 제도인데, 그 대책은 재해의 사각화 방지 및 집단적 활동을 통한 사고의 개연성을 방지하는 안전 보건 관리 조직 제도, 노·사의 자율적·기초적 안전 보건에 관한 질서 규범인 안전 보건 관리 규정 제도, 사업장의 안전보건의 전문화 및 근로자와 안전·보건 관계자의 제거 예방 의식도모를 위한 교육 훈련 제도, 산업안전·위생분야 전문 유휴 인력의 효율적 활용과 전문가 저변 인구 확대를 도모하기 위한 산업안전·위생지도사 제도, 산업 재해 예방의 마지막 실천수단으로서 안전 보건 행정을 집행하기 위한 정부지도·감독 제도 등이 있다.

2 안전 보건 관리 조직

1. 안전 보건 관리 체제 확립

사업주는 안전 보건에 관한 업무를 조직체를 통하여 각자의 기능 분담에 따라 수행하도록 하기 위해 다음과 같은 안전·보건 관계자를 선임하여야 한다.

① 사업장 내의 안전보건에 관한 업무를 총괄·관리하게 하기 위하여 해당 사업에서 그 사업을 실질적으로 총괄·관리하는 자로 안전보건 관리책임자를 선임하여야 한다.

② 사업장 내의 생산 라인에 있어서 해당 업무와 관련된 안전·보건상의 업무를 수행하도록 경영 조직에서 생산과 관련되는 해당 업무와 소속 직원을 직접 지휘·감독하는 부서의 장이나 그 직위를 담당하는 자를 관리 감독자로 지정하여야 하고, 고압실 내 작업·화학 설비의 탱크 내 작업·건설용 리프트를 이용한 작업·터널 안에서의 굴착 작업·방사선 업무에 관계되는 작업 등 산업안전보건법 시행령의 작업과 같이 위험 방지가 특히 필요한 작업에 있어서는 해당 작업의 관리 감독자를 안전 담당자로 지정하여 관리 감독자로서의 공통적인 안전보건 업무와 추가적인 안전 업무를 수행하도록 하여야 한다.

③ 사업장 안전과 보건에 관한 기술적인 사항에 대하여 사업주 또는 안전보건 관리 책임자를 보좌하고, 관리 감독자에게 대하여 이에 관한 지도·조언을 하도록 하기 위하여 법정 자격을 갖춘 안전 관리자와 보건 관리자를 각각 선임하여야 한다.

④ 사업장 근로자의 건강 관리 기타 보건 관리자의 업무를 지도하기 위하여 의료법에 의한 의사로서 예방 의학 전문의 또는 산업보건에 관한 학식과 경험이 있는 자를 산업 보건의로 선임 또는 위촉하여야 한다.

⑤ 건설업, 제1차 금속 제조업, 선박 및 보트 제조업, 토사석 광업 등 동일한 장소에서 행하여지는 사업의 일부를 도급에 의하여 행하는 사업에는 동일한 장소에서 작업 수행 상 발생될 산업 재해의 예방 업무를 총괄·관리하기 위해 안전보건 총괄 책임자를 지정하여야 한다.

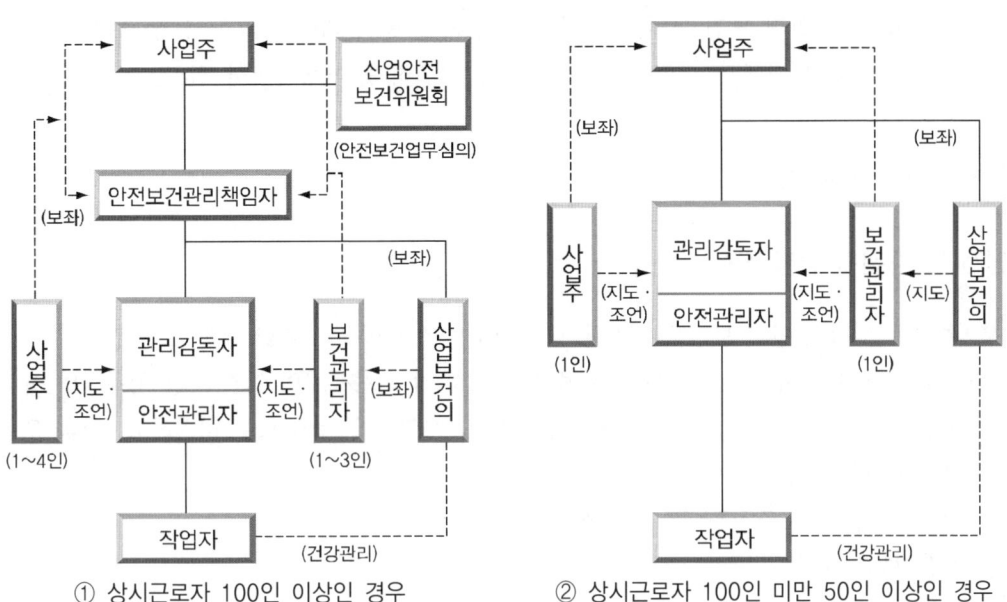

① 상시근로자 100인 이상인 경우 ② 상시근로자 100인 미만 50인 이상인 경우

[그림] 안전보건관리 조직도

2. 안전 보건 관리 조직 구성원의 역할

안전 보건관리 조직 구성원에 대한 역할(임무)은 산업 안전 보건법 및 동법 시행령에 상세히 규정되어 있다.

3. 산업 안전 보건 위원회

① 사업주는 다음 사항을 심의하기 위하여 근로자·사용자 동수로 구성되는 산업 안전 보건 위원회를 설치·운영하여야 한다.
  ㉮ 안전 보건 관리책임자의 직무
  ㉯ 안전 보건 관리 규정 제·개정
  ㉰ 안전 보건 개선 계획서 수립
  ㉱ 공정 안전 보고서의 작성
② 안전 보건 관리 책임자가 위원장이 되고, 3개월마다 정기회를 개최하며 필요시 임시회의를 개최한다.
③ 회의 결과는 적절한 방법으로 근로자에게 알려야 한다.
④ 산업 안전 보건 위원회는 해당 사업장의 근로자 안전과 보건을 유지·증진시키기 위하여 필요하다고 인정하는 경우에는 해당 사업장의 안전 보건에 관한 사항을 단체 협약,

취급 규칙 및 안전 보건 관리 규정에 반하지 않는 범위 내에서 정할 수 있으며, 이렇게 정해진 내용에 대해서 사업주 및 근로자는 성실하게 이행하여야 한다.

3 안전 보건 관리 규정

1. 안전 보건 관리 규정 작성

사업주는 사업장의 안전 보건을 유지하기 위하여 다음 사항을 포함한 안전 보건 관리 규정을 단체 협약 및 취업 규칙에 반하지 않는 범위 내에서 작성하고 산업 안전 보건 위원회의 심의(또는 근로자 대표 의견 참작)를 거쳐 완성하여 각 사업장에 게시 또는 비치하고, 이를 근로자에게 알려야 한다.
① 안전 보건 관리 조직과 그 직무에 관한 사항
② 안전 보건 교육에 관한 사항
③ 작업장 안전 관리에 관한 사항
④ 작업장 보건 관리에 관한 사항
⑤ 사고 조사 및 대책 수립에 관한 사항
⑥ 그 밖의 안전 보건에 관한 사항

2. 안전 보건 관리 규정 준수

① 사업주와 근로자는 안전 보건 관리 규정을 준수하여야 한다.
② 안전 보건 관리 규정은 취업 규칙에 관한 규정을 준용한다.

4 교육·훈련

1. 안전보건교육 교육대상별 교육내용

① 사업주는 해당 사업장의 근로자에 대하여 정기적으로 안전 보건에 관한 교육을 실시하여야 한다.
② 사업주는 근로자를 채용할 때와 작업 내용을 변경할 때에는 해당 근로자에 대하여 해당 업무와 관계되는 안전 보건에 관한 교육을 실시하여야 한다.

2. 법정 직무 교육

안전 보건 관리 책임자, 안전 관리자, 보건 관리자, 산업 보건의, 안전 및 보건 관리 대행 기관 종사자, 그 밖의 중대 재해 발생 사업장 등의 사업주·관리 감독자 등은 고용노동부장관이 실시하는 법정 직무 교육을 받아야 한다.

3. 기타 교육

① 크레인, 리프트, 압력 용기, 화학 설비, 건조설비, 국소 배기 장치 등 유해·위험기계·기구 및 설비에 대한 안전 검사를 실시하는 자는 해당 업무 수행에 필요한 교육을 받아야 한다.
② 일정 요건에 해당된 자로서 안전 관리자, 보건 관리자 또는 검사원이 되고자 하는 자는 고용노동부장관이 실시하는 양성 교육을 받을 수 있다.
③ 안전·보건에 관한 전문 분야별로 필요한 지식을 습득하고자 하는 고용노동부장관이 실시하는 전문 과정 교육 및 통신 교육을 받을 수 있다.

5 산업안전보건 지도사

산업안전보건 분야 전문 유휴 인력의 효율적 활용과 전문가 저변 인구 확대를 도모하며 무엇보다 객관적이고도 전문적인 지도·조언을 통하여 사업장 내에서의 안전·보건에 관한 사항을 자율적으로 해결할 수 있는 기회를 보장하고 또한 안전·보건의 문제를 시장 경제 원리에 따른 해결 방안을 기대하는 제도가 '95년에 도입되었다.

① 산업안전지도사는 타인의 의뢰에 대하여 다음의 직무를 수행한다.
　㉮ 공정상의 안전에 관한 평가 지도
　㉯ 유해·위험의 방지 대책에 관한 평가·지도
　㉰ 상기 사항에 관련된 계획서 및 보고서의 작성
　㉱ 그 밖의 산업 안전에 관한 사항으로서 대통령령이 정하는 사항
② 산업 보건지도사는 타인의 의뢰에 의하여 다음의 직무를 수행한다.
　㉮ 작업 환경의 평가 및 개선·지도
　㉯ 작업 환경 개선과 관련된 계획서 및 보고서의 작성
　㉰ 산업 위생에 관한 조사·연구
　㉱ 그 밖의 산업 위생에 관한 사항으로서 대통령령이 정하는 사항

6 지도·감독

1. 정부 감독 기능 종합화

산업 안전 보건법 전체가 산업 재해 예방을 위한 정부 감독 기능으로 편성되어 있으나, 특히 산업 안전 보건법 내용이 근로자의 안전과 보건을 확보하는 정부 감독 기능의 종합화라고 볼 수 있는데, 그 내용은 다음과 같다.

① 근로 감독관은 법령을 시행하기 위하여 필요하다고 인정할 때에는 해당 사업장 또는 지도사 사무소에 출입하여 관계자에게 질문을 하고, 장부·서류 기타 물건의 검사 및 작업 환경을 실시하며, 검사에 필요한 한도 내에서 무상으로 제품·원재료 또는 기구를 수거할 수 있다.

② 고용노동부장관은 법령의 시행을 위하여 필요하다고 인정하는 경우에는 사업주·근로자 또는 지도사에게 보고 또는 출석을 명할 수 있다.

③ 고용노동부장관은 한국산업안전보건공단에 위탁된 권한을 행사하기 위하여 필요하다고 인정할 때에는 동 공단 소속 직원으로 하여금 사업장에 출입하여 산업 재해 예방에 필요한 검사 및 지도 등을 행할 수 있다.

④ 고용노동부장관은 검사 등의 결과 필요하다고 인정할 때에는 사업주에 대하여 건설물이나 그 부속 건물·기계·기구·설비·원재료의 대체·사용 중지·제거 또는 시설의 개선 기타 필요한 조치를 명할 수 있다.

⑤ 고용노동부장관은 상기명령이 지켜지지 않거나 위험상태가 해체 또는 개선되지 않는 다고 판단될 때 및 산업 재해 발생의 급박한 위험이 있을 때에는 해당 기계·설비와 관련된 작업의 전부 또는 일부의 중지를 명할 수 있다.

⑥ 고용노동부장관은 산업 재해 예방을 위하여 필요하다고 인정할 때에는 근로자에 대하여 안전 보건 관리 규정의 준수 등 적절한 조치를 할 것을 명할 수 있다.

2. 감독기관에 대한 신고

① 사업장에서 법령에 위반한 사실이 있을 때에는 근로자가 그 사실을 고용노동부장관 또는 근로 감독관에게 신고할 수 있다.

② 사업주는 상기 신고를 이유로 해당 근로자에 대하여 해고나 그 밖의 불리한 처우를 하지 못한다.

문제 6

산업 안전 보건법상 환경적 요인을 쓰시오.

환경적 요인에 의한 산업 재해 예방 대책은 작업 환경 측정이라는 제도를 법 제42조에 설정해 두고 있으므로 쾌적한 작업장의 마련이 예견되고, 그 결과 근로자의 안전과 보건이 확보될 수 있게 될 것이다. 이와 같이 쾌적한 작업 환경 확보에 필요한 구체적 실행 방법은 작업 환경 실시 규정에 기술되어 있다.

사업주는 인체에 해로운 작업을 행하는 작업장으로서 다음의 작업장에 대하여 고용노동부령으로 정하는 자격을 가진 자로 하여금 작업 환경을 측정하도록 한 후, 그 결과를 기록·보존하고 고용노동부장관에게 보고하여야 한다. 이 경우 근로자 대표의 요구가 있을 때에는 작업 환경 측정시 근로자 대표를 입회시켜야 한다.

① 분진이 현저하게 발산되는 옥내 사업장
② 납 업무를 행하는 옥내 작업장
③ 4알킬납 업무를 행하는 옥내 작업장
④ 유기 용제 업무를 행하는 옥내 작업장
⑤ 특정 화학 물질 등을 취급하는 옥내 작업장
⑥ 산소 결핍 위험이 있는 작업장
⑦ 강렬한 소음이 발생되는 옥내 사업장
⑧ 고열·한랭 또는 다습한 옥내 사업장
⑨ 코크스를 제조 또는 사용하는 사업장
⑩ 그 밖의 고용노동부장관이 정하는 유해물질을 취급 또는 제조하는 옥내 작업장

문제 7

법적 안전 보건 관리 조직 구성원과 그 역할을 논하시오.

1 안전 보건 관리 책임자의 개념과 업무

1. 개념

안전 보건 관리 책임자란 자기가 소속된 사업장에서 해당 사업을 실질적으로 총괄·관리하는 자로서 사업주의 안전 보건 업무를 전적으로 위임받아 해당 안전보건업무를 총괄·관리하는 자를 말한다.

2. 업무

안전 보건 관리 책임자는 다음 각 호의 안전 보건 업무를 총괄·관리한다.
① 사업장의 산업 재해 예방 계획의 수립에 관한 사항
② 안전 보건 관리규정의 작성 및 변경에 관한 사항
③ 근로자의 안전보건 교육에 관한 사항
④ 작업 환경의 측정 등 작업 환경의 점검 및 개선에 관한 사항
⑤ 근로자의 건강진단 등 보건 관리에 관한 사항
⑥ 산업 재해의 원인조사 및 재발 방지 대책의 수립에 관한 사항
⑦ 산업 재해에 관한 통계의 기록 및 유지에 관한 사항
⑧ 안전 장치 및 보호구 구입시의 적격품 여부 확인에 관한 사항
⑨ 그 밖의 근로자의 유해·위험 예방 조치에 관한 사항으로서 고용노동부령으로 정하는 사항

2 관리 감독자의 개념과 업무

1. 개 념

관리 감독자란 경영 조직에서 생산과 관련되는 해당 업무를 직접 지휘·감독하고 소속 직원을 직접 지휘·감독하는 부서의 장이나 그 직위를 담당하는 자로 명분화하고 있다. 여기서 "생산과 관련되는 부서"라 함은 제품을 직접 생산하는 부서는 물론 제품 생산을 위한 원재료를 운반하는 부서, 생산기기 등을 관리하는 공무 부서까지를 포함한다고 해석할 수 있으며, "부서의 장"이란 부장·과장·계장·직장·조장·반장 등의 직함 명칭을 불문하고 사업장 내에서 일정하게 분류된 부서의 직함자를 말한다고 볼 수 있고, "그 직위를 담당하는 자"라 함은 부서 명칭을 갖고 있지는 않지만 어떠한 형태로든 단위 작업을 행하는 부분이 있다면 그 작업을 지휘·감독하는 자를 말한다고 볼 수 있다.

2. 업 무

① 사업장 내 법 제16조 제1항에 따른 관리감독자(이하 "관리감독자"라 한다)가 지휘·감독하는 작업(이하 이 조에서 "해당작업"이라 한다)과 관련된 기계·기구 또는 설비의 안전·보건 점검 및 이상 유무의 확인
② 관리감독자에게 소속된 근로자의 작업복·보호구 및 방호장치의 점검과 그 착용·사용에 관한 교육·지도
③ 해당작업에서 발생한 산업재해에 관한 보고 및 이에 대한 응급조치

④ 해당작업의 작업장 정리·정돈 및 통로 확보에 대한 확인·감독
⑤ 사업장의 다음 각 목의 어느 하나에 해당하는 사람의 지도·조언에 대한 협조
  ㉮ 법 제17조 제1항에 따른 안전관리자(이하 "안전관리자"라 한다) 또는 같은 조 제5항에 따라 안전관리자의 업무를 같은 항에 따른 안전관리전문기관(이하 "안전관리전문기관"이라 한다)에 위탁한 사업장의 경우에는 그 안전관리전문기관의 해당 사업장 담당자
  ㉯ 법 제18조 제1항에 따른 보건관리자(이하 "보건관리자"라 한다) 또는 같은 조 제5항에 따라 보건관리자의 업무를 같은 항에 따른 보건관리전문기관(이하 "보건관리전문기관"이라 한다)에 위탁한 사업장의 경우에는 그 보건관리전문기관의 해당 사업장 담당자
  ㉰ 법 제19조 제1항에 따른 안전보건관리담당자(이하 "안전보건관리담당자"라 한다) 또는 같은 조 제4항에 따라 안전보건관리담당자의 업무를 안전관리전문기관 또는 보건관리전문기관에 위탁한 사업장의 경우에는 그 안전관리전문기관 또는 보건관리전문기관의 해당 사업장 담당자
  ㉱ 법 제22조 제1항에 따른 산업보건의(이하 "산업보건의"라 한다)
⑥ 법 제36조에 따라 실시되는 위험성평가에 관한 다음 각 목의 업무
  ㉮ 유해·위험요인의 파악에 대한 참여
  ㉯ 개선조치의 시행에 대한 참여
⑦ 그 밖에 해당작업의 안전 및 보건에 관한 사항으로서 고용노동부령으로 정하는 사항

3 안전 관리자의 개념과 업무

1. 개 념

안전 관리자란 일정한 법정 자격을 갖춘 자로서 사업주가 선임하여 고용노동부장관에게 보고한 후 해당 사업장내 안전 업무의 기술적 사항에 대하여 사업주 및 안전보건 관리책임자를 보좌하고, 관리 감독자에 대하여 안전 업무의 기술적 사항에 관해 지도·조언하는 업무를 담당하는 자를 말한다.

2. 업 무

안전 관리자는 다음 각 호의 업무를 수행한다.
  ㉮ 산업안전보건위원회 또는 안전보건에 관한 노사협의체에서 심의·의결한 업무와 해당 사업장의 안전보건관리규정 및 취업규칙에서 정한 업무
  ㉯ 안전인증대상 기계 등(이하 "안전인증대상 기계 등"이라 한다)과 자율안전확인대상 기계 등(이하 "자율안전확인대상 기계 등"이라 한다)구입 시 적격품의 선정에 관한 보좌 및 지도·조언

㈐ 위험성평가에 관한 보좌 및 지도·조언
　　　㈑ 해당 사업장 안전교육계획의 수립 및 안전교육 실시에 관한 보좌 및 지도·조언
　　　㈒ 사업장 순회점검·지도 및 조치의 건의
　　　㈓ 산업재해 발생의 원인 조사·분석 및 재발 방지를 위한 기술적 보좌 및 지도·조언
　　　㈔ 산업재해에 관한 통계의 유지·관리·분석을 위한 보좌 및 지도·조언
　　　㈕ 법 또는 법에 따른 명령으로 정한 안전에 관한 사항의 이행에 관한 보좌 및 지도·조언
　　　㈖ 업무수행 내용의 기록·유지
　　　㈗ 그 밖에 안전에 관한 사항으로서 고용노동부장관이 정하는 사항

4 보건 관리자의 개념과 업무

1. 개 념

보건 관리자란 일정한 법정 자격을 갖춘 자로서 사업주가 선임하여 고용노동부장관에게 보고한 후 해당 사업장 내 보건 업무의 기술적 사항에 대하여 사업주 및 안전보건 관리 책임자를 보좌하고, 관리 감독자에 대하여 보건업무의 기술적 사항에 관해 지도·조언하는 업무를 담당하는 자를 말한다.

2. 업 무

① 산업안전보건위원회에서 심의·의결한 업무와 안전보건관리규정 및 취업규칙에서 정한 업무
② 안전인증대상 기계·기구 등과 자율안전확인대상 기계·기구 등 중 보건과 관련된 보호구(保護具) 구입 시 적격품 선정에 관한 보좌 및 조언·지도
③ 물질안전보건자료의 게시 또는 비치에 관한 보좌 및 조언·지도
④ 위험성평가에 관한 보좌 및 조언·지도
⑤ 산업보건의의 직무
⑥ 해당 사업장 보건교육계획의 수립 및 보건교육 실시에 관한 보좌 및 조언·지도
⑦ 해당 사업장의 근로자를 보호하기 위한 다음 각 목의 조치에 해당하는 의료행위
　　㈎ 외상 등 흔히 볼 수 있는 환자의 치료
　　㈏ 응급처치가 필요한 사람에 대한 처치
　　㈐ 부상·질병의 악화를 방지하기 위한 처치
　　㈑ 건강진단 결과 발견된 질병자의 요양 지도 및 관리

㉮ 가목부터 라목까지의 의료행위에 따르는 의약품의 투여
⑧ 작업장 내에서 사용되는 전체 환기장치 및 국소 배기장치 등에 관한 설비의 점검과 작업방법의 공학적 개선에 관한 보좌 및 조언·지도
⑨ 사업장 순회점검·지도 및 조치의 건의
⑩ 산업재해 발생의 원인 조사·분석 및 재발 방지를 위한 기술적 보좌 및 조언·지도
⑪ 산업재해에 관한 통계의 유지·관리·분석을 위한 보좌 및 조언·지도
⑫ 법 또는 법에 따른 명령으로 정한 보건에 관한 사항의 이행에 관한 보좌 및 조언·지도
⑬ 업무수행 내용의 기록·유지
⑭ 그 밖에 작업관리 및 작업환경관리에 관한 사항

문제 8

사업장 안전보건 교육제도를 논하시오.

1 개 요

사업장 내 안전 보건 교육 제도는 사업장 내에서 충분한 안전·보건 교육을 통하여 근로자에게 안전과 보건을 확보하게 되는 목적 의식을 일깨워주고 작업장의 유해 또는 위험 요소를 제거하는 방법 등을 숙지하게 함으로써 교육적 결함에 의한 산업재해를 최대한 방지하고자 마련되었다. 산업 안전 보건법에는 정기 안전 보건 교육, 채용시 및 작업내용 변경시 교육, 특별 안전 보건교육으로 구분하여, 동 제도의 구체적 실행 내용 및 방법 등에 대해서는 산업 안전 보건법 시행규칙과 산업 안전 보건 교육 규정에 표현하고 있다.

2 정기 안전 보건 교육

정기 안전 보건 교육이란 작업 근로자에 대하여 일정한 주기에 반복적인 교육을 통하여 작업장 내에 상존하는 유해·위험 요소를 관리적 측면에서 제거하기 위한 제도이다. 교육 대상은 전 근로자를 대상으로 하나 관리감독자의 지위에 있는 자와 일반 근로자로 구분하고 일반 근로자는 위험성 폭로 빈도성의 높낮이에 따라 생산직 근로자와 사무직 근로자로 다시 구분하고 있다.
교육 시간은 교육 대상 구분에 따라 관리 감독자의 지위에 있는 자와 생산직 근로자는 매월 2시간 이상, 사무직 근로자는 매월 1시간 이상 실시하도록 하고, 교육내용은 아래 표와 같다.

[표] 교육 내용

구분	근로자	관리감독자
교육 내용	① 산업안전 및 사고 예방에 관한 사항 ② 산업보건 및 직업병 예방에 관한 사항 ③ 건강증진 및 질병 예방에 관한 사항 ④ 유해·위험 작업환경 관리에 관한 사항 ⑤ 산업안전보건법령 및 산업재해보상보험 제도에 관한 사항 ⑥ 직무스트레스 예방 및 관리에 관한 사항 ⑦ 직장 내 괴롭힘, 고객의 폭언 등으로 인한 건강장해 예방 및 관리에 관한 사항	① 산업안전 및 사고 예방에 관한 사항 ② 산업보건 및 직업병 예방에 관한 사항 ③ 유해·위험 작업환경 관리에 관한 사항 ④ 산업안전보건법령 및 산업재해보상보험 제도에 관한 사항 ⑤ 직무스트레스 예방 및 관리에 관한 사항 ⑥ 직장 내 괴롭힘, 고객의 폭언 등으로 인한 건강장해 예방 및 관리에 관한 사항 ⑦ 작업공정의 유해·위험과 재해 예방대책에 관한 사항 ⑧ 표준안전 작업방법 및 지도 요령에 관한 사항 ⑨ 관리감독자의 역할과 임무에 관한 사항 ⑩ 안전보건교육 능력 배양에 관한 사항 – 현장근로자와의 의사소통능력 향상, 강의능력 향상 및 그 밖에 안전보건교육 능력 배양 등에 관한 사항. 이 경우 안전보건교육 능력 배양 교육은 별표 4에 따라 관리감독자가 받아야 하는 전체 교육시간의 3분의 1 범위에서 할 수 있다.

3 채용시 및 작업 내용 변경시 교육

채용시 안전 보건 교육이란 신규로 근로자를 채용할 때 신입 사원이 알아야 할 기본적인 안전 보건 내용을 실시하는 교육이고, 작업 내용 변경시 안전 보건 교육이란 작업장의 구조면·공정면 등에서 현저한 차이가 있어 해당 작업장의 유해·위험요소 등의 변화가 빈번한 곳에 작업 내용을 변경할 신규 작업자에 대한 적응 및 해당 작업 공정상의 유해·위험 요소를 제거시키기 위해 실시하는 교육이다.
교육 대상은 신규로 채용된 근로자와 작업 내용을 변경하여 새로운 작업을 담당하는 근로자가 되고, 교육 시간은 업종 구별에 따라 일반 업종에 해당하는 신규 채용자 및 작업 내용 변경자는 해당 작업에서 종사하기 전에 8시간 이상, 일용근로자에 해당하는 신규 채용자 및 작업내용 변경자는 1시간 이상 실시하도록 한다.
교육 내용은 산업 안전 보건법령, 산업 재해 발생 경위·사고 유형 및 예방, 해당 설비·기계 및 기구의 작업 안전 점검, 기계·기구의 위험성과 안전 작업 방법, 안전장치 및 보호구 사용, 무재해 추진기법의 도입시행 등이다.

4 특별 안전 보건 교육

특별 안전 보건 교육이란 일반 작업장과 구분하여 재해의 위험성이 높고 작업 방법 등의 난이도가 높은 유해·위험 작업에 대하여 특별한 안전 보건 교육을 실시하도록 하는 제도이다. 교육 대상은 고압실 내 작업, 반응기·교환기·추출기의 사용 및 세척 작업, 화학 설비의 탱크 내 작업, 주물 및 단조 작업, 비계의 조립·해체 또는 변경 작업, 맨홀 작업 등 시행 규칙 별표 작업에 종사하는 근로자이고, 교육 시간은 해당 작업이 일반 업종에 해당할 경우에는 16시간 이상, 단기간 작업 또는 간헐적 작업에 해당할 경우에는 2시간 이상 실시하도록 한다. 교육 내용은 분류된 해당 작업 유형에 따라 다르나 산업 안전 보건법령, 해당 작업에 사용되는 기계·기구·설비 및 안전장치·보호구의 사용 방법, 작업 순서·안전 작업 방법 및 수칙, 응급 조치, 해당 기계·기구 및 유해 물질의 성상 등에 관한 사항이다.

문제 9

안전점검의 정의, 목적, 종류를 쓰시오.

1. 안전점검의 정의, 목적, 종류

(1) 정 의

안전점검은 설비의 불안전상태나 인간의 불안전행동으로부터 일어나는 결함을 발견하여 안전대책을 세우기 위한 활동을 말한다.

(2) 안전점검의 목적

① 기기 및 설비의 결함이나 불안전한 상태의 제거로 사전에 안전성을 확보하기 위함이다.
② 기기 및 설비의 안전상태 유지 및 본래의 성능을 유지하기 위함이다.
③ 재해 방지를 위하여 그 재해 요인의 대책과 실시를 계획적으로 하기 위함이다.

(3) 종 류

① **일상점검(수시점검)** : 작업 전·중·후 수시로 점검하는 점검
② **정기점검** : 정해진 기간에 정기적으로 실시하는 점검
③ **특별점검** : 기계 기구의 신설 및 변경 시 고장, 수리 등에 의해 부정기적으로 실시하는 점검으로 안전강조기간 등에 실시하는 점검
④ **임시점검** : 이상 발견 시 또는 재해발생 시 임시로 실시하는 점검

2. 안전점검표(체크리스트)의 작성

(1) 안전점검표(체크리스트)에 포함되어야 할 사항
① 점검대상
② 점검부분(점검개소)
③ 점검항목(점검내용 : 마모, 균열, 부식, 파손, 변형 등)
④ 점검주기 또는 기간(점검시기)
⑤ 점검방법(육안점검, 기능점검, 기기점검, 정밀점검)
⑥ 판정기준(법령에 의한 기준 등)
⑦ 조치사항(점검결과에 따른 결과의 시정)

(2) 안전점검표(체크리스트) 작성시 유의사항
① 위험성이 높은 순이나 긴급을 요하는 순으로 작성할 것
② 정기적으로 검토하여 재해예방에 실효성이 있는 내용일 것
③ 내용은 이해하기 쉽고 표현이 구체적일 것

3. 안전검사 및 안전인증

(1) 안전인증대상 기계 또는 설비
① 프레스
② 전단기(剪斷機) 및 절곡기
③ 크레인
④ 리프트
⑤ 압력용기
⑥ 롤러기
⑦ 사출성형기(射出成形機)
⑧ 고소(高所) 작업대
⑨ 곤돌라

(2) 안전인증대상 방호장치
① 프레스 및 전단기 방호장치
② 양중기용(陽重機用) 과부하방지장치
③ 보일러 압력방출용 안전밸브
④ 압력용기 압력방출용 안전밸브
⑤ 압력용기 압력방출용 파열판
⑥ 절연용 방호구 및 활선작업용(活線作業用) 기구
⑦ 방폭구조(防爆構造) 전기기계·기구 및 부품

⑧ 추락·낙하 및 붕괴 등의 위험 방지 및 보호에 필요한 가설기자재로서 고용노동부장관이 정하여 고시하는 것

(3) 자율안전확인대상 기계 또는 설비
① 연삭기 또는 연마기(휴대형은 제외한다)
② 산업용 로봇
③ 혼합기
④ 파쇄기 또는 분쇄기
⑤ 식품가공용기계(파쇄·절단·혼합·제면기만 해당한다)
⑥ 컨베이어
⑦ 자동차정비용 리프트
⑧ 공작기계(선반, 드릴기, 평삭·형삭기, 밀링만 해당한다)
⑨ 고정형 목재가공용기계(둥근톱, 대패, 루타기, 띠톱, 모떼기 기계만 해당한다)
⑩ 인쇄기

(4) 안전검사 대상 기계
① 프레스
② 전단기
③ 크레인[정격하중이 2톤 미만인 것은 제외한다.]
④ 리프트
⑤ 압력용기
⑥ 곤돌라
⑦ 국소배기장치(이동식은 제외한다)
⑧ 원심기(산업용에 한정한다)
⑨ 롤러기(밀폐형 구조는 제외한다)
⑩ 사출성형기[형 체결력(型 締結力力) 294킬로뉴턴(kN) 미만은 제외한다.]
⑪ 고소작업대[「자동차관리법」제3조제3호 또는 제4호에 따른 화물자동차 또는 특수자동차에 탑재한 고소작업대(高所作業臺)로 한정한다.]
⑫ 컨베이어
⑬ 산업용 로봇

4. 안전보건진단

(1) 종 류
① 안전진단
② 보건진단
③ 종합진단(안전진단과 보건진단을 동시에 진행하는 것)

(2) 안전보건진단을 받아 안전보건 개선계획 수립·시행 명령을 할 수 있는 사업장
① 산업재해율이 같은 업종 평균 산업재해율의 2배 이상인 사업장
② 사업주가 필요한 안전조치 또는 보건조치를 이행하지 아니하여 중대재해가 발생한 사업장
③ 직업성 질병자가 연간 2명 이상(상시근로자 1천명 이상 사업장의 경우 3명 이상) 발생한 사업장
④ 작업환경 불량, 화재·폭발 또는 누출사고 등으로 사회적 물의를 일으킨 사업장

문제 10

보호구 개요와 안전모의 구비조건을 쓰시오.

1. 보호구의 개요

산업재해 예방을 위해 작업자 개인이 착용하고 작업하는 것으로서 유해·위험상황에 따라 발생할 수 있는 재해를 예방하거나 그 유해·위험의 영향이나 재해의 정도를 감소시키기 위한 것. 보호구에 완전히 의존하여 기계·기구 설비의 보완이나 작업환경 개선을 소홀히 해서는 안되며, 보호구는 어디까지나 보조수단으로 사용함을 원칙으로 해야 한다.

(1) 보호구가 갖추어야 할 구비조건
① 착용이 간편할 것
② 작업에 방해를 주지 않을 것
③ 유해·위험요소에 대한 방호가 확실할 것
④ 재료의 품질이 우수할 것
⑤ 외관상 보기가 좋을 것
⑥ 구조 및 표면가공이 우수할 것

(2) 보호구 선정시 유의사항
① 사용목적에 적합할 것
② 의무(자율)안전인증을 받고 성능이 보장되는 것
③ 작업에 방해가 되지 않을 것
④ 착용이 쉽고 크기 등이 사용자에게 편리할 것

2. 안전모의 구비조건

(1) 일반구조

① 안전모는 모체, 착장체(머리고정대, 머리받침고리, 머리받침끈) 및 턱끈을 가질 것
② 착장체의 머리고정대는 착용자의 머리부위에 적합하도록 조절할 수 있을 것
③ 착장체의 구조는 착용자의 머리에 균등한 힘이 분배되도록 할 것
④ 모체, 착장체 등 안전모의 부품은 착용자에게 상해를 줄 수 있는 날카로운 모서리 등이 없을 것
⑤ 턱끈은 사용 중 탈락되지 않도록 확실히 고정되는 구조일 것
⑥ 안전모의 착용높이는 85[mm] 이상이고 외부수직거리는 80[mm] 미만일 것
⑦ 안전모의 내부수직거리는 25[mm] 이상 50[mm] 미만일 것
⑧ 안전모의 수평간격은 5[mm] 이상일 것
⑨ 머리받침끈이 섬유인 경우에는 각각의 폭은 15[mm] 이상이어야 하며, 교차되는 끈의 폭의 합은 72[mm] 이상일 것
⑩ 턱끈의 폭은 10[mm] 이상일 것
⑪ 안전모의 모체, 착장체를 포함한 질량은 440[g]을 초과하지 않을 것

(2) AB종 안전모는 일반구조 조건에 적합해야 하고 충격흡수재를 가져야 하며, 리벳(Rivet) 등 기타 돌출부가 모체의 표면에서 5[mm] 이상 돌출되지 않아야 한다.

(3) AE종 안전모는 일반구조 조건에 적합해야 하고 금속제의 부품을 사용하지 않고, 착장체는 모체의 내외면을 관통하는 구멍을 뚫지 않고 붙일 수 있는 구조로서 모체의 내외면을 관통하는 구멍 핀홀 등이 없어야 한다.

(4) ABE종 안전모는 상기 (2), (3)의 조건에 적합해야 한다.

[표] 안전모의 시험성능기준

항 목	시험성능기준
내관통성	AE, ABE종 안전모는 관통거리가 9.5[mm] 이하이고, AB종 안전모는 관통거리가 11.1[mm] 이하이어야 한다.
충격흡수성	최고전달충격력이 4,450[N]을 초과해서는 안 되며, 모체와 착장체의 기능이 상실되지 않아야 한다.
내전압성	AE, ABE종 안전모는 교류 20[kV]에서 1분간 절연파괴 없이 견뎌야 하고, 이때 누설되는 충전전류는 10[mA] 이하이어야 한다.
내수성	AE, ABE종 안전모는 질량 증가율이 1[%] 미만이어야 한다.
난연성	모체가 불꽃을 내며 5초 이상 연소되지 않아야 한다.
턱끈풀림	150[N] 이상 250[N] 이하에서 턱끈이 풀려야 한다.

문제 11

산업 재해 보상 보험 제도란?

1 산업 재해 보상 보험 제도의 도입과 의의

근로자의 업무상 재해를 신속 공정하게 보상하고 피재 근로자의 생활 안정을 도모하는 한편 재해 발생에 대한 사업주의 개별 위험 부담 책임을 사회 연대 책임으로 위험을 분산하는 사회 보험 제도를 확립, 시행하기 위하여 1963년 11월 3일 법률 제1438호로 제정된 산업 재해 보상 보험은 그동안 시행과정에서 나타난 미비점을 보완하고 산업의 발전에 따라 발생하는 각종 재해에 대처하기 위하여 수차의 개정을 하기에 이르렀다.

산업 사회의 진전에 따라 중화학 및 기계 공업의 발달은 현대 사회를 문명 사회로 이끄는 원동력이 되어 온 것이 사실이지만 산업전선에서 종사하는 근로자들은 생산 조직이 복잡화하고 기계화·대규모화 됨에 따라 빈번히 발생하는 산업 재해로부터 불가피하게 피해를 입게되는 경우가 생긴다. 이러한 산업 재해로부터 근로자를 보호하는 방법은 산업 재해 발생자체를 방지 내지 예방하는 것이 가장 바람직한 것이나 이미 발생한 산업 재해로 인하여 부상 또는 사망한 경우는 물론 근로 생활중 직업병에 이환된 경우에는 그 피재 근로자나 가족을 보호 내지 보상해 주는 문제가 또한 중요한 의미를 지니는 것이다.

이와 같이 산업 재해의 발생을 사전에 예방하기 위한 조치가 산업 안전 보건 제도이고 산업 재해 발생 이후의 근로자 보호 내지 보상에 관한 제도적 장치가 산업재해 보상 보험 제도인 것이다. 전자를 입법화한 것이 산업 안전 보건법이고, 후자를 입법화한 것이 산업 재해 보상 보험법에 해당된다고 보겠다.

2 산업 재해 보상 보험법의 목적

헌법 제34조 제1항의 "모든 국민의 인간다운 생활을 할 권리"와 동조 제2항의 "국가는 사회 보장, 사회 복지 증진에 노력할 의무를 진다"는 규정과 취지에 따라 업무상 재해를 당한 근로자들의 생존권 보장을 위하여 그들에 대한 신속·공정한 보상과 더불어 보험 시설의 설치·운영 등 근로자 복지증진을 위한 사업을 실시하여 근로자의 생활 안정과 사업주의 부담 경감 및 건전한 노동력 보전을 꾀하고자 하는 것이 이 법의 목적이다.

본법 제1조는 「이 법은 산업 재해 보상 보험 사업(이하 "보험 사업"이라 한다)을 행하여 근로자의 업무상의 재해를 신속하고 공정하게 보상하고, 이에 필요한 보험 시설을 설치·운영하며 재해 예방 기타 근로자의 복지 증진을 위한 사업을 행함으로써 근로자 보호에 이바지함을 목적으로 한다」로 규정하고 있다.

문제 12

산업 재해 보상 보험법의 구성을 쓰시오.

1 구성 체계 및 주요 내용

그 내용을 장별로 간단히 소개하면, 제1장은 총칙에 관한 사항으로서 법의 목적, 보험의 관장과 보험년도, 국가의 부담 및 지원, 용어의 정의, 적용 범위와 산재보상 보험 및 예방심의 위원회 등을 명시하고, 제2장은 보험가입자와 보험의 의제가입, 도급 및 동종 사업의 일괄 적용, 보험 관계의 성립일과 소멸일, 보험 관계인 신고 등에 관하여 규정하고, 제3장은 근로 복지 공단에 관하여 공단의 설립, 공단의 사업, 법인격, 사무소, 정관, 설립 등기, 임원의 수와 임기·직무·결격 사유·해임, 이사회, 직원의 임면 및 대리인 선임, 회계와 자금의 차입·잉여금 처리권한 또는 업무의 위임·위탁에 관하여 규정하고 있다.

제4장은 보험 급여의 종류와 산정기준 등 지급 사유, 다른 보상 또는 배상과의 관계, 수급권자의 범위, 보험 급여 지급 제한 기타 보험 급여 과정에서 파생되는 제조치 사항(수급권자보호를 위한 수습권의 양도·압류 금지, 공과금 면제 등)을 규정하고 있다.

제5장은 보험료의 징수와 보고 납부 방법, 요율 결정과 기타 보험료의 수납 과정에서 필요한 업무 처리 절차에 관한 사항을 규정하고 있다.

제6장은 고용노동부장관이 행하여야 할 근로복지 사업의 내용과 신체 장애자의 고용촉진에 관하여 규정하고 있으며 제7장은 산업 재해 보상 보험 기금의 설치관리적용에 관하여 명시하고 있다.

제8장은 산업 재해 보상 보험 업무 및 심사에 관한 법률이 금지됨에 따라 이 법에 흡수, 규정한 것으로서 보험 급여에 대한 심사 청구 및 재심사 청구에 관한 사항을 명시하고 있다.

제9장은 위 각 장에서 규정한 사항 중 누락된 부분이나 보충적 성격을 띤 사항을 규정하고 있는바 보험료 납부 통지, 시효, 시효의 중단, 보고와 검사, 보험 급여의 일시 중지 등에 관한 사항을 규정하고 있다.

제10장은 본법의 실효성을 보장하기 위하여 본법에 규정한 규범을 준수하여야 할 수범 객체로 하여금 법률상 의무를 이행할 것을 고지하고 그 의무 불이행시 처벌할 수 있는 근거 즉 벌칙 규정을 두고 있는 것이다.

2 보험 관장자와 보험 취급 기관

1. 보험 관장자 : 보험 사업은 고용노동부장관이 관장한다.

이 법 제2조 제1항은 보험 사업의 관장자는 고용노동부장관임을 명시하고 있다. 보험관장자라 함은 보험 사업의 관리 주체로서 보험 사업을 주관하여 관리하는 자(보험자)를 말한다. 종전에는 보험 가입자인 사업주로부터 보험료, 기타 징수금을 징수하며 산업재해가 발생한 때에는 피재 근로자 등 수급권자에게 보험 급여를 지급하는 집행 업무까지도 고용노동부장관이 직접 관장하여 왔으나, 제13차 법의 개정으로 이러한 일선기관이 행하여야 할 집행 업무는 새로이 발족된 근로 복지 공단에 위탁하고 고용노동부장관은 보험료율의 결정·고시, 보험 급여 기준의 결정, 보험 기금의 관리 운용 등 중요 정책 업무만을 관장하도록 하고 있다.

2. 보험 사업 집행 기관 : 근로복지공단

산업 재해 보상 보험 업무를 실제로 담당하는 일선 집행 기관은 근로복지공단이다. 근로복지공단은 고용노동부장관의 위탁을 받아 이 법 제1조의 목적을 효율적으로 달성하기 위하여 ① 보험 가입자 및 수급권자에 관한 기록의 관리·유지 ② 보험료 기타 이 법에 의한 징수금의 징수 ③ 보험급여의 결정 및 지급 ④ 산재 보험 시설의 설치 운영 ⑤ 근로자의 복지 증진을 위한 사업 등 9개의 사업을 수행하도록 하고 있다.

3. 보조 기관

산업 재해 보상 보험 업무의 관장 기관으로서 고용노동부장관을 보조하기 위하여 고용노동부장관 밑에 노동보험 국장이 있고, 그 밑에 보험 정책과 보험 징수과, 재해 보상과를 두고 있다.

4. 심사기관

산재 보험 급여 업무의 공정성을 확보하고 보험 급여에 이의가 있는 자의 권익을 보호하기 위하여 일반 행정심판 제도에 대한 특별 심판 제도로서 산업 재해 보상 보험 업무 심사 제도를 운용하고 있다.

5. 산업 재해 보상 보험 사무 조합(보험 사무 조합)

보험 가입자를 구성원으로 하는 단체로서 고용노동부장관의 인가를 받은 산업 재해보상 보험 사무 조합(이하 "보험 사무 조합"이라 한다)은 보험 가입자의 위탁을 받아 보험료 기타 징수금의 납부와 기타 보험 사무를 행할 수 있다.

보험사무조합에 보험 사무의 일부를 행할 수 있도록 인정한 것은 보험 가입자의 편의를 도모하고, 보험 사업의 수행 과정에서 파생되는 인력과 예산을 절감할 수 있다는 데 그 의의가 있는 것이다.

문제 13

산업 재해 보상 보험의 보험 급여에 관하여 논하시오.

1 보험 급여의 의의

보험 급여는 산재 보험법의 적용을 받는 사업 또는 사업장에 근무하다가 업무상 재해를 입은 근로자 또는 그 가족의 생활 보호를 위하여 지급되는 일체의 급여를 총칭하는 말이다.

1. 근로자의 업무상 재해 보상

보험 급여는 사용자의 무과실 책임을 전제로 근로자의 업무 상해를 보상하는 것이다.

보험 급여는 근로 기준법상 사용자가 부담하고 있는 해당 근로자의 업무상 재해에 대한 무과실 책임으로서의 보상 책임을 기초로 하고 있다.

근로 기준법상의 재해 보상은 업무상의 재해를 입은 근로자에 대하여 사용자의 고의·과실을 요건으로 하는 민법의 손해 배상의 원칙과는 달리 고의·과실이 없더라도 사용자의 법률상 의무로서 일정한 보상을 해야 한다고 규정하고 있다.(근로 기준법 제8장 참조)

이것은 재해 보상이 사용자의 단순한 은혜가 아니라 법률상의 의무이며 보상을 받는 것이 근로자의 권리라는 것을 명확히 한 점에 그 의의가 있다.

산재 보험은 근로기준법상의 사용자의 보상 의무를 대행하고 있을 뿐만 아니라 사용자의 재해 보상의무의 책임으로서 기능까지도 수행하고 있는 것이다.

2. 무과실 책임

근로자의 업무상 재해 보상은 무과실 책임을 전제로 한다는 점에서 과실이 없으면 책임이 없다는 과실 책임을 전제로 하는 민법상의 손해 배상과도 다른 것이다.

2 보험 급여의 유형

산재 보험법에서 규정하고 있는 보험 급여의 종류에는 요양 급여, 휴업 급여, 장해 급여, 간병 급여, 유족 급여, 상병 보상 연금 및 장의비, 직업재활 급여가 있으며 보험급여의 지급 사유는 근로 기준법상의 각종 재해 보상 사유를 그대로 준용하고 있다.

3 정률 보상제

보험 급여에 대한 지급 요건 및 기준을 살펴보면 요양 급여와 휴업 급여는 요양기간이 4일 이상일 경우에만 지급하고 4일 미만은 근로 기준법에 의하여 사용자가 보상하도록 하였으며, 장해 급여는 신체 장해 등급을 제1급에서부터 제14급까지 133개의 장해 상태를 규정하여 노동력 상실 정도에 따라 소정의 보상을 행하도록 하고, 유족 급여는 사망 근로자의 평균 임금의 1,300일분을, 장의비는 평균 임금의 120일분을 지급하도록 규정하고 있다.

4 보험 급여의 지급 사유

산업 재해 보상 보험법상 보험 급여의 지급 사유는 근로 기준법 제78조 내지 제80조와 제82조 및 제83조의 재해 보상 사유가 발생한 경우에 보험 급여의 지급 사유가 발생한다. 따라서 보험 급여는 본법의 적용 사업장에서 근로하는 근로자가 업무상 재해로 인하여 보험 급여의 지급 사유가 발생한 때에 수급권자의 청구에 의하여 제반 보험 급여를 행하게 된다.
보험 급여의 지급 사유는 한마디로 요약하여 근로자가 업무상 재해를 입은 경우(사망 및 사망으로 추정되는 경우 포함)이다.

1. 근로자

산재 보험의 적용을 받는 근로자는 근로 기준법 제14조에 규정한 "직업의 종류를 불문하고 사업 또는 사업장에서 임금을 목적으로 근로를 제공하는 자"를 말한다. 이 경우 상용, 임시직 등 고용형태나 사업장 내에서의 지위의 고하와는 무관하다.

2. 업무상 재해

업무상 재해란 근로자가 근로 계약에 따라서 사업주의 지배 관리 아래 있는 상태에서 업무상 사유에 의하여 부상을 당하거나, 질병에 걸린 경우 또는 사망하는 경우를 말한다.
본법 제4조의 용어 정의에서 업무상 재해를 "업무상 사유에 의한 근로자의 부상·질병, 신체 장해 또는 사망"으로 하여 개념 정립을 명확히 하였다.

5 보험 급여의 청구와 지급 절차

1. 보험 급여의 청구

보험 급여는 수급권자의 청구에 의하여 지급한다.
① 수급권자란 업무상 재해를 입은 근로자 또는 업무상 사망한 근로자의 유족을 말한다.
② 보험 급여의 청구는 소정의 보험 급여 청구서에 사업주와 의료 기관의 증명을 받아 근로 복지 공단에 제출하여야 한다. 이 경우 사업주는 각종 신청서 또는 청구서에 해당 근로자의 근로 계약 또는 고용 종속 관계, 재해 발생 상황, 임금 관계 등을 확인하여야 하며 의료 기관에서는 상병 상태, 요양 기관, 장해 정도, 사망원인 등에 대하여 확인을 하여야 한다.
③ 사업주는 보험 급여의 사유가 되는 재해가 발생하였을 경우에 지체없이 피해자의 인적 사항과 재해 원인 및 내용을 보고하여야 하며, 피재 근로자 또는 유족이 보험 급여를 받는 데 필요한 증명을 요구하는 때에는 그 증명을 하여야 하며, 수급권자의 보험 급여 청구에 적극적으로 조력하여야 한다.

2. 보험 급여의 결정 통지

수급권자의 보험 급여 청구가 있을 때에는 보험 급여의 지급여부, 지급 내용 등을 청구인에게 결정 통지하여야 하며 지급 결정일로부터 14일 이내에 지급하여야 한다.

6 보험 급여의 산정 방법

본법상의 보험 급여는 요양 급여를 제외하고는 평균 임금을 기초로 한 정률 보상 방식에 의한다. 정률 보상 방식이란 근로자의 연령, 직종, 근무기간 등 제반 조건을 고려하지 않고 해당 근로자의 평균 임금을 기초로 산정하여 보상하는 방식으로 민법에 의한 손해 배상과 같이 실손해액을 기초로 하는 것은 아니다.
일반적인 의미에서 평균 임금을 기초로 하여 보험 급여를 산정 지급할 경우 피재 근로자 또는 그 유족의 보상 내지 보호에 미흡한 경우에 이를 합리적으로 시정할 수 있는 제도적 장치를 마련하고 있는 것이다.

문제 14
보험 급여의 종류와 지급 방법을 쓰시오.

1 보험 급여의 종류

보험 급여의 종류로 요양 급여, 휴업 급여, 장해 급여, 간병 급여, 유족 급여, 상병 보상 연금 및 장의비, 직업재활 급여 등 6가지의 급여 유형을 명시하고 있다. 구법상 명시되어 있었고 근로기준법 제84조에 규정된 일시 보상(급여)제도를 1982년말 법 개정시 삭제한 것은 일시 보상은 산재 보험이 사회 보장의 일환으로 실시하는 사회 보험이라는 취지에 비추어 볼 때 보험급여의 지급시한을 둘 수 없으며 적극적인 재해 근로자의 보호측면에서 바람직하지 못하기 때문이었다. 아울러 업무상 부상 또는 질병에 걸려 장기요양을 받고 있는 상병근로자의 보호를 위하여 일정한 상병 상태에 있는 자에게는 현행 휴업급여에 갈음하는 상병 보상 연금제를 신설하여 상병근로자는 물론 그 가족의 생계 유지에 이바지하게 한 것이다.

2 사망의 추정

1. 사망 추정 제도의 의의

① 이 법은 근로자가 탑승한 항공기나 승선한 선박이 사고를 당하여 동 근로자의 생사가 불분명하거나 항해 중에 있는 항공기 또는 선박에 있는 근로자가 행방불명이 되어 생사가 3개월간 불분명한 경우에 해당 근로자를 사망으로 추정하여 일정 요건을 구비하면 산재보험법상의 유족 급여와 장의비를 지급하여 해당 근로자에게 부양되고 있던 가족의 생활 안정을 도모하고자 인정된 민법상 실종 선고 제도에 대한 특별규정을 두고 있다.
② 민법은 부재자의 생사가 5년(보통 실종) 또는 1년(특별 실종)간 불분명한 경우에 법원은 이해 관계인이나 검사의 청구에 의하여 실종 선고를 할 수 있도록 규정하고 있다. 그러므로 실종 선고에 의할 경우에는 사고 발생 후 1년이 지난 후에야 해당 부재자의 법률 관계의 정리가 가능하여 재산 상속, 잔존 배우자의 결혼 관계 또는 제보험의 청구가 가능하게 된다.

③ 이 법은 이와 같은 실종 선고 제도 중 산재 보험 급여(유족 급여, 장의비)에 관하여서는 민법상 실종 선고 제도의 예외 규정을 두어 재난 발생일로부터 3개월이 지나면 보험 급여가 가능하게 규정한 것이다.

2. 보험 급여 절차

보험 가입자는 사망의 추정 사유가 발생 또는 확인될 때는 지체없이 "근로자 사망 추정 또는 사망 확인에 관한 신고서"를 근로복지공단에 제출하여야 하며 통상의 유족 급여 및 장의비 청구 절차를 준용한다. 즉 본법 시행령 및 시행 규칙에 정한 바에 따라서 근로자의 실종 또는 확인 신고를 받은 근로복지공단은 그 신고를 접수하였다는 사실을 통지하고 해당 근로자의 생사가 사고 발생일로부터 3개월간 불명하거나 사망이 확인되면 유족은 유족 급여를 청구할 수 있으며 피재 근로자의 장례를 치른 자도 장의비 청구를 할 수 있는 것이다.

3 요양 급여

1. 요양 급여의 의의

요양 급여라 함은 산재 보험 적용 사업 또는 사업장에서 근로하는 근로자가 업무상 부상 또는 질병이 발생하였을 때에 동 상병의 치료에 필요한 의학적 조치를 하거나 또는 동 조치에 소요된 비용을 지급하는 것으로서 다른 보험 급여와는 달리 재해 발생일로부터 상병이 치유될 때까지 기간의 정함이 없이 전액을 지급하고 있다.

2. 보험 급여의 요건

① 근로자가 산재 보험 적용사업 또는 사업장에 종사할 것
② 근로자가 사업상 부상을 당하거나 업무상 질병에 걸렸을 것
③ 동 부상 또는 질병이 3일 이상의 휴업을 요하는 것일 것

3일 이내의 요양을 요하는 경우에는 근로 기준법 제78조의 규정에 의한 요양보상을 사용자가 실시하여야 한다.

4 휴업 급여

휴업 급여라 함은 근로자가 업무상 부상 또는 질병으로 인하여 취업하지 못하는 경우에는

사업주로부터 임금을 받지 못하므로 본인은 물론 그 가족의 생계유지에 막대한 영향을 주게 됨으로써 피재 근로자가 안심하고 치료를 받기 어려울 뿐만 아니라 신속한 직장복귀가 불가능하여 노동력 회복에 지장을 초래하므로 본인 또는 그 가족의 생계유지 수단으로 지급하는 보험 급여이다.

1. 휴업 급여의 지급 요건

① 업무상 부상 또는 질병으로 요양 중인 근로자가 휴업으로 인하여 임금을 받지 못하고 있을 경우
② 요양으로 인하여 취업하지 못한 휴업 기간이 3일 이상일 것
　휴업 기간이 3일 이내인 경우에는 근로 기준법 제79조의 규정에 의하여 사용자가 휴업 보상을 행하여야 한다.

2. 휴업 급여의 내용

휴업 급여는 요양으로 인하여 취업할 수 없는 기간(휴업 기간) 1일에 대하여 평균임금의 100분의 70에 상당하는 금액으로 한다.
여기서 평균 임금이라 함은 해당 근로자가 재해를 입을 당시에 지급받던(사유발생일 이전 3개월간) 평균 임금액을 말하며 동료 근로자의 임금이 인상되면 피재 근로자의 평균 임금도 함께 인상 계산해주기 때문에(슬라이딩 제도) 장기 요양 중이라도 보험 급여액에는 손해가 없도록 하고 있다. 휴업 급여의 계산 방법은 다음과 같다.

$$지급액 = 평균임금 \times \frac{70}{100} \times 휴업일수$$

3. 수급권자

수급권자는 업무상 부상 또는 질병에 걸린 피재 근로자이다.

4. 청구절차

요양 개시 후 1개월 이내에 치료 종결된 경우에는 종결 즉시, 1개월 이상 장기 요양일 경우에는 1개월에 1회 이상 휴업 급여 청구서에 사업주와 의료 기관의 확인을 받아 근로복지공단에 제출한다. 다만, 2회분부터는 사업주의 증명을 생략할 수 있다.

5 장해 급여

"장해 급여"라 함은 근로자가 업무상 부상 또는 질병에 걸려 치유되었으나 해당 부상 또는 질병과 상당 인과 관계가 있는 "장해"가 남게 되는 경우에 지급하는 보험 급여를 말한다. 여기서,
① "치료"라 함은 부상 또는 질병에 대한 치료의 효과를 기대할 수 없게 되거나 또는 그 증상이 고정된 상태에 이른 것을 말하며,
② "상당 인과 관계"라 함은 장해가 해당 부상 또는 질병으로 인하여 발생하였음이 의학상 명백한 경우를 말하고,
③ "장해"라 함은 업무상 부상 또는 질병이 치유되었을 때 당초의 상병과 상당 인과 관계가 의학적으로 인정되어 잔존하는 영구적인 정신적 또는 육체적인 훼손 상태로 인하여 발생한 노동력의 손실 또는 감소를 말한다.

1. 장해 급여 제도의 의의

장해 급여는 연금 또는 일시금으로 수급권자의 선택에 따라 지급받을 수 있도록 하고 연금 수급권자의 사망으로 연금 수령액이 일시금으로 수령하였을 액보다 미달할 때에는 그 차액을 유족에게 지급할 수 있도록 하여 보험급여 수령상의 형평을 기하고 있는 것이다. 근로자가 업무상 부상이나 질병에 걸려서 전술한 바 있는 요양 급여에 의한 치료를 받고 그 치료가 종결되었다 할지라도 신체기관의 일부를 상실하거나 신체에 기질적 이상은 없어도 기능이 회복되지 못하여 제 구실을 하지 못하게 되는 때가 있다.

그 때문에 노동력의 전부 또는 일부가 영구히 상실 또는 감소되어 일을 할 수 없거나 불완전하게 일을 할 수밖에 없을 것이다. 따라서 그만큼 소득이 감소되는 것을 보전하여 주려는 것이 장해급여 제도를 설정한 취지인 것이다.

2. 장해 급여의 지급

장해 급여는 연금 또는 일시금으로 수급권자의 선택에 따라 지급한다. 다만, 대통령령이 정하는 노동력을 완전히 상실한 장해 등급의 근로자에 대하여는 장해보상·연금을 지급한다.
① 수급권자
    원칙 : 업무상 부상 또는 질병에 걸려 신체에 장해가 남아 있는 근로자
    예외 : 장해 보상 연금 수급권자가 사망한 경우 그가 수령한 연금 합계액이 장해 보상 일시금에 미달한 경우의 그의 유족
② **보험 급여액** : 장해 급여는 연금 또는 일시금으로 수급권자의 선택에 따라서 지급되는

바 그 지급액은 해당 근로자가 지급받고 있던 평균 임금을 기준으로 하되 장해 등급에 따라 지급한다. 그 구체적인 내용은 장해 급여표와 같다.

[표] 장해 급여표

(평균 임금 기준)

장해등급	장해보상연금	장해보상일시금
제1급	329일분	1,474일분
제2급	291일분	1,309일분
제3급	257일분	1,155일분
제4급	224일분	1,012일분
제5급	193일분	869일분
제6급	164일분	737일분
제7급	138일분	616일분
제8급		495일분
제9급		385일분
제10급		297일분
제11급		220일분
제12급		154일분
제13급		99일분
제14급		55일분

3. 보험 급여 지급 제도의 개선

종래('89. 4. 1 이전)의 장해 급여 지급방법은 수급권자의 선택에 따라 장해 보상연금 또는 장해보상 일시금을 지급할 수 있도록 하고 연금을 선택할 경우 수급권자의 선택에 따라 최초의 1년분 또는 2년분을 선급하도록 운영하여 왔으나 대통령령으로 정하는 노동력을 완전히 상실한 근로자, 즉 장해 등급이 1~3급의 중장해자에게는 장해 보상 연금만을 지급하도록 하되 목돈이 필요한 경우 그 연금의 최초의 1년분에서 4년분까지 지급할 수 있도록 하였다.

6 유족 급여

1. 유족 급여의 의의

근로자가 업무상의 재해로 사망한 경우에는 그에 의하여 부양되고 있던 가족들의 생계 유지가 막연하게 될 것이므로 이들 유족들의 보호를 위하여 지급하는 급여이다.

2. 유족 급여의 지급 사유(급여 요건)

근로자가 업무상 재해로 인하여 사망하거나 이 법 제39조의 규정에 의하여 사망한 것이 명백히 확인되지는 않았으나 선박 또는 항공기의 사고로 생사가 3개월 이상 불명하게 된 때에는 이를 사망한 것으로 추정하여 그의 유족에게 유족 급여를 지급하게 되는 것이다.

7 상병 보상 연금

1. 개 요

업무상 부상 또는 질병으로 인하여 2년 이상 장기 요양을 필요로 하는 근로자에 대하여는 그 상태가 계속되는 동안 상병 보상 연금을 지급함으로써 의료 보장과 아울러 해당 근로자와 그 가족의 생활 안정을 도모하고자 하는 데 그 취지가 있다.

2. 상병 보상 연금의 의의와 급여 조건

① 의의 : 업무상 부상 또는 질병으로 장기 요양 중인 근로자와 그 가족의 생활 안정을 도모하고 폐질 상태에 있는 상병 근로자의 재기 의욕을 고취하고자 휴업 급여 대신 보상 수준을 향상하여 연금으로 지급하는 보험 급여 제도이다.
② 급여 조건 : 요양을 받는 근로자가 요양 개시 후 2년이 경과된 날 이후에 다음 요건에 해당하는 상태가 계속될 경우에는 요양 급여 외에 상병 보상 연금을 지급한다.
　㉮ 해당 부상 또는 질병이 치유되지 아니한 상태에 있을 것
　㉯ 부상 또는 질병에 의한 폐질의 정도가 폐질 등급 제1급 내지 제3급에 해당할 것
　㉰ 요양으로 인하여 취업하지 못하였을 것

3. 급여 내용

① 상병 보상 연금은 다음 표의 상병 보상 연금표에 의한 폐질 등급에 따라 지급한다.

[표] 상병 보상 연금표

폐질등급	상병보상연금(급여액)
제1급	평균임금의 329일분
제2급	평균임금의 291일분
제3급	평균임금의 257일분

② 지급 방법 : 수급권자의 청구에 의하여 매년 월별로 지급한다.

8 장의비

이 법 제45조는 "장의비는 평균 임금의 120일분에 상당하는 금액으로 한다"로 규정하고 있다. 이는 업무상 재해로 인해 사망한 근로자에 대하여 장사를 치른 자에 대한 보상으로 장의비의 지급 근거를 명시한 것이다.

1. 장의비의 의의와 지급액

근로자가 사망하였을 때 장제에 소요되는 비용을 지급하는 보험 급여를 장의비라 한다. 장의비의 금액은 해당 근로자의 평균 임금의 120일분이다.

2. 수급권자

장의비는 장제 실행에 소요되는 실비 지급의 성질을 가지는 것이므로 장의비를 지급받을 수 있는 자가 반드시 그의 유족이어야 하는 것은 아니며 실제로 장제를 실행한 사람이다.
사망 근로자의 유족이 하는 경우가 많을 것이나 경우에 따라서는 제3자의 경우도 있을 수 있다.

3. 청구 절차

장의비의 지급은 다른 보험 급여의 경우와 같이 수급권자의 청구에 의하여 행하여진다. 장의비의 청구는 근로복지공단에 장의비 청구서(제21호 서식)를 제출하여야 한다.

9 장해 특별 급여

1. 장해 특별 급여의 의의

사업주의 사고 또는 과실로 업무상 재해가 발생하여 근로자가 신체에 장해를 입은 경우에는 민법에 의한 손해 배상 사유가 발생하여 피재 근로자 또는 유족이 사업주를 상대로 민사 소송을 제기하거나 법정 화해를 하는 사례가 있는바, 이 경우 근로자나 유족은 전문 지식의 결여와 소송 비용 부담 등의 문제와 소송에 따른 쌍방간의 시간적·재산적 피해를 극소화하는 등 민사 사상 손해 배상 문제를 신속하게 해결하기 위해 민사 배상액에 상당하는 금액을 산재 보험에서 대불해 주고, 동 지급액을 사업주로부터 징수(분할)함으로써 노사간의 마찰 요인을 해소하도록 한 제도이다.

2. 장해 특별 급여의 급여 조건과 급여 지급 기준

① 급여 조건
    ㉮ 보험 가입자의 고의 또는 과실로 재해가 발생하여 신체장해 등급 제1급 내지 제3급에 해당한 장해를 입었을 것
    ㉯ 사업주는 고의 또는 과실로 재해가 발생하였음을 인정하고 수급권자가 민법 기타 다른 법령에 의한 손해 배상청구에 갈음하여 동 급여에 관하여 양자간에 사전합의를 한 후 청구할 것
② 장해 특별 급여의 지급 기준 : 장해 특별 급여는 평균 임금의 30일분에 신체 장해 등급에 해당하는 노동력 상실률과 취업 가능 기간에 대응하는 라이프니츠 계수를 곱하여 산정한 액에서 본법 제42조에서의 규정에 의한 장해 급여를 공제한 액으로 한다.

10 유족 특별 급여

1. 유족 특별 급여의 의의

보험 가입자의 고의 또는 과실로 업무상 재해가 발생하여 근로자가 사망한 경우에는 수급권자가 민법에 의한 손해 배상 청구에 갈음하여 유족 급여 외에 별도의 민사 배상액에 상당하는 금액을 지급받을 수 있도록 하고(보험금에서 대불) 동 급여 금액을 사업주로부터 분할 징수하는 제도이다.

2. 유족 특별 급여의 급여 조건과 급여 지급 기준

① 급여 조건
    ㉮ 보험 가입자의 고의 또는 과실로 업무상 재해(근로자 사망)가 발생하였을 것
    ㉯ 사업주는 고의 또는 과실로 재해가 발생하였음을 인정하고 수급권자(유족)가 민법 기타 법령에 대한 손해 배상 청구에 갈음하여 동 급여에 관하여 양 당사자간에 사전 합의를 한 후 청구할 것
② 유족 특별 급여의 지급 기준 : 유족 특별 급여는 평균 임금의 30일분에 사망자 본인의 생활비를 공제한 후 취업 가능 기간에 대응하는 라이프니츠 계수를 곱하여 산정한 액

에서 법 제9조 6의 규정에 의한 유족 급여액을 공제한 액으로 한다.

문제 15

안전 점검에 대하여 논하시오.

1 점 검

낱낱이 검사한다는 뜻으로 작업 현장에 있는 갖가지 기계·설비가 본래의 기능을 유지하고 있는가 이상한 상태는 없는가 등을 이미 작성된 점검표에 의거하여 확인하는 방법이다. 그 결과 상태의 정도를 기준치와 비교하여 양호, 보통 그리고 불량으로 구분 판정하여 그에 따른 적절한 대책을 강구하여 기준치를 유지하도록 조치한다.
실시방법으로는 사업장 스스로가 점검자를 선정하여 실시하는 안전 검사와 외부 점검 기관에 의뢰하여 실시하는 의뢰 점검이 있다. 실시하는 시기에 따라 일상 점검, 정기 점검, 특별 점검, 그리고 수시 점검이 있다. 점검 내용은 점검 대상, 목적 또는 점검시기에 따라 각각 다르므로 점검 기준을 정기적으로 검토하고 보완하여 누락항목이 없도록 하는 것이 바람직하다.

2 진 단

산업 안전 보건법에서 말하는 안전 보건 진단이란 사업장 내의 물적 피해(기계·설비 등의 파손)와 인적 피해(작업자의 상해, 사망)에 대한 잠재적인 위험성을 사전에 발견하여 그에 대한 평가를 통하여 대책을 강구하는 것이라고 보면 틀림이 없다. 즉 점검과의 차이를 굳이 비교한다면 점검은 현상 파악으로 판독이 가능하여 별도의 전문적인 평가를 하지 않아도 되는 편이고 진단은 정해진 기준치가 없기 때문에 상황에 맞는 평가를 하여야만 적정한 대책 수립이 가능하다. 따라서 진단의 경우는 고도의 전문지식과 경험이 있어야만 좋은 평가가 이루어진다.
진단도 실시하는 자의 구분에 따라 사업장 근로자가 실시하는 자기진단 또는 자체 진단과 외부 전문 기관이 실시하는 요청 진단 또는 의뢰 진단으로 구분될 수 있으나 이들 모두를 안전 진단이라고 본다. 진단 내용에 따라서는 전반적인 사항을 보는 일반진단과 부분적인 사항만을 보는 특별진단이 있다. 일반 진단에는 사업장 내의 안전과 보건에 관한 총체적인 사항이 포함되고 작업 환경만을 측정하는 경우에는 보건 진단이란 용어를 써서 건강 진단과 구분하기도 한다.

법에서는 중대 재해가 발생한 사업장이나 안전 보건 개선 진단 명령을 받은 사업장은 전문 기관으로부터 소정의 진단을 받도록 규정되어 있다.

3 안전 점검의 종류

안전 점검은 분류하는 방법에 따라 다소 차이가 있으나 대체로 아래의 7가지로 구분할 수가 있다.

① **작업시작전 점검** : 매일 작업 개시 전에 기계·설비·작업 도구 등에 이상이 있는지를 확인하는 점검이다. 작업자 및 관리 감독자가 실시한다.
② **작업 완료 후 점검** : 작업이 완료되고 나면 작업자의 기계·설비나 사용했던 기계·공구 등에 이상 상태가 있는지를 확인하는 점검을 작업자가 한다.
③ **일상 점검** : 관리 감독자가 해당 작업장 내의 기계·설비의 관리 상태 및 작업자들의 작업상태를 점검하는 것이다.
④ **월례 점검** : 기계·설비 등의 성능, 구조에 변화가 없는가 등을 월간 단위로 확인하는 점검이다.
⑤ **정기 점검** : 월례 점검과 같이 기간을 정해놓고 이처럼 정기적으로 실시하는 점검이다. 기간의 설정은 대상 기계·설비의 상태와 사업장의 평가에 따라 단축 조정되는 것이 바람직하다.
⑥ **특별 점검** : 폭풍, 지진 등이 발생한 후 또는 기계·설비 등을 신설하거나 고장·수리 후 작업을 재개할 때 실시하는 부정기적인 점검으로 주로 유자격자가 실시한다.
⑦ **임시 점검** : 정기 점검 실시후 다음 점검 기일 이전에 임시로 실시하는 점검의 형태로서 기계·설비의 갑작스런 이상이 발생했을 때 실시하게 된다.

4 안전 점검 방법

기계·설비에 대한 안전 점검에는 방법에 따라 육안으로 하는 외관 점검 또는 기계·기구에 의한 정밀 점검으로 구분할 수가 있다. 또한 목적하는 바에 따라 작동상태를 보는 작동 점검과 기능 상태를 알아보는 기능 점검으로 분류된다.

① **육안 점검(외관점검)** : 기계·설비의 적정한 배치, 설치 상태, 변형 여부, 균열 및 손상 여부, 부식정도, 오일 누설, 볼트의 이완 여부, 소음 및 진동 정도 등을 시각, 후각, 촉각, 청각에 의해 조사하고 그 점검 기준에 따라 양호, 불량 등을 구분하여 확인하는 방법이다.

② **기계·기구에 의한 점검** : 측정 기계·기구에 이용하여 기계·설비의 이상 상태, 즉 균열 상태, 부식 상태 또는 마모 상태 등의 발견과 상태의 정도를 확인하는 것으로 정밀 점검에 해당된다. 요즈음은 측정 부위를 해체·분해하지 않고도 운전중에 또는 설치된 상태에서 측정할 수 있는 비파괴 측정 장비가 많이 개발되어 손쉽게 점검을 할 수가 있다.

③ **작동 점검** : 방호 장치나 누전 차단 장치 등과 같이 작동 상태를 점검하기 위하여 정하여진 순서에 따라 작동시켜 보는 것을 말한다.

④ **기능 점검** : 단순한 작동이 아니라 작동을 하되 본래의 기능이 중요시되는 것으로 위험 기계에 부착된 급정지 장치, 화학 공장의 연동 장치 및 안전 밸브 등이 해당된다. 즉 방호 장치, 설비에 해당되는 것으로 정하여진 어떤 기준내지 범위안에서 정확히 작동 되는 것을 기능이라 보면 틀림이 없을 것이다.

5 점검 기준 및 점검시 유의 사항

1. 점검 기준 설정

안전 점검을 실시하고자 할 때에는 대상 기계·설비, 점검을 하고자 하는 분야에 따라 점검 항목도 달라야 하며 그 점검 기준도 사전에 설정되어야 한다. 점검의 본래 취지대로 정하여진 점검표가 있어야 하며 각기 항목의 양호, 불량 등을 판정할 수 있는 점검 기준이 뒤따라야 하는데 이들은 실질적으로 점검 대상의 수명을 유지하고 효율성을 만족시킬 수 있도록 기능적 특성, 위험성, 점검자의 기술 수준 등이 고려되어야 한다. 따라서 독창적으로 점검 기준을 설정하기보다는 이미 작성된 것을 수집하여 보완한 후 확정하는 것이 바람직하다.

점검 기준의 구성은 대략 다음과 같다.

① **점검 대상** : 기계 설비의 명칭 또는 시험이나 측정의 명칭 등
② **점검 부분** : 점검 대상 기계 설비의 각 부분, 부품명 등
③ **점검 항목** : 마모, 변형, 균열, 파손, 부식, 이상 온도, 이상음, 이상압, 이상전압, 이상 전류의 유무 등
④ **실시 주기** : 기계 설비의 사용 조건이나 경과년수, 환경 조건, 재질 등에 따라 다르다. 법령에 의해 정해진 것이 있으면 거기에 따르나 그외에 과거의 고장 계통, 보전 기록 등을 분석하고 충분한 안전도를 예견하고 빨리 실시한다.
⑤ **점검 방법** : 점검 부분의 상태와 점검 항목에 적응한 방법으로 구체적으로 정한다. 점검을 위해 검사 기기, 공구를 필요로 하는 것을 명확하게 지정하여 둔다. 특히, 정기점검은 분해·검사를 하는 것이 필요하며 그 방법에 대해서도 명기해 둔다.
⑥ **판정 기준** : 점검의 결과가 적절한가 아닌가를 판정하기 위해서 기준을 미리 정해 둔다.

2. 점검시 유의 사항

안전 점검을 실시할 때에는 반드시 점검표로 하는 것이 좋고, 점검 항목을 빠뜨리지 않고 확인하여야 한다. 그리고 정확하고 확실한 점검이 되기 위해서는 점검자의 사전 지식과 경험이 전제되어야 한다. 또한 관례적으로 무심하게 하지 말고 매번 처음 하는 마음자세로 실시하여야 결함을 발견할 수가 있다.

안전 점검을 실시할 때에는 다음 사항에 유의하여야 한다.

① 직장의 관계자에게 안전 점검의 의의를 잘 이해시키고 협력을 얻을 것
  점검시 관계 작업자로부터 담당 설비의 상태와 이상의 유무를 청취하는 것은 중요한 사항이다.
② 직장의 흠을 들추어내는 식의 태도와 방법을 피할 것
  점검을 위한 점검에 그쳐서는 안 된다.
③ 점검자는 복장, 동작 등에 대해 모범적일 것
  점검자가 필요한 안전모를 착용하지 않는 등의 불안전 행동을 하였을 때에는 점검의 효과는 반감되고 만다.
④ 과거에 재해가 발생한 부분은 그 요인이 없어졌는가, 어떻게 되어 있는가를 확인할 것
  과거에 재해가 발생하였다고 하는 것은 거기에 불안전 상태가 있었다는 것을 나타내는 것이므로 그것이 완전히 배제되어 있는지를 확인할 필요가 있다.
⑤ 하나의 설비에서 발견된 불안전 상태가 다른 동종의 설비에도 없는가를 체크할 것. 이로 인해 점검의 성과를 수배로 확대할 수가 있다.
⑥ 발견된 불안전 상태 등에 대해서는 단순히 그 시정책을 강구하는 것만이 아니라, 그 불안전 상태 등이 왜 발생하였는가를 조사하고, 근본적인 대책(레이아웃의 변경, 작업 방식의 개선 등)을 강구할 것
  이로 인해 동종의 결함을 근절할 수가 있다.
⑦ 작업자에게 불필요한 동정, 예를 들면 안전장치를 부착하고 작업을 하면 불편하지 않느냐고 걱정하는 것 등은 하지 말 것
⑧ 사소한 것이라도 빠뜨리지 말 것
⑨ 안전 점검시 작업자의 결함은 지적하되 좋은 점은 칭찬하여 작업자가 안전에 대해서 자신을 갖게 한다.

6 검 사

검사란 일반적으로 생산 현장의 최종 공정 단계에서 실시하는 것으로 제품이 정하여진 규격

또는 판정기준과 비교하여 개별 및 묶음별로 양호, 불량 혹은 합격, 불합격의 판정을 내리는 것을 말한다. 그러나 여기에서의 검사란 사용 중인 기계·설비에 관한 용어로 보아야 한다. 사용 빈도에 따라 성능이 떨어지고 노후화되어 위험성이 존재하게 되는 기계·설비에 있어서 본래의 성능과 고유의 기능을 계속 유지하도록 하는 것이 매우 중요한데 이를 위하여는 주기적으로 또는 단계별로 검사를 하여야 한다.

이것을 위하여 산업안전보건법에서는 안전 검사 제도를 도입하여 사업주로 하여금 대상 기계·기구에 대한 안전 검사를 실시하고 그 결과를 보존하도록 규정하고 있다. 그 대상 기계·기구는 프레스 또는 전단기, 크레인, 승강기 등 총 13개 종류로서 각기 정하여진 기간이 있다.

또한 위험하다고 판정된 기계·기구 등과 검사의 종류를 설명하고 있다. 간단히 알아보면 대상 기계·기구로는 크레인·리프트, 승강기, 압력 용기, 프레스 그리고 보일러 등이다. 검사로서는 설계 검사, 완성 또는 성능 검사 그리고 정기 검사가 있다.

7 안전 점검

안전 점검은 생산 활동에 있어 모든 기계·설비 등이 정상적인 상태를 유지하고 안전 기준과의 일치성 여부를 확인하는 안전 관리 활동의 하나이다. 이 활동을 통하여 사고나 재해의 발생 요인을 사전에 발견하고 개선함으로써 기계·설비의 안전성을 확보하는 매우 중요한 기법으로 사업장에서 자율적으로 시행하는 것이다.

1. 점검의 책임

점검에 대한 책임은 법에서도 일부가 제시되고 있으나 이는 어디까지나 최소한의 기준이고 각 사업장마다 제정해야 하는 안전 보건 관리 규정상에 명시하여 책임 소재를 밝혀야 한다. 법에서 제시된 점검의 내용과 점검자의 구분은 다음과 같다.
① 안전 보건 관리 책임자 : 작업 환경의 점검
② 안전 관리자 : 사업장 순회 점검
③ 보건 관리자 : 국소 배기 장치 설비점검
④ 관리 감독자 : 해당 작업의 기계·설비 안전 점검
⑤ 모든 작업자 : 작업시작전 점검 및 작업후 정리정돈 철저

2. 안전 점검표

안전 점검을 확실하고 효과적으로 실시하기 위해서는 담당자가 사용하기 쉽도록 체크리스트를 작성하는 것이 좋다.

일상 점검용의 체크리스트는 현장 감독자가 중심이 되어 원안을 작성한다. 정기점검용 및 임시 점검용의 체크리스트는 현장 감독자 또는 점검 담당의 기술 책임자가 중심이 되어 원안을 작성한다. 원안이 작성되면 안전보건위원회의 심의를 거쳐 확정한다. 체크리스트의 작성 시 유의할 사항은 다음과 같다.

① 점검표의 내용은 구체적이고 재해의 예방에 실효가 있어야 한다.
  따라서 대상 설비나 작업마다 어떠한 위험성이 있는가를 잘 알고 있어야 한다. 점검표를 작성하기 전에 과거 수년간에 발생한 재해 사례를 분석하거나, 대상이 되는 설비나 작업 방법에 대하여 총 점검을 실시하는 것은 위와 같은 견지에서 바람직하다.
② 중점도가 높은 것부터 순서대로 정한다.
  모든 설비나 작업 방법에 대한 점검표를 한번에 작성한다는 것은 실제적으로 어려움이 있다. 따라서 위험성의 정도 등으로 보아 긴급한 것부터 순차적으로 한다.
③ 현장 감독자의 점검표는 쉬운 표현으로 한다.
  현장 감독자가 사용하는 점검표는 쉽게 이해될 수 있는 정도의 내용이어야 한다.
④ 점검표는 될 수 있는대로 일정한 양식으로 한다.
  점검 항목, 점검 사항, 점검 방법, 판정 기준, 판정, 시정을 요구하는 사항, 시정 확인 등을 기록한다.

3. 점검 결과의 시정 조치

점검은 결함 사항을 발견하는 수단이다. 그러나 결함의 발견만으로는 재해가 예방되는 것이 아니므로 분석·평가와 대책의 강구, 즉각 적인 시정 조치가 이루어져야 하며 점검 결과의 기록 보존으로 향후의 자료로 활용할 수가 있어야 한다. 그리고 시정 후에는 반드시 그 상태를 확인·점검하여야만 점검의 효과를 높일 수가 있다.

8 법상의 안전 점검

산업 안전 보건법에는 기계·설비에 대하여 안전 점검을 실시하도록 규정하고 있다.

[표] 작업시작 전 점검사항

작업의 종류	점검내용
1. 프레스 등을 사용하여 작업을 할 때	가. 클러치 및 브레이크의 기능 나. 크랭크축·플라이휠·슬라이드·연결봉 및 연결 나사의 풀림 여부 다. 1행정 1정지기구·급정지장치 및 비상정지장치의 기능 라. 슬라이드 또는 칼날에 의한 위험방지 기구의 기능 마. 프레스의 금형 및 고정볼트 상태 바. 방호장치의 기능 사. 전단기(剪斷機)의 칼날 및 테이블의 상태
2. 로봇의 작동 범위에서 그 로봇에 관하여 교시 등(로봇의 동력원을 차단하고 하는 것은 제외한다)의 작업을 할 때	가. 외부 전선의 피복 또는 외방의 손상 유무 나. 매니퓰레이터(manipulator) 작동의 이상 유무 다. 제동장치 및 비상정지장치의 기능
3. 공기압축기를 가동할 때	가. 공기저장 압력용기의 외관 상태 나. 드레인밸브(drain valve)의 조작 및 배수 다. 압력방출장치의 기능 라. 언로드밸브(unloading valve)의 기능 마. 윤활유의 상태 바. 회전부의 덮개 또는 울 사. 그 밖의 연결 부위의 이상 유무
4. 크레인을 사용하여 작업을 하는 때	가. 권과방지장치·브레이크·클러치 및 운전장치의 기능 나. 주행로의 상측 및 트롤리(trolley)가 횡행하는 레일의 상태 다. 와이어로프가 통하고 있는 곳의 상태
5. 이동식 크레인을 사용하여 작업을 할 때	가. 권과방지장치나 그 밖의 경보장치의 기능 나. 브레이크·클러치 및 조정장치의 기능 다. 와이어로프가 통하고 있는 곳 및 작업장소의 지반상태
6. 리프트(간이리프트를 포함한다)를 사용하여 작업을 할 때	가. 방호장치·브레이크 및 클러치의 기능 나. 와이어로프가 통하고 있는 곳의 상태
7. 곤돌라를 사용하여 작업을 할 때	가. 방호장치·브레이크의 기능 나. 와이어로프·슬링와이어(sling wire) 등의 상태
8. 양중기의 와이어로프·달기체인·섬유로프·섬유벨트 또는 훅·샤클·링 등의 철구(이하 "와이어로프 등"이라 한다)를 사용하여 고리걸이작업을 할 때	와이어로프 등의 이상 유무

작업의 종류	점검내용
9. 지게차를 사용하여 작업을 하는 때	가. 제동장치 및 조종장치 기능의 이상 유무 나. 하역장치 및 유압장치 기능의 이상 유무 다. 바퀴의 이상 유무 라. 전조등·후미등, 방향지시기 및 경보장치 기능의 이상 유무
10. 구내운반차를 사용하여 작업을 할 때	가. 제동장치 및 조종장치 기능 이상 유무 나. 하역장치 및 유압장치 기능의 이상 유무 다. 바퀴의 이상 유무 라. 전조등·후미등, 방향지시기 및 경보음 기능의 이상 유무 마. 충전장치를 포함한 홀더 등의 결합상태의 이상 유무
11. 고소작업대를 사용하여 작업을 할 때	가. 비상정지장치 및 비상하강 방지장치 기능의 이상 유무 나. 과부하 방지장치의 작동 유무(와이어로프 또는 체인구동방식의 경우) 다. 아웃트리거 또는 바퀴의 이상 유무 라. 작업면의 기울기 또는 요철 유무 마. 활선작업용 장치의 경우 홈·균열·파손 등 그 밖의 손상 유무
12. 화물자동차를 사용하는 작업을 하게 할 때	가. 제동장치 및 조종장치의 기능 나. 하역장치 및 유압장치의기능 다. 바퀴의 이상 유무
13. 컨베이어 등을 사용하여 작업을 할 때	가. 원동기 및 풀리(pulley) 기능의 이상 유무 나. 이탈 등의 방지장치 기능의 이상 유무 다. 비상정지장치 기능의 이상 유무 라. 원동기·회전축·기어 및 풀리 등의 덮개 또는 울 등의 이상 유무
14. 차량계 건설기계를 사용하여 작업을 할 때	브레이크 및 클러치 등의 기능
15. 이동식 방폭구조(防爆構造) 전기기계·기구를 사용할 때	전선 및 접속부 상태
16. 근로자가 반복하여 계속적으로 중량물을 취급하는 작업을 할 때	가. 중량물 취급의 올바른 자세 및 복장 나. 위험물이 날아 흩어짐에 따른 보호구의 착용 다. 카바이드·생석회(산화칼슘) 등과 같이 온도상승이나 습기에 의하여 위험성이 존재하는 중량물의 취급방법 라. 그 밖의 하역운반기계 등의 적절한 사용방법

작업의 종류	점검내용
17. 양화장치를 사용하여 화물을 싣고 내리는 작업을 할 때	가. 양화장치(揚貨裝置)의 작동상태 나. 양화장치에 제한하중을 초과하는 하중을 실었는지 여부
18. 슬링 등을 사용하여 작업을 할 때	가. 훅이 붙어 있는 슬링·와이어슬링 등이 매달린 상태 나. 슬링·와이어슬링 등의 상태(작업시작 전 및 작업중 수시로 점검)

9 점검의 실시자와 점검 대상

안전 점검이 line계층에서 정상적으로 행해지기 위해서는 경영 관리층이 그 중요성을 인식함과 아울러 안전 관리 계획에서 누가, 무엇을 점검할 것인가를 하는 것을 분명히 하여 둘 필요가 있다.

line의 각층의 책임자에 의한 안전 점검이 철저히 실시된다면 불안전한 상태는 모두가 사전에 파악되어 사업장에서 배제될 수 있을 것이다. 이것이 안전 관리 업무를 line에 정착시키는 수단이라 할 수 있다.

문제 16

법 구성 체계에서 산업 안전 보건 기준에 관한 규칙과 차량계 건설기계 종류를 쓰시오.

1 개 요

산업 안전 보건법에서 규정하고 있는 기계·설비에 관한 안전 기준을 정리하면 다음과 같다.

2 법 체계

산업 안전 보건법의 구성체계는 다음과 같다.

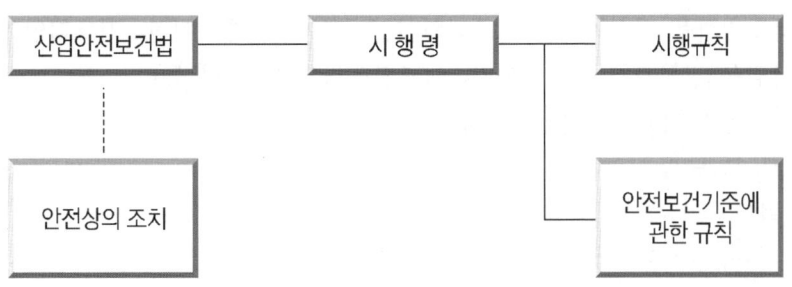

[그림] 산업안전보건법 구성체계

3 산업안전보건 기준

산업안전보건 기준은 다음 표와 같이 3가지로 대별하여 구분할 수 있다.
산업 현장에서 안전 업무를 수행하는 사람이나 하고자 하는 사람은 이 3가지로 귀결되는 안전보건 기준의 범위를 인식하여 각기에 따른 충분한 지식과 필요에 따라서는 최소한의 기능까지도 겸비하면 훌륭한 안전 관리가 되리라 본다.

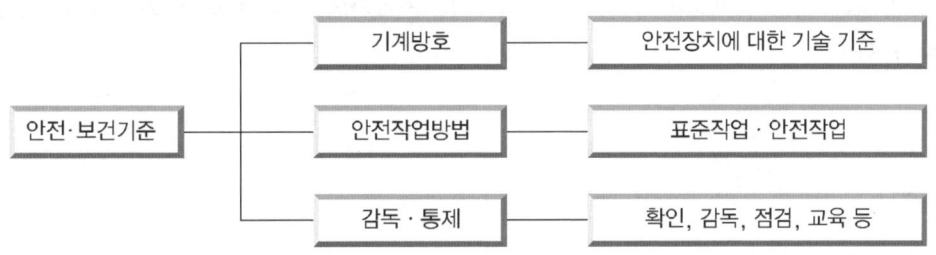

[그림] 안전·보건 기준의 범위

4 차량계 건설기계의 종류

① 도저형 건설기계(불도저, 스트레이트도저, 틸트도저, 앵글도저, 버킷도저 등)
② 모터그레이더
③ 로더(포크 등 부착물 종류에 따른 용도 변경 형식을 포함한다)
④ 스크레이퍼
⑤ 크레인형 굴착기계(클램쉘, 드래그라인 등)
⑥ 굴삭기(브레이커, 크러셔, 드릴 등 부착물 종류에 따른 용도 변경 형식을 포함한다)
⑦ 항타기 및 항발기
⑧ 천공용 건설기계(어스드릴, 어스오거, 크롤러드릴, 점보드릴 등)

⑨ 지반 압밀침하용 건설기계(샌드드레인머신, 페이퍼드레인머신, 팩드레인머신 등)
⑩ 지반 다짐용 건설기계(타이어롤러, 매커덤롤러, 탠덤롤러 등)
⑪ 준설용 건설기계(버킷준설선, 그래브준설선, 펌프준설선 등)
⑫ 콘크리트 펌프카
⑬ 덤프트럭
⑭ 콘크리트 믹서 트럭
⑮ 도로포장용 건설기계(아스팔트 살포기, 콘크리트 살포기, 아스팔트 피니셔, 콘크리트 피니셔 등)
⑯ 제①호부터 제⑮까지와 유사한 구조 또는 기능을 갖는 건설기계로서 건설작업에 사용하는 것

문제 17

재해의 발생과 예방의 책임에서 경영자, 감독자, 근로자의 책임에 대해 기술하시오.(단, 건설업 위주로)

1 개 요

① 산업 재해 중 건설업에서의 재해율은 약 30[%] 정도로 타 산업에 비하여 특히 중대 재해가 높다. 건설업의 특수성에 기인하고 있긴 하지만 재해 예방의 1차적 책임인 경영자의 안일한 경영 자세와 안전 의식의 부족에서 나타나고 있다.
② 관리 감독자의 중간 관리자로서의 역할과 책임, 관리 능력을 발휘할 수 있는 조직 운영 및 근로자의 높은 안전 의식과 안전 활동의 자발적인 참여와 책임의식이 매우 중요하다.

2 경영자의 책임(산업 안전법상 경영자(사업주)의 의무)

① 안전·보건 관리 책임자 및 안전 관리자의 선임, 산업 재해 예방 계획의 수립, 안전·보건 관리 규정의 작성, 근로자의 안전·보건 교육의 총괄, 관리 감독자의 지정, 안전 관리자, 보건 관리자, 산업 보건의의 선임
② 안전 보건 관리 규정 작성, 신고 및 준수
③ 산업 안전 보건 위원회의 설치·운영

④ 건설 안전, 위험 장소 안전을 확보하기 위한 안전 시설 설치
⑤ 안전·보건 표지의 설치 또는 부착
⑥ 건강 장해 예방을 위한 제반 대책의 강구
⑦ 근로자에 대한 안전 보건 교육의 실시 및 사업주의 안전·보건 교육 이수
⑧ 산업 재해 발생의 급박한 위험이 있을 때 또는 중대 재해 발생시 작업중단
⑨ 정기적인 검사의 실시
⑩ 유해·위험 방지 계획서의 작성제출
⑪ 근로자에 대한 정기 진단의 실시
⑫ 작업 환경의 측정(인체에 해로운 작업)
⑬ 산업 안전 보건법령의 요지 사업장에 게시 또는 비치
⑭ 근로자의 위험 방지를 위한 안전모 등 보호구 착용 조치

3 안전 관리자의 업무

① 산업안전보건위원회 또는 안전보건에 관한 노사협의체에서 심의·의결한 업무와 해당 사업장의 안전보건관리규정 및 취업규칙에서 정한 업무
② 안전인증대상 기계 등과 과 부분본문에 따른 자율안전확인대상 기계 등 구입 시 적격품의 선정에 관한 보좌 및 지도·조언
③ 위험성평가에 관한 보좌 및 지도·조언
④ 해당 사업장 안전교육계획의 수립 및 안전교육 실시에 관한 보좌 및 지도·조언
⑤ 사업장 순회점검·지도 및 조치의 건의
⑥ 산업재해 발생의 원인 조사·분석 및 재방 방지를 위한 기술적 보좌 및 지도·조언
⑦ 산업재해에 관한 통계의 유지·관리·분석을 위한 보좌 및 지도·조언
⑧ 법 또는 법에 따른 명령으로 정한 안전에 관한 사항의 이행에 관한 보좌 및 지도·조언
⑨ 업무수행 내용의 기록·유지
⑩ 그 밖에 안전에 관한 사항으로서 고용노동부장관이 정하는 사항

4 관리 감독자의 책임

① 사업장 내 관리 감독자가 지휘·감독하는 작업과 관련되는 기계·기구 또는 설비의 안전보건 점검 및 이상 유무의 확인
② 관리 감독자에게 소속된 근로자의 작업복·보호구 및 방호 장치의 점검과 그 착용·사용에 관한 교육·지도
③ 해당 작업에서 발생한 산업 재해에 관한 보고 및 이에 대한 응급 조치

④ 해당 작업의 작업장의 정리 정돈 및 통로 확보의 확인·감독
⑤ 해당 사업장의 산업 보건의, 안전 관리자 및 보건 관리자의 지도·조언에 대한 협조

5 근로자의 책임

① 산업안전보건법에 근로자의 산업 재해 예방을 위한 기준을 준수하여야 하며 사업주 기타 관련 단체에서 실시하는 산업 재해의 방지에 관한 조치에 따라야 할 기본적인 책임을 지고 있다.
② 근로자는 사업주가 법상으로 정한 안전 조치 및 보건 조치 사항을 준수하여야 한다.
③ 근로자는 사업주로부터 보호구를 지급받거나 착용 지시를 받았을 때는 해당 보호구를 착용하여야 할 책임이 있다.

6 결론

산업 재해의 예방은 경영자, 관리 감독자, 근로자 어느 한 사람의 노력만으로 달성될 수 있는 것이 아니라, 국가는 적절한 산업 안전 정책을 수립 시행하고 사업주는 안전보건 기준을 준수하고 근로 조건의 개선을 통하여 적절한 작업 환경을 조성하고 근로자는 성실한 태도와 자세로 작업에 임할 때에 비로소 산업 재해의 예방은 가능할 것이므로 경영자, 관리 감독자 및 근로자 모두가 인간 존중의 이념에 입각하여 재해 예방 활동을 지속적으로 추진, 산업 재해 예방에 앞장서야 할 것이다.

문제 18

산업 안전 보건법상의 추락에 의한 위험 방지 대책에 대해 기술하시오.

1 개요

① 산업 현장에서의 재해는 가설 공사 중에 대부분이 발생되며 그 중 추락 사고가 전체 재해의 5[%]를 차지한다. 추락이란 사람이나 물체가 중간 단계의 접촉없이 자유 낙하하는 것이고, 전락이란 계단이나 경사면에서 굴러 떨어지는 것을 말한다.
② 추락의 발생 형태에 사람이 건축물, 비계, 사다리, 계단, 경사면, 나무 등에서 떨어지

는 전략이 포함되고 있으며 대부분 중대재해가 발생된다.

2 추락의 원인

① 고소에서의 추락
② 개구부 및 작업대 끝에서의 추락
③ 비계로부터의 추락
④ 사다리 및 작업대에서의 추락
⑤ 철골 등의 조립 작업시의 추락
⑥ 해체 작업 중의 추락 등

3 추락 재해의 방지 대책

1. 물적 측면에 대한 대책

① 발판, 작업대 등은 파괴 및 동요하지 않도록 견고하고 안정된 구조이어야 한다.
② 작업대와 통로는 미끄러지거나, 발에 걸려 넘어지지 않게 평탄하게 미끄럼 방지성이 뛰어난 것으로 한다.
③ 작업대와 통로 주변에는 난간이나 보호대를 설치하고 수평 개구부에는 발판 등의 보호물을 설치한다.
④ 작업 사정에 따라 추락 방지가 곤란한 경우에는 안전대를 착용하거나 안전 네트 등의 방호설비를 설치한다.

2. 인적 측면에 대한 대책

① 작업의 방법과 순서를 명확히 하여 작업자에게 주지시킨다.
② 작업의 능력과 체력을 감안하여 적정한 배치를 꾀한다.
③ 안전 교육 훈련을 통해 작업자에게 추락의 위험을 인식시킴과 동시에 자율적 규제를 촉구한다.
④ 작업 지휘자를 지명하여 집단 작업을 통제한다.

4 산업 안전 보건법상의 추락에 의한 위험 방지 대책

1. 작업 발판 등의 설치

높이 2[m] 이상의 작업 장소에서 근로자에게 추락 위험이 있으면 비계를 조립하거나 작업 발판을 설치해야 한다.

2. 개구부 등의 방호 조치

높이 2[m] 이상의 작업 장소는 작업 발판의 끝이나 개구부 추락 위험이 있는 장소에는 안전 난간을 설치하거나 충분한 강도를 가진 구조의 덮개를 설치하여야 한다.

3. 안전대의 부착 설비

근로자에게 안전대를 착용시킨 때에는 안전대를 안전하게 부착할 수 있는 설비 등을 갖추어야 하며, 작업 시작 전에 안전대 및 부속 설비의 이상 유무를 점검해야 한다.

4. 악천후시의 작업 금지

높이 2[m] 이상인 장소에서 폭풍, 폭우 및 폭설 등 악천후로 인하여 해당 작업의 실시에 위험이 예상되는 때에는 작업을 중지시켜야 한다.

5. 조명의 유지

높이 2[m] 이상인 장소에서 작업을 하는 때에는 해당 작업을 안전하게 하는 데 필요한 조명을 유지해야 한다.

6. 지붕위에서의 위험 방지

① 지붕의 가장자리에 제13조에 따른 안전난간을 설치할 것
② 채광창(skylight)에는 견고한 구조의 덮개를 설치할 것
③ 슬레이트 등 강도가 약한 재료로 덮은 지붕에는 폭 30[cm] 이상의 발판을 설치할 것

7. 승강 설비의 설치

높이 또는 깊이가 2[m]를 초과하는 장소에서 작업을 하는 때에는 근로자가 안전하게 승강하

기 위한 경사 발판, 리프트 카, 호이스트, 가설 엘리베이터 등 승강설비를 설치해야 한다.

8. 가설통로의 구조

① 견고한 구조로 할 것
② 경사는 30도 이하로 할 것. 다만, 계단을 설치하거나 높이 2[m] 미만의 가설통로로서 튼튼한 손잡이를 설치한 경우에는 그러하지 아니하다.
③ 경사가 15도를 초과하는 경우에는 미끄러지지 아니하는 구조로 할 것
④ 추락할 위험이 있는 장소에는 안전난간을 설치할 것. 다만, 작업상 부득이한 경우에는 필요한 부분만 임시로 해체할 수 있다.
⑤ 수직갱에 가설된 통로의 길이가 15[m] 이상인 경우에는 10[m] 이내마다 계단참을 설치할 것
⑥ 건설공사에 사용하는 높이 8[m] 이상인 비계다리에는 7[m] 이내마다 계단참을 설치할 것

9. 사다리 통로 등의 구조

① 견고한 구조로 할 것
② 심한 손상·부식 등이 없는 재료를 사용할 것
③ 발판의 간격은 일정하게 할 것
④ 발판과 벽과의 사이는 15[cm] 이상의 간격을 유지할 것
⑤ 폭은 30[cm] 이상으로 할 것
⑥ 사다리가 넘어지거나 미끄러지는 것을 방지하기 위한 조치를 할 것
⑦ 사다리의 상단은 걸쳐놓은 지점으로부터 60[cm] 이상 올라가도록 할 것
⑧ 사다리식 통로의 길이가 10[m] 이상인 경우에는 5[m] 이내마다 계단참을 설치할 것
⑨ 사다리식 통로의 기울기는 75도 이하로 할 것. 다만, 고정식 사다리식 통로의 기울기는 90도 이하로 하고, 그 높이가 7[m] 이상인 경우에는 바닥으로부터 높이가 2.5[m] 되는 지점부터 등받이울을 설치할 것
⑩ 접이식 사다리 기둥은 사용 시 접혀지거나 펼쳐지지 않도록 철물 등을 사용하여 견고하게 조치할 것

10. 관리 감독자의 지정 등

건축물, 교량, 비계 등의 조립, 해체 또는 변경 작업시에는 관리 감독자를 지정하여 작업을

지휘하도록 하고, 작업 방법 및 절차를 근로자에게 미리 주지시켜야 한다.

11. 출입금지

추락 위험 장소에는 관계 근로자 외에는 출입을 금지시켜야 한다.

5 결론

① 추락에 의한 재해는 대부분 중대 재해로 산업 재해 중 건설 재해의 약 50[%]를 차지하므로 추락 재해 방지 대책은 전체 건설 재해 절감에 지름길이라 할 수 있다.
② 정부차원의 재해 방지 대책 수립 및 최고 경영자의 적극적인 경영 자세 및 안전 의식 고취 전 근로자의 안전 의식 함양에서 비롯된다.

문제 19

산업 안전 보건 관리비에 반영해야 할 사항과 공사 원가가 70억원일 때의 산업 안전 보건 관리비를 산정하시오.

1 서론

산업 재해 예방의 성과를 올리기 위해서는 기업에서 안전 보건 관리 체제를 확보하고 자율적인 기업 재해 예방 활동을 강력하게 추진하는 것을 요청하고 있는데 시공 단계에서의 안전 대책뿐만 아니라 공사의 사례 적산 단계에서의 대책이 필요하다. 그러나 일반적으로 건설업에서는 노사간의 안전의식이 빈약하고 기업주는 안전보건관리에 필요한 경비 지출을 꺼리고 있는 것이 오늘의 현실이다. 산업 안전보건관리비는 사업주에게 일정 비율의 법적 안전 보건 관리비를 준수토록하여 안전 보건 관리비의 효율적 사용 및 안전 의식 고취를 통한 재해 예방을 위하여 신설된 제도로서 현장에서 발생되기 위한 산업 재해 예방을 위하여 공사 규모별, 항목별, 공사 진척별 안전보건 관리비의 사용기준을 설정하여 건설 재해 예방에 큰 효과를 거두고 있다.

2 본론

1. 건설 공사의 종류 및 규모별 안전보건 관리비계상 기준표(단위 : 원)

공사종류 \ 구분	대상액 5억 미만인 경우 적용 비율[%]	대상액 5억원 이상 50억원 미만인 경우		대상액 50억원 이상인 경우 적용비율[%]	영 별표5에 따른 보건관리자 선임대상 건설공사의 적용비율[%]
		적용비율[%]	기초액		
일반건설공사(갑)	2.93[%]	1.86[%]	5,349,000원	1.97[%]	2.15[%]
일반건설공사(을)	3.09[%]	1.99[%]	5,499,000원	2.10[%]	2.29[%]
중건설공사	3.43[%]	2.35[%]	5,400,000원	2.44[%]	2.66[%]
철도·궤도신설공사	2.45[%]	1.57[%]	4,411,000원	1.66[%]	1.81[%]
특수 및 기타건설공사	1.85[%]	1.20[%]	3,250,000원	1.27[%]	1.38[%]

2. 안전보건 관리비의 항목별 사용 내역 기준

① 안전관리자·보건관리자의 임금 등
  ㉮ 법 제17조제3항 및 법 제18조제3항에 따라 안전관리 또는 보건관리 업무만을 전담하는 안전관리자 또는 보건관리자의 임금과 출장비 전액
  ㉯ 안전관리 또는 보건관리 업무를 전담하지 않는 안전관리자 또는 보건관리자의 임금과 출장비의 각각 2분의 1에 해당하는 비용
  ㉰ 안전관리자를 선임한 건설공사 현장에서 산업재해 예방 업무만을 수행하는 작업지휘자, 유도자, 신호자 등의 임금 전액
  ㉱ 별표 1의2에 해당하는 작업을 직접 지휘·감독하는 직·조·반장 등 관리감독자의 직위에 있는 자가 영 제15조제1항에서 정하는 업무를 수행하는 경우에 지급하는 업무수당(임금의 10분의 1 이내)

② 안전시설비 등
  ㉮ 산업재해 예방을 위한 안전난간, 추락방호망, 안전대 부착설비, 방호장치(기계·기구와 방호장치가 일체로 제작된 경우, 방호장치 부분의 가액에 한함) 등 안전시설의 구입·임대 및 설치를 위해 소요되는 비용
  ㉯ 「건설기술진흥법」 제62조의3에 따른 스마트 안전장비 구입·임대 비용의 5분의 1에 해당하는 비용. 다만, 제4조에 따라 계상된 안전보건관리비 총액의 10분의 1을 초과할 수 없다.
  ㉰ 용접 작업 등 화재 위험작업 시 사용하는 소화기의 구입·임대비용

③ 보호구 등

㉮ 영 제74조제1항제3호에 따른 보호구의 구입·수리·관리 등에 소요되는 비용
㉯ 근로자가 가목에 따른 보호구를 직접 구매·사용하여 합리적인 범위 내에서 보전하는 비용
㉰ 제1호가목부터 다목까지의 규정에 따른 안전관리자 등의 업무용 피복, 기기 등을 구입하기 위한 비용
㉱ 제1호가목에 따른 안전관리자 및 보건관리자가 안전보건 점검 등을 목적으로 건설공사 현장에서 사용하는 차량의 유류비·수리비·보험료

④ 안전보건진단비 등
㉮ 법 제42조에 따른 유해위험방지계획서의 작성 등에 소요되는 비용
㉯ 법 제47조에 따른 안전보건진단에 소요되는 비용
㉰ 법 제125조에 따른 작업환경 측정에 소요되는 비용
㉱ 그 밖에 산업재해예방을 위해 법에서 지정한 전문기관 등에서 실시하는 진단, 검사, 지도 등에 소요되는 비용

⑤ 안전보건교육비 등
㉮ 법 제29조부터 제31조까지의 규정에 따라 실시하는 의무교육이나 이에 준하여 실시하는 교육을 위해 건설공사 현장의 교육 장소 설치·운영 등에 소요되는 비용
㉯ 가목 이외 산업재해 예방 목적을 가진 다른 법령상 의무교육을 실시하기 위해 소요되는 비용
㉰ 안전보건관리책임자, 안전관리자, 보건관리자가 업무수행을 위해 필요한 정보를 취득하기 위한 목적으로 도서, 정기간행물을 구입하는 데 소요되는 비용
㉱ 건설공사 현장에서 안전기원제 등 산업재해 예방을 기원하는 행사를 개최하기 위해 소요되는 비용. 다만, 행사의 방법, 소요된 비용 등을 고려하여 사회통념에 적합한 행사에 한한다.
㉲ 건설공사 현장의 유해·위험요인을 제보하거나 개선방안을 제안한 근로자를 격려하기 위해 지급하는 비용

⑥ 근로자 건강장해예방비 등
㉮ 법·영·규칙에서 규정하거나 그에 준하여 필요로 하는 각종 근로자의 건강장해 예방에 필요한 비용
㉯ 중대재해 목격으로 발생한 정신질환을 치료하기 위해 소요되는 비용
㉰ 「감염병의 예방 및 관리에 관한 법률」 제2조제1호에 따른 감염병의 확산 방지를 위한 마스크, 손소독제, 체온계 구입비용 및 감염병병원체 검사를 위해 소요되는 비용
㉱ 법 제128조의2 등에 따른 휴게시설을 갖춘 경우 온도, 조명 설치·관리기준을 준수하기 위해 소요되는 비용

⑦ 법 제73조 및 제74조에 따른 건설재해예방전문지도기관의 지도에 대한 대가로 지급하는 비용

⑧ 「중대재해 처벌 등에 관한 법률」 시행령 제4조제2호나목에 해당하는 건설사업자가 아닌 자가 운영하는 사업에서 안전보건 업무를 총괄·관리하는 3명 이상으로 구성된 본사 전담조직에 소속된 근로자의 임금 및 업무수행 출장비 전액. 다만, 제4조에 따라 계상된 안전보건관리비 총액의 20분의 1을 초과할 수 없다.

⑨ 법 제36조에 따른 위험성평가 또는 「중대재해 처벌 등에 관한 법률 시행령」 제4조제3호에 따라 유해·위험요인 개선을 위해 필요하다고 판단하여 법 제24조의 산업안전보건위원회 또는 법 제75조의 노사협의체에서 사용하기로 결정한 사항을 이행하기 위한 비용. 다만, 제4조에 따라 계상된 안전보건관리비 총액의 10분의 1을 초과할 수 없다.

1. 공사 진척에 따른 산업 안전 보건 관리비 사용 기준

공정률	50[%] 이상 70[%] 미만	70[%] 이상 90[%] 미만	90[%] 이상
사용기준	50[%] 이상	70[%] 이상	90[%] 이상

2. 공사 원가 60억일 때 산업 안전 보건 관리비 산정

대상액 = 60억 × 70[%] = 42억

즉, 안전보건관리비는 42억 × 1.86[%] + 5,349천원 = 78,449,400

3. 현행 제도의 문제점 개선 방향
   ① 문제점
      ㉮ 외주 협력업체 계약 전 안전보건 관리비 계상, 형식적인 안전보건 관리비 작성
      ㉯ 단순법 조항 적용 편법 운영 : 공사 용도에 사용하는 자재비, 노무비를 안전보건 관리비로 전환
      ㉰ 고용노동부 산업 안전보건 공단 안전 점검시 전체 예산 편성 유무로 점검
   ② 개선 방향
      ㉮ 사전 총괄 개념 안전보건 관리비 작성 후 공단, 고용노동부 계약건별 점검
      ㉯ 산업 안전 보건 관리비 미사용 업체 도급 금액 감액 및 건설 업체 제재 조치

3 결 론

산업 안전보건 관리비 작성시 사업주의 의무 사항이 아닌 필요성에 의하여 작성하도록 하여 실질적인 재해 예방에 도움이 되도록 작성하며 산업 안전 지도사의 제도의 도입 등을 통하여 4, 5개의 현장의 집중 점검 및 지도를 실시, 형식적인 산업 안전보건 관리비의 계상이 되지

않도록 각별한 배려가 필요하다.

또한, 건설 공사 산업 안전보건 관리비를 효율적으로 운영하기 위해서는

① 발주자가 입찰시 산업 안전 보건 규정의 준수 사항과 안전 시설의 설치에 대한 조건을 시방서의 규정으로 제시한다.
② 시공자는 입찰시 적절한 안전보건 관리비를 계산하고 실행예산 편성시 안전 보건 관리비를 적법하게 반영해야 한다.
③ 안전보건 관리비 집행권은 현장의 안전보건 관리 조직에 의해 시행되고, 건설 현장의 안전 확보를 위한 안전보건 관리비 집행이 정착되도록 정부, 협력 업체, 도급자 모두 노력해야 한다.

문제 20

산업 안전 보건 관리비에 대하여 논하시오.

1 개 요

① 산업 안전 보건 관리비는 사업주가 일정 금액 이상을 안전 보건 관리비로 사용하게 하는 의무 사항
② 수급자는 산업 안전 보건 관리비를 다른 목적으로 사용할 수 없으며
③ 공사의 진척도에 따라 안전 보건 관리비를 사용해야 한다.
④ 산업 안전 보건 관리비는 의무 사항으로 건물 안전에 큰 역할을 하였다.

2 적용범위

① 「산업재해보상보험법」 제6조에 따라 「산업재해보상보험법」의 적용을 받는 공사 중 총 공사금액 2천만원 이상인 공사에 적용
② 「전기공사업법」 제2조에 따른 전기공사로서 고압 또는 특별고압 작업으로 이루어지는 공사 및 「정보통신공사업법」 제2조에 따른 정보통신공사로서 지하맨홀, 관로 또는 통신주에서 작업이 이루어지는 정보통신 설비공사

3 건설 공사 종류 및 규모별 안전보건 관리비 계상 기준표(단위 : 원)

구분 공사종류	대상액 5억 미만인 경우 적용 비율[%]	대상액 5억원 이상 50억원 미만인 경우		대상액 50억원 이상인 경우 적용비율[%]	영 별표5에 따른 보건관리자 선임대상 건설공사의 적용비율[%]
		적용비율[%]	기초액		
일반건설공사(갑)	2.93[%]	1.86[%]	5,349,000원	1.97[%]	2.15[%]
일반건설공사(을)	3.09[%]	1.99[%]	5,499,000원	2.10[%]	2.29[%]
중 건 설 공 사	3.43[%]	2.35[%]	5,400,000원	2.44[%]	2.66[%]
철도·궤도신설공사	2.45[%]	1.57[%]	4,411,000원	1.66[%]	1.81[%]
특수 및 기타건설공사	1.85[%]	1.20[%]	3,250,000원	1.27[%]	1.38[%]

대상액 = (재료비 + 직접노무비) × 법적 효율

4 산업 안전보건 관리비 항목별 내역 기준

① 안전관리자·보건관리자의 임금 등
  ㉮ 법 제17조제3항 및 법 제18조제3항에 따라 안전관리 또는 보건관리 업무만을 전담하는 안전관리자 또는 보건관리자의 임금과 출장비 전액
  ㉯ 안전관리 또는 보건관리 업무를 전담하지 않는 안전관리자 또는 보건관리자의 임금과 출장비의 각각 2분의 1에 해당하는 비용
  ㉰ 안전관리자를 선임한 건설공사 현장에서 산업재해 예방 업무만을 수행하는 작업지휘자, 유도자, 신호자 등의 임금 전액
  ㉱ 별표 1의2에 해당하는 작업을 직접 지휘·감독하는 직·조·반장 등 관리감독자의 직위에 있는 자가 영 제15조제1항에서 정하는 업무를 수행하는 경우에 지급하는 업무수당(임금의 10분의 1 이내)

② 안전시설비 등
  ㉮ 산업재해 예방을 위한 안전난간, 추락방호망, 안전대 부착설비, 방호장치(기계·기구와 방호장치가 일체로 제작된 경우, 방호장치 부분의 가액에 한함) 등 안전시설의 구입·임대 및 설치를 위해 소요되는 비용
  ㉯ 「건설기술진흥법」 제62조의3에 따른 스마트 안전장비 구입·임대 비용의 5분의 1에 해당하는 비용. 다만, 제4조에 따라 계상된 안전보건관리비 총액의 10분의 1을 초과할 수 없다.

㈐ 용접 작업 등 화재 위험작업 시 사용하는 소화기의 구입·임대비용
③ 보호구 등
　　㈎ 영 제74조제1항제3호에 따른 보호구의 구입·수리·관리 등에 소요되는 비용
　　㈏ 근로자가 가목에 따른 보호구를 직접 구매·사용하여 합리적인 범위 내에서 보전하는 비용
　　㈐ 제1호가목부터 다목까지의 규정에 따른 안전관리자 등의 업무용 피복, 기기 등을 구입하기 위한 비용
　　㈑ 제1호가목에 따른 안전관리자 및 보건관리자가 안전보건 점검 등을 목적으로 건설공사 현장에서 사용하는 차량의 유류비·수리비·보험료
④ 안전보건진단비 등
　　㈎ 법 제42조에 따른 유해위험방지계획서의 작성 등에 소요되는 비용
　　㈏ 법 제47조에 따른 안전보건진단에 소요되는 비용
　　㈐ 법 제125조에 따른 작업환경 측정에 소요되는 비용
　　㈑ 그 밖에 산업재해예방을 위해 법에서 지정한 전문기관 등에서 실시하는 진단, 검사, 지도 등에 소요되는 비용
⑤ 안전보건교육비 등
　　㈎ 법 제29조부터 제31조까지의 규정에 따라 실시하는 의무교육이나 이에 준하여 실시하는 교육을 위해 건설공사 현장의 교육 장소 설치·운영 등에 소요되는 비용
　　㈏ 가목 이외 산업재해 예방 목적을 가진 다른 법령상 의무교육을 실시하기 위해 소요되는 비용
　　㈐ 안전보건관리책임자, 안전관리자, 보건관리자가 업무수행을 위해 필요한 정보를 취득하기 위한 목적으로 도서, 정기간행물을 구입하는 데 소요되는 비용
　　㈑ 건설공사 현장에서 안전기원제 등 산업재해 예방을 기원하는 행사를 개최하기 위해 소요되는 비용. 다만, 행사의 방법, 소요된 비용 등을 고려하여 사회통념에 적합한 행사에 한한다.
　　㈒ 건설공사 현장의 유해·위험요인을 제보하거나 개선방안을 제안한 근로자를 격려하기 위해 지급하는 비용
⑥ 근로자 건강장해예방비 등
　　㈎ 법·영·규칙에서 규정하거나 그에 준하여 필요로 하는 각종 근로자의 건강장해 예방에 필요한 비용
　　㈏ 중대재해 목격으로 발생한 정신질환을 치료하기 위해 소요되는 비용
　　㈐ 「감염병의 예방 및 관리에 관한 법률」 제2조제1호에 따른 감염병의 확산 방지를 위한 마스크, 손소독제, 체온계 구입비용 및 감염병병원체 검사를 위해 소요되는 비용

㉣ 법 제128조의2 등에 따른 휴게시설을 갖춘 경우 온도, 조명 설치·관리기준을 준수하기 위해 소요되는 비용
⑦ 법 제73조 및 제74조에 따른 건설재해예방전문지도기관의 지도에 대한 대가로 지급하는 비용
⑧ 「중대재해 처벌 등에 관한 법률」 시행령 제4조제2호나목에 해당하는 건설사업자가 아닌 자가 운영하는 사업에서 안전보건 업무를 총괄·관리하는 3명 이상으로 구성된 본사 전담조직에 소속된 근로자의 임금 및 업무수행 출장비 전액. 다만, 제4조에 따라 계상된 안전보건관리비 총액의 20분의 1을 초과할 수 없다.
⑨ 법 제36조에 따른 위험성평가 또는 「중대재해 처벌 등에 관한 법률 시행령」 제4조제3호에 따라 유해·위험요인 개선을 위해 필요하다고 판단하여 법 제24조의 산업안전보건위원회 또는 법 제75조의 노사협의체에서 사용하기로 결정한 사항을 이행하기 위한 비용. 다만, 제4조에 따라 계상된 안전보건관리비 총액의 10분의 1을 초과할 수 없다

5 계상기준

① 대상액이 5억원 미만 또는 50억원 이상일 경우 : 대상액 × 계상기준표의 비율(%)
② 대상액이 5억원 이상 50억원 미만일 경우 : 대상액 × 계상기준표의 비율(X) + 기초액(C)
③ 대상액이 구분되어 있지 않은 경우 : 도급계약 또는 자체사업계획상의 총공사금액의 70[%]를 대상액으로 하여 안전보건관리비를 계상
④ 발주자가 재료를 제공하거나 물품이 완제품의 형태로 제작 또는 납품되어 설치되는 경우 : ① 해당 재료비 또는 완제품의 가액을 대상액에 포함시킬 경우의 안전보건관리비는 ② 해당 재료비 또는 완제품의 가액을 포함시키지 않은 대상액을 기준으로 계산한 안전관리비의 1.2배를 초과할 수 없다. 즉, ①과 ②를 비교하여 적은 값으로 계상

6 현행 제도 문제점

① 안전보건 관리비 편법운영
② 안전보건 관리비, 사용 내역서 및 증빙 서류 보관 미흡
③ 담당자 사용 내역 사항 분류 미흡 : 교육 지도 미흡
④ 점검일 분기 1회
⑤ 점검자(전문가) 전문성 결여

7 개선 사항

① 안전보건 관리비 사용내역서 운영 : 적재 적소 사용
② 안전보건 관리비 사용내역서 증빙서류 : 보존 연한 체계화
③ 관리감독자 안전보건 관리비 사용에 관한 반복적 교육
④ 점검일 분기 1회
⑤ 전문 인력(기술사, 지도사) 확보 운영

8 결 론

① 산업 안전 보건 관리비 사용 정격화로 안전 문화 정착에 필수적인 사항이므로
② 최고 경영자의 경영 의식 변화와 현장 소장의 경영자의 자세로 안전 보건 관리비를 효율적으로 운영하여야 한다.
③ 안전 관리자의 자질을 향상, (반복적 교육)교육을 시켜야 한다.
④ 전문 인력(기술사·지도사)을 확보하여 안전 보건 관리비 사용 및 안전 문화 정착에 초석이 되어야 한다.

문제 21

산업 안전 보건 관리비의 계상 기준, 개정 이유, 사용할 수 없는 항목 등을 기술하시오.

1 개 요

① 산업 안전 보건 관리비는 사업주에게 일정 비율의 법적 안전 보건 관리비의 사용을 준수하도록하여 안전 보건 관리비의 효율적 사용과 안전 의식 고취를 위하여 신설된 제도이다.
② 건설 현장에서 발생하기 쉬운 산업 재해 예방을 위하여 공사 규모별, 항목별, 공사 진척별 안전 보건 관리비의 사용 기준을 설정하여 건설 재해 예방에 큰 효과를 거두고 있다.

2 건설 공사 종류 및 규모별 안전 보건 관리비 계상 기준표(단위 : 원)

공사종류 \ 구분	대상액 5억 미만인 경우 적용 비율[%]	대상액 5억원 이상 50억원 미만인 경우 적용비율[%]	대상액 5억원 이상 50억원 미만인 경우 기초액	대상액 50억원 이상인 경우 적용비율[%]	영 별표5에 따른 보건관리자 선임대상 건설공사의 적용비율[%]
일반건설공사(갑)	2.93[%]	1.86[%]	5,349,000원	1.97[%]	2.15[%]
일반건설공사(을)	3.09[%]	1.99[%]	5,499,000원	2.10[%]	2.29[%]
중 건 설 공 사	3.43[%]	2.35[%]	5,400,000원	2.44[%]	2.66[%]
철도·궤도신설공사	2.45[%]	1.57[%]	4,411,000원	1.66[%]	1.81[%]
특수 및 기타건설공사	1.85[%]	1.20[%]	3,250,000원	1.27[%]	1.38[%]

3 개정 이유

① 산업 재해 예방을 위하여 계상되고 있는 산업 안전 보건 관리비의 사용 내역을 확대하여 사용
② 산업 재해 예방 전문 기관의 기술 지도 대상 조정 및 적정 수수료 산정으로 실질적인 재해 예방에 도움이 될 수 있도록 하기 위하여

4 산업안전보건관리비 사용 기준

① 안전관리자·보건관리자의 임금 등
  ㉮ 법 제17조제3항 및 법 제18조제3항에 따라 안전관리 또는 보건관리 업무만을 전담하는 안전관리자 또는 보건관리자의 임금과 출장비 전액
  ㉯ 안전관리 또는 보건관리 업무를 전담하지 않는 안전관리자 또는 보건관리자의 임금과 출장비의 각각 2분의 1에 해당하는 비용
  ㉰ 안전관리자를 선임한 건설공사 현장에서 산업재해 예방 업무만을 수행하는 작업지휘자, 유도자, 신호자 등의 임금 전액
  ㉱ 별표 1의2에 해당하는 작업을 직접 지휘·감독하는 직·조·반장 등 관리감독자의 직위에 있는 자가 영 제15조제1항에서 정하는 업무를 수행하는 경우에 지급하는 업무수당(임금의 10분의 1 이내)
② 안전시설비 등
  ㉮ 산업재해 예방을 위한 안전난간, 추락방호망, 안전대 부착설비, 방호장치(기계·기

구와 방호장치가 일체로 제작된 경우, 방호장치 부분의 가액에 한함) 등 안전시설의 구입·임대 및 설치를 위해 소요되는 비용
ⓘ 「건설기술진흥법」 제62조의3에 따른 스마트 안전장비 구입·임대 비용의 5분의 1에 해당하는 비용. 다만, 제4조에 따라 계상된 안전보건관리비 총액의 10분의 1을 초과할 수 없다.
ⓓ 용접 작업 등 화재 위험작업 시 사용하는 소화기의 구입·임대비용

③ 보호구 등
㉮ 영 제74조제1항제3호에 따른 보호구의 구입·수리·관리 등에 소요되는 비용
㉯ 근로자가 가목에 따른 보호구를 직접 구매·사용하여 합리적인 범위 내에서 보전하는 비용
㉰ 제1호가목부터 다목까지의 규정에 따른 안전관리자 등의 업무용 피복, 기기 등을 구입하기 위한 비용
㉱ 제1호가목에 따른 안전관리자 및 보건관리자가 안전보건 점검 등을 목적으로 건설공사 현장에서 사용하는 차량의 유류비·수리비·보험료

④ 안전보건진단비 등
㉮ 법 제42조에 따른 유해위험방지계획서의 작성 등에 소요되는 비용
㉯ 법 제47조에 따른 안전보건진단에 소요되는 비용
㉰ 법 제125조에 따른 작업환경 측정에 소요되는 비용
㉱ 그 밖에 산업재해예방을 위해 법에서 지정한 전문기관 등에서 실시하는 진단, 검사, 지도 등에 소요되는 비용

⑤ 안전보건교육비 등
㉮ 법 제29조부터 제31조까지의 규정에 따라 실시하는 의무교육이나 이에 준하여 실시하는 교육을 위해 건설공사 현장의 교육 장소 설치·운영 등에 소요되는 비용
㉯ 가목 이외 산업재해 예방 목적을 가진 다른 법령상 의무교육을 실시하기 위해 소요되는 비용
㉰ 안전보건관리책임자, 안전관리자, 보건관리자가 업무수행을 위해 필요한 정보를 취득하기 위한 목적으로 도서, 정기간행물을 구입하는 데 소요되는 비용
㉱ 건설공사 현장에서 안전기원제 등 산업재해 예방을 기원하는 행사를 개최하기 위해 소요되는 비용. 다만, 행사의 방법, 소요된 비용 등을 고려하여 사회통념에 적합한 행사에 한한다.
㉲ 건설공사 현장의 유해·위험요인을 제보하거나 개선방안을 제안한 근로자를 격려하기 위해 지급하는 비용

⑥ 근로자 건강장해예방비 등

㉮ 법·영·규칙에서 규정하거나 그에 준하여 필요로 하는 각종 근로자의 건강장해 예방에 필요한 비용
㉯ 중대재해 목격으로 발생한 정신질환을 치료하기 위해 소요되는 비용
㉰ 「감염병의 예방 및 관리에 관한 법률」 제2조제1호에 따른 감염병의 확산 방지를 위한 마스크, 손소독제, 체온계 구입비용 및 감염병병원체 검사를 위해 소요되는 비용
㉱ 법 제128조의2 등에 따른 휴게시설을 갖춘 경우 온도, 조명 설치·관리기준을 준수하기 위해 소요되는 비용
⑦ 법 제73조 및 제74조에 따른 건설재해예방전문지도기관의 지도에 대한 대가로 지급하는 비용
⑧ 「중대재해 처벌 등에 관한 법률」 시행령 제4조제2호나목에 해당하는 건설사업자가 아닌 자가 운영하는 사업에서 안전보건 업무를 총괄·관리하는 3명 이상으로 구성된 본사 전담조직에 소속된 근로자의 임금 및 업무수행 출장비 전액. 다만, 제4조에 따라 계상된 안전보건관리비 총액의 20분의 1을 초과할 수 없다.
⑨ 법 제36조에 따른 위험성평가 또는 「중대재해 처벌 등에 관한 법률 시행령」 제4조제3호에 따라 유해·위험요인 개선을 위해 필요하다고 판단하여 법 제24조의 산업안전보건위원회 또는 법 제75조의 노사협의체에서 사용하기로 결정한 사항을 이행하기 위한 비용. 다만, 제4조에 따라 계상된 안전보건관리비 총액의 10분의 1을 초과할 수 없다

5 결론

① 건설 공사 산업 안전 보건 관리비의 사용 목적을 주지하여 근로자의 안전을 유지 증진하는데 철저히 사용되어야 한다.
② 상기 기술한 사항은 산업 안전 보건 관리비를 절대 사용할 수 없으므로 사업주는 편법 운영하는 사례가 없어야 한다.
③ 고용노동부 및 한국 산업 안전보건 공단 등 정부의 관련 부처에서는 사용 내역을 철저히 조사하여 실질적인 재해 예방 비용에 안전 보건 관리비가 투입되도록 지도 감독해야 하겠다.

문제 22

산업 안전 선진화 3개년 계획을 건설 중심으로 기술하시오.

1 개 요

① 산업 안전 선진화는 국민 소득과 경제 수준에 걸맞는 산업 안전이 사회적 적정수준에 도달하는 것을 의미한다.
② 우리나라의 산업 재해는 1997년 기준 1[%] 미만의 재해율을 기록했으나 이웃 일본의 0.4[%] 수준 및 대만의 0.6[%] 수준에는 크게 못 미치고 있는 실정이다.

2 건설 공사의 세부 시행 계획

1. 1단계 : 공사 단계별 안전 관리 강화
  ① 현황 및 문제점
    ㉮ 발주자와 도급자간의 안전 관리의 책임 한계 검토
    ㉯ 안전 관리를 위한 소요 경비 적정 확보
  ② 추진 내용
    ㉮ 유해·위험 방지 계획서 작성 심사 및 확인 제도 개선
      • 일정 자격 이상자의 의견 청취 후 제출
    ㉯ 안전 작업 절차서 이행 및 지도
      • 공종별 안전 작업 절차서 표준 모델 개발 보급
    ㉰ 건설 현장 일용 근로자 안전 관리 체계화
    ㉱ 안전 작업 기술 개발 유도
      • 자동화, 무인화 작업 기술 연구 개발 및 보급

2. 산업 안전 보건 관리비 제도 개선
  ① 안전 시공을 위한 적정 공사비 확보
    ㉮ 공사 종류 및 규모별 안전 보건 관리비 공사 항목 파악
    ㉯ 자재 및 노임 등 각종 건설 단가의 현실화
  ② 안전 관리비 계상 항목 확대

- 현행 60개 항목 → 120개 항목으로 확대
③ 안전 보건 관리비 편성 기준 개발 보급
④ 도급 순위 100대 건설회사에 개선안 배포 자료 정립

3. 건설 공사의 가시설 안전성 확보

① 가설 공사 안전 설계 도서 작성 의무화
  ㉮ 건설공사 종류별 산업 안전 보건 관리비 기준 제정
  ㉯ 유해·위험 방지 계획서 제출시 안전 설계 도서 첨부
② 가설 기자재 안전 수준 향상
  ㉮ 검정 대상 가시설 기자재 품목 확대
  ㉯ 가설 기자재 재사용 기준 제정
  ㉰ 업계 자율 규제 유도
③ 가설 공사 안전 모델의 개발 및 보급
④ 불량 가설 기자재 유동 근절
  ㉮ 가설 기자재 수거 검정 확대 실시 및 검정 가설 기자재 생산 유도
  ㉯ 기준 미달 또는 불량 가설 기자재 사용 현장 공사 중지

4. 종합적인 건설 안전 관리 체제 구축

① 현황 및 문제점
  ㉮ 시공시 공사에만 관심이 있어 실효성이 있는 안전 관리 미흡
  ㉯ 공사 진척에 따라 작업 여건이 수시로 변화
  ㉰ 안전 점검 및 안전 관련 기관이 여러 부처에 통제
  ㉱ 기술 지도 인력 부족으로 기술지도가 부실
② 추진 내용
  ㉮ 종합 안전 관리자 제도 도입
    • 발주자, 감리자 또는 안전 전문가 중에서 선정
  ㉯ 건설 현장 관계 부처 합동 점검제 실시
  ㉰ 지역별, 업체별 건설공사 협의체 구성 유도
  ㉱ 건설 재해 예방 기관의 참여 확대(비영리 → 영리)
  ㉲ 건설 재해 예방 전문 기관의 기술 수준 향상
    • 전문 기관의 시설 장비의 현대화
    • 기술 지도 요원에 대한 교육 강화

⑭ 기술 지도 대상 사업장 선정기준 현실화

3 결론

① 산업 안전 선진화 3개년 계획 수립에 따른 기대 효과는 산업 재해를 선진국 수준으로 감소시키며,
② 국가 경쟁력 제고를 통한 근로자에게 보람된 일터를 제공, 국민의 안전권과 생활권 유지에 있다.

문제 23

공장 신축시 발주자 측면에서 사전 안전 조건과 중점 대책 방안을 안전 측면에서 그 실례를 들어 설명하시오.

1 개요

① 공장 신축시 발주자 입장에서는 공장의 배치가 제품의 원료로부터 완제품 판매에 이르기까지 그 절차에 따른 과정이 최단적 역할을 수행할 수 있는 장소가 요구된다.
② 이는 운반 거리를 최소화하고 생산 능률을 극대화시키는 것이다. 이때, 안전성을 충분히 발휘할 수 있는 구조나 배치가 요구된다 하겠다.

2 안전 조건

1. 외부 위험 요소 배제

① 돌출부의 예리한 부분 제거, 기타 마무리 제거
② 외부 노출 전기 장치 차단, cover 설치
③ 위험 부분 안전 표시
④ 작업자 추락 위험 지역, 기계 작동 부분 안전 장치
⑤ 안전 제동 장치 작동 상태 점검

2. 기계 설비의 기능적인 안전화

반자동 또는 자동 제어 장치 system 도입 및 전산 system 개발

3. 구조 기능 부분의 안전화

① 설비의 최대 부하 추정이 불확실하거나 사용 중 강도 열화를 생각하여 안전을 고려
② 재료의 기능, 구조의 결핍이나 가공 오류에 대한 대책 요구

4. 작업의 안전성

① 통상 작업과 수리 조정 작업시 안전이 보장되는 설계 요구
  ㉮ 정지 장치와 정지시 시건 장치
  ㉯ 급정지 버튼, 급정지 장치 구조와 배치
  ㉰ 작업자가 위험 지역 접근시 작동하는 안전 장치 등
② 인간 공학적인 견지에서 작업을 보다 안전하고 용이하게 할 수 있도록 배려
  ㉮ 기계에 부착된 조명이나 기계에서 발생하는 소음에 대한 대책
  ㉯ 기계류의 배치를 오인하지 않도록 조치
  ㉰ 작업대, 의자 위치, 높이가 작업자에게 적합하게 조치
  ㉱ 작업 반경, 작업 통로, 안전 통로 확보

3 중점 대책 방안

1. 공장 설비 라인 배치 계획시 유의 사항

① 불필요한 운반 작업을 하지 않도록 작업의 동선에 의한 기계 배치
② 기계 설비 주위에 충분한 공간 확보 및 통로 확인
③ 원재료나 제품의 보관 장소를 충분히 확보
④ 기계 설비 사용 중에 보수 점검을 용이하게 할 수 있도록 배치
⑤ 기계 설비에 이상이 발생시 피해가 최소화되도록 배치
⑥ 장래 확장을 고려하여 설계

2. 작업장 안전 보건 대책

① 조작반, 조작 레버는 작업자의 피로가 가장 적고 보기 쉬운 장소에 위치시킴
② 조명을 충분히 유지한다.
③ 통로 폭 80[cm] 이상 유지
④ 분진 가스, 소음 등의 대책을 충분히 고려
⑤ 예리한 돌출부, 돌기 부분 방호 cover를 설치하거나 주의 표시 부착

3. 기계 동작의 안전 대책

① 동력 전달 장치, 회전부 등에 방호 커버 설치
② 왕복 동작을 하는 장치에는 칩 커버 또는 이송 정지 리밋 스위치의 장착
③ 승강 장치, 공중 이송 장치 등은 만일의 낙하에 대비한 안전 확보

4. 조작 조정, 운전 안전 대책

① 위험 지역에 작업자가 불가피 들어가는 경우에는 로크장치, 방호 커버 설치
② 오동작이 생기지 않도록 fail safe 개념 도입
③ 주 동작부는 동력 차단 장치 및 급브레이커 장치를 가질 것

5. 안전난간의 구조 및 설치 요건

① 상부 난간대, 중간 난간대, 발끝막이판 및 난간기둥으로 구성할 것. 다만, 중간 난간대, 발끝막이판 및 난간기둥은 이와 비슷한 구조와 성능을 가진 것으로 대체할 수 있다.
② 상부 난간대는 바닥면·발판 또는 경사로의 표면(이하 "바닥면 등"이라 한다)으로부터 90[cm] 이상지점에 설치하고, 상부 난간대를 120[cm] 이상 지점에 설치하는 경우에는 중간 난간대를 2단 이상으로 균등하게 설치하고 난간의 상하 간격은 60[cm] 이하가 되도록 할 것
③ 발끝막이판은 바닥면 등으로부터 10[cm] 이상의 높이를 유지할 것. 다만, 물체가 떨어지거나 날아올 위험이 없거나 그 위험을 방지할 수 있는 망을 설치하는 등 필요한 예방 조치를 한 장소는 제외한다.
④ 난간기둥은 상부 난간대와 중간 난간대를 견고하게 떠받칠 수 있도록 적정한 간격을 유지할 것
⑤ 상부 난간대와 중간 난간대는 난간 길이 전체에 걸쳐 바닥면 등과 평행을 유지할 것
⑥ 난간대는 지름 2.7[cm] 이상의 금속제 파이프나 그 이상의 강도가 있는 재료일 것
⑦ 안전난간은 구조적으로 가장 취약한 지점에서 가장 취약한 방향으로 작용하는 100

[kg]이상의 하중에 견딜 수 있는 튼튼한 구조일 것

4 결론

① 공장 배치시 안전 제일의 공장 배치를 하지 않으면 생산성 저하와 채산성 악화를 초래한다. 기계의 구조 장치와 설비 위치는 조작이 쉽고 접근이 용이한 위치에 배치하야 하고 동력 차단 장치는 반드시 구비하여야 한다.
② 특히, 사고 위험도가 높은 기계는 별도로 구획된 곳에 배치하여 사용하고 사용자에게 충분한 안전 교육을 실시하고 유자격자나 숙련공을 배치하여 작업에 임하도록 하고 공장건설 단계에서는 특히 안전 즉, 추락·낙하·비래·감전 재해 방지를 위한 대책을 강구하고 안전 조직 체계를 유지하여 관리·감독을 철저히 하여야 한다.
③ 공장 설계시 신축시부터 안전을 고려한 건축은 무재해의 지름길이 될 것이라고 확신한다.

기 술 사 3 0 0 점 시 리 즈

제 **6** 편

단답형 및 논술형 예상문제

제1장 단답형 예상문제
제2장 논술형 예상문제

제1장 단답형 예상문제

문제 1

양중기에서 다음 기계 기구의 제한 하중은 각각 얼마인가?
① 훅(Hook)만을 사용할 경우
② 클램셸 버킷을 사용할 경우
③ 리프팅 마그넷을 사용할 경우

해답 ① 안전 한계 총하중의 78[%]
② 안전 한계 총하중의 70[%]
③ 안전 한계 총하중의 70[%]

문제 2

다음 용어를 설명하시오.

해답 ① 평균 윤거 : 전후륜의 윤거가 틀릴 경우 산술 평균한 값
② 축거 : 전축 중심에서 후축 또는 목축 중심까지의 거리

문제 3

차량계 하역운반기계의 작업 계획에 포함하는 사항을 2가지 쓰시오.

해답 ① 해당 작업에 따른 추락·낙하·전도·협착 및 붕괴 등의 위험 예방대책
② 차량계 하역운반기계 등의 운행 경로 및 작업 방법

참고 산업안전보건기준에 관한 규칙 [별표 4] 사전조사 및 작업계획서 내용

문제 4

해체 작업시 해체 계획에 반드시 포함되어야 할 사항을 쓰시오.

해답
① 해체물의 처분 계획
② 해체 방법 및 해체 순서 도면
③ 사업장 내 연락 방법
④ 해체 작업용 기계·기구의 작업계획서
⑤ 해체 작업용 화약류의 사용계획서

문제 5

이동 전선에 접속하여 임시로 사용하는 전등 등에 보호망을 설치할 때 준수할 사항을 쓰시오.

해답
① 전구에 노출된 금속 부분에 근로자가 쉽게 접촉되지 아니하는 구조로 할 것
② 재료는 쉽게 파손되거나 변형되지 아니하는 것으로 할 것

문제 6

건설 재료로 목재를 사용할 경우 장점, 단점을 구분해서 5가지 쓰시오.

해답
(1) 장점
① 경량이다.
② 열전도율이 작다.
③ 무게에 비해 강도가 크다.
④ 외관이 아름답다.
⑤ 가공이 용이하다.

(2) 단점
① 변형되기 쉽다.
② 부식이 잘된다.
③ 내구성이 약하다.
④ 착화점이 낮다.
⑤ 내화재가 되지 못한다.

문제 7

안전 운동 안전 행동 5C를 쓰시오.

해답
① 복장 단정(Correctness)
② 정리 정돈(Clearance)
③ 청소 청결(Cleaning)
④ 점검 확인(Checking)
⑤ 전심 전력(Concentration)

문제 8

철근을 인력으로 운반할 경우 안전 조치 사항을 5가지 쓰시오.

해답
① 긴 철근을 2인이 1조가 되어 어깨메기로 하여 운반하는 등 안전성을 도모한다.
② 긴 철근을 부득이 한 사람이 운반할 때는 한 곳을 드는 것보다 한쪽을 어깨에 메고 한쪽 끝을 땅에 끌면서 운반한다.
③ 운반시에는 항상 양끝을 묶어 운반한다.
④ 1회 운반시 1인당 무게는 25[kg] 정도가 적절하며, 무리한 운반은 삼간다.
⑤ 공동 작업시는 신호에 따라 작업을 행한다.

문제 9

콘크리트 양생시 유의할 사항을 5가지 쓰시오.

해답
① 콘크리트와 온도는 항상 2[℃] 이상으로 유지하여야 한다.
② 콘크리트 타설 후 수화 작용을 돕기 위하여 최소 5일간은 수분을 보존한다.
③ 일광의 직사, 급격한 건조 및 한랭에 대하여 보호한다.
④ 콘크리트가 충분히 경화될 때까지는 충격 및 하중을 가하지 않게 주의한다.
⑤ 콘크리트 타설 후 1일간은 그 위를 보행하거나 공기구 등 그 밖에 중량물을 올려놓아서는 안 된다.

문제 10

지반의 이상 현상인 보일링(boiling)에 대하여 다음 사항을 쓰시오.
(1) 지반 조건
(2) 현상
(3) 대책

해답
(1) 지반 조건 : 지하 수위가 높은 사질토
(2) 현상
  ① 저면에 액상화 현상(Quick Sand) 발생
  ② 굴착면과 배면토의 수두차에 의한 삼투압이 발생
(3) 대책
  ① 주변 수위를 저하시킨다.
  ② 흙막이벽 근입도를 증가하여 동수 구배를 저하시킨다.
  ③ 굴착토를 즉시 원상 매립한다.
  ④ 작업을 중지시킨다.

문제 11

운반작업시 요통방지대책을 6가지 쓰시오.

해답
① 작업 자세의 안전화를 도모한다. ② 단위 시간당 작업량을 적절히 한다.
③ 휴식의 부여 및 작업 전 체조를 한다. ④ 운반 방법을 기계화한다.
⑤ 취급 중량을 적절히 한다. ⑥ 적정 배치 및 교육 훈련을 실시한다.

문제 12

선박 내에서 하역 작업을 할 경우 근로자의 안전한 승강을 위하여 현문 사다리 및 안전망을 설치해야 할 선박은 몇 톤급 이상인가?

해답 300톤급 이상

문제 13

열경화성 수지, 열가소성 수지 종류를 쓰시오.

해답
(1) 열경화성 수지
① 페놀 수지 ② 요소 수지
③ 멜라민 수지 ④ 규소 수지
(2) 열가소성 수지
① 스티렌 수지 ② 염화비닐 수지
③ 폴리에틸렌 수지 ④ 아세트산비닐 수지
⑤ 아크릴 수지

문제 14

콘크리트 사용시 장점, 단점을 3가지씩 쓰시오.

해답
(1) 장점
① 내화성, 내구성, 내수성이 있다. ② 압축 강도가 크다.
③ 강재와의 접착성이 좋고 방청력이 크다.
(2) 단점
① 인장 강도가 작다. ② 무게가 크다.
③ 경화시 수축에 의한 균열이 발생한다.

문제 15

운반 재해의 원인을 쓰시오.

∴ 해답
① 기구 및 공구를 적절하게 사용하지 않는다.
② 작업 장소의 정리 정돈이 불량하고 좁다.
③ 바닥면 및 발밑이 고르지 않다.
④ 작업자가 기본 동작을 지키지 않는다.
⑤ 공동 작업에서 호흡이 맞지 않는다.
⑥ 잡기가 힘든 것을 무리하게 취급한다.
⑦ 작업자의 체력이 부족하다.
⑧ 취급물의 위험성, 유해성에 대한 지식이 부족하다.
⑨ 취급 운반 작업에 대한 훈련이 부족하다.

문제 16

하역 운반 작업시 고려 사항을 쓰시오.

∴ 해답
① 운반 목표를 분명히 설정해야 한다.
② 운반 설비의 배치를 검토하여 시정해야 한다.
③ 운반 능력의 균형을 검토한다.
④ 최소 작업 단위로 작업 동작을 통합해야 한다.
⑤ 연락의 조직화, 합리화를 도모한다.

문제 17

인력 운반에서 중량물을 혼자서 들어올릴 경우, 취해야 하는 자세를 순서대로 설명하시오.

∴ 해답
① 신체의 평형을 유지하기 위해 양쪽 발을 벌리고 물건과 신체와의 거리는 물건의 크기에 따라 다르나 몸을 짐에 가까이 대어 물건을 수직으로 들어올릴 수 있는 위치로 자세를 취한다.
② 물건을 들어올리는 자세는 허리를 충분히 낮추되 등을 똑바로 펴서 손을 물건에 깊이 건다.
③ 다리와 어깨에 근육의 힘을 주고 등만을 똑바로 펴면서 천천히 물건을 들어올린다.

문제 18

유해·위험 방지계획서 심사 결과 고용노동부장관이 조치할 수 있는 사항을 쓰시오.

해답
① 공사 착수 허가
② 공사 계획 변경
③ 공사 착수 중지

문제 19

중량물 취급 작업시 작업 계획서에 포함 사항 4가지를 쓰시오.

해답
① 추락위험을 예방할 수 있는 안전대책
② 낙하위험을 예방할 수 있는 안전대책
③ 전도위험을 예방할 수 있는 안전대책
④ 협착위험을 예방할 수 있는 안전대책

문제 20

근로자가 반복하여 계속적으로 중량물 취급시 작업 시작 전 점검 사항을 쓰시오.

해답
① 중량물 취급의 올바른 자세 및 복장
② 위험물의 날아 흩어짐에 따른 보호구의 착용
③ 카바이드·생석회 등과 같이 온도 상승이나 습기에 의하여 위험성이 존재하는 중량물의 취급 방법
④ 그 밖에 하역 운반 기계 등의 적절한 사용 방법

문제 21

부적합한 섬유 로프의 사용 금지 사항을 쓰시오.

해답
① 꼬임이 끊어진 것
② 심하게 손상되거나 부식된 것

문제 22

화물 취급 작업시 관리감독자 직무를 쓰시오.

∴ 해답
① 작업 방법 및 순서를 결정하고 작업을 지휘하는 일
② 기구 및 공구를 점검하고 불량품을 제거하는 일
③ 그 작업 장소에는 관계 근로자가 아닌 사람의 출입을 금지시키는 일
④ 로프 등의 해체 작업을 할 때에는 하대 위 화물의 낙하 위험 유무를 확인하고 해당 작업의 착수를 지시하는 일

문제 23

부두, 안벽 등의 하역 작업시 안전 조치 사항을 쓰시오.

∴ 해답
① 작업장 및 통로의 위험한 부분에는 안전하게 작업할 수 있는 조명을 유지할 것
② 부두 또는 안벽의 선을 따라 통로를 설치할 때에는 폭을 90[cm] 이상으로 할 것
③ 육상에서의 통로 및 작업 장소로서 다리 또는 선거의 갑문을 넘는 보도 등의 위험한 부분에는 적당한 울 등을 설치할 것

문제 24

화물 적재시 준수 사항을 쓰시오.

∴ 해답
① 침하의 우려가 없는 튼튼한 기반 위에 적재할 것
② 건물의 칸막이나 벽 등이 화물의 압력에 견딜 만큼의 강도를 지니지 아니한 경우에는 칸막이나 벽에 기대어 적재하지 않도록 할 것
③ 불안정할 정도로 높이 쌓아 올리지 말 것
④ 하중이 한쪽으로 치우치지 않도록 적재할 것

문제 25

부두와 선박에서 하역 작업시 관리감독자 직무를 쓰시오.

∴ 해답
① 작업 방법을 결정하고 작업을 지휘하는 일
② 통행 설비·하역 기계·보호구 및 기구·공구를 점검·정비하고 이들의 사용 사항을 감시하는 일
③ 주변 작업자간의 연락 조정을 행하는 일

문제 26

달비계의 최대 적재 하중을 정함에 있어서 각각의 종류와 안전 계수는?

해답
① 달기 와이어로프 및 달기 강선의 안전 계수 : 10 이상
② 달기 체인 및 달기 훅의 안전 계수 : 5 이상
③ 달기 강대와 달비계의 하부 및 상부 지점의 안전 계수 : 강재의 경우 2.5 이상, 목재의 경우 5 이상
④ 안전 계수는 해당 와이어로프 등의 절대 하중의 값을 해당 와이어로프 등에 걸리는 하중의 최댓값으로 나눈 값을 말한다.

문제 27

비계의 높이가 2[m] 이상인 작업 장소에서 작업 발판의 구조를 쓰시오.

해답
① 발판재료는 작업할 때의 하중을 견딜 수 있도록 견고한 것으로 할 것
② 작업발판의 폭은 40[cm] 이상으로 하고, 발판재료간의 틈은 3[cm] 이하로 할 것. 다만, 외줄비계의 경우에는 고용노동부장관이 별도로 정하는 기준에 따른다.
③ 추락의 위험이 있는 장소에는 안전난간을 설치할 것. 다만, 작업의 성질상 안전난간을 설치하는 것이 곤란한 경우, 작업의 필요상 임시로 안전난간을 해체할 때에 안전방망을 설치하거나 근로자로 하여금 안전대를 사용하도록 하는 등 추락위험 방지조치를 한 경우에는 그러하지 아니하다.
④ 작업발판의 지지물은 하중에 의하여 파괴될 우려가 없는 것을 사용할 것
⑤ 작업발판 재료는 뒤집히거나 떨어지지 않도록 둘 이상의 지지물에 연결하거나 고정시킬 것
⑥ 작업발판을 작업에 따라 이동시킬 경우에는 위험방지에 필요한 조치를 할 것

문제 28

높이 5[m] 이상의 달비계의 조립·해체시 준수 사항을 쓰시오.

해답
① 근로자가 관리감독자의 지휘에 따라 작업하도록 할 것
② 조립·해체 또는 변경의 시기·범위 및 절차를 그 작업에 종사하는 근로자에게 주지시킬 것
③ 조립·해체 또는 변경 작업구역에는 해당 작업에 종사하는 근로자가 아닌 사람의 출입을 금지하고 그 내용을 보기 쉬운 장소에 게시할 것
④ 비, 눈, 그 밖의 기상상태의 불안정으로 날씨가 몹시 나쁜 경우에는 그 작업을 중지시킬 것
⑤ 비계재료의 연결·해체작업을 하는 경우에는 폭 20[cm] 이상의 발판을 설치하고 근로자로 하여금 안전대를 사용하도록 하는 등 추락을 방지하기 위한 조치를 할 것
⑥ 재료·기구 또는 공구 등을 올리거나 내리는 경우에는 근로자가 달줄 또는 달포대 등을 사용하게 할 것

문제 29

달비계의 조립·해체·변경시 관리감독자 직무를 쓰시오.

해답
① 재료의 결함 유무를 점검하고 불량품을 제거하는 일
② 기구·공구·안전대 및 안전모 등의 기능을 점검하고 불량품을 제거하는 일
③ 작업 방법 및 근로자의 배치를 결정하고 작업 진행 상태를 감시하는 일
④ 안전대와 안전모 등의 착용 상황을 감시하는 일

문제 30

비계 작업시 작업 시작 전 점검 사항을 쓰시오.

해답
① 발판 재료의 손상 여부 및 부착 또는 걸림 상태
② 해당 비계의 연결부 또는 접속부의 풀림 상태
③ 연결 재료 및 연결 철물의 손상 또는 부식 상태
④ 손잡이의 탈락 여부
⑤ 기둥의 침하·변형·변위 또는 흔들림 상태
⑥ 로프의 부착 상태 및 매단 장치의 흔들림 상태

문제 31

통나무비계 조립시 준수 사항을 쓰시오.

해답
① 비계기둥의 간격은 2.5[m] 이하로 하고 지상으로부터 첫번째 띠장은 3[m] 이하의 위치에 설치할 것
② 비계기둥이 미끄러지거나 침하하는 것을 방지하기 위하여 비계 기둥의 하단부를 묻고, 밑둥 잡이를 설치하거나 깔판을 사용하는 등의 조치를 할 것
③ 비계기둥의 이음이 겹침 이음인 경우에는 이음 부분에서 1[m] 이상을 서로 겹쳐서 두 군데 이상을 묶고 비계기둥의 이음이 맞댄 이음인 경우에는 비계 기둥을 쌍기둥틀로 하거나 1.8[m] 이상의 덧댐목을 사용하여 네 군데 이상을 묶을 것
④ 비계기둥·띠장·장선 등의 접속부 및 교차부는 철선이나 그 밖의 튼튼한 재료로 견고하게 묶을 것
⑤ 교차 가새로 보강할 것
⑥ 외줄비계·쌍줄비계 또는 돌출 비계에 대하여는 다음 각 목에 따른 벽이음 및 버팀을 설치할 것
  ㉮ 간격은 수직 방향에서는 5.5[m] 이하, 수평 방향에서는 7.5[m] 이하로 할 것
  ㉯ 강관·통나무 등의 재료를 사용하여 견고한 것으로 할 것
  ㉰ 인장재와 압축재로 구성되어 있는 경우에는 인장재와 압축재의 간격은 1[m] 이내로 할 것

문제 32

강관 비계의 조립시 준수사항을 쓰시오.

해답 ① 비계기둥에는 미끄러지거나 침하하는 것을 방지하기 위하여 밑받침 철물을 사용하거나 깔판·깔목 등을 사용하여 밑둥잡이를 설치하는 등의 조치를 할 것
② 강관의 접속부 또는 교차부(交叉部)는 적합한 부속철물을 사용하여 접속하거나 단단히 묶을 것
③ 교차 가새로 보강할 것
④ 외줄비계·쌍줄비계 또는 돌출비계에 대해서는 다음 각 목에서 정하는 바에 따라 벽이음 및 버팀을 설치할 것. 다만, 창틀의 부착 또는 벽면의 완성 등의 작업을 위하여 벽이음 또는 버팀을 제거하는 경우, 그 밖에 작업의 필요상 부득이한 경우로서 해당 벽이음 또는 버팀 대신 비계기둥 또는 띠장에 사재(斜材)를 설치하는 등 비계가 넘어지는 것을 방지하기 위한 조치를 한 경우에는 그러하지 아니하다.
㉮ 강관비계의 조립 간격은 별표 5의 기준에 적합하도록 할 것
㉯ 강관·통나무 등의 재료를 사용하여 견고한 것으로 할 것
㉰ 인장재(引張材)와 압축재로 구성된 경우에는 인장재와 압축재의 간격을 1[m] 이내로 할 것
⑤ 가공전로(架空電路)에 근접하여 비계를 설치하는 경우에는 가공전로를 이설(移設)하거나 가공전로에 절연용 방호구를 장착하는 등 가공전로와의 접촉을 방지하기 위한 조치를 할 것

문제 33

달비계의 설치 준수시 조치 사항을 쓰시오.

해답 ① 달기 강선 및 달기 강대는 심하게 손상·변형 또는 부식된 것을 사용하지 않도록 할 것
② 달기 와이어로프, 달기 체인, 달기 강선, 달기 강대 또는 달기 섬유로프는 한쪽 끝을 비계의 보 등에, 다른 쪽 끝을 내민 보, 앵커볼트 또는 건축물의 보 등에 각각 풀리지 않도록 설치할 것
③ 작업 발판은 폭을 40[cm] 이상으로 하고 틈새가 없도록 할 것
④ 작업 발판의 재료는 뒤집히거나 떨어지지 않도록 비계의 보 등에 연결하거나 고정시킬 것
⑤ 비계가 흔들리거나 뒤집히는 것을 방지하기 위하여 비계의 보·작업발판 등에 버팀을 설치하는 등 필요한 조치를 할 것
⑥ 선반비계에서는 보의 접속부 및 교차부를 철선·이음철물 등을 사용하여 확실하게 접속시키거나 단단하게 연결시킬 것
⑦ 근로자의 추락 위험을 방지하기 위하여 달비계에 안전대 및 구명줄을 설치하고, 안전난간을 설치할 수 있는 구조인 경우에는 안전난간을 설치할 것

문제 34

다음 강재의 사용 기준 중 신장률[%]을 쓰시오.

강재의 종류	인장강도[kg/mm²]	신장률[%]
강관	34 이상 41 미만	(①)
	31 이상 50 미만	(②)
	50 이상	(③)
강판, 형강, 평강, 경량 형강	34 이상 41 미만	(④)
	41 이상 50 미만	(⑤)
	50 이상 60 미만	(⑥)
	60 이상	(⑦)
봉강	34 이상 41 미만	(⑧)
	41 이상 50 미만	(⑨)
	50 이상	(⑩)

해답
① 25 이상   ② 20 이상
③ 10 이상   ④ 21 이상
⑤ 16 이상   ⑥ 12 이상
⑦ 8 이상   ⑧ 25 이상
⑨ 20 이상   ⑩ 18 이상

문제 35

안전대를 보관할 수 있는 장소 4곳만 쓰시오.

해답
① 직사 광선이 닿지 않는 곳
② 통풍이 잘되며 습기가 없는 곳
③ 부식성 물질이 없는 곳
④ 화기 등이 근처에 없는 곳

문제 36

굴착면의 기울기 기준에서 ( ) 안의 기울기를 쓰시오.

구 분	지반의 종류	기울기
보통흙	습 지	(①)
	건 지	(②)
암 반	풍 화 암	(③)
	연 암	(④)
	경 암	(⑤)

해답
① 1 : 1 ～ 1 : 1.5　　② 1 : 0.5 ～ 1 : 1
③ 1 : 0.8　　　　　　④ 1 : 0.5
⑤ 1 : 0.3

문제 37

강관비계의 종류에서 수직방향, 수평방향의 간격은 몇 [m]인가?

강관비계의 종류	조립 간격(단위 : m)	
	수직방향	수평방향
단관비계	①	②
틀비계(높이가 5[m] 미만의 것을 제외한다.)	③	④

해답
① 5　　② 5
③ 6　　④ 8

문제 38

안전대의 로프, 벨트, D링, 훅, 버클 등의 각 부분별 파기 기준을 쓰시오.

해답
(1) 로프 부분 파기 기준
　① 소선에 손상이 있는 것　　② 페인트, 기름, 약품, 오물 등에 의해 변화된 것
　③ 비틀림(kink)이 있는 것　　④ 횡마로 된 부분이 헐거워진 것
(2) 벨트 부분 파기 기준
　① 끝 또는 폭에 1[mm] 이상인 손상, 소손 등이 있는 것

② 양끝의 헤짐이 심한 것
(3) 재봉 부분 파기 기준
① 재봉 부분의 이완이 없는 것
② 재봉실이 1개소 이상 절단되어 있는 것
③ 재봉실의 마모가 심한 것
(4) D링 부분 파기 기준
① 깊이 1[mm] 이상 손상이 있는 것(특히 그림 x부분)
② 눈에 보일 정도로 변형이 심한 것
③ 전체적으로 녹이 슬어 있는 것

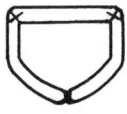

[D링]

(5) 훅, 버클부분 파기 기준
① 훅 외측에 깊이 1[mm] 이상의 손상
② 이탈방지장치의 작동이 나쁜 것
③ 전체적으로 녹이 슬어 있는 것
④ 변형되어 있는 것
⑤ 버클의 체결 상태가 나쁜 것

[훅]

문제 39

거푸집 지보공 조립시 일반적인 안전 기준을 쓰시오.

해답
① 깔목의 사용, 콘크리트 타설, 말뚝박기 등 동바리의 침하를 방지하기 위한 조치를 할 것
② 개구부 상부에 동바리를 설치하는 경우에는 상부하중을 견딜 수 있는 견고한 받침대를 설치할 것
③ 동바리의 상하 고정 및 미끄러짐 방지 조치를 하고, 하중의 지지상태를 유지할 것
④ 동바리의 이음은 맞댄이음이나 장부이음으로 하고 같은 품질의 재료를 사용할 것
⑤ 강재와 강재의 접속부 및 교차부는 볼트·클램프 등 전용 철물을 사용하여 단단히 연결할 것
⑥ 거푸집이 곡면인 경우에는 버팀대의 부착 등 그 거푸집의 부상(浮上)을 방지하기 위한 조치를 할 것
⑦ 동바리로 사용하는 강관[파이프 서포트(pipe surport)는 제외한다]에 대해서는 다음 각 목의 사항을 따를 것
　㉮ 높이 2[m] 이내마다 수평연결재를 2개 방향으로 만들고 수평연결재의 변위를 방지할 것
　㉯ 멍에 등을 상단에 올릴 경우에는 해당 상단에 강재의 단판을 붙여 멍에 등을 고정시킬 것

문제 40

계단형상으로 조립하는 거푸집 지보공의 깔판, 깔목 사용시 준수 사항을 쓰시오.

해답
① 거푸집의 형상에 따른 부득이한 경우를 제외하고는 깔판·깔목 등을 2단 이상 끼우지 않도록 할 것.
② 깔판·깔목 등을 이어서 사용하는 경우에는 그 깔판·깔목 등을 단단히 연결할 것
③ 동바리는 상·하부의 동바리가 동일 수직선상에 위치하도록 하여 깔판·깔목 등에 고정시킬 것

문제 41

콘크리트 타설 작업시 준수 사항을 쓰시오.

해답
① 당일의 작업을 시작하기 전에 해당 작업에 관한 거푸집 동바리 등의 변형·변위 및 지반의 침하 유무 등을 점검하고 이상이 있으면 보수할 것
② 작업 중에는 거푸집 동바리 등의 변형·변위 및 침하 유무 등을 감시할 수 있는 감시자를 배치하여 이상이 있으면 작업을 중지하고 근로자를 대피시킬 것
③ 콘크리트 타설작업 시 거푸집 붕괴의 위험이 발생할 우려가 있으면 충분한 보강조치를 할 것
④ 설계도서상의 콘크리트 양생기간을 준수하여 거푸집 동바리 등을 해체할 것
⑤ 콘크리트를 타설하는 경우에는 편심이 발생하지 않도록 골고루 분산하여 타설할 것

문제 42

거푸집 동바리 등의 조립, 해체 작업시 준수 사항을 쓰시오.

해답
① 해당 작업을 하는 구역에는 관계 근로자가 아닌 사람의 출입을 금지시킬 것
② 비, 눈, 그 밖의 기상상태의 불안정으로 날씨가 몹시 나쁜 경우에는 그 작업을 중지할 것
③ 재료, 기구 또는 공구 등을 올리거나 내리는 경우에는 근로자로 하여금 달줄·달포대 등을 사용하도록 할 것

문제 43

거푸집 동바리의 고정 조립 해체시 관리감독자 직무를 쓰시오.

해답
① 안전한 작업 방법을 결정하고 작업을 지휘하는 일
② 재료·기구의 결함 유무를 점검하고 불량품을 제거하는 일
③ 작업중 안전대 및 안전모 등 보호구 착용 상황을 감시하는 일

문제 44

공기압축기의 작업시작 전 점검내용을 쓰시오.

해답
① 공기저장 압력용기의 외관상태
② 드레인밸브의 조작 및 배수
③ 압력방출장치의 기능
④ 언로드밸브의 기능
⑤ 윤활유의 상태
⑥ 회전부의 덮개 또는 울
⑦ 그 밖의 연결부위의 이상 유무

문제 45

양중기 탑승 설비에 대하여 근로자의 추락 예방 조치를 쓰시오.

해답
① 탑승설비의 전위 및 탈락을 방지하는 조치를 할 것
② 근로자로 하여금 안전대 또는 구명대를 사용하도록 할 것
③ 탑승 설비를 하강시키는 때에는 동력 하강 방법에 의할 것

문제 46

크레인 작업시 작업시작 전 점검사항을 쓰시오.

해답
① 권과방지장치·브레이크·클러치 및 운전장치의 기능
② 주행로의 상측 및 트롤리가 횡행하는 레일의 상태
③ 와이어로프가 통하고 있는 곳의 상태

문제 47

건설용 리프트 조립 해체 작업시 조치 사항을 쓰시오.

해답
① 작업을 지휘하는 자를 선임하여 그 자의 지휘하에 작업을 실시할 것
② 작업을 할 구역에 관계 근로자가 아닌 사람의 출입을 금지하고 그 취지를 보기 쉬운 장소에 표시할 것
③ 폭풍·폭우 및 폭설 등의 악천후 작업에 있어서 근로자에게 위험을 미칠 우려가 있는 때에는 해당 작업을 중지시킬 것

문제 48

강관비계를 구성하는 경우 준수사항 4가지를 쓰시오.

해답
① 비계기둥의 간격은 띠장 방향에서는 1.85[m] 이하, 장선(長線) 방향에서는 1.5[m] 이하로 할 것
② 띠장 간격은 2.0[m] 이하로 설치하되, 첫 번째 띠장은 지상으로부터 2[m] 이하의 위치에 설치할 것. 다만, 작업의 성질상 이를 준수하기가 곤란하여 쌍기둥틀 등에 의하여 해당 부분을 보강한 경우에는 그러하지 아니하다.
③ 비계기둥의 제일 윗부분으로부터 31[m]되는 지점 밑부분의 비계기둥은 2개의 강관으로 묶어 세울 것. 다만, 브래킷(braket) 등으로 보강하여 2개의 강간으로 묶을 경우 이상의 강도

가 유지되는 경우에는 그러하지 아니하다.
④ 비계기둥 간의 적재하중은 400[kg]을 초과하지 않도록 할 것

문제 49

로봇의 작업시작 전 점검사항 3가지를 쓰시오.

해답
① 외부전선의 피복 또는 외장의 손상 유무
② 매니퓰레이터(manipulator)작동의 이상 유무
③ 제동장치 및 비상정지장치의 기능

문제 50

크레인과 이동식 크레인의 로프 사용 금지 사항을 쓰시오.

해답
① 이음매가 있는 것
② 와이어로프의 한 꼬임[(스트랜드(strand)를 말한다. 이하 같다)]에서 끊어진 소선(素線)[필러(pillar)선은 제외한다]의 수가 10[%] 이상(비자전로프의 경우에는 끊어진 소선의 수가 와이어로프 호칭지름의 6배 길이 이내에서 4개 이상이거나 호칭지름 30배 길이 이내에서 8개 이상)인것
③ 지름의 감소가 공칭지름의 7[%]를 초과하는 것
④ 꼬인 것
⑤ 심하게 변형되거나 부식된 것
⑥ 열과 전기충격에 의해 손상된 것

문제 51

단위 화물의 중량이 100[kg] 이상의 물건을 내리거나 싣는 작업시 작업 지휘자의 준수사항을 쓰시오.

해답
① 작업 순서 및 그 순서마다의 작업방법을 정하고 작업을 지휘할 것
② 기구와 공구를 점검하고 불량품을 제거할 것
③ 해당 작업을 하는 장소에 관계 근로자가 아닌 사람이 출입하는 것을 금지할 것
④ 로프 풀기 작업 또는 덮개 벗기기 작업은 적재함의 화물이 떨어질 위험이 없음을 확인한 후에 하도록 할 것

문제 52

지게차의 작업시작 전 점검사항을 쓰시오.

해답
① 제동장치 및 조종장치 기능의 이상 유무
② 하역장치 및 유압장치 기능의 이상 유무
③ 바퀴의 이상 유무
④ 전조등·후미등·방향지시기 및 경보장치 기능의 이상 유무

문제 53

구내 운반차 사용시 준수 사항을 쓰시오.

해답
① 주행을 제동하거나 정지상태를 유지하기 위하여 유효한 제동장치를 갖출 것
② 경음기를 갖출 것
③ 핸들의 중심에서 차체 바깥 측까지의 거리가 65[cm] 이상일 것
④ 운전석이 차 실내에 있는 것은 좌우에 한개씩 방향 지시기를 갖출 것
⑤ 전조등과 후미등을 갖출 것. 다만, 작업을 안전하게 하기 위하여 필요한 조명이 있는 장소에서 사용하는 구내운반차에 대해서는 그러하지 아니하다.

문제 54

구내 운반차 사용시 작업시작 전 점검사항을 쓰시오.

해답
① 제동장치 및 조종장치 기능의 이상 유무
② 하역장치 및 유압장치 기능의 이상 유무
③ 바퀴의 이상 유무
④ 전조등·후미등·방향지시기 및 경음기 기능의 이상 유무

문제 55

화물 자동차의 짐걸이에 사용하는 섬유로프의 작업시작 전 점검사항을 쓰시오.

해답 와이어로프 등의 이상 유무

문제 56

화물 자동차의 작업시작 전 점검사항을 쓰시오.

해답
① 제동장치 및 조종장치의 기능
② 하역장치 및 유압장치의 기능
③ 바퀴의 이상 유무

문제 57

컨베이어의 작업시작 전 점검사항을 쓰시오.

해답
① 원동기 및 풀리기능의 이상유무
② 이탈 등의 방지장치 기능의 이상유무
③ 비상정지장치 기능의 이상유무
④ 원동기·회전축·치차 및 풀리 등의 덮개 또는 울 등의 이상유무

문제 58

차량계 건설 기계의 종류를 쓰시오.

해답
① 도저형 건설기계(불도저, 스트레이트도저, 틸트도저, 앵글도저, 버킷도저 등)
② 모터그레이더
③ 로더(포크 등 부착물 종류에 따른 용도 변경 형식을 포함한다)
④ 스크레이퍼
⑤ 크레인형 굴착기계(클램쉘, 드래그라인 등)
⑥ 굴삭기(브레이커, 크러셔, 드릴 등 부착물 종류에 따른 용도 변경형식을 포함한다)
⑦ 항타기 및 항발기
⑧ 천공용 건설기계(어스드릴, 어스오거, 크롤러드릴, 점보드릴 등)
⑨ 지반압밀침하용 건설기계(샌드드레인머신, 페이퍼드레인머신, 팩드레인머신 등)
⑩ 지반다짐용 건설기계(타이어롤러, 머캐덤롤러, 탠덤롤러 등)
⑪ 준설용 건설기계(버킷준설선, 그래브준설선, 펌프준설선 등)
⑫ 콘크리트 펌프카
⑬ 덤프트럭
⑭ 콘크리트 믹서 트럭
⑮ 도로포장용 건설기계(아스팔트 살포기, 콘크리트 살포기, 아스팔트 피니셔, 콘크리트 피니셔 등)
⑯ 제①호부터 제⑮호까지와 유사한 구조 또는 기능을 갖는 건설기계로서 건설작업에 사용하는 것

문제 59

차량계 건설 기계 사용시 작업 계획에 포함 사항을 쓰시오.

해답
① 사용하는 차량계 건설 기계의 종류 및 성능
② 차량계 건설 기계의 운행경로
③ 차량계 건설 기계에 의한 작업 방법

참고 산업안전보건기준에 관한 규칙 [별표 4] 사전조사 및 작업계획서 내용

문제 60

차량계 건설 기계 운전자가 운전 위치 이탈시 조치 사항을 쓰시오.

해답
① 포크, 버킷, 디퍼 등의 장치를 가장 낮은 위치 또는 지면에 내려둘 것
② 원동기를 정지시키고 브레이크를 확실히 거는 등 갑작스러운 주행이나 이탈을 방지하기 위한 조치를 할 것
③ 운전석을 이탈하는 경우에는 시동키를 운전대에서 분리시킬 것. 다만, 운전석에 잠금장치를 하는 등 운전자가 아닌 사람이 운전하지 못하도록 조치한 경우에는 그러하지 아니하다.

문제 61

항타기 및 항발기 사용시 도괴 방지 준수 사항을 쓰시오.

해답
① 연약한 지반에 설치하는 경우에는 각부나 가대의 침하를 방지하기 위하여 깔판·깔목 등을 사용할 것
② 시설 또는 가설물 등에 설치하는 경우에는 그 내력을 확인하고 내력이 부족하면 그 내력을 보강할 것
③ 각부나 가대가 미끄러질 우려가 있는 경우에는 말뚝 또는 쐐기 등을 사용하여 각부나 가대를 고정시킬 것
④ 궤도 또는 차로 이동하는 항타기 또는 항발기에 대하여는 불시에 이동하는 것을 방지하기 위하여 레일 클램프 및 쐐기 등으로 고정시킬 것
⑤ 버팀대만으로 상단 부분을 안정시키는 경우에는 버팀대는 3개 이상으로 하고 그 하단 부분은 견고한 버팀·말뚝 또는 철골 등으로 고정시킬 것
⑥ 버팀줄만으로 상단 부분을 안정시키는 때에는 버팀줄을 3개 이상으로 하고 같은 간격으로 배치할 것
⑦ 평형추를 사용하여 안정시키는 경우에는 평형추의 이동을 방지하기 위하여 가대에 견고하게 부착시킬 것

문제 62

레버풀러(lever puller) 또는 체인블록(chain block)을 사용하는 경우 준수사항을 쓰시오.

해답
① 정격하중을 초과하여 사용하지 말 것
② 레버풀러 작업 중 훅이 빠져 튕길 우려가 있을 경우에는 훅을 대상물에 직접 걸지 말고 피벗 클램프(pivot clamp)나 러그(lug)를 연결하여 사용할 것
③ 레버풀러의 레버에 파이프 등을 끼워서 사용하지 말 것
④ 체인블록의 상부 훅(top hook)은 인양하중에 충분히 견디는 강도를 갖고, 정확히 지탱될 수 있는 곳에 걸어서 사용할 것
⑤ 훅의 입구(hook mouth) 간격이 제조자가 제공하는 제품사양서 기준으로 10[%] 이상 벌어진 것은 폐기할 것
⑥ 체인블록은 체인의 꼬임과 헝클어지지 않도록 할 것
⑦ 체인과 훅은 변형, 파손, 부식, 마모(磨耗)되거나 균열된 것을 사용하지 않도록 조치할 것

문제 63

다음 설명의 이음 철물 형식은 어느 것인가?

형식	구 조	성 능	
		인장시험의 최대하중 [kg]	굴곡시험 (벤딩)의 최대하중[kg]
①	관의 단면에 밀접하여 지지하는 수압부와 관의 내부에 삽입되는 부분을 가진 것으로 삽입부 단면적의 80[%] 이상이고, 유효장은 75[mm] 이상의 길이가 각각 관에 삽입되는 구조이어야 한다.	500 이상	270 이상
②	상기 외관의 단부를 웜(worm) 또는 핀(pin) 그 밖의 결합방법으로 결합하는 것. 착탈에 있어서 관을 회전하는 것은 적어도 60° 이상 회전하지 않으면 착탈이 되지 않는 구조이어야 한다.	1,500 이상	270 이상

해답
① 마찰형
② 전단형

문제 64

항타기, 항발기 조립시 점검사항을 쓰시오.

해답
① 본체 연결부의 풀림 또는 손상의 유무
② 권상용 와이어로프·드럼 및 도르래의 부착 상태의 이상 유무
③ 권상장치의 브레이크 및 쐐기 장치 기능의 이상유무
④ 권상기의 설치 상태의 이상유무
⑤ 버팀의 방법 및 고정 상태의 이상유무

문제 65

다음 ( ) 안에 알맞은 말을 넣으시오.

> 일반적으로 사용하는 철선은 지름 (①)[mm]의 #10선과 직경 (②)[mm]의 #8선이며, 안전 강도는 #10선이 410[kg/cm], #8선이 485[kg/cm]이다. 단, 부러지기 쉬운 철선이나 산화, 부식된 것을 사용해서는 안 된다.

해답   ① 3.2   ② 3.85

문제 66

벌목 작업시 준수 사항을 쓰시오.

해답
① 벌목하려는 경우에는 미리 대피로 및 대피장소를 정해둘 것
② 벌목하려는 나무의 가슴높이 지름이 40[cm] 이상인 경우에는 뿌리부분 지름의 4분의 1 이상 깊이의 수구를 만들 것

문제 67

통나무 비계의 조립시 재료와 조립시 안전 기준을 쓰시오.

해답
(1) 재료
① 나뭇결이 바르며, 균열, 충해, 부식, 옹이 등 결점이 없는 것으로 곧은 것을 사용하여야 한다.
② 통나무의 굵기는 1[m]당 0.5~0.7[cm] 정도로 가늘어져야 한다.

③ 비계 결속용 철선은 #8선 또는 #10선 소성 철선을 사용하여야 한다.
④ 비계 발판은 폭 40[cm] 이상, 두께 3.5[cm] 이상, 길이 3.6[m] 이내의 것을 사용하여야 한다.

(2) 조립시 안전 기준
① 비계기둥의 간격은 2.5[m] 이하로 하고 지상으로부터 첫번째 띠장은 3[m] 이하의 위치에 설치할 것. 다만, 작업의 성질상 이를 준수하기 곤란하여 쌍기둥 등에 의하여 해당 부분을 보강한 경우에는 그러하지 아니하다.
② 비계기둥이 미끄러지거나 침하하는 것을 방지하기 위하여 비계기둥의 하단부를 묻고, 밑둥잡이를 설치하거나 깔판을 사용하는 등의 조치를 할 것
③ 비계기둥의 이음이 겹침이음인 경우에는 이음부분에서 1[m] 이상을 서로 겹쳐서 두 군데 이상을 묶고, 비계기둥의 이음이 맞댄이음인 경우에는 비계기둥을 쌍기둥틀로 하거나 1.8[m] 이상의 덧댐목을 사용하여 네 군데 이상을 묶을 것
④ 비계기둥·띠장·장선 등의 접속부 및 교차부는 철선 그 밖의 튼튼한 재료로 견고하게 묶을 것
⑤ 교차가새로 보강할 것
⑥ 외줄비계·쌍줄비계 또는 돌출비계에 대하여는 다음 각 목에 따른 벽이음 및 버팀을 설치할 것. 다만, 창틀의 부착 또는 벽면의 완성 등의 작업을 위하여 벽이음 또는 버팀을 제거하는 경우, 그 밖에 작업의 필요상 부득이한 경우로서 해당 벽이음 또는 버팀 대신 비계기둥 또는 띠장에 사재를 설치하는 등 해당 비계의 도괴방지를 위한 조치를 한 경우에는 그러하지 아니하다.
㉮ 간격은 수직방향에서 5.5[m] 이하, 수평방향에서는 7.5[m] 이하로 할 것
㉯ 강관·통나무 등의 재료를 사용하여 견고한 것으로 할 것
㉰ 인장재와 압축재로 구성되어 있는 때에는 인장재와 압축재의 간격은 1[m] 이내로 할 것

문제 68

강관 틀비계 작업시 재료와 조립 시 안전 지침을 쓰시오.

해답 (1) 재료
① 틀비계는 한국공업규격에 합당한 것이어야 한다.
② 부재는 외력에 의한 변형 또는 불량품이 없는 것이어야 한다.

(2) 조립시 안전 지침
① 비계기둥의 밑둥에는 밑받침철물을 사용하여야 하며 밑받침에 고저차(高低差)가 있는 경우에는 조절형 밑받침철물을 사용하여 각각의 강관틀 비계가 항상 수평 및 수직을 유지하도록 할 것
② 높이가 20[m]를 초과하거나 중량물의 적재를 수반하는 작업을 할 경우에는 주틀 간의 간격이 1.8[m] 이하로 할 것
③ 주틀 간에 교차 가새를 설치하고 최상층 및 5층 이내마다 수평재를 설치할 것
④ 수직방향으로 6[m], 수평방향으로 8[m] 이내마다 벽이음을 할 것
⑤ 길이가 띠장 방향으로 4[m] 이하이고 높이가 10[m]를 초과하는 경우에는 10[m] 이내마다 띠장 방향으로 버팀 기둥을 설치할 것

문제 69

강관 비계의 조립시 재료와 조립시 안전 기준을 각각 쓰시오.

해답 (1) 재료
① 강관 및 부속 철물은 한국공업규격에 합당한 것이어야 한다.
② 강관은 외력에 의한 균열, 뒤틀림 등의 변형이 없어야 하며, 부식되지 않은 것이어야 한다.

(2) 조립시 안전 기준
① 비계기둥에는 미끄러지거나 침하하는 것을 방지하기 위하여 밑받침 철물을 사용하거나 깔판·깔목 등을 사용하여 밑둥잡이를 설치하는 등의 조치를 할 것
② 강관의 접속부 또는 교차부(交叉部)는 적합한 부속철물을 사용하여 접속하거나 단단히 묶을 것
③ 교차 가새로 보강할 것
④ 외줄비계·쌍줄비계 또는 돌출비계에 대해서는 다음 각 목에서 정하는 바에 따라 벽이음 및 버팀을 설치할 것. 다만, 창틀의 부착 또는 벽면의 완성 등의 작업을 위하여 벽이음 또는 버팀을 제거하는 경우, 그 밖에 작업의 필요상 부득이한 경우로서 해당 벽이음 또는 버팀 대신 비계기둥 또는 띠장에 사재(斜材)를 설치하는 등 비계가 넘어지는 것을 방지하기 위한 조치를 한 경우에는 그러하지 아니하다.
　㉮ 강관비계의 조립 간격은 별표 5의 기준에 적합하도록 할 것
　㉯ 강관·통나무 등의 재료를 사용하여 견고한 것으로 할 것
　㉰ 인장재(引張材)와 압축재로 구성된 경우에는 인장재와 압축재의 간격을 1[m] 이내로 할 것
⑤ 가공전로(架空電路)에 근접하여 비계를 설치하는 경우에는 가공전로를 이설(移設)하거나 가공전로에 절연용 방호구를 장착하는 등 가공전로와의 접촉을 방지하기 위한 조치를 할 것

문제 70

말비계 조립 시 준수사항을 쓰시오.

해답 ① 지주부재의 하단에는 미끄럼 방지장치를 하고, 근로자가 양측 끝부분에 올라서서 작업하지 않도록 할 것
② 지주부재와 수평면과의 기울기를 75° 이하로 하고, 지주부재와 지주부재 사이를 고정시키는 보조부재를 설치할 것
③ 말비계의 높이가 2[m]를 초과할 경우에는 작업발판의 폭을 40[cm] 이상으로 할 것

문제 71

간이 달비계의 조립 시 재료의 안전 기준과 조립시 준수 사항을 쓰시오.

해답 (1) 재료의 안전 기준
① 작업 발판의 재료는 곧고 줄이 바른 것으로 균열, 충해, 부식, 큰 옹이 등이 없는 것을 사용하여야 한다.
② 발판은 폭 40[cm] 이상, 두께 3.5[cm] 이상, 깊이 3.6[m] 이내의 것을 사용하여야 한다.
③ 결속선은 #8선 또는 #10선으로 소성 철선 새것을 사용하여야 한다.
④ 와이어로프는 한 가닥에서 소선(필러선을 제외한다)의 수가 10[%] 이상 절단되지 않은 것이어야 한다. 또한 부식되거나 현저히 변형되지 않은 것으로 지름의 감소가 공칭 지름의 7[%] 이내이어야 한다.
⑤ 체인은 길이가 제조 당시보다 5[%] 이상 늘어난 것을 사용해서는 아니 되며 고리의 단면 지름이 제조 당시보다 10[%] 이상 감소되지 아니한 것을 사용해야 한다.

(2) 조립시 준수 사항
① 와이어로프 및 강선의 안전 계수는 10 이상이어야 한다.
② 와이어로프의 말단은 권상기에 확실히 감겨져 있어야 한다.
③ 작업발판은 20[cm] 이상의 폭이어야 하며, 움직이지 않게 고정하여야 한다.
④ 발판 위 약 10[cm] 위까지 낙하물 방지 조치를 하여야 한다.
⑤ 높이 90[cm] 이상의 추락 방지용 손잡이를 설치하여야 한다. 다만, 작업 성질상 손잡이를 설치하는 것이 곤란하거나 작업 필요상 임의로 손잡이를 해체해야 하는 경우에는 방망을 치거나 안전대를 사용하여야 한다.
⑥ 권상기에는 제동장치를 설치하여야 한다.
⑦ 달비계의 동요 또는 전도를 방지할 수 있는 장치를 취하여야 한다.

문제 72

공사용 가설 도로에서 우회로 공사의 안전 기준을 쓰시오.

해답
① 교통량을 유지시킬 수 있도록 계획되어야 한다.
② 현재 시공중에 있는 교량이나 높은 구조물의 밑을 통과해서는 안 된다(특수 경우엔 제외).
③ 모든 Staging이나 보조 Staging은 작업 착수 전 감독관의 승인을 얻도록 하여야 한다.
④ 모든 교통 통제나 신호 등은 교통 법규에 적합하도록 하여야 한다.
⑤ 우회로는 항상 보수 유지되도록 확실히 점검을 실시하여야 한다.
⑥ 필요한 경우에는 가설등을 설치하여야 한다.
⑦ 우회로의 사용이 완료되면 감독 승인하에 모든 것을 원상 복구하여야 한다.

문제 73

이동식 비계의 안전 지침에서 재료, 조립·작업시의 안전 기준을 쓰시오.

∴ 해답 (1) 재료
① 비계에 사용된 강관은 한국공업규격에 합당한 것이어야 하며, 부식, 균열, 변형 등이 없는 것이어야 한다.
② 재료는 곧고 줄이 바르며, 균열, 부식, 충해, 큰 옹이 등이 없는 양호한 것을 사용하여야 한다.
③ 비계의 발판은 폭 40[cm], 두께 3.5[cm] 이상의 것을 사용하여야 한다.
(2) 조립시의 안전 기준
① 이동식비계의 바퀴에는 뜻밖의 갑작스러운 이동 또는 전도를 방지하기 위하여 브레이크·쐐기 등으로 바퀴를 고정시킨 다음 비계의 일부를 견고한 시설물에 고정하거나 아웃리거(outrigger)를 설치하는 등 필요한 조치를 할 것
② 승강용사다리는 견고하게 설치할 것
③ 비계의 최상부에서 작업을 하는 경우에는 안전난간을 설치할 것
④ 작업발판은 항상 수평을 유지하고 작업발판 위에서 안전난간을 딛고 작업을 하거나 받침대 또는 사다리를 사용하여 작업하지 않도록 할 것
⑤ 작업발판의 최대적재하중은 250[kg]을 초과하지 않도록 할 것
(3) 작업시의 안전 기준
① 작업감독자의 지휘하에 작업을 행하여야 한다.
② 절대로 작업원이 탄 채로 이동해서는 안 된다.
③ 비계의 이동에는 충분한 인원 배치를 하여야 한다.
④ 안전모를 착용하여야 하며 구명 로프 등을 소지하여야 한다.
⑤ 재료, 공구의 오르내리기에는 포대, 로프 등을 사용하여야 한다.
⑥ 작업장 부근에 고압 전선 등이 있는가를 확인하고 적절한 방호 조치를 취하여야 한다.
⑦ 상하에서 동시에 작업을 할 때에는 충분한 연락을 취하면서 작업을 하여야 한다.

문제 74

공사용 가설 도로 설치 시 준수사항을 쓰시오.

∴ 해답 ① 도로는 장비와 차량이 안전하게 운행할 수 있도록 견고하게 설치할 것
② 도로와 작업장이 접하여 있을 경우에는 방책 등을 설치할 것
③ 도로는 배수를 위하여 경사지게 설치하거나 배수시설을 설치할 것
④ 차량의 속도제한 표지를 부착할 것

제2장 논술형 예상문제

제1절 건설안전총론 논술형 예상문제

문제 1

건설 공사의 특수성과 여건 변화를 논하시오.

1 건설 공사의 특수성

① 생산 및 설비장소가 유동적 : 기계화가 곤란, 로봇의 소형, 경향화, 기동성이 요구됨.
② 옥외 생산 : 자연환경/기후의 영향을 받기 쉬움.
③ 작업/생산 장소가 협소, 복잡 다양 : 기계/로봇의 소형, 경향화, 기동성이 요구됨.
④ 취급자재의 중량이 큼 : 과대부하에 견뎌야 함.
⑤ 입지조건이 다양 : 주도면밀한 시공계획 요구
⑥ 다수의 하도급자가 참여 : 현장/공사 관리의 합리화 필요
⑦ 일품 수주에 의한 주문생산 : 공정/작업의 표준화와 규격화 곤란
⑧ 기능위주의 다수의 인력 필요 : 부가가치가 적고 생산성 저하
  → 공정의 합리화 및 공업화 시스템의 요구(Total System)
    기능인력양성, 인력 절감 대책
⑨ 공공성 : 품질확보, 대중문화, 문화유산으로 보존
⑩ 기타 : 안전사고 요인 잠재

무한한 특수성으로 인한 생산성의 저하, 품질 불량, 원가/비용 증대, 공기지연, 안전한 공사수행 저하 등의 문제가 프로젝트의 전 과정에 산재되고 있어 철저한 안전관리 대책이 필요하다.

2 건설산업의 여건

(1) 건설 기술의 현주소 → 당면하고 해결해야 할 과제
   ① 시설물 안전 관리 방안
   ② 부실 시공 근절 방안
   ③ UR 및 장래 대비 기술 개발 촉진 방안

(2) 건설 수요의 변화
   ① 가용자원(토지, 골재, 기능인력)부족으로 효율성 극대화 요구
   ② 민주화진전, 지방 자치제 실시, 국민가치관 변화 등으로 건설 산업 추진의 어려움
   ③ 타분야 기술 발전대형 복합시설 축소용이 및 이들 기술과 건설기술을 접목시키려는 노력 지속
   ④ 궁극적으로 인간의 최적 환경 추구, 기능 위주에서 질 위주로 전환

(3) 건설 시장 개방
   ① 개방 일정
      ㉮ 일반건설분야 : 94년 하반기부터 외국업체 100[%] 투자 허용, 96년 상반기부터 외국업체 국내지사 허용
      ㉯ 전문건설분야 및 설계용역분야 : 96년 상반기부터 참가 허용
      ㉰ 공공건설분야(97년부터)
         • 중앙정부발주공사 : 50억 이상 공사 외국업체 참여허용
         • 지방자치발주공사 : 160억 이상 공사 외국업체 참여허용
   ② 개방 원칙
      ㉮ 긍정적 측면
         ㉠ 해외진출 기회 확대
            • 도전의 기회, 기술/자금/정보능력열세 극복 요구
            • 재도약의 기회(해외진출)
            • 시장 다변화(미국, 일본 등 선진국)
         ㉡ 시장 질서 선진화
            • 기술용역 관련제도, 입찰, 계약 등 제도 및 시장질서 국제 관행화로 개선 기대
            • 업체 및 정부 새로운 환경 적응으로 건설 산업 선진화
            • 덤핑, 담합, 연고권주장 등 부조리 지양
            • 불법 하도급 관행, 부실 시공, 감리 등 관행배제

ⓒ 기술 개발의 계기
- 시장보호막 제거 경쟁 치열 기술 개발 불가피
- 고부가가치 산업으로 전환
- 민간기업 경영혁신 통한 전문화, 복잡화, 국제화 추구 국제 경쟁력 강화

ⓔ 수요자 위주의 시장 체계 : 공급자 위주 시장에서 수요자 위주로 전환

㉯ 부정적 측면
ⓐ 국내 시장 잠식
ⓑ 외국산 기자재 국내 반입

(4) 규제 완화
① 건설면허, 용역업체 등록 요건 등 완화 : 무역장벽요소 최소한 제재 불가피
② 규제완화 및 시장개방 본격화 : 제도권내의 보호막 제거, 수주 경쟁 치열

(5) 건설 자원 부족 현상 심화
인력, 기자재, 자금 등 생산 요소 부족
㉮ 건설시공 기계화 및 자동화
㉯ 경량 골재, 고강도 고성능 경량 콘크리트 개발
㉰ 해체후 등 재활용 기술능력개발

(6) 국민의 가치관 변화
환경 문제, 안전 문제 관심 고조, 환경 기술 개발 도급
① 환경 파괴적 성격에서 환경 조성, 보호로 방향 전환
② 건설부산물 처리 및 재활용
③ 기존 노후 시설 철거 공법
④ 소음, 진동, 분진 등 환경문제 발생   끝

문제 2

건설 공사의 부실화 방지 대책(제도/설계/시공/감리제도별)을 기술하시오.

1 부실 공사의 단계별 원인

(1) 제도상의 원인
① 입찰 제도상의 문제 : 덤핑 입찰(저가)

② 건설 면허 제도상 문제 : 업체의 설계·시공 Engineering 능력 부족
③ 도급 발주의 설계·시공 분리

(2) 설계 계획상 원인
① 충분한 사전 조사 미흡 : 설계기간 부족
② 부적절한 예산 산정 : 상세 설계 미흡
③ 설계·시공의 Engineering 능력 부족

(3) 시공상 원인
① 도면 및 시방서의 규격 준수 미흡
② 재료 산정 및 시험의 미흡 : 레미콘 품질 등(불량)
③ 시공시 부실 시공 : 거푸집, 철근, 콘크리트 공사 등

(4) 감리·감독상 원인
① 감리·감독의 전문 인력 부족
② 감리자의 권한과 책임의 한계
③ 감리 대가의 현실화 부족
④ 감리원의 전문 기술 능력 부족

2 부실 공사 방지대책

(1) 현행 제도상 대책
① 입찰제도의 개선
㉮ 현행 : 100억원 이상 공사 → 최저가격 낙찰제
100억원 미만 공사 → 제한적 최저가격 낙찰제
㉯ 개선 : 현행 최저 가격 낙찰 방식을 기술평가 심사에 의한 기술경쟁 낙찰방식으로 전환 – PQ제도 활성화
② 덤핑입찰 방지대책
㉮ 현행 입찰 참가 자격심사의 하향조정
㉯ 차액 보증금 납부제도 강화
㉰ 선급금 배제 제도 개선
③ PQ 제도의 강화
㉮ 현행 입찰 참가 가격심사의 하향조정
• 현행 100억원 이상 공사
• 개선 50억원 이상 공사로 확대

    ㉯ PQ 심사범위를 시공사뿐만 아니라 설계자, 감리자 선정시에도 확대
   ④ 건설면허 제도상 대책
    ㉮ 종합건설 면허 제도 도입 : 시공사의 자본·기술능력·시공실적 등을 종합 평가하여 Engineering 능력 업체 육성
    ㉯ 설계·시공 일괄 도급 발주 확대
   ⑤ 부대 입찰 제도 강화
    ㉮ 입찰시 부대 입찰 제도 의무화 : 50억 이상 공사로 확대실시
    ㉯ 원·하도급자 간의 건전한 하도급 질서유지
    ㉰ 저가 하도급에 의한 덤핑 방지
    ㉱ 무면허 하도급 방지

(2) 설계 계획상 대책
  ① 발주 계획상 대책
   ㉮ 충분한 사전조사에 의한 설계 도면 작성
   ㉯ 무리한 사업계획과 부적절한 예산산정방지
   ㉰ 설계·시공의 일괄 발주 방식 확대
  ② 설계상 대책
   ㉮ 충분한 설계기간 산정
   ㉯ 현장 여건을 충분히 반영한 설계도 작성
   ㉰ 설계 시방서의 상세 작성
    • 시공 절차서의 제출 및 승인 방법
    • 감리·감독자의 품질 점검 방법
    • 현장여건을 충분히 반영
   ㉱ 설계하중의 충분한 반영
   ㉲ 신축 줄눈 설치
  ③ 설계·시공 엔지니어링 능력 배양
   ㉮ 발주방식의 설계·시공 일괄 발주방식 확대(턴키발주)
   ㉯ 자체 사업 개발 투자로 기술능력 향상
   ㉰ 고부가가치 발굴로 soft 기술 능력 개발
   ㉱ 전문설계 엔지니어 육성
  ④ 종합기술 능력 향상

(3) 시공시 부실화 방지대책
  ① 도면 및 시방서 준수 : 재료시험/CON'C요소 강도 확보/품질검사 방법/안전시방서 준수

② 재료검사 및 배합상 문제
  ㉮ 풍화된 시멘트 사용 금지
  ㉯ 강도가 크고 입도가 좋은 둥근 골재 사용
  ㉰ 적정 물시멘트 사용
  ㉱ 청정수 사용
  ㉲ 시공 연도 준수
  ㉳ 해사 사용시 염분규제치 준수(살수 등 조치)
③ 레미콘 운반시 품질저하 방지 : 최대 90분 이내(서중)
④ 현장 시공시 품질관리 철저
  ㉮ 펌프압송시 가수 중지
  ㉯ 레미콘 타설시 한곳에 집중타설금지
  ㉰ 거푸집 존치기간 준수
  ㉱ 콘크리트 균열/중성화/염해대책 철저

(4) 감리·감독 대책
  ① 감리제도상 대책
    ㉮ 감리 대가의 현실화
    ㉯ 전문 종합 감리제도 정착
    ㉰ 민간 감리 전문 회사 육성
  ② 감리 시행상 대책
    ㉮ 감리 체제의 확립(시공 감리 강화)
    ㉯ 형식적 감리 탈피 : 서류 행정에 급급
    ㉰ 감리자의 전문기술 능력 (부족) 현상(현장 실무 경험 부족)
    ㉱ 외국 감리 제도 도입 : C.M 제도 등
    ㉲ 감리 책임 및 권한 강화

(5) 업체의 체질 개선
  ① 기술 개발 투자 확대(신기술 지정 등)
  ② 전문 기술 능력자 양성
  ③ 자체 공사 개발로 설계·시공능력 향상
  ④ 공사 관리의 과학화, Total System화
  ⑤ 안전 관리에 중점 투자   끝

문제 3

부실공사로 인한 영향/요인/대책을 세우시오.

1 개 요

① 성수대교 붕괴사고, 삼풍백화점 사고 및 건설시장개방에 대비 부실시공에 대한 철저한 대책 필요
② 부실공사 원인은 여러 각도에서 조명 가능하나 국제화를 대비 우리가 갖고 있는 여러 문제점과 대응책을 마련하여 양질의 시공을 이룰수 있도록 추진

2 부실공사로 인한 영향

① 건축물 노후화 증가 : 내구성 급속 저하, 건축물 수명 단축, 대형사고의 원인 제공
② 건축물 균열, 누수, 소음 단열성 저하 : 기능 저하
③ 건축물 관리비, 보수비 증가
④ 인명, 경쟁력 상실
⑤ 국제 경쟁력 상실
⑥ 기업의 안전 수준 및 국가의 공신력 추락

3 부실공사에 대한 대책

(1) 건설 산업 구조적 대책

① PQ 제도 활성화 : 부적격 업체 배제
② 기업 체질 개선 : 경영의 합리화
③ 하도급 계열화, 전문화, 무자격, 무면허 하도급 행위 근절
④ 저가낙찰, 감독 및 보증제도 강화 : 저가 낙찰 평가제 도입
⑤ 기술 경쟁 위주 경영 전환

(2) 제도적 대책

① 입찰, 낙찰제도 개선 : 국제화 대응, 최적격 낙찰제 도입
② 정부 노임 단가, 품셈 제도 개선 및 현실화
③ 주택 건설 물량 등 제조건 허용내 계획 설정
④ 종합 안전 관리체제(품질관리체제)구축
⑤ 하자보증제도 개선 : 보수기간, 의무 조건, 판정기준제정 등

⑥ 일정기간 경화 후 구조 안전 진단 실시 의무화 : 사용 중지, 개보수지시 철거
⑦ 건축물 유지관리 능력 및 체제 정립
⑧ 일정 공사 금액 이상 건설안전기술사 등 전문 인력 배치(품질안전기술사)

(3) 시공, 감리 측면 대책
① 우수 시공업체 해택 및 부실 시공업체 벌칙 강화 시행 : 개정 건설업법 엄격 준수
② 충분한 공기 및 예산의 확보 : 부실시 엄청난 역효과 인식 주입
③ 예산 절감 목적 현장 직영 하도급 금지(책임 의식 결여)
④ 감리회사 대형화, 전문화 유도
⑤ 감리자 실질적 권한 부여 : 재시공, 공사 중지 명령권 등
⑥ 부실 감리 대한 배상, 처벌 강화 : 보험제도, 공제조합 설립
⑦ 감리 기관 독립성 보장 : 공공 기관 선정

(4) 재료적 측면 대책
① 현장 재료 품질관리 및 시험 체제 구축 : 콘크리트 등 품질 관리 기사 보유
② 시방서 재료 시방 명확한 명시
③ 불량 자재 및 품귀로 인한 대체 재료 성능 확인 철저 및 반품 조치
④ 신재료 개발
⑤ 자재의 표준화와 모듈화

(5) 기술, 설계 측면 대책
① 신공법, 신기술 충분한 소화 및 숙달 필요
② 설계 부실에 대한 설계자 배상 책임 필요
③ 설계 회사 대형화, 전문화 유도 : 책임의식 강화, 국제화 대응
④ 현장 기술 인력 능력 제고
⑤ 제 기준 적시 제정 및 개정
⑥ 기술 개발 투자 확대
⑦ 종합관리 시스템 개발

4 견실 시공으로 국제화에 대응

(1) 국내 기술 문제점
① 전반적 건설 기술 수준 낙후
② 수주 의종 시공 위주 : 수익성 다변화 결여
③ 건설 환경 변화 대처 미흡 : 합리화, 공업화, 자동화 등

④ 건설 기술 개발 투자 미흡
⑤ 기술 경쟁 체제 전환 지연

(2) 건설 기술 개발 활성화 방안
① 기술 경쟁력 제고 : 기술 개발 투자 확대 및 개발 투자
② 인재 확보 육성 : 국제화 대비
③ EC화 능력 제고
④ 국제 경쟁력 제고
⑤ 건설 산업 구조 개선과 기술 개발 지원

5 결 론

① 대형 건설 사고 발생시마다 대책반 구성, 원인조사 등 임기응변식 미봉책으로 또 다른 부실을 야기시키는 단편적 행사로 끝나는 경우가 대부분이다.
② 철저한 원인규명과 대책수립으로 안전사고 예방에 적극 대처해야 하겠다. 끝

문제 4

건설 공해 및 개선대책을 쓰시오.

1 개 요

건설 공해란 건축, 토목공사의 착공에서 준공까지의 기간에 행해지는 건설공사에서 주변생활 및 환경에 유해를 끼치는 모든 행위를 의미한다.

2 건설 공해를 원인별로 분류

① 소음, 진동에 의한 것
② 지반 침하, 지하수 고갈
③ 진해, 비산, 악취 등
④ 교통에 관한 것
⑤ 불안감, 전파장애, 일조권 침해
⑥ 기타 환경 공해(폐기물 등)

3 종류별 특성

(1) 소음, 진동

도심지의 공사시 가장 많이 발생될 수 있는 공해로서 사회적인 문제가 되고 있다.

① 발생원
- ㉮ 해체 공사
- ㉯ 토 공사
- ㉰ 말뚝 공사
- ㉱ 콘크리트 공사
- ㉲ 마감 공사 등

② 피해
- ㉮ 수면, 휴식 방해
- ㉯ 영업 방해
- ㉰ 일상 생활 방해
- ㉱ 생활 환경 저해

③ 대책
- ㉮ 무진동, 무소음 공법 사용
  - ㉠ Pile 공법 변경
    - 항타 공법 → Pre-boring 공법
    - 압입 공법
  - ㉡ 지하실 흙막이 공법 변경 : H-Pile 직타 공법 → SCW/CIP 등의 무소음 공법으로 변경
- ㉯ CON'C 타설 소음
  - ㉠ 타설 장비를 멀리 이격시킨다.
  - ㉡ 타설 장비 주변을 방음 장막을 씌운다.

(2) 지반 침하, 지하수 고갈

① 지반 침하의 원인
- ㉮ 지하수 과잉 양수에 의한 침하
- ㉯ Heaving에 의한 주변 건물 침하
- ㉰ Boiling에 의한 주변 지하수의 저하, 지반 침하
- ㉱ 흙막이벽 강성부족에 의한 변형, 주변 침하
- ㉲ 주변에 과하중 적재로 인한 침하
- ㉳ 말뚝박기, 각종 건설기계 진동에 의한 침하

② 대책
- ㉮ 예비조사
  - ㉠ 지반 및 지하수위 조사를 충분히
  - ㉡ 주변 매설물 건물조사

　　　　㉰ 시공시
　　　　　　㉠ 지하실 굴토저면 연약지반 보강으로 히빙 현상에 대처
　　　　　　㉡ 지하수위 저하를 막기 위한 배수공법 실시
　　　　　　㉢ 지하수의 저하를 막기 위한 차수공법
　　　　　　㉣ 흙막이벽의 안정도 검토
　　　　　　㉤ 어스앵커의 안정성 검토
　　　　　　㉥ 주동토압, 수동토압의 안정성 검토
　　　　　　㉦ 주변의 철로, 야적, 중장비, pile 적재 등 금지

(3) 진해, 비산, 악취 등
　　① 발생원인
　　　　㉮ 해체공사 : 분진, 비산
　　　　㉯ 토 공사 : 덤프트럭 먼지 발생, 발파 먼지발생
　　　　㉰ 말뚝, 흙막이 공사 : 디젤해머 기름분산
　　　　㉱ 구체공사 : 거푸집 청소시 먼지 비산, CON'C 타설 낙하 비산,
　　　　　　철골 용접 불꽃 비산, BOLT 등 비산
　　　　㉲ 마감공사 : Paint 도포시 비산, (내화피복), 기타 공해
　　② 방지대책
　　　　㉮ 분진 발생을 억제
　　　　㉯ 분진발생 방지를 위한 공법변경을 검토
　　　　㉰ 도로 등에 살수를 하여 먼지 발생 방지
　　　　㉱ pile 박기시 디젤 기름 비산을 방지하기 위해 공법을 변경
　　　　　　• 도심지일 때는 유압공법 등 부소음공법을 적용
　　　　　　• 시외곽일 때는 바람이 많이 부는 날은 작업 중단, 비산 방지망 설치
　　　　㉲ 고층건물에서 비산, 분진 발생
　　　　　　• 수직막 설치(보호시트)
　　　　　　• 건물 주변 물살수
　　　　㉳ Asphalt 악취, Sheet 방수(cold Adhesive type)으로 변경

(4) 교통에 관한 것
　　① 교통 방해
　　　　㉮ 지하실 토사 반입, 반출시
　　　　㉯ 레미콘 도로 대기시
　　　　㉰ 빈번한 차량 출입시(파일 운반)

② 도로 파손
  ㉮ 흙막이 부실로 파손, crack
  ㉯ 차량 출입시 파손

[대 책]
- 교통정리원의 배치
- 작업시간의 제한, 통제 : 빈번한 교통시간 배제
- 통행경로의 변경
- 공사용 진입로의 변경
- 안전통로의 확보(공사장과 일정거리 유지)

(5) 기타
① 초고층 공사로 인한 일조권 방해
② 심리적 압박감
③ 자연물의 훼손에 의한 정서적 불안감 초래
④ 작업원인의 집중화로 위화감 조성 등
⑤ 고층건물에 의한 통신 및 TV 등 시청장애

4 종류별 대책

(1) 건설공해를 방지하기 위해 건축물의 설계 단계에서 부터 소음, 진동, 분진이 발생하지 않도록 검토

(2) 시공단계에서는 주민과의 유대를 강화하고 생활 또는 자연환경을 보존할 수 있는 대책 강구

(3) 건설공해는 해당 현장의 문제로만 끝나지 않고 사회적 문제로 비화될 수 있으므로 철저한 계획과 그에 대한 대비책을 강구해야 할 것

(4) 각종 민원에 대한 철저한 검토 및 안전 시공 유도

(5) 기획 설계부터 주도면밀한 안전대책 필요   끝

문제 5

건설 공해 및 개선대책을 설명하시오.

1 소 음

(1) 유형별 소음방지 대책

소음방지 대책은 각종 소음 발생기기를 정밀 분석하여 공사현장주변에 있어서 허용레벨을 만족시키기 위해 적절한 방음대책을 설정하여야 한다.

① **소음원 대책** : 저공해형 공법 및 건설기계의 채택, 방음덮개 및 차음박스 설치 등 동원력에 대한 소음방지 대책

② **전파 경로상의 대책** : 정치식 건설기계에 대하여 적응할 수 있는 방음 하우스, 방음벽 등에 의한 차단효과를 이용하는 방법이다. 해체하는 건축물 개구부(유리창, 출입구 등)에 방음 패터널을 설치하여 건축물내에서 발생하는 소음이 외부에 전파되지 않도록 한다.

③ **브레이커의 방음대책**
㉮ 배기구에 소음 머플러를 부착하고 브레이크 본체를 흡음재로 방음 커버하여 피복한다.
㉯ 배기구에 집진기를 설치하여 CON'C 파쇄 등에 의한 소음이 확산되지 않도록 해야 한다.

(2) 작업소음 규제기준

해체공사 잡음 소음을 비롯한 일반적인 생활소음의 규제기준은 다음과 같다.

시간별 대상 소음별		조석 (05:00~08:00 18:00~22:00)	주간 (08:00~18:00)	심야 (22:00~05:00)
확성기에 의한 소음	옥외시설	70 이하	80 이하	사용금지
	옥내에서 옥외로 배출시	55 이하	60 이하	50 이하
공사 및 사업장의 소음		55 이하	60 이하	50 이하
심야의 계속적 또는 반복적 소음		—	—	50 이하

2 진 동

(1) 방진 계획

① **현지조사** : 현지조사는 해체전 미리 현지의 정보를 수집하여 방진대책을 소모하기 위해 행하는 것이다. 이것은 방음대책을 위한 현지조사와 병행하여 알맞게 실시되어야 한다.

② **시공전 조사** : 시공전 조사는 건설기계에 발생하는 진동 특성을 검토하고 또 수주측에서의 규모, 내용 및 공사현장의 주변사항 등에 따라 아래사항을 계획하여야 한다.
  ㉮ 주변사항 : 주변가옥의 밀집도, 생활시간(대제와 사업지에는 각각 작업제한 시간이 틀릴 수 있다) 등에 대해서 현지 조사, 분석한다.
  ㉯ 공공시설 : 특히 유의해야 할 공공시설로서 학교, 보육원, 병원, 진료소, 도서관 및 노인정 등이 있다. 이들 시설이 공사현장 주변에 있을 경우 시설을 이용하고 있는 시간대 등에 대하여 현장조사, 분석한다.
  ㉰ 지반조건 : 연약지반에 있어서의 공사 등의 경우는 지반에 의한 지반침하가 발생할 수 있기 때문에 공사현장의 주변지반, 지질 및 지하수위 등에 대하여 기존자료의 활용과 탐사를 통하여 조사, 분석한다.
  ㉱ 지하매설물 : 지하매설물은 진동에 의해 파손될 수 있으므로 가스 전기, 전화 및 상하수도의 매설물의 존재, 위치에 관하여 현장조사, 분석한다.

(2) **진동측정**
  ① 측정지점은 가능하면 공사현장의 주변지역에 있어서 대표적인 장소, 공해진동에 관계되는 문제가 발생한다고 예상되는 장소에 대하여 시공시 조사와의 대응을 고려하여 선택한다.
  ② 도로에 면한 지역에는 부지 경계상 또는 일반공사현장에는 부지경계선에서 7[m], 15[m], 예상되는 시간대, 시공시 작업시간대 등에 대응하도록 해야 한다.
  ③ 측정은 공사현장 주변지역의 생산, 생활 시간대를 고려하여 진동에 의한 문제가 발생한다고 예상되는 시간대, 시공시 작업대 등에 대응하도록 해야 한다.

(3) **시공전 조사**
  ① 공사현장의 주변에 있어서 기존의 정밀기계에 대한 조사, 건물 정밀기계 등에 대한 현장조사, 분석은 건설공사에 있어서 발생하는 진동에 영향을 준다고 예상되는 것에 대하여 공사 시공전의 상황을 파악하는 것이다.
  ② 이 조사에는 위험물 저장고, 정밀기계(전자계산기, 인쇄기, 자동제어기 등)를 포함한 시설 일반의 가옥 등을 대상으로 공사전의 사항을 파악하여 필요에 따라 진동에 의한 영향을 조사하여 둔다.
  ③ 가옥의 노후도, 피해정도(벽의 균열 등)를 사진, 스케치 및 경사계 등으로 현장조사, 분석을 행한다.
  ④ 시공시 조사 : 시공시 조사는 공사의 시공중 진동을 측정하고 또한 주변상황, 건물의 심화 등을 파악하기 위하여 기본측정법에 준하여 조사한다.
  또한 측정기록은 시공기록으로서 정리보존해야 한다.

⑤ 방진대책의 기본적 고려사항
  ㉮ 방진시스템 : 방진대책의 기본적인 고찰방법은 진동원대책, 전파방지대책 및 수진측 대책으로 나눈다.
  ㉯ 진동원 대책의 방법
  ㉰ 저진동원 건설기계로의 개선
  ㉱ 진동절감 개선방법
    ㉠ 회전기계의 경우는 기계의 회전수에 의한 고유진동수와 회전축의 휨에 의한 고유진동수를 일치시키지 않도록 한다.
    ㉡ 왕복동력기계의 경우는 관성력의 다단 실린더의 것으로 교환하든가 별도의 특수한 장치를 만들어 상쇄시키는 방법 등이 있다.
    ㉢ 편심모멘트에 의하여 기진력을 크게 하는 경우는 가속도를 크게 하면 진폭이 작게 되기 때문에 유리하다.
  ㉲ 지반과 접한 기계본체의 개선 : 지진(진동수 f)를 발생시키는 건설기계는 지반과 공진을 피하여 기계자신의 진폭을 절감시켜 지반에의 진동전파를 작게 하는 것이 필요하다.
  ㉳ 방진대책
    ㉠ 지반과 밀접한 지중보, 기초를 강구로 직접 타격하지 않는다.
    ㉡ 철해머를 이용하여 타격하는 경우에는 타격시의 진동이 전달되지 않도록 구조물 지반 등을 적절한 위치에 절연시켜 둘 필요가 있다.
    ㉢ 대형부재를 전도하는 경우에는 전도하는 면에 쿠션재 등을 깔아두어 지반에 전파되는 충격진동을 절감하도록 한다.
  ㉴ 소음, 진동에 대한 대책으로는 설계단계에서부터 저소음, 저진동공법의 채택이 무엇보다 중요하다. 끝

문제 6

건설공사 현장에서 발생하는 폐기물 처리 방안을 설명하시오.

1 개 요

(1) 폐기물이란 인간이 쓰고 남아 도움을 주지 못하는 물건을 말한다.
건설현장에서는 각종 자재 포장지, 보호대, 유리파손물, 철근토막, TILE, 석고보드 등이 파손자재로서 발생

(2) 정부에서는 환경 보호 대책 및 GR 등 국제적 환경 등의 규제에 대처하기 위해서 건설산업 부산물인 폐기물을 재활용하는 방안을 법률로 규정하고 있으며,

(3) 따라서 국제 경쟁력 강화 및 환경 보존 대책으로 각 건설 현장에서의 폐기물 감소 및 폐자재 재활용(RECYCLING) 방안을 강구 시행하여야 한다.

2 폐기물 발생 원인

① 해체공사 : 벽돌, 콘크리트, 철근, 유리, 비닐 등
② 토공사 : 잔토, 진흙, Bentonite, 누수 Pile 두부정리제
③ 구조 골조 공사 : 목재, 합판, 폐부수자재, 철선, 철근, 작은토막, 콘크리트
④ 마감공사 : 자재포장대, 시멘트벽돌, BLOCK, 각종 자재의 부스러기, 금속류, 절단된 토막, Plastic류 등
⑤ 전기설비 및 기계설비 : 전선, 납, 폐관류, 기름류 등
⑥ 사무실 및 가설 식당의 폐기물

3 폐기물이 미치는 영향

(1) 안전관리상의 영향

① 현장소의 인명 손상 혹은 부상의 발생
② 안전사고의 발생의 원인 제공
③ 화재발생시 직·간접의 원인 제공
④ 추락, 비산으로 주위 환경 오염
⑤ 건강상의 저해 요인 발생

(2) 공사상의 영향

① 인건비의 상승 : 과투자, 자재비 손실
② 정리정돈에 의한 경비의 투자
③ 공기의 영향
④ 양중 부하 가중
⑤ 건설 폐기물 처리기준 강화
　㉮ 처리기준의 명확화
　㉯ 보관 및 적체에 대한 기준
　㉰ 매립지에서의 처분 규제 강화
⑥ 위탁처리업자(중간처리업자)의 육성 및 재활용 처리시설의 확대가 시급

⑦ 재생자재 품질에 대한 시방 규준의 마련이 시급
⑧ 재생자재의 수요확보 방안 모색

(3) 환경에 주는 영향
① 소각으로 인해 공해 유발, 민원 발생 야기
② 자체 매립 혹은 주변 매립으로 인한 환경 오염
③ 부식으로 인한 gas 발생
④ Cement Paste, 페인트, Bentonite 용액 : 수질 오염, 산업폐기물
⑤ 자재비산으로 인한 환경 오염

4 폐기물 처리 방안

(1) 정리 수집 방법
① 폐기물 재사용재 구분 정리정돈
② 압축, 폐쇄, 소각, 유수분리, 탈수, 체적감소 등으로 분류
③ Paper류, 철물류 → 수거 → 매각

(2) 처리 방법
① 정리 → 구분 → 수평운반 → 수직운반 → 집적 → 폐기물 처리
② 재활용재 → 보관 → 매각 가능재 매각 처리
③ 기타 폐기물(완전) → 자체처리 및 위탁처리
④ 적재방법 → 장내 장외 직접

(3) 위탁처리시 유의사항
① 산업폐기물 처리방법의 허가증 유무
② 처리장 확보 유무 확인
③ 현재 처리장 현황

(4) 재 이용 방법
① 부재 해체물
㉮ 직접 이용형 : 자원을 그대로 활용 – 포장하층재료
  벽돌 – 비내력벽 사용
㉯ 가공 이용형 : 절단, 재조립사용 – 철제판, GLASS 등
② 파쇄 해체물
㉮ 재생 이용형 : 형태를 이용하여 재이용
㉯ 화원형 : 재 이용이 곤란한 것 – 소각 ENERGY 활용

5 나아가야 할 방향

① 폐기물 처리 시설 확충 및 재활용 연구기관의 설립 연구개발
② 적정매립지 확보
③ 산업폐기물 교환 CENTER 운영 : 기자재, 설비, 자동차 등 타산업과 연계유지
④ 폐기물 처리 : 재활용 지침의 확정, 강력한 행정력 지도
⑤ 설계시부터 폐기물 절감 방안 강구

6 결론

(1) 건설공사의 대형화 및 건물의 내구연한이 지난 건물을 해체, 신축이 최근급증함에 따라 향후의 폐기물 처리 방안에 대한 연구와 재활용 대책이 시급히 요구되고 있다.

(2) 관,산,학,연의 유기적인 연구 및 폐기물 관리체제 유지   끝

문제 7

건축공사의 자동화 및 로봇화/재해예방을 위한 로봇의 활용방안을 설며하시오.

1 국내 건설산업의 로봇 현황 문제점

(1) 건설산업용 로봇화에 대한 관심미흡 (노동집약 탈피 미흡)

(2) 건설산업용 로봇의 시공적용이 초보적 외국 로봇 도입단계에 그침

(3) 작업구조의 문제점
① 설계의 표준화 미흡
② 부품의 규격화 미흡
③ 시공의 기계화/자동화 미흡

2 건설용 로봇 개발의 제약요인

① 작업공정이 복잡하고 수작업이 수반
② 옥외생산 이동생산 작업시마다 환경 다름
③ 취급자재의 중량물이 크다.

④ 협소한 작업공간 로봇 자체의 기동성 경량성이 크다.
⑤ 작업방법 및 내용에 관한 요구조건에 순응하는 문제

3 건설용 Robot 개발 Process

(1) 로봇 개발의 단계적 방법
　① 테마선정 : 로봇화의 필요성 분석
　② 개발목표선정 : 대상작업 공정조사 분석
　③ 기본설계 : 로봇의 기능 및 시방조건 설정
　④ 상세설계 : 로봇본체 주변기기 설계
　⑤ 제작 : 로봇 제작 조립
　⑥ 실용화 : 로봇 시공 system 개발

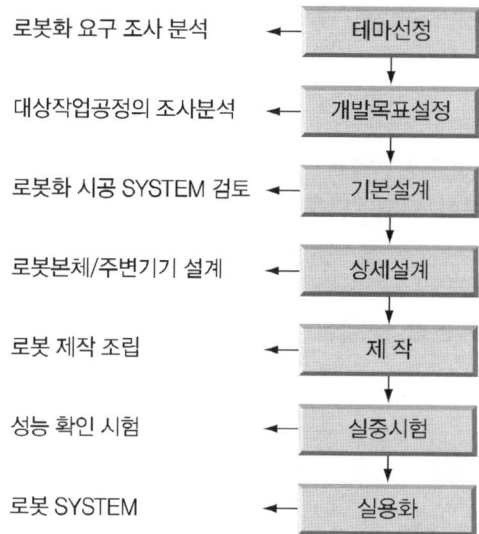

4 건설 로봇의 개발 방향

(1) 재래공법의 특성을 살린 시공 Robot 개발

(2) 설계단계에서부터 적합 공법 개발

(3) 위험하고 유해한 작업을 위한 로봇 개발 → 기능인력의 부족과 인건비 상승에 대비한 자동화 로봇 개발

5 시공 로봇의 자동화 대책

(1) 인공지능 등 최신기술도입 필요 → 인간중심의 설계 시공방법을 로봇 중심으로 변화시도하여 로봇의 능률적 작업조건 조성

(2) 건물의 설계 구법을 설계단계부터 Human scale에서 Robot scale작업여건의 연구개발

(3) 고감도 센서 개발 → 로봇의 기능적 효과 향상을 위해 개발

(4) 원격조정과 지능적 능력을 갖춘 자율형 개발

(5) 새로운 정보통신 system의 개발

(6) 로봇의 작업능률 향상을 위한 작업성격을 계속 발굴 실시

6 로봇의 사용 현황

(1) 현재 국내의 사용은 거의 전무한 상태이며 가까운 일본을 예로들면 이미 Robot를 이용하여 다양한 공사에 성공적으로 수행하고 있다.

(2) 로봇의 이용현황
  ① Slurry wall 공사용 Robot   ② 건물 외벽 유리창 청소 Robot
  ③ Tile 하자 감지용 Robot   ④ 토공 정지 작업용 Robot
  ⑤ 조적 공사용 미장공사, 내화 피복, 철근 배근, 외벽도장 용접 비파괴 검사용 Robot 사용

(3) 안전관리 측면의 로봇 활용방안
  ① 추락, 낙하 등 고소작업에 로봇 이용 : 추락 재해 예방을 통한 인적/경제적 손실절감
  ② 밀폐된 작업공간(산소결핍)에 이용
    ㉮ 잠함공사로 인한 산소 결핍
    ㉯ 하수관내 세균 및 가스발생
    ㉰ 터널, 갱내의 메탄가스 누출예상지역
    ㉱ 분뇨, 썩은 쓰레기 등 부패 분해가 예상되는 지역 등
  ③ 유해 위험물질을 취급하는 장소에 Robot 이용
    ㉮ 발파, 폭파 작업
    ㉯ 염기성, 유기용제 취급장소
    ㉰ 기타 유해위험 또는 질병 등에 이환이 예상되는 지역   끝

문제 8

감리제도의 역할과 목적을 설명하시오.

1 개요

① 최근 발생된 각종 부실공사는 국제 경쟁력 약화 뿐만 아니라, 건설인의 한 사람으로 부끄러운 일로 하루 빨리 배제해야 될 일이다.
② 부실의 원인은 건설 기술 수준 부족보다 과당 경쟁 저가 입찰, 공사에 대한 책임감, 사명감결여, 설계 시공 감리 전과정에 팽배되어 있는 제도적, 관행적 부실 요인이 內在 되어 있다.
③ 책임 감리 제도의 정착과 활성화에 큰 기대를 갖게 된다.

2 감리제도의 역할과 목적

(1) 감리의 역할
   ① 공기 준수
   ② 공사비 절감
   ③ 유지보수비 절감
   ④ 기술 축적 및 향상 (Feed Back)
   ⑤ 품질 확보 : 내구성 확보

(2) 감리의 목적
   ① 공사가 설계도서 기타 관계 서류에 의거 수행되는지 여부 확인
   ② 품질관리, 안전관리 및 공사 관리에 대한 기술 지도
   ③ 관계 법령에 의거 발주기관 감독 권한 대행

(3) 전기법상 감리원의 업무

3 책임 감리 제도 주요 내용

(1) 감리 대상 공사
   ① 50억 이상인 토목공사
   ② 총 공사비 50억 이상, 바닥 면적 합계 10,000[m^2] 이상 건축공사
   ③ 발주관서장 필요 인정하는 공사

(2) 감리원 자격
　　① 건설 기술 자격 소지자
　　② 학력, 경력자 자격 인정자

(3) 외국 감리 용역 업체 활용

(4) 감리원 업무 범위
　　① 시공중 발생되는 제반 사항 검토 확인
　　　㉮ 시공계획
　　　㉯ 공정표
　　　㉰ 시공도면 등
　　　㉱ 하도급 타당성 검토
　　　㉲ 자재 적합서 확인
　　② 각종 자재 시험 등 품질 관리에 관한 사항 확인
　　③ 재해 예방 및 안전 관리 확인
　　④ 설계 변경, 기성고 사정 및 기성 검사 업무
　　⑤ 준공도면 검투 및 준공 검사 등

(5) 감리원 권한과 책임
　　① 권한
　　　㉮ 공사 중지 명령권
　　　㉯ 재시공 명령권
　　　㉰ 기성 및 준공 검사권
　　② 책임 : 책임감리 부실, 관련 법규 위반, 발주자의 피해 등 부실의 경우 해당 감리원 기술 자격 면허, 자격 인정 등 필요 조치, 사안에 따라 5년 징역, 5천만원 이하 벌금

(6) 감리 전문회사 선정방법
　　① 3억 이하 감리 용역 : 공개 경쟁 85[%] 직상 낙찰제
　　② 3~10억 : PQ 2~3개 선정, 85[%] 직상 낙찰제
　　③ 10억 이상 : PQ 2~3개 선정, 최저가 낙찰제
　　④ 도급 받은 계열 회사 감리 전문회사 선정 불가

(7) 발주기관 및 담당 직원 업무
　　① 감리 수행 지도 점검 및 감리 행정 업무
　　② 감독(발주기관 직원) 비산주체제로 권한

(8) 감리 업무 착수 시기 및 준공 후 관리
   ① 감리 용역 조기 착수
   ② 공사시설 목적물 발주기관 차질 없이 인계, 지도 감독
   ③ 하자보수처리 분쟁 또는 이견에 대한 의견 제시
   ④ 감사 기관 수감 요구에 응해야 됨

4 나아가야 할 방향

(1) 감리 회사 대형화, 전문화 유도 : 특화, 대형화, 전문화 해외 경쟁력 강화

(2) 감리 회사 배상 책임
   ① 보험 제도
   ② 공제조합 등 설비

(3) 감리인력 기술력 강화
   ① 기술지도 자질 향상
   ② 국내 건설업 주도적 역할
   ③ Turnkey 공사, 특수공법, 신공법 등·설계도서 등 검토 능력 배양

(4) 감리회사 난립, 과당경쟁, 부실 우려

(5) 국제적 CM(Construction Management), Consultant 전문회사로 도약
   ① 국제적 선진화
   ② 기술력 강화
   ③ 전문인력 확보
   ④ 첨단관리기술 확보

(6) 기술자격 면허 제도 강화
   ① 건설업 면허 유지 목적 완화
   ② 감리 요원 및 현장 기술 요원 등 강화

(7) 감리 제도 정착 위한 협력
   ① 시장 개방 따른 위기의식 공감 건설업 책임 공감
      ㉮ 감리 제도 인정, 배타적 습성 지양
      ㉯ 자율보장, 정책 적극 협조

5 결론

(1) UR 시장 개방에 의해 무한 국제 경쟁 시대에 대응하고, 부실공사 등을 척결하기 위해서는 우리 건설업계를 주도적으로 이끌고 나갈 제도적 장치, 감리제도는 분명한 공인의식을 갖고 책임 수행에 만전을 다해야 한다.

(2) 공사 입찰시 또는 PQ 심사시부터 발주처의 자문 위원과 같은 역할을 하여 계약 체결시까지 공사 행정 및 기술사항 자문

(3) 우리 건설업의 발전을 위해 무분별한 외국 감리의 선호보다는 국내 감리에 발전을 위한 체계적인 노력이 중요하다. 끝

문제 9

건설시장 개방에 대비한 계약 및 CLAIM 감리대책을 설명하시오.

1 서 론

(1) 건설공사 계약에 있어서의 Claim의 필연적 발생사유
   ① 시공과정에서 기술적 필요, 경제적 효과, 시공상 효율성 등의 필요
   ② 발주자와 시공자간의 계약 조건에 대한 이해의 견해차
   ③ 계약의 변경사유 및 공사금액 증감

(2) 국내 건설산업의 실정
   ① 전통적인 계약방식과 관행
   ② 발주자의 시공자에 대한 우월적 지위
   ③ claim에 대한 부정적 선입관 : 당사자간의 권리 주장이라는 시각보다 괜한 문제를 야기시켜 복잡하게 만든다는 등의 선입관 등으로 Claim의 예방, 관리, 운용의 실효성과 중요성이 충분히 인식되지 못한 상태
   ④ 시장개방에 의한 상황 변화
   ⑤ 건설 기술연구원 조사결과(1996. 3)
      ㉮ 공사계약이나 시공상 불리한 사항이 있어도 향후 공사에 미칠 영향을 우려, 클레임을 제기하지 못하는 것으로 조사됨.

    ㈏ 클레임제기 제약 요인
      ㉠ 발주기관의 인식부족(25[%])
      ㉡ 계약서류상의 책임한계규정 미흡(11[%])
      ㉢ 분쟁해결 미흡(7[%])
    ㈐ 클레임제기 사유
      ㉠ 발주자의 추가지시(24[%])
      ㉡ 현장조건 상이(23[%])
      ㉢ 공사비 지불조건(17[%])
      ㉣ 공기지연(15[%])
      ㉤ 계약서 이해부족(13[%])
    ㈑ 클레임 해결 방법 : 현재는 사법기관(10[%]) 및 중재기관(5[%]) 조정이나 기타 방법(10[%])보다 상호 협의에 의해 해결(75[%])
    ㈒ 클레임 보상 : 대부분 일부만 보상 실적

(3) Claim의 실례
  ① 계약내용 이해 부족으로 기인한 Claim
  ② 계약서류 구성 여부로 인한 Claim
  ③ 공사용 자재로 인한 Claim
  ④ 기타 발주처와 시공자의 이해 부족 등

2 예상되는 주된 Claim

(1) 국내외 특수한 사회, 경제적 위험 부담에 기인한 Claim
  ① 불가항력 조항 강조
  ② 수행치 않을 시, 위험 부담 상쇄로 공사비 증가 초래

(2) 설계변경에 관련한 기술상 또는 공사비 적정선에 의한 Claim
  ① 설계도면과 시방서 부정확과 미흡한 부분
  ② 실질 경비 보상요구

(3) 공기 지연에 대한 발주자와 책임에 대한 Claim
  ① 민원문제에 의한 현장 인도 지연, 도면 승인 지연 : 계약에 민원 문제 해결이 시공업자 책임으로 분명히 명기된 경우도 선진 건설기업은 부당 또는 불평 등 계약 주장

(4) 하자 발생 또는 사고에 의한 Claim

설계하자, 시공하자 등 책임 소재 구분을 위한 분쟁 및 이를 수행할 검사 전문업체 진출 예상, 견적서도 한 몫 담당 예상

(5) 기술 특허, 면허 관련 지적 소유권 침해에 의한 Claim

3 대책 및 방안

(1) 계약 및 Claim에 대한 의식 전환
   ① 계약 행위에 대한 인식 변화 : 발주자, 시공업자간 불평등관계의 고정 관념 → 대등한 평등관계
   ② Claim에 관한 의식 전환 : 우월적 지위자(발주자)에 대한 불편 불만 행위 → 이해 당사자간의 합법적이고 합리적인 정당한 권리 행위
   ③ 건설 산업(Project)의 이해에 대한 모두의 의식 개선 : 분명한 계약 → 철저한 이행 → 이익 창출과 사회적 공여

(2) 발주자/정부기관 및 건설산업 관련자들의 계약 및 법제 기능 강화
   ① 계약, 입찰제도 형태 등을 다양화 : TURN KEY, 실비 정산제 등 공사 성격 및 특성에 따라 품질 보증, 적정 경비 고려 입찰/계약 제도 형태 다양화
   ② 공사별 단일 계약화
   ③ 각 발주자별 또는 Project별 분쟁 조정 기구 설치 제도화
      • 법정 소송 : 행정력 낭비, 경제적 손실, 동양적 문화 적대감 형성
      • 중재(Arbitrarion) : 법정 소송보다는 효율적이나 경제적, 시간적 손실 초래
      • 당사자간 조정 : 가장 합리적이고 효율적임
      • 건설분쟁조정위원회 : 건설산업 전반의 분쟁 전문적으로 처리
   ④ 계약조건의 작성과 시방서의 명확화 필요
   ⑤ 계약전문가 필요
   ⑥ 분쟁해결 전문가 육성 : Law School제도 도입 및 대학교 교과과정 보완 필요

(3) 독립적 감리제도 활성화
   ① 감리자는 발주자를 대표하고 발주자 권리 보호
   ② 시공업자의 권리도 지켜주는 조정자 기능 확보

(4) 기타
   ① 계약전 충분한 검토

② 전문인력 확보 및 지속적 계약 관리
③ Claim이 예상되는 사항 철저 분석 대처   끝

문제 10

건축시공(생산, 기술) 근대화 방향 : 특수성, 금후동향 생산성향상 방안을 설명하시오.

1 개 요

① 최근 건축물의 대규모화, 고초화, 다양화 및 기능의 다양화와 고급화에 따라 사용자의 요구 또한 품질에 대한 우수성, 신뢰성이 요구되고 있으며
② 건설업의 국제화에 따른 생산의 근대화로 체결을 개선하고
③ Software적 기술연구 개발과 EC화의 필요성이 대두되고 있다.

2 건축생산의 특수성(일반 제조 공업과 비교시)

(1) 수주에 의한 주문 생산
  ① 일품생산
  ② 위치 변동
  ③ 표준화, 규격화 곤란

(2) 자연환경과 지리적 제약을 받는다.

(3) 고용인력면에서 기능위주의 인력

(4) 옥외작업이 많고 현장이 일정치 않다.

(5) 중충하청의 노동집약형

(6) 대형공사이며 공기가 길다.

(7) 분업 또는 일괄생산에 의한 양산이 곤란하다.

(8) 건축물의 형태가 각각 다르다.

(9) 공공성이다.

(10) 설계와 시공의 분리

3 건설업 생산성 향상의 저해요인

(1) 정책상 문제
    ① 정부의 기술정책 자원의 미비
    ② 기업자체의 기술개발 투자 미흡
    ③ 장기적인 건설기술 연구개발 사업계획의 부재
    ④ 관, 학, 산, 연의 역할 분담과 공동연구 개발 체제 미흡

(2) 도급제도상의 문제
    ① 도급한도액에 의한 입찰 참가의 자격 문제
    ② 시공 위주의 도급방식 문제

(3) 기업 체결 개선면
    ① 기술혁신의 미흡
        ㉮ 기술개발 투자 부족
        ㉯ 전문 기술자 교육 부족
        ㉰ Engineering 능력 부족
    ② 경영적인 면
        ㉮ 전문 경영인의 부족
        ㉯ 주먹구구식의 방만한 운영
        ㉰ 가족중심의 경영관리
        ㉱ 과대한 타인 자본의 의존

(4) 환경변화에 따른 적응 능력 부족
    ① 기술 개발 투자 부족
    ② 정보 능력의 부족
    ③ 대외 견적 능력 부족
    ④ E.C화의 부진

(5) 노사 문제
    ① 평화적 대화 부족
    ② 신뢰성 부족

4 근대화 방향(금후동향, 생산성 향상 방만)

(1) 건축부품의 단순화, 규격화, 전문화
   ① 품질향상, 대량생산하여 Q.T.C(Quality & Quantity, Time, Cost)를 만족시켜 양질의 건축물을 적시에 싼값으로 공급
   ② 습식 공법을 최소화로 부품의 prefab화
   ③ 시공 단순화

(2) 시공의 기계화
   ① 시공기계, 운반기계 발달이 건축시공 기계화의 주요인
   ② 공업화 생산기계 개발
   ③ 조립 기계 발달

(3) 재료의 건식화
   ① 습식 공법 지양하고
   ② 조립식 부재 개발 → 노무절감, 품질확보, 공기단축
   ③ 우수 접착제 개발

(4) 도급 기술의 근대화
   ① Turn-key 방식 채택
   ② 설계, 시공 전문
   ③ 입찰 제도의 합리화 → 대안, 성능발주의 확대, PQ제도의 활성화
   ④ 발주 방식의 다양화 → J.V, 기술보상제도, 신기술 지정지도, 부대입찰제 도입

(5) 인력 관리의 효율화
   ① 건설 기술자 우대
   ② 기술자의 경력 관리
   ③ 기술인력의 공동 활용제

(6) software 기술의 개발

(7) 전산화 및 Robot화

(8) 건설업의 E.C화

(9) 의식개혁

(10) 건설업의 국제화

(11) 건설기술연구소 설립과 활성화

(12) 인재 육성 및 확보

(13) 새로운 관, 민 협력 관계 육성

(14) 경영 자원의 확충

(15) soft 기능의 강화

(16) 시공기술과 공사관리의 고도화

(17) 시공 system 및 복합화

(18) 건설자재의 고급화

(19) 공사관리의 정보화

(20) 품질보증체제 제도화 끝

문제 11
초고층건물의 안전관리대책을 세우시오.

1 개 요

(1) 최근 건축물의 초고층화, 대형화 추세 및 도심지의 제한된 공간에 인구 밀집으로 대지의 고도 이용 등에 초고층화, 고기능화가 현실화되었다.

(2) 새로운 공사 관리 계획에 의한 시공 정밀도 유지와 안전관리 대책이 시급한 실정

2 안전관리 계획의 기본 사항

① 인명존중
② 쾌적한 작업환경 조성으로 재해 예방
③ 재해로부터 손실 방지
④ 산업안전 보건법에 의한 모든 규칙 존중
⑤ 제3자에 대한 안전확보

3 초고층 공사 재해 발생의 특성

① 도심지의 고소작업
② 재해 대상이 산재
③ 자연의 영향이 크다
④ 각종 대형기계의 사용
⑤ 재해의 대형화
⑥ 지하 깊이가 깊고 지하수 저하로 인한 주변 장애
⑦ 동시 복합적 발생

4 안전관리의 문제점

(1) 작업 환경의 특수성
① 옥외 공사
② 공종의 다양성 및 공정에 따른 작업환경의 변화

(2) 작업 자체의 위험성
① 작업동시 복합적으로 이루어지므로 재해 위험성 다양
② 고소 작업
③ 상, 하 동시 작업
④ 초고층화, 대규모화에 수반되는 작업량 증대

(3) 고용의 불안전성과 유동성
① 근로자의 이동이 많고 고용관계 불확실
② 안전보건 관리 책임 소재 불확실
③ 교육실시의 어려움
④ 근로자 안전의식 결핍

(4) 하도급 안전관리 체계 미흡
① 중소 영세성 기업중심 하청으로 뿌리박힌 전 근대적 관행 만연
② 수차의 재하도급에 따른 안전관리 소홀

(5) 대형 기계화 사용
① 기계화 설비의 대형화
② 기계 자체 이해 및 관리 부족

(6) 안전 설비 조직의 방대성
  ① 작업원수가 많음
  ② 공종별 수가 많음

(7) 시공상 문제
  ① 무리한 공기 단축
  ② 형식적인 안전관리 계획 수립 및 안전관리 조직
  ③ 안전 의식 미흡

5 안전 대책(확보)

(1) 설계 단계
  ① 안전작업에 의한 생산성 향상을 도모하는 시공 기술 채택
  ② 시공기술자, 안전기술자의 기술상 자문 협력
  ③ system engineering에 의한 합리적 설계 시공

(2) 계획 단계
  ① 공기, 공정의 적정화
  ② 안전관리비 확보
  ③ 공법의 사전 안정성 확보
  ④ 기계 설비공법 등 안정성 확보
  ⑤ 적정한 시공업자 선정

(3) 시공단계
  ① 공사 착수전 준비 사항
    ㉮ 정연한 작업 동선 계획
    ㉯ 작업순서의 확보
    ㉰ 완전한 작업 동작의 확립
  ② 무리없는 공정계획과 관리
    ㉮ 합리적인 시공관리 및 지원계획 수립
    ㉯ 적정공기 부여
    ㉰ 양중부하의 평균화 → 산적도 작성
    ㉱ Network 활용
    ㉲ 전산화에 의한 simulation 이용

③ 상하작업의 조정 및 연락 관리 철저
  ㉮ 낙하물에 대한 안전상의 차단
  ㉯ 양중설비에 대한 관리 강화
    ㉠ 엘리베이터 및 Lift 통제
    ㉡ 양중관리에 대한 중심적 통제
④ 작업 지시 단계 안전사항 지시
  ㉮ 작업원 안전의식 고취
  ㉯ 안전사항 사전지시
  ㉰ 지시사항 기록 습관화
⑤ 양중 시설 이용 조직 운영
  ㉮ 사용전 계획 수립
  ㉯ 양중시설 기계별 담당조직
  ㉰ 양중부하의 평균화
⑥ 안전 관리 책임제 확립
  ㉮ 안전관리 조직 운영
  ㉯ 장비 정기 점검 강화
  ㉰ 강풍, 대설, 큰비 등 악천 후에 대한 정비 점검
  ㉱ 안전시설의 안전관리 장비 체제 확립(난간, 보충망, 낙하물 방지망)
⑦ 작업원 안전 의식 강화
  ㉮ 각자 스스로 자기 작업에 대한 안전을 고려
  ㉯ 자기 부주의로 인하여 타인에게 위험을 주지 않도록 행동
  ㉰ 안전교육실시(안전대책, 안전조치(Tool Box Meeting) 안전의식 강화
⑧ 안전 시설 및 장비의 완비
  ㉮ 추락 재해 예방
  ㉯ 건설 기계 재해 예방
  ㉰ 낙하 재해 예방
  ㉱ 전기 재해 예방
⑨ 건설 산업 안전보건 관리비 결정
  ㉮ 도급액에 일정비율로 계산
  ㉯ 예산시 반영
⑩ 감리, 감독시 안전관리 철저
  ㉮ 기술자 상주
  ㉯ 강력제제조치 강화
  ㉰ 안전관리비 실제 사용여부 확인

⑪ 무재해 운동 전개 → 성과별 insentive제 적용
⑫ 사전 안전성 평가지도 정확(safety assessment)

6 재해 발생시 조치

① 중대 재해 발생시 즉시 작업 중단 및 근로자 대피 등 안전조치
② 피해자 구출과 2차 재해경계 → 침착성 유지
③ 피해자 구급 처치
④ 재해 원인 조사 : 가장 빠른 시간내 증인, 증거물 수집 보관, 현장사진 촬영
⑤ 재해원인 분석 및 대책 수립

7 개선 방향

(1) 가설작업 표준 설정
    ① 가설자재의 표준화, 경량화　　② 낙하물 방지망, 비계 등 안정표준 설정

(2) 시공 계획도 작성
    ① 전체 공사 계획도 작성　　② 공사별 시공 계획도 작성

(3) 시공의 근대화
    ① 부품의 3S화 → 단순화, 규격화, 전문화
    ② 시공의 기계화
    ③ 건축 재료의 건식화, 경량화 고강도화

(4) 공법의 합리화
    ① 공법의 단순화, 자력화　　② 자동화, Robot화

8 결 론

(1) 초고층 건축공사 안전대책은 공법 및 제도 개선, 사용재료 개선. 안전관리 기법 개선에 대한 연구방향을 설정한다.

(2) 안전관리 기준을 검토하여 건설 재해 발생 극소화의 계획 수립 실천해야 한다.

(3) 초고층 건축공사 안전계획과 관리는 발주자, 설계자, 공사 시행자, 감리 및 감독자 등 공사관련 되는 모든 사람들이 공동연구 시행에 노력을 기울여야 한다. 끝

문제 12

건설업의 기술개발 촉진 및 지원 대책을 설명하시오.

1 개 요

(1) 우리 건설업은 해외 건설 경험 및 국내 대형공사 경험을 통해 새로운 기술 습득 및 시공관리 기술은 익혔지만 양적인 성장만 추구하여 노동 집약적 형태로 성장해 왔기 때문에 기술 수준이 낙후되었다.

(2) 최근 건설자재의 상승, 임금인상, 건설시장 개방 압력 등 환경변화에 대응하지 못하고 있는 실정이다.

(3) 따라서, 이에 대응하기 위하여 적극적인 기술개발이 요구된다.

2 건설업의 환경변화

(1) 국내 건설시장의 개방 압력(U.R)
   ① 선진국의 풍부한 자본력과 고도의 기술력 및 제3국의 값싼 노동력으로 국내 진출시 대외 경쟁력 약화
   ② 국내 건설시장의 상당 부분 잠식 예방

(2) 자원(자재, 인력) 부족으로 인한 생산성 지장 및 수요 공급의 불균형

(3) 시공업체의 난립으로 물량 확보 부족 및 수익성 저하

(4) 해외 건설 수주의 감소
   ① 기술 경쟁력 약화
   ② 인건비 상승
   ③ 자국업체의 보호정책 강화

(5) 건설 수요의 Pattern 변화
   ① 발주방식의 Turn-key화
   ② 건설사업의 Package화

(6) 지식의 집약화, 고부가가치 추구의 사업개발

(7) 건설산업의 고도화, 정보화, speed화, Robot화
   ① 건축물의 초고층화, 대형화, 복잡화 추세
   ② 공사관리의 정보화, speed화
   ③ 시공의 자동화, Robot화

(8) 지하공간, 해양공간, 우주공간의 개발 확대

3 우리나라 건설업의 현황 및 문제점

(1) 선진국의 공법 및 기술을 그대로 답습하는 수동적인 경영방침의 지속

(2) 환경변화에 대한
   ① 기업의 체질 개선
   ② 경영의 내실화
   ③ 기술개발의 부족으로 대외 경쟁력 약화

(3) 수익 다변화의 미흡
   ① 전반적인 기술 수준 낙후
   ② 시공 위주 공사의 수주 형태로 수익 다변화 미흡

(4) 노동 생산성 저하
   ① 3D 기피현상에 의한 기능인력부족 및 고령화, 고임금화 추세
   ② 시공의 자동화, Robot화 개발 추진 미흡

(5) software부분 기술 낙후 : 설계 시공의 Engineering 능력 부족

(6) 기술개발투자 미비로 인한 E.C화 능력 부족

(7) 건설업체의 자본력 약화

(8) 건설인력 보호 육성력 미흡

(9) 건설 기술자 의식 문제

(10) 기술개발연구소 설립 등 투자 미약

(11) 하도급 계열화 미비

(12) 작업환경의 열악

4 기술개발의 필요성

① 국내시장 개방에 대비한 국제 경쟁력 확보
② 생산성 향상
③ 자원부족에 대처
④ 건설업의 환경변화에 능동적 대처
⑤ 급증하는 건설재해에 능동적 대처
⑥ 경영의 합리화
⑦ 균일한 품질확보

5 건설기술개발의 문제점

① 건설 기술에 대한 인식과 관심 부족
② 건설기술 개발에 대한 정부 투자 저조
③ 건설기술 개발에 대한 추진 체제 미흡
④ 건설산업의 구조적인 문제도 기술개발 부진
⑤ 장기적인 건설기술 개발의 부재
⑥ 관, 학, 산, 연의 역할 분담과 공동연구 개발 체제 미흡
⑦ 투자위험부담 및 투자회수에 장기간 소요

6 기술 개발 촉진제도 및 자원대책(신기술 개발 활용 촉진 대책)

(1) 건설 기술 관리법령의 개정

① 신기술 사용료 상향 조정(개발비 5[%] → 사용 순공사비의 5[%])
② 보존기간 연장 (1~3년 → 1~5년)
③ 정부가 필요로 하는 신기술의 개발시 시험비용을 국가가 전액 부담

(2) 기술개발 보상제도의 적극적인 활용

① 신기술 사용자로부터 기술 사용료를 지급
② 신기술을 적용하는 공사에 대하여 수의계약을 하여 신기술 개발로 촉진
③ 신기술을 사용하여 공사비를 절감한 경우 금액 전부를 보상금으로 지급

(3) 기술 경쟁 입찰 제도 확대

① 신기술, 신공법 개발과 경제적 시공을 유도
② 설계, 시공 일괄 입찰과 대안 입찰의 점진적 확대

(4) 세제상 지원
① 기술 개발 준비금의 손금 산업
② 기술 및 인력 개발비 세액금지
③ 연구 시험용, 시설투자 세액공제 또는 특별상각
④ 학술 연구 용법에 대한 관세 면제
⑤ 시험 연구용, 견본품에 대한 특별소비세 면제
⑥ 기업 부설 연구소용 부동산에 대한 지방세 면제

(5) 자금 지원
① 금융기관의 기술개발 금융
② 기술개발 자금의 투자, 융자 지원

7 건설업의 대처방안

① soft기술의 개발
② 시공의 근대화
③ 전산화 및 Robot화
④ 건설업의 E.C화
⑤ 의식개혁
⑥ 기업간 협력
⑦ 건설기술 연구소 설립
⑧ 인재 육성 및 확보
⑨ 새로운 관, 민 협력관계육성
⑩ 경영 자원 확충
⑪ soft 기능 강화
⑫ 설계의 자립화
⑬ 시공 기술과 공사관리의 고도화
⑭ 시공의 기계화, Prefab화
⑮ 건설 자재 품질 고급화

8 결론

앞으로 건설시장 개방에 대비하여 보다 실효성 있는 기술개발 투자에 역점을 두어 기술개발을 함으로써 국제 경쟁력에 감화되어야 된다고 생각된다.
① 정부차원에서의 적극적인 지원과 투자
② 건설업체의 정기적인 사업계획에 따른 기술개발 투자 확대
③ 산, 학, 관, 연의 역할분담과 공동연구 개발 체제 확립   끝

문제 13

환경 보전 계획(공해 방지책)을 위한 대책을 세우시오.

1 개 요

(1) 건설 공해란 공사현장에서의 발생원으로 인하여 주변환경과 주민의 생활환경에 불편을 주는 것을 말하며

(2) 최근 건축물의 지가상승으로 지하 깊이가 깊어지고 도심지 건축의 근접시공으로 주변에 건설공해로 피해가 발생되어 사회적 문제화되므로 시공계획수립시 사전조사를 철저히 하여 피해를 최소화하는 방법을 강구해야 한다.

2 건설 공해의 종류

(1) 생활환경 → 토지이용, 지반침하, 소음진동, 수질, 대기, 폐기물, 일조권장애, 전파수신 장애 등

(2) 자연환경 → 기상, 생태계, 지형, 지질, 경관 등

(3) 사회, 경제적 환경 → 인구, 산업구조, 주거, 교통 등

3 건설공해의 특징(타산업과 비교)

(1) 시간적, 공간적 넓이가 적다.

(2) 공사종료와 함께 소일되어 잔류 오염물이 남지 않는다.

(3) 주위생활 환경과 관계없이 발생

(4) 현장 주변 주민과 민원이 발생하므로 문제 해결이 곤란하다.

4 환경 보전 계획의 기본사항

(1) 관계 변령에 따라 대책을 강구한다.

(2) 관계 법령에 규정이 없는 경우에도 공사현장 주변의 생활환경을 훼손하지 않도록 적극적으로 대책을 강구한다.

① 주민의 생활에 영향을 미치지 않는 시간대의 작업 및 시공기계의 채택 또는 취급
② 소음, 진동, 먼지 등 물리적 악영향 최소화
③ 인근 주민과의 의사 소통 충분히 도모
④ 공사 착수전 공사 목적, 내용, 환경 보전 대책을 충분히 설명하여 주민들의 이해를 득한다.

5 공해 발생 원인 및 대책

(1) 소음, 진동
① 원인 : 각종 건설 장비, 기계의 사용
② 대책 : 무소음, 무진동 공법 및 장비 선정
작업 시간 조정, 공법 변경, 방음벽, 방진벽 설치

(2) 지반침하, 탈수
① 원인 : 지하수의 과잉 양수로 압밀 침하, 흙막이 벽의 부실, 변형, 중량 차량 주행 및 중량물 적치
② 대책
㉮ 완벽한 차수시설
㉯ 적정한 배수공법으로 토사유출 방지 및 탈수 예방
㉰ 흙막이벽, 지보공의 완벽한 시공 및 개축관리 철저
㉱ Underpinning 실시

(3) 수질 오염
① 원인 : 배출 물질의 부유물, 골재 파쇄
② 대책
㉮ Bentonite 폐색 고결 건조 탈수 처리
㉯ 침전지 설치
㉰ 배수 처리 신중 → 적절한 가설 설비 배려

(4) 대기 오염
① 원인 : 배기가스 - 디젤 분사
분진, 비산 - 내화피복뿜칠
② 대책 : 공정, 공법 변경, 사용 장비 변경, 비산 방지망 설치

(5) 폐기물
① 원인 : Slurry Wall의 Bentonite 용액, 마감재(석면, 스치로폴), Concrete

② 대책 : 폐기물 전문처리 업체에 의뢰, Bentonite 이수의 고결, 건조, 탈수 처리, 폐자재 재활용

(6) 교통장애
① 원인 : 교통방해 및 침체, 도로 파손, 배기 Gas
② 대책 : 작업시간 제한 및 변경, 교통 정리, 통행 경로 변경 및 안전 통로 확보

(7) 불안감 및 안전사고
① 원인 : 대형기계의 굉음, 건물의 고층화
② 대책 : 가설 울타리 완비, 낙하물 방지망 설치, 점검, 감독의 철저

7 결론

(1) 설계, 계획 시공 각 부분에서 세심한 주의가 요구되며

(2) 시공 기술 개선 도모

(3) 상대방과 충분히 협의하여 이해를 구하고 상대방 고충을 들어 가능한 한 노력과 성의 표시가 중요

(4) 사전 주민 설명회를 개최하여 사전 양해를 구하고 시공에 착수

(5) 각종 기법 도입에 의한 Software 기법의 개발   끝

문제 14

건설 기능인 사기 진작 방안을 세우시오.

1 개요

(1) 최근 3D(Dirty, Dangerous, Difficult) 현상을 기피하는 사회의 일반적인 의식 병폐

(2) 건설산업의 열악한 근무환경 및 불안전한 고용구조로 인하여 심각한 건설기능 인력 부족이 예상

(3) 따라서, 건설기능인력의 수급안정을 위한 정기적인 기술개발 촉진을 통한 기계화 시공확대, Prefab 공법의 개발 및 보급

(4) 단기적으로 기능인 양성 확대 및 건설업의 여건 조성으로 은 세대의 단절현상을 방지하는 노력이 요구된다.

2 건설산업의 노동환경 및 고용실태

(1) 직업의 불안정성
   ① 일기 및 계절적 영향으로 비자발적 실업상태 발생
   ② 수주 산업의 특성으로 일용직 채용이 보편화
   ③ 원격지 이동 근무가 많다.

(2) 열악한 작업환경
   ① 옥외에서의 중노동 및 작업 위치 수시 변동
   ② 고소, 분진, 소음, 진동, 악천 후의 조건하에 작업
   ③ 현장내 후생복지 시설 미비

(3) 건설 기능 인력의 고령화 현상 심화

20대	30대	40대	50대	60대
6[%]	20[%]	48[%]	23[%]	5[%]

(5) 외지 인력의 의존도 심화
   현지 인력 : 외지 인력 = 52[%] : 48[%]

(6) 불안정한 가정생활

(7) 공휴일 근무 기피현상 심화

(8) 기능질 및 노동생산성 저하

(9) 3D 기피현상에 의한 지속적인 건설 인력난 초래

3 건설 기능인 사기 진작 방안

(1) 건설 기능공 자긍심 고취 및 기능질 향상 유도
   ① 건설 기능인 경기 대회 개최 및 포상제 실시
   ② 우수 기능공에 대한 근로자 주택 우선분양 방안 검토
   ③ 금융기관 대출시 우선권 부여

(2) 작업의 안정성 제고
   ① 월급제 실시 적극 유도
   ② 상시 고용확대 지속 유도
   ③ 건설공사 시공의 평준화 추진을 통산 계속적인 일거리 제공

(3) 근로조건의 개선
   ① 건설현장의 후생복지 시설의 확충
   ② 현장의 안전관리 철저 → 위험공사 기계화 시공
   ③ 정리 정돈된 현장 관리로 분위기 쇄신
   ④ 공휴일 공사 계약기간 제외 검토
   ⑤ 정기 건강진단 실시
   ⑥ 원격지 이동 근무자에 대한 혜택 부여 : 기숙사 제공, 특별수당 신설, 정기 휴가 실시, 공중전화 설치

(4) 건설업 이미지 개선을 위한 홍보
   ① 홍보단화 배포
   ② TV, Radio, 신문 등을 통한 지속적인 홍보
   ③ 건설업체의 지속적인 투자

4 결론

건설 기능인 사기진작 방안은
① 건설업의 부정적 이미지 개선
② 작업환경, 근로시간 후생복지 등의 근로조건 개선
③ 안전한 근로조건 제공 등의 점진적이고 단계적인 대책방안 연구
④ 신기술 개발 도입
⑤ 공사 관리의 신기법 도입을 위하여 산, 학, 연, 관의 긴밀한 협력체계에 의한 공동 노력이 필요하다고 생각된다. 끝

문제 15

폐 콘크리트의 재활용 방안을 쓰시오.

1 개 요

(1) 최근 도시재개발 및 신도시 건설 등으로 건축수요가 급증함에 따른 건설자재의 부족, 고갈 등 수급의 어려움이 많으며

(2) 해체공사시 발생되는 폐기 콘크리트의 재활용은 사회적으로 대단히 중요한 의미를 갖는다고 본다.

2 재생 골재

(1) 품 질

재생골재의 품질은 폐콘크리트의 품질, 모르타르, 부착량, 제조공정, 입도조제법, 섞여있는 불순물 등에 영향을 받는다.

(2) 특 성

① 불순물을 함유한다. → 콘크리트 강도에 나쁜 영향을 준다.
② 입형은 0.3[mm] 이하의 미립분이 많다.
③ 비중은 모르타르 부착량으로 천연 골재에 비해 10~20[%] 정도 낮다.
④ 흡수율은 천연골재 보다높다. → 사용전 살수로 사용
⑤ 시멘트의 부착량이 많다.
⑥ 입형은 쇄석상으로 불량하다.

3 재생골재 콘크리트

(1) 종류

① A종 콘크리트
  ㉮ 50[%] 이상 재생골재를 사용한 것
  ㉯ 설계 기준 강도 150[kg/cm^2]이다.
  ㉰ 목조 건축물의 기초 간이 concrete에 사용
② B종 콘크리트
  ㉮ 30~50[%]의 재생 조골재 사용한 것

　　　　㉯ 설계 기준 강도 180[kg/cm²]이다.
　③ C종 콘크리트
　　　　㉮ 30[%] 이하 재생 조골재를 사용한 것
　　　　㉯ 설계 기준강도 최대치 210[kg/cm²]이다.

(2) 특 성
　① 펌프 압송시에 슬럼프치가 크다.
　② 응결속도는 시작과 종료가 모두 1~2시간 정도 빠르다.
　③ 공기량은 재생골재의 혼입량 증가에 따라 현저하게 증가
　④ 단위 수량 증가 → 혼합 비율 30[%] 이하 경우 보통 Con'c와 거의 같다.
　⑤ Bleeding량은 낮은 경향을 보인다.
　⑥ 경화기 건조 수축이 크다.
　⑦ 압축 강도는 30~40[%] 정도 감소한다.
　⑧ 탄성률이 낮다.
　⑨ 중성화 속도가 빠르다.
　⑩ 강도는 다소 미약하나 부착강도는 같다.

4 품질 개선책

① 재생골재는 흡수율이 높으므로 사용전 충분한 살수로 표면건조 내부포수상태로 사용해야 한다.
② 재생골재는 품질관리상 등급분류를 하여 용도를 제한한다.
③ 천연골재와 혼합 사용한다.
④ AE제 등 고성능 혼화제와 혼합사용

5 폐기 콘크리트의 용도

① 부재 덩어리 → 기초 공사에 이용
② 1차 파쇄 → 바닥 다짐재, 도로용 재료, 매설재로 이용
③ 조골재 → 아스팔트 및 콘크리트에 이용
④ 세골재 → 콘크리트용 및 시멘트 2차 재량으로 이용
⑤ 미분말 → 지반 개량에 이용

6 생산 유통 구조상 문제점 및 이용 대책

(1) 문제점
① 생산공장에서 별도의 골재 silo를 설치하여야 한다.
② 건설업자와 골재업자간의 비용 부담의 원칙이 없다.
③ 품질확보를 위해 별도의 시설이 필요 → 경제적인 문제 있다.
④ 재생 골재 사용 불신 풍조가 있다.

(2) 개선 방안
① 별도의 골재 silo를 설치하지 않고 현재 사용하고 있는 골재 저장소를 이용하여 천연골재와 혼합하여 사용하는 방법
② 재생 가공의 일정 비율을 해체하는 건설회사에 부담시켜 쇄석 생산과 비교하여 월등한 원가 절감효과를 기대할 수 있다.

7 결 론

(1) 재생 골재는 보통 골재보다 품질이 나쁘나 보통 골재의 30[%] 범위내에서 사용시 일반 CON'C 강도와 비슷한 강도 유지

(2) 따라서 향후 도심지 재개발시 구조물 해체시 발생하는 폐콘크리트를 100[%] 재활용하기 위해서는 경제적인 골재 재생방법, 품질개선 방법 등의 연구가 필요하다.

문제 16

C.M(Construction Management) 제도를 설명하시오.

1 개 요

(1) 최근 건축물의 대형화, 고층화, 고기능화 등 복잡한 추세로 설계자와 시공자의 능력한계를 넘는 광범위한 지식능력이 있는 전문직에 발주자의 위임을 받아 합리적으로 Project를 추진하게 되면서 C.M 제도가 발생되었음.

(2) 건축물 시공시 발주자의 위임을 받아 발주자, 설계자, 시공자를 조정하고 그 project를 추구하면서 발주자의 이익 증대를 꾀하려는 professional을 중심으로 한 관리 system을 C.M이라 하며 여기에 종사하는 자를 CMr이라 한다.

2 C.M 방식의 분류

(1) 종래 청부 방식

설계자가 작성한 설계도서에 따라 발주자가 종합 시공업자와 청부계약을 체결하여 공사를 진행하는 것

(2) C.M 방식

① 발주자, 설계자, CMr이 Team을 형성하여 전문 시공업자와 분야별 발주 후 공사진행 및 관리를 발주자 대리하여 CMr이 진행
② 최종 건설 총원가에 대하여 위험 부담을 발주자 자신이 지는 경우와 CMr이 최고 한도 보증계약 하는 경우가 있다.

3 C.M의 주요 업무

① 부동산 관리
② 빌딩 및 계약 관련업무
③ Cost 관리
④ 제네콘 관리
⑤ 현장조직관리
⑥ 공정 관리
⑦ 시공자, 감독 조정업무
⑧ 자재구매 업무

4 C.M의 장점

(1) 품질 확보 : 설계부터 시공단계까지 CMr의 전문적 검토

(2) 공기 단축 : 단계적 발주

(3) 원가 절감 : 분할 발주

5 C.M 적용상 문제점

(1) C.M은 발주자의 전폭적인 이해 필요

(2) 발주자의 충분한 능력 보유시 CMr 채용 불필요

(3) 국내에서 C.M에 대한 위화감이 강하다.

(4) C.M 방식은 우수한 하청업체가 필요하다.
  ① 우리나라 하청업체 영세

② 원청 종속 비율이 높아 분할 발주 곤란

(5) 발주자, 설계자, 시공자 3자 서로 각자 공사이익이 되게 진행하기 쉽다.

(6) C.M 방식을 받아 들이기에 아직 분위기 조성이 되어 있지 않다.

6 C.M의 단계적 역할

(1) 기획 단계
① 사업 발굴
② 기획
③ 타당성 조사

(2) 설계 단계
① 사전조사 철저 → 대지, 조변상황, 현장 계측 등
② 건축물에 대한 기획 입안
③ 설계자 선적시 능력, 경험, Engineering 등 사전 심사후 적격자 선정
④ 발주자 의향 충분히 반영되게 설계, 감독
⑤ 전반적인 설계 검토 수정

(3) 발주 단계
① 공사별 분할 발주
② 공사별 단계별 발주 → 설계 시공 방법(고속궤도방식)하여 공기단축
③ 전문 공사별 성실한 업자 선정
④ 업자 선정시 사전심사 실시 → 시공능력, 품질, 원가, 안전, 관리능력 측면
⑤ 우수한 업자 선정

(4) 시공단계
① 원가 관리
② 공정 관리
③ 품질 관리
④ 공사 관리
⑤ 안전 관리
⑥ 공법 관리
⑦ 공사, 감리자 역할 대행

7 장래 전망

(1) C.M 건설산업 환경의 구조 변화
    ① 건설산업환경 → 고도산업 사회화, 국제화, 개방화에 따른 질적, 양적 구조변화
    ② 건설수요구조
        ㉮ 시설의 다양화, 고도화에 따른 C.M이 요구되고 있다.
        ㉯ 공공 주도 수요 → 민간 주도 충분 변화 요구
    ③ 건설시장 구조
        ㉮ soft부분 매출 증가 예상
        ㉯ 지하, 해양, 재개발 등 사업 확대
        ㉰ 유지 보수공사 증대
    ④ 경쟁구조
        ㉮ 타산업과 마찰 심화
        ㉯ 건설수요 다양화, 고도화로 건설업체 Know-how 요구
        ㉰ 공사는 가격보다 기술, 신용, 자본 조달 능력, 예술성 등 비가격 경쟁력 주요 변수 작용 전망
    ⑤ 건설공사 E.C화 분야별 전문화 진행
        ㉮ 수주 경쟁에서 시장계획 생산으로 변환
        ㉯ 시공 위주에서 종합 관리, 체계화로 변화 예상

(2) 종합건설업체로서 C.M 방식 적용 능력 요건
    ① 기술 보유력
    ② 자금력
    ③ 관리 능력
    ④ 기술개발능력
    ⑤ 시공 경험
    ⑥ 인재 확보

8 결 론

(1) 고도 산업 사회의 건설산업, 과학화 일원으로 우리나라도 종합 건설업 제도 도입을 추진 중이며 전문 CM 요원을 육성한다.

(2) 무엇보다 건축시공 기술에 많은 투자와 연구개발도 soft 및 Hardware로 복합개발과 C.M 관리 방식의 과감한 도입이 필요하다. 끝

제2절 토공사 논술형 예상문제

문제 1

토공사의 개요 등을 설명하시오.

1 사전 조사

(1) 부지주변 조사
    ① 부지의 위치 상황조사(경계선/고저차)
    ② 부지내 매설물(잔존구조물/지하실)
    ③ 부지주위 매설물(상하수도/통신/전기)
    ④ 인접 구조물조사(형상/균열/파손)
    ⑤ 부지주변 환경조사(소음/진동/지반침하)

(2) 기타 조사
    ① 공급시설의 조사(상하수도/가스)
    ② 도로 및 교통상황(주변도로 종류/구조)
    ③ 기상조사(비/눈)
    ④ 법적규제(소음/진동/배기)

2 지형, 지반조사

① 지하탐사법
② Boring
③ Sampling
④ Sounding test
⑤ 토질 시험
⑥ 지내력 시험
⑦ 기타 시험

3 지반, 다짐공법

(1) 사질토
  ① 진동다짐 공법   ② 다짐모래말뚝 공법
  ③ 폭파다짐 공법   ④ 전기충격 공법
  ⑤ 약액주입 공법   ⑥ 동다짐 공법

(2) 점성토
  ① 치환 공법   ② 압밀 공법
  ③ 탈수 공법   ④ 고결 공법
  ⑤ 소결공법, 전기 침투공법 ⑥ 동치환 공법

(3) 혼합법

4 터파기/흙막이

(1) 배수공법
  ① 중력 배수 : 집수정, 지멘스율
  ② 강제 배수 : well point, 진공지멘스웰(진공펌프)

(2) 침하균열

5 계측관리

(1) 계측목적
  ① 위험 징후 조기 발견 ② 시공법 개선
  ③ 시공중 위험 정보 제공 ④ 소송시 증거 제기
  ⑤ 지역의 특수성 파악   ⑥ 이론 검증
  ⑦ Under pinning 선행

(2) 설치장소
  ① 흙막이 구조물 대표
  ② 조기계측 feed back
  ③ 토압수압침하예상

6 환경 공해 끝

문제 2

지반 조사의 필요성을 설명하시오.

1 개 요

(1) 연약 지반의 문제점은
  ① 활동 파괴에 의한 지내력 부족
  ② 침하에 의한 지반 붕괴

(2) 지반 침하 조사 → 설계, 시공을 위한 자료로 사용

2 필요성

① 토질 공학적 특성 파악
② 토층의 구조, 연속성 두께, 횡방향 범위 파악 → 토질 주상도 작성
③ 대표적 시료 채취
④ 지하수위 및 피압수 여부 파악

3 종류 및 방법

(1) 조사의 단계
  ① 예비조사 : 자료수집, 현지 답사, 개략조사
  ② 본 조사 : 상세조사, 보완조사

(2) 조사 방법
  ① 현지조사(원위치 조사) : Boring, Sampling, Sounding
  ② 실내시험 : 흙의 분류 판별시험, 강도 특성시험
  ③ 거동 측정 : 지반 전체의 움직임 등을 계측장치로 측정

(3) 원위치 시험과 실내시험
  ① Sand : 교란 시료 채취 곤란한 경우 원위치 실험
  ② 큰 용적의 흙시험 가능
  ③ 시료 교란의 영향 최소화 : 온도, 응력, 생화학적 측면, 변화없이 시공가능
  ④ 연속 토층 기록 가능 : 토질 주상도 작성

⑤ 비용이 적게 든다.
⑥ 응력 등 변화 예측 곤란

(4) 지하 탐사법
① 터파보기
② 짚어보기
③ 물리적 탐사 : 전기 저항식, 탄성파식 시험

(5) Sounding Test
① 정적 Sounding
② 동적 Sounding

(6) Boring 및 Sampling
① **목적** : 흙의 분류 판단, sample 채취, 지중구조 파악(주상도), S.P.T 각종 물리적 탐사, 시험 수리, 지하수위 조사
② **방법** : Hand Auger 보링, 수세식 보링, 충격식 보링, 회전식 보링

(7) 현지 암반 시험(Geophysical Method)
① 전기 저항법
② 강제 진동법

(8) 현장 특수시험
① 단공식 양수시험, 다공식 양수시험
② 정상 상태 시험, 비정상 상태 시험

(9) 지내력 시험
① 평판 재하 시험
② 말뚝 재하 시험

(10) 표준관입 시험과 N치
① 실관입용 sample = 65[kg] × 75[cm] 높이 × 30[cm] 관입시 × 낙하회수
② N値 수정
③ **N値로 추정** : 0~4 : 아주 연약, 4~8 : 연약, 8~15 : 보통, 15~30 : 단단
　　50 이상 : 매우 단단   끝

문제 3

지반 개량 공법에 대해 설명하시오.

1 개 요

(1) 지내력이 약한 지반을 인공적으로 지지력을 증가시켜 구조물의 부동침하를 방지하는 공법

(2) 흙의 상대밀도, 함수비, 토립자, 간극비를 인공적으로 변화시켜 토질 개량

2 목 적

① 기초 지반의 처짐 방지
② 터파기 안전성 확보
③ 말뚝의 기초 저항력 증가
④ 건축물의 부동 침하 방지
⑤ 조성택지 안전성 확보
⑥ 가설 구조물의 영향 방지

3 종류별 특성

(1) 진동 다짐 압입 공법

인위적 외력을 가해 층의 간극비를 적게 하여 밀도를 증가시키고 투수성을 감소시켜 흙의 내부 마찰각과 지내력을 증가시키는 방법

① Vibro Floatation 공법 : 진동 배수공법으로 매립지 등의 연약한 사질지반에 비용

② Vibro Compozer 공법

㉮ 특수 pipe를 관입하여 모래를 투입하고 진동을 주어 다지면서 pipe를 빼내어 compozer pile을 구성하여 가는 방법

㉯ compozer pile이 간극수의 배수로 역할로 압밀 촉진 및 pile 자체의 다짐에 의한 지반 개량

㉰ 얕은 모래층 및 silt 점토질 지반에 이용

③ Sand pile

㉮ 말뚝(φ 300~400)을 지중에 박고 뺀후 생긴 구멍에 모래를 물다짐하여 sand pile을 형성

㉯ 얕은 점토층, silt 지반에 이용

㉰ Sand drain의 모래 말뚝과 같으나 배수 목적이 아니다.

(2) 혼합공법

양질의 흙, 자갈 등을 혼합하여 입도 조정하거나 화학약제를 혼합하는 것

① 입도 조정법
- ㉮ 기초 표면의 흙에 다른 흙, 자갈 등을 더하여 혼합하고 다지는 방법
- ㉯ 노반, 운동장, 활주로의 기층

② Soil Cement 법
- ㉮ 분쇄한 흙이 시멘트·물을 혼합하고 다져서 보양한다.
- ㉯ 사질토 경우 압축강도 30~100 [kg/cm^2] 도달하나 점토질에서는 그다지 증대하지 않는다.

③ 화학약제 혼합법
- ㉮ 흙에 화학약제를 혼합하여 개량하는 방법
- ㉯ 역청재료, 소석회, 물유리, 합성수지 계면활성제를 혼합

(3) 탈수공법

- 지반중의 간극수를 탈수시켜 제기하여 강도를 증진시키고 압밀촉진되어 침하감소시키는 공법
- 침하량 감소에 의해 진단강도 커지고 지반이 강화되는 성질을 이용한 지반개량 공법

① Sand Drain 공법
- ㉮ 점토지반에 Sand pile을 조성하고 생토에 의해 물을 가하면 장기간(2~3개월)에 절취 점토층의 물이 sand pile를 통하여 지상에 배수되어 지반이 압밀강화된다.
- ㉯ 점토가 함수량의 감소에 의해 전단강도가 커지고 지반이 강화되는 성질을 이용한 지반개량공법
- ㉰ 점토질 지반에만 이용
- ㉱ 필요조건
    - ㉠ 소정의 지름을 유지하고 완전히 연속되어 있을 것
    - ㉡ 주변 지반을 너무 흩뜨리지 말 것
    - ㉢ 투수성이 좋을 것

② Paper Drain 공법
- ㉮ 원리는 Sand Drain 공법과 동일
- ㉯ Sand Pile 대신 카드보드와 케미칼 보드를 사용한다.
- ㉰ 초연약 점성토 지반 개량에 유효, 주변 영향 받지 않는다.
- ㉱ Drain Board 타입시 지반교란을 적게 단기적으로만 사용
- ㉲ 경제적

③ 진공 Sand Drain 공법 : Sand Drain 공법의 지표면 대신에 지표면 간극수를 Wall Point 공법으로 배수하는 공법

④ 배수 공법
  ㉮ 중력배수 : 집수정, Siemens Wall
  ㉯ 가압배수 : Sand Drain, Paper Drain
  ㉰ 부압배수 : 진공식 Paper Drain, Well Point, 진공 Siemens Wall

⑤ 전기 침투법
  ㉮ 고결된 고체에 액체가 전압에 의해 이동하는 현상을 이용하여 연약 점성토내의 물을 이동시켜 고결화함
  ㉯ 점토지반 간극수 탈수

(4) 고결 안정공법

토립자간의 공극을 충전하여 지반을 투성으로 하여 방수효과를 높이는 것과 연약지반을 고정시켜 지내력을 증가시키는 지반 개량

① 시멘트 주입공법(Grouting)
  ㉮ 연약시킨 지반에 pipe를 지중에 박고 시멘트 paste를 Grouting 지중에 주입하는 공법
  ㉯ 소량의 계면활성제 또는 메틸셀롤로오스와 같은 섬유소로 주입 한다.

② 약액 주입법
  ㉮ 시멘트 주입에 어려운 입정이 작은 사질지반에 적용
  ㉯ 약액이 스스로 간극수를 포착하여 고결되므로 지수나 강화의 효과가 있다.
  ㉰ 시멘트 대신 시멘트 점토, Bentonite, 아스팔트, 약액 등 주입

③ 전기화학 고결법 : 전기적으로 지중의 물을 강제 탈수 또는 전기화학적으로 처리하여 고결시키는 공법
  ㉮ 전기 침투 공법
  ㉯ 전기 고결 공법 : Wall Point를(−), Al분을 (+)극으로하여 직류전류를 통하면 간극수를 (−)쪽으로 이동시켜 지반을 고결시킴

(5) 치환공법

연약층을 제거하고 양질의 흙으로 바꿔 지반개량하는 공법

① 굴착치환 : 연약층을 굴착제거하여 양질의 흙으로 치환하는 방법
② 미끄럼 치환 : 성토하중에 의하여 연약층의 흙을 측방 또는 전방으로 압출하고 양질의 흙으로 치환하는 방법

③ 폭파치환 : 폭파에 의해 연약층을 제거하고 양질토와 교체하거나 활동치환공법으로 연약층의 압출을 폭파로 쉽게 처리하는 공법

(6) 지하공법

연약지반에 하중을 가하여 흙을 압밀시킴

① Pre-looding : 구조물 축조 장소에 사전성토를 실시하여 침하를 진행 또는 흙의 진단강도를 증가한 후 성토를 굴착하고 구조물을 축조하는 공법
② Surcharge 공법(여생공법, 압성토 공법) : 계획단면 이상으로 성토를 하여 계획단면의 침하를 강제로 이룬 후 적당한 시기에 여생부분을 제거하고 구조물을 축조하는 공법
③ 사면 선단 재하 : 성토의 비탈면 부분을 계획단면 이상의 폭으로 넓게 쌓아 비탈면 아래의 진단강도를 증가시킨 후 필요한 폭 이외 흙을 제거하는 방법

4 결 론

(1) 사전 충분한 토질조사 및 효율적인 공법적용으로 지반 개량 실시
(2) 지반의 안전성 유지는 모든 구조물 공사의 가장 중요한 사항이다.   끝

문제 4

터파기 공법을 설명하시오.

1 개 요

최근 건축물의 대형화, 고층화 추세로 시공법의 합리화와 공해방지에 따른 사회적 요구로 흙막이, 배수, 구체구축, 기초 시공 등의 종합적 사항을 고려하고 이들을 유기적, 합리적으로 결부시켜 각 요건에 적합한 지하굴착공법을 적용 실시하여야 한다.

2 사전 조사 사항

① 지반조사
② 지하수 상황
③ 인접건물, 지하 매설물(가스관, 수도관 등)
④ 도로, 교통
⑤ 토사장 위치

⑥ 건설 공해 방지 대책
⑦ 관련 법규 검토

3 공법분류

(1) 흙파기 모양에 의한 분류
① 구덩이 파기 : 독립 기초
② 줄기초 파기 : 줄기초 지중보
③ 온통 파기 : 지하실 설치

(2) 흙파기 형식에 의한 분류
① 경사면 아래 cut 공법
② 흙막이 아래 cut 공법 : 자립공법, 버팀대 공법, Anchor 공법
③ Island 공법
④ Trench Cut 공법
⑤ Top Down 공법

4 공법별 특징

(1) 경사면 Open Cut 공법
① 굴착 토질의 안정구배에 의한 자립성에 의해 흙의 붕괴를 막으면서 굴착
② 특성
  ㉮ 장점 : 경제적, 공기단축, 이용범위가 넓다, 흙막이 불필요, 중기계사용 가능
  ㉯ 단점 : 부지 여유 필요, 굴착토량이 많다, 굴착깊이의 제한 (3[m] 이내), 바닥면 붕괴에 대한 충분한 대책 필요
③ 문제점
  ㉮ 지하수위가 굴착지면 이하로 계속 유지
  ㉯ Boiling 및 Piping 발생
  ㉰ 경사면 보호 대책
  ㉱ 흙의 마찰각보다 큰 경사면 유지
④ 대책
  ㉮ 굴착 깊이가 깊은 경우 다단식 Well point 공법과 병용
  ㉯ 경사면에 대한 대책
    ㉠ Mortor 바르기
    ㉡ 경사면 상부 계획 하중 이상 적재 금지

ⓒ Sheet, 비닐 등으로 보양
ⓔ 우수배수를 위한 Trench 설치

(2) 흙막이 open cut 공법
① 흙의 주동 토압을 흙막이에 의해 지지시키면서 토착하는 공법
② **장점** : 대지 전체 건물 구축 가능, 되메우기 도량 적음
③ **단점** : 흙막이벽의 구조나 지보공의 개설 필요, 버팀대기 시공에 장애
④ 분류
㉮ 자립공법
- 토압을 흙막이 벽의 힘저항으로 지지하며 굴착
- 근입량을 충분히 할 것
- 얕은 굴착에만 허용
㉯ 버팀대 공법
- 흙막이벽 설치시 띠장, 버팀대 등으로 안정 유지
- 버팀대로 인하여 시공 장애

(3) Strut 공법

(4) Earth Anchor 공법
지중에 천공하여 인장재를 삽입 후 Grauting하여 굳인 후 긴장, 정착하여 구조물에 부하되는 토압, 수압 등 외력에 견디게 하는 방법

(5) Island 공법
통파기에서 open cut의 단점을 보완하기 위해 중앙 부위를 먼저 굴착하고 구조물을 설치한 후 주면 흙을 파내는 공법

(6) Trench Cut 공법
① 굴착 작업상 Island Cut 공법과 반대 형식
② 외주부분에 2중으로 흙막이벽을 설치하여 외측부분을 먼저 파고 구조물을 축조한 다음 중앙부를 조작하는 공법 끝

문제 5

역타 공법(Top-Down 공법)을 설명하시오.

1 개 요

(1) 역타 공법이란 종래 Bottom-Up 공법과 반대 시공으로 지하굴착과 병행하여 상층의 바닥, 보 등의 Con'c를 타생하고 이것을 흙막이 방축벽로 하면서 계속 굴착해 가는 공법

(2) 도심지내 공사여건이 열악하여 open cut 공법 등 기타 다른 흙막이 공법으로 시공이 어려운 장소에서 적용되는 공법이다.

2 점검 배경

① 도심지 대형 공사의 증대
② 지하 토공사의 잦은 붕괴사고 발생
③ 인근 주변의 소음 및 환경 오염 대책
④ 건축물 대형화에 따른 공사 기간의 장기화
⑤ 건축 기술의 축적

3 특 징

(1) 장 점

① GL을 기준으로 상하 병행 작업으로 공기 단축
② 협소한 대지를 최대한 활용
③ 지하 각층 slab 시공시 지보공 불필요
④ 소음장비 적고 전천후 시공 가능
⑤ 주변 지하수위, 토질 조건 관계없이 안전시공 가능

(2) 단점

① 지하굴토가 용이하지 않다. : 굴착 장비 소형
② 기술적인 어려움이 있다. : 기술, 벽 수리 부재, 구조 이용
③ 사전 공사계획이 치밀해야 한다.
④ 계측관리가 필요하다.
⑤ 지하 공사비 증대

⑥ 지하공간 환기, 조명, 폭파에 대한 대비책 검토
⑦ 암반 굴착 등 상부 구조물 진동 영향

4 공법 분류

① 완전 역타 공법
② 부분 역타 공법
③ Beam 및 Girder식 역타

5 시공순서 FLow chart

① Slurry Wall 공사 →
② 심초 기초 공사
③ 1층 바닥 Slab
④ 지하 1층 굴착
⑤ 지하 2~기초 Slab 공사
⑥ 지하 구조물 완료

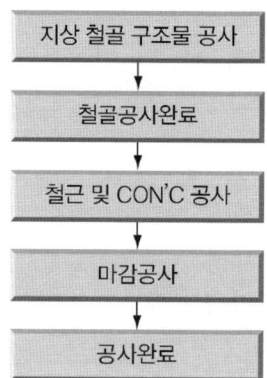

6 시공시 유의사항(품질관리)

(1) 지하 연속벽 공사
① 벽체 수직도와 Panel Joint부 Slime 제거
② 연속벽 불투수층(암반) 근입
③ Bentonite 용액 관리 → Tremie Con'c 공사관리 철저
④ 안정액 수위 지하수위보다 1.5[m] 이상 유지

(2) 심초 기초공사
① 기둥 수직도와 Bucking 점검 → 좌굴 방지위해 부근 Con'c, 골재
② R.C.D 공법 시공시 준수 시급
③ 바닥 slab와 기둥 Top채공부 Grouting → 좌굴 방지

(3) 바닥 slab 아래의 토사 굴착
① 터파기 규정 깊이 초과 금지

② 지하수위 유용과 지반범위 조사하여 안전하고 합리적인 시공관리
③ 가설 strut 설비시 계측 분해 점검 보완
④ Boiling, Piping 누수 점검
⑤ 조명 및 환기시설 설치

7 계측관리

① 지하수위
② 흙막이벽 변위
③ 지점 반력
④ 토입 및 수입의 변화
⑤ 인접대지 및 건물의 침하

8 안전대책

(1) 환기방식의 선정 → 강제배기, 강제급기

(2) Fan의 용량에 여유
① 심도에 따라 공기 비중 증대
② 용접가스, 분진 발생량 증가
③ 유해가스 인출 유의

(3) 가스, 전기 안전
① 층별 회로 분류 집중 관리
② 감전 및 재해 예방

9 장래 전망 및 과제(문제점)

① 전문 인력 양상
② 전문 입체화로 유도 지원
③ 공정의 단순화, 표준화
④ 타당성 자료 부족으로 공법 경로 어려움
⑤ 공사비 및 공기 파악
⑥ 설계 및 시공에 의한 허용 오차
⑦ 지하층 바닥 slab의 취약점 및 보강문제
⑧ 기둥과 slab 연속벽 과의 연결 관계

⑨ 각부재에 대한 설계 기준
⑩ 계측자료 이용한 정밀시공
⑪ 지하굴착시 장비 매연, 환경에 대한 환기구 설치, 조명유지   끝

문제 6

지하 연속벽 공법(Slurry Wall)을 설명하시오.

1 개 요

(1) 지하 연속벽 공법이란 구조물 기초지반을 수직으로 지상에서 지하로 크고 깊은 Trench를 굴착하여 철근 case를 삽입후 Con'c를 타설한 Panel 이용으로 연결하거나 원형 단면 굴착공을 파서 일련의 지하벽을 축조하는 공법으로 벽식과 주열식 공법이 있다.

(2) 굴착 공벽의 안전성 향상을 위해 bentonite 용수를 사용하고 인접 Panel 과 Panel, Panel 과 기둥, 기둥과 기둥사이에는 특별한 이음으로 연속해서 지하연속벽을 구축한다.

2 장·단점

(1) 장 점
① 무소음·무진동 공법
② 주변 지반 영향이 적다.
③ 지수성 효과가 크다.
④ 흙막이벽 길이 조정이 가능하다.
⑤ 영구 구조물로 이용
⑥ 인접건물 근접시공이 가능
⑦ 지반 적용 범위가 넓다.

(2) 단 점
① 공사비가 고가이다.
② 고도 경험과 기술이 필요
③ Bentonite 용수처리가 곤란
④ 굴착중 공벽 붕괴 우려
⑤ 별도 기계 설비(굴착기계 설비, 침전설비)가 필요

3 시공 순서

① Guide Wall 설치
② 굴착(안정액관리)
③ 슬라임 처리
④ 철근 조립 설치

⑤ 인터로킹파이프 설치　　⑥ 트레미파이프 설치
⑦ CON'C 타설　　⑧ 인터로킹파이프 인발

4 공사 품질 관리

(1) 지질조사 및 loading test
  ① 정암반까지의 굴토 길이와 암질 특성 파악(Botting & Sampling 채취)
  ② 실제 하중 부담 여부 확인

(2) Guide Wall 설치
  ① Trench 굴착 후 Con'c Guide Wall 설치(h : 1.2~1.5[m], 두께 : 300~400[mm])
  ② 평면적으로 연속적 위치 결정
  ③ 연속벽 굴착시 수직도 유지 → 오차 10[cm] 이내
  ④ Guide Wall 안쪽에 버팀대 설치 → 반위 발생 방지

(3) 굴착
  ① 20[ton] 이상 Crane에 Clamshell을 달고 Guide Wall 안에 안정액을 주입하면서 굴착
  ② 안정액은 지하수위 보다 1.5[m] 높게 유지한다.
  ③ 암석층 Chiselling은 6~8[ton] 사용
  ④ 시공깊이 : 보통 40[m], 최대 130[m] 가능
  ⑤ 1개 Panel 길이 : 보통 5~6[m]

(4) Slime 제거
  ① 굴착 완료 후 3시간 동안 침전시킨 후 굴착기로 제거
  ② 굴착 완료 후 Trench내의 Bentonite용액 Cleaning작업
  ③ 작업으로 발생된 Bentonite 용액속에 혼합된 부유물과 슬러지를 Mud Pump나 Compressor를 이용하여 Descending Unit로 보내 청소 → 3[%] 모래 함유율 이내

(5) Desending
  ① 안정액이 Gel화 되는 것을 방지하는 것으로
  ② CON'C 타설시 치환능력 저해 방지 위해 실시
  ③ 방법 → Air lift 방식, 트레머 Suction Pump식, Sand Pump식

(6) 철근 조립, 설치
  ① 수직으로 삽입
  ② 피복 두께 유지

(7) Stop and Tube 설치
① Panel Joint 지수 효과 증대
② 양쪽 panel 일원화시켜 응력의 이탈을 방지한다.
③ Pipe는 벽두께보다 5[cm] 정도 작은 것 사용
④ 중심 및 수직도 유지가 중요하다.

(8) Tremie Pipe 설치
① φ 275[mm] Con'c 타설용 트레미관 설치
② 한 Panel에 2~3개 설치
③ 트레미관은 굴착바닥에서 15[cm] 뜨게 설치
④ 트레미관 끝단은 항시 1[m] 정도 Con'c에 묻혀 있어야 한다.

(9) Post Coring Pipe 설치
① 1 panel에 2개소 설치
② Con'c의 경암반의 접촉상태 확인 → Coring Machin으로 Sample
③ 보강시 post coring pipe를 이용하여 높은 압력의 Cement Grout설치

(10) Concrete 타설
① 트레미관을 통하여 Con'c 연속 타설(중단없이 타설)
② Con'c 배합 → slump : 18±2[cm], w/cu : 40~50[%] 정도, F_{28} : 270

(11) Stop and Tube 인발
① Con'c 타설 완료 후 초기 경화 이루어 질 때 약간씩 인발하여 4~5시간 동안 완전히 제거
② 인발을 용이하게 하기 위하여 Con'c 타설 완료 후 2~3시간 후 약간 움직여 준다.

(12) Panel 시공 순서

5 공법 분류

(1) 벽식 공법
① Clam shell bucket에 의해 굴착
② 회전 충격 Bit에 의해 굴착

(2) 주열식 공법
현장타실 말뚝과 기성 콘크리트 말뚝 등을 연속적으로 柱列의 벽으로 만들어 흙막이 벽으로 사용

[유의사항]
㉮ 원형말뚝 배치로 접촉면의 지수성에 문제가 있다.
㉯ 시공정도의 암부에 따라 안전성이 현저히 다르다.
㉰ 말뚝을 접속시켜 연속적 시공으로 시공점도 곤란
㉱ 신생 말뚝 침 발생우려
㉲ 깊이 25[m] 정도 가능
㉳ 말뚝 접촉 부분 보강

6 시공상 유의사항

(1) 설치상 → 연속벽을 구조체로 사용할 경우 설계 시공 기준 확립

(2) 굴착기 선정
① 지질에 적당한 시공기계 선정
② 작업면적을 환경조건에 맞는 기계 선정

(3) 굴착의 수직 굴착도
① 최근 굴착기에 경사계 내장, 상시 정도 확인
② 10[cm] 이내 오차로 수직 굴착
③ 계측관리 실시

(4) slime 처리
① 굴착 완료 후 3시간 후 침전시킨 후 굴착기로 제거
② Air lift, compressor 사용

(5) 안정액 관리
① 주로 Bentonite 수용액 사용
② 굴착부터 Con'c 타설 완료시까지 Trench 상단 단부까지 유지
③ Cleaning 실시하여 깨끗한 안정액 계속 공급
④ 변질된 것 처리 → 침전

(6) Bentonite 용액
① 비중 : 1~1.2
② 점성 : 23°~25°
③ PH : 7~11
④ 탈수량 : 8~40[cc]로 관리

(7) Con'c 타설
① 타설시 중단없이 연속 타설
② 레미콘의 원활한 수급과 발전기 상태 점검(spare 발진기 준비) → Desending 계속유지
③ 타설 상단면은 소요 기준면보다 높게 타설(안정액에 오염)

(8) 철근설치
① 부력에 뜨지 않게 조심
② Sleeve, Shear Connector, Dowel Bar 정위치에 설치 확인

7 문제점(개발 방향)

① 폐액처리
② 연속벽 Element간의 이용방법
③ 연속벽을 구조체로 사용할 경우 설계, 시공 기준 확립
④ 시공 품질 향상
⑤ 흙막이 용도만으로 사용할 때 비용 고가 → 경제적 시공 연구 개발 필요
⑥ Trench 하부 잔토처리 곤란하여 강도 문제 야기

8 결 론

(1) 지하 연속벽 공법은 공사의 안전성, 공해문제, 인접도료 건물 등의 영향을 고려할 때 도심지 좁은 건축공사 현장 적용이 기대되는 공법으로 경제적 시공, Joint의 지수성능 개선, 안정액의 효율적인 관리에 대한 연구 노력이 필요하다.

(2) 저소음 저진동 장비의 개발 및 장비 사용시 안전 및 굴착시 안전유지 및 벤토나이트 용액을 산업폐기물 관리법 등에 의하여 관리해야 한다. 끝

문제 7

Under Pinning 공법을 설명하시오.

1 개 요

(1) 기존건물에 근접하여 굴착할 경우 굴착지면이 기존건물의 지면보다 낮으면 지하수위의 이동으로 기존건물의 기초가 침하 또는 이동이 생겨 구조물에 균열이 생기거나 파괴된다.

(2) 이러한 것을 방지하기 위해 기존 건물의 기초나 하부를 보강하는 것을 Under Pinning이라 한다.

2 공법의 적용

① 기존 구조물에 근접한 굴착
② 기존 구조물의 지지력 부족
③ 기존 지하구조물 밑에 지중 구조물 설치
④ 지상 구조물의 이동

3 공법의 종류

(1) 2중 널말뚝 공법
   ① 인접건물과 어느정도 간격이 있고 연약 지반일 때 적용한다.
   ② 발말뚝을 2중으로 박아 흙과 물의 이동을 막는다.

(2) Pit 또는 Well
   ① 비교적 경미한 건물로 상수면 위에서 공사가 가능한 경우 적용
   ② Pit 또는 Well을 벽모양으로 늘어놓아 기존건물의 자중으로 인한 영향을 제거한다.

(3) 차단벽 공법
   ① 상수면 위에서 공사가 가능한 경우 적용
   ② 인접건물과 흙막이벽 사이에 차단벽을 설치하여 기존 건물 하부 흙의 이동을 방지한다.
   ③ 건물 직타 설치가 아니고 간격을 두고 설치한다.

(4) 현장 타설 콘크리트 말뚝
   ① 인접건물의 외벽에 우물 모양의 구멍을 파고 천장 Con'c pile을 만드는 공법
   ② 시공 순서는 하나 건너 하나씩 시공 후 중간 pile 시공

(5) 강재 널 말뚝 공법
   현장 Con'c 말뚝 대신 강재 말뚝을 지지층에 박는다.

(6) 지반 안정 공법
   ① Well point 2중 치기 : 굴착면의 반대편에도 Well point를 설치하여 기존건물 지하 수위를 일정하게 저하시키는 공법

② 모르타르 및 약액 주입법
  ㉮ 토질이 사질지반 경우 sheet pile 외부에서 모르타르 및 약액을 주입하여 지반 고결시키는 공법
  ㉯ 경우에 따라 굴착도중 Sheet pile을 통해 인가 기초해부에 주입할 수 있다.
③ 전기 고결법 : Well point를 (−)극에, 지지봉을 (+)극으로 직류전류를 통하여 연약지반을 고결시키고 음극에 모인 물을 배수한다.

4 설계 시공시 유의사항

(1) 부동침하가 생기지 않도록 기초의 형식은 기존의 것과 동일하게 한다.

(2) 시공시 변형이 허용치 이내가 되도록 계측 관리 철저
  ① 침하 : extension meter   ② 경사 : Inclino meter
  ③ 변형 : strain gauge   ④ Crack : Crack gauge

(3) 하중받이 바꾸기에 관한 조사
  ① 가받이나 본받이의 강도
  ② 신설기초의 내력, 지내력
  ③ 흙막이의 상황이나 주변의 상황

(4) 하중이 큰 구조물의 경우 변형, 침하의 허용량이 적어야 한다.

(5) 소음, 진동 지반의 변형, 지하수위 저하 등 공해 발생 방지에 유의

5 시공상 문제점

① 지하 매설물이 많다. → 가스관, 상·하수도, 전기통신
② 공간이 협소하여 기계화 시공이 곤란하다.
③ 상부 구조물이 침하되어 작업순서가 복잡하다.
④ 기존 건물이 사용중이므로 작업시간이 제약을 받는다.
⑤ 일반적 토질이 연약한 곳, 지하수위 이하에서의 작업이 많다.

6 결 론

(1) Under pinning 공법은 기존 건축물을 보호하기 위하여 보강하는 공법으로 충분한 사전조사에 의거 사전 예측이 필요하다.

(2) 정보화 시공에 의한 계측관리로 과학적인 시공이 되어야 한다. 끝

문제 8

흙막이 공법의 종류와 특징을 쓰시오.

1 간단한 흙막이

(1) 줄기초 흙막이 : 깊이 1.5[m] 내외, 너비 1[m] 내외, 일반 지지층 사용

(2) 말뚝 흙막이

큰나무, 각재, 기성 Con'c pile, I 형강, 중고 Rail 등을 1.5~2[m] 간격으로 박고 널(폭 20[cm] ×두께 5~9[cm]) 끼운 것

(3) Tie rod anchor
   ① strut 대용 설치
   ② 안전을 위해 버팀대 병용 사용
   ③ 흙막이 후면 구멍 뚫고 rod를 Anchor시켜 흙막이와 연결하는 공법

2 버팀대 흙막이

(1) 수평 버팀대
   ① 기초 깊이가 낮은 경우 주로 사용
   ② 수평 버팀대 위치, 구조해석이 중요

(2) 빗버팀대
   ① 흙막이 내부에 빗버팀대를 설치하여 토압에 저항
   ② 넓은 면적 터파기에 사용

(3) Earth ancher 공법
   ① 흙막이법 Earth anchor 설치   ② 경제적 공법
   ③ 굴착 기계화 시공   ④ 공기 단축
   ⑤ 인접대지 동의 필요   ⑥ 가설재 불필요

3 Sheet pile(널말뚝 흙막이)

(1) 목재 널말뚝
   ① 목재, 판재, 중널, 횡널, 깊이 4[m] 이내 적당

② 지하수 없는 곳
③ 굴착 깊이 낮고 토압 작은 경우

(2) 철근 Con'c 널말뚝
① 길이 3~7[m], 너비 40~50[cm], 기성 제품 이용
② P.C Con'c 경공 단면으로 된 것도 있다.

(3) 강재 널 말뚝
① 용수 대, 토압 대, 기초 깊을 때 반복사용 가능(20회)
② 경질 지반 관입시 유리
③ 타격시 pile 무게 2~3배 적당
④ 상부 구멍 뚫어 Tie rod anchor 사용, 인발시 Gin pole, Crane 사용 끝

문제 9

Earth Anchor 공법을 설명하시오.

1 개 요

Earth Anchor 공법이란 지중에 천공하여 인장제를 삽입 후 Grouting을 실시하여 굳은 후 긴장, 공박하여 구조물이 부하되는 토압, 수압을 외력에 저항하는 구조물로 가설 구조물용과 영구 구조물용 등으로 사용된다.

2 특 징

(1) 장 점
① 지주나 strut가 불필요　　　　② 작업 공간 넓게 활용
③ 기계화 시공 가능　　　　　　④ 공기 단축
⑤ 시공 간단　　　　　　　　　⑥ 주변 지반 침하, 반위 작다.
⑦ 안전성이 높다.　　　　　　　⑧ Strut 길이 길 때 비해 경제적
⑨ 공구분할이 용이

(2) 단 점
① 시공관리 양부따라 품질 변동 크다.

② 도심지 시공시 인접대지 사용 동의서 필요
③ 인접대지 소유주와 Trouble 소지

3 용도

(1) 대상 구조물에 의한 분류
① 가설 Anchor → 가설 구조물용
② 영구 Anchor → 영구 구조물용

(2) 사용 목적에 따른 분류
① sliding 방지 → 토류공, 용벽, 격자틀 등
② 구조물 부상 의제 → 해양 구조물 탑상 구조물 등
③ 구조물 지반에 고정 → 경사지 구조물
④ 반력용 → 재하시험, Caisson 침하용

4 Earth Anchor 지지방식

(1) 마찰형 지지방식
① Anchor체의 주변 마찰력 저항에 의해 인장력지지
② 주변 마찰력 저항은 Anchor 길이에 비례하나 일정길이 이상 비례하지 않음

(2) 지압형 지지방식
① 앵키치 앞쪽면의 수동토압으로 인장력에 저항
② 점성토 지반에서는 지지력 이론으로 지지력 추정

(3) 복합 지지방식
① 앵키치 앞쪽면 수용 토압과 주변 마찰 저항의 합으로 인장력에 저항
② 마찰형과 조합형을 혼합한 것

5 시공 순서

(1) Flow Chart

(2) 사전조사 사항
① 공사 전체 계획 및 Anchor 기획, 설계 도서
② 지반 상태 부지의 지형

③ 지하수 및 피압수 상태
④ 지하 매설물 및 저장용 상태
⑤ 근접 구조물 상태
⑥ 흔·배수 처리방법
⑦ 작업제한 여부 및 환경 규제 및 대책

6 시공 관리

(1) 시공 관리 중요 항목
① 착공기계설치
② 착공
③ 인장재 조립 : 재질 지름, 전체 길이, 자유장, 여분길이, shuth 상황, 표면 상태
④ Grouting
⑤ Anchor본 두부 설치 : 재질, 형상, 설치 상태 등
⑥ 긴장 : 하중, 긴장시험 등
⑦ 정착 : 하중, 두부보호, 하중 계측 등

7 문제점

① 지반변동, 지하수 상태 따라 품질 변동 크다.
② 시공 양부 따라 Anchor 부력이 차이가 난다.
③ 시공 각도 따라 차이가 나기 쉽다.
④ Grout 품질 확인이 어렵다.
⑤ Anchor본 인발저항을 예측하는 식에 정도가 없어 실제와 시공에 차이가 난다.
⑥ 지반 연약시 적용 곤란
⑦ 인접대지 사용 동의서 필요

8 대 책

(1) 시공전 사전 조사 철저히 한다.
① 지반 조건 변화(설계와의 차이)   ② 지하수 상태
③ 현장 주변 우물 상황   ④ 매설물, 지하 장애율 상태
⑤ 긴장, Jack의 점검 등

(2) 시방서 상에서 제시한 수치에 대해서는 필히 연장 시험을 실시하여 Anchor본의 내력을 평가한다. 끝

문제 10

연약(매립,해안)지반 대책을 세우시오.

1 개 요

최근 택지 부족 등으로 연약지반을 활용하는 경우가 빈번한 바 그에 따르는 지지력부족, 지반침하 등으로 구조물의 부동침하 및 붕괴사고가 예상되므로 충분한 공법 검토가 필요

2 연약지반의 문제점(특성)

① 구조물의 부동 침하
② 지내력 부족
③ 지하용수 과다로 Boiling, Piping
④ 구조물 하중에 의한 압밀 침하
⑤ 굴착 사면 파괴
⑥ 기초지반, 진단에 따른 성토 파괴
⑦ Gas 분출 → 지반 침하, 폭발

3 사전 조사

(1) 설계도서 및 계약 조건 조사
　① 제반 계약서 내용을 충분히 숙지
　② 설계도면 시방서 확인

(2) 지반 조사
　① 대지 개요 : 지반 구성, 지층, 지질조사, 지리수 조사
　② 흙의 안정성 및 강도 : 지반 안정성 조사, 흙의 진단, 강도 조사, 지내력 시험

(3) 입지조건 조사
　① 대지내 입지조건
　② 대지주변 입지조건
　③ 지중 장애물, 지하 매설물

(4) 계절과 기상

(5) 관계 법규 조사

4 연약 지반에 대한 대책

(1) 지반 안정 대책

   ① 진동 다짐 압입 공법
      ㉮ 인위적 외력을 가해 흙의 간극비를 적게 하여 상위 밀도를 증가시키고, 누수성을 감소시켜 흙의 내부 마찰력을 증가시키는 방법
      ㉯ 다짐 말뚝, Vibro floatation, Sand pile

   ② 혼합법
      ㉮ 양질의 흙, 자갈 등을 혼합하여 입도를 조정하거나 화학 억제를 혼합한 것
      ㉯ 입도 조정법, soil cement법, 화학 약제 혼합법

   ③ 탈수 공법
      ㉮ 지반중의 간극수를 탈수시켜 제거하여 강도를 증진시키고 압밀 촉진되어 침하 감소시키는 공법
      ㉯ Sand drain, paper drain, 진공 sand drain, 배수공법, 전기 침투법

   ④ 고결 안정 공법
      ㉮ 토립자 간의 공극을 충전하여 지반을 불투수성으로 하며 방수효과를 높이는 것과 연약 지반을 고결시켜 지내력을 증가시키는 지반 개량 공법
      ㉯ 시멘트 주입공법, 약액 주입법, 전기화학고결법

   ⑤ 치환공법
      ㉮ 연약층을 제거하고 양질의 흙으로 바꿔 지반 개량
      ㉯ 굴착 치환, 폭파 치환

   ⑥ 지하 공법
      ㉮ 연약지반에 하중을 가하여 흙을 압입시킴
      ㉯ Pre-loading, Surcharge, 사면 선단 지하 공법

   ⑦ 동결 공법
      ㉮ 지중의 수분을 일시적으로 동결시켜 지반 강화와 치수성
      ㉯ 저온 액화가스 순환 방식, Hying 방식, 주입방식

(2) Under pinning

   ① 굴착전 굴착주변 사전 보강
   ② 이중 널말뚝
   ③ pit or well 공법
   ④ 차단벽 공법
   ⑤ 현장 타설 Con'c 말뚝

⑥ 강제 널말뚝

⑦ Well point 2중치기, 모르타르 주입 및 약액 주입법, 전기 고결법 → 지반 안정

(3) 흙막이에 대한 보강

① 연약지반 굴착 흙막이시 문제점

㉮ 지반 지립도 부족

㉯ Heaving, Boiling, Quick sand

② 연약 지반 굴착 흙막이시 주의사항

㉮ Heaving, Boiling 현상 등에 대비하여 pile 근입장을 크게 하여 불투수층까지 박는다.

㉯ 지반을 개량하여 불투수층으로 되도록 하고 하수벽을 설치한다.

㉰ Well point 등으로 주변 지하수위를 낮춘다.

③ 흙막이에 대한 보강 공업

㉮ Earth anchor 설치

㉯ Tie rod 담김줄 설치

㉰ Prepacked Pile 설치 – CIP, HIP, PIP

(4) 연약 지반 특성이 맞는 적당한 굴착 공법 선정

① Island cut 공법

② Trench cut 공법

③ Top Down 공법

④ Caisson 공법 끝

문제 11

기초 종류별 분류를 하시오.

1 정 의

(1) 구조상 의미 : 주각을 경계로 그위를 상부 구조, 하부를 기초라 한다.

(2) 시공상 의미 : 건물 최저 바닥면 아래를 기초라 한다.

(3) 기초의 구성

① 기초판 + 지정

② 기초판 : 상부 구조의 응력을 지반 또는 지정에 전달

③ 지정 : 기초판을 받치기 위해 잡석, 말뚝용으로 구성된 부분

2 기초판의 분류

(1) 기초판 형식
   ① 독립 기초 : 단일 기둥 하나의 독립된 기초에 지지, 낮은 건물, 공장, 창고 등 긴 span 건물
   ② 연속 기초 : 일련의 기둥 또는 벽에서의 하중을 연속된 기초에 지지
   ③ 복합 기초 : 2개 이상 기둥을 하나의 기초에 지지
   ④ 온통 기초 : 상부 구조의 전 하중을 하나의 기초 slab에 지지

(2) 지정 형식
   ① 직접 기초
      ㉮ 잡석 지정 위 기초
         ㉠ 잡석 10~25[cm] 벽돌, 호박돌 등을 옆으로 세워 깔고 사출 자갈 깔고 충분한 다짐
         ㉡ 다짐 불필요한 견고한 지반에는 잡석 지정하면 오히려 지반 연약
      ㉯ 모래 지정 위 기초
         ㉠ 기초 지반 연약시 하부 2[m] 파고 모래 넣어 물 다짐
         ㉡ 물 유동, 모래 유실, 분산에 유의
      ㉰ 자갈 지정 위 기초 : 잡석 대신 4~6[cm] 정도 자갈 사용
      ㉱ 긴 주춧돌지정 위 기초 : 경미한 임시적 건물의 기초 및 Con'c 다짐 또는 긴 주춧돌 사용
      ㉲ 밑창 Con'c 지정 : 잡석 및 자갈 지정 위 심먹메김 위해 5~6[cm] 정도 Con'c 타설
      ㉳ 제물 지정 : 경질 지반에 지정없이 직접 기초 구축
      ㉴ 양질의 흙, 자갈 등을 혼합하여 입도 조정하거나 화학 억제를 혼합한 것
      ㉵ 입도 조정법, soil coment법, 화학 약제 혼합법
   ② 말뚝 기초
      ㉮ 지지 기능상
         ㉠ 지지 말뚝 : 경질 지반까지 말뚝 정착, 선단 지지력 – Bearing Pile
         ㉡ 마찰 말뚝 : 말뚝 둘레의 마찰 저항에 의하여 지지 – Friction pile
         ㉢ 다짐 말뚝 : 느슨한 사질토에 다수의 말뚝으로 지반 압축시킴
      ㉯ 재료상
         ㉠ 나무 말뚝 : 상수면 이하, 경량 건물, D : 10~20[cm], l : 7[m]
         ㉡ 기성 Con'c 말뚝 : 상수면 깊고 중량건물, pile 길이 15[m]가 경제적

ⓒ 제자리 Con'c 말뚝 : 연약 점토층, 깊을 때 적합, pile 길이 30[m]
ⓓ 강제 말뚝 : 깊은 연약층, 중량 건물 적합, pile 길이 70[m]

③ Pier 기초
㉮ 인력 굴착 → Well 기초(심초, 심환공법), Chicago 공법, Gow 공법
㉯ 기계 굴착 → Benoto, Earth drill, Reverse circulation drill → Slime 처리가 새로운 공해 문제 끝

문제 12

계측기기의 분류와 유의 사항을 설명하시오.

1 개 요

계측관리란 건축시공을 과학적인 정보에 의해 보다 합리적으로 추진하기 위하여 필요한 요소요소에 적합한 계측기기를 설치하여 거기에서 정보를 얻어 당초 설계시 가정했던 가정이나 추정했던 값과 비교하고 다음 단계 공사의 거동을 보다 정확히 예측하며 또한 얻어진 계측자료를 추후 공사에 활용하기 위하여 분석, 보관하는 것을 말한다.

2 계측관리 기기 및 분류

(1) 응력 계측
① 측압 : 토압계(Load cell), 간극 수압계(Piezo meter)
② 흙막이 응력 : 유압식 토압계, 처짐계
③ 인접 건물 : 응력계(Strain gauge)

(2) 변위 계측
① 흙막이 : Transit, Piano 선, 경사계(Inclino meter), Level
② 주변 지반 : Transit, Crack gauge, Level, 목척
③ 주변 건물 : 목척, Crack gauge, Crack scale, Level
④ 지하수 : 수위계, 간극 수압계(Piezo meter)

(3) 발파 진동 및 소음 측정

3 유의 사항

(1) 주요 기기 사용시
    ① 반압계
        ㉮ 온도에 따라 흙막이 부재의 팽창 수축을 고려하여 반드시 외기 온도 측정하고 일정 시간에만 수치 측정
        ㉯ 반압계 설치 부위는 불의의 사고에 대비한 보강제 설치
    ② Transit 및 Level
        ㉮ 부동점의 확인 및 고정
        ㉯ 측정 위치 및 측정 방법의 동일
        ㉰ 측정자 동일인
    ③ Piano 선 : 부재의 상대적 변형을 파악하기 위한 수평 또는 수직으로 설치

(2) 계측관리 시공상
    ① 계측관리는 계획에 입각하여 부위 위치 설정
    ② 전담자 운영
    ③ 계측은 착공시부터 준공시까지 계속 실시
    ④ 계측 도중 변화 치수 없다고 계측 중단하지 말 것
    ⑤ 계측 기구 손상 주의
    ⑥ 계측용 Sencer 부착, 계측 기록치 해석, 자료화할 것
    ⑦ 계측 자료 Graph화하여 관리
    ⑧ 계측 해석, P.C Computer에 의한 정확한 내용 추출 사용
    ⑨ 계측은 공사 준공 후 일정 기간 동안 계속 실시하여 준공 후 문제점 발생에 대처할 것

4 결 론

(1) 안전시공, 과대 설계 방지 등 과학적 현장 시공 기법으로서 계측관리의 도입 및 확산 절대 필요

(2) 최근 급증하는 민원의 예방 및 민원 발생시 자료로써 계측관리 활용

(3) 계측관리의 신속, 성력화를 위해 수동계측보다 자동계측관리 system 이용

(4) 국제 경쟁력 강화에 대비한 근대화 시공 관리 도입 필요

> **참고**
> ▶ **계기 신청시 고려사항**
> ① 작동 원리　　② 시공성
> ③ 경제성　　　 ④ 측정 오차
> ⑤ 측정 범위　　⑥ 측정 용이성

(5) 계기 배치
  ① 구조물의 위치를 중심으로 배치
  ② 요인의 내용에 따라 배치
  ③ 선행하는 공사 위치에 배치
  ④ 연관된 계측 항목 → 계기 집중 배치
  ⑤ 계기의 고장 가능성을 고려한 적절한 배치
  ⑥ 계기의 설치 및 배선을 확실히 할 수 있는 위치에 배치
  ⑦ 필요한 항목의 계측치가 연속해서 얻어 지도록 한다.

(6) 계측 관리 절차
  ① 계측관리 계획
   • 자료 조사
   • 계기 선정 및 배치
   • 소요 예산 산출
   • 계측 항목 및 빈도 설정
   • 계측 체제 결정
  ② 계측 관리
   • 기계 구입 및 설치
   • 예비 계측
   • 본 계측
  ③ 계측 관리
   • Data 관리 및 안전관리
   • 보고서 작성　끝

제3절 철근 콘크리트 논술형 예상문제

문제 1
Con'c 공의 Flow Chart를 세우시오.

1 재료 조건

물, 시멘트, 골재, 혼화제, 기타 재료검토, 보관

2 시공성 조사

비빔, 운반, 타설, 다짐, 이음 양생, 기타 안정성 검토

3 각종 Test

시멘트, 골재, Con'c(타설전, 타설후)

4 배합 검토

① 시방 배합　　　　　　　　② 현장 배합
③ 설계 기준강도　　　　　　④ 배합 강도
⑤ 시멘트 강도　　　　　　　⑥ 물, 시멘트비 조사
⑦ 잔골재율　　　　　　　　⑧ 단위 수량

5 그 밖의 안전성 검토 끝

문제 2

건설 안전 관련 특수 Con'c에 대해서 설명하시오.

1 한중 Con'c

(1) 정 의
① 일일 평균 4[℃] 이하
② 타설시 온도 10[℃] 이상
③ 동해는 Con'c 수축, 팽창, 균열 내구성 저하

(2) 동해 원인
① 기온 변화
② 야적 골재 냉각(빙설)
③ 동절기 과다한 물 사용

(3) 문제점(특징)
① 응결 지연
② 동결 융해
③ 초기 강도 저하
④ 내구성 저하
⑤ 수밀성 감소

(4) 대책
① 재료
㉮ 시멘트 : 조강/알루미나, 분말도/풍화
㉯ 골재 : 동결, 빙성 골재 사용금지
㉰ 물 : 5[℃] 이상 가열
㉱ 혼화제 : AE제, 감수제, 응결촉진제, 방동제
㉲ 재료가열

5[℃] 이하	물, 가열
0[℃] 이하	물, 모래 가열
−10[℃] 이하	물, 모래, 자갈

② 시공
㉮ 믹서 내 온도 10~20[℃]
㉯ 살수 금지
㉰ 동결 지반에 타설금지
㉱ 운반시간 120분 이내

　　　　㉻ 타설　　　　　　　　　㉼ 다짐
　　　　㉽ 이음　　　　　　　　　㉾ 양생
　③ 시험
　　　㉮ 시멘트
　　　　㉠ 분말도 시험　　　　　 ㉡ 안정성 시험
　　　　㉢ 시료 채취　　　　　　 ㉣ 비중 시험
　　　　㉤ 강도 시험　　　　　　 ㉥ 응결 시험
　　　　㉦ 수화열 시험
　　　㉯ 골재
　　　㉰ Con'c
　　　㉱ 배합
　　　　㉠ w/c 60[%] 이하
　　　　㉡ AE제, 감수제 사용
　　　　㉢ 적정시공연도 범위내 최소

2 서중 Con'c

(1) 정의
　① 일일 평균 25[℃] 이상
　② 타설시 온도 20[℃] 이상
　③ 수분 증발, 시공성, 작업성 결여, Con'c 품질 저하

(2) 문제점(특징)
　① 단위 수량증가로 강도 및 내구성저하(온도 10[℃] 상승 → 2~5[%] 증가)
　② Slump치 감소(펌프카 호스 막힘)
　③ 공기량 감소(온도 10[℃] 상승 → 2[%] 감소)
　④ cold joint(응결 시간 감소)
　⑤ 균열 증가(Bleeding보다 수분증발 大)(레이턴스 증가)

(3) 대책
　① 재료
　　　㉮ 냉각수 사용(물) → 청정수
　　　㉯ 시멘트 : 중용열, 고로 slag
　　　㉰ 골재 : 낮은 온도 유지, 견고
　　　㉱ 혼화제 : 응결지연제, AE제 분산제, 시공성 향상

② 시공
  ㉮ 연속타설(cold joint X)
  ㉯ 야간 시공
  ㉰ 운반(90분 이내)
  ㉱ 다짐
  ㉲ 이음
  ㉳ precooling 물, 조골재 차게 사용
  ㉴ pipecooling 25[mm] pipe 수평배치
  ㉵ 초기 습윤 양생(거푸집 살수)
③ 시험
  ㉮ 시멘트
  ㉯ 골재
    ㉠ 혼탁비색법   ㉡ 공극률 시험
    ㉢ 체가름 시험   ㉣ 마모 시험
    ㉤ 강도 시험   ㉥ 흡수율 시험
  ㉰ Con'c
④ 배합
  ㉮ w/c 가능한 낮게
  ㉯ slump치 18[cm] 이하
  ㉰ 잔골재율

3 MASS Con'c

① 부재 단면이 클 때 타설
② 단면 80[cm] 이상
③ 외기 온도차 25[℃] 이상

4 수중 Con'c

(1) 정의
  ① 수중에 타설하는 Con'c
  ② 가물막이, 하천, 호수
  ③ prepacked Con'c 등

(2) 타설공법
　① 트레미 pipe 공법
　② Con'c pump
　③ 포대 Con'c 공법
　④ 밑 열림 상자 공법

(3) 구비 조건
　① 타설시 수중 불분리성일 것
　② 경화전 유동성이 있을 것
　③ 경화후 소정의 강도 및 내구성 유지

(4) 대책
　① **재료** : 시멘트, 물, 골재, 혼화제
　② **시공**
　　㉮ 정수중 타설
　　㉯ 수중 낙하 50[cm] 이하
　　㉰ 압송 압력 : 보통 Con'c × 2
　　㉱ 치기속도 : 보통 Con'c $\frac{1}{2} \sim \frac{1}{3}$
　　㉲ 표면 보호재 : Sheet 양생
　③ **시험** : 시멘트, 골재, Con'c
　④ **배합**
　　㉮ 담수중 무근 Con'c 65[%], 철근 Con'c 55[%]
　　㉯ 해수중 무근 Con'c 60[%], 철근 Con'c 50[%]
　　㉰ 굵은 골재 최대 치수 20[mm]
　　㉱ 철근 간격 조밀하게
　　㉲ 수중 유동거리 고려

5 해수 Con'c(해양)

① 해수, 세풍 물거품 우려시
② 연속 타설
③ 방식 철근 사용(에폭시, 아연도금)
④ 피폭 두께 증가

6 고강도 Con'c

(1) 정 의
- ① 보통 Con'c 300[kg/cm^2] 이상, 경량 Con'c 270[kg/cm^2] 이상
- ② 단면 축소, 경량화, 화학작용
- ③ 고성능 감수제 사용, 시공성 우수

(2) 특징
- ① 장점
    - 부재의 경량화
    - 소요단면 감소
    - 시공 능률 향상
- ② 단점
    - 취성 파괴 우려
    - 내화성 부족
    - 시공시 품질 변화 우려

(3) 제조법
- ① 결합재의 강도 : 고성능 감수제, 레진, 폴리머
- ② 인공골재 사용 : 활성 골재 AL분말
- ③ 다짐 방법 개선 : 고압다짐, 고주파 진동다짐
- ④ 습윤 양생, 보강재 사용
- ⑤ 수밀성 유지, slump치 15[cm] 이하

(4) 재료
- ① 시멘트 : 고로 fly ash
- ② 골재 : 견고
- ③ 혼화 재료 ; 고성능 감수제(멜라민계, 나프탈렌계)

(5) 시공
- ① 운반
- ② 타설
- ③ 다짐
- ④ 이음
- ⑤ 양생 : 습윤, 피막

7 중량 Con'c

(1) 정의 : 중량 골재 사용, 방사선 차폐 목적(비중 3.2~4.0)

(2) 재 료
  ① 시멘트 : 중용열, 고로, fly ash
  ② 골재 : 철광석, 중정석, 자철석 등 중량 골재
  ③ 혼화재료 : AE제 금지, 공기 없는 감수제

(3) 시공
  ① 운반 : 재료분리 유의
  ② 타설 : 낮게 15분 이내
  ③ 다짐
  ④ 이음
  ⑤ 양생 : pipe cooling

(4) 배 합
  ① w/c 60[%] 이하
  ② slump치 15[cm] 이하
  ③ 골재는 적게
  ④ 잔골 재율

> **참고**
> ▶ Con'c 발전
> ① 경량화
> ② 강도화
> ③ 고성능화

8 Con'c 균열 원인

(1) 발생시기에 따른 균열 분류
  ① 경화전 : 거푸집 변형, 진동 또는 충격, 소성수축, 소성침하, 수화열, 거푸집 지주조기 제거 등
  ② 경화후 : 건조수축, 온도, 철근 부식, 알칼리 골재 반응, 동결융해, 사용하중, 탄화 수축 등
  ③ 설계 및 시공불량 : 설계 및 상세오류, 시공불량, 시공하중

(2) 굳지 않는 Con'c 균열
  ① 소성 수축 : 시멘트 풀 경화시 절대체적의 1[%] 정도 감소

② 소성 침하 : 타설 후 블리딩과 압력에 의한 침하시 철근 및 매설물에 의한 침하 방해로 균열 발생
③ 거푸집변형 : 타설 후 Con'c가 굳어지는 시점에서 거푸집 긴결재부족, 동바리부동 침하, Con'c 측압
④ 수화열 : 시멘트와 물의 화학반응에 의한 온도 상승
⑤ 진동 및 충격 : 보행자, 차량, 발파, 시공장비의 부주의 사용
⑥ 거푸집과 지주의 초기 제거 : Con'c의 충분한 강도 얻기전 지주제거시 균열발생

(3) 경화한 Con'c
① 건조 수축 : Con'c 주위의 상대습도 차이에 기인, 체적 0.05[%] 변화
② 온도 변화 : Con'c 단면내의 온도차에 의한 체적변화
③ 화학적 반응 : 알칼리 골재반응, 중성화, 염해, 황산염, 기상작용, 철근부식, 사용 하중

(4) 설계 및 시공 불량
① 설계 및 상세오류 : 응력 집중, 구조일체성 결여
② 시공 불량 : 가수
③ 시공 하중 : 시공과정중 부재가 받는 하중이 클 경우(조립식부재 설치 등)

(5) 균열 조사
① 표준조사
　㉮ 균열의 현상과 조사 : 균열 형태, 폭, 길이, 관통유무, 이물질 충진유무 등
　　㉠ 균열의 형태 : 시멘트의 이상응결, 시멘트의 수화열, 불충분한 다짐
　　㉡ 균열폭 : 0.5[mm] 이상시 방수 고려, 0.2[mm] 이상 강도고려
　　㉢ 균열길이 : 국부적 균열, 광범위한 균열 Check
　　㉣ 관통 유무 : 공기나 물이 통과하고 있는가 판정
　　㉤ 균열부분 상황 : 균열부분 이물질 충전유무, 철근녹 유무 관찰
　㉯ 균열주변의 조사 : 균열주변 Con'c 표면의 건조 상태, 오염, 박리, 박락조사
　㉰ 균열시간 조사 : 균열발생시기 추정, 종합적 판단
　㉱ 설계도면 조사 : 설계도, 배근도, 구조계산서, 공사시방서 조사
　㉲ 시공기록 조사 : Con'c 사용재료, 배합, 관리시험자료, 지반성질조사
② 상세조사
　㉮ Con'c의 열화도 조사 : 강도시험, 중성화 깊이 시험, Con'c 분석
　㉯ 철근의 열화도 조사 : 철근 노출시험, 비파괴시험, 인장강도시험
　㉰ 지반 조사 : 침하, 측방향변위
　㉱ 누수경로 조사

㊺ 균열의 상세 조사 : 전달경로 조사, 폭의 변동상황 조사
③ 기술자 판단 자료
  ㉮ Con'c 공극률 시험   ㉯ Con'c 중 반응성 골재 유무
  ㉰ 구조물의 재하시험   ㉱ 구조물의 진동시험

9 Con'c 균열 방지 대책

(1) 굳지 않는 Con'c
  ① 소성 수축 : 거푸집 습윤상태, 바람 및 햇빛 방지 시설
  ② 소성 침하 : 저 slump Con'c 사용, 작은 철근 사용
  ③ 수화열 : 발열량 낮은 시멘트 사용, 골재와 혼합수를 차게

(2) 경화 Con'c
  ① 건조 수축 : 신축이음설치, 팽창 시멘트 사용
  ② 온도 변화 : 내부 온도 저하 pipe Cooling 등
  ③ 화학적 반응 : 해사세척, 알칼리 함유량 낮은 시멘트 사용, A.E제 사용

(3) 설계 시공 : 설계 조건 및 외부 하중, 기초 조건 등을 사전 검토

10 보수 공법

① 표면처리 공법   ② 충진 공법
③ 주입 공법   ④ 강판 접착
⑤ prestressing 도입   ⑥ 강재 앵커 공법
⑦ 치환 공법 끝

문제 3

철근 공사의 합리화 방안을 세우시오.

1 개 요

건설업의 인력난으로 철근공사에서도 철근공의 부족, 고령화로 공정을 예정대로 진행시킬수 없을 뿐만 아니라 품질관리에도 악영향을 미칠것이 예상되므로 여러면에서 철근공사의 합리화가 요구된다.

2 현행, 철근 공사의 문제점

① 인력의 의존도가 높다.
② 공정적으로 Critcal Path
③ 중량물이며 작업여건이 좋지 않다.
④ 시공이 복잡하다. – 작업 능률 저하
⑤ 기후의 영향이 크다. – 공기 지연
⑥ 부위에 따라 노동량의 변화가 심하여 평균화가 어렵다.

3 합리화 방안

(1) 설계상
① 평면 : 단순화, system화
② 부재 : 규격화, 표준화
③ 철근 이용방법 개발 : 야금적 이음과 기계적 이음 병행

(2) 시공상
① 조립 철근의 운반 방법과 세우기 방법 개발
② 늑근과 대근은 나선식 이음방법 개발
③ 보 기둥의 접합부 단순화
④ 콘크리트 타설시 배근 이동 문제 보완

(3) 철근 부재 공장 가공
① 부재의 종류 : 용접 철망, 이형철근 격자, 스피아철근, 개구부 보강근, 철근 truss 공법
② 부재의 특징
   ㉮ 자동 용접 등의 기계화로 고품질, 고정밀도
   ㉯ 복잡한 가공이 가능하여 생산성 향상
   ㉰ 설치 방법의 단순화로 공기 단축, 생력화

(4) 철근의 이음 공법 개선
철근의 이음은 구조상, 성능, cost, 시공성 등을 고려하여 계획한다.
① 가스 압접   ② 용접 이음
③ 압착 이음   ④ 나사 철근 이음
⑤ Grouting 이음

(5) 바닥 배근 방법의 개선
① 스파이럴 배근 방법 : 내진성 고려
② X형 배근 방법 : 내 전단성
③ 나사형 보 주근 배근법

(6) 철근 재료상 개선
① 고강도 철근 사용 : 단면감소, Con'c 타설 충전성 보장.
② 용접 철망 사용

4 철근 prefab 공법

① 개 요
② 공법의 종류
③ 유의사항

5 대체 공법

① 섬유 보강 Con'c : 공기단축, 품질향상, 철근가공 자력화
② 강관 Con'c

6 문제점

① 기술적 수준 미흡
② 생산시설 부족
③ 구조 계산 미흡

7 합리화 촉진 방안

① 선진 외국 기술의 도입 및 정착
② 구조계산 기준의 확립
③ 생산(제작) 및 시공의 자동화, Robot화   끝

문제 4

거푸집의 조립, 해체, 측압을 설명하시오.

1 조 립

(1) 거푸집의 조립상의 문제점
    ① 거푸집 변형에 따른 처짐, 뒤틀림, 배부름 등
    ② 외력에 대한 충분한 강도
        ㉮ 수평 부재 : 콘크리트 자중, 투입시 하중
        ㉯ 수직 부재 : 콘크리트의 측압
    ③ 조립 해체시 파손 및 손상
    ④ 반복 사용에 따른 기밀성, 내구성 부족
    ⑤ 수밀성 부족

(2) 거푸집 조립시 유의사항
    ① 조립도 작성 준수   ② 형상, 치수 정착
    ③ 처짐, 뒤틀림, 배부름 등의 변형 무(無)   ④ 안전성 : Lod, 측압
    ⑤ 조립, 해체 용이   ⑥ 반복사용 고려
    ⑦ 수밀성 유지

(3) 설비 공사와의 형률 검사
    ① 전기, 설비 마감 관계의 insert 부착 확인
    ② 전기 설비 sleeve류 부착 확인
    ③ 공조 설비 Duct 개구부
    ④ 엘리베이터 설비 관계 거푸집 검토

(4) 콘크리트 타설 직전의 검사
    ① 안전도 검사   ② 부속품 검사
    ③ 설비 관계 점검   ④ 청결 상태
    ⑤ 감리자 확인

(5) 콘크리트 타설시 조치사항
    ① 관계자외 출입금지   ② 거푸집 변형 주의
    ③ 취약부 밀설하게 충전   ④ pipe support 이동, 부상, 침하 방지

2 해제시 주의사항

① 관계자외 출입금지
③ 해체물 낙하금지
⑤ 거푸집 정리, 청소
② 강풍, 강우, 강설시 작업 중지
④ 부속 철물 분류 → 재사용, 보양

3 측 압

(1) 개 요

① 측압은 콘크리트가 아직 굳지 않은 유동체의 경우 발생하는 압력으로
② 온도, 부어넣기 속도에 관계되어 콘크리트 높이에 따라 측압은 상승하나 일정 높이 이상이 되면 측압은 증가하지 않는다.

(2) 측압이 큰 경우

① Slump 大
③ Con'c 비중 大
⑤ 거푸집 수밀도 大
⑦ 응결 시간 늦은 시멘트
⑨ 철근량 小
② 타설 속도 大
④ 부재 단면 大
⑥ 거푸집 강도 大
⑧ 기온 大

(3) 측압상태 표준치

Con'c Head	측압 최대치
벽 : 0.5[m]	1[ton/m]
기둥 : 1[m]	2.5[ton/m²]

(4) 콘크리트 Head

콘크리트를 연속해서 치어가면 치어붓기 높이의 상승에 따라 측압도 크게 되나 어느 일정한 높이에 달히면 측압은 상승하지 않고 이후 타설을 계속하면 측압이 저하되는 경계 높이를 말한다.

(5) 거푸집 설계용 측압의 표준치(t/m²)

	진동기 無	진동기 有
벽	2	3
기둥	3	4

끝

문제 5

거푸집 및 동바리 존치 기간을 설명하시오.

1 개 요

(1) 거푸집 존치기간은 시멘트의 종류, 기후, 기온, 하중, 보양 상태 등에 따라 다르며

(2) 거푸집 해체는 전용 횟수가 많아야 하므로 가능한 빨리 해야 중대한 관계가 있으므로 시방성 규정을 준수

(3) 거푸집 존치는 콘크리트 강도

(4) 거푸집은 Con'c의 급격한 건조를 방지하며 보온, 방습의 역할도 하므로 콘크리트의 보양과 변형 우려가 없고 충분한 강도가 날때까지 존치

2 거푸집 및 支柱의 존치기간의 시방기준

(1) 시공 시방 등급이 1급일 때는 특기 시방서에 열거한다.

(2) 시공 시방 등급이 2급일 때 콘크리트 압축강도

① 기초, 보옆, 기둥, 벽 → $50[kg/cm^2]$ 이상
② Slab, 보밑 → 설계 기준 강도의 50[%] 이상

(3) 거푸집의 존치 기간

부 위		기초, 보옆, 기둥, 벽		Slab 및 보밑	
Con'c 압축 강도		$50 [kg/cm^2]$		설계강도의 50[%]	
시멘트 종류		조강	일반	조강	일반
콘크리트재령(日)	평균기온 20[℃] 이상	2	4	4	7
	10[℃] 이상 20[℃] 미만	3	6	5	8

① 최저 기온이 5[℃] 이하일 때는 1일을 $\frac{1}{2}$일로 환산

② 최저 기온이 0[℃] 이하일 때는 존치기간에 삽입하지 않는다.

③ 공기에 노출된 부분은 7일간 습윤 양생한다.

(4) 지주의 존치기간

① Slab밑 → 설계 기준 강도의 85[%] 이상
② 보밑 → 설계 기준 강도의 100[%] 이상

3 지주 바꾸어 세우기

(1) 원칙적으로 큰보의 지주는 바꾸어 세우지 않는다.

(2) 상부층에 큰 적재하중이 있을 때는 바꾸어 세우지 않는다.

(3) 지주의 바꾸어 세우기는 신속하게 한다.

(4) 지주는 동시에 빼지 않고 큰보 → 작은보 → 바닥판 순으로 한다.

(5) 콘크리트 압축 강도가 소요강도의 $\frac{1}{2}$ 이상이 되면 존치기간내에서도 바꾸어 세울 수 있다.

(6) 지주의 상부에는 30[cm] 각의 머리받침을 둔다.

(7) 시공의 정밀도를 요구하는 공사에서는 지주 바꾸어 세우기를 하지 않는다.

4 지주의 철거

(1) 보, 바닥판의 지주는 상부층에 지주가 있는 동안은 철거하지 않는 것을 원칙으로 한다.

(2) 콘크리트 강도가 소요 강도 이상이 되고 21일이 경과되었을 때 철거한다.

(3) 보통 일반층은 콘크리트 타설 후 6주간, 지붕층은 콘크리트 타설 후 4주간 경과시 철거한다.

5 결 론

(1) 근래 건축물은 고층화, 대형화, 기계화 등의 신공법과 신재료의 등장으로 공사 기간의 단축 일환으로 거푸집 존치기간을 줄임으로써 처짐이 발생하여 구조적인 문제까지 발생한다.

(2) 동절기 공사 강행에 따른 충분한 보양 및 양생이 필요하며, 또한 거푸집 및 지주의 존치기간 준수가 무엇보다 중요하다고 본다.

(3) 기온의 변화나 작업 하중 등에 따른 변화에도 주의해야 한다. 끝

문제 6

거푸집 공사의 유의 사항(안전성 검토)을 쓰시오.

1 개 요

(1) 거푸집의 안전성은 타설시의 충격하중, 작업하중, 자중에 따른 변형으로 도괴가 되지 않도록 충분한 강성과 강도가 요구된다.

(2) 변형시는 시공정도의 물량은 물론 보수 또한 어렵다.

(3) 도괴시의 안전 재해 → 사회문제화가 된다.

(4) 안전한 단면 결정과 시공상 주의가 무엇보다 중요하다고 본다.

2 거푸집 안전성 검토 Flow Chart

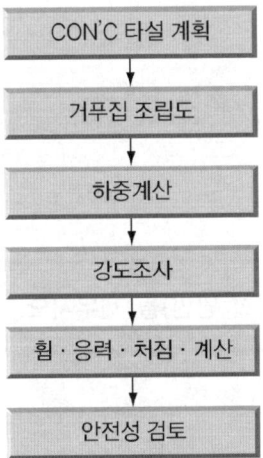

3 하중 적용

(1) 연직하중

W = 고정하중+충격하중+작업하중

$= \gamma \cdot t + 0.5\gamma \cdot t + 150 \, [\text{kg}/\text{cm}^2]$

(γ : 철근 Con'c 단위 중량 2.4 $[\text{t}/\text{m}^3]$, t : Con'c 두께)

(2) 수평하중

풍하량 = $C \cdot \delta \cdot A$ (C : 풍력계수, δ : 속도압([kg/cm^2]), A : 수압면적([m^2]))

(3) 측압

구 분	진동시 無	진동기 有
벽	2[t/m^2]	3[t/m^2]
기둥	3[t/m^2]	4[t/m^2]

4 설계상 유의사항

(1) 연직하중

① 고정하중 : 가설재 자중, 도표나 비중으로 산정
② 적재하중 : Con'c 철근 등 자재 중량, 타설장비 중량
③ 충격하중 : 작업원, 장비 작업시 생기는 힘, 적재하중의 10~50[%]
④ 적설하중 : 지역에 따라 고려

(2) 수평하중

① 풍하중 : $P = C \times \delta \times A$
② 충격하중 : 적재하중의 10~30[%] 적용   끝

문제 7

거푸집 공사의 문제점 및 대책(합리화 방안)을 세우시오.

1 개 요

(1) 최근 건축물의 대형화, 고층화 추세와 건설인력의 3D 현상으로 인력의 고령화, 고임금화, 노동 생산성 저하 등 건설업의 심각한 현안으로 대두되고 있으며

(2) 최근 공사비의 재료비 비중보다 노무비의 비중이 크고 국제 경쟁력 강화 위해 건설공사의 성력화 공기단축, 관리기법(T.Q.C, VE, SE) 등의 기술연구 개발로 합리화를 기하고 있다.

2 현장 제작 거푸집 공법의 문제점

(1) 노동 인력의 부족 : 품질저하, 재해발생

(2) 자재 수급의 어려움 : 일시 수요에 따른 공급 문제

(3) 설계의 표준화, 규격화, 어려움으로 구조, 형태의 복잡화

(4) 거푸집 계획이 설계단계에서 고려되지 않고 시공단계에서 결정되는 문제

(5) 경제성 저하
    ① 조립, 해체시 작업 종류 많아 재료 손실 및 소모제 낭비
    ② 거푸집 존치 기간 위해 가설자재 다량 소요 및 거추집 공사비 증가

(6) 공기 지연
    Slab 거푸집, 지주 존치기간으로 상, 하층 작업 연속 채용 불리

(7) 공 법
    ① 기술자의 새로운 공법에 대한 인식 부족
    ② 조립, 해체 공정 많아 작업 복잡
    ③ 지주 형식, Support 설치로 설치, 해체 복잡 및 자재 다량 소요
    ④ 각 부재의 다수 조립으로 작업 능률 저하로 인건비 상승

(8) 전용성 저하
    ① 거푸집 반복 사용 횟수 감소
    ② 전용시 인건비, 운반비 증대
    ③ 저장, 보관시 자재 훼손 방지 위해 관리비 증가

(9) 안전관리상 문제
    지주, support 지지상태 및 지주 바꾸어 세우기 등 설치, 해체 복잡성으로 안전 사고 우려

(10) 수밀성 및 시공정도 저하
    현장에서 다수 부재 조립 시공으로 조립 정도 저하 및 이용발생에 따른 수밀성 저하

3 대책(합리화 방안)

(1) 가설재 개선
    ① 강철화 : 강도 유리, 접합 확실, 단면적 감소, 내구성 우수
    ② Unit화 : 인건비 절약, 공기단축, 안전사고 예방
    ③ 경량화 : 운반, 취급 용이로 인건비 절약, 경금속 plastic 개발(녹발생 해결)

(2) 신공법 채택
    ① 대형 거푸집 공법, Deck Plate 등의 각 부위별 system화
    ② 무지보 공법 : Bow Beam, Pecco Beam
    ③ 바닥 합성 공법 : Omnier판
    ④ 적층공법, Lift-up 공법 등 기계화 공법

(3) 마무리 선 설치, 공법
    ① G.P.C, T.P.C, 창호재를 선 부착
    ② 마감공사 간략화 : 공기단축, 원가 절감

(4) 비계 없는 공법
    ① 거푸집 작업 비계와 밑층의 마감 비계를 한꺼번에 거푸집에 설치하고 외비 비계 생략
    ② 가설비계 절약, 원가 절감

(5) 체결 철물
    ① Form tie의 개량
    ② Bar support, spacer의 표준화 추진

(6) 진동기 붙은 거푸집
    ① 소형 진동기를 거푸집에 달아 주로 수직 부재의 Con'c 충전에 이용
    ② 연속 Con'c 충전기로서 분리하지 않고 충전 가능한 진동기 개발
    ③ 작업의 간소화
    ④ 전기 강전 안전사고 예방

(7) 철근 Pre fab 공법
    ① 시공정도 향상
    ② 공기 단축
    ③ 작업 단순화, 省力化
    ④ 공장 자동화, Robot화

4 향후 거푸집 개발 방향

① 신재료 개발
  ㉮ 투명 거푸집
  ㉯ 고유동화 콘크리트용 거푸집
  ㉰ Plastic 거푸집, 정량 AL, 거푸집 개발
② 공업화 공법
  ㉮ 건식화
  ㉯ 조립화
  ㉰ 기계화

5 결 론

(1) 최근 건축물이 대형화, 초고층화에 따라 현장 제작 거푸집 공법으로는 한계가 있다.

(2) 자재 수급의 불균형, 인력부족 등으로 인하여 대형 거푸집 공법에 의한 시공 개발

(3) P.C화에 의한 공업화 공법으로 발전시켜 나가야 할 것이다. 끝

문제 8

Con'c 재료의 일반사항을 쓰시오.

1 시멘트

(1) 종 류
  ① 포틀랜드 시멘트
    ㉮ 보통 P.C 시멘트
      ㉠ 일반적 사용, 비중 : 3.05~3.15, 단위 용적 중량 : 1500[kg/m^3]
      ㉡ 분말도 : 브레인 시험 비표면적 2800[cm^2/g] 이상
    ㉯ 조강 P.C 시멘트
      ㉠ 한중, P.S Con'c(조기강도 大, 수화열 大, 투수성 小)
      ㉡ 긴급 공사시 중성화 방지용 PH 높다.
    ㉰ 중용열 P.C 시멘트 : 서중, Mass, 차폐 Con'c용, 수화열 감소, PH 낮다.

                    ㉣ 백색 P.C 시멘트 : 마무리 공사용
            ② 혼합 포틀랜드 시멘트
                ㉮ 고로 슬래그 시멘트
                    ㉠ 해안, 지중, 수중 구조물(장기 강도 大), 내화학성, 내수성
                    ㉡ 수밀 Con'c, 중성화 빠르다.
                ㉯ 실리카 시멘트 : 해안, 지중, 수중 구조물
                ㉰ Fly ash 시멘트 : 팽창 수축 낮다, 수화열 적다, pump 타설용, 댐용, 장기 강도 大
            ③ 기타 시멘트
                ㉮ 알루미나 시멘트
                    ㉠ 한중(1일 28일 강도 발현), 긴급 공사, 화학 공장
                    ㉡ 단기강도 大 → 초기 강도 우수, 내산성, 내열성 우수
                ㉯ 내황산 시멘트 : 해안지역, 해수에 유효

    (2) 시 험
            ① 시료채취, 비중시험, 안정성 시험, 강도 시험, 응결 시험, 분말도 시험, 팽창성 시험
            ② 비중 : 3.15, 단위 용적 중량 : 1500[kg/m³]

    (3) 저 장
            가설 공사의 시멘트 저장 창고 참조

2 골 재

(1) 종 류
    ① 생산 : 천연 골재(산, 강, 개울, 바다, 생산용), 인공골재(쇄석, 모래, 자갈 등)
    ② 입형 : 예각부 적고 구형에 가까운 골재
    ③ 입도 : 대소粒 적당히 혼입된 것
    ④ 조립율 : 잔골재 2.3~3.1, 굵은 골재 6~8 정도
    ⑤ 공극률 : 모래 30~40[%], 자갈 45~55[%], 쇄석 실적률 55[%] 이상
    ⑥ 흡수율 : 3[%] 이내
    ⑦ 비중
        ㉮ 보통 골재 2.5~2.7, 일반적 2.6, 모래 1.0 [t/m³], 자갈 1.8[t/m³]
        ㉯ 경량 골재 : 질긴비중 2.0 이하
        ㉰ 중량 골재 : 방사선 차폐용(중정석, 자철광 등)
        ㉱ 염도 : NaCl 0.02[%] 초과시 w/c 小, 두께 小

⑧ 크기
    ㉮ 잔골재 : #4체 100[%] 통과, #200~100[%] 남는 것(잔모래 1.2~2.5[mm], 굵은 모래 2.5~5[mm])
    ㉯ 굵은 골재 : #4체 100[%] 남는 것(잔자갈 15[mm] 이하, 중자갈 25[mm] 이하, 큰자갈 35[mm] 이하)

(2) 품질 규정
    ① 비중, 강도, 흡수율, 입도 입형, 점토분 양, 알칼리 골재, 조립물, 내구성
    ② 굵은 골재 최대 치수, 유해 불순물 함유, 염분

(3) 저장 관리
    ① 골재 입도 배열은 취급, 운반, 저장 등에 의해 분리되지 않게
    ② 자갈, 상하차 적재 등에 의해 분리 심하므로 적절히 방지
    ③ 잔골재, 굵은 골재, 엄중 구분하여 저장, 입도별 반입된 것 구분 저장
    ④ 적치장소, 흙물, 톱밥, 쓰레기 혼입 방지
    ⑤ 골재 저장 장소 배수 양호, 1~2[m] 옹벽 설치(저장량 증가)
    ⑥ 반입, 반출시 평면적으로 교통 교차 있도록

3 물

(1) Con'c 용수 청정하고 유해 불순물(기름, 산, 알칼리, 유기물) 미포함

(2) 일반적 상수도 적당, 무근 Con'c 해수 사용 가능하나 철근 Con'c 해수 사용 금지

(3) 불가피한 경우 부배합과 수밀 Con'c 시공, 충분한 피복 두께 유지하여 철근 Con'c 수명 유지토록 조치

4 철 근

(1) 종 류
    원형철근, 이형철근, 고장력 철근, 용접 철망, 고장력 이형철근, Piano 선, 경강선

(2) 저장 관리
    ① 철근 가공 조립 순서에 따라 반입
    ② 직접 층에 접하지 않게 각목 등 받침대 위에 저장, 진흙, 기름, 먼지 등 묻지 않게 저장
    ③ 방청 방지 위해 풍우에 노출 금지
    ④ 종류별, 길이별 정리, 물리적 분리 저장   끝

문제 9

혼화재의 종류를 설명하시오.

1 개 요

시멘트, 물, 골재 이외의 재료로서 혼합시 필요에 따라 Con'c 성분을 첨가하여 굳지 않는 Con'c, 경화한 Con'c의 성질개선이나 공사비 절약 목적으로 사용하는 재료로서, 사용량이 비교적 적어서 약품적인 성질인 것을 혼화재(agent)라고 하고 비교적 대량으로 사용되어 고체 입자로서 Con'c의 실질 구성재가 되는것을 혼합재(additive)라 한다.

2 사용 목적

① 시멘트 사용량을 절약하고 재료 분리 방지
② 시공연로 개선
③ 응결 및 경화의 재연 또는 촉진과 초기 강도 증진
④ 내구성, 수밀성 및 화학적 저항성 증진
⑤ 철근의 부식 방지 및 부착력 증진
⑥ 작업의 용이 및 양질 Con'c 생산

3 종 류

(1) 혼화재(agent)
  ① 표면 활성제 : AE제, 감수제, AE 감수제
  ② 성질 개량 및 종량제 : Pozzolan, Fly ash
  ③ 응결 경화 촉진제
  ④ 응결 지연제
  ⑤ 방수제
  ⑥ 방풍제
  ⑦ 발포제
  ⑧ 착색제, 방청제, 팽창제
  ⑨ 기타

4 특 징

(1) 표면 활성제

① AE제

㉮ 역할
  ㉠ 미세한 기포를 연행(생성)하여 Con'c 시공연도, 수밀성 및 내구성(내결 융해성, 내마모성)을 향상시키기 위해 쓰이는 혼화제
  ㉡ 표준 공기량 : 3~5[%], 허용차 ±1[%]
  ㉢ 공기량이 6[%] 초과시 급격한 강도저하

㉯ AE Con'c 특징
  ㉠ 잔위수량 감소
  ㉡ 내구성 및 수밀성 증가
  ㉢ 시공연도 향상
  ㉣ 재료분리 Blending 현상 감소
  ㉤ 알칼리 골재 반응의 영향 감소
  ㉥ 경화에 따른 발열량 감소
  ㉦ 단가 저렴
  ㉧ 빈배합시 동일 시멘트량에 따른 압출강도 증가
  ㉨ 증기량 증가 따라 강도 저하
  ㉩ 철근의 부착강도 저하
  ㉪ 거푸집 측압 증가

② 감수제

㉮ 역할
  ㉠ 시멘트의 입자를 분산시킴에 의하여 시공연료 및 감수효과 향상
  ㉡ 공기 연행 작용은 하지 않음. 동결융해에 의한 저항성 향상은 기대 못함

㉯ 특징
  ㉠ 단위 수량 감소
  ㉡ 시공연도 개선
  ㉢ Con'c 응결 조절(지연, 촉진)
  ㉣ 수화열 절감(수화열에 의한 온도상승 저하 및 지연)
  ㉤ Con'c 운반에 따른 slump 저하 방지
  ㉥ Cold Joint 발생 방지
  ㉦ 중성화에 대한 저항성 증대
  ㉧ 수밀성 향상

- ㋧ Con'c 표면 개량
- ㋨ Con'c 원가 절감
- ㋩ AE제, AE 감소제와 병용
④ **용도** : 서중 Con'c, 조강도 Con'c, 제물차장 Con'c, MASS Con'c, Slip form, pump 공법 Con'c
③ AE 감수제
㉮ 역할
- ㉠ AE제와 감수제의 성질을 겸할것, 표준형, 촉진형, 지연형이 있다.
- ㉡ 시멘트 입자에 의한 강력한 분산작용 및 공기 연행 작용으로 Con'c 시공연도 및 내구성 향상 위해 쓰이는 혼화제
㉯ 특징
- ㉠ 잔위수량 감소(AE제보다 2배 감소)
- ㉡ 시공연도 향상
- ㉢ Con'c 응결 조절(지연 or 촉진) 기초 감수제, AE제 참조

(2) 성질 개량재 및 증량재
① Pozzolan(규조토 같은 점토 성분)
㉮ 시멘트가 수화 반응시 산발 수산화 칼슘($Ca(OH)_2$)과 화합, 강도, 내구성, 수밀성 개선
㉯ 특징
- ㉠ 시공연도 향상, Bleeding 재료 분리 감소
- ㉡ 자기강도, 인장강도 증대
- ㉢ 내구성, 수밀성 향상
㉰ Fly ash : 입자가 미세하고 미끈한 알맹이 상으로 시공연도, 향상 및 사용수량 감소, 수밀성 개선 – 단위 수량 감소 안됨

(3) 응결 경화 촉진제
한중 Con'c 사용, 염화칼슘, 규산소다 – 철근 녹 발생 RC로 사용주의

(4) 응결 지연제 : 서중 Con'c 사용, 레미콘 운반거리가 멀 때

(5) 방수제

(6) 방 재

(7) 발포제

(8) 착색제 등

5 사용상 주의사항

(1) 사용량은 소량이며 사용 시멘트량이 수[%] 이내이므로 10~20배의 희석액으로 사용

(2) 제조회사 시방에 용도, 사용량, 철저히 따른다.   끝

문제 10

Con'c 균열 발생 원인 및 대책, 보수 보강 공법을 설명하시오.

1 개 요

Con'c는 성질이 서로 다른 복합재료로 균열이 발생하기 쉽고 이균열은 강도, 내구성, 수밀성, 저하뿐만 아니라 표면 결함과 구조물의 기능상 결함을 초래하기도 하며 누수가 되어 철근을 녹슬게 하여 구조적 결함까지도 초래하게 된다. 따라서 Con'c 구조물도 균열 발생 주원인을 사전에 파악하여 방지에 힘써야 한다.

2 균열 발생 원인

균열 발생 원인을 크게 나누면 재료 특성 관계, 시공 상태 관계, 주위 환경 조건, 구조 또는 외력

(1) 재료 특성에 관한 사항

① 시멘트 : 이상 응결, 이상 팽창(건조수축), 수화열
② Con'c : 건조수축, 침강, Bleeding 발생
③ 골재 : 점토, 이토양, 반응성 골재와 풍화암 사용시

(2) 시공 상태에 관한 사항

① 비빔시
   • 장시간 Mixing
   • 혼화재 분산 불균질
② 운반
   • pump 압송시 물
   • 시멘트 첨가 경우

③ 거푸집
- 배근간격, 피복두께 불량
- 거푸집 조임 불량
- 동바리 침하, 좌굴
- 거푸집 해체시기 강도 불량

④ 타설
- 타설 순서 불량
- 타설 속도 불량(여름 1.5[m/h], 겨울 1.0[m/h])
- 시공이음 처리 불량
- Cold Joint 발생

⑤ 양생
- 초기 동해 받을 시
- 초기 양생시 급격 건조
- 경화전 진폭, 하중 작용시

(3) 주위 환경 조건에 관한 사항
① 온도, 습도 급격한 변화
② 부재 양면 온, 습도차
③ 동결 융해의 반복
④ 내부 철근 부식
⑤ 화재에 의한 표면 가열
⑥ 산, 염류 화학 작용

(4) 구조외력에 관계 되는 사항
① 단면, 철근량 부족
② 구조물 부동 침하
③ 과하중

3 균열 방지 대책

(1) 재료상 대책
① 시멘트 응결시간 검사
② 풍화 시멘트 사용 금지
③ Bleeding 방지 위해 분말도 높은 시멘트 AE제 사용
④ 단위 수량 적게
⑤ 수화열 감소 : 중용열 P.C, Fly ash 사용
⑥ 양생 철저

(2) 시공상 대책
① 타설 순서를 지킨다.

② 정해진 타설 속도를 지킨다.
③ 밀실 다짐 실시
④ 타설 이음 시방 규정 대로 실시
⑤ 거푸집, 측압에 안전, 동바리 침하, 좌굴 방지
⑥ 거푸집 해체시기 소정강도 확보시 실시
⑦ 양생 철저

(3) 설계상 대책

① 신축 줄눈 설치
   ㉮ 무근 Con'c 8[m] 내외, 철근 Con'c 13[m] 내외
   ㉯ 수평 단면 급한 곳
   ㉰ 무근 Con'c 바닥판 3~4[m] 내외
   ㉱ 건물 긴 경우 50[m]마다
   ㉲ 구조적으로 다른 건물과 연결 부위
② 설계시 풍하중, 지진력 등의 산정을 충분히 하여 설계 소요단면 및 철근량 확보

4 균열 보수 보강 공법

철근 Con'c에 생기는 균열은 (0.2[mm] 이상) 발견시 즉시 밀폐하여 외부의 풍기 통수를 차단하여 철근 녹 발생 확대를 방지해야 한다.

(1) 표면처리법

균열에 따라 Con'c 표면에 피막을 형성하여 주는 공법으로 균열폭이 0.2[mm] 이하의 경우로 강도 회복을 요하지 않는 경우 사용하는 공법
① 피막용 재료 Epoxy계 수지 또는 Tar-Epoxy 사용
② Con'c 표면을 Wire Brush로 문질러 부착물 제거하고 물로 청소 후 충분히 건조시킨 다음 보수
③ Con'c표면 기포 같은 구멍 Putty로 채운 다음 시공

(2) 충진 공법

균열에 따라 Con'c 표면을 V cut이나 U cut하여 수지모르타르, 팽창성 시멘트 모르타르 등을 채워 보수하는 공법, 강도 회복 목적용
① V-cut 또는 U cut 한다.
② Wire Brush로 청소하고 Primer를 바른다.
③ 채움재 충진
④ 경화 후 표면을 Grinding or Sanding 하여 평활 마무리

(3) 주입 공법

균열 표면뿐만 아니라 내부까지 충진시키는 공법, 주입재료는 일반적으로 저점성 Epoxy가 쓰인다.
① 균열선을 따라 10~30[cm] 간격으로 주입용 pipe 설치
② 다른 부분은 밀봉(Tape 충진 피막)
③ 처음에는 공기만 압송시켜 청소한다.
④ pump로 수지 주입 : 이때 주입속도 빠르거나 주입압력 크면 충진 불량 발생

(4) 강재 Anchor 공법
① 주로 보강을 목적으로 사용(위험 부각시 마지막 카드로 사용)
② 격쇄형 Anchor로 균열을 가로 질러 설치한다.
③ 들어간 곳은 Drill로 구멍을 뚫어 수지 Mortar, Cement Mortar로 정착시킨다.

(5) Prestress를 쓰는 방법
① 균열 직각 방향으로 Prestressing을 하도록 PC 강선을 배치하여 긴장시키는 공법
② PC 강선용 구멍은 Boring한다.
③ 부재의 외측에 설치하는 경우도 있다.

(6) Con'c 치환 공법
① 균열 부분의 Con'c를 제거하고 신 Con'c로 타설하는 공법
② 양생 기간이 필요하다.

(7) 강판 부착 공법
① Con'c 부재 인장측에 강판을 Epoxy 수지로 접착시키는 공법
② 보강을 목적으로 한다.

(8) 단면 증가시키는 보수 방법

신구 Con'c 경계면에 접착성이 우수한 Epoxy 수지나 SBR-Late를 이용하여 일체화시켜 PC Cable을 이용하여 보강시키는 공법

5 결 론

Con'c 균열은 사전에 충분한 계획을 수립하여 균열이 방지되도록 설계시공이 가장 중요하다.

끝

문제 11

Con'c 비파괴 시험에 대해 설명하시오.

1 개 요

(1) Con'c 구조물의 품질관리, 안전성 사용성 확보 문제의 중요성 증대

(2) 구조물 노후화에 따른 내구성 진단, 건전성 평가, 사용 수입 예측, 손상 열해, 원인 규명, 유지관리 및 보수 보강 문제 현실적 대두

(3) 따라서 비파괴 검사 기법이 제안 사용되고 있다.

2 필요성(목적)

(1) 품질관리

(2) 압축 강도 측정

(3) Con'c 구조물 방화 진단
　① Con'c 동적 특성 및 동결 융해 저항성　② 두께, 치수, 면위 변형
　③ 균열 : 위치, 깊이, 폭　　　　　　　　　④ 결합, 공극
　⑤ 철근 위치

3 강도 추정을 위한 비파괴 검사

(1) 반발 경도법(Rebound Hammer Test : Shummit Hammer법) → 타격법
　Con'c 표면에 기계적 타격을 가해 반발력의 대소로 강도 측정
　① 시험방법
　　㉮ 측정 위치 : 벽, 기둥, 보 측면
　　㉯ 측정 지점 : 평활한 면, 가로 5×세로 4×간격 3[cm]로 교접 20개 측정
　　㉰ 측정 경도 : $F = 13R_0 - 184([kg/cm^2])$, $F = 10R_0 - 110([kg/cm^2])$
　② 유의 사항
　　㉮ Con'c 재정 28일 대상, 모서리 파손 무리, 면 광활할 것
　　㉯ 부재 두께 10[cm] 이하의 바닥판, 벽, 한변이 15[cm] 이하의 단면 기둥
　　㉰ 작은 치수 긴 span 부재 부적당

③ 특성
- ㉮ 구조 간단, 사용 편리, 비용 저렴
- ㉯ 표면 부분만 강도 측정, 습도 표면 상태 영향 有, 신뢰성 부족, 타설 후 3~70일내 가능

(2) 초음파 속도법

① 10~20[kHz] 정도 초음파 pulse를 Con'c 내부에 입사하여 그 전달거리 t로부터 얻어지는 전파속도로서 Con'c 내부 품질 평가

$$\text{Con'c 전파속도} = \frac{\text{측정 거리}(L)}{\text{전파 시간}(t)} (\text{km/sec})$$

② 특성
- ㉮ 내부 Con'c 강도 측정 가능, 타설후 6~9시간 측정 가능
- ㉯ 강도 작은 경우 오차 크다, 철근 영향 크다, 강도와 속도 관계식 요구된다.

③ 실용화 위해 다음 사항 표준화 필요
- ㉮ 음속 측정 장치
- ㉯ 측정 방법
- ㉰ 강도, 품질 판정 기간
- ㉱ Con'c 함수용, 철근 재하응력 등의 영향 파악

(3) 인발법(Pull out Test)

① Con'c에 미리 bolt 등의 인발용 장치를 설치하여 선발함으로써 Con'c 표면에 국부적인 손상을 가져오는 검사법

② 종류
- ㉮ Pre Anchor 법 : 매입 철물 미리 매설
- ㉯ Post Anchor 법 : 매입 철물 나중 설치, 수시검사 가능

③ 초기 강도 판정에 주로 사용

(4) Break off 및 Pull off법

① Break off 법 : 플라스틱제의 원통형상, 미리 소정 위치에(깊이 7[cm]) 매설하고 Con'c 경화후 형을 제거리에 휨시험하여 경도 측정

② Pull off 법 : Core의 인장강도로부터 강도 측정, 특수한 Core 장치를 사용

(5) 관입법

화약이나 스프링 힘을 이용하여 타입용 장치의 Pin을 Con'c 표면에 쳐서 관입된 길이 또는 노출된 길이를 측정하여 강도 측정

(6) 병용법
　① 2개 이상 비파괴 시험을 병용하여 강도 측정함으로써 측정 정도 향상
　② 초음파법+반발경도법 권장

4 내부 탐사를 위한 비파괴 시험

(1) 탄성파법
　① **초음파법** : 초음파의 전파속도를 계측하여 내부 탐사
　② **충격파법** : Con'c에 정밀한 반사파 측정하여 내부 탐사

(2) **적외선 법** : 적외선을 방사하여 표면 온도, 반사, 흡수 특성을 측정

(3) **X선법** : Con'c 내부 철근 배치, 상태, 공극, 밀도 등 확인

(4) **레이더법** : 전자파 발사, Con'c 내부의 이물질 반사파 검출

(5) 철근 탐사법
　전압의 변화량에 의해 Con'c 내의 철근 위치, 방향, 피복두께, 철근 지름 탐지

(6) 공진법
　① Con'c 품질 변화, 퇴화, 침식 현상 추적
　② Con'c 공사체에 공기 진동을 주고 그때 공명 진동으로 Con'c 탄성계수, 전단 계수, 푸와송비를 구하여 동결 여부 판단

5 개발 방향

　① 고성능 검사 장비 개발
　② 추정 정도 향상
　③ 평가 system 확립 및 규격화, 표준화, 연구 개발 필요

6 결 론

(1) 구조물 강도 측정에 있어서 문제점은 측정 정밀도이며 이를 위해 향후 연구 개발 필요

(2) Con'c 시공중 품질관리부터 완성 후 구조물 내구성 진단에 이르기까지 폭넓게 활용 전망

끝

문제 12

Con'c의 줄눈(Joint) 종류 및 특성을 설명하시오.

1 개 요

Con'c 구조물은 Con'c 타설시 시공상 필요에 의해 구조물이 완성되었을 때 구조물의 다양성 변형에 대응하기 위해 구조물의 기능상 줄눈이 필요하다.

2 Joint 의 종류

(1) 시공줄눈(Construction Joint)

(2) 기능 줄눈(Functional Joint)
   ① Expansion Joint(신축 줄눈)
   ② Control Joint(조절 줄눈)
   ③ Shrinkage Strip
   ④ Slip Joint
   ⑤ Sliding Joint
   ⑥ Settlement Joint

3 종류별 특성

(1) Construction Joint(시공 줄눈)
   ① 기능상 필요해서가 아니라 시공상 필요에 의해 Con'c 타설시 이음을 주는 경우
   ② 이음 위치
      ㉮ 누수, 강도상 취약, Crack 발생 원인이 되므로 가급적 두지 않는다.
      ㉯ 전단력이 적은 곳, 구조물 강도상 적은 곳
      ㉰ 벽 : 수평 길이 ≤12[m]
      ㉱ Slab : 중앙
      ㉲ 기초 또는 Floor slab : 상부
      ㉳ 기둥 : 슬래브 및 기초 상단
   ③ 시공상 유의사항
      ㉮ 밀실하게 시공
      ㉯ 타설 Con'c에 충격, 균열 방지
      ㉰ Laitance 제거
      ㉱ 수밀 Con'c : 지수판 사용
      ㉲ Cement Paste 도포

(2) Expansion Joint(신축 줄눈)
   ① 설치 목적
      ㉮ 구조체가 팽창수축에 의한 균열 발생의 예방 및 균열 집중
      ㉯ 건물의 부동침하에 대비한 변위 흡수 : 건물의 길이가 긴 경우
      ㉰ 지진에 의한 장애 : 예방 대책
      ㉱ 건물의 평면적인 증축 등으로 인한 균열 제어
   ② 종류
      ㉮ Closed Joint(막힌 줄눈)
      ㉯ Clearance 줄눈 : 트인 줄눈 10~30[mm]
      ㉰ Butt Joint(닫힌 줄눈)
      ㉱ Settlement Joint : 침하 줄눈, 지하 기초까지 설치
   ③ 설치 위치
      ㉮ 중량 배분이 다른 곳
      ㉯ 건물 형상 바뀌는 곳, 형상 복잡
      ㉰ 기존 건물 증축 부위
      ㉱ 장대한 건물 50[m] 기준
   ④ 설치 간격
      ㉮ 무근 Con'c 바닥판 : 3~4.5[m] 간격으로 표시
      ㉯ 무근 Con'c 벽 : 8[m] 간격으로 표시
      ㉰ 철근 Con'c 벽 : 13[m] 간격으로 표시
      ㉱ 장대한 건물 : 50[m] 간격으로 표시

(3) Control Joint(조절 줄눈)
   Con'c 건조 수축이나 온도 저하에 의해 인장 응력 발생이 생긴다. 이러한 인장 응력에 의한 취약부에 미리 줄눈을 넣어 균열을 제어할 목적으로 시공되는 줄눈

(4) Shrinkage strip
   ① 시공중 건조 수축에 의한 응력이 생기지 않도록 하기 위한 임시 줄눈이다.
   ② 수축 응력 감소, 균열 감소

(5) Contraction Joint(수축 줄눈)
   ① Con'c는 경화 진행에 따라 온도 변화, 건조 수축으로 균열이 발생하는데 이를 일정한 방향으로 유도하기 위해 설치하는 줄눈
   ② 기능 : 온도 변화, 건조 수축에 의한 균열을 일정한 방향으로 유도하여 최소화

(6) Slip Joint
   ① 조직 벽체와 철근 Con'c slab 사이에 설치되는 줄눈
   ② 온도변화에 의한 변형에 대응
   ③ 내력벽(Bearing Wall)의 수평 균열 방지

(7) Sliding Joint(미끄럼 줄눈)
   ① Slab나 보 등에 구속에 의한 응력을 해제할 목적으로 설치
   ② 용도 : Creap, shrinkage, 온도 Drop에 대하여 발생하는 Con'c 부재 내부응력(균열 방지)

(8) Cold Joint
   ① 일반사항
      ㉮ Cold Test 발생은 Con'c 응결의 진행과 밀접한 관계가 있다.
      ㉯ 서중 Con'c 시공에서 Cold Joint 발생
   ② 이음 허용 한도
      ㉮ 저치장과 기타 중요한 부재 : 1[kg/cm^2], 일반 부재의 경우 5[kg/cm^2]
      ㉯ 내부 진동, 기타 적당한 처리하는 특별한 경우 : 10[kg/cm^2]
      ㉰ 시간 간격 한도 : 25[℃] 이상
      ㉱ 방지 대책
         ㉠ 1일 타설 계획(양 및 이음 Joint 계획)
         ㉡ 타설 순서, 구획계획
         ㉢ 다짐 방법, 인원 배치
         ㉣ 운반 기계 장비 준비
         ㉤ 기온 30[℃] 이상시 타설

4 줄눈 재료

   ① 부착력 좋고 화학적, 기후변화에 안정한 탄성체
   ② Asphalt, 우레탄, 실리콘 합성수지, 고무 등   끝

문제 13

Prepacked Concrete에 대해 설명하시오.

1 개 요

사전에 조립된 거푸집 내에 일정 입도 조골재를 충진하고 주입관을 통하여 시멘트 모르타르를 주입시켜 만든 콘크리트

2 특 성

① 초기 강도는 적으나 장기 강도는 크다.
② 부착력이 크고 동결 융해에 대한 저항성이 크다.
③ 건조수축 및 침하량이 적다.
④ 내구성, 수밀성이 좋다.
⑤ 대형 구조물
⑥ 공정이 간단하다
⑦ 우중, 수중 시공성 확실
⑧ 골재비가 과다하여 측압 발생 우려
⑨ 양생기간 장기화로 거푸집 비용 많이 소요

3 재 료

(1) **시멘트** : 보통 포틀랜드 시멘트 사용, 목적에 따라 조강, 고로 플라이 애시 시멘트 사용

(2) **조 골재** : 공극물이 적을수록 좋으며 최소 치수 15[mm] 이상

(3) **잔 골재** : 1.2[mm] 이하

(4) **Fly ash** : 기준에 적합한것 사용, 장기 강도에 적합

(5) **혼화제**
　① **알루미늄 분말** : 팽창성으로 침하 수축 방지 및 충전성 증가 효과
　② **표면 활성제** : 시멘트 분산재 주로 사용
　③ **Intrusion aid**
　　㉮ 시멘트 Paste의 침투를 증대하는 혼화제

㉯ 모르타르 성분 현탁성을 높이고, 부착력 증대, 조기경화 억제, pump 주입 용이하게 한다.
　　　㉰ 사용량 : 시멘트와 Fly ash 중량의 1[%] 정도

(6) 물 시멘트비 : $W/(C+F)$ ($C+F$: 시멘트와 Fly ash의 중량) 40[%] 이상

4 Mortar 성질

① 유동성 : 流下 시간 16~20[sec]일 것
② Bleeding : 3[%]/3[HR] 이내, KSF 2433
③ 팽창성 : 5~10[%]/3[HR] KSF 2433 팽창성 있고 골재와 부착성 좋다. AL 분말사용
④ 건조수축 작고 내구성 클 것
⑤ 재료분리 잘할 것
⑥ 응결시간 시공성 필요한 범위 내에 있을 것

5 시공시 품질관리

(1) 시공순서

　거푸집 조립 → 철근 배근 및 주입관과 검사관 설치 → 굵은 골재 충전 → Mortar 주입

(2) 재료 투입 순서 : 물 → 인투루션 에이드 → 플라이 애시 → 시멘트 → 모래

(3) 주입 순서 : 모르타르 Mixer → Asitator → Mortar Pump → 주입관

(4) 시공기계

　Mortar Mixer, 압착 pump, 모르타르 수송용 호스, 주입관 (안지름 20~50[mm]의 가스관), 기타

(5) 시공시 유의사항
　① 거푸집은 골재와 Morter의 무게에 견딜수 있도록 견고히 조립한다.
　② Mortar 주입시 거푸집, 이음부, 기초하부 위출 방지
　③ 굵은 골재는 물에 축여서 균등한 입도 분포가 되도록 충전한다.
　④ 주입은 최하부로부터 순차적으로 Grouting pump 압에 의한다.
　⑤ 주입관 간격은 2[m] 이하로 골재전 설치한다.

6 품질관리

(1) 주입 Mortar의 품질 : 반죽 질기, Bleeding 줄, 팽창줄, 압축강도

(2) 사용재료 : 잔골재의 강도 변동, 굵은 골재의 표면 수량 변동, 각 재료의 온도 변동

(3) 주입관리 : 주입 Mortar의 유동, 경사도, 주입압, 주입량, 온도

7 문제점

(1) 품질 확인이 어렵다.

(2) 시공시 품질관리 여부에 따라 품질에 큰 변동이 발생한다.

8 용 도

(1) 수중 Con'c 시공 : 재료 분리 적고 타설 관리 용이

(2) Mass Con'c 시공
　① 경화 후 수축이 적다
　② 굵은 골재 사용 유리 : 조골재 용적 60[%], 40[%]는 모르타르

(3) 중량 Con'c 시공
　① 재료 분리 없으므로 비중이 큰 중량 Con'c 시공에 적당
　② 원자로, 차폐 Con'c 시공

(4) 특수 조건과 시공
　① 보통 Con'c로 시공 곤란한 곳 → 협소한 공간, 폐쇄된 공간
　② 구조물 보수 등

(5) Prepacked pile 공법 → C.I.P, P.I.P, M.I.P 공법에 이용 　끝

문제 14

서중 콘크리트에 대해 설명하시오.

1 개 요

(1) 월평균 기온 25[℃] 넘을 때 시공하는 Con'c를 말한다.

(2) 콘크리트는 기후에 의해 악영향을 받게 되면 원상회복이 거의 어렵고 내구성이 저하되므로 25[℃]를 상회하는 여름철에는 서중 Con'c에 대한 대책을 세워야 한다.

2 특 성

① slump치 감소
② Con'c 온도 상승
③ 응결시간 단축
④ 건조수축, 균열 발생
⑤ Cold Joint 발생

3 콘크리트에 미치는 영향(문제점)

(1) 미경화 콘크리트
　① 단위수량 증가
　② Con'c 비빔 온도 증가
　③ 소요 slump 확보 곤란
　④ Consistency 저하
　⑤ 현장 타설시 加水 예상
　⑥ 다짐 불충분, Cold Joint 발생
　⑦ 공기연행, 공기량 조절 곤란
　⑧ 건조 수축이 커지고 균열 발생

(2) 경화 콘크리트
　① 加水로 Con'c 강도 저하
　② 내구성 저하
　③ 건조 수축 및 균열 발생
　④ 표면 미관 불균질

4 시공상 문제점

(1) 레미콘 선정 불합리
　① 지리적 거리 가려하지 않고 선정
　② 경제적인 면만 고려하여 선정 → 이해타산

(2) 운반시간 지연
    ① 교통 장애
    ② 교통법규 제한

(3) 가설 계획 미흡 → Tent 등 보양 대책 미흡

(4) 기능공 의식 결여
    ① 加水 습관화
    ② 야간 작업 기피

(5) 공급 재료 수급상
    ① slump치 일률적 적용
    ② 계절에 따른 slump 변동시 예산 반영 안됨

5 대 책

(1) 시공 계획상 대책
    ① 기상 조건 조사
    ② 시공 실례의 조사
    ③ 1일중 타설 시간 계획 → 35[℃] 이하일 때
    ④ 양생 계획 → 습윤 양생, 직사공법 차단

(2) 재료상 대책
    ① 시멘트
        ㉮ 고로시멘트, Fly ash 시멘트 등 혼합시멘트를 사용하고 온도를 가능하면 낮춘다.
        ㉯ 온도 높지 않게 보관 → slab 등 보양
    ② 골재
        ㉮ 직사 광선 방지
        ㉯ 사용전에 살수하여 온도를 낮춘다.
    ③ 물 : 냉각수, 얼음 사용, 물탱크 보온 단열재로 보양
    ④ 혼화제 : AE 지연형 감수제, 지연성 감수제, 유동화제 사용
    ⑤ 단위 수량 증가에 따라 단위 시멘트량도 증가한다.

(3) 타설시 대책
    ① 타설시 기온 30[℃] 이하, 콘크리트 온도 20[℃] 이하 유지한다.
    ② Con'c 운반시간을 짧게 한다.

③ 거푸집 직사광선을 피하고 충분히 살수하여 습윤시킨다.
④ 선 타설 Con'c는 살수 등으로 온도를 낮춘다.
⑤ 콘크리트 수송 pipe는 온도 상승 방지 조치를 한다. → 보양
⑥ 가능한 야간 작업을 한다.
⑦ Cold Joint 방지 → 연속 타설한다.

(4) 양 생
① 습윤상태 유지 → 표면 살수, 적은 거적 등으로 보양하며 수분 증발 방지
② 양생중 충격, 진동, 하중 금지
③ 차양, 방중 설비 → 일광, 열량으로 보양

6 Con'c 냉각 공법

(1) Pre-Cooling
① 물, 조골재, 일부 또는 전부 냉각
② 물 일부 얼음으로 대체 → 비빔 완료전 완전히 녹도록 한다.
③ Con'c 온도 Batch별로 차이 없게 한다.

(2) Pipe-Cooling
① Con'c 타설전 φ25[mm] pipe 수평으로 배치하여 인공 냉각수 통과
② 냉각관 타설전 누수검사
③ 2~3주 계속 Con'c 소요 온도 유지
④ Pipe cooling 완료 후 pipe내 Grouting 한다.

7 결 론

(1) 서중 Con'c 시공 계획시 철저한 대비책을 강구하여 재료를 준비

(2) 비빔, 운반, 타설 및 양생에 있어서 악영향을 미치지 않도록 사전에 점검하여 철저한 시공 관리를 하는 것이 중요하다. 끝

문제 15

한중 콘크리트에 대해 설명하시오.

1 개 요

(1) 한중 Con'c는 타설후 28일간의 예상 평균 기온이 3[℃] 이하의 경우에 적용되는 시공법으로 초기 동해 방지에 필요한 초기 양생이 중요하다.

(2) 콘크리트는 기온이 0[℃] 이하에서 타설하게 되면 타설초기에 동결되어 동해를 입게 되고 경화지연으로 강도 발현이 느리며 최종적으로 콘크리트 내구성이 저하되므로 콘크리트 타설 및 보양에 적절한 대책을 세워야 한다.

2 한중 Con'c에 영향을 주는 요인

① 콘크리트의 동결 온도
② 콘크리트 동결시 강도
③ 타설 후 콘크리트가 동결하기까지의 경과시간
④ 동결 융해의 반복
⑤ 물 시멘트 비
⑥ 혼화제

3 문제점

(1) 시멘트 수화반응 및 응결 경화 지연

(2) 초기 동해되면 온도 회복하여도 강도 저하, 강도 증진 불능, 내구성, 수밀성 저하 → 원상 회복 불능

(3) 양생기간, 거푸집 존치기간 연장

4 대 책

(1) 시공 계획상
  ① 기상 조건 조사
  ② 시공 실례의 조사

③ 콘크리트 배합 계획 → 조기강도 획득
④ 양생 계획 → 초기 동해 방지, 급격한 온도 변화 방지

(2) 재료 관리
① 시멘트
㉮ 보통 포틀랜드 시멘트 사용을 표준으로 한다.
㉯ 조강, 초조강 포틀랜드 시멘트 사용
㉰ 필요시 알루미나 시멘트, 초속경 시멘트 사용
㉱ 시멘트 직접 가열 금지, 차지 않게 저장
② 골재
㉮ 동결, 방설 혼입골재 절대 사용 금지
㉯ 골재 가열시 온도 균일하게 한다.
㉰ 냉각되지 않게 저장
③ 물
㉮ 냉각되지 않게 가열
㉯ 필요시 5[℃] 이하 가열
④ 혼화재 → AE제 또는 AE 감수제, 방동제, 경화 촉진제 사용

(3) 배합
① 한중 콘크리트는 AE 콘크리트를 사용해야 하고 단위수량은 되도록 적게 한다. → 초기 동해 감소
② 물 시멘트 비 → 60[%] 이하
③ AE제 또는 AE 감수제 사용
④ 적절한 시멘트량 사용 → 과대, 과소 방지

(4) 재료의 가열
① 기온
㉮ 기온 2~5[℃] 이하 : 물을 가열
㉯ 기온 0[℃] 이하 : 물과 모래를 가열
㉰ 기온 -10[℃] 이하 : 물, 모래, 자갈을 가열
② 시멘트 : 절대 가열 금지
③ 골 재 : 간접 가열하여 60[℃] 이내로 한다.
④ 재료 투입 순서 : 골재 → 물 → 시멘트
⑤ 시멘트 투입전 물의 온도는 40[℃] 이하

5 시공시 주의사항

(1) 타설시 Con'c 온도는 10~20[℃] 유지

(2) 비빔, 운반, 타설시 열 손실 적게

(3) 동결한 지반에 Con'c 타설시 지반 녹인 후 시공

(4) 운반 타설시 재료 분리와 소성 잃지 않도록 배합 및 온도 결정

(5) 타설전 거푸집, 철근, 지반 등의 빙결 제거 및 예열처리 한다.

(6) 콘크리트 pump 사용할 때 관을 예열 및 보온

(7) 가열한 재료 사용할 때 시멘트 투입 직전의 믹서내의 골재 물의 온도가 40[℃] 이하 유지 → 시멘트 균열 방지

6 양생시 주의사항

(1) 초기 양생은 초기 동해 방지 목적으로 가장 중요

(2) 초기 양생은 Con'c 온도 0[℃] 이상 유지, 양생 중 5[℃] 이상 유지

(3) 급건조 막고 국부 가열에 주의

(4) 초기 양생은 Con'c 온도 0[℃] 이하가 되지 않도록 하고 소요 Con'c 강도에 도달할 때까지 반드시 보온 양생

(5) 초기 양생 종료 후에도 소용 배합 강도 얻어지도록 적당한 양생 계속 → $50[kg/cm^2]$ 이상 (압축강도)

7 양생 방법

(1) 가열 보온 양생
　① 공간 가열 : Con'c 타설 완료 부분 전체 또는 부분 공간 가열, 효율 불량, 가장 널리 사용
　② 표면 가열 : slab에 적당, 효율 중간(효율 0.5~0.9)
　③ 내부 가열 : Con'c 내부에 전기선 통해 가열, 효율 좋다(효율 1.0), 열관리 곤란, 전기 사용

(2) 단열 보온 양생
　콘크리트 표면에 단열 Sheet를 덮고 Con'c 자체의 수화열에 의해 동결 내력을 얻도록 한다.

8 결론

(1) 한중 Con'c 시공시 Con'c가 동결하지 않고 소요품질을 얻을 때 까지 재료 배합, 비빔, 운반, 타설, 양생, 거푸집, 동바리 등 적절한 조치가 필요

(2) 시공시 다음 사항 점검 및 대책 강구
  ① 초기 동결 방지 위한 보온 조치
  ② 동결 융해 작용에 대한 저항성 증대
  ③ 이상 하중에 대한 충분한 강도 확부
  ④ 완성 구조물의 최종적 소요강도, 내구성, 수밀성 확보 끝

문제 16

고강도 콘크리트에 대해 설명하시오.

1 개 요

(1) 매년 증가하는 건축물의 수요에 대응하기 위하여 공업화 부재에 대한 개발이 요구되고 있으며

(2) 최근 건축물의 고층화, 대형화에 따라 하중경감은 경제적인 설계와 시공을 위한 필수적인 요소로 콘크리트의 고강도화에 있다.

2 고강도 콘크리트의 정의

(1) 대한건축학회 : 보통 Con'c → 270~360[kg/cm^2], 경량 Con'c → 240~300[kg/cm^2]

(2) 미국 ACI Code : 28일 압축강도 420[kg/cm^2] 이상으로 규정

3 특 징

(1) 응력 변형 곡선이 최대 강도에 이르기까지 강도에 가깝다. 또한 곡선 구배가 급하다.

(2) 최대 강도시 변형은 저강도 Con'c에 비해 약간 크다.

(3) Creep는 보통 Con'c보다 작다.

(4) 전단 강도는 압축강도 증가 비율로 증가하지 않는다.

(5) 취성 파괴 우려있다.

4 장 점

① 부재 단면 축소　　② 부재 경량화
③ 長 Span 구조물 가능　　④ 동결, 화학 저항성 증대
⑤ 내구성 증대

5 단 점

(1) 강도 발원에 변동 크다.

(2) 시공 방법과 타설 방법에 따라 품질 변동 크다.

(3) Brittle failure(취성파괴) 발생 우려 있다. → spiral Hoop로 해결

(4) 내화성 난점

6 제조 방법

(1) 결합재(Cement paste)의 강도 개선
  ① w/c비 감소 → 고성능 감수제 사용, 된 비빔 콘크리트 사용
  ② 고성능 시멘트 사용 → Resin 시멘트, Polymer 시멘트, M.D.F 시멘트

(2) 활성 골재의 사용
  ① 알루미나 클링커　　② 인공 코팅골재 사용

(3) 다짐 방법의 개선
  ① 원심력 다짐　　② 고압 다짐
  ③ 기압 진동 다짐　　④ 고주파 진동 다짐
  ⑤ 진동 탈수 다짐

(4) 양생 방법의 개선 → Autoclave 양생, 기압 양생

(5) 보강재 사용 → 섬유 보강재(폴리머함침 Con'c, 레진 Con'c)

7 용 도

① R.C造 고층 건물(30~60층)
② P.S Con'c 제품
③ Con'c 널말뚝

8 설계, 시공시 유의사항

(1) 설계상

① 복잡한 형상의 설계를 피한다.   ② 부재 단면의 표준화, 규격화
③ 부재단면 산정시 피복두께를 크게 한다. ④ 철근 배근시 골재 유동성 고려

(2) 시공시 주의사항

① 물시멘트비 → 55[%] 이하
② 단위 수량 적게 → slump 15[cm] 이하
③ 단위 시멘트량 적게 → 450[kg/m^3] 이하
④ 양질 골재, 청청한 물 사용
⑤ 진동 다짐 철저
⑥ 살수 양생 → 초기 습윤 양생에 주의
⑦ 고성능 감수제 Maker 시방 준수
⑧ 철근 피복 두께, 이음 위치 주의
⑨ 고층 R.C 경우 → 저층 고감도, 상층 일반 → 부재 단면 동일

9 사용상 문제점 및 개선 방향

(1) Con'c 관련 기술자의 심리적 한계 극복

400[kg/cm^2] 이상의 Con'c 제작은 어렵다는 막연한 생각

(2) Con'c에 관한 자세의 재정립 필요

① 현장 가수, 시공 무성의
② 계획 시공 관리

(3) 기존 법령의 재정비가 시급

고강도 Con'c의 (270~360[kg/cm^2]) 정의 재정립

(4) Con'c 품질기사의 조속한 확보

(5) 교육의 중요성 인식

　　① 대학 교육은 Con'c 첨단 기술, 신소재 개념으로 교육

　　② 건축사, 구조 기술사, 재교육 → 인식 전환

(6) 기존 다른 시공법과 함께 발전 도모

10 개발 방향

　　① 고강도 콘크리트 설계 기준 확립
　　② 고강도 시멘트 개발
　　③ 타설시 품질 확보
　　④ 공업화

11 결 론

(1) 고강도화 방법중 재래 Con'c의 w/c비를 낮추는 것이 가장 경제적이며

(2) w/c비 25[%]시 압축강도 1000[kg/cm^2] 예상

(3) 따라서 고성능 감수제, 유동화제 등을 개발 위해 산, 학, 관, 연 공동으로 연구 대책 수립이 필요하다. 끝

문제 17

유동화 콘크리트에 대해 설명하시오.

1 개 요

(1) 유동화 콘크리트는 미리 비빔 콘크리트(Base Con'c)에 분산 성능이 높은 유동화제를 첨가, 교반하여 된비빔 콘크리트의 품질을 유지한채 일시적으로 시공성을 증대시킨 콘크리트를 말한다.

(2) 유동화 콘크리트는 시공성을 유지하면서 된비빔 Con'c에 가까운 품질을 얻는 즉, 묽은 비빔 Con'c의 품질 개선을 위한 것이라 볼 수 있다.

2 목 적

(1) 품질 개선 목적
    ① 건조 수축 감소
    ② Bleeding 감소
    ③ 수밀성, 기밀성 개선
    ④ 내구성 향상

(2) 시공성 개선 목적
    ① 시공 능률 향상
    ② 초기 강도 증대
    ③ 공기 단축
    ④ 콘크리트 바닥 마감 등 마감시간 단축

3 유동화 콘크리트의 발전 배경

① 구조물 형태의 복잡화
② 작은 단면에 많은 배근량 → 시공성 향상 요구 → 유동화

4 특 성

① 시멘트 분산화 도모
② 시공성의 손상없이 w/c비, 단위 시멘트량 감소 가능
③ slump값이 작은 Con'c를 slump값이 큰 Con'c와 동일한 시공성 유지 기능
④ Bleeding이 적어 침하 균열이 적고 철근의 부착력을 향상 시킨다.
⑤ 유동화제 효과 → 60분 경과시 slump 회복

5 장단점

(1) 장 점
    ① 시공성 우수
    ② 단위 수량 감소
    ③ 건조 수축, 균열 감소
    ④ Bleeding 감소
    ⑤ 침하 균열 감소
    ⑥ 철근 부착 강도 향상
    ⑦ 수밀성 향상
    ⑧ 마감 공사 시공성 우수

(2) 단 점
    ① 유동화제 투입 공정 증가
    ② 시공 관리 철저 요망
    ③ 유동화제 첨가후 조속 시공 요함 → Cold Joint 발생
    ④ 비빔시 소음으로 도심지 공사 소음 공해 발생

6 유동화제

(1) 요구성능
    ① 높은 분산 성능 : 높은 시멘트 입자 분산 작용에 의해 시멘트 paste의 유동성을 현저히 높인다.
    ② Con'c의 응결 지연, 경화 불량, 과잉 공기량을 발생하지 않는 성질
    ③ 고성능 감수제에 속하며 감수 효과를 비빔 후의 유동성 증가에 이용

(2) 주성분
    멜라민 설편산염 축합물 또는 나프탈렌 설판산염 축합물

7 제조 방법

(1) 현장 첨가 유동화 제조 방법
    ① 현장에서 레미콘 차에 유동화제를 투입하고 비비는 방법
    ② 가장 많이 사용
    ③ 자동 계량 투입장치 자동화 필요

(2) 공장 첨가 유동화 제조 방법
    ① 레미콘 공장에서 미리 유동화를 첨가시키는 방법
    ② 유동화제 투입관리품을 고려하면 현장거리 짧은 경우 적당

(3) 공장 첨가 현장 유동화 제조 방법
    레미콘 공장에서 레미콘차에 유동화제를 투입 운반하여 현장에서 비빔

8 시공시 주의사항

(1) Maker와 협의

(2) 첨가관리 철저 → 계량, 타설시간

(3) Con'c 운반차 대기 시간 최소화

(4) Con'c 운반시 적재량을 일정하게 유지하여 유동화제 첨가량을 일정하게 유지 관리

(5) 연속 타설 → Cold Joint 방지

(6) 다짐, 양생 철저

9 문제점

① 시공 경험 미흡 및 표준화 된 기준 미확립
② Con'c 품질관리에 대한 충분한 조치 필요
③ 지속적인 연구 및 시공경험과 기술 축척 미흡

10 결 론

(1) 국내 현장 시공시 가수요로 인한 Con'c 품질 저하로 부실 시공의 원인이 되고 있다.

(2) 이를 방지하고 시공성 개선 및 품질 개선 등 시공합리화 측면에서 유동화 Con'c에 의한 시공이 바람직하다고 생각된다.

(3) 향후 고유동화의 개발 연구를 하여 일반적 공법으로써 건축 공사에 널리 이용될 것으로 기대된다. 끝

문제 18

Con'c 강도에 영향을 주는 요인을 쓰시오.

1 개 요

(1) Con'c는 시멘트, 골재, 물 등의 재료가 혼합하여 만들어진 혼합 재료로 시멘트와 물의 수화작용을 통한, 응결, 경화로 강도를 발현한다.

(2) Con'c 강도는 압축강도를 말하며, 사용재료의 종류, 품질, 배합조건, 양생조건 등의 시공 조건에 따라 달라진다.

2 강도에 영향을 주는 요인

(1) **배합방법** : w/c비, slump치, 골재의 입도, 공기량

(2) **재료** : 물, 시멘트, 골재의 품질, 혼화제

(3) **시공방법** : 운반, 타설, 다짐, 양생

(4) **강도측정** : Con'c 재령, 공시체 크기, 모양

3 각 요인별 특성

(1) 배합방법

① w/c비

㉮ 강도를 좌우하는 가장 중요한 요인

㉯ Con'c는 $CaO + H_2O \rightarrow Ca(OH)_2$, 수화반응을 일으켜 응결 강화되는 것
→ 수화 반응에 필요한 결합수는 25[%] 정도로 나머지는 유리수로 Con'c 중에 공극을 만들어 강도를 저하시킨다.

㉰ w/c비 1[%] 증가시 강도 10[kg/cm^2] 정도 저하

② 골재 입도

㉮ 일반적 골재가 Con'c중 차지하는 비율 70~75[%]

㉯ 공극 적을수록 Con'c 강도는 크게 된다.

㉰ 입도 양부는 조립률(FM : 세골재 → 2.6~3.1, 조골재 → 6~8)로 나타내며

㉱ 조립률이 크면 Con'c 강도 증가 → 한계치 FM : 7

③ 공기 연행량

㉮ 공기에 의해 발생한 공극은 Con'c강도를 저하시킨다.

㉯ 공기량과 Con'c 강도는 반비례한다.

㉰ 그러나 공기량이 증가하면 시공연도가 좋아져 w/c비를 줄일 수 있어 강도 증가 요인이 되기도 한다. → 3~7[%] 한계

㉱ 공기량 1[%] 증가시 압축강도 4~6[%] 감소, slump 2[cm] 증가

(2) 사용 재료

① 물

㉮ 시멘트 수화작용 돕고 시공연도 증대시킨다.

㉯ 불순물(유기물, 산, 알칼리, 염기성, 당분) 미포함

㉰ 식수 정도 적당 → 염화 칼슘 함유량 한계치 1[%] 이하. 당분 → 0.08[%] 이하

② 시멘트

㉮ Con'c는 골재와 시멘트 paste의 강도에 좌우

㉯ 시멘트 강도(K)는 Con'c 강도에 영향을 미친다.

$$w/c비 = \frac{61}{\frac{F}{K} + 0.34}$$ 에서 w/c비가 일정하면 Con'c 강도(F)는 시멘트 강도(K)에 비례한다.

③ 골재
  ㉮ 골재 강도는 시멘트 paste 강도보다 큰 것 사용
  ㉯ 부순돌은 강자갈보다 강도 높고, 부착력 크다는 것이 정설이다.
  ㉰ 골재 불순물이 함유되지 않을 것
    (허용한도 : 잔골재 → 점토 1[%] 이내, 굵은 골재 → 0.25[%] 이내)
④ 혼화재
  ㉮ 혼화재는 종류와 성질에 따라 Con'c에 미치는 영향이 각각 다르다.
  ㉯ AE제는 시공연도, 내구성을 개선하지만 강도 저하 효과가 있다.
  ㉰ 감수제는 같은 slump에 대해서 사용수량을 감소시키므로 강도 증진
  ㉱ 촉진제는 초기강도 발현 증진
  ㉲ 지연제는 수화열 감소시키므로 강도 증진 지연, 양생기간 길어진다.

(3) 시공 방법
  ① Con'c 비빔
    ㉮ 적당한 배합으로 소요 시공연도 연장, 장시간 비빔시 재료 분리로 강도 저하
    ㉯ 비빔시간 4~5시간
  ② Mixer 회전속도 → 1[m/sec] 정도 유지, 빠르면 재료 분리로 강도 저하
  ③ 운반
    ㉮ 운반중 재료분리, 손실 없어야 한다.
    ㉯ 공사의 종류, 규모, 기간 고려하여 경제적인 방법 선택
    ㉰ 건조시 1시간 이내, 습윤시 2시간 이내 타설
  ④ 타설
    ㉮ 재료 분리 방지, 공극이나 얼룩 발생 방지
    ㉯ 낙하고 높이 → 1[m] 이하
    ㉰ 타설 중 표면의 유리수 제거후 타설
    ㉱ 타설 속도 → 여름철 1.5[m/hr], 겨울철 1[m/hr]
    ㉲ 벽, 바다판 등의 Con'c는 거푸집 구석에서 중앙으로 타설
    ㉳ 거푸집 및 동바리 변형에 주의
    ㉴ 타설 도중 중단 및 Cold Joint 방지
    ㉵ 거푸집 청소 및 박리제 도포
  ⑤ 다짐
    ㉮ Con'c 타설시 압력 가하거나 진동 가하면 강도 증가
    ㉯ 과다한 진동은 재료 분리, Bleeding 발생으로 강도 저하
    ㉰ 굳기 시작한 Con'c는 다짐 불가

⑥ remixing(거듭 비비기)
　㉮ Con'c 일정기간 경화후 사용할 때나 재료 분리가 발생하였을 경우 Remixing후 타설
　㉯ 굳기 시작한 Con'c 타설 금지

(4) 양생 및 재령
① 양생
　㉮ Con'c 강도는 양생기간 길수록 증대되며
　㉯ 건조 양생보다 습윤 양생이 효과적
　㉰ 타설 후 5일간 습윤 양생 및 2[℃] 이상 유지
　㉱ 급격한 건조 피하고 3일간 충격, 진동, 보행, 하중 금지
② 재령
　㉮ 재령 7일 후에 70[%] 강도 발현
　㉯ 재령 28일에 100[%] 강도 발현, 이후 5~6년간 강도 계속 증대　끝

문제 19

Con'c 내구성 및 열화 방지 대책을 세우시오.

1 개 요

(1) Con'c 내구성에 영향을 미치는 열화 작용으로는 동결 융해, 중성화, 알칼리 골재 반응, 해수, 기계적 작용 등이 있다.

(2) 특히 철근 내구성에도 영향을 주므로 Con'c 선정시 충분히 고려하여야 한다.

2 열화 요인

(1) 기상작용 : 동결 융해, 기온변화, 일사에 의한 열풍, 비

(2) 물리적, 화학적 작용
　중성화, 알칼리 골재 반응, 산, 물에 의한 $Ca(OH)_2$ 용해열, 열, 습도, 박테리아

(3) 기계적 작용 : 계속되는 진동, 반복하중, 마모작용

3 유형별 원인 대책

(1) 동결 융해

① 원인
  ㉮ 동결시 시멘트 Gel 속의 Gel Water가 동결팽창(9[%])하여 Cement Gel 내부를 파괴하고 반복으로 균열 발생
  ㉯ 표면 → 미세한 수축 균열, 내부 → 시멘트 Paste 파괴

② 대책
  ㉮ 양질 골재 사용 → 흡수력 적고 투수성 적은 골재
  ㉯ w/c비 적게 → 최소한 60[%] 이하, 동결 강한 경우 55[%] 정도
  ㉰ AE제, 감수제, 포졸란 등 혼화제 사용
  ㉱ 밀실, 균일한 마무리 상태확보
  ㉲ 단위 수량 적게

(2) 물리적 화학적 작용

① 원인
  ㉮ 알칼리 골재 반응
    ㉠ 골재중의 실리카 탄산염 등과 시멘트의 알칼리 성분이 반응하여 Gel 상의 화합물을 만들어 동결 융해에 따라 수축 팽창(9[%])하여 Con'c에 균열(Map cracking) 발생하는 것
    ㉡ 피해 : 균열부 수분 침투 → 중성화 → 철근 부식 → 내구성 저하
    ㉢ 원인 : 불량 골재, 단위 시멘트량 증가
  ㉯ 중성화
    ㉠ 경화된 Con'c는 $Ca(OH)_2$에 의해 알칼리성(PH 12~13)
    ㉡ Con'c가 산성비, 대기중 CO_2 등에 의해
       $Ca(OH)_2 + CO_3 \rightarrow CaCO_3 + H_2O$ 반응으로 중성화(PH 8.5~9.5)된다.
    ㉢ 철근 방청력 상실 → 철근 부식, 녹발생 → 체적 팽창(2.6배) → 균열발생 → Con'c 피복파괴 → 내구성 저하, 철근 부식 촉진
    ㉣ 중성화 요인 : 산성비, CO_2, w/c비 클수록 중성화 빠르다.
       시멘트 → $Ca(OH)_2$ 함량 많을수록 중성화 느리다.
    ㉤ 중성화 시험 방법
      • 지시약 → 페놀프탈레인 1[%] 알코올 용액
      • 방법 → Con'c 단면 지시약 도포
        적색부분 중성화 無, 백색부분 중성화 有

㉬ 염해
  ㉠ 해양성 기후, 해안 주변, 해사 사용할 때
  ㉡ Cl^-이 Con'c 중에 흡입되면 Con'c 알칼리성 상실
  ㉢ 철근 부식되어 체적 팽창으로 균열 발생 → 내구성 저하
㉭ 기타
  ㉠ 전류 작용 : 직류 전류가 흐를 때 철근 부식되어 체적 팽창하여 균열 발생 – 누전 없도록 시공
  ㉡ 산, 알칼리, 유류 : 산, 알칼리, 동식물 섬유는 Con'c 부식함 – 적절한 도포제 사용

② 대책
  ㉮ 설계적 측면
    ㉠ 부재 단면 가능한 크게 한다.
    ㉡ 철근 피부 두께 크게
    ㉢ w/c비 적게
    ㉣ Bleeding 적고 공극이나 홈 생기지 않게
  ㉯ 재료적 측면
    ㉠ 시멘트 알칼리 함량 시방범위 내 사용
    ㉡ 골재 : 안정성 높고 공극률 적으며 silica 탄산염 등 활성물질, 불순물 없는 것 사용
    ㉢ 혼화재 : AE제, 감수제, 적당한 계면 활성제 사용
    ㉣ 적당한 마감재 사용
    ㉤ 철근 방청 처리 : Epoxy Coated rebar, 철근 표면, 아연도금, 방청제 첨가
    ㉥ 염분 제거 : 세척, 저염재, 염분 함유량 확인
  ㉰ 시공적 측면
    ㉠ 수밀 Con'c 시공   ㉡ 다짐 철저로 공극 줄인다.
    ㉢ 양생 철저   ㉣ 타설 이음 개소 최소화

(3) 기계적 작용
  ① 원인
    ㉮ 계속되는 진동하중, 반복하중
    ㉯ 마모작용, 유수에 의한 Cabitaion
    ㉰ 모서리 부분 탈락, 균열
  ② 대책
    ㉮ 방진 구조 채택   ㉯ w/c비 적게 → Con'c 강도 증대

㉓ 단위 수량 적게
㉓ 치밀, 균질한 Con'c 타설
㉓ 모서리는 모따기 시공
㉓ 골재 마모율 양호한 것 선택
㉓ 적당한 양생

4 결론

(1) Con'c 내구성 저하에 따른 유지보수 비용의 증가로 내구성 저하 방지대책에 많은 관심이 높아지고 있다.

(2) 연구 개발 방향
① 합리적 유지 보수 방법
② 구조물 건전성 진단 방법 및 기계, 기술 개발
③ 시공 재료의 품질을 간단히 판정할 수 있고 합리적 관리 검사할 수 있는 관리 system 개발이 요구된다. 끝

문제 20

알칼리 골재 반응을 설명하시오.

1 주요 원인

(1) 알칼리 반응 골재 사용
① 양질의 골재 고갈
② 알칼리 반응성 판정 시험 방법 미정립

(2) Con'c속 알칼리양의 증대
① 단위 시멘트량 증대
② 해사 사용

(3) Con'c속 수분 공급 용이
① 제물치장 Con'c
② Con'c 다짐 불량

2 Con'c에 미치는 영향

① 강도 저하
② 철근 부식 및 균열 발생
③ 누수 발생
④ 내구성 저하
⑤ 생활환경 피해

3 종류

① 알칼리 실리카 반응
② 알칼리 탄산염 반응
③ 알칼리 실리케이트 반응

4 방지 대책

(1) 시멘트 : 알칼리 함유량 규제(0.6[%] 이하), 저알칼리 시멘트 사용

(2) 골재 : 양질 골재 사용, 반응성 시험 실시

(3) 물 : 과다한 물 수량 통제

(4) 혼화제 : Fly ash와 포졸란 첨가 끝

문제 21

Con'c 재료 분리 원인 및 대책을 세우시오.

1 개 요

균일하게 비벼진 Con'c는 어느 부분에서 Con'c를 채취하여도 구성요소인 시멘트, 물, 잔골재, 굵은 골재의 구성비율은 동일해야 하나 이 균질성이 소실되는 현상을 말함.

2 재료 분리의 영향

① 철근이나 조골재 하부 수막이나 공극현상으로 감도 저하
② 철근과 Con'c의 부착력 저하
③ Con'c 수밀성 저하
④ 수분 상승으로 Con'c속 물질 생겨서 침수할 간격되고 동해 요인이 된다.
⑤ Con'c 이어붓기시 laitance에 의해 일체화 못되어 강도저하 및 누수 원인이 된다.

3 재료 분리 원인

(1) 조골재 분리

조골재 분리는 조골재와 시멘트 Mortar 비중차에 의해 조골재가 분리되어 불균일 하게 존재하는 상태

① 배합 설계
  ㉮ w/c비 과다
  ㉯ slump치 클 때
  ㉰ 조골재 입형 클 때
  ㉱ 단위 수량 클 때
  ㉲ 시멘트량 적을 때

② 재료
  ㉮ 골재 종류, 입형, 입도 부적당 → 비중차 클 때
  ㉯ 형상 저장된 것

③ 시공
  ㉮ 비빔
    ㉠ Mixer 비빔속도 1[m/sec] 이상시
    ㉡ 비빔시간 4~5분 이상시
  ㉯ 운반
    ㉠ Truck 운반시
    ㉡ pump 압송시
    ㉢ 슬럼프 등에 의해 분리
  ㉰ 타설
    ㉠ 낙하고 1[m] 이상시
    ㉡ 타설 속도 : 여름 1.5[m/Hr], 겨울 1[m/Hr] 이상시
  ㉱ 다짐
    ㉠ 진동다짐 간격
    ㉡ 철근, 거푸집에 진동기 닿을 시

(2) 시멘트 paste 및 물 분리(Bleeding)

① Bleeding : Con'c 타설 후 비교적 가벼운 물이나 미세한 물질은 상승하고 무거운 골재나 시멘트는 침하하는 현상
② Laitance : Bleeding에 의해 부상한 미립물은 Con'c 표면에 얇은 피막으로 침적(수분 증발)한 것을 말함
③ Bleeding 및 Con'c 침하 원인
  ㉮ w/c비 크고 Consistency 클수록 Bleeding 및 침하 크다.

⊕ 골재 최대 크기 적을수록 크다.
⊕ AE제, 감수제 사용하여 Bleeding량, 침하량 절감
㉣ 타설 높이 높을수록 침하량 커진다.

4 재료 분리 방지 대책

(1) 재료
　① 시멘트 : 분말도 큰 것 사용
　② 골재 : 골재 입도 둥근 것 사용
　③ 혼화제
　　㉮ AE제, 포졸란 사용하여 Con'c 응집성 증가시켜 분리 적게 하는 데 유효
　　㉯ 유동성 증대시켜 단위수량 감소 효과로 분리 저항 증대

(2) 배 합
　① w/c비 낮게　　　　　　　② 시멘트량 과소 방지
　③ 세골재용 大　　　　　　　④ slump치 小
　⑤ 단위수량 小　　　　　　　⑥ 혼합 충분히

(3) 시 공
　① 비빔 : 속도 1[m/sec], 비빔시간 4~5분 준수
　② 운반 : 재료분리 주의 또는 Remixing하여 사용 - 굳기 시작한 Con'c 사용금지
　③ 타설 : 낙하고 1[m] 이하, 타설속도 여름철 1.5[m/Hr], 겨울철 1[m/Hr] 유지
　　이어붓기 위치는 Laitance 제거후 시멘트 paste로 도포후 타설
　④ 다짐 : 진동기 사용, 간격 60[cm] 30~40초 실시
　　균질한 다짐 실시

5 w/c비 지나치게 큰 Con'c의 결점

① 수밀성 저하
② Bleeding 및 재료 분리
③ 내구성 및 강도 저하
④ 건조 수축 커짐
⑤ 물 곰모 발생
⑥ w/c비 5[%] 증강에 감도 ±30[kg/cm^2]
⑦ slump 1[cm] 증감에, 감도 ±10[kg/cm^2]　끝

문제 22

콘크리트 중성화에 대해 설명하시오.

1 개 요

(1) 경화한 Con'c는 시멘트의 수화 생성물로서 수산화석회를 유리하여 강알칼리성을 나타낸다.

(2) 수산화석회는 시간의 경과와 함께 Con'c 표면으로부터 공기중의 CO_2의 영향을 받아 서서히 탄산석회로 변하여 알카리성을 상실하게 되는 현상을 말한다.
$CaO + H_2O \rightarrow Ca(OH)_2$ (알칼리성), $Ca(OH)_2 + CO_2 \rightarrow CaCO_3 + H_2O$ (알칼리성 상실)

2 중성화의 영향

(1) 철근 녹발생 → 체적 팽창(2.6배) → Con'c 균열 발생

(2) 균열 부분으로 물, 공기 유입으로 철근 부식 가속화

(3) 자체 철근 인장 강도 약해져 구조물 노후화 – 내구성 저하

(4) 균열 발생으로 누수로 수밀성 저하

(5) 생활환경 – 누수로 실내 습기 증가, 곰팡이 발생

3 중성화에 미치는 요인

(1) 시멘트
① 조강 P.C는 중성화 지연
② 고로, Fly ash 등 혼합시멘트는 중성화 빠르다.
③ 탄산칼리 다량 함유한 시멘트일수록 중성화 지연

(2) 골재
① 공극률 많고 불순물이 함유된 골재, 중성화 빠르다.
② 경량 골재 중성화 빠르다.

(3) w/c비
① w/c비 적을수록 중성화 지연

② 경과년수 같으면 중성화 깊이는 w/c비와 비례한다.

(4) AE제, 감수제
① 중성화 속도 지연 : 단위 수량 감소로 균질한 Con'c
② AE제 사용한 Con'c : 보통 Con'c의 0.6배
③ 감수제 사용한 Con'c : 보통 Con'c의 0.4배

(5) 균열
① 철근 부식과 중성화 촉진
② 중성화 고려한 균열 폭 : 0.2~0.3[mm] 이하

(6) 환경 조건
① CO_2 농도 많고 산성비 PH가 산성으로 치우칠수록 중성화 촉진
② 동일 농도 경우 습도 낮을수록 중성화 촉진
③ 동일 습도 경우 온도 높을수록 중성화 촉진

4 방지 대책

(1) 설계상
① 부재 단면 가능한 크게
② 철근 피복 두께 증가
③ Bleeding 적고 공극 홈이 생기지 않도록 설계
④ Con'c 제물치장 피하고 CO_2, SO_2, NO_2 가스에 대한 유효한 마감제 사용

(2) 재료
① 시멘트 : 분말도 적은 Cement, 화학 작용이 강한 시멘트(조강 P.C)
② 골재 : 공극률 적고, 입도 분포 좋으며 유해물 적은 골재
③ 혼화제 : AE제, 감수제
④ 배합 : w/c비 적게, 적정한 조립률(FM)유지 → 한계치 FM : 7
⑤ 물 : 용수, 청정수 사용

(3) 시공
① 비빔 : 비빔속도 1[m/sec], 4~5분 적당
② 운반 : 1시간 내 타설, 운반중 재료 분리 방지
③ 타설
㉮ 공극이나 얼룩 발생되지 않게 타설

    ㉯ 타설 높이 1[m] 이하
    ㉰ 타설 속도 : 여름 1.5[m/Hr], 겨울 1[m/Hr]
    ㉱ 이어붓기 부분은 Laitance 제거 후 plaste 도포 후 타설
  ④ 다짐
    ㉮ 균질한 다짐, 철근 거푸집에 진동 피할 것
    ㉯ 간격 60[cm], 30~40초
    ㉰ 과다 진동은 재료분리 발생
  ⑤ 양생
    ㉮ 급건조 피하고, 3일간 진동, 충격, 재하금지
    ㉯ 5일간 2[℃] 유지, 7일간 습윤 유지

(4) 유지 관리
  ① 사용중 over load 등 Con'c 피로 방지
  ② Creep현상 예방
  ③ 기계적 마모 예방

5 문제점

  ① Con'c 품질에 대한 자세 미정립 ② 품질 보증에 대한 제도적 장치 부족
  ③ 품질에 대한 인식 결여 ④ 기능공 질 저하
  ⑤ 건설자재 품질 저하

6 대 책

  ① 품질에 대한 의식 전환
  ② 품질 및 기술 경쟁력이 이루어 질수 있는 여건 조성
  ③ 품질 보증 체제 확립
  ④ 건설 자재 품질 향상

7 결 론

(1) Con'c 구조물 내구성 문제는 구조물 수명에 영향을 줄 뿐만 아니라 변화가 심한 경우 보수 및 대책을 강구하지 않으면 재산상 손실이나 인명피해 등 막대한 손실 우려된다.

(2) 따라서 현장 계획, 시공 단계에서 만전을 기해 품질향상 도모 끝

문제 23

과혹한 환경하에서 Con'c 시공상의 문제점 및 대책을 세우시오.

1 개 요

① Con'c 공사중 가장 중요한 point는 품질 관리
② 과혹한 환경 조건에서 미치는 영향을 분석하여 대책 수립 필요
③ 과혹한 환경조건 → 기상, 시공대상, 특수 구조물, 특수공법, 작업상 특수조건, 장거리 운반

2 Con'c 품질상 요구조건

① 강도
② 균질 밀실성
③ 내구성
④ 시공성
⑤ 경제성
⑥ 내구성

3 기상조건

(1) 서중 Con'c

① 문제점
  ㉮ 급격 수분 증발 : 균열 발생 촉진
  ㉯ 응결 촉진 : Cold Joint 유발
  ㉰ Con'c 온도 상승 : 장기 강도 저하

② 대책
  ㉮ 재료 온도 저하
  ㉯ 응결 지연형 감수제
  ㉰ 연속 타설, 신속한 종료
  ㉱ 타설 온도 유지 : Mixing 30[℃], 타설 30[℃] 유지
  ㉲ 양생 : 습윤양생, 직사 일광 노출 금지, Pre-Cooling

(2) 한중 Con'c

① 문제점
  ㉮ 응결, 경화 지연
  ㉯ 강도 발현 늦다.
  ㉰ 초기 동해 : 장기 강도, 내구성, 수밀성 저하

② 대책
- ㉮ 골재 보관시 빙설 방지
- ㉯ 물 : 가열
- ㉰ AE제 사용
- ㉱ 타설 온도 유지 : 10~20[℃]
- ㉲ 거푸집 해체 신중

(3) 강우, 강설
- ① 문제점
  - ㉮ w/c비 증가 초래, 표면 취약
  - ㉯ Laitance층 형성
- ② 대책
  - ㉮ 사전 예측 대비 : 눈, 비 차단
  - ㉯ 취약부 제거 재시공

4 시공 대상 조건

(1) 수중 Con'c
- ① 문제점
  - ㉮ 재료 분리
  - ㉯ 유수에 의해 Cement paste 유실
- ② 대책
  - ㉮ 수중 불분리 혼화 재료 사용
  - ㉯ 단위 시멘트량 → 370[kg/m³]
  - ㉰ 유수 Con'c 타설 금지
  - ㉱ prepacked Con'c 시공
  - ㉲ w/c비 → 50[%] 이하
  - ㉳ 양질 감수제
  - ㉴ Tremie관 타설

(2) Con'c 타설시 진동
- ① 문제점
  - ㉮ 응결, 경화시 강도 및 철근 부착력 감소
  - ㉯ 시공 이음부, 부착력 감소
- ② 대책
  - ㉮ 구조체와 진동원 분리
  - ㉯ 작업시간 조정

(3) 침식성, 화학작용
- ① 문제점
  - ㉮ 화학 공장 배수처리조 등 산(ACID) 침식
  - ㉯ 지중 염분 침식

② 대책
  ㉮ Polymer Con'c
  ㉯ 내산 Cement 사용

5 특수 구조물

(1) Mass Con'c
  ① 문제점
   ㉮ 수화열 과다 발생
   ㉯ 온도 구비 균열 발생
  ② 대책
   ㉮ 중용열 Cement
   ㉯ 분할 타설
   ㉰ 수화열 저하 장치

(2) 경사면 구조
  ① 문제점
   ㉮ 재료분리
   ㉯ Bleeding
  ② 대책
   ㉮ 시공 속도 준수
   ㉯ 부재치수 정도, 분리 타설

(3) 방사선 차폐 시설
  ① 문제점
   ㉮ 거푸집 긴결제, 결리제, 관통 금지
   ㉯ 재료 분리 방지
   ㉰ Cold Joint 방지

6 작업장 특수 조건

(1) 초고속 Con'c 양중
  ① 문제점 : slump 저하, 공기향 저하, 강도 저하
  ② 대책 : 유동화제 첨가, 관경 큰 pump, 중간 중계 압송

(2) 낮은 곳 운반
  ① 문제점 : Con'c 지중 낙하, 공기막 형성 → 관 폐쇄
  ② 대책
   ㉮ 일정 길이에 수평 부분 형성 → 자유 낙하 방지

㉯ 공기 배출 Air Value 설치

7 장거리 운반

(1) 운반거리(B/P 현장에서 멀 때)
    ① 문제점 : slump 저하, Cold Joint 발생, 강도 시공성 저하
    ② 대책 : 응결 지연제, 유동화제, 배합설계시 운반 강도 편차고

(2) 현장내 수평거리 길 때
    ① 문제점
        ㉮ 골재 재료 분리 : 진동으로 발생
        ㉯ Pump 압송관 상부에 Bleeding 발생 : 압송관 폐색
    ② 대책
        ㉮ 된비빔 Con'c
        ㉯ 배합상 고려
        ㉰ Belt Conveyer : Sheet, 일광 차단　끝

제4절　PC 및 커튼월공사 논술형 예상문제

문제 1

P.C 공법별 특징을 쓰시오.

1 P.C 대형 판식(대형 패널 벽식 P.C 공법)

1. 개 요

(1) 보통 벽식 R.C조의 벽과 바닥을 Room Size 단위로 P.C판을 제작 조립하는 공법

(2) 15~20층 정도의 고층 건물에 주로 사용

(3) S.P.H(Standard Public Housing) 공법이라고 하며 공동주택의 양산 공법으로 유효

2. 특 성

    ① 접합부가 적다.

② 창호, 전기설비, 배관 등 선부착 가능
③ 중량 대형으로 운반 불리하다.

3. 시 공

(1) 부재 접합 → 습식, 건식 접합

(2) 제조방식

① 타설방식
㉮ 팽타식 : 적층식, 단층식(정치식, 회전식, 이동식) 연속식
㉯ 입타식 : 수직형틀(Battery Mould)

② 양생방식
㉮ 가열양생 : 증기양생(대량), 전기양생(소량)
㉯ 자연양생 : 대기중에서 보양
㉰ Hot Con'c 방식
㉱ 혼화제 방식 : 조광제

(3) 시공순서

준비 → 세우기 → 정렬하기 → 용접·풀기 → 버팀대 설치 → Profing Jack(Plumbing)

(4) Mould 종류

① Battery Mould : 수직으로 Mould 세워서 생산
② Tilt up Mould : 수평으로 부재 생산
③ Hollow Core Slab
④ Stationary Mould

4. 현장 작업시 문제점

① 구조적 안전상
② 단열, 절로
③ 접합부 Collar 표준화
④ 방수 처리
⑤ 차음, 방음
⑥ 시공 오차 조정
⑦ 작업 장비 배치
⑧ 접합부 보강 철근
⑨ 모서리 보강
⑩ Leveling Mortar
⑪ Hardware 부분
⑫ 구조물 연쇄 붕괴 방지 → 층별구분
⑬ Insert 매입 구조 계상 정립

5. 유의사항

(1) 설계시
    ① 모든 부품은 Module화
    ② 모든 부품은 중심선 기준
    ③ 응력 분포 계획
    ④ 설비시설 계획과 협의하여 계획
    ⑤ 기둥은 각층마다 동일

(2) 부재 제작시
    ① 부재 종류, 치수와 Joint수는 최소화
    ② 설계 생산 조립의 system화
    ③ 사용부위에 따라 Con'c 강도 변화
    ④ 부재 중량은 1.5~2.5 정도
    ⑤ 대형부재는 현장에서, 소형부재는 공장에서 제작

(3) 조립시
    ① 공장과 현장간 상호 협조 및 조정
    ② 작업 공정과 순서에 유의
    ③ 기록화 : Data화 Feed back
    ④ 시공의 안전성 유지
    ⑤ 근로자의 교육 및 전문 기술자 육성
    ⑥ 양중시 부재 균형 유지

(4) 세우기 기계 선정
    ① 용량, 안전성, 경제성, 신뢰성 고려
    ② 종류 : 트럭·크롤러·타워크레인, Gin pole, Guy derrick

(5) 접합부 처리
    ① Joint 부의 시공 간단화
    ② Fastener의 정도
    ③ 줄눈 충진 → Mortar, Con'c
    ④ 외벽 scaling 등

2 골조식

1. R.P.C(라멘 P.C 공법)

(1) 개 요
    ① 라멘구조의 중요 구조부인 기둥, 보를 S.P.C 또는 RC의 PC 부재로 만들어 그것을 현장에서 조립하고 접합하여 구조물을 구획하는 공법

② 長 span이 가능하며 공장이나 상업시설에 사용

(2) 특 징
① 강도의 신뢰도가 높고 안전성이 크다.
② 기둥, 보 접합은 응력이 적은 공간에서 Joint
③ 철근 이음 → 강관 Sleeve 방식에 의한 기계적 이음
④ 기둥, 보 복합체로 부재 대형화로 수송 곤란
⑤ 공기 단축
⑥ 시공 정도 확보
⑦ 작업환경 개선
⑧ 안정성 확보
⑨ 성력화
⑩ 원가 절감

(3) 접합방식
① Wet Joint : S.R.C 경우 현장 타설 Con'c에 의한 Wet Joint 방식도 사용
② Dry Joint : 철골 내장형 경우 고력 Bolt, 용접접합
③ 기둥+기둥 접합(+자형) → 각층 중앙부, Wet Joint, 접합용 강관(주근)
④ 보+보, 기둥+보 접합 → 접합용 plate+고력 bolt하여 Con'c 타설
    주근 : 용접용 강관
⑤ 기둥, 보의 주근 이음 : 강관 Sleeve Joint, Lap Joint, Welding

(4) 시공순서
1층 중앙부까지 현장치기 → 1층 바닥판 P.C 깔기 → 1층 보 붙임 내진벽(P.C)설치 → 라멘 부재 세우기 → 2층 바닥판 깔기 → 2층 보 붙임 내진벽 설치 → 2층 보 접합부 Con'c 치기 → 상층 라멘 부재 세우기 → 지붕 및 깔기, 접합 Con'c 타설

2. H.P.C 공법(H형강 기둥 P.C 공법)

(1) 개 요
① 기둥은 H형강을 사용하며 보, 바닥판, 내력벽 등은 P.C 부재화하여 현장에서 조립 접합하는 방식
② 기둥은 순 철골조 혹은 현장 타설 Con'c로 피복

(2) 특 징
① 고층 공동 주택에 적합

② 기둥에 H형강 사용하고 내화피복 겸한 현장 타설 Con'c
③ P.C 부재 조립과 현장 타설 Con'c 병행
④ 부재 접합은 고력 Bolt 또는 현장, 용접에 의한 Dry Joint
⑤ 내력벽, 보의 복합체로 P.C 부재 대형화
⑥ 공기 단축
⑦ 시공 정도 확보

(3) 시공순서

철골 기둥 세우기 → 보방향 내력벽 설치 → 변형 잡기 및 조절 → 도리방향 벽, 큰보 설치 → 변형 잡기 및 조정 → 접합부 Bolt 용접 → 바닥판 설치 → 기둥 배근 거푸집 Con'c 타설

3 적층 공법

1. 개 요

Prefab화 된 구조체 및 외벽을 한층씩 조립과 동시에 설비를 포함해서 마감도 한층씩 끝내면서 세워가는 공법

2. 적용 목적

① 품질 향상 　　　　　　　　② 공기 단축
③ 인력 절감 　　　　　　　　④ 안전성 확보

3. 적용 이점

(1) 성력화
　① 부재 공업화 제품 　　　　② 현장 노동력 절감 → 기계화

(2) 공기 단축
　① 공업제품을 조립으로 구체 완성 　② P.C면 자체 마감 처리
　③ 외벽 창호 완성품 설치

(3) 품질 향상 균일화
　① 시공 정밀도 확보 　　　　② 조립 작업 간소화
　③ 부재 제작 숙련공 불필요

(4) 안전성 향상
　① 준비층에는 항상 Con'c 바닥판 위에서 1층분 준비작업
　② 바로 밑층에는 천장, 외벽, PC판으로 안전하게 작업 진행

(5) 건설 공해 감소
① 고성능 Crane 기계화 작업
② 환경 폐기물 격감
③ 가설재 격감

(6) 적용 범위 넓다
① 규격화 공장 양산화
② 한랭지 다설시 공사 용이

(7) 재래 공법과 같이 자유롭게 설계 가능

4. 공법 분류
(1) R.C 적층 공법

Prefab 공법이 부분적(기둥, Half slab)으로 현장 타설 Con'c를 부어넣어 전부를 Wet Joint로 일체화시켜 강성 및 정밀도를 확보하는 공법

(2) S.R.C 적층 공법

1층분의 철골 기둥을 세워 P.C 부재화된 보, 바닥, 외벽을 조립하고 기둥을 현장 타설 Con'c하고 1층씩 조립하는 공법

(3) S조
① Unit Floor 방식 : 철골 보, 바닥을 대형으로 1개의 Unit화하여 지상에서 설비, 배관, 보온을 완전히 하여 철골 Frame에 설치하는 방법
② Space Unit 방식 : 공장에서 생산된 주거공간(Space Unit)을 철골조의 가구화 구조체에 삽입하여 건축물을 구축하는 방법

(4) T.S.A 공법

철골을 조립(기둥, 보)하여 그 위에 P.C판의 바닥과 벽을 설치하여 1층씩 조립하는 적층공법이다.

5. 시공순서

먹내기 → 라멘 부재 세우기(내벽, unit 등) → 조정, 접합 → 바닥 깔기, 레벨구성 → 먹내기 → 외벽용 패스너 → 외벽설치, 조정 → 줄눈 Con'c 타설

6. 유의사항
① 설계시
② 부재 제작시
③ 조립시 → P.C 대형 Panel 방식과 동일

④ 세우기 기계 선정
⑤ 접합부 처리

4 Box식

1. Space Unit 공법

(1) 개 요

공장에서 생산한 주거 Unit(Space Unit)을 순철골조로 가구된 구조체 속에 삽입하여 건축을 구축하는 공법

(2) 특 징
① 고층 공동 주택에 적합한 공법 ② 대폭적 공기 단축
③ 품질 정도 확보 ④ 수송 불리

(3) 조립 순서

철골조 조립 → Space Unit 삽입 → 마무리 완성

2. Cubicle Unit

(1) 개 요

공장에서 생산된 상자철 주거 Unit를 현장에서 연결 또는 쌓아서 주택을 구축하는 방법

(2) 특 징
① 칸막이가 획일적이다.
② 다른 Prefab 공법에 비해 조립공기 단축
③ Con'c 중향재와 신소재(Alc) 사용
④ Room Unit식은 Size가 크며 수송 불리
⑤ 수송시 진동에 대한 대책 필요

(3) 국내 현황
① 삼익 세라믹에서 일본 미자와사로 기술 도입하여 추진 중
② **구조** : Alc, 내력벽 겸용, 철골 라멘 Unit 구조
③ **공법** : 외주에 PAlc 벽 설치한 U자형 철골 라멘 구조를 공장 생산하고 이를 현장에서 평면 및 상, 하의 Unit간 상호간을 고력 Bolt로 접합하여 구성

(4) 장래전망
① 최근 구조 형식 다양화, 철골 구조 발전으로 P.C 공법과 현장 타설 철골 구조의 조합으

로 복합 구조화 경향

② 향후 P.C 구조는 경량 Con'c 외벽 및 간격(Alc, PAlc)+PC 내력벽+Hollow Cored Slab와 같이 각 재료의 특성을 살린 공법에 바람직하다.

5 중형 Panel 방식

① 1~2층 건물에 사용하는 방식
② 폭 60~150[cm], 높이는 층높이 Panel 세워 조립하는 방식
③ Panel 계획시 동일 부재 사용되도록 부품 표준화
④ 부재 상호 접합이 Bolt이므로 강도 및 강성이 약하다.

6 대형 Block식

① 수종류의 단위 Block의 조합에 의해 벽면 구성
② P.C Con'c를 조립식으로 시공
③ 조립이나 접합방법으로 조적조와 동일
④ 단위 Block 크기는 1[m^2] 정도, 벽 두께 20~25[cm] 정도

7 장막식

① Con'c Curtain Wall을 말함
② 기둥, 보 등 주요 구조부는 철골로 하고 벽, 바닥의 면상 부재를 P.C로 하는 방법

8 Lift-Up 공법

1. 개요
(1) 바닥, 지붕 등을 현장 바닥에서 제작, 조립 완성 또는 부분 완성시킨 것을 소정 위치까지 Jack으로 들어 올리는 공법

(2) 적용 대상 : 빌딩, APT, 주택, 공장, 체육관, 격납고, 무선탑, 교량 등

2. 적용 목적
(1) 공기 단축 → 지상작업 비용 증가, 각부재 양중 조립, 양생 조건 양호

(2) 가설 자재 절약 → Slab 거푸집, 동바리, 비계 등 가설제 절감

(3) 건설용 중기 절약 → 대형 양중기 사용하지 않고 Jack으로 작업

(4) 안전관리 용이 → 지상작업으로 안전성 보장

(5) 정도 관리 향상 → Con'c 품질관리, 성형치수정도 용접부, Bolt체결 관리 용이

3. 분 류
(1) Lift-Slab 공법
   ① 기둥 또는 Core 부분 선행하여 양생하고 기둥으로 지상에서 몇 층분 적층 제작한 slab 를 순서대로 달아올려 고정 접합하는 공법
   ② 빌딩, APT, 주택의 지붕 및 바닥 slab
   ③ 시공순서 : 기초 Con'c 타설 → 기둥 세움 → Slab 지상 제작 → 기둥머리 Jack 설치 → Slab 달아 올림 → slab 접합 고정

(2) 큰지붕 Lift 공법
   ① 공장, 광장 등 철골조 대지붕 건설에 사용
   ② 지상에서 완성도가 높고 설비기기 및 도장 완료 후 Lift-up
   ③ 공기, 가설재의 장점 많다.

(3) Lift-Up 공법
   ① 달아 올리는 양정이 높은 경우 사용
   ② 달아 올릴 때 수평을 유지하면서 수직으로 균등하게 달아 올리는 일이 중요
   ③ 개개 부품의 운반, 조립이 아니라 지상에서 완성품을 수직 상승시켜 고정하는 공법의 총칭이 Lift-up 공법이다.

4. 시공시 유의사항
(1) 양중시 하중의 Unbalance에 의한 부재 변형 한계의 예측 → 양정시 부가 변형

(2) Lift-up시 지진에 대한 검토 필요 → 지진 검토

(3) 풍력에 의한 수평방향의 침 검토 필요 → 수평 응력 검토

(4) Jack System의 안전성 확보 → Jack System안전성 확보

5. 장래 전망
(1) 건축 생산 합리화, 공법 적용시 높은 생산성이 중요하고 표준화, 기술 보급 확산

(2) 건설용 기계 선정시 용량, 성능, 신뢰성 고려

(3) 중공 Slab 또는 Prestress 도입한 Flat Slab의 기술적 확립 필요

(4) Core부 또는 기둥과의 Joint부에 사용하는 컬러 표준화 필요

(5) 균일한 하중으로 달아 올리는 Jack System 개발 필요

(6) 원가 예측 simulation 기술 연구

(7) 계획, 설계 시공의 유기적 관계가 결합된 System화 필요

9 다기능 Panel

1. 개 요
(1) 공간 구성에 필요한 각종 기능(수납, 다강 개구부 설비, 차용 등 성능)을 가진 Panel

(2) 공장 생산 단계에서 각종 기능부여하여 품질의 성능, 안정화 부여

(3) 부재의 단순화 및 공통화로 양산을 유도하고 저조단계에서 대폭적인 원가 절감 목적

2. 발생 배경
(1) 건축의 Prefab화, 부품화 과정에서 발생

(2) 독일 공장 연명 전신회에 출품 → 금속 Panel 조립식 주택

3. 특 징
① 성능 안정화 : 공장 생산 Prefab화　② 원가 절감 : 대량생산
③ 표준화 : 단순화, 공통화　　　　　　④ 시공 System화 : M.C 정도
⑤ 안정관리 용이 : 재해 예방　　　　　⑥ 공기 단축 : 건식 조리 공법
⑦ 건설 환경 개선　　　　　　　　　　⑧ 부위별, 부재별 견적 가능

4. 분 류
(1) 공통 panel → 각부 Panel에 요구되는 모든 기능을 갖춘 공통적인 panel

(2) 건물 요소별 Panel
　　① 벽 panel : 구조상 내력, 비내력　② 칸막이 panel : 수납 설비 기능
　　③ 천장 panel : 다감 설비 기능　　 ④ 바닥 panel : 다감 설비 기능
　　⑤ 지붕 panel : 보수 다감 등 기능

5. 시공시 유의사항

(1) 시공 요령서 완비하고 시공시 충분한 작업과 교육

(2) 양중, 운반 주의, 양생처리 충분히

(3) Bolt를 건식 접합 경우 세우기 정도 관리
접합시 panel 준비하고 구체화의 치수 조정

(4) 칸막이 panel 등에도 반드시 치수 고정을 panel을 준비하고 구체와의 치수 조정 실시한다.

(5) 기상조건의 영향을 받기 쉬운 마감재 부품을 먼저 붙이지 않는다.

6. 장래 전망

(1) 현장 작업 성력화, 고성능 품질, 저가격의 다기능 panel 연구 개발

(2) 자원 절약, 에너지 절약, 환경 문제 충분히 고려한 다기능 panel 출현에

(3) open prefab system을 위한 부재의 지속적인 연구 및 투자 끝

문제 2

합성 Slab 공법(Half Slab)에 대해 설명하시오.

1 개 요

(1) PC의 장점이 이미 널리 소개되어 그 효용성이 더욱 크게 발전되고 있다.

(2) 그러나 현장 타설 Con'c가 갖는 일체성, 강성을 따르지 못한다.

(3) 합성 slab 공법은 slab를 PC와 현장 타설 Con'c의 장점을 취한 공법으로

(4) 조립 공법의 신속 간편함과 현장 타설의 일체성을 모두 갖춘 공법이다.

2 종 류

① 평판형　　　　　　② 중공형
③ 골판형　　　　　　④ Rib형

3 전단 철근 종류

① Shear Connector
② Spiral형
③ Truss형

4 합성 slab의 장점

① 성력화의 효율이 크다.
② 가설재가 크게 절감된다.
③ 공기가 단축된다.
④ 공정이 줄어 든다.
⑤ Slab 하부 Precast 판이 선설치되므로 작업성이 좋다.
⑥ Slab 두께 조절로 보없는 slab가 가능하다.
⑦ Slab 장 Span이 가능하다.
⑧ 설계시 open space 개념도입이 가능, 평면구성 자유롭다.
⑨ Joint가 없어 물, 소음, 먼지 등 침투를 막는다.
⑩ 이동 하중이 유리하다.
⑪ 설비 전기 배관 및 Sleeve 설치가 가능하다.

5 합성 slab 시공시 유의사항

(1) 공정 계획 수립시 최대한 이동 회수를 줄인다.(적시적소설치)

(2) 운반, stock시 지지점의 균형이 바르게 되도록 한다. 불균형시 제품 균열 초래된다.

(3) 상부 Top Con'c 타설시 접합에 저해되는 요소 청소 후 시공한다.

6 결 론

(1) 초고층 Apt가 대량 소요되고 성력화, 공기단축 품질관리가 엄격하게 요구되는 이때 공업화 공법으로서

(2) 시공의 합리성과 생산성, 안전성이 높은 합성 slab의 도입이 필요하다고 본다.

(3) 따라서 이에 대한 적극적인 연구와 개발이 요구된다. 끝

문제 3

Flat Slab(무량판)에 대해 설명하시오.

1 개 요

(1) 건축물의 고층화 대형화로 경적이고 간단한 구조, 공사비 저렴하고 공간 이용의 요구가 많아지므로

(2) 평바닥 구조 또는 무량판 구조라하여 보없이(외부보 제외) 바닥판으로만 구성하고 그 하중은 직접 기둥에 전달하는 구조로 공사비가 저렴하고 층고를 축소할 수 있고 공간 이용을 위해 많이 사용이 되고 있다.

2 정 의

건축물의 외부(Spandrel)만 설치하고 내부는 Girder 없이 바닥판과 기둥부에 주두를 설치하여 상부하중을 직접 기둥에 전달하는 구조

3 특 성

(1) 장 점
    ① 구조가 간단하다.
    ② 공사비가 저렴하다.
    ③ 실내 이용율이 높다.(설비 위해 pipe배치가 자유롭다.)
    ④ 층고를 낮게 할 수 있다.

(2) 단 점
    ① 주두의 철근 층을 여러겹으로 바닥판이 두꺼워 고정 하중이 크다.
    ② 라멘의 강성에 난점이 있다.
    ③ 고층 건물에는 불리하다.

4 구조제한

(1) 두 께
    ① slab 두께 t는 15[cm] 이상으로 한다.

② 지붕 slab는 일반 slab의 구조제한에 따를 수 있다.

(2) 기둥
　① 기둥의 최소단면치수 D는 다음과 같다.
　　㉮ 30[cm] 이상
　　㉯ 층고 H의 1/5 이상
　② 주두에는 보통 주두와 지판을 붙인다. 다만 slab에 대한 경사각 45° 이하의 주두부분은 응력분하지 않는 것이 좋다.
　③ 특별한 응력 해석이나 또는 실험에 의하여 확인된 slab의 경우에는 위의 구조제한을 따를 수 있다.

5 용도 및 전망
　① 저층학교, 창고, 사무실, 공장, 주차 등에 많이 이용
　② 지하 주차장 층고 낮추기 위해 많은 사용이 예상됨
　③ 주로 냉동적재창고, 대부분이 Flate slab 시공

6 시공시 유의사항

(1) 거푸집
　① Con'c량이 일반 slab보다 많으므로 support에 대한 구조 안전성 검토가 필요하다.
　② 주두 Panel에 대한 충분한 규격 확보

(2) 철근 배근
　① 주열대와 주간대 철근배근 기준 규격 준수
　② 상부근 75[%] 가량 많게 배근, 직선근, 굽힘으로 사용

(3) Con'c 타설
　① Con'c slab 두께 두꺼우므로 시공 이음 철저히 한다.
　② 저 slump에 의한 강도 유지 및 Cold Joint되지 않게 시공한다.

7 결론
무량판 구조는 장 Span 이용 등 넓은 공간 사용에는 유리하나 구조적으로 여러 취약점이 있어 철저한 대책이 요구된다. 끝

문제 4

Curtain Wall에 대해 설명하시오.

1 개 요

건물의 자중과 건물에 걸리는 외력은 기둥, 보, slab 등에 부담하고 벽은 후에 설치하는 건물 구조상 비내력벽이다.

2 특 징

① 외벽 경량화 가능　　　　② Prefab화 가능
③ 품질향상 및 현장 크린 간략화　④ 가설 발단의 생략
⑤ 건축생산 근대화에 공헌　　⑥ 외장 마감의 다양화

3 요구성능

① 층간 변화 추종성　　　　② 내풍압성
③ 수밀성, 기밀성　　　　　④ 단열 성능
⑤ 차음성능　　　　　　　　⑥ 열 안전성
⑦ 내구성

4 분 류

(1) 외관 형태

① Mullion Type
　㉮ 수직 기둥 노출, 그 사이에 sash 또는 spandrel을 끼우는 방식
　㉯ 3.1 빌딩
② Sheath Type : 구조체를 외부에 노출시키지 않고 panel로 은폐시키고 sash는 panel 안에 끼우는 방식 → 럭키 Twin, 부산 반도투자
③ Spandrel Type : 수평선을 강조하는 창과 spandrel의 조항으로 이루어지는 방식 → 국제 빌딩, 동방생명빌딩
④ Grid Type : 수직, 수평의 격자형 외관을 출현시키는 방식 → 63빌딩

(2) 재료별
　① 금속제
　　㉮ Aluminum : 경량, 가공 조립, 시공용이, 부식적다, 열팽창 크다.
　　㉯ Steel : 염가, 가공조립, 소재 정밀도 방침 등 문제
　　㉰ Stainless steel : 고가, 방청에 유리
　　㉱ 구리 합금 : 강도문제로 구조 재료로서 불가
　② P.C제
　　㉮ 경량 Con'c
　　　㉠ Alc 등 경량 골재 사용, 경량 Con'c P.C panel 제작설치
　　　㉡ 구조체, 판 불리, 우수처리 곤란
　　㉯ G.P.C(Granite Veneer Panel)
　　　㉠ 강재 거푸집에 화강석 판지 미리 배열
　　　㉡ 배면 전단 연결 철물 설치 후 Con'c 타설로 일체화시킴
　　㉰ T.P.C(Tile Precast Con'c)

(3) 구조 형태별
　① Mullion System : 강도를 가진 Mullion(수직부채)을 sash와 sash 사이에 취부하고 여기에 유리를 끼우는 방식
　② Knock Down System
　　㉮ 칸막이 기둥과 가로 부재 낱개로 반입하여 현장 조립
　　㉯ 자체가 서로 올가미로서 역할하기 때문에 Sash 등이 필요 없음
　③ Panel System : Sash 및 Spandrel의 Panel 자체가 충분한 강도를 갖게 하여 직접 구조체에 부착 → 일반적으로 많이 사용

5 Fastener

(1) 개 요
　① c/w 부재를 골조에 긴결시키는 부품
　② 외력에 지탱할 수 있는 강도 내력 $1\sim2\,[\text{ton}/\text{m}^2]$ 이상
　③ 열팽창 흡수 기능 및 내구성 50년 이상
　④ 오차 흡수 및 시공 용이 확실성

(2) 성질 및 재질
　① 내력 : c/w에 부착되어 중력 충압, 지진 팽창에 대응하는 강도로 구조체에 긴결하는 역할
　② 추종성 : 변위에 추종할 수 있어야 하므로 Fix – Roller sliding pin을 적절히 병용

③ 시공성
  ㉮ 시공시 오차 조절 위해 상, 하, 좌, 우의 위치조정 가능해야 함
  ㉯ 오차 조정은 1차, 2차로 구성
  ㉰ 1차 Fastener : 구체+Fasten
  ㉱ 2차 Fastener : Fastener+c/w 사이 조정
④ 기타 : 내구성(50년), 내화성, 열팽창 흡수

(3) Fastener 방식
① Sliding 방식
  ㉮ 상부 Fastener : 골조와 c/w이 sliding
  ㉯ 하부 Fastener : 용접으로 고정
  ㉰ 층간 변위 발생시 수평방향 Joint에 전단 변위 발생 – P.C c/w에 주로 채용
② Rocking 방식
  ㉮ c/w Unit 상, 하의 중앙에 1장씩 Pin으로 지지
  ㉯ 다른 지지점은 Sliding 방식의 Fastener로 지지
  ㉰ 층간 변위 발생시 수직 방향 Joint에 전단 변위 발생 – P.C c/w에 주로 적용
③ 고정식(Fixing)
  ㉮ c/w unit 상, 하 fastener 용접으로 고정
  ㉯ 골조의 작용에 c/w unit를 추종시키는 방식
  ㉰ 요구조건
    ㉠ 층간 변위시 손상 발생되지 않을 것
    ㉡ 부재 열팽창 흡수할 것
    ㉢ c/w Unit의 구조체에 강성력 증가 없을 것
  ㉱ 주로 Metal c/w에 사용

6 비처리 방식

(1) 개 요
① Curtain Wall의 누수는 Joint 누수로서 누수처리는 기능상 가장 중요
② c/w이 다수부재로 접합되어 있어 누수발생 3대요인인 물, 틈새, 압력차를 통해 물을 이동시키는 Mechanism에 대한 대책 수립 필요

(2) 물을 이동시키는 Mechanism과 대책
① 중력 : 줄눈내 아래로 통하는 통로 → 줄눈내 경사 상향, 물돌림력
② 표면장력 : 표면타고 줄눈 내부로 흐름 → 물잡기홈 설치

③ 모세관 현상 : 폭 0.5[mm] 이하의 틈 → 줄눈 깊숙히 Air Packet 설치, 줄눈 간격 넓기
④ 운동 에너지 : 풍속 → 줄눈속 미로 설치
⑤ 기압차 : 건물 내외 기압차 → 외부와 줄눈 내부 공간 기압차 제거

(3) 빗물 처리 방식
① Closed Joint System
  ㉮ 내부 줄눈을 Seal재료 완전 밀폐시키고 외부의 누수에 대비
  ㉯ 내부 공간에 배수기구 설치 → 국내에서 주로 채택
  ㉰ 특징
    ㉠ 부재 내측면 내후성 증가 : 외부 → 치오콜 실리콘, 내부 → 네오프렌피막스폰지 사용
    ㉡ 고층건물 외력, 풍압, 시공절감으로 인한 내부 빗물 침입시 배수기구로 방출 → 실내 유입 불가
② Open Joint System
  ㉮ 줄눈 밀폐하지 않고 치수
  ㉯ 고층 건물 기압차에 의한 누수 방지
  ㉰ Joint 외벽 부분 빗물 중력, 표면장력, 모세관 현상, 물보라에 의한 운동에너지 차단 모양 만들고
  ㉱ 외벽과 내벽사이 공간 등기압 유지하여 압력차에 의한 우수 침입 방지
  ㉲ 유의사항
    ㉠ 내부 기밀층의 Joint Seal(내부 기밀층 동기압 유지)
    ㉡ 기밀층 구조적 풍압에 대응하는 구조 필요

7 제작 시공

(1) 개 요
① c/w이란 건축물 외주 구성하는 비 내력벽으로 건축물의 구조체에 Fastener를 부착시킨 것
② c/w은 금속제와 Con'c제로 분류

(2) 특 징

(3) 제작 목표
① 인명의 안전
② 인체의 상해 보장
③ 재산 보호

(4) 제작 지침
① 구조 설계 : 층간 변위 1/3000에 대하여 c/w이 파손, 기밀성, 수밀성이 저하되지 않도록 설계
② Fastener : 오차 조정 가능, 부착 간단, 지진력, 풍압력 등에 파손되지 않게
③ Joint부 : 층간 변위에 대해 Joint부 수밀성, 기밀성이 손상되지 않도록
④ 내화성 : c/w 내화성능 0.5~1.0[Hr] 요구, Fastener도 동종이상 내화성 요구됨
⑤ 단열성, 방로 : 고층 경우 저층에 비해 열관류율이 커질 우려 있으므로 주의

(5) 가공 조립
① 제작 요령서 별도 작성
② 기본 방침 결정, 명시
③ 공작도에 따라 치수 정확하게 절단 가공, 구부리기
④ 조립시 정밀도 유지 중요, 견고하게

(6) 검 사
검사 방법 미리 정해두고 해당 공사에 적합한 사양 결정하여 검사
① 부재 가공 조립 치수 ② 외관 마무리
③ 구조 ④ 기능
⑤ 비처리 ⑥ 부속 철물 및 부재
⑦ 기타 잡공사

(7) 현장 시공
① 준비 : 공정 계획, 기본 먹치기 계획, 동선 계획, 운반 및 양중 계획, 보양 계획, 안전 계획, 등 시공계획 충분히 검토
② 운반 : 준비 공사와 같이 양중계획 확정하여 계획에 따라 추진
③ 조립
　㉮ Fastener 1, 2차 완료하고 조립 부착 작업 착수
　㉯ 안전 관리
　　㉠ 낙하 방지 대책, 추락 방지 대책, 방재 설비
　　㉡ 표준 동작 확립 등 안전대책 확인하고 항상 관리 등 필요
④ Joint부 우수처리
　㉮ 비처리 방식 결정
　㉯ Joint 부위 Seal재 적정 선택 : 온도변화, 풍압력, 지진력, 제조회사 시방에 따름
⑤ 유리 끼우기 : 층간 변위 고려 Clearance 확보, 주로 Seal제 사용

⑥ 청소 및 보양
  ㉮ Sealing 면 보양 : 파손 주의
  ㉯ 후속 공정에 의한 c/w변형, 오손 방지
  ㉰ 시가지 오염 실체 연 1~2회 청소 필요
  ㉱ 곤돌라 이용, Panel 사이 Guide Rail 설치 필요

(8) 설치 방법
  ① 직접 달기 동시 설치
    ㉮ 외부에서 직접 부착 위치에 달아 올려 부착
    ㉯ Unit가 크고 높이 50[m] 이하인 경우 유리
    ㉰ Unit 대형으로 현장 joint가 적다.
    ㉱ 바람 영향 고려 Guide Rail 또는 전용 달아올림 장치 필요
    ㉲ 주로 P.C Curtain Wall, Unit System, Panel System 사용
  ② 집중 달기 분리 설치
    ㉮ 본품, 부품 등을 정위치에 운반하여 실내에서 별도의 설비로 부착
    ㉯ 소형에 적합, 인력 사용 효과 크다.
      → 금속제, c/w, Mullion system, Knock down system에 사용
    ㉰ 별도 소형 Crane 사용, 작업 편리, 동시 여러 곳 작업 가능

(9) Curtain Wall 설치시 주의사항
  ① Insert의 상태, 강도, 검토 확인 : 재해사고 예방
  ② Joint Clearance 확인 : 변위에 의한 변형과 파괴방지
  ③ Line Marking : 수치, 정확도 확인 계산
  ④ 누수방지 대책 : 중간공사 완료 후 매회 특수 시험으로 누수 확인
  ⑤ 작업 단순화 도모 : 성력화
  ⑥ 태풍 Season 작업 금지
  ⑦ 철골의 태양열에 의한 신축 4~6[mm]/100[m] : 기준선 설정시 유의
  ⑧ 고소 작업시 안전 작업 철저
  ⑨ 완성 후 Seal 부분 감춰지는 곳 : 보수 곤란하므로 정밀 시공

8 Curtain Wall의 각종 시험

(1) 풍동시험(Wind Tunnel 시험)
  ① 목적 : 건물 준공 후 나타날지 모르는 문제점 파악하고 설계에 반영

② 방법
  ㉮ 건물 주변 600[m] 반경(1200[m])의 지형, 건물 배치를 축적모양으로 만들고
  ㉯ 원형 Turn table의 풍동속에 설치 후 과거 10~50년 또는 100년 최대 풍속을 가한다.
③ 측정 : 외벽 풍압시험, 구조 하중 시험, 고주파 응력시험, 보행자 풍압 영향 시험

(2) Mock-Up Test
① 풍동 시험을 근거로 설계한 실물 모형(기준척의 3개)를 만들어
② 건축 예정지의 최악 외기 조건으로 한다.
③ c/w의 변위 측정, 온도변화에 따른 변형, 누수현상, Joint Crack, 창문, 열손실 등 시험
④ 그 결과에 따라 건물 각부 보완과 수정을 가하여 안전하고 경제적인 설계 및 시공
⑤ 우리나라에서는 Hilton Hotel에서 최초로 2가지 시험 실시   끝

문제 5

조립식 공법을 이용한 고층 A.P.T 시공시 고려사항을 쓰시오.

1 개 요

① 대도시 공동주택 수요급증으로 공급 수요간 불균형
② 인건비 상승으로 건설공사비 증대
③ 거주자 주택 질적 요구 증대
④ 기존 건설 공법 탈피한 새로운 방법의 필요성 대두

2 조립식 건축의 기본 개념

(1) 기본 원칙
① 노동력 절감으로 Cost Down
② 부재생산, 현장 조립으로 노동력 대폭 절감
③ 생산성 향상
④ 재료 및 구조물 경량화

(2) 기본원칙 고려사항
① 건축물 Moduler 설계화하여 부품 최대한 반복
② P.C 생산시 설비시설 사전 계획하여 생산

3 조립식 고층 A.P.T.에 고려할 기본원칙

(1) 주거성 : 공간 이용 최적화 주거공간 넓힌다.

(2) 경제성
   ① 제한 공간 유용 활용면적 최대화
   ② Moduler 설계화하여 부품 최대 반복 사용

(3) 작업 Group화 : 공장 작업 가능한 Group화, 현장 작업 최소화

4 특 성

(1) 장 점
   ① 창호틀, 설비배관 선 설치   ② Joint 접합부 적다.
   ③ 부재수 종류 적어 거푸집 종류 적다. ④ 기계화 작업으로 현장 작업 감소
   ⑤ Con'c 품질, 강도 양호   ⑥ 전전후 시공 가능
   ⑦ 시공 속도 빠르다.

(2) 단 점
   ① 벽판 slab 접합 일체성 부족
   ② 운송거리 제약
   ③ 가설공장 설치시 공장 면적 차지

5 건축 방식

(1) 소형 Panel식
   ① 소형 Panel은 생산 Table이나 Battery에서 생산
   ② 단일 폭, 결정, 길어 조정
   ③ 대부분 천장과 바닥 Panel 해당
   ④ 운송 지장 없게 → 폭 1.5~3[m]
   ⑤ 형태 다양하여 고급 APT에 적합

(2) 대형 Panel식
   ① 다양한 구조가진 APT 건식 가능
   ② 공동 층계, 엘리베이터 시설, 집구조에 관계없이 동일
   ③ 방하나 한 단위로 계획

(3) 입체 구조식
　　① 수송이 가장 큰 문제 → 폭 2.5[m] 이상
　　② 개방식 경우 수송 용이하나 접합부 많이 생기고 마감 작업 복잡
　　③ 폐쇄식 경우 수송 곤란, 입체구조 2중벽 분리되는 단점이 있다.

(4) 대형 panel식과 입체구조 병합 방식
　　① 층계, 엘리베이터, 욕실, 부엌 등은 입체 구조식
　　② 내·외벽 설치 기타 작업은 대형 Panel식 사용 방식

6 고층 A.P.T. 조립방식

(1) Cross Wall System(세로벽이 내력벽)
　　① 평면 계획시 종방향 깊어지며 장 Span Slab 사용할 때 평면계획 유리
　　② 외벽은 비내력벽 처리 → 경량 Curtain Wall 가능
　　③ 이변 하중시 (가스폭발) 외벽 개구부 크므로 폭파 도피 방향 유도

(2) Spine Wall System(가로벽이 내력벽)
　　① 평면 구조상, 자연히 종,횡방향 복합 내력벽체
　　② 외벽 내력벽 기능, 대형 개구부 설치 불합리
　　③ 외벽 경량제 처리 곤란, 외관상 변화 없다.
　　④ 이변 하중시 (가스폭발)받을 때 내부 압력 처리 불리

(3) Mixed System(가로, 세로벽 모두 내력벽)
　　① 외벽은 내력벽체 또는 비내력으로 할 수 있다.
　　② 바닥판은 주로 3변 또는 4변 지지
　　③ 평면상 소요실 크기에 맞추어 바닥의 단위 부재 제작하여야 하는 제한이 따른다.

7 접합부 계획

(1) 접합부 줄이기 위한 고려사항
　　① 일정한 부위에 둔다.
　　② 같은 종류 접합 방법으로 대처
　　③ 구성 부재 가능한 크게

(2) 수평 접합부
　　① 상부 벽체 하중과 Slab 하중을 벽체 또는 기초에 전달

② Joint는 철근 보강하고 Grouting 충전
③ 벽, 바닥, Slab 접합부는 압축력이 바닥 Slab에 영향 주지 않게 설계

(3) 수직 접합부
① 벽체 수평 받을 때 벽체간 연결 일체화
② U형 철근 수직 보강 철근 연결 일체화   끝

제5절 철골 공사 논술형 예상문제

문제 1

철골 공사 Flow Chart에 대해 설명하시오.

1 철골 내력 설계

(1) 철골 구조물 내력 설계
① 높이 20[m] 이상 구조물
② 구조물 폭과 높이의 비 1 : 4 이상
③ 단면 구조에 현저한 차이가 있는 구조물
④ 연면적당 철골량 50[kg/m^2] 이하
⑤ 기둥이 타이 플레이트형
⑥ 이음부가 현장 용접

(2) 공장 가공
① 원척도
② 본뜨기
③ 변형 바로 잡기
④ 금긋기
⑤ 절단 가공
⑥ 구멍 뚫기
⑦ 가조립
⑧ 본조립
⑨ 검사
⑩ 녹막이 칠
⑪ 운반

(3) 사전조사
① 설계도 및 공작도
㉮ 부재 형상
㉯ 부재 수량, 중량
㉰ 철골 자립도
㉱ 철골 계단
㉲ 가설 부재
㉳ 볼트 구멍

㉳ 건립기계, 순서
㉴ 전력
㉵ 안전관리(신호수)

② 현지조사
㉮ 현장 환경
㉯ 수송로
㉰ 인접 가옥
㉱ 노동력

③ 건립 공정 수립
㉮ 1일 작업량
㉯ 풍속(10분 10[m/sec])
㉰ 강우량(50[mm/회])
㉱ 적설량(250[cm/회])
㉲ 건립용 기계
㉳ 안전시설

(4) 접 합

① 볼트
② 리벳
③ 고력 Bolt
㉮ 접합방식
㉯ Bolt 종류
㉰ 임팩트 렌치
㉱ 조임 검사

④ 용접
㉮ 종류
㉯ 결함
㉠ 내부결함(초음파) : Blow hole, 융합 불량, 용입 부족
㉡ 형상 결함(육안) : 언더컷, Over lap, 아크스트라이크, 융착 과다
㉢ 표면 결함 : 표면결함, 크레이터, 스패터
㉣ 균열 : Hot Crack, Root 및 균열, Cold Crack

(5) 현장 세우기

① 조립 설치(준비)
② 형골 자재 반입
㉮ 철골 적치
㉯ 받침대 설치
㉰ 안전시설
③ 기초 앵커 Bolt
㉮ 고정 매입
㉯ 가동 매입
㉰ 나중 매입

④ 기초 상부 고름질
  ㉮ 전면 바름 마무리법
  ㉯ 나중 채워넣기 중심 바름벽
  ㉰ 나중 채워넣기 심자 바름벽
  ㉱ 나중 채워 넣기법
⑤ 세우기
  ㉮ 가조립 : $\frac{1}{2} \sim \frac{1}{3}$
  ㉯ 변형 바로 잡기 : 와이어로프, 턴버클
  ㉰ 기계
⑥ 세우기 주의사항
  ㉮ 기둥의 중심선 Level 정확
  ㉯ 기둥은 독립 안되게 보와 연결
  ㉰ 양중시 건립구조에 충격 금지
  ㉱ 건립시 변형 금지
⑦ 검사(육안/비파괴)
⑧ 도장(녹막이칠)
⑨ 양생(외력에 보호)

(6) 내화피복(환경공해) 끝

문제 2

철골 공사 시공계획을 세우시오.

1 개 요

(1) 철골 공사는 S조와 S.R.C조로 분류되며 공정은 공장가공과 현장가공으로 분류된다.

(2) 철골 공사 계획은 건축물의 규모, 구조, 입지조건에 따라 다르며 계획단계의 검토 사항은 다음과 같다.
  ① 공정 계획
  ② 수송 계획
  ③ 세우기 계획

2 사전 조사 계획

① 설계도서 및 계약 조건 검토   ② 현장 입지조건 조사
③ 공장과 현장간의 거리, 교통량조사 검토

3 공정 계획

철골 공사는 건축 공사에서 Critical Path 가 되는 작업이며 그 진척도가 공기에 주는 영향이 크며 특히 공정계획에 있어서 자재조달과 공장제작에 많은 시간이 소요되므로 유의하여야 한다.

(1) 건축 공사 전체의 Network로부터 세우기 공정의 공기 설정
   ① 세우기 방법과 1일 필요 작업량
   ② Anchor Bolt 설치기간
   ③ 계절, 천후 고려
   ④ 타직업과 병행 작업 유무
   ⑤ 특수 가구방식 채용 여부

(2) 세우기 공정에 지장이 없도록 공장 제작 공기 설정

(3) 재료 조달 및 공작도 작성 기간 고려하여 철골 제작 공장 결정 시기를 정한다.

(4) 작업 시공 속도 계획
   ① 1일 작업량, 총작업량 산출
   ② 일정 작업원 투입 계획
   ③ 세우기 속도와 접합 시공속도를 일치시켜 일정한 작업순으로 순차 작업 진행하게 계획

4 가공 공장의 선정시 고려사항

① 공장 기계 보유 상태 및 능력
② 공장 기술자 및 작업원의 정도 및 인원수
③ 공장 작업 장소 및 크기(가공제 적치장, 정리 장소 등)
④ 공장과 현장간 수송 여건
⑤ 가공 예정기간 중 공장 제작 작업 보유량
⑥ 공사 실적 등

5 공장 작업 계획

(1) 철골 가공은 가능한 한 공장에서 완제품에 가까운 것으로 가공하여 현장에서는 세우기 작업만 하도록 계획한다.

(2) 공장 가공 원칙
   ① 현장 세우기 순서에 따라 가공한다.

② 장척물, 중량물은 수송능력과 세우기를 고려하여 분할 가공한다.
③ 동일종의 부재는 능률감안하여 연속 가공 방법으로 한다.
④ 가공 완료 제품은 변형, 오손이 없도록 유의하고 현장 반입시기 및 세우기 공정에 따라 반출할 수 있도록 적재하여 둔다.

6 현장 작업 계획

(1) 세우기 계획
　① 양중방법, 세우기 순서로 결정
　② 평면도 접합, 각부재의 중량, 부지조건, 가구방식, 반입방법(반입구) 등
　③ 조립기계의 선정, 배치, 이동방식
　④ 조립순서 바로잡기
　⑤ 공구 분할
　　㉮ 평면적으로 공구를 분할할 것
　　㉯ 장비 능력, 대수, 배치는 1일 작업량 기준
　　㉰ 중앙으로부터 안전한 가구형상으로 계획을 세울 것

(2) 반입계획
　① 도로상 직접 반입시 교통안전에 대한 배려
　② 운반차에서 직접 달아 올리는 방법 강구
　③ 소형 부재의 하치장 선정, 보, 기둥 등의 세우는 장소 마련
　④ 공장과 현장간 긴밀한 협조체제 수립

(3) 세우기 기계 계획
　① 조립 기계의 선정
　　㉮ 건물의 규모, 형상, 구조 및 중량 고려
　　㉯ 양중 능력 검토
　　㉰ 위치, 작업 반경 검토
　　㉱ 현장 입지 조건 검토
　　㉲ 조립기계 : Guy Derrick, Still leg-Derrick 진폴, Truck Crane, Tower Crane, 크로뮬러크레인
　② 조립 순서 및 조립 기계의 이동
　　조립기종의 성능, 특성에 따라 효과적인 운영 계획
　③ 조립기계 설치에 따른 가설물
　　받이대, 당김줄 스페이서, 당김줄 앵커, 크레인 중량을 감안한 구조계획, 이동 가설계

획을 세운다.

(4) 가설 계획
　① 비계
　　㉮ 안전성 : 설치 및 작업중 낙하방지 등
　　㉯ 이동성 : 작업 공정, 인력에 의한 작업 이동
　② 작업 통로
　　㉮ 철골 계단 : 철골 설치와 동시 작업 실시
　　㉯ Trap 부착 : 철근 또는 작업 임시 발판 이용
　　㉰ 모체 변형 또는 강도 저하 고려
　　㉱ 보위에 임시 부설 : rope를 1[m] 높이 설치
　　㉲ 가부설 : Deck Plate 이용

7 수송 계획

(1) 철골 부재의 크기 및 수량 고려하여 가장 경제적인 수송방법 선택

(2) 수송 계획시 고려사항
　① 제작공장과 세우기 현장 위치
　② 교통규제 : 통행 제한, 일방통행 등
　③ 중량 제한 : 교량, 도로
　④ 높이 제한 : 육교, 터널 등
　⑤ 기타 도로 사정
　⑥ 자동차 수송 제한 : 폭, 높이, 길이

8 안전관리 계획

　① 재해 예방을 위한 안전 시설 계획
　② 안전교육 관리 조직 계획 : 전도 붕괴, 안전 Belt, 안전모, 보호 마스크, 누전, 감전, 화재, 화상, 가스질식 등

9 가설전력 설비 계획

충분한 용량, 안전성 고려

10 검사 계획

　① 접합부 기계, 기구의 종류와 점검 방법
　② 용접 순서 고력 Bolt의 조립 순서 및 각종 접합법에 대한 검사 표준과 시기

11 기 타

① 타공사와 관련 공사 → 내화 피복 공사, 설비, 전기 기계, 마감
② 도장 공사 끝

문제 3

현장 세우기 공사에 관하여 설명하시오.

1 개 요

(1) 착수전 계획 준비가 중요하므로 신중한 계획 세워 세우기 순서 및 작업 방향 정하고 이에 따라 행한다.

(2) 현장 반입 부재 운반중 손상여부 확인 후 세우기 순서에 따라 정리해 둔다.

2 현장 작업 순서

(1) 현장 세우기 준비
   ① 세우기 공구 분할 설정
   ② 수송 계획과 Stock Yard
   ③ 세우기용 기계 설비 설정
   ④ Anchor Bolt 매입 방법 결정
   ⑤ 기초 주각부 및 기타 짐 먹매김
   ⑥ 안전 시설물 및 안전 공법 검토

(2) Anchor Bolt 매설
   ① 고정 매입
      ㉮ 미리 기초 거푸집이 고정시켜 Con'c 타설
      ㉯ 시공 정밀도 요구
      ㉰ 대규모 공사, 구조적으로 중요한 부위
   ② 가동 매입
      ㉮ 기초 Con'c 타설시 깔대기 등 설치하여 나중 별도 Mortar 등으로 고정
      ㉯ 소규모 공사

　　　　㉰ Bolt 지름 φ25[mm] 이하
　③ 주의점
　　　　㉮ 위치를 정확히 고정, Anchor Bolt 밑부분에 붙인다.
　　　　㉯ Anchor Bolt는 φ12[mm] 이상 base plate를 2중 Nut로 하부 위치에 고정 띠쇠 설치

(3) 기초 상부 고름질
　① Base Plate를 수평으로 밀착시켜 철골부의 하중을 하부 구조물에 전달하는 역할
　② Mortar 충전은 팽창제 또는 무수축제를 사용
　③ 전면 바름 → 1 : 1 된비빔 모르타르
　④ 나중 충진 중심 바름 : 1 : 1 된비빔 모르타르로 중앙부만 수평되게 바르고 나머지는 기둥 세운 후 주위 마무리
　⑤ 나중 충진 : Base plate 4귀에 철판 등으로 괸후 기둥을 설치하고 중앙부 구멍을 통하여 모르타르 충진
　⑥ 주의사항
　　　　㉮ Base Plate와 모르타르 사이 공극 없도록 충진
　　　　㉯ 무수축 모르타르 사용
　　　　㉰ 균열 방지 양생

(4) 철골 세우기
　① 조립
　　　　㉮ 순서에 따라 기둥 → 보 → 기타 가로재의 순서로 조립
　　　　㉯ 기둥 세우면서 즉시 보 걸쳐서 기둥과 결합시켜 넘어지지 않게 한다.
　　　　㉰ 주의사항 : 수직도 준수, 기둥 세운 후 즉시 보안
　② 가조임 Bolt
　　　　㉮ 조립된 부재 가조임 Bolt
　　　　㉯ 가조임 Bolt : 본조임 Bolt의 $\frac{1}{2} \sim \frac{1}{3}$ 정도 또는 2개 이상
　③ 변형 수정
　　　　㉮ 계측 기구 : Calibrated Steel Tape, Transit, 당김줄 Level, Piano선
　　　　㉯ 계측 방법 : 일정한 시간, 중앙에서 외측
　　　　㉰ Wine Rope, 턴버클, Jack으로 실시
　　　　㉱ 세우기 수정후 본조입 Bolt로 고정
　④ 양생 : 폭풍, 기타 해중 대비하여 임시 가세, 당김줄로 보강

⑤ 안전 관리
  ㉮ 재해예방 대책 수립 및 안전교육 실시
  ㉯ 사용 장비 유제작자 채용, 감전, 누전, 화재, 추락, 화상, 안전 보호구 착용

(5) 현장 접합
  ① 종류 : Rivet, Bolt, 용접, 고장력 Bolt, 고장력 Grip Bolt
  ② 접합 방법 선정시 고려사항
    ㉮ 충분한 강도가 있을 것   ㉯ 시공이 쉽고 안전할 것
    ㉰ 시공 확실하고 관리 용이할 것   ㉱ 경제적일 것
    ㉲ 공해(소음, 진동) 적을 것

(6) 검사
  ① 부재 새우기 정도 검사
  ② 접합부 검사
    ㉮ Rivet : Testing Hammer
    ㉯ Bolt : Torque식 검사 → Torque Wrench 사용
    ㉰ 용접 : 외관검사, 비파괴 검사

(7) 현장 도장
  ① 공장 도장과 동일 방청 도장
  ② Touch-Up(보수도장)
    ㉮ Rivet, Bolt 두부 및 Nut Washer
    ㉯ 현장 용접 부분
    ㉰ 운반 조립시 손상 부분

(8) 세우기용 기계 설비
  ① 작업량 공정에 따른 일일 작업량, 단위 부재 중량, 작업장 조건(면적, 높이 등) 고려하여 적합한 기계 설비 선정
  ② 장비
    ㉮ Guy Derrick   ㉯ Stiff leg Derrick
    ㉰ Gin Pole   ㉱ Truck, Crawler Crane
    ㉲ Tower Crane   끝

문제 4
철골 접합에 관하여 설명하시오.

1 개 요

(1) 철골 공사 부재 접합 공법에는 Bolt, Rivet, 용접접합, 고력 Bolt 미장접합, 고력 Grip Bolt 마찰접합 등이 있다.

(2) 고층화, 대형화 추세에 따라 경량화, 강재절약, 무소음 공법으로 용접 결합이 부각되고 있다.

2 철골 구조 접합 필요조건

① 충분한 강도 있을 것
② 시공 쉽고 안전할 것
③ 시공 확실하고 관리 용이할 것
④ 경제적
⑤ 공해(소음, 진동) 적을 것

3 종류 및 특징

(1) Rivet
   ① 구멍 뚫기 : Punching, Drilling, Reaming
   ② 구멍크기 허용 오차
      ㉮ φ16[mm] 이하 → 1.0[mm]
      ㉯ φ18[mm] ~ 30[mm] → 1.5[mm]
      ㉰ φ30[mm] 이상 → 2.0[mm]
   ③ Rivet 치기 : Joe Rivet Hammer, Pneumatic Hammer 기계치기 한다.
   ④ 시공시 주의사항
      ㉮ 가열온도 600[℃]~1000[℃]
      ㉯ Pitch 일반적 4d(최소 2.5d)
      ㉰ 구멍의 차이가 있을시 Reamer로 가심질한다. → Drift Pin 사용 금지
   ⑤ 불량 Rivet
      ㉮ 헐거운 것
      ㉯ 머리 부정한 것
      ㉰ 머리 갈라진 것
      ㉱ 판에 밀착 불량
      ㉲ 축심 불일치
      ㉳ 기타 결함

(2) 일반 Bolt 접합
　① 강재에 Bolt 구멍 뚫고 Bolt를 조여서 접합하는 공법
　② 조업기구 : Impact Wrench, Torque Wrench
　③ 접합시 품질관리
　　㉮ Bolt 구입 크기 : 0.5[mm] 이하
　　㉯ Bolt 풀림 장치 : 이중 Nut, Spring Washer 사용, Nut 용접 등

(3) 고력 Bolt
　① 개요 : 강재에 Bolt 구멍 뚫고 고탄소강 또는 합금강을 열처리한 항복강도 $7[t/cm^2]$ 이상, 인장 강도 $9[t/cm^2]$ 이상의 고력 Bolt를 조여서 강재간의 마찰력을 이용한 것
　② 특성
　　㉮ 장점
　　　㉠ Rivet, 용접보다 재해 위험이 적다.　㉡ Rivet보다 소음이 적다.
　　　㉢ 불량 개소 수정 용이　　　　　　　㉣ 현장 시공 설비 진단
　　　㉤ 공기 단축, 성력화, 경제적이다.　　㉥ 응력 집중 적고, 반복 응력 강하다.
　　㉯ 단점
　　　㉠ 접촉면 관리가 어렵다.
　　　㉡ 나사 마무리 정도가 어렵다.
　　　㉢ 죄이기 검사 번거롭다.
　③ 접합 방식
　　㉮ 마찰 접합
　　　㉠ Bolt 조임력에 의해 생기는 부재면 마찰력으로 힘을 전달
　　　㉡ Bolt 축과 직각 방향
　　㉯ 연장 접합 : Bolt의 연장내력으로 힘을 전달 - Bolt 축방향 응력 전달
　　㉰ 지압 접합 : Bolt 전단력과 Bolt 구멍 지압 내력에 의해 힘을 전달
　④ 고력 Bolt 조임 방법
　　㉮ 마찰면 처리
　　　㉠ 마찰면은 Washer 지름의 2배 이상으로 Mill scale을 그라인더로 제거
　　　㉡ 먼지, 기름, 도료 제거
　　㉯ 조임 방법
　　　㉠ Torque Control 법
　　　　• Toque Wrench 이용하여 일정한 Torque Moment로 Nut 회전시켜 조임
　　　　• 시공전 현장 조건하에서 축력계 사용해서 Torque Wrench에 의해 필요한 Torque Moment값 구함

ⓒ Nut 회전법
- Nut를 일정한 각도만 회전시켜 조임
- 1차 조임 → 조립용 Spanner로 조임
- 2차 조임 → 그 상태로 Nut를 $\frac{1}{2}$ 또는 $\frac{3}{4}$ 회전시킴

⑤ **검사 방법**
㉮ 현장에서 쓰는 고력 Bolt Set를 검수 후 포장
㉯ 현장 Calibrator test
ⓐ 125 set 이상 Calinbrator 실시
ⓑ 얻어진 출력, 토크치, 토크 계수에 대해 관리도 [m]=5 작성
- Torque치 : $T = k \cdot d \cdot N$
  (T = Torque(t,w), k = 토크 계수(0.2), d = Bolt 직경([cm]), N = 축력([ton]))
- 허용 마찰력 : $R = \frac{1}{v} n \cdot \mu \cdot N$

  R = 허용 마찰력(t), v = 미끄럼 안전율(장기 → 1.5, 단기 → 1.0)
  n = 마찰변수(1 또는 2), μ = 미끄럼 계수(0.45), N = 출력(ton)
㉰ 체결검사
ⓐ 1군 Bolt 수 6개 이하 : 1개
ⓑ 1군 Bolt 수 7개 이상 : 2개 이상
ⓒ 토크렌치에서 Nut 조이고 회전 시작할 때 토크 측정하여 토크치 90~110[%](±10[%]) 합격

⑥ **시공시 주의사항**
㉮ 보관 고력 Bolt는 사용량만큼 꺼내 쓴다.
㉯ 최종 체결은 강우, 강풍시에는 하지 않는다.
㉰ 손조임 80[%]하고 100[%] 체결은 그날중에 완료한다.
㉱ 조임 Torque치 검사는 최종 체결 다음날까지 완료한다.
㉲ 마찰면 녹, 먼지는 Wire - Brush로 제거한다.
㉳ Bolt 80[%] 체결후 100[%] 체결시 반드시 군 중심에서 단부로 실시
㉴ Bolt 구멍의 보정 → 구멍 주위 변형 제거, Remixing, 나사부 파손에 주의
㉵ 마찰면의 처리 → Mill scale 제거(Washer 지름의 2배)
㉶ 활동 내력의 실험 → 마찰면의 상태는 실제와 동일
㉷ Bolt 조임순서 → 2회 조임, 중앙에서 단부로 행하여 실시

⑦ **개선 방안**
㉮ 특수 전단력 고력 Bolt 사용 : T.C Bolt 식
㉯ Grip 전단 Bolt 사용 끝

문제 5

용접의 개요를 쓰시오.

1 개 요

최근 건축물의 대형화, 고층화 추세에 따른 건물 경량화, 강재절약, 공해 대책, 경제성 등에서 용접이 적극적으로 채용되고 있다.

2 특 징

(1) 장 점
① 철골 중량 감소
② 응력 전달 양호
③ 일체성과 강성 크다.
④ 두께 제한 없다.
⑤ 소음 없다.
⑥ 단면 이음 처리 용이
⑦ 외관이 미려하다.
⑧ 수밀, 기밀 유지

(2) 단 점
① 응력 집중 민감
② 모재 재질 영향
③ 용접열로 변형 왜곡
④ 기량 의존도 높다.
⑤ 검사 방법 어렵다.
⑥ 내부 결함 발견 어렵다.

3 분 류

(1) 용접 형태에 따른 분류
① 융접
　㉮ 접합부에 용융 금속을 생성 또는 공급하여 행하는 용접
　㉯ Arc용접, Gas 용접, 테미르 용접, 일렉트로 slag 용접
② 압접
　㉮ 모재를 가열 또는 상온 상태로 이음부를 가압하여 접합하는 방법
　㉯ 저항 압접, 가스 압접, 단접, 냉간 압접
③ 납접 : 접합부에 용융점이 낮은 금속을 첨가(납동)하여 접합하는 방법

(2) 용접 형식에 의한 분류
① 맞댄 용접(Butt Welding)
㉮ 모재의 마구리와 마구리를 맞대어 용접하는 방법
㉯ 목두께는 판두께로 결정한다.
㉰ 개선부 형상에 따라 H.I.J.쌍 J.K.V.U.X형이 있다.
② 모살 용접(Fillet Welding)
㉮ 목두께의 방향이 모재의 면과 45°의 각을 이루는 용접
㉯ 겹친이음, T이음, +자 이음 등
③ Plug 용접
④ 모살 홈 용접
⑤ 모살 구멍 용접

(3) 시공법에 의한 용접
① 손용접
② 반자동 용접
③ 자동 용접
④ Electric Slag 용접
⑤ 새로운 용접법 → 한쪽면 용접법, 횡치식 연속 Arc 용접법, 저습계 용접법

4 각용접 특성

(1) Arc 용접 공법
모재와 전극사이에 발생시킨 Arc열(3500[℃])에 의해 용접봉을 용융시켜 모재를 용접해 가는 방법 → 가장 많이 사용되는 용접 방법
① 손용접(피복 Arc 용접)
㉮ 표면이 피복제 도포한 용접봉을 사용하여 수동으로 하는 용접
㉯ 피복제 효과 : 용융 후 Slag가 용융 금속위에 막을 이루어 용접부의 급격한 냉각 방지 및 대기중의 산소, 질소 혼입을 방지한다.
㉰ 특징
㉠ 설비비 싸고 간단
㉡ 용접봉 소모시 수시 교체
㉢ 자동 또는 반자동 용접 곤란
㉣ 전원 → AD, DC 기능, 10~50[A], 17~45[V], 주로 사용
㉤ 모든 금속 재료 사용 가능

ⓑ 작업 능률 나쁘다. → 기능공 숙련도 필요
② 반자동 Arc 용접(No Gas Arc 용접 : shelf Shield Arc 용접)
㉮ Wire를 Coil 모양으로 감아 전압을 제어하면서 용접봉을 자동으로 내밀고 Torch는 손으로 이동시켜 용접하는 반자동 용접
㉯ 특징
㉠ 용접 능률 좋고 용입이 깊다.
㉡ 숙련공이 아니라도 시공 가능
㉢ 개선부 정밀도 손용접 같은 정도
㉣ 가스 Shield 경우 바람 방향 받는다.
㉰ 주의사항
㉠ 다량의 가스 발생
㉡ 환기 나쁜 장소 작업시 안전에 유의
③ 자동 용접(Submerged Arc Welding)
㉮ 용접 진행을 자동으로 한 것이며
㉯ 미세한 입상의 용제(Flux)를 용접선상에 놓고
㉰ 선상의 Wire를 연속적으로 보내며 전기적, 기계적 제어로 실시한다.
㉱ 특징
㉠ 용입이 깊으며 고능률이다. → 대전류 사용 가능
㉡ 양호한 품질
㉢ 하향 전용
㉣ 연속 용접 또는 규칙적인 단속 용접에 유리
㉤ 엄격한 개선 정밀도 요구됨
㉥ 可視 Arc 아니기 때문에 작업시 용접 양부 확인 곤란

(2) GAS 용접
① 통상 산소+아세틸렌 용접을 말한다. → 연소열 3300[℃]
② 특징
㉮ 비능률적
㉯ 열영향 범위 넓고 열변형 크다.
㉰ 입열량 조절이 가능하다.
㉱ 설비비 싸고 간편하다.

(3) Electro Slag 용접
① 융접의 일종으로 Wire와 용융 slag속을 흐르는 전류 저장열을 이용해서 용접을 진행기

키는 특수한 용접 방법
② 용융 slag가 전류의 도체가 됨(고체상태 → 부도체)
③ 특징
  ㉮ Arc가 발생치 않으므로 spark가 없고 조용하다.
  ㉯ 열효율 높고 모재부가 광범위하게 가열됨 → 자기 예열 효과
  ㉰ 두꺼운판 용접 유효
  ㉱ 용접 개시부 종단부는 결함 발생, 용접 후 잘라낸다.
  ㉲ 용접 조작 간단
  ㉳ 입향 상진 작업만 가능
④ 탄산가스(CO_2) Arc용접(CO_2 Arc 반자동 용접)
⑤ Stud(스터드) 용접
⑥ 확산 용접
⑦ Laser 용접
⑧ Tig 용접
⑨ 새로운 용접법
  ㉮ 한쪽면 용접법
  ㉯ 횡치식 연속 Arc 용접법
  ㉰ 저수소계 용접봉

5 검 사

(1) 외관 검사
① **용접 착수건** : 트임새 모양, 모아 대기법, 구속법, 자세의 적부, 용접부재 직선도
② **용접 작업중** : 용접봉, 운용법, 전류, 전압, 용접속도, 용접부 청소(slag, 세정, Scale 제거상태)
③ **용접 작업 후**
  ㉮ Beed 표면 형상, 치수, 용입 상태, Under Cut, Over lap
  ㉯ 크기 계측, 표면 결함
  ㉰ 비파괴 검사

(2) 비파괴 검사
① 개요
  ㉮ 용접부를 검사한 후 정확한 해석과 올바른 판단을 내리는 것은 공사의 시공 및 품질관리 측면에서 매우 중요하다.

④ 비파괴 검사란 재료가 갖고 있는 물리적 성질을 이용해서 파괴하지 않고 성질을 추정하는 방법

② 종류
- ㉮ 내부 결함 검사 : 방사선 투과 검사(R.T), 초음파 탐상 검사(U.T)
- ㉯ 표면 결함 검사 : 자기 분말 탐상 검사(M.T), 침투 탐상 검사(P.T)

③ 검사방법 결정시 고려사항
- ㉮ 실시 목적과 각 검사 방법 특성
- ㉯ 실시 시기
- ㉰ 검사 대상물의 재질, 특성, 모양, 크기 용도 등
- ㉱ 예상되는 결함 종류와 특성
- ㉲ 참고 규격, 판정 기준 및 검사 결과 신뢰성

④ 각 시험 방법
- ㉮ 방사선 투과 검사(R.T)
  - ㉠ 방사선 (X,Y선)을 용접부에 투과시켜 그 상태를 Film에 감광시켜 내부 결함 조사
  - ㉡ 가장 신뢰성 있어 널리 이용
  - ㉢ 특성
    - 피검사물의 자성 유무, 두께의 대소, 용접 형상, 결함 전류에 구애받지 않는다.
    - 검사 결과를 Film으로 영구 보존 가능
    - 결함 판정시 경험 필요
    - 방사선 인체 유해
    - 결함 위치, 깊이, 미소 균열 발견 힘들다.
    - T형 접합은 검사 불가
- ㉯ 초음파 탐상 검사(U.T)
  - ㉠ 초음파 통상 0.4~10[MHz]의 반사파를 피검사체 일면에 입사시켜 그 반사파의 시간과 크기를 브라운관을 통해서 관찰하여 결함을 검출하는 검사법
  - ㉡ 특성
    - 검사 속도가 빠르고 경제적이다
    - 기록성이 없고 판단 기량에 따라 결과 상이
    - T형 접합 등 X선 불가능 부분 검사 가능
    - 판 두께 5[mm] 이상 불가
    - 균열 검출 용이
- ㉰ 자기 분말 탐상법(M.T)
  - ㉠ 시험체의 표면이나 표면 근방의 결함, 표면 직하, 결함을 검출하는 방법
  - ㉡ 결함부 국부 자장에 의해 자분이 자화되어 흡착된다.

ⓒ 특성
- 검출 기능 깊이 7[m/m] 정도
- 결함 개구부 막혀 있는 경우 결함 내부의 비금속 물질
- 탐상 가능 → 표면 상처 강도 매우 높다.
- 강자성체에만 적용된다.

㊣ 침투 탐상 검사(P.T)
ⓐ 표면에 개구되어 있는 결함에 침투액 도포하여 검출하는 방법
ⓑ 비금속, 비자성 재료에도(M.T 불가) 적용 기능
ⓒ 특성
- 검사 진단
- 1회 탐상 조작으로 시험면 전체 탐상
- 표면에 개구되어 있는 결함만 탐상 가능

6 용접 결함과 방지 대책

(1) 개 요

용접 결함은 용접 품질을 평가하는 주요한 항목이며 유해한 용접 결함 방지는 용접의 품질과 결제성에 대하여 근본적으로 중요한 과제이다.

(2) 결함의 종류
① 터짐
② 공동
③ 고형물 혼입
④ 융합 불량 또는 용입 부족
⑤ 형상 불량
⑥ 기타 결함

(3) 결함 발생 원인과 대책
① 균열
 ㉮ 융착 금속과 모재에 생긴 균열
 ㉯ 원인 : 불량 용접봉, 예열 부족, 과대전류, 용접후의 급랭, 모재불량
 ㉰ 대책 : 양질 용접봉, 예열, 용접 순서 바꾸기, 구속력 小, 저수소 용접봉 사용
② Slag
 ㉮ 용접봉의 심선과 모재가 변해 생긴 회분이 용착 금속내 혼입
 ㉯ 원인 : 운봉 부적당, 전류 과소, scale, slag 제거 미비
 ㉰ 대책 : 적정 운용, 적정 전류, sacle, slag 제거 철저
③ Under Cut
 ㉮ 용접부의 모재가 녹아 용착 금속이 채워지지 않고 골을 형성

④ 원인 : 과대 전류, 용접봉 부적합, 운봉 부적합, 용접속도 大
④ 대책 : 적정 전류, 적정 용접량 사용, 적정 운봉, 적정 용접 속도

④ Over lap
㉮ 용접 금속과 모재가 융합되지 않고 겹쳐 있는 것
㉯ 원인 : 과소 전류, 용접 속도 小
㉰ 대책 : 적정 전류, 적정 속도 유지

⑤ Blow Hole
㉮ 용융 금속이 응고할 때 방출 가스가 남아 혼입되어 공처럼 된구멍
㉯ 원인 : 운봉시간 부족, 모재불량, 급랭, 용접불량, 오손
㉰ 대책 : 적정 운봉시간, 적정 용접법, 급랭방지, 개선부 청소, 용접봉 흡습, 과잉 건조 방지

⑥ 용입 부족 융합 불량
㉮ 용접 금속 용입 부족하거나 모재와 융합 불량한 것
㉯ 원인 : 속도 大, 용접봉 직경 과대, 과소 용접 전류
㉰ 대책 : 적정 속도, 적정 용접봉, 적정 전류

⑦ Crater
㉮ Arc 용접시 Beed 끝에 오목하게 패이는 것
㉯ 원인 : 전류 과대, 운봉시간 부족
㉰ 대책 : 적정 전류, 적정 운봉법

⑧ Pit
㉮ 기공 발생으로 용접부 표면에 생기는 작은 구멍
㉯ 원인 : 녹, 모재의 화학적 성분
㉰ 대책 : 사전에 녹제거, 모재 선택시 주의

⑨ 자기 불기(magnetic blow)
㉮ Arc가 전류의 자기 작용에 의해 동요되는 것, 직류에 심함
㉯ 원인 : 직류이므로 자장이 Arc를 적게 한다.
㉰ 대책 : 접지 위치를 바꾼다.

⑩ Over Hung
㉮ 용착 금속이 완전 용융되지 않고 부착된 상태
㉯ 원인 : Over Welding 시 발생
㉰ 대책 : Over Welding 금지, 적정 전류, 속도 유지

⑪ Fish eye(은점) : Blow hole 및 slag 말림이 계속모여 둥근 은백색 반점 발생
⑫ Lamellar Tear
㉮ 각이음, T이음에서 많이 발생

㉯ 원인 : MnS와 SiO 등 비금속 가재물과 판 두께의 구속응력 또는 확산성 수소물이라 한다.
㉰ 대책 : 이음형상 변경과 구조의 개선, 구속도 감소, 구조 설계상 비례
⑬ 기타 결함 : 단면 부족, 각장 부족, 지나친 살틀림
⑭ Spatter : 용접중 slag와 금속인자가 바깥으로 튀어나가는 현상

(4) 용접 결함에 대한 대책
① 용접용 규격 선택
② 용접봉 습기
③ 적정 전류
④ 적정 속도
⑤ 각 구조물에 대한 적절한 모재 및 용접 방법 결정
⑥ 적정 대신 침상 및 적정 자세 결정
⑦ 시공 품질 의식 고취, 검사 확인
⑧ 고소, 고온, 저온, 야간 경우 등 시공 환경 배려, 대책 수립
⑨ 교육 훈련 및 적정배치

(5) 용접 결함 수정 보완
① 결함부분 굴착 금속 제거후 용접
② 결함 보수시 용접봉 4[mm] 이하 사용
③ Under Cut, 용접 부족 등에 용착 금속, 살붙임을 더한다.
④ 용접 열변형 수정은 가열온도 650[℃] 이하 기계적 방법 사용

7 용접 시공시 주의사항

(1) 예 열
① 용접선 중심 10[cm] 정도로 용접선에 미리 가열
② 온도 측정은 온도 초크가 이용된다.
③ Blow hole, 터짐 등 결함 예방

(2) 용접 재료 건조
① 보통 300[℃]~400[℃]에서 30~60분 건조, 그 후 100~150[℃] 노중에 보관 바람직
② 서브머지드 Arc 용접(자동 용접)건조 불필요 → Flux 습윤 하지 않음
③ 작업 능률 저하, 터짐 등 결함 발생

(3) 개선의 정밀도, 청소
   ① 자동 용접 개선부 정밀도 필수적이며 손용접, 반자동 용접은 어느 정도 흡수
   ② 개선부 불순물 제거, 용접층마다 slag 제거 깨끗이 한다.

(4) 뒤깎기 : 맞댄용접 뒷부분(Root 부분) 완전 제거 후 새로이 용접

(5) Arc Strike
   ① 용접 시작전 Arc 발생용으로 모재에 접촉
   ② 터짐, Blow hole 발생 쉬우므로 주의를 요한다. → Arc strike 그라인더로 제거

(6) 돌림 용접, End Tab
   ① 모살 용접 : 완전 돌림 용접 실시, 모서리부에서는 연속 이음을 한다.
   ② End Tab : 용접 시작과 끝부분에 용접 불량 발생하므로 시작과 끝부분에 덧붙여 용접 후 절단

(7) 기온, 기후
   ① 기온 0[℃] 이하 중지
   ② 강풍시 중지
   ③ 우천시 옥외작업 중지
   ④ 옥내 작업시 용접봉 습윤, 모재 수분에 주의

(8) 리벳, 고력 Bolt, 용접 병용
   ① Rivet과 Bolt와 용접 병용은 원칙적 불가능 → 각기 파괴 일으킬 우려
   ② 고력 Bolt가 용접에 의하여 먼저 시공되는 경우 강도적 병용 인정

(9) 잔류 응력과 변형
   ① 용접에서는 내부 응력과 변형의 잔류 불가분 관계
   ② 변형은 육안으로 보이나 잔류 응력은 보이지 않으나 구조물 변형에 영향

(10) 기 타
   ① 과대한 덧붙임은 무의미하므로 피해야 한다.
   ② 상하우 용접 가급적 피한다.
   ③ 부재간 각도는 가급적 90°로 하고 60° 이하에서는 용접 불가
   ④ 왜곡, 변형 바로 잡을시 가열 온도는 650[℃] 이하
   ⑤ 용접 설비는 누전 등에 안전하고 화재 및 안전에 유의

8 현장 용접 Check list(품질관리)

(1) 시공전

① 용접 시공 시험
㉮ 용접봉, 용접기종, 용접 재료의 조합이 적정한가
㉯ 용접법과 이음대의 조합 적정여부
㉰ 용접시공 기술 수준에 문제가 없는가
㉱ 기계시험은 규격에 합격했는가
㉲ 비파괴 시험은 규격에 합격했는가

② 용접공 기량 시험
㉮ 용접공 기량 자격 확인
㉯ 용접공 기량에 문제가 없는가
㉰ 기계 시험은 규격에 합격했는가
㉱ 비파괴 시험은 규격에 합격했는가

③ 개선 관리
㉮ 개선부에 오염물, 수분 등이 제거되었는가
㉯ 개선 방청도장은 적절히 도포되어 있는가

④ 용접 재료 관리
㉮ 용접 재료와 건조 온도 시간은 적정한가
㉯ 용접 재료를 오용할 우려가 없는가
㉰ 용접 재료의 보관 상태는 적절한가

⑤ 예열 관리
㉮ 강재 종류, 강판 천후 따라 필요한 예열은 하고 있는가
㉯ 가열 방법 따라 예열 온도 계측 방법은 적정한가

⑥ 천후 관리
㉮ 강우, 강설시 작업 중지
㉯ 기온 0[℃] 이하 작업 중지
㉰ 습도 90[%] 초과시 작업 중지
㉱ 강풍시 작업 중지

(2) 용접중

① 용접 조건
㉮ 용접 전류는 표준조건 내에 있는가
㉯ Arc 전압은 표준조건 내에 있는가

㉰ 용접 속도는 표준조건 내에 있는가
　　　㉱ Shield 가스 유량은 적정한가
　② 시공관리
　　　㉮ 용접순서의 지시대로 이행 여부
　　　㉯ Slag 제거 피스마다 신중히
　　　㉰ Arc 길이 Extension은 적정한가
　　　㉱ 용접 중단시 처치 상태
　　　㉲ 용접 재료 따라 예열 관리
　　　㉳ 천후 관리 상태

(3) 용접후
　① 외관 검사
　　　㉮ Under Cut, Over lap, 균열, Beed 현상
　　　㉯ Beed의 시, 종단 처리
　② 비파괴 검사
　　　㉮ 비파괴 검사 결과는 좋은가
　　　㉯ 일부 용접공이나 비파괴 검사 결과 성적이 저하되어 있지는 않은가
　③ 보수 용접
　　　㉮ 용접 결함, 종류, 위치, 확인 후 완전 제거 했는가
　　　㉯ 가우징 현상은 적정한가

9 용접 재해 예방 대책

(1) 일반적 예방 조치
　① 용접기 접지　　　　　　　② Cable 절연 확인
　③ 옷, 장갑, 구두 건조 상태　　④ 작업 중단시 Switch 끌 것
　⑤ 우천시 옥외 작업 중단　　　⑥ 용접기 전격 방지기 설치

(2) 차 광
　① 완전한 용접용 보안경 사용
　② 야간 작업시 특히 옆으로부터 빛 차단

(3) 화상 주의
　① 피부 노출 금지
　② 가죽 장갑, 가죽 Apron, 가죽 구두 착용

(4) 추락 방지
　① 감전 예방
　② 발판 안전하게 설치
　③ 안전장구(안전 벨트) 등 착용

(5) 화재 예방
　① 용접 부근 인화물질 제거
　② 불꽃 비산되지 않게 보호 장치
　③ 접지 연결 확실히
　④ 용접봉의 잔봉을 완전히 치운다.
　⑤ 정격 사용률 이하로 사용한다.

(6) 환기 : 발생가스에 의한 질식 또는 중독 방지 위해 환기 시설 설치

10 용접 변형의 발생 원인과 방지 대책

(1) 개 요
　① 용접의 여러 가지 문제중 하나가 용접 변형(Welding Distortion)이다.
　② 용접에 의한 온도의 변화 과정에서 이음부에는 복잡한 구속에 의해 응력 변화가 발생하며
　③ 냉각후에 응력이 잔류하고 이로 인해 수축, 굽힘, 비틀림 등의 변형이 생긴다.

(2) 용접 변형 발생 원인
　① 용융 금속의 응고시 모재의 열팽창
　② 용접열 cycle 과정에 모재의 소성 변형도
　③ 용착 금속의 냉각 과정시 수축

(3) 용접 변형의 종류
　① 횡수축 : 용접선에 직각 방향으로의 수축
　② 종수축
　　㉮ 용접선과 평행 방향으로의 수축
　　㉯ 양적으로 크지 않으나 교량, 철골, 기둥, Beam과 같이 길이가 긴 부재에서는 고려하여야 한다.
　③ 회전 변형 : 용접할 때 용접되지 않은 개선 부분이 면내에서 내측 또는 외측으로 이동하는 변형

④ 각변형 : 횡수축차로 이음 양단이 튀어 올라 각변형이 일어남
⑤ 종굽힙변형 : 좌, 우 용접선이 종수축 차이로 발생
⑥ 비틀림 변형
　㉮ 철골 기둥, Beam에서 발생
　㉯ 재료 고유 비틀림, 조립 작업시 비틀림
　㉰ 구조 설계 잘못이 원인
⑦ 좌굴 변형
⑧ 가스 절단에 의한 변형

(4) 용접 변형의 영향
① 구조물 제작시 세우기 정도에 영향
② 용접 균열 등 용접 결함 발생
③ 제품의 외관을 손상
④ 부재의 강도 저하

(5) 용접 변형 방지법
① **억제법** : 일시적인 보조판, 보강제를 붙여 변형 방지하면서 용접
② **역변형법** : 용접 변형 미리 예측하여 용접하기 전 역변형 용접
③ 용접 순서 바꾸는 법
　㉮ 대칭법　　　　　　　　　㉯ 후퇴법
　㉰ 비석법　　　　　　　　　㉱ 교호법
④ **냉각법** : 수냉동판, 살수 이용
⑤ **가열법** : 국부 가열 방지 위해 전체 가열
⑥ **피닝법(Peening)** : 망치로 용접부위를 계속 두들겨 준다.

(6) 종합적 변형 방지 대책
① Over Weld 금지　　　　　　② 용착 금속량 최소화
③ 용접 press수 최소화　　　　④ 중립화에 대칭 용접
⑤ 높은 용착 속도 용접법 사용　⑥ 역변형법
⑦ Welding 순서 사전 설계　　⑧ 용접 후 수축력 제거
⑨ Jig, Fixture, Clamp, Strong, Beck 사용

(7) 결 론
완전한 변형 방지 어려우므로 설계 제작시 변형을 최소화시키는 사전 계획이 중요하다.　끝

문제 6

철골 정도를 간략하게 설명하시오.

1 제작 허용화 정하는 법

① 사용상의 요구를 만족시킬 것 : 강도, 기능, 미, 내구성, 호환성, 마감 관계
② 제작상의 경제성

2 제품 정도의 검사

(1) Mill sheet 검사(재질검사)

공인된 시험소의 강재에 대한 역학적 시험(압축, 인장, 진단강도, Bending 시험, 단위중량)과 성분시험(Fe, C, P, S의 구성비)의 시험 성적표

(2) 제품 정도
① 길이 : ±3[mm]
② 휨(e/L) : 1/1000
③ 춤(H) : ±2[mm]
④ 폭(B) : ±3[mm]
⑤ Flange 경사(e) : 2[mm]
⑥ 구멍차(e) : 1[mm]
⑦ 구멍 pitch(P) : ±2[mm]

(3) 용접부 정도
① 모살 용접 간격 : 2[mm]
② 겹침 이음 간격 : 2[mm]
③ 뒤판의 간격 : 1[mm]
④ 모살 용접의 치수 : ±3[mm]
⑤ Under Cut 깊이(e) : 0.5[mm] 이하

(4) 조립시공 정도
① 건물 경사(d/H) : 1/500 또는 25[mm] 이하
② 건물의 휨(d/L) : 1/2000 또는 30[mm] 이하

③ Anchor Bolt 위치
  ㉮ 기둥 중심간 거리 : ±3[mm]
  ㉯ 고저차 : 3[mm]
  ㉰ Bolt 중심간 거리 : ±2[mm]
④ 기둥의 오차(e) : 5[mm] 이하
⑤ 층고 : ±3[mm]
⑥ 기둥 경사 : 1/500
⑦ 보의 수평도 : 1/1000 또는 d≦5[mm]
⑧ 보의 휨 : 1/1000

3 수정 방법

(1) 열팽창이 적은 아침에 실시한다.

(2) Wire rope를 설치하고 Turn buckle로 plumbing한다.

(3) 기둥 기준을 선정한다.

(4) 내림 후 또는 광학기기를 사용한다.

(5) 바람의 영향이 없도록 추를 pipe 또는 진동을 적게 하여 실시한다. 끝

문제 7

철골 건립 공법에 대해 설명하시오.

1 Lift-Up 공법(Push-Up 공법)

(1) 개 요

지붕 바닥 등을 지상에서 조립하여 Jack으로 들어 올려서 건립하는 공법

(2) 장 점
  ① 고소 작업이 적어 안전하다.
  ② 양중기계 선정의 자유도가 증가한다.
  ③ 오차 수정이 용이하다.
  ④ 철골 이외의 공사도 병행할 수 있다.

→ Lift-Up 전 지붕, 도장, 설비 공사 완료 가능

(3) 단 점
① Lift-Up 부재의 인성이 필요
② Lift-Up시 많은 숙련공이 필요하다.
③ Lift-Up 종료까지 하부작업이 불가하다.

(4) 적 용
① 대규모 구조
② 면적당 중량이 적고 지지점이 적은 것

2 병립 공법(병풍식 건립 공법)

(1) 개 요
한쪽편에서 일정부분씩 최상층까지 철골 건립을 완료하고 순차적으로 계속하는 공법

(2) 장 점
① 전층을 한쪽에서 차곡차곡 조립하므로 마무리가 좋다.
② 조립 능률이 좋다.
③ Truck Crane 등의 작업이 용이하다.

(3) 단 점
① 제작순서와 조립순서가 달라 거의 제작 완료 되어야 작업 가능
② 최상부까지 한 번에 조립되므로 양생이 증가된다.
→ Wire 치기, 가조임, Bolt 조임, 가설가세 설치 등
③ 시공상 미결이 있을 시 나중 시공 곤란
④ 대지 좁을 경우 최종 부분 시공 곤란

3 겹쌓기 공법

(1) 개 요
하부에서 전체에 걸쳐 상부로 조립하는 공법

(2) 장 점
① 제작순서와 조립순서가 같다.
② 다른 작업과 공정 진행상 무리가 없다.

(3) 단 점
① 양중기용(T/C) 본체 철골 보강이 필요할 때가 있다.
② 조립 완료 후 양중기 해체에 제약 및 곤란이 따른다.

4 현장 조립 공법

(1) 개 요
전체 또는 부분적으로 양중하기 쉬운 곳에서 조립한다.

(2) 장 점
① 적은 부재 분할로 조립이 용이하다.
② 장착 또는 중량물의 양중이 가능하다.
③ 현장 조립 장소의 적정 설정으로 이동없이 양중이 가능하다.

(3) 단 점
① 현장 조립 공간 필요
② 현장 조립 공기 필요
③ 현장 조립 공간의 이용이 필요하다.
④ 대형 대중량의 양중으로 계획상 제한이 많다.

5 Stage 조립 공법

(1) 개 요
① 입체 Truss와 같이 조립후 또는 가조립으로 달아 올림이 불가능한 경우에 적용하는 공법
② 바닥면에 지주를 세워 철골하면에 Stage를 만들어 각부를 Stage로 지지하고 접합하여 전체를 조립한다.

(2) 장 점
① Stage가 작업 바닥으로 안전
② 맞춤 접합시 조정 용이
③ Stage는 다른 작업에도 이용

(3) 단 점
① 가설비 소요
② Stage 조립 공기 필요
③ Stage 하부 작업이 어렵다.

6 Stage 조출 공법

(1) 개 요

Stage 공법으로서 Stage를 일부에만 설치하고 Rail을 깔아 이동한다.

(2) 장 점

① Stage 조립 공법보다 저렴
② 부분 Stage이므로 하부 작업과 조정이 용이

(3) 단 점

① 전면 Stage보다 공기가 길다.
② 이동하므로 강성이 있는 것만 사용 가능
③ 숙련을 요한다.
④ 부분 조립으로 정도 확보 어렵다.
⑤ 맞춤 부분의 조정을 계획해야 한다.

7 지주 공법

(1) 개 요

길이 중량 등의 제한으로 전체를 달아 올려 조립 불가시 그 접합부에 지주를 세워 지주 위에서 접합을 끝내고 지주를 철거한다.

(2) 장 점

① 부재 분할로 운반 및 취급 용이
② 분할 양중으로 기종기 용량 유리
③ 지주가 없이 접합부 솟구침의 조정이 가능

(3) 단 점

① 지주상의 조립 → 저능률
② 지주가 동선에 방해된다.
③ 접합부의 Bolt, 용접 등이 끝나야 지주를 해체한다. → 지주 재사용 불리

(4) 적 용

① 대규모 구조
② 면적당 중량이 적고 지지점이 적은 것

제6절 해체 공사 논술형 예상문제

문제 1

해체 공사전 사전조사 사항을 쓰시오.

1 해체구조물에 대한 조사

① 구조(철근 Con'c조, 철골철근 Con'c조 등)의 특성 및 치수, 층수, 건물 높이
② 평면구성상태, 폭, 층고, 벽 등의 배치상태
③ 부재별 치수, 배근상태, 해체시 주의해야 할 구조적으로 약한 부분
④ 해체시 전도의 우려가 있는 내, 외장재
⑤ 설비기구, 전기배선, 배관설비계통의 상세확인
⑥ 구조물의 설립년도 및 사용목적
⑦ 구조물의 노후정도, 재해(화재, 동해 등) 유무
⑧ 재이용 또는 이설을 요하는 부재현황

2 부지 상황 조사

① 부지내 공지유무, 해체용 기계설비위치, 발생재처리장소
② 해체 공사 착수에 앞서 이설, 보호해야 할 필요가 있는 장애물 현황
③ 접속도로의 폭, 출입구 개수 및 매설물의 종류 및 개폐의 위치
④ 인근 건물동수 및 거주자 현황
⑤ 도로 상황조사, 가공 고압선 유무
⑥ 차량대기장소 유무 및 교통량(통행인 포함)
⑦ 진동, 소음발생, 영향권 조사

[표] 해체공법의 종류와 특성

구 분	해체 원리	사용 기계	특 징	비 고
압쇄공법	유압 잭으로 압쇄	압쇄기 크레인 베이스	고능률, 취급용이 노동절약, 20[m] 고소가능	대형중장비에 압쇄기부착 유압으로 파쇄 무소음, 무진동 공법 RC 건물에 주로사용
대형 브레이크	압축공기 유압	대형브레이크 대형 컴프레서	고능률(경제성) 높이 제한	대형기계의 압축공기 또는 유압이용 파쇄 소음 진동 크고 분진발생, 도심지에 곤란

구분	해체 원리	사용 기계	특징	비고
전도 공법	부재절단 후 전도	핸드브레이크 절단기	1층 해체 전도방향 주의	부재를 하나씩 절단하여 전도에 의하여 해체하는 공법 전도시 진동충격 크다. 해체시 잔해물 처리가 문제
철, 해머공법 (강구타격공법)	무거운 철해머 타격해체	철, 해머 이동식 크레인	고능률 지하콘크리트 파쇄 불리	재래식 공법으로 소음진동이 크다. 경제적이며 소규모건물(조적, RC조에 적합)
발파공법	폭발 충격파로 파쇄	다이나마이트 폭약 파쇄기	고파괴력 공기 단축 위험성 비례, 비산 주의	화약에 의한 가스 충격 파쇄로 소음, 진동이 크다. 인근 주민에 영향 많음(민원발생우려) 화약사용 전문자격자가 필요
핸드브레이크 (소형브레이크)	압축공기 유압	핸드브레이크 컴프레서	광범위 작업 작은 무게 사용	소형 브레이크의 압축공기를 이용 작업원이 직접 해체 소음, 진동, 분진발생, 도심지 곤란 작업원의 방진 마스크 착용 및 보안경 착용 요망
팽창압공법	가스의 팽창압		비실용적 공법 무소음, 무진동	천공 후 구멍에 팽창제를 주입 팽창압력에 의해 균열 유도 도심지에 적당
절단 공법	회전톱절단	절단기 베이스 냉각수 필요	무진동, 질서정연 절단깊이 30[cm]	기계를 회전톱에 의해 절단 후 크레인에 의해 순서대로 해체 진동 소음이 적고 1차 파쇄 이후 2차 파쇄 필요
Jack 공법	유압 Jack 인상파쇄	유압 jack 베이스 기계	up lift 공법 실용화 기동성 저하	유압잭으로 들어올려 파쇄하는 공법 무진동 무소음공법
쐐기 공법	천공구멍에 쐐기 타입	유압쐐기 타입	직선적, 계획적 가능 1회 파쇄량 큼 무근 콘크리트 유효	부재의 취약지점에 구멍을 뚫고 쐐기를 타입 파쇄하는 공법 천공기, 유압쐐기 타입기 Compressor 필요
화염 공법	연소에 의한 용해	화염방출기	천공 수중작업 가능 강제절단 가능	화염방출기 이용 강제 절단에 사용

끝

문제 2

공법 선정시 고려사항을 쓰시오.

1 해체대상 건물의 구조

(1) 철근 콘크리트 : 대부분 공법 적용 가능

(2) 무근 콘크리트 : 팽창압 쐐기 타입 공법

(3) 철골철근 콘크리트 : 압쇄공법 철 해머 공법

2 해체대상 구조물의 부재단면

① 압쇄공법은 100[cm] 이내 적당
② 대형 breaker는 mass 콘크리트 부적합
③ 철 해머는 큰 무게 기능
④ 화학류 파쇄, 팽창압 쐐기 타입은 단부부터 해체
⑤ 절단공법은 절단 깊이에 유의

3 해체 공사전 확인 사항(구조물)

① 구조, 특성, 치수, 층수 건물
② 부재치수, 배근, 취약부
③ 설비 배관
④ 노후정도, 재해 유무
⑤ 비산각도 낙하반경
⑥ 해체물 집적 운반
⑦ 평면구성, 폭, 층고, 벽
⑧ 내외장재
⑨ 설립연도, 목적
⑩ 증설, 개축, 보강 구조변경 사항
⑪ 진동, 소음, 분진
⑫ 재이용 부재현황

4 해체대상 바닥판 강도

① 기계 사용할 때 가설재 보강 후 작업
② slab가 넓을 경우 가설재 보강

5 해체대상 평면적

① 면적에 적합한 기계 사용
② 이동경사로 준비

6 구조물 높이

높 이	공 법
2층(6[m])	대형 브레이크
5~6층(15[m])	압쇄공법
7~8층(24[m])	철, 해머공법

7 부지상황 조사

① 공지 유무, 해체용 기계설비 재처리 장소
② 공사 장애물 현황
③ 도로폭, 출입구, 매설물 종류 위치
④ 건물 및 주거자
⑤ 도로 상황 이용성
⑥ 차량대기 교통량
⑦ 진동 소음 발생
⑧ 연골탑상 구조물 높이의 2배 정도 부지 확보

8 부지 주위 도로 상황

① 진입 진출 도로 확인
② 적용 공법의 다양화

9 주위의 환경

① 소음 방지 : 대형 breaker, 발파, Hand breaker 방지
② 진동 방지 : 철, 해머 등 진동 사용 금지
③ 분진 방지 : 발파 공법 적용시

10 안전시공 사항

① 출입 통제
② 그물포, 망
③ 대피 후 전도
④ 방진, 분진 억제 살수 시설
⑤ 대피소 설치
⑥ 악천 후 중지
⑦ 작업반경 예측
⑧ 방호 비계 설치 거리 유지
⑨ 신호 규정   끝

문제 3

해체 시공 계획을 세우시오.

---

1 해체 계획

(1) 공법의 선정 : 적정한 공법 채택 안전성 확보, 경제성

(2) 해체 순서 : 안전성 확보

2 가설 계획

(1) 가설물 범위 : 비래 낙하 방지 3[m] 이상 철제 방호망 설치

(2) 가설 건물 : 위험물 저장고 이격

(3) 출입구 : 제3자 통행금지

(4) 안전통로 : 출입금지 구역 확보, 통행금지 방호조치

(5) 조명 : 주간작업 원칙, 통행로에 설치

(6) 연락 설비 : 무전기, 스피커, 호각, 깃발

(7) 환기 설비 : 산소 방지 유해가스 방지

(8) 살수 방화 : 분진 방지, 살수대책, 가스 사용할 때 대책

3 해체물 처리 계획

(1) 해체물 낙하 : shute 설치 투하시 신호조정

(2) 적치 : 1일분 적치 공간 확보, 상차 장비 확보

(3) 해체물 반출 : 장비 선정 운행 경로 확인, 사토장 확보, 환경주의   끝

문제 4

안전관리 및 공해 방지 대책을 쓰시오.

(1) 안전시설 및 장비 : 경고 마이크, 방송시설, 사이렌, 경계라인, 방책

(2) 작업구역내 관계자외 출입금지

(3) 강풍, 폭우시 작업중지

(4) 분진, 파편방지, 보호망 설치

(5) 소음, 진동 방지대책

(6) 정화조 처리계획

(7) 폐기물 처리대책

(8) 인접건물 변형계측 관리   끝

문제 5

콘크리트 구조의 해체시 주의사항 및 안전대책을 설명하시오.

1 해체작업준비

1. 현장조사시 유의사항

(1) 해체구조물의 조사

　　우선 건축물의 설계도를 참고하여 실제와 비교하여야 하나 대부분 설계도가 없는 경우가

많으므로 실측에 의한 다음 사항을 중점적으로 조사해야 한다.
① 구조 및 규모　　　　　　　② 각층별 조사
③ 주요 구조부재의 치수　　　④ 내·외장재
⑤ 설비기기, 배선, 배관　　　⑥ 건물의 노령화 정도
⑦ 재사용 또는 이설부재 유무　⑧ 잔존 위험물 유무
⑨ 건립연도 및 증·개측 유무 등

(2) 부지 상황

부지 상황조사는 부지내 조사와 부지 주위의 조사로 나누어지며 다음과 같은 사항을 철저히 조사한다.
① 해체기의 설치장소 및 해체재의 임시 처리 장소
② 공사상의 철거·시설·방호의 필요에 의한 장애물 유무
③ 인접 주변의 상황 : 도로의 폭, 출입구 등

(3) 인근 주변조사

인접건물·주거자·도로상황 등으로 나누어 조사한다.
① 건물의 현상조사
② 건물의 용도조사
③ 도로 상황의 조사(교통량, 통행로 등)나, 시공계획 수립

2. 시공 계획 수립

전항의 조사결과에 따라 계획하며 다음 사항에 대하여 유의한다.

(1) 해체 계획
　　① 공법의 선정
　　② 해체 순서
　　③ 공정 계획

(2) 가설 계획
　　① 가설물의 범위(3[m] 이상의 방호망)　② 가설 건물
　　③ 출입구　　　　　　　　　　　　　　④ 안전 통로 및 출입금지구역 설정
　　⑤ 조명 시설　　　　　　　　　　　　⑥ 환기 설비
　　⑦ 살수·방화 설비

(3) 해체재 처분 계획
　　① 해체재의 낙하

② 해체재의 적치
③ 해체제의 반출

2 해체 공법

1. 공법별 특성

(1) 압쇄 공법

압쇄기에 의한 것으로 소음과 진동이 적으나 분진이 많이 발생한다. 기계의 작업반경내에 출입금지 조치할 필요가 있다.

(2) 대형 Breaker 공법

대형 Breaker·베이스 기계·컴프레서의 조합으로 진동·소음이 심하며 분진에도 주의가 필요하다.

(3) 전도 공법

부재를 일정규모로 절단한 후 전도시키는 것으로 전도반경내의 안전성에 유의해야 한다.

(4) 철 Hammer 공법

작업 반경내 출입금지 조치와 분진 방지 시설이 필요하다.

(5) 화약류 발파 공법

발파 유자격자 배치와 대피시설이 필요하다.

(6) Hand Breaker 공법

분진발생에 주의하고 진동 장해를 제거한다.

이 밖에 절단 공법·잭공법·쐐기 타입 공법 등이 있으며 각각의 특성에 따라 안전조취를 취해야 한다.

2. 해체 작업용 기구

각종 해체작업용 기구의 취급에 있어서는 다음 사항에 주의해야 한다.

(1) 압쇄기

① 압쇄기의 중량 등 사양에 따라 붐, 프레임 및 차체에 무리가 없는 압쇄기를 설치하도록 한다.
② 압쇄기의 설치와 해체시에는 경험이 많은 사람이 작업하도록 한다.
③ 윤활유 주유는 빈번히 실시하고 보수점검에 유의한다.

④ 기름이 새는지 확인하고 배관부분과 접속부가 안전한지 점검한다.
⑤ 절단날은 마모가 심하기 때문에 적절히 교체한다.
⑥ 압입부가 마모되면 날을 세우도록 한다.

(2) 대형 Breaker
① Breker는 중량을 고려하여 차체의 붐, 프레임에 무리가 없는 것을 부착한다.
② 대형 Breaker의 설치와 해체시에는 경험이 있는 작업자로 하여금 취급하도록 한다.
③ 보수 점검을 철저히 한다.
④ 유압식의 경우에는 유압이 높기 때문에 호스 등 접속부 부분에서 기름이 새지 않는지 점검한다.
⑤ 끌의 형상은 용도에 적합한 것을 사용한다.

(3) 철 Hammer
① Hammer의 크기는 해체 대상물의 구조와 형상 등을 고려하여 적당한 것을 선정한다.
② Hammer의 중량, 작업반경 등에 의해 붐, 프레임 및 차체에 무리가 없는 Hammer를 선정하고 충분히 충격력을 가할 수 있는 기중을 선택한다.
③ Hammer를 매단 와이어로프의 종류와 직경 등은 작업계획서에 지시된 것을 사용한다.
④ Hammer와 와이어로프의 체결은 경험이 많은 사람이 하도록 한다.
⑤ 와이어로프의 결속부는 항상 점검한다.

(4) Hand Breaker
① 중량이 25~40[kg] 정도로 무겁기 때문에 작업현장에 대한 정리정돈이 잘되어 있어야 한다.
② 비트 절단으로 인한 사고를 방지하기 위해 작업자는 항상 하향자세를 취하여야 한다.
③ 급유는 항상 충분하게 하고 Air Hose가 교착하거나 꼬인 곳이 없는가 점검한다.

(5) 팽창제
① 항상 팽창제와 물과의 혼합비율을 확인토록 한다.
② 천공직경은 30~35[mm]가 적당하고 구멍이 너무 작으면 팽창력이 작아 효과가 적으며 역으로 너무 커도 효과가 작다.
③ 천공 구멍 간격은 Concrete 강도에 따라 30~37[mm] 정도가 적당하다.
④ 팽창제의 보관은 건조한 장소로 직접 바닥에 포대를 쌓지 말고 Pallet 등을 깔아 그 위에 쌓고 습기가 없도록 한다.
⑤ 한번 뜯은 포대는 다시 사용하지 않는다.

(6) 절단기
① 절단기의 절단작업 또는 이동시의 바닥판은 항상 평활하여야 한다.
② 절단기용 전기, 급배수시설 등을 정비점검한다.
③ 톱날 주위는 접촉방지용 Cover를 설치한다.
④ 톱날은 안전하게 부착되어 있는가 확인하고 작업전에 점검한다.
⑤ 절단중 톱날의 열을 제거시키는 냉각수는 충분한가 점검하고 급수 공급이 잘 되는지 확인한다.
⑥ 절단도중 불꽃 비산이 많거나 수증기가 발생하여 과열될 위험이 있을 때는 작업을 즉시 중지하였다 냉각 후 재개해야 한다.
⑦ 절단작업 진행은 직선으로 하고 철관 등에 의해 잘 절단되지 않을 때는 최소 단면으로 절단한다.
⑧ 절단기는 매일 점검하고 필요에 따라 정비토록 한다.

(7) 잭(Jack)
① 잭의 설치 및 해체는 경험이 풍부한 사람이 하도록 한다.
② 오일이 새지 않도록 배관 및 접속부 부분을 철저히 점검한다.
③ 오랜 시간 작업할 경우에는 호스의 커플링과 접속부에 파열이 생길 우려가 있기 때문에 제때에 교환토록 한다.
④ 그리스 주유를 빈번하게 실시하는 등 보수점검에 유의한다.

(8) 쐐기타입기
① 천공된 구멍은 곧고 일직선이어야 한다. 만약 구멍이 구부러져 있으면 타입기 자체에 큰 응력이 생겨 부러지거나 파손될 우려가 있다.
② 타입기의 삽입부를 구멍에 완전히 밀착되도록 밀어 넣는다.
③ 쐐기가 절단되었을 때는 즉시 교체한다.
④ 보수 점검을 철저히 한다.

(9) 화염 방출기
① 고온의 용융물이 비산하고 연기의 발생이 많으므로 화재발생에 대비하여 소화기를 준비하고 불꽃이 비산하는 부분에는 미리 모래를 뿌려 놓는다.
② 작업자는 방열복, 방호마스크, 방열장갑, 보호모를 착용한다.
③ 산소용기는 전도하지 않도록 견고히 고정한다.
④ 안전 Cock를 마음대로 떼내지 않는다.
⑤ 봄베내의 압력은 온도에 의해 상승하기 때문에 통상 40[℃] 이하에서 보존한다.
⑥ Hose는 체결용 기구로 정확하게 결속하고 균열과 약해진 부분이 있는 것은 사용치 않는다.

3 공법의 선정과 안전

1. 압쇄 공법
단독 작업은 지상 설치공법과 슬래브에 설치하여 작업하는 두 종류의 작업으로 대별한다.

(1) 압쇄기를 지상에 설치하는 작업
압쇄기를 지상에 설치하여 건물전체를 해체하는 작업으로 부지에 여유가 있고 보통 6층 건물까지 가능하다.

① 작업순서
  ㉮ 해체대상 건물주위에 비계를 설치하고 방호시트와 방음판넬을 설치한다.
  ㉯ 건물높이, 부지내 여유공지, 작업반경, 중기선회반경, 해체부재의 크기와 압쇄기의 중량에 따라 사용중기를 선정한다.
  ㉰ 작업개시 부분의 외벽을 먼저 해체하여 중기작업자가 각 부분의 부재를 볼 수 있도록 시계를 확보한다.
  ㉱ 해체는 위층에서 아래로 내려오면서 보, 슬래브, 벽체, 기둥의 순으로 해체한다.
  ㉲ 건물 전체 해체시는 바닥이 중앙부를 먼저 해체하고 외곽부분을 나중에 해체하도록 함으로써 소음의 저감과 해체물의 외부비산을 막을 수 있다.

② 작업시 안전사항
  ㉮ 대형중기를 사용하게 되므로 항상 중기의 안전성을 확인하고 지반이 약하거나 중기위치 하부에 지하실이 설치되어 있을 경우 중기침하로 인한 위험을 제거토록 조치한다.
  ㉯ 중기의 작업가능 높이보다 높은 부분의 해체시에는 해체물을 깔고 올라가 작업하고 이때에는 중기전도로 인한 사고가 발생되지 않도록 주의한다.
  ㉰ 중기운전자는 경험이 풍부한 유자격이어야 한다.
  ㉱ 중기작업 반경내와 해체물의 낙하가 예상되는 지역에 대해서는 사람의 출입을 제한한다.
  ㉲ 해체작업중 발생되는 분진의 비산을 막기 위해 물을 뿌려야 할 경우에는 물을 뿌리는 작업자와 중기운전자는 서로 상황을 확인하여야 한다.
  ㉳ 외벽을 해체할 때는 비계철거 작업자와 서로 연락하여야 하고 벽과 연결된 비계는 외벽해체 직전에 철거한다.
  ㉴ 외곽부분의 보와 기둥, 벽체를 해체할 경우에는 해체물이 비계다리에 낙하할 위험이 있으므로 수평 낙하물 방책을 설치해서 해체물이 낙하하지 않도록 해야 한다.
  ㉵ 가스로 철근을 절단할 경우에는 높은 곳에서의 작업이 많으므로 항시 안전대를 착용한다.

㉜ 긴 붐에 부착된 압쇄기는 높은 곳의 해체에 적합하지만 낮은 곳의 해체 작업에는 곤란함으로 통상 압쇄기는 병용하는 것이 안전하다.

(2) 압쇄기를 슬래브 위에 설치하는 작업

압쇄기를 슬래브 위에 설치하여 작업하는 경우는 해체건물 주위에 여유 공지가 없어 해체용 기계를 지상에 설치할 수 없을 때 채용되고, 압쇄기를 슬래브 상부에 인양할 크레인이 반입될 진입로 및 작업장소는 최소한 마련되어야 한다. 또한 건축면적이 협소하여 슬래브 상부에서의 작업에 지장을 초래하는 경우와 한층을 해체한 뒤 압쇄기를 아래층으로 이동시키는 데 필요한 경사로를 설치할 해체물이 적을 경우는 채용하기 어렵다.

① 작업 순서

㉮ 해체물의 비산과 낙하 방지용 비계를 건물주위에 설치하고 방호시트와 방음판넬을 설치한다.
㉯ 해체물 장외반출 출입구와 바닥판에 해체물 처리용 낙하구를 설치한다.
㉰ 옥상에 압쇄기와 이에 필요한 공구, 연료, 부속품 등을 함께 인양한다.
㉱ 위층에서 점차 아래층으로 1층씩 해체해 나간다.
㉲ 한 층의 해체는 중앙부분에서부터 시작하여 외벽을 최후에 해체하도록 한다.
㉳ 한 층의 해체가 끝나면 해체된 잔재를 아래층으로 끌어내려 경사로를 만들어 기계를 내린다.
㉴ 해체물의 반출을 해체건물의 면적에 따라 적절히 시행한다.
㉵ 외부 비계는 해체작업과 병행하여 점차로 철거해 나간다.

② 작업시 안전사항

㉮ 압쇄기 인양 크레인은 소요 높이와 크레인 작업반경, 압쇄기의 중량 등을 고려 적절한 것을 선정한다.
㉯ 압쇄기 인양시 연료, 소모품, 가스절단기, 보조기계 등을 함께 인양하도록 한다.
㉰ 펜트하우스(Pent house) 등과 같이 옥상층에서 해체할 구조물이 조금밖에 없어 압쇄기를 아래층으로 이동하는데 곤란한 경우는 미리 슬래브를 국부적으로 해체해서 아래층으로 중기를 내리는 것이 좋다.
㉱ 중기를 각 슬래브에 설치하여 작업할 때는 미리 구조강도를 조사하여 안전성을 확보하도록 한다.
㉲ 압쇄기 운전자는 경험이 풍부한 자를 지정하여야 한다.
㉳ 압쇄작업의 순서는 압쇄기가 설치된 부분에서 바로 위의 슬래브, 보, 벽체, 기둥의 순으로 해체한다.
㉴ 압쇄기 작업반경 내외는 사람의 출입을 통제한다.

⑭ 외벽과 외곽기둥은 1층씩 해체하고 비계철거작업자와 연락하도록 하여 비계에 무리가 없는지 확인하도록 한다.
⑮ 비계와 해체건물 외벽과의 간격은 외벽과 외곽기둥의 압쇄작업이 가능하여야 하며 대피할 수 있는 거리를 확보한다.
⑯ 외곽기둥과 보, 벽체 등을 압쇄하는 경우에는 해체물이 비계발판 등에 낙하할 경우가 있어 위험하므로 수평 낙하물 방책을 설치한다.

2. 압쇄 공법과 대형 Breaker 공법 병행작업

압쇄기는 압쇄력에 의해 콘크리트를 파쇄하므로 압쇄능력에는 일정한 한계가 있게 마련이며 큰 단면의 부재와 철골철근콘크리트조 등은 압쇄기만으로는 능률이 저하되므로 대형 Breaker를 병영하여 단면이 적은 바닥, 벽, 작은보 등은 압쇄기로 해체하고 기둥과 큰보 등은 대형 Breaker로 해체함으로써 건물전체의 해체가 가능케 된다.

(1) 작업순서
① 해체 건물 외곽에 방호용 비계를 설치한다.
② 해체물의 장외 반출시 출입구와 바닥판에 해체물 처리용 낙하구 등을 설치한다.
③ 압쇄기와 대형 Breaker를 옥상에 인양한다.
④ 위층에서 아래층으로 1층씩 압쇄기가 대형 Breaker를 아래층으로 이동시킨다.
⑤ 한 개층 해체시는 중앙부분을 먼저 해체하고 외벽을 마지막으로 해체하여 잘게 부순다.
⑥ 압쇄기 및 대형 Breaker를 아래층으로 이동시킨다.
⑦ 해체물은 적절히 반출하고 비계를 순차적으로 철거해 나간다.

(2) 작업시 안전사항
① 압쇄기로 슬래브, 보, 내벽 등을 해체하고 대형 Breaker로 해체하므로 중기와의 거리를 충분히 확보하며 안전을 꾀한다.
② 소음이 적은 압쇄기를 가급적 많이 사용하고 압쇄기의 능률이 떨어지는 부분에 대해서 대형 Breaker를 사용한다.
③ 대형 Breaker의 엔진으로 인한 소음을 최대한 줄일 수 있는 수단을 강구한다.

3. 대형 Breaker 공법과 전도 공법 병행작업

대형 Breaker는 소음이 많은 것이 결점이지만 파쇄력이 커서 해체대상 범위가 넓으며 기계도 비교적 풍부하고 응용범위도 넓다. 현장 주위를 방음판넬 등으로 보호한 뒤 대형 Breaker를 위층에서부터 점차 아래층으로 순차적으로 해체해 나간다. 해체물의 외부 비산을 되도록 적게 하기 위하여 외벽을 최후에 전도시키고 잘게 부순다.

(1) 작업순서
  ① 해체건물 외곽에 방호기계를 설치한다.
  ② 해체물의 장외 반출용 출입구와 바닥판에 해체물 처리용 낙하구 등을 설치한다.
  ③ 옥상에 대형 Breaker와 연료, 공구 등을 인양한다.
  ④ 위층에서 아래층으로 1층씩 대형 Breaker를 이용하여 해체된 구조물을 전도시키면서 작업해 나간다.
  ⑤ 한 층의 해체는 중앙부분을 먼저 해체하고 외벽을 최후로 전도하는 등 안전성 확보와 공해방지에 노력한다.
  ⑥ 구조물의 잔재는 해체건물 면적에 따라 적절히 반출시킨다.

(2) 전도작업의 순서
  구조물을 전도시키는 방법은 일반적으로 무계획적으로 전도시켜도 무방하다고 생각하는 경향이 있으나 먼저 구조체의 콘크리트를 안정상태 유지가 가능한 정도까지 파쇄한 뒤 와이어로프를 매어 끌어 당겨 전도시키도록 한다.
  ① 전도작업 순서
    ㉮ 전도대상물이 전도되는 위치에 완충재료로 콘크리트 잔재와 타이어를 사용한다.
    ㉯ 보다 벽을 일정 간격으로 수직 콘크리트와 철근을 절단한다.
    ㉰ 기둥은 전도에 용이하도록 밑부분을 깎아낸다.
    ㉱ 전도부재 상단에 와이어로프를 매어 건다.
    ㉲ 벽과 기둥의 밑부분을 수평으로 콘크리트를 깎아 내고 철근을 절단한다.
    ㉳ 와이어로프를 당겨 전도시킨다.
  ② 전도작업시 안전사항
    ㉮ 전도작업은 작업순서가 뒤바뀌면 위험을 초래하므로 사전 작업계획에 따라 작업한다.
    ㉯ 전도작업시에는 미리 일정신호를 정하여 작업자에게 주지시킨다.
    ㉰ 전도시에는 신호를 하여 다른 작업자가 완전히 대피한 후에 시행한다.
    ㉱ 전도대상물의 크기는 1~2개 스팬정도가 알맞다.
    ㉲ 깎아낼 부분은 시공계획 수립시 결정하고 깎아내지 않은 단면으로 안전하게 지탱되어야 반대방향으로 전도되는 것을 방지할 수 있다.
    ㉳ 특히 기둥 철근 절단시 순서는 전도방향의 전면, 그리고 양측면, 최후로 뒷부분 철근을 절단토록 하고 반대방향 전도를 방지하기 위해 전도방향 전면 철근을 최소 2본 이상 남겨둔다.
    ㉴ 벽체의 깎아낸 부분의 철근 절단시는 가로철근은 아래에서 위쪽으로, 세로 철근은 중앙에서 양쪽으로 순차적으로 절단해 나간다.
    ㉵ 끌어 당길 와이어로프는 2본 이상으로 한다.

㉙ 와이어로프를 끌어당길 때에는 서서히 하중을 가하도록 하고 구조체가 넘어가지 않는다 하여 반동을 주어서는 안되며, 예정 하중으로 넘어지지 않을 때에는 가압을 중지하고 깎아낸 부분을 더 깎아내야 한다.
㉛ 넘어질 때의 분진발생을 막기 위해 전도물과 완충재에 충분히 물을 뿌린다.
㉗ 전도작업은 반드시 연결해서 하도록 하며 그날 중으로 종료시키며 깎아낸 상태로 방치해서는 안된다.
㉕ 전도작업전에 비계와 벽과의 연결재는 철거되었는지 확인하고 방호시트도 작업진행에 따라 해체하도록 한다.

4. 철 Hammer 공법과 전도 공법의 병행작업

주로 시가지에서 멀리 떨어진 곳이나 현장내 작업용 공지가 있는 경우에는 철 Hammer를 주로한 해체작업이 가능하다. 철 Hammer는 대부분 크롤러 크레인에 부착하여 지상에 거치한 뒤 건물 중앙부를 먼저 해체하고 외벽을 전도시켜 잘게 파쇄하는 방법을 택한다.

(1) 작업순서
① 해채작업을 시작하는 면을 제외한 주위에는 방호비계를 설치한다.
② 해체 건물 높이와 부지내 작업면적을 고려하여 크레인을 선정, 반입한다.
③ 철 Hammer로 중앙부분의 슬래브·보·벽체·기둥의 순으로 해체해 간다.
④ 외곽 스팬은 2층 규모로 슬래브·보·기둥 순으로 해체해 간다.
⑤ 외벽은 2층 규모로 하여 전도시킨다. 시가지 공사시에는 1층규모가 적당하다.
⑥ 2층 규모로 전도시킬 경우는 비계의 안전에 유의한다.
⑦ 전도후 큰 부재는 철 Hammer로 잘게 부순다.

(2) 작업시 안전사항
① 크레인 설치 위치의 안정성을 확인한다.
② 철 Hammer를 매단 와이어로프를 점검하여야 하고 작업중에도 와이어로프가 손상하지 않도록 주의한다.
③ 철 Hammer 작업 반경내와 해체물이 낙하할 우려가 있는 곳은 사람의 출입을 통제한다.
④ 슬래브·보 등과 같이 수평재는 수직으로 낙하시켜 해체하고 벽·기둥 등은 수평으로 선회시켜 두드려 해체한다. 특히 벽과 기둥의 상단은 두드리지 않도록 한다.
⑤ 기둥과 벽은 철 Hammer를 수평으로 선회시켜 해체하며 이때 선회거리와 속도 등에 주의를 요한다.
⑥ 분진발생을 방지하기 위해 물을 뿌린다.
⑦ 철근 절단은 높은 곳에서 이루어 지므로 안전대를 사용하고 무리한 작업을 피한다.

⑧ 철 Hammer 공법에 의한 해체작업은 자칫하면 현장의 혼란을 초래하여 위험하게 되므로 정리정돈에 노력한다.

5. 철 Hammer 공법과 대형 Breaker 공법 병행작업

철 Hammer와 대형 Breaker를 해체 건물의 바닥에 설치한 뒤 위층에서부터 아래층으로 점차 해체하여 가며, 대개의 경우 외벽은 전도공법을 병행하기도 한다. 특히 철골철근콘크리트조의 건물해체에 유리하다. 단, 다른 공법에 비하여 소음과 진동이 많은 것이 단점이다.

(1) 작업순서
① 해체건물 외곽에 방호용 비계를 설치한다.
② 해체물의 외부 반출용 출입구와 바닥판에 해체물 낙하구를 설치한다.
③ 옥상에 소형 크레인과 대형 Breaker를 인양한다.
④ 위층에서 아래층으로 한 층씩 철 Hammer와 대형 Breaker를 사용하여 파쇄하면 전도공법을 병용하여 해체해 나간다.
⑤ 한 층의 해체는 중앙부분에서 해체하여 마지막으로 외벽을 전도시킨다.
⑥ 철 Hammer로 슬래브를 해체한다. 원칙적으로 소형크레인이 설치된 슬래브는 뒤로 후진하며 해체하고 나머지 부분은 아래층으로 이동한 뒤 해체한다.
⑦ 대형 Breaker는 내벽과 내부기둥을 전진하면서 해체한다.
⑧ 해체물과 잔재는 개구부를 이용해 적절히 반출한다.
⑨ 방호용 비계는 해체작업과 같이 한 층씩 철거해 나간다.

(2) 작업상 안전사항
① 크레인과 대형 Breaker 인양시에는 크레인 작업반경·중량 등을 고려하여 인양토록 한다.
② 중기운전자는 풍부한 경험을 가진 자를 선임하도록 한다.
③ 중기를 슬래브 위에 설치한 경우에는 미리 구조강도를 조사하여 안전을 확인한다. 특히 중기가 설치된 슬래브에는 해체물이 적재되므로 필요에 따라 대형 서포트 등의 설치를 고려한다.
④ 철 Hammer는 슬래브 위를 후퇴하면서 해체하고 대형 Breaker는 아래층의 슬래브 위는 전진하면서 내벽과 외부기둥을 해체하게 되므로 중기 상호간 안전거리를 항상 유지하여야 한다.
⑤ 중기의 작업반경내 또는 해체물이 비산할 가능성이 있는 범위내에는 사람의 출입을 통제한다.
⑥ 철 Hammer에 의한 해체작업은 진동이 발생하게 되므로 가급적 낙하높이를 낮게 하거나 소형 Hammer를 사용하는 것이 좋다.
⑦ 보 해체시에는 양단부는 대형 Breaker를 일부 파쇄한 후 Hammer로 해체하도록 한다.

⑧ 철 Hammer를 매단 와이어는 작업전에 손상유무를 점검하고 작업중에서 수시로 점검토록 한다.
⑨ 물뿌리는 작업은 바닥판이 단단하고 시계가 양호한 장소를 선택해 작업하고 필요에 따라 안전대를 착용한다.
⑩ 외벽의 전도작업에 대하여는 대형 Breaker 공법과 전도 공법의 병행작업을 참고하여 실시한다.
⑪ 소형 크레인을 이동시킬 때는 대형 Breaker를 부착한 상태에서는 곤란한 경우가 있으므로 이동통로의 경사를 완만하게 만든다.

6. Hand Breaker 공법과 전도 공법의 병행작업

Hand Breaker를 이용하여 각 부재를 일정 규모로 분할한 후 현장내에서 잘게 파쇄한 후 장외처리하는 경우와 현장내에서 잘게 파쇄한 후 처리하는 경우의 두 가지가 있다. 대체적으로 Hand Breaker는 소음이 많이 발생되므로 방음에 주의해야 한다.

(1) 작업순서
① 해체건물 외곽에 방호용 비계를 설치한다.
② 바닥판을 일정한 크기로 Hand Breaker로 파쇄한 후 철근을 절단하여 낙하시킨다.
③ 보의 양단부를 Breaker로 파쇄한 후 철근을 절단하여 낙하시킨다.
④ 내부의 벽과 기둥 아래쪽을 파쇄한 후 전도시킨다.
⑤ 외벽은 일정 크기로 파쇄한 후 전도시킨다.
⑥ 해체물의 절단이 끝난 후 해체 부재를 반출한다.

(2) 작업상의 안전사항
① 내벽과 외벽의 전도작업에 있어서는 대형 Breaker 공법과 전도 공법의 병용작업을 참고한다.
② 절단부재의 크기는 반출용 위치와 크레인의 능력을 고려하여 결정한다.
③ 절단순서는 바닥판·보·내벽·내부기둥·외벽·외곽기둥의 순으로 하지만 통상 전체적인 안전을 고려해야 한다.
④ 예상치 못한 전도와 낙하를 방지하려면 필요에 따라 서포트와 와이어로프를 사용하여 이에 대한 대비를 하여야 한다.
⑤ Hand Breaker 작업과 가스절단 작업이 동시에 이루어지므로 항상 자신의 안전에 주의하여 위험이 예상되는 경우에는 안전대를 사용하여 추락에 대비한다.
⑥ Hand Breaker 운전자는 방진 마스크·보호안경·방진장갑·귀마개 등을 사용하고 적당한 휴식을 취한다.
⑦ 무리한 작업자세를 지양한다. 끝

제7절 교량 공사 논술형 예상문제

문제 1
교량의 내구성과 안전진단시 주의사항을 설명하시오.

1 서 론

미국 연방정부의 교통성이 의회에 제출한 1982년 교량조사보고서에 따르면, 1981년말 국도상의 557,516 교량중 약 45[%]가 구조적인 결함을 가지고 있거나 국부적인 기능을 상실하였고, 지방도상의 교량 3~4교량 중 1개 교량의 결함구조로 조사되었으며, 이들 교량의 보수에는 약 50조억원의 예산이 필요할 정도로 「황폐한 미국」이라고 보고하였다. 일본의 경우에도 약 10여년 전부터 「기설교량 구조물 및 구성부재의 건전도, 내구성 판정」에 관한 조사 및 연구 활동을 전개하여 현재는 조사기준을 마련한 단계에 있다.

국내에서도 1970년대 중반부터 건설교통부와 서울시를 중심으로 노후교량의 안전도 조사를 한정적으로 실시해 오고 있으나, 아직 안전도 조사 기준이 설정되어 있지 않은 상황이고, 극히 소수의 대학연구기관이 중심이 되어 조사를 수행해 왔다.

최근들어 국책연구기관이나 기업체 연구소에서도 계측장비를 마련하여 관심을 기울이기 시작했다. 1990년대 접어들면서 주택 200만호 건설, 토초세 등으로 인한 사회의 급격한 변화으로 시멘트, 골재, 철근 등의 건설 원자재 부족, 사회의 구조변동으로 인한 노동력의 이동과 3D기피현상 때문에 노동력 부족을 맞으면서 모든 건설분야에서 품질과 안전성에 대한 사회의 신뢰성이 급강하한 경향이 있었다. 이와 때를 같이 하여 사용중이던 우암아파트, 창선대교, 추자교의 붕괴사고, 시공중이던 신도시 아파트의 부실시공, 팔당대교와 신행주대교의 붕괴, 성수대교, 부산열차사고 등은 건설업의 신뢰도를 더욱 추락시키는 결과를 초래하였다.

교량의 손상과 대책은 우리나라만의 문제는 아니고, 선진국에서도 매우 중요하고 심각한 문제로 삼고 있는 과제중의 한 분야이다. 현대의 개념에서는 교량의 공용기간 즉 수명을 길게 하기 위하여 교량의 lift cycle 즉 계획, 설계, 시공, 사용 폐기의 전과정을 고려해야 한다. 교량의 계획과 설계단계에서부터 내구성과 유지관리를 고려할 필요가 있다. 특히 기존의 1등교 기준이 DB18, DL18에서 DB24, DL24로 강화되어 있어 기존 교량의 내하력 평가는 더욱 중요하다.

2 교량 유지관리의 현상황

1. 교량의 유지관리 기법

교량은 도로나 철도구조물 중 하나로서 기본적인 사회자산이고 국민경제나 일상생활에 미치는 영향은 매우 크다. 도로의 중요성이 증대됨에 따라 교량의 기능을 건전하게 유지함으로써 안전성과 확실성을 확보함은 물론 사회자산의 수명을 연장하는 것도 필요하다.

교량의 유지관리는 무엇보다도 현황의 파악이 최우선 과제이다.

교량의 손상이나 열화는 외면적으로는 균열, 녹, 부식 등의 현상으로 나타나므로 이 상황들은 양적, 질적으로 정확하게 파악하는 것이 기본이다. 조사된 자료는 잘 정비된 교량의 평가에 활용할 수 있도록 해야 한다. 그러나 국내에서는 교량대장이 너무 형식적으로 정리되어 있어서 구조물의 안전진단에 활용할 수 있는 정도의 대장이 준비되어 있지 않다. 외국의 교량 유지관리 부서가 보유하고 있는 대장에는 교량의 구조도면이 수록되어 있고 구조적인 교량의 이력이 정리되어 있기 때문에 교량의 유지관리에 매우 긴요하게 이용되고 있다.

교량의 유지관리를 위한 점검의 종류는 다음과 같이 분류된다.
① 일상점검 : 거더, 교면, 신축이음부, 난간의 부식, 균열, 변상 등의 점검
② 정기점검 : 관리구간 전체의 구조물의 상황을 전반적으로 점검하는 정기점검과 개개구조물의 상황을 세부적으로 점검하는 정기점검으로 나누어 연 1회 정도의 빈도로 점검
③ 특별점검 : 일상점검, 정기점검을 보완하기 위해 필요에 따라 수행하는 점검

조사결과에 따라 보수의 필요성을 판정하고, 필요시에는 보수공법을 검토하여 보수설계 및 시공계획을 수립한다.

2. 교량구조의 손상과 대책

교량구조물의 손상은 교량의 종류와 형식, 사용재료, 품질관리, 시공관리의 상태에 따라 다르고, 동일 종류의 교량일지라도 건설 당시의 설계조건에 따라서도 다르다. 일반적인 보수대책에서는 주로 바닥판 보강, 신축이음장치의 유지보수, 도장, 교만보수 등을 대상으로 하고 있는데, 그 개요만을 기술하면 다음과 같다.

(1) 바닥판 보강

바닥판의 보강은 주로 강교의 바닥판 균열에 대한 것이 많다.

바닥판의 손상을 과적차량 등의 하중조건에 의한 것. 바닥판 구조제원 등의 내하력에 관련된 것, 재료의 강도부족, 주철근 및 배력철근의 부족, 교대나 교각의 부동침하, 철근덮개의 부족, 시공당시 동바리의 조기 제거 등에 의한 것이 일반적이다. 강교 바닥판의 균열 대책으로는 강판 접착, 세로보 증설 공법, 바닥판의 제거후 재시공, 바닥판 두께 보강의 공법이 주로 사용된다.

(2) 신축이음장치의 개량

신축이음장치의 손상은 통행차량의 안전성을 나쁘게 할 뿐 아니라 진동, 소음공해 등의 문제를 일으키게 된다. 신축이음장치에는 Cut-off Joint, 고무 Joint, 강제 Joint 등이 있는데, 이 중 강제 Joint는 내구적이기는 하지만 파손되는 경우 교체시간이 긴 단점이 있다. 최근에는 설계시부터 가능한한 신축이음부의 수를 최소가 되도록 반영하고, 적절한 유간을 설정하고, 시공시에는 콘크리트 뒤채움이나 마무리를 철저히 하여 근원적인 문제점을 줄이는 데 역점을 두고 있다.

(3) 도 장

도장의 열화는 교통의 안전성에 직접적인 영향을 주는 것은 아니지만 방치하면, 주요 부재의 녹, 부식이 발생하여 교량의 내구성을 저하시킨다. 최근에는 이를 위하여 내구성이 높은 아연 도금에 의한 방청처리 거더를 사용하거나, 내후성 강판이 사용되고 있다.

(4) 기타의 손상

① 받침부의 손상은 주로 녹, 부식, 이물질 삽입 등에 의한 기능저하, 교좌모르타르의 파손 등이다. 특히 RC 및 PC 슬래브교 등에 사용된 강제받침은 받침의 높이가 낮기 때문에 유지관리도 매우 어려워 녹 발생, 부식이 심한 편이다. 이런 경우에는 노즐을 이용한 아연 분사식 방청처리공법이 유효할 것이다. 또한 부식의 주원인이 되는 우수의 침입을 방지하기 위하여 신축이음장치의 배수방법도 함께 고려하는 것이 필요하다.

② 콘크리트 난간에서는 사용된 철근을 따라 녹이 발생하는 경우가 많은데, 시공시 덮개를 2[cm] 이상 확보하는 것이 필요하고, 녹 발생시에는 문제의 콘크리트를 제거하고 에폭시 수지로 보수하는 것이 효과적이다. 강제나 비철금속 난간에서는 난간기둥의 간격, 난간기둥의 정착부의 내력 및 부식, 온도변화 등에 대한 설계가 필요하다.

③ 배수 설비의 개량

배수 설비는 토사 등의 퇴적에 의해서 강우시 교면에 물이 고이게 하여 안전 주행상 문제를 일으키는 경우가 있다. 배수가 막히는 것은 청소불량이 주원인이지만, 배수 구조의 구조상 문제도 큰 것으로 판단된다.

3. 유지 관리상의 문제점

① 설계와 시공시 유지관리의 고려
② 설계에 교량의 내구성과 내용 연수의 반영
③ 설계서 납품시 유지관리용 구조도면의 납품 의무화
④ 교량준공시 공용전에 교량 내하력 평가시험
⑤ 교량준공 즉시 합리적인 교량대장의 준비

⑥ 노선별 차량관리
⑦ 교량의 정량적 및 정성적 유지관리 기준 및 관리기법의 표준화
⑧ 교량의 진단기법의 표준화
⑨ 예방적, 계획적 유지관리기법의 확립
⑩ 교량의 유지관리 시스템의 개발
⑪ 교량 통과 하중의 모형화

3 교량의 내하력과 내구성

1. 교량 내하력 평가의 필요성

교량위를 통과하는 차량의 대형화, 중량화와 함께 중차량의 교통량 증가는 기존교량의 열화를 촉진시키기 때문에 매우 심각한 문제로 대두되고 있다. 특히 초과하중(over load)은 교량의 기능을 저하시키고 불안전하게 하는 요인 중 가장 나쁜 요인이라고 알려져 있다.

교량의 내하력을 판정하는 것은 공학적 판단(engineering judgement)의 문제라고 하는 것이 타당할 것이다. 많은 기술자들과 행정가들은 정확한 수학적 답을 요구하는 경우가 대부분이다. 그러나 아직 만족스러운 대답을 줄 수 있는 기술자나 학자는 아무도 없고, 오히려 장차 우리들이 연구하여 해결해야 할 과제라고 보는 것이 보다 합리적일 것이다.

교량이 그 기능이 저하하거나 붕괴될 때는 교량의 위치로 보아 사회, 경제, 정치 및 군사적인 중대성으로 볼 때, 사회에 너무나 큰 충격을 주기 때문에 그 기능을 유지하고 수명을 연장하는 일이 중요하다는 것은 너무나 당연한 일이다.

모든 교량은 교량형식, 위치와 환경, 교량의 나이, 유지관리 등의 다양성과 개성 때문에 각각 다른 특성을 갖게 되며, 특히 이런 특성들에 미치는 영향들을 열거하면 다음과 같다.
① 설계 시방서 및 기준의 변동
② 차량 규격의 변동
③ 설계 및 구조 해석 개념의 변동
④ 사용재료의 거동의 변동
⑤ 유지관리 조건
⑥ 기타

또한 이상의 특성들은 다음과 같은 경험자료에 의해 고려되어야 한다.
① 모든 공학적인 구조는 대부분 건설 순간부터 열화되기 시작한다.
② 시간경과에 따라 통과 차량하중이 증가하고, 교통량이 증가한다.
③ 새로운 교량은 사고에 의하여 손상을 입을 수 있다.
④ 건설당시부터 내하성능에 영향을 주는 예기치 않은 구조적 결함을 가질 수 있다.

이러한 이유 때문에 교량 건설 후 시간의 경과에 따라 교량의 신뢰도(reliability)나 성능

(performance)은 저하할 수 밖에 없다.

2. 교량의 내하성 및 내구성 모델

전술한 개념에 따라 교량의 내하성과 내구성 모델을 제안하면 준공당시의 내하성을 R_O라 하고, 해당 교량의 필요한 내하성을 R_L이라 할 때, R_L에 대응하는 시간(T_L)이 교량의 수명 즉 내구성이 된다. 교량 공용 개수 후 어느 시점(t)에서 교량의 손상도와 열화도를 진단하여 내하성 R_t를 구하였을 때, R_t가 R_L보다 크다면, 이 교량의 잔존수명(remaining life)은 ($T_L - t$)가 될 것이다.

따라서 교량의 과학적 진단을 위하여는 이러한 내구성 및 내화성 모델의 개발이 시급하며, 이것이 개발되면 교량의 건전도, 열화 및 손상도, 내용 연수를 쉽게 예측할 수 있을 것으로 판단된다. 그러나 아직 이러한 모형이 개발되지 않는 상황이다.

4 교량의 내하력 평가방법

1. 외관조사 결과의 평가

외관조사에서는 평가 대상 구조물의 현재 상태를 정밀 조사하여 손상상태에 따른 노후도를 평가한다. 이는 각 구조물의 내하력 판정시 기초자료로 이용되며, 부재 단면의 저항의 손상계수를 결정하는 데도 이용된다.

(1) 상부구조

① 슬래브 : 슬래브의 주요 파손 형태는 표면 패임, 부식, 균열로 각각의 파손정도에 따라 다음과 같은 등급으로 나눈다.

㉮ 표면 패임과 부식
  ㉠ 경미한 손상 : 표면 패임이 없고 콘크리트의 부식이 전체상판 면적의 5[%] 이내
  ㉡ 중간 정도의 손상 : 5[%] 이내의 표면 패임, 5[%]~40[%]의 콘크리트 부식
  ㉢ 심한 손상 : 5[%] 이상의 표면 패임, 40[%] 이상의 콘크리트 부식

㉯ 균열 : 철근콘크리트 상판의 균열형태와 이동하중에 의한 피로에 대한 연구는 비균열상판과 균열상판의 정적내하력의 비에 비해서 피로내하력의 비가 훨씬 큼을 보여주고 있다. 따라서 철근콘크리트 상판의 직접적인 관심이 사용성에 있다는 점에서 균열형태에 따른 사용성의 판단을 중시하여야 한다.
  ㉠ 건조 수축 등에 의한 미세균열
  ㉡ 일방향 균열
  ㉢ 격자상 혹은 귀갑상의 균열
  ㉣ 함몰

② 주형
　㉮ 강주형 : 강주형의 외관조사는 구조적 결함(압축 플랜지의 국부좌굴, 복부판의 좌굴, 복부판의 Clippling, 균열발생) 등을 우선적으로 검토하여야 한다. 또한 주형과 횡형은 부식정도에 따라 양호, 보통(금후의 관리자의 판단에 따라 도장이 필요), 도장 불량과 부분적 부식의 시작, 도장상태가 극히 불량하여 전면적 부식의 시작, 단면손상과 구조적 결함을 초래할 정도의 부식으로 분류하여 검토하여야 한다.
　㉯ 콘크리트 주형 : 콘크리트 주형의 외관상 주요 결함은 콘크리트의 품질불량, 균열, 철근의 누출 및 부식이다. 콘크리트의 품질불량은 물, 시멘트비가 높은 콘크리트의 타성 등의 양생조건의 불량, 풍화 등에 기인한다. 균열은 그 형태와 폭에 따라 반드시 위험하다고 단정할 수 없으나 시방서에서 규정한 이상의 균열폭과 이후의 철근 부식의 우려를 감안하여 콘크리트 주형 등급판정시 고려하여야 한다.

(2) 하부구조

교각의 외형적인 파손은 콘크리트의 부식, 균열, 표면이탈 등인데 그 이유가 기초의 침하, 초과하중, 지점이동 등으로 인한 것인지를 유의하여 관찰하여야 한다. 기초의 경우 침하와 세굴을 우선적으로 점검하며, 콘크리트의 부분적인 이탈과 풍화정도를 하부구조의 등급결정시 고려하여야 한다.

교대의 경우 하상 세굴정도, 침하여부, 경사 및 전도여부를 1차적으로 점검하고, 콘크리트의 부식, 교대의 부분적인 떨어져나감, 균열 등을 조사하여야 한다. 날개벽의 경우도 교대와의 접속 불량으로 인한 균열 발생, 수압에 의한 파손 등을 점검하여야 한다.

(3) 신축이음 및 교좌 장치

신축이음부는 교량중 가장 파손위험이 높은 곳이며, 신축이음부의 파손은 누수, 박편의 떨어짐 등으로 교좌상태를 불량하게 하여 교각과 주형 지점부 파손의 잠정적인 위험요소가 된다. 또한 단차발생은 교량 진동의 진폭이 차량의 교량진입시의 초기 진폭의 크기에 비례하기 때문에 피해야 할 사항이다.

(4) 포장, 난간, 연석

포장의 파손은 패임과 균열발생 양상에 따라서 구조적인 원인에 의한 것도 있고, 포장재의 품질관리 불량, 중차량의 빈번한 통과 때문일 수도 있다. 포장의 표면상태는 활하중에 의해서 발생하는 충격하중 효과에 중요한 원인이 되기 때문에 이에 대한 정도를 정확히 평가하여야 한다.

난간은 풍우에 직접적으로 노출되어 있고 저질의 콘크리트를 사용하는 등 품질관리를 등한시하는 경우가 많으므로 교량 평가시 많이 지적되는 사항이다. 난간 파손의 이유는 구조적인 면보다는 사용성 면에 있다.

2. 허용응력에 의한 내하력 평가

(1) 기본내하력

기본내하력이란 교량을 현행 시방성의 방법에 따라 해석했을 때 교량이 감당할 수 있는 활하중의 크기를 설계하중(DB-24, DB-18)을 기준으로 하여 비례적으로 나타낸 일종의 비례값이다. 즉, 교량이 안전하게 부담할 수 있는 활하중에 의한 응력의 최댓값은 부재 재료의 허용응력에서 사하중에 의한 응력을 뺀 값이므로 DB-24(1등교) 하중의 경우 다음과 같은 비례식이 성립된다.

$$P = 24 \times \frac{\sigma_a - \sigma_d}{\sigma_{24}}$$

여기서, P : 기본 내하력 σ_a : 재료의 허용응력
σ_d : 사하중에 의한 응력 σ_{24} : DB-24 하중에 의한 응력

(2) 공용하중 결정

앞에서 설명한 기본내하력에 몇 가지 보정계수를 곱하여 줌으로서 실제로 적용할 수 있는 공용하중을 결정하며, 아래의 식과 같다.

$$P = P \times K_s \times K_r \times K_i \times K_o$$

여기서, P : 기본 내하력

$K_s : \dfrac{\varepsilon(계산치)}{\varepsilon(실측치)} \times \dfrac{1+i(계산치)}{1+i(실측치)}$: 응력 보정계수

K_r : 노면 상태에 따른 보정계수
K_t : 교통상태에 따른 보정계수
K_o : 기타 조건에 대한 보정계수 끝

문제 2

교량 안전 진단대책을 논하시오.

1 안전진단 및 평가방법

(1) 진단의 종류(실시기간에 따른 분류)
  ① 일상점검 : 매일 실시하는 육안 점검

② 정기점검 : 일반구조물 1회/2년, 교량 1회/1년, 건축물 1회/3년
③ 긴급점검 : 관리주체가 필요하다고 판단할 때
④ 정밀 안전진단 : 1회/5년 실시하는 정밀안전진단

(2) 진단개념상 분류
① 전반진단 : 원인규명 및 변화의 기능 예측
② 개별진단 : 전반진단 실시 후 필요시 실시, 보수보강 등의 적절한 조치 강구
  ㉮ 외관 조사
  ㉯ 측정시험
  ㉰ 정보수집 및 정리
③ 목적별 진단 : 구조물의 기능을 개선하는 경우 실시

(3) 안전진단의 범위
① 간이진단 : 일반적인 상식으로 판단하여 조사
② 본진단 : 전문적인 지식으로 육안 진단과 계측기로 검사
③ 특별진단 : 구조물 재평가시 수행하는 진단

(4) 진단절차(교량)
① 절차 흐름도 : 1차조사(외관조사) → 정적 재하시험 → 동적 재하시험 → 구조 역 계산 → 정적 실험결과 분석 → 동적 실험결과 분석 → 내하력 평가 → 종합 평가
② 각 단계별 조사사항
  ㉮ 외관 조사
    ㉠ 상부구조
      • slab : 포장, 표면 패임, 부식, 백화현상
        균열(미세균열, 일방향 균열, 격자균열)
      • 주형 : 강주형 – 부식, web flange의 좌굴, 비틀림, 균열 – 콘크리트주형 →
        균열, 철근노출, 중성화, 박리, 층분리
    ㉡ 하부구조
      • 기둥 : 균열, 철근노출, 좌굴, 중성화, 박리, 층분리
      • 기초 : 세굴, 침하, 경사전도, 표면이탈
    ㉢ 신축이음, 교좌장치
      • 신축이음 : 파손, 누수, 박편의 탈락, 단차발생
      • 교좌장치 : 교각 주형 지지부 파손, 부식 및 깨짐, 채움 mortar의 탈락
    ㉣ 포장, 난간, 연석
      • 포장 : 균열, plastic deformation

- 난간, 연석 : 부식, 균열, 탈락
- ㉯ 재하시험(정적)
    - ㉠ 측정대상
        - 주형, slab의 변형률
        - 주형의 처짐
        - 콘크리트의 변형률
        - slab의 처짐
    - ㉡ 위치 : 종방향 위치, 횡방향 위치
- ㉰ 재하실험(동적)
    - ㉠ 측정대상 : 동적 변형률, 동적 처짐, 가속도, 충격치
    - ㉡ 시험방법 : 정적 재하와 동일한 위치에서 15~60[km/h]씩 변화시켜 자료분석
    - ㉢ 결과분석 : 동적 증폭률, 충격계수, 고유진동수, 응답 스펙트럼 및 이력곡선으로 동적 거동 분석, 동적 처짐 분석, 동적 변형 분석
- ㉱ 구조해석 : 직교 2방성 판이론, 격자해석법, 유한요소법
- ㉲ 교량의 내하력 평가 방법
    - ㉠ 구조해석 : 직교 2방성 판이론/격자해석법/유한요소법
    - ㉡ 교량내하력 : DB/DL 끝

문제 3

기존 교량(내하력 평가 방법)을 설명하시오.

1 서 론

① 중차량 교통량의 증가는 교량을 급격히 손상시켜 심각한 문제 대두
② 초과하중은 도로와 교량에 불리하고 가장 중요한 요인
③ 모든 교량은 건설시기, 형식, 유지관리조건 등 다양한 특성
  ㉮ 하중의 증가, 교통량의 구조적 변동 ㉯ 설계시방서의 변화
  ㉰ 설계 및 구조해석 개념의 변천   ㉱ 차량규격의 변화
  ㉲ 구성재료 및 유지관리의 변천

2 기존 교량의 평가 목적

(1) 기존 교량에 구조적 결함이 있거나 설계 당시의 자료가 없는 노후교량 등에서는 조사의 목적을 안전성과 실용성에 둔다.

(2) 기존 교량에 투자한 국가예산을 경제적으로 최대이용, 교량의 유지, 보수, 교체 시공시 교량의 등급 등 정기적인 조사요구

3 조사방법

(1) 외관조사
   ① Girder, Slab 포장의 외관조사, 실험경간의 설정
   ② 신축이음, 교좌장치의 외관조사
   ③ 교각 및 교각기초의 외관조사
   ④ 대상교량지점의 교통량 분석
   ⑤ 설계당시의 구조개산 및 설계시방서의 분석
   ⑥ 대상교량의 교량이력 조사

(2) 상부구조의 이론계산
   ① DB-18, DB-24, 재하차량에 대한 응력과 처짐
   ② 재료의 강도 추정
   ③ 부재의 극한 강도
   ④ T50 Tank의 통과가능성 계산

(3) 정적 재하시험
   ① 변형률과 처짐 측정
   ② 이론적인 변형률과 비교분석
   ③ 변형률도를 이용한 중립축 위치의 분석
   ④ Girder의 보와 Slab의 합성작용 분석
   ⑤ Girder의 모멘트 분배효과 분석
   ⑥ Girder 균열 및 강성도 분석

(4) 동적 재하시험
   ① 재하차량의 속도별 변형률과 처짐 측정
   ② Girder의 고유진동주기, 고유진동수 분석
   ③ 재하차량에 의한 진동주기, 진동수 분석
   ④ 진동에 의한 중립축 위치의 변동 분석
   ⑤ 동적 반응 Spectrum의 이론치와 실측치 분석
   ⑥ 변위와 진동수 고려한 동적 평가

(5) 내하력 평가
   책임있는 기술자, 공인 및 신뢰성 있는 기관에서
   ① 허용응력 이론에 의한 내하력 평가

② 극한 강이론에 의한 내하력 평가

4 안전문제

① 인명과 구조물의 안전을 확보할 수 있는 방식 채택
② 안전조치에 의한 재하시험에 지장이 있거나 영향을 끼쳐서는 안된다. 끝

제8절 터널 공사 논술형 예상문제

문제 1

터널공사시 안전대책을 세우시오.

1 터널굴착 공법

① 재래식 지보공 공법 – 거의 사용 안함
② NATM 공법 – 대부분의 토질에 적용, 가장 많이 사용
③ T.B.M 굴착 공법 – 절삭 방법(연암), 압쇄 방법(경암)
④ Shiled 공법 – 연약질 지반(장비사용)
⑤ Messer 공법 – 장비를 댄 후 인력 굴착
⑥ 침매 공법 – Box를 일정 크기로 이어서 굴착

2 조사와 시공 계획

터널에 있어서 설계 → 시공 → 완성의 수법이 재해예방에 불가분의 밀접한 관계가 있으므로 사전 지질 등의 조사와 시공중의 조사는 안전시공을 위해 필수

(1) 사전조사 3목적
　① 터널의 노선 선정
　② 터널의 설계
　③ 공법의 결정

(2) 지질조사의 3요소
　① 지압

② 용수 및 차 있는 물
③ 암석 등의 굴착에 관한 사항

(3) 조사 사항
① **지형** : 애추, 산사태, 붕괴, 하천 형태, 특수 지형 형태
② **지질** : 암석, 지질의 종류, 풍화, 변질의 상태, 지하수 상태, 용수 및 세수 상태, 성층 및 암석결의 상태

(4) 조사방법
지형도(항공사진), 탄성파탐사, 보링, 특수조사, 시험파기

(5) 터널굴착공법
① **전단면 굴착 후 복공방법** : 미국식(계단식), 상부개착식, 신오스트리아식
② **부분적 복공방법** : 독일식, 벨기에식

(6) 굴착시 용수처리
① 터널내에 배수구를 설치하여 용수를 배수구로 유도하여 배수
② 물빼기 터널을 별도로 굴착하여 이를 통하여 배수, 수위저하
③ 시멘트나 약액주입 지수
④ 동결법에 의한 지수

(7) 지보공설치시 안전대책
① 지보공구조는 지질, 인접지반, 복공을 고려 견고한 구조
② 암질이 양호해도 지보공 설치
③ 지보공 간격은 1.5[m] 이하
④ 두 기둥이 지반에 정착 아치로서 힘을 받을 수 있게 쐐기 등의 설치
⑤ 연결 Bolt 및 연결된 받침기둥을 이용 주기 등을 견고히 연결
⑥ 이음은 적을수록 좋다.
⑦ 터널입구 지보공은 특히 견고하게
⑧ 지보공을 Con'c에 매입하는 것이 좋다.
⑨ 연결볼트 및 연결대는 튼튼하게 연결
⑩ 지보공 밑에 받침판을 설치

(8) 터널 입구 안전대책
① 터널 입구 부분의 지반중 풍화 받은 부분은 완전히 제거
② 터널 입구 부근의 수목은 없앤다.

③ 터널 입구 상부의 표토나 유석은 완전히 제거한다.
④ 터널 입구 밖의 굴착면은 확실히 표면처리를 한다.
⑤ 터널 입구 부근의 지보공은 특히 견고히 하고 지보공 사이에는 가세 설치 후 보강

(9) 복공시 안전대책
① 복공은 작업책임자를 선임하여 행한다.
② 복공은 굴착후 지보공조립 후 가능한 즉시 실시
③ 지반이 불량한 부분이 있을 경우 그 장소에 지보공을 보강하고 복공작업을 한다.
④ 복공 Con'c 타설은 거푸집에 편심이 걸리지 않도록 주의, 견딜 수 있는 강도에 도달한 후 실시
⑤ 거푸집의 제거는 Con'c의 토압, Con'c의 자중에 견딜 수 있는 강도에 도달한 후 실시
⑥ 그라우팅은 복공 Con'c가 주입 압력에 견딜 수 있는 강도에 도달한 후 실시

(10) 터널내 Con'c 타설
① 트럭운반시 전조등, 회전등을 설치 경음을 내면서 유도자의 신호에 따라 운전
② Con'c 타설시 용수처리 철저
③ Con'c 펌프관내를 촉촉이 하고 가능한 연속타설실시
④ Con'c 타설 후 정리작업철저

(11) 터널내 공기오염의 원인 대책
① 공기오염 원인
㉮ 작업원 자신의 호흡에 의한 탄산가스
㉯ 화약의 발파에 의해 발생되는 연기와 가스
㉰ 공사용 디젤 기관차, 덤프트럭들의 배기가스
㉱ 착암기, 굴착기계, 적재기계들의 사용과 발파에 의해 비산되는 분진
㉲ 말뚝 및 유기물의 부패, 발효에 의해 발생되는 가스
㉳ 지반으로부터 용출되는 유해가스
㉴ 산소결핍 등의 공기
② 대책(환기)
㉮ 착암기는 반드시 습식형을 사용
㉯ 발파 후 충분히 환기시키고 공기가 정화된 후 작업
㉰ 디젤기관은 배기가스 처리시설을 설치하고 배기가스의 환기를 충분히 한다.
㉱ 버력 및 파쇄물 반출시 발생되는 분진은 물을 뿌리고 분진 발생을 막는다.
㉲ 방진마스크와 보안경은 준비해두고 필요시 사용할 수 있도록 한다.
㉳ 환기 설비는 공기 공급관의 파손 및 접속부의 탈락 팬에서의 소음 발생시에는 필요

한 조치를 강구할 수 있도록 조치
⑭ 유해가스에 주의, 이상 발견시 즉시 조치 특히 메탄가스 발생시 화약류를 사용하지 않도록 한다.

(12) 조명 확보
① 작업에 지장이 없는 충분한 조도 확보
② 터널내 통로는 작업의 통행과 차량운행의 안전한 정도의 밝기
③ 조명시설 파손시 즉시 교체
④ 터널내 수증기 발생시 카드뮴 램프사용
⑤ 조명방향 작업의 눈부심이 없도록
⑥ 광원은 움직이지 않도록 하고 강한 그림자가 만들어 지지 않도록 한다.
⑦ 전구에 흙이 묻어있으면 먼저 콘센트를 뺀 후 헝겊조각으로 닦는다.

(13) 소음 진동 대책
① 심한 소음은 난청의 원인, 관련 작업원은 귀마개 사용
② 귀마개 착용시 대화곤란 신호방법을 확인 후 작업
③ 착암기 등의 진동은 신체에 충격, 방진장갑을 착용
④ 착암기 등에 의한 진동으로 지보공의 이완여부 확인

(14) 인화성가스 및 화원 대책
① 터널내 수시 가스농도 측정
② 용접, 용단 작업 가스상태 측정
③ 금연 끝

기 술 사 3 0 0 점 시 리 즈

부록1

시사성문제 및 모법답안

- 01 작업자세에 의한 요통 예방 대책
- 02 재해 예방을 위한 인간공학의 역할
- 03 과로 및 스트레스에 의한 건강 장해 예방 대책
- 04 산업 분야(건설사업장)의 사고 사례 분석 및 안전성 평가
- 05 안전행동 실천 운동(5C운동)
- 06 自動化의 安全性과 발전 과제
- 07 직업과 요통
- 08 외국산 위험 기계 기구의 안전 확보 위해 안정성 검사 도입돼야
- 09 중대 산업사고 예방을 위한 공정안전 관리제도 도입 필요
- 10 철저한 검사가 안전한 사업장 만든다
- 11 실크스크린 인쇄 공정의 작업 환경 개선사례
- 12 자율 안전 관리 정착을 위한 HPMA System에 관한 연구
- 13 TPM과 안전
- 14 프레스 작업의 안전

01 작업자세에 의한 요통 예방 대책

자료출처 : 98년 8월 한국산업안전보건공단 '안전보건'

1 서 론

요통은 인간이 걸으면서부터 발생하기 시작한 숙명적인 질환에 속한다. 누구나 일생동안 한 두 번의 요통을 경험하게 되지만 계속적인 무리한 동작만 하지 않으면 크게 고통을 받지 않는 가운데 지나간다. 여러 가지 작업요인에서 발생되는 경우가 많고 이러한 경우에는 지속적인 자극이나 동작에 의해 계속 악화되므로 쉽게 회복되지 않고 결국에는 요양에 의존하게 되어 노·사간의 갈등과 불화의 요인으로 사회 문제화되고 있다.

또한 근로자가 고령화되고 산업 활동이 빈번해진 최근에는 요통의 빈도가 더욱 증가하여 정형외과 외래를 방문하는 환자들의 20[%]를 차지하고 사업장 근로자의 35~60[%]에서 비교적 젊은 시절에 요통을 경험하여 노동력 상실을 초래하는 중요한 원인이 되고 있다.

외국의 경우에 미국국립보건통계센터(National center for health statistics)에서 조사한 바에 의하여 모든 근골격계 질환의 43[%]가 요통을 동반한다고 하였으며, 스웨덴에서 요통으로 인한 결근은 전체병가 일 수의 12.5[%], 영국에서는 16[%]를 차지하는 것으로 보고하고 있다 (Svenssson과 Andersson, 1983).

요통은 상대적으로 가벼운 일보다 힘든 일을 하는 사람에게 빈번하나 사무직 등 신체적으로 비활동적인 사람의 경우도 요통장해와 연관이 있는데 이는 자세 불량과 운동량의 부족으로 척추와 복부를 지탱시켜 주는 근력이 약화되었기 때문에 일반적으로 요통의 75[%] 정도가 근력과 관련이 있는 것으로 알려져 있다.

최근 연구에 의하면 요통 등이 결근율을 높이는 요소로도 작용하는 것으로 밝혀졌으며, 발생 연령층도 노령층에서 젊은 연령층까지 전 연령층으로 확대되고 있는 설정이다.

대부분 요통의 경우 근골격계의 병변의 역학적 요인(mechanical factor)에 기인되어 일어나는데 요통을 일으키는 병인은 외상, 염증, 척추 등의 이상으로 기인되며 부적합한 작업자세와 무거운 물건을 들어올리거나 척추에 과격한 힘이 가해지게 되면 요추를 지지하는 척추간의 근육, 인대, 건 등의 지지조직에 기능적 이상, 노인성 변화 등에 의한 지지력이 약해져 요통이 발생하게 된다.

2 작업자세에 의한 예방 기법

1. 요통의 발생 과정

개미나 곤충이 자기 몸보다 10배 혹은 50배까지 더 무거운 물건을 나르는 것을 보았을 것이다. 사람의 몸도 자신의 체중보다 더 무거운 물건을 들어올릴 수 있도록 고안되어 있는 것을 생각할 수 있다. 예를 들어 냉장고 같은 무거운 물건을 사람들이 들어올려 운반할 수 있는데, 이는 작업자세와 작업요령에 따라 기능 여부가 결정되어진다.

무거운 물건 등 운반작업시에 부적절한 작업자세와 행동은 요통을 일으키는 요인으로 일반적으로 요통발생과정은 다음과 같다.

나쁜 작업자세(생활습관) → 운동 부족 → 근육의 긴장 → 근육이 약해진다 → 통증을 일으킨다 → 운동에 두려움이 생긴다 → 신체활동을 점차적으로 행하지 않는다 → 근육이 더욱 약해진다 → 약한 근육은 가벼운 운동(작업)에서도 통증을 일으킨다.

2. 올바른 작업자세

일반적으로 작업 중에 물건을 들어올리는 일이 생길 경우 물건을 들어올리는 작업자는 들어올리는 방법과 인양요령에 대한 훈련이 되어 있어야 하며, 들어올리는 것은 서서히 말하자면 천천히 그리고 갑작스럽지 않게 수행되어야 한다.

물건을 들어올리는 것은 두 손으로 정확히 몸의 앞쪽에서 이루어져야 하며 들어올리는 동안 몸을 비트는 일이 없어야 하며 다음 작업자세의 5가지 주요 포인트와 같이 어깨와 등을 펴고 무릎을 굽힌 다음 가능한 한 물건을 몸체와 가깝게 잡아당겨 들어올리는 작업자세를 취하는 것이 좋다(표참조).

[표] 작업자세의 5가지 주요 포인트

포인트	그림
1. 전굴자세(앞으로 숙이는 자세)에서의 허리의 각도 포인트 허리의 각도가 클수록(깊숙히 굽힐수록) 부담이 커진다. 이 각도를 적게 하자.	0° 45° 90° 편함 힘듦
2. 무릎이 [<]자 모양이 되지 않도록 하는 것이 포인트 무릎이 [<]자 모양이 되어 있으면 허리의 각도가 같아도 부담이 커지게 된다. 무릎을 쭉 뻗은 자세가 되게 하자.	힘듦 편함
3. 웅크린 자세에 [비트는 것]을 없애는 것이 포인트 다른 자세에 비해 웅크린 자세에서 몸을 비틀 경우에는 부담이 급증하게 된다. 몸을 비틀지 말도록 하자.	힘듦 편함

4. 작업위치를 어깨에서 배꼽까지로 하는 것이 포인트
  손이 움직이는 범위에 따라 자세가 변해버린다.
  상한이 어깨높이까지, 팔이 어깨보다 위로 올라오는 것은 피하자.
	힘듦 편함

5. 부품이나 작업위치와 몸의 거리가 포인트 몸에 가까이 하는 것이 좋다. 팔꿈치가 가볍게 굽어지는 정도가 한계이다.	힘듦 편함

또한 물건취급시 몸에 가까이 하여야 하는 것이 몸에 부하가 적게 걸리는 것으로 [그림]은 지렛대 원리에 대해서 나타낸 것이다.

여기서 중요한 점은 간단한 지렛대 체계에서 받침대(F)가 지지하는 무게는 곧 지렛대 막대 X와 Y의 양끝에 작용하는 무게의 합이라는 것이다. 즉

$W = 45[\text{kg}]$ $W \times X = P \times Y$

$X = 40[\text{cm}]$ $45 \times 40 = P \times 10$

$Y = 10[\text{cm}]$ $P = 180[\text{kg}]$

W = 물건의 무게

X = 무게 중심으로부터의 거리

Y = 무게 중심으로부터 근육까지의 거리

P = 근육에 가해지는 긴장(부하)

따라서 실제로 들어올리는 무게 전체는 $P + W = 225\text{kg}$이다.

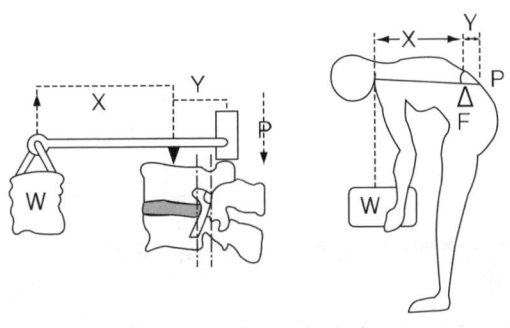

[그림] 인체의 척추에 작용하는 압력에 관한 지렛대 원리

따라서 물건을 들어올릴 때에는 X의 거리를 줄여주기 위해서는 척추를 직립형으로 하면서 물건을 몸에 가까이에서 취급하는 것이 바람직하다.

3. 물건 취급시 허리 근육의 활용 방법

허리 근육의 약화는 요통의 원인이 되는 부분이다. 요통과 근육은 깊은 관계로서 허리에 관련된 근육의 강화나 스트레칭은 허리의 요통 예방 및 재발 방지에 많은 도움이 된다.

그러나 요추의 전만이 무엇인가에 의해서 일어나면 요추에 부담이 커져서 요통을 일으키기 쉽게 된다. 허리에 관련된 근육은 상당히 많으나 요추의 전만에 관계있는 대표적인 근육은 복근군과 허리요배근육군이 있다.

또 요추 최하부의 제5요추와 천골이 골반과 연결되어 있기 때문에 골반의 기울기 가감에 따라 요추의 전만정도가 변화가 된다.

골반의 기울기에 관여하는 대표적인 근육은 대둔근과 장요근이 있다.

복근군은 허리를 앞으로 움직이는 근육이 집합체로 최대의 힘을 내며 복근군은 전만을 감소시키는 일을 한다.

허리근육군은 허리를 뒤로 젖히게 하는 근육의 집합체로 여러 근육에 의해 구성되어 있다. 이 근육의 이완은 급성요통증의 원인이 되며 요추의 전만을 증가시킨다.

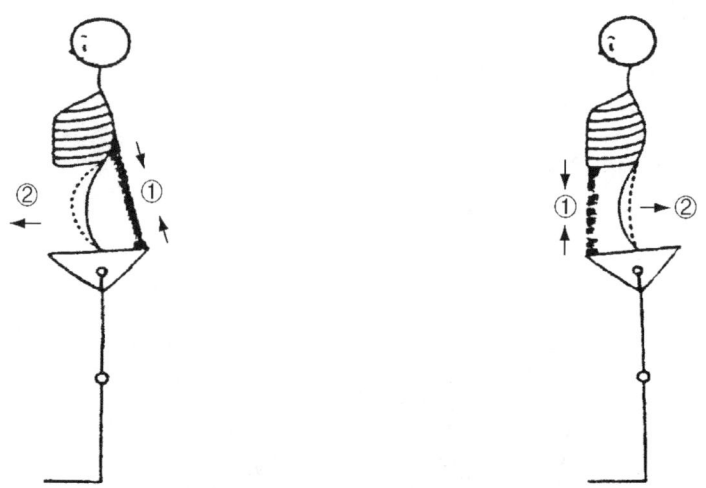

(a) 허리 근육군 허리 근육군이 수축하면 ① 요추의 전만이 증강됨 ②

(b) 복근군 복근군이 수축하면 ① 요추의 전만이 감소됨 ②

[그림] 물건 취급시 허리 근육군, 복근군의 기능

대둔근은 골반과 대퇴골에 부착되어 있는 근육으로 주로 슬관절을 신전시키는 일을 하며 골반이 앞으로 기울임을 감소시키기 때문에 그 위에 있는 요추의 전만은 감소하게 된다.

장요근은 우리 인체의 장과 요추, 골반과 대퇴골에 부착되어 있는 근육으로 슬관절을 앞으로 구부리는 일을 하며 골반이 앞으로 기울어짐을 증강시켜 2차적으로 요추의 전만이 일어나

요통을 일으키기 쉽게 된다.

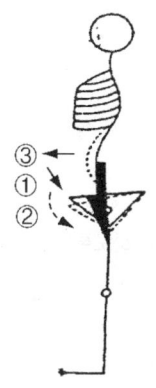 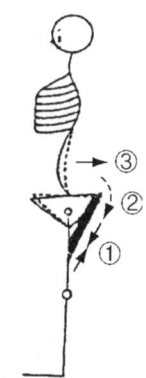

(a) 장요근이 수축하면 ① 골반의 기울기가 증대하고
② 요추의 전만도 증가함 ③

(b) 대두근이 수축하면 ① 골반의 기울기가 감소하여
② 요추의 전만은 감소함 ③

[그림] 물건 취급시 장요근과 대두군의 기능

4. 작업대와 작업발판

[그림]은 서서 작업하는 경우의 작업대 높이이다. 이 예는 작업의 종류에 따라 어느 정도 높이의 작업대를 설치하는 것이 좋은가 하는 것을 표시하는 것이다.

작업자세의 개선에 대하여 사업장이나 작업자 자신이 제안하면 비교적 용이하게 행할 수 있는 것도 있으나 많은 예산을 필요로 하고 큰 방침이 세워지지 않으면 불가능한 경우도 물론 있다.

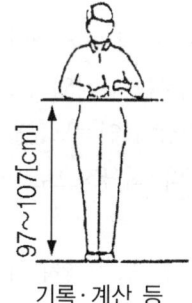 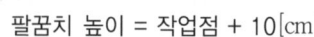 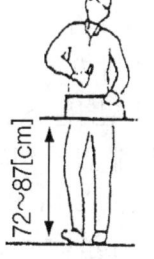

팔꿈치 높이 = 작업점   팔꿈치 높이 = 작업점 + 10[cm]   팔꿈치 높이 = 작업점 + 20[cm]

97~107[cm]   87~92[cm]   72~87[cm]

기록·계산 등   가벼운 힘을 가하는 작업   중량물 취급작업

(단, 여성은 5[cm] 낮게 적용한다.)

[그림] 선 자세에서의 작업 종류별 작업대의 높이

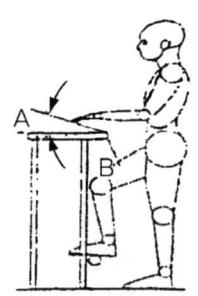

A : 작업면 기울기(작업면의 기울가 조절 가능 하도록) : 0°~30°
B : 모리는 둥글게 처리
C : 발받침대 : 10~15[cm] 높이

[그림] 작업발판의 높이 및 작업면 기울기

따라서 이러한 조건 등이 고려되어야 한다.
또, 콘베이어작업 등 근로자가 양쪽 다리를 이용하여 장시간 서서 작업하는 경우에는 작업동작의 위치에 맞춰서 10~15[cm] 높이의 발 받침대를 [그림]과 같이 사용하게 되면 피로를 줄일 수 있다.

3 맺음말

요통의 예방대책은 작업근로자의 올바른 작업자세와 근력강화를 위한 운동의 실천이 필요한 부분으로 우선 선행되어야 하며, 일반적인 예방대책은 다음과 같다.
첫째, 경영층이 문제해결을 위해 시간적 재정적 지원과 필요한 동기부여를 하는 등의 의지를 보여주는 것이 매우 주요한 부분이다.
둘째, 근로자의 적극적인 참여이다. 작업개선과 업무 향상을 위해서는 그 작업을 매일 수행하는 사람보다 그 작업의 문제점을 더 잘 아는 사람은 없다. 따라서 대부분의 작업 근로자는 그들이 일하는 작업환경에 좀 더 많은 영향력을 가지기를 원하고, 작업장의 안전보건을 향상시키는데 많은 이해를 하고 프로그램에 관여토록 하여 그들이 보다 더 적극적으로 실천할 수 있도록 하는 것이 필요하다.
셋째, 작업공정에 대한 문제점을 인지하는 것이다. 여러 가지 체크리스트 등을 활용하여 전문분석을 통한 작업조건에 따른 위험요소의 우선 순위를 설정하여 개선, 발전시키도록 하여야 한다. 또한 프로그램은 실천하기 쉽고 저비용으로 고효율성, 즉 원가 효율성이 고려되어 적용되어야 한다.

결론적으로 사업장에서 요통 등 근골격계 질환의 예방을 위한 프로그램은 근골격계 질환을 일으킬 수 있는 작업, 힘이 많이 소요되는 작업, 기계적인 스트레스, 수공구 및 운반기기의 부적합, 잘못된 작업장 설계, 열악한 작업환경 등이 고려되어 개발된 프로그램이 보급되며 이를 노·사가 함께 참여 실천함으로써 요통 등 근골격계 질환의 예방은 물론 작업자에게 일하기 좋은 쾌적한 직장으로 만들어져 생산성 향상에도 기여하게 될 것이다.

02 재해 예방을 위한 인간공학의 역할

자료출처 : 98년 8월 한국산업안전보건공단 '안전보건'

1 서 론

사고의 대부분이(80[%]) 인간의 실수 또는 불안전한 행동에서 기인되고 있음은 널리 알려져 있다. 이것은 사고의 원인이 "부주의"와 "소홀함" "태만" 등 때문이라는 주장도 있지만 이와는 달리 사고 당사자는 사고의 원인으로 '생산시간에 대한 압박감', '걱정', 또는 '초조함', '피로', '장비의 결함' 등을 그 원인으로 주장한다.

이러한 주장이 사실로 증명되기 위해 과학적 접근 방법으로 인간공학의 역할이 요구되고 있다. 다양한 안전기술이 알려졌음에도 불구하고 작업자, 이용자 편에서는 안전요구 등은 쉽게 무시되었다. 안전 전문가들이 안전수단을 도출하거나 위험을 분석할 때 작업자 편에서 생각할 수 있는 인간공학적 사고가 필요하다고 보여진다.

신뢰성 있는 안전활동에 도달하기 위해서 나아가 인간 중심적인 과학적 사고가 우리사회와 산업현장에 뿌리내리게 하기 위해서 인간공학적 기초지식은 반드시 필요하다. 따라서 인간공학은 앞으로 모든 산업분야와 기초과학분야에 응용되어야 하며, 이는 곧 생산성 향상과 작업시 안전에 문제가 될 만한 요소의 감소, 여성과 노령 근로자가 일할 수 있는 작업장 수의 확대 등 우리 사회에 많은 혜택을 줄 것이다.

반대로 효과적인 안전관리를 위해 공학, 의학, 생리학, 심리학 등의 지식을 이용하여 작업조건의 적절한 분석과 기존 상태의 개선을 위해 타 분야와의 연계를 인간공학자들과 안전관리자들이 수행해야 한다.

따라서 우리나라에서 작업안전분야에서 성공에도 불구하고 작업조건이 개선되지 않아 근로자들의 실수에 의한 사고와 각종 질병들이 지속적으로 발생하고 있는데, 작업자 중심의 인간공학 프로그램을 도입하여 작업조건을 개선시키면 이러한 현상을 막을 수 있다.

작업조건을 개선시키기 위해서 몇 가지 알고 있어야 하는 지식 중 육체적 작업강도를 평가·관리하는 방법, 정신·심리적 피로강도와 그 대책, 인체계측학적 작업장 디자인, 사업장에서의 시간 관리 원인, 기타 인간공학적 설계요소 등에 관한 지식을 습득하여 적절하게 사업장에 적용해야 한다.

이상과 같은 인간공학의 기본지식은 신뢰성 있는 안전조치를 내릴 수 있어 근로자, 사업주 모두에게 신임을 얻을 수 있다.

인간공학의 다양한 역할 중 본 연구에서는 인간의 실수를 줄여 사고를 예방하기 위한 방법을 찾는 데 국한하여 기술하기로 한다.

따라서, 일반적인 인간공학의 개념을 이해하고 인간실수 예방의 중대성을 인식하고 인간의 정보처리 체계를 이해함으로써 본질적인 사고예방을 위한 방향 제시를 하고자 한다. 나아가 국제적 인간공학의 동향과 정책 방향을 함께 제시하고자 한다.

2 새로운 산업형태와 인간공학 개요

산업사회가 발전하면서 산업기술은 수작업에서 기계화, 기계화에서 자동화, 자동화에서 향후 인공지능화로 변화되어 가는 추세에 있다. 이는 1985년을 기점으로 로봇의 보급률이 선진 모든 나라들이 매년 100[%] 이상의 증가를 기록하고 있는 것으로 잘 알 수 있다.

자동화의 시대부터 많은 작업자들이 모니터링만 하면 대개의 작업이 수행되는 형태로 산업이 변화될 것이다. 자동화의 보급률이 높아지고 시스템이 거대화·복잡화될수록 재해 통계에서 인간의 실수가 차지하는 비율은 높아지고 있음을 우리는 알고 있다.

3 인간의 정보처리 및 과오예방 원리

인간의 실수에 의한 사고에 관한 국제적 통계를 보면,

① 미국 CPI(Chemical Process Industry)에서의 모든 사고 중 인간의 과오에 의한 사고는 80~90[%] (Joshchek, 1981)
② 일본 화학산업의 경우 1968년에서 1980년 사이 120건의 사고 중 45[%]가 인간의 실수(행위)에 의해 발생하였으며, 인간공학적으로 부적합하게 디자인된 기계나 설비를 포함하면 58[%]가 인간의 과오에 의해 발생한 것으로 되어 있다.(우헤하라 및 하세가와)
③ 미국의 상업원전에 관한 사고원인별 분석의 경우 인적 오류는 65[%]를 차지하고 있다.
④ 우리 나라의 경우 인적 오류에 의한 통계는 조사된 바 없으며, 한국산업안전보건공단에서 불완전한 행동과 상태별 구분을 하고는 있으나 복합적으로 중복 통계를 내고 있어 ILO와 같이 별도의 인적 오류를 분석하기 어렵다. 그러나 한국 원자력 연구소에서 원전에서의 인적 오류 원인분석조사 보고서에 의하면 고리 원자력 발전소 1호기가 상업 운전한 1978년부터 1991년까지의 운전정지 사고를 분석한 결과 인적 오류에 의한 정지가 전체의 15[%] 정도 차지하고 있는 것으로 나타나 선진국과는 상당한 차이가 있다.

그 원인은 첫째, 우리 나라의 경우 안전과 관련한 사고의 경우 개인에게 책임을 추궁하는 조사방식이 작업자나 동료작업자로 하여금 많은 경우 사고의 원인을 은폐하는 요인으로 작용되고 있다. 둘째, 위의 조사 결과는 상업운전 초기의 자료이기 때문에 디버깅 기간에 설비 고장이 자주 발생하듯이 기기상의 문제점이 상대적으로 많았던 것으로 추정되고 있다.

수행도 형성인자는 작업자의 작업수행에 영향을 미치는 요인들을 지칭하는 것으로 인적 오류의 주요한 결정인자로 작용한다(Swain. 1983). 수행도 형성인자를 어떻게 분류하는가에 대해서 여러 학자들이 제시한 바가 있으나 본 자료에서는 Swain(1983)과 Snook(1997)씨의 분류를 인용한다. 이러한 분류에 따라 분석한 결과를 인간공학적으로 대응방안을 수립함으로써 재해를 근원적으로 예방할 수 있는 새로운 길을 열 수 있게 된 것이다. 인간공학적인 대응방안을 수립하기 위해서는 기본적으로 인간의 정보처리 체계를 우선 이해할 필요가 있으므로 본 연구에서는 인간의 정보처리체계를 중심으로 인적 오류 원인 분석을 전개해 나간다.

4 국제적 압력

인간공학에서 연구되어온 여러 가지 이론들이 우주과학, 군사설비 등 특수 산업에서 급속한 산업의 발달로 일반 제조 생산의 자동분야까지 확대 응용되면서 국제적 규제 및 자국의 근로자 보호를 의해 법적 규제 제도를 도입하고 있다.

첫째, 선진국의 생산품 책임제도(Products Liability)의 법적규제 및 ISO 품질규정에 따라 사용품의 안전과 품질확보 및 편리성을 위해 이미 상당한 조항들이 기준되어 있고 지금도 진행 중에 있다.

> **참고**
> ① 일반인간공학 : ISD 6385, ISO 10075, ISO 10075-2, ISO 7250.2, ISO 8996, ISO 11226, ISO 11228
> ② 통제장치, 조절장치 : ISO 8995, ISO 9335-1.2.3, ISO 11064-3, ISO 13406

둘째, 안전과 관련한 법적 규제로서 유럽의 CE 인증제도에 따라 기계설비 또는 제품의 위험성을 평가하는 항목에 인간공학 분야가 삽입되어 인간오류방지 및 작업부하에 따른 위험성을 사전 예방하고 있다. 이에 따른 많은 EN 규정이 발효되고 있고 지금도 인간공학에 관한 Pr-EN 규정들이 계속 검토 진행되고 있다.

따라서, 우리 나라 정부에서도 우리 근로자들의 권익과 특성을 대변하여 근로자들을 보호하기 위한 조치가 강구되어야 한다고 사료된다.

> **참고**
>
> ① EN 규정 중 인간공학 분야 : EN 292-2, EN 641-1, prEN547, prEN894-2, 894-3. ESHR 1.1.2, 1.2.2, 3.2.1, 3.2.2, CEN/TC122
> ② 영국 BSI PSM/39, (prEN894-3, 1005-2, 1005-3)

셋째, 선진국의 경우 자국의 근로자들의 단순반복 작업 및 중량물 취급에서 오는 신종 질병을 줄이기 위해 인간공학 프로그램 개발에 주력하고 있다. 미국의 ERGONOMICS PROGRAM : Management Guidelines for Meatpacking Plants(OSHA. 1990). ANSI Z-365 Standard on Cumulative Trauma Disorders(draft : 1993, 1994) 등이 있고, NIOSH의 Manual Handling Guideline 및 the Voluntary Ergonmics Program Nanagement Guidelines for Food Distribution 등이 단체, 연구소 등에서 자율적으로 사업장에서 도입하도록 유도하고 있다.

5 향후 정책방안 제언

향후 국제적 변화에 따른 법적 규제에 대응하고 우리 근로자들의 보호를 위해, 또한 자동화 첨단화되어 가는 사회구조에서 인간오류 방지를 위해 사업장에 고도의 기술을 전파하기 위해 안전공단은

첫째, 안전보건이 결합된 인간공학분야의 연구조직은 연구원에 필요하고, 향후 안전공단은 이러한 연구결과를 사업장에 효율적으로 전파할 수 있는 사업팀이 반드시 필요하다. 동시에 사업장의 안전보건관계자 및 인간공학 관련부서에 근무하는 근로자들로부터 인정을 받고 사업주로부터 신뢰를 얻을 수 있는 길을 열어주어야 한다.

> **참고** ▶ 인간공학 조직과 국제 기관들
>
> ① 미국 : OSHA 청장 직속으로 "안전공학 팀"이 있고 본부에 "인간공학적 안전기준과"와 "인간 공학 기술지원과"가 있음. 전체 조직 구성에서 인간공학이 매우 강화되어 있음을 알 수 있음.
> ② 독일 : BAU(연방산업안전보건연구원) 산하 6개국 4개국이 인간공학국임.
> 인간공학분야 독일 자문결과 보고서(1994년)의 제안에 의하여 "공단 본부 및 산하연구원은 인간공학적 문제점들과 관련된 연구를 위한 일련의 스케줄을 수립해야 하고, 대부분 현장과 일련의 스케줄을 수립해야 하고, 대부분 현장과 연계되고 부서간·기관간 상호협조가 요구된다"고 제안하고 있다.

둘째, 법칙사업과 지원사업을 병행은 하되 향후 지원(Consultant) 사업에 역점을 두어야만 사업장 스스로 문제를 해결할 수 있는 자생적 힘을 정부에서 줄 수 있을 것이란 측면에서 보면, 신 연구 중심의 사업으로서 사업장에서 스스로 해결하기 어려운 작업조건에 관련된 사업의 연구가 시급히 요청된다.

예를 들면, 인적 오류에 관한 업종별 가중치 요소 결정 프로그램 개발 보급, 업종별 또는 작업형태별로 알맞은 휴식 시간제 및 교대 시간제 개발 보급, 유해 위험 작업별 사업장 자아 진단 프로그램 개발, 신종 직업별(요통 및 CTDS)과 관련한 새로운 사업장 진단기법 및 관리법 개발 보급(인간공학 프로그램), 사업장 종합 안전관리 소프트웨어 개발 보급. 기타 사업장에서 자문을 요구할 때 관련 기술의 충분한 자원을 할 수 있는 다양하고도 충분한 연구결과를 확보해 두어야 할 것으로 사료된다. 나아가 이러한 연구 결과가 교육을 통해 보급되고 기술지도 사업에 활용되면 사업장으로부터 신뢰를 받고 또한 재해예방사업의 성과가 배가될 것으로 생각된다.

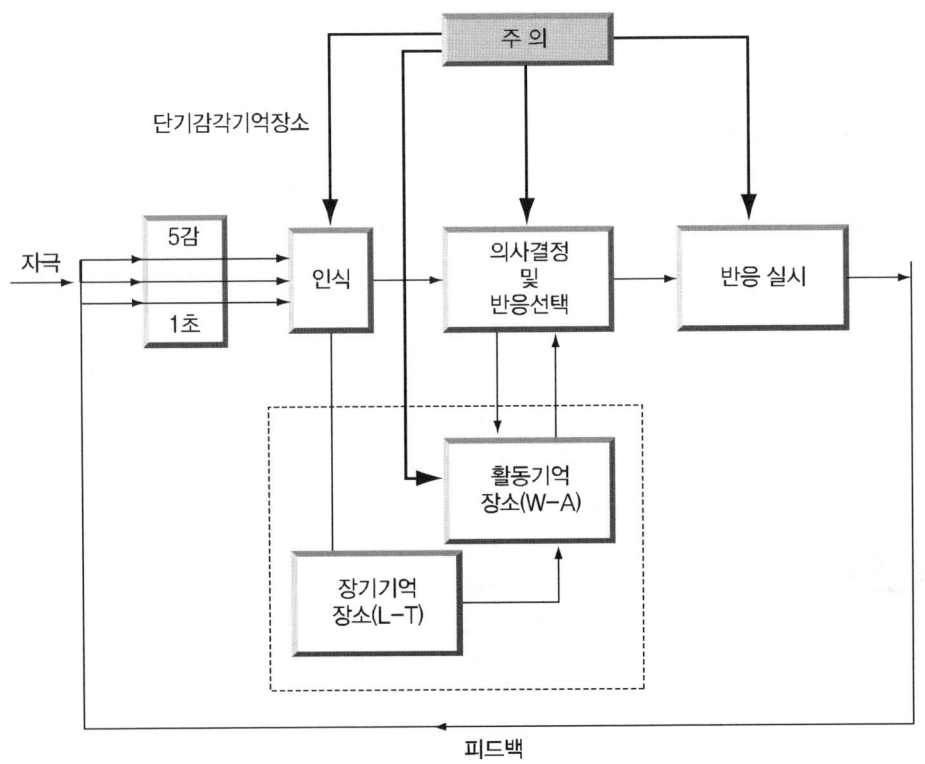

- working memory : 20[secs], long term memory : 연상, chunk
- 인지과정 : 60[%], 선별 : 30[%], 처리 : 5[%]
  감각기관 : 생리, 심리, 육체, 감각차단, 주의 분산, 판단명령
  기 관 : 능력, 정보부족, 운동기관 : 기술, 실행태도, 운동기능↓

[그림] 인간의 정보처리 과정

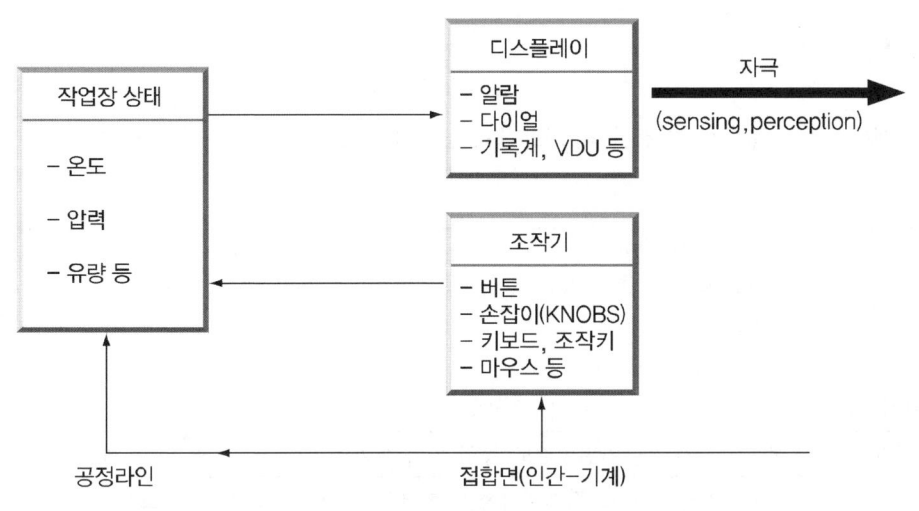

[그림] Man-Machine Interface

[표] 화학공장에서 안전활동 평가 PPE(Pirani and Reynolds.1976)

활동방법	변화(2주 후)	변화(4개월 후)	비 고
일반 안전 포스트	+51[%]	+11[%]	Short-term
적절한 영화, 비디오	+40[%]	+11[%]	
두려움 유발 포스트	+18[%]	-2[%]	흡연광고, A.B/fall
규제, 벌칙성 조치	+39[%]	-7[%]	구방식 Maslow, X-Y
토의+견해 리더	+9[%]	+2[%]	Leader(설득)
역할부여(Role playing)	+71[%]	+68[%]	다른 견해 주장 토론 참여

구 분	변화(2주 후)
주의	명확하지 않거나 너무 일반적인 것보다 직접적이고 구체적인 지시가 성공, 작업장에 직접 관련된 것
단기기억저장 (Short-term memory)	구체적 위험에 대한 포스터가 단기기억저장에 유효(구체적 제목과 적절한 장소), 두려움을 주는 포스터는 반드시 주의를 주는 것과 같이 사용 일반적인 포스터는 효과 낮음
장기기억저장 (long-term memory)	• 안전캠페인은 단발로 끝나면 안됨(6개월 이하 기억). Human Error 해결을 값싸게 하려다 결국 값 비싼 캠페인을 한 결과가 됨. • 징계조치 : 자기의 역량 부족에 의한 사고에 대해 책임을 묻는 것은 불합리(수정되지 않은 작업절차서, 잘못 디자인된 작업도구-사고재발) : long-term M에 부적당
결 론	이상의 동기부여 활동은 일상적인 위반 사항을 예방하기 위한 한 방법이 될 수 있으나 디자인 에러, 작업자와 작업간의 부조화 등과 같은 것에 의해 발생되는 H.E에 직접 적용되지는 않음

6 요약

안전 캠페인은 "사람들이 안전한 태도로 생각하고 행동하도록 하기 위한 프로그램"
→ 칭찬, 징계 조치, 두려움 : 포스터, 비디오, 유인 책

1. 포스터	안전에 대한 일반적인 주의 특별한 위험에 대한 경고 or 정보 일반적인 정보 ; 법규 두려움 야기 포스터
2. 비디오	상품 ; 30분 이하, 강의, 훈련용
3. 유도방책	점검, 체크평가, 안전성취도 등의 평가로 개인 부서, 공장별 상품 제공
4. 평가	안전캠페인은 사고 잠재위험성을 현저히 줄이기보다 사고 보고를 기피하는 경향을 유발할 수 있음. 재해율, 사고건수 : 사고보고 가변성 의문, 개인 보호구(PPE)에 대한 인간 과오 측정

합격 Key

[1] 본 부록의 논문은 예비 산업안전지도사께서 읽어보신 후 필요 부분만 요약해서 답안 작성시 가미하세요.

[2] 본 문제와 답들이 반드시 명쾌한 만점의 답이 아님을 밝힙니다.
 (본 저자가 채점시는 99점, 98점 정도입니다.)

03 과로 및 스트레스에 의한 건강장해 예방 대책

자료출처 : 96년 10월 15일 한국산업안전보건공단 '안전보건'

1 피로 및 과로

1. 피 로

피로란 작업 또는 활동으로 인하여 고단하다는 느낌이 있으면서 신체의 기능 또는 일의 능률이 저하된 상태로 수면과 영양을 보급하면 정상상태로 회복될 수 있는 생리적 현상으로 병적(질병) 상태는 아니다.

2. 과 로

과로는 강도높은 근로, 장시간 근로, 불규칙적인 근로형태 등의 원인으로 피로감이 단시간 휴식으로 회복되지 않고 몸의 상태가 나빠져 일의 능률저하가 지속되는 현상으로 일종의 피로축적 현상이라 할 수 있다.

2 과로의 요인과 증상

직장인들이 과로하게 되는 요인은 주로 업무에 의한 것이나 업무외적 요인 또는 이들이 서로 연계된 복합요인이 있으며 그 내용은 다음과 같다.

1. 업무에 의한 요인

① 책임감이 높은 일의 연속
② 강도높은 작업의 연속
③ 휴식 없는 작업의 연속
④ 하역작업 같은 과격한 중노동
⑤ 심야작업의 연속

⑥ 불규칙한 작업형태
⑦ 고열, 한랭, 강렬한 소음, 진동 등의 열악한 작업환경
⑧ 업무로 인한 심리적 압박감
⑨ 상사 및 동료와의 갈등 등 심리적 스트레스
⑩ 연속되는 장거리 출장
⑪ 강도 높은 운전작업(버스, 택시, 트럭운전수)
⑫ 신체활동 부족(사무직)

2. 업무외적인 요인

① 가정불화로 인한 심리적 부담
② 영양부족
③ 안락하지 못한 주거환경
④ 과격한 운동
⑤ 정신적 충격 등
⑥ 과음, 흡연

과로의 증상은 가슴 두근거림, 호흡곤란, 빈뇨, 식욕부진, 위장장애, 혈압상승 및 불안, 두통, 식은땀 등이다.

무리한 신체작업으로 인한 과로의 경우에는 주로 사용한 근육과 관절을 중심으로 증상이 나타나는데 심할 때는 건초염, 관절염, 추간판의 변화 등이 생길 수도 있다.

3 과로 및 스트레스 관련 질병

직장인들에게서 발생되고 있는 업무로 인한 뇌·심혈관 질환은 과로 또는 스트레스가 질병의 발생 혹은 발생된 질병의 촉진 내지는 질병 경과의 변경 등과 관련되어 있는 질환이다.

과로나 스트레스로 인하여 발생 또는 악화되는 건강 장해로는 뇌출혈, 지주막하출혈, 고혈압 뇌증, 뇌경색 등의 뇌혈관장해와 심근경색증, 협심증 등의 심장질환 및 고혈압, 편두통, 긴장성 두통, 신경증, 소화성궤양 등이 있다.

과로나 스트레스로 발생, 악화되는 건강장해 중 비중이 큰 것은 순환기 장해로 고혈압과 같은 기존질병이 급격히 악화되어 뇌혈관 또는 심혈관계질환으로 진행되는 것이다.

4 작업과 업무로 인한 뇌·심혈관 질환

직장인이 갑자기 사망한 경우에는 일과 사망간의 관계, 특히 사망 전에 수행한 정신적 또는 육체적 부담을 준 과격한 업무에 대하여 파악하는 것이 필요하다.

대개 고혈압 또는 동맥 경화증 등의 기초질환이 악화되어 발생하는 뇌혈관 또는 심혈관계질환은 유전적 요인, 개인의 기호(술, 담배, 음식), 운동부족, 생활습관, 성격, 연령, 가정생활 등 개인적 촉진요인에 의해 진행된다.

따라서 뇌혈관 또는 심혈관계 질환이 업무상 질병으로 인정되기 위하여는 질병 발생 또는 악화가 업무에 기인한 것이어야 하며, 즉 근로시간, 업무량, 업무의 질 등을 고려할 때 작업 조건이 변화함으로써 근로자의 생리적 피로를 누적시키거나 갑자기 육체적, 정신적 과부하를 받은 사실이 있고 그 정도가 뇌혈관 및 심혈관계 질환을 유발시킬 수 있어야 한다.

산업 재해 보상 보험법에서는 근로자의 건강권을 보장하기 위하여 업무상질병 인정기준을 마련하고 있으며 '93년부터는 업무상 과로요인이 있고 업무 수행 중 발병한 뇌출혈에 대해서는 명백한 반증이 없는 한 업무상 질병으로 인정하고 있다.

돌연사는 다른 특별한 외적 요인이 없으면서 증상이 나타나 24시간 이내에 사망한 경우를 말하며, 이러한 돌연사의 반이 넘는 경우는 심장에 이상이 있는 것으로 밝혀지고 있고, 심장 질환이 과로와 관련이 있는 것으로 추정되고 있는 관계로 돌연사와 과로사가 혼용되고 있기도 한다.

5 과로의 예방

일반적으로 개인사업, 관리직 등과 같은 정신적 스트레스를 많이 받는 직종의 근로자에게 과로로 인한 질병이 발생되기 쉬우며 다음과 같은 특성의 업무에 종사하는 직장인 등에게 더욱 주의가 요구된다.
① 목표 지향적, 지속적인 추진력이 요구되는 업무
② 계속적으로 경쟁이 요구되는 경우
③ 시간적인 제한을 계속받는 경우

최근 40~50대의 순환기계질환 유병자의 증가추세는 과로나 스트레스로 인한 사망의 위험 대상이 증가되고 있다는 것을 말해주며 이에 대한 적극적인 예방대책이 요구되고 있다.

과로나 스트레스로 인한 직장인의 건강장해를 예방하기 위해서는 사업장에서 작업환경관리, 작업관리 그리고 건강관리가 함께 이루어져야 한다.

① 적정 근로시간 및 휴식시간 준수, 특히 유해위험 작업 근로자의 근로시간 제한 및 작업시간 중 적정 휴식시간 부여
② 교대 근무자의 경우 생체리듬을 유지하기 위한 교대, 작업일정 작성
③ 물리적 스트레스를 완화하기 위한 유해위험 환경의 개선
④ 정신적 스트레스 완화를 위한 쾌적한 직장분위기 조성
⑤ 건강증진을 위한 건강생활의 적극적 실천 및 환경 조성
　㉮ 적절한 운동
　㉯ 규칙적이고 균형잡힌 식사
　㉰ 편안한 마음가짐
　㉱ 금연, 금주 등의 건강한 생활습관
　㉲ 충분한 수면과 적절한 휴식

특히 고위험 근로자(혈중 콜레스테롤치가 높거나 평소 혈압이 높은 사람) 군에 대한 철저한 집단 보건 관리 등이 과로나 스트레스로 인한 질병 예방에 좋은 방법이다.

6 업무로 인한 뇌·심혈관 질환 예방을 위한 자기진단표

1. 작업장에서

① 최근에 작업량이 증가하고 책임이 무거워졌다.
② 하루 10시간 이상 일할 때가 자주 있다.
③ 종종 밤늦게까지 일을 하며, 작업시간도 불규칙하다.
④ 휴일도 대부분 일을 하며 보낸다.
⑤ 잦은 출장으로 2주일에 1~2일 정도만 집에서 편히 잔다.
⑥ 동료 또는 업무적으로 대하는 사람들과의 관계가 불편하다.
⑦ 업무 진행이 부진하고, 직장에서 가끔 추궁을 받거나 업무와 관련하여 최근에 실패한 경험이 있다.

2. 일상생활에서

① 하루에 30개피 이상 담배를 피운다.
② 지난 수 개월 동안 업무 또는 업무상 교제를 위해 계속 술을 마셨다.
③ 일년 이상 습관적으로 하루 4~5잔의 커피를 마셔왔다.

④ 식사가 불규칙적이고 동물성 지방을 자주 섭취한다.
⑤ 대부분 밤 10시 이후에 귀가하고 때때로 새벽에 귀가할 때도 있다.
⑥ 최근에 스포츠나 규칙적인 운동을 한 적이 없다.
⑦ 자신이 건강하다고 생각하며 수 년 동안 의사를 방문한 적이 없다.

3. 신체적 증상에서

① 고혈압, 심장질환 혹은 당뇨 등과 같은 만성질환이 있다.
② 종종 무기력함을 느낀다.
③ 최근에 몸무게가 갑자기 늘거나 줄었다.
④ 무슨 일을 쉽게 잊어버린다.(건망증이 심해졌다.)
⑤ 사람들이 당신을 나이보다 늙었다고 말하거나 혹은 스스로가 그렇게 느낀다.

> 어느 영역에서든 3개 항목 이상 체크된 경우 현재의 상황을 변화시킬 필요가 있으며 각 영역에서 3개 항목 이상 또는 전체에서 9개 항목 이상 체크된 경우에는 건강장해가 있는 상태이므로 의사의 검진이 요구된다.

※ 이 점검표는 일본 후생성 산하 공립공중위생원의 우에하타(上畑)가 개발한 것임

04 산업 분야(건설사업장)의 사고 사례 분석 및 안전성 평가

자료출처 : 1996. 2. 한국산업안전보건공단 '안전보건'

제1절 사고 발생 추이 및 사고 사례 분석

1 건설사업장 사고 발생 추이

1. 건설사업장 사고의 특징

① 공사 현장의 종합적 성격으로 인한 사고의 다양성
② 대형 장비의 사용과 지형적 여건에 따른 사고 발생 빈도 및 강도 측면에서의 중대성
③ 연속적이고 복합적인 공정에 따른 동시 복합성
④ 설계, 시공, 유지 관리 단계의 연계성에 따른 사고 원인의 지속성 등을 특징으로 하고 있다.

[표] 건설사업장 대형 붕괴사고

발생일	사고개요	인명손실
81. 4. 8	서울 현저동 지하철공사장 붕괴	
89. 4. 8	서울올림픽대교 건설공사 중 접속교 붕괴	사망 10명, 부상 42명
91. 3. 26	팔당대교 중앙탑 4개 중 1개 균열로 공사 재중단	사망 1명, 부상 2명
92. 7. 31	신행주대교 붕괴	
93. 11. 4	경남 함양군 음정교 신축중 붕괴	사망 3명, 부상 2명
94. 3. 8	서울 강동구 고덕동 빗물펌프장 2층 천장 붕괴	사망 2명, 부상 8명
94. 5. 23	경기도 고양시 행산동 시영아파트 공사장에서 타워크레인 붕괴	사망 3명
95. 4. 28	대구 지하철공사현장 가스 폭발 사고	사망 101명, 부상 117명

[표] 건설사업장 중대재해 기록

순서	발생일	건설업체	현장명	사고개요	피해정도
1	92.03.02	(주) 광주고속	대불주리단지 1단계공사	법면의 암반이 붕괴하여 매몰	사망 4명, 부상 1명
2	92.06.26	삼부토건(주)	과천선 금정-사당간 10공구	터널 상부 부석정리 중 부석	사망 3명, 부상 1명
3	92.06.70	은하산업(주)	내서농협창고 신축	콘크리트타설중 슬라브가 붕괴	사망 7명, 부상 2명
4	92.11.29	동산토건(주)	산본주공3차 아파트	타워크레인 지보 수정 중 지브가 낙하	사망 3명, 부상 2명
5	93.02.25	현대건설(주)	태안화력 1,2호기	타워크레인 인상 케이지를 인양 중 케이지가 낙하	사망 3명, 부상 3명
6	93.11.04	중앙토건(주)	지리산 실덕-음덕간 도로	도로박스 슬라브 콘크리트 타설 중 슬라이브가 붕괴	사망 3명, 부상 2명
7	94.02.03	인터라인	동방프라자 워싱턴 카바레	카바레 개수공사 중 용접불티로 화재	사망 7명, 부상 5명
8	94.03.08	세양산업(주)	고덕 빗물펌프장 신설	(주)콘크리트 타설 중 거푸집 지보공 붕괴	사망 2명, 부상 8명
9	94.04.18	우성건설(주)	연수 2차 아파트	아파트 공사현장 가설숙소에서 화재 사고	사망 3명, 부상 4명
10	94.04.17	금성냉동설비	나주신진수산 냉동공장	냉동공장 현장에서 화재 폭발	사망 5명, 부상 2명
11	94.05.23	성원건설(주)	행신시영 12, 13 B/L 아파트	타워크레인 해체작업 중 타워크레인 붕괴	사망 3명, 부상 1명
12	94.05.23	삼광포장건설	청계천 배수관 부설공사	상수관 부설공사 현장에서 맨홀 내부로 들어가다 질식	사망 3명
13	94.07.02	성보건설산업(주)	사동항 건설	항만건설현장에서 탱크폭발 사고	사망 3명, 부상 4명
14	94.10.28	삼화통신	영암송신 안테나 교체 공사	송신안테나 해체작업 중 안테나 도괴로 근로자 추락	사망 3명
15	94.11.03	대승건설(주)	일반 시설 공사	콘크리트타설 중 슬라브 붕괴로 근로자 매몰	사망 3명, 부상 4명
16	4.12.09	현대중공업(주)	한보철강 당진공사	한보철강 아산만 현장 천장 크레인 전도사고	사망 8명, 부상 1명
17	95.03.17	경일기업	공장신축공사	곤도라 와이어로프가 절단되어 근로자 3명 추락	사망 3명
18	95.04.28	우신종건(주)	대구지하철 1-2공구	지하철 현장 도시가스 폭발 (일반인 : 사망인 97명, 부상 99명)	사망 4명, 부상 18명
19	95.07.25	포스코개발(주)	COREX 공장신축	60톤 타워크레인 해체중 붐과 마스트 전도	사망 5명, 부상 3명
20	95.08.22	LG전선(주)	154kV 지중 T/L 건설공사	한전 맨홀 양수작업 중 질식	사망 4명
21	95.08.04	포스코개발(주)	포철 3,4호기 화성 탈유설비	화성탈유 설비보수공사 중 암모니아 탱크 폭발	사망 6명
22	95.09.25	(주)태성주택건업	태성그린 시티아파트	콘크리트 타설 중 작업발판 붕괴	사망 3명

2. 건설사업장의 사고 위험성 증가

① 최근의 건설공사 추세는 사회기반 시설의 확충과 기존 건설구조물의 노후화 및 현대화 요구에 따른 건설공사의 양적 증가
② 공사규모의 대형화, 건설물의 기능향상 요구에 따른 공사내용의 복잡화, 고층화와 지하공간 활용증대에 따른 굴착심도의 증가 등 공사 내용의 질적 변화
③ 도심, 연약지반, 지하, 해상, 공중 등 건설현장 입지의 무한 확장에 따른 공사조건의 열악화
④ 좁은 국토의 이용 극대화를 위한 도심지 지하 공간 활용증대로 도시기반시설의 고밀도화와 기존 지하 매설물과 인접한 굴착작업은 증가일로에 있어
⑤ 건설공사현장의 사고위험성은 계속 증가하고 있으며, 사고에 의한 영향도 최근의 대구지하철 사고와 같이 단순한 공사현장 내의 사고가 아닌 불특정다수가 희생되는 대형 공중 재해로 발전하고 있다.

3. 건설사업장 산업재해 추이

① [표]에 나타난 바와 같이 건설재해는 전반적으로 감소추세에 있기는 하나 아직도 매일 100여명의 건설사업장 근로자가 상해를 입고 있으며, 이 중 3명은 사망에 이르는 중대재해를 입고 있다.

[표] 건설사업장 산업재해 추이

(단위 : 명)

년 도	1985	1987	1990	1991	1992	1993	1994
재해자 수	33,691	33,646	37,102	42,302	36,255	26,129	24,271
사망자 수	505	463	673	801	843	636	743

② [표]와 같이 전체근로자의 9[%] 미만인 건설 근로자는 산업재해에서는 3할을 점유하여 3배 이상의 사고위험에 노출되어 있다.

[표] 건설재해로 인한 경제적 손실

구 분	취업자 수 (천명)	산업재해분석				산재보험 지급액 (억원)	상대재해 (재해자수/취업자수 비율)
		산재보험 (천명)	사망자 수 (명)	재해자 수 (명)	재해율 (천인율)		
전산업	19,253	7,273	2,678	85,948	11.82	9,986	100
[%]	(100)	(100)	(100)	(100)		(100)	
제조업	4,652	3,085	733	40,037	12.98	3,420	187
[%]	(24.2)	(42.4)	(27.4)	(46.6)		(34.2)	
건설업	1,685	1,977	743	24,271	12.27	3,742	319
[%]	(8.8)	(27.2)	(27.7)	(28.2)		(37.5)	

③ 재해로 인한 경제적 손실도 계속 증가추세로 건설사업자의 산재보험 지급액은 3,742억원(1994년도)에 이르고 있는 심각한 상황에 있다.

2 건설사업장의 사고원인

1. 건설재해의 근본원인

건설재해는 근로자의 과실, 건설업의 각종 특수성, 부적절한 공사기간, 공사관리자의 통제부족, 관련법령 및 시책의 부적절 등에 기인한다.

2. 건설안전관리 장애 요인

공사 관계자의 안전관리 장애요인으로는 공사관리자의 인식부족, 안전관리지휘체계의 불비, 안전예산의 부족, 건설회사차원의 지원 부족, 안전관리기법 또는 도구의 부족, 공사관리자의 관리능력부족, 안전에 관한 자료 또는 정보의 부족 등에 있음.

3. 건설재해의 분석(출저 : '92 산업재해분석. 고용노동부)

(1) 사업장 규모별

사업자 규모별 또는 소규모일수록 재해율이 높지만, 특히 30인 미만의 사업장에서 가장 높게 나타났다.

[표] 사업장 규모별 재해자수 및 재해율

규 모	총계	30인 미만	30~99인	100~299인	300~999인	1,000인 이상
근로자 수	1,191,378	319,840	313,270	292,141	315,049	671,078
재해자 수	36,255	7,404	5,672	5,900	6,140	11,139
재해율[%]	1.90	2.31	1.81	2.02	1.95	1.66
비 율 [%]	(100)	(20.4)	(15.6)	(16.3)	(16.9)	(30.7)

(2) 입사근속기간별

입사근속기간별로는 90.4[%], 동종업무 근속기간별로는 81.1[%]가 6개월 미만의 근로자에 재해가 집중발생하고 있다.

[표] 입사근속기간별 및 동종업무 근속기간별 재해자수

구 분	총계	0~6개월	6개월~1년	1~2년	2~5년	5~10년	10년 이상
입사근속기간별 비율[%]	36,255 (100)	32,765 (90.4)	1,837 (5.1)	900 (2.5)	437 (1.2)	225 (0.6)	91 (0.3)
동종업무 근속기간별 비율[%]	36,255 (100)	29,659 (81.8)	581 (1.6)	2,305 (6.4)	2,017 (5.6)	1,224 (3.4)	469 (1.3)

(3) 재해정도(요양기간) 별

재해정도는 사망을 포함한 3개월 이상의 장기요양이 필요한 재해자의 비율이 48.1[%]로서, 재해자의 절반 정도가 중상해를 입고 있는 것으로 나타났다.

[표] 재해정도(요양기간)별

구 분	총계	사망	6개월 이상	91~180일	29~90일	15~28일	8~14일	4~7일
재해자 수 비율 [%]	36,255 (1000)	748 (2.1)	13,873 (38.3)	2,785 (7.9)	13,279 (36.7)	5,027 (36.7)	269 (0.7)	274 (0.8)

(4) 발생형태별

발생형태별로는 추락(17.7[%]), 낙하(14.1[%]), 비래(13.4[%]), 전도(8.3[%]), 협착(6.6[%]), 충돌, 붕괴도괴, 유해 물질 접촉, 감전 등의 순으로서, 작업 장소의 안전성 확보가 중요하며, 추락의 경우는 사망자의 비율이 30.9[%]로 중심관리 대상이다.

[표] 발생형태별

구 분	추락	낙하비래	전도	협착	충돌	붕괴도괴	유해물질 접촉	감전
재해자 수 비율[%]	6,402 (917.7)	5,127 (14.10)	4,864 (13.4)	3,027 (8.3)	2,402 (6.6)	610 (1.7)	528 (1.5)	51 (0/7)
사망자 수 비율[%]	262 (30.9)	83 (9.8)	76 (9.0)	39 (4.6)	58 (6.8)	30 (3.5)	2 (0.2)	26 (3.1)

구 분	파열	화재	이상온도 접촉	폭발	무리한 동작	기타	총계
재해자 수 비율[%]	195 (0.5)	156 (0.4)	128 (0.4)	123 (0.3)	6,217 (17.1)	6,225 (17.2)	36,225 (100)
사망자 수 비율[%]	1 (0.1)	7 (0.8)	0 (0)	6 (0.7)	93 (11.0)	165 (19.5)	848 (100)

(5) 직종별

직종별 재해통계는 직종의 분류가 일반산업용 표준분류로서 건설업의 기능직종과 직접적인 비교는 곤란하나 재해자수는 목공, 운전원, 전공, 용접제관공, 설비공, 도장공의 순으로 유추된다.

[표] 직종별

구 분	조적·목공 기타 건설공	목재가공 가구·목공	운전원 장비조작원	전기공	금속공 용접잔금공	기술자 기능공
재해자수	22,450	1,174	989	980	900	423
비율[%]	(61.0)	(3.2)	(2.7)	(2.5)	(2.5)	(42.3)

구 분	설비(기계)	도장	금속가공 처리공	기 타 생산직	기 타 노무자	계
재해자 수	283	281	179	1,676	6,726	36,255
비율[%]	(0.8)	(0.8)	(0.5)	(4.6)	(18.6)	(100)

(6) 작업내용 및 과정별

재해 분석체계가 일반산업재해 분석체계에 따름으로써 특징은 파악하기 어려우나, 공사 외의 작업으로는 자재의 취급, 보수작업, 기계의 운전이나 수리, 전기작업 중에 재해가 많이 일어나는 것으로 나타났다.

[표] 작업내용 및 과정별

직 종	건축토목 공사	원자재 및 물질 취급	건축구조물 수리·보수	기계장치 설치작동	기계장비 설비수리	정전 및 활선 작업
재해자 수	19,609	3,480	3,371	1,505	1,216	691
비율[%]	(54.1)	(9.6)	(9.3)	(4.2)	(3.4)	(1.9)

직 종	운송장비의 조작·운전	서무·행정 판매업무	서비스 업무	업무 수행이 아닌 경우	기타	계
재해자 수	546	92	76	170	5,481	36,255
비율[%]	(1.5)	(0.2)	(0.2)	(0.5)	(15.1)	(100)

(7) 기인물별

기인물별 재해 현황은 사고 방지에 유효한 가장 직접적인 정보를 제공해 줄 수 있는 사항으로서 가설 건축 구조물(33.9[%]), 재료(17.9[%]), 건설기계(8.5[%]), 동력기계(6.9[%]) 등의 순으로서, 가설기자재의 안전성 확보가 관건이 되고 있다.

(8) 종합고찰

이상의 건설 재해 분석 결과를 종합하면 건설 재해는 다양한 재해 유형과 기인물에 따른 안전 관리 대상의 복잡성을 특징으로 하며, 재해 발생 양상은 현장의 제반 조건에 익숙치 못한 신규 근로자가 설비나 재료의 취급 중에 추락, 전도, 구조물의 붕괴, 낙하물에 충돌하여 재해를 입는 경우가 많은 것으로 나타나고 있다.

3 대구지하철 공사현장 가스폭발 사고 사례 분석

1. 사고개요

대구시 지하철 공사장 인근 백화점 신축 공사장(대백프라자)에서 그라우팅 작업도중 도시 가스 배관에 구멍을 뚫어 가스가 유출되어 인접 우수관을 통하여 지하철 공사현장으로 유입되어 깔려 있다가 원인미상의 화인에 의하여 폭발함.

[표] 대구지하철 공사현장 가스폭발사고 개요

일 시	장 소	피해상황	
		인명	재산
95년 4월 28일 07 : 52경	대구 달서구 상인동 염남고 앞 지하철 공사장	사망 101 명 부상 202명	건물 피해 227동 차량피해 149대

2. 사고 원인

(1) 직접 원인은 안전 수칙 및 공사 절차의 무지 또는 무시

① 건설 작업 안전 측면에서는 굴착 허가 범위를 무시한 과다굴착, 도로법상의 굴착 허가 취득, 도로법상의 굴착 허가 취득 위반, 도심지 내 지반 천공작업시 줄파기 등에 의한 매설물 상황 확인 수칙 위반, 가스유입통로가 된 파손된 하수관의 구멍 방치 등

② 가스 안전측면에서는 파손된 가스관의 응급조치 없이 천공부위 되메우기, 지하 공사장의 가스 검지기 미설치, 작업자의 신고에 따른 작업중지조치 미실시, 지하철 작업장의 착화원 관리 소홀 등에 기인함.
③ 비상 구난 체계에 있어서도 경찰의 도로 교통 통제 미실시 등 비상통보체계가 허술하였으며, 가스누출 확인, 공급 중단, 대피 등 가스 누출에 따른 비상조치의 지연, 근로자 대피의 미실시 등에 의함.

(2) 행정 및 공사관리측면의 간접원인
　① 공사관리측면
　　㉮ 설계변경 시추위치 선정 등에 대한 공사감독 소홀, 원청사의 하도급자에 대한 안전관리 소홀, 공사내용 변경에 따른 사전안전성 평가(유해위험방지계획) 및 안전대책 수립 미흡
　　㉯ 지하작업장 작업시 가스 책임자 지정과 가스측정 소홀, 담배, 용접불꽃, 전기 등 점화원의 사전관리 소홀 등 작업환경관리 부실
　　㉰ 원하도급 건설업체의 안전관리 능력 미흡
　② 건설행정 및 유관기관의 지도감독 미흡
　　㉮ 관청허가나 소관기관의 입회 절차 없이 가스관 매설구역의 시추작업을 강행하였으며 가스 발생시 경보체계 허술로 대피지연을 초래함.
　③ 기술적 측면
　　㉮ 지반보강 작업 공사장 주변에 대한 사전조사 소홀과 이에 따른 공사내용의 임의변경
　　㉯ 공사전 현장 주변에 대한 매설물의 현황파악 미실시
　　㉰ 지반에 대한 사전조사의 부실로 설계시 가정 조건과 상이한 현장여건으로 설계변경 초래
　　㉱ 연약지반 보강작업을 도로상에서 불법으로 수행
　　㉲ 지하매설물에 대한 도면 등 정확한 기록 부재로 지하매설물에 대한 정보부족과 현황 파악 곤란 등
　④ 사회적 안전의식 결여
　　㉮ 초등교육부터 전문기술교육에 걸친 체계적인 안전교육 미흡
　　㉯ 사회전반에 걸친 안전불감증과 낮은 안전의식
　　㉰ 공사관계자 및 근로자의 안전의식 결여

[표] 기인물별 건설재해 현황(1992년도)

(단위 : 명)

순위	구분	재해지수 [%]	주요세부항목					
1	가설건축 구조물	12,287 (33.9)	건축구조물	작업대	비계	계단	사다리	미분류
			2,810	1,465	1,006	922	634	4,816
			개구부	지보공	지붕대들보	–	–	
			235	200	199	–	–	
2	재료	6,483 (17.9)	목재	금속재료	돌·모래·자갈	–	–	미분류
			2,150	1,907	1,164	–	–	1,262
3	건설기계	3,092 (8.5)	어스드릴	버킷굴삭기	천공기	불도저	기타	미분류
			1,716	323	64	25	69	895
4	동력기계	2,494 (6.9)	드릴머신	프레스전단기	동력전달장치	원동기	기타	미분류
			230	62	45	41	127	1,989
5	인력기계 용구	916 (2.5)	수공구	인력운반기	인력기계	–	–	미분류
			405	256	65	–	–	190
6	적재물	902 (2.5)						
7	목재가공 기계	773 (2.1)	둥근톱	띠톱	동력수동대패	모떼기기계	기타	미분류
			442	35	12	5	0	279
8	동력 크레인	565 (1.6)	리프트	크레인	타워크레인	이동식크레인	기타	미분류
			183	157	48	47	60	70
9	운반처리	536 (1.5)	트럭	믹서차	이륜차	버스	기타	미분류
			119	75	37	29	47	229
10	전기설비	525 (1.4)	전력설비	송배전선	조명설비	–	–	미분류
			133	128	24	–	–	240
11	환경	488 (1.4)	지반암석	물	환경	–	–	미분류
			248	42	15	–	8	175
12	기타	7,001 (19.3)	• 유해위험물 : 284　• 화학설비 : 13　• 기인물분류불능 : 1,592　• 건조설비 : 140　• 로,요등 : 2　• 기타미분류 : 4,842　• 동력운반기 : 128					
계		36,255 (100)	주) '산업 재해 조사표' 상의 기인물 분류 항목 중 점유비율 11위 까지의 항목에 대한 세분류 항목별 재해지수 임.					

3. 사고수습

(1) 구조구난

① 사고대책본부 설치 : 본부장 대구광역시장
② 구조구난 인력투입 : 3,745명
③ 부상자 치료 : 146명(구조차량 130대, 의료진 200명, 병원 17개소)

(2) 배상보상

① 유가족 보상 : 32,099백만원(1인평균 317백만원)
② 부상자 보상 : 15,761백만원
③ 건물 보상 : 3,761백만원
④ 차량보상 : 508만원
대구시가 국고지원 등의 재원으로 선보상조치하고 대구백화점에 구상조치중임.

4. 재발방지대책

① 지하철 공사장 일제 점검 실시 : 서울 지하철 1호선 등 전국 지하철 공사장(1,829개소)
② 불법 도로 굴착공사 단속 : 전국의 국도, 시내 도로, 지방도 등 72,183[km]
③ 지하 매설물 안전 관리 강화 : 지하 매설물 전산화(GIS), 지하 굴착 공사 안전 관리 강화, 안전 영향 평가 제도 도입의 검토 등

5. 사고의 시사점

① 공사 관계자의 법령이나 가스 안전 수칙, 건설 작업 안전 수칙 등 일상 업무에서 안전 수칙 준수의 중요성
② 지하 매설물 전반에 대한 체계적인 안전 관리의 필요성

제2절 건설사업장 안전성 평가

1 건설 사업장 안전 관리 현황

1. 법령 체계

(1) 건설사업장 안전 관련 법령 현황

건설사업장과 관계가 있거나 적용되는 법률은 복잡 다기한 설정으로서 구체적으로는 건설업법, 도로법, 전기 공사업법, 전기 통신 공사업법, 소방법, 에너지이용 합리화법, 환경 보전법, 폐기물 관리법, 건설 기계 관리법, 교통 안전법, 항만법, 산업 안전 보건법, 소음 진동 규제법, 풍수해 대책법, 문화재 보호법, 국가를 당사자로 하는 계약에 관한 법률 및 각종 회계예규, 지방 재정법, 정부 투자기관 회계 규정, 하도급 거래 공정화에 관한 법률, 산업 재해 보상 보험법, 직업 훈련 기본법, 세법, 건설 공제 조합법, 주택 건설 촉진법, 엔지니어링 기술진흥법, 건축사법, 국가 기술 자격법, 해외 건설 촉진법, 공업 표준화법, 공산품 품질 관리법, 33종의 표준시방서 등 88여종으로서 무수한 법령에 의해 여러 부처에서 산발적으로 규제하고 있는 설정이다.

(2) 건설사업장 관련 안전 법령의 양대 기둥

현재 건설사업장을 대상으로 하는 안전 관련 법령은 크게 근로자의 보호를 목적으로 하는 "산업 안전 보건법"과 시설물의 사용자와 유지 관리를 위한 공사목적물의 안전을 목적으로 하는 "건설 기술 관리법" 및 "시설물 안전 관리에 관한 특별법"으로 대별할 수 있으며 이중 근로자의 안전을 위한 법령은 1982년도에 "근로기준법"으로부터 "산업 안전 보건법"이 독립되어 안전 책임 체제, 안전 조직, 안전 기준 등이 정비되어 왔으며 안전 기술도 상당히 축적된 상태이다.

(3) 법령의 사각지대

그러나 근로자 이외의 건설사업장 전반의 안전은 도외시되어 왔으며 최근의 대형 사고를 계기로 법령이 제정되고 있으나 기존의 법령과 조화를 이루지 못하거나 대구 지하철공사 현장 사고와 같은 건설 공사 현장의 사고로 인한 현장 밖 제3자의 안전 문제는 사각지대로 남아있는 실정이다.

2. 안전관리 체제

(1) 정부의 안전조직

근로자의 안전을 관장하는 고용노동부는 산업 안전국에서 생산 현장의 안전을 총괄하여 오다가 건설 재해의 심각성을 인식하여 수 년 전부터 "건설안전추진반"을 별도로 구성하여 건설 재해 예방 업무를 전담시키고 있으며 건설 공사 과정을 전반적으로 관장하는 국토해양부의 경우는 최근에야 "건설안전과"가 전담조직으로 발족되었으며, 산하 기관인 시설 안전 공단이 업무를 시작하였으나, 주임무가 시설물의 유지 관리 차원의 안전으로서 정부 차원의 공사 현장의 안전을 전담하는 기구는 미비한 설정으로건설 사업장의 안전 관련 법적 의무의 준수여부에 대한 감독은 고용노동부 산하 지방청과 지방 노동사무소에, 기술적 업무로서 심사, 지도, 점검, 진단 등의 업무는 한국 산업 안전보건 공단 산하의 13개 지방 지사의 건설직 기술자가 담당하고 있으며 이를 도시하면 [그림]과 같다.

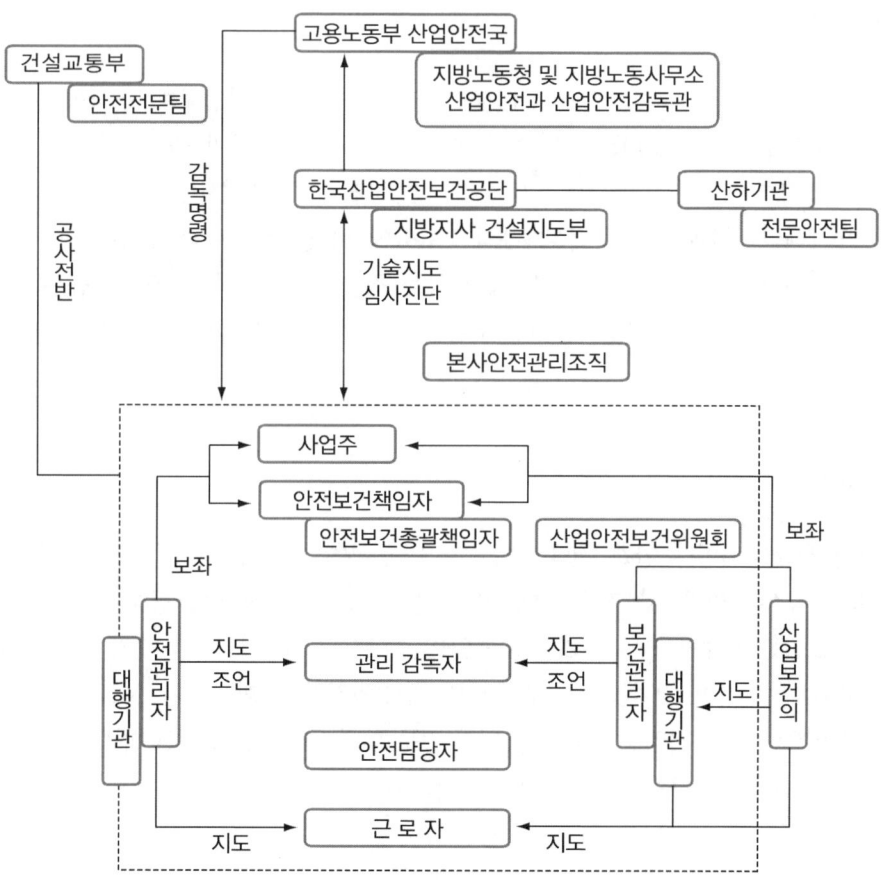

[그림] 건설사업장 안전보건관리체계

(2) 건설사업장의 안전조직

현재 건설현장의 안전관리조직은 사업주 책임을 기본원칙으로 산업안전보건법의 취지에 따라 근로자 안전중심으로 운영되고 있으며, 건설사업장 내의 안전관리체제는 [그림]의 점선부분과 같으며 공사현장 밖의 공중을 위한 안전관리체제는 미흡하며, 일부현장에서 사고의 위험을 제3자보험으로 대응하고 있다.

3. 구조구난 체계

사고수습을 위한 건설업체의 본사와 현장간 및 건설현장 내부의 비상체제는 잘 유지되고 있는 편으로서, 대형건설업체는 양호한 편이나 중소건설업체는 미흡한 수준이며, 외부 관련기관과의 긴밀한 공조체제는 미흡하며, 협력도 사고예방보다는 사후수습에 치중되고 있다.

4. 안전예산 투자

정부의 건설사업장의 안전을 위한 예산은 산업재해예방기금(산업재해보상보험 특별회계법에 의한 세출예산총액의 100분의 5 이상 및 출연금 등)과 정부의 출연금에 의하며 대부분 한국산업안전보험공단 관리기금으로 사용되고 있으나 이중 건설사업장에 투자되는 안전예산은 산업재해의 1/3에 이르는 건설재해의 점유율에 비해서는 대단히 부족한 수준이며 최근 산업재해의 획기적 감소를 위하여 영세업체 등을 집중 지원하도록 한 고용노동부의 "산재예방 특별사업"에 있어서도 건설사업장에 투입비중은 건설재해의 심각성에 비해 미흡한 수준이다.

5. 전문 인력

정부 차원의 건설사업장 안전 전담인력은 고용노동부에 한시적으로 설치된 "건설안전 추진반"으로서, 극소수 인원으로 적극적 대책의 수립이 어려운 실정이며, 공공기관으로서는 한국산업 안전보건공단 내의 건설직 기술자가 있으나 무수한 건설사업장의 숫자에 비해 절대 부족한 인원이며 민간의 건설안전 전문 인력은 건설안전기술협회, 대한 산업 안전협회 등에 종사하고 있으나 건설 사업장의 안전을 위한 전문 인력 배출기관이 아직 없으며 연구 개발이나 안전 교육을 담당할 수 있는 전문요원도 극소수에 불과하다.

6. 안전 문화

(1) 공사 관계자 및 안전 관리자의 안전 의식

건설사업장 사고의 원인은 작업 환경의 가변성, 작업 체제의 위험성, 공사 계약의 일방성, 고용의 불안정과 근로자의 유동성, 신공법의 채택, 다단계 하도급 생산 체제 등 건설 산업의 특수성에 기인하며 건설 관계자들은 공사 과정보다는 결과를 중시하는 사회적 풍토로 어느 정도의 재해 발생은 당연한 것으로 인식하고 있으며 최근 빈번한 대형사고와 사회적 비난으로 대형 건설회사들은 안전 의식과 안전 관리에 상당한 진전이 있었으나, 중소규모 건설 업체 및 건설 작업을 실질적으로 수행하는 전문 건설 업체와 건설 기능공의 안전의식은 아직도 대단히 미흡한 수준이며 공정, 원가, 품질 및 안전의 4대 공사 관리 부문 중 안전 관리 부문에 대한 우선 순위, 생산 조직상의 안전 책임, 사고 원인에 대한 인식, 안전 업무 수행의 책임 등에 대한 공사 관리자의 인식도는 매우 미흡하며 안전 전문가로서 전담 안전 관리자의 안전 의식 수준도 일반 공사 관리자의 수준과 크게 차이가 없는 것으로 나타나고 있으며, 안전 관리자의 위상이나 권한의 미흡으로 대부분의 건설 현장에 전담 안전 관리자로의 선임도 기피되고 있는 실정이다.

(2) 전문인력 양성을 위한 건설안전교육

현재의 건설 현장 종사자에 대한 교육은 건설 기술 관리법상의 교육과 산업 안전 보건법상의 교육으로 대별되며, 건설 기능공에 대한 일반 기능교육은 직업 훈련 기본법에서, 안전 교육은 산업 안전 보건법에서 규정하고 있으나 기술자 교육 중 건설 기술 관리법상의 교육은 시공기술 위주의 교육으로 안전에 대한 내용이 미흡한 편이며, 산업 안전 보건법상의 교육은 전문 건설 기술 교육과 연계가 부족한 편이다.

(3) 건설 사업장의 안전 문화 활동

건설 사업장의 안전 문화는 대형 건설 업체를 중심으로 확산되고 있으나 중소 규모업체나 현장의 근로자를 위한 안전 문화 활동은 미흡한 실정이다.

7. 민간규제

(1) 건설사업장의 안전규제

대형 건설 업체들에 대한 재해율의 확대 발표, 산재 보험료의 재해율에 따른 개별적용, 입찰 자격 심사시 가감정 폭의 확대, 중대 재해 발생업체에 대한 입찰참가제한 안전 관리비의 사용 등 근로자의 안전을 위한 규제는 계속 강화 보완되고 있으나 근로자 안전 이외의 건설

사업장의 안전에 관한 사항은 체계적으로 규제되고 있지 못함.

(2) 사전 안전성 평가 제도

사전 안전성 평가제도는 공사 착수전에 공사 과정 중에 내재한 위험을 사전에 적출하여 이에 대한 대책을 수립하는 기술적이고 근원적 안전관리제도로서, 계획단계에서는 건설 기술 관리법에 의거한 환경 영향평가, 교통 영향 평가, 기반 시설에 대한 평가 등을 실시하며 설계 단계에서는 대형 공사에 대하여 중앙 설계 심의원회에서 주요 고사를 심의하고, 발주처별로 별도의 심의 기구를 구성 운영하고 있으며 심의 위원에 안전 분야를 참여시키고 있으며 심의 위원에 안전 분야를 참여시키고 있으나, 위험성 도출을 위한 실질적인 심의가 미흡하다.

시공 단계에서는 산업 안전 보건법에서는 "유해 위험 방지 계획서"를 착공 30일전 사업주가 산업 안전보건 공단에 제출하여 심사를 받도록 하고, 계획대로 시행여부를 산업 안전보건 공단 직원이 사업장을 방문하여 확인하도록 하고 있으나 인력이 절대 부족하며 최근에는 건설 기술 관리법에도 안전 관리 계획서를 작성하도록 하여 발주청은 시공자로 하여금 공정 계획, 안전 관리 계획 및 품질 관리 계획이 포함된 시공 계획서를 작성하여 감리원 또는 공사 감독자의 확인을 받도록 하였다.

굴착 공사의 경우 건설 기술 관리법(시행령 제 38조)에서는 "발주청은 건설 공사 실시 설계 용역시 굴착 공사의 경우 인근에 미치는 영향을 평가하여야 하며, 주변의 지하 매설물의 안전 관리 대책에 관한 사항을 실시 설계에 반영"하도록 강화하였다.

(3) 안전 점검 및 진단 제도

건설 기술 관리법에서는 일정 금액 이상의 공사에 대하여 연1회, 산업안전보건법에서는 중대 재해 발생시 등 수시로 건설현장이 안전 진단을 받도록 하고 있다.

(4) 안전 관리비의 계상 및 사용

현재는 산업 안전 보건법과 고용노동부 고시(94-45호)로 건설 공사의 종류별, 공사금액별로 일정 요율을 정하고, 이 요율에 재료비와 직접 노무비의 합계액을 곱한 금액을 안전 관리비로 규정하여 집행 관리 및 내역을 명시 하도록 의무화되어 있다.

공사 금액 100억원 미만의 현장에 대해서는 건설 재해 예방 전문 기관에 의해 지도 점검을 받도록 하고 그 비용을 안전 관리비에서 집행토록 규정하고 있다.

8. 보험 및 보상체계

현장 근로자에 대한 보상은 산재 보험에 의해 체계적으로 추진되고 있으나, 공사현장의 사고로 인한 공사 현장 밖의 제3자에 대한 보험 및 보상체계는 미흡하며, 일부 대형 건설업체들이 회사 차원에서 제3자 보험에 가입하고 있다.

9. 안전관리기술

(1) 공사 관리 기술 중 상대적으로 낙후된 안전 관리 기술

건설사업장의 안전 관리 기술은 시공 기술이나 품질, 공정, 원가 관리 등의 기술에 비해 낙후된 실정으로서, 건설사업장에 적합한 안전 관리법이나 프로그램은 부족하며 제조업으로부터 출발과 산업 안전 기술도 건설 사업장의 특수성으로 인하여 제대로 활용되고 있지 못하여, 건설 안전 기술이 체계적 개발이 필요하다.

(2) 건설 안전 기술의 연구 개발

산업 안전보건 공단 산하의 산업 안전보건 연구원에서 건설 근로자의 안전을 위한 연구를 맡고 있으며, 건설공사 전반에 걸친 안전은 건설 기술 연구원에서 시설물의 유지 관리를 위한 안전은 한국산업 안전보건 공단에서 수행계획으로 있으나, 전체적인 연구 인력, 연구 과제 등은 대단히 미흡한 수준이다.

10. 관련 기관 협력 체제

건설사업장 안전의 양대 기둥인 국토해양부와 고용노동부와의 협력 체제는 미흡하여 안전 관련 법령은 개별적으로 효율적으로 운용되지 못하고 있으며 산하 단체의 전문성 제고와 안전 활동의 역할 분담에도 혼선이 야기되고 있는 설정이다.

2 건설사업장 안전 관리 수준 증가

1. 안전 관리 수준의 국제 비교

(1) 우리 나라의 산업안전 수준

나라마다 재해의 집계 대상, 방법, 기준 등이 상이하여 일관된 비교는 곤란하나 선진 외국과의 안전 수준을 재해율의 동등한 조건으로 환산하여 비교하면, 전산업측면에서 우리나라의 재해율은 선진국보다 2~5배 정도 높음([표] 참조)

[표] 국가별 재해지표(1992년 기준)

구 분	한국	일본	독일	미국 노동성 (공식자료)	미국 안전협회	싱가폴	영국	프랑스
근로자 수 · 단위(천명)	7,059	51,190	29,9666	90,459	117,000	542	21,284	14,622
(1) 일반재해자수	106,107	189,589	1,622,732	2,776,000	3,300,000	4,689건	140,674	787,111
재해율[%]	1.50	0.37	5.41	3.07	2.82	0.87	0.66	5.38
(2) 사망자 수	2,429	2,354	2,880	2,800 91년 자료	8,500	82	309 직업병제외	1,082 직업병제외
사망률(만인률)	3.44	0.46	0.96	0.31	0.72	1.51	0.51	
직업병자	1,328	10,842	12,227	368,300	–	897	275	–
이환률	0.18	0.22	0.41	4.9		1.66	0.29	–
(3) 직업병유소견자	7,270	–	73,568	–	–	–	–	–
(유소견율)	1.03	–	2.43	–	–	–	–	–
산정기준 · 대상사업장 · 휴업(요양)기간 · 조사 방법	· 5인 이상 · 4일 이상 · 전수 조사	· 1인 이상 · 4일 이상 · 전수 조사	· 1인 이상 · 4일 이상 · 전수 조사	· 11인 이상 · 2일 이상 · 표본 조사 CFO1조사	· 1인 이상 · 2일 이상 · 관련 자료 수집 분석	· 육체노동 · 4일 이상 · 전수조사	· 1인 이상 · 4일 이상 · 전수조사 · 91년 자료	· 육체근로자 및 봉급생활자 · 91년 자료

비고
(1) 일반재해건수 : 직업병자 및 통근해자 제외
(2) 사망자수 : 직업병에 의한 사망자 포함, 통근재해에 의한 사망자 제외
(3) 직업병소유자 : 직업병자수 포함
· 재해율 = (재해자/근로자수) × 100
· 사망율 = (사망자수/근로수) × 10,000
· 이환율 = (직업병자수/근로자수) × 1,000
· 유소견율(가칭) = ((직업병자 + 유소견자수)/근로자수) × 1,000

(2) 건설사업장의 안전수준

전산업과 비교한 건설업장의 안전관리수준을 근로자의 재해율을 기준으로 비교할 경우 건설현장의 재해율은 세계적으로 일반산업의 2~3배 수준임.

우리나라의 경우도 통계수치상의 오류를 보정한다면 3배 정도의 열악한 수준으로 추정되며 ([표]의 사망재해율 참조), 특히 우리 나라와 경쟁관계에 있는 싱가폴 등보다도 훨씬 높은 재해율을 기록하고 있어 타분야에 비해 안전분야는 낙후된 상황이다.

[표] 국가별 산업별 재해현황(1992년 기준)

업종	국가구분	한국	일본	독일 (공식자료)	미국 노동성	미국 안전협회	싱가폴	영국	프랑스
전산업	근로자수(천명)	7,059	50,020	19,966	90,459	117,000	542	21,284	14,622
	재해자수	107,435	212,584	1,622,732	2,953,400	3,300,000	4,698	140,674	787,111
	재해율[%]	1.52	0.43	5.42	3.27	2.82	0.87	0.66	5.38
	사망자 수	2,429	2,489	1,310	2,800	8,500	82	309	1,082
	사망만인율	3.44	0.50	0.44	0.31	0.73	1.15	0.15	0.74
건설업	근로자수(천명)	1,911	3,966	2,918	4,471	5,900	111	955	1,293
	재해자수	36,255	59,707	361,703	230,400	300,000	802	13,040	159,791
	재해율[%]	1.90	1.51	12.40	5.15	5.08	0.72	1.37	12.36
	사망자수	848	1,047	332	500	1,300	47	87	313
	사망만인율	4.44	2.64	1.14	1.07	2.20	4.23	0.91	2.42
산정기준	• 대상사업장	5인 이상	1인 이상	1인이상	11인이상	1인 이상	육체근로자	1인 이상	육체근로자 봉급생활자
	• 휴업기간	4일 이상	4일 이상	4일 이상	2일 이상	2일 이상	3일 이상	4일 이상	1일 이상
	• 조사방법	전수조사	전수조사	전수조사	표본조사 사망조사	관련기관의 자료분석	전수조사	전수조사	전수조사
	• 직업병자	포 함	포 함	제 외	포 함	제 외	제 외	제 외	제 외
	• 직업병유소견자	제 외	제 외	제 외	제 외	제 외	제 외	제 외	제 외
	• 통근재해자	제 외	제 외	제 외	제 외	제 외	제 외	제 외	포 함
	• 기준년도	'92년	'91년	'92년(사망 91년)	'92년	'92년	'92년	'92년	'91년

2. 건설사업장의 안전관리수준

(1) 안전수준의 산업별 비교

전체 근로자의 9[%] 미만인 건설 근로자가 전산업 재해의 3할을 점유하여 건설사업장의 재해율은 산업 평균 재해율의 3배, 강도율은 4배 수준으로서 건설사업장의 안전 수준은 일반 산업 현장보다 3~4배 위험한 수준임.

(2) 건설사업장의 안전관리수준

산업 안전연구원의 1993년도 건설 공사 안전 관리 수준에 대한 조사결과에 따르면, 건설 현장의 안전 관리는 수동적, 전근대적인 주의반복으로 일관하는 경향으로서
- 안전 관리 실무의 과학적 정도(비과학적 : 54.1[%])
- 안전 업무 수행시의 경험 의존도(크다 : 38.5[%])

• 일반적 관리원칙 및 관리기법이나 도구의 적용도(아니다 : 57.4[%])

등은 매우 낮게 나타나 전반적인 안전 관리 수준은 우수(1.8[%]), 양호(10.2[%]), 보통 (29.4[%]), 미흡(49.0[%]), 불량(8.8[%])으로서 보통 이하의 수준으로 평가됨.

(3) 안전수준의 격차 증가

대형 건설 업체의 안전 의식이나 안전에 대한 투자는 최근 몇 년 동안 상당한 진전이 있었으나, 대형 건설 업체로부터 단순 노무 시장에 이르기까지 안전 수준에 상하의 편차가 대단히 커지고 있으며 중소 업체나 전문 건설 업체는 아직도 상당히 열악한 수준으로서, 대부분 현장의 공사 수행 실태로 보아 건설 현장의 전체적 안전 관리 수준은 매우 열악한 실정이다.

3 건설사업장의 안전관리 문제점

1. 기존 사고 예방 및 재발방지대책의 한계

전 건설 현장에 대한 지도, 점검 강화 등 단기적 직접적 수단위주의 대책은 안전관리 인력의 부족과 전담 인력의 전문성 부족으로 실효성이 미흡하며 사고의 근원적 원인의 해결을 위한 대책으로서 건설 업체의 안전의식 및 자율 안전 관리 제고를 위한 방안, 건설 사업장에 적합한 안전 기술의 개발, 폭발위험 등 위험의 근원적 제거 방안, 건설 작업 방법의 개선 등 근본적 대책이 결여되고 있음

가스, 전기, 상하수도, 통신의 공동구화나 개별 공사의 통합을 위한 조정 기능의 부재로 도시 기반 시설의 통합 조정 기능과 굴착 공사나 비상시에 대비한 공사현장의 긴급 서비스 체제 등의 기술적 대책도 미흡하며 사후 관리를 위한 공사기록, 준공도 등 종합적 공사 정보의 관리 및 활용 등 안전 정보의 활용 대책도 미흡한 편임.

2. 공사현장 이전단계의 안전성 평가

(1) 건설업 영업전반의 합리화 미흡

건설현장의 사고예방은 적정한 공사비 및 공사기간의 확보가 관건으로 우선 공정한 거래와 건설시공을 위한 건설관련 제도의 전반적 개혁이 필요함.

(2) 설계 및 발주단계의 안전성 확보 미흡

3. 건설사업장 안전관련 법령체계

(1) 법체계와 건설안전관리 주무부처의 다원화로 책임소재 불문명

산업 안전 보건법은 공사중 근로자의 안전 확보가 목적이며 건설 기술 관리법 및 시설물 안전 특별법은 시설물 자체의 품질 확보에 의한 사용자 및 공중의 안전확보가 목적이나, 관련 법령 및 시행주체의 한계가 명확치 못하여, 유사시 담당 부처의 책임 소재가 불분명하며 당담 부처의 책임 소재가 불분명하며, 사업장에 대한 벌칙도 동일 시안으로 이중 처벌될 소지가 있다.

(2) 공사단계별 지침의 산재

건설 공사의 각 단계를 규제하고 있는 제도는 공사 단계나 분야별로 소관 부처가 상이하거나 중복으로 민간 경제 활동에 불편을 초래하고 있으며, 현재 지하 매설물과 인접한 도심지 굴착공사를 예로 들면 관련 법규는 건설 기술 관리법, 도로법, 산업 안전 보건법, 도시 가스법 등과 관련이 있으며 각 발주처별로 특별시방서 및 지침이 산재돼 있다.

(3) 안전 관리 사각 지대의 방치

공사 현장밖의 안전은 일반적으로는 근로자의 안전을 도모함으로써 거의 동시에 달성될 수 있는 목표이기는 한, 대구 지하철 공사현장 가스 폭발 사고 사례와 같이 가스폭발, 지반붕괴 등과 같이 사고의 영향이 일반 대중에게까지 미치거나 물적 손실만을 야기시키는 사고요인에 대한 안전 대책이 결여돼 있다.

4. 안전 관리 조직 및 인력

(1) 안전 전담 조직 및 공무원의 전문성 부족

건설 안전 전담 부서의 미비 또는 신설로 안전 관리 업무가 정착되지 못하고 있어 기술적 판단이 업무를 비기술자가 수행하는 경우가 많으며, 기술자의 경우도 빈번한 순환 보직으로 전문성을 제고시킬 기회가 부족하고, 기술직에 대한 처우미흡과 비기술직의 임용으로 전담 공무원의 인력 및 기술적 전문성도 부족하여 건설 현장의 안전 관련 법령 준수 여부에 대한 감독 및 체재가 미흡하고 대형 건설업체 현장의 경우 공무원이 안전 지도를 기피하는 요인이 되고 있다.

(2) 법진행의 공정성 미흡

법대로 하면 손해라는 인식이 보편화되어 있고, 법의 공정한 집행 미흡으로 법을 준수하는 자와 준수하지 않는 자가 차별화되지 못하며, 환경 영향 평가제의 경우도 정부나 지방 자치제가 위반자의 81[%]를 차지(중앙일보 : 1995. 9. 29)하고 있는 바와 같이 각종 규칙도 정부나 지자제 등 공공 기관이 더 안 지키는 실정으로, 사업주의 법이나 제도 자체에 대한 경시와 불신을 초래하여 안전관련 법령이나 안전 수칙도 경시되고 있음

(3) 정부조직의 경직성

대부분의 행정 조직은 업무는 충원된 인원수 만큼 늘어난다는 파킨슨 법칙의 전형으로서 외부 환경의 변화나 사회적 요구에 따라 불필요하거나 중요하지 않은 업무도 신규 업무 만큼 발생할 것이나 기존업무에 대한 정리나 조정은 외면한 채 현실적으로 어려운 인원 증원과 예산 증액 위주의 해결 책을 요구하고 있어 건설안전 전담 조직 및 소요 인원의 확보가 어려운 실정이며 불필요한 업무의 정리와 신규 소요 업무에 대한 자원의 재배치가 이루어지지 못한 반면, 낮은 보수 체계와 직무에 대한 동기부여 미흡으로 전문 기술직의 이직율이 상대적으로 높아 조직의 본래기능이 왜곡되는 상황으로서 결국 작은 정부를 지향하는 정원 및 조직동결 방침은 도리어 정부의 지도 감독기능과 기술 능력을 저하시켜 악화가 양화를 구축하는 역기능을 초래하고 있다.

(4) 안전 전담자의 위상과 권한 미흡

정부 조직 내 안전 업무 담당자나 담당 부서의 낮은 위상으로 안전 업무의 추진력이 부족함.

(5) 건설 안전 관련 행정의 종합, 조정 기능 미흡

법령의 제, 개정시 부처별 협의 조정 미흡으로 중복 규제하는 경우가 발생하며일제 점검 등의 경우 기관별로 산발적으로 건설 현장을 방문함으로써 횟수와 기간이 과다하여 민간 건설업체의 공사 추진에 장애요인이 되고 있다.

5. 민간규제

(1) 규제의 방향 및 수준

규제 위주의 안전 관리 행정으로 건설 업체의 자율적 안전 관리 유도 기능이 미흡하고 위반 시 처벌도 약하여 독려의 강도도 미약함. 건설 업체의 영업상의 편의만을 고려한 과도한 행정 규제 완화로 국민의 안전과 대치되는 경우가 발생하고 있는 바건설 목적물의 완성과 사고의 방지는 영세한 건설업체의 영업상 편의성만을 고려한 민원에 따라 기술자 보유 규정, 인정 기술자 제도, 안전 관리자 선임 요건의 완화 등 무차별 행정 규제 완화는 건설 업체의 기술력을 저하시켜 부실공사의 가능성을 높이는 결과를 초래, 일반 국민과 현장 근로자의 안전이 위협받고 있음.

(2) 전담 공무원 및 전문 기관의 지도 감독의 불철저

정부의 사고예방 지도를 위한 인력 부족 및 전담 공무원의 전문성 결여와 매년 10만여개의 건설공사가 수행되는 것을 감안할 때, 전 건설현장에 대한 정부차원의 직접적인 지도, 감독은 현실적으로 불가능하며 건설 현장의 속성상 형식적인 현장별 전담 지도제, 일제 점검 등의 실효성이 의문시될 뿐만 아니라 지도 감독 측면에서도 비효율적 이므로, 안전 수준이 양호한 업체는 자율 안전을 유도하고 사고다발 업체에 대해서는 강력한 단속으로 차별화된 지도감독이 요구된다.

(3) 규제수준

모든 제도나 기준은 노력하여 지킬 수 있는 수준이여야 하나 부분적으로 과도한 규정은 도리어 규정이나 제도 전체의 준수 의욕을 감쇄시키는 결과를 초래하는 바 시행상 현실성이 결여된 부분이 있으며 공사수행의 기준이 되는 시방서의 내용이 대부분 부실하다.

(4) 건설 공사 안전성 평가 제도

근로자 보호를 위한 유해 위험 방지 계획서와 건설물의 안전을 목적으로 하는 안전 관리 계획서는 전설업체의 부담을 최소화하면서 사고 방지라는 본래의 취지를 달성하도록 효율적 운영이 필요하나, 건설 공사의 착공 초기에는 필요한 각 공정을 담당할 실제 공사요원이 즉시 충원되지 않으며 세부적인 공사계획은 공사의 진행에 따라 공정별로 수립되기 때문에 착공과 동시에 실제 상황에 근접하는 상세한 계획 수립이 현실적으로 어렵고 공사중 설계 내용이나 동일한 설계라도 시공법이 변경되는 경우가 자주 발생하여 비현실적인 안전 계획이 될 가능성이 높아 실질적인 사고 예방효과를 제고시킬 수 있는 방안의 강구가 필요하다.

(5) 안전 진단 및 점검

건설 기술 관리법상 안전 점검은 연1회, 산안법상 안전 진단은 중대 재해 발생시 등 수시이므로, 동일 현장 내에서 일정기간 동안 중복 실시가 가능하여 업체의 부담이 가중될 우려가 있으므로 양제도중 1회의 진단을 받을 경우 타점검은 면제하거나, 중대사고 발생 등에 따른 수시 점검과 일상 점검시 관계부처 또는 산하기관간의 공조 체제에 의한 건설 업체의 부담 경감과 실시 효과의 제고의 도모할 필요가 있음.

(6) 안전 관리비의 계상 및 사용

안전 관리비의 법적 근거는 산업 안전 보건법이고 공사 예산 관리의 주체는 국토해양부 또는 재정 경제원이며 사용여부 확인은 공사감독이나 감리원이나 고용노동부 근로 감독관, 산업 안전 공단 직원의 확인을 받도록 하고 있는 바, 집행 여부의 명확한 확인이 어려워 지도 감독

에 한계가 있으며 공통 가설비 등의 기타 비용과 안전비와의 명확한 구분이 어려워 건설 업체의 회계 업무에도 혼선을 주고 있으며, 공사 비용의 정리에 별도의 장부를 관리해야 하는 현장 안전관리 사무의 부담으로 작용하고는 있으나 아직도 이윤 지상주의가 팽배하여 안전이 도외시되는 풍토에서 안전 비용의 확보를 가능케 하는 근거를 제공하여 안전비용의 확보에 크게 기여하고 있으므로 근로자의 안전에 국한되어 있는 기존의 표준 안전 관리비의 개념을 건설사업장의 안전 전반에 필요한 비용으로 재정립하는 등 효과적 실시방안을 강구하는 것이 바람직하다.

(7) 건설 현장 안전 관리자의 자격 요건

공사 조직의 안전에 대한 지휘 및 책임 체제의 확립은 안전 관리의 선결 요소이나, 공사 경험이나 건설 공사에 대한 지식의 유무보다는 단순한 안전 자격의 소지자로 선임규정이 운영되고 있으며 현장 내 안전에 대한 책임 체제도 미흡함.

공사 경험이 풍부한 사람만이 작업 공정별 안전을 지도할 수 있으며 미국의 경우도 자격 요건을 능력있는 사람으로 하여 공사에 관한 지식을 중요시하고 있음.

6. 안전 교육 및 훈련

(1) 필요성

안전의 출발은 건설 종사자들이 안전의식 제고로부터 출발하며 안전의식 향상은 교육을 통해서 달성될 수 있다.

건설 재해의 통계에서도 간접원인 중 전체 재해의 절반이 교육적 원인에 의한 것으로 나타나고 있으며 특히 입사근속기간별로는 6개월 미만의 신규 근로자가 전체 재해자의 90[%]를 차지하여 교육적 대책의 필요성이 높다.

(2) 현황

건설 현장은 높은 근로자의 유동성으로 완벽한 근로자 교육이 쉽지 않은 데다가 기존의 건설 안전 교육은 계층별로 체계화되어 있지 못하며, 피교육자 입장에서 교육 대상의 안전 수준별로 교육 서비스가 이루어지지 못하고 있으며 이는 건설 관련 전문 기술자를 양성하는 공고, 전문대, 대학의 건설 관련 학과의 교과 과정의 안전 교육도 미흡하거나 부재.

건설 기능공 교육 중 직업 훈련 기본법상의 교육은 안전에 관한 내용이 미흡하며, 직종별 전문 안전 교육의 미흡, 건설경영주체인 사업주나 경영층의 안전의식 제고를 의한 교육 프로그램의 결여 등에 기인함.

7. 건설 안전 기술의 낙후

관, 민 양진영이 건설 현장 안전사고 방지를 위한 연구기반 및 연구투자 취약으로 안전 기술은 다른 건설 기술 분야에 비해 특히 낙후된 실정이며 모든 사고의 근본 원인은 간접적 원인인 관리상의 결함이 선행하며 사고 유발도 관리상의 결함이 선행하며 사고유발도 관리 계층에 있다. 사고방지를 위한 근본적 대책 중의 근본적인 대책도 지도 감독 기관의 근본적 대책도 지도 감독기관의 안전 관리 능력이나 건설업 종사자의 전반적 안전 관리 능력의 향상에 있으나 하드(Hard)한 공학적 안전 기술에 비해 소프트한 안전관리 기술은 열악한 수준에 있음.

건설 현장의 안전 관리 부실은 불안전한 작업 환경을 조성함으로써 건설 기능공의 기량 발휘를 제한하여 공사 목적물의 품질을 떨어뜨려 궁극적으로 부실 시공의 근본원인이 될 수 있는, 공사의 안전은 건설물의 품질과 직결되나, 건설 사업장의 안전 문제에 관한 많은 정보들이 있지만 계속 사고가 빈번하게 발생하는 근본적 원인은 건설 사업장의 안전에 필요한 정보가 부족하며 정보소통 기반도 취약하여 재해율과 같이 건설 안전에 관한 자료의 질과 일관성에 심각한 결함이 있기 때문이다.

이는 재해 방지를 달성하기 위해 우리의 지식을 어떻게 응용할 것인가에 대한 연구의 부족에 기인하는 것으로 풀이된다.

8. 건설안전정보의 활용 부진

건설 산업의 재해율은 모수가 되는 근로자수를 총공사비의 일정 비율로 노무비를 산정하고, 이를 시중노임과 격차가 많은 정부 노임 단가로 나누어 산출함으로써 통계 수치상의 건설 근로자수가 실제의 산재보험 근로자수보다 2배 이상 과다 산정되어 건설업의 재해율이 제조업과 비슷한 수준으로 왜곡되어 건설 재해의 중대성이 간과되고 있다.

제3절 건설사업장 안전관리 개선방향

1 건설사업장 안전관리 접근방법

1. 건설물 생애 주기의 연속성

건설 공사는 계획, 조사로부터 설계, 시공, 준공검사, 유지관리라는 연속적이고 복잡한 단계를 통하여 소정의 목적물을 완성하는 것으로서 각 과정은 상호 유기적인 연계성을 갖고 있다. 따라서 어느 한 과정에서의 위험 요소는 즉각 다음 단계에 영향을 주게 되며, 이들 요소를 사전에 제거하지 않으면 사고는 연속적, 복합적으로 발생하게 되나 기존의 건설 사업장에 대한 안전 관리는 이들 과정을 별개로 간주함으로써, 결과적으로 상류 단계의 과실들이 하류 단계의 책임이 덜한 건설 회사로 전가되어 설계자보다는 건설 업체에 대한 대책에만 치중하고 있는 실정이나, 근원적 안전대책은 공사 상류 단계에서의 안전성 확보에 있다고 하겠다.

2. 건설 사업장의 유기적 속성

건설 생산 방식은 제조 산업이 고정적임에 반해서 건설 산업은 유동적으로서, 건설 사업장은 생산 조직 및 설비의 이동에 의한 현장 중심의 일회적 조립 생산 방식을 취하여 건설 작업도 작업 대상, 작업 방법, 작업 조직 및 작업 환경 등이 공사의 진행 공정에 따라서 수시로 변함. 건설 작업은 작업 위치의 이동에 따른 환경 변화, 작업 형태의 공동, 연합 및 협동으로 작업 구조의 표준화와 근로자에 대한 체계적 교육이 어렵고, 지질, 지형조건, 기상조건 등에 따른 작업의 환경 지배성이 강하여 작업 환경을 조절하기 어려워 건설 사업장에서는 항상 사고의 가능성이 잠재하고 있으며 사고의 유형도 다양하고 가변적으로서 이제까지의 안전 대책은 산업혁명 이후의 대량 공장 생산 체제하에서 근로자의 보호를 목적으로 출발한 생산 방식이 고정적인 제조업 지향의 안전 대책으로서 기존의 산업 안전 대책 그대로의 건설 사업장에 적용은 사고방지 효과에 한계가 있을 수밖에 없다.

3. 건설생산조직의 분절

건설 산업에서는 위험의 분산을 위하여 생산과 정과 생산조직을 수직적 및 수평적으로 분절 또는 전문화시켜 역할을 분담하여 설계와 시공을 별개의 회사가 수행하고 있으며 시공 단계는 다시 종합 건설업의 관리 감독 기능과 전문공사업의 직접 시공 기능으로 분리되어 있으며, 직접 시공 기능은 또다시 다단계 하도급 생산 구조로 분담 수행되고 있어 일관된 안전관리 체제의 확립과 안전수준의 향상에 어려움이 있다.

설계의 적정성, 건전한 수주질서에 의한 적정 공사비 및 공사기간의 확보, 불평등한 원하도급관계의 근본적 해결 등 건설공사 수행과정 전단계에 걸친 합리적이고 건전한 영업 환경의 조성이 선행되어야 할 것이다.

4. 건설사업장 안전관리 접근방법

(1) 상류 단계의 안전성 확보

공사 착공 이전 단계에서의 적정한 공기와 공사비의 확보는 안전 확보에 있어서 절대조건으로 건전한 건설 공사 환경의 조성과 설계의 적정성, 건전한 수주질서에 의한 적정 공사비 및 공사기간의 확보, 불평등한 원하도급 관계의 근본적 해결 등 건설 공사 수행과정 전단계에 걸친 합리적이고 건전한 영업 환경의 조성이 선행되어야 할 것이다.

(2) 건설 사업장의 동적 속성을 반영한 안전 대책의 추진

재해 예방의 기본원리는 동일하나 구체적 안전 대책은 건설업의 속성에 맞게 수정, 적용되어야 하며, 기존 제조업 지향의 대책이 수평적 대책이라면 건설 공사에는 여기에 수직적 대책의 보완이 필요하며 교육적, 기술적 및 구체적 대책 모두에 이러한 건설업의 특성이 충분히 반영되어야 하며, 위반시 처벌의 강하 등 간접적인 규제적 대책도 건설산업의 속성에 맞게 응용되어야 함

구 분	제조업	건설사업장
기술 (Engineering)	• 고용기간 인원, 수준이 고정적 • 자료수집, 정리 및 대책수립이 가능 • 안전관리 대상이 단순 • 소규모 재해	• 고용기간 인원, 수준이 유동적 • 자료 수집, 정리 및 대책 수립 어려움 • 공정성이 복잡·다양 • 대규모 중대재해 가능성
교육 (Education)	• 소속감, 교육의 전달 및 파급효과 극대 • 노동조합의 구성 가능 • 안전에 대한 의식 고취 능동적	• 소속감, 육의 전달 및 파급 효과 적음 • 노동조합의 구성 어려움 • 안전에 대한 의식 고취 수동적
규제 (Enforcement)	• 지휘 체계의 일원화로 관리 용이 • 자체조직으로 규제 가능·안전관리 • 구조물 내부의 작업	• 하도급으로 지휘체계가 단절되어 관리 어려움 • 하도급 체제로 규제력 약화 • 자연에 노출된 작업 환경 • 구조물 자체가 안전의 대상물

(3) 간접적 안전대책으로서 자율안전의 촉진

건설주체의 자율안전을 촉진하는 동기부여를 위한 근원적 대책 병행을 필요함.

2 건설사업장 안전관리 기본방향

1. 건설안전대책의 방향

(1) 관리형에서 자율형으로 건설업체의 실질적 안전대책의 착실한 추진유도

앞으로의 건설안전정책의 방향은 관리형에서 자율형으로, 규제형에서 유도형으로, 서류 중심형에서 현장 중심형으로, 사고 대응형에서 본질 안전형으로 전환하여, 관의 규제와 점검위주의 일차원적 접근방법을 지양하고, 건설현장의 발주자, 설계자, 감리자, 시공업자, 근로자 등 관계자가 각자의 입장에서 자율적 안전을 목표로 건설 업체의 독자적 안전 대책의 마련을 촉진함으로써 업체의 자율적 안전 관리 능력을 제고시켜 평소에 건설 업체가 스스로 챙길 수 있도록 유도하는 것이 바람직하다.

(2) 업무의 하부 기관 또는 민간 기관에 이양

미국이나 일본 등 선진국에서도 규제 중심의 안전 대책으로부터 기업의 자율적인 노력을 유도 장려하는 방향으로 안전 정책을 전환하고 있는 바, 효과 적인 프로그램이나 안전관리 시스템의 제공, 민간 안전 관리 대행 기관이나 자문 기관의 육성과 대학 등 비영리 단체의 재해 예방기능 육성 등 지도나 제재 일변도에서 건설 업체의 수준에 따른 안전 관리 서비스 제공 기능의 활성화로 전환이 필요하다.

(3) 건설 공사 참여자에 대한 건실한 안전 평가 실시로 적극적 동기 부여

안전 수준이 우수한 업체가 우대받는 풍토 조성

(4) 자율안전과 병행한 엄정한 법집행

사고 유발 업체에 대한 영업상의 불이익 및 벌칙의 강화로 안전에 대한 투자 유도

2. 공사 상류단계에서의 안전성 확보

(1) 설계 단계의 안전성 평가

건설사업장의 안전은 사업장 내 사고뿐 아니라 불특정 다수에 미치는 공중 재해와 공사 목적물의 시공시와 완성 후에 야기될 환경, 교통, 기반시설 등에 미치는 영향까지 포함하여 사용

시의 쾌적성과 안전성 여부까지 포함되어야 하며, 건설사업장의 근원적 안전성 확보를 위해서는 설계, 공사 발주 등 현장 시공 이전 단계에서 안전에 대한 배려가 효과적으로서, 설계 단계의 안전성 평가는 필수적임.

일본의 경우 건설공사의 특수성과 도심지 입지 조건에 대응하기 위하여 이미 1963년도에 "건설 공사 공중 재해 방지 대책 요강"을 제정하고 최근까지 이를 계속 보안 및 강화해 왔으며 최근에는 건설공사 안전시공의 타당성 확보를 위해 공사발주에 따라 적정한 공사비 산정에 관계되는 설계 조건 및 시공 조건의 심사 제도까지 신설하였음.

(2) 시공 단계의 안전성 평가

기본적 설계 조건에 다양한 작업순서, 장비, 인원, 가설 구조물을 동원하여 사업장 내 뿐 아니라 주변의 공중 재해 발생에 유의하면서, 최적의 품질을 보장하는 공사 목적물을 완성하는 단계로서, 작업 방법, 작업 순서 등이 각양각색인 가장 취약한 단계이므로, 시행주체의 확고한 계획 관리가 요망되는 시기로서, 주요 검토 사항으로는
① 적정한 공기와 작업순서
② 작업별 투입되는 장비별 취급상 특성과 위험 요소
③ 가시설의 적정성 검토와 예상되는 위험요소
④ 공종별 투입되는 인원의 숙련도와 이들의 교육 및 보호조치 사항
⑤ 수시 변하는 현장조건에 부응키 위한 철저한 사전조사 계획
⑥ 이에 수반되는 공법 및 제반 투입 자원의 재조정과 위험요소 도출
등이며 공사 착수전의 사전안전성평가는 공사중의 유해 위험을 적출하여 사전에 대책을 수립함으로써 건설공사의 안전을 확보할 수 있는 사고방지에 가장 근원적 제도로서 내실화 되어야 함.

3. 건설사업장 안전 관련 법령의 정비 및 효율적 집행

(1) 안전 관리 주체의 역할과 책임의 명확화

현재 설계, 시공, 유지 관리 단계별로 정부의 수개 부처와 발주처별로 각각 독립적으로 수행하고 있는 업무는 우선 근로자의 안전, 시설물의 안전 등 소관 부처별 업무와 책임의 한계를 명확히 하되, 사각 지대가 없는 총체적인 건설 안전으로 건설안전의 기본 개념을 정립하고 이들 업무가 상호 유기적으로 수행 가능토록 모든 건설 안전 관련 제도를 재검토하여 중복을 배제하고, 모순점을 제거해 나가도록 해야 하며, 여기에는 다음의 사항이 중점적으로 고려되어야 할 것이다.
① 건설 안전 관리 제도의 효과성 및 효율성 제고
② 안전 관리 사각지대의 제거와 중복 규제의 배제

③ 안전의 목적(보호의 대상)별로 전문성 제고
④ 축적된 산업 안전 기술의 활용 극대화
⑤ 건설 안전 지도 감독기능의 효율성 제고 및 내실화
⑥ 적정한 안전 비율의 확보 보장

(2) 발전 방향

건설 공사의 특성으로 인하여 공사 목적물 및 공사 현장 주위 공중의 안전과 근로자의 안전 사이의 명확한 업무 영역 구분은 불가하므로, 실제 건설 공사 방식을 수용하여 건설 업체의 편의를 도모하면서 양부처의 전문성과 장점을 효과적으로 활용하는 차원에서, 물적인 시설물의 안전 측면에서는 국토해양부는 건설 기술로, 인적인 근로자의 안전 측면에서 고용노동부는 산업 안전 기술로 양기관의 전문성을 강화시키는 것이 바람직하다.

ILO규약, 산업 안전 보건법 등을 근거로 생산 현장의 근로자 안전을 관리하고 산재 보험으로 재해의 사후관리를 수행하면서 축적된 산업 안전에 관한 노하우의 건설 안전 전반에 활용이 필요하다.

(3) 종합조정기능의 강화

확실한 책임 부여와 안전 전담부서의 위상 격상과 행정부처간 업무의 주도권 투쟁이나 민간 건설 업체의 이해 관계를 초월하여 유관 기관의 협조 체제를 공고히 하고 건설 현장의 안전 관리를 거시적 시각에서 조정하는 기능의 보강이 필요하다. 행정부의 공정한 법집행을 보장할 수 있는 내부의 제도적 장치 마련과 함께 장기적 안목에 의한 소신있는 건설 안전 행정을 구현할 수 있는 정부조직 내 풍토의 조성이 필요하며 사업장의 안전사고는 경미한 사법 처리로 마무리되는 경향으로서 일벌백계의 엄정한 처벌을 위한 사법부 내 전담 검사제의 도입도 고려되어야 할 것이다.

4. 안전전문인력의 양적, 질적 수준 제고

(1) 건설 공사에 적합한 계층별, 단계별 안전교육 체계의 구축

근로자, 관리 감독자, 경영층, 사업주 등 건설 공사 참여자에 대한 계층별 안전교육과 교육 대상의 안전 수준에 따른 단계별 안전 의식 향상 교육, 안전 관리 기법 교육, 기술적 안전 의식 교육 등으로 수요자 입장의 안전 교육 실시와 기초적 안전 교육의 의무화 및 전문 기술 교육에 안전 교육 강화 모든 교육 과정에 안전교육 포함 의무화로 생활 속의 안전과, 초등교육부터 안전 의식 함양을 위한 기본적 교육을 바탕으로 건설업 종사자들을 배출하는 전문 교육까지 안전 교육의 체계화 및 내실화가 필요함.

(2) 안전 교육의 내실화

건설 안전 교육 자료의 개발 및 교수요원의 양성이 선행되어야 하며, 건설 안전 전문 교육과정의 개설 및 기능인력 안전교육강사의 양성과 평생 교육제도 도입에 의한 안전 전문 인력에 대한 사후 관리의 강화가 필요하다.

5. 안전 관리 제도 강화

① 모든 건설공사의 허가과정에 안전성 평가, 안전 프로그램 및 전문 안전 관리자의 구비 의무의 독려
② 공사계약에 안전에 필요한 비용반영의 독려
③ 제도 및 관리 체계의 정비와 기존 기능의 재편성에 의한 안전 관리 기능의 확충 및 고도화
④ 안전 감리 강화 : 공사의 전단계에 걸친 감리자의 안전 관리 기능 및 책임을 강화하고, 공사내용변경시 변경된 안전 계획의 작성과 감리자의 검토를 의무화하며, 장기적으로 대규모 공사의 경우는 안전 감리를 의무화 해 나가야 한다.
⑤ 규제 수준의 적정화 : 과도한 규제나 안전수준은 도리어 규정의 준수노력을 희석시키는 결과를 초래하므로 강력한 법집행의 전제조건은 노력하면 지킬 수 있는 적정한 수준의 안전기준이 되어야 하며, 안전수준의 향상에 따라 단계적으로 기준을 높여 나가는 전략이 필요하다.
⑥ 벌칙의 강화 : 사고 업체에 대한 처벌 및 입찰참가 제한 등 불이익 확대로 건설 업체의 안전기술수준의 향상 독려

6. 건설안전기술의 연구개발 확충

건설 사업장의 특수성에 적합한 근본적인 대책의 마련을 위하여 건설 재해 방지를 위한 연구개발에 인력, 연구설비, 예산 등 국가적 차원에서 전폭적 자원의 동원이 필요하며 기존 산업안전 지식의 건설 현장에 대한 응용 연구 강화와 낙후된 건설 안전 기술 수준의 제고가 시급하다.

7. 협력 업체 및 중소 규모 업체의 안전 관리 능력 배양

건설 공사를 실질적으로 수행하는 전문 건설 업체 및 중소 규모 건설 업체의 안전 관리 수준 향상을 위한 국가적 지원의 확대가 필요하다.

3 중점 개선 사항

1. 건설사업장 안전 관련 법령 정비 및 체계화

(1) 기본방향

건설 사업주의 인·허가 및 공사 수행 방침을 규정한 법규가 너무 산만하여 책임과 역할이 오히려 불분명하므로, 이를 통폐합하여 사업주의 이해를 쉽게 하고, 책임 소재를 명확히 한다.

산업 안전 보건법상의 안전 기준을 공종별, 공사 종류별로 주요 사항만 규정하고 공사 시방서 내에 규정할 수 있는 구체적 내용을 각종 공사 시방서에 반영한다. 국토해양부와 고용노동부의 유기적 역할 분담으로 국토해양부는 감리 제도를 통하여 현장안전 관리를 상시 감독 및 평가하고, 고용노동부는 산안법의 준수 여부에 대한 확인검사와 강력한 사법권을 행사하고, 건설 현장 안전 진단 및 안전 점검의 효율성 및 전문성 제고를 위한 부처별, 기관별 안전 점검시 공조 체제의 유지에 의한 지도감독 기능의 효율성 제고가 필요하다.

(2) 근로자 안전 위주의 건설 안전 개념의 확장

"건설 안전 기본법"에 의한 사각 지대의 수용으로 현장 밖 제 3자의 안전을 위한 "건설 공사 공중 재해 방지 규정"의 사각지대의 수용으로 현장 밖 제3자의 안전을 위한 "건설 공사 공중 재해 방지규정"의 제정 및 실시

(3) 안전 관리비의 철저한 계상 및 사용

표준 안전 관리비의 건설 사업장 안전전반으로 확대 적용과 공사 현장에 대한 객관적이고 정량적인 위험지수의 도입으로 안전 관리비 계상의 합리화를 도모하고 지급은 실비적산 방식, 계상 및 사용 확인은 감리 기능과 근로 감독관의 사법권을 이용한 독려가 필요하다.

(4) 협력 업체 및 중소 건설 업체의 안전 관리 강화

① 원하도급간 공조체제의 유지와 안전에 대한 의무 및 책임의 명확화
② 영세건설업체의 안전관리능력 제고를 위한 기술지원

2. 사전안전성 평가와 강화

(1) 설계단계에서 안전성 평가의 실시

공사 발주시의 주요한 위험의 적출 및 대책의 검토와 설계심의시 안전심의 강화

(2) 시공단계의 안전성 평가 개선

기존의 산업 안전 보건법상의 유해 위험 방지 계획서 제도와 최근에 제정된 건설 기술 관리법상의 안전 관리 계획서 제도는 양 제도간의 중첩을 해소하고 건설업체의 영업 활동상의 편의를 고려한 효율적 운영 방안의 강구가 필요한 바, 견실한 건설물의 구축을 목적으로 하는 건설 기술과 근로자의 보호를 목적으로 하는 산업 안전 기술을 두 영역 모두 지식의 광역성을 특징으로 하는 별개의 전문영역으로서 현실적으로 완전 통합은 불가능할 뿐만 아니라 소관 조직의 비대화로 비효율적일 우려가 크다.

1981년에 제정된 산업 안전 보건법은 생산 현장 근로자의 안전에 관한 일반법의 성격으로서 공사 현장의 현존하는 위험으로부터 근로자 보호를 목적으로 하며, 사전 안전성 평가 제도의 경우도 1991년도에 실시되어 제도의 정착 단계에 이른 것으로 판단된다.

건설 기술 관리법상의 안전 관리 계획서 제도는 그 내용이 대부분 기존 산업안전 보건법상의 사전 안전성 평가 제도와 중복되고 있으며, 소관 부처인 국토해양부의 경우 안전 관리 계획서를 심사하고 지도할 전담부서나 전문인력이 미비한 상태로서, 실질적인 관리는 감리기능에 의존하는 간접적인 지도 감독 방식으로서 사전 안전성 평가라는 제도 본래의 취지를 효과적으로 달성하기 위해서는 관련 법령의 보호 객체와 여기에 요구되는 안전 기술의 상호 관련성 및 소관 부처의 조직, 전문인력 등 실질적인 지도 감독 능력을 고려한 효과적인 운영 방안의 강구가 요망된다.

3. 건설 업체 안전 평가 제도의 실시

(1) 의의
  ① 건설업체 안전실적의 적극적 평가로 처벌과 자율의 균형을 유지하며, 기업체와 사업주의 자율 안전활동에 대한 긍정적 동기부여로 민간의 자율안전 활동을 촉진시킴.
  ② 일부 건설회사에서는 이미 자사의 현장 평가에 안전점수로 40[%]를 할당하고 있음.

(2) 효과
  ① 안전 수준 평가 기준과 평가 체제를 마련하여 공사 수주시 감점 및 가점의 폭을 확대
  ② 발주자의 안전 시공을 갖춘 시공업체의 우선선정, 원도급자의 전문 건설업체의 평가, 선정에 활용하고, 영업상의 해택부여를 확대 실시함.

(3) 실시 방안
  안전 수준 평가 기준의 설정과 평가 체제의 확립

4. 안전 관리자의 위상 제고 및 안전 전문가의 활용

① 공사 지식, 경험을 우선하여 안전 관리자를 선임하고,
② 발주자, 감리자, 설계자 등 공사관계자의 상호협조 및 안전책임 독려
③ 장기적으로 종합 안전 감리제도(safety coordinator)로 발전시켜 안전 관리자의 권한과 위상을 현장소장 수준으로 강화시킴.

5. 건설 안전 교육 및 훈련의 체계적 실시와 내실화

(1) 건설 기술자 배출 기관의 안전교육 강화와 내실화

① 공사를 실질적으로 수행하는 공사 관리자의 안전의식 고취 및 안전 기술 교육을 강화하고, 전문대학, 대학 등의 건설 관련 교과과정에 일정 비중의 안전 교육을 의무화하며,
② 현재 안전교육, 건설 기술 교육으로 구분되고 있는 교육내용을 유기적으로 시행되도록 재검토하고 대학 및 전문대학 교육과도 연계운영하고,
③ 건설 기술 교육원, 산업 안전보건 교육원, 민간 단체 등 기존 건설관련 교육기관에 건설 안전학부를 독립시켜 교수요원 확충 및 교재 개발 투자 확대로 건설 안전분야의 강화를 통한 건설 기술 교육의 내실화가 필요하다.

(2) 건설 안전 전문 과정의 운영

대학원 및 유관 교육 기관에 건설 안전 전문 과정의 신설로 건설 안전 전문 인력을 양성하고, 교육 실시 기관의 교육성과에 대한 평가를 실시하여 교육 기관의 수준 향상을 유도

(3) 건설 근로자의 체계적 관리 및 안전 의식 제고

모든 건설 공사의 실제작업은 건설 기능공의 손으로 이루어지므로 기능공의 안전수준 향상은 사고 방지의 관건으로서, 직업에 긍지를 갖도록 하기 위해서는 우선 건설 기능 인력의 사회적 위상 제고가 필요한 바, 고용 안정과 복지 수준 향상을 위한 노동 관련 제도의 근본적 개선이 수반되어야 하며, 기능 인력에 대한 교육, 훈련, 기능 등을 일관되게 관리할 수 있는 "건설기능 근로자 수첩제도"의 국가적 실시가 필요하다.

그러나 현재의 빈약한 교육 시스템과 자원으로는 건설 현장의 안전 수준을 제고시키는데 한계가 있으며, 건설공사에 적합한 계층별, 단계별 안전 교육 체제의 구축 및 교육 내용의 내실화를 위해서는 건설안전 전문교육센터를 설립하여 안전전문가의 양성과 교육 프로그램 보급의 중추적 역할을 담당케하는 방안에 대해서도 긍정적 검토가 요구된다.

(4) 근로자용 이동 교육 센터의 적극적 활용

이동 교육 방식은 유동성이 심한 건설 현장 근로자에게 효과적인 교육 수단으로서, 교육 교재의 개발, 재해자 강사의 양성 등 이동교육의 교육내용 내실화를 도모하여 교육 실시 효과를 극대화시켜 나가야 할 것이다.

6. 건설 안전 전담 조직의 보강 및 기존 조직의 활용 극대화

(1) 고용노동부의 건설사업장 안전전담조직 강화

정부의 조직 및 인사 체계의 개선으로 비적격 공무원을 배제시키고, 건설안전 전담 조직의 상설화 및 전문 인력의 보강과, 전담 공무원의 자질 향상과 순환 보직의 융통성 있는 운용으로 전문직 종사자의 전문성 제고 기회 제공이 필요하다.

(2) 전문 기관의 건설 안전 전담 조직 강화

한국 산업 안전보건 공단 등 기존 안전 관리 조직 내 건설 안전 분야의 인력 보강 및 역할의 강화가 필요하다.

7. 건설 안전 기술 개발 투자의 확대와 연구 개발의 활성화

(1) 건설 안전 연구 개발의 촉진을 위한 선결 과제
   ① 안전 연구사업의 정부 책임에 대한 인식을 바탕으로 한 현안으로부터 독립된 연구 개발 장치의 마련과 연구 개발 업무에 대한 관리 능력 배양
   ② 안전 예산의 확대와 장기적 투자에 의한 전문연구인력 및 연구 설비의 확충과 연구인력에 대한 동기 부여

(2) 실천 방안

산업 안전보건 연구원, 건설 기술 연구원, 시설 안전 공단 등 기존 건설 안전 전담 연구 기관의 정책 차원의 예산 증액과 연구인력 및 설비를 보강하고 정부출연 연구기관의 경우는 충분한 연구예산의 확보를 위하여 예산의 일정비율을 건설 안전 기술의 연구 개발에 투자하도록 정관에 명시할 필요가 있다.

(3) 시급한 연구 과제
   ① 누구나 이용할 수 있는 건설에 기초한 안전 자료의 개발과 보급
   ② 안전 관련 제도, 기준, 규격, 교육 훈련, 안전 보건 규정 등의 건설 재해 감소 효과에

대한 연구
③ 건설 작업의 본질 안전을 위한 안전형 신공법의 개발과 자동화, 프리 패브화의 연구
④ 사고 방지에 직접적 효과가 있는 안전시설 및 안전 기기의 개발
⑤ 가설 구조물의 설계기준 확충과 안전성 검증 등 연구과제가 산적

8. 산재보험의 예방기능 강화

건설 재해 보상 업무를 전담하는 근로 복지 공단 등 산재 예방 기능을 하는 산업 안전보건 공단의 공조체제 구축으로 사후수습과 사고예방 활동의 연계 운영을 통한 보험의 사고 예방 기능 강화와 국가적 재해 비용의 최소화를 도모하여야 한다.

9. 건설 재해 통계의 신뢰성 제고 및 사고정보의 효과적 활용

사고 정보의 사고방지 효용 제고를 위해서는 이미 발생한 사고요인을 정밀 분석함으로써 유사 사고의 예방을 위한 대책 수립 자료로 활용하고, 이를 기초로 건설산업의 주요 위험을 인지하고 감시할 수 있는 통계자료를 개발하도록 하여야 하며 이에 대한 전문 인력의 양성 및 효과적 활용이 필요하다.

10. 중소 규모 건설 업체의 안전 수준 제고

① 원하도급간 안전책임의 명확화와 공조체제 장려
② 원도급업체의 협력업체에 대한 안전관리기술 지원
③ 영세건설업체에 대한 정부의 안전교육 및 기술지원 강화
④ 전문건설협회의 자율적 안전활동 지원

11. 건설사업장 가설 기자재의 안전성 제고

① 가설 기자재 제조 업체 및 리스 업체의 육성 지원
② 가설 재점검 조직의 강화 및 검정 대상의 확대
③ 노후 가설재 관리의 강화

제4절 종합요약 및 건의

1 요 약

1. 건설 안전 관리의 현수준

결과만을 중시하고 경시하는 의식 구조로 공사 과정은 경시되어 민간 건설 업체의 안전 의식이나 안전 관리 능력은 미흡한 수준이며, 특히 중소규모 건설 업체와 건설 작업을 직접 수행하는 기능 인력의 안전수준은 취약한데, 정부의 안전관리 조직, 조직의 전문성 및 지도감독 능력에는 한계가 있으며, 복잡다기한 건설 안전 관련제도는 산재되어, 건설안전 관련제도는 실효를 거두지 못하고 있다.

그러나 건설사업장은 건설공사의 유동적 속성으로 사고요인의 체계적 관리가 어려운데다가, 공사의 양적 증가, 건설공사 내용의 복잡화, 공사 입지의 열악화, 도심지내 사회 기반 시설의 집적으로 사고 유발 가능성은 계속 증가하고 있으며, 사고의 양상도 대규모 공중 재해로 확대되는 심각함이 있어 종합적인 안전 대책의 마련이 시급하다.

2. 건설사업장의 안전수준

건설사업장의 안전관리는 주로 근로자의 보호에 중점을 주고 실시되고 있어 건설사업장 밖의 공중에 대한 안전 대책이 미흡하며 일부 대형 건설 회사들의 안전은 상당한 수준에 있으나 전문 건설 업체를 포함한 전반적인 안전 관리 수준은 미흡하여, 재해율을 기준으로 선진국과 비교할 경우 우리나라의 재해율이 2~5배 높은 수준에 있다.

건설 사업장의 안전 관리 수준은 1993년도 조사 결과에 의하면 공사 관계자의 과반수 이상이 보통이하로 평가되고 있으며 최근 안전수준이 대폭 개선되는 추세에 있으나 재해 통계상으로 전체근로자의 9[%] 미만인 건설 근로자가 전산업 재해의 3할을 점유하여 일반 제조 업체의 근로자보다 3배 이상의 위험에 노출된 상태에 있다.

3. 중점 과제

(1) 건설 사업장 안전 확보의 전제

건설 공사의 특성에 적합한 사고 예방을 위한 종합적 대책의 수립이 시급하나, 건설 사업장의 안전성은 건전한 수주질서에 의한 적정한 공사비와 공사기간의 확보를 전제로 하므로 공사의 전과정에 걸친 "건설 제도 개혁"의 선행이 필요하다.

(2) 제도 개선의 기본 방향

제도 개선 과정에서 민간 경제 주체의 편의성은 고려되어야 하나, 민간 건설업체의 영업상의 편의보다는 근로자나 일반 국민의 안전 권리가 최우선으로 고려되어야 하며 정책의 기본 방향은 관리형에서 자율형으로, 규제형에서 유도형으로 전환하여 민간이 안전 관리 능력을 제고시킴과 동시에 정부의 행정부담을 경감시켜 나가는 것이 바람직할 것이다.

(3) 중점 개선 분야

① 건설 안전 개념의 재정립에 의한 기존의 건설 안전 관련 규정의 정비와 사각지대와 없는 종합적 운용을 위한 "건설공사 공중재해 방지대책"의 시행
② 분야별 안전전담조직의 전문성 제고와 기존 안전기술의 활용 극대화
③ 전 교육과정에 안전교육의 의무화와 안전의식 및 안전관리능력 향상을 위한 계층별, 단계별 건설 안전교육의 체계화 및 내실화
④ 건설업체의 자율적 안전활동의 촉진을 위한 안전실적평가의 강화
⑤ 건설안전기술 개발을 위한 연구개발 투자의 확충 등이 요구된다.

2 건 의

1. 공정한 법집행을 위한 풍토 조성

건설 공사와 관련된 비리가 아직 근절되지 않고 있으며, 국가적으로 공정한 법집행이 되지 못하여 국민의 과반수 이상이 법대로 하면 손해라는 인식이 팽배해 있는 사회적 상황을 돌이켜 볼 때 모든 부조리의 근원은 제도의 미비나 제도자체의 결함보다는 운영상의 잘못에 있으며, 건설안전의 당면 과제도 제도상의 결함보다는 제도의 운용상의 문제가 더 큰 것으로 사료되는 바 건설 안전을 위한 모든 제도나 규정이 효력을 갖기 위해서는 관련 법령의 정비나 강화와 함께 공무원의 공정한 법집행으로 국민 모두가 법을 지키지 않으면 손해라는 인식을 갖도록 준법정신을 고양하는 것이 가장 시급한 과제로 사료되며, 단기적 성과보다는 장래의 변화까지 대비하는 장기적 안목에 의한 소신있는 건설안전행정의 추진이 요망된다.

> **합격 Key**
> ① 답안 작성시 요점만 명쾌하게 한 다음 살을 붙이는 방법은 타 논문교재 등을 읽으세요.
> ② 답안 작성시 서론, 본론, 결론 등을 하실 필요는 없으며 지도사가 지도사를 채점하니 지도사로서 기계안전에 관한 지식 정도를 평가할 뿐입니다.

05 안전행동 실천 운동(5C운동)

자료출처 : 90년 8월 대한산업안전협회 '안전보건'

1 안전행동 실천운동의 목적과 실시 배경

산업 재해로 인한 인적·물적 손실이 증가일로에 있으며 근로 환경 파괴 등에 따른 직업병 등이 노사간이 갈등을 야기하고 있는 실정이다.

근로자와 경영층이 부담없이 추진할 수 있는 새로운 재해 예방기법이 요구되고 있는 시점에 실시하기 쉽고 전사적 행사로 정착하기에 용이하며 판매촉진, 원가절감, 안전보장, 작업표준의 달성, 쾌적한 작업환경 조성, 노사간의 갈등해소의 효과가 크고, 노사간의 의식전환에 새로운 계기가 될 것으로 믿어 근로자의 부주의로 이해 발생되고 있는 90[%]의 재해를 감소하고자 안전행동 실천운동을 전개하고자 한다.

2 안전행동 실천운동(5C운동)의 의의

복장을 단정히 하고 작업장에서는 정리정돈, 청소청결하고 기계 및 설비에는 점검과 확인 4가지의 기본을 전심전력하여 쾌적한 작업환경과 무재해 사업장을 만드는 운동이다.

지금까지 무재해운동은 어려워 구호로만 외쳤을 뿐 실제 기본의 실천을 망각한 형식적인 운동으로 흐르는 실정이다.

무재해운동을 실시하는 사업장에서 단순히 안전장치나 설치하고 안전교육을 실시한다고 해서 무재해를 정착시킬 수 없는 것이다. 무재해를 달성했다 하더라도 일시적 효과로 그치고 마는 사례는 허다하다. 안전활동에서 가장 손쉽고 기본적인 것이 미흡하다면 모래성을 쌓는 것과 같다.

위 4가지 기본은 너무 쉽기 때문에 잘 지켜지지 않을 때도 많다. 쉽기 때문에 망각하고 소홀하게 다루는 것이 인간의 결함이다. 하지만 이 4가지 기본 요건을 전심전력으로 정착시킨다면 무결함, 무사고, 무재해를 달성하기 위한 가장 손쉬운 안전행동 실천운동이 될 것이다.

3 안전행동 실천운동(5C)의 효과

1. 판매가 촉진된다.

깨끗한 공장이라고 손님으로부터 칭찬을 받고, 많은 사람의 공장견학이 쉽게 이루어진다. 또 주문을 내고 싶은 마음이 생긴다.

2. 원가절감이 이루어진다.

소모품, 공구, 준비시간, 작업시간 등이다.

3. 안전이 보장된다.

넓고, 밝고, 전망이 좋은 직장, 물품의 흐름이 일목요연하다. 적재제한도 지켜지고, 복장·보호구도 깔끔하다. 그리고 안전법규·규칙을 잘 지킨다.

4. 표준화가 이루어진다.

정해진 것을 올바르게 실행하고, 어느 부서에 가더라도 바로 작업할 수 있게 된다. 품질·코스트가 안정된다.

4 복장단정(Correctness)

1. 복장단정의 의미

복장을 단정히 한다는 것은 옷을 흐트러짐 없이 바르게 입는다는 뜻이다. 특히, 안전작업에서 복장을 단정히한다는 것은 대단히 중요한 것이다.
복장단정은 쉬운 것 같으면서도 어려운 것이다. 작업복의 단추를 모두 끼우고 안전모는 턱끈을 내려 바르게 쓰고, 안전화를 신을 때도 구두끈을 매고 끝이 처지지 않도록 하며 회사의 규정된 부착물을 정위치에 부착하며 최대한 활동하기에 간편하게 한다.
각종 보호구·보안경·마스크·귀마개를 잘 착용한 상태를 복장단정이라 한다. 복장을 단정히 하는 것을 상사의 지시나 강압에서 한다면 싫증이 나고 피로해지는 것이다. 작업자 스스로가 필요하게 느껴야 하고 습관화되야만 올바른 복장단정을 이룩할 수 있다. 이런 습관이 되어 있지 않으면 자유로운 행동을 하고 싶어한다. 회사의 작업복을 입든, 파티석의 파티복을 입든 항상 옷을 바르게 입는 것은 안전에서나 대인관계에서 매우 중요하다.

2. 복장단정의 효과

복장을 단정히 한다는 것은 그 사람 자신에게서 작업에 임하는 태도, 작업에 임하는 준비 및 자세가 되었다는 것으로 정신자세가 확립되었다는 뜻으로 해석할 수 있다. 복장을 단정히 한다는 것은 회사의 기강확립과 깊은 관계를 갖고 있다. 복장단정은 회사의 기강과 조직이 살아있고 관리체제가 확립되었다는 뜻이다.

복장을 단정히 한다는 것은 정신자세확립 및 근무기강 확립뿐만 아니라 작업의 특성상 상의의 소매끝이나 허리춤의 매무새를 바르게 함으로써 기계의 회전부에 협착되지 않고, 작업에 적정한 작업복 및 보호구의 올바른 착용으로 고열물, 부식성 유체에 대한 재해예방 및 작업능률의 향상을 가져올 수 있다.

또한 기름이나 약물에 오염된 작업복은 깨끗이 세탁해 입음으로써 기름에 오염된 작업복에 착화하여 화상 재해를 예방할 수 있다. 따라서 모든 근로자는 나 자신의 안전을 지키기 위해 복장단정은 신체의 일부라고 생각하고 이를 준수해야 한다.

5 정리정돈(Clearance)

1. 정리정돈의 중요성

정리정돈은 안전의 기본이며 원칙이다. 정리정돈이 잘된 작업장, 회사는 반드시 사고가 감소하게 된다. 정리정돈이 잘 된 작업장은 기분좋고 상쾌하다. 좁은 작업장이 넓어지고 피로하지 않으며 작업의 능률도 올릴 수 있고 사고도 예방할 수 있다.

반대로 정리정돈이 잘 되지 않은 작업장은 좁아지고 지저분하며 어지럽고 상쾌한 마음이 없으므로 작업할 기분이 나지 않으며 쉽게 피로해지기 때문에 사고의 원인이 된다.

정리정돈은 때와 장소가 있는 것이 아니고 별도의 시간이나 별도의 사람이 정해져 있는 것이 아니다. 정리정돈은 처음부터 이루어져야 하며 즉시 이루어져야 한다. 작업이 끝남과 동시에 모든 것이 제자리에 놓여져 있어야 한다.

2. 정리정돈이 왜 필요한가

직장을 넓게 사용하고, 깨끗한 직장에서 기분 좋게 작업한다. 또 위험이 없는 물건의 보관법·적치법·정렬법으로 한다. 동료에게 괴로움을 끼치지 않는 물건의 보관법·적치법·정렬법을 생각한다.

3. 정리정돈 요령

정리정돈은 같은 품목별, 같은 사이즈별 또는 용도별로 구분하여 쉽게 찾을 수 있어야 하고 쉽게 끄집어 낼 수 있도록 작은 것으로부터 큰 것으로 나열하고, 무거운 것으로부터 가벼운 것으로 쌓아야 한다.

무거운 철판이나 파이프 같은 것은 사이즈 별로 칸막이를 해서 쉽게 찾고 쉽게 꺼낼 수 있어야 사고 예방은 물론 시간도 절약할 수 있는 것이다.

자재창고나 제품창고 같은 곳은 품목별·지역별로 쉽게 찾을 수 있도록 저장번호를 부여하고 제품명을 기입한다.

또한 정리정돈은 담당구역분 책임자를 선임하고 관리감독자는 작업장의 정리정돈의 이행여부를 확인하여야 한다. 정리정돈의 성공의 여부는 관리감독자의 관심도에 좌우한다.

4. 정리정돈의 효과

작업장의 정리정돈을 함으로써 얻을 수 있는 효과는 다음과 같다.

작업을 진행하기 위한 시간·자재·노력·작업장소의 낭비가 없어진다. 또 작업을 하기 위한 안전을 확보하는 데 큰 조건이 된다. 그리고 생산능률·작업능률이 향상되고, 직장의 규율이 시정되고, 작업의욕의 향상에 도움이 된다.

5. 정리정돈의 실시상의 준비

(1) 인적인 측면

정리정돈이 필요한 것을 직장 전원에게 주지시키고, 정리정돈 담당구역과 담당책임자를 정한다. 또 대상물의 주위 및 실시방법을 정하고 그 뒤에 이것들을 규정으로 정리한다.

(2) 물적인 측면

재료·제품·공구 등의 적치장소, 수납장소를 명확하게 한다. 예를 들면 바닥·통로 등에 백색표시·적재높이표시 등을 나타낸다. 또 적당한 수납기재 즉 선반·상자·방책·깔판·꺽쇠 등을 준비하고, 운반차·발판·발판사다리·사다리 등 관계 용구를 정비한다.

6 청소·청결(Cleaning)

1. 청소청결이란

청소는 더러운 것을 말끔히 치워서 쓰레기가 없는 상태로 하는 것이며, 청결은 청소된 상태에서 맑고 깨끗하게 닦고 때묻지 않게 유지하는 것이다. 청결보다 청소가 선행되는 것이다.
작업장 등의 청소청결은 다음과 같은 효과가 있다.
작업자의 건강보건을 유지하고 작업능률이 향상되며, 기계장치의 보전·제품정밀도 보전에 기여한다. 또한 직장의 분위기가 좋아지는 느낌이 들며, 작업의욕의 향상을 유지한다.
인간은 누구나 깨끗한 곳을 좋아하는 것이 본성이다. 쓸고 닦지 않으면 더럽고 추하고 비위생적인 것이다. 작업장이든 기계나 설비든 항상 깨끗하게 유지하고 싶은 것은 우리 소망이다.
청소청결은 관리감독자의 관심도에 따라서 성패의 여부가 달려있는 것이다. 관리감독자에서부터 솔선해야 아랫사람도 따라가게 되는 것이다. 현장작업자 한 두 사람이 한다고 해서 이루어지는 것은 아니다.
전원이 전사적으로 정리정돈 청소청결운동에 지속적으로 참여하여야 효과를 거둘 수 있는 것이다.

2. 청소청결 요령

청소청결을 효과적으로 실시하기 위해서는 다음과 같이 한다.
단독작업으로 이루어지는 작업장은 개인별로 기계를 포함해서 명확하게 책임구역선을 긋는다. 또 공동 작업장일 경우 파트별, 분야별로 나누어서 명확하게 책임구역을 정한다. 이때 인원수에 적절한 분배를 하도록 해야 한다. 불공평하게 분배를 해서 불만을 주어서는 안된다.
또한 각 구역마다 책임자를 선임하고 팻말을 부착한다. 특별히 청소·청결을 잘하는 개인 또는 단체에게는 시상을 하고 실적이 저조한 개인 및 단체는 벌칙을 주게 한다.
이렇게 하여 전사적으로 정착시키게 하고 습관화하도록 동기를 부여하여야 한다.

7 점검·확인(Checking)

1. 점검·확인이란

작업 시작전 점검은 기계 및 설비의 결함을 조기에 발견하고 발견된 것을 시정 또는 정비하여 완전하게 하는 행위이며 확인은 더 보고, 찾고, 생각해서 결함의 유무와 일의 진행과정 등에서 잘못된 것은 없는가를 확실히 밝혀두는 것이다.

2. 작업시작전 점검과 확인이 중요성

점검은 안전에서 처음이요 끝인 동시에 안전의 기본열쇠인 것이다. 안전 활동에서 안전 점검은 안전의 핵심적 기능이며, 안전점검은 작업과 별개의 것이 아니고 작업의 일부분이다.
안전 관리자, 안전 담당자 또는 관리 감독자가 안전 점검을 경시했거나 소홀했다면 커다란 문제가 있는 것이다. 점검하고 확인하는 것은 관리 감독자의 임무인 동시에 의무인 것이다. 특히 관리 감독자는 매사에 점검하고 확인하여 결함을 발견하고 문제를 발전해야 한다.
이렇게 발견된 결함과 문제에 대하여 대책을 수립하고 해결해야 하는 것이다. 누구나 먼저 빨리 결함과 문제를 발견하여 대책을 수립, 해결하느냐 못하느냐 하는 것은 관리 감독자의 능력을 인정하게 되고 즉시 시정시키는 것은 더욱 중요한 것이다. 전체사고의 약 90[%]가 불안전한 행동에서 기인한다는 사실을 감안하면 작업행동 측면의 점검이야말로 더욱 중요한 것이라 하겠다.

3. 점검 요령

기계 및 설비의 점검 대상을 결정하고 점검표를 작성한다. 점검표는 점검자가 직접 작성토록 하고, 관리 감독자는 작성된 점검표를 검토하여 미비점을 찾아 보완한다. 또는 작업방법을 결정한다. 그리고 점검시 별도의 주의사항을 지시하고, 점검 보조자를 선임해 준다.
점검의 시기는 주1회·월1회·분기1회·연1회로 하고, 작업전·작업중·작업종료후 수시로 하며, 점검대상 기계의 전문 기술책임자를 선정한다. 점검 결과 보고서를 작성하고, 구체적 정비 계획을 수립한다.

8 전심전력(Concentration)

1. 전심전력이란

오로지 일에만 마음과 힘을 쏟다는 뜻으로 모든 것을 무재해, 무사고, 무결함에 초점을 맞추기 위해서는 기본의 실천으로 가장 손쉬운 것부터 복장단정, 정리정돈, 청소청결, 점검과 확인으로 안전하고 명랑한 작업장을 이룩하는데 힘을 모으는 것을 말한다.

2. 전심전력은 한마음 운동으로

위와 같은 목적을 달성하기 위해서 전원이 이 운동에 참가하여 전사적으로 확신하여 전력투구하는 것이다. 이 운동은 하향식이 되어서는 안되고 상향식이 되어서도 성공의 보장성은 희박한 것이다. 오로지 최고 경영자에서부터 최일선 작업원까지 자율적으로 참여하는 분위기를 조성해야 한다.

경영자, 관리 감독자, 작업자 모두가 한마음이 되어 행동 운동으로 전개하고 본심으로 안전을 추진해야 한다.

근로자 개개인이 마지못해서 하는 것이 아니라 자율적으로 능동적으로 추진할 수 있는 동기유발이 되도록 상황과 여건을 제공하여 자발적 안전관리를 적극 추진하여야 한다.

사업장에 있어서 안전행동실천운동을 추진함에 있어 형식적인 체제와 활동을 지양하여 우리 사업장은 단 한 사람도 다치지 않겠다는 인간존중사상의 본심으로 진정한 재해예방의 결의로 추진하여야 한다.

06 自動化의 安全性과 발전 과제

자료출처 : 대한산업안전협회 '산업안전(90. 8)'

제1절 서 론

현재 우리사회는 어떤 형태로든 자동화의 혜택을 받고 있으며, 단적으로 말해서 만약 자동화의 수준이 현재보다 현격히 낮다고 가정하면 현대 사회생활은 아직도 원시적인 생활양식에 젖어 있을 것이다.

그러나 기계의 발달로 다양한 기능을 행할 수 있어 종래의 기술수준으로서는 불가능했던 다품종 소량생산을 가능하게 했다는데 큰 의미를 부여하게 되었다.

그간이 산업패턴을 보면 중화학공업에 치중해서 근로자의 외형소득의 상승과 국가경제의 발전측면에서는 고무적이라고 할 수 있겠지만, 이제는 기계화·자동화에 따른 안전기술의 접목과 안전화 설비확충에 치중해야 할 시기에 도달했다.

경제발전의 요소들 중에서 자본력의 강화와 기술의 발전도 중요하지만, 활동주체인 노동력의 보호를 위한 노력이 강조될 것을 기대하면서 안전하고 쾌적한 사업장의 근간이 될 수 있는 공장자동화의 현수준을 평가하고 추구하여야 할 중점대상을 알아보고자 한다.

자동화의 장·단점은 다음과 같다.

(1) **자동화의 장점**

　① 생산성 향상
　② 제품의 품질향상과 균일화로 불량품 감소
　③ 노동력 감소로 인건비 절감
　④ 생산 설비의 수명 연장 및 노동 조건 향상

(2) **자동화의 단점**

　① 최초 설비비가 많이 든다.
　② 설계, 설치, 운영 및 유지 보수 등에 높은 기술 수준이 요구된다.
　③ 기계의 범용성을 잃어 생산 탄력성이 결여된다.

제2절 본 론

1. 자동화의 정의

일반적으로 간단하게 자동화, 자동기계 등의 용어를 사용하고 있으나, 자동화의 정의는 전문가들 사이에도 아직 정확하게 확립되어 있지는 않다.
MCGraw Hill 이공학용어사전에 의하면 ① 자동 또는 동물의 노동을 기계로 바꾸어 놓은 것 ② 자동 또는 원격조작으로 기계나 장치를 운전하는 것 등 두 가지로 나타내고는 있지만 실로 그 범위는 막연하다.
자동이라는 이름이 붙어 있어도 자동판매기나 자동문 등은 단순한 조작에 의해 작동되는 간단한 기계에 불과하다는 사람들도 있다.
그러나 자동화도 개발 당시에는 사람이나 말을 대신하여 차를 달리게 하므로 Auto-mobil이라는 이름이 붙었었던 것이다. 하지만 오늘날 이를 자동기계라고 생각하는 사람은 적다.
결국 자동화란 [인간이 행해온 작업을 기계로 대치]하는 것이며 그 범위는 시대적 상황이나 사람들의 의식에 따라 변화하는 상대적인 것이다.
단지 우리들은 그 정의의 머리부분에 인간사회의 활용성을 높이기 위하여라는 말을 추가해서 자동화란 개념을 생각해야 할 것이다.

2. 자동화의 단계

자동화 기술을 구체적으로 살펴보면 복잡한 기계·전기·전자기술을 복합적으로 응용하여 생산의 제어를 실시하는 것으로서 다음 기술을 내포하고 있다.
이 기술들은 ① 자동공작기계에 의한 가공 ② 자동물류 처리시스템 ③ 자동조립기계 ④ 연속생산 공정 ⑤ 피드 백 제어시스템 △컴퓨터를 이용한 공정제어시스템 등이다.
이상 열거한 내용들을 통해 볼 때 현대적 의미의 공장자동화가 금속가공 작업을 중심으로 발달해 왔음을 알 수 있다.
자동화기술은 기계로 제어하는 방식에 따라 자동화와 프로그래머블(programable) 자동화의 두 가지로 구분해 볼 수 있다.
고정식 자동화란 기계가 행하는 작업순서가 항상 일정한 것으로서 대량 생산체제에 적합한 것으로 현재 산업계에 널리 이용되고 있는 전기릴레이를 이용한 기계의 시퀀스 제어방식이 이에 속한다.

또 컴퓨터를 이용하여 생산을 제어해도 그 조작순서의 변경이 용이하지 않은 것은 고정식 자동화라 할 수 있다.

한편 프로그래머블 자동화란 기계에 연속성을 부여한 것으로서 하나의 기계로 여러 가지 제품을 제조할 수 있도록 조작 순서의 변형이 용이한 자동화이다.

3 산업용 로봇의 기능

공장에서는 제품생산에 자동기계를 사용해 왔으나, 컴퓨터의 등장으로 단지 움직이는 요소들에 지나지 않았던 자동기계에 두뇌를 결합시키는 것을 가능하게 하였다.

로봇은 기계적인 유연성과 기능적으로 여러 가지 일을 할 수 있는 자동화된 기계장치로서 美 로봇연구소에서는 로봇에 대해 다음과 같은 정의를 내리고 있다.

즉, [프로그래밍이 가능하고 기능이 다양하며 움직이는 기구로서 여러 가지 업무수행을 위해 프로그램화된 동작을 통해 재료·부품공구나 특수한 장치를 공작하도록 설계되어진 것]이라고 말하고 있다.

로봇과 일반 자동기계의 차이는 프로그래밍의 재편성 여부와 기능의 다양성으로 구별할 수 있다.

이러한 기능들은 두뇌부분-헤드-인유도 컴퓨터에 의해 용이해지며 수많은 일의 절차를 이행하도록 프로그램을 편성할 수 있고, 필요한 때에는 로봇이 새로운 또는 추가임무들을 실행하도록 재작성되어질 수 있다.

로봇에 정보를 전달하는 방법은 매우 다양하며 자동제어로봇에는 보통 매우 정교한 제어장치들이 들어 있다. 최신로봇은 감각기관이 있는 모델로 하나 이상의 인공감각기관을 갖는 자동화한 장치로까지 발전하였다.

이러한 로봇들은 고가여서 실용화단계에는 산업현장에서 실용화될 경우 큰 변혁을 가져다 줄 것이라고 기대된다.

시스템으로서의 로봇은 실제로 작업하는 기구부와 인간이 지령하는 작업내용에 따라 기구부를 제어하는 센서나 컴퓨터로 되어 있는 제어부로 구성되며, 로봇의 기능상 구성은 [그림]과 같다.

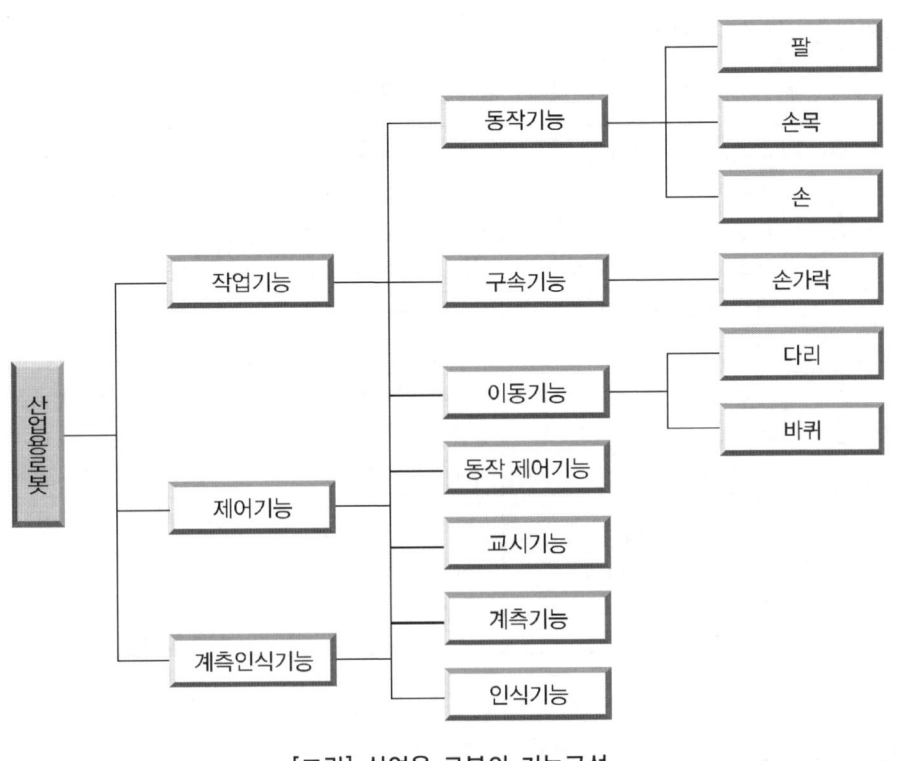

[그림] 산업용 로봇의 기능구성

현재 이러한 다기능의 산업용 로봇은 용접에서 도장·조립에 이르기까지 그 응용범위가 광범위하여 구체적으로는 국소용접·공작기계하역 수압기에 의한 구조, 정밀주물제작·사출성형 및 재료취급을 포함하는 다양한 작업을 수행하고 있으며 업종별로는 자동차 공압에서의 산업이 현저히 증가하고 있는 추세이다.

이러한 산업용 로봇을 도입함으로써 얻게 되는 효과는 크게 3가지로 분류할 수 있다.

첫째는 경제적으로서 생산성 향상·품질의 안정·성자원·성에너지·생산관리의 개선을 도모할 수 있고, 둘째는 사회적으로서 노동환경의 정비와 인간성회복·고용의 안전확보·고학력화·고령화의 시대에 대응하는 고용인력 부족의 해소이며, 셋째는 기술적으로서 기계의 구조적·기능적·신기술 창출 등을 통한 기술혁신이 활성화되게 된다. 이런 효과는 산업용 로봇의 특성인 3차원 공간에서의 동작변형이 용이하다는 점(유연성·범용성)과 인간의 능력을 뛰어넘거나 이것을 보완하는 기계적·물리적 기능을 갖고 있다는 점(지속성·내가혹성) 그리고 인간의 지령에 의해서 움직이는 충실성·정확성 등이 생산라인에 융합됨으로써 얻어지는 효과라고 볼 수 있다.

또한 동력원에 의해 가동부가 어떤 에너지 매체에 의해 움직이는가에 따른 분류로 현대의 로봇은 단 한 종류의 동력을 사용한다고 하기보다는 각각의 부분에 최적의 동력원을 사용한다.

이 동력원은 전기식·유압식·공기압식으로 분류되며 그 특징은 [표]와 같다.

[표] 동력원 종별 특징

구 분	전기식	유압식	공기압식
조작력	조작력은 작은 것부터 중간정도의 힘이 생긴다. 보통회전력으로 사용된다.	매우 큰 힘이 생긴다. 회전력으로도 직선운동력으로도 사용할 수 있다.	큰 힘이 생기지 않는다. 보통 직선운동으로 사용한다.
크기·중량	넓은 범위의 크기를 얻을 수 있다.	무겁고 출력과 크기가 매우 높고 큰 공간을 차지한다.	유압에 비해 작으므로 소형·저출력의 것은 이용
안전성	과부하에 약하다. 방폭을 고려할 필요가 있고 기타의 안전성은 높다.	발열이 있지만 과부하에 강하다. 화재의 위험이 있다.	과부하에 최고로 강하다. 발열은 없다. 인체에 위험이 작다.
수명 및 사용	주변기기와 일치시킬 수 있고 검사도 쉽다. 수명이 길다.	관리에 주의를 요하며 기름에 윤활성이 있어 수명은 보통이다.	유압보다 사용이 편하며 공기의 윤활성이 없기 때문에 전기식에 비하여 수명이 짧다.

4 자동화에 의한 재해발생요인 및 분석

원가를 절감하고 생산성을 향상시킬 수 있는 것은 역시 설비를 자동화함으로써 인력으로 해결할 수 없는 품질의 균일성, 납기단축, 산재 예방에 획기적인 개선을 가져올 수 있다.

이런 관점에서 국내의 많은 기업들이 자동화 추진 계획을 수립하여 진행 중에 있으며, 이 중 대표적인 것으로 산업용 로봇이 많이 활용되고 있다.

설비 자동화로 인하여 기업에서도 생산성향상 원가절감 측면에서 많은 이득을 얻고 있으며, 산업재해 측면에서는 예방에 효과적이라고 볼 수 있다.

그렇지만 자동화설비의 증가는 이 분야별 특유의 새로운 재해유형이 나타나게 된다. 자동화에 의한 재해발생요인은 크게 방호장치의 부적당, 안전에 관한 설비관리의 부적당, 작업관리이 부적당으로 나눌 수 있다.

첫째 방호장치의 부적당에는 ① 경고장치 불량 ② 긴급정지장치 불량 ③ 설비불충분이 있다.

둘째 안전에 관한 설비관리의 부적당에는 ① 설비배치 및 작업장의 결함-안전작업에 대한 환경불량, 연휴동작에 대한 배려부족 ② 안전수단의 관리부적당-수명, 보수불량, 안전수단 불량(기능불량, 재료 및 부품의 선정부족, 안전율의 계획 부적당, 기능불량) ③ 로봇의 고장-수명, 로봇의 불량(기능불량, 안전율 부족, 가공 불량), 보수불량으로 나눈다.

셋째 작업관리의 부적당은 ① 안전교육의 부족 ② 작업순서의 부적당-안전을 위해서 확인 대조를 요하는 시설, 지시·경고의 불이행(태만, 룰위반·룰무시·독단, 자기과신, 어드벤처 의식), 연락대조 부적당, 부주의(착각, 모르는 실수) ③ 작업위험성에 대한 인식부족 ④ 분석체크 부적당으로 나눈다.

산업용 로봇은 자체중량이 무겁고 고속으로 움직이며, 큰 힘을 내고 가반중량이 크며, 운동범위가 넓고 구조가 복잡하기 때문에 많은 재해요인을 지니고 있다.

예를 들어 화학플랜트의 경우 반응반답시간의 분의 오더(分 order), 열처리는 시간오더이므로 고장상태가 감지되면 작업자가 수동으로 조작하여 사고를 피할 수 있으나, 산업용 로봇은 응답시간이 초 이하 오더이므로 폐-루프(closed-loop)계의 기능이 없으면 즉시 사고로 연결된다.

작업장에서는 로봇의 작동영역을 미리 표시하여 운전중에는 작업자가 절대 접근하지 않도록 해야 할 것이다.

[표]는 산업용 로봇 설치시 작업형태에 따른 위험정도를 나타낸다.

[표] 로봇 설치시 작업유형에 따른 위험도

번 호	위험부분	빈도(%)
1.	프로그래머/공구장착자	57
2.	정지조정자	26
3.	유지보수자(수리/보수)	4
4.	조작자(보통조작)	13
	계	100

5 로봇 위험요소와 유지관리

자동화된 작업장에서 발생할 수 있는 위험들은 다른 고성능 기계류에서 일어날 수 있는 기계적·전기적 안전사고의 위험 외에도 특히 주목해야 할 점은 산업용 로봇은 다른 공정과 연계되어 하나의 생산시스템을 구성하고 있는 경우가 많으므로 로봇의 고장시 전체 생산공정에 지장을 초래할 수 있다는 것이다.

또한 로봇의 교체비용은 매우 고가일 뿐만 아니라 긴 대기시간이 필요하므로 산업용 로봇의 고장시 공장의 가동중지까지 초래할 가능성이 높다는 데 주의해야 한다.

따라서 로봇의 정상작동을 위해서는 유지관리가 매우 중요한 요소로 인식되어져야 하는데 로봇은 사용되는 용도나 설치위치에 따라 각기 다른 환경적인 영향을 받게 되므로, 유지관리 및 주의사항은 로봇의 기본 설계시부터 시작되어야 한다.

로봇트설계에서 고려되어야 하는 주요한 환경요인들은 열, 전기, 소음과 부식성 또는 유독한 환경을 포함하고 있다.

다음은 설계시 고려해야 할 사항들이다.

(1) 산업용 로봇이 설치된 작업장의 온도가 49[℃] 이상 올라갈 경우를 대비하여 찬 공기를 공급할 수 있는 별도의 장치가 있어야 한다. 로봇이 고열로 같은 공정을 거치게 되는 경우 복사열에 특별한 주의를 기울여야 하며, 이러한 경우 로봇의 안전작동을 위해 복사열 차폐물 및 차폐막 등을 사용하도록 한다.

(2) 정전이나 오동작은 컴퓨터의 경우 계산착오를 일으킬 수 있으나 로봇의 경우 제어장치의 정전이나 오신호는 로봇 자체 또는 관련된 설비에 해로운 물리적 행위를 초래할 수도 있다.

따라서 로봇의 연결회로 설계는 주변기기 설비와 함께 로봇의 통신연결장치 내부로 들어가는 동력계통의 일시적 단락현상과 소음장해로부터 보호되어야 한다.

(3) 로봇은 주위에 있는 분무상액체, 가스 또는 다른 입자들로부터 피해를 입기 쉽다. 먼지나 분진 불결한 공기로부터 로봇을 보호하기 위해서는 항시 가압된 찬공기를 공급해 주는 것이 바람직하다.

이 외에도 산업용 로봇은 고도의 첨단기계로 전문교육을 이수한 사람으로 하여금 계획된 유지관리를 실시토록 하고, 그 설비가 있는 곳에 배치시켜 보수나 정비작업을 시행토록 하는 것이 이상적이다.

물론 로봇제조회사에서 통상 주유법, 검사 및 정리를 포함하는 운용상 그리고 계통체크에 관한 기본적인 지침서 등을 제공해 주지만 로봇에 이상이 생겼을 때에는 신속히 제조회사에 연락하여 제조회사 전문가의 자문을 받는 것이 최선의 방법이다. 또한 로봇 제조회사의 진단 검사 역시 필수적이다.

그리고 항시 예비품을 준비해 두어 고장시 정지시간을 최소화하고 신속한 보수가 이루어지도록 해야 한다. 어느 생산공정에서나 주요 로봇의 손실은 광범위한 조업중단으로 발전될 수 있으므로 이에 대한 대비책이 마련되어야 한다.

즉, 산업용 로봇들은 흔히 다른 공정기계설비와 함께 운용되고 있으므로 만일 고장 로봇에 대해 신속한 조치가 없다면 다른 공정 기계들도 작동을 멈추어야 하는 사태로까지 진전될 수 있으므로 이에 대비해 전문요원이나 여분의 로봇으로 대체할 수 있는 비상계획이 수립되어 있어야 한다.

07 직업과 요통

자료출처 : 93년 5월 대한산업안전협회 '산업안전'

제1절 서 론

요통은 산업화된 사회에서 매우 흔하여 평생 요통없이 지내는 사람은 극소수이다. 이렇게 전 인구 중 요통의 빈도가 높으므로 힘든 작업에 종사하는 근로자가 흔히 요통을 호소하는 것은 당연한 것으로 보인다. 직업성 요통은 생산 활동이 가장 활발한 시기에 나타나므로 요통으로 인한 사회경제적 손실은 막대한 것이다. 그러나 현재까지 요통에 대한 역학, 치료, 예방, 재활 및 보상 등 여러 문제를 문헌 고찰을 통하여 알아보고자 한다.

1 요통의 빈도와 그 영향

전 인구 중 60[%] 내지 80[%](또는 85[%])가 일생 중 언젠가는 요통으로 고생하게 되고 전 인구의 20[%] 내지 30[%]가 요통을 앓고 있다고 한다. 마찬가지로 근로인구의 절반 이상이 근로 경력중 요통으로 고생하며 Snook(1982)에 의하면 미국에서는 매년 노동력의 2[%]가 직업성 요통으로 고생한다.

그러나 Benn과 Wood(1975)에 의하면 1969년에서 1970년 사이에 영국에서는 요통으로 인한 결근일이 모든 질병에 의한 총결근일 중 36[%]를 차지하고 요통이 있는 남자근로자의 평균 결근일이 33일이라 하였다. Anderson(1981)에 의하면 스웨덴에서는 요통으로 인해 전체 근로일수의 1[%]가 소실되며 총결근일의 12.5[%]가 요통 때문이고 요통환자의 결근일이 36일로써 다른 어떤 질환보다 결근일이 길다고 하였다.

직업성 요통에 대한 치료 및 보상에 소요되는 경비는 기타 산재 사고에 대한 경비를 훨씬 상회하는 것으로 알려져 있다. 1976년 미국에서는 140억불이 직업성 요통의 보상에 지출되었고 1983년에는 200억불로 증가되었으며 1990년대에는 매년 250억불에 이를 것으로 추정되고 있다. 그러나 이보다 더 심각한 문제점은 전체 산재 보상환자 중 요추부 손상으로 보상받는 경우는 19[%]인데도 전체 보상액에서 요통으로 인한 보상액이 41[%]를 차지한다는 점이며 더욱이 전체 직업성 요통환자 중 18[%] 미만의 환자가 근로 손실, 의료비 및 보상액의 75[%]를 차지한다는 점이다.

2 직업성 요통의 위험 인자

요통을 쉽게 일으키는 소인이 밝혀지거나 요추부 손상 후 만성요통으로 진행되는 인자가 밝혀진다면 직업성 요통에 대해 대비책을 마련할 수 있을 것이다. 그러나 직업성 요통환자 중 단지 65[%]에서 요통의 원인이 아닌 위험인자만이 알려져 있을 뿐이다.

첫째 연령을 들 수 있다. 요통은 청년기에 시작하는데 30대, 40대까지는 그 빈도가 증가하지만 이후에는 더 이상 증가하지 않거나 감소하기도 한다. 둘째 신체발달을 보면 신체발달이 나쁜 사람은 발달이 잘 된 사람에 비해 요통 발생율이 10배나 높다 한다. 셋째 요통의 과거력이 있는 사람은 요통을 다시 일으키는 경우가 많다고 알려져 있다. Rowe는 직업성 요통환자의 85[%]는 간헐적 요통을 이미 경험했던 사람들이라 하였다. 넷째, 요통을 자주 일으키는 직업 및 작업의 종류를 보면 미국 노동통계에 의하여 요추부 손상 빈도가 높은 직업으로 건설업 및 광업에 종사하는 근로자, 트럭 운전자, 간호사 등을 들었으며 행정직이 요통의 빈도가 낮다 하였다. 한편 산업현장에서 발생되는 요통은 물건을 들어올리는 작업 특히 80파운드 이상의 무거운 물건을 드는 작업시 가장 흔히 발생한다(37~49[%]). 이외에도 허리를 굽히거나, 꼴 때 많이 발생하며 물건을 밀거나 운반작업 중 또는 물건을 아래로 내릴 때 발생한다. 장시간 일정한 자세로 작업하거나 진동에 노출되는 경우 요통이 흔히 발생한다 하였다.

단순 반복작업에서도 요통은 빈발하며 근로자가 직업 및 작업에 만족치 못하는 경우 요통의 빈도는 높아진다. 반면 책임도가 높거나 집중력이 많이 필요한 작업에서 요통이 흔하다 한다. 그러나 환자의 정신적 특성이 요통의 원인인지 아니면 요통으로 인해 2차적인 변화인지 결정키 어렵다. 대부분의 학자들은 척추에 가해지는 기계적 손상 이외에 다른 인자가 직업성 요통 발생에 기여한다고 주장하고 있다.

3 요통의 예방

직업성 요통의 일부에서만 상기한 위험 인자를 알 수 있을 뿐 직접 원인을 밝히기는 매우 어렵기 때문에 예방적 조치는 효과가 거의 없다.

근로자를 선별할 때 요통의 기왕력과 같은 요통의 위험 인자를 밝히는 근로자는 드물기 때문에 이를 밝히려 직업성 요통의 예방 방법으로는 알맞지 않으며 요통 방지에 대한 예방 교육은 소비되는 시간, 경비, 노력에 비해 성과가 적다. 따라서 근로자의 능력에 맞게 작업을 조정하는 것이 요통을 예방하는 작업 중 가장 기대해 볼 만한 것으로 보고되어 있다.

4 근로 손실 기간에 영향을 주는 인자

Macgill에 의하면 복귀 지연이 본래 직업으로의 복귀 가능성을 결정하는데 중요하다 하였다. 즉, 6개월 이상 요통으로 직장에 복귀 못한 사람들에서 복귀가능성은 50[%]이고, 1년이 지연되면 25[%]로 떨어지며 2년 이상 지연되면 복귀 가능성이 없다고 한다. 따라서 Frymoyer 등은 직업성 요통에 대한 조기 집중적 재활치료를 강조하였다.

근로 손실의 기간에 영향을 주는 인자로는 손상의 정도 및 형태가 있는데 환자에 의해 전달되는 사고경위는 정확하지 않은 경우가 많으며 보상을 원하는 환자는 기존의 만성 요통인데도 산재사고에 의한 급성 요통으로 주장하는 경우가 많다. 또한 환자는 객관성 있는 진찰 소견이 없거나 많지 않아 정신적 인자가 중요하게 인식되고 있다.

Wade-11 등에 의하면 요통으로 인한 전체 장애 중 객관적으로 인정될 수 있는 진찰 소견은 50[%]에 불과하며 이 또한 정서적 스트레스와 같은 정신반응에 의하여 영향을 많이 받는다. 비슷한 보고들이 다른 보고자에 의해서도 발표되었는데 낮은 교육수준, 낮은 임금을 받는 요통 환자가 결근의 장기화와 밀접한 관계를 갖는다고 한다.

요통에 대한 보상이 장애 기간에 어떻게 작용하는지는 잘 밝혀져 있지 않으나 보상 요구에 대해 타결이 많이 이루어지고, 보상액이 증가하면 보상 요구가 증가한다는 보고도 있다. Walsh의 보고에 의하면 요통으로 인한 이득이 높아질수록 길어진다. 보상과정에 변호사가 개입되면 만성 요통으로의 발전과 영구적 장애가 남을 가능성이 높아진다는 보고도 있으며 치료하는 의사들도 불필요한 검사 및 뚜렷한 효과도 없는 물리가료를 장기간 시행함으로써 근로자의 직업 복귀를 지연시키는 데 일조를 하기도 한다.

5 직업성 요통의 진단과 치료

직업성 요통의 진단과 치료는 일반인의 요통에 대한 진단 및 치료와 차이는 없으나 표준 요목표를 토대로 진단, 치료를 시행하면 요통환자수, 결근일의 감소 및 보상액의 감소를 얻을 수 있다는 보고가 있으며 치료하는 의사와 치료 경과를 추시하는 의사를 분리함으로써 근로자로 하여금 요통에 대한 전문적인 치료가 시행되고 있다는 인식을 줌으로써 정상 활동으로의 조기 복귀, 불필요한 수술의 감소, 각종 검사의 정확하고 효율적인 이용 및 의료비의 절감이 가능하리라 여겨진다. 산재 환자가 아닌 경우 요통에 대한 고식적 치료의 기간은 학자에 따라 또는 치료하는 의사의 경험에 따라 각기 다르나 Boden은 심한 직업성 요통에 대해서는 6주간의 고식적 치료가 일단 시행되어야 한다고 하였다. 또한 급성 요부염좌환자는 2주 이내에 작업 복귀가 이루어져야 하되 중노동자의 경우는 3주 내지 4주내에 복귀가 이루어질 수 있다 하였다. 즉 반복적으로 허리를 굽히는 활동, 허리를 굽히고 장시간하는 작업 또는 허리를 비트는 작업 등은 복귀한 처음 3주간은 피하여야 한다.

6 장애 보상

적절한 진단과 치료에 불구하고 요통이 있는 근로자의 일부는 영구적인 장애를 갖고 원래의 작업으로 복귀되지 못한다. 이들에 대해서는 적절한 보상이 필요하다. 그러나 요통은 호소하나 객관적인 진찰 소견이 없는 환자는 5[%] 내지 10[%]의 장애가 있는 것으로 판정하는 것이 타당하다.

반면 신경 증상이 있는 직업성 요통 환자의 경우는 중노동으로의 복귀가 불가능하고 수술로서 중노동으로 복귀가 가능하리라 기대해서는 안되다. 추간판 제거술을 받은 후 경과가 좋은 경우는 10[%]의 장애를, 수술 후에도 지속적인 증상을 나타내는 경우 20[%]의 장애가 있다고 판정하는 것이 타당하다 하겠다.

[표] 근골격계질환의 종류와 증상

종류	원인	증상
근육통증후군 (기용터널증후군)	목이나 어깨를 과다 사용하거나 굽히는 자세	목이나 어깨 부위 근육의 통증 및 움직임 둔화
요통 (건초염)	중량물 인양 및 옮기는 자세, 허리를 비틀거나 구부리는 자세	추간판 탈출로 인한 신경압박 및 허리부위에 염좌가 발생하여 통증 및 감각마비
손목뼈터널증후군 (수근관증후군)	반복적이고 지속적인 손목의 압박 및 굽힘자세	손가락의 저림 및 통증 감각 저하
내·외상과염	과다한 손목 및 손가락의 동작	팔꿈치 내·외측의 통증
수완진동증후군	진동공구 사용	손가락의 혈관수축, 감각마비, 하얗게 변함

제2절 결론

요통은 힘든 일을 하는 근로자만이 문제가 아니므로 직업성 요통환자의 치료에도 이점이 강조되어야 한다. 또한 대부분의 직업성 요통이 고식적 가료로 호전되고 근로자가 조기에 복귀가 가능하나 보다 체계적인 진단과 치료로써 요통으로 인한 사회경제적 손실을 크게 감소시킬 수 있으리라는 의견이 많다.

(1) 근골격계질환을 예방하기 위한 개선사항

① 반복적인 작업을 연속적으로 수행하는 근로자에게는 해당 작업 이외의 작업을 중간에 넣어 동일한 작업자세를 피한다.
② 반복의 정도가 심한 경우에는 공정을 자동화하거나 다수의 근로자들이 교대하도록 하여 한 근로자의 반복작업시간을 가능한 한 줄이도록 한다.
③ 작업대의 높이는 작업정면을 보면서 팔꿈치 각도가 90도를 이루는 자세로 작업할 수 있도록 조절하고 근로자와 작업면의 각도 등을 적절히 조정할 수 있도록 한다.
④ 작업영역은 정상작업영역 이내에서 이루어지도록 하고 부득이한 경우에 한해 최대 작업영역에서 수행하되 그 작업이 최소화되도록 한다.

(2) 근골격질환을 줄이기 위한 작업관리 방법

① 수공구의 무게는 가능한 줄이고 손잡이는 접촉면적을 크게 한다.
② 손목, 팔꿈치, 허리가 뒤틀리지 않도록 한다. 즉, 부자연스러운 자세를 피한다.
③ 작업시간을 조절하고 과도한 힘을 주지 않는다.
④ 동일한 자세 작업을 피하고 작업대사량을 줄인다.
⑤ 근골격계질환을 예방하기 위한 작업환경개선의 방법으로 인체 측정치를 이용한 작업환경 설계시 가장 먼저 고려하여야 할 사항은 조절가능여부이다.

08 외국산 위험 기계·기구의 안전 확보 위해 안정성 검사 도입 돼야

자료출처 : 93년 3월 한국산업안전공단 '안전보건'

최근의 산업현장 기계·기구 및 설비는 복잡하고, 대형화·자동화되고 있으며 특히 위험기계·기구 및 설비의 위험요인에 대한 조치는 주로 사용단계에서 사업주에 의하여 자체적으로 방호장치 설치 등의 적절한 조치를 하도록 하여 왔다. 때문에 제조단계에서 안전성의 확보가 결여된 상태로 제작·설치되었으며 기계·기구를 사용하는 사업주가 필요에 따라 추가로 적절한 방호장치 설치 등의 안전조치를 하기 어려울 뿐만 아니라 관계법령에 따른 기대효과 또한 미흡하였다.

사업주 및 근로자를 대상으로 산업재해예방을 위한 의식계몽 또는 홍보나 교육적, 관리적 대책을 강조하여 산업재해를 감소시키는 데는 한계가 있다.

그러므로 전문화된 검사제도를 도입하여 설계·제작단계에서부터 근원적인 안전성을 확보하고 최신검사장비를 사용한 과학적인 검사를 통하여 기계·기구 및 설비의 안전성을 확보하는 기술적 대책의 일환으로 검사시행의 필요성이 요구된다.

이에 따라 1990년 1월 13일 산업안전보건법을 개정함으로써 동법 제34조에 따라 유해·위험기계·기구 및 설비에 대한 설계, 성능, 완성 및 설비에 대한 설계 제조단계부터 설치·사용단계에 이르기까지 근원적인 안전성 확보가 가능하여 실질적인 재해예방에 기여할 수 있게 되었다.

1 검사업무 추진상황

법 제 34조에 따라 1991년 7월 1일부터 시행하여 3년째를 맞이하고 있는 위험 기계·기구 및 설비에 대한 검사는 시행초기 갖가지의 문제점과 어려운 난관을 극복하여 이제는 정착의 단계에 다가와 있다고 할 수 있다.

그간 검사준비의 일환으로 검사기술력을 갖춘 전문인력의 확보, 최신의 검사장비 수급이 최우선적으로 고려되었다.

검사제도의 조기정착을 위하여는 검사를 받는 검사 의무자 및 사용하는 근로자로부터 신뢰성을 얻고 호응을 얻어야 하기 때문에 검사원 들의 검사기술력 확보뿐만 아니라 검사 업무처리에 있어서 신속·공정·친절을 기초로 한 봉사정신 함양에 힘을 쏟은 결과 관련업계로부터 긍정적인 반응을 얻고 있으며 상당한 신뢰성을 인정받고 있다. 물론 시행초기에 감내하여야 하는 갖가지 어려움을 잘 극복하여 오늘에 이르렀다고 할 수 있다.

검사대상 위험기계·기구 및 설비에 대한 연도별 검사종류별 수행결과는 [표]와 같다.

[표] 연도별, 검사종류별 실적

(단위 : 건)

검사별 \ 연차별	'91년도 (7. 1~12. 31)	'92년도 (1. 1~12. 31)	'93년도 (1. 1~4. 30)
설계 검사	105	1,932	792
완성·성능검사	354	6,811	3,339
정기 검사	6,125	30,681	8,963
계	6,584	39,424	13,094

2 위험기계·기구 및 설비의 제작업체 실태

위험 기계·기구 및 설비는 해당 제작기준, 안전기준 및 검사기준을 만족하지 못하는 경우 설계검사, 성능, 완성검사에서 제조·설치·대여·양도 등을 하지 못하도록 제한하고 있다.
또한 기 설치 사용되고 있는 기계·기구 및 설비에 대하여는 정기적으로 정기검사를 실시하여 사고와 재해를 근원적으로 예방하고 정비를 철저히 하도록 하는 효과 외에 기계의 고장률이 낮아지며 우발고장으로 인한 경제적 손실을 막아주고 생산제품의 불량률을 낮추는 등 긍정적 효과를 거두었다.
기계·기구의 제조전 계획단계에서 실시하는 설계검사는 시행초기에서부터 공단본부에서만 수행하여 왔으나, 수검자의 편의와 업무의 효율성을 고려하여 '93년 4월부터 부산 산업안전기술지도원 검사부에서도 영남권을 관할 구역으로 수행 중에 있다.
지금까지 전국의 검사대상품 제조업체를 대상으로 한 설계검사를 수행하면서 파악된 현실적인 문제점 및 요인을 피력하고자 하며 이에 따라 이 검사제도에 대한 효율적인 추진방안과 대책을 도출하고자 한다.

1. 제도적인 요인

① 영업·관리 우대, 기술경시의 경향으로 고급기술자들의 설계부서 근무 기피현상이 뚜렷하여 기술축적 및 전수가 되지 않음.
② 최고 경영층의 설계 중요성에 대한 인식 부족
③ 설계 기술자들의 잦은 이직으로 설계기술자의 양성 노력 기피 및 사용상의 문제점 간과
④ 기술축적 미흡 및 적극적인 기술개발의지 부족

2. 기술적인 요인

① 설계도서(도면, 사양서 및 계산서) 미확보
② 엔지니어링(설계도서 작성 및 편집) 능력 미흡
③ 적용기준 정립 미흡(사양서 및 도면 작성)
④ 제작회사별 현저한 기술, 시설 격차

3. 제작, 안전상의 요인

① 제작자는 구매자의 요구에 따라 제작기준·안전기준을 무시한 설계·제작
② 기계·기구의 안전상 취약부분의 파악 및 개선의지 부족
③ 설계도면과 상이한 저급재질을 제작단계에서 임의 사용

위에서 언급한 위험기계·기구 제조에 참여하는 사업주 및 근로자의 문제점을 직시하여 제도적·관리적·기술적 보완대책을 수립하여야 보다 효과적이고 효율적인 검사제도로서 정착되리라 확신한다.

3 검사제도의 개선

검사제도의 도입 및 시행으로 산업재해율을 '94년 말까지 선진국 수준인 1% 이내로 감소시키는데 큰 몫을 담당할 수 있으리라고 확신하여 몇 가지 주요 사항에 대한 제언을 하고자 한다.

1. 검사 대상의 합리적인 조정

검사대상 기계·기구 및 설비의 종류 및 범위는 검사업무를 시행하면서 도출된 여러 가지 문제점 및 요인들을 합리적으로 조정·보완하고자 검사제도에 대한 개정을 비롯한 검사대상 기계·기구의 범위를 조정하여 왔다.

또 산업재해의 예방이라는 목적 외에 각 기계·기구별 고장률저하, 성능향상, 고가장비의 수명연장 및 생산성 향상이라는 부수적인 효과 또한 괄목할만 하므로 연도별 산업 재해 발생의 빈도, 제조자, 사용자 등의 호응도 등을 감안하여 합리적으로 검사대상 기계·기구 및 설비의 범위를 조정할 필요가 있다.

그간 리프트는 검사대상을 조금 더 확대하였으며 공기압축기는 축소한 바 있고, 특히 기업규제완화 특별조치법 제34조에 따라 각 관련 부처간에 유사동일한 검사의 종류 및 대상에 대

한 합리적인 조정작업이 이루어지면 압력용기에 대한 검사기관·검사범위·실시시기 및 방법 등에 관한 사항이 확정될 예정으로 있다.

또 그간 변경이 없었던 크레인 및 프레스의 검사범위는 안전확보 없이 마구 사용되는 현실을 감안, 현재보다 검사대상 범위가 확대되어야 할 것이다.

최근 외국으로부터 안전성이 결여된 값싼 위험기계·기구 및 설비가 국내에 대량 반입되어 사용되고 있는 실정이다. 이에 따라 이들 위험기계·기구 및 설비들에 근원적인 안전성을 확보하기 위하여 수입·통관 전에 설계검사 등의 안전성 검사를 실시하여 안전기준에 미달된 품목에 대해서는 수입금지 등의 조치를 하도록 하는 제도적인 장치를 마련하여 하루빨리 시행하여야 한다. 그런데 이 문제는 검사대상품을 수출하는 상대국 및 30여개로 추산되는 수입업체와 약간의 마찰이 예상되고 있다.

2. 제작기준·안전기준 및 검사 기준 보완

위험기계·기구의 제작을 위한 최소의 규범이 되는 기준은 검사대상 기계·기구중 새로운 기계·기구의 신규개발·제조에 따라 시행과정에서 일률적인 기준적용이 곤란하고 적용의 한계성이 있기 마련이다.

그러므로 제조업체, 사용자를 비롯한 각계의 의견을 폭넓게 수렴하여 기준개정을 추진중이어서 곧 시행될 예정이지만 선진국의 검사기준 및 사례에 대한 집중적인 비교검토작업을 하여 타당성이 인정되는 주요 항목에 대하여는 지속적으로 반영토록 신중히 고려할 예정이다.

3. 검사기준의 적용상 융통성 부여

검사는 검사원의 재량에 의존하지 않고 검사기준에 의한 공정한 판정을 하여야 한다. 그러나 신규개발품 등에 대한 관련 기준의 대한 편의를 제공하되 안전성을 확보토록 유도할 예정이다.

4. 제작검사제도의 도입

현재 검사제도를 도입하여 시행하는 과정에서 발생한 검사제도 운용상의 문제점이 몇 가지 발견되어 제도적인 미비점에 대한 효율적인 방안과 대책을 마련하여 문제점을 최소화하기 위한 노력을 하여 왔다.

그러나 우리가 시행하고 있는 검사제도에는 제조단계에서의 제작검사가 없어서 사용재료의 적합성 여부 및 용접의 결함 등에 대한 사전적인·조치를 하지 못하고 있다. 그래서 제조 완료후 현장에 이동·설치하여 사용직전에 완성 혹은 성능검사에서 불합격판정을 받게 되는 경우 제조자뿐만 아니라 사용자에 의한 관련설비의 운전·가동 차질로 인하여 막대한 시간적, 물적 손실을 입게 된다.

이의 보완책으로 제조 단계에서 중간검사인 제작검사의 도입은 현재 시행중인 완성·성능검사의 맹점을 보완할 수 있으므로 크레인, 리프트, 압력용기 등과 같이 주요 공정중 용접작업이 많은 기계·기구에 대한 제작검사가 필수적이라 본다.

5. 제조허가제도의 도입

산업안전보건법에 의한 검사제도에는 검사대상기계·기구 및 설비에 대한 제조업체의 제조 능력을 사전 확인하는 사업장의 제조허가제도가 없으며 설계도서에 따른 제조 과정의 확인도 없다. 또한 제조회사의 장비 확보, 기술력, 제조시설 등의 확인없이 제작이 완료된 제품에 대한 완성검사를 실시하고 있다.

하지만 위험기계·기구 및 설비에 대한 양질의 제조기술, 전문인력, 제조시설 등 최소한의 기준을 설정하여 이 최소한의 기준범위를 충족하는 제조업체로 하여금 검사 대상품을 제조할 수 있도록 하는 것이 우선 고려되어야 한다.

6. 형식검사(TYPE TEST) 확대

산업안전보건법 제33조에 의한 위험기계·기구의 방호장치 성능검정 제도가 점차 정착되고 있지만 위험기계·기구의 주요 구성품 중 대다수의 부품은 전문생산업체로부터 구매조달하고 있으나 이들 부품에 대한 성능인정제도가 분명하지 아니하여 완성·성능검사시 많은 시간이 소요될 뿐만 아니라 중복검사를 하고 있는 실정이다.

방호장치와 같이 위험기계·기구에 부속되는 주요 부품은 전문제조공장에서 안전성 검사를 받아 납품토록 하는 형식검사(TYPE TEST)를 의무화하여 제조조립후 완성검사의 사용 현장에서의 형식적인 검사를 배제할 수 있는 제도를 도입 시행하여야 할 것이다.

4 공단 검사 업무의 방향

1. 전문기술력을 바탕으로 한 신뢰성 확보

향후 공단 검사기술이 사업주 및 근로자들로부터 계속적인 신뢰를 얻기 위하여 검사기준에 따라 판정을 내릴 수 있는 기술능력의 확보는 물론 공정한 검사를 위해 모든 검사는 검사신청인이 편리하고 필요한 시기에 검사를 받을 수 있도록 모든 업무를 신속히 처리하고 검사원이 재량에 의존하지 않고 검사항목별로 검사기준에 근거한 공정한 판정을 할 수 있도록 하기 위하여 검사서(CHECK LIST)를 검사대상품의 제작·사용하는 업체에 배포하여 검사를 받기 전에 안전검사·보수 및 수리를 하여 수검할 수 있도록 조치할 예정이다.

검사업무가 정상궤도에 진입함에 따라 검사를 검사기준에 따라 엄격히 실시하되 현재의 검사 기준 미달 사항이 경미하고 안전과 직결되지 않는 결함에 대하여는 조건부 합격처리를 하고 불합격판정을 사고와 직결되는 안전·방호장치 결함 등으로 제한하여 조업의 차질 중단으로 인한 생산차질을 야기하지 않도록 유도하여 나갈 예정이다. 참고로 지난해와 잠시 처리 건수에 대한 합격, 불합격 및 조건부 합격 비율은 [표]와 같다.

[표] 검사처리결과 현황

(단위 : 건)

구 분	접수	처리건수				
		처리	합격	불합격	조건부	반려
'92. 1. 1~12. 31	44,332	40,795 (100%)	34,817 (85.3%)	3,051 (7.5%)	768 (1.95)	2,159 (5.3%)
'93. 1. 1~3. 31	11,130	9,409 (100%)	7,148 (76.0%)	1,156 (12.3%)	746 (7.6%)	359 (3.8%)

또한 철저한 검사실시에 따라 도출된 검사항목별 결격사항 및 문제점에 대하여는 그 해결방안을 면밀히 검토하여 제시하는 등 사업장에 대한 실질적인 기술지원을 하여 검사의 판정기관이 아니라 전문기술보급 및 지원기관으로서 역할을 다할 예정이다.

2. 최신 검사장비의 사용을 활성화하여 과학적인 검사를 통한 신뢰성 확보

3. 검사기술교육의 확대

선진국의 검사 판정요령, 검사방법 및 요령의 습득을 통한 검사원의 검사기법 및 기량 향상을 위하여 선진전문검사기관(예 TUV) 또는 위험기계 전문제조업체에서 실시하는 세미나 참석 및 전파교육을 통한 전체 검사원의 수준을 한단계 높이도록 할 예정이다.

검사지원 등 지속적인 지도원간의 교류를 더욱 확대하여 검사기술의 평준화를 이루는 데 최선을 다하여 산재예방에 큰 몫을 하도록 하겠다.

5 결 론

앞에서 언급한 여러 가지 여건들이 모두 확보되어야 하겠지만 우선 산업 재해를 줄이기 위하여는 검사기관을 포함한 정부, 검사대상품을 제작·조립하는 제조자, 사용자 및 기타 관련단체 모두가 단위형식의 기계·기구가 아니라 복합 시스템 개념의 위험 기계·기구에 대한 근원적인 안전성 확보라는 대명제하에 깊은 관심과 상호교류 및 협력체제를 구축하는 등 효과적인 방안과 대책마련이 요구된다.

특히 정부나 검사기관은 지속적으로 검사제도의 개선, 검사기술의 연구를 통한 관련기준의 보완, 기술지도 및 검사기술자료의 개발보급과 같은 사업장에 대한 지원을 해야 하며, 제조자는 법에서 정한 제작기준 및 안전기준의 준수와 한단계 발전된 안전성이 확보된 위험기계·기구 및 설비의 제작을 위한 연구개발 노력을 해야 한다. 또 사용자는 안전검사의 이행은 물론 정확한 사용방법의 교육 및 작업방법 개선 노력을 끊임없이 한다면 위험기계·기구 및 설비에 의한 산업재해를 감소하는데 큰 성과를 거둘 수 있을 것이다.

검사업무는 단순한 기능업무가 아닌 질적 기술수준이 높은 업무이므로 검사를 실시함으로써 위험기계·기구 및 설비의 근원적 안전성을 확보하고 사용자가 안심하고 사용할 수 있다는 신뢰성을 심어줄 수 있도록 최선의 노력을 경주할 계획이다. 또한 사업주, 제조 및 설치자 모두 안전확보를 위한 안전의식 및 미수검 사업장의 수검의식의 확산이 요청되고 있다.

09 중대 산업사고 예방을 위한 공정 안전 관리제도 도입 필요

자료출처 : 93년 3월 한국산업안전보건공단 '안전보건'

1960년 중반부터 시작된 우리 나라의 석유 화학공업은 국내 화학공업 발전의 획기적인 계기가 되었으며 산업 구조를 근대화시킴으로써 우리 나라를 신흥공업국으로 발전시키는데 중추적인 역할을 하여 왔다.

화학공업의 발전은 타 산업분야의 기초가 되는 산업이며 다른 분야에 파급효과가 크기 때문에 타 산업분야에 비하여 최우선적으로 집중 발전시켜 왔으며, 앞으로도 계속 발전될 것으로 전망된다.

따라서 화학공업이 발전되면서 규모는 거대화되고 신물질의 개발 사용과 신공정 개발, 그리고 공정의 복잡화와 자동화 시스템 개발 등 새로운 영역으로 확대되면서 화학공장의 안전문제는 국가적인 차원에서 관심을 갖게 되었다.

특히, 화학공장은 대량의 위험 물질을 보유하고 이들이 고온 고압에서 취급되기 때문에 화재, 폭발, 누출 확산 위험성이 타 산업에 비하여 대단히 크다. 따라서 이들 화학공장의 안전을 확보하기 위하여 공단에서는 '89년 이래 '93년까지 매년 안전점검 및 기술지도를 실시하고 있으며, 사전 안전성 심사를 화학 공장이 신설하거나 변경될 경우 설계단계부터 공장의 안전성을 확보하고자 하여 왔다.

이러한 대형 재해를 예방하고자 하는 노력은 비단 국내에 국한 된 것이 아니라 오늘날에는 범 세계적으로 확산되고 있는 실정이다. 예를 들면 유럽공동체의 EC Directives나 미국의 공정관리법(Process Safety Management, OSHA 1910-119)이나 '92년도에 국제노동기구(ILO)에서 검토되어 '93년에 총회에서 채택될 예정인 중대산업사고 예방에 관한 국제협약이라 든지, 또 세계보건기구(WHO)가 주관하고 있는 화학 물질에 대한 유해·위험성 평가제도 등이 모두 화학공장의 안전보건상의 문제에 직결되어 있다.

따라서 지금까지 공단에서 실시하여온 심사업무나 화학공장의 기술지도 업무는 이러한 국제정세와도 맥을 같이 하여 왔다고 감히 이야기 할 수 있겠다.

여기에서는 기술지도 사업 수행시나 중대 재해 조사시에 파악된 주요 점검포인트별 현장의 실태를 살펴보고 이에 대한 개선방안책을 제시하고자 한다.

제1절 주요 점검 포인트 및 안전 대책

1. 위험물의 취급

화학공장에서 사용되고 있는 위험물 취급시 유해·위험물질의 취급하는 설비에 대한 근원적인 안전대책으로는 화학물질에 대한 물리적 성질, 화학적 성질 등을 이해하고 이들에 대한 위험성을 평가함으로써 근로자의 안전과 건강을 유지 개선하기 위한 [표]와 같은 안전대책을 사업장 스스로 강구토록 해야 한다.

이러한 산업안전보건법과 국제노동기구의 협약 제170조에서도 규정하고 있다. 이는 유해·위험성을 평가하고 또 이를 위하여 안전보건에 관한 제반사항을 제공토록 하는 제도다.

2. 안전 거리 유지 및 배치

위험물질을 저장·취급하는 곳은 근본적으로 설비들과 안전 거리를 유지하여 이격시키는 것이 원칙이며 도 이들로부터 위험물질이 넘쳐 흘렀을 때 누출 확산이 되지 않도록 해야 한다. 그러나 현장에서는 종종 이러한 관점에서 충분한 고려 없이 설비들을 배치함으로써 조작자가 실수하면 곧바로 재해로 이어진 사례가 많다.

예를 들면 오버플로(over flow)배관이나 벤트(vent)배관이 사업장 내의 전기기계·기구가 밀집해 설치된 방향으로 설치되어 있어 중대 재해를 일으킨 예도 있다. 또, 위험물질 저장탱크를 높은 곳에 설치하고 그 아래쪽에 다른 각종 설비나 사무실 등을 배치해서 저장탱크 지역에서 누출사고가 발생하게 되면 공장전체가 피해를 입도록 배치된 곳도 볼 수 있다.

이러한 배치에 관계된 문제점은 기존 공장이나 공장이 건설된 이후에는 개선방법이 여간 어려운 것이 아니다. 따라서 이러한 사항은 반드시 설계시에 확인되어 사전에 조치되어야 한다.

[표] 유해위험 실태 및 개선방안

실 태	개선방안
• 위험·유해성 미파악 [예] 물반응성 물질의 소화설비로 물분무 시설 설치와 저장소에 지붕이 없어 직사 태양열에 노출과 우천시 습기에 노출됨	• MSDS의 파악 및 활용 작업방법 개선 및 설비 개선용 물질의 MSDS를 파악하여 물질에 적절한 안전시설을 설치하고 차광과 우수의 침입을 방지하기 위한 지붕과 배수로 설치함.
• Durm내의 위험 물질이 Label과 상이하여 내부물질의 물성과 위험 및 취급상의 주의 사항이 상이함	• 공Durm유통 과정의 체계화가 요구됨 • Durm으로 유해, 위험물을 반입시 표시된 내용과 Durm으로 내용물이 일치하도록 확인을 철저히 해야 함.

실 태	개선방안
• 위험 표지판 설치 미흡(취급 및 비상조치 방법 등)	• 위험물 취급, 저장지역에 유해, 위험물질의 성상 취급요령 및 비상시 조치방안 등의 제시가 필요함
세안설비(Eye shower)의 설치 및 관리상태 - 미설치 - 동파 방지 및 녹방지 관리미흡	• 유해, 위험물질을 취급하는 지역에 세안 설비를 설치하고 녹 및 동파 방지 설비 요망 - Steam Tracing은 화상의 우려가 있으므로 Hot water 또는 방폭형의 Electric Tracing을 함이 바람직함. - Under Ground에서 Self drain 형식의 것을 선정
• 위험물 저장탱크의 질소 봉입 - 질소 공급 중지 - 시스템의 변경	• 화재나 폭발을 예방하기 위해 원래 목적대로 질소로 봉입하여야 하며 질소로 인한 질식재해를 예방하기 위한 경고, 주의 등의 표지판 설치와 배관의 색채 표시가 필요함

3. 용기의 부식관리

화학공장에서 사용되는 용기들은 대체로 압력용기라고 할 수 있다. 이들은 대부분 화학 물질들을 내부에 저장하고 있기 때문에 이들 화학물질과 용기의 재료가 화학반응이 용기 내부의 온도나 압력 등의 조건에 따라 진행된다.

용기의 재료에 부식이 일어나게 되면 용기를 설계 제작할 당시의 두께 이하가 될 수 있고 국부적으로 심하게 발생되는 경우에는 이곳이 취약하게 되어 내용물이 누출되거나 압력을 견디지 못하고 폭발할 수도 있다.

따라서 화학 공장의 안전관리는 상당히 중요하게 점검되어야 한다. 특히, 수소와 황화 수소 등을 취급하는 용기나 배관은 항시 진동의 영향을 받을 수 있는 공기냉각기(Air cooler)주변은 이러한 부식과 스트레스에 대비하여 어느 일정한 곳에 점검구멍(Inspetion hole)을 만들어 주고 주기적으로 두께 측정 등을 통해 정도 부식이 일어나고 있는지, 또 어떻게 진행될 것인지를 예측하는 등 면밀한 관찰이 필요하고 그 결과에 따라 용기의 계속 사용여부도 결정되어야 한다. 근래에는 부식 관리를 하는 컴퓨터 프로그램이 개발 시판되어 있으며 화학 공장에서 적용되고 있다.

4. 안전장치의 유지관리

[표] 안전장치 유지관리

실 태	개선방안
• 안전밸브의 전단배관에 차단밸브를 설치함으로써 운전자가 실수로 차단 밸브를 잠근상태로 운전되고 있음	• 밸브 핸드휠의 잠금장치 설치 − 차단 밸브가 개방된 상태에서 핸드 휠의 잠금장치 설치
• 안전밸브 전단에 설치된 파열판이 파열된 상태로 운전되고 있으며 파열판 작동 여부확인 등 관리가 미비함	• 운전일지(Log sheet)기록 철저 − 안전 밸브와 파열판 사이에 압력계 설치 − 파열판 예비품 확보(100[%] 이상)
• 안전밸브의 설정 압력 오류 − 보호기기의 설계압력 이상으로 배출압력설정 − 전단에 파열판이 설치된 경우 파열판 설정압력보다 낮게 설정	• 안전 밸브의 설정압력은 보호기기의 설계압력 (또는 MAWP)이하로 설정 • 안전밸브 설정압력의 10[%] 이하로 파열판의 작동압력을 결정하여 설정
• 안전 밸브 작동시 배출가스의 대기 방출로 위험 물질이 방출되면서 증기운을 형성할 경우 재해 확산 가능성이 있음	• 배출가스는 안전하게 처리할 수 있도록 하야 함 − 소각설비(Flare stack) − 흡수, 흡착 설비 − 위험지역에서부터 이격된 vent stack 등의 설치

5. 경보장치와 유지관리

[표] 경보장치 유지관리

실 태	개선방안
• 중요설비 압력, 온도 등의 이상시 경보기능이 없음	• 연동장치를 통해 보완
• 검지기가 누출이 예상되는 곳과 멀리 떨어져 설치되어 설치 장소가 불합리	• 관계법의 기준에만 급급하게 설치되어 있으나 공정 또는 설비상으로 누출이 예상되는 곳으로 가스의 성상과 영향 등을 고려하여 이전 또는 신설
• 경보기 By−Pass 운전(잦은 경보로 운전자의 임의조작)	• 운전자가 By−Pass 운전하지 않도록 주의 및 감독 철저
• 검지기 형식이 동일 사업장내 각각 상이함. (동일 사업장 내에서도 Unit에 따라 상이함) • 미설치	• 보수 유지에 호환성을 고려하여 기기 선정이 필요함 • 기준에 따라 사업장 선정에 접합하도록 설치

6. 작업 관리

화학공장에서의 화기작업이나 밀폐공간에서의 작업은 화재나 질식 등의 중대재해를 유발할 수 있는 작업이다.

그러므로 사업장에는 사업장의 작업관리 표준을 정하여 시행하고 있다.

그러나 석유화학, 정유, 비료, 화약 등 몇 개 업종을 제한 중·소분류 화학업종의 경우 이러한 표준이 제정되어 있지 않은 곳이 많고 또 이들이 규정되어 있어도 현장에서 철저한 시행이 이루어 지지않고 있음이 기술지도시나 중대재해 조사시에 발견되고 있다.

7. 방폭기계·기구

사업장에서 위험 분위기를 형성할 우려가 있는 곳에는 위험지역으로 구분하고 이러한 장소에서 사용하는 전기기계·기구는 방폭설비로 하도록 하고 있다. 그러나 대기업을 제외한 중소규모 사업장에서는 기본 설계도서인 P&ID와 위험지역 구분도면이 없음은 물론 위험지역을 구분하는 방법과 왜 이러한 작업을 행하여야 하며 방폭기계·기구를 사용해야 하는지 조차 알지 못하고 있는 실정이다.

따라서 이러한 중소규모 사업장을 대상으로한 교육과 기술 지도를 통해 보완되어야 한다.

8. 내화 설비

내화 설비는 화재시의 고열에 의해 위험물을 저장 또는 보유하고 있는 용기의 지지대나 구조물의 붕괴로 인한 재해의 확산을 예방하고자 하는 것이다.

현장에서 점검시 나타난 문제점은 내화를 실시하여야 할 설비대상 중에서 본래의 취지에 맞지 않게 어느 일부분만을 한 곳이 많다는 것이다.

이러한 경우에는 내화를 실시하지 않은 것과 조금도 안전상의 효과가 없다는 사실이다.

예를 들면 구형 탱크의 기둥은 내화를 하고 Bracing은 내화를 하지 않은 경우 이 Bracing이 구조상 강도에 영향을 미치는 경우에는 화재시 Bracing의 열팽창으로 기둥을 뒤틀리게(Twisting)하여 구형탱크 본체를 파열시켰던 사례를 최근의 화재사고 조사를 통해 경험하였다.

따라서, 기둥만 내화를 하고 보는 하지 않는다든지, 용기의 지지대(Skirt)를 도면상에만 300[mm] 미만으로 설계하고 실제제작은 그 이상의 높이로 제작하는 경우가 많으며, 또 시공이된 부분도 내화재료가 갈라졌거나 떨어진 곳을 많이 볼 수 있다. 이러한 곳은 사업장 스스로가 자체 점검을 통해 조속히 보완하여야 하겠다.

9. 자료관리 및 운전지침

대형 사업장이 아닌 중소규모의 화학공장에는 설비의 설계부터 운전까지를 설계회사에서 체계적으로 제작한 것이 아니라 다른 곳의 모방이나 자체 개발한 것들에 대한 자료 관리와 운전 절차가 문서로서 제정되어 관리되지 못하고 몇 몇 사람들에 의해 구두로 전수되고 지시되는 경우가 많다. 따라서 기본 도면인 배관 및 계장도면(Piping & Instrument Diagram), 전기 단선도(Single Line Diagram) 등이 없거나 갱신(Updating)되지 않은 곳이 많으며 운전절차의 표준이 없는 곳이 많다.

그러므로 운전원의 체계적인 교육이 미흡할 수 밖에 없고 설비의 개선이 용이하지 않음을 자명한 일로서 기술지도를 통해 개선토록 하여야 한다.

10. 소화 설비

실 태	개선방안
• 위험물 화재를 대비한 소화설비 부적절 − 소화수 저장용량 부족 − 엔진펌프의 유류 저장용량 부족 − 소화설비 선정 부적절	• 화학공장의 위험물 화재특성을 고려하여 소화설비를 선정 − 소화용수의 저장량 및 diesel엔진 펌프의 diesel저장용량 등을 국내 관계법에 의한 일반 화재기준 20분 용량에서 90분 용량(일본 중앙노동 재해방지협회)기준으로 증대가 필요하고 화재내용에 적합한 소화설비를 설치해야 함.
• 소화설비 유지관리 상태 소홀 − 소화기 배치 부적절 − 정비점검 소홀	• 소화기는 화재발생시 신속하게 조치 가능토록 배치하고 적절한 설비로 개선토록 함 • 소화 설비의 작동상태 파손 등 가능상태로 보수 유지토록함
• 소화전 및 Monitor의 설치 위치 부적절 − 소화전의 설치위치가 관계법에서 규정한 일정거리만을 준수하여 설비에 너무 근접 설치되어 사용시 사각이 형성됨	− 화학설비로부터 일정한 거리를 유지토록 이전 설치하여 긴급시의 사용목적에 부합되도록 하여야 함.
• 약제량의 부족 − Foam설비의 경우 포약제의 충진이 안돼 있어 긴급시 사용불가함	• 약제를 충만시켜 항시 사용이 가능토록 하여야 함
• 소화펌프 관리 − 소화펌프는 토출측의 압력이 저하되면 즉시 기동되어야 하나 흡입토출측의 수동밸브가 잠겨있거나 충압펌프의 미설치 또는 미가동 상태가 많음.	• 충압펌프는 항시 가동되어 소화수 배관에 일정한 압력을 유지하도록 하여야 하며 소화수 펌프는 소화수 배관내의 입력 변동에 따라 자동적으로 가동이 가능토록 하여야 함.

제2절 결 론

지금까지 화학공장의 지도점검시에 착안하였던 사항과 이들의 현황 및 개선방안에 대하여 살펴 보았다. 이러한 사항의 사례는 몇 몇 사업장에 국한된 문제 일수도 있으나 이러한 실수는 어느 사업장에서도 발생이 가능한 것으로서 자체검사나 안전 활동시 고려하여야 할 것이다.

또한, 화학 공장의 안전 문제는 설비를 보유하고 있는 사업이나 이를 운용하는 근로자가 스스로의 자율안전을 추구하지 않으면 그 결과가 큰 효과를 거양할 수 없음은 말할 필요도 없으며 이러한 사례는 외국의 사례를 통해서도 많이 보아 왔다.

따라서, 화학공장의 안전 확보를 위해 선진국에서는 이미 시행하고 있고 국내의 일부 사업장에서도 자율적으로 시행하고 있는 자율적이고 종합적인 안전 대책인 위험평가(Hazard evaluation)와 진단(Audit)등의 중대산업사고 예방을 위한 공정안전관리 (Process Safety Management)제도를 빠른 기간내에 이를 도입해야 한다.

이에 따라 사업주는 보유한 설비에 대해 스스로의 위험 평가와 진단을 성실히 시행하여 안전을 확보하도록 하고 정부는 이를 충실히 이행하고 있는지의 여부를 지도해야 한다. 또 사업장이 스스로 이들을 수행할 수 있도록 여러가지 기술 자료와 사업장에서 적용해야 할 최소한의 기준을 개발하여 교육·보급하는 방법으로 방향이 전환되도록 하여야 한다.

10 철저한 검사가 안전한 사업장 만든다

자료출처 : 90년 8월 대한산업안전협회 '안전보건'

최근 사업장에 설치되어 사용되는 유해·위험기계·기구 및 설비 등은 대형화·고속화 및 자동화 추세에 있으며 이에 따른 구조상·사용상의 안전문제가 크게 대두되고 발생되는 재해 또한 대형화되고 있는 실정이다.

현재 공단에서는 재해 빈도율이 높은 위험기계·기구 및 설비 크레인·리프트·압력용기·프레스·공기 압축기 등 5종에 대하여 검사를 실시하고 있다.

여기에서는 그동안 검사시에 돌출된 기종별 문제점 및 주요 지적 사항에 대한 안전 대책을 소개한다.

1 크레인

크레인은 원동기 및 달기기구를 사용하여 화물을 권상, 횡행 및 주행동작을 행하는 양중기를 말하는데 그 종류로는 천장크레인, 캔트리크레인 및 지브크레인 등이 있다. 크레인에는 크레인의 안전확보를 위한 과부하방지장치·권과방지장치·브레이크장치·훅크해지장치·충돌방지장치 등이 있다. 이 안전장치들은 크레인의 안전운행에 매우 중요한 것이므로 항상 성능이 유지되도록 하여 불의의 사고를 미연에 방지해야 한다.

그런데 지금까지의 크레인에 대한 검사 결과 이 안전 장치에 대한 문제점이 가장 많이 지적(38[%])되고 있어 이 부분에 대한 안전 대책이 시급한 실정이다.

이뿐만 아니라 크레인의 '구조도', '외관', '구동장치', '전기장치' 등의 부분도 검사시 많은 문제점으로 돌출됐다.[그림1] [표1]과 [표2]는 크레인 검사시 주요지적 사항과 안전 대책을 소개한 것이다.

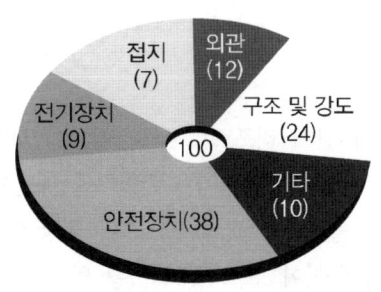

[그림1] 검사항목별 지적사항 분포도(%)

[표1] 천장 및 호이스트식 크레인 검사시 주요 지적사항 및 안전대책

주요지적 사항	안전대책
과부하 방지 장치	• 성능검사 합격품 설치 • 정격하중의 110[%] 이하에서 정확히 작동되고 봉인할 것
충돌방지	광 또는 초음파 등은 수광기가 아닌 다른 어떤 물체라도 감지되면 정지할 것
비상정지장치	팬던트에 비상정지용 누름 버튼 설치
후크해지장치	변형이 없고 반드시 부착 사용할 것
충격완충장치	크레인 상호간 완충재 높이가 동일할 것

브레이크
(주행, 횡행, 권상·하)
와이어 로프
	• 미끄럼 발생할 경우 라이닝 조정
	• 라이닝은 편마모나 원치수의 5[%] 이상 마모시 교체
	• 다음 사항에 해당시 반드시 교체
	  -1꼬임 소선수의 10[%] 이상 전달시
	  -공칭직경의 7[%] 이하시
	  - 킹크, 부식, 변형시
	• 단말부는 정확한 클립체결 방법 및 클립수로 고정

주행동력전달	쐐기 및 소켓 고정방법으로 지향
주행안전장치	• 동력 전달 스퍼기어의 정확한 치면 물림 확보 • 주행로 양끝단의 차륜스토퍼에 이르기 전에 크레인을 정지시키는 레버형 리밋스위치 설치(브래킷 포함)
주행(횡행)레일	• 각 부착볼트는 이완·탈락이 없을 것 • 연결부 틈 3[mm] 이하, 엇갈린 상하 0.5[m], 좌우 1.0[mm] 이하일 것 • 점검 사다리 설치(방호울 포함)
크레인 상부 및 호이스트 점검 설비	거더에 보도가 없는 경우 점검대 설치

2 리프트

리프트는 크게 건설용 리프트와 간이 리프트로 구분 할 수 있다. 이중 건설용 리프트란 동력을 사용하여 가이드레일을 따라 상하로 움직이는 운반구를 매달아 화물을 운반할 수 있는 설비 또는 이와 유사한 구조 및 성능을 가진 것으로서 건설 현장에서 사용하는 것을 말한다. 또한 동력 전달방법 및 형식에 따라 와이어 로프 및 원치에 의해서 작동되는 와이어 로프식 건설용 리프트와 기어 및 전동기에 의해서 작동되는 랙 및 피니언식 건설용 리프트로 구분된다.

간이 리프트는 동력을 사용하여 가이드 레일을 따라 움직이는 운반구를 매달아 소형 화물운반을 목적으로 하는 승강기와 유사한 구조로서 운반구의 바닥 면적이 1[m^2]이하이거나 천장 높이가 1.2[m] 이하인 리프트를 말한다.

이 리프트의 검사에서는 안전장치(40%), 구조 및 강도(25%), 구동장치(12%), 외관(9%)의 순으로 문제점이 지적되었다. [표3]은 리프트 검사시 주요 지적사항 및 안전 대책을 소개한 것이다.

[표2] 타워크레인 검사시 주요 지적사항 및 안전대책

주요 지적사항	안전대책
과부하 방지 장치	• 성능검사 합격품 설치 • 정격하중의 105[%] 이하에서 모멘트 및 권상과부하가 정확히 작동되고 봉인할 것
구조(마스트 및 지브)	• 볼트 이완방비 조치하고 월 1회 이상 체결상태 점검할 것 • 클라이밍 장치에 이상이 없을 것 • 각 용접 부위 균열이 없을 것
권과방지장치	적정거리에서 정확히 작동할 것
권상장치	• 트롤리 주행 리밋 스위치는 안전거리 위치에서 정확히 작동할 것 • 속도제어장치에 이상이 없을 것
후크해지장치	변형이 없고 반드시 부착 사용할 것
카운터웨이트	웨이트 및 받침대는 파손이 없고 웨이트간 연결 볼트에 이상이 없을 것
선회장치	각부 균열이나 변형이 없고 선회시 이상음, 발열이 없을 것
외관과 설치상태	• 수직사다리에 방호울 설치 • 기초상태 및 부동침하에 이상이 없을 것
운전실	각 제어장치의 방향표시 및 운전자의 시야 방해물 제거할 것
슬루잉기어	각부위 마모, 마멸, 변형 등이 없을 것
비상정지장치	작동이 정확할 것(급제동으로 주요구조부에 무리를 주기 때문에 가급적 사용금지)

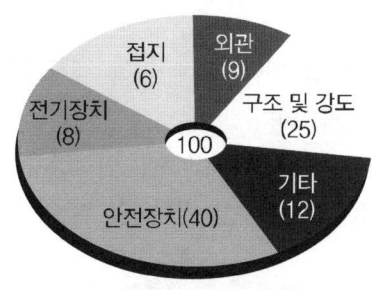

[그림2] 검사항목별 지적사항 분포도(%)

[표3] 리프트 검사시 주요 지적사항

주요 지적사항	안전대책
과부하 방지 장치	• 성능검사 합격품 설치 • 정격하중의 110[%] 이하에서 정확히 작동되고 봉인할 것
권과방지 장치	전기적인 리밋스위치 작동이 정확하고 기계적 스토퍼 설치
비상정지장치	비상정지용 누름버튼을 누름과 동시에 정확히 작동할 것
연동장치	운반구 하강이 정격속도의 1.4배 초과시 정확히 작동할 것
충격완충장치	스프링 규격 및 설치위치 적정할 것
운반구 이탈방지	안전고리 설치위치, 볼트(고장력)체결 적정 및 이완 방지 장치
랙·피니언기어	치의 균열, 박리, 압괴, 파손이 없을 것
구조 (승강로, 운반구)	• 승강로탑 방호울 높이 1.8[m], 가이드레일은 마멸이 없고, 탑지 지대의 볼트(고장력)체결 적정 및 이완 방지조치 • 운반구와 건물 반입구 바닥 전단면 간격 40[mm] 이하 또는 200[mm] 이상 겹치는 구조일 것
외관과 설치 상태	기계 전체에 균열, 손상, 변형이 없고 승강로탑 연결볼트(고장력) 체결 적정 및 이완방지조치
원치	각 주요부의 파손 및 결함이 없고 브레이크의 작동이 정확할 것

3 압력용기

압력용기란 내·외부에서 일정한 유체압을 말하며 또한 내압뿐만 아니라 진공압을 받는 용기도 압력용기라할 수 있다.

현재 산업안전보건법에서는 사용압력이 게이지 압력 매제곱센티미터당 0.2[kg] 이상으로 사용압력과 내용면적의 곱이 1 이상인 것으로 규정하고 있다. 압력용기의 종류는 형상에 따라 탱크, 홀더, 드럼, 컬럼 혹은 타워 등으로 나뉘어 불리고 있으나 일반적인 명칭에 대해서는 확실한 구분이 없다.

그런데 이 압력용기는 사용압력 및 취급유체에 따라 대형재해 발생 요인을 내재하고 있는 위험기계로 철저한 안전 대책이 필요하다.

압력용기 검사시 주요 지적사항으로는 접지(34%), 안전장치(25%), 외관(23%) 등을 들 수 있다. [그림3] [표4]는 압력용기 검사시 주요 지적사항 및 안전 대책을 소개한 것이다.

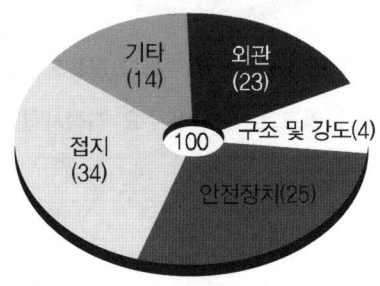

[그림3] 검사 항목별 지적사항 분포도(%)

[표4] 압력용기 검사시 주요 지적사항 및 안전대책

주요 지적 사항	안전대책
안전밸브	• 최고 사용압력의 110[%] 이하에서 정확히 작동되고 봉인할 것 • 현저한 손상, 부식, 마모가 없을 것
압력계	정확도 매일 점검
부식상태 및 용기 두께	• 내·외면 부식이 심하지 않을 것 • 측정두께가 설계두께 이상일 것(부식여유 제외)
덮개판 및 플랜지	나사산의 파손이 없고 체결 상태가 적정할 것
외관과 설치상태	• 이음부 누설이 없을 것 • 노즐 지지대 등 심한 손상, 변형이 없을 것 • 외력에 의한 손상이 없을 것
용접이음 부위	균열 또는 이상이 없을 것
표시판(name plate)	기재내용이 정확하고 선명할 것
접지	접지편 및 접지선의 상태가 양호할 것

4 프레스

프레스는 2개 이상의 서로 대응하는 공구(금형, 전달날 등)를 사용하여 그 공구 사이에 금속이나 플라스틱 등의 가공재를 놓고, 공구가 가공재를 강한 힘으로 압축시킴에 의해 굽힘, 압축, 전단등 가공을 하는 기계이다.

이 프레스는 그 작동방식, 구조, 사용방식에 따라 분류기준이 다르며, 일반적으로 동력원 및 전달 방식에 따라 인력프레스, 동력프레스 등으로 구분된다.

프레스는 현재까지도 재래형 재해가 상당히 빈발하고 있는 위험 기계로서 그 어느 기계보다도 안전대책이 요망되는 기계다. 프레스 검사시에 많이 지적된 부분으로는 안전장치(32%), 외관(16%), 구동장치(15%), 접지(14%) 등을 들 수 있다.

[표5]는 기계프레스 검사시 주요 지적사항 및 안전대책을 소개한 것이다.

[표5] 기계프레스 검사시 주요 지적사항 안전대책

주요 지적 사항		안전대책
동력 전달 장치		• 크랭크축 휨이나 베어링의 손상, 마모가 없을 것 • 플라이 휠, 주기어 및 베어링에 이상이 없을 것 • 회전캠 스위치는 흔들림이 없고 작동이 정확할 것
클러치		• 누름판의 움직임이 원활하고 스트로크는 제작회사가 정하는 범위에 있을 것 • 라이닝의 균열 및 편마모가 없을 것 • 누름판의 틈새는 제작회사가 지정한 범위내에 있을 것 • 윤활유는 누설 및 오염이 없을 것
브레이크	슈 또는 밴드브레이크	• 라이닝은 균열 또는 편마모가 없고 기름이 묻지 않아야 할 것 • 브레이크 드럼의 마찰면 및 고정 키, 브레이크 슈 또는 밴드는 균열, 손상이 없을 것 • 브레이크 체결스프링, 공압실린더 및 스프링은 마멸, 파손 또는 비틀림이 없을 것
	디스크 브레이크	누름판은 움직임이 원활하고 라이닝 균열 또는 편마모가 없고 기름이 묻지 않아야 할 것
회전각도표시계		• 하사점에서 그 지시가(180°) 정확할 것 • 확동 클러치부의 정지 각도는 10° 이내일 것 • 오버런감지장치는 크랭크축 정지각도가 오버런감지장치 설정위치의 각도를 초과할 때 정확히 작동할 것

주요 지적 사항		안전대책
정지기구		• 1행정 1정지 기구는 확실하게 1행정후 상사점 위치에서 정지할 것 • 급정지기구는 제작회사가 지정한 최대 정지시간 이내 상태에서 확실히 급정지할 것 • 비상정지장치는 작동이 정확하고 슬라이드가 시동의 상태에서 되돌려 보낸 후가 아니면 슬라이드가 작동하지 않을 것
슬라이드		• 마모, 균열 등이 없고 원활하게 작동되며 연결나사, 연결봉의 체결은 확실할 것 • 슬라이드조절장치, 카운터밸런스, 안전블럭, 안전프러그, 키이록크 등은 원활한 작동과 파손, 변형이 없고 확실히 되어 있을 것
공압계통		• 전자밸브는 손상이 없고 확실히 작동할 것 • 압력조정밸브 및 압력계는 정상적이고 압력계의 지시가 동일할 것 • 압력 스위치는 제작회사가 지정하는 압력에서 정확히 작동할 것
방호장치	(가드식)성능검사 합격품	• 가드를 닫으면 슬라이드가 작동하고 또한 작동중에는 가드를 열 수 없는 구조일 것 • 가드의 고정은 확실하고 손상, 변형이 없을 것 • 가드인터로크용 캠은 마모, 균열, 손상이 없고 연결부분이 확실할 것
	(양수조작식) 성능검사 합격품	• 누름버튼은 매립형이며 외측간격은 300[mm]이고 안전거리가 확실하게 확보될 것 • 투광기 및 수광기는 손상, 변형, 오염이 없고 지정된 위치에 설치되어 작동이 확실할 것 • 투광 램프는 간격이 30[mm] 이내이고 수광부는 확실히 투영되어야 할 것 표시램프 작동시 이상 없을 것

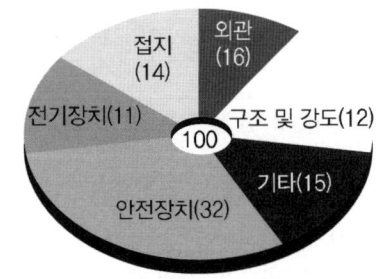

[그림4] 검사 항목별 지적사항 분포도(%)

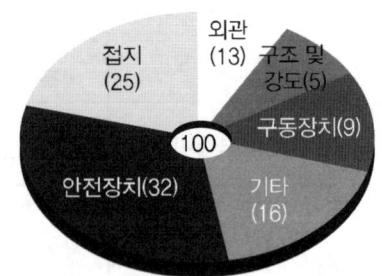

[그림5] 검사 항목별 지적사항 분포도(%)

5 공기 압축기

공기 압축기란 압축공기의 발생장치로서 기압송이 압력비가 2 이상 또는 토출공기압력이 1 [kgf/cm^2] 이상인 기계를 말한다. 즉 공기발생장치는 공기압축기나 송풍기로 대기를 흡입해서 외부에서 기계적 에너지를 공급하는 것이다. 토출공기압력이 [kgf/cm^2] 미만인 것을 송풍기라 한다.

공압축기 작동원리에 따라 크게 터보형과 용적으로 분리되며, 출력에 따라 소·중·대형, 특수형으로 나뉘어 진다.

공기압축기에 대한 검사 결과 안전장치(27%), 전기장치(21%), 구동장치(9%) 등에서 많은 지적 사항이 나왔다. [표6]은 공기 압축기의 검사시 주요 지적사항 및 안전대책을 소개한 것이다.

유해·위험기계·기구의 근원적인 안정성 확보 및 철저한 검사를 통한 검사제도가 조속히 정착 되도록 노력하여야 하겠다.

또한 사업장에서는 앞에서 언급한 검사시 주요지적사항들을 세밀히 검토, 계획을 수립하고 철저한 점검을 통해 재해 유발 요인 등을 완전히 제거시키는 등 자율적인 자체검사의 활성화가 바람직하다고 판단된다.

[표6] 공기 압축기의 검사시 주요 지적 사항 및 안전대책

주요 지적 사항	안전대책
안전밸브	최고 사용압력의 110[%] 이하에서 정확히 작동되고 봉인할 것(1년 1회 이상 설정압력 확인)
온도스위치	설정된 온도값에서 동작할 것(6개월에 1회 이상 점검)
언로드 밸브	설정된 압력범위내에서 정확히 작동할 것(매일 점검)
압력계	작동이 정확하고 부식이나 지침 이상시 즉시 교체할 것(1년 1회 이상 표준 계기와 비교 점검)
압력개폐스위치	설정된 압력 범위 내에서 정확히 작동할 것(매일 점검)
과전류계전기	설정된 전류값에서 동작이 정확할 것(6개월에 1회 이상 점검)
벨트 및 커플링	구동부 연결장치 및 마모 등 이상이 없을 것
공기 탱크	동작전 탱크내 물배수 및 누기방지(배수장치 매일 점검)
유면계	규정된 범위내에 오일충전(매일점검)
휠터류(흡입, 유수분리, 수분분리, 오일)	정상기능 상태유지(수시점검)

11 실크스크린 인쇄 공정의 작업 환경 개선사례

자료출처 : 93년 3월 한국산업안전공단 '안전보건'

1 시범 사업장 개요

본 사업장은 샤프, 연필, 연필심 등을 80,000EA/일 생산하는 사무용 필기구 제조 업체이다. 주 생산품으로 샤프연필의 수지축(50,000EA/일), 금속축(930,000EA/일)등으로 내수 및 수출을 하고 있다. 본 사업장의 총 인원은 491명(남 : 199, 여292)이며, 특히 작업 환경개선 시설 설치 예정 부서인 실크스크린 인쇄공정(생산 1과 7계)의 총근로자 수는 28명(남 : 14, 여 : 14)으로서 수지축, 금속축에 실크스크린 인쇄를 하고 있다.

2 생산 공정(샤프연필 제조공정)

1. 생산 공정도

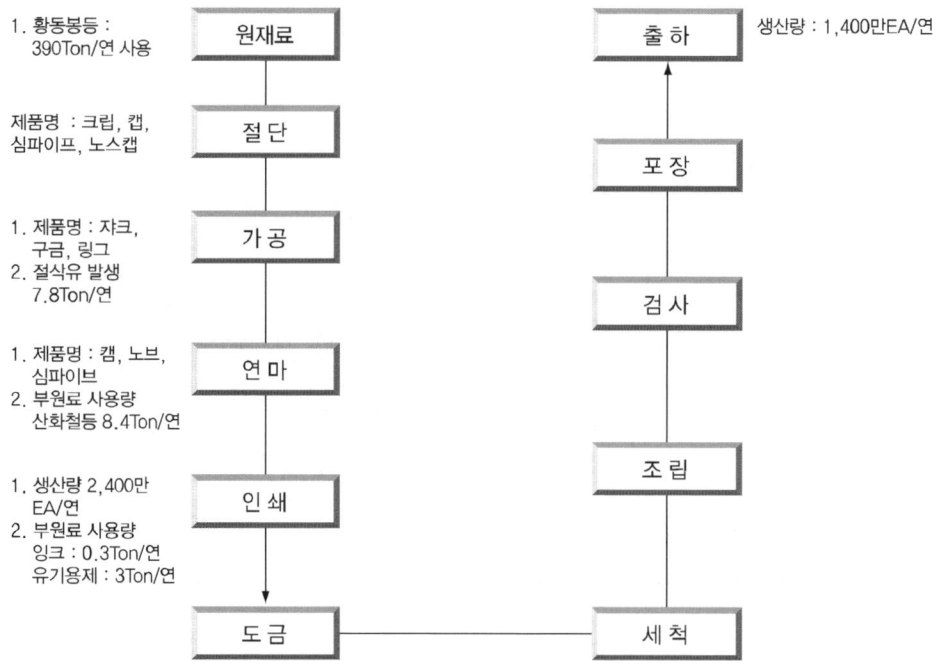

2. 공정 설명

① 원재료 : 황동, 봉 및 관 등을 원료로 사용한다.
② 절단 : 소성을 위하여 원자재 투입후 자동 선반기에 의해 외관 및 심축, 구멍 등을 가공한 후 세척 및 건조한다.
③ 가공 : 심파이프, 크립, 축 세라믹, 심통 등을 자동 절단기에 의해 절단하여 제품을 가공한다.
④ 연마 : 자동 연마기에 의해 광택제를 사용하여 연마한다.
⑤ 인쇄 : 출 입고후 작크 작업 및 곡면인쇄기, 수동인쇄기 등을 거쳐 실크스크린 인쇄후 건조하여 출하한다.
⑥ 도금 : 탈지-산처리-전해탈지-니켈도금-금도금의 공정을 거쳐 필요한 금속을 도금한다.
⑦ 세척 : 도금된 물질을 세척한 후 조립, 검사, 포장한다.
⑧ 출하 : 제품 1,400만EA/년을 생산출하한다.

3 개선대상 공정 개요 및 개선 방향

1. 개선대상 공정 개요

개선대상 공정으로 선정한 실크스크린 인쇄공정은 자동곡면 인쇄기(7대) 및 수동인쇄기(5대)를 이용하여 근로자가 앉아서 샤프 연필표면에 인쇄하는 과정에서 인쇄잉크의 희석재 또는 세척재로 사용되는 톨루엔, 아세톤으로 인하여 톨루엔 등 유기용제증기가 발산하고 있었다. 특히 수동 인쇄공은 유기용제 증기 제거를 위한 국소 배기 장치가 설치되어 있지 않았으며, 곡면인쇄(자동)공정은 슬롯 후드(200W×100L)가 설치되어 있었으나 제어속도의 부족으로 발산되는 유기용제가 적절히 배출되지 못하고 있는 실정이었다.

2. 개선방향

실크스크린 인쇄공정의 톨루엔 측정치가 15.8~309.2[ppm]으로 일부작업점에서 허용기준의 3배 이상 초과하고 있으므로 수동 인쇄작업대에 작업에 지장을 주지 않는 slot형 후드를 설치하였다. 또한 가설치(slot hood)되어 있으나 유기용제 증기의 제어성능이 부족한 곡면인쇄(자동)공정도 수동인쇄공정에 설치되는 국소배기 시스템과 연결하여 건축부스형 후드로 대체설치하는 방안을 강하였다. 또한 스크린 인쇄공정에서 배출되는 유기용제 증기의 효과적인 제거를 위하여 활성탄 흡착탑(Activated carbon tower)을 설치하는 방안을 강구하였다.

4 개선 시설 설치내역

실크스크린 작업 공정에 설치되어 있는 수동인쇄기(350W×1200L×800H) 5대에는 table형 slot hood(420W×1100L×640H 1EA)를 설치[그림1 참조]하였다.
자동형 곡면 인쇄기(550W×900L×800H) 7대에는 Booth식 Hood(500W×800L×800H)를 설치[그림2 참조]하였으며, 재질은 유기용제 증기의 부식성에 강한 PVC(5t)를 사용하였다.
Hood로부터 공기 정화장치(활성탄흡착탑)까지 연결되는 duct의 총길이는 65.7[m]이었으며, 직경이 105~150[mm]인 원형 덕트가 13[m], 직경 150~340[mm]인 원형 덕트가 23.5[m], 직경 480[mm]인 원형 덕트가 14.2[m]이었고, 면적이 250[mm]×600[mm]인 각형 덕트가 8[m], 면적이 250[mm]×650[mm]인 각형 덕트가 7[m]로 설치하였고, 재질은 P.P(5t)를 사용하였다. (개선시설 설치내용) 배기되는 유기용제 증기를 정화처리하기 위한 공기 정화 장치는 처리 용량 190[m^3/min], 재질 SS41, 4.5t인 Activated Carbon Tower(280W×2800L×2900H)를 설치 [그림3 참조] 1.2를 고려하여 동력 20hp인 Turbo형 fan(효율 80%)을 설치하였다.

5 작업 환경 개선 효과

실크스크린 인쇄공정에 국소배기 시설을 설치 개선 전후의 작업 환경 측정 결과를 비교한 결과 개선전 톨루엔농도 15.8~309.2[ppm]에서 개선후 톨루엔 농도가 '흔적~24.9pp'까지 낮아져 환경농도 감소 효과는 최고 92[m]로서 상당한 개선 효과를 거양하였다.

후 드		덕 트		공기정화장치	
규격	수량	규격	길이	규격	수량
• 테이블 스로트형 420×1100×640 452×1100×640 (W×L×H) • 부스식 건축 부스형 500×800×800 (W×L×H) 재질 : PVC 5t	4EA 1EA	ϕ105~ϕ150 ϕ150~ϕ340 □ 250×600 □ 250×650 ϕ480 재질 : P.P 5t	13[m] 23.5[m] 8[m] 7[m] 14.2[m]	• 흡착탑 2800×2800×2900 (W×L×H) 재질 : SS41, 4.5t • 송풍기 190m3/min×210mm /Aq, 20HP 형식 : 터보 팬	1EA 1EA

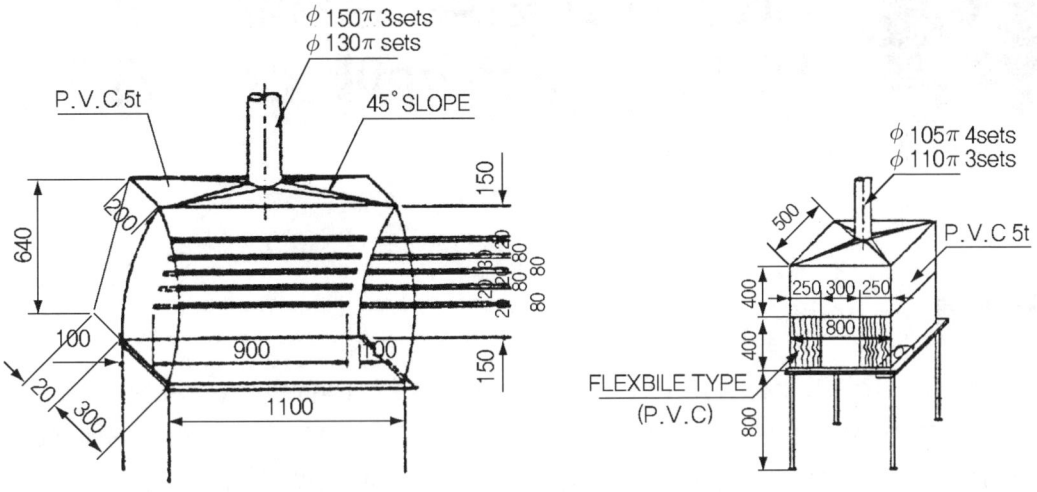

[그림1] 수동인쇄기에 설치한 테이블형 슬롯후드

[그림2] 곡면인쇄기에 설치한 부스식 건축부스형 후드

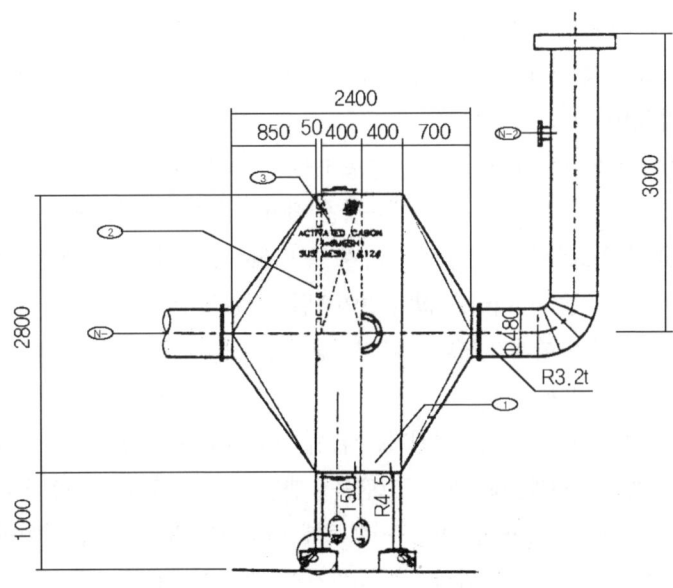

[그림3] 공기정화장치(활성탄 흡착탑)

12 자율 안전 관리 정착을 위한 HPMA System에 관한 연구

자료출처 : 96년 11월 대한산업안전협회 '산업안전'

1 서 론

1983년을 기준으로 해 우리나라 산업재해 발생상황을 살펴보면, 근로자수는 1983년 3,941,152명에서 1944년 7,273,132명으로 185[%] 증가했고, 도수율은 1983년 14[%]에서 1994년 4.69[%]로 34[%] 감소했다. 이러한 감소추세는 정부의 강력한 산업재해예방정책, 최고 경영자의 안전에 대한 확고한 경영방침 설정 및 근로자 안전의식 향상 등에 힘입은 것이다. 그러나 아직도 선진국의 안전의식수준보다 뒤떨어지는 실정이다.

재해원인을 6M 관점에서 파악했을 때 Machine(기계요인), Media(작업환경 또는 작업조건), Management(안전관리) 측면에서 가장 발전이 이뤄졌으며, 이 3가지 요인이 재해감소에 가장 크게 이바지했다고 볼 수 있다.

1995년에는 우리나라 산업재해율이 0.99[%]로 1964년 재해통계 집계 이후 처음으로 1[%] 미만으로 떨어졌다. 그러나 선진국 수준의 재해율까지 떨어뜨리기 위해서는 Man(사람), Mission(경영목표), Mental Climate(정신풍토) 등 3가지 측면에서 실질적인 대변환이 있어야 할 것이다. 재해율을 1[%] 부근까지는 큰 어려움 없이 떨어뜨릴 수 있으나, 그 미만으로 떨어뜨리는 데 있어 기존 안전관리 방식으로는 한계가 있다. 따라서 경영자는 물론 모든 근로자의 지속적인 자기개혁이 일어나지 않으면 안된다.

미국에서는 자율안전관리를 정착시키기 위해 OSHA(Occupational Safety Health Administration)에서 자율안전보건프로그램을 개발해 29 CFR 1900 to 1910(Code of federal regulation)에 규정하고, 이를 시행토록 함으로써 노·사·정 사이의 자율적으로 근로자의 안전보건을 증진시키고 효과적인 안전보건관리활동이 이뤄지도록 하고 있다.

자율안전관리란 사업장 안전을 확보하고 조업안정을 꾀하기 위해 최고 경영층에서 현장 근로자에 이르기까지 모든 종사자가 안전의 의의를 이해하고, 기본방침과 실현방안을 구체적인 실시계획에 따라 정확하게 실행에 옮기는 것이다. 이를 위해서는 사업장 모든 부분에 걸쳐 구성원 한사람 한사람이 안전을 자신의 근본적인 고유업무로 자각하고 확보해 나가는 책임감 견지, 잠재위험을 예측하고 대처할 수 있는 능력 확보, 관리체계 확립이 선결돼야 한다. 산업안전보건법을 통해 사업장이 스스로 자율안전관리를 실시해 나갈 수 있도록 유도하고,

정부가 후진국형 산업재해를 근절하기 위해 범국민적 안전문화 정착운동을 추진하고 있다. 그러나 아직도 자율안전관리가 정착되지 못하고 있는 실정이다.

본 연구는 자율안전관리 정착을 위해 우리나라 사업장 현상을 바탕으로 자율안전관리를 위한 잠재위험성 발견 및 고취방안 등을 포함한 실천적 기법인 HPMA(Hazard Potentials in My Area) System을 개발·보급함으로써 산업재해예방에 이바지하고자 하는 목적으로 시행했다.

2 연구의 배경

H.W. Heinrich는 약 5,000건의 재해를 분석한 결과, 어떤 사람이 동일한 불안전한 행동을 330번 저질렀을 때 상해 없는 사고 300회 경상 29회, 중상 1회의 비율로 발생한다는 1 : 29 : 300 법칙을 제시했다. 이는 상해재해만을 산업재해로 취급하는 것은 잘못된 생각이며, 그 배후에는 수많은 무상해사고를 발생시킬 수 있는 가능성이 있는 것으로, 부상을 당한 근로자에게 결함이 있다기보다는 작업 방법, 설비 보전, 운전 등에 결함이 있는지를 우선적으로 검토해 불안전한 행동요인과 불안전한 환경요인을 철저히 제거해야 한다는 사실을 제시하고 있다.

이와 유사한 연구로 F.E.Bird는 약 175만 건의 보고된 사고를 분석해 중상, 상해, 물적 손해, 상해 및 물적 손해도 없는 사고가 1 : 10 : 30 : 600의 비율로 나타난 사실을 발표했다. 이 비율을 보면 630건의 인적 손실 없는 사고가 총재해손실을 보다 효과적으로 억제하는 방법을 나타내고 있음에도 불구하고, 산업안전보건법의 산업재해 정의, 무재해 운동이나 안전실적 평가, 안전통계 등에서는 휴업을 수반한 중·경상 재해만의 원인을 재해방지대책 수립의 기초자료로 삼고 있어, 재해를 근원적으로 예방하려는 안전관리의 본질적인 이치에는 맞지 않는 것이다.

안전관리의 질적 수준향상을 위해서는 무엇보다도 가시적인 중·경상재해만을 대상으로 한 안전관리 평가방식에서 하루빨리 탈피하는 것이 중요하며, 이와 관련한 경영층과 관리층의 사고 전환 및 제도 보완이 필요하다.

따라서 아차사고의 인과에 사업장 안전대책수립의 중요한 실마리가 있다는 Heinrich와 Bird의 주장을 바탕으로, 인적 손실로 이어지지는 않았다 할지라도 사업장 잠재 위험성을 찾아 이에 대한 제거대책을 세워야 한다. 이러한 아차사고에 대한 경제적 손실 추정 및 평가 방법 등을 사업장 실정에 맞는 경영합리화의 한 관리시스템으로 개발하고, 사업장에서는 당해년도 안전관리 평가결과 및 개선대책이 차기년도의 경영계획에 반영됨으로써 안전관리 실적이 경영에 실질적으로 영향을 미칠 수 있는 안전-경영 Feed Back System이 효과적이고

도 조직적으로 구축돼야 한다고 생각된다. 즉, 사업장 자율안전관리는 안전관리계획을 수립할 때 생산라인 의사를 반영하고, 실시 단계에서 생산라인 관리감독자 및 근로자가 수립된 계획에 따라 스스로 안전관리를 수행하고, 그에 따른 책임을 지도록 하는 과정이 수반돼야 한다. 자율안전관리 흐름을 살펴보면, 연간 안전관리계획을 수립할 때 스태프부서인 안전관리부서의 부서장은 공장장 경영방침에 제시된 안전업무 추진방향을 근거로 공장안전업무 목표 달성을 위한 중점추진방안을 라인부서에 제시하고, 이를 중심으로 라인부서의 부서장이 직접 해당 부서의 안전업무 목표 설정 및 구체적인 목표 달성 계획을 수립·제출케 한다. 스태프부서장은 적정한 검토·심의기구를 통해 라인부서별 연간안전업무 실무계획을 심의·확정한 뒤 최종 확정된 목표를 관리책임자 명의로 각 라인부서장에게 부여하고 철저한 관리를 통해 업무 목표를 달성해야 할 것이다.

각 라인부서에서는 업무목표 달성을 위해 스스로 수립한 구체적인 안전업무 실무계획을 내실있게 추진해야 한다. 스태프부서에서는 일정 주기별로 정당한 평가기준 및 방법에 의해 라인 부서의 안전활동을 합리적이고 객관성 있게 평가해 효과적인 동기부여제도를 운영함과 동시에 평가결과를 부서 업적 및 경영실적에 효율적으로 라인 부서 위주의 자율안전관리 시스템을 구축해야 한다.

그런데 자율안전관리를 정착시키는 데 있어 안전관리 조직상 스태프와 라인의 역할 분담 미흡, 안전관련 문제는 안전관리자만의 업무라는 인식, 안전관리자의 업무시간 중대외업무가 많은 비중 차지, 사업장의 많은 위험요소를 안전관리자가 점검하고 대책을 수립, 각 라인부서장 및 근로자의 잠재위험 발굴 능력 미흡 등이 장애가 되고 있다.

이러한 기존 안전관리의 문제점을 해결하고 자율안전관리를 정착시키기 위해서는 계층별 안전업무가 명시돼야 하며, 담당영역의 잠재위험성을 스스로 발굴해 대책을 강구할 수 있어야 하고, 이를 수행하는 데 필요한 제반 지식 및 기능에 교육훈련이 수반돼야 한다. 그러나 이러한 지식 및 기능을 단시간에 습득하는 것은 현실적으로 불가능하며, 안전스태프의 지원이 필요하다. 따라서 생산라인과 안전스태프의 업무분담 및 고관리체계 구축이 필수적이다.

이같은 문제점을 해결하기 우해서는 작업장에 적합한 새로운 시스템 개발이 선행돼야 하다. 본 연구에서는 이러한 목적에 적합한 시스템으로 HPMA 시스템을 제시해 자율안전관리 정착에 이바지하고자 한다.

3 HPMA(Hazard Potentials in My Area) System

1. HPMA System의 개요

산업재해를 예방하는 데는 관리감독자 역할이 대단히 중요하다. E-Adams가 주장한 재해 도미도이론에서 알 수 있듯이 근로자의 불안전한 행동이나 불안전한 상태의 방치는 관리감독자의 잘못된 의사결정이나 중요사항 누락(operational errors)에 기인한다. 따라서 재해발생 책임이 관리감독자와 경영자에게 있다고 할 수 있다.

산업안전보건법에서도 관리감독자 직무를 규정하고 있으며, 그 역할의 중요성을 강조하고 있다. 그러나 아직도 안전을 확보하고 생산활동을 해야겠다는 관리감독자들의 의지가 부족해, 오히려 안전활동이 생산활동에 지장을 초래하는 것처럼 잘못 인식하고 있는 경우가 많이 있다. 법적으로 안전에 관한 의무가 규정돼 있지만, 너무 형식에 그치고 있는 실정이다. 이러한 형식적인 의무규정에 얽매이는 것보다 안전활동의 핵심요원(keyman)이라할 수 있는 관리감독자의 실제 생산 라인에서의 안전활동을 제시하는 것이 시급하다.

재해발생비율, 재해발생원인 분석 등에서 보는 바와 같이 재해는 사업장 관리감독자의 operational errors와 이로 인한 근로자의 불안전한 행동과 불안전한 상태 방치에서 비롯된다. 이러한 불안전한 행동과 불안전한 상태는 당장 재해로 연결되지는 않지만, 언제든지 재해로 이어질 수 있는 잠재위험성(hazard potentials)이다.

따라서 이러한 요인을 제거하는 것이 안전한 사업장이 되는 지름길이며 이를 제거하기 위해서는 먼저 이들 요인의 발굴이 선행돼야 한다.

생산라인에 존재하고 있는 잠재위험성의 실상은 대부분의 경우 생산라인에서 작업하는 근로자와 관리감독자가 가장 잘 파악할 수 있다.

본 연구에서 제안하는 HPMA System은 관리감독자가 자신이 담당하고 있는 설비 및 작업 영역에 존재하는 잠재위험성을 스스로 찾아내 해결함과 아울러, 안전스태프 및 경영진과도 찾아낸 잠재위험성을 공유해 라인과 스태프의 정보교류를 통해 개선해 나갈 수 있도록 하는 관리체계를 전산화해 전산망(On-Line)을 통해 관리하는 안전활동기법이다. HPMA System의 조직 구조를 도식화 하면 [그림]과 같다.

2. 잠재위험성 도출

작업장의 잠재위험성을 도출하기 위해 원인과 결과 분석법(cause & effect analysis)을 통해 잠재위험성에 의한 재해의 결과를 예상·추출한다. 추출된 잠재위험성은 추락, 전도, 낙하, 비래, 붕괴·도괴, 협착, 감전, 폭발, 파열, 화재, 무리한 동작, 이상온도 접촉, 유해물질, 착화원, 인화물 방치, 파손, 오동작, 오조작, 누출, 누전, 배기 부적절, 시력장애, 청력장애, 품질저하 등 24가지로 분류한다. 이는 산업안전보건법 재해조사표를 기준으로 해 사업장 특성에 맞도록 새로이 설정한 것이다. 이러한 잠재위험성 분류에 따라 관리감독자와 근로자가 해당 작업장 점검을 통해 잠재위험성과 위험점을 도출하고, 안전대책과 개선기간 중에 대한 세부실시계획을 수립하도록 한다.

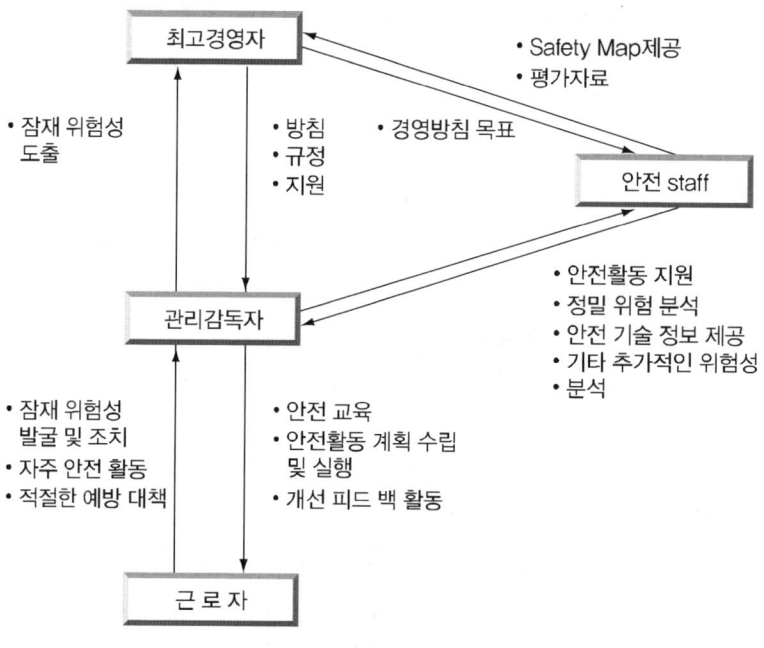

[그림] HPMA System의 조직구조

L사의 잠재위험성을 분석사례는 [표1]과 같다. 전사적으로 관리감독자와 근로자가 해당 작업장을 점검해 수집된 잠재위험성을 분석한 결과는 [표2]와 같다. 발생빈도에 따라 잠재위험성을 정리하면 L사의 경우 충돌, 협착 33[%], 유해물질 폭로 16[%], 화재·폭발 13[%] 등의 순으로 나타났다.

[표1] 잠재위험성 분석 사례

담당 부서	세부 공정	현황파악 (불안전 요소 적출)	잠재 위험성	위험점	안전상 대책	대책 기간
○○○	○○○	① 수소배관이음부 주위의 정기적 점검이 안되고 있음	폭발, 화재	배관이음부 주위	① 부서 : 정기적 점검 (월 1회)실시후 기록보존, 안전 : 월 1회 정기점검 요망	
		② 강제배기팬 및 천장형 광등 비방폭형으로 설치되어 있음	착화원	배기팬 형광등	② 방폭형(d2G4)으로 교체	
		③ 강제배기팬이 원격감시 체제 미비	화재폭발	수소로	③ 강제팬모터의 작동상태 원격감시체제 구축	
		④ 경보수신기내 2호기 고장 및 경보기 설치위치 부적절	화재폭발		④ 가사관리 영역으로 이설	
		⑤ 일반공구를 비치하고, 작업시 사용하므로 충돌 시 점화원 발생 가능성	점화원	공 구	⑤ 방폭공구(구리-베릴륨합금제)로 교체	
		⑥ 수소로 부근 서류함 방지	인화물방치		⑥ 서류함 다른 곳으로 이동 요망	
		⑦ 체인컨베이어의 기어물림점 방화커버가 없음	협 착	기어물림점 구동부	⑦ 방호커버 설치	
		⑧ 구동부 하부의 롤러, 체인 방호장치 미설치	협 착		⑧ 방호장치 설치	
		⑨ 컨터롤판넬의 전면통로 여유 불충분	충 돌		⑨ 통로 확보	
	○○○	① 금형 교체시 안전받침목 미사용 (구형100t 프레스)	협 착		① 2중 안전 확보를 위해 안전 받침목을 반드시 사용할 것	
		② 150t 프레스 옆면에 설치된 이동용 수직 사다리 계단 간격이 다름	추 락		② 계단 간격 표준화	
		③ 금형 운반기 및 레인 가드 미설치	전 도		③ 가드 설치	
		④ 100t 프레스 후면부가 개방 상태임	협 착		④ 방호장치 설치	
		⑤ 100t 프레스 주위 조도 낮음	전 도		⑤ 적정조도(150Lux)	

[표2] 수집된 잠재위험성 통계

일련번호	공정 잠재위험성	A	B	C	D	E	F	G	합계
1	추 락	27	15	18	0	1	0	0	61
2	전 도	27	10	14	0	4	0	1	56
3	충 돌	48	22	24	6	3	7	3	113
4	낙하·비래	6	4	1	0	3	3	2	19
5	붕괴·도괴	0	0	0	0	0	0	0	0
6	협 착	41	23	19	18	8	8	11	128
7	감 전	24	6	5	2	0	2	4	43
8	폭 발	8	3	5	0	8	0	0	24
9	파 열	5	5	2	0	1	0	0	13
10	화 재	27	21	9	4	6	0	2	69
11	무리한 동작	31	8	6	7	5	4	10	71
12	이상온도 접촉	33	3	8	1	0	3	0	48
13	유해물질	30	7	9	6	4	3	11	70
14	착화원	7	2	6	0	9	0	0	24
15	인화물방치	2	1	0	0	0	0	0	3
16	파 손	0	3	0	0	1	0	0	4
17	오동작(기계)	22	19	15	1	2	0	1	60
18	오조작(사람)	37	13	13	1	10	3	6	83
19	누 출	26	10	13	0	8	1	0	58
20	누 전	67	32	19	5	0	3	11	137
21	배기부적절	3	1	1	0	0	0	0	5
22	시력장애	5	3	2	3	10	2	0	25
23	청력 장애	1	0	1	0	0	2	0	4
24	품질저하	5	11	4	4	0	0	0	24

현장 실사를 통해 추출된 잠재위험성은 즉시 처리하거나 공무부서 및 생산기술부서 등의 협조로 개선할 수 있는 것과 개설할 수 있는 기술수준에 도달하지 못했거나 개선완료하는 데 상당한 시일이 걸리는 것 2가지로 분류할 수 있는 첫 번째 경우의 잠재위험성은 생산부서, 안전스텝, 지원부서간의 협의를 통해 개선이 가능하다. 두 번째 경우의 잠재위험성은 개선이 현실적으로 어렵다. 따라서 이러한 잠재위험성은 공정별, 작업자별로 체크리스트를 제시해 정기적으로 점검토록 함과 아울러 위험예지활동을 통해 안전한 작업이 자율적으로 이뤄지도록 한다.

3. 자율 안전 관리 체계 제안

자율 안전 관리 체계에서 기술한 바와 같이 자율 안전 관리를 사업장에 정착시키기 위해서는 다음과 같은 인식전환이 필요하다.

첫째, 경영진이 안전정책을 수립하고 의사결정을 할 때 안전정보 제공이 적시에 이뤄져야 한다.

둘째, 안전스태프의 인원이 보완돼야 하며, 현행 안전관리업무와 HPMA System의 정착을 위해서는 안전스태프업무의 혁신적인 변화가 요구된다.

셋째, 생산활동과 안전활동이 일체가 되어 추진돼야 하며, 이를 위해 생산공정 관리감독자와 안전스태프가 밀접한 연계관계를 갖고 안전활동을 추진해야 한다.

넷째, 재해방지는 사업주의 책임이니 생사현장 작업자의 이해와 협력 없이는 그 실효를 거두기 어렵다. 즉, 사업장 안전관리활동은 작업자의 의견이나 제안이 반영돼야 한다.

다섯째, 관리감독자나 근로자는 해당 작업장의 작업환경과 취급하고 있는 위험기계·기구·설비에 대한 유해·위험성 등 안전성 확보에 관한 기술정보를 충분히 갖고 있어야 하며, 안전보건 기준을 완벽하게 이해해야 한다.

여섯째, 관리감독자나 근로자는 해당 작업장의 작업환경과 취급하고 있는 위험기계·기구·설비에 대한 유해·위험성 등 안전성 확보에 관한 기술정보를 충분히 갖고 있어야 하며, 안전보건기준을 완벽하게 이해해야 한다.

일곱째, 해당 작업장에서 발생하는 재해 및 잠재사고의 결과를 확대해석해 대책을 수립하는 의식전환이 필요하며, 현장 안전활동 평가 결과에 대한 엄격한 동기부여 제도 확립이 이뤄져야 한다.

이러한 의식전환이 이뤄지기 위해서는 안전관리체계가 생산라인을 중심으로 한 자율 안전 관리 체계로 변환돼야 한다. 그리고 경영층, 관리감독자, 근로자에 대한 안전정보 제공, 동기부여, 계획 및 평가기능 강화 등을 위해 HPMA system 전산화가 이뤄져야 한다.

HPMA system 전산체계는 다음과 같은 원칙하에서 이뤄지도록 해야 한다.

첫재, 안전관리의 정보/계획/운영관리/평가기능을 부여한다.

둘째, 직급별로 안전관리대상을 제공하고 평가방안을 제시한다.

셋째, 자율 안전 관리제도를 정착시키기 위해 근로자의 위험에 대한 감수성을 높이고, 안전활동에 자발적으로 참여할 수 있도록 근로자의 공정별 안전관리대상을 제공하고, 잠재위험 요소를 발굴하도록 한다.

넷째, 안전스태프의 업무를 전산화함으로써 업무소요시간을 줄이고 기획 및 평가기능을 강화한다.

HPMA System 전산화 구조는 근거리 통신망(Local Area Network)을 이용해 사업장 최고 경영자로부터 현장작업자에 이르기까지 계층별로 관리대상을 제시하고 평가하는 기능을 수행할 수 있도록 구성돼야 한다.

그리고 전체구성이 잠재위험성 관리와 그 부속시스템으로 안전정보관리, 설비관리, 안전관리의 4개 부분으로 돼 있고, 특히, 생산현장의 자율안전관리가 이루어질 수 있도록 한다.

먼저 잠재위험성 관리는 경영진에게 안전지도(safety map)를 제공함으로써 전체 공정 중 위험도가 높은 잠재위험성에 대한 현상 등 관리상황을 경영진이 항상 파악할 수 있도록 한다. 이뿐만 아니라 현장작업자의 My Area Machine 개념을 확대·도입해 작업자 스스로가 위험점을 발굴하고 개선할 수 있는 잠재 재해 발굴기능과 관리자, 감독자의 안전점검을 통해 제공하는 공정별 잠재위험성을 위험도별로 분류해 제공함으로써 관리감독자의 안전의식향상과 적극적인 참여를 유도한다.

안전정보관리는 MSDS(Material Safety Data Sheet), 안전보건기준, 안전기술정보, 안전작업표준, 도면관리 등으로 구성되는데, 각 계층별로 필요로 하는 안전정보를 즉시에 제공해 안전 업무를 수행하는 데 있어 자료 검색 시간을 대폭 줄이고 위험성에 대한 지식제공의 역할을 하도록 한다.

차츰 기계화·자동화 비율은 높아지며, 이 때문에 기계, 설비에 의한 사고 증대는 불가피한 세계적 추세이다. 따라서 안전 관리시스템 전산 구조에는 설비관리가 필수적으로 구축돼야 하며 설비 체크 리스트, 예방 보수(PM) 계획 및 운용, 고장 보수 이력관리와 더불어 중요 기계설비의 상태를 집중관리하는 Condition Monitoring System(CMS) 등으로 구성한다.

[표3] HPMA System의 전산화 구조

대분류	세부분류
잠재위험성 관리	1. 안전 Map(잠재위험성별 checkpoint) 2. 공정별 잠재위험성 3. 안전점검관리(계획/평가) 4. 잠재재해발굴(등록/말소) 5. 이력관리
안전 정보	1. MSDS 2. 안전보건기준 3. 안전기술정보 4. 안전작업표준 5. 도면관리
설비 관리	1. 설비별 checklist 2. 예방 보수일정 3. 고장보수의 이력관리 4. CMS 5. 사전안전성 평가
안전업무관리	1. 위험대상물 관리 2. 사고통계 3. 교육 4. 무재해 실적 5. 통계적 실적 평가

안전관리는 기존 안전스태프업무를 전산관리함으로써 안전스태프의 기획·평가기능을 확장하기 위해 법적 위험대상물관리, 사고발생 분석 및 재해통계, 교육계획 및 관리, 무재해실적 등으로 구성돼 있다. 이를 정리하면 [표3]과 같다.

HPMA System 전사구조는 각 계층별로 안전에 관한 업무를 수행하는 데 필요한 안전 정보를 제공하고, 수행한 안전업무를 평가할 수 있는 기능을 부여함으로써 소속원의 자발적인 참여에 의한 자율안전관리체계가 구축되도록 하는 특징이 있다.

4 결론

산업 재해를 예방하고 안전·안정 조업이 실현되는 사업장을 구축하기 위해서는 잠재 위험성 발굴 및 조치방안 등으로 포함한 실천적 자율 안전 관리가 정착돼야 한다.

본 연구에서는 우리나라 사업장 현상을 바탕으로 자율 안전 관리 정착을 위해 HPMA System을 제안하면서 다음과 같은 결론을 얻었다.

첫째, 자율 안전 관리 체제를 구축하기 위한 HPMA 시스템의 조직구조 및 활동을 제시했다.

둘째, HPMA 시스템을 구체화하기 위한 항목을 분류하고 이에 따른 세부사항을 제시했다.

셋째, HPMA 시스템 전산화를 통해 구성원 모두가 안전정보를 공유할 수 있으며, 안전보건 총책임자인 경영진에게 안전지도(Safety Map)를 제공해 그 활동내용을 수시로 평가할 수 있도록 했다.

넷째, 이 시스템에 참여한 모든 구성원이 안전 관리를 생산 및 품질관리와 함께 삼위일체로 실행해야 한다는 의식을 갖도록 했다.

다섯째, 이 시스템이 산업현장에 자율 안전관리활동으로 정착되면 산업재해의 복합요인이며 안전관리의 핵심요소인 6M(Man, Machine, Management, Media, Mission, Mental, climate)에 대한 체계적 관리가 이뤄지는 효과가 기대된다.

13 TPM과 안전

자료출처 : 96년 11월 대한산업안전협회 '산업안전'

1 서 론

TPM(총합생산보전)은 설비효율의 극대화를 목표로 많은 기업에서 도입하여 활용하고 있다. TPM은 6대 손실(설비고장, set-up, 여유 및 견습·훈련, 속도감소, 공정상의 결함, 지연·보류)을 극소화시켜 총합설비효율을 극대화하는 것이다.

최근 어느 대기업 진단시 발견된 문제점이다. 즉, TPM 추진에 있어서 고장발견과 보수, trouble 해소가 쉽도록 기어·풀리·V벨트 등의 동력전달부에 부착된 덮개를 제거하거나 방호울에 설치된 Interlock Device를 제거하는 등 각종 기계설비의 방호장치를 제거하고 있었다. 현장 작업자들은 많은 위험요인에 노출되어 있어 항시 재해를 당할 위험성에 직면하고 있으나 당 공장의 관리감독자는 그러한 위험성에 대해서 경각심을 갖지 않고 대처하고 있었다. 따라서 금번에는 TPM과 안전에 대해서 간단히 논하고 그 개선대책을 제시하고자 한다.

2 본 론

TPM과 안전

1. PM의 역사

보전관리에서는 PM이란 약어가 여러 의미로 사용되고 있어 오해를 초래하게 된다. TPM을 설명하기 전에 보전관리의 역사를 간단하게 설명한다.

1950년경 미국에서 예방보전(Preventive Maintenance : PM)이 도입되었지만, 이것은 설비가 고장나지 않도록 예방적으로 점검·수리하는 것이다.

1954년 미국의 GE가 생산보전(Productive Maintenance : PM)을 제창하고 일본에도 도입되어 현재는 PM이란 생산보전을 의미하고 있다.

다시 개량보전(Creative Maintenance : CM)도 있어서 PM이란 약어는 어떻게 대응하고 있는가를 언제나 명확히 해둘 필요가 있다.

2. TPM의 정의

TPM이란 Total Productive Maintenance의 약칭이며, "전원참가의 PM"이라고 부른다. 1950년 이후에 미국으로부터 도입된 보전관리의 각수법을 일본적 경영에 적합하도록 체계화한 것이 TPM이다. TPM은 하나의 수법이 아니고 목적용어이며, 사후보전, 예방보전, 보전예방 등의 수법으로 사용하고 있다.

TPM의 정의를 다음과 같이 설명한다.

TPM이란

① 설비효율을 최고로 할 것(종합적 효율화)을 목표로 해서,
② 설비의 일생애를 대상으로 PM의 Total System을 확립하고,
③ 설비의 계획부문, 사용부문 등 모든 부문에 걸쳐서,
④ Top으로부터 제1선 작업자에 이르기까지 모두가 참가하여,
⑤ 동기부여관리 즉, 소집단자율활동에 의한 PM을 추진하는 것이다.

TPM의 기본이념은 '사람과 설비의 체질개선에 의한 기업의 체질개선'을 목표로 하는 것이며, 이 개선목표, 활동을 [그림 1]에 제시하였다.

TPM의 특색은 다음 3가지로 요약할 수 있다.

① 경제성의 추구(이익되는 PM)
② Total System
③ Operator의 자율보전(소집단 활동)

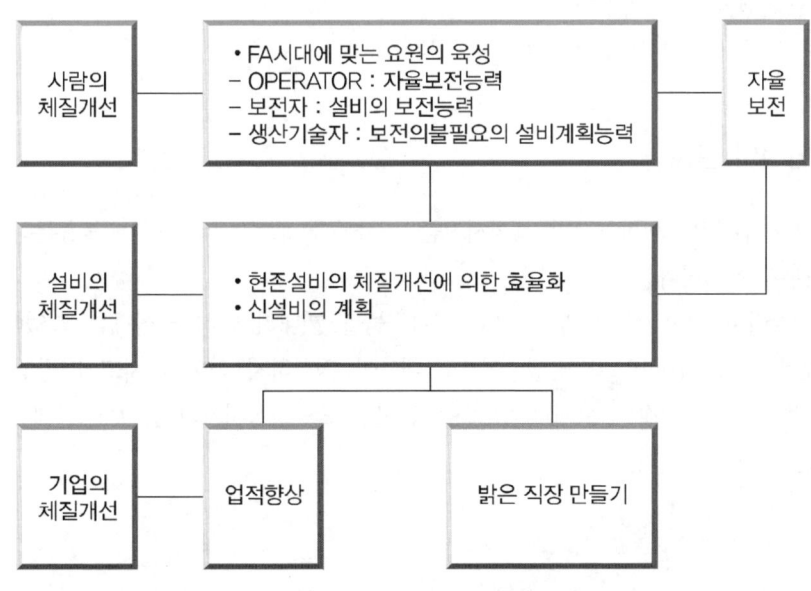

[그림1] TPM의 이념과 목표

3. TPM의 특징

앞에서 밝힌 TPM의 정의에 대한 각 항목에 대해 간단히 설명한다.

① 경제성의 추구 "이익이 되는 PM이다. 설비종합효율이란 시간가동률, 속도가동률, 양품률의 3요소를 곱해서 얻은 값으로 표시하며, 각 요소의 개선활동에 의해서 종합효율을 향상시킬 수 있다."

② 설비의 설계, 제작에서 운전, 보전에 이르는 설비의 일생애에 걸친 모든 Cost를 절감하는 것이다. 이것은 생산보전에 있어서도 제창되고 있으므로 TPM의 특색은 ③~⑤에 있다. 설비가 고장나도 보전부문에 맡겨지는 고장 Zero는 달성할 수 없으며, 예방을 위한 Know-How도 축적되지 않는다.

③ 제시한 바와 같이 3부문의 협력이 불가결하며, 현재는 개발, 영업, 사무부문도 포함한 활동이 요구되고 있다.

④ Top이 기업의 목표를 갱신하여 Loss를 명확하게 하고, 제1선의 OPERATOR 활동과 연결해야 하는 것을 제시하고 있다.

⑤ 소집단 활동에 의해 '자신의 설비는 자신이 지킨다', '자신의 안전은 자신이 지킨다'는 진취적인 활동이 필요하다.

즉 TPM의 정의를 간략히 표현하면
- 기계설비고장(정지형 고장과 품질형 고장)을 줄이고
- 기계설비능력을 향상(양적성능과 질적성능)시켜
- 안전보건·환경을 정비·개선하여
- 품질보증과 이익개선(COST 절감)에 기여하는 것이다.

4. TPM과 안전의 관계

기계공장의 산업재해, 화학공장의 폭발사고를 조사하다 보면 보전관리가 불충분하여 재해가 발생한 경우가 허다하다.

"가공물이 걸려서 잠시 정지하였기 때문에 가공물을 꺼내려고 하다 상해를 입었다.", "화학 PLANT에서 공정 Trouble이 발생하여 그 대응이 정확하지 않아서 사고가 발생하였다."와 같이 안전과 보전은 밀접한 관계가 있으며, 안전수준을 향상시키려면 그 이전에 보전수준을 향상시키는 것이 필요하다.

5. 설비와 품질, 안전과의 관계

공장의 생산활동으로서 원료가 입력이며 설비에서 그것을 물리적, 화학적인 변화를 하는 데 따라 제품을 출력이 되지만, 그 관계를 [그림 2]에 제시한다. 실제에는 제품의 품질을 중요시하나 품질도 설비의 출력이며 또 안전도 출력이며 결과계에 있다.

설비의 입력·원인계의 수행결과에 따라서 품질·안전도 영향을 받는다. 이와 같이 TPM활동은 정리·정돈·청소·청결활동에 의해 설비와 그 환경을 양호하게 하는 것만이 아니고 잠시정지나 고장을 Zero로 하는 것이며, 결과적으로 품질·안전성도 향상시킬 수 있다.

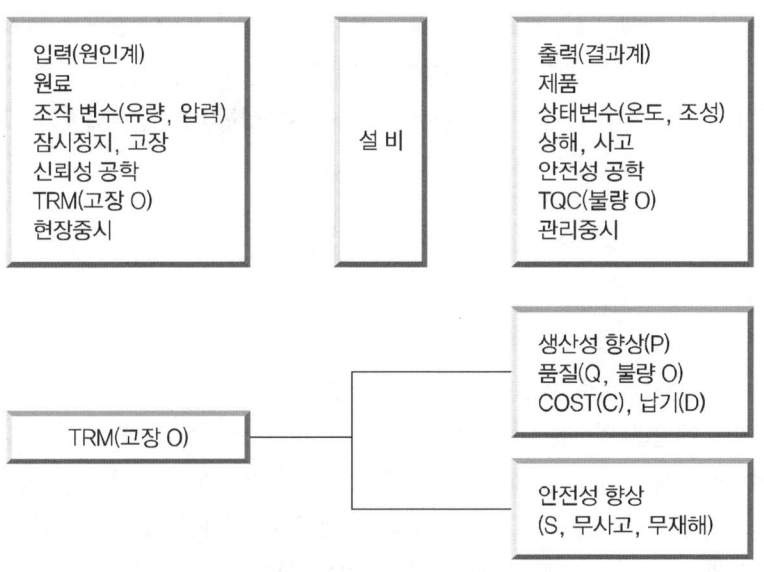

[그림2] 설비와 품질, 안전과의 관계

3 결론

TPM의 활성화를 위해서는 TPM 활동부서뿐만 아니라 최고 경영자, 생산현장의 관리감독자, OPERATOR 등의 정확한 이해와 활동이 요망된다.

즉, 각종 기계설비의 방호장치를 제거해 놓고 TPM 활성화를 유도하다가는 가동되는 기계설비에 의해 재해를 당할 위험이 높고, 이런 재해로 인해 생산지연이나 품질저하 등을 초래할 수 있다. 따라서 각종 기계설비에서 해체된 방호장치는 부착해야 하고, TPM 활성화를 위해서 해당 작업자의 기술능력향상, 작업시작전 점검방법의 개선, 청소와 주유시간의 단축방안, 고장원인 분석, 주유가 곤란한 곳의 개선, 검사기준에 의한 검사기법의 교육, 자주검사표의 표준화 등을 통해 기계설비 총합설비 효율을 극대화하여야 한다.

14 프레스 작업의 안전

자료출처 : 96년 6월 대한산업안전협회 '산업안전'

1 개 요

프레스는 금형을 사이에 두고 금속 또는 비금속 물질을 압축, 절단 또는 조형하는 기계로서 기계프레스, 유압프레스로 대별할 수 있다. 일반적으로 철판을 원하는 제품의 형상으로 가공하지만, 여기서는 특수하게 카페트를 원하는 형상으로 성형하는 섬유업종의 프레스 작업상에서의 작업안전을 소개하기로 한다.

2 위험요인

원단을 재단하여 전기히터로 예열한 뒤에 800톤급 프레스의 금형 사이로 자동으로 이송하는 작업을 할 때는 예열된 원단을 이송하는 이송기의 Catcher가 있고 또한 전면에서 다른 작업자가 제품을 꺼낼 때 프레스의 금형에 협착되는 것을 방지하기 위해 설치된 광전자식 안전장치를 작동시키지 않고 작업을 하고 있어 금형사이에 협착 위험이 있다.
또한 금형 교체작업시에 사용하기 위한 안전블럭은 설치돼 있으나 원단 이송기의 프레임과 간섭되어 설치 위치가 부적합한 관계이고 현재 사용을 하지 않고 안전블럭 대용으로 고임목을 사용하고 있는 바, 고임목에 균열이 발생된 상태여서 금형교체작업시 중대재해가 발생할 위험이 잠재돼 있다.

3 개선대책

첫째, 프레스에 설치된 광전자식 안전장치는 작업중에 정상적으로 사용하도록 작업안전수칙과 표준작업방법을 제정하고 그에 따른 교육과 훈련이 필요하다.
또한 해당 관리감독자는 작업상에 문제점이 발견되면 즉시 조치하는 등 철저한 관리감독이 요구된다.

둘째, 원단을 이송하는 이송기의 Catcher에 대해 작동상태를 수시로 점검하여 그 기능이 정상적으로 발휘될 수 있도록 설비점검이 필요하다. 그리고 해당 관계자(공무부)는 설비 보수 의뢰시 즉각적인 개선을 하여 불안전한 상태로 작업을 하지 않도록 해야 한다.

셋째, 프레스에 설치된 안전블럭은 프레스 전면의 프레임에 타설비(전기판넬 등)와의 간섭이 발생되지 않도록 위치를 정하고 안전블럭의 Bracket을 고정할 때는 금형의 중량에 견딜 수 있는 충분한 강도를 유지한 상태로 설치한다.

또한 정기적으로는 Limit switch를 안전블럭과 프레임 사이에 반드시 부착하여 안전블럭 사용중에는 프레스의 슬라이드가 작동하지 못하도록 해야 한다.

넷째, 금형 교체작업시에는 안전담당자를 지정하여 작업을 지휘하도록 하고 금형 교체작업자에게 정기적인 특별안전교육을 실시하여 작업방법을 숙지하게 하는 등 작업자의 불안전한 행동과 상태를 사전에 통제해야 한다.

[표] 프레스의 작업점에 대한 방호방법

구 분	장 치	특 징
이송장치나 수공구 사용	이송장치	① 1차가공용 송급배출장치(롤피더, 그리퍼피터 등 사용) ② 2차가공용 송급배출장치(슈트, 다이얼피더, 푸셔피더, 트랜스퍼피더, 프레스용로봇 등) ③ 에어분사장치 ④ 오토핸드 ⑤ 리프터 등
	수공구	① 누름봉, 갈고리류 ② 핀셋류 ③ 플라이어류 ④ 마그넷 공구류 ⑤ 진공컵류
방호장치 사용	일행정 일정지식	양수조작식
	행정길이 40[mm] 이상	수인식, 손쳐내기식
	슬라이드 작동중 정시가능	감응식, 안전블록
금형의 개선	안전금형 (안전울 사용)	① 상형울과 하형울 사이 12[mm] 정도 겹치게 ② 상사점에서 상형과 하형, 가이드포스트와 가이드부시의 틈새는 8[mm] 이하
그 밖의 방호장치 병용		급정지장치, 비상정지장치, 페달의 U자형 덮개 등

기 술 사 3 0 0 점 시 리 즈

부록2

과년도 출제문제

- 2001년도 기술사 63회
- 2001년도 기술사 65회
- 2002년도 기술사 67회
- 2003년도 기술사 69회
- 2001년도 기술사 71회
- 2004년도 기술사 73회
- 기술사 75회
- 기술사 77회
- 기술사 79회
- 기술사 81회
- 기술사 83회
- 기술사 85회
- 기술사 87회
- 기술사 89회
- 기술사 91회
- 기술사 93회
- 기술사 95회
- 기술사 97회
- 기술사 99회
- 기술사 101회
- 기술사 103회
- 기술사 105회
- 기술사 107회
- 기술사 109회
- 기술사 111회
- 기술사 113회
- 기술사 115회
- 기술사 117회
- 기술사 119회
- 기술사 121회
- 기술사 123회
- 기술사 125회
- 기술사 127회
- 2001년도 기술사 64회
- 2002년도 기술사 66회
- 2002년도 기술사 68회
- 2003년도 기술사 70회
- 2004년도 기술사 72회
- 2004년도 기술사 74회
- 기술사 76회
- 기술사 78회
- 기술사 80회
- 기술사 82회
- 기술사 84회
- 기술사 86회
- 기술사 88회
- 기술사 90회
- 기술사 92회
- 기술사 94회
- 기술사 96회
- 기술사 98회
- 기술사 100회
- 기술사 102회
- 기술사 104회
- 기술사 106회
- 기술사 108회
- 기술사 110회
- 기술사 112회
- 기술사 114회
- 기술사 116회
- 기술사 118회
- 기술사 120회
- 기술사 122회
- 기술사 124회
- 기술사 126회
- 기술사 128회

제63회 2001년도 시행 건설안전기술사

● 1교시

※ 다음 13문제 중 10문제를 선택하여 설명하십시오.(각 10점)

1. 고강도 콘크리트의 시방기준
2. 고층 철골구조물 시공시 수직 부재에 설치되는 수직통로 시설 및 추락방지대의 구성조건
3. 철근 콘크리트 표준 시방서상의 거푸집 시공 허용 오차
4. 시설물 안전관리 특별법상 안전점검 종합 보고서 중 정밀 점검 보고서의 작성사항
5. 국제 노동기구(I.L.O)의 재해 등급 분류 방법
6. 터널 계측 목적 및 항목
7. 알칼리 골재 반응
8. 무재해 운동 목적과 실시 방법
9. 시스템 안전
10. 건설현장에서 시행하는 관리 체계별 안전관리 활동
11. 철근 콘크리트 시방서상의 내구성에 대한 균열폭 검토
12. 철근의 정착길이와 구조물 안전과의 관계
13. 성능 검정대상 가설 기자재의 종류

● 2교시

※ 다음 6문제 중 4문제를 선택하여 설명하십시오.(각 25점)

1. 건설업 산업안전보건 관리비 계상 및 사용기준 최근개정 내용(2001년)의 주요 골자를 요약 설명하고, 안전보건 관리비 항목별 사용내역 및 기준에 대하여 기술하시오.
2. 시설물 안전관리를 위한 특별법의 제정배경과 주요내용에 대하여 요약 설명하시오.
3. 도심지 대형 건설공사 현장에서 착공전에 현장소장이 작성 제출해야 할 안전 및 환경 관리업

무에 관하여 기술하시오.

4. 콘크리트 구조물의 유지관리를 위한 계통적인 검사에서 점검의 목적과 주요점검 개소에 관하여 기술하시오.

5. 심도가 깊은 콘크리트 구조물 기초의 양압(부압)에 대하여 설명하고 구조물 안전과의 상관관계를 설명하시오.

6. 슬래브 구조의 재래식 거푸집 동바리(Support형식) 가설 조립도 작성시 필히 검토 되어야 할 구조적 항목에 대하여 설명하시오.

3교시

※ 다음 6문제 중 4문제를 선택하여 설명하십시오.(각 25점)

1. 도심지 깊은 심도의 굴착시공에 있어 토류벽 배면의 탈수, 압밀 현상의 발생원인과 근원적 대책을 설명하시오.

2. 화재 피해 콘크리트 구조물의 안전진단기법에 대하여 설명하시오.

3. 건설현장 근로자 사망 재해중 뇌·심혈관 질환의 비율이 급증하고 있는 실정이다. 이에 대한 예방대책을 설명하시오.

4. 교량의 안전점검 및 진단업무시 발견되는 결함 내용과 손상원인 및 대책을 하부구조, 상부구조(강재, 콘크리트) 신축이음부, 받침 장치로 구분하여 기술하시오.

5. 지하 10[m] 굴착공사에서 소일네일링(Soil Nailing) 공법을 사용하여 굴착공사를 하고자 한다. 시공시 예상 문제점과 안전시공 방안에 관하여 기술하시오.

6. 도심지 지하철 공사 현장의 인접 아파트 건물에 없던 균열이 발생하였다. 현장소장으로서 조사해야 할 사항을 열거하고 조치사항에 대하여 기술하시오.

4교시

※ 다음 6문제 중 4문제를 선택하여 설명하십시오.(각 25점)

1. 터널 정밀안전 진단의 업무 흐름에 대하여 기술하고 필요한 조사 사항과 시험항목을 설명하시오.

2. 지진이 구조물에 미치는 영향과 구조물의 내진설계에 관해서 설명하시오.

3. 지중연속벽(Slurry Wall)시공 단계별 안전계획에 관하여 기술하시오.

4. 철근 콘크리트 구조물의 손상의 종류를 열거하고 방지대책에 관하여 설명하시오.
5. 지하 20[m] 굴착공사시 갑자기 유수(流水)가 유입되면서 철골 수평버팀대(Strut)가 붕괴하는 사고가 발생하였다. 현장 책임자로서 시급히 조치해야 할 사항과 사후처리 방안에 관하여 설명하시오.
6. 상부에 철도가 횡단하는 곳의 지하차도에서 신축이음부를 포함해서 여러 곳에서 누수현상이 발생한 시설물의 안전진단을 실시하고자 한다. 진단절차 및 진단시 유의사항에 대하여 기술하시오.

제64회 2001년도 시행 건설안전기술사

1교시

※ 다음 13문제 중 10문제를 선택하여 설명하십시오.(각 10점)

1. 건설기술관리법에 의한 건설기술자의 1년 이내의 업무가 정지되는 사유
2. 명예 산업안전 감독관의 임무
3. 인간의 긴장정도를 표시하는 의식수준의 5단계
4. 건설현장에서 발생가능한 직업병
5. 정부에서 추진하고 있는 법과 원칙이 지켜지는 사업장을 만들기 위한 안전보건 11대 기본 수칙
6. 산업안전 보건법상 작업환경 측정대상 사업장
7. 지하 굴착공사에서 잠재된 재해를 사전에 발굴하는 방법
8. 건설현장에서 안전활동의 동기(動機) 유발
9. 콘크리트의 진동다짐 공법(시방기준)
10. 안전벨트 착용길이와 최하사점 관계 및 작업자의 안전 영향
11. 철골구조 스터드(STUD) 볼트 용접 고정상태를 현장 점검하는 방법에 관한 시방서 기준
12. 시설물의 안전관리에 관한 특별법에서 시설물의 정밀안전 진단을 실시할 수 있는 책임 기술자의 자격
13. 거푸집공사에서 녹막이칠 파이프 서포트(Pipe Support) 4[m] 길이의 상부 및 하단을 고정하는 방법

2교시

※ 다음 6문제 중 4문제를 선택하여 설명하십시오.(각 25점)

1. 경제성을 감안하여 기초파일을 이음하여 시공하고자 한다. 이음공법과 시공시 유의사항을 기술하시오.

2. 건설현장에서 화약 취급시 취급요령과 안전대책에 대하여 기술하시오.

3. 건설현장에서 중대재해가 발생하였다. 사고처리 요령에 대하여 기술하시오.

4. 기존 구조물을 그대로 두고 기초를 보강하거나 증설하는 공법(Under Pinning)에 대하여 기술하시오.

5. 프리팩트 콘크리트의 품질 및 안전관리에 대하여 기술하시오.

6. 기업의 안전보건관리 수준 평가 제도(초인류 기업 인증제도)에 대하여 기술하시오.

3교시

※ 다음 6문제 중 4문제를 선택하여 설명하십시오.(각 25점)

1. 2000년부터 시작되는 정부추진 산업재해 예방 5개년 계획에 대하여 기술하시오.

2. 해체공사시 예상되는 재해 유형과 안전대책을 기술하시오.

3. 콘크리트 공사에서 수직부재와 수평부재의 설계강도가 다를 때 콘크리트 타설 방법과 안전사항을 기술하시오.

4. 지하철 공사에서 야간작업시 사고예방 대책에 대하여 기술하시오.

5. 콘크리트 타설후 균열 예방을 위한 유도줄눈의 설치시기와 방법에 대하여 기술하시오.

6. 철골공사시 용접결함에 대한 발생원인과 방지대책을 기술하시오.

4교시

※ 다음 6문제 중 4문제를 선택하여 설명하십시오.(각 25점)

1. 청계고가 등과 같은 노후된 구조물에서 슬래브 하단에 콘크리트 고드름이 발생하여 미관을 해치고 있다. 이에 대한 원인과 처리방법에 대하여 기술하시오.

2. 건설현장에서 발생 가능한 계절별 재해와 그 예방 대책을 기술하시오.

3. 산업재해보상보험법의 목적과 이법에서 분류하고 있는 건설업의 종류에 대하여 기술하시오.

4. 철근 콘크리트 양생후 강도상의 문제가 발생했을 때 시료 채취 요령과 결과 판단에 대하여 기술하시오.

5. 겨울철 고온 양생한 콘크리트의 강도상 문제점을 기술하시오.

6. 재해발생을 사례별로 분석 연구하는 방법에 대하여 기술하시오

제65회 2001년도 시행 건설안전기술사

1교시

※ 다음 13문제 중 10문제를 선택하여 설명하십시오.(각 10점)

1. 콘크리트의 내구성 진단 절차 방법
2. 비탈면의 전단응력, 전단강도 및 이들의 상관 관계
3. 반발도를 이용한 비파괴 압축강도 측정시 측정위치 선정 유의사항
4. 손실우연의 원칙
5. 팝 아웃(Pop-out) 현상
6. 근로자의 불안전행동
7. 철골구조의 피로파괴
8. 휨균열과 전단균열
9. Fool Proof와 Fail Safe
10. 건설기술 관리법상의 건설기술과 건설공사 지원 통합정보 체계
11. 건설업 안전관리비의 항목별 및 공사진척에 따른 사용 기준
12. 건설현장에 비치하여야 할 구급용품과 안전사고 발생시 응급처치 요령
13. 다음의 ( )속에 알맞는 답을 쓰시오.
    1종, 2종 시설물 초기 점검은 ( )일 이내 실시하고 정기점검은 ( )회, 정밀점검 ( )회 실시한다.

2교시

※ 다음 6문제 중 4문제를 선택하여 설명하십시오.(각 25점)

1. 콘크리트 구조물의 보강공법 종류 및 특징과 시공성을 기술하시오.

2. 가설통로의 종류와 설치기준을 기술하시오.
3. 건설공사 현장에서 안전사고를 예방하기 위해서는 관리감독자의 적극적인 안전활동이 요구된다. 관리감독자에게 요구되는 업무내용과 바람직한 자세에 관하여 기술하시오.
4. 천연골재 공급이 절대 부족하여 해사(海沙) 사용이 불가피한 실정이다. 철근콘크리트 구조물에 해사를 사용할 때의 문제점과 안전대책에 관하여 기술하시오.
5. 도심지 초고층 빌딩공사시 안전관리 대책에 대하여 설명하시오.(조직, 추락, 화재, 피난, 바람, 양중작업 등)
6. 귀하가 고속도로 건설공사(장대교량 포함)의 현장소장으로 배치되었습니다. 안전 보건 총괄 책임자로서 안전관리 계획서를 작성하시오.

3교시

※ 다음 6문제 중 4문제를 선택하여 설명하십시오.(각 25점)

1. 구조물의 내진성능을 평가하기 위한 예비진단에 필요한 자료수집 및 현황조사를 기술하시오.
2. 철근콘크리트 옹벽보다 시공이 간단하고 외관이 미려한 보강토 옹벽(補强土 擁壁) 적용이 특히 도심지역에서 점차 증가하고 있다. 보강토 옹벽의 파괴형상과 시공시의 안전대책에 관하여 기술하시오.
3. 건설안전사고 예방의 4원칙 및 사고예방 원리 5단계를 설명하시오.
4. Fill dam의 주된 파괴원인은 Piping현상이다. Piping현상의 발생과정(發生過程)과 발생원인 및 안전대책에 관하여 기술하시오.
5. 요즘 택지부족으로 쓰레기 매립장에서의 건설공사가 증가되는 추세이다. 쓰레기 매립장에서 공사수행시에 환경오염 방지 방안과 안전관리 대책에 대하여 기술하시오.
6. 건설현장에서 사용되는 가설전기의 실태와 안전사고 발생원인과 예방 대책

4교시

※ 다음 6문제 중 4문제를 선택하여 설명하십시오.(각 25점)

1. 도심지역의 재건축·재개발 사업장에 있는 고층 철근콘크리트 구조물을 해체 하려고 한다. 해체공법 선정시의 고려사항과 안전대책 및 공해방지 대책에 관하여 기술하시오.
2. 연약지반 대책공법인 EPS 성토공법으로 도로를 축조하려고 한다. 지반굴착시의 굴착면이

　　　　지하수위 이하일 때의 부력(浮力)에 대한 안전성을 검토하고 부력에 대한 안전율이 설계안전율 이하일 때와 지반 침하량이 허용침하량을 초과할 때의 안전대책에 관하여 기술하시오.
3. 토류판 구조물 침하 발생원인 및 침하방지 대책을 기술하시오.
4. 시설물 점검종류별 주요 조사 항목을 기술하시오.
5. 건설현장에서 근로자의 보건관리에 대하여 설명하시오.
6. 시설물의 안전 및 유지관리계획 수립대상 시설물과 포함사항

제66회 2002년도 시행 건설안전기술사

1교시

※ 다음 13문제 중 10문제를 선택하여 설명하십시오.(각 10점)

1. 산업안전보건법상 작업환경측정을 실시해야 하는 작업장소 5개소
2. 시스템안전의 Hazard 강도
3. 건설가설 기자재 중 2002년 성능검정 가설기자재의 제외품목 및 제외사유
4. 시몬스방식 재해코스트(Simonds Accident Cost)
5. 재해발생시의조치중 기본적인 사항
6. 버드(F.E. Bird)의 1:10:30:600의 원리
7. 달비계용 와이어 로프로 사용해서는 안되는 조건 3가지
8. 압축부재의 띠철근 배치기준
9. 안전대 부착설비의 하나인 구명줄(Life Line)의 종류와 역할
10. 지반 굴착 작업전 작업장소 및 주변의 지반에 대해 조사하여야 할 사항 5가지
11. 급성피로(Acute Fatigue)와 재해와의 상관관계
12. 콘크리트의 동결융해가 구조물에 미치는 영향 및 방지대책
13. ILO분류에 의한 불안전행위의 범주(Category of Unsafe Action) 5가지

2교시

※ 다음 6문제 중 4문제를 선택하여 설명하십시오.(각 25점)

1. 건설현장에서 발생할 수 있는 직업성 질환에 대해 유해요인별 질환의 종류와 위험 건설직종을 화학적 요인과 물리적 요인별로 아래표와 같이 작성하고 유해 작업환경 관리 대책을 쓰시오.

구 분	유해요인	직업성 질환	위험 건설직종
화학적 요인	분 진	진폐	착암공, 용접공
물리적 요인	소 음	난청	착암공 콤프레서공

2. 건설현장에서 동절기에 발생하기 쉬운 재해유형별 예방대책에 대하여 기술하시오.

3. 체계분석 및 설계에 있어서의 인간공학의 가치에 대하여 논하시오.

4. 건설현장의 대기업(원청)과 협력업체(하청)가 공동으로 재해예방 활동을 전개하여 재해를 감소시키기 위한 안전보건협의회의 활동 모델을 제시하시오.

5. 산업안전보건법상 자율안전관리업체 지정제도에 대하여 기술하시오.

6. 구조물 유지관리의 중요성과 이점에 대하여 논하시오.

3교시

※ 다음 6문제 중 4문제를 선택하여 설명하십시오.(각 25점)

1. 양중장비인 크레인(Crane)의 산업안전기준에 관한 안전규칙에 대하여 기술하시오.

2. 공사용 전기설비의 안전시공 및 전동기기의 관리에 대하여 기술하시오.

3. 철골공사에 수반되는 안전시설의 종류 및 용도를 기술하시오.

4. 최근 아직도 가설구조물에 의해 재해가 신문지상에 보도되곤 한다. 가설구조물의 문제점에 대하여 기술하시오.

5. 지하철 공사 등 깊은 굴착공사에 있어서 가스폭발에 의한 대형사고를 예방할 수 있는 안전조치 사항을 기술하시오.

6. 건설현장내 밀폐된 공간에서 작업을 하는 근로자에게 산소결핍에 의한 각종 재해가 빈발하고 있다. 산소결핍 위험장소, 근로자에게 나타나는 산소농도별 증상 및 재해예방 대책에 대하여 기술하시오.

4교시

※ 다음 6문제 중 4문제를 선택하여 설명하십시오.(각 25점)

1. 지반굴착 공사에서의 안전대책상 문제점(조사, 시공계획, 시공관리 및 안전관리, 신기술·신공법, 가설구조물, 기계화 시공)에 대하여 논하시오.

2. 최근 들어 건설현장에서 슬립폼(Slip Form)의 사용이 증가하고 있으며, 이로 인한 각종사고가 빈발하고 있다. 슬립폼(Slip Form)의 설치, 콘크리트 타설 및 해체의 공정별 안전대책을 쓰시오.
3. 도심지내 건축물 지하 터파기시 암발파 작업에 의한 재해 유형과 안전대책을 기술하시오.
4. 콘크리트 구조물의 유지관리상 내구성에 영향을 주는 손상원인을 열거하고 약술하시오.
5. 건설공사의 도정공정에서 인화물질의 사용으로 인한 화재가 빈발하고 있다. 도장공사의 화재 위험요인, 작업전 점검사항 및 재해예방 대책을 기술하시오.
6. 리프트 업(Lift Up)공법의 특징 및 안전대책을 기술하시오.

■ 분야 : 안전관리   ■ 자격종목 : 건설안전   ■ 수험번호 :＿＿＿＿   ■ 성명 :＿＿＿＿

건설안전기술사

제67회
2002년도 시행

1교시

※ 다음 13문제 중 10문제를 선택하여 설명하십시오. (각 10점)

1. 산업재해 발생형태별 분류
2. 하인리히(Heinrich)의 사고발생 연쇄성 이론 5단계
3. Risk Management
4. Recharge공법(지하수위 복수공법)
5. 철근피복 덮개 설계시 고려되어야 할 사항
6. 산업안전보건법상에 유해 위험 설비를 보유한 사업주가 고용노동부장관에게 제출하거나 사업장에 비치하는 공정안전보고서에 포함될 내용
7. 생애주기비용(Life Cycle Cost)
8. Histogram(도수분포도)
9. 건설현장의 누적 외상성 질병발생 요인
10. 외부비계에 설치하는 벽연결재의 역할
11. 콘크리트 PC빔의 언본드(un-bond) 공법
12. 이동식 비계 높이를 최소변 4배 이하로 제한하는 이유
13. 안전모의 충격흡수량과 작업자 머리(두부)의 흡수량

2교시

※ 다음 6문제 중 4문제를 선택하여 설명하십시오. (각 25점)

1. 정부에서 추진하고 있는 건설표준화 장,단기 추진방안이 지향하는 건설표준화의 목표에 대하여 논하시오.
2. 현장에서 콘크리트 타설후에 레미콘에 해사가 혼입되었다는 사실을 알게 되었다. 사후 대책에 대하여 논하시오.
3. 터널공사 중 갱구부 부근에 구조물을 설치하기 위한 터파기를 한다. 터널에 미치는 영향과 안정성의 검토사항과 대책에 대하여 기술하시오.

4. 건설현장의 유해화학 약품 저장 및 처리를 위한 물질안전보건(MSDS) 적용 방법을 기술하시오.
5. 제방상단에 위치하고 있는 송전탑이 있다. 근접시공함에 고려하여야 할 가시설 안정성 검토의 대책을 기술하시오.
6. 건축구조물의 주요구조요소(기둥, 보, 슬래브 등)의 보강타설된 확대단면의 구조거동과 안전사항에 대하여 기술하시오.

3교시

※ 다음 6문제 중 4문제를 선택하여 설명하십시오.(각 25점)

1. 국가에서 강력히 추진하고 있는 건설공사 부실방지 종합대책 중 유지관리 단계 부실방지 대책에 대한 문제점과 개선방안에 대하여 논하시오.
2. 터널현장에서 근로자의 안전을 위해 시행하여야 할 대책에 대하여 논하시오.
3. 건설공사 재해 중 추락재해의 비중이 상당히 높다. 추락재해의 발생 위험원인과 대책에 대하여 기술하시오.
4. 도심지 대심도 굴착시에 인접구조물의 안정성에 대한 계측관리 계획의 수립과 측정, 분석, 평가에 대하여 기술하시오.
5. 콘크리트 공사의 볼베어링 효과를 위한 충전과 안전에 대하여 기술하시오.
6. 말뚝공사 중 부마찰력(Negative Friction)이 발생된다. 이에 대한 저비용 마찰(Friction) 저감 공법 및 안전처리에 대하여 기술하시오.

4교시

※ 다음 6문제 중 4문제를 선택하여 설명하십시오.(각 25점)

1. 타입형 말뚝공사 중 진동 저감방안과 저비용 방법에 대하여 논하시오.
2. 하천횡단 강교를 가설하고자 한다. 안전시공대책을 논하시오.
3. 건설공사에 대하여 설계단계부터 준공시까지의 문제점을 사전재해 예방차원에서 논하시오.
4. 해상 연약지반의 방파제, 호안공, 준설매립 공사에서 고려하여야 할 안전사항에 대하여 기술하시오.
5. 건설공사 중에 소음과 진동에 대한 민원이 많다. 소음과 진동의 영향과 대책에 대하여 기술하시오.
6. 철근 압접공사 작업시 공정 및 안전을 기술하시오.

건설안전기술사

제68회 2002년도 시행

1교시

※ 다음 13문제 중 10문제를 선택하여 설명하십시오.(각 10점)

1. 근원적 안전설계기법의 종류
2. 휴먼에러(Human Error)에서 심리적 과오의 5분류
3. 파지와 망각
4. E.T.A(Event Tree Analysis)
5. 안전관리자 선임규모 이하의 건설현장 안전관리 방안
6. 작업장 조도(조명) 기준
7. 건설공사 검사의 종류(건설기술관리법상)
8. 비산분진 발생신고 대상사업장
9. 고성능 콘크리트의 정의 및 특징
10. 종합재해 지수(F.S.I)
11. 잠함 등(우물통, 수직갱, 기타) 내부에서의 굴착작업상 준수사항
12. 와이어로프의 구성 및 사용상 안전계수, 금지기준
13. 강구조물의 현장시험 방법

2교시

※ 다음 6문제 중 4문제를 선택하여 설명하십시오.(각 25점)

1. 최근 건설현장에 안전보건 11대 기본수칙 준수현장에 대하여 우수사업장으로 인정되면 행정·사법조치 완화 등 각종 인센티브를 받게 된다고 한다. 안전보건 11대 기본수칙에 대하여 기술하시오.
2. 근골격계 질환 발생원인 및 예방대책에 대하여 기술하시오.

3. 철근콘크리트 구조물의 균열에 대한 평가와 허용규제 기준 및 보수판정 기준에 대하여 기술하시오.

4. 금번 폭우로 인한 낙동강 제방의 붕괴원인과 안전대책, 그리고 현재의 수방시설의 문제점에 관하여 기술하시오.

5. 산사태 발생시 암반 사면의 붕괴형태를 열거하고 붕괴의 원인, 위험방지 조치 및 안전대책에 관하여 기술하시오.

6. 갱폼인양 및 조립, 해체 작업시 안전유의사항을 기술하시오.

3교시

※ 다음 6문제 중 4문제를 선택하여 설명하십시오.(각 25점)

1. 국가하천 인근(堤內地) 50[m] 내에 하수처리장 시설 중 침사지를 건설하고자 한다. 이 구조물의 바닥기초 위치(E.L)가 하천 저수위(L.W.L)보다 10m 아래에 위치하고 있다. 이때 구조물 시공방법, 안전대책에 관하여 기술하시오.

2. 재해가 발생하였을 때 재해분석 방법의 유형에 대하여 기술하시오.

3. 콘크리트 구조물의 내구성 저하 원인과 방지대책에 관해 기술하시오.

4. 건설공사의 사전안전성 평가를 위하여 작성하는 안전관리 계획서와 유해, 위험방지 계획서를 비교하고 착안사항에 대하여 아는 바를 기술하시오.

5. 도심지 주택가에 초고층 오피스텔(철골, 철근콘크리트 구조, 지하 50[m] 굴착) 공사를 시공하려고 한다. 민원과 환경문제에 대한 안전대책을 기술하시오.

6. 안전진단시 전자파, 방사선, 적외선 등을 이용한 바피괴검사법을 설명하시오.

4교시

※ 다음 6문제 중 4문제를 선택하여 설명하십시오.(각 25점)

1. 2002년 산업안전보건 관리비의 개정배경과 항목별 사용 기준에 대하여 기술하시오.

2. 최근 노후불량 주택 중 재건축아파트로 인한 주택값 상승 등 사회전반에 미치는 영향이 크다. 노후불량 주택의 재건축을 할 수 있는 법적근거·안전진단 내용 및 추진절차에 대하여 기술하시오.

3. 거푸집 및 동바리에 작용하는 하중을 분류하고 구조계산시 고려사항을 기술하시오.

4. 추락재해 방지 8대 가시설물의 종류를 열거하고 안전대책에 대하여 기술하시오.
5. 교량공사 시공 중 RC-Slab(상판구조) 구조물에 대한 붕괴 원인과 방지대책에 대하여 기술하시오.
6. 초고층 철골조물 조립작업시 예상되는 재해와 그 안전대책을 기술하시오.

건설안전기술사

제69회 2003년도 시행

■ 분야 : 안전관리 ■ 자격종목 : 건설안전 ■ 수험번호 :   ■ 성명 :

1교시

※ 다음 13문제 중 10문제를 선택하여 설명하십시오.(각 10점)

1. 콘크리트 구조물의 노후화 종류
2. 임금 채권 부담금
3. 우기철 낙뢰 발생시 인명피해 방지대책
4. 재해를 사례별로 분석 연구하는 방법
5. 페놀프탈렌인 용액
6. 옹벽의 안정성 조건(3가지 이상)
7. 잠재 재해의 사전발굴 방법
8. 시설물의 안전관리에 관한 특별법상 관리주체가 5년마다 작성하는 소관 시설물에 대한 안전 및 유지관리계획 수립시행에 포함될 내용
9. 응력이완(Relaxation)
10. 산업재해보상보험법의 목적과 건설업의 종류
11. 포졸란(Pozzolan)의 특성
12. 시설물 안전점검의 종류(3가지)
13. 모랄 서베이(Morale survey)의 주요 활용방법

2교시

※ 다음 6문제 중 4문제를 선택하여 설명하십시오.(각 25점)

1. 재난관리법의 목적과 재난관리 체제를 열거하고, 특별재해 지역을 선포할 수 있는 재난에 대하여 설명하시오.
2. 건설현장에서 근로자들이 안전의식을 소홀히 하는 요인을 종류별로 설명하시오.

3. 기업의 안전보건관리 수준평가제도(초 인류기업 인증제도)에 대하여 설명하시오.
4. 건설공사 현장의 재해발생 원인인 인적원인, 물적원인 및 천후요인에 대하여 설명하시오.
5. 산업안전보건법상의 자율안전관리업체에 대한 지정기준, 지정방법 및 지정업체에 대한 혜택을 기술하고 자체심사에 대하여 설명하시오.
6. 안전진단 책임자로 현장에 파견되었을 때 현구조물의 계속사용 여부에 대한 요구시 평가 방법 및 절차를 설명하시오.

3교시

※ 다음 6문제 중 4문제를 선택하여 설명하십시오.(각 25점)

1. 산업안전보건법상의 건설재해예방 전문지도기관에 대하여 설명하시오.
2. 최근 제3국(외국인) 근로자의 건설현장 투입이 증가되는 추세이다. 이러한 근로자의 건설현장 근로대책에 따른 문제점과 안전대책을 서술하시오.
3. 건설환경 기본계획에 환경 친화적 건설안전 실현을 위한 기본전략에 대하여 설명하시오.
4. 쓰레기 매립장 환경오염 방지 시설을 중심으로 한 시설물과 안전을 위해 검토할 공법들을 설명하시오.
5. 도심지 고층 건물 신축현장에서 시공상 고려해야 할 다음 사항을 논하시오.
   가. 고층건물의 문제점과 안전대책
   나. 고층건물의 안전관리대책
   다. 고층건물의 예상재해별 안전대책
6. 해빙기 건설현장 안전에 대한 지도사항을 열거하시오.

4교시

※ 다음 6문제 중 4문제를 선택하여 설명하십시오.(각 25점)

1. 건설장비에 대한 정기적으로 시행해야 할 안전검사에 대하여 기술하시오.
2. 위험성의 검토 및 분석사항과 작업위험 분석시 고려사항을 열거하시오.
3. 건설현장의 가설공사 안전관리에 대해서 논하시오.
4. 수중 발파공법의 문제점과 안전관리 대책에 대하여 논하시오.

5. 건설현장에서 사용되고 있는 타워크레인(Tower Crane)의 재해유형과 안전대책에 대하여 설명하시오.
6. 황사가 건설현장 안전에 미치는 영향과 피해 최소화 방안을 기술하시오.

건설안전기술사

제70회 2003년도 시행

■ 분야 : 안전관리　■ 자격종목 : 건설안전　■ 수험번호 :　　　■ 성명 :

1교시

※ 다음 13문제 중 10문제를 선택하여 설명하십시오.(각 10점)

1. Clean 3D 정책에 대하여 아는 바를 쓰시오.
2. 산업안전보건법상 건축물의 내화기준(산업안전보건기준에 관한 규칙 제270조)에 대하여 쓰시오.
3. 도심지 공사 발파시 진동치 속도(Kine)의 안전기준에 대하여 쓰시오.
4. 건설기술관리법상 건설기술진흥 기본계획에 대하여 쓰시오.
5. 콘크리트 표준시방서상의 W/C Ratio(물/시멘트비) 결정방식에 대하여 쓰시오.
6. 건설용 리프트의 안전장치 중 비상정지 스위치 시스템의 개요를 설명하고 개선대책을 쓰시오.
7. 시스템 안전에서 위험의 3가지 의미에 대하여 쓰시오.
8. 피로대책(Fatigue Accident Prevention) 5가지를 쓰시오.
9. 재해 빈발자 태도판정(Attitude Judgement of Accident Repeater)에 대하여 쓰시오.
10. 사고원인 분석은 4M에 대해서 하여야 하는데 4M은 무엇인가?
11. 재해조사의 방법 5가지를 쓰시오.
12. 안전관리 활동의 정량적 평가에 대하여 쓰시오.
13. 안전성 사전평가(Safety Assessment) 실시의 필요성에 대하여 쓰시오.

2교시

※ 다음 6문제 중 4문제를 선택하여 설명하십시오.(각 25점)

1. 자체 안전점검의 종류와 방법 및 요령에 대하여 기술하시오.
2. 산업안전보건법의 의의, 의미와 그 특징 중 기술성, 복잡, 다양성 및 강행성과 규제성에 대하여 기술하시오.

3. 추락에 의한 위험방지 대책에 관하여 산업안전보건법에 의거 기술하시오.
4. 최근 우리나라 건설업에서 재래형 및 건설환경 변화(기계화, 고령화, 신기술도입)에 따른 근로재해와 안전보건상의 제문제에 대하여 논하시오.
5. 산업안전보건법 제9차 개정(2002.12.30)사항에 대하여 그 사유와 주요골자에 대하여 기술하시오.
6. 건설사업관리(CM) 제도의 도입배경과 대상공사 및 효율적 안전관리 system 적용 방안에 대하여 기술하시오.

3교시

※ 다음 6문제 중 4문제를 선택하여 설명하십시오.(각 25점)

1. 흙의 동해(Frost)로 발생하는 지반의 이상현상을 발생원인 및 방지대책에 대하여 기술하시오.
2. 강구조물의 비파괴 검사법 중 용접부 결함검사 방법별 원리와 특성에 대하여 논하시오.
3. 수중 콘크리트 타설작업시 안전대책을 재료 및 시공측면에서 기술하시오.
4. 시공조건이 제한된 근접공사로 인한 피해를 줄일 수 있도록 근접공사 설계 계획단계시 고려하여야 할 사항 중 시공계획에 대하여 기술하시오.
5. 장대터널의 화재예방 대책과 계획 및 설계시에 고려하여야 할 중점사항에 대하여 기술하시오.
6. 하천 범람의 원인과 집중호우시 아래의 경우 수방계획 및 안전대책을 기술하시오.
    1-1. 도심지 깊은 굴착시공 현장
    1-2. 하천유역 교량기초 공사 현장

4교시

※ 다음 6문제 중 4문제를 선택하여 설명하십시오.(각 25점)

1. 시설물의 초기 정밀안전진단의 중요성과 국내외의 점검 및 진단규정의 실태에 대하여 기술하시오.
2. 철근콘크리트 구조물의 화재조사, 진단방법 및 유지관리 방안에 대하여 기술하시오.
3. 댐(Dam) 콘크리트와 같은 매스(mass) 콘크리트 타설시 온도응력에 의한 균열 발생방지를 위한 안전대책을 재료 및 시공 측면에서 기술하시오.

4. 건설기계 재해형태와 발생원인 및 안전대책을 기술하시오.

5. 지진발생 이론 개요와 내진 설계에 의한 구조물 안전성 확보방안에 대하여 기술하시오.

6. 옹벽, 교량의 교대 구조물 시공에 있어 측방향 응력(측방 유동응력)에 의한 구조물 피해의 안전성 확보 방안에 대하여 기술하시오.

제71회 2003년도 시행 건설안전기술사

■ 분야 : 안전관리   ■ 자격종목 : 건설안전   ■ 수험번호 :   ■ 성명 :

1교시

※ 다음 문제 중 10문제를 선택하여 설명하십시오.(각 10점)

1. 산업안전보건법상 산업재해 발행 위험이 있는 장소를 도급인 사업주가 2일에 1회 이상 순회 점검해야 하는 장소
2. 근로자의 법적의무와 준수사항, 바람직한 자세(사고전환)
3. 근재보험
4. 굳은 콘크리트의 크리프(creep)
5. 영공극곡선(zero airvoid curve)
6. Footing(확대기초)과 결합되는 강관 pile의 두부보강방법
7. 푸아송비(Poisson's Ratio)
8. 암반분류방법인 RMR(Rock Mass Ratio)과 Q-system
9. 공사중단현장의 안전관리대책
10. 침수시설물 점검요령
11. 안전진단 종합평가표상의 가중치
12. 재해발생으로 인한 손실비용 산출방식을 구분하고 간단히 설명
13. 철근콘크리트 구조물의 해체공법

2교시

※ 다음 문제 중 4문제를 선택하여 설명하십시오.(각 25점)

1. 건축철골구조물의 보 부재 설치작업 방법과 안전 유의사항을 설명하시오.
2. 기존교량의 안전성 평가방법과 잔존수명을 증대시키고 안전성을 유지하기 위한 방안에 대하여 기술하시오.

3. 건설사업의 VE(Value Engineering)필요성과 효과에 대하여 설명하시오.
4. 깊은 굴착공사의 토류공 시공시에 발생할 수 있는 Heaving과 Boiling에 대하여 각각의 정의, 안전성검토, 불안정일 때의 대책에 대하여 기술하시오.
5. 도시 및 주거환경정비법에 의한 재건축 안전진단시 구조안전성 분야의 평가절차에 대하여 기술하시오.
6. 본사에서 건설현장관리를 효율적으로 시행하는 방안에 대하여 기술하시오.

3교시

※ 다음 문제 중 4문제를 선택하여 설명하십시오.(각 25점)

1. NATM터널시공시 공사진척에 따른 계측사항과 안전조치계획을 설명하시오.
2. 건설현장의 안전사고방지를 위한 안전교육의 목적, 종류, 단계별교육법, 교육원칙 및 교육시 유의사항에 대하여 기술하시오.
3. 건설현장에서 발생하는 폐기물 저감방안에 대하여 설명하시오.
4. 단지조성 및 도로축조 현장에서 종종 발생하는 사면붕괴에 대하여 기술하시오.
5. 정부에서 추진하고 있는 "소음·진동환경개선 중·장기계획"에 의한 소음·진동규제정책을 공장분야, 생활분야, 교통분야로 구분하여 기술하시오.
6. 현장자재반입과 소운반시의 안전유의사항에 대하여 설명하시오.

4교시

※ 다음 문제 중 4문제를 선택하여 설명하십시오.(각 25점)

1. 도심지현장에서 발파공사시의 사전조치계획과 비산물에 대한 안전관리대책을 설명하시오.
2. 주택가와 인접한 기존도로를 확폭하기 위해 도로경계부에 철근콘크리트 옹벽을 축조(평균높이 4.0[m], 연장 100[m])하고 옹벽 상단부에는 인도를 개설하려고 한다. 옹벽의 안전성을 검토하고 뒤채움시의 유의사항, 주민생활과 차량통행에 대한 안전대책을 기술하시오.
3. 지방하천을 통과하는 Gas관을 매설하고자 한다. 안전시공 대책을 설명하시오.
4. 동절기에 철근콘크리트 구조물을 축조하려고 한다. 한중콘크리트 시공시의 안전성 확보방안에 대하여 기술하시오.

5. 세계에서 가장 높은 건축구조물이 국내에서 2004년도에 착공될 예정인바 이 건물 시공시의 안전관리계획을 수립하시오.
6. 해상운반 및 하역 작업시의 안전관리에 대하여 기술하시오.

제72회 2004년도 시행 건설안전기술사

1교시

※ 다음 13문제 중 10문제를 선택하여 설명하십시오.(각 10점)

1. 콘크리트 허용 균열
2. 인간의 정보처리 과정과 불안정 행위
3. 철근의 유효 높이
4. 건설근로자에게 실시해야 하는 건강진단의 종류
5. 우기철 낙뢰발생시 인명사상 방지 대책
6. 레미콘 반입검사
7. 산업재해 발생건수 등 공표대상 사업장
8. 와이어 로프 6×22의 의미와 안전계수
9. 거푸집, 동바리 검사항목
10. 곤돌라에 부착해야 하는 안전장치의 종류
11. 산업안전보건법상 안전관리자의 직무
12. 콘크리트 중성화 여부 측정방법
13. 물질 안전 보건 자료(MSDS)의 적용대상 및 게시비치 내용

2교시

※ 다음 6문제 중 4문제를 선택하여 설명하십시오.(각 25점)

1. 고층 구조물 현장에서 주요 가시설 종류 8가지를 열거하고 가시설 작업시 추락재해 발생원인과 대책에 대하여 설명하시오.
2. 공동주택 재건축 판정의 법적 근거와 수행절차 및 안전진단 항목에 대하여 설명하시오.
3. 최근 건설근로자에게 빈발하는 근골격계 질환을 예방하기 위하여 산업안전보건법에서 정하

는 근골격계 부담 작업의 종류를 들고 유해성 조사방법에 대하여 기술하시오.
4. 건설공사의 슬립 폼(Slip form) 공법의 장·단점을 쓰고 시공상의 위험요인 및 안전대책을 설명하시오.
5. 대규모 지하 구조물 공사에서 철근콘크리트 시공시 발생하는 결함의 원인 중에서 사용 환경에 의한 조건들을 열거하고 이에 대하여 설명하시오.
6. 해빙기를 맞아 시멘트 콘크리트 포장 곳곳에서 융기현상과 부분적으로 침하현상이 발견되었다. 이들의 발생원인을 열거하고 방지대책에 관하여 설명하시오.

3교시

※ 다음 6문제 중 4문제를 선택하여 설명하십시오.(각 25점)

1. 철도 교량에서 궤도 교체 작업시 위험방지 대책에 대하여 설명하시오.
2. 건설공사 현장에서 실시하는 안전교육의 종류와 목적, 방법, 시행시기에 대하여 설명하시오.
3. 잠함 등 밀폐된 작업장에서 근로자의 안전보건을 확보하기 위한 「밀폐공간 보건작업 프로그램」의 다음 사항에 대하여 설명하시오.
   ① 유해공기 ② 작업절차 ③ 작업전 확인 사항 ④ 유해공기 측정 및 환기 ⑤ 보호구
4. 도심지 고층 건축공사에 사용하는 커튼 월(Curtain Wall)공법을 열거하고 각 공법별 시공상의 위험 요인과 안전대책을 설명하시오.
5. 대형 철근콘크리트 지하 박스(Box) 구조물 시공에서 발생하는 균열의 종류를 열거하고 특히 종방향 균열의 발생 원인과 대책에 관하여 설명하시오.
6. 대단위 쓰레기 매립지역에서 고층 구조물 공사를 위한 콘크리트 파일 시공시 안전 시공을 위한 시공계획서 작성 요령을 열거하고 안전시공 관리 항목에 대하여 설명하시오.

4교시

※ 다음 6문제 중 4문제를 선택하여 설명하십시오.(각 25점)

1. 초고층 철골, 철근콘크리트 해체공사에서 해체방법을 열거하고 안전관리 방안 및 공해방지 대책에 대하여 설명하시오.
2. 도심지 초고층 신축공사 현장에선 화재 발생시 피난 구조 대책과 방지대책에 관하여 설명하시오.

3. 건설업 등 사업의 일부를 도급에 의하여 행해지는 사업장에서 수급인이 사용하는 근로자의 산업재해 예방을 위하여 도급인이 각종 안전보건 조치를 취하여야 할 『산업재해 발생위험이 있는 장소』를 열거하고 조치 내용을 설명하시오.

4. 도심지 고층 빌딩공사에서 사용하는 타워크레인(Tower Crane) 작업에 의한 사고 유형을 열거하고, 조립, 운영 및 해체시에 안전관리 대책을 설명하시오.

5. 도심지에서 지하 20[m] 이상의 대심도 지하 굴착시 인근 구조물에 미치는 영향들을 열거하고, 원인별 대책에 관해서 설명하시오.

6. 간만의 차가 9[m]인 서해안에서 방조제 공사시 최종 물막이를 위한 공법을 열거하고 안전시공을 위한 유의사항을 기술하시오.

건설안전기술사

제73회 2004년도 시행

1교시

※ 다음 13문제 중 10문제를 선택하여 설명하십시오. (각 10점)

1. 콘크리트의 알칼리 골재반응 종류 및 피해발생원인을 쓰시오.
2. 건설기술 관리법상 안전관리계획을 수립하여야 할 건설공사를 쓰시오.
3. 시설물의 상태 평가등급에 대하여 간단히 설명하시오.
4. 산소결핍 작업의 기준과 이에 따른 건강장해가 발생될 위험작업종류를 쓰시오.
5. 용접결함의 종류를 쓰시오.
6. 경량철골의 구조적 장점을 쓰시오.
7. 고소작업시 추락위험에 관련한 최하사점까지의 거리를 구하는 공식을 쓰고 그 목적을 쓰시오.
8. 비계구조의 벽 연결재(벽이음)의 구조적 역할을 쓰시오.
9. 건설현장에서의 요통발생 위험의 인자와 예방 대책을 쓰시오.
10. 안전대(안전벨트)의 폐기 기준을 쓰시오.
11. 기둥스팬(span)이 6~7[m]인 기둥사이의 벽체에 생길 수 있는 균열 방지를 위한 유도줄눈 설치에 대해 쓰시오.
12. 소일네일링(soil nailing)을 적용할 수 없는 지반 조건을 쓰시오.
13. 현장시험 방법중 비파괴 콘크리트 시험 방법의 종류를 들고 설명하시오.

2교시

※ 다음 6문제 중 4문제를 선택하여 설명하십시오. (각 25점)

1. 안전문화의 정의와 전개방안에 대하여 기술하시오.
2. 고소에서의 철골공사시 추락재해 방지 안전시설에 대하여 기술하시오.
3. 공사중 지진 발생시 지반과 구조물에 미치는 피해원인과 안전대책에 대하여 기술하시오.
4. PC구조물의 공정별 시공안전 계획과 기계·기구 취급상 안전사항에 대하여 기술하시오.

5. 아파트 건물 펌프장이나 전기실 거푸집 공사에서 붕괴 방지를 위한 파이프서포트 설치의 구조적 문제와 안전대책을 쓰시오.
6. 건설현장에서 대형태풍에 대비한 풍속 등급 및 10분간 평균풍속을 공사현장 주변의 자연현상에서 인식할 수 있는 방법을 쓰시오.

3교시

※ 다음 6문제 중 4문제를 선택하여 설명하십시오.(각 25점)

1. 지하구조물을 축조하기 위해 실시하는 토류벽 공사시 주변 침하의 원인과 안전대책에 대하여 기술하시오.
2. 터널공사 시행 중 발생하는 안전사고와 안전대책에 대하여 기술하시오.
3. 건설현장에서 전기용접 및 절단작업시 발생될수 있는 재해유형과 안전대책에 대하여 기술하시오.
4. 철근콘크리트 구조물의 콘크리트 경화 중과 경화 후에 발생될 수 있는 균열 원인과 대책에 대하여 기술하시오.
5. 경사지 공사장에서 발생되는 경사벽 콘크리트 타설의 문제점과 안전대책을 기술하시오.
6. 백화점 외장공사용 작업대지지 와이어로프의 연결부 스플라이스(splice)의 고정방법과 각도에 따른 로프에 작용되는 하중 변화를 기술하고 폐기기준을 쓰시오.

4교시

※ 다음 6문제중 4문제를 선택하여 설명하십시오.(각 25점)

1. 서중(暑中)콘크리트 시공시 재료 및 시공 측면에서의 안전대책에 대하여 기술하시오.
2. 그림과 같이 지표면과 평행하고 침투류가 없는 반무한(半無限) 사면이 있다. 활동파괴에 대한 안전율을 구하는 식을 유도하시오.

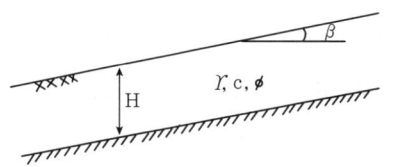

ϕ : 내부마찰각
c : 점착력
γ : 단위중량
H : 사면높이
β : 사면경사각

3. 교량 해체 공사시의 작업상 위험과 안전대책을 쓰시오.
4. 트랜치(trench) 굴착공사중 발생되는 재해의 형태 및 문제점, 붕괴방지대책을 기술하시오.
5. 설계단계에서 안전미비로 인한 건설사고 예를 예시하고 설계안전 확보방안을 구체적으로 기술하시오.
6. 최근 많아지는 산악지역 골프장 공사현장의 문제점과 사고들을 열거하고 대책을 쓰시오.

제74회 2004년도 시행 건설안전기술사

1교시

※ 다음 13문제 중 10문제를 선택하여 설명하십시오.(각 10점)

1. Brain Storming
2. 지반반력계수
3. SPT(Standard Penetration Test)
4. 산업안전보건관리비 본사사용내역과 기준
5. 철골부재 이음형식의 종류와 특징
6. RQD(Rock Quality Designation)
7. 거푸집 조립순서와 존치기간
8. 구축물, 시설물이 근로자에게 미칠 위험성을 제거하기 위한 안정성 평가사항(5가지)
9. 권상장치 안전상태 점검항목
10. 건설현장 전담안전관리자 선임 공사규모와 조건
11. 유해위험 방지계획서 심사대상 사업장 종류
12. 고압전선로 근처작업시 감전방지 대책(펌프카 작업)
13. 콘크리트 중성화

2교시

※ 다음 6문제 중 4문제를 선택하여 설명하십시오.(각 25점)

1. 시설물안전관리특별법의 내용, 대상시설물범위, 안전점검에 대해 기술하시오.
2. 산악터널공법(NATM)의 특징, 계측관리, 시공단계별로 안전관리사항을 기술하시오.
3. 건설공정별 화재요인분석 및 예방대책을 가설공사와 철거해체공사 중심으로 기술하시오.
4. 건설현장에서 누전에 의한 감전위험방지를 위해 접지해야 할 해당부분에 대해 기술하시오.

5. 타워크레인을 설치, 운용(점검), 해체작업시 주의하여야 할 사항을 항목별로 기술하시오.
6. 철골빌딩공사를 하기 위해 시공계획수립시 사전검토해야 할 사항과 대책에 대해 기술하시오.

3교시

※ 다음 6문제 중 4문제를 선택하여 설명하십시오.(각 25점)

1. 콘크리트 구조물의 상태평가와 내구성, 노후화 종류, 유지관리 및 대책에 대하여 기술하시오.
2. 대단위 준설 매립지반의 연약지반 개량공법과 안전유의사항, 필요한 지반조사에 대한 내용을 기술하시오.
3. 혹서기 고온으로 인한 스트레스가 건설근로자 안전에 미치는 영향과 대책에 대해 기술하시오.
4. 건설용 리프트설치시 주의점과 주요안전대책에 대해 기술하시오.
5. 용접작업을 행한 후 그 품질상태를 점검하기 위한 비파괴시험의 종류와 용접결함에 대하여 기술하시오.
6. 건물외부에 강관비계를 설치할 때 벽이음의 설치조건, 중요성, 역할, 현장에서 고려할 사항을 기술하시오.

4교시

※ 다음 6문제 중 4문제를 선택하여 설명하십시오.(각 25점)

1. 교량구조물의 내하력 평가방법과 안정성 분석에 대해 기술하시오.
2. 터널공사 작업중 환경저해요인과 대책에 대해 기술하시오.
3. 도로 굴착과정에서 도시가스배관 보호를 위한 절차와 공사시 유의사항을 기술하시오.
4. 근로자 교육훈련시 종류와 계획수립, 교육실시 평가 및 사후관리방안에 대해 기술하시오.
5. 흙막이공법 중 어스앵커(Earth Anchor)공법을 적용할 때 품질확보와 시공 중 붕괴방지를 위하여 시공단계별 검토 및 점검사항을 기술하시오.
6. 추락, 전도사고 방지를 위해 설치하는 경사로의 정의와 설치시 주의사항에 대해 기술하시오.

제75회 건설안전기술사

■ 분야: 안전관리   ■ 자격종목: 건설안전   ■ 수험번호: _____   ■ 성명: _____

1교시

※ 다음 문제 중 10문제를 선택하여 설명하십시오.(각 10점)

1. Cold joint
2. 암반사면의 붕괴 형태(파괴) 및 원인
3. Fool Proof
4. 사고(Accident)와 재해 (Calamity, Loss)
5. 정보처리 Channel 및 의식 수준 5단계
6. 철골의 자립도를 위한 설계확인 대상 구조물
7. 달대비계
8. 재해예방 기술지도 전문기관의 기술지도 범위 및 준수의무
9. 작업환경 측정결과보고 및 조치사항
10. 터널(NATM)계측 목적 및 항목
11. 재난관리법
12. 환경영향 평가 제도
13. 건설업체 산업재해 발생률 조사방법 중 연간실적이 1,000억원, 4일 이상 경상재해자 15건, 사망재해 1건일 때, 환산재해율은?(단, 노무비율 30[%], 월평균 임금 2,000,000원, 사망1명의 환산 재해자 수 10명)

2교시

※ 다음 문제 중 4문제를 선택하여 설명하십시오.(각 25점)

1. 안전사고발생의 원인 및 안전대책에 대하여 기술하시오.
2. 건설현장에서 안전점검종류 및 점검내용에 대하여 관련법령별로 구분하여 기술하시오.
3. 건설현장 무재해운동의 위험예지훈련 진행순서 및 무재해 소집단활동에 대하여 기술하시오.

4. 건설현장에서 유해위험 방지계획서 및 안전관리계획서를 비교하고, 통합작성시의 통합계획서 작성 방법에 대하여 기술하시오.
5. 시설물 안전관리 특별법에 의한 정밀안전진단 수행시 구조물의 상태 평가 등급 및 평가기준(중성화, 처짐, 염해, 기울기, 지반상태, 콘크리트강도)에 대하여 기술하시오.
6. 건설현장에서 재료의 운반, 작업원의 통로로 활용되는 가설통로의 종류를 열거하고 설치 기준을 기술하시오.

3교시

※ 다음 문제 중 4문제를 선택하여 설명하십시오.(각 25점)

1. 도로구조물과 토공사이에 일어나는 부등침하의 원인과 방지대책에 대하여 기술하시오.
2. 연약 지반에서 사질토지반 개량공법의 종류에 대하여 설명하고 공법선정시 유의사항을 기술하시오.
3. 콘크리트의 균열보수, 보강공법에 대하여 기술하시오.
4. 건설현장 발파작업의 재해유형, 작업순서, 안전대책에 대하여 기술하시오.
5. 산소결핍작업의 종류, 원인, 방지대책에 대하여 기술하시오.
6. 아래 그림의 콘크리트 옹벽에 대하여 전도에 대한 안전율을 유도하고 붕괴 원인과 안전대책에 대하여 기술하시오.

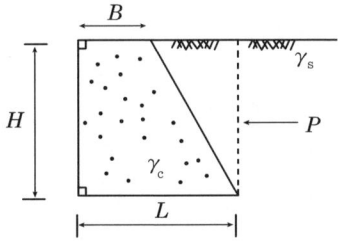

k_a : 주동토압계수
γ_c : 콘크리트 단위중량
γ_s : 배면토의 단위중량
P : 주동토압$(= \frac{1}{2}\gamma_s H^2 k_a)$

4교시

※ 다음 문제 중 4문제를 선택하여 설명하십시오.(각 25점)

1. 철근콘크리트 구조물이 화재로 인해 피해를 입었을 때 콘크리트 및 철근의 성질과 보수, 보강 대책에 대하여 기술하시오.

2. 국내에 건설된 장대터널에 대한 방재관리실태 및 개선방안에 대하여 아는 대로 기술하시오.

3. 동절기 콘크리트 타설시, 재료 및 시공관리 측면에서 안전대책을 기술하시오.

4. 용수가 많은 원지반 터널굴진시 용수처리방법과 안전대책을 기술하시오.

5. 최근 지진으로 인한 피해가 많이 발생하고 있다. 지진의 원인, 강도 및 발생 시의 안전대책에 대하여 기술하시오.

6. 건설현장의 장마철 재해유형, 대책수립, 분야별 안전대책에 대하여 기술하시오.

제76회 건설안전기술사

1교시

※ 다음 문제 중 10문제를 선택하여 설명하십시오. (각 10점)

1. 용접 취성파괴 3가지 요인
2. 건설기술관리법상에 명시된 안전점검종합보고서에 포함되어야 할 안전점검의 종류
3. 사고기본원인 4M
4. 시설물 정보 통합 관리시스템이란
5. 시설물의 안전관리에 관한 특별법상 대통령이 정하는 건축물의 중대한 결함
6. 말 비계
7. 콘관입 시험
8. 경량골재콘크리트
9. 통상임금
10. 고로시멘트
11. 크리티칼 패스(Critical path)
12. 안정액(Bentonite)
13. 경사로

2교시

※ 다음 문제 중 4문제를 선택하여 설명하십시오. (각 25점)

1. 건축현장에서 크레인장비를 이용하여 자재 및 화물을 운반할 경우 사용할 수 없는 걸이용구를 설명하고, 사용가능한 걸이용구의 걸기요령 및 방법, 인양시 주의사항에 대하여 설명하시오.
2. 도심지에서 지하 2층 지상 15층의 노후된 철근콘크리트조 건축물을 발파해체할 경우 발파해체 방법의 종류와 발파설계시 고려사항, 안전작업 방법에 대하여 설명하시오.

3. 지하수가 분출하는 지역에 토류벽을 시공하고자 한다. 시공 전 검토되어야 할 안전관리 대책을 설명하시오.
4. 건설업의 품질 경영 전략에 대하여 설명하시오.
5. 강구조물의 노후화로 인한 유지관리가 증대되고 있다. 노후화의 종류와 상태평가방법, 유지관리, 안전조치 사항에 대하여 설명하시오.
6. 건설재해 중 추락재해가 빈번하게 발생되고 있다. 이런 재래형 재해의 특징과 재해방지를 위한 시설과 설치기준에 대하여 종류별로 설명하시오.

3교시

※ 다음 문제 중 4문제를 선택하여 설명하십시오.(각 25점)

1. 콘크리트 폭열의 정의와 발생원인 및 폭열이 철근콘크리트에 미치는 영향과 안전방지 대책에 대하여 설명하시오.
2. 도심지에서 역타공법으로 지하 6층, 지상 18층 건축물을 시공하려고 한다. 역타공법의 안전시공 순서와 시공순서별 안전 유의사항에 대하여 설명하시오.
3. 기초공사 파일항타 작업에 필요한 항타기의 종류와 시공시 안전관리 대책을 설명하시오.
4. 철골 가설현장에 설치되어야 할 안전관리 대책을 설명하시오.
5. 산악 NATM터널 공법으로 대단면 경사수로를 시공하고자한다. 공정별로 시공 계획과 안전에 대한 사항을 설명하시오.
6. 건설현장의 환기 불량으로 인한 질식사고, 직업병 등의 재해형태와 위험작업 및 안전대책에 대하여 설명하시오.

4교시

※ 다음 문제 중 4문제를 선택하여 설명하십시오.(각 25점)

1. 근로자가 착용하는 안전보호구의 종류를 설명하고, 그 중 안전모의 종류와 용도, 시험 종류 및 방법에 대하여 설명하시오.
2. 댐(Dam)에서 발생될 수 있는 사고유형과 주된 세 가지 파괴원인 및 안전대책에 대하여 설명하시오.
3. 건설현장에서 사용하고 있는 폭약의 종류별 성능과 운반취급시 유의해야 할 안전관리 사항

을 설명하시오.

4. 실내에서 가스 용접시 현장안전관리 요령에 대하여 설명하시오.

5. 사면안정의 붕괴원인 및 대책을 기술하고, 터널 갱구부 사면에 대한 조사할 사항을 설명하시오.

6. 건설현장의 화재발생이 빈번하여 작업자의 생명과 구조물에 영향을 주고 있다. 화재예방 점검사항, 화재발생의 유형, 예방대책을 설명하시오.

제77회 건설안전기술사

■ 분야 : 안전관리 ■ 자격종목 : 건설안전 ■ 수험번호 : ■ 성명 :

• 1교시

※ 다음 문제 중 10문제를 선택하여 설명하시오.(각 문제당 10점)

1. 재해통계의 종류(정성적 분석)
2. 건설공사 입찰시 안전관련 P.Q심사 가·감점
3. 지반계수(지반반력계수)
4. 부마찰력의 발생원인과 저감 대책
5. 에너지 대사율에 의한 작업수행강도 구분
6. 공사 위험도에 따른 산업안전보건관리비 요율을 차등적용하는 방안
7. 지게차의 좌우 안정도
8. 안전벨트 착용 위치에 따른 최대 하사점 산정 이유
9. 인력운반시 작업의 재해 형태
10. 철근의 부착과 정착
11. 추락방지망의 구조
12. 콘크리트 강도와 물시멘트(w/c)비와의 관계
13. 콘크리트 중성화 메카니즘

• 2교시

※ 다음 문제 중 4문제를 선택하여 설명하시오.(각 문제당 25점)

1. 산업안전보건법상 산업안전보건기준에 근거한 잠함내 작업에 관하여 설명하시오.
2. 동일 건축공사 현장에서 관리 동수별, 층수별 산업안전보건관리비 요율의 적정성에 관하여 설명하시오.
3. 안전대의 점검, 보수, 보관 및 폐기기준에 대하여 설명하시오.

4. 건설업체 산업재해 발생률 산정기준 및 재해자에 대한 가중치 부여 또는 제외에 대하여 설명하시오.
5. 건설현장에서 실시하는 안전교육의 종류를 열거하고 법적근거 및 절차에 대하여 설명하시오.
6. 고층건물 공사현장에서 슬래브 콘크리트 타설시 붕락사고로 인하여 중대 재해가 발생하였다. 재해조사의 법적 근거와 조사항목 및 절차에 대하여 설명하시오.

3교시

※ 다음 문제 중 4문제를 선택하여 설명하시오.(각 문제당 25점)

1. 비계구조에서 벽이음재(벽연결)의 응력산정방법 및 하중 작용을 설명하시오.
2. 대형토목공사 100억원 이상, 대형 건축공사 50억원 이상의 현장에서 안전관리 관련 법들을 나열하고 이로 인한 현장 안전관리의 문제점과 해결 방안에 대하여 설명하시오.
3. 항만외곽시설의 종류를 열거하고 각각의 안전시공 방안에 대하여 설명하시오.
4. 혹서기(酷署期) 고온으로 인한 건설근로자의 안전에 미치는 발병의 종류, 증상, 응급처지 및 안전대책에 대하여 설명하시오.
5. 개착식 지하철공사 현장에서 공사로 인하여 인근건물에 이상이 발생하였다. 원인과 대책을 강구하기 위하여 안전진단을 시행하고자 하는 데 시행절차 및 관련 법적 근거에 대하여 설명하시오.
6. 집중호우로 인하여 기존 대형하천 제방이 붕괴되었다. 우리나라의 하천관리에 대한 수방 대책의 문제점을 열거하고 제방붕괴 원인과 복구대책에 대하여 설명하시오.

4교시

※ 다음 문제 중 4문제를 선택하여 설명하시오.(각 문제당 25점)

1. 100층 이상 초고층 건축공사현장에서 인양작업시 작업자의 안전관리 방안을 설명하시오.
2. 아파트 등급제 시행에 따른 공사중 안전관리에 미치는 영향을 설명하시오.
3. 건설현장에서 공해(公害)의 발생(공종별) 원인 및 대책에 대하여 설명하시오.
4. 국가하천 제내지(堤內地) 30[m] 내에 구조물(건물)을 건설하고자 한다. 이 구조물 바닥 기초 위치(E.L)가 하천 저수위(L.W.L)보다 2[m] 아래에 있고, 홍수위(H.W.L)보다 10[m] 아래에 위치하고 있다. 이때 구조물 시공방법, 시공시 유의사항 및 안전대책에 관하여 설명

하시오.

5. 지하철 지하구조물 점검시 균열이 발견되어 발생균열의 원인을 규명하기 위한 진단이 필요하였다. 안전진단 실시를 위한 법적 근거 및 절차에 대하여 설명하시오.

6. 대단위 매립지역의 고층(h=60[m]) 건물 기초공사 현장에서 PC 파일(ø400mm, ℓ= 20~30[m])공사가 예상된다. 시험항타의 목적을 열거하고 안전시공을 위한 관리항목에 대하여 설명하시오.

제78회 건설안전기술사

● 1교시

※ 다음 문제 중 10문제를 선택하여 설명하시오.(각 10점)

1. 산업안전보건법 제35조(보호구검정)에 있어 보호구(Protector)와 검정(Certification)에 대하여 설명하시오.
2. 산업안전보건법 제33조(유해하거나 위험한 기계·기구 등의 방호조치 등)에 있어 방호조치와 방호장치에 대하여 설명하시오.
3. 피로와 바이오리듬의 인체공학상 상관관계에 대하여 설명하시오.
4. 중대재해의 정의와 ILO(국제노동기구)의 재해등급 분류에 대하여 설명하시오.
5. 타워크레인의 안전기준에 있어 신설된 의무사항에 대하여 설명하시오.
6. 흙막이 구조물에 작용하는 토압의 종류에 대하여 설명하시오.
7. 강구조물의 비파괴시험방법과 특성에 대하여 설명하시오.
8. 해상교량의 교각시공시 안전계획을 작성하시오.
9. 암반의 등급 및 판별에 있어 R.M.R(Rock Mass Rate)에 대하여 설명하시오.
10. 주상도(Boring Log)에 표기되는 투수계수 "K치"에 대하여 설명하시오.
11. 고령건설근로자의 안전을 고려하여야 할 작업의 종류에 대하여 설명하시오.
12. 재해 통계 작성시 고려하여야 할 사항에 대하여 설명하시오.
13. 굴착작업시 지하매설물에 대한 안전대책에 대하여 설명하시오.

● 2교시

※ 다음 문제 중 4문제를 선택하여 설명하시오.(각 25점)

1. 재해발생의 간접적인 원인을 예시하고 그 방지대책에 대하여 기술하시오.
2. 산업안전보건법 제31조(안전보건교육)의 교육의 종류, 교육시간, 내용 등을 상술하시오.

3. 고강도 콘크리트의 생산을 위한 재료, 배합, 기능 및 시공시 안전사항에 대하여 기술하시오.

4. 건축구조물의 구조안전에 위해를 끼치는 요인을 열거하고 설명하시오.

5. 지진(Earthquake)과 해일(Storm waves)의 발생 원인과 해안 구조물의 안전설계에 대하여 기술하시오.

6. 산소결핍증(Anoxia)의 원인과 건설공사에서 이에 대한 안전계획을 요하는 공법 및 공종에 대하여 기술하시오.

3교시

※ 다음 문제 중 4문제를 선택하여 설명하시오.(각 25점)

1. 구조물의 침하원인과 안전대책에 대하여 기술하시오.

2. 추락재해의 종류, 원인 및 예방대책에 대하여 기술하시오.

3. 콘크리트구조물의 노후화를 종류별로 기술하고 설명하시오.

4. 현장 작업안전에 적합한 조명에 대해 설명하시오.(고려사항, 단위 및 적정조도, 측정, 시설의 유지 등)

5. 건설사망재해를 최소화하기 위한 "High-Five"운동에 대하여 기술하시오.

6. 토류벽 시공시 안정성 확보를 위한 계측 및 관측에 대하여 기술하시오.

4교시

※ 다음 문제 중 4문제를 선택하여 설명하시오.(각 25점)

1. 건설현장에서 작업환경이 안전에 미치는 요소들을 열거하고 이에 대한 예방대책을 기술하시오.

2. 콘크리트 슬래브(Slab)의 파이프서포트(Pipe Support) 지보공에 있어 중점적 안전성 검토사항에 대하여 설명하시오.

3. 교량 내하력 평가방법에 대해 기술하시오.

4. 심도 깊은 굴착공사시 차수를 위한 그라우팅(Grouting)의 종류를 열거하고 시공상의 안전대책에 대하여 기술하시오.

5. Slurry wall(지중연속벽)의 공법개요를 기술하고, 동일공법으로 역타공법(Top-Down)으로 시공하는 초고층 구조물의 공사 초기단계에서부터 완공단계에 대한 안전계획서 작성요점

을 기술하시오.

6. 지반의 이상현상에 대한 원인과 안전대책을 기술하고 아래 그림과 같은 지반에서 히빙(Heaving)에 대한 안전율을 유도하시오.

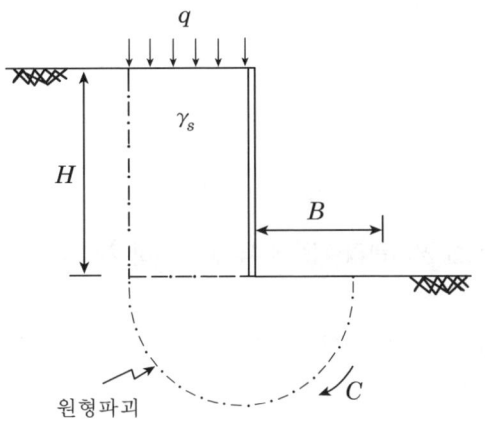

여기서

q : 상재하중
H : 굴착심도
B : 히빙폭
γ_s : 흙의 습윤단위중량
C : 흙의 점착력

제79회 건설안전기술사

1교시

※ 다음 문제 중 10문제를 선택하여 설명하십시오.(각 10점)

1. 건설근로자 건강장해 예방을 위한 사무실 공기관리 기준에 대해 간단히 기술하시오.(산업안전보건법 기준)
2. 건설현장에서 꽂음접속기(콘센트 및 플러그) 설치사용 시 근로자 감전 예방을 위한 준수사항을 쓰시오.
3. 건설현장 가설전기 접지 종류와 방법에 대해 쓰시오.
4. 밀폐공간내 작업시 질식방지 프로그램수립 시행사항을 쓰시오.
5. 안전보건에 대한 Risk Management
6. 휴식시간의 정의와 피로예방 및 회복대책
7. 해체공사를 간단히 정의하고 해체작업 시 일반적인 주의사항을 열거하시오.
8. 신체부상을 예방하기 위한 Stretching
9. 최하사점까지 거리를 산출하여 건설안전으로 적용하는 이유, 현장조건을 쓰시오.
10. 콘크리트 구조물 진동 피해액 산정 시 고려되는 요인들을 쓰시오.
11. 건설업 산업안전보건관리비 적용기준에서 철도궤도 신설공사 부분에서 철도레일 부설을 위한 노반공사의 공사분류에 대한 특징을 쓰시오.
12. 와이어로프 폐기기준중 표면적 손상기준을 그림을 도시하고 설명하시오.
13. 고려한 진동허용치 RC조 0.5kine의 값이 기존아파트 건물에 대해 대략 어느 정도 허용치를 둔 것으로 볼 수 있는지 쓰시오.

2교시

※ 다음 문제 중 4문제를 선택하여 설명하십시오.(각 25점)

1. 흙막이 계측관리 실패사례와 계측오류 원인과 대책에 대해 건설안전관리 관점에서 기술하시오.
2. 우기철 가설전선에 의한 누전 등 재해유형과 원인, 대책 수립방법에 대해 기술하시오.

3. 발파공사에서 발파작업 안전수칙(안전관리자 업무수행 중심으로)을 설명하시오.
4. 건설안전관리 장애요인에 대해서 서술하시오.
5. 인접구조물 피해방지를 위한 기초공사 작업공정에 대한 진동저감대책을 쓰시오.
6. 외부비계의 풍하중 도괴에 대비한 풍압계산 시 고려되는 인자들을 나열하고, 도괴방지대책을 구조적 관점에서 쓰시오.

3교시

※ 다음 문제 중 4문제를 선택하여 설명하십시오.(각 25점)

1. 추락사고 방지를 위한 난간대의 구조, 강도, 간격, 높이에 대해 기술하시오.
2. 안전시설물 유지관리 시 건설기술관리법에 의한 기본계획에 포함될 사항을 기술하시오.
3. 유해위험방지 계획서에 대하여 다음 사항을 포함하여 기술하시오.(토목현장 중심으로)
    가. 산업안전보건법상 정의
    나. 제출대상 사업장
    다. 유해·위험방지 계획서 수립절차
    라. 확인검사
4. 건설진동방지대책에 대한 다음 사항을 서술하시오.
    가. 공사현장 주변상황에 대한 고려
    나. 정밀기기 활용방법
5. 콘크리트 타설시 콘크리트 타설을 위한 압송관 파열사고와 대책에 대해서 기술하시오.
6. 기존 20[m]×50[m], 라멘골조, 말뚝지정 없는 독립기초, 2층 건물 주변에 보링 실시결과 50[m] 방향 끝에서 $\frac{1}{3}$ 부분 바닥주변에서 N치(5) 1개소, N치(10) 1개소가 판명되었다. 3층으로 증축하고자 할 때 지내력 보강 없이 구조물 안전성을 해결하는 방안을 기술하시오.(N치 5, 그리고 10인 부분 바닥에서 50[cm] 위치 벽에 균열이 2~3[cm] 폭으로 진행되었다.)

4교시

※ 다음 문제 중 4문제를 선택하여 설명하십시오.(각 25점)

1. 재건축 건설작업시 석면이 인체에 미치는 영향, 해체제거 작업시 안전대책에 대해 기술하시오.

2. 전락사고 방지를 위한 가설계단 안전하중 및 구배, 넓이, 높이에 대해 기술하시오.
3. 굴착시 사면 붕괴에 대하여 다음 사항을 포함하여 기술하시오.
   가. 굴착면 안정성 검토
   나. 토석붕괴 원인
   다. 안전대책
4. 철골공사 안전에 대하여 계획단계별로 안전에 대한 검토 사항들을 기술하시오.
5. 700[m] 이상 초고층 건물 신축공사의 경우 풍속 산정시 고려사항을 기술하고 콘크리트 타설시 안전대책을 쓰시오.
6. 건설현장 가설물 탱크 설치계획시 스팬 8.0[m]×8.0[m]의 철골보 위에 H형강을 수평으로 놓고 두께 25[mm] 철판으로 제작하였는데 수직, 수평, 높이 각 2[m] 가설수조를 설치하기 위해서는 H형강이 몇 개 필요한가 계산시 산정 검토해야 될 사항들을 기술하시오.(단, 사용 H 형강크기는 H-300×300×10×15를 사용하는 것으로 한다.)

제80회 건설안전기술사

■ 분야 : 안전관리　■ 자격종목 : 건설안전　■ 수험번호 : _____　■ 성명 : _____

1교시

※ 다음 문제 중 10문제를 선택하여 설명하십시오.(각 10점)

1. 건설공사 현장에서 실시하는 TBM(Tool Box Meeting)
2. 손실 우연의 원칙(1 : 29 : 300)
3. 콘크리트 재료분리로 인한 문제점 및 예방대책
4. 작업 중지의 의미 및 조치내용
5. 건설현장 안전관리자 선임제도 및 제도운영상 문제점
6. 건설현장에서는 신규채용자가 재해를 당하는 경우가 많은데 이의 원인과 방지 대책
7. 시설물의 중대 결함
8. Human Error의 의미 및 예방 대책
9. 건설공사 현장점검 사전통보제(점검 실명제)
10. 무재해 운동의 목적과 실시방안
11. 건설업 재해율과 관련한 PQ 가·감점 제도의 주요 개정내용
12. 비계의 구비조건과 비계에서 발생할 수 있는 재해 유형
13. 가설 흙막이에 대한 계측기 종류 및 사용목적

2교시

※ 다음 문제 중 4문제를 선택하여 설명하십시오.(각 25점)

1. 현장소장의 직무 및 안전관리활동에 대하여 설명하시오.
2. 산업안전보건관리비 항목별 사용 기준에 대하여 설명하시오.
3. 사고발생의 주원인인 불안전한 행동이 유발되는 인간의 태도에 대하여 설명하시오.
4. 건설공사의 가설물에 의한 사고발생원인 및 예방대책에 대하여 설명하시오.

5. 시가지 굴착공사시 지장물 근접시공에 대한 안전 대책에 대하여 설명하시오.
6. 경화된 콘크리트의 균열발생원인 및 보수방법에 대하여 설명하시오.

3교시

※ 다음 문제 중 4문제를 선택하여 설명하십시오.(각 25점)

1. 건설기술관리법에 의한 안전관리 계획서에 대하여 공종별로 설명하시오.
2. 현장의 안전관리 수준을 향상시키기 위해서는 직접 작업을 수행하는 협력업체의 자발적인 안전관리가 중요한데, 이를 위한 관리방안에 대하여 설명하시오.
3. 건설공사의 품질관리와 안전관리의 관련성에 대하여 설명하시오.
4. 건설업에서 발생하는 직업병의 원인 및 예방대책에 대하여 설명하시오.
5. 콘크리트 거푸집 동바리 작업시 사전 검토내용 및 유의사항에 대하여 설명하시오.
6. 최근 집중호우로 인해 발생한 도로 피해의 종류와 원인 및 대비책을 설명하시오.

4교시

※ 다음 문제 중 4문제를 선택하여 설명하십시오.(각 25점)

1. 부실공사의 원인 및 방지대책을 설명하시오.
2. 건설기계의 재해종류 및 예방대책에 대하여 설명하시오.
3. 건설재해가 근로자, 기업, 사회에 미치는 영향 및 대응방안에 대하여 설명하시오.
4. 도심지 건물밀집 지역에서의 건설 소음방지 대책에 대하여 설명하시오.
5. 구조물 부등침하의 원인 및 방지대책에 대하여 설명하시오.
6. P.C 조립화 시공 시 발생할 수 있는 문제점 및 안전대책을 설명하시오.

제81회 건설안전기술사

■ 분야 : 안전관리   ■ 자격종목 : 건설안전   ■ 수험번호 :   ■ 성명 :

1교시

※ 다음 문제 중 10문제를 선택하여 설명하시오.(각 10점)

1. 기존 구조물 정밀안전진단시에 실시하는 안전성 평가에 대하여 간단히 기술하시오.
2. 하인리히(H.W.Heinrich)의 연쇄성 이론을 간단히 쓰시오.
3. Risk Management(위험관리)를 안전관리 측면에서 간단히 기술하시오.
4. 안전난간을 도해하고 간단히 설명하시오.
5. 하세이(R.B. Hersey)의 피로원인과 대책에 대해 간단히 쓰시오.
6. 콘크리트 현장시험(비파괴시험)에 대하여 설명하시오.
7. 건설현장에서 강재를 파괴하지 않고 강도·결함의 유무 등을 검사하는 방법에 대하여 간단히 쓰시오.
8. 안전점검의 종류를 들고 간단한 설명을 하시오.
9. 시스템(system)안전이란 무엇이며 system안전 Program 5단계 Flow-chart에 대해 설명하시오.
10. 사고가 발생했을 시 조사방향에 대해 기술하고 이때 가장 유의해야 할 사항에 대해 설명하시오.
11. 안전관리 사이클 P-D-C-A에 대해서 설명하시오.
12. 콘크리트 타설시 거푸집의 측압이 커지는 요소를 들고 설명하시오.
13. 낙하물 방지망(안전네트)의 설치 기준을 설명하시오.

2교시

※ 다음 문제 중 4문제를 선택하여 설명하시오.(각 25점)

1. 거푸집 공사에서 붕괴재해 원인분석과 그 예방대책에 관하여 기술하시오.
2. 용수가 많은 원지반 터널굴진 시 침하의 발생원인과 굴진시 안전대책에 관하여 기술하시오.

3. 건설공사에서 안전관리비와 산업안전보건관리비를 비교 설명하시오.

4. 완공 후 15년이 경과된 1종 철근콘크리트 시설물에 대해 정기적으로 실시하는 정밀안전진단을 실시하고자 한다. 필요한 제반조치와 결과에 대해 기술하시오.

5. 안전교육지도의 원칙을 나열하고 현시점에서 안전교육의 문제점과 이를 활성화할 방안에 대해 논하시오.

6. 쓰레기 매립장의 환경오염 방지방안 및 폐기물쓰레기 매립장에 건설공사 시공시 안전대책에 대해 기술하시오.

3교시

※ 다음 문제 중 4문제를 선택하여 설명하시오.(각 25점)

1. 해체공법의 종류와 작업에 따른 공해 및 안전대책에 관하여 기술하시오.

2. 콘크리트 구조물의 균열원인 및 보수공법에 관하여 기술하시오.

3. 건설기술관리법에 의한 안전관리계획서와 산업안전보건법에 의한 유해·위험방지계획서를 합본하여 제출하고자 한다. 이에 따른 문제점을 논하시오.

4. 산업재해가 발생함으로 인하여 근로자, 기업, 국가(사회)에 미치는 영향에 대하여 기술하시오.

5. 안전사고 벌점제 또는 무재해운동 달성 포상 등을 위하여 안전사고 발생시 은폐의 경우가 있는바 이를 예시하고 개선책을 기술하시오.

6. 건설공사시 지하매설물의 종류, 피해현황, 사고원인, 방호조치 요령에 대해 기술하시오.

4교시

※ 다음 문제 중 4문제를 선택하여 설명하시오.(각 25점)

1. 시설물의 안전 및 유지관리계획의 수립대상 시설물과 유지관리 계획포함 사항에 대해 기술하시오.

2. Dam 구조물과 같이 Mass(매스) 콘크리트 타설시 시공상 유의사항과 온도균열을 제어하는 방법에 관하여 기술하시오.

3. 구조물에 대한 생체주기(Life cycle)에 대해 단계별 안전대책을 기술하시오.

4. 최근 건설 구조물 철거현장에서 석면에 대한 패해가 발생하고 있는데 이에 따른 문제점 및 안전대책을 기술하시오.

5. 재해발생시 "근로자 무과실 원칙"에 의한 산재처리 방식의 문제점 및 개선방안에 대해 기술하시오.

6. 사면굴착시 붕괴의 형태 및 발생원인과 안전대책을 기술하고 아래 그림과 같은 사면에서 활동에 대한 안전율을 유도하시오.

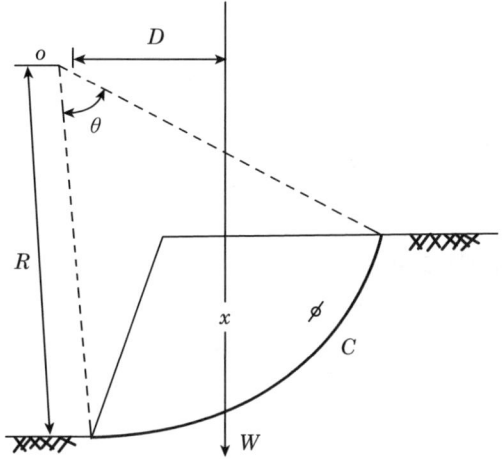

W : 도체의 중량(t)
C : 점착력(t/m^3)
ϕ : 내부마찰각=0
D, R : 작용점과 반경(m)

제82회 건설안전기술사

1교시

※ 다음 문제 중 10문제를 선택하여 설명하시오. (각 10점)

1. 작업환경 개선 4요인과 개선 항목
2. 인간의 물리적 특성에서 동작 경제의 원칙이란?
3. Morale Survey
4. 등치성이론
5. 휴식시간
6. 비용경사(cost slope)
7. 다짐곡선
8. 침윤선
9. 철근의 PRE-FAB(Pre-Fabrication)
10. 양중기의 안전검사 실시방법
11. 안전모와 안전화의 성능 시험 방법
12. 건설기술관리법상에 명시된 안전관리비 항목과 세부사용 내역
13. 시설물 정보통합 관리시스템

2교시

※ 다음 문제 중 4문제를 선택하여 설명하시오. (각 25점)

1. 건설공사의 소음·진동기준에 대하여 설명하시오.
2. 건설기술관리법상 안전관리계획 수립 현장에서 정기안전점검시의 차수별 점검시기를 건설공사 종류별로 설명하시오.
3. 재난관리법의 목적 및 관리체제와 특별재해지역에 대하여 설명하시오.

4. 시설물의 안전관리에 관한 특별법상 시설물의 중대한 결함유형과 조치사항에 대하여 설명하시오.
5. 건설안전 문화가 정착되기 위해 안전문화운동의 효율적인 추진방법에 대하여 설명하시오.
6. 건설업체 산업재해발생률 조사방법에서 연간 공사실적이 1,800억원, 4일 이상 경상재해자 수 20건, 사망재해 1건, 근로손실일수 50일, 연근로시간 2,000시간, 노무비율 30[%], 월 평균 임금 3,000,000원일 때 환산재해율과 강도율(SR), 도수율(FR)을 산출하시오(단, 사망 1건의 환산재해자수 10건)

3교시

※ 다음 문제 중 4문제를 선택하여 설명하시오. (각 25점)

1. 건설공사에서 클레임(Claim)의 문제점과 대책에 대하여 설명하시오.
2. Tunnel 작업시 환경개선 대책에 대하여 설명하시오.
3. 호안(護岸)에 대하여 설명하고 시공시 유의사항에 대하여 설명하시오.
4. 절토사면에서 발생될 수 있는 긴급상황 발생유형과 비상 업무체계에 대하여 설명하시오.
5. 건설공사에서 사용되는 양중기의 종류를 나열하고 Tower Crane의 사고원인 및 안전대책에 대하여 설명하시오.
6. 건설현장에서 안전시공 확보를 위한 감리제도의 문제점과 개선방안에 대하여 설명하시오.

4교시

※ 다음 문제 중 4문제를 선택하여 설명하시오. (각 25점)

1. 아파트 재건축현장에서 기존 아파트(지하 1층, 지상 12층)를 철거할 때 공해방지 및 안전대책에 대하여 설명하시오.
2. 철골공사의 재해유형과 재해방지시설에 대하여 설명하시오.
3. 건설공사에서 전기재해의 원인 및 대책에 대하여 설명하시오.
4. 암반사면에서의 붕괴형태에 따른 안정해석과 대책에 대하여 설명하시오.
5. 시설물의 안전관리에 관한 특별법상에 명시된 시설물의 안전 및 유지관리 기본계획의 목표와 수립시 포함되어야 할 사항을 간단히 설명하고 관리주체의 안전 및 유지 관리계획 표준(안)에 대하여 설명하시오.
6. 지하수위가 높은 하천지역 부근에서 지하 5층 지상 20층 건축공사의 배수공법 종류 및 배수 시 발생될 수 있는 문제점과 안전대책에 대하여 설명하시오.

제83회 건설안전기술사

1교시

※ 다음 문제 중 10문제를 선택하여 설명하시오.(각 10점)

1. 산업안전보건법의 보고의무 위반과 사용의무 위반
2. 재해예방지도기관의 기술지도업무
3. 환산재해율에 의한 PQ가점적용기준
4. 감성 안전
5. 지적확인
6. 온도균열
7. Concrete head
8. 안전율(Safety factor)
9. Tremie 관
10. 간결성의 원리
11. 재해통계의 목적과 규모별 재해 통계
12. 시설물의 안전관리에 관한 특별법에서의 유지관리
13. 거푸집에 접한 부분의 콘크리트의 충전밀도가 적어지는 현상

2교시

※ 다음 문제 중 4문제를 선택하여 설명하시오.(각 25점)

1. 최근 우리나라 건설업에서 재래형 및 건설환경 변화(기계화, 고령화, 신기술도입)에 따른 근로재해와 관련된 안전보건상의 제문제에 대하여 설명하시오.
2. 산업안전보건법의 의의·의미와 그 특징 중 기술성, 복잡·다양성 및 강행성과 규제성에 대하여 설명하시오.

3. 초고층 건축물의 재해방지계획 및 안전가설시설에 대해서 설명하시오.
4. 최근 건설현장에서의 고령 근로자들이 증가하는 추세로 이에 대한 고령 근로자의 심신기능의 변화에 따른 업무상 사고와 직업의 특수성으로 인하여 발생하는 직업병 재해예방 대책에 대해서 설명하시오.
5. 무재해 운동의 원칙 및 실천기법에 대해 설명하시오.
6. 최근 폭염 및 폭우 등 이상기후발생으로 현장에서 공사중단 및 이에 따른 안전관리가 시급한 바, 건설현장에서 발생하는 재해형태를 열거하고 그 원인과 예방대책에 대하여 설명하시오.

3교시

※ 다음 문제 중 4문제를 선택하여 설명하시오.(각 25점)

1. 흙막이공사의 붕괴원인 및 대책에 대해서 설명하시오.
2. 건설현장 유해·위험 방지계획서의 작업공종별 작성체계에 대해서 설명하시오.
3. 강구조물의 비파괴검사법 중 용접부 결함검사 방법별 원리와 특성에 대하여 설명하시오.
4. 근접공사로 인한 피해를 근본적으로 줄일 수 있도록 근접공사설계계획 단계시 고려하여야 할 사항 중 구조물의 형식에 대하여 설명하시오.
5. 고층공사의 증가로 건설용 Lift의 사용이 필요한 바 이에 따른 설치기준 및 안전대책에 대해 설명하시오.
6. 시설물 관리법상 콘크리트 및 강구조물의 노후화 종류 및 보수보강방법에 대하여 설명하시오.

4교시

※ 다음 문제 중 4문제를 선택하여 설명하시오.(각 25점)

1. 건설현장에서 중고령 근로자 및 외국인 근로자의 증가추세로 이에 따른 근로자의 사고유형별 재해패턴 및 중대재해예방을 위한 안전대책을 설명하시오.
2. 건설가설재에 의한 기인물별, 원인별 중대재해원인과 가설구조물의 안전에 대해서 설명하시오.
3. 시설물의 유지관리상 초기 정밀안전진단의 중요성과 국내외의 점검 및 진단규정 및 실태에 대하여 설명하시오.

4. 철근콘크리트 구조물의 화재조사, 진단방법 및 유지관리 방안에 대하여 설명하시오.

5. 해안가 근처에서 고층건축시공시 사용하는 커튼월(curtain wall)공법을 열거하고 그에 따른 풍동시험방법 및 안전대책을 설명하시오.

6. 해안매립지 공사 중 시공하는 Pile 공법의 종류, 건설기계장비, 시공방법 및 시공시 안전대책을 설명하시오.

제84회 건설안전기술사

■ 분야 : 안전관리   ■ 자격종목 : 건설안전   ■ 수험번호 :   ■ 성명 :

1교시

※ 다음 문제 중 10문제를 선택하여 설명하시오.(각 10점)

1. 재난안전 관리기본법상 "특별재해지역선포"
2. 재해율 산출방식에 있어 연천인율과 환산재해율
3. 산업안전보건법상 안전보건 총괄관리자의 임무
4. 지반조사에 있어 지반계수(지반반력계수)
5. 시설물 특별법상 "정밀안전진단"
6. 건설공사에 있어 암반(암석)의 분류방식
7. 하인리히(H·W Heinrich)의 재해예방 5단계
8. 한중콘크리트
9. 최하사점
10. 안전심리의 5요소
11. 공정안전보고서(P.S.M)
12. 기계·기구의 안전인증제도(S마크제도)
13. J·H Harvey(하비)의 3E 재해예방이론

2교시

※ 다음 문제 중 4문제를 선택하여 설명하시오.(각 25점)

1. 냉동창고 시설공사의 시공특성과 근원적 화재예방에 대해 설명하시오.
2. 강재구조의 용접결함 발생원인과 용접변형(Welding distortion) 방지대책에 대하여 설명하시오.
3. 갱폼(Gang form) 제작시 안전설비기준 및 건설현장 사용시 안전작업대책에 설명하시오.

4. 건설공사 안전관리의 문제점 및 건설재해 감소대책에 대해 설명하시오.
5. 해양 콘크리트 타설시 시공상, 재료상 안전대책에 관하여 설명하시오
6. 건설공사 중 도심지에서 발생하기 쉬운 발파작업에 대한 재해원인 및 안전대책에 관하여 설명하시오.

3교시

※ 다음 문제 중 4문제를 선택하여 설명하시오.(각 25점)

1. 건설현장 가시설물에 있어 강관비계 설치기준·추락방지용 방망 설치기준에 대하여 설명하시오.
2. 건축·토목구조물 시공시 철근콘크리트 슬래브(Slab) 붕괴의 원인과 근원적 안전대책에 대하여 설명하시오.
3. 건설현장에서 안전관리자가 무재해운동을 전개하는 세부적인 추진요령에 대하여 설명하시오.
4. 지진이 구조물에 미치는 피해영향과 지진에 대한 시설물의 안전대책에 대하여 설명하시오.
5. 오픈케이슨(Open caisson) 기초공사의 특성과 시공시 문제점과 안전대책에 관하여 설명하시오.
6. 콘크리트 구조물의 균열원인, 방지대책, 보수, 보강 공법에 관하여 설명하시오.

4교시

※ 다음 문제 중 4문제를 선택하여 설명하시오.(각 25점)

1. 옹벽(Retaining wall)구조물의 파괴원인과 안전성 확보를 위한 설계, 시공상의 검토사항에 대하여 설명하시오.
2. 화재시 콘크리트 구조물의 폭열현상에 대하여 설명하고 화재피해 콘크리트 구조물의 안전진단방식에 대해 설명하시오.
3. 건설현장에서 도장 공사중에 발생하는 재해의 유형을 설명하고 원인 및 대책에 대하여 설명하시오.
4. 철근콘크리트 구조물 공사중 재해발생 유형을 설명하고 원인 및 대책을 설명하시오.
5. 터널공사에서의 NATM공법 시공 중 발생하는 여굴의 발생원인 및 안전대책에 관하여 설명

하시오.

6. 지반의 이상현상인 동상현상(Frost heave)의 발생원인 및 안전대책에 관하여 기술하고 아래의 그림과 같은 지반에서 보일링(Boiling)에 대한 안전율(SF)을 유도하시오.

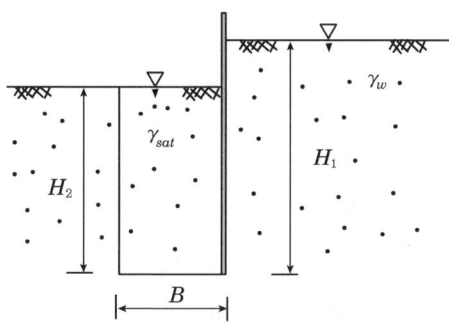

γ_{sat} : 흙의 수중 단위중량
γ_w : 물의 단위중량
B : Boiling 폭
$H_{1,2}$: 깊이

제85회 건설안전기술사

1교시

※ 다음 문제 중 10문제를 선택하여 설명하시오.(각 10점)

1. 안전성평가의 5단계
2. 기업의 안전보건관리수준 평가제도 중 초일류기업에 대한 혜택
3. 지진파(Earthquake Wave)
4. 전기기계기구 또는 전로 등 충전부분의 감전을 예방하기 위한 방호방법
5. 반발경도법 적용시 보정사항
6. 불안전 행동의 종류
7. 재해예방의 4원칙
8. 설계기준강도(F_{ck})와 배합강도(F_{cr})
9. 항균 콘크리트
10. 물질안전보건자료(MSDS)에 포함되어야 할 내용
11. 산업안전보건법상 관리감독자가 수행해야 할 업무
12. 용접부의 비파괴검사법
13. 안전보건관리규정에 포함되어야 할 사항

2교시

※ 다음 문제 중 4문제를 선택하여 설명하시오.(각 25점)

1. 고용노동부와 한국산업안전보건공단에서 사망재해 10대 다발작업 종합대책의 일환으로 시행하는 "High-Five" 운동에 대하여 기술하시오.
2. 건설현장에서 무사고자와 사고자의 특성에 관하여 기술하시오.
3. 안전사고 중 불안전한 행위의 예방대책 중 3E와 4M을 기술하시오.

4. 지진에 대한 가설구조물의 안전대책에 대하여 기술하시오.

5. 건설현장에서 다발하고 있는 산소결핍에 의한 재해예방대책을 기술하시오.

6. 건설현장에서 특히 하절기에 자주 발생하는 감전사고 예방대책을 기술하시오.

3교시

※ 다음 문제 중 4문제를 선택하여 설명하시오.(각 25점)

1. 산업안전보건위원회 또는 노사협의체 설치 대상 사업의 근로자 중에서 위촉된 명예산업안전감독관의 업무를 기술하시오.

2. 하천구역 인근에 지하 구조물을 건설하고자 한다. 지하 구조물의 부상발생원인과 방지대책에 관해 기술하시오.

3. 터널중심으로 콘크리트구조물 안전성 평가기준과 보수·보강공법에 대하여 기술하시오.

4. 교량의 안전성 평가순서 및 내하력 산정방법을 기술하시오.

5. 거푸집 설계시 고려해야 할 하중과 콘크리트 측압 증가원인을 기술하시오.

6. 도심지 고층건물 건축공사시 타워크레인에 의한 재해 유형, 원인 및 대책을 기술하시오.

4교시

※ 다음 문제 중 4문제를 선택하여 설명하시오.(각 25점)

1. 해체공사시 재해유형과 안전설비를 기술하시오.

2. 활동식 거푸집(Slip Form)시공시 유의사항과 안전대책을 기술하시오.

3. 시가지 고층건물 건설을 위한 지반굴착시 예상되는 산업재해의 유형, 원인 및 안전대책을 기술하시오.

4. 건축공사에 사용되는 비계의 종류별 특성을 설명하고, 비계조립 후 점검 사항을 기술하시오.

5. 최근 콘크리트 강도가 점차 증가되는 추세이므로 일반 콘크리트, 고강도 콘크리트, 초고강도 콘크리트에 대하여 기술하시오.

6. 건설공사의 자동화(Robot화) 문제점 및 안전관리 측면의 활용방안에 대하여 기술하시오.

제86회 건설안전기술사

1교시

※ 다음 문제 중 10문제를 선택하여 설명하시오.(각 10점)

1. 건설안전 관련법상 안전점검 및 안전진단의 종류
2. 안전보건 경영시스템
3. 예비위험분석(PHA : Preliminary Hazard Analysis)
4. 노사협의체 구성
5. 시설물의 중대한 결함(시설물의 안전관리에 관한 특별법)
6. 환경지수와 내구지수
7. Face mapping
8. 철근콘크리트보의 유효높이와 철근량
9. 달비계, 달대비계, 말비계의 비교설명
10. Workability, Consistency
11. 동상 방지층
12. 콘크리트 결함탐사를 위한 비파괴시험 및 장비
13. 콘크리트 구조물의 중성화

2교시

※ 다음 문제 중 4문제를 선택하여 설명하시오.(각 25점)

1. 건설사업관리제도(Construction management)에서 산업안전보건법과 건설기술관리법에서 시행하고 있는 안전관리업무를 단계별로 설명하시오.
2. 건설공사 하자로 인한 분쟁 발생요소와 현행 하자 관련제도의 문제점을 설명하고 분쟁을 방지할 수 있는 건설공사 하자에 대한 정책방안을 설명하시오.

3. 콘크리트 교량 구조물의 안전점검과 정밀안전진단에 대해 설명하시오.
4. 건설공사현장에서 취급하는 위험물의 종류를 열거하고 취급시 안전대책에 대하여 설명하시오.
5. 도심지에 지하 5층, 지상 35층 규모로 주상복합 건물을 신축 중인 현장의 현재 공정률이 70[%]이며, 지상층, 지하층 각각 마감공사가 진행 중이다. 동 현장의 지하층 공사장에서 안전상 고려하여야 할 안전요소의 종류와 안전관리 방안을 설명하시오.
6. 콘크리트 구조물의 안전확보를 위한 균열의 보수·보강 기법에 대해 설명하시오.

3교시

※ 다음 문제 중 4문제를 선택하여 설명하시오.(각 25점)

1. 건설공사 현장에 설치하는 안전표지 종류를 열거하고 설명하시오.
2. 공사현장에서 중대재해발생시 재해조사 업무절차와 안전보건상 조치미비에 대한 처벌대상 및 기준에 대하여 설명하시오.
3. NATM 터널의 안전시공을 위한 계측과 자동계측기법에 대해 설명하시오.
4. 고소작업이 많은 철골구조물 공사시 발생할 수 있는 재해유형을 열거하고 안전시공을 위한 재해방지 및 예방시설을 설명하시오.
5. 건설현장에서의 소음 및 진동 저감방안에 대해 설명하시오.
6. 대절토사면 시공시 발생하는 재해 유형을 열거하고 방지대책을 설명하시오.

4교시

※ 다음 문제 중 4문제를 선택하여 설명하시오.(각 25점)

1. 철근콘크리트 라멘조 골조공사에서 층고가 4[m]인 공간의 슬래브 시공을 위한 동바리 설치와 거푸집 조립작업을 하고 있다. 동바리를 포함한 단면을 도해(하부바닥판에서 상부슬래브 거푸집까지)하고, 각 부분의 명칭과 기능의 설명 및 동바리 설치시의 안전기준을 설명하시오.
2. 도심지 지하 20[m] 굴착공사의 흙막이 작업에서 인근구조물의 안전을 위하여 약액주입공법을 시행하고자 한다. 시행목적과 안전관리항목을 열거하고 안전관리계획서 작성시 유의사항에 대하여 설명하시오.
3. 시설물에 설치된 석면(石綿, Asbestos)의 안전한 해체 및 제거 작업 기준에 대하여 설명하시오.

4. 지하 10[m] 이하의 지하수위가 높은 지역에 대규모 철근콘크리트의 지하저수 구조물을 축조하고자 한다. 철근콘크리트 구조물의 누수 메커니즘을 요인별로 열거하고 시공시 안전대책에 대하여 설명하시오.

5. 도시철도 구조물의 선로안전시설에 대해 설명하시오.

6. 공정계획보다 공사가 지연된 건설공사에서 돌관공사(突貫工事)를 시행하고자 한다. 돌관공사의 문제점과 안전관리사항을 설명하시오.

제87회 건설안전기술사

1교시

※ 다음 문제 중 10문제를 선택하여 설명하시오.(각 10점)

1. 검정대상 보호구
2. 노동과학(Labor Science)
3. 내적행동(Inner Behavior)과 이것을 교육에 이용하는 방법
4. 안전관리 활동의 정량적 평가
5. 사회기반 시설물의 안전관리를 위한 무선 센서기술
6. 피로대책 5가지
7. 불쾌지수
8. 사고(재해)조사
9. 표준안전관리비와 안전점검비
10. 가설통로의 설치기준
11. Concrete 측압에 따른 Concrete Head
12. "작업중지"의 의미 및 조치사항
13. 사면에서의 인장균열(Tension Crack)

2교시

※ 다음 문제 중 4문제를 선택하여 설명하시오.(각 25점)

1. 건설현장에서 안전관리자를 지정하여야 할 작업(건설업종)의 종류와 안전관리자의 공통직무에 대하여 설명하시오.
2. 인간공학이란 무엇이며 체계분석 및 설계에 있어서의 인간공학의 가치에 대하여 설명하시오.
3. 건설공사의 안전성 사전평가의 의의와 방법에 대하여 설명하시오.
4. 시설물 안전관리에 관한 특별법상(2009.12.29.일부개정) 1종 시설물 및 2종 시설물의 범위에 대하여 설명하시오.

5. 건설현장에서 재해방지에 활용하기 위한 재해통계 및 재해율의 이용방법을 설명하시오.
6. 건설현장에서 안전교육의 중요성이 강조되고 있다. 이에 따른 건설안전교육에 대한 산업안전보건법상의 근거와 안전이론을 설명하시오.

3교시

※ 다음 문제 중 4문제를 선택하여 설명하시오.(각 25점)

1. 철근구조물의 화재피해에 대한 안전진단 및 유지관리에 대하여 설명하시오.
2. Tower Crane의 구성 부위별(품목별) 안전점검 및 조립, 해체시 안전대책에 대하여 설명하시오.
3. 시가지에서 시공조건이 제한된 근접공사로 인한 피해를 줄일 수 있도록 설계계획 단계시 고려하여야 할 사항 중 시공계획에 대하여 설명하시오.
4. 터널현장 시공 중 터널내에 안전한 작업환경을 조성하기 위한 터널내의 환기시설에 대하여 설명하시오.
5. 연약지반 성토시 계측관리를 안정관리와 침하관리로 구분하여 목적과 평가 및 측정 방법을 설명하시오.
6. 반복하중에 의한 콘크리트 구조물의 피로에 대한 안전성 검토에 관하여 설명하시오.

4교시

※ 다음 문제 중 4문제를 선택하여 설명하시오.(각 25점)

1. 건설현장에서 많이 사용하는 건설기계, 기구로 인하여 발생하는 재해의 유형과 발생 원인 및 안전대책에 대하여 설명하시오.
2. 대규모 사면의 절토 비탈면에서 표면수 및 용출수의 처리대책에 대하여 설명하시오.
3. 구조물 유지관리 체계의 필요성과 개선방안에 대하여 설명하시오.
4. 콘크리트 구조물의 내구성에 영향을 주는 손상원인을 열거 설명하시오.
5. 하천정비 사업에서 하천제방공사시 제체(堤體)재료 기준과 제방의 붕괴원인 및 안전대책을 설명하시오.
6. 겨울철에 연약지반 및 지하수위가 높은 지반 굴착시 발생하는 지반의 이상(異狀)현상의 종류, 원인 및 안전대책을 설명하시오.

제88회 건설안전기술사

1교시

※ 다음 문제 중 10문제를 선택하여 설명하시오.(각 10점)

1. 인간 과오(Human Error)
2. 기술 평가(Technology Assessment)
3. R.B. Hersey의 피로분류 및 대책
4. 등치이론 및 등가성 이론을 중심으로 한 산업재해 발생형태
5. 안전 성적(Safety Score)
6. 건설소음 규제기준
7. 가설기자재 중 성능검정대상 제외 품목
8. 가상건설(Virtual Construction)
9. 프리플레이스 콘크리트(Preplace Concrete)
10. 피압수
11. 부력기초
12. 염해
13. 콜드조인트(Cold Joint)

2교시

※ 다음 문제 중 4문제를 선택하여 설명하시오.(각 25점)

1. 유해·위험방지계획서(2007년 개정)에서 작성대상사업장의 종류와 작업공종별 유해·위험방지계획과 분리하여 별도 작성해야 할 작업환경조성계획을 설명하시오.
2. 안전수칙을 위반한 근로자의 과태료부과제도를 설명하시오.
3. 중고령 근로자의 심신기능 변화에 따른 건설공사 재해발생형태 및 재해예방대책에 대해서

설명하시오.
4. 초고층 건축물의 안전관리에 따른 가설시설의 종류 및 재해예방대책에 대해서 설명하시오.
5. Underpinning(밑받침공법)에 대해 설명하시오.
6. 교량구조물의 안전성평가에 대해서 설명하시오.

3교시

※ 다음 문제 중 4문제를 선택하여 설명하시오.(각 25점)

1. 터널작업 중 발생하는 침하와 관련하여 침하발생원인 및 대책에 대하여 설명하시오.
2. 건설현장 밀폐공간작업에 대한 안전대책에 대하여 설명하시오.
3. 거푸집 및 동바리 존치기간에 따른 시공시 유의사항 및 안전성 검토에 대해서 설명하시오.
4. 건물의 신축공사시 Top-down공법(역타공법)의 시공순서 및 안전대책에 대해서 설명하시오.
5. 굴착작업시에 재해방지 및 주변지반에 영향을 최소화할 수 있는 지하수 처리방법의 종류를 설명하시오.
6. 지하차도 건설시 가시설 설치방법 및 안전대책을 설명하시오.

4교시

※ 다음 문제 중 4문제를 선택하여 설명하시오.(각 25점)

1. 흙막이공사의 붕괴원인 및 붕괴방지 안전대책에 대해서 설명하시오.
2. 우기시 건설현장 감전재해 방지대책에 대하여 설명하시오.
3. LNG(Liquid Natural Gas)관로 지하매설공사의 설계기준과 시공 및 검사방법, 안전관리기준을 설명하시오.
4. 아파트 건축물에 인접한 옹벽이 파괴된 경우 안전진단계획의 중점사항에 대해서 설명하시오.
5. 연장 450[m]의 2종시설물 콘크리트교량에 대한 시설물 정밀안전진단에 대하여 설명하시오.
6. 비계의 조립·해체·변경작업시 준수사항과 악천후로 인하여 비계 위에서 작업을 중지한 후 작업을 재개하기 전에 점검하고 보수해야 할 사항을 설명하시오.

제89회 건설안전기술사

■ 분야 : 안전관리   ■ 자격종목 : 건설안전   ■ 수험번호 : _____   ■ 성명 : _____

• 1교시

※ 다음 문제 중 10문제를 선택하여 설명하시오.(각 10점)

1. 자율안전관리업체
2. 브레인스토밍(Brain Storming)의 4원칙
3. 재해손실비(Accident Cost)
4. 동기부여(Motivation)
5. 유선망과 제방의 침윤선
6. 실효온도와 불쾌지수
7. 응력이완(Relaxation)
8. 콘크리트의 혼화재와 혼화제
9. 슬링(Sling)
10. 흙막이 지지벽의 레이커(Raker)
11. 동결지수
12. 모랄 서베이(Morale Survey)
13. 로드킬(Road Kill)

• 2교시

※ 다음 문제 중 4문제를 선택하여 설명하시오.(각 25점)

1. 종합건설업체와 협력업체(전문건설업체)간의 안전관리 Level Up 방안에 대하여 설명하시오.
2. 부주의(Inattention)와 인간 에러(Human Error)의 발생원인과 이에 대한 재해예방대책을 설명하시오.
3. 1종 시설물을 건설하는 현장에서 시행하는 안전점검의 종류 및 점검내용에 대하여 관련 법

령별로 구분하여 설명하시오.
4. 최근 기후변화에 따라 건설현장에서 예상되는 재해의 종류를 열거하고 이를 최소화하는 방안에 대하여 설명하시오.
5. 건설공사용 Tower Crane의 사고발생원인과 안전대책에 대하여 설명하시오.
6. 콘크리트 구조물의 상태평가 기준과 노후화의 종류 및 유지관리대책을 설명하시오.

3교시

※ 다음 문제 중 4문제를 선택하여 설명하시오.(각 25점)

1. 시설물의 재해예방 및 안전성 확보를 위해 정밀안전진단을 실시할 경우 책임기술자의 자격에 대하여 설명하시오.
2. 건설현장에서 가설전기 사용에 의한 감전사고 예방대책에 대하여 설명하시오.
3. 혹서기 건설현장의 주요 재해요인과 예방대책에 대하여 설명하시오.
4. 발파식 해체공법(Explosive Demolition Method)의 특징 및 작업시 안전대책에 대하여 설명하시오.
5. 도심지 도로를 지하화할 경우 예상되는 재해유형과 시공시 안전대책에 대하여 설명하시오.
6. 필댐(Fill Dam)의 계측관리 사항을 '시공 중'과 '담수개시 후'로 구분하고 계측기 설치 및 사용시 주의사항을 설명하시오.

4교시

※ 다음 문제 중 4문제를 선택하여 설명하시오.(각 25점)

1. 콘크리트의 폭열 원인과 내화성능 관리기준 및 콘크리트의 내화공법을 설명하시오.
2. 도심지 건설현장의 암반 굴착시 수행하는 시험발파의 목적과 방법에 대하여 설명하시오.
3. 해안가 매립지반 위에 축조되는 구조물의 측방유동 가능성에 대한 판단 방법과 방지대책에 대하여 설명하시오.
4. 2-Arch 터널의 굴착방법과 굴착단계별 안전대책에 대하여 설명하시오.
5. 구조물 건설계획 수립시 지진발생에 대비한 안전대책에 대하여 설명하시오.
6. 재건축·재개발 현장에서 발생되는 건설폐기물의 활용방안에 대하여 설명하시오.

제90회 건설안전기술사

1교시

※ 다음 문제 중 10문제를 선택하여 설명하시오.(각 10점)

1. 안전보건관리조직의 유형
2. 동적에너지에 의한 재해예방을 위한 인터-로킹(inter-locking)방법
3. Shear connector(전단연결재)
4. 거푸집 존치기간
5. Slurry wall(지중연속벽)
6. 터널에서 편토압 방지대책
7. 지반의 파괴형태
8. 기초 콘크리트 pile의 두부(頭部)정리
9. Approach slab
10. 재해의 기본원인(4M)과 재해발생 Mechanism
11. 흙막이 벽체에서 Arching현상
12. Lift car
13. 재해비용 산정시 천재와 인재구분

2교시

※ 다음 문제 중 4문제를 선택하여 설명하시오.(각 25점)

1. 중소규모 건설현장의 재해특성 및 안전관리 방향에 관하여 설명하시오.
2. 시설물의 안전과 유지관리를 통하여 재해와 재난을 예방하고 시설물의 효용을 증진시키기 위한 시설물 정보관리 종합 시스템에 대하여 설명하시오.
3. 건설안전관리계획서 작성지침에 있는 안전관리 공정표 작성방법 및 활용에 따른 안전사고

예방대책을 설명하시오.

4. 화재에 대한 구조물의 진단방법, 유지관리 및 방지대책에 관하여 설명하시오.
5. 건설공사에서 자율안전관리업체 지정방법 및 심사절차와 정부차원에서 추진 중인 건설공사 자율안전점검제도를 설명하시오.
6. 철근콘크리트공사의 거푸집과 동바리 시공에 있어서 작업상 안전에 관하여 지켜야 할 사항을 설명하시오.(단, 콘크리트공사 표준안전작업지침 기준으로 한다.)

3교시

※ 다음 문제 중 10문제를 선택하여 설명하시오.(각 10점)

1. 노후 건축물 철거공사를 시행함에 있어 안전하게 철거할 수 있는 행정절차와 철거 프로세스(Process)에 대하여 설명하시오.
2. 연약지반 위에 소규모 구조물을 구축하려 한다. 연약지반에 대한 일시적 개량공법 및 안전대책에 관하여 설명하시오.
3. 터널공사에서 터널내 작업환경을 개선하기 위한 위생관리 및 안전대책을 설명하시오.
4. 건축물 규모의 대형화에 따라 지하층 규모가 증가할수록 지하수위를 고려한 적합한 방수공법이 필요하다. 지하방수공법의 선정시 중요사항, 방수공법의 종류, 방수시공시 고려사항 및 안전관리방안에 대하여 설명하시오.
5. 대규모 사면굴착공사에서 발생하기 쉬운 비탈면의 붕괴에 대한 사면의 붕괴원인, 안전대책 및 사면의 절편법에 의한 유한사면의 안전계산법에 대하여 설명하시오.
6. System 동바리의 구조적인 개념과 붕괴원인 및 붕괴방지 대책에 대하여 설명하시오.

4교시

※ 다음 문제 중 4문제를 선택하여 설명하시오.(각 25점)

1. 여름철에 콘크리트 타설시 안전대책에 관하여 설명하시오.
2. 최근 BIM(Building Information Modeling)설계기법이 도입되면서 설계기술과 시공기술의 발전을 가져올 것으로 예상되는데 BIM설계기법이 건설안전기술에 미치는 영향에 대하여 설명하시오.
3. 건설현장에서 사용되는 이동식 크레인의 종류와 재해유형 및 안전대책을 설명하시오.

4. 건설현장의 철골작업시 추락방지설비의 문제점 및 개선방안에 관하여 설명하시오.
5. 지하흙막이 공사는 공법선정에서부터 시공 완료 과정에 이르기까지 안전관리에 중점을 두어야 할 사항이 많은 공정이다. 흙막이 공법선정 및 시공시 중점 안전관리 사항과 품질관리 사항에 대하여 설명하시오.
6. 운행 중인 철도터널과 인접된 지하구조물을 설치하고자 한다. 근접시공에 따른 안전영역평가와 시공 중 보강대책을 설명하시오.

제91회 건설안전기술사

1교시

※ 다음 문제 중 10문제를 선택하여 설명하시오.(각 10점)

1. 안전성 평가(Safety Assessment)
2. 토질의 동상
3. 위험관리를 위한 위험성 처리기법
4. 작업장의 조도기준
5. 사면파괴 및 사면안정 지배요인
6. 건설사업관리(CM)에서 안전관리
7. 히빙(Heaving) 현상
8. 제조물 책임(Product Liability)
9. 강섬유 보강 콘크리트
10. 근로자 작업안전을 위한 Bio-Rhythm 적용방법
11. 응력부식과 지연파괴
12. 지진발생시 행동요령
13. 연화현상(Frost boil)

2교시

※ 다음 문제 중 4문제를 선택하여 설명하시오.(각 25점)

1. 건설현장에서 실시하는 안전교육의 종류를 열거하고, 외국인 근로자에게 실시하는 안전교육에 대한 문제점 및 대책을 설명하시오.
2. 산업안전보건법상의 안전검사 제도를 설명하시오.
3. 프래키스트 콘크리트(PC) 공사시 발생되는 재해유형과 안전대책을 설명하시오.
4. 교량구조물의 안전성 평가를 위한 안전진단 수행시 단계별 안전진단 절차에 대하여 설명하시오.
5. 건설현장의 시공과정에서 발생하는 비산먼지 발생원인과 방지대책에 대하여 설명하시오.
6. 토류벽의 지지공법의 종류를 3가지 제시하고, 각 공업별 안전성 확보방안에 대하여 설명하시오.

3교시

※ 다음 문제 중 4문제를 선택하여 설명하시오. (각 25점)

1. 거푸집 및 동바리 설치작업시 발생되는 재해유형을 분류하고, 각각의 유형에 대한 안전대책을 설명하시오.
2. 건설공사 현장에서 사용되고 있는 리프트(Lift)의 조립·해체 및 운행시 발생되는 재해유형과 안전대책에 대하여 설명하시오.
3. 콘크리트 교량구조물을 중심으로 발생된 변형에 대한 보수·보강 기법에 대하여 설명하시오.
4. T/C(Tower Crane)를 고정하는 지지방식과 지지방식에 따른 안전대책을 설명하시오.
5. 바다모래(海沙) 사용시 구조물의 안전상 문제점 및 대책에 대하여 설명하시오.
6. NATM 터널 굴착시 안전확보를 위한 계층항목 및 각 항목별 안전을 위한 평가 사항에 대하여 설명하시오.

4교시

※ 다음 문제 중 4문제를 선택하여 설명하시오. (각 25점)

1. 건설현장의 가설전기를 사용하는 데 필요한 시설(가설전선, 분점함, 콘센트 및 꽂음기, 누전차단기, 접지 등)에 대한 설치기준 및 안전대책을 설명하시오.
2. 재건축, 재개발 현장에서 기존 시설물 및 건축물 등의 해체공사시 발생되고 있는 재해유형과 안전대책에 대하여 설명하시오.
3. 콘크리트의 경화 전·후의 각각에 대한 균열의 원인과 대책에 대하여 설명하시오.
4. 이동식 틀비계, 말비계, A형 사다리 등 높이가 낮은 작업발판에서 추락하여 중대재해가 유발되고 있다. 이에 대한 재해원인 및 방지대책을 설명하시오.
5. 최근 지구 온난화 등 이상기후의 영향으로 인하여 발생되는 자연재해의 유형과 이에 대한 건설현장에서의 안전대책에 대하여 설명하시오.
6. 암발파 작업시 발파 풍압이 근로자 및 인접 구조물에 미치는 영향에 대해 설명하시오.

제92회 건설안전기술사

1교시

※ 다음 문제 중 10문제를 선택하여 설명하시오. (각 10점)

1. 안전인증제
2. 보강토옹벽의 안정해석시 파괴유형
3. 물질안전보건자료(MSDS)
4. 슬립폼(Slip form)과 슬라이딩폼(Sliding form)
5. 적응기제(Adjustment mechanism)
6. 교량의 정밀안전진단에서 차량재하를 위한 영향선
7. 3E 재해예방이론
8. 영공기 간극곡선(Zero air void curve)
9. 간접공해
10. 제방에 설치하는 통문·통관
11. 하인리히의 재해발생 5단계
12. 비배수터널
13. 암반등급판별기준

2교시

※ 다음 문제 중 4문제를 선택하여 설명하시오. (각 25점)

1. 건설현장의 위험성 평가방법의 실시 시기와 절차에 대하여 설명하시오.
2. 초고층 빌딩공사에서 외부작업 중 발생할 수 있는 재해의 유형과 안전관리대책에 대하여 설명하시오.
3. 지하수에 의한 지하구조물의 부상원인과 방지대책을 설명하시오.

4. 건설기술관리법상 안전점검의 종류와 건설공사를 준공하기 직전에 실시하는 초기안전점검 대상건설공사 및 내용을 설명하시오.
5. 댐공사에서 매스콘크리트(Mass concrete) 타설시 안전대책을 설명하시오.
6. 옹벽배면에 있는 침투수를 배수하기 위한 방법과 이에 따른 유선망과 수압분포에 대하여 설명하시오.

3교시

※ 다음 문제 중 4문제를 선택하여 설명하시오.(각 25점)

1. 터널공사에서 갱문의 종류 및 특성과 공사용 갱문 시공 중 안전대책을 설명하시오.
2. 콘크리트 구조물의 보수공사에서 보수재료의 적합성을 평가하는 기준을 설명하시오.
3. 건축현장에서 발생되는 화재의 원인과 근로자의 피난대책을 설명하시오.
4. 건설현장에서 원지반 표면에 대한 벌목작업의 안전대책을 설명하시오.
5. 굴착공사에서 안전사고예방을 위한 정보화시공에 대하여 설명하시오.
6. 용접결함의 발생원인 및 대책을 설명하시오.

4교시

※ 다음 문제 중 4문제를 선택하여 설명하시오.(각 25점)

1. 시설물의 안전점검 및 정밀안전진단 실시결과에서 중대한 결함에 대하여 설명하시오.
2. 현장소장으로서 건설현장의 일상적인 안전관리 활동에 대하여 설명하시오.
3. 프리스트레스트 콘크리트 박스거더(Prestressed concrete box grider)교량의 가설공법 중 압출공법(ILM)에 의한 시공시 문제점 및 안전대책을 설명하시오.
4. 구조물에서 부식에 의한 손상원인과 대책을 설명하시오.
5. 산업안전보건법상 건축물이나 설비의 철거·해체시 석면조사 대상과 석면해체·제거 작업의 안전성 평가기준을 설명하시오.
6. 하천공사에서 보의 축조시 가물막이공법의 종류와 시공시 안전대책을 설명하시오.

제93회 건설안전기술사

1교시

※ 다음 문제 중 10문제를 선택하여 설명하시오.(각 10점)

1. 진동장해
2. 안전업무의 분류
3. 정보처리 채널과 의식수준 5단계와의 관계
4. 동작 경제의 3원칙
5. 철근의 이음과 정착
6. 슬라임(slime)의 필요성과 처리방법
7. 레미콘 반입시 검사항목
8. 근로자의 건강진단
9. 터널에서의 계측
10. 우기철 낙뢰발생시 인명 사상 방지대책
11. Shotcrete의 Rebound
12. 가설통로의 종류 및 경사로
13. X-선 회절법

2교시

※ 다음 문제 중 4문제를 선택하여 설명하시오.(각 25점)

1. 무사고자와 사고자의 특성에 대하여 설명하시오.
2. 재해손실비 평가방법과 재해예방 5단계를 설명하시오.
3. 건설현장에서 공사착공전 현장소장으로서 관련기관 인·허가에 대한 사전 조치사항에 대하여 설명하시오.

4. 콘크리트 구조물의 중성화 조사 부분과 중성화 시험 요령에 대하여 설명하시오.

5. 건설현장 근로자의 근골격계질환 발생원인과 예방대책에 대하여 설명하시오.

6. 옹벽의 안정조건 및 붕괴원인과 대책을 설명하시오.

3교시

※ 다음 문제 중 4문제를 선택하여 설명하시오.(각 25점)

1. 무재해 운동의 3원칙, 3기둥, 실천 4단계 및 실천기법에 대하여 설명하시오.

2. 재해의 종류를 자연적, 인위적 재해로 분류하고 예방대책을 설명하시오.

3. 지하매설물 시공시 안전대책을 설명하시오.

4. 하천 제방의 붕괴원인과 대책에 대하여 설명하시오.

5. 건설기술관리법에 의한 안전관리계획을 수립하여야 하는 공사와 계획의 내용, 제출 및 판정 규정을 설명하시오.

6. 추락방지용 안전대의 폐기기준 및 사용시 유의하여야 할 사항을 설명하시오.

4교시

※ 다음 문제 중 4문제를 선택하여 설명하시오.(각 25점)

1. 쓰레기 매립장의 환경오염 방지 방안 및 폐기물 매립장 건설시공시 안전대책에 대하여 설명하시오.

2. 콘크리트 구조물의 균열 조사시 균열폭의 변동을 측정하는 방법과 균열이 진행성인 경우 조사해야 할 사항에 대하여 설명하시오.

3. 산사태 발생원인과 방지대책에 대해 설명하고, 비탈면에 대한 안전대책, 공학적 검토사항에 대하여 설명하시오.

4. 20[m] 이상 지하굴착 공사시 예상되는 재해의 종류와 사전방지대책에 대하여 설명하시오.

5. 도심지 내에서 대형구조물을 해체하기 위하여 발파식 해체공법을 적용할 때 공해방지대책과 안전대책에 대하여 설명하시오.

6. 연약지반의 측방유동의 특성 및 발생원인에 따른 대책공법을 설명하시오.

제94회 건설안전기술사

1교시

※ 다음 문제 중 10문제를 선택하여 설명하시오.(각 10점)

1. 콘크리트의 균열 보강공법
2. 콘크리트 중성화의 화학반응 및 시험방법
3. 암압(Rock Pressure)
4. 안전진단 없이 리모델링시 구조안전에 미치는 영향
5. 안심일터 만들기 4대 전략
6. Lift의 안전장치
7. 얕은 기초의 굴착공법
8. 주의 수준(Attention Level)
9. 흙막이 지보공 설치시 정기적 점검항목("산업안전보건기준에 관한 규칙" 근거)
10. Pile 기초의 부마찰력(Negative Pressure)
11. 유해·위험방지계획서 제출대상(건설)과 심사제도 및 확인제도
12. 구조물의 해체공법
13. 콘크리트 폭열에 영향을 주는 인자

2교시

※ 다음 문제 중 4문제를 선택하여 설명하시오.(각 25점)

1. 지하철공사 중 도시가스의 유입으로 인한 폭발의 원인 및 안전대책을 설명하시오.
2. 건설현장에서의 도장공사시 발생되는 재해의 원인 및 대책을 설명하시오.
3. 건설업 안전보건경영시스템(KOSHA 18001)의 추진방법과 활성화 방안을 설명하시오.
4. 건설현장의 가설구조물에 대한 문제점과 가설공사의 일반적 안전수칙을 설명하시오.
5. 철공공사의 재해유형과 재해방지설비에 관하여 설명하시오.

6. 지진발생시 재난의 형태와 지진저항 구조물의 종류를 설명하시오.

3교시

※ 다음 문제 중 4문제를 선택하여 설명하시오.(각 25점)

1. 사장교와 같은 대형교량 작업시 추락사고에 대한 예방대책을 설명하시오.
2. 다음의 시스템안전 해석기법에 관하여 설명하시오.
   - 결함수 분석법(Fault Tree Analysis)
   - 사고수 분석법(Event Tree Analysis)
   - 고장의 형과 영향분석(Failure Mode and Effects Analysis)
   - 예비사고분석(Preliminary Hazards Analysis)
   - 위험도분석(Criticality Analysis)
3. 산악지역 터널공사에서 굴진완료 후 후방에서의 터널붕괴원인 및 재굴진시 안전대책을 설명하시오.
4. 건설현장 근로자의 재해특성과 인간과오(Human Error)를 설명하시오.
5. 건설현장에서 전기용접작업에 따른 재해 및 건강장해 유형과 안전대책을 설명하시오.
6. 건설폐기물의 재활용 방안 및 향후 추진방향을 설명하시오.

4교시

※ 다음 문제 중 4문제를 선택하여 설명하시오.(각 25점)

1. 건설현장에서 건설장비로 인한 재해형태와 안전대책을 설명하시오.
2. 교량의 안전성평가에서 정적 및 동적 재하시험 방법과 최적위치에서 차량재하를 하기 위한 영향선(Influence Line)을 설명하시오.
3. 황사가 건설현장의 안전에 미치는 영향 및 피해방지 방안을 설명하시오.
4. 댐의 홍수조절 방법에 의해 방류되는 여수로(Spillway)의 구조형식에 따른 종류와 여수로 구성을 설명하시오.
5. 한중콘크리트 타설시 안전책을 설명하시오.
6. 갱폼(Gang Form)의 안전설비기준 및 사용시 안전작업대책을 설명하시오.

제95회 건설안전기술사

1교시

※ 다음 문제 중 10문제를 선택하여 설명하시오.(각 10점)

1. 시설물의 중대결함
2. 에너지대사율(Relative metabolic rate)
3. 공정안전보고서
4. 액상화(Liquidation)
5. Land creep와 Land slide
6. 콘크리트 구조물의 허용균열과 종방향균열
7. 설계강우강도
8. 휴먼에러에서 심리적 착오의 5분류
9. 고성능 감수제와 유동화제
10. 거푸집 및 동바리의 검사항목
11. 반응시간과 동작시간
12. 오버홀(Overhaul)
13. 종합재해지수와 안전활동률

2교시

※ 다음 문제 중 4문제를 선택하여 설명하시오.(각 25점)

1. 산업안전보건관리비의 사용항목과 목적 외 사용금지 항목에 대하여 설명하시오.
2. 철근콘크리트 구조물의 내하력 조사 내용을 열거하고, 내구성 평가방법과 평가시 고려해야 할 사항에 대하여 설명하시오.
3. 재해원인 분석 방법을 열거하고 통계적 원인분석 방법에 대하여 설명하시오.

4. 강재의 용접시 용접부에 발생하는 균열 중 고온균열과 저온균열에 대하여 설명하시오.
5. 장기간 공사가 중단된 시설물("시설물의 안전관리에 관한 특별법"상 1종 시설물 및 2종 시설물에서)의 공사 재개시 안전대책에 대하여 설명하시오.
6. 지하수위가 높은 대심도 지하 굴착 공사시 주변으로부터 다량의 유수가 유입되면서 철골 스트러트(strut)가 붕괴하는 사고가 발생하였다. 긴급조치사항과 발생원인별 대책 후 사후처리 방안에 대하여 설명하시오.

3교시

※ 다음 문제 중 4문제를 선택하여 설명하시오.(각 25점)

1. "시설물의 안전관리에 관한 특별법"의 규정에 따른 터널시설물의 안전점검 및 정밀안전진단 실시 범위에 대해 세부적인 대상시설별로 설명하고 터널시설물에서 대통령령이 정하는 중대한 결함의 적용 범위에 대하여 설명하시오.
2. 초고층 공사에서 안전한 시공을 위한 대책을 soft ware적인 측면과 hard ware적인 측면으로 구분하여 설명하시오.
3. 건설현장에서 작업자의 피로발생원인과 예방대책에 대하여 설명하시오.
4. 혹서기 산소 결핍이 예상되는 작업의 종류를 열거하고 안전대책을 설명하시오.
5. 생태통로의 설치 목적 및 종류와 관리 및 모니터링 방안에 대하여 설명하시오.
6. 대심도 연약지반에서 PC파일 공사시 시험항타의 목적과 관리 항목을 열거하고 예상되는 문제점과 대책에 대하여 설명하시오.

4교시

※ 다음 문제 중 4문제를 선택하여 설명하시오.(각 25점)

1. 풍하중이 가설구조물에 미치는 영향과 재해예방대책에 대하여 설명하시오.
2. 유해·위험방지계획서 자체심사 및 확인 업체 지정에 대한 관련 규정 및 기준에 대하여 설명하시오.
3. 콘크리트 구조물의 화재 피해에 따른 콘크리트의 재료 특성과 구조물의 건전성 평가 방법에 대하여 설명하시오.
4. 건설현장에서 자동화공법 도입의 필요성과 목적을 열거하고 도입시 예상되는 문제점과 안전

대책에 대하여 설명하시오.
5. 도로 터널에서 구비되어야 할 방재시설에 대해서 설명하시오.
6. 대사면 절성토 공사에서 설치하는 안전점검시설의 종류를 열거하고 설치시 안전관리대책에 대하여 설명하시오.

제96회 건설안전기술사

1교시

※ 다음 문제 중 10문제를 선택하여 설명하시오.(각 10점)

1. 재해요소 결합구조(등치성)
2. 좌굴(Buckling)
3. 기초구조물에 작용하는 양압력
4. 안전대의 폐기기준
5. A.H Maslow의 욕구단계
6. 배합강도와 설계기준강도
7. 터널에서 훠폴링(Fore poling)파이프루프
8. Vane Test
9. 근로자 작업강도에 영향을 미치는 요인
10. Concrete Head(콘크리트 타설시 측압관련)
11. 환산재해율
12. 하상계수
13. 프로이드(Anne Freud)의 대표적인 적응기제(10가지)

2교시

※ 다음 문제 중 4문제를 선택하여 설명하시오.(각 25점)

1. 건설산업은 재해가 많이 발생하며 때로는 중대사고로 이어지는 경우가 있다.
   건설재해가 사회(근로자, 기업체, 정부 등)에 미치는 영향을 설명하시오.
2. 도심지 건설공사에서 콘크리트타설시 펌프카(Pump car)를 주로 이용하는데, 펌프카에 의한 타설시 발생할 수 있는 재해의 종류와 안전대책을 설명하시오.

3. "시설물의 안전관리에 관한 특별법"에서 정하고 있는 댐 시설물에 관한 다음 사항에 대해 설명하시오.
   - 1종 시설물 및 2종 시설물의 범위
   - 안전점검과 정밀안전진단 실시 범위에 대한 세부적인 대상시설
   - 중대한 결함의 적용범위(시행령기준)
4. 하천에서 근접 굴착시 지하수처리공법의 종류와 특징을 설명하시오.
5. 철근부식의 Mechanism과 부식방지대책에 대하여 설명하시오.
6. 산악지역 절개면 암반사면에서의 파괴유형과 안정성 해석 방법에서 평사투영에 의한 안정성 해석 방법을 설명하시오.

3교시

※ 다음 문제 중 4문제를 선택하여 설명하시오.(각 25점)

1. 자율안전컨설팅 제도의 효과와 개선방안에 대하여 설명하시오.
2. 철근콘크리트 구조물이 열화(劣化)되는 원인, 진단방법 및 보수방안에 대하여 설명하시오.
3. 연약지반 개량공법에서 다짐공법의 종류와 특징을 쓰고, 연약지반 개량공사시 중장비의 전도사고에 대한 예방대책을 설명하시오.
4. 정부는 5년마다 석면(石綿)기본관리계획을 수립·시행하여야 하는바, 기본계획에 포함할 사항, 건축물 석면의 관리 및 석면해체·제거 작업기준에 대하여 설명하시오.
5. 콘크리트 포장공사에서 시공방법에 따른 분류와 포장시공 과정별 시공시 안전대책을 설명하시오.
6. 타워크레인(Tower crane)설치 및 해체시 위험요인과 안전대책을 설명하시오.

4교시

※ 다음 문제 중 4문제를 선택하여 설명하시오.(각 25점)

1. 콘크리트 구조물의 초기균열 발생원인과 균열저감방안을 설명하시오.
2. 건설공사는 여러 분야의 전문(專門)업체가 협력하여 시설물을 완성하는 복합산업이다. 건설재해를 예방하기 위해 전문건설업체의 안전기술향상이 요구되고 있는데, 전문건설업체의

안전시공 향상방안에 대하여 설명하시오.

3. 교량공사 강교 가설공법에서 가설장비에 따른 분류공법을 설명하시오.
4. 최근 도심지 지하굴착공사 과정에 흙막이 붕괴로 인한 재해가 자주 발생하고 있다. 지하흙막이 붕괴의 원인이 되는 Heaving현상과 Boiling현상을 비교하여 설명(圖解포함)하시오.
5. 터널(Tunnel)내 지하수처리 방법인 배수형 방수형식과 비배수형 방수형식의 적용범위, 특징 및 시공 중 조치사항을 설명하시오.
6. 건설현장에서 질식재해의 발생원인과 안전대책을 설명하시오.

제97회 2012년도 시행 건설안전기술사

■ 분야 : 안전관리   ■ 자격종목 : 건설안전   ■ 수험번호 :   ■ 성명 :

1교시

※ 다음 문제 중 10문제를 선택하여 설명하시오.(각 10점)

1. 주의력의 집중과 배분
2. 타당성 제조사
3. 작업환경 요인별 건강장해의 종류
4. Wire rope의 폐기기준 및 취급시 주의사항
5. 역할연기법
6. 철근의 부동태막
7. 수평(대형) 개구부
8. 비중에 따른 골재의 분류
9. 진동장해 예방대책
10. 흙의 연경도(Consistency)
11. 콘크리트의 탄성계수
12. 가설구조물에 작용하는 하중의 종류
13. 산소결핍시 작업장에서의 조치사항

2교시

※ 다음 문제 중 4문제를 선택하여 설명하시오.(각 25점)

1. 산업안전보건법에 의한 안전보건 교육내용을 설명하고, 2012년부터 시행되는 건설업 기초 안전보건교육에 대한 추진 배경 및 주요 내용에 대하여 설명하시오.
2. 건설기술관리법에 의한 안전관리비와 산업안전보건법에 의한 산업안전보건관리비의 내용과 상호개선해야 할 사항을 설명하시오.
3. 근로자가 재해를 일으키는 불안전한 행동의 배후요인(생리적 요인, 심리적 요인)과 안전 동

기를 유발시킬 수 있는 방안에 대하여 설명하시오.
4. 참여형 작업환경 개선활동 기법(PAOT)의 원리와 특징에 대하여 설명하시오.
5. 말뚝기초 재하시험의 종류와 시험결과의 해석(평가)에 대하여 설명하시오.
6. 콘크리트 교량의 가설공법 종류와 각각의 특징을 설명하시오.

3교시

※ 다음 문제 중 4문제를 선택하여 설명하시오.(각 25점)

1. 지하매설물(상수도관, 가스관, 송유관 등) 주변 굴착공사시 안전시공방법을 설명하시오.
2. 재건축 현장의 해체공사시 안전시공방법가 건설공해 저감대책을 설명하시오.
3. 건설사업을 시행하기 위하여 토질조사를 한다. 그에 따른 토질조사 내용을 설명하시오.
4. 건설현장에서 암발파시 지반진동, 소음 및 암석 비산과 같은 발파공해의 발생원인과 안전시공방안에 대하여 설명하시오.
5. 절토사면길이 30[m] 이상되는 절토구간을 친환경적으로 시공하기로 했을 때 착공 전 준비사항과 안전성 확보를 위한 시공 중 조치사항을 설명하시오.
6. 콘크리트 구조물의 염해피해 발생시 열화과정별 외관상태와 내구성을 고려한 염해대책을 설명하시오.

4교시

※ 다음 문제 중 4문제를 선택하여 설명하시오.(각 25점)

1. 대형 건축물의 기초공사 형식을 분류하고 시공시 안전대책을 설명하시오.
2. 건설현장에서 붕괴, 폭발, 천재지변 등에 의한 비상사태가 발생될 때 긴급조치 계획과 대책을 설명하시오.
3. 흙막이 구조물공사에서 주입식 차수공법의 종류를 열거하고, 각 공법의 특징을 설명하시오.
4. 터널 갱구부의 형태와 시공시 예상되는 문제점을 열거하고, 안전시공방법에 대하여 설명하시오.
5. 건설현장에서 크레인 등 건설장비의 가공전선로 접근시 안전대책에 대하여 설명하시오.
6. 철근콘크리트 공사에서 철근의 갈고리 형상과 철근운반, 인양, 가공조립작업시 안전에 유의해야 할 사항을 설명하시오.

제98회 2012년도 시행 건설안전기술사

■ 분야 : 안전관리   ■ 자격종목 : 건설안전   ■ 수험번호 : _____   ■ 성명 : _____

• 1교시

※ 다음 문제 중 10문제를 선택하여 설명하시오.(각 10점)

1. 안전보건표지
2. 서중콘크리트
3. 간결화 욕망의 지배적 시기
4. 안식각과 내부마찰각
5. 시공상세도(shop drawing)
6. 작업환경측정 대상사업장
7. 철근의 유효높이와 피복두께
8. 건설현장 원·하청업체 상생협력 프로그램 사업
9. 과전압(over compaction)
10. 극한한계상태와 사용한계상태
11. 안전관리 공정표(工程表)
12. 작업면 조도(照度)
13. 건설안전관련법(산업안전보건법, 건설기술관리법, 시설물의 안전관리에 관한 특별법)의 목적 및 특징

• 2교시

※ 다음 문제 중 4문제를 선택하여 설명하시오.(각 25점)

1. 건설현장에서 사용하는 이동식비계(移動式飛階)의 안전조립기준에 대하여 설명하시오.
2. 건설현장 착공시 안전관리 운영계획을 수립하고, 협력업체 안전수준 양상방안에 대하여 설명하시오.

3. 철근콘크리트 구조물공사에서 양생과정 중 발생하는 문제점과 방지대책에 대하여 설명하시오.

4. 시설물의 안전관리에 관한 특별법령상 콘크리트 및 강구조물의 노후화 종류와 보수·보강방법에 대하여 설명하시오.

5. 도심지 고층건물 철골작업시 필요한 안전가시설의 종류와 철골작업시의 위험방지사항에 대하여 설명하시오.

6. 원심력 고강도 프리스트레스 콘크리트 말뚝(PHC pile)을 시공하고자 한다. 말뚝 반입시 파손을 최소화하는 관리방안과 시공시 안전대책에 대하여 설명하시오.

3교시

※ 다음 문제 중 4문제를 선택하여 설명하시오.(각 25점)

1. 지하수위가 높은 도심지 대규모 굴착공사에서 발생하는 지하수 처리 방안과 안전대책에 대하여 설명하시오.

2. 건설안전교육에 대한 산업안전보건법령상 근거, 안전교육의 지도방법 및 원칙과 효과적인 현장안전교육 사례에 대하여 설명하시오.

3. 높이 10m의 배수옹벽을 시공하고자 한다. 옹벽(擁壁)의 안전조건을 열거하고, 붕괴원인 및 방지대책에 대하여 설명하시오.

4. 하천 제방의 제외측 수위가 상승하여 누수가 발생하였다. 누수원인 및 방지대책에 대하여 설명하시오.

5. 도심지 초고층 구조물 시공시 적용하는 장비의 종류를 열거하고, 사용시 안전대책에 대하여 설명하시오.

6. 도심지에서 고층건축물을 top down공법으로 시공하고자 한다. 공종별 안전대책에 대하여 설명하시오.

4교시

※ 다음 문제 중 4문제를 선택하여 설명하시오.(각 25점)

1. 여름철 무더위가 계속되어 건설현장의 작업능률이 현저히 저하되고 있다. 폭염으로 인한 근로자의 건강장해 종류를 열거하고, 응급조치사항에 대하여 설명하시오.

2. 도심지 재건축사업 시행시 적용하는 철근콘크리트 고층아파트 해체공법을 열거하고, 사전조사 및 안전대책에 대하여 설명하시오.

3. 지반개량 공사시 지반의 허용침하량 초과방지대책에 대하여 설명하시오.

4. 철근콘크리트 구조물 시공시 발생하는 기초침하의 종류와 구조물에 미치는 영향을 열거하고, 침하원인 및 방지대책에 대하여 설명하시오.

5. 건설현장에서 비상사태 발생시 비상사태의 범위와 긴급조치 사항에 대하여 설명하시오.

6. 대규모 지하철근콘크리트 구조물 시공시 사용환경에 의해 발생하는 결함의 원인을 열거하고, 방지대책을 설명하시오.

건설안전기술사

제99회 2013년도 시행

■ 분야 : 안전관리 ■ 자격종목 : 건설안전 ■ 수험번호 : _____ ■ 성명 : _____

1교시

※ 다음 문제 중 10문제를 선택하여 설명하시오.(각 10점)

1. 달대비계
2. Creep와 Relaxation
3. 긴장수준(Tention Level)
4. 작업자의 스트레스 대처
5. 안전점검의 실시(건설기술관리법 시행령)
6. 원형철근과 이형철근
7. 정밀안전진단시 기존자료 활용법
8. 인력운반의 작업안전
9. 안전설계기법의 종류
10. 단층(Fault)
11. 강도설계법과 한계상태 설계법
12. 인간에 대한 모니터링(Monitoring) 방식
13. 평사투영법(Stereographic Projection Method)

2교시

※ 다음 문제 중 4문제를 선택하여 설명하시오.(각 25점)

1. 정부에서는 제3차 시설물안전 및 유지관리에 대한 기본계획을 수립해 시행하고 있다. 이와 관련한 기본계획 중점추진 과제 및 문제점에 대하여 설명하시오.
2. 인간과 기계를 비교하고 그 특징과 인간의 작업자세의 결정조건에 대하여 설명하시오.
3. 건설현장에서 산업안전보건법을 위반하였을 때 가해지는 산업안전보건법에 의한 벌칙에 대

하여 설명하시오.

4. 내구성이 요구되는 콘크리트 구조물의 콘크리트 양생 중 소성수축 균열시 그 원인과 복구대책에 대하여 설명하시오.
5. 지하구조물에서 지하수 영향으로 발생하는 양압력과 부력의 차이점 및 방지대책에 대하여 설명하시오.
6. 불안정한 깎기비탈면 표면을 보호하기 위하여 설치하는 기대기 옹벽의 적용기준과 안정성 검토항목에 대하여 설명하시오.

3교시

※ 다음 문제 중 4문제를 선택하여 설명하시오.(각 25점)

1. 장대터널, 양수발전Dam 등의 공사에서 수직터널작업시 위험성평가와 안전대책에 대하여 설명하시오.
2. 콘크리트 구조물의 파괴시험과 비파괴시험의 종류를 열거하고, 그 특징에 대하여 설명하시오.
3. 유해위험방지계획서 작성시 위험성 평가절차 및 단계별 수행방법에 대하여 설명하시오.
4. 건설재해 중 다발, 재래형이면서 중대재해를 유발하는 추락재해를 예방하기 위해서는 작업 전 추락재해방지시설의 올바른 설치가 필수적인데 추락방지망에 관한 구조, 정기시험, 설치도, 허용낙하높이 등에 대하여 설명하시오.
5. 건설기술관리법에서 개정한 "안전관리비 계상 및 사용기준"에 대하여 설명하시오.
6. 얕은 기초(Footing)지반(토사)의 파괴형태와 주요 파괴원인 및 안전대책에 대하여 설명하시오.

4교시

※ 다음 문제 중 4문제를 선택하여 설명하시오.(각 25점)

1. 강재의 용접시 용접부의 각종 결함의 원인과 그 방지대책 및 검사방법에 대하여 설명하시오.
2. 교량의 안전점검과 유지보수(BMS)를 위한 조사 및 평가 그리고 보수방법과 보수계획 설계시 고려해야 할 사항에 대하여 설명하시오.
3. 스마트콘크리트의 구성원리 및 종류, 안전대책 등에 대하여 설명하시오.

4. 집단관리시설의 화재사고 등에 따른 중대재해 발생이 증가하고 있다. 집단관리 시설의 문제점, 방화계획 및 화재관련 안전대책에 대하여 설명하시오.

5. 철도공사에서 시스템(System)분야(궤도, 건축, 전력, 전차선, 신호, 통신 등)와 연계하여 노반공사 시공시에 고려되어야 할 사항에 대하여 설명하시오.

6. "시설물의 안전관리에 관한 특별법"에서 규정하고 있는 건축물 및 지하도상가에 관한 다음 사항에 대하여 설명하시오.

   1) 1종, 2종 시설물의 범위
   2) 안전점검과 정밀안전진단 실시범위에 대한 세부적인 대상시설
   3) 대통령령이 정하는 중대한 결함의 적용범위

제100회 2013년도 시행 건설안전기술사

● 1교시

※ 다음 문제 중 10문제를 선택하여 설명하시오.(각 10점)

1. 안전인증대상 보호구
2. 물질안전보건자료(MSDS)교육시기 및 내용
3. 화학물질 분류·표시에 관한 GHS(Globally Harmonized System) 제도
4. STOP(Safety Training Observation Program)
5. "시설물의 안전관리에 관한 특별법 시행령"에서 규정하고 있는 중대한 결함(단, 최근 개정된 내용 포함)
6. Scallop
7. 전단연결재(Shear connector)
8. 말뚝의 폐색효과(Plugging Effect)
9. 검사랑(Check Hole, Inspection Gallery)
10. 억측판단(Risk Taking)
11. 1차압밀과 2차압밀
12. 댐 건설시 하류전환방식
13. 주철근과 전단철근

● 2교시

※ 다음 문제 중 4문제를 선택하여 설명하시오.(각 25점)

1. 근로자의 사고자와 무사고자의 특성과 사고자에 대한 예방대책을 설명하시오.
2. Risk Management(위험관리)에 대하여 설명하시오.
3. 건설경기 침체 및 사업자의 자금사정 등으로 인하여 시공 중 중단되는 건축현장이 발생하고

있다. 공사 중단시 안전대책과 재개시 안전대책에 대하여 설명하시오.
4. 건설현장의 전기재해 원인 및 방지대책에 대하여 설명하시오.
5. 콘크리트 구조물의 내구성 저하 원인과 방지대책에 대하여 설명하시오.
6. 어스앵커(Earth Anchor)공법과 시공시 안전대책에 대하여 설명하시오.

• 3교시

※ 다음 문제 중 4문제를 선택하여 설명하시오.(각 25점)

1. 대절토 암반사면의 절개시 사면안정에 영향을 미치는 요인과 안정대책에 대하여 설명하시오.
2. Vertical drain공법과 Preloading공법의 원리와 Preloading공법에 비하여 Vertical drain공법의 압밀기간이 현저히 단축되는 이유를 설명하시오.
3. 대형 발전플랜트 건설현장 철골공사의 건립계획 수립시 검토할 사항과 건립 전 철골부재에 부착해야 할 재해방지용 철물에 대하여 설명하시오.
4. 우기철 도심지에서 지하 5층 깊이의 굴착공사시 "흙막이벽의 수평변위와 인전지반의 침하원인"과 "설계 및 공사중 안전대책"에 대하여 설명하시오.
5. 건설현장의 외국인 근로자에 대한 안전관리상의 문제점 및 대책에 대하여 설명하시오.
6. 콘크리트 타설시 거푸집 및 동바리 붕괴재해의 원인과 안전대책에 대하여 설명하시오.

• 4교시

※ 다음 문제 중 4문제를 선택하여 설명하시오.

1. 사질토와 점성토 지반의 전단강도 특성과 함수비가 높은 점성토 지반의 처리대책에 대하여 설명하시오.
2. 지하수가 과다하게 발생되는 지반에서 NATM공법으로 대형터널 굴착시 문제점과 안전시공 대책 및 안전관리 방법에 대하여 설명하시오.
3. "시설물의 안전관리에 관한 특별법"상 건축물에 대한 상태평가항목 및 보수보강 방법에 대해 도시(圖示)하여 설명하시오.
4. 비계에서 발생할 수 있는 재해유형 및 안전수칙에 대하여 설명하시오.

5. 하상준설에 의하여 하상고가 낮아짐에 따라 기존교량의 기초보강 및 세굴방지공 설치방안에 대하여 설명하시오.

6. 콘크리트 공사에서 콘크리트 강도의 조기판정이 필요한 이유와 조기판정법에 대하여 설명하시오.

건설안전기술사

제101회 2013년도 시행

■ 분야 : 안전관리　■ 자격종목 : 건설안전　■ 수험번호 : _____　■ 성명 : _____

1교시

※ 다음 문제 중 10문제를 선택하여 설명하시오.(각 10점)

1. 안전관리계획서 수립 대상공사와 포함내용
2. 소규모(5kg 이상) 인력 운반시 척추에 대한 부하와 근육작업을 줄이기 위한 안전규칙
3. 환경지수와 내구지수
4. 유해·위험기계 등의 안전검사(검사종류, 대상, 시기, 방법 등)
5. 싱크홀(sink hole)
6. 이간의 착각과 착시현상
7. 다웰바(dowel bar), 타이바(tie bar)
8. 시설물 정보관리시스템(FMS)
9. 종방향 균열 발생원인
10. 건축물의 피뢰설비 설치기준
11. 비산먼지 발생 대상사업 및 포함 업종
12. 철근량과 유효높이
13. 터널 내진등급 및 대상지역 구조물

2교시

※ 다음 문제 중 4문제를 선택하여 설명하시오.

1. 건설현장의 비상시 긴급조치 계획에 대하여 설명하시오.
2. 사전 재해 영향성 평가제도의 법적근거와 대상 및 협의 항목에 대하여 설명하시오.
3. 노후 불량주택의 재건축 판정을 위한 관련법규에서 정하고 있는 안전진단 절차와 평가항목 및 정밀조사 내용에 대하여 설명하시오.

4. 콘크리트 구조물 시공시 발생균열에 대하여 발생시기에 따라 구분해서 설명하시오.

5. 산업안전보건법규상 공정안전보고서의 제출대상과 보고서에 포함할 내용, 업무 흐름에 대하여 설명하시오.

6. 콘크리트 구조물 공사에서 거푸집 및 동바리 설치시 위험성 평가와 안전대책에 대하여 설명하시오.

3교시

※ 다음 문제 중 4문제를 선택하여 설명하시오.(각 25점)

1. 시설물유지관리시 철골구조물(steel structure)에서 발생하는 결함의 주요내용과 결함발생 원인 및 대책에 대하여 설명하시오.

2. 강우 및 지하수 등의 침투로 인하여 옹벽의 붕괴가 빈번히 발생하고 있다. 붕괴방지를 위한 배수처리 방법에 대하여 설명하시오.

3. 기존 교량의 내하력 조사 내용과 평가에 대하여 설명하시오.

4. 지하실 등, 지하구조물이 있는 대지에서 기존구조물을 해체하면서 신축할 경우, 대형브레이크와 화약발파공법을 병용해서 해체작업을 하고자 한다. 작업순서와 각 작업의 안전유의 사항에 대하여 설명하시오.

5. 지하 구조물 시공을 위한 토류벽 설치시 지하수위가 굴착면보다 높은 경우 굴착시 안전 유의 사항과 토류벽 붕괴 방지 대책에 대하여 설명하시오.

6. 매스콘크리트는 수화열에 의해 균열이 발생한다. 매스콘크리트 배합 및 타설, 양생시에 온도균열 제어대책에 대하여 설명하시오.

4교시

※ 다음 문제 중 4문제를 선택하여 설명하시오.(각 25점)

1. 기존 건축구조물 철거공사에서 석면구조물과 설비의 해체작업시 조사대상과 안전작업 기준에 대하여 설명하시오.

2. 건설공사시 풍압(태풍, 바람 등)이 가설구조물에 미치는 영향과 안전대책에 대하여 설명하시오.

3. 건축시설물의 정밀안전진단결과 빈번히 발생되는 주요결함과 요인을 계획, 설계, 시공, 유

지관리 측면으로 분류하고, 각 요인별 대책에 대하여 설명하시오.

4. NATM 터널 시공시 라이닝 콘크리트의 손상원인을 열거하고 방지를 위한 안전대책에 대하여 설명하시오.

5. 조경공사에서 대형수목 이설작업 순서와 운반시 안전유의 사항에 대하여 설명하시오.

6. 기존 필댐(fill dam)과 콘크리트댐 시설에서 많은 손상이 발생하고 있다. 각 댐 시설의 주요 결함내용과 대책에 대하여 설명하시오.

제102회 2014년도 시행 건설안전기술사

■ 분야 : 안전관리 ■ 자격종목 : 건설안전 ■ 수험번호 : _____ ■ 성명 : _____

1교시

※ 다음 문제 중 10문제를 선택하여 설명하시오.(각 10점)

1. Maslow의 동기부여 이론
2. 등치성 이론
3. 강재구조물의 비파괴시험
4. 철골의 공사전 검토사항과 공작도에 포함시켜야 할 사항
5. 시설물의 정밀점검 실시시기
6. 황사(黃砂, Asian dust), 연무(延霧, Haze), 스모그(Smog)
7. RMR(Relative Metabolic Rate)과 1일 Energy 소비량
8. 수중 Concrete
9. Preflex Beam
10. 과소철근보, 과다철근보, 평형철근비
11. 유선망(Flow net)
12. 강제 치환 공법
13. 지반의 전단파괴(Shear failure)

2교시

※ 다음 문제 중 4문제를 선택하여 설명하시오.(각 25점)

1. 안전인증대상기계·기구 및 설비, 방호장치, 보호구에 대하여 설명하시오.
2. 가설공사 중 가설통로의 종류 및 설치기준에 대하여 설명하시오.
3. 대심도 지하철공사 작업 중 추락재해가 발생하였다. 추락재해의 형태와 발생원인 및 방지대책에 대하여 설명하시오.

4. 연화현상(軟化現狀)이 토목구조물에 미치는 영향 및 방지대책에 대하여 설명하시오.
5. 굵은골재의 최대치수가 콘크리트에 미치는 영향에 대하여 설명하시오.
6. 조경용 산벽의 구조와 붕괴원인 및 안전대책에 대하여 설명하시오.

3교시

※ 다음 문제 중 4문제를 선택하여 설명하시오.(각 25점)

1. 건축물이나 설비의 철거 해체시, 석면조사 대상 및 조사 방법, 석면 농도의 측정방법에 대하여 설명하시오.
2. 철탑조립공사 중 작업전, 작업중 유의사항과 안전대책에 대하여 설명하시오.
3. 동절기 한랭작업이 인체에 미치는 영향과 건강관리 수칙 및 재해 유형별 안전대책에 대하여 설명하시오.
4. 터널 암반굴착시 자유면 확보방법과 발파작업시 안전수칙에 대하여 설명하시오.
5. 레미콘 운반시간이 콘크리트 품질에 미치는 영향과 대책 및 Con'c 타설시 안전대책에 대하여 설명하시오.
6. 콘크리트 구조물 화재시 구조물의 안전에 영향을 미치는 요소와 구조물의 화재예방 및 피해 최소화 방안에 대하여 설명하시오.

4교시

※ 다음 문제 중 4문제를 선택하여 설명하시오.(각 25점)

1. 건설현장에서 비계전도 사고를 예방하기 위한 시스템비계구조와 조립작업시 준수해야 할 사항에 대하여 설명하시오.
2. 지진 피해에 따른 현행법상 지진에 대한 구조안전확인대상 및 안전설계방안에 대하여 설명하시오.
3. 콘크리트 구조물의 사용환경에 따라 발생하는 콘크리트 균열의 평가방법과 보수보강공법에 대하여 설명하시오.
4. 기초말뚝의 허용지지력을 추정하는 방법과 허용지지력에 영향을 미치는 요인에 대하여 설명하시오.
5. 침윤선(Saturation Line)이 제방에 미치는 영향과 누수에 대한 안전대책에 대하여 설명하

시오.
6. 구조물의 시공시 발생하는 양압력과 부력의 발생원인 및 방지대책에 대하여 설명하시오.

건설안전기술사

제103회 2014년도 시행

■ 분야 : 안전관리   ■ 자격종목 : 건설안전   ■ 수험번호 :　　　　　 ■ 성명 :

● 1교시

※ 다음 문제 중 10문제를 선택하여 설명하시오.(각 10점)

1. 적극안전(Positive Safety)
2. 페일 세이프(Fail Safe)
3. 산업안전보건법령상 도급사업에서의 안전보건 조치사항
4. 철탑구조물의 심형기초공사
5. CDM(Construction Design Management) 제도상의 참여주체
6. 안전교육 3단계와 안전교육법 4단계
7. 추락방지망 설치기준
8. PDA(Pile Driving Analyzer)
9. 철근의 부동태막
10. 건설업체의 산업재해예방활동 실적 평가기준
11. 선반식 옹벽
12. 비계구조물에 설치된 벽이음의 작용력
13. 안전벨트 착용상태에서 추락 시 작업자 허리에 부하되는 충격력 산정에 필요한 요소

● 2교시

※ 다음 문제 중 4문제를 선택하여 설명하시오.(각 25점)

1. 10층 이상 규모의 건물 내 배관설비 대구경 파이프라인에 대한 공기압테스트 방법과 위험성에 대하여 설명하시오.
2. 초고층건물에서 거푸집낙하의 잠재위험요인 및 사고방지대책에 대하여 설명하시오.
3. 철근콘크리트공사에서 콘크리트공사 표준안전작업지침에 대하여 설명하시오.

4. 시설물의 안전관리에 관한 특별법령상 건설공사에서 안전 관리계획 수립 대상공사와 작성(포함)내용을 설명하고, 산업안전보건법 시행령에 규정한 설계변경 요청대상 및 전문가의 범위를 설명하시오.
5. 굴착공사 시 각종 가스관의 보호조치 및 가스누출 시 취해야 할 조치사항에 대하여 설명하시오.
6. 건설현장의 가설구조물에 작용하는 하중에 대하여 설명하시오.

3교시

※ 다음 문제 중 4문제를 선택하여 설명하시오.(각 25점)

1. 초고층아파트에서 화재 시 잠재적 대피방해요인을 쓰고, 일반적인 대피방법에 대하여 설명하시오.
2. 경사지 지반에서 굴착공사 시 흙막이지보공에 대한 편토압 부하요인들과 사고 우려 방지대책을 설명하시오.
3. 공용중인 도로 및 철도노반 하부를 통과하는 비개착 횡단공법의 종류별 개요를 설명하고, 대표적인 TRcM(Tablar Roof Construction Method)공법에 대한 시공순서, 특성 등 안전감시 계획을 설명하시오.
4. 철공공사 작업 시 철골자립도 검토대상구조물 및 풍속에 따른 작업범위를 기술하시오.
5. 콘크리트 구조물의 화재발생 시 폭열현상의 원인 및 방지대책을 설명하시오.
6. 갱구부 설치유형을 분류하고, 시공 시 유의사항 및 보강공법을 설명하시오.

4교시

※ 다음 문제 중 4문제를 선택하여 설명하시오.(각 25점)

1. 경사슬래브 교량 거푸집 시스템비계 서포트구조의 잠재 붕괴원인 및 대책에 대하여 설명하시오.
2. 건설현장에서 체인고리 사용 시 잠재위험요인을 쓰고, 교체시점에 대하여 설명하시오.
3. 건설시공 중의 안전관리에 대한 현행감리제도의 문제점을 쓰고, 개선대책에 대하여 설명하시오.
4. 시설물의 안전관리에 관한 특별법령에서 정하고 있는 항만분야에 대한 다음 사항에 대하여

설명하시오.

　가) 1종, 2종 시설물의 범위, 안전점검 및 정밀안전진단의 실시 시기

　나) 중대한 결함

5. 기존 터널에 근접하여 구조물을 시공하는 경우 기존 터널에 미치는 안전영역평가와 안전관리 대책을 설명하시오.

6. 건설현장의 밀폐공간 작업 시 산소결핍에 의한 재해발생요인 및 안전관리대책에 대하여 설명하시오.

■ 분야 : 안전관리   ■ 자격종목 : 건설안전   ■ 수험번호 : _____   ■ 성명 : _____

제104회 2014년도 시행 건설안전기술사

1교시

※ 다음 문제 중 10문제를 선택하여 설명하시오.(각 10점)

1. fool proof의 중요기구
2. 강도율
3. 시설물의 안전관리에 관한 특별법령에서 규정하는 시설물의 중요한 보수·보강 범위
4. 누진파괴(progressive collapse)
5. 스마트 에어커튼 시스템(smart air curtain system)
6. wire rope의 부적격 기준과 안전계수
7. 유리 열파손
8. 건설현장 실명제
9. 토량 환산계수(f)와 토량 변화율 L값, C값
10. 방진마스크의 종류 및 안전기준
11. 시공배합과 현장배합
12. 리프트 안전장치
13. 어스앵커 자유장(earth anchor free length)의 역할

2교시

※ 다음 문제 중 4문제를 선택하여 설명하시오.(각 25점)

1. 철근콘크리스 공사에서 거푸집 및 동바리의 구조검토 순서와 거푸집 시공 허용오차에 대하여 설명하시오.
2. 건설현장에서 용접작업 시 발생하는 건강장해 원인과 전기 용접작업의 안전대책에 대하여 설명하시오.

3. 공동주택에서 발생하는 층간소음 방지대책에 대하여 설명하시오.
4. 아스팔트 콘크리트 포장도로에서 포트홀(pot hole)의 발생원인과 발생과정 및 방지대책에 대하여 설명하시오.
5. 콘크리트 펌프를 이용한 압송타설시 작업 중 유의사항과 안전대책에 대하여 설명하시오.
6. 토사사면의 붕괴 형태와 굴착면의 붕괴원인 및 안전대책에 대하여 설명하시오.

3교시

※ 다음 문제 중 4문제를 선택하여 설명하시오.(각 25점)

1. 콘크리트 구조물의 중성화 발생원인, 조사과정, 시험방법에 대하여 설명하시오.
2. 산업안전보건법령에서 정하는 정부의 책무, 사업주의 의무, 근로자의 의무에 대하여 설명하시오.
3. 도로건설 등으로 인한 생태환경 변화에 따라 발생하는 로드킬(road kill)의 원인과 생태통로의 설치(eco-bridge)유형 및 모니터링 관리에 대하여 설명하시오.
4. 도심지 고층건물의 철골공사 시 안전대책과 필요한 재해 방지설비에 대하여 설명하시오.
5. 도로터널에서 구비되어야 할 화재 안전기준에 대하여 설명하시오.
6. 건설현장에서 도장공사 중 발생할 수 있는 재해의 유형과 원인 및 안전대책에 대하여 설명하시오.

4교시

※ 다음 문제 중 4문제를 선택하여 설명하시오.(각 25점)

1. 건설현장에서 가설비계의 구조검토와 주요 사고원인 및 안전대책에 대하여 설명하시오.
2. 시설물 사고사례 원인분석에 의한 계획, 설계, 시공, 사용 등의 단계별 오류내용에 대하여 설명하시오.
3. 철골의 현장 건립공법에서 리프트업 공법 시공 시 안전대책에 대하여 설명하시오.
4. 차량계 건설기계의 종류와 재해 유형 및 안전대책에 대하여 설명하시오.
5. 공용 중인 하천 및 수도시설의 주요 손상 원인과 방지대책에 대하여 설명하시오.
6. 교량공사에서 교량받침(교좌장치)의 파손원인 및 대책과 부반력 발생 시 안전대책에 대하여 설명하시오.

제105회 2015년도 시행 건설안전기술사

■ 분야 : 안전관리 ■ 자격종목 : 건설안전 ■ 수험번호 : _____ ■ 성명 : _____

1교시

※ 다음 문제 중 10문제를 선택하여 설명하시오.(각 10점)

1. 건설안전의 개념(槪念)
2. 보호구의 종류와 관리방법
3. Proof rolling
4. 한중콘크리트의 품질관리
5. 초기안전점검
6. 액상화(液狀化, liquefaction)
7. 피뢰침의 구조와 보호범위 및 여유도
8. 강화유리와 반강화유리
9. 공발현상(철포현상)
10. 수목식재의 버팀목(지주목)
11. 구조물에 작용하는 Arch action
12. 콘크리트 폭열에 영향을 주는 인자
13. 재해 발생이론 중 Frank E. Bird's의 신도미노이론

2교시

※ 다음 문제 중 4문제를 선택하여 설명하시오.(각 25점)

1. 건설기술진흥법에서 정한 안전관리계획서의 필요성, 목적, 대상사업장 및 검토 시스템에 대하여 설명하시오.
2. 건설현장에서 시행하는 대구경 현장타설 말뚝기초(RCD)공법의 철근공상 방지대책과 슬라임 처리방안에 대하여 설명하시오.

3. 도심지 지하굴착공사시 사용하는 스틸복공판(覆工板)의 기능, 안전취약요소 및 안전대책에 대하여 설명하시오.
4. 건설현장에서 동절기 공사 재해의 예방대책에 대하여 설명하시오.
5. 건설현장에서 사고요인자의 심리치료 목적과 행동치료과정 및 방법에 대하여 설명하시오.
6. 도로공사에서 동상방지층의 설치 필요성 및 동상방지대책에 대하여 설명하시오.

3교시

※ 다음 문제 중 4문제를 선택하여 설명하시오.(각 25점)

1. 도심지 초고층건물 공사현장에서 재해예방을 위해 안전순찰(安全巡察) 활동을 시행하고 있다. 안전수찰 활동의 목적, 문제점 및 효과적인 활용방안에 대하여 설명하시오.
2. 지하층에 설치된 기계실, 전기실 등에 장비반입과 장비교체를 위해 지상 1층 슬래브에 장비반입구를 설치할 경우 장비반입구의 위험요소와 안전한 장비반입구 설치방안을 계획측면, 설계측면, 시공 및 관리측면으로 구분하여 설명하시오.
3. 공용중인(준공 후 운영) 콘크리트 댐 시설의 주요 결함 원인과 방지대책에 대하여 설명하시오.
4. 기존 구조물을 보존하기 위하여 실시하는 기초보강공법인 Under pinning의 종류와 시공시 안전대책에 대하여 설명하시오.
5. 철공공사의 현장접합시공에서 부재간 접합(주각과 기둥, 기둥과 기둥, 보와 보, 기둥과 보)의 결함요소와 철골조립시 안전대책에 대하여 설명하시오.
6. 건설현장 수직 Lift car의 구성요소와 재해 위험요인 및 안전대책에 대하여 설명하시오.

4교시

※ 다음 문제 중 4문제를 선택하여 설명하시오.(각 25점)

1. 시설물의 안전관리에 관한 특별법에서 정하고 있는 콘크리트 및 강구조물의 노후화 원인, 예방대책 및 보수·건강 방안에 대하여 설명하시오.
2. 10층 규모의 철근콘크리트 건축물 외벽을 화강석 석재판으로 마감하고자 한다. 석공사 건식 붙임공법의 종류와 안전관리방안에 대하여 설명하시오.
3. 건설현장 지하굴착 공사시 발생되는 진동발생원인과 주변에 미치는 영향 및 안전관리대책에

대하여 설명하시오.

4. 건설현장에서 안전대 사용시, 보관과 보수방법 및 폐기기준에 대하여 설명하시오.
5. 석촌 지하차도에서와 같이 도심지 터널공사에서 충적층지반에 실드(shield)공법으로 시공시 동공발생 원인과 안정대책에 대하여 설명하시오.
6. 높이 35[m]의 공사현장에서 외벽 강관쌍줄비계를 이용하여 마감공사를 끝내고 강관비계를 해체하고자 한다. 강관쌍줄비계 해체계획과 안전조치사항에 대하여 설명하시오.

제106회 2015년도 시행 건설안전기술사

1교시

※ 다음 문제 중 10문제를 선택하여 설명하시오. (각 10점)

1. 건설기술진흥법령상 건설공사 안전관리계획에 추가해야 하는 지반침하 관련 사항
2. 산업안전보건법령상 건설업 보건관리자의 배치기준, 선임자격, 업무
3. 콘크리트의 수축(Shrinkage)
4. 수팽창지수재
5. 수중 불분리성 혼화제
6. 매슬로우(Maslow)의 욕구 위계 7단계
7. 위험예지훈련(Tool Box Meeting)
8. 건설업 기초안전보건교육
9. 위험성평가 기법의 종류
10. 근로손실일수 7,500일의 산출근거 및 의미를 기술하고, 300명이 상시 근무하는 사업장에서 연간 5건의 재해가 발생하여 3급 장애자 2명, 50일 입원 2명, 30일 입원 3명이 발생하였을 때 이 사업장의 강도율을 구하시오. (단, 소숫점 둘째자리에서 반올림하시오.)
11. 산업안전보건법령상 정부의 책무 및 사업주의 의무
12. 숏크리트(Shotcrete)
13. 터널굴착시 여굴 발생원인 및 방지대책

2교시

※ 다음 문제 중 4문제를 선택하여 설명하시오. (각 25점)

1. 산업안전보건법령상 건설현장에서 일용근로자를 대상으로 시행하는 안전보건교육의 종류, 교육시간, 교육내용에 대하여 설명하시오.
2. 건설현장에서 선진안전문화 정착을 위한 공사팀장, 안전관리자, 협력업체 소장의 역할과 책

임(Role & Responsibility)에 대하여 설명하시오.
3. 건설현장에서의 하절기(장마철, 혹서기)에 발생하는 특징적 재해유형 및 위험요인별 안전대책에 대하여 설명하시오.
4. 건축리모델링 공사시 안전한 공사를 위한 고려사항을 부지현황 조사, 건축구조물 점검, 증축부분으로 구분하여 설명하시오.
5. 시스템(System) 동바리의 구조적 개념과 붕괴원인 및 붕괴 방지대책에 대하여 설명하시오.
6. 갱폼(Gang form) 제작시 갱폼의 안전설비 및 현장에서 사용시 안전작업대책에 대하여 설명하시오.

3교시

※ 다음 문제 중 4문제를 선택하여 설명하시오.(각 25점)

1. 사용 중인 초고층 빌딩에서 발생될 수 있는 재해요인과 방지대책에 대하여 설명하시오.
2. 콘크리트 구조물의 화재시 구조물의 안전에 영향을 미치는 요소를 나열하고, 콘크리트 구조물의 화재예방 및 피해최소화 방안에 대하여 설명하시오.
3. 철골공사 작업시 안전시공절차 및 추락방지시설에 대하여 설명하시오.
4. 산업안전보건법령상 건설업체 산업재해발생률 및 산업재해발생 보고의무 위반건수의 산정 기준과 방법에 대하여 설명하시오.
5. 철근의 철근부식에 따른 성능저하 손상도 및 보수판정 기준, 부식원인 및 방지대책에 대하여 설명하시오.
6. 그림과 같이 철근콘크리트 슬래브를 시공하려 한다. 다음 각 물음에 답하시오.
    1) 동바리를 양방향의 동일한 간격으로 배치할 경우, 다음 조건을 고려하여 최대간격 $d[m]$를 구하시오.(단, 소숫점 둘째자리 이하는 버림처리하시오.)
        - 거푸집, 장선, 띠장, 동바리의 자중은 고려하지 않는다.
        - 철근콘크리트 단위중량(γ_{rc}) = 24[kN/m³]
        - 좌굴계수(K) = 1.0
        - 동바리 규격 : $\phi 50$[mm]×2.5t 강관
        - 동바리 탄성계수(E_s) = 2.1×10⁵[MPa]
        - 동바리 안전율 : 2.0

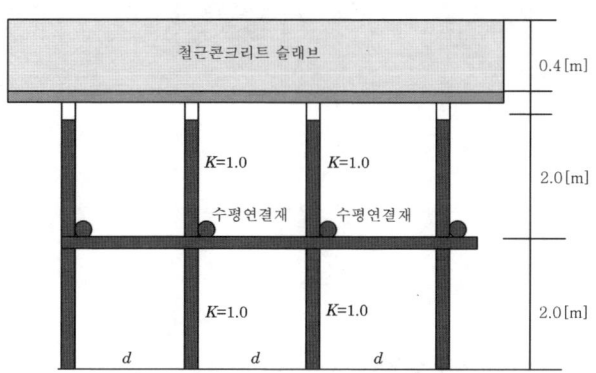

2) 동바리 높이가 3.5[m] 이상 시 수평연결재를 설치하는 이유에 대하여 설명하시오.

• 4교시

※ 다음 문제 중 4문제를 선택하여 설명하시오.(각 25점)

1. 프리스트레스트 콘크리트(Prestressed Concrete)에 대한 다음 사항을 설명하시오.

   1) 정의, 특징, 긴장방법, 시공시 유의사항

   2) PSC거더(Girder) 긴장시 주의사항 및 거치시 안전조치사항

2. 가설교량의 H파일(Pile), 주형보, 복공판 시공시 유의사항에 대하여 설명하시오.

3. 기성콘크리트말뚝의 파손의 원인과 방지대책, 그리고 시공시 유의사항 및 안전대책에 대하여 설명하시오.

4. 건설업 KOSHA 18001 시스템의 도입 필요성, 인증절차, 본사 및 현장 안전관리운영체계에 대하여 설명하시오.

5. 프로이드(Freud)는 인간의 성격을 3가지의 기본구조, 즉 원초아(Id), 자아(Ego), 초자아(Super Ego)로 보았는데, 이 3가지 구조에 대하여 각각 설명하고, 일반적으로 사람들이 내적갈등의 상태에 빠졌을 때 자신을 보호하기 위해 사용하는 방어기제에 대하여 설명하시오.

6. 커튼월(Curtain Wall)의 누수원인과 누수를 방지하기 위한 빗물처리방식에 대하여 설명하시오.

제107회 2015년도 시행 건설안전기술사

■ 분야 : 안전관리   ■ 자격종목 : 건설안전   ■ 수험번호 :　　　　　■ 성명 :

● 1교시

※ 다음 문제 중 10문제를 선택하여 설명하시오.(각 10점)

1. 동작경제의 원칙
2. 가설비계 설치시 가새(Bracing)의 역할
3. 콘크리트의 크리프(Creep) 파괴
4. 동기부여 이론
5. 건설사업관리기술자가 작성하는 부적합보고서(Nonconformance Report)
6. 철골부재의 강재증명서(Mill Sheet) 검사항목
7. 건설용 곤돌라(Gondola) 안전장치
8. 흙의 아터버그(Atterberg) 한계
9. 부주의(不注意) 현상
10. 석면의 조사대상기준 및 해체 작업시 준수사항
11. 콘크리트 내부 철근 수막(水幕)현상
12. 거푸집동바리의 안전율
13. 종합건설업 KOSHA18001(안전보건경영시스템) 도입시 본사 및 현장 심사항목

● 2교시

※ 다음 문제 중 4문제를 선택하여 설명하시오.(각 25점)

1. 고속도로 확장 및 보수 공사구간의 안전시설 설치기준에 대하여 설명하시오.
2. 건설현장 위험성평가시 현장대리인, 원도급 관리감독자, 안전관리자 및 협력업체 소장의 역할과 현장의 적용 시스템 구축모델을 설명하시오.
3. 건설기계 중 백호(Back-hoe)장비의 재해발생형태별 위험요인과 안전대책에 대하여 설명

하시오.

4. 최근 건설현장에서 직업병의 발생이 꾸준히 증가하는 추세에 있다. 현장 근로자의 직종별 유해인자(요인)과 그 예방대책에 대하여 설명하시오.
5. 건축물 신축공사 중 외부 강관쌍줄비계를 설치(H:30[m])하고 외벽마감작업 완료 후 해체작업 중 비계가 붕괴되어 중대재해가 발생하였다. 현장대리인이 취하여야 할 조치사항과 동종 사고예방을 위한 안전대책에 대하여 설명하시오.(사고원인 추정 : 비계해체 기준 미준수, 벽이음의 설치불량과 무리한 해체)
6. 건설현장에서 골조공사시 철근의 운반, 가공 및 조립시 발생하는 안전사고의 원인과 대책에 대하여 설명하시오.

3교시

※ 다음 문제 중 4문제를 선택하여 설명하시오.(각 25점)

1. 연약지반을 개량하고자 한다. 사전조사내용과 개량공법의 종류 및 공법선정에 대하여 설명하시오.
2. 터널 굴착공사에서 암반 발파시 발생할 수 있는 사고의 원인 및 안전대책에 대하여 설명하시오.
3. 건설업 산업안전보건관리비의 항목별 사용기준 및 공사별 계상기준에 대하여 설명하시오.
4. 지하굴착공사를 위한 흙막이가시설의 시공계획서에 포함할 내용과 지하수 발생시 대책공법에 대하여 설명하시오.
5. 건설현장 발생재해의 많은 비중을 차지하는 소규모 건설현장의 재해발생원인 및 감소대책에 대하여 설명하시오.
6. 최근 건설현장에서 공사 중 자연재난과 인적재난이 빈번히 발생하고 있다. 각각의 재난 특성 및 대책에 대하여 설명하시오.

4교시

※ 다음 문제 중 4문제를 선택하여 설명하시오.(각 25점)

1. M.S.S(Movable Scaffolding System)교량 가설공법의 시공순서 및 공정별 중점안전관리사항에 대하여 설명하시오.

2. 공동주택 공사 중 알루미늄거푸집(AL-Form)의 설치·해체시 발생하는 안전사고의 원인 및 대책에 대하여 설명하시오.

3. 경사지에 흙막이(H-Pile+토류판)지지공법으로 어스앵커를 시공하면서 토공굴착 중 폭우로 인하여 기 시공된 흙막이지보공의 붕괴징후가 발생하였다. 이에 따른 긴급조치사항과 추정되는 붕괴의 원인 및 안전대책에 대하여 설명하시오.

4. 건설공사 자동화의 효과 및 향후 안전관리측면에서 활용방안에 대하여 설명하시오.

5. 타워크레인(Tower Crane)의 본체 등 구성요소별 위험요인과 조립, 해체 및 운행시 안전대책에 대하여 설명하시오.

6. 건축물 리모델링(Remodeling) 현장의 해체작업 중 발생할 수 있는 안전사고의 발생원인 및 대책에 대하여 설명하시오.

제108회 2016년도 시행 건설안전기술사

■ 분야 : 안전관리   ■ 자격종목 : 건설안전   ■ 수험번호 :   ■ 성명 :

1교시

※ 다음 문제 중 10문제를 선택하여 설명하시오.(각 10점)

1. 흙의 전단강도 측정방법
2. 산업안전보건법상 양중기의 종류 및 관리 SYSTEM
3. 시설물의 안전관리에 관한 특별법상 건축물 2종 시설물의 범위와 시설물의 정기점검 실시시기
4. 철골기둥 부동축소 현상(Column Shortening)
5. 합성형 거더(Composite Girder)
6. 건축 및 토목 구조물의 내진, 면진, 제진의 구분
7. 항타기, 항발기 조립시 점검사항 및 전도 방지조치와 와이어로프의 사용금지기준
8. 건설현장 가설재의 구조적 특징, 보수시기, 점검항목
9. 재해의 직접원인과 간접원인(3E)
10. Rock Pocket 현상
11. 피로현상의 5가지 원인 및 피로예방대책
12. 복합열화
13. 터널 시공시 편압 발생대책

2교시

※ 다음 문제 중 4문제를 선택하여 설명하시오.(각 25점)

1. 건설현장의 밀폐 공간 작업시 재해 발생원인 및 안전대책에 대하여 설명하시오.
2. 상수도 매설공사 현장의 금속재 지중매설 관로에서 발생할 수 있는 부식의 종류와 부식에 영향을 미치는 요소 및 금속 강관류 부식억제 방법에 대하여 설명하시오.

3. 공사 중 발생될 수 있는 지하구조물의 부상요인과 그 안전대책에 대하여 설명하시오.
4. 건설현장에서 정전기로 인한 재해발생 원인, 정전기 발생에 영향을 주는 조건 및 정전기에 의한 사고 방지대책에 대하여 설명하시오.
5. 보강토 옹벽의 구성요소와 뒤채움재의 조건 및 보강성토 사면의 파괴양상에 대하여 설명하시오.
6. 국지성 강우에 의한 도로 및 주거지에서 토석류의 발생유형을 설명하고, 문제점 및 대책에 대하여 설명하시오.

3교시

※ 다음 문제 중 4문제를 선택하여 설명하시오.(각 25점)

1. 고강도 콘크리트의 폭열현상 발생 메커니즘과 방지대책 및 화재피해정도를 측정하는 방법에 대하여 설명하시오.
2. 지상 59층 건축물, 지하 6층 건설현장의 위험성 평가 모델 중 지하층 굴착공사시 유해위험 요인과 안전보건대책에 대하여 설명하시오.
3. 콘크리트 타설시 거푸집 측압에 영향을 주는 요소를 설명하시오.
4. 도심지 지상 25층, 지하 5층 굴착현장에 지하 1층, 지상 5층 3개동, 지상 33층, 지하 6층의 건물이 인접해 있다. 주변환경을 고려한 계측항목, 계측빈도, 계측시 유의사항에 대하여 설명하시오.
5. 터널의 구조물 안전진단시 발생되는 주요 결함내용과 손상원인 및 보수대책에 대하여 설명하시오.
6. 하천에 시공되는 교량의 하부구조물의 세굴발생원인 및 방지대책, 조치사항에 대하여 설명하시오.

4교시

※ 다음 문제 중 4문제를 선택하여 설명하시오.(각 25점)

1. 강구조물 용접시 예열의 목적과 예열시 유의사항 및 용접작업의 안전대책에 대하여 설명하시오.
2. 콘크리트의 피로에 관한 다음 항목에 대하여 설명하시오.

- 피로한도와 피로강도
- 피로파괴 발생요인과 특징
- 현장 시공시 유의사항 및 안전대책

3. 해안이나 하천지역의 매립 공사시 유의사항과 안전사고예방을 위한 대채에 대하여 설명하시오.

4. 교량의 내진성능 평가시의 내진등급을 구분하고, 내진성능 평가방법에 대하여 설명하시오.

5. 공공의 용도로 사용중인 터널의 주요 결함 내용과 손상원인 및 보수대책에 대하여 설명하시오.

6. 항만공사에서 방파제의 설치목적과 시공시 유의사항 및 안전대책에 대하여 설명하시오.

건설안전기술사

제109회 2016년도 시행

■ 분야 : 안전관리   ■ 자격종목 : 건설안전   ■ 수험번호 :   ■ 성명 :

1교시

※ 다음 문제 중 10문제를 선택하여 설명하시오.(각 10점)

1. 알더퍼(Alderfer) ERG이론
2. 안전인증 및 자율안전 확인신고대상 가설기자재의 종류
3. 고정하중(Dead load)과 활하중(Live load)
4. 내민비계
5. 콘크리트 압축강도를 28일 양생 강도 기준으로 하는 이유
6. 활선 및 활선 근접작업시 안전대책
7. 오일러(Euler) 좌굴하중 및 유효좌굴길이
8. 물질안전보건자료(MSDS)
9. 산업안전보건법의 안전조치 기준 중 '작업적 위험'
10. 염해에 대한 콘크리트 내구성 허용기준
11. 강재의 저온균열, 고온균열
12. ETA(Event Tree Analysis : 사건수 분석기법)
13. 안전점검시 콘크리트 구조물의 내구성시험

2교시

※ 다음 문제 중 4문제를 선택하여 설명하시오.(각 25점)

1. 건설현장 안전관리의 문제점과 재해발생요인 및 감소대책(개선사항)을 설명하시오.
2. 건설기술진흥법상 건설공사 안전점검의 종류 및 실시방법에 대하여 설명하시오.
3. 외부 강관비계에 작용하는 하중과 설치기준을 설명하시오.
4. 소일네일링공법(Soil Nailing Method)의 시공대상과 방법 및 안전대책에 대하여 기술하시오.

5. 공용중인 도로와 인접한 비탈사면에서의 불안정 요인과 사면붕괴를 사전에 감지하고 인명피해를 최소화하기 위한 예방적 안전대책을 설명하시오.
6. 해상에 건설된 교량의 수중부 강관파일 기초에 대하여 부식방지대책을 설명하시오.

3교시

※ 다음 문제 중 4문제를 선택하여 설명하시오. (각 25점)

1. 도심지 지하굴착공사시 토류벽 배면의 누수로 인하여 인접건물에 없던 균열·침하·기울어짐 현상이 발생하였다. 발생원인 및 안전대책에 대하여 설명하시오.
2. 이동식크레인 작업시 예상되는 재해유형과 원인 및 안전대책을 설명하시오.
3. 철근의 이음(길이, 위치, 공법종류, 주의사항)과 Coupler이음에 대하여 구체적으로 설명하시오.
4. 지지말뚝의 부마찰력이 발생하여 구조물에 균열이 발생했다. 원인과 방지대책을 설명하시오.
5. 시설물의 안전관리에 관한 특별법에 관한 다음 항목에 대하여 설명하시오.
   1) 1종 시설물
   2) 안전점검 및 정밀안전진단 실시주기
   3) 시설물정보관리종합시스템(FMS : Facility Management System)
6. 피뢰설비의 조건 및 설치기준을 설명하시오.

4교시

※ 다음 문제 중 4문제를 선택하여 설명하시오. (각 25점)

1. 건설현장에서 발생하는 전기화재의 발생원인 및 예방대책을 설명하시오.
2. 터널 막장면의 안정을 위한 굴착보조공법을 설명하시오.
3. 도심지 재개발 건축현장의 건축 구조물을 해체하고자 한다. 해체공법의 종류별 특징과 공법 선정시 고려사항 및 안전대책에 대하여 기술하시오.
4. 다음 건축현장의 상황을 고려하여 위험성평가를 실시하시오.
   - 위험성평가의 정의 및 절차

－공종분류 및 위험요인을 파악, 핵심위험요인의 개선대책을 제시

> 【현장설명】
> －공사종류 : 공사금액 40억원, 12층 빌딩 신축공사
> －작업종류 : 건축마감공사
> －위험성 평가시기 : 해당 작업 직전일
> －평가 대상작업 : 골조공사 완료 후 고소작업대(차) 위에서 외부 창호작업
> －상황설명 : 연약지반에 설치된 고소작업대(차)에 작업자 2명이 탑승하여 지상 9층 높이에서 외부 창호작업 실시(근로자 사전 교육 미실시)

5. 건설업 안전보건경영시스템의 적용범위 및 인증절차와 취소조건을 설명하시오.

6. 공용중인 장대 케이블교량의 안전성 분석을 위한 상시 교량계측시스템(BHMS : Bridge Health Monitoring System)에 대하여 설명하시오.

제110회 2016년도 시행 건설안전기술사

1교시

※ 다음 문제 중 10문제를 선택하여 설명하시오.(각 10점)

1. 휴먼에러(Human Error) 예방의 일반원칙(Wiener)
2. 건설기술진흥법상 가설구조물의 안전성확인
3. 화학물질 및 물리적 인자의 노출기준
4. 정신상태 불량으로 발생되는 안전사고 요인
5. 건설기술진흥법상 설계안전성검토(Design For Safety)
6. SI단위 사용규칙
7. 철근의 롤링마크(Rolling Mark)
8. 개구부 수평 보호덮개
9. 안전교육 방법 중 사례연구법
10. 배토말뚝과 비배토말뚝
11. 강구조물의 비파괴시험 종류 및 검사방법
12. 낙하물방지망 설치근거와 기준
13. 시설물의 안전점검 결과 중대결함 발견 시 관리주체가 하여야 할 조치사항

2교시

※ 다음 문제 중 4문제를 선택하여 설명하시오.(각 25점)

1. 산업안전보건법에 따른 위험성평가의 절차와 위험성 감소대책 수립 및 실행에 대하여 설명하시오.
2. 터널굴착 시 보강공법을 적용해야 되는 대상지반유형을 제시하고, 지보재의 종류와 역할, 숏크리트(Shotcrete)와 록볼트(Rock Bolt)의 주요기능 및 작용효과를 설명하시오.

3. 초고층 건축물의 양중계획 시 고려사항과 자재 양중 시의 안전대책에 대하여 설명하시오.
4. 지하철역사 심층공간에서 재해발생 시 대형재해로 확산 될 수 있어 공사 시 이에 대한 사전 대책이 요구되고 있는 바, 화재 발생 시 안전과 관련되는 방재적 특징과 안전대책에 대하여 설명하시오.
5. 사용 중인 건축물 붕괴사고 발생 시 피해유형과 인명구조 행동요령에 대하여 설명하시오.
6. 건설공사 중 용제류 사용에 의한 안전사고 발생원인 및 안전대책에 대하여 설명하시오.

3교시

※ 다음 문제 중 4문제를 선택하여 설명하시오.(각25점)

1. 건설현장 야간작업 시 안전사고 예방을 위한 야간작업 안전지침에 대하여 설명하시오.
2. 건설기계의 재해발생형태별 재해원인을 기술하고, 지게차 작업 시 재해 발생원인과 재해예방 대책에 대하여 설명하시오.
3. 도로와 인도에 접하는 도심의 리모델링 건축공사 시 외부비계에서 발생할 수 있는 안전사고의 종류와 원인 및 방지대책에 대하여 설명하시오.
4. 지구온난화에 의한 이상기후로 피해가 급증하고 있는 바, 이상기후에 대한 건설현장의 안전관리대책과 폭염 시 질병예방을 위한 안전조치에 대하여 설명하시오.
5. 건축법에서 규정하고 있는 내진설계 대상 건축물을 제시하고, 내진성능평가를 위한 재료강도를 결정하는 방법 중 설계도서가 있는 경우와 없는 경우의 콘크리트 및 조적의 강도결정방법에 대하여 설명하시오.
6. 순간 최대 풍속이 40[m/sec]인 태풍이 예보된 상황에서 교량건설공사현장의 거푸집 동바리에 작용하는 풍하중과 안전점검기준에 대하여 설명하시오.

4교시

※ 다음 문제 중 4문제를 선택하여 설명하시오.(각25점)

1. 우리나라에서 발생할 수 있는 자연적재난과 인적재난의 종류별로 건설현장의 피해, 사고원인 및 예방대책에 대하여 설명하시오.
2. 철골구조물의 화재발생 시 내화성능을 확보하기 위한 철골기둥과 철골보의 내화뿜 칠재 두께 측정위치를 도시하고, 측정방법과 판정기준을 설명하시오.

3. 지하 흙막이 가시설 붕괴사고 예방을 위한 계측의 목적, 흙막이구조 및 주변의 계측 관리기준, 현행 계측관리의 문제점 및 개선대책에 대하여 설명하시오.

4. 고층 건축물의 피난안전구역의 개념과 피난안전구역의 건축 및 소방시설 설치기준에 대하여 설명하시오.

5. 도시철도 개착정거장의 굴착작업 전 흙막이 가시설을 위한 천공 작업을 계획 중에 있다. 발생가능한 지장물 파손사고 대상과 지장물 파손사고 예방을 위한 안전관리 계획에 대하여 설명하시오.

6. 폭우로 인하여 비탈면 토사가 유실되고, 높이 5[m]의 옹벽이 붕괴되었다. 비탈면 토사 유실 및 옹벽붕괴의 주요원인과 안전대책에 대하여 설명하시오.

제111회 2017년도 시행 건설안전기술사

1교시

※ 다음 문제 중 10문제를 선택하여 설명하시오.(각 10점)

1. 산업안전보건법상 공사기간 연장요청
2. 건설기술진흥법상 건설기준 통합코드
3. 최적 함수비(Optimum Moisture Content)
4. 철골의 CO_2 아크(Arc)용접
5. 건설기계 관리시스템
6. 보안경의 종류와 안전기준
7. 위험성평가 5원칙
8. 고장력 볼트(High Tension Bolt)
9. 응급처치(First Aid)
10. 국내·외 안전보건교육의 트렌드
11. 개인적 결함(불안전 요소)
12. 가설재의 구비요건(3요소)
13. 교량의 지진격리설계

2교시

※ 다음 문제 중 4문제를 선택하여 설명하시오.(각 25점)

1. 하인리히의 사고발생 연쇄성이론과 관리감독자의 역할을 설명하시오.
2. 재해통계의 종류, 목적, 법적근거, 작성 시 유의사항을 설명하시오.
3. 불량 레미콘의 발생유형 및 처리방안에 대하여 설명하시오.
4. 잔골재의 입도, 유해물 함유량, 내구성에 대하여 설명하시오.

5. 초고층 건축물의 특징, 재해발생 요인 및 특성, 공정단계별 안전관리사항에 대하여 설명하시오.
6. 도심지 터널공사 시 발파로 인해 발생되는 진동 및 소음기준과 발파소음의 저감대책에 대하여 설명하시오.

3교시

※ 다음 문제 중 4문제를 선택하여 설명하시오.(각25점)

1. 시설물의 안전관리에 관한 특별법상 1종 시설물과 2종 시설물을 설명하시오.
2. 휴대용 연삭기의 종류와 연삭기에 의한 재해원인을 기술하고, 휴대용 연삭기 작업 시 안전대책에 대하여 설명하시오.
3. 건축구조물의 부력발생원인과 부상방지를 위한 공법별 특징과 유의사항 및 중점 안전 관리대책에 대하여 설명하시오.
4. 산업안전보건위원회에 대하여 설명하시오.
5. 고소작업대 관련 법령(산업안전보건기준에 관한 규칙) 기준과 재해발생 형태별 예방 대책을 설명하시오.
6. 굴착공사 시 적용 가능한 흙막이 공법의 종류와 연약지반 굴착 시 발생할 수 있는 히빙(Heaving)현상과 파이핑(Piping)현상의 안전대책에 대하여 설명하시오.

4교시

※ 다음 문제 중 4문제를 선택하여 설명하시오.(각25점)

1. 10층 이상 건축물의 해체 등 건설기술진흥법상 안전관리계획 의무대상 건설공사를 열거하고, 해체공사계획의 주요 내용을 설명하시오.
2. 시공 중인 건설물의 외측면에 설치하는 수직보호망의 재료기준 및 조립기준, 사용 시 안전대책을 설명하시오.
3. 교량공사 중 교대의 측방유동 발생 시 문제점과 발생원인 및 방지대책에 대하여 설명하시오.
4. S.C.W(Soil Cement Wall) 공법에 대하여 설명하시오.
5. 권상용 와이어로프의 운반기계별 안전율 및 단말체결방법에 따른 효율성과 폐기기준에 대하여 설명하시오.
6. 지진을 분류하고 지진발생으로 인한 피해영향과 구조물의 안전성 확보를 위한 방지 대책을 설명하시오.

제112회 2017년도 시행 건설안전기술사

● 1교시

※ 다음 문제 중 10문제를 선택하여 설명하시오.(각 10점)

1. 사전조사 및 작업계획서 작성 대상작업(산업안전보건기준에 관한 규칙 제38조)
2. 시설물의 안전관리에 관한 특별법의 정밀점검 및 정밀안전진단 보고서 상 사전검토사항(사전검토보고서)에 포함되어야 할 내용(정밀안전진단 중심으로)
3. 서중콘크리트
4. 사업장내 근로자 정기안전보건교육 내용
5. 화재감시자 배치대상(산업안전보건기준에 관한 규칙 제241조의2)
6. GHS(Global Harmonized System of Classification and labelling of chemicals) 경고 표지에 기재되어야 할 항목
7. 사면붕괴의 원인과 사면의 안정을 지배하는 요인
8. 건축물의 내진성능평가의 절차 및 성능수준
9. 흙의 보일링(boiling) 현상 및 피해
10. 휨강성(EI)
11. 부적격한 와이어로프의 사용금지 조건(Wire rope의 폐기 기준)
12. PS강재의 응력부식과 지연파괴
13. 지진발생의 원인과 진원 및 진앙, 지진규모

● 2교시

※ 다음 문제 중 4문제를 선택하여 설명하시오.(각25점)

1. 건설현장에서 사용되는 안전보호구 종류를 나열하고 그 중 안전대의 종류와 사용 및 폐기기준에 대하여 설명하시오.
2. 건설업 유해위험방지계획서 작성대상 및 포함사항과 최근 제정된 작성지침의 주요내용에 대

하여 설명하시오.

3. 토류벽의 안전성 확보를 위한 토류벽 지지공법의 종류와 각 공법별 안전성 확보를 위한 주의사항에 대하여 설명하시오.
4. 준공된 지 3개월이 경과된 철근콘크리트 건축물(지하3층, 지상22층)에 향후 발생될 수 있는 열화현상을 설명하고 시설물을 효과적으로 관리하기 위한 시설물의 안전 및 유지관리 기본계획에 대하여 설명하시오.
5. NATM 터널의 안전성 확보를 위해 시행하는 시공 중 계측항목(내용) 및 계측시스템에 대하여 설명하시오.
6. 콘크리트 타설시 부상현상(浮上現象)의 정의와 방지대책에 대하여 설명하시오.

3교시

※ 다음 문제 중 4문제를 선택하여 설명하시오.(각25점)

1. 중대재해의 정의와 발생 시 보고사항 및 조치순서에 대하여 설명하시오.
2. 철골공사 중 무지보 데크플레이트 공법의 시공순서 및 재해발생 유형과 안전대책에 대하여 설명하시오.
3. 콘크리트 교량의 안전성 확보를 위한 안전점검의 종류와 정밀안전진단의 절차에 대하여 설명하시오.
4. 산업안전보건법 상 안전보건진단의 종류 및 진단보고서에 포함하여야 할 내용에 대하여 설명하시오.
5. 연면적 50,000[m^2](지하2층, 지상16층) 건축물을 시공하려고 한다. 건설기술진흥법을 토대로 안전관리계획서 작성항목과 심사기준에 대하여 설명하시오.
6. 해체공사 시 사전조사 항목과 해체공법의 종류 및 건설공해 방지대책에 대하여 설명하시오.

4교시

※ 다음 문제 중 4문제를 선택하여 설명하시오.(각25점)

1. 건설업 안전보건경영시스템(KOSHA 18001)의 정의 및 종합건설업체 현장분야 인증항목에 대하여 설명하시오.
2. 하인리히와 버드의 연쇄성(Domino)에 대한 재해 구성비율과 이론을 비교하여 설명하시오.

3. 건설현장 근로자의 안전제일 가치관을 정착시키기 위한 전개방안과 현장에서 근로자의 안전의식 증진방안에 대하여 설명하시오.

4. 철근콘크리트 교량 구조물에 발생된 변형에 대한 보수·보강기법에 대하여 설명하시오.

5. 시설물의 안전관리에 관한 특별법상 지하4층, 지상30층, 연면적 200,000[m^2] 이상 되는 건축물에 적용되는 점검 및 진단을 설명하고, 점검·진단 시 대통령령으로 정하는 중대 결함사항과 결함사항을 통보받은 관리주체의 조치사항에 대하여 설명하시오.

6. 건설공사 시 발파진동에 의한 인근 구조물의 피해가 발생하는 바, 발파진동에 심각하게 영향을 미치는 요인과 발파진동 저감방안에 대하여 설명하시오.

■ 분야 : 안전관리   ■ 자격종목 : 건설안전   ■ 수험번호 :   ■ 성명 :

제113회 2017년도 시행 건설안전기술사

1교시

※ 다음 문제 중 10문제를 선택하여 설명하시오.(각 10점)

1. 지적확인을 설명하시오.
2. 사전작업허가제(Permit to Work) 대상을 설명하시오.
3. 재사용 가설기자재의 폐기기준 및 성능기준을 설명하시오.
4. 용접결함 보정방법을 설명하시오.
5. 교량받침에 작용하는 부반력에 대한 안전대책을 설명하시오.
6. 산업안전보건법령상 안전진단을 설명하시오.
7. 슬링(Sling)의 단말 가공법(wire rope 중심) 종류를 설명하시오.
8. 안전보건에 관한 노사협의체의 의결사항을 설명하시오.
9. 지하굴착공사에서 설치하는 복공판의 구성요소와 안전관리사항을 설명하시오.
10. 흙의 전단파괴 종류와 특징을 설명하시오.
11. 흙막이공사에서 안정액의 기능과 요구성능을 설명하시오.
12. 테트라포드(Tetrapod, 소파블럭)의 안전대책 및 유의사항을 설명하시오.
13. 위험도 평가 단계별 수행방법에서 다음 조건의 위험도를 계산하시오.(세부공종별 재해자수 : 1,000명, 전체 재해자수 : 20,000명, 세부공종별 산재요양 일수의 환산지수 : 7,000)

2교시

※ 다음 문제 중 4문제를 선택하여 설명하시오.(각 25점)

1. 재해조사의 3단계와 사고조사의 순서 및 재해조사 시 유의사항에 대하여 설명하시오.
2. 건설재해예방기술지도 대상사업장과 기술지도 업무내용 및 재해예방전문지도기관의 평가기준을 설명하시오.

3. 건설현장에서 펌프카에 의한 콘크리트 타설 시 재해유형과 안전대책에 대하여 설명하시오.
4. 건축물에 설치된 대형 유리에 대한 열 파손 및 깨짐 현상과 방지대책에 대하여 설명하시오.
5. 동절기 지반의 동상현상으로 인한 문제점 및 방지대책에 대하여 설명하시오.
6. 콘크리트 구조물에 작용하는 하중에 의한 균열의 종류와 발생원인 및 방지대책에 대하여 설명하시오.

3교시

※ 다음 문제 중 4문제를 선택하여 설명하시오.(각25점)

1. 건설현장에서 밀폐공간작업 시 중독·질식사고 예방을 위한 주요내용을 설명하시오.
2. 사물인터넷을 활용한 건설현장 안전관리 방안을 설명하시오.
3. 건설현장에서 발파를 이용하여 암사면 절취 시 사전점검 항목과 암질판별 기준 및 안전대책에 대하여 설명하시오.
4. 철근콘크리트공사에서 거푸집 및 동바리 설계 시 고려하중과 설치기준에 대하여 설명하시오.
5. 건설작업용 리프트의 사고유형과 안전대책 및 방호장치에 대하여 설명하시오.
6. 건축물 외벽에서의 방습층 설치 목적과 시공 시 안전대책에 대하여 설명하시오.

4교시

※ 다음 문제 중 4문제를 선택하여 설명하시오.(각25점)

1. 철근도괴사고의 유형과 발생원인 및 예방대책에 대하여 설명하시오.
2. 초고층 건축공사 현장에서 기둥축소(Column Shortening) 현상의 발생원인과 문제점 및 예방대책에 대하여 설명하시오.
3. 건축물 철거·해체 시 석면조사기관의 조사대상과 석면제거 작업 시 준수사항에 대하여 설명하시오.
4. 매스콘크리트에서 온도균열 제어방법과 시공 시 유의사항에 대하여 설명하시오.
5. 건설현장에서 고령근로자 및 외국인 근로자가 증가함으로 인하여 발생되는 문제점과 재해예방 대책에 대하여 설명하시오.
6. 터널공사에서 발생하는 유해가스와 분진 등을 고려한 환기계획 및 환기방식의 종류에 대하여 설명하시오.

■ 분야 : 안전관리   ■ 자격종목 : 건설안전   ■ 수험번호 :   ■ 성명 :

제114회 2018년도 시행 건설안전기술사

1교시

※ 다음 문제 중 10문제를 선택하여 설명하시오.(각 10점)

1. 가설통로 종류 및 조립 설치 안전기준
2. 건설현장 재해 트라우마(Trauma)
3. 안전보건조정자
4. 특별안전보건교육 대상작업 중 건설업에 해당하는 작업(10개)
5. 고력볼트 반입검사
6. 소음작업 중 강렬한 소음 및 충격소음작업
7. 항타기 도괴 방지
8. 자기치유 콘크리트(Self-Healing Concrete)
9. 기둥의 좌굴(Bucking)
10. 산업안전보건법상 건강진단의 종류, 대상, 시기
11. 유선망과 침윤선
12. 보강토옹벽의 파괴 유형
13. 암반 사면의 안정성 평가방법

2교시

※ 다음 문제 중 4문제를 선택하여 설명하시오.(각25점)

1. 지하 3층 지상 6층 규모의 건축면적이 1,000[m²] 건축물 대수선공사에서 발생 할 수 있는 화재유형과 화재예방대책 및 임시소방시설의 종류를 설명하시오.
2. 건설업 KOSHA 18001 인증절차 및 현장분야 인증항목에 대하여 설명하시오.
3. 건설업 산업안전보건관리비 사용 가능 내역과 불가능 내역 및 효율적 사용방안에 대하여 설

명하시오.

4. 흙막이(H-pile+토류판) 벽체에 어스앵커 지지공법의 시공단계별 위험요인 및 안전대책에 대하여 설명하시오.

5. 타워크레인 설치·해체 작업 시 위험요인과 안전대책 및 인상작업(Telescoping) 시 주의사항에 대하여 설명하시오.

6. 지진 발생 시 건축물 외장재 마감 공법별 탈락 재해 원인 및 안전대책을 설명하시오.

3교시

※ 다음 문제 중 4문제를 선택하여 설명하시오. (각25점)

1. 고용노동부 안전정책 중, '중대재해 등 발생 시 작업중지 명령·해제 운영기준'에 대하여 설명하시오.

2. 지하안전관리에 관한 특별법의 지하안전영향평가에 대하여 설명하시오.

3. 풍압이 가설구조물에 미치는 영향 및 안전대책에 대하여 설명하시오.

4. 거푸집동바리 설계·시공 시 붕괴 유발요인 및 안전성 확보 방안에 대하여 설명하시오.

5. 시설물의 안전 및 유지관리에 관한 특별법상 3종 시설물의 지정 권한 대상 및 시설물의 범위에 대하여 설명하시오.

6. 터널공사에서 NATM공법 시공 중 발생하는 사고의 유형별 원인 및 안전대책에 대하여 설명하시오.

4교시

※ 다음 문제 중 4문제를 선택하여 설명하시오. (각25점)

1. 하천구역 인근에서 지하구조물 공사 시 지하수 처리공법의 종류와 지하구조물 부상발생원인 및 방지대책에 대하여 설명하시오.

2. 방수공사 중 유기용제류 사용 시 고려사항 및 안전대책에 대하여 설명하시오.

3. 건설현장에서 차량계 하역운반기계 작업의 유해위험요인 및 재해예방대책에 대하여 설명하시오.

4. 가설비계 중 강관비계 설치기준과 사고방지 대책에 대하여 설명하시오.

5. 고층 건축물의 재해 유형별 사고 원인 및 방지대책에 대하여 설명하시오.
6. 콘크리트 교량의 가설공법 중 ILM(Incremental Launching Method)공법 특징과 작업 시 사고방지대책에 대하여 설명하시오.

제115회 2018년도 시행 건설안전기술사

■ 분야 : 안전관리　■ 자격종목 : 건설안전　■ 수험번호 :　　　■ 성명 :

1교시

※ 다음 문제 중 10문제를 선택하여 설명하시오.(각10점)

1. 한계상태설계법의 신뢰도지수
2. 위험성 평가에서 허용 위험기준 설정방법
3. 산재 통합 관리
4. 건설기계에 대한 검사의 종류
5. 강재의 침투탐상시험
6. 건설현장의 지속적인 안전관리 수준향상을 위한 P-D-C-A 사이클
7. 종합재해지수(FSI)의 정의 및 산출방법
8. 흙의 동상 현상
9. 흙의 히빙(Heaving) 현상
10. 지진의 진원, 규모, 국내 지진구역
11. 콘크리트의 에어 포켓(Air-Pocket)
12. 산업안전보건법상 안전관리자의 증원·교체 임명 사유
13. 건설업 기초안전보건교육 시간 및 내용

2교시

※ 다음 문제 중 4문제를 선택하여 설명하시오.(각25점)

1. 산업안전보건법상 산업안전보건관리비와 건설기술진흥법상 안전관리비의 계상목적, 계상기준, 사용범위 등을 비교 설명하시오.
2. 건설업 유해·위험방지계획서 작성 중 산업안전지도사가 평가·확인 할 수 있는 대상건설공사의 범위와 지도사의 요건 및 확인사항을 설명하시오.

3. 공용중인 교량구조물의 안전 확보를 위한 정밀안전진단의 내용 및 방법에 대해서 설명하시오.
4. 「시설물의 안전관리에 관한 특별법」에 따른 성능평가대상 시설물의 범위, 성능평가 과업내용 및 평가방법에 대하여 설명하시오.
5. 초고층 빌딩의 수직거푸집 작업 중 발생할 수 있는 재해유형별 원인과 설치 및 사용 시 안전대책에 대하여 설명하시오.
6. 콘크리트 구조물의 열화(deterioration) 원인, 열화로 인한 결함 및 대책을 설명하시오.

3교시

※ 다음 문제 중 4문제를 선택하여 설명하시오.(각25점)

1. 산업안전보건법상 위험한 가설구조물이라고 판단되는 가설구조물에 대한 설계변경 요청제도에 대하여 설명하시오.
2. 건설현장에서 장마철 위험요인별 위험요인 및 안전대책에 대하여 설명하시오.
3. 지진발생시 내진 안전 확보를 위한 내진설계 기본개념과 도로교의 내진등급에 대하여 설명하시오.
4. 대규모 암반구간에서 발생하기 쉬운 암반 붕괴의 원인, 안전대책 및 암반층별 비탈면 안정성 검토방법에 대하여 설명하시오.
5. 「시설물의 안전관리에 관한 특별법」에 따른 소규모 취약시설의 안전점검에 대하여 설명하시오.
6. 건설현장에서 파이프서포트를 사용하여 공사를 수행하여야 할 때 관련 법령을 안전관리업무를 근거로 공정 순서대로 설명하시오.

4교시

※ 다음 문제 중 4문제를 선택하여 설명하시오.(각25점)

1. 통풍·환기가 충분하지 않고 가연물이 있는 건축물 내부나 설비 내부에서 화재위험작업을 할 경우 화재감시자의 배치기준과 화재예방 준수사항에 대하여 설명하시오.
2. 건설공사의 흙막이지보공법을 버팀보공법으로 설계하였다. 시공 전 도면검토부터 버팀보공법 설치, 유지관리, 해체 단계별 안전관리 핵심요소를 설명하시오.

3. 터널 굴착공법 중 NATM공법 적용시 터널굴착의 안전 확보를 위해 시행하는 시공 중 계측항목 계측방법과 공용 중 유지관리 계측시스템에 대하여 설명하시오.

4. 철근콘크리트 교량 구조물에 발생된 각종 노후화 손상에 대하여 안전도 확보를 위하여 시행되는 보수·보강 공법 및 방법에 대하여 설명하시오.

5. 정부에서 「건설기술 진흥법」제3조에 의하여 최근 발표한 "제6차 건설기술진흥기본계획 (2018~2022)" 중 안전관리 사항에 대하여 설명하시오.

6. 주민이 거주하고 있는 협소한 아파트 단지 내에서 높고 세장한 철근콘크리트 굴뚝을 철거할 때, 적용 가능한 기계식 해체공법 및 안전대책을 설명하시오.

■ 분야 : 안전관리   ■ 자격종목 : 건설안전   ■ 수험번호 : _____   ■ 성명 : _____

건설안전기술사
제116회 2018년도 시행

1교시

※ 다음 문제 중 10문제를 선택하여 설명하시오.(각10점)

1. 해체공법 중 절단공법
2. 도장공사의 재해유형
3. 골재의 함수상태
4. 안전보건경영시스템에서 최고경영자의 안전보건방침 수립 시 고려해야 할 사항
5. 밀폐공간의 정의 및 밀폐공간 작업 프로그램
6. 연성 거동을 보이는 절토사면의 특징
7. 건설작업용 리프트 사용 시 준수사항
8. 동작경제의 3원칙
9. 폭염의 정의 및 열사병 예방 3대 기본수칙
10. 관리감독자의 업무내용(산업안전보건법 시행령 제10조)
11. 불안전한 행동에 대한 예방대책
12. 산업안전보건법령상 특수건강진단
13. 지하안전관리에 관한 특별법상 국가지하안전관리 기본계획 및 지하안전영향평가 대상사업

2교시

※ 다음 문제 중 4문제를 선택하여 설명하시오.(각25점)

1. 중소규모 건설현장에서 철근 작업절차별 유해위험요인과 안전보건 대책에 대하여 설명하시오.
2. 건설현장에서의 추락재해 발생원인(유형) 및 예방대책(주요 추락방지시설은 법적 설치 기준 포함)을 우선 순으로 설명하시오.

3. ACS(Automatic Climbing System)폼의 특징 및 시공시의 안전조치와 주의사항에 대하여 설명하시오.

4. 도심지에서 지하 10m 이상 굴착작업을 실시하는 경우 굴착작업 계획수립 내용 및 준비사항과 굴착작업 시 안전기준에 대하여 설명하시오.

5. 타워크레인의 주요 구조 및 사고형태별 위험징후 유형과 조치사항에 대하여 설명하시오.

6. 재해손실비용 평가방식에 대하여 설명하시오.

3교시

※ 다음 문제 중 4문제를 선택하여 설명하시오.(각25점)

1. 도심지 초고층 현장에서 콘크리트 배합 및 배관 시 고려사항과 타설 시 안전대책에 대하여 설명하시오.

2. 정부가 2022년까지 산업재해 사망사고를 절반으로 줄이겠다는 '국민생명 지키기 3대 프로젝트'에서 건설안전과 관련된 내용을 설명하시오.

3. 도심지에서 지하 3층, 지상 12층 규모의 노후화된 건물을 철거하려고 한다. 현장에 적합한 해체공법을 나열하고 해체작업 시 발생될 수 있는 문제점과 안전대책에 대하여 설명하시오.

4. 최근 건설기계·장비로 인한 사고 중 사망재해가 많이 발생하는 5대 건설기계·장비의 종류 및 재해발생 유형과 사고예방을 위한 안전대책에 대하여 설명하시오.

5. 연약지반에서 구조물 시공 시 발생할 수 있는 문제점과 지반개량공법에 대하여 설명하시오.

6. 건설현장에서 사용하는 안전표지의 종류에 대하여 설명하시오.

4교시

※ 다음 문제 중 4문제를 선택하여 설명하시오.(각25점)

1. 도심지 건설현장에서의 전기관련 재해의 특성과 건설장비의 가공전선로 접근 시 안전대책에 대하여 설명하시오.

2. 데크플레이트(Deck Plate)를 사용하는 공사의 장점 및 데크플레이트 공사 시 주로 발생하는 3가지 재해유형별 원인과 재해예방 대책에 대하여 설명하시오.

3. 건설현장에서 주로 사용되고 있는 이동식 크레인의 종류를 나열하고 양중작업의 안정성 검토 기준에 대하여 설명하시오.

4. 갱폼(Gang Form)의 구조 및 구조검토 항목, 재해발생 유형과 작업 시 안전대책에 대하여 설명하시오.
5. 건설업 재해예방 전문지도기관의 인력·시설 및 장비기준과 지도기준에 대하여 설명하시오.
6. 건설공사에서 시스템비계 설치·해체작업 시 안전대책에 대하여 설명하시오.

제117회 2019년도 시행 건설안전기술사

1교시

※ 다음 문제 중 10문제를 선택하여 설명하시오. (각10점)

1. 작업장 조도기준
2. 근로자 안전보건교육 강사기준
3. 용접·용단 작업시 불티의 특성 및 비산거리
4. 파일기초의 부마찰력
5. 시방배합과 현장배합
6. 동결지수
7. 휴게시설의 필요성 및 설치기준
8. 콘크리트 구조물에서 발생하는 화학적 침식
9. 커튼월(Curtain Wall) 구조의 요구성능과 시험방법
10. 사건수분석(Event tree Analysis)
11. 허즈버그의 욕구충족요인
12. 슈미트 해머(Schmidt hammer)에 의한 반발경도 측정방법
13. 건설기술 진흥법상 가설구조물의 안전성 확인

2교시

※ 다음 문제 중 4문제를 선택하여 설명하시오. (각25점)

1. 옥외작업시 '미세먼지 대응 건강보호 가이드'에 대하여 설명하시오.
2. 구조물 공사에서 시행하는 계측관리의 목적과 계측방법에 대하여 구체적으로 설명하시오.
3. 건설공사 폐기물의 종류와 재활용 방안을 설명하시오.
4. 제조업과 대비되는 건설업의 특성을 설명하고, 그에 대한 건설재해 발생요인을 설명하시오.
5. 건축물 리모델링현장에서 발생할 수 있는 석면에 대한 조사대상 및 조사방법, 안전작업기

준에 대하여 설명하시오.

6. 기존 매설된 노후 열수성관로의 주요 손상원인 및 방지대책에 대하여 설명하시오.

• 3교시

※ 다음 문제 중 4문제를 선택하여 설명하시오. (각25점)

1. 콘크리트 펌프카를 이용한 콘크리트 타설작업시 위험요인과 재해유형별 안전대책에 대하여 설명하시오.
2. 건설업 산업재해 발생률 산정기준에 대하여 설명하시오.
3. 설계변경시 건설업 산업안전보건관리비의 계상방법에 대하여 설명하시오.
4. 철근콘크리트 구조물의 화재에 따른 구조물의 건전성 평가 방법 및 보수·보강대책에 대하여 설명하시오.
5. 교량의 안전도 검사를 위한 구조 내하력 평가방법에 대하여 설명하시오.
6. 밀폐공간작업 시 안전작업절차, 주요 안전점검사항 및 관리감독자의 유해위험방지 업무에 대하여 설명하시오.

• 4교시

※ 다음 문제 중 4문제를 선택하여 설명하시오. (각25점)

1. 해빙기 건설현장에서 발생할 수 있는 재해 위험요인별 안전대책과 주요 점검사항에 대하여 설명하시오.
2. 건설현장 자율안전관리를 위한 자율안전컨설팅, 건설업 상생협력 프로그램 사업에 대하여 설명하시오.
3. 건설현장에서 실시하는 안전교육의 종류를 열거하고, 외국인 근로자에게 실시하는 안전교육에 대한 문제점 및 대책을 설명하시오.
4. 도심지 소규모 건축물 굴착공사 시 예상되는 붕괴사고 원인 및 안전대책에 대하여 설명하시오.
5. 고소작업대(차량탑재형)의 대상차량별 안전검사 기한 및 주기와 안전작업절차 및 주요 안전점검사항에 대하여 설명하시오.
6. 터널공사의 작업환경에 대하여 설명하고, 안전보건대책에 대하여 설명하시오.

제118회 2019년도 시행 건설안전기술사

1교시

※ 다음 문제 중 10문제를 선택하여 설명하시오. (각10점)

1. 철근콘크리트 공사에서의 철근 피복두께와 간격
2. 지반 액상화현상의 발생원인, 영향 및 방지대책
3. 철근콘크리트의 부동태피막
4. 통로발판 설치 시 준수사항
5. 철근콘크리트의 수직·수평분리타설 시 유의사항
6. 안전대의 종류 및 최하사점
7. 건축물의 지진발생 시에 견딜 수 있는 능력 공개대상
8. 이동식사다리의 안전작업 기준
9. 풍압이 가설구조물에 미치는 영향
10. 설계안전성검토(Design For Safety) 절차
11. 작업자의 스트레칭(Streching) 필요성, 방법 및 효과
12. TBM(Tool Box Meeting) 효과 및 방법
13. 제3종시설물 지정 대상 중 토목분야 범위

2교시

※ 다음 문제 중 4문제를 선택하여 설명하시오. (각25점)

1. 무량판 슬래브의 정의, 특징 및 시공 시 유의사항에 대하여 설명하시오.
2. 건설공사의 진행단계별 발주자의 안전관리 업무에 대하여 설명하시오.
3. 지진의 특성 및 발생원인과 건축구조물의 내진설계 시 유의사항에 대해서 설명하시오.
4. 옥외작업자를 위한 미세먼지 대응 건강보호 가이드에 대하여 설명하시오.

5. 불안전한 행동의 배후요인 중 피로의 종류, 원인 및 회복대책에 대하여 설명하시오.

6. 건설업에 해당하는 특별안전보건교육의 대상 및 교육시간에 대해서 설명하시오.

3교시

※ 다음 문제 중 4문제를 선택하여 설명하시오.(각25점)

1. 도심지 건설현장에서의 지하연속벽 시공 시 안정액의 정의, 역할, 요구 조건 및 사용 시 주의사항에 대하여 설명하시오.

2. 건설현장에서 철근의 가공·조립 및 운반 시의 준수사항에 대하여 설명하시오.

3. 흙으로 축조되는 노반 구조물의 압밀과 다짐에 대하여 설명하시오.

4. 건설업체의 산업재해예방활동 실적평가 제도에 대하여 설명하시오.

5. 재해의 원인 분석방법 및 재해통계의 종류에 대하여 설명하시오.

6. 차량탑재형 고소작업대의 출입문 안전조치와 사용 시 안전대책에 대해서 설명하시오.

4교시

※ 다음 문제 중 4문제를 선택하여 설명하시오.(각25점)

1. 건설현장에서 콘크리트 타설작업 중 우천상황 발생 시 콘크리트의 강도저하 산정방법 및 품질관리방안에 대해서 설명하시오.

2. 콘크리트의 내구성 저하 원인과 방지대책에 대해서 설명하시오.

3. 터널공사에서 락볼트(Rock bolt) 및 숏크리트(Shotcrete)의 작용효과에 대해서 설명하시오.

4. 정부에서 추진 중인 산재 사망사고 절반 줄이기 대책의 건설 분야 발전방안에 대하여 설명하시오.

5. 산업안전보건기준에 관한 규칙 제38조에 의거 건물 등의 해체작업 시 포함되어야 할 사전조사 및 작업계획서 내용에 대해 설명하시오.

6. 데크플레이트(Deck Plate)공사 시 데크플레이트 걸침길이 관리기준과 주로 발생할 수 있는 3가지 재해유형별 안전대책에 대하여 설명하시오.

제119회 2019년도 시행 건설안전기술사

● 1교시

※ 다음 문제 중 10문제를 선택하여 설명하시오.(각10점)

1. 웨버(Weaver)의 사고연쇄반응이론
2. 안전심리 5대 요소
3. 안전점검 등 성능평가를 실시할 수 있는 책임기술자의 자격
4. 봉함양생
5. 흙의 간극비(void ratio)
6. 지하안전영향평가 대상 및 방법
7. Quick Sand
8. 안전난간의 구조 및 설치요건
9. 건설공사 안전관리 종합정보망(CSI)
10. 시설물의 중대한 결함
11. 프리캐스트 세그멘탈 공법(Precast Prestressed Segmental Method)
12. 암반사면의 붕괴형태
13. 과소철근보

● 2교시

※ 다음 문제 중 4문제를 선택하여 설명하시오.(각25점)

1. 안전관리계획서 작성내용 중 건축공사 주요 공종별 검토항목에 대하여 설명하시오.
2. 콘크리트 구조물에 작용하는 하중의 종류를 기술하고 이에 대한 균열의 특징과 제어대책에 대하여 설명하시오.
3. 시스템동바리의 붕괴유발요인 및 설계단계의 안전성 확보방안에 대하여 설명하시오.
4. 건설공사에서 작업 중지 기준을 설명하시오

5. 건설현장의 사고와 재해의 위험요인(기계적 위험, 화학적 위험, 에너지 위험, 작업적 위험)과 이에 대한 재해예방대책을 설명하시오.
6. 강재구조물의 현장 비파괴시험법을 설명하시오.

3교시

※ 다음 문제 중 4문제를 선택하여 설명하시오.(각25점)

1. 「건설기술진흥법」상 건설사업관리기술자의 공사 시행 중 안전관리업무에 대하여 설명하시오.
2. 건축구조물의 부력 발생원인과 부상방지 공법별 특징 및 중점안전관리대책에 대하여 설명하시오.
3. 화재발생 원인 중 정전기 발생 메커니즘과 정전기에 의한 화재 및 폭발 예방대책에 대하여 설명하시오.
4. 「건설현장 추락사고방지 종합대책」에 따른 공사현장 추락사고 방지대책을 설계단계와 시공단계로 나누어 설명하시오.
5. 건설현장의 작업환경측정기준과 작업환경개선대책에 대하여 설명하시오.
6. 거푸집에 적용되는 설계하중의 종류와 콘크리트 타설 시 콘크리트 측압의 감소방안을 설명하시오.

4교시

※ 다음 문제 중 4문제를 선택하여 설명하시오.(각25점)

1. 건축구조물의 내진성능향상 방법에 대하여 설명하시오.
2. 창호와 유리의 요구성능을 각각 설명하고, 유리가 열에 의한 깨짐 현상의 원인과 방지대책에 대하여 설명하시오.
3. 「산업안전보건법」, 「건설기술진흥법」, 「시설물의 안전 및 유지관리에 관한 특별법」에 따른 안전검검 종류를 구분하고, 「시설물의 안전 및 유지관리에 관한 특별법」상 정밀 안전진단 실시시기 및 상태평가방법에 대하여 설명하시오.
4. 지반의 동상(凍傷)현상이 건설구조물에 미치는 피해사항 및 발생원인과 방지대책을 설명하시오.

5. 허용응력설계법과 극한강도설계법으로 교량의 내하력을 평가하는 방법을 설명하시오.

6. 건설공사 중 FCM과 MSS 공법에서 사용되는 교량용 이동식 가설구조물의 안전관리 방안에 대하여 설명하시오.

건설안전기술사

제120회 2020년도 시행

1교시

※ 다음 문제 중 10문제를 선택하여 설명하시오. (각10점)

1. 페이스 맵핑(Face Mapping)
2. 건설업 장년(고령)근로자 신체적 특징과 이에 따른 재해예방대책
3. 안전보건조정자
4. 암반의 암질지수(RQD : Rock Quality Designation)
5. 가현운동
6. 건설기술진흥법에 따른 건설사고조사위원회를 구성하여야 하는 중대건설사고의 종류
7. 항타기 및 항발기 넘어짐 방지 및 사용 시 안전조치사항
8. 안전화의 종류, 가죽제안전화 완성품에 대한 시험성능기준
9. 내진설계 일반(국토교통부 고시)에서 정한 건축물 내진등급
10. Piping 현상
11. 콘크리트의 침하균열(Settlement Crack)
12. 자신과잉
13. 통로용 작업발판

2교시

※ 다음 문제 중 4문제를 선택하여 설명하시오. (각25점)

1. 위험성평가 종류별 실시시기와 위험성 감소대책 수립 · 실행 시 고려사항을 설명하시오.
2. 노후 건축물 해체·철거공사 시 발생한 붕괴사고 사례를 열거하고, 붕괴사고 발생원인 및 예방대책에 대하여 설명하시오.
3. 건설기술진흥법에서 정한 벌점의 정의와 콘크리트면의 균열 발생 시 건설사업자 및 건설기

술인에 대한 벌점 측정기준과 벌점 적용 절차에 대하여 설명하시오.

4. 숏크리트(Shotcrete)타설 시 리바운드(Rebound)량이 증가할수록 품질이 저하되는데 숏크리트 리바운드 발생 원인과 저감 대책을 설명하시오.

5. 건설현장에서 타워크레인의 안전사고를 예방하기 위한 안전성 강화방안의 주요 내용에 대하여 설명하시오.

6. 인간공학에서 실수의 분류를 열거하고 실수의 원인과 대책에 대하여 설명하시오.

3교시

※ 다음 문제 중 4문제를 선택하여 설명하시오.(각25점)

1. 콘크리트 구조물의 열화에 영향을 미치는 인자들의 상호 관계 및 내구성 향상을 위한 방안에 대하여 설명하시오.

2. 건설업 KOSHA-MS관련 종합건설업체 본사분야의 "리더십과 근로자의 참여" 인증 항목 중 리더십과 의지표명, 근로자의 참여 및 협의 항목의 인증기준에 대하여 설명하시오.

3. 교량공사 중 발생하는 교대의 측방유동 발생원인 및 방지대책에 대하여 설명하시오.

4. 기업 내 정형교육과 비정형교육을 열거하고 건설안전교육 활성화 방안에 대하여 설명하시오.

5. 지게차의 작업 상태별 안정도 및 주요 위험요인을 열거하고, 재해예방을 위한 안전대책에 대하여 설명하시오.

6. 인간행동방정식과 P와 E의 구성요인을 열거하고, 운전자 지각반응시간에 대하여 설명하시오.

4교시

※ 다음 문제 중 4문제를 선택하여 설명하시오.(각25점)

1. 25층 건축물 건설공사 시 건설기술진흥법에서 정한 안전점검의 종류와 실시 시기 및 내용에 대하여 설명하시오.

2. 건설기술진흥법에서 정한 설계의 안전성 검토 대상과 절차 및 설계안전검토보고서에 포함되어야 하는 내용에 대하여 설명하시오.

3. 교량 받침(Bearing)의 파손 발생원인 및 방지대책에 대하여 설명하시오.

4. 도심지에서 흙막이 벽체 시공 시 근접구조물의 지반침하가 발생하는 원인 및 침하 방지대책에 대하여 설명하시오.

5. 건설공사 발주자의 산업재해예방조치와 관련하여 발주자와 설계자 및 시공자는 계획, 설계, 시공단계에서 안전관리대장을 작성해야 한다. 안전관리대장의 종류 및 작성사항에 대하여 설명하시오.

6. 데크플레이트 설치공사 시 발생하는 재해유형과 시공단계별 고려사항, 문제점 및 안전 관리 강화방안에 대하여 설명하시오.

제121회 2020년도 시행 건설안전기술사

1교시

※ 다음 문제 중 10문제를 선택하여 설명하시오. (각10점)

1. 안전보호구 종류
2. 강관비계 조립시 준수사항
3. RMR(Relative Metabolic Rate)과 작업강도
4. 용접결함의 종류
5. CPB(Concrete Placing Boom)의 설치방식
6. 콘크리트 배합설계 순서
7. 지진의 규모 및 진도
8. 스마트 안전장비
9. 특수형태 근로자
10. 산업안전보건법 상 건설공사 발주단계별 조치사항
11. 흙막이공법 선정 시 유의사항
12. 유해·위험의 사내 도급금지 대상
13. 건설재해예방 기술지도 횟수

2교시

※ 다음 문제 중 4문제를 선택하여 설명하시오. (각25점)

1. 건설기술진흥법 상 구조적 안전성을 확인해야 하는 가설구조물의 종류를 설명하시오.
2. 최근 건물신축 마감공사 현장에서 용접·용단 작업 시 부주의로 인한 화재사고가 발생하여 사회문제화 되고 있다. 용접·용단 작업 시의 화재사고 원인과 방지대책에 대하여 설명하시오.

3. 작업발판 일체형거푸집 종류 및 조립 · 해체 시 안전대책을 설명하시오.

4. F.C.M(Free Cantilever Method)공법의 특징과 가설시 안전대책에 대하여 설명하시오.

5. 보강토옹벽의 파괴유형과 방지대책을 설명하시오.

6. 건설기술진흥법에 의한 안전관리계획 수립 대상공사에 대하여 설명하시오.

3교시

※ 다음 문제 중 4문제를 선택하여 설명하시오.(각25점)

1. 관로(管路)시공을 위한 굴착공사 시 발생하는 붕괴사고의 원인과 예방대책에 대하여 설명하시오.

2. 철골조 공장 신축공사 중 발생할 수 있는 재해유형을 열거하고, 사전 검토사항 및 안전대책에 대하여 설명하시오.

3. 건설업체의 산업재해예방활동 실적 평가에 대하여 설명하시오.

4. 건설작업용 리프트의 설치 · 해체 시 재해예방 대책을 설명하시오.

5. 사다리식 통로 설치 시 준수사항에 대하여 설명하시오.

6. 구조물 등의 인접작업 시 다음의 경우에 준수해야 할 사항에 대하여 각각 설명하시오.
   1) 지하매설물이 있는 경우
   2) 기존구조물이 인접하여 있는 경우

4교시

※ 다음 문제 중 4문제를 선택하여 설명하시오.(각25점)

1. 콘크리트 타설 후 발생하는 초기균열(初期龜裂)의 종류별 발생원인 및 예방대책에 대하여 설명하시오.

2. 옹벽구조물공사 시 지하수로 인한 문제점 및 안전성 확보방안에 대하여 설명하시오.

3. 근골격계 부담작업의 종류 및 예방프로그램에 대하여 설명하시오.

4. 차량계 건설기계의 종류 및 안전대책에 대하여 설명하시오.

5. 건설공사 현장의 안전점검 조사항목 및 세부시험 종류에 대하여 설명하시오.

6. 거푸집 및 동바리에 작용하는 하중에 대하여 설명하시오.

제122회 2020년도 시행 건설안전기술사

1교시

※ 다음 문제 중 10문제를 선택하여 설명하시오. (각10점)

1. Man-Machine System의 기본기능
2. 안전설계 기법의 종류
3. 휴식시간 산출식
4. 산업안전보건법령 상 특별안전보건교육 대상작업
5. 건설공사 단계별 작성해야 하는 안전보건대장의 종류
6. 아칭(Arching) 현상
7. SMR (Slope Mass Rating) 분류
8. 와이어로프 사용 가능 여부 및 폐기기준
   (단, 공칭지름이 30[mm]인 와이어로프가 현재 28.9[mm] 이다.)
9. 콘크리트 구조물에서 발생하는 화학적 침식
10. 연약지반 사질토 개량공법의 종류
11. 펌퍼빌리티(Pumpability)
12. 흙의 다짐에 영향을 주는 요인
13. 건축공사 시 동바리 설치높이가 3.5미터 이상일 경우 수평연결재 설치 이유

2교시

※ 다음 문제 중 4문제를 선택하여 설명하시오. (각25점)

1. 건설현장 인적 사고요인이 되는 부주의 발생원인과 방지대책을 설명하시오.
2. 건설근로자의 직무스트레스 요인 및 예방을 위한 관리감독자의 활동에 대하여 설명하시오.

3. 타워크레인의 신호작업에 종사하는 일용근로자의 교육시간, 교육내용 및 효율적 교육실시 방안에 대하여 설명하시오.
4. 건축구조물 해체공사 시 발생할 수 있는 재해유형과 안전대책에 대하여 설명하시오.
5. 장마철 아파트현장 위험요인별 안전대책에 대하여 설명하시오.
6. 터널공사에서 여굴의 원인과 최소화 대책에 대하여 설명하시오.

3교시

※ 다음 문제 중 4문제를 선택하여 설명하시오.(각25점)

1. 해저드(Hazard)와 리스크(Risk)를 비교하고, 위험감소대책(hierarchy of controls)에 대하여 설명하시오.
2. 건설업 안전보건경영시스템 규격인 KOSHA 18001와 KOSHA-MS를 비교하고, 새로추가된 KOSHA-MS 인증기준 구성요소에 대해 설명하시오.
3. 건설공사에서 케이슨공법(Caisson method)의 종류 및 안전시공대책에 대하여 설명하시오.
4. 건축공사 시 연속 거푸집 공법의 특징, 시공 시 유의사항과 안전대책에 대하여 설명하시오.
5. 건설현장에서 사용되는 차량계건설기계의 작업계획서 내용, 재해유형과 안전대책에 대하여 설명하시오.
6. 도시철도 개착 정거장 굴착공사 중에 발생할 수 있는 재해유형, 원인 및 안전대책에 대하여 설명하시오.

4교시

※ 다음 문제 중 4문제를 선택하여 설명하시오.(각25점)

1. 안전보건관리규정의 필요성 및 작성 시 유의사항에 대하여 설명하시오.
2. 재해손실비 산정 시 고려사항과 평가방식의 종류에 대하여 설명하시오.
3. 건설현장에서 코로나19 예방 및 확산 방지를 위한 조치사항에 대하여 설명하시오.
4. 도심지 아파트건설공사 지반굴착 시 지하수위 저하에 따른 피해저감 대책에 대하여 설명하시오.

5. 콘크리트 구조물에 화재가 발생하였을 때 콘크리트 손상평가 방법과 보수, 보강 대책에 대하여 설명하시오.
6. 강교 가조립의 순서, 가설(架設)공법의 종류와 안전대책에 대하여 설명하시오.

■ 분야 : 안전관리　　■ 자격종목 : 건설안전　　■ 수험번호 : _____　　■ 성명 : _____

제123회 2021년도 시행 건설안전기술사

※ 채점기준 및 모범답안은 『공공기관의 정보공개에 관한 법률 제9조 제1항 제5호』에 의거 공개하지 않습니다.

1교시

※ 다음 문제 중 10문제를 선택하여 설명하시오. (각10점)

1. 항타기 및 항발기 사용 시 안전조치사항
2. 물질안전보건자료(MSDS)
3. 산업안전보건법령상 산업재해 발생건수 등 공표대상 사업장
4. DFS(Design For Safety)
5. 콘크리트의 비파괴 시험
6. 무재해운동 세부추진기법 중 5C운동
7. 산업안전보건법에 따른 위험성평가의 절차
8. 산업재해발생 시 조치사항 및 처리절차
9. 학습목표와 학습지도
10. 플립러닝(Flipped Learning)
11. 산업심리에서 어둠의 3요인
12. 철골구조물의 내화피복
13. 콘크리트에 사용하는 감수제의 효과

2교시

※ 다음 문제 중 4문제를 선택하여 설명하시오. (각25점)

1. 건설현장에서 콘크리트 타설 중 거푸집 동바리의 붕괴재해 원인 및 안전대책에 대하여 설명하시오.
2. 건설공사 중에 가설구조물의 붕괴 등으로 산업재해가 발생할 위험이 있을 때 건설공사 발주

자에게 설계변경을 요청하는 대상(「산업안전보건법」 제71조), 전문가 범위 및 설계변경 요청 시 첨부서류를 설명하시오.

3. 인간과오(Human Error)의 배후요인 및 예방대책에 대하여 설명하시오.
4. 지게차의 운전자격 기준 및 지게차 운전원 안전교육에 대하여 설명하시오.
5. 가설공사 중 시스템동바리의 설치 및 해체 시 준수사항에 대하여 설명하시오.
6. 구조물의 해체공사를 위한 공법의 종류 및 작업상의 안전대책에 대하여 설명하시오.

3교시

※ 다음 문제 중 4문제를 선택하여 설명하시오.(각25점)

1. 건설현장에서 화재감시자 배치기준과 화재위험작업 시 준수사항에 대하여 설명하시오.
2. 절토사면의 낙석대책을 위한 보강공법과 방호공법의 종류 및 특징에 대하여 설명하시오.
3. 건설현장 근로자에게 실시하여야 할 안전보건교육의 종류 및 교육내용에 대하여 설명하시오.
4. 인간의 작업강도에 따른 에너지 대사율(RMR)을 구분하고, 작업 중 부주의에 대하여 설명하시오.
5. 건설 공사용 타워크레인(Tower Crane)의 종류별 특징과 기초방식에 따른 전도방지 대책에 대하여 설명하시오.
6. 건설현장의 지하굴착공사 시 흙막이 가시설공법의 특징(H-Pile + 토류판, 어스앵커공법), 시공단계별 사고유형 및 안전대책에 대하여 설명하시오.

4교시

※ 다음 문제 중 4문제를 선택하여 설명하시오.(각25점)

1. 밀폐공간 작업 시 안전작업절차, 안전점검사항 및 관리감독자의 업무에 대하여 설명하시오.
2. 전기식 뇌관과 비전기식 뇌관의 특성 및 발파현장에서 화약류 취급 시 유의사항에 대하여 설명하시오.
3. 건설재해예방전문지도기관의 인력·시설 및 장비 등의 요건, 기술지도업무 및 횟수에 대하여 설명하시오.
4. 건설현장에서 사용하는 안전검사대상기계등의 종류, 안전검사의 신청 및 안전검사 주기에

대하여 설명하시오.

5. 상수도 매설공사의 지중매설관로에서 발생할 수 있는 금속강관의 부식 원인 및 방지 대책에 대하여 설명하시오.

6. 철근콘크리트구조 건축물의 경과연수에 따른 성능저하 원인, 보수·보강공법의 시공방법과 안전대책에 대하여 설명하시오.

제124회 2021년도 시행 건설안전기술사

※ 채점기준 및 모범답안은 『공공기관의 정보공개에 관한 법률 제9조 제1항 제5호』에 의거 공개하지 않습니다.

1교시

※ 다음 문제 중 10문제를 선택하여 설명하시오.(각10점)

1. 헤르만 에빙하우스의 망각곡선
2. 스마트 추락방지대
3. 거푸집에 작용하는 콘크리트 측압에 영향을 주는 요인
4. 강재의 연성파괴와 취성파괴
5. 산업안전보건법상 사업주의 의무
6. 산소결핍에 따른 생리적 반응
7. 건설기술진흥법상 건설공사 안전관리 종합정보망(C.S.I.)
8. 산업안전보건법상 조도기준 및 조도기준 적용 예외 작업장
9. 화재 위험작업 시 준수사항
10. 등치성이론
11. 온도균열
12. 이동식크레인 양중작업 시 지반 지지력에 대한 안정성검토
13. 건설기술진흥법상 소규모 안전관리계획서 작성 대상사업과 작성내용

2교시

※ 다음 문제 중 4문제를 선택하여 설명하시오.(각25점)

1. 위험성평가 진행절차와 거푸집 동바리공사의 위험성평가표에 대하여 설명하시오.
2. 스마트 건설기술을 적용한 안전교육 활성화 방안과 설계·시공 단계별 스마트 건설기술적용 방안에 대하여 설명하시오.

3. 갱폼(Gang Form) 현장 조립 시 안전설비기준 및 설치·해체 시 안전대책에 대하여 설명하시오.
4. 건설현장에서 작업 전, 작업 중, 작업종료 전, 작업종료 시의 단계별 안전관리 활동에 대하여 설명하시오.
5. 콘크리트 구조물의 복합열화 요인 및 저감대책에 대하여 설명하시오.
6. 건설현장의 고령 근로자 증가에 따른 문제점과 안전관리방안에 대해서 설명하시오.

3교시

※ 다음 문제 중 4문제를 선택하여 설명하시오.(각25점)

1. 낙하물방지망 설치기준과 설치작업 시 안전대책에 대하여 설명하시오.
2. 계단형상으로 조립하는 거푸집 동바리 조립 시 준수사항과 콘크리트 펌프카 작업 시 유의사항에 대하여 설명하시오.
3. 도심지 도시철도 공사 시 소음·진동 발생작업 종류, 작업장 내·외 소음·진동 영향과 저감방안에 대하여 설명하시오.
4. 재해통계의 필요성과 종류, 분석방법 및 통계 작성 시 유의사항에 대하여 설명하시오.
5. 도로공사 시 사면붕괴형태, 붕괴원인 및 사면안정공법에 대하여 설명하시오.
6. 압쇄장비를 이용한 해체공사 시 사전검토사항과 해체 시공계획서에 포함사항 및 해체 시 안전관리사항에 대하여 설명하시오.

4교시

※ 다음 문제 중 4문제를 선택하여 설명하시오.(각25점)

1. 건설공사장 화재발생 유형과 화재예방대책, 화재 발생 시 대피요령에 대하여 설명하시오.
2. 운행 중인 도시철도와 근접하여 건축물 신축 시 흙막이공사(H-pile + 토류판, 버팀보)의 계측관리계획(계측항목, 설치위치, 관리기준)과 관리기준 초과 시 안전대책에 대하여 설명하시오.
3. 타워크레인의 재해유형 및 구성부위별 안전검토사항과 조립·해체 시 유의사항에 대하여 설명하시오.
4. 강구조물의 용접결함의 종류를 설명하고, 이를 확인하기 위한 비파괴검사 방법 및 용접 시

안전대책에 대하여 설명하시오.

5. 공용중인 철근콘크리트 교량의 안전점검 및 정밀안전진단 주기와 중대결함종류, 보수·보강 시 작업자 안전대책에 대하여 설명하시오.

6. 강관비계의 설치기준과 조립·해체 시 안전대책에 대하여 설명하시오.

제125회 2021년도 시행 건설안전기술사

※ 채점기준 및 모범답안은 『공공기관의 정보공개에 관한 법률 제9조 제1항 제5호』에 의거 공개하지 않습니다.

1교시

※ 다음 문제 중 10문제를 선택하여 설명하시오. (각10점)

1. 지반 개량 공법의 종류
2. 사전작업허가제(PTW : Permit To Work)
3. 토석붕괴의 외적원인 및 내적원인
4. 개구부 방호조치
5. 이동식 사다리의 사용기준
6. 지게차작업 시 재해예방 안전조치
7. 기계설비의 고장곡선
8. 곤돌라 안전장치의 종류
9. 추락방호망
10. 열사병 예방 3대 기본수칙 및 응급상황 시 대응방법
11. 건설공사 발주자의 산업재해예방 조치
12. Fail safe 와 Fool proof
13. 절토 사면의 계측항목과 계측기기 종류

2교시

※ 다음 문제 중 4문제를 선택하여 설명하시오. (각25점)

1. 도심지 공사에서 흙막이 공법 선정 시 고려사항, 주변 침하 및 지반 변위 원인과 방지대책에 대하여 설명하시오.
2. 건축물의 PC(Precast Concrete)공사 부재별 시공 시 유의사항과 작업 단계별 안전관리

방안에 대하여 설명하시오.

3. 기존 시스템비계의 문제점과 안전난간 선(先) 조립비계의 안전성 및 활용방안에 대하여 설명하시오.
4. 하절기 집중호우로 인한 제방 붕괴의 원인 및 방지대책에 대하여 설명하시오.
5. 재해손실 비용 산정 시 고려사항 및 Heinrich 방식과 Simonds 방식을 비교 설명하시오.
6. 「건설기술진흥법령」에서 규정하고 있는 건설공사의 안전관리조직과 안전관리비용에 대하여 설명하시오.

3교시

※ 다음 문제 중 4문제를 선택하여 설명하시오.(각25점)

1. 「산업안전보건법령」상 안전교육의 종류를 열거하고, 아파트 리모델링 공사 중 특별안전교육 대상작업의 종류 및 교육내용에 대하여 설명하시오.
2. 도심지 공사에서 구조물 해체 시 사전조사 사항과 안전사고 유형 및 안전관리방안에 대하여 설명하시오.
3. 데크 플레이트(Deck Plate) 공사 단계별 시공 시 유의사항과 안전사고 유형 및 안전관리방안에 대하여 설명하시오.
4. 「산업안전보건기준에 관한 규칙」상 건설공사에서 소음작업, 강렬한 소음작업, 충격소음작업에 대한 소음기준을 작성하고, 그에 따른 안전관리 기준에 대하여 설명하시오.
5. 휴먼에러(Human Error)의 분류에 대하여 작성하고, 공사 계획단계부터 사용 및 유지관리 단계에 이르기까지 각 단계별로 발생될 수 있는 휴먼에러에 대하여 설명하시오.
6. 중대재해 발생 시 「산업안전보건법령」에서 규정하고 있는 사업주의 조치 사항과 고용노동부장관의 작업중지 조치 기준 및 중대재해 원인조사 내용에 대하여 설명하시오.

4교시

※ 다음 문제 중 4문제를 선택하여 설명하시오.(각25점)

1. 무량판 슬래브와 철근 콘크리트 슬래브를 비교 설명하고, 무량판 슬래브 시공 시 안전성 확보 방안에 대하여 설명하시오.
2. 시스템 동바리 설치 시 주의사항과 안전사고 발생원인 및 안전관리 방안에 대하여 설명하시오.

3. 건설현장에서 사용되는 고소작업대(차량탑재형)의 구성요소와 안전작업 절차 및 작업 중 준수사항에 대하여 설명하시오.
4. 건설업 KOSHA-MS 관련 종합건설업체 본사분야의 "리더십과 근로자의 참여" 인증항목 중 리더십과 의지표명, 근로자의 참여 및 협의 항목의 인증기준에 대하여 설명하시오.
5. 제3종 시설물의 정기안전점검 계획수립 시 고려하여야 할 사항과 정기안전점검 시 점검항목 및 점검방법에 대하여 설명하시오.
6. 철근콘크리트 공사 단계별 시공 시 유의사항과 안전관리 방안에 대하여 설명하시오.

제126회 2022년도 시행 건설안전기술사

※ 채점기준 및 모범답안은 『공공기관의 정보공개에 관한 법률 제9조 제1항 제5호』에 의거 공개하지 않습니다.

1교시

※ 다음 문제 중 10문제를 선택하여 설명하시오.(각10점)

1. 흙막이 지보공을 설치했을 때 정기적으로 점검해야 할 사항
2. 주동토압, 수동토압, 정지토압
3. 콘크리트 구조물의 연성파괴와 취성파괴
4. 산업안전심리학에서 인간, 환경, 조직특성에 따른 사고요인
5. 하인리히(Heinrich)와 버드(Bird)의 사고 연쇄성 이론 5단계와 재해발생비율
6. 타워크레인을 자립고(自立高) 이상의 높이로 설치할 경우 지지방법과 준수사항
7. 지반 등을 굴착하는 경우 굴착면의 기울기
8. 콘크리트 온도제어양생
9. 터널 제어발파
10. 언더피닝(Under Pinning) 공법의 종류별 특성
11. 시설물의 안전진단을 실시해야 하는 중대한 결함
12. 가설경사로 설치기준
13. 암반의 파쇄대(Fracture Zone)

2교시

※ 다음 문제 중 4문제를 선택하여 설명하시오.(각25점)

1. 펌프카를 이용한 콘크리트 타설 시 안전작업절차와 타설 작업 중 발생할 수 있는 재해유형과 안전대책에 대하여 설명하시오.
2. 재해조사 시 단계별 조사내용과 유의사항을 설명하시오.

3. 낙하물방지망의 정의, 설치방법, 설치 시 주의사항, 설치·해체 시 추락 방지대책에 대하여 설명하시오.
4. 한중콘크리트 시공 시 문제점과 안전관리대책에 대하여 설명하시오.
5. 위험성평가의 정의, 단계별 절차를 설명하시오.
6. 콘크리트 타설 후 체적 변화에 의한 균열의 종류와 관리방안을 설명하시오.

3교시

※ 다음 문제 중 4문제를 선택하여 설명하시오.(각25점)

1. 산업안전보건법령상 유해위험방지계획서 제출대상 및 작성내용을 설명하시오.(단, 제출대상은 대통령령으로 정하는 크기, 높이 등에 해당하는 건설공사)
2. 악천후로 인한 건설현장의 위험요인과 안전대책에 대하여 설명하시오.
3. 시스템동바리의 구조적 특징과 붕괴발생원인 및 방지대책을 설명하시오.
4. 중대재해처벌법상 중대재해의 정의, 의무주체, 보호대상, 적용범위, 의무내용, 처벌수준에 대하여 설명하시오.
5. 콘크리트 내구성 저하 원인과 방지대책에 대하여 설명하시오.
6. 보강토옹벽의 파괴유형과 파괴 방지대책에 대하여 설명하시오.

4교시

※ 다음 문제 중 4문제를 선택하여 설명하시오.(각25점)

1. 건설현장에서 가설전기 사용에 의한 전기감전 재해의 발생원인과 예방대책에 대하여 설명하시오.
2. 산업안전보건법령상 안전보건관리체제에 대한 이사회 보고·승인 대상 회사와 안전 및 보건에 관한 계획수립 내용에 대하여 설명하시오.
3. 지하안전관리에 관한 특별법 시행규칙상 지하시설물관리자가 안전점검을 실시하여야 하는 지하시설물의 종류를 기술하고, 안전점검의 실시시기 및 방법과 안전점검 결과에 포함되어야 할 내용에 대하여 설명하시오.
4. 노후화된 구조물 해체공사 시 사전조사항목과 안전대책에 대하여 설명하시오.

5. 건설현장에서 전기용접 작업 시 재해유형과 안전대책에 대하여 설명하시오.

6. 터널 굴착공법의 사전조사 사항 및 굴착공법의 종류를 설명하고, 터널 시공 시 재해 유형과 안전관리 대책에 대하여 설명하시오.

■ 분야 : 안전관리   ■ 자격종목 : 건설안전   ■ 수험번호 : _____   ■ 성명 : _____

건설안전기술사

제127회
2022년도 시행

※ 채점기준 및 모범답안은 『공공기관의 정보공개에 관한 법률 제9조 제1항 제5호』에 의거 공개하지 않습니다.

● 1교시

※ 다음 문제 중 10문제를 선택하여 설명하시오.(각10점)

1. 가설계단의 설치기준
2. 콘크리트의 물-결합재비(water-binder ratio)
3. 건설공사 시 설계안전성검토 절차
4. 중대산업재해 및 중대시민재해
5. 밀폐공간 작업 시 사전 준비사항
6. 지붕 채광창 안전덮개 제작기준
7. 작업의자형 달비계 작업 시 안전대책
8. 안전인증대상 기계 및 보호구의 종류
9. 산업안전보건법상 산업재해발생시 보고체계
10. 얕은기초의 하중-침하 거동 및 지반의 파괴형태
11. 건설기계관리법상 건설기계안전교육 대상과 주요내용
12. 거푸집 측면에 작용하는 콘크리트 타설시 측압결정방법
13. 항타·항발기 사용현장의 사전조사 및 작업계획서 내용

● 2교시

※ 다음 문제 중 4문제를 선택하여 설명하시오.(각25점)

1. 풍압이 가설구조물에 미치는 영향과 안전대책에 대하여 설명하시오.
2. 미세먼지가 건설현장에 미치는 영향과 안전대책 그리고 예보등급을 설명하시오.
3. 안전보건개선계획 수립 대상과 진단보고서에 포함될 내용을 설명하시오.

4. 건설현장의 근로자 중에 주의력있는 근로자와 부주의한 현상을 보이는 근로자가 있다. 부주의한 근로자의 사고를 예방할 수 있는 안전대책에 대하여 설명하시오.

5. 양중기의 방호장치 종류 및 방호장치가 정상적으로 유지될 수 있도록 작업시작 전 점검사항에 대하여 설명하시오.

6. 건설현장의 스마트 건설기술 개념, 스마트 안전장비의 종류 및 스마트 안전관제시스템, 향후 스마트 기술 적용 분야에 대하여 설명하시오.

3교시

※ 다음 문제 중 4문제를 선택하여 설명하시오. (각25점)

1. 낙하물방지망의 (1)구조 및 재료 (2)설치기준 (3)관리기준을 설명하시오.

2. 해빙기 건설현장에서 발생할 수 있는 재해 위험요인별 안전대책과 주요 점검사항을 설명하시오.

3. 화재발생메커니즘(연소의 3요소)에 대하여 설명하고, 건설현장에서 작업 중 발생할 수 있는 화재 및 폭발발생유형과 예방대책에 대하여 설명하시오.

4. 산업안전보건법에서 정하는 건설공사 발주자의 산업재해 예방조치의무를 계획단계, 설계단계, 시공단계로 나누고 각 단계별 작성항목과 내용을 설명하시오.

5. 타워크레인의 성능·유지관리를 위한 반입 전 안전점검항목과 작업 중 안전점검항목을 설명하시오.

6. 건설현장의 돌관작업을 위한 계획 수립시 재해예방을 위한 고려사항과 돌관작업현장의 안전관리방안을 설명하시오.

4교시

※ 다음 문제 중 4문제를 선택하여 설명하시오. (각25점)

1. 건설현장의 재해가 근로자, 기업, 사회에 미치는 영향에 대하여 설명하시오.

2. 터널굴착 시 터널붕괴사고 예방을 위한 터널막장면의 굴착보조공법에 대하여 설명하시오.

3. 시스템동바리 조립 시 가새의 역할 및 설치기준, 시공 시 검토해야 할 사항에 대하여 설명하시오.

4. 수직보호망의 설치기준, 관리기준, 설치 및 사용 시 안전유의사항에 대하여 설명하시오.

5. 건설작업용 리프트의 조립·해체작업 및 운행에 따른 위험성평가 시 사고유형과 안전 대책에 대하여 설명하시오.
6. 건설기술진흥법 및 시설물의 안전 및 유지관리에 관한 특별법에서 정의하는 안전 점검의 목적, 종류, 점검시기 및 내용에 대하여 설명하시오.

제128회 2022년도 시행 건설안전기술사

※ 채점기준 및 모범답안은 『공공기관의 정보공개에 관한 법률 제9조 제1항 제5호』에 의거 공개하지 않습니다.

1교시

※ 다음 문제 중 10문제를 선택하여 설명하시오.(각10점)

1. 안전대의 점검 및 폐기기준
2. 손보호구의 종류 및 특징
3. 버드(Frank E. Bird)의 재해 연쇄성 이론
4. 근로자 작업중지권
5. RC구조물의 철근부식 및 방지대책
6. 알칼리골재반응
7. 안전보건관련자 직무교육
8. 위험성평가 절차, 유해·위험요인 파악방법 및 위험성 추정방법
9. 건설업체 사고사망만인율의 산정목적, 대상, 산정방법
10. 산업심리에서 성격 5요인(Big 5 Factor)
11. 시설물 안전진단 시 콘크리트 강도시험방법
12. 밀폐공간 작업프로그램 및 확인사항
13. 건설현장의 임시소방시설 종류와 임시소방시설을 설치해야 하는 화재위험작업

2교시

※ 다음 문제 중 4문제를 선택하여 설명하시오.(각25점)

1. Risk Management의 종류, 순서 및 목적에 대하여 설명하시오.
2. 고령근로자의 재해 발생원인과 예방대책에 대하여 설명하시오.
3. 지하안전평가 대상사업, 평가항목 및 방법에 대하여 설명하시오.

4. 비계의 설계 시 고려해야 할 하중에 대하여 설명하시오.

5. 흙막이공사의 시공계획 수립 시 포함되어야 할 내용과 시공 시 관리사항에 대하여 설명하시오.

6. 건설공사에서 사용되는 자재의 유해인자 중 유기용제와 중금속에 의한 건강장애 및 근로자의 보건상 조치에 대하여 설명하시오.

3교시

※ 다음 문제 중 4문제를 선택하여 설명하시오.(각25점)

1. 건설현장 작업 시 근골격계 질환의 재해원인과 예방대책에 대하여 설명하시오.

2. 시공자가 수행하여야 하는 안전점검의 목적, 종류 및 안전점검표 작성에 대하여 설명하고, 법정(산업안전보건법, 건설기술진흥법) 안전점검에 대하여 설명하시오.

3. 콘크리트 타설 중 이어치기 시공 시 주의사항에 대하여 설명하시오.

4. 압쇄기를 사용하는 구조물 해체공사 작업계획 수립 시 안전대책에 대하여 설명하시오.

5. 철근콘크리트 교량의 상부구조물인 슬래브(상판) 시공 시 붕괴원인과 안전대책에 대하여 설명하시오.

6. 터널공사에서 작업환경 불량요인과 개선대책에 대하여 설명하시오.

4교시

※ 다음 문제 중 4문제를 선택하여 설명하시오.(각25점)

1. 건설업 KOSHA-MS의 인증절차, 심사종류 및 인증취소조건에 대하여 설명하시오.

2. 산업안전보건법상 도급사업에 따른 산업재해 예방조치, 설계변경 요청대상 및 설계 변경 요청 시 첨부서류에 대하여 설명하시오.

3. 산업안전보건법과 중대재해처벌법의 목적을 설명하고, 중대재해처벌법의 사업주와 경영책임자 등의 안전 및 보건 확보의무 주요 4가지 사항에 대하여 설명하시오.

4. 시스템비계 설치 및 해체공사 시 안전사항에 대하여 설명하시오.

5. 건설현장의 굴착기 작업 시 재해유형별 안전대책과 인양작업이 가능한 굴착기의 충족 조건에 대하여 설명하시오.

6. 사면붕괴의 종류와 형태 및 원인을 설명하고 사면의 불안정 조사방법과 안정 검토 방법 및 사면의 안정대책에 대하여 설명하시오.

기 술 사 3 0 0 점 시 리 즈

부록3

모범답안 작성(예)

■ 제1교시 : 100분　　■ 배점 : 문항당 5점　　■ 형태 : 단답형

최종 점검

안전기술사(모범 답안 예)

문제 1

가공 경화에 대하여 쓰시오.

모범답안 가공 경과

펀치가 없을 때 철사를 끊으려면 철사를 여러번 반복하여 구부림으로써 절단이 된다. 이와 같은 현상은 철사에 외력을 가하여 변형시킴으로써 철사의 재질이 굳고 여리게(취성)되어 드디어 끊어지게 된다. 이와 같이 재료를 가공하는 도중에 힘이나 외력을 받아 재료가 단단해지는 것을 가공 경화(working hardening)라 한다.

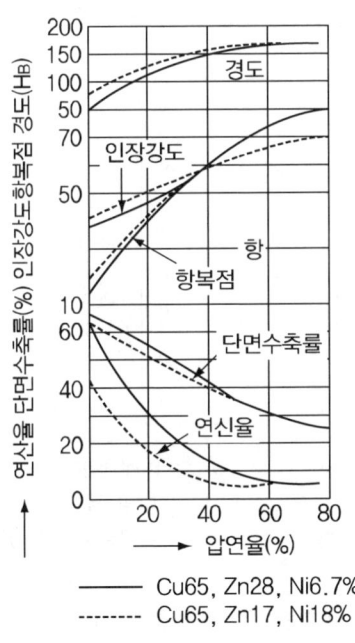

[그림] 가공 경화 현상

303

문제 2

재료의 응력 – 변형 선도에 대하여 쓰시오.

모범답안 응력 – 변형 선도(stress – strain diagram)

연강(mild steel)으로 된 시험편을 인장 시험기에 고정하고 하중을 가하면 축방향으로는 외력에 비례되는 연신이 생기고 이와 직각 방향으로는 수축이 생기면서 횡단면적이 변한다.

시험 초기에는 하중의 증가에 비례하여 연신이 증가되면 그림과 같이 직선적으로 탄성한계 E점에 이르게 된다. 이 탄성 한계 이내에서 하중을 제거하면 연신은 거의 0점이 되어 원상태로 복귀되는데 이런 성질을 탄성(elasticity)이라 하고 [그림]에서 OP는 비례한계 구간으로 응력에 대해 연신이 일정한 비례적으로 변한다.

실제로 P와 E점은 거의 일치되어 나타난다. 탄성한계 내에서는 후크의 법칙 $E = \sigma / \varepsilon$이 성립된다. 즉, 하중을 가하였을 때 단위면적에 작용하는 하중의 크기를 응력(stress)이라 하고 작용 하중에 대한 표점 거리의 변화량의 원표점 거리에 대한 비를 변형량(strain)이라 하며 후크의 법칙에 의하여 응력과 변형량의 비는 탄성한계 내에서 일정치가 된다. 이 일정치를 영률 또는 중 세로 탄성계수라 한다.

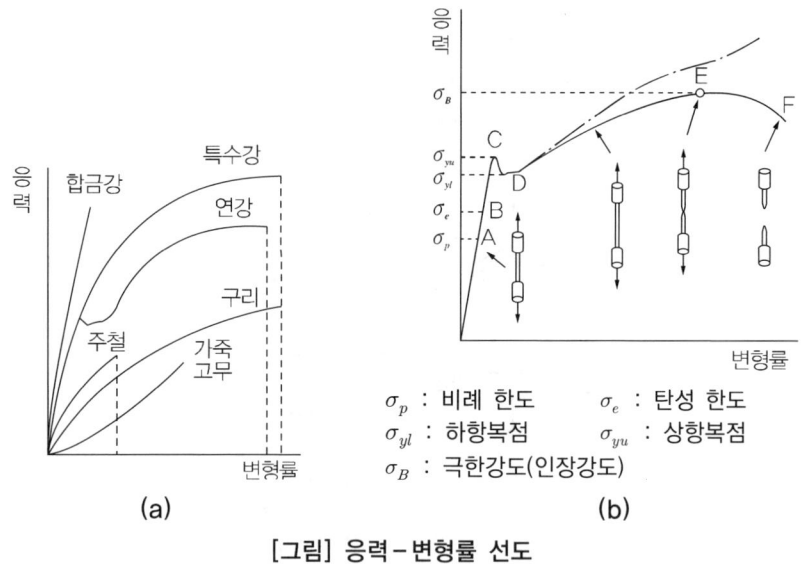

σ_p : 비례 한도 σ_e : 탄성 한도
σ_{yl} : 하항복점 σ_{yu} : 상항복점
σ_B : 극한강도(인장강도)

(a)   (b)

[그림] 응력 – 변형률 선도

철강에서 $E(1.9 \sim 2.1) \times 10^6 [\text{kg}/\text{cm}^2]$이고 보통 하중 $P[\text{kg}]$의 단면적 $A_o[\text{cm}^2]$에 작용하여 원표점 거리 $l[\text{cm}]$의 변형을 주었다면 후크의 법칙에 따라 공칭 응력(nominal stress) σ_0는

$$\sigma_o = \frac{P}{A_o}[\text{kg}/\text{mm}^2]$$

실용력 σ_a(actual stress)는

$$\sigma_a = \frac{P}{A_a}[\text{kg/mm}^2]$$

또 길이 방향의 변형량(strain) ε는

$$\varepsilon = \frac{\triangle l}{l}$$

라고 할 때 탄성계수(영률, young's modulus) E는

$$E = \frac{\sigma}{\varepsilon} = \frac{P/A_o}{\triangle l/l} = \frac{Pl}{A_o \triangle l}$$

여기서 A_0 및 A_a는 시편의 원단면적과 파단부의 최소 단면적을 표시한 것이며, 탄성 한계를 지나 더욱 하중을 가해 주면 시편에 소성 변형(plastic defoemation)이 생기면서 상부 항복점(upper yielding point)에 이르게 되고, 이때 금속 내부의 슬립으로 인한 소성유동이 생기면서 전위 밀도가 상승되고 하부항복점 Y_L(lower yielding point)에 도달된다. Y_L을 지나면 영구 변형은 더욱 증가되고 하중을 제거하여도 원상태로 복귀되지 않는 소위 소성유동에 의한 변형이 생기므로 많은 영구 변형이 잔류하게 된다. 상부 항복점은 돌연적 응력변화에 따른 높은 응력이 요구되며 그 값은 표면의 다듬질 상태, 열처리 상태 및 하중속도 등의 영향을 받는다.

하부 항복점은 슬립의 진행으로 큰 연신율이 발생하기 시작하는 한계점이며 $Y_U Y_L$ 사이의 연산을 항복점 연신이라 부른다.

하중을 Y_L을 넘게 가해주면 최대하중 M에 이르게 되며 이 점에서는 최대 하중에 대응하는 최대 응력이 발생하는 점이다. 이 점을 지나면 외력의 증가 없이도 연신이 생겨 시편의 단면적 방향으로는 국부수축이, 길이 방향으로는 자동연신이 진행되어 B점의 파괴점에 이르러 시편은 파단된다.

인장시험은 하중을 가하기 시작하여 B점에 이르기까지의 재료 성질을 관찰하는데 그 주목적이 있는 것이다. 그중 최대 하중에 대한 강도(strength)를 그 재료의 인장 강도(tensile strength) 또는 최대 인장 응력(ultimate tensile-stress)이라고 부르며 인장시험한 시험 결과치는 다음 공식에 의해 산출된다.

① 인장 강도($\sigma_{\max}$) = $\dfrac{\text{최대하중}}{\text{원단면적}} = \dfrac{P_{\max}}{A_o}[\text{kg/mm}^2]$

② 항복 강도(σ_y) = $\dfrac{\text{상부항복하중}}{\text{원단면적}} = \dfrac{P_y}{A_o}[\text{kg/mm}^2]$

③ 연신율(ε) = $\dfrac{\text{연신된 길이}}{\text{표점거리}} \times 100 = \dfrac{l - l_0}{l_0} \times 100 = \dfrac{\triangle l}{l_0} \times 100 [\%]$

④ 단면 수축률(ϕ) = $\dfrac{\text{원단면적} - \text{파단부 단면적}}{\text{원단면적}} \times 100 = \dfrac{A_o - A}{A_o} \times 100 [\%]$

문제 3

비압축성유체, 비점성유체의 기체 상태 방정식을 설명 하시오.

모범답안

(1) 유체의 점성(viscosity)

유체의 점성이란 유체가 유동할 때 흐름의 방향에 저항을 주어 응력을 일으키는 성질을 말한다. 이와 같이 유체가 흐를 때 손실 저하의 요인이 되는 유체의 점성은 유체 분자 상호간에 작용하는 여러 가지 힘에 기인되는 것이다.

액체의 점성은 주로 분자간의 응집력 때문에 생긴다. 따라서 온도가 높아지면 분자의 간격이 다소 커지고 분자의 운동이 활발해져서 점성이 작아지게 된다. 한편, 기체도 점성을 가지고 있는데 분자의 활발한 운동이 점성의 주된 원인이 되며, 기체는 온도가 상승할수록 점성이 더욱 커진다.

(2) 기체의 상태 방정식

보일-샤를의 법칙에 의하여 다음 식이 성립한다.

$$\frac{P \cdot v}{T} = R [\text{kg} \cdot \text{m}/\text{kg} \cdot \text{K}]$$

$$\therefore p \cdot v = R \cdot T, \ p \cdot V = G \cdot R \cdot T$$

여기서 R : 기체상수, T : 절대 온도, v : 비체적,
V : 체적, p : 절대 압력, G : 중량

이것을 이상 기체의 상태 방정식이라 한다.

또 $\gamma = \dfrac{l}{v}$ 이므로 다음과 같다.

$$p = \frac{l}{\gamma} = R \cdot T \text{이므로 } p = \gamma \cdot R \cdot T \cdot$$

$$\therefore \gamma = \frac{p}{R \cdot T}$$

SI 단위에서는 다음과 같다.

$$pv = RT, \ pV = mRT \text{ 여기서, } m : 질량$$

$$\rho = \frac{p}{R \cdot T} [\text{kg}/\text{ml}]$$

문제 4

공작 기계의 기본 운동을 설명하시오.

모범답안

공작 기계가 목적으로 하는 절삭 가공을 수행하기 위해서는 절삭 운동, 이송 운동 및 위치 조정 운동의 3가지 기본 운동을 한다.

(1) 절삭 운동(cutting motion)

절삭할 때 철의 길이 방향으로 절삭 공구가 움직이는 운동으로서, 다음과 같은 절삭 운동이 있다.
① 공구를 일정 위치에 고정하고 가공물을 운동시키는 절삭 운동 : 선반, 플레이너 등
② 가공물은 일정 위치에 고정하고 공구를 운동시키는 절삭 운동 : 세이퍼, 드릴링, 밀링, 브로칭 등 절삭 공구가 가공물의 운동 속도와 차, 즉 상대 속도를 절삭 속도라 하며, 보통 단위는 [m/min]이다.

(2) 이송 운동(feed motion)

절삭 공구 또는 가공물을 절삭 방향으로 이송되는 운동이며, 절삭 단면을 알맞게 조절하기 위한 목적으로 진행되는 운동이다. 일반적으로 다음과 같은 원칙이 있다.
① 1회의 이송량은 (feed) 공구의 폭보다 적게 한다.
② 이송 운동 방향은 절삭 운동 방향과 직각이며, 가공면과 평행 또는 직각으로 한다.
③ 이송 운동은 절삭 운동과 일정한 관계가 있고, 규칙적으로 진행된다.
    이송 운동의 속도는 1회전(또는 1왕복) 당의 피드량(mm)이며, 단순히 "피드"라 한다.

(3) 위치 조정 운동(position motion)

공작물과 공구간의 절삭 조건에 따른 절삭 깊이 조정을 말하며, 절삭 운동과 이송 운동을 시작하려면 다음과 같은 조정 작업이 필요한다.

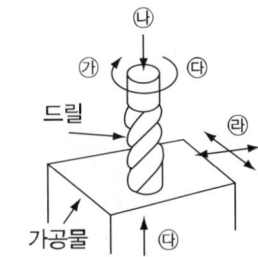

㉮ 절삭 운동
㉯ 피드 운동
㉰ 절삭 깊이 조정
㉱ 가공물 위치 조정

[그림] 공작 기계의 기본 운동(예)

① 기계의 운동 중심과 가공물의 중심 또는 가공면의 상대 위치 조정 작업이 필요하다.
② 이송 방향의 공구와 가공물간의 거리를 미리 단축시키는 작업이 필요하다.
③ 필요한 치수를 얻을 수 있도록 절삭 깊이와 피드 위치 조정 등이 필요하다.
  일반적으로 위치 조정에는 피드 장치나 보완 장치를 겸하여 사용한다.
  이와 같은 절삭 방식(기본 운동)의 예를 들면 [그림]과 같다.
  또한 공작 기계의 각종 가공 계열에 대한 기본 운동의 조합을 [표]에 나타내었다.

[표] 공작기계의 종류와 기본 운동의 조합

가공계열 명칭	공작기계의 명칭	절삭운동 공구운동 직선	절삭운동 공구운동 회전	절삭운동 가공물운동 직선	절삭운동 가공물운동 회전	피드운동 공구운동 직선	피드운동 공구운동 회전	피드운동 가공물운동 직선	피드운동 가공물운동 회전
선삭(turning)	선 반	-	-	-	○	○	-	-	-
보링(boring)	보링 머신	-	○	-	-	○	-	-	-
드릴링(drilling)	드릴링 머신	-	○	-	-	○	-	△ 단속	-
세이핑(shaping)	세이퍼	○ 왕복	-	-	-	-	-	○ 단속	-
플레이닝(planing)	플레이너	-	-	○ 왕복	-	○ 단속	-	-	-
슬로팅(slotting)	슬로팅 머신	○ 왕복	-	-	-	-	-	-	-
밀링(milling)	밀링머신	-	○	-	-	-	-	○	-
소잉(sawing)	핵쏘오 머신	○ 왕복	-	-	-	○	-	-	-
호빙(hobbing)	호빙머신	-	○	-	-	○	-	-	-
브로칭(broaching)	브로칭 머신	○ 편도	-	-	-	특수공구브로칭 사용 방법에 따라 피드운동			
연삭(grinding)	외경 연삭기	-	○	-	-	○	-	-	○
연삭(grinding)	평면 연삭기	-	○	-	-	-	-	○	○

문제 5

용접 작업에서 용접부의 오버램·기공·슬래그 섞임과 언더컷을 설명하시오.

모범답안

명 칭	형 상	상 태	주된 원인
오버램		용융금속이 모재와 융합 되어 모재위에 겹쳐지는 상태	모재에 대해 용접봉이 굵을 때 운봉속도가 느릴 때 용접 전류가 약할 때
기공		융착 금속 속에 남아 있는 가스로 인한 구멍	용접 전류의 과대, 용접봉에 습기가 많을 때, 가스 용접시의 과열, 모재에 불순물이 부착
슬래그섞임		녹은 피복제가 융착금속 표면에 떠 있거나, 융착금속 속에 남아 있는 것	운봉 방법의 불량 피복제의 조성 불량 용접 전류, 속도의 부적당
언더컷		용접선 끝에 생기는 작은 홈	용접전류의 과대 운봉속도가 빠를 때 용접 전류, 속도의 부적당

문제 6

운반 작업의 원칙을 쓰시오.

모범답안

(1) 인력 운반 작업이란(Manual Handling Operating)

운반물(load)을 손이나 인체의 힘에 들어 올리거나 내려 놓거나 밀거나, 당기거나 하여 옮겨 놓는 작업을 의미하며, 정지 자세에서의 운반물 운반과지지 등을 모두 포함하고, 저장 장소나 운반 차량 등에서 운반물을 내리기 작업 또는 다른 사람에서 던지기 작업도 포함한다.

(2) 운반물(load)이란

낱개 상태로 또는 따로 분리하여 운반 가능한 대상물을 의미하며, 넓은 의미로는 치료받고 있는 환자나 가축 또는 삽이나 포크 등을 이용하여 운반 가능한 흙, 모래 등도 포함한다.

인력 운반은 개인의 능력에 따라 차이가 있기 때문에 그 능력의 한계내에서 작업이 제한된다. 만일 그 한계를 초과하면 신체의 피로를 증대시켜 작업 능률을 저하시키고 산업 재해를 일으키게 된다.

이와 같은 결함을 제거하기 위하여 인력 운반의 동작 형태를 정확히 분석하여 근로조건을 개선하는 것이 인력 운반의 합리화이다. 그 결과 작업을 쾌적한 작업 환경에서 안전하게 능률적인 작업이 가능하게 된다.

인력 운반을 개선하기 위해서는 작업자의 동작 형태를 개선하는 것과 인력 작업을 기계화하는 두가지 방법이 있다.

(3) 운반에 의한 재해 예방 기본원칙(A.R.M.D.O.)

첫째, 운반 대상물 자체를 없앤다.(Avoid)
둘째, 운반 작업을 줄여라.(Reduce)
셋째, 운반 횟수(빈도) 및 거리를 최소, 최단화 한다.(Minimum)
넷째, 중량물의 경우는 1인 운반 대신 2~3인 운반으로 한다.(Divide)
다섯째, 운반 보조 기구 및 기계를 이용한다.(Operating)

문제 7

언로드 밸브(Unload Valve)에 대하여 쓰시오.

모범답안

(1) 공압 제어 시스템은 동력원, 신호 감지 요소, 제어 요소, 작업 요소 등으로 구성되어 있다. 이 중 신호 감지요소와 제어요소는 작업 요소들의 작동 순서에 영향을 미치며 이들을 밸브라 한다. 밸브들은 시작과 정지, 방향 제어, 유량과 압력을 제어 및 조절해주는 장치이다. 슬라이드 밸브, 볼 밸브, 디스크 밸브, 콕 밸브 등은 국제적으로 통용되는 명칭이며, 모든 설계에 일반적으로 적용된다. 밸브들은 기능에 다라 다음의 3개 그룹으로 구분된다.

- 압력 제어 밸브(pressure control valve)
- 유량 제어 밸브(flow control valve)
- 방향 제어 밸브(directional valve, way valve)

(2) 공기 실린터의 피스톤 면적에 압력을 작용시키면 피스톤 로드에 힘에 발생되며, 이 힘은 압력을 바꾸어 조절할 수 있다. 이 압력을 제어하는데 사용하는 것이 압력 제어 밸브이다.

기능으로는 감압 밸브, 안전 밸브(릴리프 밸브), 시퀀스 밸브, 압력 스위치, 언로드 밸브 등이 있으며, 공압 장치에서 압력 제어 밸브의 대부분은 감압 밸브로 되어 있다. 감압 밸브의 종류에는 직동형과 파일럿형이 있다. 직동형에는 릴리프식, 논블리드식, 블리드식이, 파일럿형에는 정밀형과 대용량형 등이 있다. 압력 제어 밸브의 특징은 다음과 같다.

① 적정한 공압을 사용하여 압축 공기의 소모를 방지한다.
② 공압 라인의 말단에서 공기 사용량의 변동에 따라 변화하는 공압을 일정한 압력값으로 제어해서 안정한 공기 압력을 공급한다.
③ 적정한 공압을 사용함에 따라 공압 기기의 인내성, 신뢰성을 확보한다.
④ 장치가 소정 이상의 공압으로 될 때에 공기를 빼내어 안전을 확보한다.
⑤ 공압의 유무를 전기 신호로 하여 공압력을 감시 또는 전자 밸브와 각종 기계의 압력 제어를 한다.

(3) 언로드 밸브(unload valve)

압축기에서 탱크 압력이 설정 압력에 달하면 압축공기를 내지 않고, 단순히 공기가 실린더 안을 출입만을 하는 무부하 운전에 사용되는 것으로 압축기에서 나온 압축 공기는 회로 안과 압축기에 비축되는데, 그 압력이 언로드 밸브의 설정 압력 이상이 되면 언로드 밸브가 열린다. 압축기로부터의 토출 공기는 회로 안으로 보내지 않고 다른 회로로 방출되며 회로 중의 압력, 즉 축압기 압력이 언로드 밸브의 조정 스프링 설정 압력보다 낮은 압력까지 내리면 언로드 밸브는 닫히고 다시 압축 공기가 회로 안으로 이송된다.

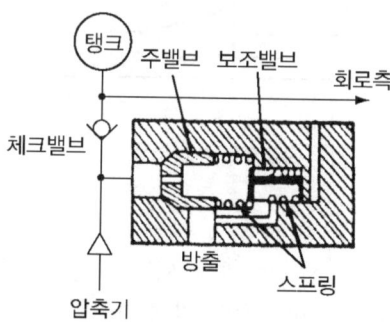

[그림] 간접 작동형 언로드 밸브

문제 8

절대일(absolute work)과 공업 일(technical work)의 차이점을 설명하시오.

모범답안

(1) 절대일(absolute work)

가스가 상태 1로부터 상태 2까지 변화를 하는 경우 처음 체적 V_1으로부터 V_2까지 팽창하는 사이에 계(실린더 내의 기체)가 외부에 한 일을 다음 식으로 표시된다.

$$_1W_2 = \int_1^2 pdv = p(V_2 - V_1) 면적(12341)$$

이 때의 일을 절대일이라 한다.

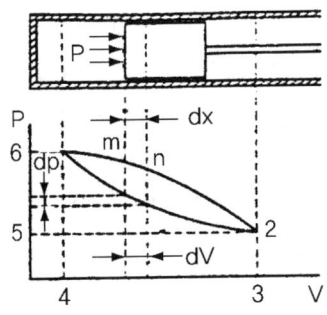

[그림] p-V 선도와 일

(2) 공업 일(technical work)

동작 물질이 개방계를 통과할 때 생기는 계의 외부의 일을 공업일, 압축일 또는 유동일이라 한다. 반대로 절대일은 팽창일 또는 비유동일이라 한다.

$p-V$ 선도상의 면적 12561에 대한 일 즉, 공업 일은 $W_t = -\int_1^2 vdp$ 로 표시된다.

공업일(압축일, 유동일)은 팽창일(절대일, 비유동일)에 대하여 반대이므로 부호는 (-)이다.

문제 9

응력 집중(stress concentration)에 대하여 설명하시오.

모범답안

(1) 균일 단면에 축하중이 작용하면 응력은 그 단면에 균일하게 분포되는데, notch나 hole 등이 있으면 그 단면에 나타나는 응력 분포 상태는 불규칙하고 국부적으로 큰 응력이 발생되는 것을 응력 집중이라고 한다.

(2) 최대 응력 $\sigma_{\max}$과 평균응력 σ_n과의 비를 응력 집중 계수(factor of stress-concentration) 또는 형상 계수(form factor)라 부르며, 이것을 K_σ로 표시하면 다음과 같다.

$$K_\sigma = \frac{\sigma_{\max}}{\sigma_n}$$

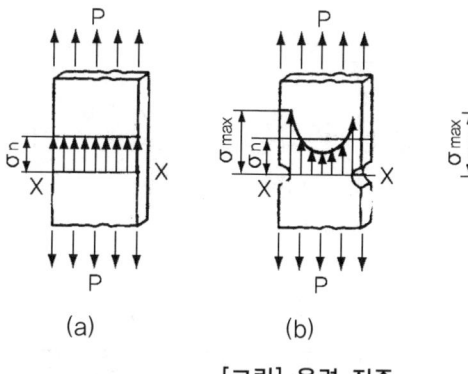

[그림] 응력 집중

문제 10

허용 응력(allowable stress)과 안전율(safety factor)을 설명하시오.

모범답안

(1) 허용 응력(allowalbe stree)

기계나 구조물에 사용되는 재료의 최대 응력은 언제나 탄성 한도 이하이어야만 하중을 가하고 난 후 제거했을 때 영구 변형이 생기지 않는다. 기계의 운전이나 구조물의 작용이 실제적으로 안전한 범위 내에서 작용하고 있는 응력을 사용응력(working stress : σ_w)이라 하고, 재료를 사용하는데 허용할 수 있는 최대 응력을 허용 응력(allowalbe stree : σ_a)이라 할 때 사용 응력은 허용 응력보다 작아야 한다.

(2) 안전율(safety factor)

안전율은 응력 계산 및 재료의 불균질 등에 대한 부정확을 보충하고 각 부분의 불충분한 안전율과 더불어 경제적 치수 결정에 대단히 중요한 것으로서 다음과 같이 표시된다.

$$S = \frac{최대응력(\sigma_u)}{허용응력(\sigma_a)} = \frac{최대응력(\sigma_y)}{허용응력(\sigma_a)}$$

안전율이나 허용 응력을 결정하려면 재질, 하중의 성질, 하중과 응력 계산의 정확성, 공작 방법 및 정밀도, 부품 형상 및 사용 장소 등을 고려하여야 한다.

안전율을 정하는 방식에는 $S = a \times b \times c \times d$가 있다.
여기서, a : 정하중, b : 반복 하중, c : 교번 하중, d : 충격 하중

재 료	정하중	반복하중	동하중 교번하중	충격하중
연강·단강	3	5	8	12
주강	3	5	8	15
주철, 취약금속	4	6	10	15
동, 연금속	5	6	9	15

최종 점검 　**안전기술사(모범 답안 예)**

■ 제1교시 : 100분　　■ 배점 : 문항당 25점　　■ 형태 : 논술형

참고 : 4문항 중 3문항 선택

문제 1

안전 점검 방법을 설명하시오.

모범답안

(1) 안전 점검의 정의

　　안전 점검이란 안전을 확보하기 위해 실태를 명확히 파악하는 것으로서, 불안전 상태와 불안전 행동을 발생시키는 결함을 사전에 발견하거나 안전 상태를 확인하는 행동이다.

(2) 안전 점검의 목적

　　① 결함이나 불안전 조건의 제거
　　② 기계 설비의 본래 성능 유지
　　③ 합리적인 생산 라인

(3) 안전 점검의 의의

　　① 설비의 근원적 안전 확보
　　② 설비의 안전 상태 유지
　　③ 인적인 안전 행동의 유지 및 물적 인적 양면의 안전 형태 유지

(4) 안전 점검의 종류

　　① 정기 점검(계획 점검) : 일정 기간마다 정기적으로 실시하는 점검으로 법적 기준 또는 사내 안전 규정에 따라 해당 책임자가 실시하는 점검
　　② 수시 점검(일상 점검) : 매일 작업 전 작업 중 또는 작업 후에 일상적으로 실시하는 점검을 말하며 작업자 작업 책임자 관리 감독자가 실시하며 사업주의 안전 순찰도 넓은 의미에서 포함된다.
　　③ 특별 점검 : 기계 기구 또는 설비의 신설 변경 또는 고장 수리 등으로 비정기적인 특정 점검을 말하며 기술 책임자가 실시한다.(산업 안전 보건 강조 기간에도 실시)
　　④ 임시 점검 : 정기 점검 실시 후 다음 점검 기일 이전에 임시로 실시하는 점검의 형태를 말하며 기계 기구 또는 설비의 이상 발생시에 임시로 점검하는 점검을 임시점검이라 한다.

(5) 점검표에 포함시켜야 할 사항(체크 리스트 양식)
　① 점검 상태
　② 점검 부분
　③ 점검 시기
　④ 점검 항목 및 점검 방법
　⑤ 판정 기준(자체 검사 기준, 법령에 의한 기준, KS 기준 등)
　⑥ 판정 결과 조치사항
　⑦ 조치

(6) 점검표 항목 작성시 유의사항(체크 리스트 유의사항)
　① 사업장에 적합한 독자적 내용을 가지고 작성할 것
　② 정기적으로 검토하여 설비나 작업방법이 타당성 있게 개조된 내용일 것(관계자 의견 청취)
　③ 위험이 높은 순으로, 긴급을 요하는 순으로 작성할 것
　④ 일정 양식을 정하여 점검 대상을 정할 것(점검 항목을 폭넓게 검토)
　⑤ 점검 항목을 이해하기 쉽게 구체적으로 표현할 것

(7) 검검표 판정 기준을 정할 때 유의사항
　① 판정 기준의 종류가 2종류 이상일 경우에는 적합 여부를 판정한다.
　② 한 개의 절대척도나 상대척도에 의할 때는 수치를 나타낸다.
　③ 복수의 절대척도나 상대척도로 조합된 항목은 기준 점수 이하로 나타낸다.
　　예 10점으로 평점할 경우 4점 이하가 4개일 때는 불합격 처리한다.
　④ 대안과 비교하여 양부를 결정한다.
　⑤ 미경험 문제나 복잡하게 예측되는 문제 등은 관계자와 협의하여 판정한다.

(8) 안전점검의 대상
　① 전반적 또는 작업방법에 관한 것
　　㉮ 안전 관리 조직 체제 : 체제, 안전조직, 관리의 실태
　　㉯ 안전 활동 : 계획, 추진상황
　　㉰ 안전 교육 : 법정 및 일반교육의 계획 및 실시상황
　　㉱ 안전 점검 : 제도, 실시상황
　② 기계 및 물적 설비에 관한 것
　　㉮ 작업 환경 : 온·습도, 환기 등의 일반환경, 유해 위험환경의 관리
　　㉯ 안전 장치 : 법규와의 적합성, 목적에의 합치여부, 성능유지, 관리상황
　　㉰ 보호구(방호) : 종류, 수량, 관리상황, 성능의 점검상황
　　㉱ 정리 정돈 : 표준화, 실시상황

⑮ 운반 설비 : 표준화, 생력화, 성능과 취급 관리, 안전 표지
⑯ 위험물, 방화 관리 : 위험물의 표지, 표시, 분류, 저장, 보관, 자위소방대 편성

(9) 점검 방법에 의한 구분
① **외관 점검** : 기기의 적정한 배치, 설치상태, 변형, 균열, 손상, 부식, 볼트의 여유 등의 유무를 외관에서 시각 및 촉감 등에 의해 조사하고, 점검 기준에 의해 양부를 확인하는 것이다.
② **기능 점검** : 간단한 조작을 행하여 대상 기기의 기능적 양부를 확인하는 것이다.
③ **작동 점검** : 안전장치나 누전 차단 장치 등을 정해진 순서에 의해 작동시켜 상황의 양부를 확인하는 것이다.
④ **종합 점검** : 정해진 점검 기준에 의해 측정·검사를 행하고 또, 일정한 조건하에서 운전시험을 행하여 그 기계 설비의 종합적인 기능을 확인하는 것이다.

(10) 점검 작업시의 안전(비정상 작업과 정상 작업 비교)
① 작업 시간이 짧고 작업내용이 많은 종류에 이르기 때문에 위험에 노출되는 기회가 많다.
② 일반 기계 설비의 구조는 정상 작업을 대상으로 한 것이며, 비정상 작업에 대한 배려에 결함이 있는 것으로 보인다.
③ 기계 설비를 운전하면서 점검하는 기회가 발생하게 되어 가동부분에 접촉할 위험성이 있다.
④ 작업자의 자격, 작업범위가 불명확하면 불안전한 행동을 유발하기 쉬워진다는 등의 특징이 있기 때문에 안전작업에 주의할 필요가 있다.

(11) 안전점검실시시 유의사항
① 안전점검을 형식, 내용에 변화를 부여하여 몇 가지 점검방법을 병용할 것
② 점검자의 능력을 감안하고 거기에 따른 점검을 실시한다.
③ 과거의 재해 발생개소는 그 원인이 완전히 제거되어 있나 확인한다.
④ 불량개소가 발견되었을 경우는 다른 동종 설비에 대해서도 점검한다.
⑤ 발견된 불량개소는 원인을 조사하고 즉시 필요한 대책을 강구한다. 대책에 대해서는 관리자측에서 하는 사항을 먼저 실시하도록 유의하고, 또 대책을 완료하였을 경우 신속하게 관계 부서로 연락 및 보고한다.
⑥ 사소한 원인이라도 중대 사고로 연결될 수 있기 때문에 빠뜨리지 않도록 유의한다.
⑦ 안전 점검은 안전 수준의 향상을 목적으로 한다는 것을 염두에 두고 결점의 지적이나 문책적인 태도는 삼가도록 한다.

[표] 기계 설비의 안전 점검 기준표(예)

구분	번호	점검 항목	점검 사항	점검 방법	판정 기준	판정 여부	비고
본체	1	부착 정도	수평 수직	수준기에 의한 측정	1[m]에서 0.05[mm] 이내	합·부	
	2	기초 볼트	헐거움	너트에 헐거움 유무	충분히 조인다.	합·부	
	3	지지 볼트 (1)	고정 상태	지지대의 헐거움 유무	충분히 조인다.	합·부	
	4	지지 볼트 (표)	손상, 부식, 마모	얕은 상태나 다른 지지용으로 지지하여 지장을 주고 있지 않은가	• 작업에 지장을 주지 않을 것 • 손상이 없을 것 • 부식이 없을 것	합·부	

문제 2

양중기의 ① 권상 하중 ② 적재 하중 ③ 정격 하중 ④ 정격 속도 등의 용어를 정의하시오.

모범답안

1. 양중기의 법적 정의

(1) "양중기"라 함은 다음 각 호의 기계를 말한다.
  ① 크레인[호이스트(hoist)를 포함한다]　　② 이동식 크레인
  ③ 리프트(이삿짐운반용 리프트의 경우에는 적재하중이 0.1톤 이상인 것으로 한정한다)
  ④ 곤돌라
  ⑤ 승강기

(2) 제1항 각 호의 기계의 뜻은 다음 각 호와 같다.
  ① "크레인"이란 동력을 사용하여 중량물을 매달아 상하 및 좌우[수평 또는 선회(旋回)를 말한다]로 운반하는 것을 목적으로 하는 기계 또는 기계장치를 말하며, "호이스트"란 훅이나 그 밖의 달기구 등을 사용하여 화물을 권상 및 횡행 또는 권상동작만을 하여 양중하는 것을 말한다.
  ② "이동식 크레인"이란 원동기를 내장하고 있는 것으로서 불특정 장소에 스스로 이동할 수 있는 크레인으로 동력을 사용하여 중량물을 매달아 상하 및 좌우(수평 또는 선회를 말한다)로 운반하는 설비로서 「건설기계관리법」을 적용 받는 기중기 또는 「자동차관리법」제3조에 따른 화물·특수자동차의 작업부에 탑재하여 화물운반 등에 사용하는 기계 또는 기계장치를 말한다.

③ "리프트"란 동력을 사용하여 사람이나 화물을 운반하는 것을 목적으로 하는 기계설비로서 다음 각 목의 것을 말한다.
  ㉮ 건설용 리프트 : 동력을 사용하여 가이드레일(운반구를 지지하여 상승 및 하강 동작을 안내하는 레일)을 따라 상하로 움직이는 운반구를 매달아 사람이나 화물을 운반할 수 있는 설비 또는 이와 유사한 구조 및 성능을 가진 것으로 건설현장에서 사용하는 것
  ㉯ 산업용 리프트 : 동력을 사용하여 가이드레일을 따라 상하로 움직이는 운반구를 매달아 화물을 운반할 수 있는 설비 또는 이와 유사한 구조 및 성능을 가진 것으로 건설현장 외의 장소에서 사용하는 것
  ㉰ 자동차정비용 리프트 : 동력을 사용하여 가이드레일을 따라 움직이는 지지대로 자동차 등을 일정한 높이로 올리거나 내리는 구조의 리프트로서 자동차 정비에 사용하는 것
  ㉱ 이삿짐운반용 리프트 : 연장 및 축소가 가능하고 끝단을 건축물 등에 지지하는 구조의 사다리형 붐에 따라 동력을 사용하여 움직이는 운반구를 매달아 화물을 운반하는 설비로서 화물자동차 등 차량 위에 탑재하여 이삿짐 운반 등에 사용하는 것
④ "곤돌라"란 달기발판 또는 운반구, 승강장치, 그 밖의 장치 및 이들에 부속된 기계부품에 의하여 구성되고, 와이어로프 또는 달기강선에 의하여 달기발판 또는 운반구가 전용 승강장치에 의하여 오르내리는 설비를 말한다.
⑤ "승강기"란 건축물이나 고정된 시설물에 설치되어 일정한 경로에 따라 사람이나 화물을 승강장으로 옮기는 데에 사용되는 설비로서 다음 각 목의 것을 말한다.
  ㉮ 승객용 엘리베이터 : 사람의 운송에 적합하게 제조·설치된 엘리베이터
  ㉯ 승객화물용 엘리베이터 : 사람의 운송과 화물 운반을 겸용하는데 적합하게 제조·설치된 엘리베이터
  ㉰ 화물용 엘리베이터 : 화물 운반에 적합하게 제조·설치된 엘리베이터로서 조작자 또는 화물취급자 1명은 탑승할 수 있는 것(적재용량이 300킬로그램 미만인 것은 제외한다)
  ㉱ 소형화물용 엘리베이터 : 음식물이나 서적 등 소형 화물의 운반에 적합하게 제조·설치된 엘리베이터로서 사람의 탑승이 금지된 것
  ㉲ 에스컬레이터 : 일정한 경사로 또는 수평로를 따라 위·아래 또는 옆으로 움직이는 디딤판을 통해 사람이나 화물을 승강장으로 운송시키는 설비

(3) (정격하중 등의 표시) 사업주는 양중기(승강기를 제외한다. 이하 이 절에서 같다)를 사용하여 작업하는 운전자 또는 작업자가 보기 쉬운 곳에 당해 기계의 정격하중·운전속도·경고표시 등을 부착하여야 한다.

(4) 신호
① 사업주는 양중기를 사용하여 작업하는 때에는 일정한 신호방법을 정하여 사용하도록 하고, 그 내용을 운전실 등 운전자가 보기 쉬운 곳에 부착하여야 한다.
② 사업주는 제(1)항의 작업에 종사하는 근로자에게 동항의 신호를 준수하도록 주지시켜야 하며, 근로자는 이를 준수하여야 한다.

(5) 운전 위치로부터 이탈금지
  ① 사업주는 양중기의 운전 도중에 당해 운전자로 하여금 운전 위치로부터 이탈하도록 하여서는 아니 된다.
  ② 양중기의 운전자는 운전 도중에 운전 위치를 이탈하여서는 아니 된다.

(6) 와이어로프 등 달기구의 안전계수
  ① 근로자가 탑승하는 운반구를 지지하는 달기와이어로프 또는 달기체인의 경우 : 10 이상
  ② 화물의 하중을 직접 지지하는 달기와이어로프 또는 달기체인의 경우 : 5 이상
  ③ 훅, 샤클, 클램프, 리프팅 빔의 경우 : 3 이상
  ④ 그 밖의 경우 : 4 이상

2. 용어 정의

(1) 권상 하중
  크레인의 구조와 재료에 따라 부하하는 것이 가능한 최대 하중의 것으로, 이 가운데에는 훅, 그래브, 버킷 등 달아올리는 기구의 중량이 포함된다.

(2) 적재 하중
  적재 하중이란 짐을 싣고 상승할 수 있는 최대의 하중을 말한다.

(3) 정격 하중
  정격 하중이란 크레인으로서 지브가 없는 것은 매다는 하중에서, 지브가 있는 크레인에서는 지브의 경사각 및 길이와 지브 위의 도르래 위치에 따라 부하할 수 있는 최대의 하중에서 각각 훅, 그래브, 버킷 등의 달기기구의 중량에 상당하는 하중을 공제한 하중을 말한다.

(4) 정격 속도
  정격 속도란 크레인에 정격 하중에 상당하는 짐을 싣고, 주행, 선회, 승강 또는 트롤리의 수평 이동시에 최고 속도를 말한다.

문제 3

귀하가 경험한 중대 재해 1가지를 예를 들어 재해 발생 개요, 원인, 예방 대책을 설명하시오.

모범답안

(예) 안전장치 미부착 크레인 사용 중 와이어 로프 절단)

(1) 재해 발생 개요

1999년 5월 11일 오후 1시 30분경 ○○기업(주)가 시공하는 올림픽 대로 확장공사 제2공구 현장에서 4명이 1개조로 나뉘어 투명 방음벽의 뒷면(그림참조) 볼팅 작업을 위해 현장 제작 작업 발판에서(재해자 김○석이 탑승) 볼팅작업을 계속해 가고 있었다. 그러던 중 Pier 8지점 상부에서 볼팅작업이 완료되고, 작업발판을 교량상판으로 옮기려고 발판을 인양 중 와이어 로프의 쉬브 B부분 상부 클립 부위가 쉬브 A까지 권과되어 크레인의 와이어 로프가 절단(그림 참조), 재해자가 작업발판과 함께 지면으로 추락, 요양 중 사망한 재해로 추정됨

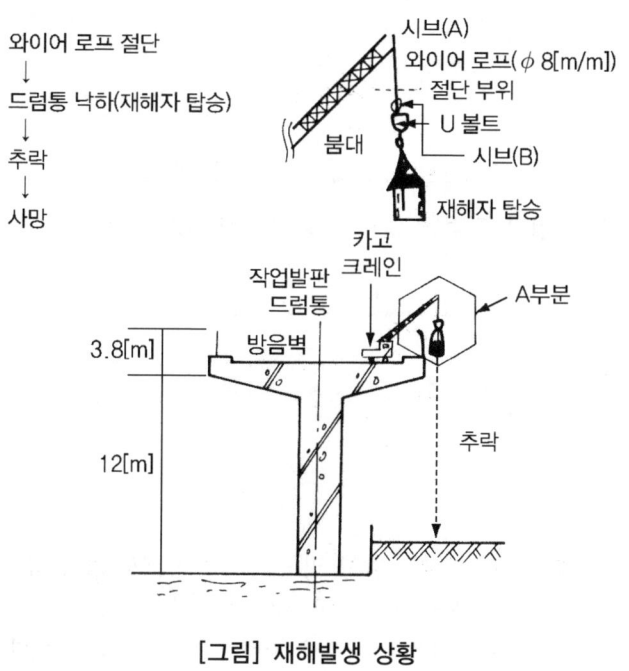

[그림] 재해발생 상황

(2) 재해 발생 상황

① 크레인에 안전 장치(권과 방지 장치 등)가 미설치되어 있었고, 와이어 로프의 절단 부위가 U볼트 체결 부위였고,

② 크레인 운전원이 작업 발판을 인양 중 교량에서 차선 작업을 하던 근로자와 이야기를 주고 받던 중(크레인 운전원 진술 참조) 와이어 로프가 절단된 것으로 보아 크레인 와이어 로프가 권과되어 그림의 시브(A)와 시브(B)의 와이어 로프 체결 부위가 크레인 인양력에 와이어 로프가 견디지 못하고 절단되어 작업발판과 함께 재해자가 지면으로 추락된 것으로 추정.

③ **와이어 로프의 제원** : 직경 8[m/m], 6 × 24번선 사용·절단하중(P_1) = 1.25톤(안전율 5)

④ 카고 크레인(이동식 크레인) 정격 하중 3톤

⑤ 작업시 하중(= 150[kg] = 작업발판(20[kg]) + 작업원(70[kg]) + 시브 B(40[kg]) + 기타(20[kg])) $P_1 > P_2$인 것으로 보아 작업시 하중이 와이어 로프의 정격 하중을 초과하지 않았음.

(3) 재해 발생 원인
   ① 안전 장치(권과 방지 장치 등) 미부착   ② 크레인 운전원의 부주의
   ③ 안전 담당자 미배치

(4) 재해 예방 대책
   ① 안전 장치(권과 방지 장치, 과부하 방지 장치 등) 부착 사용
   ② 안전 담당자 배치
   ③ 운전시 주의 사항 교육

문제 4

30[ton] 마찰 프레스의 월간 점검을 하려고 한다. check list를 작성하고 판정 기준을 내리시오.

모범답안

1. 개 요

(1) 프레스의 정의

프레스란 "2개 이상의 대상물이 이루는 금형 및 공구를 사용해서 그 금형 및 공구 사이에 가공재를 두고 금형 및 공구를 가공재에 강한 힘을 가하여 성형 가공을 하는 기계"를 말한다. 이때 가공재에 가해지는 힘의 반력은 기계 자체에서 지탱하도록 설계되어 있다. 다음 그림은 프레스 기계와 Hammer기의 힘의 분산을 표시한 것이다.

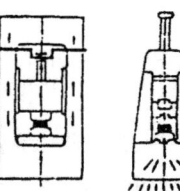

[그림] Press와 Hammer의 차이

2. 본 론

(1) 프레스의 종류

프레스의 형식 및 종류는 대단히 많다. 그 이유는 프레스의 기능에 크게 영향을 가진 구성 요

소가 많으며 그 구성 요소가 복합 조립되어 있다.
① 슬라이드(slide) 구동 : 동력원에 의한 종류

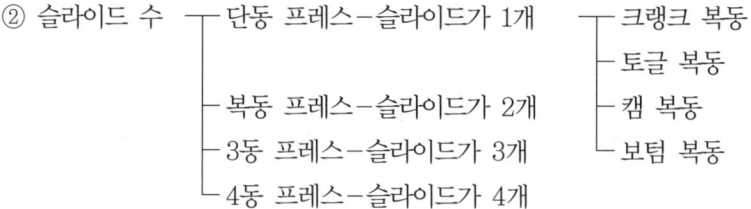

일반적으로 기계의 힘과 액압의 힘을 이용한 기계 프레스와 액압 프레스 2종을 주로하여 다루고자 한다.

② 슬라이드 수 ┬ 단동 프레스-슬라이드가 1개 ┬ 크랭크 복동
      │   ├ 토글 복동
      ├ 복동 프레스-슬라이드가 2개 ├ 캠 복동
      ├ 3동 프레스-슬라이드가 3개 └ 보텀 복동
      └ 4동 프레스-슬라이드가 4개

(2) 프레스 재해의 특성

프레스 및 전단기로 금형 또는 전단날을 이용하여 금속, 비금속 재료를 굽힘, 전단, 드로잉 등 소성 가공을 하는 기계이다. 주로 크랭크 기구를 이용하여 슬라이드를 왕복 운동시키고 금형 등을 슬라이드 부위에 장착하여 강한 압축력으로 제품을 가공한다. 이와 같은 프레스, 전단기로 작업 속도가 매우 빠르며 큰 에너지를 충격적으로 이용하고 안전과 밀접한 연관을 갖고 있는 금형을 이용한다는 등의 특징을 갖고 있다. 이와 같은 특징에서 알 수 있듯이 신체 일부가 작업점에 노출되면 절단, 협착되는 등의 재해를 입는 위험성이 매우 높은 기계이다.

3. 프레스 Check List

Press Check List				분류 No.	
회사명	○○산업(주)	기계명	Press	검사년월일	2000. 0. 0
기계설비 소속	○○공장 1부 3과	압력능력	50ton	대행기관명	없음
프레스 의 종류	1. Crank-P/S(C형고) 2. Crank-P/S(C형가) 3. Crank-P/S(STR-SD) 4. Crank-Less-P/S 5. Knuckle-P/S	6. Link-P/S 7. Cam-P/S 8. 편심-P/S 9. 기타 Press	클러치의 종류	1. SLid' G-pim(R)6. Friction 2. SLid' G-(P) (Single)-(Wet) 3. Roll' G-Key 4. Roll' G-Key 5. Friction(Dry)	브레이크 의 종류	1. Band-B 2. Shoe 3. Disc

검사항목		검사방법	판정기준	검사결과	판정	조치 측정방법
대분류	소분류					
101 기계 몸체	01 외관	1. 기계몸체 이상유무 육안 검사	균열, 손상이 없을 것	볼스터 T-홈손상	△	일상점검 시 주의
				기타 외관상 손상 없음		
		2. 표시판 덮개 등 이상 유무 육안 검사	균열, 손상이 없을 것	주) 치차 측면 덮개 없음	△	부착
				표시판의 제조 No.가 없음	△	
		3. 푸트 스위치 등 덮개 이상 유무	균열, 손상이 없을 것	폐달 덮개가 없음	ϕ △	제작
	02 볼트 및 너트	1. 몸체 각 부 볼트, 너트풀림 유무, 스패너 검사	적절하게 체결되어 있을 것	각 체결부위에 조정 볼트의 이완이 없음	O	일상 점검
102 동력 전달 장치	01 크랭크 축 및 베어링	1. 외관상 이상 유무 육안 검사	현저한 손상 마모 등이 없어야 한다.	외관상 이상 없음	O	
		2. 크랭크축 웨브의 간격을 치수 측정 검사	$a-v < \dfrac{L}{50}$ 이어야 한다.	$a=100[m/m]$ $b=99.7$ $L=150$ $a-b=0.3 < 150/50=3.0$	O	
	02 플라이휠과 주 기어와 베어링	1. 기계운전으로 이상 유무 육안, 소음측정·표면 온도 검사	이상음, 발열이 없으며 윤활상태가 양호할 것	5분간 운전시 이상 없음 외관 육안 검사시 이상 없음	O	육안 청각, 솔
		2. 손으로 서서히 돌려 횡진량을 다이얼 게이지로 검사	미끄럼 베어링 진폭은 1[mm] 이하, 구름 베어링 진폭은 0.5[mm] 이하	주기어 $S=0.3[mm] < 0.7[mm]$ 풀래휠 $S=0.2[mm] < 0.46[mm]$	O	$\gamma = 350/500$ $= 0.7$ $\gamma = 460/100$ $=0.46$
	03 회전 캠 스위치 작동 상태	1. 공회전시의 이상 유무	흔들림, 연결부분의 풀림 등이 없어야 한다.			
		2. 작동시 체인의 작동 및 변형 육안 검사	정상 상태이어야 한다.			
030 슬라이 딩핀 클러치	01 클러치 핀	1. 핀을 뽑아 마모부분 R-게이지 검사	30[ton] 이하 3R, 30-100[ton] 4R, 100[ton] 이상 5R 이하이어야 함	실측치 1.5R 판정치 4R 1.5R < 4R	O	R 게이지
		2. 기타 이상 유무 육안검사	파손 또는 균열이 없어야 한다.	경도HRC 54로써 이상 없음	O	경도계 측정
	02 클러치 핀받침대	1. 파손 균열 등 이상 유무 육안 검사	파손 또는 균열이 없어야 한다.	파손 또는 균열이 없음	O	
		2. 분해하여 받침대 마모 부분을 R-게이지 검사	압력 능력기준 30[ton] 이하 2R, 100[ton] 3R, 100[ton] 이상 4R 이하	실측치 3.75R, 판정치 4R 3.75R > 3R	□	틈새 게이지

검사항목		검사방법	판정기준	검사결과	판정	조치 측정방법
대분류	소분류					
030 슬라이딩핀 클러치	03 클러치 작동용 캠	1. 클러치를 떼었을 때 캠의 압축거리 측정	30[ton] 이하 1[mm], 30~100[ton] 이하 1.5[mm], 100[ton] 2.0[mm] 이하	실측치 0.6 0.6<1.5 이상 없음	○	스패너 V/C 육안
	04 클러치 브래킷	1. 캠, 슬라이드 부분의 마모 틈새 게이지 검사	전후, 좌우방향의 틈새가 0.3[mm] 이하이어야 한다.	전후 0.1, 좌우 0.15<0.3 외관 육안상 이상 없음	○	틈새 게이지
	05 스프링 이완 상태	1. 이상 유무·육안 검사	파손 등 이상이 없어야 한다.	육안상 작동상태 이상 없음	○	V/C 육안
	06 클러치 커플링의 고정 키	1. 핀의 지름 및 핀 구멍을 V/C 측정	핀지름과 구멍과의 차이가 1[mm] 이하일 것	작동 캠 구멍 10.1, 연결봉 10.6, 핀 10.0 측정후 이상 없음	○	V/C 육안
	07 클러치 커플링의 슬라이드면	1. 슬라이드 하사점 정지후 클러치축의 주위 틈새	30[ton] 0.5[m/m], 30~100[ton] 1[m/m], 100[ton] 1.5[m] 이하일 것	0.4[m/m] < 1.0[m/m] 판정치로써 육안 이상 없음	○	V/C 육안
	08 보스면과 커플링면	1. 손상면을 육안 검사	손상 면적이 전면적의 1/3 이하일 것	전면이 손상 되었음	φ	기계가공 제작요
	09 핀과 커플링의 슬라이드면	1. 골의 폭과 구멍 직경, 핀폭과 핀구멍의 차이, V/C 측정	차이가 1[m/m] 이하일 것	폭 30.4-핀 30 = 0.4, 0.4 < 1.0 이상 없음	○	V/C 육안
031 롤링키 클러치	01 롤링키 및 백롤링 키의 R부분	1. R 게이지로 키의 마모상태 측정 검사	30[ton] 이하 2.5R, 30~100[ton] 5R, 100[ton] 이상 6R 이하			
	02 중앙 클러치링의 상태	1. R 게이지로 링 마모 상태 측정 검사	30[ton] 이하 3R, 30~100[ton] 미만 6R 100[ton] 이상 7R 이하			
	03 작동용 캠과 내측 클러치 링	1. 내측 클러치 링의 외주와의 틈새 게이지 검사	틈새가 3[mm] 이하일 것			
검사원 의견	축 메탈과 슬라이드 작동 부위에 주유하고 있으나 순환되지 않고 있어 주유구 및 호스 등의 파손, 파단을 확인할 것		안전 보건 위원회 의견	1. 자체 검사원이 검사시 생산 라인에서 기계 및 설비의 중지 및 작동 검사를 할 수 있도록 충분한 시간을 배려할 것 2. 기계및 설비의 보전이 안전과 생산의 지름길이다.		

안전 보건 관리 책임자				자체 검사원			표기	양호	불량			
직위	공장장	성명	㉰	직위	반장	성명	㉰		조정	교환	제작	폐기
								○	△	□	φ	×

합격 Key 본 checklist는 산업안전 지도사의 시험 대비용이므로 실제 차이가 있으며 똑같이 할 필요는 없습니다.

4. 판정 기준 및 처리 요령

(1) 안전 검사표 서식을 먼저 만든다.

사업장에서 안전 검사실시 대상 기계 기구별로 서식의 각 항목에 준한 내용을 예시한 서식처럼 2부가 작성되도록 규격화한다.
① 연간 정기 검사 계획
② 안전 검사표
③ 안전 검사 실시 보고서

(2) 안전 검사표 작성 요령

① 분류 및 고유 번호 : 사업장에 고유로 정해진 검사 대상 기계의 번호를 기록한다.
② 설비 소속 : 검사 대상 기계 및 설비가 설치되어 있는 장소 및 소속을 기록한다.
  예 제1공장 생산부 생산과 제작반
③ 대상 설비명 : 검사를 실시하고자 하는 대상기계 및 설비명을 상세하게 기록한다.
④ 능력 및 규격 : 기계 및 설비의 능력 및 규격을(공칭 규격 또는 KS 규격 등) 기록한다.
⑤ 검사일시 : 대상 기계 및 설비의 안전 검사를 실시 완료한 연월일을 기록한다.
⑥ 검사 기관명 : 기업 내에서 자체적으로 검사 실시가 불가하여 검사를 타기관 및 대행 기관에 의뢰하여 검사를 실시한 경우에 그 기관명을 기록한다.
  예 한국산업안전공단, 대한 산업안전 협회

(3) 검사 구분 설명

① 검사 항목

검사항목		
대분류	중분류	소분류
기계프레스	브레이크	라이닝

예시한 서식에 준하여 대, 중, 소의 검사 부문 항목을 기업의 특성에 적합하게 작성하여 사용할 수 있도록 한다.

② 검사 방법

검사방법
1) 검사 부분의 검사개소 및 방법을 알기 쉽게 기록
2) 육안 및 기기 검사가 필요한 곳을 지적하고 방법을 설명

③ 판정 및 조치

판 정	조 치
	※ 판정에 따른 조치 내용 기록

㉮ 판정란에는 양호, 조정, 교환 제작, 폐기 등을 판정한 표기만을 기록한다.
㉯ 조치란에는 검사 판정시 조치 후 사용할 수 있는 경우 조치 필요사항 등 기록
  ㉠ 조정, 복구 내용 등을 기록
  ㉡ 수리나 보수 등의 내용 기록
  ㉢ 구매 교체시 교체품의 규격 등을 상세하게 기록
㉰ 판정 표기
  ㉠ 판정 표기는 반드시 표시하여야 하고 검사를 실시하지 않은 항목에 임의로 표기하면 인적 및 물적 재해를 자초한다는 것을 명심하여야 한다.
  ㉡ 측정 계측치 및 계산치 등의 기록을 철저히 할 것
  ㉢ 표기 범례

구 분	양 호	폐 기	조 정	교 환	제 작
표기	○	×	△	□	φ
약정	원형	×표	정삼각	정사각	파이
조치내용	정상가동	완전폐기	현장 조정가능	부품의 구매 교환	기계가공 제작 교환

  ㉣ 폐기 판정된 설비로서 정상 가동이 될 수 있도록 원상 회복, 복구, 조장되었다 하더라도 재가동 전에 필히 안전 검사를 실시하여 안전성 여부를 확인하여야 한다.
㉱ 판정 기록 표기의 적용 기준

표시 방법		적용기준
표시	표기의 적용 기준 구분	
○	양호	1. 검사 결과 이상 없음 2. 측정치도 기준 내 있음 3. 사용한 후 문제가 없다.
△	조정	1. 조정, 청소 등에 의하여 기준 내로 복원되는 것 2. 현상태는 기준내에 있지만 계속 사용시 1년 이내 조치요
□	교 환	1. 기준을 벗어나므로 즉시 수정하여야 하는 것 2. 부품을 교환하지 않으면 안 되는 것
⌀	제작	1. 기계 가공 등 장기 제작에 의하여 정상 복원되는 것
×	폐기	1. 설비 가동 중지, 완전 폐기 2. 재가동시 자체 검사후 사용

④ 의견 제시 및 확인 : 기계 및 설비의 자체 검사를 실시한 검사원과 대행 기관의 검사원 의견을 제시, 기록하고 확인 서명을 한다.

(4) 안전 검사서 작성 포인트 5가지
① 기록 누락이 없을 것
② 검사 누락이 없을 것
③ 판정의 오차가 없을 것
④ 기록시 착오가 없을 것
⑤ 종합 판정 기록을 잊지 말 것

문제 5

기계 설비의 방호 중 방호 원리에 대하여 설명하시오.

모범답안) 방호 원리의 기본사항

① 위험 제거 : 잠재 위험 요인이 원칙적으로 발생될 수 없게 하는 것을 위험 제거라 한다.
   예 신호 표시 장치 등에 쓰이는 전압을 낮추어 저전압으로 대체한다든지 건설 작업에서 접착 물질이나 나사 등을 사용해서 끝이 뾰족한 못의 사용을 피하는 방법 등이 있다.
② 차단(위험 해지 및 상태의 제거) : 이는 위험성이 존재하고 있지만 재해의 발생은 불가능하다. 왜냐하면 위험으로부터 작업자가 격리되어 있기 때문이다. 다시 말하면 작업을 수행하는 사람과 재해를 유발시키는 기인들이 서로 마주치지 않고 떨어져 있음을 뜻한다.
③ 덮어씌움(위험해지 및 상태의 삭감) : 위험은 여전히 존재하지만 재해 발생 가능성은 희박해진다. 위험해지는 상태를 제거하는 차단 방법과 같이 사람과 기인물이 겹쳐지는 재해 가능 영역의 한쪽을 안전하게 덮어 씌운다.
   예 위험한 작업점에 대한 방호 덮개, 전기 설비를 차폐가 가능한 문을 사용하여 외부 접근자와 격리하는 등 덮어씌우는 방법, 벙커를 이용하여 발파작업을 수행하는 사람을 보호하는 방법, 작업자에게 개인 보호구를 착용시키는 방법 등 사람을 덮어씌우는 방법이 있다.
④ 위험에의 적용
   예 제어 시스템 글자판을 쉽게 읽을 수 있도록 개선한다든지 위험에 대한 정보 제공, 안전한 행동을 위한 동기부여, 교육 훈련 등이 이에 해당된다.

■ 제1교시 : 100분　　■ 배점 : 문항당 25점　　■ 형태 : 논술형

최종 점검　**안전기술사(모범 답안 예)**

문제 1

천장 크레인의 안전 장치를 설명하시오.

모범답안　가공 경과

1. 크레인의 개요

크레인은 수직, 수평 운동을 할 수 있으므로 한정된 작업장 내에서의 중량물의 운반은 크레인에 의지하는 경우가 많다.

따라서 그 용도도 넓고 종류도 다양하지만 그 반면 크레인 작업에 의한 재해가 빈번하게 발생하고 있다.

일반적으로 크레인이란, 이동식 크레인과 데릭 이외의 것을 말하고 있지만 그의 구조, 형상에 따라 천장 크레인, 교량형 크레인, 지브 크레인, 케이블 크레인 등으로 분류되고 있다.

2. 본론(안전장치 종류 및 특징)

(1) 과부하 방지 장치

정격 하중 이상의 하중이 부하되었을 경우 자동적으로 상승이 정지하면서 경보음 또는 경보등을 발생하는 장치로서 최대허용 하중의 10% 이상일 때 과적재를 알리면서 자동으로 운반작업이 이루어지지 않는 중요한 안전장치이다.

과부하장치에는 과부하를 감지하는 기능의 종류에 따라 3가지로 분류할 수 있다.

① **기계식** : 스프링의 처짐을 이용하여 마이크로스위치를 동작시켜 과부하 감지
② **전기식** : 권상 모터의 부하 변동에 따른 전류[A] 변화에 따라 과부하 상태 감지
③ **전자식** : 스트레인 게이지를 이용한 하중 감지로 과부하 상태 감지

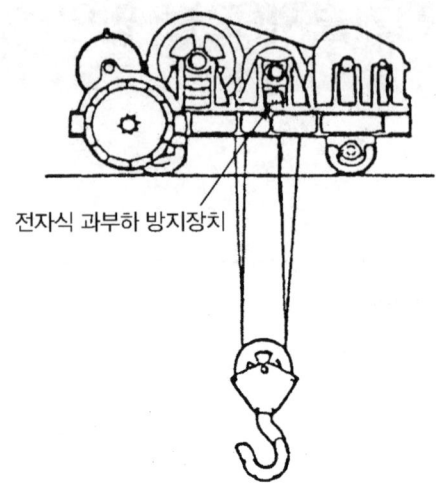

[그림] 과부하 방지 장치 전자식

(2) 권과방지장치

물건을 달아 감아올릴 때 잘못하여 와이어 로프를 너무 감게 되면 물건이 기계에 충돌하여 로프가 끊어지거나 물건이 떨어지게 되어 재해를 유발하게 되는데 이러한 위험을 방지하기 위해서는 일정 한도 이상으로 와이어 로프가 드럼에 감겨서 위험 상태에 이르기전에 자동적으로 전원이 끊겨서 모터를 멈추게 하는 장치로서, 이 장치가 미비할 경우에는 추락 등 중대한 재해가 발생될 위험을 안고 있다.

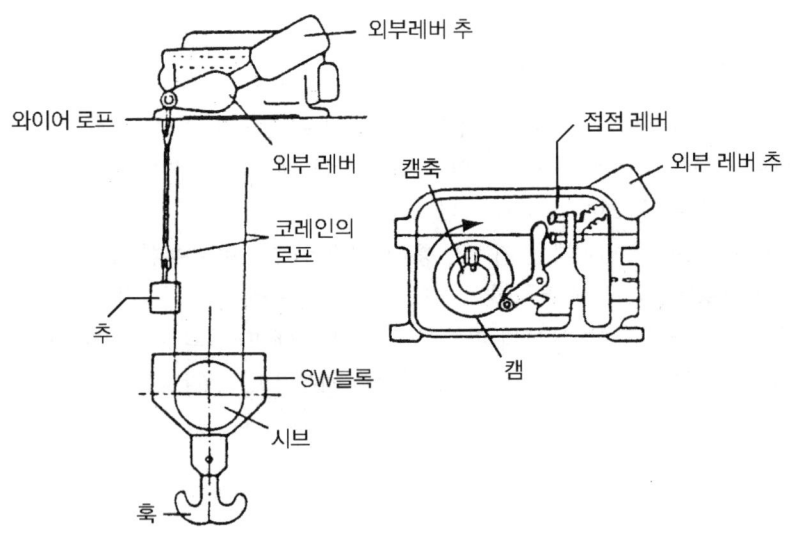

[그림] 권과 방지 장치(추형)

(3) 비상 정지 장치

근로자가 크레인을 이용하여 화물을 권상시킬 때 위험한 상황에서 작업 안전을 위해 급정지시킬 수 있도록 설치되어 있는 안전 장치이다.

천장크레인(탑승용)의 경우 운전실에 부착되어 운전자가 쉽게 조작할 수 있는 구조로 되어 있다.

(4) 지상 컨트롤용 천장 크레인, 호이스트, 기타 등은 권상, 권하 버튼 상부에 부착되어 있어 근로자가 쉽게 급정지시킬 수 있도록 되어 있다.

3. 크레인의 작업 안전

크레인으로 취급하는 물건은 무게가 무겁고 높은 곳을 이동하는 위치 에너지가 큰 특성을 갖기 때문에 이러한 물건이 하중의 진동 등으로 낙하하게 되면 대형 사고를 유발하게 된다. 따라서 크레인 운전자는 작업을 시작할 때나 작업이 끝날 때는 다음 사항을 확인해야 한다.

(1) 작업 시작시

① 정전 시간은 피하여 작업할 수 있도록 정기 정전과 임시 정전 시간 등을 확인하여 작업계획을 수립한다.
② 전압이 규정된 상태로 유지되고 있는지를 확인하여 규정 전압보다 10%이상 낮을 때는 작업하지 않는다.
③ 화물을 달지 않은 무하중에서 시운전을 실시하여 각종 안전 장치의 작동상태를 확인한다.
④ 급유 상태의 이상 유무와 운전실, 기계실에 관계자 이외의 사람이 침입한 흔적의 유무를 확인한다.

(2) 작업 종료시

① 기계를 지정된 위치에 정지시킨다.
② 제어기, 집전 장치, 브레이크, 접촉기, 전자 브레이크 등을 반드시 점검 정비해 놓는다.
③ 다음번 운전에 대비하여 충분히 급유해 놓는다.
④ 스위치가 꺼져 있는지를 확인하고 운전실과 기계실은 잠근다.
⑤ 작업 일지를 작성한다.

(3) 교대 운전시

2교대, 3교대 등의 작업장에서 전 운전자와의 인계 인수시 다음 사항에 유의한다.
① **운전시의 이상 유무** : 운전 상황, 이상 상태와 그 처치 등
② **운전 중의 작업 내용** : 통상 작업인가, 임시 또는 수리 작업인가 등
③ **작업장 내의 상태** : 공사 또는 수리 등에 의한 장해물의 유무 등

(4) 안전 점검시

크레인 작업을 하는 경우에는 작업개시전에 반드시 점검표에 의한 점검을 행하여야 하는데, 검검할 시에는 다음사항에 유의해야 한다.
① 점검 실시 전에 표시하고 동시에 크레인 가드에 "점검 중"이라는 안전 표시판을 부착하여 일반 작업자에게 주지시킬 것
② 스위치에는 "점검 중 스위치 조작 금지"의 표시 또는 시건 장치를 할 것
③ 동일 주행상에 복수의 크레인이 있을 경우는 주행 레일 양측면에 가설 스토퍼를 설치하고 근접 크레인의 충돌을 방지할 것
④ 점검을 능률적으로 하기 위해 점검자가 2명 이상일 경우에는 사전에 개인별 점검 범위를 정할 것

4. 크레인 운전시 준수 사항

크레인 작업은 운전자와 훅공과의 공동 작업이고, 양자의 긴밀한 관계가 요구된다. 운전자 및 관리, 감독자 측면에서 준수해야 할 안전상의 유의점은 다음과 같다.

(1) 운전자
① 유자격자 이외 출입 금지
② 과부하의 제한
③ 크레인에 의한 근로자의 탑승 운반 금지
④ 권상 작업 중 매달린 화물 아래로 출입 금지
⑤ 작업개시전 점검의 이행
⑥ 점검시의 이상에 대한 처치
⑦ 크레인 각 장치의 기능 상태의 파악

(2) 관리, 감독자
① 크레인 운전자에 대한 특별 교육 계획 각성 및 교육 실시
② 크레인에 의한 근로자의 운반 및 탑승 작업의 금지 지시. 단, 부득이한 경우 근로자의 탑승을 인정한 경우의 감독, 지도
③ 권상 작업에서의 매달린 화물 아래로 출입금지의 지시
④ 작업 개시전 점검 기준 작성 및 점검 지시
⑤ 이상시의 처치 기준 작성 및 지시

5. 크레인의 안전 수칙

(1) 과부하 및 경사각의 제한, 기타 안전 수칙에 정해진 사항을 준수한다.
(2) 운전자 교체시 인수 인계를 확실히 하고 필요 조치를 행한다.
(3) 크레인 승강은 지정된 사다리를 이용한다.
(4) 매일 작업 개시 전 권과 방지 장치, 브레이크, 클러치 컨트롤러 기능, 와이어로프의 이상 여부 등을 점검한다.
(5) 크레인을 주행시킬 때는 경적이나 경광을 밝힌다.
(6) 수리점검시에는 반드시 안전 표시를 부착한다.
(7) 권상시에는 화물을 훅 중심에 똑바로 되도록하여 움직인다.
(8) 화물 위에 작업자가 탑승하지 않도록 한다.
(9) 크레인 운전자는 신호수와 호흡을 맞춰 운전한다.
(10) 주행, 횡행 운전시 급격한 이동을 금지한다.
(11) 운전 중에 정지할 경우에는 컨트롤러를 정지 위치에 놓고 메인 스위치를 내린다.
(12) 운전 중에 점검, 송유 등을 하지 않는다.
(13) 운전실을 이탈하지 않는다. 이탈시는 필히 스위치를 내린다.

문제 2

기계의 운전 중 진동, 충격 등으로 Bolt, Nut 등의 파손마모가 발생한다. Bolt Nut의 이완(풀림) 방지 대책을 쓰시오.

모범답안

1. 볼트 너트(나사)의 풀림방지

죔용 나사에서는 꼭 죌 때 끼워 맞춰지는 접촉면에 생기는 마찰 때문에 나사가 자연히 풀리지 않는 피치를 사용하고 있다. 그러나, 진동과 충격을 받으면 순간적으로는 접촉 압력이 감소하여 마찰력이 거의 없어지는 수가 있다. 이와 같은 일이 반복되면 나사가 풀리는 원인이 된다.

2. 풀림 방지 방법

(1) 와셔를 사용하는 방법
스프링 와셔나 이붙이 와셔 등의 특수 와셔를 사용하여 너트가 잘 풀리지 않게 한다.

(2) 로크 너트에 의한 방법
2개의 너트를 충분히 죈 다음, 위의 너트를 스패너로 물려 놓고 아래 너트를 약간 풀어 놓으면 2개의 너트가 서로 미는 상태에 있으므로, 볼트의 죄는 힘이 감소하더라도 나사면의 접촉 압력은 잃지 않고 남는다. 이때, 아래쪽의 너트를 로크 너트(lock nut)라 한다.

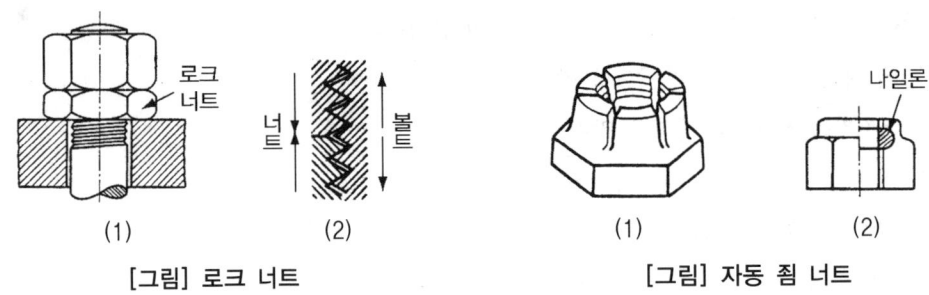

[그림] 로크 너트   [그림] 자동 죔 너트

나사의 본래 하중은 위쪽의 너트가 받으므로 위쪽 너트는 보통 너트와 같은 높이의 것을 쓰고, 로크 너트는 낮은 것을 사용한다.

(3) 자동 죔 너트(self-locking nut)에 의한 방법
되돌아가는 것을 방지하는 특수한 모양의 너트, 즉 자동 죔 너트에는 그림과 같은 여러 가지 종류가 있다. 위의 그림 (a)는 6개의 다리가 안쪽으로 굽혀지고, 이 부분의 나사산이 볼트를 압축한다. 그림 (b)는 삽입한 나일론 부분에 나사를 깎지 않고 볼트를 넣어서 죄면 나사가 깎여지도록 되어 있다.

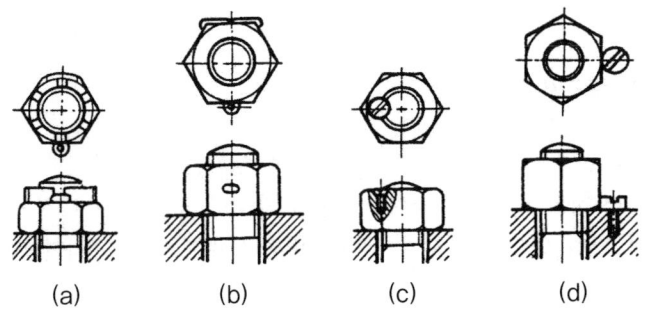

[그림] 핀, 작은나사, 멈춤 나사를 이용한 방법

(4) 핀, 작은나사, 멈춤 나사 등에 의한 방법

위의 그림과 같이 너트와 볼트에 핀을 꽂아 풀림을 방지하는 방법인데, 이 방법은 너트가 죄어져 끝나는 위치에 제한을 받고, 또 볼트를 약하게 하는 단점이 있다.

[그림] (a)와 (b)는 팬을 사용한 보기이고 [그림] (c)와 (d)는 작은 나사 또는 멈춤나사를 사용한 보기이다.

(5) 철사에 의한 방법

핀 대신 그림과 같이 철사로 감아 매어서 풀림을 방지한다.

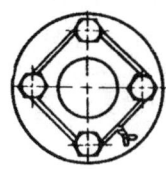

[그림] 철사에 의한 방법

문제 3

보일러의 이상 원인인 플라이밍(Flyming) 및 포밍(Foaming)의 원인 및 대책을 논하시오.

모범답안

1. 보일러의 구성

(1) 정 의

보일러는 일반적으로 강철재 용기내의 물에 연료의 연소열을 전하여 소요증기를 발생시키는 장치를 말한다.

(2) 구 성

① 연소 장치와 연소실 : 연료를 연소시켜 열을 발생시키기 위한 장치
② 보일러 본체 : 내부에 물을 넣어두고 외부에서 연소열을 이용하여 가열, 소정 압력의 증기를 발생시키는 본체
③ 과열기 : 보일러 본체에서 발생된 포화 증기를 다시 포화 온도 이상까지 과열하여 과열 증기로 만드는 장치

④ 이코노마이저(절탄기) : 보일러 본체에 넣어지는 물을 연통에서 버려지는 연소가스가 갖고 있는 여열로 가열하기 위한 장치
⑤ 공기 예열기 : 연소실로 보내지는 연소용 공기를 연통에서 버려지는 연소가스가 갖고 있는 여열로 가열하여 온도를 올리기 위한 장치
⑥ 통풍 장치 : 연소 장치에 연소용 공기를 보내고 또 배기 연소가스를 보일러 본체, 과열기, 절탄기, 공기 여열기 등에 유통시켜 연통으로 방출될 때까지의 사이에 받는 유체의 저항에 이겨낼 수 있는 압력차를 공기나 연소가스에 주기 위한 장치
⑦ 자동 제어 장치 : 보일러 내부에 압력을 일정하게 유지해 주거나 보일러 부하에 따라 연료의 양이나 통풍을 자동적으로 가감하기 위한 장치
⑧ 급수 장치 : 보일러에 급수하기 위한 급수 펌프나 배관, 밸브를 포함한 장치, 기타 부속 장치와 부속품이 있다.

(3) 보일러의 종류와 형식

보일러의 종류와 형식은 다음과 같다.

[표] 보일러 종류 및 형식

종 류		형 식
원통 보일러	수직형 보일러 노통 보일러 연관 보일러 노통 연관 보일러	횡관식, 수직연관식, 횡수관식, 노튜브식 코니시 보일러, 랭커셔 보일러 횡형연관 보일러, 기관차형 보일러 노통연관 보일러, 스코티 보일러
수관 보일러	자연순환식 수관보일러 강제순환식 수관보일러 관류 보일러	직관식, 곡관식, 조합식 등 라몬트식, 베록스식, 조정순환식 등 벤슨식, 스르저식, 기타 각종 소형
기타 보일러	온방용 보일러 특수 보일러	주철제 조합식, 수관식 등 폐열 보일러, 특수연료보일러, 특수유체보일러 간접가열보일러, 기타

(4) 보일러의 장해 및 사고 원인

① 플라이밍(flyming) : 보일러 부하의 급변, 수위의 과승(過乘) 등에 의해 수분이 증기와 분리되지 않아 보일러 수면이 심하게 솟아올라 올바른 수위를 판단하지 못하는 현상
② 포밍(foaming) : 보일러 수중에 유지류, 용해 고형물, 부유물 등에 의해 보일러 수면에 거품이 생겨 올바른 수위를 판단하지 못하는 현상
③ 캐리오버(carry-over) : 보일러 수중에 용해 고형분이나 수분이 발생 증기 중에 다량 함유되어 증기의 순도를 저하시킴으로써 관내 응축수가 생겨 워터 해머의 원인이 되고 증기과열기나 터빈 등의 고장의 원인이 된다. 캐리오버의 발생 원인은 다음과 같다.
㉮ 보일러의 구조상 공기실이 적고 증기 수면이 좁을 때

㉯ 기수(氣水) 분리 장치가 불완전한 경우
　　㉰ 보일러 수면이 너무 높을 때
　　㉱ 주(主)증기를 멈추는 밸브를 급히 열었을 경우
　　㉲ 보일러 부하가 과대한 경우
④ **불완전 연소** : 연료의 연소 상태가 현저하게 불완전하거나 진동 연소할 경우에 일어나는 현상으로 불완전 연소의 원인은 다음과 같다.
　　㉮ 연소용 공기량이 부족할 경우
　　㉯ 압입, 흡입 통풍에 과부족이 있어 불균형할 경우
　　㉰ 연료에 수분이 함유된 경우
　　㉱ 버너 팁(Tip)이 더러워져 있는 경우
　　㉲ 연료의 공급이 불완전한 경우
　　㉳ 연료의 온도가 너무 높든가 낮은 경우
　　㉴ 연료 밸브가 너무 조여져 있는 경우
⑤ **역화(back-fire)** : 화구(火口)에서 화염이 갑자기 노(爐) 밖으로 나오는 현상으로 원인은 다음과 같다.
　　㉮ 댐퍼를 너무 적게 열어 흡입 통풍이 부족할 경우
　　㉯ 압입 통풍이 너무 강할 경우
　　㉰ 점화할 때 착화가 너무 늦어졌을 경우
　　㉱ 연료 밸브를 급히 열었을 경우
　　㉲ 공기보다 먼저 연료를 공급했을 경우
　　㉳ 연소 중 화염이 갑자기 꺼져 노의 여열로 다시 착화했을 경우
⑥ **2차 연소** : 불완전 연소에 의해 발생한 미연소 가스가 연소실 내에서 다시 연소하는 것을 말하며 미연소 그을음이 연도 내에 다량으로 축적되어 있다가 연소하는 현상으로 원인은 다음과 같다.
　　㉮ 연료의 노내에서 불완전 연소할 경우
　　㉯ 배도에 가스 포켓(gas pocket) 부분이 있어 미연소분이 축적될 경우
　　㉰ 배플 등의 손상으로 연소 가스가 단락된 경우
　　㉱ 공기의 누설이 있을 경우
⑦ **연소가스의 누설** : 가압연소방식 보일러에서 노벽의 기밀이 파열되어 연소가스가 새어나오는 현상으로 원인은 다음과 같다.
　　㉮ 부식
　　㉯ 과열변형
⑧ **노의 진동음** : 연소중 화로나 연도 내에서 연속적으로 가스의 과류에 의해 공명음을 발하는 현상으로 원인은 다음과 같다.
　　㉮ 연도 내에 칸막이가 없거나 부적당한 경우

㈏ 연도 내에 와류를 발생케 하는 포켓이 있을 경우
　　　㈐ 통풍력이 부적당한 경우
　　　㈑ 연소 부하가 크고 연소 상태가 불완전한 경우

(5) 운전 방법의 교육
　　사업주는 보일러의 안전 운전을 위하여 다음 각 호의 사항을 근로자에게 교육시켜야 한다.
　　① 가동 중인 보일러에는 작업자가 항상 정위치를 떠나지 아니할 것
　　② 압력 방출 장치, 압력 제한 스위치를 매일 작동 시험하여 정상 작동 여부를 점검할 것
　　③ 압력 방출 장치는 봉인된 상태에서 정상 작동되도록 하고 1일 1회 이상 작동시험할 것
　　④ 고저 수위 조절 장치와 급수 펌프의 상호 기능 상태를 점검할 것
　　⑤ 보일러의 각종 부속 장치의 누설상태를 점검할 것
　　⑥ 노내의 환기 및 통풍 장치를 점검할 것

2. 보일러 안전대책

① 가동 중인 보일러에는 작업자가 항상 정위치를 떠나지 아니할 것
② 압력 방출 장치·압력제한 스위치를 매일 작동시험하여 정상작동 여부를 점검할 것
③ 압력 방출 장치는 1년에 1회 이상씩 표준 압력계를 이용하여 토출 압력을 시험한 후 납으로 봉인하여 사용할 것
④ 압력 방출 장치는 봉인된 상태에서 정상 작동 되도록 하고 1일 1회 이상 작동시험을 할 것
⑤ 고저 수위 조절 장치와 급수 펌프와의 상호 기능 상태를 점검할 것
⑥ 보일러의 각종 부속 장치와 누설 상태를 점검할 것
⑦ 노내의 환기 및 통풍 장치를 점검할 것
⑧ 보일러의 각종 부속 장치와 누설 상태를 점검할 것
⑨ 적정한 블로를 실시하여 보일러물의 농축과 슬래그 퇴적에 의한 장애를 막는다.
⑩ 결수(結水) 수질 및 보일러물의 수질 감시를 철저히 하고 약액 주입량의 조절 등을 올바르게 한다.
⑪ 보일러의 방호 장치기능 등을 충분히 이해하고 있어야 한다.
⑫ 급수 중의 Ca, Mg의 화합물은 보일러 내에서 스케일이 되는데 이를 막기 위해서는 급수 처리를 해야 한다.
⑬ 정기 검사 때의 부식 정도, 스케일 분석, 피트(pit) 등을 철저히 분석 검사한다.
⑭ 증기관, 급수관은 다른 보일러와의 연락을 확실히 차단하도록 한다.
⑮ 보일러수의 온도가 90[℃] 이하로 된 다음 분출 밸브를 열어 아침 가동 전에 보일러수를 배출시킨다(자동 분출 장치시 제외).

⑯ 맨홀의 뚜껑을 벗길 경우에는 내부에 압력이 남아 있는 경우도 있고, 또 부압으로 되어 있는 경우도 있으므로 이 점에 주의하지 않으면 안된다.
⑰ 뚜껑을 열고 나서 몸체의 내부에 충분히 공기가 유통하도록 구멍이나 관 스탠드 부분을 개방하여 환기한다.
⑱ 보일러 내에 사람이 들어갈 경우에는 반드시 충분히 식힌 다음에 들어가야 하고, 감시인을 밖에 배치하며 증기 정지 밸브 등에는 조작 금지 표시를 한다.
⑲ 보일러 내에 사람이 없는가의 여부를 소리를 내어 확인하고 난 뒤 맨홀 등의 뚜껑을 닫는다.
⑳ 보일러의 연도가 다른 보일러와 연락하고 있는 경우는 댐퍼를 닫고 연소가스의 역류를 방지한다.
㉑ 연도 내에서는 가스 중독의 위험이 많으므로 외부에 감시인을 둔다.
높은 곳의 배플(baffle) 등에 고여 있는 뜨거운 재의 낙하에 의한 화상이 없도록 조치하다.
㉒ 보일러의 출입문은 2개 이상(불변성 재료로 된) 밖으로 여는 문을 단다.
점화시에는 미연소 가스를 배출(프리퍼지)시키고 측면에서 점화한다.

문제 4

로봇의 설계·계획단계 안전 방호 장치를 설명하시오.

모범답안

1. 로봇의 역할과 발달

(1) 공장 자동화와 로봇

공장 자동화(FA : Factory Automation)는 진척되는 단계에 따라 3단계로 구분된다. 제1단계가 기계적인 의미에서의 자동화(Fixed Automation), 제2단계가 산업용 로봇을 활용하는 FMS(Flexible Manufacturing System), 제3단계가 하드웨어를 직접 효율적으로 관리, 조작할 수 있는 소프트웨어 개발 단계로 구성된다. 유연성이 없던 종래의 Fixed Automation 방식에 비해 로봇을 포함한 FMS(Flexible Manufacturing System) 방식은 다량 소품종 업종뿐 아니라 소량 다품종 업종에까지 적용되어 그 효용성을 입증하고 있다.
로봇은 FA 생산 구조의 일부를 형성하고 있기 때문에 완전한 FA 시스템을 통하여 그 역할이 확인된다. FMS가 CAM(Computer Aided Manufacturing), CAD(Computer Aided Design), MRP(Manufacturing Resources Planning) 세 분야로 이루어져 있는데, 로봇은 CAM 부문에서 대부분 이용되고 있다. 구체적으로는 제조 과정에서 조립, 용접, 검사 기능 등을 가장 효과적으로 수행하고 있는 것으로 평가되고 있다.

구 분	제1세대 로봇	제2세대 로봇	제3세대 로봇
형식	운반조작로봇	지각 로봇	학습로봇
기능	매니퓰레이터, 플레이백 일반적 이동형	센서, 피드백 형 감각, 시각 전방향 이동형	학습기능 보행형
용도	Pick&Place, Spot	Arc 용접, 도장, 조립 및 의료 등	가정용, 자동조립, 자동작업 등
년도	1960	1980	1990

(2) 정기 검사

사업주는 다음에 정해진 것을 산업용 로봇에 관해서 정기적으로 검사 또는 확인하여야 한다.

① 교시 등 작업시 확인 사항
   ㉮ 로봇의 조작 방법 및 순서
   ㉯ 작업 중의 매니퓰레이터의 속도
   ㉰ 2인 이상의 근로자에게 작업을 시킬 때의 신호 방법
   ㉱ 이상을 발견한 때의 조치
   ㉲ 이상을 발견하여 로봇의 운전을 정지시킨 후 이를 재가동시킬 때의 조치
   ㉳ 기타 로봇의 불의의 작동 또는 오조작에 의한 위험을 방지하기 위하여 필요한 조치
   ㉴ 이상을 발견시 로봇의 운전을 정지시키기 위한 조치를 하는 것
   ㉵ 작업을 하고 있는 동안 "작업 중"이라는 표시를 하는 등 필요한 조치를 하는 것

② 작업 시작전 점검
   ㉮ 외부 전선의 피복 또는 외장의 손상 유무
   ㉯ 매니퓰레이터 작동의 이상 유무
   ㉰ 제동 장치 및 비상 정지 장치의 기능
   ㉱ 전압, 유압 및 공압 이상 유무
   ㉲ 이상음 및 이상 진동의 유무

(3) 수리 등 작업시의 조치

로봇의 작동 범위 내에서 당해 로봇의 수리, 검사, 조정(고시 등은 제외), 청소, 급유 또는 결과에 대한 확인 작업을 하는 때에는 당해 로봇의 운전을 정지함과 동시에 당해 작업을 하고 있는 동안 로봇의 기동스위치를 열쇠로 잠근 후 그 열쇠를 별도관리하거나 당해 로봇의 기동 스위치에 작업중이란 취지의 표지판을 부착하는 등 당해 작업에 종사하고 있는 근로자 외의 자가 당해 기동 스위치를 조작할 수 없도록 필요한 조치를 하여야 한다. 다만 로봇의 운전중에 작업을 하지 않으면 안되는 경우로서 당해 로봇의 불의의 작동 또는 오동작에 의한 위험을 방지하기 위하여 교시 등 작업시 확인 사항을 조치한 경우는 예외이다.

2. 산업용 로봇의 안전

(1) 매니퓰레이터와 가동 범위

산업용 로봇의 큰 특징 중 한 가지는 인간의 팔에 해당하는 암(arm)이 기계 본체의 외부에 조립되어 암의 끝부분(인간이라면 손)으로 물건을 잡기도 하고 도구를 잡고 작업을 행하기도 한다. 이와 같은 기능을 갖는 암을 매니퓰레이터(manipulator)라 한다.

산업용 로봇에 의한 재해는 주로 이 매니퓰레이터에서 발생하고 있다. 매니퓰레이터가 움직이는 영역을 가동 범위라 하고 이때 매니퓰레이터가 동작하여 사람과 접촉할 수 있는 범위를 위험범위라 한다.

그러므로 프로그램을 짤 때 산업용 로봇의 고장으로 인한 이상 상태에서 움직일 경우에 가동 범위를 중심으로 한 위험 지역 전체를 예측하지 않으면 안 된다.

(2) 로봇 안전 방호의 기본 사항

로봇의 안전방호에 관한 기본적 사항은 다음과 같다.
① 로봇의 안전 방호를 확보하기 위하여 로봇 자신이 가지고 있는 안전 방호기능과 그 사용·관리에 있어서의 안전 방호를 양립시킬 것
② 로봇이 자동의 상태에 있는 동안은 사람이 위험 영역에 침입하는 것을 저지하는 안전 방호 울타리 등을 설치하거나 또는 위험 영역 내에 침입한 사람이 상해를 입기전에 로봇을 정지 시키는 등의 기능을 가지게 할 것
③ 안전 방호에 관한 모든 설비 및 대책은 원칙으로 페일 세이프로 하고, 또한 신뢰성을 높일 것
④ 안전 방호 및 그 주변에 부수시킨 안전 방호 설비 및 안전 방호 대책의 효력을 정당한 이유 없이 저감시키거나 잃게 하지 않을 것
⑤ 개조·개선을 하였을 경우 새로운 위험을 수반하는 우려가 있으므로, 필요하면 이에 대한 안전 방호 설비 또는 안전 방호 대책을 강구할 것

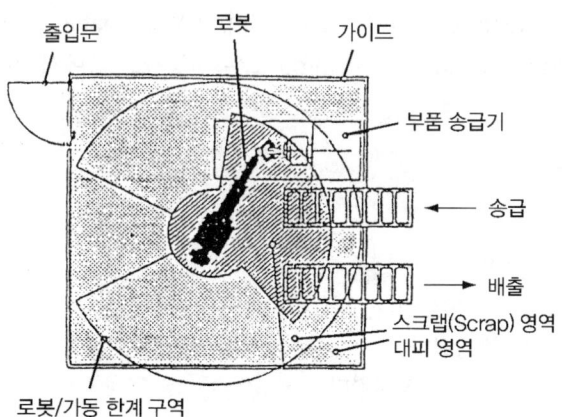

[그림] 로봇 작업시 안전 방호

(3) 로봇 작업시의 안전 방호 사항

로봇을 사용하는 단계에서는 다음의 각 항에 의거한 안전방호를 위한 조치를 취하여야 한다.
① 로봇의 사용조건에 따라 위험영역을 명확히 함과 동시에 안전 방호 울타리 등을 설치하여 로봇이 자동의 상태로 운전 또는 대기하고 있는 동안, 사람이 쉽게 위험 영역에 들어갈 수 없도록 할 것
② 로봇이 자동의 상태로 운전 또는 대기하고 있는 동안은 그 상태에 있다는 것을 광학적 수단 등에 의하여 주위에 명시할 것
③ 높이가 2m 이상인 곳에서 로봇, 그 밖의 설정, 조정, 보전 등의 작업을 실시할 필요가 있는 경우에는 플랫폼을 설치할 것
④ 위험 영역 안에 작업자가 있는 경우에는 자동의 상태로 사용하지 않을 것. 또한 교시 등의 경우에는 안전한 속도로 억제하여 실시할 것

3. 로봇의 응용

(1) 컨베이어 장치

컨베이어 시스템은 고정된 경로의 특정 위치간에 비교적 대량으로 자재를 이동시켜야 할 때 사용된다.
컨베이어의 특성은 다음과 같다.
① 대개 기계화되어 가고 있고, 요즘은 자동화 추세에 있다.
② 한 위치에 고정되어 경로를 설정한다.
③ 바닥과 공중에 모두 설치할 수 있다.
④ 대부분 자재를 한 방향 흐름으로 제한한다.

(2) 무인 반송차(AGV : Automatic Guided Vehicle)

정해진 주행선을 따라 움직이는 자율 이동로봇이며, FMS(Flexible Manufacturing System), CIM(Computer Integrated Manufacturing), 또는 자동창고 등에서 자재운반 장비로 많이 사용되고 있다.

(3) 자동창고의 설치 목적

① 보관 능력을 향상시킨다.
② 점유공간 이용도를 높인다.
③ 생산 설비를 위해 공간을 되살린다.
④ 보관 작업의 노무비를 절감한다.
⑤ 보관 작업의 노동 생산성을 향상시킨다.
⑥ 보관 기능의 안전도를 개선한다.
⑦ 재고 회전율을 증가시키고 고객 서비스를 개선한다.

최종 점검: 안전기술사(모범 답안 예)

■ 제1교시 : 100분   ■ 배점 : 문항당 25점   ■ 형태 : 논술형

문제 1

비파괴 검사의 종류 및 특징을 쓰시오.

모범답안 비파괴 검사

1. 정 의

압력 용기나 주물 및 단조품(鍛造品)의 시험에는 파괴를 하지 않고 완성된 제품의 결함을 검사하는 시험을 비파괴 시험(non-destructive test)이라 한다. 기계 부품이나 용접물의 균열 검사에 이 방법이 이용되고 있다.

2. 종 류 및 특 징

(1) 타진법

검사할 재료를 해머로 두들겨서 나오는 청탁음으로 결함을 판정하는데, 음파는 1초 동안에 공기 중에서는 340[m]이나 금속 재료 중에서는 매우 빠른 속도가 되는데, 재료를 해머로 두들겼을 때 금속 중에 전파된 음파가 홈에 이르면 대부분의 음파는 반사되고 대단히 적은 음파만이 홈을 통하여 전달되므로 탁음을 내게 된다.

(2) 유중 침지식

검사할 재료를 석유나 경유 속에 담가 두었다가 꺼내어 재료 표면의 기름을 깨끗이 닦은 다음 백묵이나 석회를 재료 표면에 칠하면 균열부 속에 들어 있던 기름이 나와 검은 선이 나타나므로 결함을 알아볼 수 있다.

(3) 형광 탐상법

검사하려고 하는 기계 부품을 형광(螢光) 물질을 함유한 용액 중에 담그었다가 꺼내어 표면에 묻은 형광 물질을 깨끗이 닦은 다음 건조시켜 자외선을 쬐면 균열부는 형광물이 끼어 있어 밝은 빛을 낸다.

(4) 자기 탐상법

강이나 주철에 결함이 있을 때 재료를 자화시키면 결함이 있는 부분에서 자력이 샌다. 이때 작은 입자의 산화철분을 석유에 녹인 액체를 재료 표면에 바르면 자력선이 새는 곳에는 산화철의 분말이 붙게 되므로 이것으로 결함을 발견할 수 있다.

(5) 초음파 탐상법

투과법과 임펄스법이 있는데 투과법은 검사 재료의 한 면에서 연속 초음파를 입사시켜 다른 끝면에 도달하는 초음파의 세기를 비교하여 그 결함을 추정하고, 임펄스법은 초음파를 재료 속에 투과시켜 밑면에서 반사된 반사파를 전압으로 바꾸고, 증폭(增幅)하면 브라운관에 파형이 나타나므로 결함의 위치와 크기를 알 수 있다.

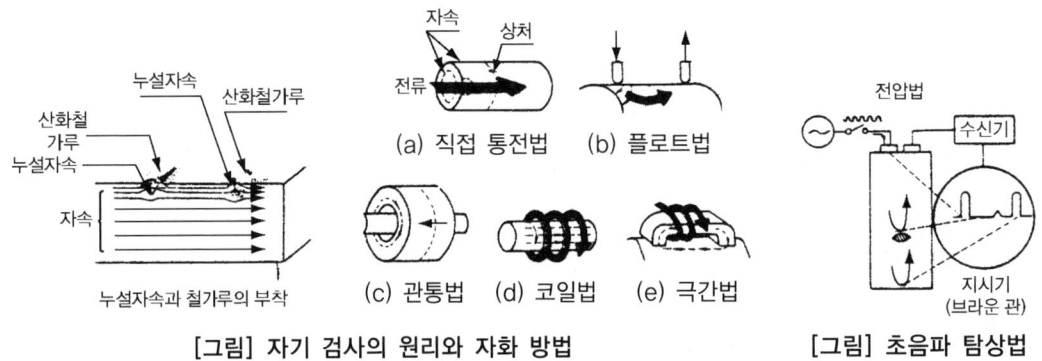

[그림] 자기 검사의 원리와 자화 방법   [그림] 초음파 탐상법

(6) 방사선 탐상법

방사선을 금속 재료에 투과시키면 방사선이 금속 재료를 뚫고 통과할 때 결함이 있는 부분에는 통과를 많이 하므로 금속 재료에 방사선을 투과하는 반대쪽에 필름을 놓으면 감광되어 결함이 있는 부분이 진하게 나타난다. 방사선으로 X선과 γ선을 사용하는데, X선이 많이 사용되고 있다.

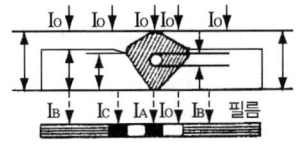

[그림] 방사선 탐상법

문제 2

산업 재해의 정의를 쓰고 사고 사례를 설명하시오.

모범답안

1. 정 의

"산업재해"라 함은 근로자가 업무에 관계되는 건설물·설비·원재료·가스·증기·분진 등에 의하거나 작업 또는 그 밖의 업무로 인하여 사망 또는 부상하거나 질병에 걸리는 것을 말한다.

2. 사고 사례(핸드 그라인더에 감전)

(1) 재해 개요

1999. 7. 18. 11 : 00시경. 충남 천안시 소재 (주) ○○아파트 현장 옥상계단참에서 견출하도업체 소속 근로자가 아파트 벽면갈이 작업 중 Grinder 내부의 피복이 손상된 전선이 Grinder 몸체에 통전되어 이 기구를 잡은 재해자(견출공, 30)가 감전되어 사망한 재해임.

[그림] 자기 검사의 원리와 자화 방법

(2) 재해 원인

① Hand Grinder 분해 조립시 전원 선로 피복 손상에 의한 감전 : Hand Grinder 분해 조립시 전원 리드선 1가닥이 Grinder Cover와 본체에 눌린상태로 조립되어 전선 피복이 손상을 입어 감전됨.
② 누전 차단기 감도 저하로 작동 불량
③ 개인 보호구(절연 장갑) 미착용

(3) 동종 재해 예방 대책

① 전동 기계·기구 분해 조립시 또는 장시간 미사용시에는 사용전에 절연 저항 측정 후 사용

② 누전 차단기 성능 수시 점검 : 정격 강도 전류(30[mA]), 동작 시간(0.03[sec])을 테스터로 측정 확인 후 이상 발견시 즉시 신품 교체
③ 개인 보호구 착용 철저 : 하절기 작업시 절연 장갑 착용

문제 3

용접부의 결합 검사 중 구조적 검사(비파괴 검사)를 실시해야 할 결함의 원인 및 대책을 쓰시오.

모범답안

1. 용접부의 검사

(1) 작업 검사
  ① 용접 전의 검사 : 용접 설비, 용접봉, 모재, 용접 준비, 시공 조건, 용접공의 기량
  ② 용접 중의 검사 : 각 층의 융합 상태, 슬래그섞임, 균열, 비드 겉모양, 크레이터 처리, 변형 상태, 용접봉 건조 상태, 용접 전류, 용접 순서, 운봉법, 용접자세, 예열 온도, 층간 온도의 점검
  ③ 용접 후의 검사 : 후열 처리, 변형 교정 작업의 점검, 균열, 변형, 치수 등

(2) 완성 검사

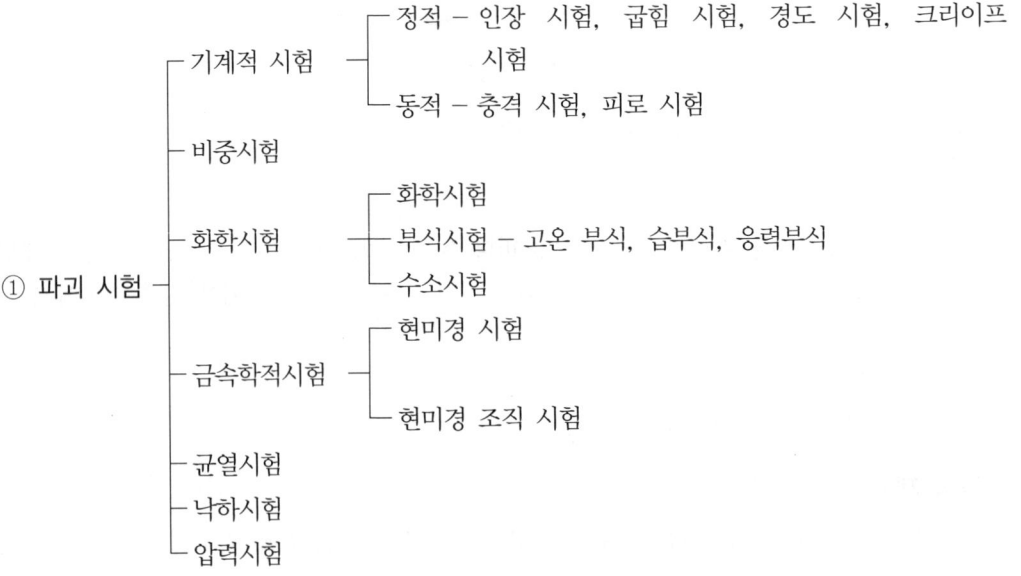

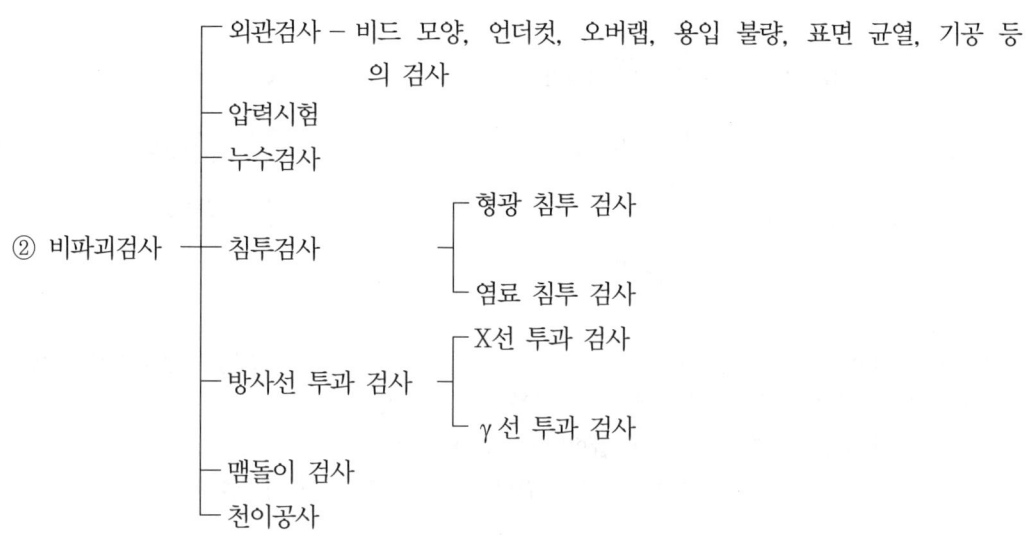

2. 파괴 시험법

(1) 기계적 시험

① 인장 시험

㉮ 인장 시험기로 인장, 파단시켜 시험편의 항복점, 인장 강도, 연신율, 단면 수축률 등을 측정한다.

㉯ 인장 강도 $(\sigma) = \dfrac{P}{A}[\text{kg/mm}^2]$

　A : 최초의 단면적 $[\text{mm}^2]$
　P : 최대 하중 $[\text{kg}]$

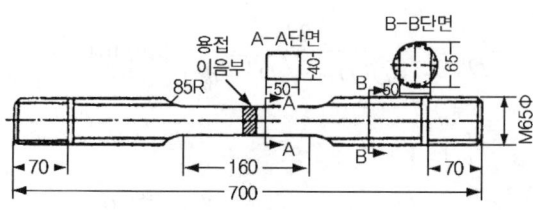

[그림] 용접 인장 시험편

㉰ 연신율 $(\varepsilon) = \dfrac{l - l_0}{l_0} \times 100[\%]$

　l_0 : 최초의 표점 거리

l : 늘어난 표점 거리

④ 항복점 $(\sigma_y) = \dfrac{Y\text{점의 하중}}{A}[\text{kg/mm}^2]$

⑤ 단면 수축률 $(\phi) = \dfrac{A_0 - A}{A_0} \times 100$

A_0 : 최초의 단면적$[\text{mm}^2]$

A : 시험후의 단면적$[\text{mm}^2]$

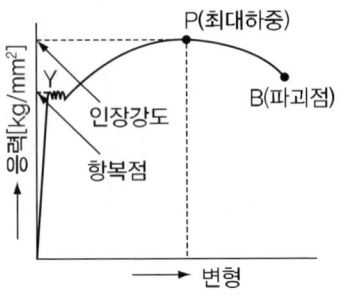

[그림] 연강의 응력 변형도

② 굽힘 시험
 ㉮ 모재 및 용접부의 연성, 결함의 유무를 시험하는 방법
 ㉯ 표면 굽힘, 이면 굽힘, 측면 굽힘의 3종류가 있다.
 ㉰ 용접봉의 작업성 및 용접공의 기능 검정 시험은 형틀 굽힘 시험을 한다.

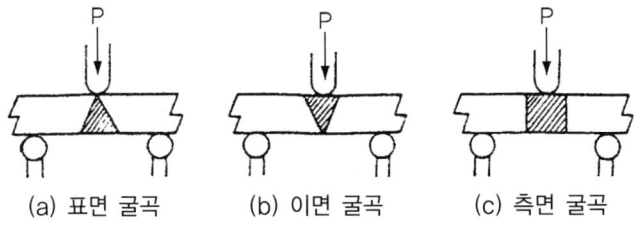

[그림] 용접 이음의 굴곡 시험

③ 경도 시험
 ㉮ 브리넬 경도 시험(H_B) : 지름이 10[mm] 또는 5[mm]의 담금질된 고탄소강의 강구를 금속 표면에 500~300[kg]의 하중으로 압입한 후 브리넬 경도용 확대경(20배)의 스케일로써 압입 자국의 평균 직경을 측정하여 경도를 산출하며 공식은 다음과 같다.

$$H_B = \dfrac{P}{A} = \dfrac{P}{\pi D h} = \dfrac{2P}{\pi D(D - \sqrt{D^2 - d^2})}[\text{kg/mm}^2]$$

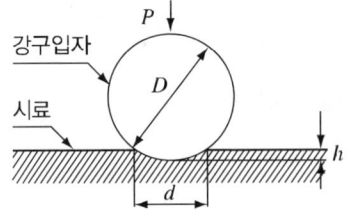

W : 하중(kg)
A : 오목 부분의 표면적(mm^2)
D : 강구의 지름
d : 오목 부분의 지름(mm^2)
h : 오목부분의 깊이(mm)

[그림] 브리넬 경도 시험

㉰ 비커스 경도 시험(H_V) : 내면각이 130° 인 다이아몬드 사각뿔형의 압입자로 시험편을 압입하여 압입된 부분의 대각선을 측정하여 경도를 구한다.

$$H_V = \frac{하중\,[kg]}{자국의\,표면적\,[mm^2]} = 1.8544\frac{P}{d^2} = \frac{2P^{\sin\frac{\theta}{2}}}{d^2}[kg/mm^2]$$

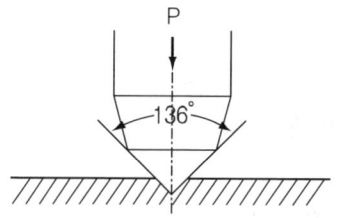 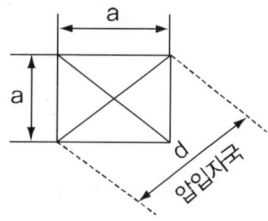

[그림] 비커스 경도 압입체와 압입 자국

㉯ 록크웰 경도 시험(H_R)

스케일	압입체	시험 하중	경도 계산식	적용	기호
B스케일	지름 약 1.5[mm](1/16″)	100[kg]	130~500Δt	플림한 연질 재료	H_{RB}
C스케일	꼭지각 120° 다이아몬드 원추	150[kg]	100~500Δt	담금질된 굳은 재료	H_{RC}

㉰ 쇼어경도 시험(H_s) : 전단에 작은 다이아몬드를 고정시킨 해머를 10inch의 높이로부터 자유 낙하하여 발발한 높이로 경도를 측정하는 방법

$$H_S = \frac{10000}{65} \times \frac{h}{h_0}$$

h : 튀어오른 높이 [mm]
h_0 : 떨어뜨린 높이 [mm]

④ 충격 시험
  ㉮ 시험 목적 : 인성과 취성의 시험
  ㉯ 종류 : 샤르피식과 아이조드식이 있다.
    흡수된 에너지(E) : $WR(\cos\beta - \cos\alpha)[kg-m]$
    W : 드럼 해머의 중량[kg]
    R : 회전 중심에서 해머 중심까지의 거리[m]
    β : 해머의 처음 높이 h_1에 대한 각도
    α : 해머의 2차 높이 h_2에 대한 각도

$$충격치(U) = \frac{E}{A} = \frac{WR(\cos\beta - \cos\alpha)}{A} [kg-m/cm^2]$$

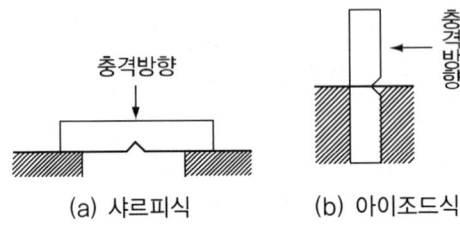

[그림] 충격 시험의 형식

⑤ **크리프 시험**: 재료의 인장 강도보다 적은 일정한 하중을 가했을 때 시간의 경과와 더불어 변화하는 현상인 크리프 현상을 이용하여 변형을 검사하는 시험법
⑥ **피로 시험($S-N$ 곡선)**: 재료의 안전 하중으로 반복 작용을 하였을 때 재료에 피로 현상이 생겨 재료가 파괴된다. 응력과 반복 횟수와의 관계를 나타낸 곡선이 $S-N$ 곡선이다.

(2) 화학적 시험
① 화학 분석
② 부식 시험: 습부식 시험, 고온 부식 시험(건부식), 응력 부식 시험
③ 스테인리스강의 부식 시험의 부식제
  ㉮ 65[%] 아세트산 비등액
  ㉯ 50[g]의 결정 황산구리
  ㉰ 500[cc] 황산을 420[cc]의 증류수에 녹인 비등액
④ 수소 시험
  ㉮ 용접부에 용해된 수소: 기공, 비드 균열, 은점, 선상 조직 등의 원인
  ㉯ 45[℃] 글리세린 치환법과 진공 가열법이 있다.

(3) 금속학적 시험
① **파면 시험**: 모재나 용착 금속의 파면에 대한 결정의 조밀, 균열, 슬래그섞임, 기공, 선상 조직, 은점 등을 육안으로 관찰
② **매크로 조직 시험**: 용접부 단면을 연삭기 또는 샌드 페이퍼로 연마하고 적당한 매크로에칭(macro-etching)을 한 다음 육안이나 저배율(10배 이내)의 확대경으로 관찰하여 용입의 양부, 열영향부의 범위, 결함의 유무, 각 층의 상태 등을 알 수 있다. 철강에 사용되는 에칭액은 염산: 물(1:1)의 액, 염산: 황산: 물(3.8:1.2:5.0)의 액, 아세트산: 물(1:3)의 액이 쓰이며 에칭 후에 수세, 건조하여 시험한다.

③ 현미경 시험 : 시험편을 충분히 연마하여 매끈하게 광택을 낸 후 세척 건조하고 적당한 부식액으로 부식하여 50~2,000배의 광학 현미경으로 조직이나 미소 결함을 관찰한다. 부식제는 각 금속에 따라 다음과 같은 것이 사용된다.

㉮ 철강용
  ㉠ 피크로산알코올 용액(피크로산 4[g], 알코올 100[cc])
  ㉡ 아세트산 알코올 용액(진한 아세트산 1~5[cc], 알코올 100[cc])

㉯ 스테인리스강용
  ㉠ 왕수, 알코올 용액
  ㉡ 구리, 구리 합금용 염화철액(염화제이철 10[g], 염산 30[cc], 물 120[cc])
  ㉢ 염화암모늄액(염화구리암몬 10[g], 물 120[cc])
  ㉣ 과황산암모늄액(과황산암모늄 10[g], 염화암몬 3[g], 물 120[cc])

㉰ 알루미늄 및 그 합금용
  ㉠ 플루오르화수소액(플루오르화수소산 1[g], 물 10~20[cc])
  ㉡ 수산화나트륨 또는 수산화칼륨액(수산화나트륨 또는 칼륨 20[g], 물 100[cc])

3. 비파괴 시험(NDT, NDI)

① 용접부의 결함

[표] 용접 결함의 종류

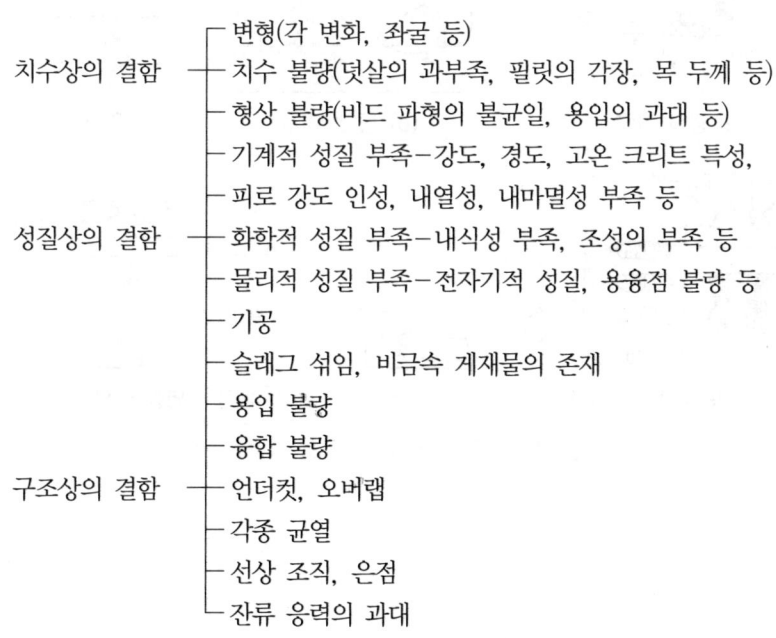

㉮ 수축과 변형의 종류

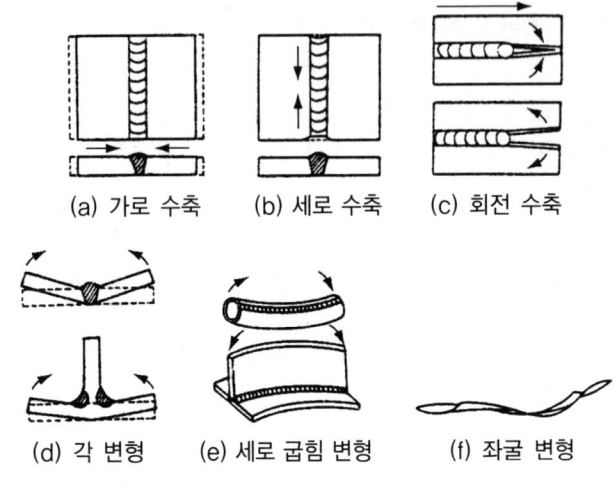

[그림] 수축과 변형의 종류

㉯ 각종 용접 결함

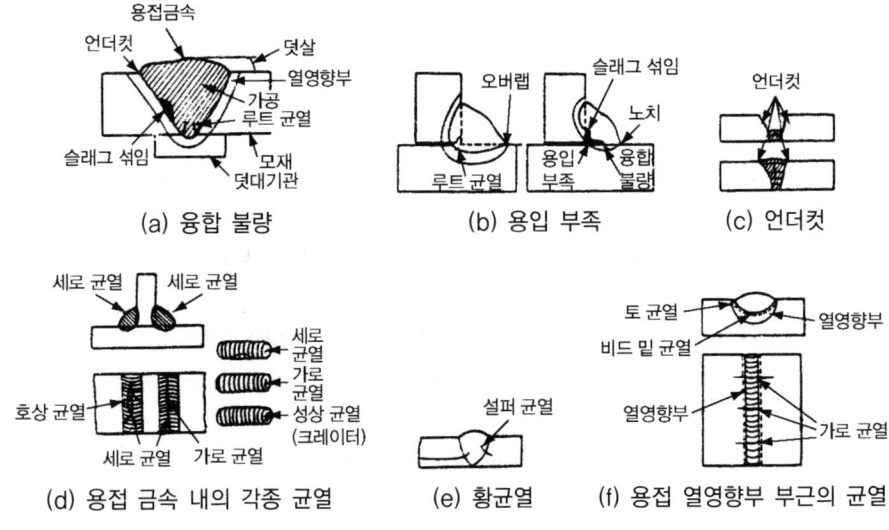

[그림] 여러 가지 용접 결함

㉰ 용접 결함의 시험과 검사법

용접 결함	결함 종류	대표적인 시험과 검사
치수상 결함	변형	게이지를 사용하여 외관 육안 검사
	치수 불량	게이지를 사용하여 외관 육안 검사
	형상 불량	게이지를 사용하여 외관 육안 검사
구조상 결함	기공	방사선 검사, 자기 검사, 맴돌이 전류 검사, 초음파 검사, 파단 검사, 현미경 검사, 마이크로 조직 검사
	슬래그 섞임	방사선 검사, 자기 검사, 맴돌이 전류 검사, 초음파 검사, 파단 검사, 현미경 검사, 마이크로 조직 검사
	융합 불량	방사선 검사, 자기 검사, 맴돌이 전류 검사, 초음파 검사, 파단 검사, 현미경 검사, 마이크로 조직 검사
	용입 불량	외관 육안 검사, 방사선 검사, 굽힘시험
	언더컷	외관 육안 검사, 방사선 검사, 초음파 검사, 현미경 검사
	용접 균열	마이크로 조직 검사, 자기 검사, 침투 검사, 형광 검사, 굽힘 시험
	표면 결함	외관 검사
성질상 결함	기계적 성질 부족	기계적 시험
	화학적 성질 부족	화학 분석 시험
	물리적 성질 부족	물성 시험, 전자기 특성 시험

② 외관 검사 : 비드의 외관, 나비, 높이 및 용입, 언더컷, 오버랩, 표면 균열 등의 외관 양부를 검사하는 방법

③ 누설 검사 : 기밀, 수밀, 유밀 및 일정한 내압을 요하는 제품에 이용되는 검사법으로 수압, 공기압을 이용하나 특별한 경우 할로겐 가스, 헬륨 가스, 화학 지시약 등을 이용한다.

④ 침투 검사 : 표면의 미세한 균열, 피트 등의 결함에 침투액을 표면 장력의 힘으로 침투시켜 세척한 후 현상액을 발라 결함을 검출하는 방법으로 간단하며 자기 탐상 검사가 곤란한 재료에 이용된다.

㉮ 형광 침투 검사 : 검사할 부분을 비누액, 사염화탄소 산세액 등으로 청결하게 청정하고 형광 침투액을 분사하여 침투시킨 후 최저 약 30분 정도 경과한 다음 물로 세척한다. 다음에 현상액(탄산칼슘, 규소 분말, 산화마그네슘, 알루미늄의 혼합 분말 또는 물, 알코올에 녹인 현탁액)을 바르고 건조한 다음 초고압 수은 등으로 검사한다.

㉯ 염료 침투 검사 : 형광 침투액 대신 적색 염료를 침투하는 방법으로 전등이나 햇빛에서 검사가 가능하므로 현장에서 주로 사용한다.

⑤ 초음파 검사

㉮ 0.5~1.5[MHz]의 초음파를 검사물 내부에 침투시켜 내부의 결함, 불균일층의 유무를 검사하는 방법

㉯ 종류 : 투과법, 펄스 반사법, 공진법
  일반적으로 펄스 반사법이 널리 쓰임.
㉰ 특징
  ㉠ 두께, 길이가 큰 물체에 적합하며 검사원에게 위험이 없다.
  ㉡ 한쪽에서도 탐상할 수 있다.
  ㉢ 결함 위치의 길이는 알 수 없으며 표면의 요철이 심한 것 얇은 것은 검출이 곤란하다.
⑥ 자기 검사 : 표면에 가까운 곳의 균열, 편석, 기공, 용입 불량, 게재물 등의 검출에 사용되나 작고 무수히 존재한 결함, 오스테나이트계 스테인리스강과 같은 비자성체는 곤란하다.
  ㉮ 자화 방법 : 극간법, 축통전법, 코일법
  ㉯ 검사 방법
    ㉠ 연강 : 자력을 움직이는 동안에 생기는 누설 자속 사용

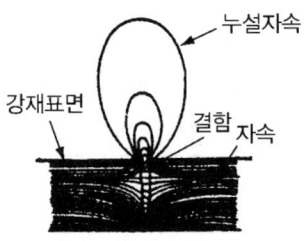

[그림] 자기 검사의 원리

    ㉡ 합금강, 담금질된 강 : 잔류 자기에 의한 누설 자속 사용
  ㉰ 자화 전류
    ㉠ 교류 : 표면 결함 검출
    ㉡ 직류 : 내부 결함 검출
  ㉱ 자분 : 철 또는 자성 산화철(Fe_{304})의 약 0.1[mm](150mesh) 이하의 분말을 적, 흑, 백 등으로 착색
⑦ 방사선 투과 검사 : 매크로적 결함 검출로 가장 확실하고 널리 사용한다.
  ㉮ X선 투과 검사
    ㉠ 균열, 융합 불량, 용입 불량, 기공, 슬래그섞임, 비금속 게재물, 언더컷 등의 결함 검출에 사용된다.
    ㉡ 미소 균열이나 모재면에 평행한 라미네이션 등의 검출은 곤란하다.
    ㉢ X선 발생 장치 : 관구식(설치식, 가반식), 베타트론식
    ㉣ X선은 유해하므로 혈액 검사를 자주 받아야 한다.

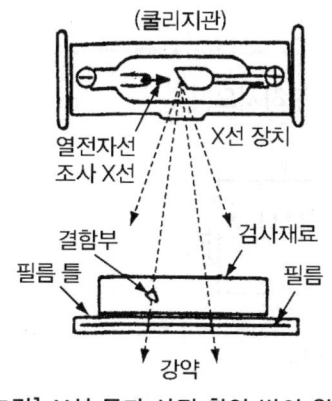

[그림] X선 투과 사진 촬영 법의 원리   [그림] γ선의 발생

  ㉯ γ선 투과 검사
    ㉠ X선으로 투과하기 힘든 후판에 사용한다.
    ㉡ γ선원 : 라듐, 코발트 60, 세슘 134
 ⑧ 맴돌이 전류 검사(와류 검사)
  ㉮ 금속 내에 유기된 와류 전류를 이용한 검사법
  ㉯ 새로운 비파괴 검사로 자기 탐상 검사가 곤란한 비자성 금속의 결함 검출에 사용한다.
  ㉰ 표면 및 표면에 가까운 내부 결함, 조직 변화, 기계적, 열적 이력을 조사할 수 있다. (균열, 기공, 개재물, 피트, 언더컷, 오버랩, 용입 불량, 융합 불량)
 ⑨ 그 밖의 시험(용접성 시험) : 용접 구조물의 안전성, 신뢰성을 높이기 위해 노치취성 시험, 용접 연성 시험, 구속 균열 시험을 한다.
  ㉮ 노치 취성 시험 : 샤르피 충격 시험으로 시험한다.
  ㉯ 용접 연성 시험
    ㉠ 코메렐 시험 : 종(縱)비드 굽힘 시험
    ㉡ 킨젤 시험 : 종비드 노치 굽힘 시험
  ㉰ 용접 균열 시험
    ㉠ 리하이형 구속 균열 시험
    ㉡ CTS 균열 시험
    ㉢ 피스코 균열 시험
    ㉣ T형 필릿 용접 균열 시험

문제 4

그림과 같은 외팔보에서 B지점의 굽힘 모멘트를 구하시오.

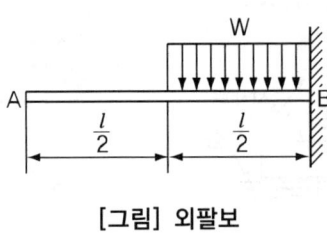

[그림] 외팔보

모범답안

(1) 정 의

축선에 수직 방향으로 하중을 받으면 구부러지는데 이러한 굽힘 작용을 받는 봉을 보(beam)라 한다. 보에는 정역학적 평형조건으로서 반력(reaction forece) 등을 구할 수 있는 정정보 (statically determinate beam)와 평형조건만으로는 해결할 수 없는 부정정보(statically indeterminate beam)가 있다.

(2) 정정보의 종류

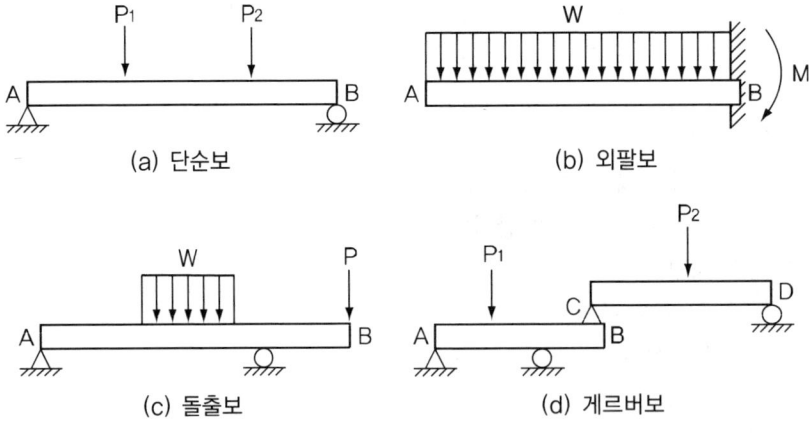

(a) 단순보   (b) 외팔보

(c) 돌출보   (d) 게르버보

[그림] 정정보의 종류

① 단순보(simple beam) : 한 끝이 부동한 힌지 위에 지지되어 있고, 다른 끝이 가동 힌지점 위에 지지되어 있는 보
② 외팔보(cantilever beam) : 한 끝이 고정되어 있고 다른 끝이 자유로 되어 있는 보

③ 돌출보(over hanging beam) : 내다지보라고도 하며, 한 끝이 부동힌지점 위에 지지되어 있고, 보의 중앙 근방에 가동 힌지점이 지지되어 있어 보의 한 부분이 지점 밖으로 돌출되어 있는 보
④ 게르버보(gerber beam) : 돌출보와 단순보가 조합하여 이루어진 보

(3) 부정정보의 종류

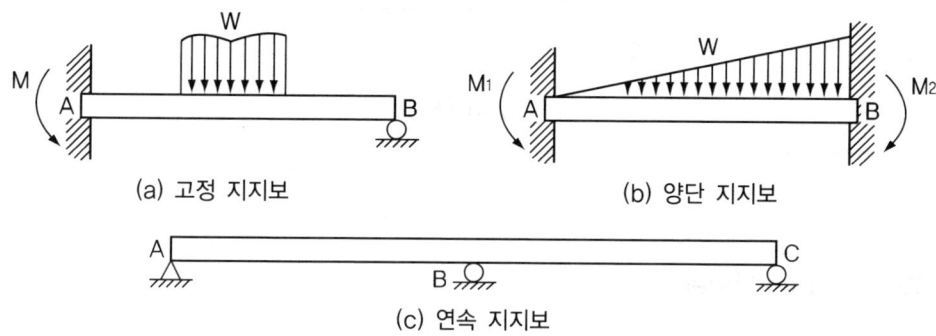

[그림] 부정정보의 종류

① 고정 지지보(one end fixed other end surpported beam) : 한 끝이 고정되어 있고 타단이 가동 힌지점 위에 지지된 보
② 양단 지지보(both ends fixed beam) : 양단이 고정되어 있는 보
③ 연속보(continuous beam) : 한 개의 부동 힌지점과 2개 이상의 가동 힌지점이 연속하여 지지되어 있을 때의 보

[해설] 전하중 $P = \dfrac{Wl}{2}$ 이고, 고정단으로부터 $\dfrac{(1일)}{4}$ 인 곳에 작용하므로

$$M_B = \dfrac{Wl}{2} \times \dfrac{(1일)}{4} = \dfrac{Wl^2}{8}$$

문제 5

그림과 같은 외팔보에서 최대 굽힘 모멘트는 얼마인지 계산하시오

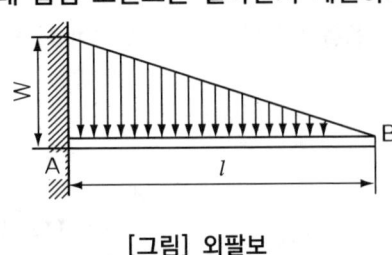

[그림] 외팔보

모범답안

1. 외팔보(cantilever beam)

(1) 집중하중을 받는 경우

① 반력 : $\sum F_i = 0$에서 $-P + R_B = 0$

　　$\therefore R_B = P$

　$\sum M_i = 0$에서 $-Pl + M = 0$

　　$\therefore M = Pl$

② 전단력 : $F = -P$

③ 굽힘 모멘트 : $M = -Px$

④ SFD와 BMD : SFD는 전단력 F가 일정한 값을 가지며, B.M.D는 x에 관한 일차 함수이므로 다음 [그림]과 같이 그려진다.

최대 굽힘 모멘트는 $x = l$일 때 $M_{mas} = -Pl$

그러므로 다음 그림의 반대인 왼쪽 고정, 오른쪽 자유단일 때에는 전단력의 부호는 (+), 굽힘 모멘트 부호는 (-)가 된다.

(2) 등분포 하중을 받는 경우

① 반력 : $\sum F_i = 0$에서 $-Wl + R_B = 0$

　　$\therefore R_B = Wl$

　$\sum M_i = 0$에서 $-Wl + M = 0$

　　$\therefore M = Wl$

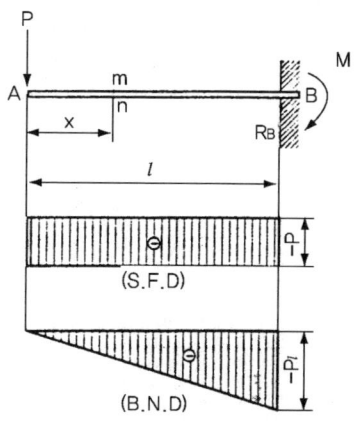

[그림] 집중 하중을 받는 외팔보

② 전단력 : $M = -Wx$

③ 굽힘 모멘트 : $M = -Wx \cdot \dfrac{x}{2} = \dfrac{Wx^2}{2}$

④ SFD와 BMD : SFD는 x의 1차 함수, BMD는 x의 2차 함수로 x에 비례하는 곡선으로 아래 [그림 2]과 같이 그려진다.

최대 굽힘 모멘트는 $x = l$일 때 $M_{\max} = -\dfrac{Wl^2}{2}$

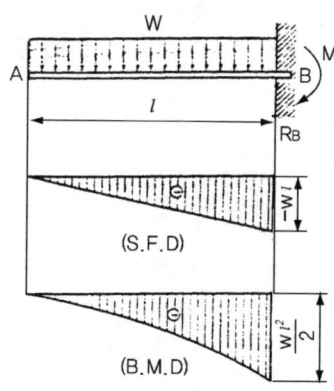

[그림] 등분포 하중을 받는 외팔보

[해설] 외팔보의 최대 굽힘 모멘트는 고정단에서 생기고, 전단력 $F_A = \dfrac{Wl}{2}$이므로

$$M_{\max} = F_A \times \text{도심까지의 거리} = \dfrac{Wl}{2} \times \dfrac{1}{3} = \dfrac{Wl^2}{6}$$

기 술 사 3 0 0 점 시 리 즈

특별부록

답안지 및 답안작성 시 유의사항

※ 10권 이상은 분철(최대 10권이내)

제   회
국가기술자격검정 기술사 필기시험 답안지(제1교시)

| 제1교시 | 종목명 | |

답안지 작성시 유의사항

1. 답안지는 연습지를 제외하고 **총7매(14면)**이며, 교부받는 즉시 매수, 페이지 순서 등 정상여부를 반드시 확인하고 1매라도 분리되거나 훼손하여서는 안 됩니다.
2. **시험문제지가 본인의 응시종목과 일치하는지 확인**하고, 시행 회, 종목명, 수험번호, 성명을 정확하게 기재하여야 합니다.
3. 수험자 인적사항 및 답안작성(계산식 포함)은 검정색 필기구만을 계속 사용하여야 합니다.(그 외 연필류·유색필기구 등으로 작성한 답항은 0점 처리됩니다.)
4. 답안정정 시에는 두 줄(=)을 긋고 다시 기재 가능하며, 수정테이프(액)등을 사용했을 경우 채점상의 불이익을 받을 수 있으므로 사용하지 마시기 바랍니다.
5. 연습지에 기재한 내용은 채점하지 않으며, 답안지(연습지 포함)에 답안과 관련 없는 **특수한 표시를 하거나 특정인임을 암시하는 경우 답안지 전체가 0점 처리** 됩니다.
6. 답안작성 시 **자(직선자, 곡선자, 템플릿 등)를 사용**할 수 있습니다.
7. 문제의 순서에 관계없이 답안을 작성하여도 되나 주어진 문제번호와 문제를 기재한 후 답안을 작성하고 전문용어는 원어로 기재하여도 무방합니다.
8. 요구한 문제수 보다 많은 문제를 답하는 경우 기재 순으로 요구한 문제수 까지 채점하고 나머지 문제는 채점대상에서 제외됩니다.
9. 답안작성 시 답안지 양면의 페이지 순으로 작성하시기 바랍니다.
10. 기 작성한 문항 전체를 삭제하고자 할 경우 반드시 해당 문항의 답안 전체에 대하여 명확하게 X표시(X표시 한 답안은 채점대상에서 제외) 하시기 바랍니다.
11. 시험시간이 종료되면 즉시 답안작성을 멈춰야 하며, 종료시간 이후 계속 답안을 작성하거나 감독위원의 **답안제출 지시에 불응할 때에는 채점대상에서 제외**됩니다.
12. 각 문제의 답안작성이 끝나면 "끝"이라고 쓰고 다음 문제는 두 줄을 띄워 기재하여야 하며 최종 답안작성이 끝나면 그 다음 줄에 "**이하빈칸**"이라고 써야 합니다.

※ 부정행위처리규정은 뒤면 참조

HRDK 한국산업인력공단

부정행위 처리규정

국가기술자격법 제10조 제6항, 같은법 시행규칙 제15조에 따라 국가기술자격검정에서 부정행위를 한 응시자에 대하여는 당해 검정을 정지 또는 무효로 하고 3년간 이법에 따른 검정에 응시할 수 있는 자격이 정지됩니다.

1. 시험 중 다른 수험자와 시험과 관련된 대화를 하는 행위
2. 답안지를 교환하는 행위
3. 시험 중에 다른 수험자의 답안지 또는 문제지를 엿보고 자신의 답안지를 작성하는 행위
4. 다른 수험자를 위하여 답안을 알려주거나 엿보게 하는 행위
5. 시험 중 시험문제 내용과 관련된 물건을 휴대하여 사용하거나 이를 주고 받는 행위
6. 시험장 내외의 자로부터 도움을 받고 답안지를 작성하는 행위
7. 사전에 시험문제를 알고 시험을 치른 행위
8. 다른 수험자와 성명 또는 수험번호를 바꾸어 제출하는 행위
9. 대리시험을 치르거나 치르게 하는 행위
10. 수험자가 시험시간에 통신기기 및 전자기기[휴대용 전화기, 휴대용 개인정보 단말기(PDA), 휴대용 멀티미디어 재생장치(PMP), 휴대용 컴퓨터, 휴대용 카세트, 디지털 카메라, 음성파일 변환기(MP3), 휴대용 게임기, 전자사전, 카메라 펜, 시각표시 외의 기능이 부착된 시계]를 사용하여 답안지를 작성하거나 다른 수험자를 위하여 답안을 송신하는 행위
11. 그 밖에 부정 또는 불공정한 방법으로 시험을 치르는 행위

[연 습 지]

※ 연습지에 기재한 사항은 채점하지 않으나 분리 훼손하면 안됩니다.

[연 습 지]

※ 연습지에 기재한 사항은 채점하지 않으나 분리 훼손하면 안됩니다.

[1쪽]

번호			

번호	

○

○

○

수험생 여러분의 합격을 기원합니다!

HRDK 한국산업인력공단